2021
水利水电地基与基础工程技术创新与发展

赵存厚　赵明华　主编

中国水利学会地基与基础工程专业委员会　编

中国水利水电出版社
www.waterpub.com.cn
·北京·

内 容 提 要

本书是中国水利学会地基与基础工程专业委员会第16次全国学术会议论文集，主要包括2020年、2021年我国水利水电行业地基与基础工程方面的技术成果，共辑录论文107篇。有理论研究、灌浆工程、防渗墙工程、振冲工程、桩基工程、高喷工程、设备研制、边坡整治、补强与消缺、BIM技术应用以及其他方面的技术论文或工程案例总结，反映了当前我国水利水电建设地基与基础工程技术的最新水平。

本书内容丰富，资料翔实珍贵，实用性强，可供水利水电行业及其他建筑领域的工程技术人员、院校师生参考使用。

图书在版编目（CIP）数据

2021水利水电地基与基础工程技术创新与发展 / 赵存厚，赵明华主编 ; 中国水利学会地基与基础工程专业委员会编. -- 北京 : 中国水利水电出版社，2021.12
ISBN 978-7-5226-0252-3

Ⅰ. ①2… Ⅱ. ①赵… ②赵… ③中… Ⅲ. ①水利水电工程－地基－学术会议－文集②水利工程－基础(工程)－学术会议－文集 Ⅳ. ①TV223-53

中国版本图书馆CIP数据核字(2021)第240125号

书 名	**2021水利水电地基与基础工程技术创新与发展** 2021 SHUILI SHUIDIAN DIJI YU JICHU GONGCHENG JISHU CHUANGXIN YU FAZHAN
作 者	赵存厚 赵明华 主编 中国水利学会地基与基础工程专业委员会 编
出版发行	中国水利水电出版社 (北京市海淀区玉渊潭南路1号D座 100038) 网址：www.waterpub.com.cn E-mail：sales@waterpub.com.cn 电话：(010) 68367658（营销中心）
经 售	北京科水图书销售中心（零售） 电话：(010) 88383994、63202643、68545874 全国各地新华书店和相关出版物销售网点
排 版	中国水利水电出版社微机排版中心
印 刷	清淞永业（天津）印刷有限公司
规 格	184mm×260mm 16开本 44.75印张 1061千字
版 次	2021年12月第1版 2021年12月第1次印刷
印 数	0001—1000册
定 价	**208.00**元

《2021水利水电地基与基础工程技术创新与发展》
编　委　会

顾　问　夏可风

主　编　赵存厚　赵明华

编　委　（按姓氏笔画排序）

马晓辉　王明森　刘建发　李正兵　杨晓东　肖恩尚
汪在芹　宗敦峰　姜命强　秦云祥　黄灿新　彭春雷
覃建庭　孙国伟　张金接　李　珍

审　稿　肖恩尚　夏可风　赵明华　宋　伟　龚木金　唐玉书
王碧峰　赵　军　刘松富　刘　健　王海云　王　辉
谢文鹏　王海东　孙国伟　蒋万江　石艳军　贺茉莉

编　务　关　伟

主要赞助单位

中国水电基础局有限公司

中国葛洲坝集团市政工程有限公司

中国水利水电第七工程局有限公司

中国水利水电第八工程局有限公司

中电建振冲建设工程股份有限公司

中国三峡建设管理有限公司

湖南宏禹工程集团有限公司

中国水利水电科学研究院

长江水利委员会长江科学院

山东省水利科学研究院

江苏河海工程技术有限公司

序

地基与基础工程是所有建筑物安全保障的重中之重。随着近些年来国内外基础设施建设的不断发展，建筑业各行业对地基与基础工程的重视程度日益增强。中国水利学会地基与基础工程专业委员会是为水利水电等行业提供专业技术交流平台的机构。多年来，秉持服务会员、服务行业、服务社会的理念，力图为行业的技术进步做出应有的贡献。专委会两年一次的全国性技术交流大会和具有现时代表性的论文集，在推动和引导行业技术进步方面发挥了重要作用。

本次学术交流会收集论文 107 篇，涉及了多个行业和技术领域。有水利、水电、铁路、公路、工民建、地铁、机场、航电、海洋风电、矿山等行业，有灌浆、防渗墙、桩基、高喷灌浆、边坡锚固等专业技术，有施工技术、工艺方法、应用技术研究、装备制造、信息化智能化等技术领域。所刊论文均具可读性、实用性和创新性，对行业内技术人员大有裨益。

我国新一轮拉动内需的战略正在实施，尤其是“碳达峰”和“碳中和”战略目标，对风光水电等清洁能源的发展寄予了厚望，地基与基础工程事业大有可为。尽管过去我们经历了复杂地质条件下建设各种工程的艰难历程，后续的工程建设依然面临诸多地质难题的挑战。比如雅鲁藏布江下游电站群建设，大构造带、强地震带密布，地基与基础工程量巨大，难度极大。在建的滇中引水工程，遇到了大量的地质地基方面的难题，比如高地应力大埋深隧洞施工，岩爆、突泥、突水等地质问题频现，工程的安全和进度形势严峻。南水北调中线引江补汉工程及未来的西线工程，都会有大量的地质地基工程难题需要攻克。全国大力推进的病险水库治理，大多是地基与基础方面的问题。地下空间技术方面，如地下储油和地下空间储能设施建设等，都需要非常精密的地基处理技术。各地大型公共和标志性建筑有许多是超高层建筑，面临超深基坑工程和大面积地基处理工程。

地基与基础工程是建筑业永恒的主题。有建筑就有基础。我国“十四五”的建设目标，提出了实施川藏铁路、西部陆海新通道、国家水网、雅鲁藏布江下游水电开发等重大工程。可见，我们的事业任重道远。

2021年11月

前 言

本书为中国水利学会地基与基础工程专业委员会第16次全国学术会议论文集，主要包括2020年、2021年的水利水电地基与基础工程创新技术与发展的成果，共辑录了107篇科技论文。

自2019年12月在昆明举办第15次全国水利水电地基与基础工程学术交流会后不久，新冠肺炎疫情突如其来并在全球暴发，深刻影响着世界各个角落和社会各行各业，至今仍未消退。在党和政府强有力的科学管控下，国内疫情控制良好，整体趋稳，相较世界疫情风暴的延续与恶化，我国是“风景这边独好”。在此期间，中国水利学会地基与基础工程专业委员会克服疫情影响，主动作为，在2020年7月11日和2020年8月28日召开两次工作会，对举办第16次学术交流会、征集论文、换届工作等重要事项做出部署；对两年来所取得的水利水电地基与基础工程技术创新与发展成果进行研讨总结，发出了论文征集和约稿通知，得到了全国水利水电行业和其他行业有关技术人员的热烈响应和积极支持，200余人踊跃来稿。至截稿时，共收到各类技术论文160余篇，经组织20余位专家审核，选用107篇编辑成《2021水利水电地基与基础工程技术创新与发展》论文集。

随着全球气候变化和生态文明发展需要，党中央提出了“绿水青山就是金山银山”的理念，向世界做出了碳达峰碳中和“3060”双碳目标的承诺。水资源的高效利用和水电的合理开发，是生态文明建设、清洁绿色能源可持续发展的重要组成部分。因此，近年来，我国水利水电事业发展迎来了又一个春天。金沙江、雅砻江、怒江、澜沧江等水资源的梯级规划及开发已具相当规模，雅鲁藏布江下游水电开发已写进了国家“十四五”规划中。而全国地域地形各异、地质条件复杂，在建坝基础处理中遇到了许多前所未有的技术难题，这就为地基与基础工程科技研发提供了广阔的空间，提出了全新的挑战，让我们这些专业人员有了“用武之地”。另外，我国9.8万余座水库大坝，深扎大江大河当中，面对洪水巨流，它们如何屹立不倒？“万丈高楼平地起”，隐匿于高坝地基之下的渗控体系怎样从“垒土”演化为“坚壁”，抵抗大坝上游库水的渗压渗流？中国水利学会地基与基础工程专业委员会作为我国水利水电地基与基础工程领域的翘楚，拥有国际领先的技术水平和世界一流的处理能力，在长江三峡、黄河小浪底、雅砻江锦屏、金沙江白鹤滩以及众多病险水库除险加固等各个时期急难险重工程中，始终不忘初心使命，攻克一个个难关，树起一座座丰碑，带动基础领域技术的进步，捍守祖国高坝大库的安澜，为践行“绿水青山就是金山银山”理念、实现“3060”双碳目标奉献着我们的才智。本论文集充分反映了广大科技研发人员和工程技术人员在生态环保、水资源高效利用、绿色水能开发中涉及地基与基础处理技术所进行的探索和实践，也反映了广大青年技术人员热爱专业、钻研技术的巨大热情。总体来看，本论文集的文稿涉及面广、创新性理论研究和技术开发较多，用新材料、新技术、新设备、新方法攻克新难题，用“数字化＋”“智能化＋”赋能传统技术，将水利水电行业的地基与基础处理技术推广应用到其他行业领域。文稿内容充实、资料丰富、技术先进，值得学习和借鉴，但也有个别文章深度不足，稍显肤浅。

在论文集的征集、审稿和出版过程中，我们得到了专委会领导、论文作者、审稿专家、编校人员的大力支持，他们为论文集的出版付出了辛勤的劳动。在此，特向所有参编单位和全体编审专家表示衷心的感谢！

由于编辑出版时间仓促，部分文字来不及细致推敲，又由于地基与基础工程技术的发展日新月异，同时也限于编者的水平、时间和精力，书中所包含的信息很可能有不全、不妥之处，错漏在所难免，敬请作者与读者予以谅解。

编　者

2021年11月

目　录

防渗墙工程

振 冲 工 程

桩 基 工 程

高 喷 工 程

设　备　研　制

边　坡　整　治

补　强　与　消　缺

BIM　技　术　应　用

其 他

理论研究

关于灌浆施工自动化和智能化的若干问题

夏可风

（中国水电基础局有限公司）

【摘　要】 在信息化和人工智能技术发展的引领下，我国灌浆施工自动化和智能化的研发快速推进，取得突破性成果，乌东德水电站、白鹤滩水电站等已在灌浆工程中规模化使用智能化灌浆装置施工，取得良好效果。与此同时，当前灌浆自动化智能化研发工作总体来说还是初步的，继续研究和改进的空间较大。本文从分析灌浆施工技术的特点和痛点出发，提出自动化和智能化灌浆的目的任务，可实现的途径和方案，对若干争议问题进行讨论，提出推进灌浆自动化和智能化的措施建议。

【关键词】 灌浆施工　沿革　痛点　自动化　智能化精准灌浆

1　问题的提出

灌浆技术是用于水工建筑物地基防渗或加固的重要工程措施，灌浆工程常常是建筑物地基处理工程的重要组成部分。近些年来我国施工的许多大型水利水电项目的灌浆工程量都在数十万米、百万米以上，工期几乎贯穿枢纽工程的始终，有时甚至成为影响工程整体进度的关键线路，灌浆工程投资常常达到数亿元，有的一再突破预算。灌浆工程质量难以控制，有些工程蓄水后渗漏量或渗压力过大，不得不反复补充灌浆，导致延迟或限制蓄水。

与众多工程技术比较起来，灌浆工程施工技术进步不快，总体上仍然处于半机械化和劳动密集型的水平，施工过程的管理和控制主要依赖于人工人力，工人和技术人员劳动强度大，施工现场作业环境差，工人劳作辛苦，施工效率低。由于工程的隐蔽性，工程数量和施工质量都不透明，从而难以有效控制。

因此，如何使用现代科技成果对灌浆技术加以提升改造，一直是工程界努力的目标。近年来，中国三峡集团公司主持开展了智能化灌浆施工技术的研究，研制出的“智能灌浆单元机”已在金沙江乌东德水电站、白鹤滩水电站等灌浆工程中投入规模应用，开创了灌浆技术史上崭新的一页，其他单位也在积极开展相关研究。

但是，笔者认为目前取得的成果总体上还处在初级阶段，许多成果还是在实现机械化、自动化的任务，离智能化还有一定距离，如何实现灌浆施工自动化、智能化还有很多工作要做。灌浆施工的自动化和智能化是一项跨学科的课题，是需要由计算机专家和灌浆工程设计施工专家共同完成的。本文主要从灌浆工程师的角度对相关内容进行讨论，供同行们研究参考。

2 灌浆施工自动化智能化的沿革

人类自觉地用于加固地基的灌浆技术诞生已经有200多年历史了，有史以来灌浆工程师不断地在探索灌浆的机理，改进灌浆的工艺、设备，用以提升灌浆质量，增强灌浆效果，提高施工工效，降低劳动强度，降低工程成本。半个多世纪以来，我国灌浆界具有里程碑意义的技术进步可以列举如下。

（1）20世纪70年代，水泥浆集中制浆站首次在我国乌江渡水电站灌浆工程中使用。半机械化的集中制浆站改变了以前分散制浆的落后工艺，实现了水泥浆液的工厂化生产，从而大大地改善了工人劳动条件，提高了水泥浆液的拌制质量和施工效率[1]。90年代，二滩水电站灌浆工程采用了意大利TREVI公司的集装箱式全自动水泥浆制浆系统[2]，比乌江渡工程又前进了一步。此后，集中制浆技术一直沿用至今天。

（2）同一时期，西方发达国家首先使用了灌浆自动记录仪，使灌浆的过程记录摆脱了人工因素的干扰。初期的记录仪，没有计算机芯片，只能记录灌浆压力一个参数[3]。

（3）同一时期，钻孔参数记录仪在欧洲得到应用。这种仪器安装在岩芯钻机上，可以自动记录灌浆孔钻进过程的钻进速度、钻井液的压力、钻杆扭矩和轴向压力等参数，通过计算机绘成图形，从而判断岩石的硬度、风化程度以及松散破碎或空隙情况[3]。这一技术在我国水利水电工程中至今没有普遍地引进和推广应用。

（4）20世纪80年代中期，美国垦务局开始使用计算机采集灌浆数据并实时进行处理，及时输出符合规范要求的灌浆成果表格图纸等资料[4]。

（5）同一时期，日本在世界上率先应用了自动化灌浆技术。大内堆石坝坝基固结灌浆和帷幕灌浆共计10万余米。施工前经对各种灌浆施工方法进行研究比较，为提高灌浆质量管理水平和节省劳动力，决定采用全自动化的灌浆工厂，包括制浆系统、输浆系统和控制室。制浆系统用来自动计量水、水泥和膨润土的重量，拌制浓度为1∶1的原浆；输浆系统储存原浆，并根据指令加水调制出规定浓度的浆液，用压缩空气压送到二次工厂；二次工厂里有搅拌桶和灌浆泵，直接对灌浆孔段进行灌浆，由电动阀门调节注入孔段中的流量和压力，流量和压力变化过程由中央控制室控制和记录，用计算机进行数据处理；控制室内还装有地基变位监测装置[2]。

（6）20世纪90年代，在国家重点科技攻关项目“高坝地基处理技术的研究”中，中国水电基础局有限公司和天津大学联合研制了单机自动灌浆装置。这套装置采用工业控制微机，通过灌浆压力和流量传感器、可控硅变频器、控制执行器，用以控制一台灌浆泵进行灌浆。该装置可以一键启动，连续完成规范所要求的试通水→裂隙冲洗→压水试验→灌浆（包括压力控制、浆液变换），直至结束。其控制程序是一套具备决策、协调、控制执行三个层次功能的“自主智能控制系统”，其中包括过程状态参数采集与记录系统；过程转换决策系统；浆液浓度变换决策系统；压力控制的双变量协调系统；智能PID压力控制系统；故障检测与保护系统等多个子系统。该装置于1990年1—3月在新安江水电站坝基防渗帷幕补强灌浆和清江隔河岩水电站帷幕灌浆施工中试用，效果令人满意[2]。

这套单机自动灌浆装置是我国首次进行灌浆施工自动化研究的成果，标志着我国灌浆技术发展的新阶段，其技术路线为后来的研究者所沿用。其主要缺陷，一是由于当年科研经费所限，没有研发配套的自动变浆装置；二是单机自动灌浆在经济效益上没有竞争力，致使没有大规模的应用。

（7）20 世纪 90 年代初期，第 15 届国际大坝会议主席，瑞士学者 G·隆巴迪提出了一种新的设计和控制灌浆工程的方法——GIN 灌浆法（Grouting Intensity Number），即“灌浆强度值”，它等于灌浆孔段的最大灌浆压力 P 和灌入浆液体积 V 的乘积，任意孔段只需满足达到最大灌浆压力，或规定的注入量，或灌浆强度值三者之一，就可以结束灌浆。该法使用单一比级的稳定性浆液。整个过程由计算机控制，实时监测和调控灌浆参数。GIN 灌浆法在我国小浪底水利枢纽等工程中进行了试验性应用[2]。

（8）20 世纪末，由中国水电基础局和天津大学联合研制的灌浆自动监测系统在小浪底工程中采用，灌浆在隧洞中进行，灌浆数据通过记录仪和通信线路或无线传输至地面和营地的控制室，技术人员可在控制室内通过显示屏和电话对灌浆机组的全部作业过程进行监控和指挥。后来其他单位在溪洛渡水电站灌浆工程等也应用了类似技术，并引入到“数字大坝”系统中。

（9）近年来，中国三峡建设管理有限公司联合中大华瑞科技有限公司等单位，研究开发了智能灌浆控制系统，其成果为一套由数据处理中心和配浆、灌浆、压力控制系统，以及灌浆数据管理云平台组成的集成装备——智能灌浆单元机，其功能可按照灌浆规范的要求实现裂隙冲洗、压水试验、灌浆等工序的自动转换，自动控制灌浆压力和注入率，变换浆液水灰比，按照设定的技术条件结束灌浆，灌浆数据实时传输至云平台分析整理[5]。几十台单元机在金沙江乌东德、白鹤滩水电站灌浆工程中批量投入应用，完成了数十万米的灌浆工程任务，保证了灌浆数据的真实性、准确性，节省了劳动力，降低了劳动强度，改变了施工现场脏乱差的环境，灌浆后压水试验检查质量优良，是灌浆施工自动化、智能化的最新成果，标志着我国的灌浆技术迈上了一个新台阶。

2019 年 10 月 31 日，中国水利学会地基与基础工程专业委员会在昆明举行了以灌浆施工智能化为主题的学术双年会，会上有多个单位交流了各自开展智能化灌浆研究和开发的成果或技术方案。

综上所述，几十年来特别是改革开放以来，我国灌浆施工技术不断地向机械化、自动化、信息化、智能化的方向发展，成果丰富。当前的问题是，总的来说我国的灌浆自动化智能化还处在起步阶段，还有很大发展空间，距离全行业普及机械化、自动化、信息化、智能化的目标仍然任重道远。

3 灌浆技术的特点和痛点

要实现灌浆施工的智能化，首先要深刻了解灌浆工程、灌浆技术、灌浆施工的特点，解决其痛点。

3.1 灌浆施工技术的特点

（1）灌浆工程是隐蔽工程。灌浆施工过程中和施工完成后，浆液在地层裂隙中流动、扩散、凝固，完成对地质缺陷的修复或补强，人们在地面不能直接观察到这一进程和结果。灌浆过程是特殊过程。其施工成果的质量不能或难以进行直观的和完全的检测，施工质量的控制主要通过工序质量和工艺参数的连续监测实现，工程质量的全面检验需在工程运行中实现。

（2）灌浆技术工程是勘探、试验、施工同时进行并完成的一种施工作业。灌浆工程具有探索性、试验性，施工的前一道工序是后道工序的准备，后一道工序是前道工序的延续。

（3）灌浆技术至今缺少明确的理论指引，施工参数难以进行准确的数学计算，仍是一项经验性技艺。

3.2 灌浆施工技术的痛点

我国目前灌浆施工技术面临的痛点，或者说难点、弱点，是什么呢？

（1）劳作艰苦。改革开放40多年来，我国建筑施工机械化的进步总体很快，但是用于地基处理的钻孔灌浆施工技术进步缓慢，至今主要仍是手工操作或半机械化操作，体力劳动占有较大比重，工人劳动条件差、强度大，工效低，经验丰富的技术人员和技能娴熟的技术工人后继乏人。

（2）信息不彰。施工中对处理岩体的性状、施工过程的趋势、施工效果的优劣等信息获取和辨识难，俗话说是“有眼人干没眼的活”。操作人员既是施工信息的探测者，又是信息的研判者、使用者和发布者，其过程难以透明化，难以接受他人的帮助和监督。

（3）大水漫灌。由于难以准确预测重点灌注对象的位置，也就是说不能快速、简易和精确找到岩体中的“病灶”，因而不得不对比较广大的灌浆区域采用“大水漫灌”的粗放式作业，大面积、密集、均匀地布置灌浆孔，以解决个别分布于岩体中的缺陷，以至于很大工作量（1/2或2/3以上）用在了试验和勘探上，只有少量资源用于针对性的岩体缺陷修补，资源的利用率不高。

（4）法无定法。“法无定法，然后知非法法也”这个佛教语汇非常适合灌浆施工技术。简言之，没有固定的方法才是最好的方法。尽管我们反复地修改制定了灌浆施工技术标准，企图用一个放之四海而皆准的法则去指导或规范灌浆工程技术，但事实上是难以做到或无法做到的，每一个灌浆工程都会有其特殊性，每一项灌浆施工参数都具有一定的模糊性和灵活性，难以完全定量分析，难以简单复制，每一个灌浆工程都必须在实施过程中因时因地变更灌浆策略，非如此不能达到最佳效果。这也就是一些灌浆专家将灌浆技术称之为“艺术”的原因。

（5）“良心”不良。灌浆施工的质量保证，除了技术因素以外，在很大程度上依赖于操作者的思想觉悟，因此灌浆工程是“良心活”。但是在利益的引诱或逼迫下有的人良心不良，导致虚假信息泛滥，甚至工程质量失控。

4 自动灌浆和智能灌浆的目的任务

灌浆自动化和智能化应当针对灌浆施工的特点进行研究，用机器和人工智能代替操作者的体力操作和技术人员的临场指导，根本上消除或减少灌浆施工的痛点。

4.1 自动灌浆的目的任务

灌浆施工的工序是周而复始地循环操作，目前的操作方式下占用劳动力较多，工效不高。由于操作工人的思想和业务素质差别，致使工序参数和质量的控制以及最终灌浆的效果差别较大。灌浆施工自动化的目的是使用机器预设的程序自动完成岩体灌浆的任务，从而最大化地减轻操作者的体力劳动，也减少其对灌浆过程的干预，在保证灌浆工程质量的同时，最大化地节省人力，提高工效降低成本。

灌浆自动化的基本要求是开发一套灌浆装置，将技术规范规定的灌浆程序自动地运行、转换、结束。

实现灌浆自动化以后，灌浆施工作业艰苦的痛点应当明显改善，基本实现灌浆施工工厂化，作业工人和现场技术人员减少，劳动条件大大改善，同时工效也有所提高。

灌浆施工自动化也应当解决信息不彰、良心不良的痛点。由于各道灌浆工序的转换，产生信息的反馈、记录和处置，都由机器自动进行，因此信息流是透明的，不受人为干扰的。

4.2 智能灌浆的目的任务

所谓智能灌浆，就是用人工智能指导和控制灌浆施工。人工智能，它是研究、开发用于模拟、延伸和扩展人的智能的理论、方法、技术以及应用的一门新的技术科学，是计算机科学技术的一个分支，是利用计算机模拟人类智力活动。人工智能可以对人的意思、思维的信息过程进行模拟，人工智能不是人的智能，但能像人那样思考，也可以超过人的智能。

智能灌浆可超越灌浆自动化，远胜过人工操控的灌浆施工。智能灌浆的目的就是要进一步实现信息化施工，在此基础上消除灌浆施工法无定法和大水漫灌的痛点。具体任务如下：

（1）充分发现灌浆区域的地质信息，发现有缺陷的地层或判别地层的缺陷，据以制定和实施灌浆策略，解决信息不彰的问题，实现隐蔽工程的阳光作业。

（2）变大水漫灌为精准滴灌。通过识别地层最大限度地、准确可靠地实施精准灌浆，对缺陷地层充分灌注，对完好地层则不浪费资源。

（3）变千孔一法为一孔一策。每一个灌浆孔段不再使用同一套程序处理，而是根据各孔段具体情况确定灌浆策略，包括工艺参数选择、工序转换条件和特殊情况处理等，均由智能大脑灵活控制。

实现智能灌浆以后，灌浆施工过程的质量监管可以简化，旁站监理可以取消，灌浆工程质量和灌浆效果的可控性极大地提高，灌浆工程进度加快，灌浆工程造价大幅降低。

4.3 实施灌浆施工自动化和智能化的必要性和可能性

当前，我国水力资源的开发率约为40%，水力资源的存量、抽水蓄能电站，还有水利工程、水利水电建设的后续任务依然任重道远，灌浆施工任务繁重。许多工程分布在边远山区，在这些地区施工人力成本将更高，精通勘探和灌浆技术的熟练工人和现场工程师更为紧缺，因此使用人工智能来替代这一部分人的劳动是非常必要的。

我国水利水电施工企业已经大量地走出国门，参加“一带一路”建设，国际上的大坝灌浆技术工艺比国内简化，防渗标准较低，更有利于实现自动化智能化。

与此同时，当代的计算机技术、信息技术、数字技术、人工智能技术的快速发展和日渐普及，这些年来国内外有关灌浆自动化智能化的开发研究成果十分丰富，它们为进一步发展自动化和智能灌浆技术提供了借鉴经验。

5　灌浆自动化的途径和方案

目前，灌浆自动化的方案主要有两种：一是单机自动控制灌浆，二是群孔控制自动灌浆。

5.1　单机自动灌浆装置

20世纪90年代，笔者主持研发的“单机自动灌浆装置”，以及目前投入规模应用的“智能灌浆单元机”，都处于灌浆自动化的起步阶段，后者虽然冠以“智能灌浆”的名称，但实际上只能完成自动灌浆的要求，即按照设定的程序连续自动地完成各道灌浆工序，自动结束灌浆。由于一台自动控制设备管理一台灌浆泵，因此它可以适应比较复杂的工艺和地质条件。此外它将自动控制与自动记录集成一体，因此可以减轻操作工人劳动强度，减少一个人工（记录员）配置。单机自动灌浆或智能灌浆的最大优点还在于可以完全执行现行灌浆技术标准，能够在没有任何争议、不需要进行复杂的灌浆试验验证的情况下投入使用。由于它的投入使用，提高了灌浆过程的严密性、灌浆资料的真实性。

但是，这种灌浆自动化方案也有一些明显的缺点，如：

(1) 装置复杂，软硬件投入较大，导致灌浆工程单价中机械使用费增加较多。

(2) 自动灌浆装置及其配套系统体积较大，在狭小的廊道或隧洞中布设困难。

(3) 过于追求某些施工参数的精密度，特别是将现行灌浆规范中一些针对手工操作的冗余工艺要求加以固化，使得自动灌浆的纯灌时间不但不能缩短，甚至反而延长。

上述缺点使得单机自动灌浆的效率和效益较低，一线人工配置减少不明显，投入产出比不理想。

5.2　群孔自动灌浆系统

将单机自动灌浆装置改进为多孔或群孔自动灌浆装置。过去研发灌浆自动记录仪时，起初也是一台记录仪配合一台灌浆泵工作，后来通过改进实现了一台记录仪可同时记录2台、4台、8台、16台灌浆泵的工作参数，从而降低了灌浆施工成本中的记录仪使用费用。如果能实现一套自动控制系统同时管理数台至数十台灌浆泵工作，达到一个灌浆工作面（一条廊道、一段隧洞）或一个工程全部灌浆机都在中央控制室管理，那就消除了上述单机自动灌浆装置的缺点。

5.3　其他改进措施

为了实现灌浆自动化，还有一些其他措施：

(1) 减少浆液水灰比级数。将浆液水灰比级数适当减小，有条件的工程，可采用单一比级的稳定性浆液灌浆，这将大大简化灌浆程序和计算机程序。

必须实行多级水灰比时，控制级数为2级、3级，最多不超过4级。此外，可以把浆液的调制全部集中到集中制浆站（日本称“中央工厂”），使用不同的管道输送，这样将无需在工作面配浆，可缓解灌浆工作面的拥挤程度。

(2) 通过灌浆试验，适当修改适用于手工操作的现行灌浆技术规范。将其中冗余的为了防范操作者无意出错或故意犯错的条文所规定的作业程序删除，从而缩短作业时间，节约资源。

(3) 努力推动钻孔工序的自动化。灌浆工程，实际是钻孔灌浆工程，即钻灌工程。钻孔工序在整个钻灌施工中人材机的消耗占有很大的比重，特别是工时所占比重更大，工人劳动强度也很大，因此钻灌工程的全面智能化不能不考虑钻孔施工水平的提升。提升的途径主要有：在适宜的条件下采用自下而上灌浆法，采用冲击回转式钻机钻进灌浆孔；采用履带自行式钻机，配置轻型钻杆、自动接卸钻杆装置等。

为了实现钻孔工序的自动化，有必要实现钻灌工序分离，现在常用的钻灌交替方式不利于自动化。

(4) 将灌浆自动化技术与节能技术、环保技术结合起来。我国传统的灌浆施工工艺粗放，技术参数偏于保守，机械化程度不高，而且物耗和能耗大，施工现场环境差，应当通过工艺、工序的自动化改造，把消耗和排放降低，改善现场环境和工人劳动条件。

自动化是智能化的基础，智能化是自动化的延伸。没有合理的先进的自动化技术，智能化的目标就难以实现，或者只是一种低能的智能化。

6 灌浆施工智能化的途径和方案

6.1 智能灌浆的关键

实现灌浆施工智能化的关键是要实现精准灌浆，通过智能灌浆装置的探测进行“思考”与“判别”，找准需要灌注的部位，精确控制灌注量。精准灌浆的关键是怎样经济可靠和快速地在拟灌浆的区域内找到岩体中可能的渗漏点——需要实施灌浆的孔段，而后就可以按自动化程序自动地实施灌浆。

为了使问题更为简化，可以反向思考，即找出不渗漏——不需要灌浆的部位，其他的就可以一般地实施自动灌浆了。

6.2 智能灌浆的先导——岩体地质信息的采集和判别

6.2.1 传统灌浆方法的信息采集和判别

传统的灌浆施工过程中，包含岩体地质信息的采集程序，即先导孔和每一个灌浆段的岩芯观察和灌前压水试验。根据先导孔的钻孔和岩芯、压水试验和灌浆信息，判断一个或几个单元工程的地质条件，主要是岩体渗透性能和可灌性，从而制定或调整该区域的灌浆施工参数。

然而，在当前的施工实践中虽然这三项工作都完成了，但却没有利用其获得的宝贵信息，来调整优化施工参数，施工过程基本上是一张蓝图干到底，一本要求管几年，异地同法，千孔一策。原因很多，其一是施工单位钻孔的岩芯获得率低，压水试验精确度低，失去使用价值；其二是现场常常缺少有经验的技术人员；其三甚至是操作者的诚信存疑数据失真。

6.2.2 物探技术的应用

除传统手段外，多种物探手段的应用也在研究开发中，主要有：

(1) 在先导孔或灌浆孔段的钻进中，利用钻孔参数记录仪或随钻感知系统采集记录钻进速度，钻杆转速、轴压力、扭矩，循环液压力和漏失流量，或冲击回弹能量、转速等，并对这些数据进行处理，判别岩石的地质，包括孔段岩体是否需要灌浆、可灌性如何，以及适宜的灌浆参数。

(2) 通过对灌浆孔孔内摄像，观察岩体性状，判别岩体可灌性类型，制定适宜的灌浆方案。

6.2.3 构建灌浆区域的地质模型

在前期勘探资料或先导孔资料的基础上，构建模拟灌浆区域地质条件的仿真地质模型，由地质模型提供灌浆参数。

6.2.4 当前实现智能灌浆的捷径

对比上述三类可能的手段，笔者认为充分利用开发灌前压水试验的信息应当是一个捷径。理由如下：

（1）通过随钻感知系统获得的钻孔参数虽然对于了解岩体的灌浆性能很有帮助，但它直接反映岩石的可钻性——岩石的软硬、坚实、密实程度，根据循环液漏失量测得的岩体渗透性能由于压力很低，其利用价值也低。再则，钻孔参数记录仪或随钻感知系统只能应用在勘探孔或先导孔等少数钻孔中，否则将极大地增加灌浆施工成木。

（2）通过钻孔孔内摄像获得孔壁岩体影响成果，再通过图像识别技术判别岩体是否需要灌浆加固以及确定灌浆方案和灌浆参数。理论上有一定的可行性，但是经验表明，裂隙的可见性与是否漏水两者并没有肯定、直接的关系。

（3）直至目前，运用已有资料建立的地质模型号称能够仿真，但其真实性与精确性都有待提高，难以对每一个灌浆孔段提出特殊化的灌浆参数。

（4）相比较而言，灌浆孔段灌前压水试验获得的资料对确定孔段灌浆过程参数更有直接意义，根据这些资料以现有知识完全可以判断该孔段是否需要灌浆，或者如何选取适宜的灌浆参数。最有利的是，灌前压水试验是规范规定的基本工序，对它的有效利用不会产生额外投入，不加大工程成本。但为获得（1）、（2）项信息资料却需要增加工序，增加工、料、机、时等资源，从而加大工程成本。

6.3 深化对灌前压水试验的试验研究

虽然灌前压水试验是当前智能化灌浆获得岩体信息最成熟、最直接、最有效、最经济的手段，但现行灌浆规范规定的灌前简易压水试验工序、工艺参数和操作要求不能原原本本地套用。在多数情况下，灌前压水试验透水率小，孔段可灌性差，水泥注入量（或单位注入量）小。所以部分工程技术规程规定灌前压水试验透水率小于 1Lu 时，本段可以不灌浆，或留待与下一段合并进行灌浆，等等。

但是，工程中也有“反常”的情况：压水试验得到的透水率不大，甚至已经满足设计要求的防渗标准，但是实际灌浆时注入量却很大；或者透水率较大，然而注入量却很小。这类“反常”情况就是需要通过进一步的试验研究加以消除的，通过重新设计压水试验的工艺和参数可以解决此类问题。

如果做到了灌前压水试验成果对采用灌浆工艺及其参数的唯一性指导作用，那么，实现智能灌浆就水到渠成了。

6.4 关于特殊情况的处理

灌浆施工过程中存在“特殊情况处理”，已有工程中投入应用的智能灌浆单元机声称解决了 6 种特殊情况的判定和处理：涌水、抬动、劈裂、注入率陡降、失水回浓、大注入率，但实际施工基本没有应用。

《水工建筑物水泥灌浆施工技术规范》（DL/T 5148—2019）定义为特殊情况的几种现

象是：冒漏浆、串浆、中断、涌水、注入量大、遇溶洞、回浆失水变浓、灌浆管被水泥浆凝住等，抬动列入了其他章节。

上述特殊情况中能够被流量传感器感知的有：冒漏浆、串浆、注入量大、遇溶洞，它们共同的表象一般是注入量持续偏大；能够被流量传感器、压力传感器同时感知和可能被抬动变位传感器感知的有：抬动（劈裂同属此类）；能被密度传感器感知的有：浆液失水变浓。

在上述传感器感知的现象中，导致流量计流量大的原因，具体是冒浆、漏浆、串浆、注入量大、遇溶洞，或是岩体劈裂等，其中还有细微的差别，除有丰富的专家库可能判别，否则需要现场人工判别。其他现象比较容易设定程序由机器处理，这种处理可以是自动的，也可以是智能的。

除了上述特殊情况外，笔者认为还有一些情况，例如灌浆段不吸浆或微弱吸浆，是否也可划入“特殊情况”，采取与一般孔段不同的灌浆对策，这应该是可以的，甚至是必要的，也是比较容易判别和比较容易处理的。如果这样，实际上也部分地完成了本文前述应避免大水漫灌的任务。

7 智能化灌浆研发工作中的若干争议热点

人工智能是新事物，智能灌浆更是新事物，因此何谓智能灌浆、如何实现智能灌浆，业内人士看法不尽相同各抒己见，应该开展讨论，尽快取得共识。

7.1 智能化灌浆的定义及与自动化灌浆的关系

市面上产品形形色色，许多略带自动程序的器具竟冠以“智能”名号，智能化灌浆必须名副其实，必须是通过人工智能控制，或有人工智能参与控制的灌浆过程方可以称之为智能化灌浆，其控制装置方可称之为智能灌浆装置。智能灌浆过程必然是自动化灌浆过程，是在人工智能管控下的更高级的自动化过程。

7.2 复杂化、精确化是智能化吗？

笔者看到，有些单位研发的智能灌浆装置有复杂化的倾向。业内人士都知道我国水利水电灌浆的技术要求几乎是各国和各行业内最复杂的、标准最高的，但有些单位研制的智能装置在适应这些要求之外，又进一步加码，比如将水灰比由按级变换增加至无级变换，将浆液密度的测量控制精度进一步提高等，这些不仅没有必要而且有的是背道而驰。

有的专家提出，要利用计算机的强大运算功能，实现灌浆参数、灌浆过程的精确化控制。其实这既不可能也无必要，如前所述，许多灌浆参数（包括设计参数和施工参数）就是经验性的，是一个范围，是模糊值。没有精确，也就做不到精确，不需要精确。

因此笔者认为，复杂化、精确化都不可取，简约、实用、耐用、高效、经济，是应当遵循的原则。

7.3 智能设计还是智能施工？

有专家提出灌浆智能化应当首先是灌浆的智能设计，这也是有疑问的。由于灌浆是一种勘探、试验、施工同时完成的作业，所以灌浆的设计与施工是有密切联系的，但也不能混为一谈。本文讨论的题目就是灌浆施工智能化，是要制造一个智能灌浆工具，用以代替工人进行灌浆作业，灌浆设计依然由工程师来完成，并不需要灌浆工具的参与，灌浆施工智能化目标明确任务简单，如若将设计包揽进来则会大大增加问题的复杂性和难度。走且艰难，何谈快跑？

7.4 是一步到位还是分步实施？

即使是开发一件智能灌浆工具，也不能求大求全，企图一步到位搞出一个适用各种条件各种工况各道工序都由人工智能操控的装置来。这既不可能也无必要，事情总是先易后难、先急后缓，分阶段分步骤推进的。先设计一个人机混合系统，必要时进行人工干预，逐渐过渡到全智能系统是很正常的。

再者，灌浆过程的工序很多，但并不是每一道工序的转换都需要智能决策，有些工序无需“思考”自动转换即可。

7.5 追求质量还是追求效益？

开发智能灌浆装置的目的是什么？是为了质量还是为了效益。在哲学上，质量和效益是对立的统一体，效益是目的，质量是载体，没有质量的效益和没有效益的质量都不可能存在。从技术上而言，智能灌浆装置必须兼顾灌浆工程质量和灌浆施工效益，就是说智能化灌浆施工必须有利于提高或保证灌浆施工质量，否则没有意义；同时它又必须有利于改善劳动条件、节省人力、提高施工效率，并尽可能地降低施工成本或工程造价。

如前所述，我国的灌浆施工是世界上最复杂的，工效也是最低的。灌浆工效的提升有很大的空间，灌浆施工智能化应当对此做出贡献。反之，如果由于智能灌浆装置的使用，进一步降低了施工效率，那就本末倒置了。

灌浆施工智能化除了提高灌浆施工质量的保证率以外，也一定会产生巨大的经济效益。但是这个效益如何分配？确是一个重要问题，本文后面还有阐述。

7.6 怎样建立最好的地质模型？

怎样建立最好的地质模型？几乎是令所有研发人员苦恼的首要问题。笔者有几点建议，模型没有最好，只有更好，无需追求极致，最简单的模型可能是最实用的模型；实践出模型，灌浆是勘探→试验→施工同时完成的作业，每一个孔段前期的试验是确定后续施工参数的依据，这种性质不会改变，据此模型应追踪每一个孔段施工的过程参数，在此基础上做出反馈和预测。

7.7 机器指挥人还是人指挥机器？

智能灌浆装置通过自我运算得出的灌浆施工参数与设计参数不一致时，选用哪一个？笔者认为此问题基本不存在。合格的智能灌浆装置所提出的参数一定应该在设计人员的预计范围之内，超出这个范围的答案应由人工来纠正，屡出错误答案的装置的“智能”性一定有问题，不能继续使用了。

8 加快推进灌浆施工自动化智能化的建议

世界科技和中国的经济社会发展到今天的地步，灌浆技术也应当跟上时代。必须从各个方面大力推进灌浆施工自动化和智能化，推进要有力度，不能长期停留在一般号召阶段，要像当年推广灌浆自动记录仪一样推动灌浆自动化和智能化，早日实现灌浆施工技术的转型升级。具体有如下建议。

8.1 技术标准倡导

没有规矩不成方圆，应当在技术规范上倡导灌浆施工自动化和智能化。但如前所述，现行灌浆技术规范主要是对手工作业经验的总结，为了防止操作人员的判断不准、疏忽、失误等，有的技术参数留有较大的安全裕度，甚至有一些冗余设计，这种现状实际上形成了对技术进步的阻力。因此，对现行灌浆技术规范进行修订、增加倡导性条文或制定专门适应于自动及智能灌浆的技术规范，是十分必要的。2020 年进行修订的灌浆规范水利版和电力版已经或正在这样做。

8.2 工程招标要求

工程实践是推动技术进步的最大动力。是否可以规定，大型工程，例如灌浆工程量在 10 万 m 以上的工程必须采用灌浆自动化和智能化技术。

推进自动化智能化灌浆技术将改变传统灌浆的粗放和保守工艺，将在保证灌浆质量的基础上，实现文明施工，阳光作业，改善现场面貌，并大大节约人力、能源、材料消耗，减少排放，降低工程成本。

8.3 业主设计主导

如前所述，自动化灌浆，特别是智能灌浆，不宜原原本本按照手工操作的规程规范运行，这就涉及部分灌浆规则的调整变化，这个变化的决定权在设计人员、在业主。

设计是工程的灵魂，设计应当是动态的，对于灌浆工程尤其是这样。以往设计师并非不愿动态，而是苦于缺少可信的信息和可靠的依据。自动灌浆和智能灌浆将会提供可靠的信息。

不过笔者看到，一些工程的灌浆自动化或智能化研究，设计者没有处于主导地位，甚至没有参与，这是不正常的。智能灌浆装置不是一个简单的、像一台灌浆泵那样，放到任何工程都可以使用的通用机器，其核心——“人工智能”部分应当是针对具体工程，适用具体的地质条件、特定的工程要求的。而最熟悉工程地质条件，提出灌浆工程质量要求，并对其负责的是设计单位，因此设计单位不仅应当参与，而且应当主导智能灌浆装置的控制程序（人工智能）的编制。

设计不能墨守成规，不能用适用于手工操作的现行灌浆规范条文去机械地要求智能灌浆程序。灌浆技术是具有创造性的技术，设计应当深刻地理解灌浆机理，大胆发挥想象空间，引领行业技术进步。

同样，智能灌浆技术的开发也离不开施工单位的参与，他们是最熟悉灌浆工艺技术的专家，也是智能装置的操作者，在智能灌浆程序中应当凝聚他们的智慧。与此相反，现在有些人把智能灌浆装置异化为防止施工单位“弄虚作假”的工具，这降低甚至偏离了智能化的根本目标。

一个完美的智能灌浆系统，应该是在业主主持下，由灌浆设计师、灌浆专家、灌浆工人和计算机专家合作的成果，这个机器人应该是睿智的、能干的，对各方面人员，尤其是对操作人员是友善的。

8.4 灌浆试验开路

实践是检验真理的标准，灌浆技术更是一项实践型技艺，灌浆施工的自动化和智能化也应当以实践开路，认真做好现场灌浆试验，任何自动化或智能化方案都要在灌浆试验阶段充分运行，并进行灌浆效果的检验，凡是能获得良好的灌浆效果，即灌浆后地层性能改善能满足设计要求的方案，就是可行的方案。在达到灌浆效果的前提下，再优化和简化自动化智能化程序，提高施工效率，降低运行费用，最终实现优质、高效、价廉的目标。

针对某一工程研制出来的智能灌浆系统，应当经过现场灌浆试验的充分检验，只有在试验验证其在任何情况下均能可靠达到设计要求的情况下，方可投入大规模应用。

8.5 不拘一格创新

自动化和智能灌浆技术在我国还是初步兴起，不同单位采用的技术路线和硬软件结构各不相同，呈现百花竞放的局面，这是好的现象，共同目标是保证质量、降低成本、加快进度、保护环境、减少人力，总体实现我国灌浆施工技术的升级换代。

在这样一个阶段，要鼓励创新。我国有模仿和趋同的传统，也有排斥标新立异的陋习。从这个角度上说，目前既不可能也不必要急于制定智能灌浆的规范，以免限制一部分人的创造力，实际上阻碍了这项技术的发展。

创新要有正确的路线，要破除繁琐哲学。把简单的事物复杂化不是创新，从复杂的事物中抽出精髓，将复杂的事物简单表述才是学问。灌浆有学问，但并不复杂高深。隆巴迪公式有缺陷，但它极其简单，因而在适宜的条件下有使用价值。现在在灌浆技术的研发中有复杂化的倾向，是不可取的。

8.6 效益各方共享

任何经济活动都是以经济效益为目的的。从目前来说，已经开发出来的单孔单机自动灌浆装置，或是智能灌浆单元机，还是处在初级阶段，装置本身价格较高，经济效益不明显。从长远来看，灌浆施工的自动化智能化收益必定大于投入。如前所述，如果实现了单孔多机自动和智能灌浆，或者实现了群孔群机自动控制灌浆，实现了定向精准灌浆，那么经济效益将十分显著。

初期推进灌浆施工自动化智能化需要资金支持。设计单位和施工单位都是劳务服务型单位，难以投入大笔的启动资金。笔者高兴地看到有些有远见的业主单位已经在做这件有意义的事。

现在有一种工程建设模式——EPC模式，即设计采购施工总承包，在这种模式下开发智能灌浆技术应当是很有前途的，智能灌浆技术创造的价值，或者说比常规灌浆节省下来的资金，除了支付研发费用，为工程带来的经济效益（包括节约的资源，改善的环境，缩短的工期）将会是十分显著的。但由此也可能减少了施工单位的工程费用，怎样补偿他们实现利益共享应有解决的机制。

9 结语

（1）我国灌浆施工技术机械化、自动化、信息化前进的步伐没有停顿，当今，在信息技术进步的引领下各门技术快速发展，以信息为导向的灌浆施工技术升级换代正当其时，推动灌浆施工自动化和智能化既是可能的，也是必要的。

（2）当前灌浆施工的“痛点”是劳作艰苦、信息不彰、大水漫灌、法无定法、良心不良。研发自动化和智能化灌浆系统要针对灌浆的薄弱点，改善劳动条件提高施工效率，实现信息透明阳光作业，变千孔一法为一孔一策，变大水漫灌为精准灌浆。

(3) 我国灌浆施工自动化取得显著成绩，单机控制已进入生产性应用阶段。今后应向一机多控、群孔控制的自动化方向发展，提高经济效益。

(4) 智能化的开发研究及应用尚处于起步阶段。判断灌浆地层的信息来源及判别准则是智能装置的关键。灌前压水试验应当是最为简便、可靠和经济的手段。

(5) 智能灌浆是新事物，怎样认识和如何实现智能灌浆，专家看法不一是正常现象，应该通过交流讨论实践取得共识。

(6) 要像当年推广灌浆记录仪那样，采取经济和技术措施，推进灌浆施工自动化和智能化。研发推广工作要做到技术标准倡导、工程招标要求、业主设计主导、灌浆试验开路、不拘一格创新、效益各方共享，全面稳妥推动灌浆技术的升级换代。

参考文献

[1] 中国水利水电第八工程局. 乌江渡工程施工技术 [M]. 北京：水利电力出版社，1987.

[2] 全国水利水电施工技术信息网组. 水利水电工程施工手册 第1卷 地基与基础工程 [M]. 北京：中国电力出版社，2004.

[3] Ken Weaver. 大坝基础灌浆 [M]. 中国水利水电工程总公司科技办，中国水利水电基础工程局科研所，编译，1995.

[4] 肖天元，郭玉花，等. 现代灌浆技术译文集 [M]. 北京：水利电力出版社，1991.

[5] 中国三峡建设管理有限公司，等. 智能灌浆系统研发及工程应用技术总结报告 [R]，2018.

中外塑性混凝土物理力学性能对比研究

王碧峰

（中国水电基础局有限公司；天津市地基与基础工程企业重点实验室）

【摘　要】 本文旨在对比分析中外在塑性混凝土抗压强度和弹性模量的试验方法及取值上的异同，重点分析取值的理论依据以及计算方法。通过对比研究发现，国内防渗墙规范（条文说明）对塑性混凝土物理力学性能的规定存在不合理之处，建议对防渗墙规范条文说明进行修正。

【关键词】 塑性混凝土　抗压强度　弹性模量　邓肯-张本构模型　土体硬化模型

1　引言

最近20年，中国电建集团在海外承建了大量水电站项目，这些项目大多是由西方咨询公司设计的，有些水电站项目需要采用塑性混凝土防渗墙作为坝基防渗手段，西方咨询公司在技术规范中提出的塑性混凝土物理力学性能指标与国内相比差异明显，让国内企业颇感不适应，甚至有点不知所措，无法设计出合适的配合比。笔者亲身经历的四个国外项目都遇到这一情况。

20世纪90年代初，清华大学等国内高校和企业开始对塑性混凝土进行了系统的试验研究，经过实际应用后，在防渗墙施工技术规范中对塑性混凝土抗压强度和弹性模量的取值范围进行了详细的规定。多年来，国内施工企业虽然按照规范进行施工，但实际上弹性模量的测试结果往往也满足不了规范的要求。

所以笔者认为有必要对国内外塑性混凝土的物理力学性能及其试验方法进行对比研究，找出差异原因，让国内企业更好地适应国际市场；同时，详细分析国内外塑性混凝土防渗墙在地基下面受力情况的理论计算模型之差异，以及由此导致塑性混凝土物理性能指标取值不同的理论根据，并给出笔者个人的建议。

2　国内外塑性混凝土物理力学性能试验方法的差异性分析

塑性混凝土的物理力学性能主要包括抗压强度和弹性模量，试验方法对不一样，得出的试验结果也会有所不同。对比国内外塑性混凝土物理力学性能的试验方法，结果详见表1和表2。

基金项目：国家重点研发计划项目（2018YFC1508504）。

表 1　　抗压强度试验方法对比分析表

范围	国　内	国　外
试验类型	混凝土试验	土工试验
试验规程	《水工塑性混凝土试验规程》(DL/T 5303—2013)	1. 无侧限抗压强度试验 ASTM D 2166（黏性土） 2. 三轴压缩试验 ASTM D4767（黏性土固结不排水三轴压缩试验）
试模尺寸	150mm×150mm×150mm（方模）	直径 101mm×高 200mm（圆模）
试验设备	压力机或万能试验机	无侧限压缩仪（恒应变）或三轴压缩仪
试验结果	立方体抗压强度	无侧限抗压强度 三轴抗压强度

表 2　　弹性模量试验方法对比分析表

范围	国　内	国　外
试验类型	混凝土试验	土工试验
试验规程	《水工塑性混凝土试验规程》(DL/T 5303—2013)	1. 无侧限抗压强度试验 ASTM D 2166（黏性土） 2. 三轴压缩试验 ASTM D4767（黏性土固结不排水三轴压缩试验）
试模尺寸	150mm×150mm×300mm（棱柱体）或 150mm×300mm（圆柱体）	101mm×200mm（圆柱体）
试验设备	压力机或万能试验机（与抗压强度的实验设备相同）	无侧限压缩仪（恒应变）或三轴压缩仪
试验结果	$E_{20\text{-}40}$（割线弹模）	1. 无侧限条件下的初始切线模量（E_i）或者割线弹模（E_{50}） 2. 三轴条件下的初始切线模量（E_i）或者割线弹模（E_{50}）

通过对比发现，国内习惯将塑形混凝土视为普通混凝土，按照普通混凝土抗压强度和弹性模量的试验方法进行试验，最后得出塑性混凝土的立方体抗压强度和割线弹模（$E_{20\text{-}40}$）。虽然 2013 年出版了专用的塑性混凝土试验规程，但本质上与普通混凝土的试验方法基本相同。

而国外则习惯于将塑性混凝土视为土，按照土工试验方法测量塑性混凝土分别在无侧限条件和三轴条件下的抗压强度和弹性模量，并建立它们之间的对应关系。之所以考虑无侧限和三轴两种条件，主要是因为三轴试验成本太高，现场试验以无侧限条件下的试验结果为主。同时，根据试验得出的应力应变关系曲线，可以求出初始切线模量（E_i）和割线弹模（E_{50}），用于不同本构模型条件下，塑性混凝土防渗墙的受力计算。

通过对比普通混凝土、塑性混凝土以及普通土体在无侧限及三轴条件下的应力应变关系曲线，可以发现塑性混凝土的破坏形式与土体更为接近，以剪切破坏为主，而不是类似普通混凝土以脆性破坏为主；都可以用摩尔-库仑定律来描述，所以，笔者认为国外采用的试验方法更为符合实际情况。

3　国内外塑性混凝土物理力学性能指标的差异分析

关于塑性混凝土的物理力学性能，国外最具代表性的著作为 1985 年第 15 届国际大坝会议 51 号公报出版的《防渗墙墙体材料》（*Filling materials for watertight cut off walls*)，它深刻地影响了后来的西方咨询工程师对塑性混凝土的认识。作者是 G. Y. Fenous 等来自西方地基处理公司（如法国地基公司）及筑坝材料委员会的专家学者。

近十几年来，笔者亲身经历过四个国外水利水电工程项目，这些项目的技术规范或者设计文件中都曾提到 51 号公报出版的《防渗墙墙体材料》。并据此公报精神确定了该项目塑性混凝土的物理力学性能指标，详见表 3。

表 3　　塑性混凝土抗压强度和弹性模量

电站	无侧限抗压强度 /MPa	弹性模量 /MPa	坝高 /m	平均墙深 /m	施工时间	咨询公司
苏丹某电站 1	平均 $R_{28}\geqslant 0.7$ 最小 0.6	平均 $E_{50}\leqslant 200$MPa （200MPa$\leqslant E_{50}\leqslant$300MPa 的数量占整个试验数量小于 25%）	67	45	2008 年	拉美尔 （LAHMEYER） （德国）
苏丹某电站 2	抗压强度 $R_{28}\geqslant 0.7$ 特征抗压强度 $R_{28}\geqslant 0.6$	割线弹性模量 $E_{50}\leqslant 200$MPa， 特征割线弹性模量 $E_{50}\leqslant 300$MPa （围压 200kPa）	55	30	2013 年	拉美尔 （LAHMEYER） （德国）
文莱某水坝	$0.8\leqslant R_{28}\leqslant 1.2$ （尽可能取高值以提高抗溶蚀能力及耐久性）	取样试验按照 $E_{50}\leqslant 220$MPa 控制	44	42	2015 年	美华 （MWH） （美国）
毛里求斯某水坝	$1.0\leqslant R_{28}\leqslant 1.5$	$100\leqslant E_{30\text{-}70}\leqslant 150$	48	24	2014 年	阿特利亚 （ARTELIA） （法国）

从表 3 可以看出，国外工程中塑性混凝土的抗压强度及弹性模量都比国内低很多，特别是弹性模量相差更大。

国内则以 20 世纪 90 年代初期清华大学水利水电工程系的研究成果最为突出，出版过专业书籍和大量论文，该研究曾受到国家自然科学基金赞助，也是“八五”国家科技攻关项目之一；此外，北京市水利工程基础处理总队、北京勘测设计院、水电部地质勘查基础处理公司（现中国水电基础局有限公司）等单位也对塑性混凝土进行了科技攻关，并先后在北京十三陵抽水蓄能电站进出口围堰防渗墙、永久性下池围堤防渗墙、福建水口水电站上下游围堰防渗墙、山西册田水库副坝防渗墙、隔河岩水电站围堰防渗墙、三峡二期围堰塑性混凝土防渗墙等工程进行了成功应用，取得了较好的效果。在此基础上，总结了塑性混凝土的物理力学性能指标，并写入防渗墙施工技术规范的条文说明中。

3.1　抗压强度

国外 51 号公报建议，虽然为了获得足够的变形能力，塑性混凝土的抗压强度应尽可能低，甚至最大不要超过几个巴（bar），但考虑到墙体材料要承受上部构筑物的重量，还要抵抗深层土压力以及抗溶蚀的需要，塑性混凝土又必须具有足够的强度。此外，防渗墙墙体一般较薄，所承受的水力坡降较高，而且国外有试验表明，抗溶蚀能力与抗压强度直接相关。所以该公报建议塑形混凝土的抗压强度（无侧限抗压强度）$R_{28}<1.5$MPa。

国内 2004 版《水电水利工程混凝土防渗墙施工规范》（DL/T 5199—2004）条文说明中建议：塑性混凝土的 28 天抗压强度（立方体抗压强度）为 1.0～5.0MPa。

需要说明的是，塑性混凝土（防渗墙）在地基下面是受围压的，围压条件下的轴向破坏应力 σ_1 才是具有真正意义上的抗压强度。而上述国内和国外测试的抗压强度均为无侧限条件下的抗压强度（主要是考虑到三轴试验成本高，无侧限抗压强度试验简单方便，成本低）。

根据塑性混凝土在三轴条件下的剪切破坏形式，围压对塑性混凝土抗压强度的影响可以使用以下 Mohr 理论计算：

$$\sigma_1=\sigma_3\tan^2\left(45+\frac{\varphi}{2}\right)+UCS \tag{1}$$

式中：σ_3 为水平围压；UCS 为无侧限抗压强度；φ 为塑性混凝土内摩擦角。

通过式（1）可以得知，三轴条件下的破坏应力 σ_1 与围压 σ_3 成线性关系，斜率的大小主要取决于塑性混凝土的内摩擦角。清华大学研究表明：当 $\sigma_3=1.0\sim2.0$MPa 时，采用上述摩尔-库仑理论得出的轴向破坏应力 σ_1 比无侧限抗压强度要高出几倍至十几倍。由此可见，将塑性混凝土的无侧限抗压强度规定得过高并无必要。此外，无侧限抗压强度过高，也不利于降低塑性混凝土的弹性模量，刚度与强度本身就是一对矛盾的参数。所以建议尽量在国内规范条文说明中规定的 1.0～5.0MPa 的下限值附近取值。

3.2 弹性模量

国外 51 号公报认为，为确保墙体适应土体变形而不开裂，最理想的墙体材料应具有与周围地基土体类似的变形特征。但如果周围是均质土体，或者土体的杨氏模量（弹性模量）随深度变化很小的情况下，墙体材料（塑性混凝土）的模量比周围土体大 4～5 倍是合适的。

国内《水电水利工程混凝土防渗墙施工规范》（DL/T 5199—2004）条文说明中建议，塑性混凝土的弹性模量为地基弹性模量的 1～5 倍，一般不大于 2000MPa。

需要说明的是，虽然上述国内外重要文献中并未明确说明是何种状态下的弹性模量，但是经过逻辑推理，可以证明上述塑性混凝土的弹性模量为无侧限或三轴条件下的初始切线模量（E_i），而土体（地基）弹性模量则为无侧限条件下的初始切线模量（E_i）。只有这样，它们之间才存在一定的倍数关系。

3.2.1 围压对普通土体弹性模量的影响

对于普通土体，其初始切线模量随着四围压力 σ_3 的增加而明显增大，根据 Janbu 理论，可以采用如下幂函数描述两者之间的关系：

$$E_i=KP_a\left(\frac{\sigma_3}{P_a}\right)^n \tag{2}$$

式中：σ_3 为四围压力；K，n 为试验常数，由一组常规三轴试验确定；P_a 为大气压力。

为准确了解土体的弹性模量随围压的变化情况，根据式（2）计算，结果见表 4。

3.2.2 围压对塑性混凝土弹性模量的影响

国内清华大学、北京市水利工程基础处理总队、水电部地质勘查基础处理公司（现中国水电基础局有限公司）等单位 20 世纪 90 年代进行的塑性混凝土科研成果表明，四围压力 σ_3 对塑性混凝土的弹性模量（初始切线模量）的影响比较小（增加的幅度很小甚至减小）。

表 4　　　不同围压条件下土体的弹性模量（初始切线弹模）变化情况表

围压/MPa	软黏土			硬黏土			砂			砂卵石		
	K	n	E_i	K	n	E_i	K	n	E_i	K	n	E_i
0.1	50	0.5	5.00	200	0.3	20.00	300	0.3	30.00	500	0.4	50.00
	50	0.8	5.00	200	0.6	20.00	300	0.6	30.00	500	0.7	50.00
	200	0.5	20.00	500	0.3	50.00	1000	0.3	100.00	2000	0.4	200.00
	200	0.8	20.00	500	0.6	50.00	1000	0.6	100.00	2000	0.7	200.00
0.2	50	0.5	7.07	200	0.3	24.62	300	0.3	36.93	500	0.4	65.98
	50	0.8	8.71	200	0.6	30.31	300	0.6	45.47	500	0.7	81.23
	200	0.5	28.28	500	0.3	61.56	1000	0.3	123.11	2000	0.4	263.90
	200	0.8	34.82	500	0.6	75.79	1000	0.6	151.57	2000	0.7	324.90
0.3	50	0.5	8.66	200	0.3	27.81	300	0.3	41.71	500	0.4	77.59
	50	0.8	12.04	200	0.6	38.66	300	0.6	58.00	500	0.7	107.88
	200	0.5	34.64	500	0.3	69.52	1000	0.3	139.04	2000	0.4	310.37
	200	0.8	48.16	500	0.6	96.66	1000	0.6	193.32	2000	0.7	431.53
0.4	50	0.5	10.00	200	0.3	30.31	300	0.3	45.47	500	0.4	87.06
	50	0.8	15.16	200	0.6	45.95	300	0.6	68.92	500	0.7	131.95
	200	0.5	40.00	500	0.3	75.79	1000	0.3	151.57	2000	0.4	348.22
	200	0.8	60.63	500	0.6	114.87	1000	0.6	229.74	2000	0.7	527.80
0.5	50	0.5	11.18	200	0.3	32.41	300	0.3	48.62	500	0.4	95.18
	50	0.8	18.12	200	0.6	52.53	300	0.6	78.80	500	0.7	154.26
	200	0.5	44.72	500	0.3	81.03	1000	0.3	162.07	2000	0.4	380.73
	200	0.8	72.48	500	0.6	131.33	1000	0.6	262.65	2000	0.7	617.03
0.6	50	0.5	12.25	200	0.3	34.24	300	0.3	51.35	500	0.4	102.38
	50	0.8	20.96	200	0.6	58.60	300	0.6	87.90	500	0.7	175.26
	200	0.5	48.99	500	0.3	85.59	1000	0.3	171.18	2000	0.4	409.53
	200	0.8	83.86	500	0.6	146.51	1000	0.6	293.02	2000	0.7	701.03
0.7	50	0.5	13.23	200	0.3	35.86	300	0.3	53.78	500	0.4	108.90
	50	0.8	23.72	200	0.6	64.28	300	0.6	96.42	500	0.7	195.23
	200	0.5	52.92	500	0.3	89.64	1000	0.3	179.28	2000	0.4	435.58
	200	0.8	94.87	500	0.6	160.70	1000	0.6	321.41	2000	0.7	780.91

注　表中 K、n 取自《岩土塑性力学原理》。

然而美国陆军工程兵团 1991 年出版的土坝塑性混凝土研究报告中的试验结果显示塑性混凝土的三轴弹模（初始切线模量）随围压的增加而增加，但增加的幅度不大。

笔者在苏丹某水电站项目以及文莱某水坝项目发现，随着四围压力的增加，塑性混凝土的弹性模量都是有所增大，但增加的幅度比较小，与土料的弹性模量随围压呈幂函数关系增长完全不一样。

总而言之，围压对塑性混凝土弹性模量的影响相对较小，这一点是国内外公认的事实。也正是因为塑性混凝土弹性模量具有这样与普通土体完全不一样的性质，才使得塑性混凝土防渗墙在地基下面受到围压时，与周围土体相比，相对变软（在一定深度处二者弹性模量基本相当），不产生应力集中，从而改善了墙体的受力条件，降低了墙体开裂的风险。

3.2.3 塑性混凝土弹性模量与周围地基土体弹性模量的关系

如 3.2 所述，国内外都对塑性混凝土与周围地基土体的弹性模量给出了一定的倍数关系作为参考，国外是 4～5 倍；国内是 1～5 倍，且不大于 2000MPa。

首先要弄清楚地基土体的弹性模量是多少？国内学者的研究结果见表 5。

表 5　　土的弹性模量值

土的种类	E/MPa	土的种类	E/MPa
砾石、碎石、卵石	40～56	硬塑的亚黏土和轻亚黏土	32～40
粗砂	40～48	可塑的亚黏土和轻亚黏土	8～15
中砂	32～46	坚硬的黏土	80～160
干的细砂	24～32	硬塑的黏土	40～56
饱和的细砂	8～10	可塑的黏土	8～16

根据表 5，结合水利水电工程实际地质情况，以不超过 5 倍计算，我们可以看出塑性混凝土弹性模量的正常取值范围应该不超过 300MPa。但国内规范的条文说明却又说不大于 2000MPa，实际应用过程中，往往大于 2000MPa，这说明国内规范规定的取值范围确实有不合理之处，虽然与试验方法有比较密切的关系，但条文说明自身存在不合理之处也是显而易见的。

那么为什么是这个倍数关系呢？一直以来，没有查阅到相关文献对此进行解释说明，笔者借此机会尝试解释其是否合理。

以主要地质条件为砂层，坝高 50m 的黏土心墙坝为例，假设坝基防渗墙深度 30m。根据土力学理论，防渗墙顶部及底部围压按式（3）计算：

$$\sigma_3 = K_0 \gamma H \tag{3}$$

式中：σ_3 为围压；K_0 为静止土压力系数，一般取 0.5；γ 为土体容重，按 $18kN/m^3$ 计算；H 为深度，m。

计算结果显示防渗墙墙顶处围压最小，其最小值为 $\sigma_3 = 0.5 \times 18 \times 40 = 0.36(MPa)$。墙底处围压最大，最大值为 $\sigma_3 = 0.5 \times 18 \times (40 + 30) = 0.63(MPa)$。查阅表 4 可知，墙顶处土体的弹性模量范围在 41.71～229.74MPa 之间；墙底处土体的弹性模量范围在 51.35～321.41MPa 之间。表 3 提供的国际工程案例中，塑性混凝土的弹性模量就在这个范围之内。

如前所述，要想塑性混凝土防渗墙在外力的作用下不发生应力集中从而导致墙体开裂、影响防渗性能，它的弹性模量应该与相同深度处土体的弹性模量基本相当才行。国外 51 号公报也建议，为确保墙体适应土体变形而不开裂，最理想的墙体材料，应具有与周围地基土体类似的变形特征。通过上述计算可以得知，规定塑性混凝土弹性模量不大于周围地基土体弹性模量（无侧限条件下的初始切线模量）的5倍确实有一定的合理性。同时也证明了国内规范条文说明中所提到的小于2000MPa缺乏必要性。

4 国内外塑性混凝土物理力学性能在防渗墙受力计算模型的差异分析

研究塑性混凝土抗压强度和弹性模量的主要目的是用于防渗墙在地基下面的受力计算。一直以来，国内外均采用非线性弹性模型-邓肯张本构模型。但自21世纪以来，荷兰公司开发了Plaxis 2D软件，其弹塑性模型-土体硬化模型（hardening soil model）被认为更适合计算塑性混凝土防渗墙的受力情况，受到了国际岩土工程界的好评，也得到了国外咨询公司的大量使用。土体硬化模型建模时采用的是割线模量 E_{50}，E_{50} 在Plaxis 2D软件的各类模型中使用非常广泛，主要原因可能有两点：一是因为 E_{50} 是一个受力范围内的平均线性模量，岩土设计中，受力范围往往需控制在岩土极限强度的一半作为安全系数；二是相对于初始切线模量（E_i）而言，E_{50} 更容易在实验室测量，测量的准确度也更高。所以表3提供的国际工程案例中，大多是采用割线模量，而没有采用初始切线模量。

但国内还是采用邓肯张本构模型，邓肯张本构模型建模时采用的是初始切线模量 E_i，所以截至目前，国内几乎所有文献和资料中，用于防渗墙受力计算的弹性模量都是初始切线模量。这是目前国内外在防渗墙受力计算方面最大的区别。

5 结语

（1）在塑性混凝土物理力学性能的测试方法上，国内外采取了完全不同的试验方法，国内是按照普通混凝土的试验方法；国外则是按照土工试验方法。根据普通混凝土、塑性混凝土和普通土体在三轴条件下的应力应变关系曲线可以看出，土工试验方法更适用于塑性混凝土。

（2）与国内相比，国外在塑性混凝土抗压强度和弹性模量的取值上普遍偏低，弹性模量的取值范围与Janbu理论计算的相应深度土体弹性模量基本相当，理论与实践契合度很高。建议相关单位修编防渗墙施工规范之条文说明。

（3）建议国内高校及科研设计单位加强对防渗墙受力分析及理论计算的研究，尽快与国际接轨或提出更合适的计算模型，让国内企业在境外从事水电站业务时更加自信和从容。

参考文献

[1] 王清友，孙万功，熊欢. 塑性混凝土防渗墙［M］. 北京：中国水利水电出版社，2008.

[2] 国家能源局. 水工塑性混凝土试验规程：DL/T 5303—2013［S］. 北京：中国电力出版社，2014.

[3] 中华人民共和国水利部. 土工试验规程：SL 237—1999［S］. 北京：中国水利水电出版社，1999.

[4] 于玉贞，濮家骝，刘凤德. 土石坝基础塑性混凝土防渗墙材料力学性能研究［J］. 水利学报，1995（8）：21-27.

[5] 丛霭森. 地下连续墙设计施工与应用［M］. 北京：中国水利水电出版社，2000.

［6］ 高钟璞. 大坝基础防渗墙［M］. 北京：中国电力出版社，1999.
［7］ 中华人民共和国国家发展和改革委员会. 水电水利工程混凝土防渗墙施工规范：DL/T 5199—2004［S］. 北京：中国电力出版社，2004.
［8］ 郑颖人. 岩土塑性力学原理［M］. 北京：中国建筑工业出版社，2002.
［9］ 顾晓鲁. 地基与基础［M］. 北京：中国建筑工业出版社，2003.

浅析国内外水电工程灌浆技术规范的差异

王碧峰

（中国水电基础局有限公司；天津市地基与基础工程企业重点实验室）

【摘　要】 本文旨在对比分析国内外在水利水电工程灌浆技术规范上的差异，重点分析灌浆理念及防渗标准、钻孔和灌浆设备、灌浆材料及浆液、灌浆工艺、灌浆压力、关键过程控制及计算机应用、灌浆质量检查及灌浆效果评价、计量方法等，并提出相关建议。

【关键词】 欧洲灌浆规范　中国灌浆规范　防渗标准　灌浆工艺　规范差异

1　引言

近二十多年，中国电建集团在海外承建了大量水电站项目，大部分水电站都要采用灌浆作为坝基和坝肩防渗的主要手段，这些项目大多是由西方咨询公司设计，采用的是欧洲灌浆规范（EN 12715），也有少部分项目采用美国陆军工程兵团以及美国垦务局的标准。中国企业在走出去的同时，对欧洲灌浆规范经历了从不了解到慢慢熟悉的过程，经过多年的工程实践，中国灌浆规范与欧洲灌浆规范之间存在较大的差异。

自2002年马来西亚克拉隆水库项目开始，中国水电基础局有限公司先后在伊朗、苏丹、巴基斯坦、老挝、赞比亚、乌干达等多个国家实施灌浆工程，这些灌浆工程大多使用的都是欧洲灌浆规范。在成功履约的同时，对欧洲规范中与中国规范不一样的内容也引起了笔者的思考。借此机会，就中国灌浆规范与欧洲灌浆规范的差异性进行对比分析，供在国外从事灌浆工程的同行参考。

2　灌浆技术规范差异分析

本文中国灌浆规范主要指《水工建筑物水泥灌浆施工技术规范》（DL/T 5148—2019），欧洲灌浆规范是指EN 12715。对中外水电工程灌浆规范的差异分析包括两个层级，即整体性差异和主要差异。

2.1　整体性差异分析

（1）从宏观上说，虽然本文主要研究对象是《水工建筑物水泥灌浆施工技术规范》（DL/T 5148—2019），但实际上与灌浆相关的中国灌浆规范包含多本规范，分类非常详细，见表1。该表之外还有多本由学会主持编制的灌浆团体标准。而“欧洲灌浆规范”

基金项目：国家重点研发计划项目（2018YFC1508504）。

只有一本规范（EN 12715）。

表 1　　中国主要灌浆规范一览表

标准规范号	规　范　名　称
DL/T 5148—2019	水工建筑物水泥灌浆施工技术规范
DL/T 5267—2012	水电水利工程覆盖层灌浆技术规范
DL/T 5238—2010	土坝灌浆技术规范
DL/T 5237—2010	灌浆记录仪技术导则
DL/T 5406—2010	水工建筑物化学灌浆施工规范
DL/T 5712—2014	水电水利工程接缝灌浆施工技术规范

（2）中国灌浆规范采用以功能为导向的分类方法。一般称为岩石帷幕灌浆、岩石固结灌浆、土坝劈裂灌浆、覆盖层帷幕灌浆、隧洞回填灌浆、大坝接缝灌浆、钢衬接触灌浆、化学灌浆，等等。

而欧洲灌浆规范则没有这么具体的分类，虽然在具体项目上也称帷幕灌浆或者固结（接触）灌浆，但在灌浆规范中它主要按照灌浆的原理以及灌浆是否造成原始地层发生位移为标准来进行分类，灌浆的概念更为宽泛。灌浆原理及方法见图 1。

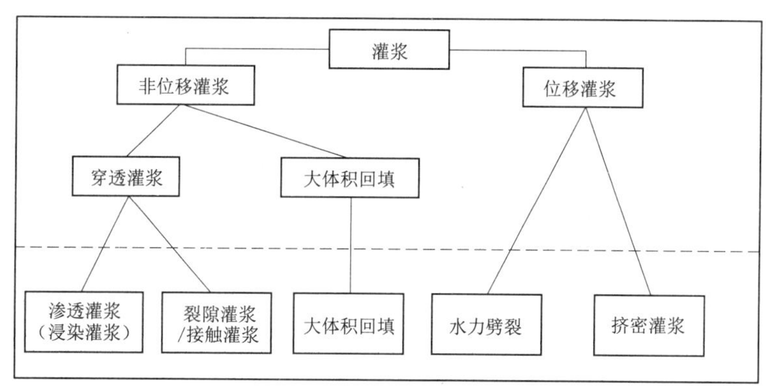

图 1　灌浆原理及方法

（3）中国灌浆规范对灌浆的技术参数，比如灌浆材料性能、配合比、灌浆压力、灌浆结束标准、质量检查等都给予了比较详细的量化规定；而欧洲规范则更多地倾向于做宏观性描述，很少对灌浆工艺提出特别具体的量化要求，这些一般在具体项目的技术规范中进行规定。

通过对比国内外灌浆规范，我们发现，其实标准的制定不宜太过仔细。中国改革开放四十多年来，建设了几十座水电站，在灌浆技术上始终没有太大的突破和创新，标准过细可能是其中的一个原因。目前的标准无法发挥工程技术人员的创造性和积极性，大家只需要按照标准执行，不愿冒风险做出任何的改变。应该鼓励不同工程不同地质条件下，在试验基础上提出项目自己的技术规范，提升技术人员的主观能动性。

2.2　主要差异分析

2.2.1　灌浆理念与防渗标准

西方国家将水泥灌浆主要作为防止坝基渗漏破坏的手段，其目的主要是解决大裂隙和大渗漏量，以及可能导致的渗透破坏的问题。他们认为小裂隙和小的渗漏量灌浆无力解决，也无须解决，降低扬压力主要依靠排水而不是帷幕灌浆。有西方灌浆专家就认为如果透水率在5Lu以下，坝基岩石水泥灌浆对降低渗漏量没有明显效果，当透水率为5～25Lu时，灌浆是否能降低渗漏都难于确定。欧洲灌浆规范中没有提及最终的防渗标准，一般来说都会在项目招标文件的技术规范里面，因工程而异给出相应标准，且通常不大于5Lu（偶有2～3Lu）。

早期中国规范对帷幕灌浆防渗标准，除要求渗透稳定外，总是希望标准越高越好，最好滴水不漏。两院院士潘家铮曾说："坝无大小，地基无良劣，从设计到运行，都希望做到滴水不漏。此要求既不经济，也无必要，且不可能，外国人特别是资本家是不会这么做的"。实际上是对国内防渗标准要求过于严格持不赞成态度，近年来有所改进，防渗标准也做了修改。比如混凝土重力坝的坝基防渗标准，见表2。

表2　　中国混凝土重力坝坝基防渗标准

分类	早期混凝土重力坝设计规范（试行）		《混凝土重力坝设计规范》（DL/T 5108—1999）《混凝土重力坝设计规范》（SL 319—2005）	
	坝高/m	防渗标准 q/Lu	坝高/m	防渗标准 q/Lu
低坝	＜30	＜3或＜5	＜50	5
中坝	30～70	1～3	50～100	3～5
高坝	＞70	＜1	＞100	＜1～3

从表2可以看出，新版规范的防渗标准比旧版规范有所放松，但还是严于西方标准。而且中国的设计人员总体来说偏于保守，一般是在规范规定的范围内选择上限。

通过上述对比可以发现，西方国家的防渗标准比国内要宽松一些，特别是对于高坝而言（坝高大于100m），从西方的不大于5Lu到中国的小于1～3Lu（国内设计人员一般取小于1Lu），会大大提高灌浆的施工成本，同时也大大消耗灌浆资源及能量，与目前倡导的绿色低碳施工理念不太协调。当然，对于重大工程，出于安全考虑，适当提高一些防渗标准是有必要的。但最好是要经过实践检验，特别是水库蓄水，电站运行后的实际渗漏情况，并总结国内外各种不同坝型、不同坝高的防渗标准，根据不同项目特点，特别是正常蓄水时的水头高度，提出符合实际情况的防渗标准。

2.2.2　钻孔和灌浆机械

钻孔和灌浆机械主要包括钻机、灌浆泵、搅拌机、灌浆记录仪等，国内外主要设备差别见表3。

表3　　国内外钻孔及灌浆机械比较表

机械名称	西方国家	中国
钻机	履带式回转岩芯钻机，自行移动、全液压操作、起下钻高度机械化。回转冲击钻机，功率强大、钻孔深度可达百米以上、操作简单、工效高	普通回转岩芯钻机，未能全机械化，体力劳动繁重。 冲击回转钻机，国内也能生产，但与欧美产品的性能差距仍然较大
灌浆泵	液压灌浆泵，无级调压、排量可调，可适用各种方式灌浆	两缸或三缸柱塞泵，排量不可调、泵体笨重、功耗大，不大适用于纯压式灌浆

续表

机械名称	西　方　国　家	中　　国
灌浆塞	气压塞	气压塞和水压塞
灌浆记录仪	单通道	单通道及多通道，计算机控制，并开始进入智能灌浆时代

通过表 3 可以发现，国外采用的钻灌设备整体上比国内要先进（智能灌浆设备除外），这与国外的整体工业水平比国内先进有很大的关系。对于目前的钻孔和灌浆设备，有学者统计过，国外纯压式灌浆消耗的能源只有国内循环式灌浆的 1/4；水泥损耗只有 1/12，而且由于工序过于繁杂，导致机械化水平不高，工效低。所以，我们国家应该逐步实现灌浆设备的自动化和信息化，大幅提高工效和资源利用率，体现节能环保的社会发展趋势。例如：根据中国企业在国外的施工经验，西方咨询工程师对我国的灌浆泵意见非常大，不仅不能实现无级调压，而且压力波动太大，很难实现低压条件下的灌浆过程。

2.2.3　灌浆材料与灌浆浆液

西方国家灌浆材料多样化，仅水泥材料就可以提供各种细度的专用灌浆水泥（比表面积一般要求大于 3500cm^2/g，在具体项目上还同时要求过 200 目美国标准筛的筛余量为 0，其实就是要求水泥颗粒又细又均匀，但在实际操作中，很难购买到这样的水泥）。关于灌浆浆液，美国、日本与中国一样，采用多级水灰比，但欧洲自 20 世纪 90 年代以后倡导采用单一比级的稳定性浆液。

欧洲灌浆规范对各类浆液适用的地层情况见表 4。

表 4　　欧洲灌浆规范对各类浆液适用的地层情况

地层介质	范　围	非位移灌浆			位移灌浆
		渗透灌浆	裂隙灌浆或接触灌浆	大体积回填	
粒状土体	砾石、粗砂以及砂砾 $K>5\times10^{-3}$m/s	纯水泥浆、水泥基悬浮液			
	砂 5×10^{-4}m/s$<K<5\times10^{-3}$m/s	微细悬浮液、溶液			水泥基悬浮液，砂浆
	中、细砂 5×10^{-6}m/s$<K<1\times10^{-4}$m/s	微细悬浮液、溶液、特殊化学浆液			
岩石裂隙	断裂带、裂缝、喀斯特地貌 $e>100$mm		水泥基砂浆、水泥基悬浮液（黏土填料）	砂浆、速凝水泥基悬浮液、膨胀性聚亚氨酯、其他水反应产品	
	裂缝、裂隙 0.1mm$<e<100$mm		水泥基悬浮液、微细悬浮液		
	微细裂隙 $e<0.1$mm		微细悬浮液、硅酸盐胶体、特殊化学浆液		

续表

地层介质	范 围	非位移灌浆			位移灌浆
		渗透灌浆	裂隙灌浆或接触灌浆	大体积回填	
洞穴	大空隙			砂浆、速凝水泥基悬浮液、膨胀性聚亚氨酯、其他水反应产品	

注 *e* 为裂隙宽度。

中国一般采用普通硅酸盐水泥，没有专用的灌浆水泥（规范中规定水泥细度宜为通过 80μm 方孔筛的筛余量不大于 5%）。当需要采用细水泥时，自行再加工（干磨或湿磨）。近 20 年来，国内许多水泥厂都可以生产细水泥和超细水泥，其比表面积分别能达到 $5000cm^2/g$ 和 $8000cm^2/g$。

中国灌浆规范对灌浆浆液的分类如下：

（1）纯水泥浆液。

（2）细水泥浆液，系指干磨细水泥浆液、湿磨细水泥浆液，超细水泥浆液。细水泥和超细水泥适用于岩体微细裂隙和张开度小于 0.5mm 的坝体接缝、裂缝灌浆。

（3）水泥基混合浆液，黏土水泥浆、粉煤灰水泥浆、水泥砂浆等。适用于注入量很大时的灌浆。

（4）稳定性浆液，掺有稳定剂，且 2h 析水率不大于 5%的水泥浆液。适用于遇水性能易恶化或注入量较大的地层的灌浆。

（5）膏状浆液，以水泥、黏土（膨润土）为主要材料的初始塑性屈服强度大于 50Pa 的混合浆液。适用于大孔隙地层（岩体宽大裂隙、溶洞、堆石体等）的灌浆。

（6）其他浆液，包括水玻璃-水泥浆液、各类化学浆液等。

需要说明的是，我国在膏状浆液、水泥-化学复合浆液灌浆方面具有国际先进水平，成功实施了多个难度极大的水电工程。

2.2.4 灌浆工艺

西方主要采用钻孔和灌浆工序分开的灌浆工艺，即钻孔单独进行，采用冲击/回转钻机一钻到底，接着再自下而上卡塞连续进行纯压式灌浆（只有当地层破碎，无法一钻到底或者无法卡塞时，才采用自上而下灌浆），一气呵成。工序高度简化，便于机械化、自动化施工，极大地降低劳动强度。此外，瑞典的隆巴迪还提出和推广实施 GIN 灌浆法，让灌浆变得更简单，也得到一些灌浆专家的认可。

中国主要采用孔口封闭灌浆法（20 世纪 80 年代，中国水电基础局灌浆专家王志仁为适应高压灌浆发明的），不卡塞。钻、灌交替作业，自上而下，钻进一段，灌注一段，采用循环式灌浆。工序复杂，劳动强度大，不利于机械化作业。与国外常用的纯压式灌浆相比，国内循环式灌浆能耗大，工效低，水泥浪费严重。

需要指出的是，采用欧洲灌浆规范施工了欧美及其他国家无数大坝的防渗帷幕，总体上运行良好，说明其肯定有值得学习的地方。比如防渗标准，高坝可以严谨一点，100m 以下的大坝就不能太保守，防渗标准越严，消耗的能量和资源就越多，对环境不太友好；

在中低坝帷幕灌浆或几乎所有的固结灌浆中，提倡优先采用低碳、优质、高效的西式工法，即自下而上纯压式灌浆法（配合稳定性浆液）。复杂地层或高坝条件下，保留国内的传统工法——孔口封闭灌浆，或者可以考虑两种工法并用。在中国现行体制下，这种改变，要从设计开始。施工单位没有太多发言权。

2.2.5 灌浆压力

根据前面对灌浆的分类可以看出，西方人是不太喜欢高压灌浆的理念的。他们一般希望进行欧洲灌浆规范上说的裂隙灌浆，即通过不产生新的裂隙或不使现有裂隙扩大的方式，将浆液充填进入岩群的开口裂隙、裂缝或接缝中，以降低渗透性和提高被灌体的强度。对于希望通过灌浆降低地层的渗漏情况而言，一般只想将灌浆过程控制在岩石临界压力以下进行，这与他们认为一定程度的渗漏（只要没有形成渗漏破坏）并不会对整个大坝安全构成致命威胁的想法有关。他们还认为，超出岩石临界压力进而将岩石劈裂进行灌浆是不必要的，甚至是危险的。不希望由于压力过大导致岩石发生水力劈裂，从而进行劈裂灌浆，不希望破坏原始地层并造成浆液浪费（但实际上因为不同岩性、同一孔内不同灌浆段的临界压力可能都不一样，所以很难确定某个工程岩石的临界压力的具体值）。

但是欧洲规范中也有水力劈裂灌浆，主要用于：①加固或稳定地层（土层或岩石）；②使构筑物产生受控抬动；③构筑防渗帷幕。基本不是用于岩石帷幕灌浆，也可能早期欧洲也曾采用过劈裂灌浆，但根据近二十几年中国企业在国外从事水电工程的实践，西方的咨询工程师不太可能采用水力劈裂灌浆。例如，我公司施工的国外水电项目灌浆工程，65m 左右的孔深，最大灌浆压力只有 1.6MPa，这在我们国内是不可想象的。

中国恰恰相反，比较喜欢高压灌浆，高压灌浆的机理就是劈裂灌浆。而且根据我们中国的工程实践，高压灌浆或劈裂灌浆明显地增强了灌浆效果，也是我国灌浆质量和效果优于国外的原因之一。当然这与我们国家防渗标准比西方国家高也有很大的关系。

孔口封闭灌浆就是为了有效实施高压灌浆而产生的，没有太多考虑发生水力劈裂可能造成的影响。在我国，不少水电站的灌浆工程都采用过 6MPa 以上的灌浆压力。

经过几十年的发展，目前国内已经习惯采用高压灌浆的做法，只要不发生抬动，都希望尽可能提高灌浆压力。虽然最终灌浆效果相对低压灌浆肯定要好（正常情况下），但却没有过多的考虑成本及资源消耗，材料浪费依然比较严重，不太符合低碳环保的灌浆理念。

2.2.6 灌浆过程控制与计算机应用

西方国家自 20 世纪 70 年代，开始使用灌浆记录仪；日本在 80 年代后也开始使用计算机控制进行自动化灌浆。

中国自 20 世纪 90 年代开始研发推广灌浆记录仪，现已普及。20 世纪末，中国水电基础局有限公司与天津大学联合首先研制了灌浆自动化记录仪，现在已经更新了几代产品。随着智慧工地的出现，目前中国已经进入了智能灌浆的时代，包括三峡集团和中国水电基础局在内的很多单位，都在积极研发智能灌浆技术，并已经投入生产，这些都得到了西方咨询工程师的认可。中国灌浆自动化控制的软件和硬件都处于世界先进水平。

2.2.7 灌浆质量检查及灌浆效果评价

西方对灌浆质量的控制一般以过程控制为主，只要施工过程按照设计要求进行，灌浆过程中数据变化合乎规律，末序孔的透水率和单位注灰量达到小于或接近某一规定数据，灌浆就认为是合格的。也要按照规范进行检查孔施工，并进行压水试验。一般情况下，只要透水率小于5Lu，灌浆就合格了。不合格时，加密灌浆孔，或者加深一段或两段灌浆，直到单位注灰量小于一个规定数值即可（如单位注入量小于50kg/m）。

按照西方国家的检查标准及效果评价系统，灌浆质量总体良好，几乎没有听到有异常情况的报道。

与西方相比，中国对灌浆质量的过程检查和灌浆效果评价要重视得多，也严格得多。不仅要按照规范要求提供灌浆过程记录表格及灌浆效果分析评价资料，甚至还委托第三方检查。所以，不考虑人为因素，我国的灌浆工程总体质量较好，不少大坝的帷幕灌浆的防渗效果优于采用欧洲灌浆规范的国外项目。

总的来说，如果严格按照我国灌浆规范实施，中国的灌浆质量肯定要比西方国家好。但近年来，帷幕灌浆完成后，初期蓄水即渗漏较大而大量追加补灌工程量的情况多有发生。这已经不是灌浆规范和灌浆技术讨论的范畴，而是市场失序、恶性竞争、监管不严导致的诚信缺失等道德层面的问题，由此可见，不管规范优劣，只有人才是保证质量的最关键因素。

2.2.8　计量方法

国外灌浆工程计量方法因工程而异，一般比较复杂，但比较合理。每道工序（如钻孔、重复钻孔、压水试验、卡塞、灌浆工时或灌浆段、注入水泥量等）都按不同单位给予计量，无论水泥注入量是多是少，承包商基本没有风险。

我国采取灌浆进尺（延米）和注入量（吨）两种方式，都过于简单。前者留下尽量节约水泥、甚至偷工减料的空间，后者则助长浪费和弄虚作假。

计量方法是工程质量得到保障的有效手段之一，通过上述对比，可以发现，国外灌浆规范在计量方法上更为科学合理，让承包商无需承担灌浆材料的消耗风险，有利于保证灌浆质量。

3　结论

（1）通过对比国内外灌浆规范，可以看出欧洲规范较为宏观，原则性叙述很多，覆盖所有类型的灌浆，指导性比较强。针对具体项目，咨询公司在这个灌浆规范的基础上，提出自己的技术参数，再通过现场灌浆试验确定最终的灌浆参数。中国灌浆规范的内容相对具体细致很多，可操作性非常强，对灌浆过程中涉及的技术参数都给予了比较具体的规定。但技术标准太过仔细，不利于发挥工程设计及施工人员的创新精神。

（2）我国灌浆技术与世界先进水平的差距主要在于灌浆理念偏于保守；钻孔灌浆设备落后（智能灌浆设备除外）、钻灌工艺复杂、钻孔机械化、自动化水平低。施工劳动强度大、工效低，计量方法粗放导致灌浆资料容易失真，进而导致施工质量控制难度加大，灌浆质量评价困难。

（3）与中国灌浆规范提倡的孔口封闭循环式灌浆方法相比，西方提倡的稳定性浆液加纯压式灌浆，简单、低耗、节能、高效。特别是GIN灌浆技术的提出，虽然没有成为主流的灌浆方法，但它确实让灌浆更加简单，灌浆结束标准更容易达到，反映了西方人不断地创新和追求。

（4）总的来说，按照我国灌浆规范施工，灌浆质量的保证度要高于西方国家。原因如下：

1）多级水灰比浆液循环灌注，稀浆开灌，浆液渗透能力强，有利于充填更多的细裂隙，帷幕防渗标准高，透水率可以达到小于 1Lu。

2）孔口封闭灌浆法，自上而下反复灌，增加了灌浆质量的可靠性。

3）较严格的灌浆结束条件，使得注入岩石裂隙中的水泥结石密实度提高，因而耐久性好。

也就是说，我国帷幕良好的防渗效果是繁琐的灌浆工法和较大的投入（能量消耗）所换取来的。是否可取，归根到底还是文化、理念及体制的问题。

关于国内外防渗墙槽孔开挖稳定性计算的讨论

王碧峰

（中国水电基础局有限公司；天津市地基与基础工程企业重点实验室）

【摘　要】 本文旨在探讨泥浆条件下防渗墙槽孔开挖过程中的整体稳定性。通过介绍国内外防渗墙规范中为保持槽孔稳定所采取的措施、国内常用的槽孔稳定性计算方法、国外规范中槽孔稳定性计算要求及案例等，希望能让读者全面了解国内外防渗墙槽孔开挖稳定性计算的现状，并引起国内同行对防渗墙开挖过程中槽孔稳定性理论计算的重视，从而提高国内的理论计算水平，适应在国际工程中从事防渗墙施工的需要。

【关键词】 黏性土　非黏性土　槽孔稳定性　安全系数

1　概述

一直以来，防渗墙开挖过程中的槽孔稳定性计算是一个非常复杂的问题。说它复杂，是因为影响槽孔稳定性的因素实在太多，比如地层情况千变万化，同一槽孔中不同地层的土力学参数（特别是抗剪强度参数——内聚力和内摩擦角）差异很大，地下水位变化也影响地层的土力学参数，因选用不同施工设备导致地面附加荷载也不一样，护壁液（膨润土泥浆）的独特性能，如流变性能以及在孔壁易形成泥皮的能力，以及拱效应，等等。这些因素对槽孔稳定性都有着非常重要的影响，各种因素叠加起来，使得从理论上计算开挖过程中槽孔是否稳定就非常困难。即便如此，国内外不少科研机构及高等院校都尝试进行计算，但考虑到这个问题非常复杂，所以缺少一个通用的槽孔稳定性的计算公式。

可能正是基于上述原因，目前国内防渗墙规范中仅提出一些为保持槽孔稳定的措施，并没有对槽孔稳定性计算作出要求。不仅仅是中国，据了解，在国外使用更为广泛的欧洲防渗墙规范（EN 1538—2010）也只是在第 7.2 条论及防渗墙槽孔开挖过程中的稳定性时，提出了一些开挖过程中稳定槽孔的措施，并给出了槽孔稳定性设计的三点原则，在第二点原则中提及稳定性计算应考虑的因素，但也并没有给出详细的稳定性计算方法及计算公式。

但在国外从事防渗墙施工时，业主或咨询公司在项目技术规范中常常要求承包商根据欧洲防渗墙规范（EN 1538—2010）进行槽孔开挖稳定性计算，并给出计算过程，否则承包商的施工组织设计就很难获得咨询公司的批准。这也是笔者要借此机会讨论一下这个问

基金项目：国家重点研发计划项目（2018YFC1508504）。

题的主要原因。

据笔者了解，目前全世界只有德国防渗墙规范（DIN 4126）对此有详细的要求，并给出安全系数的计算公式，下面逐一做简要介绍。

2 国内防渗墙规范中关于开挖过程中稳定槽孔的措施

国内防渗墙规范主要是《水电水利工程混凝土防渗墙施工规范》（DL/T 5199—2004）和《水利水电工程混凝土防渗墙施工技术规范》（SL 174—2014），这两个规范中提到稳定槽孔的措施总结如下：

（1）修筑施工平台和导墙之前，宜根据地质情况进行必要的地基处理，防渗墙施工平台高程应高于地下水位 1.5m/2.0m 以上。

（2）尽可能采用性能优良的膨润土泥浆护壁。

（3）对漏失底层应采取预防措施，发现泥浆漏失应立即堵漏和补浆；地层严重漏浆，应迅速向槽孔内补浆并填入堵漏材料，必要时回填槽孔。

（4）大空隙地层成槽施工时，宜进行预处理，如预灌浓浆、振冲密实等。

3 国内常用的槽孔稳定性计算方法

3.1 非黏性土

在非黏性土层中垂直挖槽必须采用泥浆护壁，取单宽槽壁孔口部分分析如下：

设可能的滑动楔形体为 ABC，破裂面为 AB，合力 R 与 AB 面的法线夹角为 α，详见图 1。

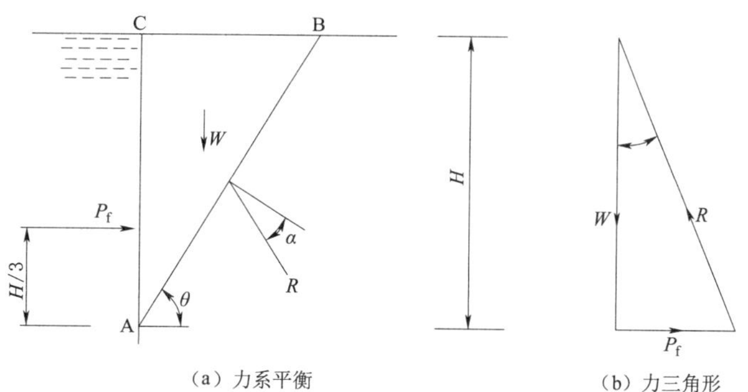

图 1 非黏性图中垂直挖槽滑动体力系平衡图

当所需 $\tan\alpha > \tan\phi$ 时，表明滑动体失稳。$\tan\alpha$ 越小，槽壁越稳定。因此滑动体稳定安全系数可以表示为

$$F_1 = \frac{\tan\phi}{\tan\alpha} \tag{1}$$

式中：ϕ 为砂砾的内摩擦角。

单位长度滑动土体 ABC 重量 W 为

$$W = \frac{1}{2}\gamma \cdot H^2 \tan(90° - \theta) \tag{2}$$

式中：γ 为土层容重；H 为滑动土体高度；θ 为滑动面坡角。

固壁泥浆产生的推力 P_f 为

$$P_f=\frac{1}{2}\gamma_F \cdot H^2 \tag{3}$$

式中：γ_F 为泥浆容重。

根据式（2）和式（3）可得

$$\frac{W}{P_f}=\frac{\gamma \cdot \tan(90°-\theta)}{\gamma_F} \tag{4}$$

由 W、P_f、R 作力三角形，可知：

$$\frac{W}{P_f}=\tan[90°-(\theta-\alpha)] \tag{5}$$

故

$$\tan[90°-(\theta-\alpha)]=\frac{\gamma \cdot \tan(90°-\theta)}{\gamma_F} \tag{6}$$

将上式对 θ 进行微分，可求得当 $\theta=45°+\frac{\alpha}{2}$时，$\alpha$ 具有最大值，此时滑动楔形体具有最小稳定安全系数，将 $\theta=45°+\frac{\alpha}{2}$代入式（6）中，可解得

$$\tan\alpha=\frac{\gamma-\gamma_F}{2\sqrt{\gamma \cdot \gamma_F}} \tag{7}$$

将式（7）代入式（1），得

$$F_1=\frac{2\sqrt{\gamma \cdot \gamma_F} \cdot \tan\phi}{\gamma-\gamma_F} \tag{8}$$

若槽壁两侧有地下水时，水位以下的土和泥浆呈浮容重，安全系数将降低。当地下水位与地面齐平时，安全系数

$$F_1=\frac{2\sqrt{\gamma' \cdot \gamma'_F} \cdot \tan\phi}{\gamma'-\gamma'_F} \tag{9}$$

式中：γ'为槽壁土层的浮容重；γ'_F 为固壁泥浆的浮容重。

3.2 黏性土

采用泥浆固壁时，可认为槽壁黏性土受剪切破坏时实际上不排水，可用总应力法计算，即 $\tau=c$、$\phi=0$，则临界破裂面对水平面的倾角为 45°（详见图 2）。其中 τ 为黏性土的不排水抗剪强度；c、ϕ 分别为不排水条件下，以总应力表示的内聚力及内摩擦角。

同样取单宽槽壁孔口分析，由临界滑动楔形体的力矢图得

$$R \cdot \sin45°=P_f+c \cdot \cos45° \tag{10}$$

$$R \cdot \cos45°+c \cdot \sin45°=W \tag{11}$$

解上述方程得

$$c=\frac{W-P_f}{\sqrt{2}} \tag{12}$$

而

$$c=\sqrt{2} \cdot H \cdot \tau_0 \tag{13}$$

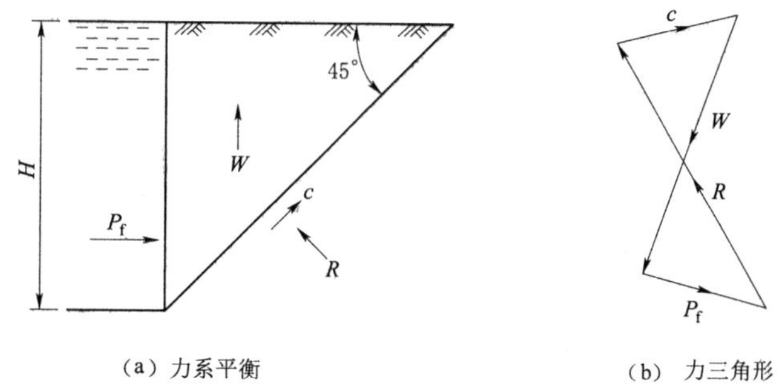

（a）力系平衡　　（b）力三角形

图 2　黏性土中垂直挖槽滑动体力系平衡图

$$W=\frac{1}{2}\gamma\cdot H^2 \tag{14}$$

$$P_f=\frac{1}{2}\gamma_F\cdot H^2 \tag{15}$$

将上述式（13）、式（14）、式（15）代入式（12）得

$$\sqrt{2}\cdot H\cdot\tau_0=\frac{\frac{1}{2}\gamma\cdot H^2-\frac{1}{2}\gamma_F\cdot H^2}{\sqrt{2}} \tag{16}$$

整理后得

$$\tau_0=\frac{(\gamma-\gamma_F)H}{4} \tag{17}$$

式中：H 为槽深；τ_0 为潜在破裂面上需要发挥的剪应力；γ 为槽壁黏性土容重；γ_F 为泥浆容重。

稳定安全系数为

$$F_2=\frac{\tau}{\tau_0}=\frac{c}{\tau_0} \tag{18}$$

将上述式（17）代入式（18）得

$$F_2=\frac{4c}{(\gamma-\gamma_F)H} \tag{19}$$

若有均布荷载 q 作用，则

$$F_2=\frac{4c-2q}{(\gamma-\gamma_F)H} \tag{20}$$

当取安全系数为 1，则最大孔深为

$$H_{max}=\frac{4c-2q}{\gamma-\gamma_F} \tag{21}$$

上述公式说明：如果泥浆的容重大，临界高度 H_{max} 也大，假使 γ_F 接近 γ，槽壁就一直是稳定的，与孔深无关。但是 H_{max} 的影响因素很多，不完全取决于容重，比如膨润土泥浆虽然容重很小，但是由于泥皮的作用和泥浆特有的流变特性，槽孔仍是很稳定的。这正是槽孔稳定性难以准确计算的原因，所以式（21）仅仅只是理论计算，如果按照这个公式计算槽孔是稳定的，那实际上槽孔就会更稳定，因为它还没有考虑泥皮及拱效应等对槽孔稳定有利因素的影响。

此外，如前所述，当槽孔快速开挖，饱和土中水无法排出时，在黏性土中采用 $\phi=0$ 是可行的。对于一般的泥浆槽孔来说，槽孔开挖并用混凝土回填是个短暂过程，它比黏性土孔隙水压力的消散所需时间少的很多。在此情况下，可以采用 $\phi=0$ 和黏性土的不排水抗剪强度 $\tau=c$ 来核算槽孔的稳定。τ 通常取无侧限抗压强度之半，只要在实验室求得黏性土的无侧限抗压强度，即可计算临界开挖高度。由此还可以得出下面公式

$$H_{\max}=\frac{4\tau-2q}{\gamma-\gamma_{F}} \tag{22}$$

应该说，在工程实践中，上述式（9）及式（22）对于浅层均质砂层和黏土层而言（例如在城市地连墙工程中，出现近似均质地层的可能性较大），计算结果有很大的可靠性。在国外如果遇到类似的工程，完全可以采用这两个公式进行计算，其计算结果是偏于保守的。

但需要说明的是，上面式（9）及式（22）仅仅是理论上的，而且还有很多假设条件。例如，不管是黏性土还是非黏性土，必须是近似均质土层，其土力学参数基本保持不变。这一点在水电工程中其实是很难找到的。因为大多数水电工程在整个槽孔深度上，地层变化是很大的，从土层到砂层，再到卵砾石层，甚至漂石、孤石层都不罕见。地下水位也是有高有低，变化不定。这时候如果还是采用上述公式来计算，似乎不是很合适。

例如，近十年来，国内在西藏旁多，新疆大河沿等水电站项目上成功实施过多道孔深在 100～200m 之间的防渗墙，其地质条件变化较大，包括黏土层、砂层、卵砾石层，甚至孤石、漂石等。在槽孔开挖过程中，膨润土浆液的容重一般在 $10.5\sim12.0\text{kN/m}^3$ 之间，槽壁也基本是稳定的。如果采用式（9）及式（22）来计算，很明显槽壁是不稳定的（或者因为地层条件严重不均质，无法采用这两个公式）。这又该如何解释呢？这个问题一直深深困扰着笔者，这也正是笔者在概述中提到的，理论上计算槽孔的稳定性确实是很复杂的主要原因。

4 国外对防渗墙槽孔开挖稳定性方面的规定及要求

西方人非常重视逻辑，按照逻辑，实践中各种地质条件下的槽孔大多数时候是稳定的，肯定有其理论上的必然性，应该就能计算出槽孔稳定的安全系数。

4.1 欧洲防渗墙规范（EN 1538—2010）

4.1.1 关于开挖过程中稳定槽孔的措施

（1）为保证槽孔稳定，护壁液液面高程应根据地下水的最高测压水位进行调整，并要求护壁液液面始终不低于地下水最高测压水位 1m。考虑到泥浆面的波动起伏，施工平台高程应高于开挖过程中预计的最高地下水位 1.5m 以上。

（2）如果遇到松散砂层或软土地层，特别是地基承载力 $Q_c<300\text{kPa}$ 或者不排水抗剪强度 $C_u<15\text{kPa}$，可以通过下述几种措施保持槽孔稳定：①挖槽前提高地基强度；②提高护壁液液面高程；③提高护壁液比重；④减少槽孔空孔时间。

（3）如果遇到高渗透性，粗颗粒含量高的地层，浆液漏失严重，应采取专门措施应

对：①通过增加护壁液中膨润土的含量以提高其动切力；②在护壁液中加入填料（在搅拌站或者直接加入槽孔中）。

（4）如果遇到有空洞的地层，采用回填贫混凝土或者其他合适材料后重新开挖，或者开挖之前对相关地层进行灌浆处理。

4.1.2 关于槽孔稳定性设计原则

槽孔稳定性的设计原则基于以下三点：

（1）类似地质条件下防渗墙施工经验，主要考虑因素为土层及岩石性能、地下水压力、相邻构筑物、施工方法。

（2）槽孔稳定性包括两个层面的稳定，槽孔墙壁土体的局部稳定性以及开挖时的整体稳定性。稳定性计算应考虑的因素为护壁液形成的稳定力、地下水压力、土压力，包括三维状态下的土压力、土层的剪切强度、相邻荷载的影响、相邻构筑物的施工细节。需要注意的是，规范中并没有规定应该如何计算安全系数，更没有给出计算方法和计算公式。

（3）现场进行槽孔开挖试验。重点考察影响槽孔稳定性的主要因素为护壁液性能、护壁液的液面高程、槽孔长度、槽孔空孔时间（考察土层与地下水条件，土层的抗剪强度可能随着时间的延长而减小）；槽孔开挖过程中，要时刻监测地下水水位和孔隙水压力。

槽孔稳定性应根据上述三个基本设计原则，即类似经验、稳定性计算或现场试挖等来确定。当认为类似经验不可靠时，应采用第二种或第三种方法。

4.2 德国防渗墙规范（DIN 4126）

4.2.1 规范对安全系数计算的规定

德国规范中对槽孔稳定性的安全系数采用以下两种方式定义：

（1）护壁液的支承反力（S）减去地下水的静压力（W），除以由于主动土压力产生的力（E），即安全系数：

$$\eta_k=\frac{S-W}{E} \tag{23}$$

支承反力 S 是护壁液静压力的一部分，当护壁液渗入地层较少，且在槽壁形成泥皮时，支承反力 S 就近似等于护壁液的静压力。

（2）土体的实际抗剪参数与保证槽孔平衡时所需的抗剪参数的比值，即安全系数：

$$\eta_\varphi=\frac{\tan\phi}{\tan\phi_0} \tag{24}$$

在上述两种安全系数计算方法中，用于计算的土体内聚力应在实际土体内聚力的基础上除以 1.5 的安全系数。一般采用第一种计算方法为主。

槽孔是否安全通过以下方法获得：①计算安全系数，并能证明在所有开挖深度上，计算出来的安全系数均大于表 1 中的安全系数；②挖试验槽孔，并考虑表 1 中的安全系数。

表 1　　槽孔稳定性安全系数

规定临界区域内，上部是否有构筑物产生的荷载作用	$\eta_k=\eta_\varphi$
有荷载时	1.3
无荷载时	1.1

4.2.2 安全系数的计算

为计算槽孔所有深度（比如每米）上的安全系数，德国人开发了专门的软件，这个计算软件考虑了地层的分层情况，不同地层土力学参数的差异，松散地层条件下护壁液支撑反力的损失，地下水位的变化，护壁液的容重及动切力等等诸多对槽孔稳定有重要影响的因素。

将相应参数输入计算机软件中，通过迭代计算，找出楔形体的稳定角，求出对应位置的 S、W 及 E，并按照式（23）求出每米深度处槽孔的安全系数，从理论上证明槽孔开挖过程中，在整个深度上是否安全，这种方法有一定的说服力。

护壁液的支承反力（S）以及地下水的静压力（W）比较容易计算，主动土压力产生的力（E）计算则较为复杂。

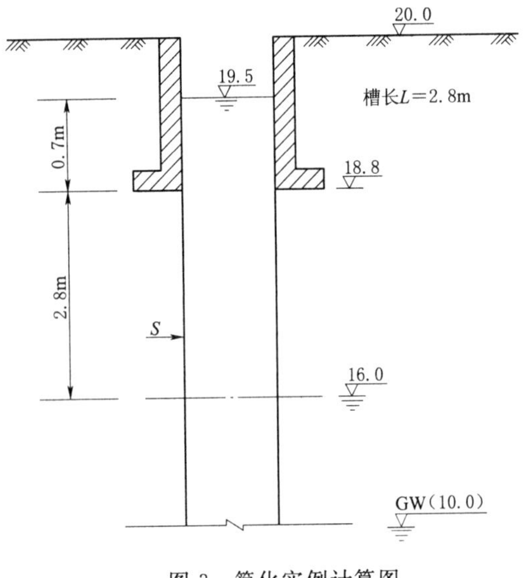

图 3　简化实例计算图

举一个简化计算实例，如图 3 所示。

该简化实例假设条件如下：

地面附加荷载 $P=0$；内聚力 $c=0$；内摩擦角 $\phi=30°$；静止土压力系数 $K_0=1-\sin30°=0.5$；$\gamma=19\text{kN/m}^3$；$\gamma_F=10.3\text{kN/m}^3$；槽长 $L_s=2.8$m。现计算高程 16m（孔深 4m）处槽孔稳定性安全系数。

导墙产生的支承反力 E_{GW} 为

$$E_{GW}=\frac{1}{2}\cdot\gamma\cdot h_1^2\cdot K_0\cdot L_s$$

$$E_{GW}=\frac{1}{2}\times19\times1.2^2\times0.5\times2.8=19.15(\text{kN})$$

护壁液产生的支承反力 S（假设浆液没有渗入地层，此时等于护壁液静压力）为

$$S_1=\frac{1}{2}\times10.3\times3.5^2\times2.8=176.65(\text{kN})$$

$$S_2=\frac{1}{2}\times10.3\times0.7^2\times2.8=7.07(\text{kN})$$

$$S=S_1-S_2=176.65-7.07=169.58(\text{kN})$$

因为地下水位在计算范围以下，所以地下水的静压力为 0。

主动土压力所产生的力 E 计算则比较复杂，德国人对滑动楔形体的受力分析与国内略有不同，除考虑滑动面上的剪应力外，还考虑了滑动楔形体两侧三角形区域由于摩擦产生的剪应力 T（σ_y 来自土体自重及附加荷载），并通过积分方式进行计算，详见图 4。

德国规范中用于计算主动土压力 E 的受力图和力矢图详见图 5。

通过复杂的迭代计算（无法手动计算），求出对应深度处的土压力 $E=83.79$kN（程序计算出的结果）。进而计算出高程 16m（孔深 4m）处安全系数：

$$\eta_k=\frac{(E_{GW}+S)-W}{E}=\frac{169.58+19.15-0}{83.79}=2.252$$

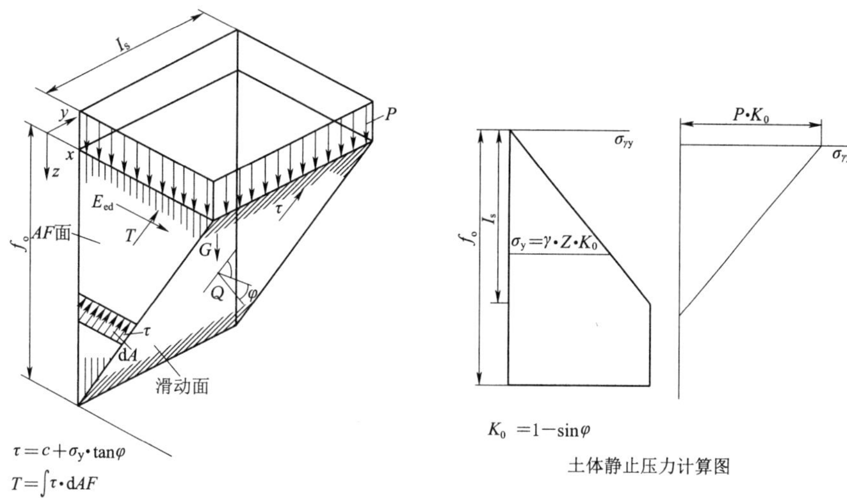

图 4 滑动楔形体示意图：断裂体三角面上的支撑剪应力估算

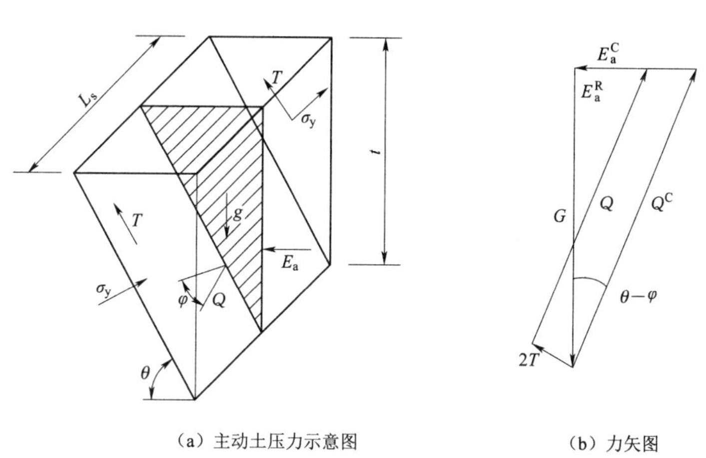

（a）主动土压力示意图 （b）力矢图

图 5 主动土压力 E 受力及力矢图

计算程序在整个槽孔深度上的运行结果见表 2。

表 2 **槽孔稳定安全系数程序自动计算结果表**

高程 /m	安全系数计算结果	楔形体稳定角 /(°)	护壁液支承反力 /kN	导墙支承反力 /kN	土压力 /kN
18.80	1.739	62.50	0.00	19.15	11.01
18.00	1.616	64.00	25.38	19.15	27.55
17.20	1.828	65.50	69.22	19.15	48.33
17.00	1.896	66.00	83.06	19.15	53.92
16.00	2.252	67.50	169.58	19.15	83.79
15.00	2.593	69.00	284.94	19.15	117.28
14.00	2.899	70.00	429.14	19.15	154.61

续表

高程/m	安全系数计算结果	楔形体稳定角/(°)	护壁液支承反力/kN	导墙支承反力/kN	土压力/kN
13.00	3.171	70.50	602.18	19.15	195.92
12.00	3.412	71.00	804.06	19.15	241.28
11.00	3.625	71.50	1034.78	19.15	290.74
10.00	3.815	72.00	1294.34	19.15	344.33
9.00	3.982	72.50	1568.74	19.15	398.77
8.00	4.132	72.50	1843.98	19.15	450.93
7.00	4.269	73.00	2120.06	19.15	501.13
6.00	4.398	73.50	2396.98	19.15	549.35
5.00	4.522	74.00	2674.74	19.15	595.69
4.00	4.642	74.00	2953.34	19.15	640.40
3.00	4.757	74.50	3232.78	19.15	683.59
2.00	4.871	75.00	3513.06	19.15	725.15
1.00	4.982	75.00	3794.18	19.15	765.48
0.00	5.091	75.50	4076.14	19.15	804.43

5 总结

防渗墙槽孔稳定性计算是一个非常复杂的课题，很难找到通用的理论计算公式。笔者根据自己的工作实践，总结了国内外防渗墙施工中曾经用到的计算方法及案例，供同行参考。目前国内防渗墙规范没有要求进行稳定性验算，但在国际工程中，咨询工程师通常要求承包商根据欧洲防渗墙规范（EN 1538—2010）进行稳定性验算，而欧洲防渗墙规范也没有给出详细的计算方法和计算公式。希望大家共同努力，推进国内防渗墙槽孔稳定性计算迈上一个新的台阶。

白鹤滩水电站地下洞室岩体结构特征及其破坏模式研究

贺子英

（中国水利水电第七工程局成都水电建设工程有限公司）

【摘　要】 白鹤滩水电站地下洞室岩体结构具有复杂性和特殊性，主要依据结构面间距指标来确定岩体结构的传统分类方法并不完全适用，因此需要针对白鹤滩地区地下厂房洞室岩体特征设定专门的分类标准。岩体结构是岩体稳定性的潜在因素，对岩体的应力应变起控制作用，主要表现于对稳定程度、失稳规模及变形破坏机理等的控制和影响。研究不同岩体结构的变形破坏模式对于探索岩体结构的稳定性具有重要意义。

【关键词】 地下　岩体　结构　破坏

1　引言

白鹤滩水电站位于四川省宁南县和云南省巧家县境内，是金沙江下游干流河段梯级开发的第二个梯级电站，具有以发电为主，兼有防洪、拦沙、改善下游航运条件和发展库区通航等综合效益。水库正常蓄水位 825m，相应库容 206 亿 m^3，地下厂房装有 16 台机组，装机容量 1600 万 kW。电站建成后，将成为仅次于三峡水电站的中国第二大水电站。

白鹤滩水电站地下洞室布置于火成岩建造中，主要为二叠系上统峨眉山组玄武岩，包括杏仁状玄武岩、隐晶—微晶质玄武岩、斜斑玄武岩等，且存在大量的柱状节理；火山碎屑岩类，如凝灰岩；以及火山碎屑熔岩类，如角砾熔岩等。岩体的结构面有构造结构面（断层、层内错动带、构造裂隙）、原生结构面（柱面及隐节理）。对柱状节理玄武岩来说，若只考虑两种结构面的发育程度，而不考虑原生结构面的紧密程度，则该岩体的节理线密度可达 15 条/m 以上，RQD 很低，按传统方法判断属较破碎岩体。但从实际情况来说，该岩体的力学特征指标较高，说明白鹤滩水电站地下洞室柱状节理玄武岩在几何完整性和力学特性上是不一致的，这样的分类指标不能与岩体的稳定性有较好的对应关系，因此主要依据结构面间距指标来确定岩体结构的分类方法并不完全适用。

2　岩体结构特征

2.1　岩性分析

岩石本身的性质特征，对其岩体结构具有重要影响。不同的岩石具有不同的岩石物理力学性质、水理性质、风化程度等。

(1) 斜斑玄武岩和杏仁状玄武岩，岩质坚硬完整，新鲜，岩体中的裂隙少于隐晶质玄武岩，局部弱风化，斜长石斑晶呈灰白色，杏仁体呈灰黑色，部分发黄。在不受卸荷和构造影响的情况下，岩体一般呈整体—次块状结构。

(2) 隐晶—微晶质玄武岩，岩石坚硬且脆，隐晶质玄武岩发育大量的网状隐裂隙，裂隙呈贝壳状，连接紧密，岩体多呈次块状结构，工程性质较好；柱状节理玄武岩，岩石坚硬且脆，节理非常发育，岩体多呈柱状镶嵌结构。该类岩石从岩体完整程度上看是较破碎的，但具有非常好的紧密性，弹性波速值较高，力学性质较好。

(3) 角砾熔岩，成分混杂，性状不稳定。岩石的坚硬程度低于隐晶玄武岩，但基本可以达到硬岩类标准，单轴饱和抗压强度可以达到50MPa，节理裂隙不发育，在不受卸荷和构造影响的情况下，岩体呈块状—次块状结构。

(4) 凝灰岩，规模较大的层内、层间错动带以及断层的影响带，属软岩类，透水性较强，遇水易软化，岩体破碎，结构较松弛，一般为碎裂状、次块状。

2.2 岩体结构分类

根据现场对白鹤滩水电站地下洞室开挖阶段的地质调查结果，对以上因素进行分析，将白鹤滩水电站地下厂房的岩体结构划分为五种基本类型：块状结构、层状结构、镶嵌结构、碎裂结构、散体结构。

2.2.1 块状结构

(1) 亚类为整体结构。发育特征：斜斑玄武岩、杏仁状玄武岩，岩体坚硬、完整，构造变形轻微，岩体微透水，未风化或局部微风化。结构面特征：结构面间距大于1m，新鲜且不发育，组数不超过3组，紧密闭合状，见少量短小裂隙及微裂纹，延展性差，粗糙，少夹碎屑。结构体特征：岩石由整体或巨型块体组成，块体大小多大于1m。

(2) 亚类为块状结构。发育特征：斜斑玄武岩、杏仁状玄武岩、隐晶玄武岩、角砾熔岩，岩体较坚硬，较完整，微透水，弱微风化。结构面特征：结构面间距50～100cm，结构面多闭合、粗糙或夹少量碎屑，部分裂隙中充填方解石膜或石英脉。结构体特征：长方体、立方体、菱形块体以及少量多角形块体，大小为50～100cm。

(3) 亚类为次块状结构。发育特征：隐晶—微晶玄武岩，杏仁状玄武岩，岩体完整性稍差，呈次块状，微风化，岩体弱透水。结构面特征：结构面间距30～50cm，中等发育，裂隙面铁、锰质渲染，结构面闭合程度有所降低，部分微张开。结构体特征：以形态不规则的多角形块体为主，夹少量形态规则的长方体、立方体、菱形块体，块体大小为50～100cm。

2.2.2 层状结构

发育特征：杏仁状玄武岩，隐晶—微晶玄武岩、角砾熔岩，岩石完整度较差，呈层状，微风化，透水性中等。结构面特征：结构面间距10～30cm，发育较好，微张。结构体特征：每一层的整体性较好，由于应力集中或风化造成局部较为破碎。

2.2.3 镶嵌结构

(1) 亚类为镶嵌结构。发育特征：微晶—隐晶玄武岩，岩体完整性差，弱风化，节理发育，由碎块、角砾挤压紧密构成错动带。结构面特征：结构面间距10～30cm，较发育，组数一般多于3组，延展性差，结构面粗糙闭合或夹少量的碎屑。结构体特征：形态不同，大小不一，棱角彼此咬合，嵌合紧密。

(2) 亚类为网状隐裂隙结构。发育特征：微晶—隐晶玄武岩，岩体较完整性，弱风化，隐裂隙发育，呈贝壳状。结构面特征：结构面间距5～15cm，较发育，延展性差，闭合程度较好。结构体特征：被网状裂隙切割，形态不同，大小不一，棱角彼此咬合，嵌合紧密。

(3) 亚类为柱状镶嵌结构。发育特征：微风化的柱状节理玄武岩，岩体完整性差，岩体破碎但岩块嵌合紧密。结构面特征：结构面闭合，无软弱物质充填，节理很发育，间距一般小于10cm。结构体特征：柱状节理切割成大小不一，镶嵌紧密的块体。

2.2.4 碎裂结构

(1) 亚类为块裂结构。发育特征：弱风化上段的斜斑玄武岩、杏仁状玄武岩，岩体较破碎，完整性差，岩块间有岩屑和泥质物充填，透水性较强。结构面特征：结构面间距10～30cm，较发育—很发育，一般大于3组，局部发育贯穿性较好的结构面，裂隙闭合程度中等。结构体特征：形态规则或不规则的多角形块体，局部岩体破碎。

(2) 亚类为碎裂结构。发育特征：弱风化上段的隐晶—微晶玄武岩，岩体破碎—较破碎，弱透水性，岩块间有岩屑和泥质物充填。结构面特征：结构面间距小于30cm，很发育，嵌合紧密。结构体特征：多为横截面为五边形或六边形的长柱状，黏结紧密。

2.2.5 散体结构

发育特征：风化较强的凝灰岩，岩体破碎，透水性较强，岩块夹岩屑或泥质物，裂隙密集。结构面特征：多发育在破碎带中，节理、劈理密集呈无序状，岩屑或泥质物夹岩块，嵌合松弛。结构体特征：变形形成的破碎带或碎屑杂乱堆积。

根据大量的地质勘探及跟踪开挖调查结果显示，白鹤滩水电站地下厂房洞室围岩总体较完整。岩体结构类型以整体和块状为主，占43%；其次为次块状结构，占24%；镶嵌结构占15%；碎裂结构占11%；层状结构占5%；散体结构极少见到，约占2%。

3 岩体结构及其破坏模式

根据对白鹤滩主厂房洞室的现场观测，其围岩变形破坏总体是由外向内逐步发展的结果，地下洞室开挖后，在岩体中形成临空面，由于卸荷回弹、应力重分布以及周围地下水的重分布等原因，往往使围岩的岩体结构发生明显的变化。由于洞室横跨较大，在顶板压力作用下，洞室表面喷层张拉破坏，在洞室顶部、拱肩及拱脚出现了拉破坏区域，并沿洞室走向延伸，造成块体塌落或沿层理、节理等软弱面滑移；在围岩应力释放及开挖爆破振动的影响下，局部应力集中，在洞壁形成岩爆或者片帮；围岩内部则在应力作用下发生剪切破坏，引起碎裂松动；对柱状节理玄武岩而言，由于其柱状节理倾角较大，在压应力或剪应力下变形破坏，并在重力的影响下滑脱倾倒。

3.1 顶拱塌落

发生于洞室顶拱，由于厂房内洞室的开挖宽高比较大，且主要岩性为脆性块状的玄武岩，在其顶拱常产生切向拉应力，如果拉应力集中且超过围岩的抗拉强度，顶拱围岩就发生张裂破坏，当存在近似垂直的构造裂隙时，较小的拉应力也可使岩体切向拉开产生垂直的张性裂缝，被其切割的岩体受自重应力的影响下变得不稳定，易造成顶拱坍塌。凝灰岩和沿凝灰岩分布的层间错动带及层内错动带等缓倾角结构面产状平缓，当错动带距洞顶较近时，易在顶拱形成较大范围的结构面控制型松弛坍塌。顶拱塌落示意图见图 1。

3.2 块体滑落

多发育于侧拱或者边墙发育不同产状结构面的部位，3 组不同产状以上结构面与临空面切割形成可动块体。岩体强度较低，结构松散，开挖后在重力作用下沿单滑面或双滑面滑落，抗滑力小于下滑力。块体滑落示意图见图 2。

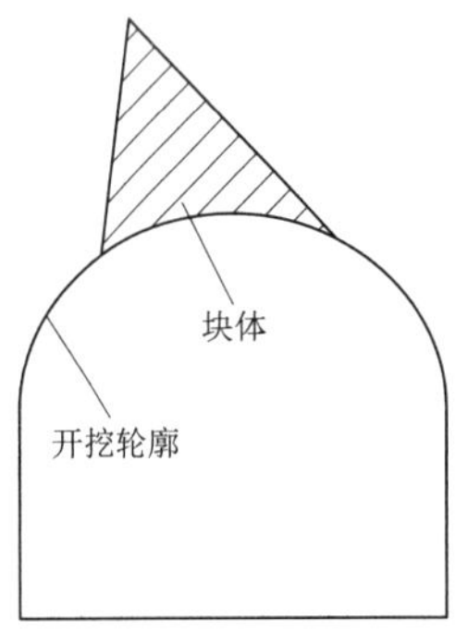

图 1　顶拱塌落示意图

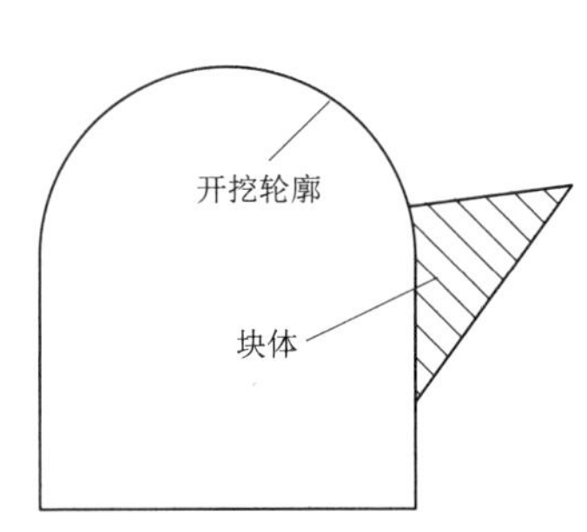

图 2　块体滑落示意图

3.3 岩爆

岩爆是围岩的一种剧烈的脆性破坏，常以“爆炸”的形式表现出来。其产生需具备两方面的条件：高储能体的存在，应力接近于岩体强度是岩爆产生的内因，某附加荷载的触发是其产生的外因。地下洞室岩体以脆性岩石为主，地应力量级中等偏高，左岸厂房部位在 23MPa 左右，岩爆对地下工程建设造成很大的危害。岩爆示意图见图 3。

3.4 片帮

这类破坏多发生在厂房侧拱偏压较大的应力集中部位，地应力较高的块体状结构的围岩中，一般出现在切向压应力集中的洞壁附近，少量发生于顶拱造成片状冒落。过大的切向压应力使围岩表部发生平行于洞壁的破裂，将洞壁岩体切割成板状结构。当切向压应力大于劈裂岩板的抗弯折强度时，可能被压弯折断并造成塌方。片帮示意图见图 4。

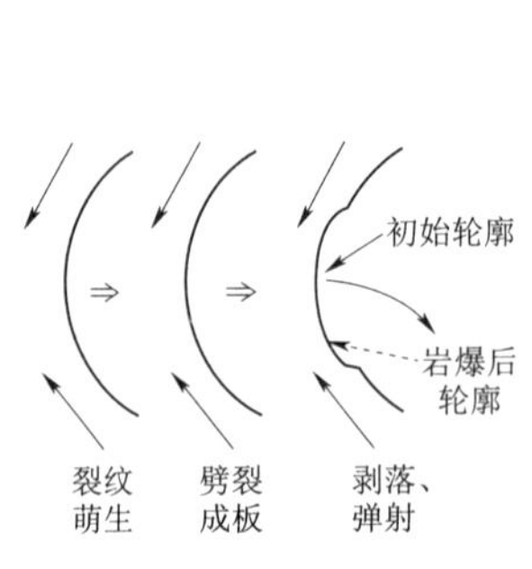

图 3　岩爆示意图

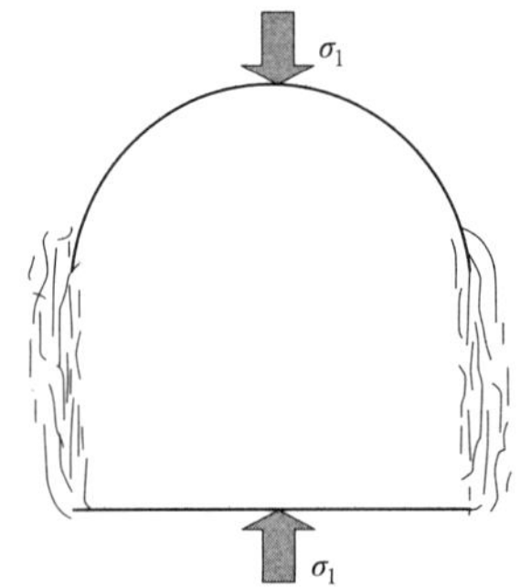

图 4　片帮示意图

3.5 碎裂松动

碎裂松动是碎裂结构和镶嵌结构岩体变形、破坏的主要形式，主要是由于压应力集中造成的剪切破坏，如果围岩应力超过围岩的抗压强度，就会因沿多组已有断裂结构面发生剪切错动而松弛，微裂纹在高地应力作用下逐渐扩展连通，形成碎裂松动带。若地下水的活动参与时，更易导致碎裂松动带的扩大，并引起顶拱崩塌或边墙失稳。在主厂房和主变洞的拱肩等应力集中部位，易发生岩体碎裂松动。碎裂松动示意图见图 5。

3.6 滑脱倾倒

地下洞室 $P_2\beta_3^2$、$P_2\beta_3^3$ 层位柱状节理玄武岩的典型破坏模式，柱状节理玄武岩开挖后易松弛，原嵌合紧密的柱体因松弛而掉块，特别是受缓倾角结构面切割时易在拱顶和拱肩滑脱倾倒，造成大面积的塌落，破坏面一般呈阶梯状，沿弯曲面或最大剪应力面产生蠕滑变形。竖直节理倾角多大于 50°，主要结构面与临空面近平行，节理间架空孔洞发育，张开或充填碎石、岩屑及次生泥。滑脱倾倒示意图见图 6。

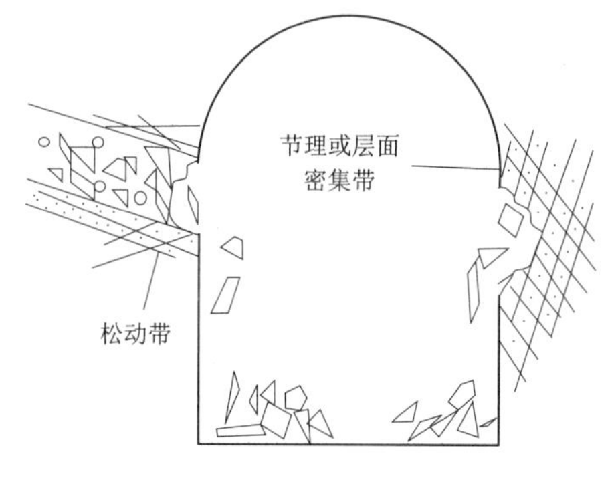

图 5　碎裂松动示意图

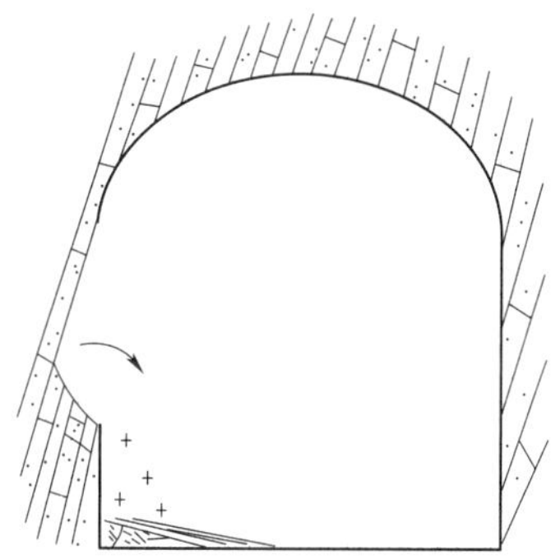

图 6　滑脱倾倒示意图

4 结论

通过深入研究了白鹤滩地下洞室岩体的结构特征、破坏机理及破坏模式，通过大量的现场跟踪开挖勘察，同时针对性地进行岩性分析，得出如下结论：

（1）在传统的依据结构面间距指标来确定岩体结构的分类方法的基础上，针对性的设定白鹤滩地区地下厂房洞室岩体特征分类标准，更为契合实际，即块状结构、层状结构、镶嵌结构、碎裂结构、散体结构等 5 种基本类型。其中包含 10 种亚类分类，即整体结构、块状结构、次块状结构、层状结构、镶嵌结构、网状隐裂隙结构、柱状镶嵌结构、块裂结构、碎裂结构、散体结构。

（2）白鹤滩地下厂房洞室群规模大，地质条件较复杂，地应力较高，洞室围岩为新鲜的隐晶质玄武岩、斜斑状玄武岩、杏仁状玄武岩、角砾熔岩等组成，洞室围岩完整性较好，以次块—块状结构为主，局部为镶嵌或碎裂结构。

根据室内资料分析，结合地下厂房洞室规模大，洞群结构复杂，相互影响，结构面发育，空间效应突出，部分存在地下水浸入等特点，其破坏类型主要为：块体塌落、块体滑落、岩爆、片帮、碎裂松动、滑脱倾倒等。

南水北调某二期泵站基坑渗流数值计算及降水沉降分析

王丽娟[1]　崔　飞[2]　路　威[1]　赵卫全[1]

（1. 中国水利水电科学研究院；2. 中水淮河规划设计研究有限公司）

【摘　要】南水北调某二期泵站进水渠距离一期泵站变电站仅28m，为保障既有一期泵站的运行安全，采用渗流计算软件GeoStudio，选取典型断面，对基坑支护（防渗）设计方案进行比选，发现混凝土防渗墙防渗作用明显，然后在明确典型断面基坑支护（防渗）设计方案的基础上，计算得出二期泵站基坑开挖降水引起的一期泵站副厂房最大水位降深为1.0～2.0m，按照相关规范计算副厂房桩底沉降值最大为20mm，满足工程要求。

【关键词】GeoStudio软件　渗流　沉降　混凝土防渗墙

1　工程概况

南水北调某二期泵站规模为大（1）型，主要建筑物为1级，次要建筑物为3级，二期泵站建筑物主要包括主厂房、副厂房、安装检修间、前池、进水池、出水池、清污机桥、引水渠、出水渠、二级坝公路桥、鱼道及管理设施等。二期泵站位于一闸与二闸之间的分流岛岗地上，与二闸相邻布置，泵站中心线距二闸约280m，距一期泵站中心线约1940m，中心线与坝轴线正交。二期泵站与一期泵站平行布置，二期泵站进水渠距离一期泵站变电站约28m。为保障二期二级泵站基坑开挖过程中一期既有泵站的运行安全，本文采用GeoStudio软件进行二维渗流场模拟，计算基坑开挖引起的一期泵站副厂房水位下降情况，并按照规范计算副厂房桩底沉降。

2　水文地质条件

本区地下水类型主要为第四系松散岩类孔隙潜水和裂隙潜水。主要分布在冲洪积、洪积第四系松散层中，在工程区广泛分布。含水层岩性主要为含裂隙黏土、壤土、砂壤土、粉细砂，含水层分布连续性较差、均匀性差。工程区第②层黏土为裂隙黏土，裂隙十分发育，且多贯通上下，渗透性较大，勘探时出水量较多；第③层灰色黏土，软至硬塑状态，土中可见裂隙、细砂透镜体，局部夹有粉土、砂壤土层，中等透水；第④层中粉质壤土夹砂姜，发育裂隙和小孔洞，透水性好，钻探时漏水；第⑤层中粗砂为中至强透水性；第⑥层中粉质壤土夹砂姜土中裂隙、孔隙发育，透水；第⑦层重粉质壤土夹砂姜，土中裂隙、孔隙发育，透水；第⑧层黏土夹砂姜，局部呈蒜瓣状，发育裂隙、孔隙，裂隙面光滑，渗水现象明显，裂隙、孔隙在纵横向的分布、发育无规律。

3 基坑支护（防渗）设计方案比选

渗流计算采用加拿大有限元软件 GeoStudio 的 seep/w 模块，GeoStudio 是一款大型的通用岩土有限元计算软件，其功能强大且模块十分丰富。二期泵站基坑位于一期泵站北侧，二期泵站进水渠距离一期泵站变电站仅 28m，一期泵站副厂房东侧与二期泵站 C－C 剖面放坡点位置基本位于同一直线，因此选取 C－C 剖面进行渗流计算，对不同基坑支护（防渗）设计方案进行比选。各土层的渗透系数见表 1，基坑渗流场计算工况见表 2。

表 1　各土层渗透系数

序号	名　　称	渗透系数/(cm/s)	允许坡降
1	人工填土	4.12×10^{-2}	
2	裂隙黏土/黏土	4.12×10^{-2}	0.42
3	中、重粉质壤土	4.12×10^{-2}	0.40
4	中粗砂	4.12×10^{-2}	0.20
5	中粉质壤土	4.12×10^{-2}	0.45
6	重粉质壤土夹姜石	4.12×10^{-2}	0.50
7	黏土夹姜石	5.0×10^{-3}	0.60
8	黏土夹砂姜	5.0×10^{-3}	0.60
9	混凝土防渗墙	1.00×10^{-7}	

表 2　基坑渗流场计算工况

序号	地下水位/m	运　用　条　件
工况 1	32.5	基坑不设防渗墙（天然工况）
工况 2		防渗墙底部高程 10.00m（设计工况）
工况 3		防渗墙底部高程 8.00m
工况 4		防渗墙底部高程 5.00m

工况 1～工况 4 基坑等水头线分布图见图 1～图 4。

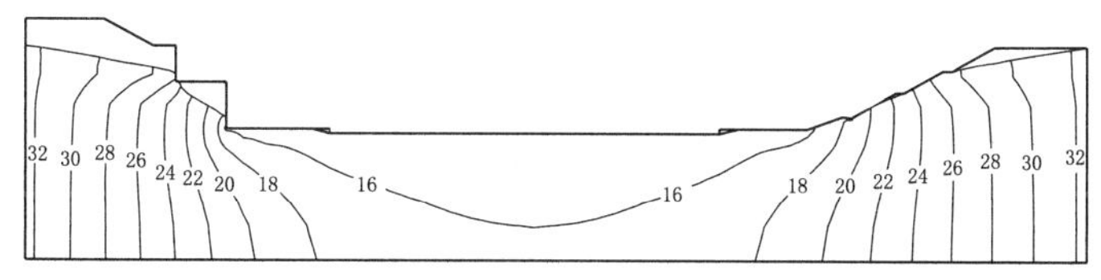

图 1　工况 1 基坑等水头线分布图（单位：m）

由图 1 可知：

（1）各计算工况下，整个基坑渗流场等水头线和渗流自由面分布合理，等水头线形态、走向和密集程度反映了相应地层材料渗透特性和边界条件。基坑等水头线在地层分界处出现一些偏折，合理反映了各地层的渗透特性。

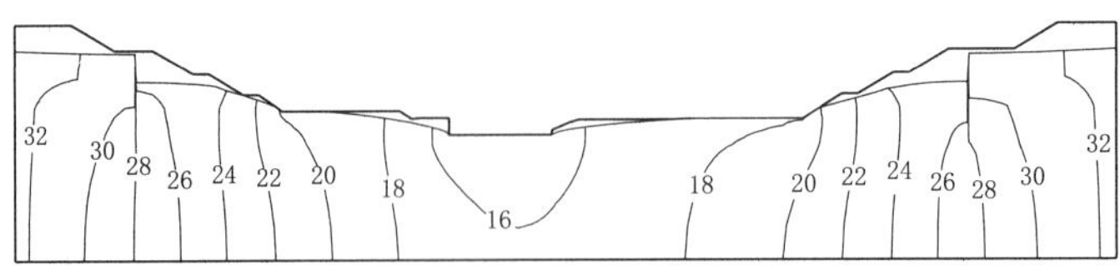

图 2　工况 2 基坑等水头线分布图（单位：m）

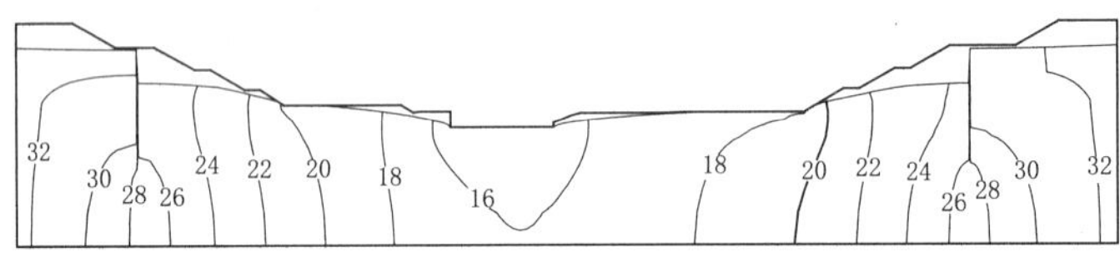

图 3　工况 3 基坑等水头线分布图（单位：m）

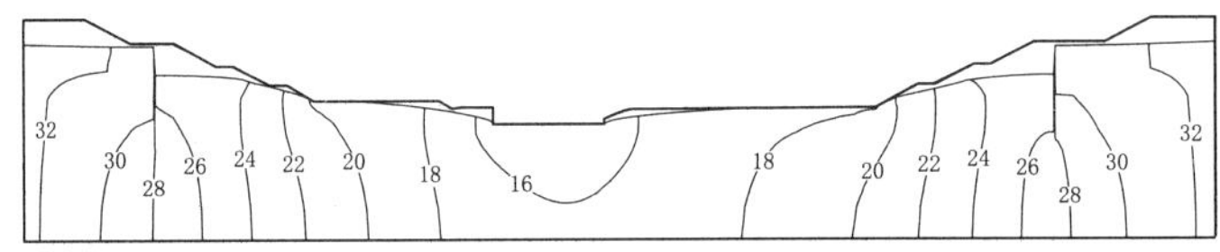

图 4　工况 4 基坑等水头线分布图（单位：m）

（2）基坑不设防渗墙（工况 1）时，渗透水流沿程缓慢削减，渗流自由面较高，渗透水流将从高程较高的边壁逸出（高于高程 25.00m），可见设置基坑防渗设施很有必要。

（3）基坑设置防渗墙（工况 2～工况 4）时，在混凝土防渗墙作用下，整个基坑渗流场的渗透水流得到有效控制，渗流自由面在防渗墙处明显下降，渗透水流在距基坑底一定距离的边壁溢出。防渗墙处等水头线密集，表明防渗作用显著，其他区域等水头线变化相对平缓。随着防渗墙深度增加，防渗墙削减水头作用增加。

4　基坑降水引起的一期泵站副厂房沉降

副厂房电梯井区域（C－C 剖面）基坑支护（防渗）设计采用工况 4 的方案，采用 1：2 放坡，由地面 38.0m 高程，开挖至 26.0m 高程，并在 33.5m 高程（帷幕施工高程）、30.0m 高程设置平台，在 26.0m 高程以下采用桩锚支护，垂直开挖至设计坑底高程，为电梯井施工提供空间。支护桩桩径为 1m，间距为 1.8m，桩底高程为 6m，在 26.0m、23.0m 和 20.0m 高程设置三层旋喷锚索，锚索锚固段直径为 450mm，在 18.1m 高程采用格栅状深搅桩对桩前被动区土体进行加固，加固深度为 7m，见图 5。采用 GeoStudio 软件进行渗流计算，边界水位为 32.3m，坡顶水位高程约为 30.4m，水位下降约为 1.9m。

泵房 C－C 剖面浸润线与等势线结果图见图 6。

考虑到实际一期泵站副厂房位于基坑开挖线以外，且距离坡顶线较远，水位下降深度应小于 1.9m，因此，根据《建筑地基基础设计规范》（GB 50007—2011）和《建筑桩基技术规范》（JGJ 94—2018）分别计算一期泵站副厂房水位下降 1.0m 和 2.0m 时的沉降。

按照相关规范，降水引起的沉降计算公式为：

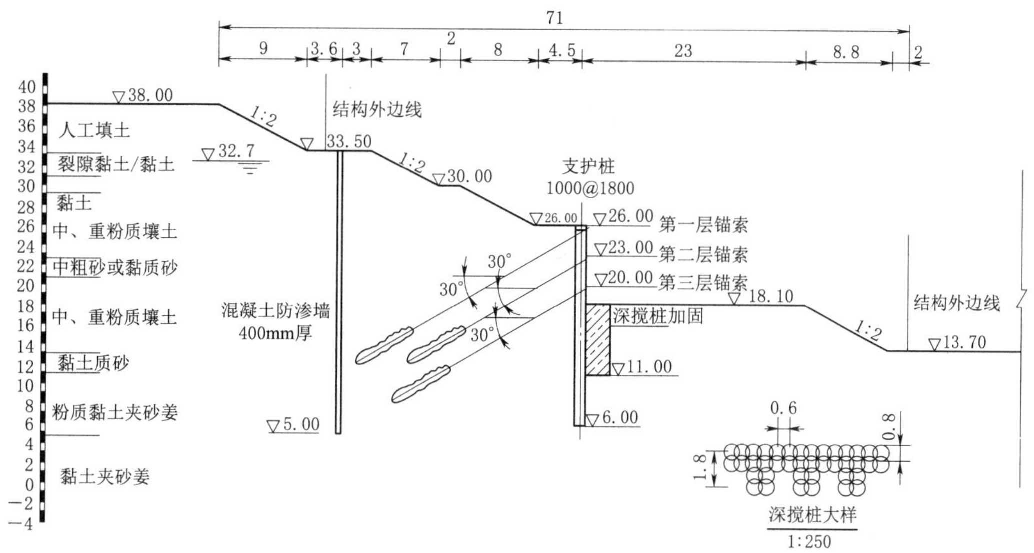

图 5　二期泵站基坑西侧典型断面图（C－C 剖面，副厂房电梯井区域）

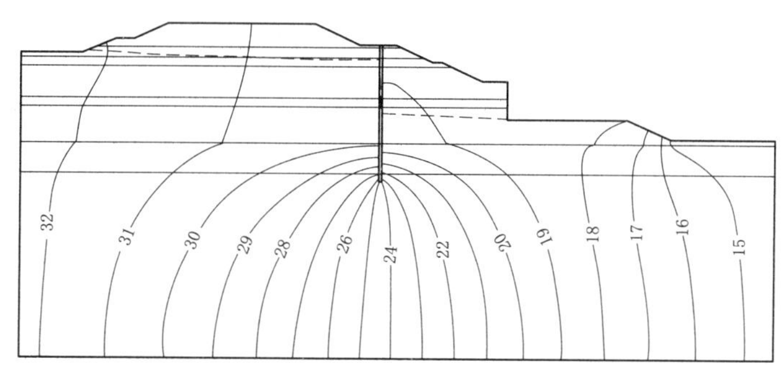

图 6　泵房 C－C 剖面浸润线与等势线结果图

$$s=\varphi_s \frac{P_0 \Delta h}{E_s} \tag{1}$$

式中：s 为计算剖面的地层压缩变形，m；φ_s 为沉降计算经验系数，应根据地区工程经验取值；P_0 为土层的平均附加有效应力，kPa；Δh 为计算土层厚度，m；E_s 为土的压缩模量，应取土的自重应力至自重应力与附加有效应力值和的压力段的压缩模量。

E_s 的取值无法直接获取，本文采取经验估算的方式来确定。首先，根据勘察结果，一期泵站副厂房桩底高程为 8.0m，处于第⑦层土下部（⑦层土底高程约为 6.7m），其下为第⑧层土，因此确定采用第⑧层土的压缩模量进行估算。根据初步设计报告，第⑧层土的压缩模量为 $E_{s1-2}=8.98$MPa，桩底 8m 高程位置自重应力约为 350kPa（水下按浮重度考虑），水位下降 2m 时的附加应力为 20kPa，水位下降 1m 时的附加应力为 10kPa。

其次，按照相关规范，计算沉降时，压缩模量取值应为土的自重应力至自重应力与附加有效应力值和的压力段的压缩模量，根据土力学理论和 $e-p$ 曲线规律，土体的压缩模量应随着压缩荷载的增加而逐渐增大，因此，以勘察提供的 E_{s1-2} 为基础，对 E_s 进行假定，不同压缩荷载下 E_s 的假定变化规律如表 3 所示。

表 3　压缩模量与压缩荷载对应关系

压缩荷载/kPa	E_s/MPa
100～200	8.98
200～300	8.98×1.3=11.67
300～400	11.67×1.2=14.01
400～500	14.01×1.1=15.41
500～600	15.41×1.05=16.18
600～700	16.18
>700	压缩荷载（有效自重应力）远大于附加应力，不再产生沉降

最终，采用经验估算的方法，确定 E_s 的取值为 14.01MPa。

水位下降 2m 和水位下降 1m 用不同规范法计算一期泵站副厂房沉降计算结果见表 4、表 5。

表 4　不同规范法计算一期泵站副厂房沉降计算结果（水位下降 2m）

土层高程/m	水位下降 2m			
	《建筑桩基技术规范》		《建筑地基基础设计规范》	
	沉降系数 φ_s	土层沉降/mm	沉降系数 φ_s	土层沉降/mm
+8～−2	0.435	6.21	0.475	6.78
−2～−12	0.399	5.18	0.384	4.98
−12～−22	0.381	4.71	0.353	4.36
−22～−32	0.381	4.71	0.353	4.36
沉降总和/mm	—	20.81	—	20.48

表 5　不同规范法计算一期泵站副厂房沉降计算结果（水位下降 1m）

土层高程/m	水位下降 1m			
	《建筑桩基技术规范》		《建筑地基基础设计规范》	
	沉降系数 φ_s	土层沉降/mm	沉降系数 φ_s	土层沉降/mm
+8～−2	0.435	3.11	0.475	3.39
−2～−12	0.399	2.59	0.384	2.49
−12～−22	0.381	2.36	0.353	2.18
−22～−32	0.381	2.36	0.353	2.18
沉降总和/mm	—	10.42	—	10.24

5　结论

本文采用 GeoStudio 进行二维渗流场模拟，在对基坑支护（防渗）设计方案比选的基础上，计算基坑开挖引起的一期泵站副厂房水位下降情况，并按照《建筑桩基技术规范》（JGJ 94—2018）和《建筑地基基础设计规范》（GB 50007—2011）计算副厂房桩底沉降，得到如下结论。

（1）混凝土防渗墙可以有效控制渗透水流，坡顶点最大水位降深为 1.9m。

（2）当副厂房水位下降 2m 时，采用不同规范进行计算得到的沉降值为 20.48～20.81mm；当副厂房水位下降 1m 时，采用不同规范进行计算得到的沉降值为 10.24～10.42mm。

（3）鉴于一期泵站副厂房、二级坝公路桥均采用桩基础，桩底在 8.0m 高程左右，桩底土层的有效自重应力约为 350kPa，即使水位下降 2m，桩底土层产生的附件应力不足有效自重应力的 10%，水位下降对桩底土层的影响很小，实际桩底变形很可能小于估算值。

（4）考虑到沉降经验系数和土体压缩模量等参数对地层沉降结果影响较大，建议在施工前开展相关试验研究，获得本工程区的沉降系数，同时，施工时加强观测，必要时采取措施，控制一期泵站副厂房周围水位的下降。

参考文献

[1] GEO - SLOPE International Ltd. 非饱和土体渗流分析软件 [M]. 北京：冶金工业出版社，2011.

[2] 陈志伟，缪海波．深基坑开挖和降水对紧邻既有地铁隧道的影响 [J]. 科学技术与工程，2019，19 (30)：297 - 302.

[3] 黄应超，徐杨青．深基坑降水与回灌过程的数值模拟分析 [J]. 岩土工程学报，2014，36 (增刊 2)：299 - 303.

[4] 赵成刚，白冰，王运霞．土力学原理 [M]. 北京：清华大学出版社，北京交通大学出版社，2004.

[5] 秦杰，张培成．浅谈泵站工程泵室地基加固处理设计 [J]. 河北水利电力学院学报，2021，31 (2)：67 - 71.

灌浆工程

基于隧洞固结灌浆实际工况的水泥浆液性能试验研究

赵卫全[1]　崔　飞[2]　周建华[1]　任增增[1]

(1. 中国水利水电科学研究院；2. 中水淮河规划设计研究有限公司)

【摘　要】 基于隧洞固结灌浆施工现场实际工况，对水泥浆液物理力学性能主要影响因素开展了系统研究，结果表明，高速搅拌对低水灰比浆液流动性改善效果显著；浆液初、终凝时间随温度上升而显著缩短，高温时应对浆液采取必要的冷却措施；合适掺量外加剂对 0.5：1 水泥浆液流动性改善效果明显；随着灌浆压力增加及时间延长，浆液结石力学强度增长较多，在相同加压条件下，结石力学强度差别不大。

【关键词】 浆液性能　水灰比　连续搅拌　温度　外加剂　压滤作用

1　引言

水泥灌浆作为一种成熟的围岩加固技术，在隧洞固结灌浆处理中得到了广泛的应用。浆液配比、灌浆压力、灌浆时间、屏浆时间等对水泥浆液的物理力学性能影响较大，也是影响灌浆质量的重要因素。目前水泥浆液性能试验研究主要通过室内浆材试验方法测试浆液在标准养护条件下的物理力学性能，忽略了搅拌速度、环境温度、压滤作用等实际工况对浆液性能的影响，不能真实反映灌浆过程中水泥浆液的基本性能。本文结合某隧洞固结灌浆实际工况，对水泥浆液在不同水灰比、不同温度、不同搅拌速度、不同灌浆压力以及外加剂掺量条件下的物理力学特性进行了系统试验研究，为现场灌浆参数选择提供参考和依据。

2　不同水灰比及搅拌速度对浆液流动性影响

室内试验水泥浆液搅拌机通常采用 JJ－5 水泥胶砂强制搅拌机，该搅拌机低挡搅拌速度为自转 (140±5)r/min，公转 (62±5)r/min，高挡搅拌速度为自转 (285±10)r/min，公转为 (125±10)r/min。而《水工建筑物水泥灌浆施工技术规范》(SL/T 62—2014) 规定“水泥浆液应采用高速制浆机进行拌制、高速制浆机的搅拌转速应不小于 1200r/min”。

为充分反映不同水灰比浆液的流变性，以及不同搅拌速度对浆液流变性能的影响，对某隧洞固结灌浆现场使用的水泥浆液进行了 5：1、3：1、2：1、1：1、0.8：1、0.5：1 六种水灰比及 400r/min、800r/min、1200r/min 三种搅拌速度的浆液漏斗黏度和流变参数（屈服强度 τ_0、塑性黏度 η）试验，试验成果如表 1 所示。水泥浆液漏斗黏度随水灰比变化曲线如图 1 所示，流变参数 τ_0、η 随水灰比变化曲线如图 2 所示。

表 1　　某水泥浆液不同水灰比及搅拌速度下的流动性能试验成果

编号	水灰比	搅拌速度/(r/min)	漏斗黏度/s	流变参数	
				τ_0/Pa	η/(mPa·s)
1	5：1	400	16.7	0.06	2.2
2		800	16.6	0.06	1.9
3		1200	16.6	0.05	1.7
4	3：1	400	17.7	0.17	3.6
5		800	17.3	0.14	2.6
6		1200	17.2	0.10	2.1
7	2：1	400	19.3	0.69	7.2
8		800	18.9	0.62	3.5
9		1200	18.8	0.56	2.9
10	1：1	400	20.8	1.50	10.6
11		800	20.4	1.14	8.4
12		1200	20.2	0.84	6.9
13	0.8：1	400	25.1	2.73	16.5
14		800	24.5	2.41	13.7
15		1200	24.1	1.97	11.0
16	0.5：1	400	109.2	15.76	78.0
17		800	93.4	13.50	65.0
18		1200	68.6	12.42	51.1

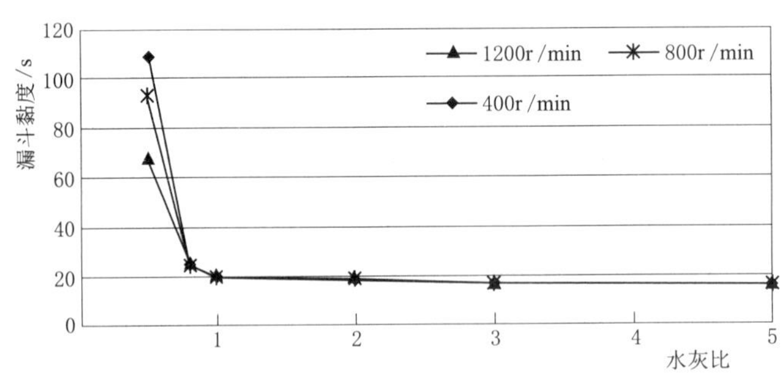

图 1　漏斗黏度随水灰比变化曲线

由图 1 可知，搅拌速度一定时，水泥浆液漏斗黏度随水灰比增大而减小，但变化幅度受水灰比影响较大：当水灰比小于 1：1 时，浆液漏斗黏度随浆液水灰比的增大而迅速减小，如搅拌速度为 1200r/min 时，0.5：1 浆液的漏斗黏度为 68.6s，而 0.8：1 浆液的漏斗黏度为 24.1s，而 2：1、3：1 和 5：1 浆液的漏斗黏度分别为 18.8s、17.2s 和 16.6s，浆液的漏斗黏度变化较小。对于水灰比固定的浆液，随着搅拌速率增加，浆液漏斗黏度逐

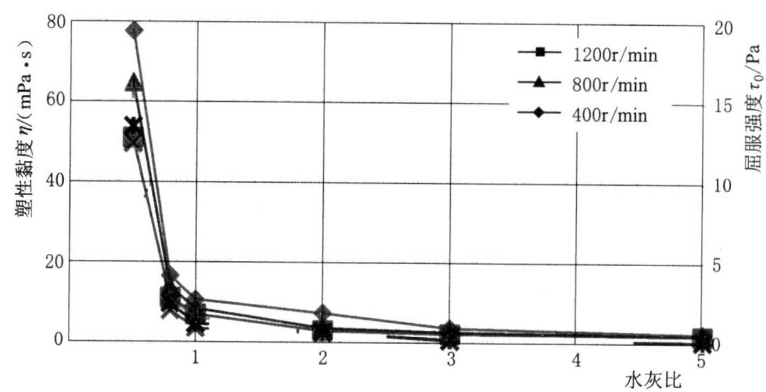

图 2　浆液流变参数 τ_0、η 随水灰比变化曲线

渐减小，浆液的流动性更好，特别是对于 0.5∶1 的低水灰比浆液，高速搅拌浆液的漏斗黏度降低明显。

由图 2 可知，相同搅拌速率下，水泥浆液流变参数（塑性黏度 η 和初始屈服强度 τ_0）随着水灰比的增大而减少，特别是水灰比小于 1∶1 时，浆液的流变参数随水灰比的增大降幅明显，如搅拌速度为 1200r/min 时，水灰比为 0.5∶1 的浆液塑性黏度达到了 51.1mPa·s，初始屈服强度达到了 12.4Pa，而水灰比高于 0.8∶1 后，相应配比浆液塑性黏度小于 10mPa·s，初始屈服强度均小于 1Pa。相同水灰比下，当水灰比大于 1∶1 时，在 400r/min、800r/min、1200r/min 三种速度下塑性黏度 η 和初始屈服强度 τ_0 变化不大；当水灰比小于 1∶1 时，高速搅拌下的浆液流变参数（η、τ_0）明显低于低速搅拌下的相应参数值，这是由于低水灰比浆液经过高速搅拌后水泥颗粒分散性更好，配制的水泥浆液的流动性更好。

因此对于水灰比大于 1∶1 的浆液采用高速或低速搅拌对浆液的流动性影响不大，但对于水灰比小于 1∶1 的浆液，制浆搅拌速度对浆液流动性影响较大，现场灌浆时采用高速搅拌机制浆是必要的。

鉴于水灰比 5∶1、3∶1 和 2∶1 的浆液漏斗黏度及流变参数差别不大，即浆液的可灌性差别不大，考虑到灌浆工效，可根据现场灌浆情况降低浆液的开灌水灰比，如采用 2∶1 开灌。

3　不同搅拌速度及温度对浆液凝结时间的影响

室内试验浆液凝结时间测定要求温度为 20℃±2℃，相对湿度不低于 50%，水泥试样、拌和水、仪器和用具的温度应与试验室一致，湿气养护箱的温度为 20℃±1℃，相对湿度不低于 90%。实际隧洞固结灌浆时浆液温度会随着灌浆压力和灌浆历时的增加而增加，特别是在高压灌浆条件下，浆液温度会明显上升，会对浆液性能产生一定影响，《水工建筑物水泥灌浆施工技术规范》（SL/T 62—2014）也要求水泥浆液的温度不应超过 40℃。为探求温度对浆液性能的影响，对养护温度为 20℃、30℃、40℃三种不同温度下，不同水灰比的浆液在 400r/min、800r/min、1200r/min 三种不同搅拌速度的初、终凝时间进行了试验研究，试验成果如图 3 所示。

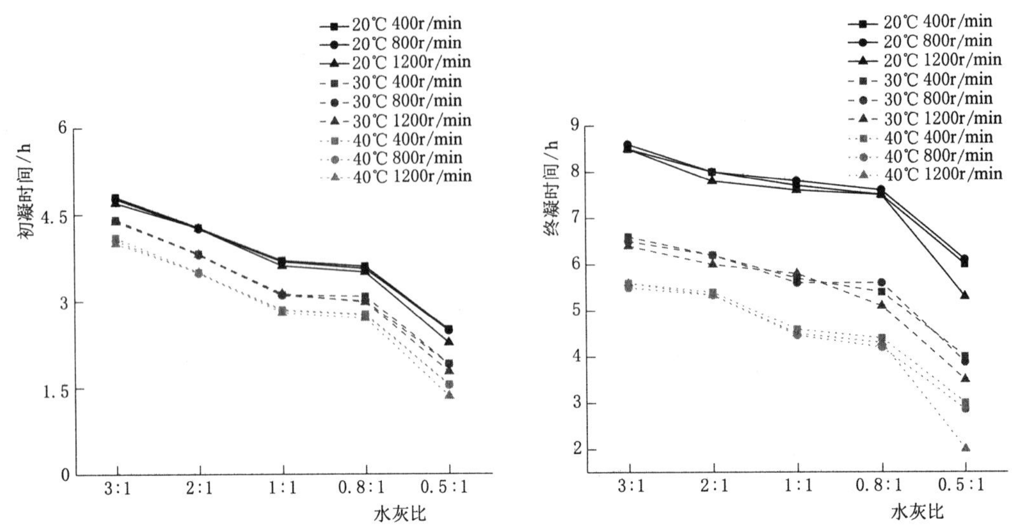

图 3　不同搅拌时间及温度下浆液初、终凝时间随水灰比变化曲线

分析图 3 可知，当养护温度一定时，随着水灰比的减小，水泥浆液的初、终凝时间逐渐缩短。相同搅拌速度和相同水灰比条件下，温度由 20℃上升到 40℃，水泥浆液初、终凝时间也全部缩短，40℃时，1200r/min 搅拌的 0.5∶1 浆液的初凝时间仅为 1h21min，终凝时间仅为 3h20min，浆液可灌注时间较常规条件明显缩短。

当水灰比大于 0.8 时，搅拌速度对水泥浆液初、终凝时间影响不大，以 20℃为例，在相同水灰比下，改变搅拌速度对水泥浆体初、终凝时间几乎不产生影响。当水灰比小于 0.8 时随着搅拌速率由 400r/min 提升到 1200r/min，此时初、终凝时间开始缩短，这是由于经过高速搅拌后水泥颗粒分散性更好，对于低水灰比水泥浆体促进水化效果更加明显。

综合以上分析，现场洞内固结灌浆施工时，应特别关注浆液温度对水泥浆液凝结时间的影响，统筹安排制浆强度，必要时应对浆液采取冷却措施，以保证浆液的可灌性及具有足够的可操作时间，尽可能做到在保证浆液良好可灌性基础上，减少浆液浪费。

4　外加剂对浆液流动性影响

根据水泥的水化特性，水泥浆液随着搅拌时间的增加，浆液的漏斗黏度、塑性黏度和屈服强度均不断增加，即浆液的流动性变差，特别是对于 0.5∶1 的低水灰比浆液。而灌浆过程中通常希望浆液具有良好的流动性及稳定性，因此需要通过添加合适掺量的外加剂，在不影响固结体力学强度的前提下，改善浆液的流动性和稳定性，提高浆液的可灌性。

综合考虑外加剂对水泥浆液性能改善作用、与水泥浆相容性、掺量等因素，通过大量试验比选，最终选择 BC-萘系外加剂。水灰比 0.5∶1 浆液掺 BC-萘系外加剂后，浆液的物理性能试验结果如表 2 所示，浆液的流变参数随外加剂掺量变化曲线如图 4 所示。

表 2　　　　　掺 BC-萘系外加剂浆液的流动性能试验结果（水灰比 0.5∶1）

编号	掺量/%	漏斗黏度/s	析水率/%	流变参数	
				τ_0/Pa	η/(mPa·s)
HB-1	0.4	43.1	3	8.28	30.9
HB-2	0.6	33.5	3	6.49	23.9
HB-3	0.8	30.2	2	5.30	19.6
HB-4	1.0	24.9	2	4.35	16.2
HB-5	1.2	23.1	1	4.02	15.1
HB-6	1.4	21.9	1	3.80	14.3

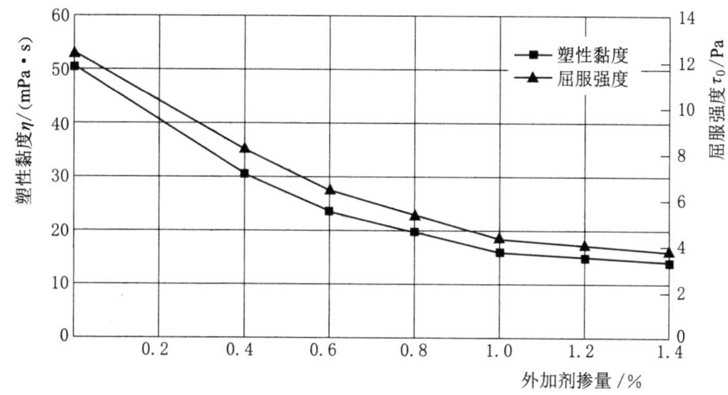

图 4　浆液流变参数随 BC-萘系外加剂掺量变化曲线

由表 2 和图 4 可知，对于 0.5∶1 的水泥浆液，BC-萘系外加剂的掺入明显地改善了水泥浆液的流变性能，浆液的漏斗黏度、初始屈服强度（τ_0）及塑性黏度（η）均随外加剂掺量的增加而呈明显下降趋势。对于灌浆材料而言，较小的流变参数将有利于浆液的灌入以及扩散，但在外加剂掺量达到一定值后，其对水泥浆液的初始流变参数值的影响也将逐步减少，而对浆液凝结时间的影响越来越明显。综合考虑外加剂掺量对于浆液流变性能改善作用以及凝结时间的影响，推荐 BC-萘系外加剂的合适掺量为 1%。

5　压滤作用对浆液结石体强度影响

现场实际灌浆时，浆液均是在一定的灌浆压力下运动扩散。为探究不同压力条件下浆液的性能变化，在室内加工制作了压力灌浆试验模型，利用直径为 30cm、高度为 25cm 的钢管加工制作成加压仓，钢管的一端设置钢丝网和高强透水闭浆布模拟浆液在压力作用下的排水固结情况，开展不同压力对浆液结石体强度影响试验研究。试验装置如图 5 所示。

不同压力条件、不同加压时间下相应配比浆液 28d 抗压强度和 28d 抗折强度试验结果见表 3 和表 4。

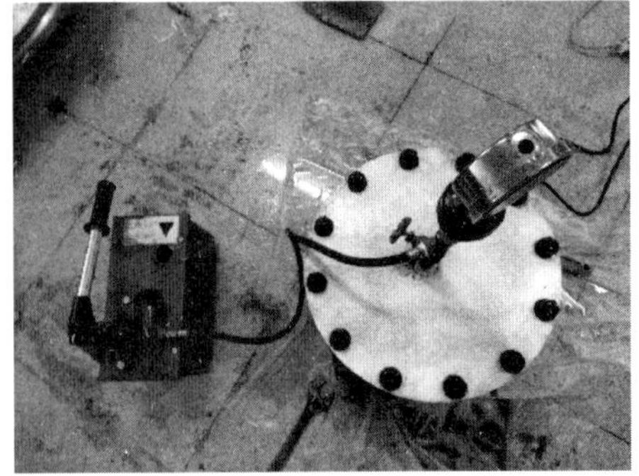

图 5 压滤作用下水泥浆液性能试验

表 3 不同压力作用下浆液结石 28d 抗压强度 单位：MPa

水灰比	灌浆压力/MPa						
	0	0.3		0.5		0.8	
		30min	60min	30min	60min	30min	60min
3∶1	6.31	48.93	64.48	62.89	71.09	68.11	71.93
2∶1	12.10	50.89	63.55	58.21	67.95	67.05	76.16
1∶1	15.21	47.82	64.98	65.05	70.13	65.16	71.02
0.8∶1	16.03	52.71	70.80	67.09	69.11	64.30	69.88
0.5∶1	33.23	52.89	65.02	54.95	73.05	61.97	74.72

表 4 不同压力作用下浆液结石 28d 抗折强度 单位：MPa

水灰比	灌浆压力/MPa						
	0	0.3		0.5		0.8	
		30min	60min	30min	60min	30min	60min
3∶1	3.12	5.77	7.63	7.36	8.26	8.93	11.27
2∶1	5.19	5.82	9.07	7.91	8.40	9.19	11.33
1∶1	5.07	5.95	7.48	7.59	8.28	10.01	10.98
0.8∶1	5.33	5.94	7.26	7.42	8.31	10.16	11.25
0.5∶1	7.62	7.49	7.55	7.95	8.33	10.56	11.00

由表 3 和表 4 可知，不同水灰比浆液在具有一定压力环境中，浆液结石强度均有较大程度的增加，随着压力的增加，以及加压时间的延长，浆液结石的抗压强度和抗折强度均较自然沉淀法增长较多，特别是高水灰比浆液，增长更明显，如对于 3∶1 水泥浆液，0.5MPa 压力环境下放置 30min，28d 结石抗压强度较自然沉淀法增长约 9 倍，28d 结石抗折强度增长约 2 倍。

不同水灰比浆液在相同加压条件下，最终结石体强度差别不大，如对于不同水灰比的水泥浆液灌注 60min，28d 结石抗压强度 0.3MPa 压力下为 63.55～70.80MPa，0.5MPa 压力下为 67.95～69.11MPa，0.8MPa 压力下为 69.88～76.16MPa。在压力条件下，浆液中的大部分水会随着裂隙被排出（水泥水化用水约为水泥重量的25%），水在浆液运移过程中起传输和媒介作用，对水泥结石最终强度影响不大，但对水泥浆液的流动性影响很大。因此，对于水泥灌浆，采用不同的比级的水灰比灌注是必要的，在注入率满足结束标准后继续灌注（屏浆）一段时间也是必要的。

6 结论

（1）水泥浆液流动性能随水灰比增大而增大，高速搅拌对于低水灰比浆液流动性能改善效果明显。

（2）鉴于水灰比 5∶1 和水灰比 3∶1 的浆液漏斗黏度和流变参数差别不大，考虑到灌浆工效，可根据现场灌浆情况，适当降低浆液的开灌水灰比，如采用 2∶1 开灌。

（3）水泥浆液的初、终凝时间随水灰比减小而缩短，随温度上升而缩短，现场灌浆施工时，应特别关注浆液温度对浆液性能的影响，必要时应对浆液采取冷却措施。

（4）掺入 BC-萘系外加剂，对水灰比为 0.5∶1 的浆液流动性和可灌性改善效果明显，现场施工时，可根据需要掺入水泥质量 1%的 BC-萘系外加剂，以改善浆液流变性和可灌性。

（5）浆液结石强度随着压力的增加以及加压时间的延长而显著增大，不同水灰比浆液在相同加压条件下，结石力学强度差别不大。

对于水泥灌浆，采用不同比级的水灰比灌注是必要的，在注入率达到结束标准后继续灌注一段时间也是必要的。

高水头下深厚覆盖层帷幕灌浆施工技术

徐文峰　毛建新

（中国水电基础局有限公司；天津市地基与基础工程企业重点实验室）

【摘　要】 国内病险水库防渗体系功能的降低甚至失效是最常见的问题之一。在除险加固施工中，高水头下深厚覆盖层灌浆帷幕的构建仍是一个尚待解决的技术难题，为此，本文以相关工程为依托，通过开展科技创新及试验研究，总结出了高水头下深厚覆盖层帷幕灌浆施工成套技术，可供类似工程借鉴。

【关键词】 高水头　深厚覆盖层　帷幕灌浆

1　引言

目前，国内病险水库已经进入除险加固高峰期，且相关市场仍在扩大中，防渗体系功能的降低甚至失效是最常见的问题之一。近年来，因坝体渗漏、坝基渗漏、涵管渗漏等工程的实际需要，灌浆技术在这个领域得到了广泛的应用，取得了显著的工程效果。但是，高水头下深厚覆盖层灌浆帷幕的构建仍是一个尚待解决的技术难题。为此，本文以相关工程为依托，对这个问题进行了深入系统的研究。

2　高水头下深厚覆盖层帷幕灌浆的施工难点

根据相关工程实例，现将高水头下深厚覆盖层帷幕灌浆的钻孔、灌浆施工难点总结如下：

（1）钻孔过程中涌水、涌砂频繁发生，施工作业难度较大。

（2）涌水将地层中的部分砂砾料带出，对地基的安全稳定性造成一定破坏。

（3）钻孔过程中塌孔、不成孔情况普遍，施工工效偏低。

（4）采用传统的孔口封闭法灌浆工艺，灌浆效果不理想。

（5）在动水环境中，常规浆材的留存性不好，难以可靠成幕。

3　高水头下深厚覆盖层帷幕灌浆的钻孔工艺研究

3.1　封闭涌水涌砂的孔口封闭装置研究

在高承压水头下，覆盖层钻孔如何防止涌水涌砂溢出孔口是工程的首要难题，目前常

基金项目：国家重点研发计划项目（2018YFC1508504）。

用的孔口封闭器只适合在灌浆过程中使用，钻孔过程中在起下钻时需将孔口封闭装置卸掉，无法实现在施工全过程中封闭涌水、涌砂的目的。为此研制了一种钻孔孔口封闭装置，确保在孔口处于封闭状态的前提下进行正常钻孔、起下钻。

钻孔孔口封闭装置主要由四部分构成：钻杆密封装置、钻具密封装置、板阀、钻杆止回装置。每个孔在开孔前在孔口处安装这种孔口封闭装置。钻孔孔口封闭装置见图1。

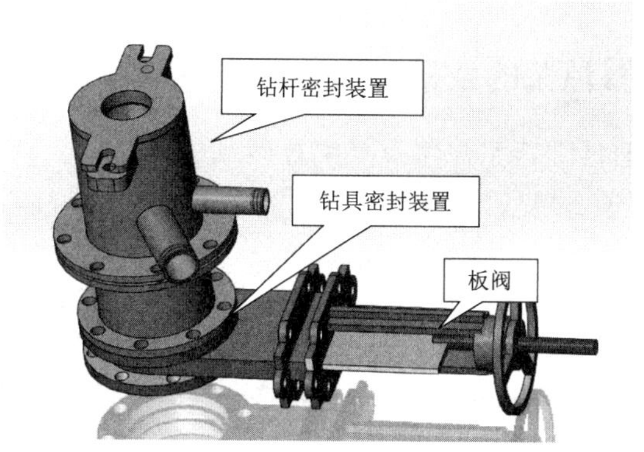

孔口封闭装置模型图

钻杆止回装置

图1　钻孔孔口封闭装置

3.2　加重泥浆钻孔工艺

目前常规的钻孔泥浆主要包括膨润土泥浆、植物胶泥浆等，上述泥浆仅局限于护壁作用，不能抵御孔口涌水压力，在高水头下钻孔效果尤其不理想，为此研制了加重泥浆，加重泥浆钻孔工艺在水电工程中属首次使用，基本没有施工经验可以借鉴。

加重泥浆是以膨润土和重晶石粉为主要材料制成的一种特殊泥浆。既要兼顾加重泥浆的比重和悬浮能力，只有达到适宜的比重才能抵御涌水水头压力，达到一定的悬浮能力才能使加重泥浆呈均质状态，避免重晶石粉沉淀至孔底导致埋钻孔故障；此外，还要保证加重泥浆能达到一定黏度，以满足在覆盖层中的护壁效果。加重泥浆比重可根据承压水头计算而得。

在施工过程中对加重泥浆应进行回收重复利用，利用振动筛将浆液内的砂子滤出后循环使用，比重降低较多时，进行二次调配。

4　高水头下深厚覆盖层帷幕灌浆的灌浆工艺研究

常规采用的灌浆方法为“孔口封闭、孔内循环、自上而下分段”作业，方法本身是比较成熟的，但遇到涌水、涌砂时该方法无法实施，只能改用“孔口封闭、纯压式”灌浆方法，但此方法是存在一定缺陷的，缺乏针对性，灌浆效果有限。

通过研究针对覆盖层涌水涌砂地层情况采用了套阀管法灌浆技术，一方面通过下设套阀管可以有效地将涌水、涌砂封闭，同时起到保护孔壁的作用，给后续灌浆施工提供一个正常的作业环境，在套阀管内可以将灌浆塞下设至需要灌注的部位，使灌浆更有针对性；另一方面利用套阀管的优势，可以根据需要反复扫开进行复灌，工效高。套阀管灌浆不是新工艺，但是本工程是在孔深超过100m的深厚覆盖层中，采用小孔径套阀管，未见使用先例。

在实际施工时，根据现场情况进行了诸多改进和优化，包括：①由于孔深较深，套阀管的材质由普通焊接管改为国标地质管；②套阀管箍设胶套的部位进行了刻槽，在箍设胶套后表面基本平整；③改良了胶套的弹性，减小了胶套的内径，胶套内径略小于刻槽部位钢管外径，包裹度更好，降低了胶套与管壁间绕浆的概率；④由于涌水原因，经现场多次试验调整了套壳料的配合比。

5 高水头下深厚覆盖层帷幕灌浆的浆材研究

目前常规的灌浆材料为普通硅酸盐水泥浆及其配置而成的膏浆，受高承压水头及动水的影响，普通的灌浆材料在灌浆结束后很难留存在孔内，为了解决浆液留存问题，采用的灌浆材料应具有初凝时间短、早期强度高等特点，现有的速凝灌浆材料受环境温度影响较大，性能不稳定，现场操作风险大，容易出现堵管、堵泵等情况，为了解决这些问题，依托水泥厂家经过大量的试验研制出了一种复合灌浆材料，具备40min左右初凝的稳定性能，同时可根据外界环境变化在施工现场进行简易的二次调配。

在施工过程中，根据施工情况采用复合灌浆材料配置而成的抗冲膏浆，具有一定黏性、抗水冲的性能，可以实现封堵大渗漏通道的目的，抗冲膏浆现场试验见图2。

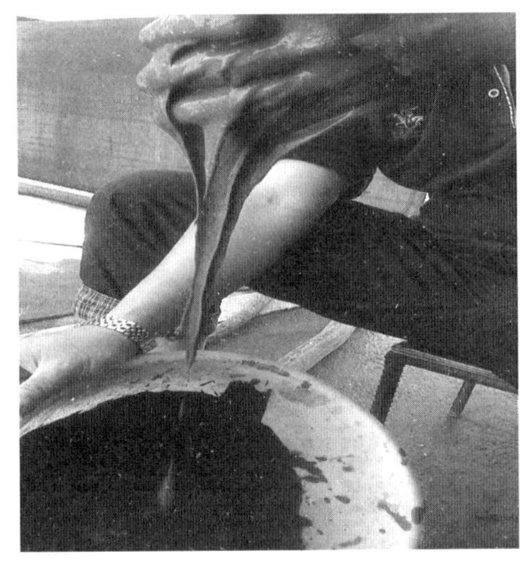

图2 抗冲膏浆现场试验情况

6 应用效果

通过在工程中的实际应用，采用孔口封闭法结合加重泥浆护壁钻孔工艺，有效解决了0.5MPa水头压力下152m深覆盖层的钻孔工艺问题，有效防止了钻孔过程中涌水、涌砂的出现，解决了覆盖层钻孔易塌孔、工效低的问题，平均钻孔工效达到3～5m/d。

通过套阀管灌浆工艺的应用，解决了覆盖层常规孔口封闭法灌浆工艺效果差的问题；同时通过对套阀管的改良，降低了深孔套阀管自下而上分段灌浆时绕塞的概率，扩大了套阀管灌浆在小孔径、深灌浆孔的应用范围。

抗冲复合灌浆材料的性能稳定，现场便于操作，后续孔及检查孔钻孔取芯可以见到大量结石，表明复合灌浆材料在高水头动水环境下的留存效果较好，能够满足帷幕防渗的要求。通过上述三项研究成果的成功应用，在相关工程施工完成后，检查孔压水及物探检测等结果表明帷幕灌浆达到了预期效果，坝基原有渗漏状况得到极大改善，满足设计防渗要求。

7 结语

采用专用钻孔孔口封闭装置及加重泥浆成孔，并利用套阀管法及特种灌浆材料进行注浆，可以有效解决高水头下深厚覆盖层帷幕灌浆的技术难题。该技术经进一步完善后，将使我国在高水头下深厚覆盖层帷幕灌浆技术达到一个新的高度，对今后类似工程的设计施工提供有益的借鉴。

引水工程隧洞渗漏处理技术研究

谢　武[1,2]　江志安[1,2]　李春鹏[1]　高宏志[1]　段正军[1]

（1. 中国水电基础局有限公司；2. 天津市地基与基础工程企业重点实验室）

【摘　要】 本文依托新疆M工程引水隧洞，根据工程水文地质条件及现场勘察隧洞渗流情况，选择适合地层的灌浆材料——水泥、水泥-水玻璃及改性硅溶胶，并对其物理力学性能进行了室内研究，制定出符合现场实际的试验方案，通过现场堵水灌浆试验，成功解决了隧洞渗漏难题。

【关键词】 引水隧洞　改性硅溶胶浆液　渗漏处理　灌浆

1　工程概况和地质条件

新疆M工程位于新疆阿勒泰地区，为额河流域内水资源调配的重要工程，主要包括全长34.751km输水隧洞一座（其中TBM开挖洞段26.061km，钻爆法开挖洞段8.69km，开挖洞径7.8m）、入库建筑物、32.12km的永久施工道路和供水管线系统等。工程建成后将为新疆准东经济技术开发区和天山东部矿区等主要受水区实现新型工业化和经济跨越式发展提供重要支撑。

隧洞基岩岩性为奥陶系黑云母石英片岩、二云石英片岩，浅灰色—深灰色，中厚层状，层面中等发育，裂隙面起伏，绢云母化强烈，岩石中石英含量一般50%，基岩强风化层厚度3～5m，弱风化层厚度8～12m。该段主要发育f_{62}、f_7、f_6、f_{6-1}断层，其中f_7、f_{6-1}断层规模较大，破碎带宽度8～10m，带内以碎裂岩、糜棱岩为主。隧洞埋深69～390m，洞身段多位于新鲜岩体内。该段隧洞以Ⅲ类围岩为主，长度10.508km，约占98.4%；Ⅳ类围岩主要分布于断层影响带，长度0.043km，约占0.4%；断层破碎带为Ⅴ类围岩，长度0.129km，约占1.2%。

2　隧洞渗漏情况

洞内洞室掘进后经过喷混凝土后发现洞室多处渗漏，总体呈现出水规律从潮湿、渗水、滴水到线状流水，洞内地下水以基岩裂隙水为主，隧洞过沟及断层破碎带洞壁会产生线状水流现象，其他洞段以渗水到滴水为主，隧洞总涌水量508～850m^3/h。工程大量排水增加了施工成本，影响了工程进度、质量及安全。

基金项目：国家重点研发计划（2018YFC1508504）。

现场确定具体试验段为 8+750～8+850 处，共计 100m。经过两端闭水试验测量该试验段平均流量为 10.17m^3/h。

3 渗漏处理方案

根据复杂多变的地质条件和地层渗漏的特点，采取针对性的防渗堵漏措施，选择不同的灌浆材料，采取适宜的灌浆方案。

3.1 施工布置

受 TBM 施工配置及交通轨道所限，洞内堵水施工工作面较难布置。施工采用搭设脚手架、铺设木板形成平台，在洞内左侧采用脚手架搭设“倒 L 形”制浆站平台集中供浆。施工平台布置如图 1 所示。由于施工段位置经过喷锚处理，开挖基岩面已被覆盖，表观上难以判定漏水点及基岩裂隙情况，因此在地质条件难以准确掌握的情况下，采用均匀布孔方式，孔向呈放射状。本次堵水灌浆施工共布置 51 环，环距 2m；每环布置 12 个孔，孔距 2m，环间按梅花形布置，施工中根据实际情况加以调整。灌浆环与环之间分两序施工，同一环内灌浆孔分两序施工。施工孔位布置如图 2、图 3 所示。

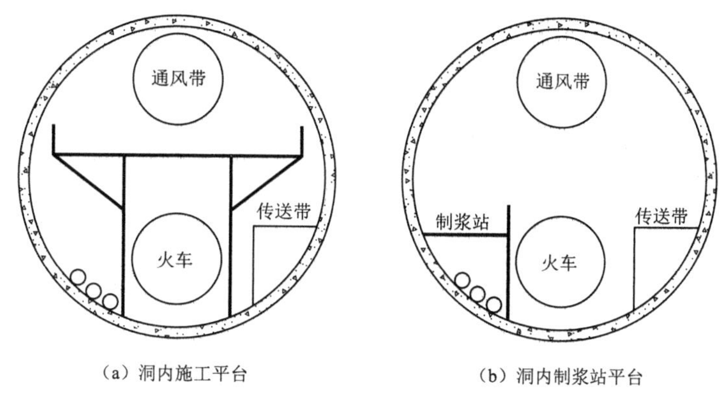

图 1 施工平台布置示意图

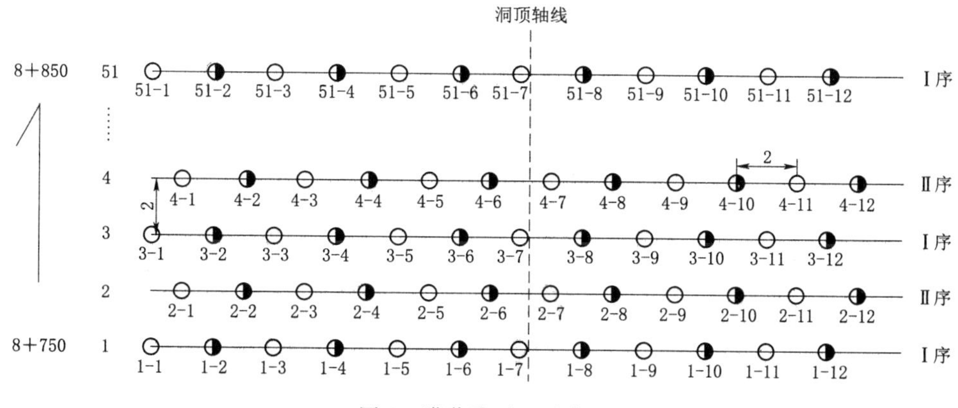

图 2 灌浆孔平面示意图

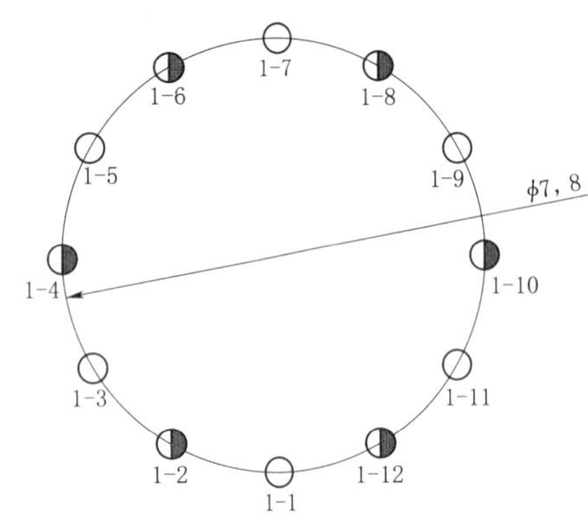

图 3　环内灌浆孔断面布置示意图

3.2　浆材选择及试验

本工程隧洞渗漏条件差别较大，岩层裂隙、孔隙率存在较大差异，由于各种浆材性质，包括颗粒尺寸、凝结时间、流动性、强度等差异很大，单一灌浆材料满足不了渗漏控制要求。根据渗漏情况，对采用的水泥、水泥-水玻璃和改性硅溶胶浆液性能进行室内试验，三种浆材性能见表 1，以确定浆液性能及适应性。

3.2.1　水泥浆液

本次现场堵水灌浆试验选用布尔津县天山水泥有限责任公司生产的强度等级 42.5 R 中抗硅酸盐（低碱）水泥，其主要物理化学性能见表 2。

表 1　　几种主要浆材性能

序号	材料类型	典型材料	特性
1	水泥基浆液	水泥浆液、水泥黏土类浆液、微细水泥浆液	来源广泛，结石强度高，储存方便，成本低灌浆工艺简单；但凝结时间长，易被水冲刷，对微细裂隙可灌性差
2	化学浆液	聚氨酯类浆液、环氧树脂浆液、硅溶胶类浆液	可灌性好，黏度小，防渗性能好，浆液凝结时间可控；但施工工艺复杂，普遍成本较高且有一定毒副作用，不适合大规模应用
3	复合浆液	水泥-水玻璃浆液	凝结时间易控，材料来源广泛；但后期体积收缩明显，对微细裂隙可灌性较差

表 2　　水泥主要物理化学性能指标

项目	比表面积/(m^2/kg)	初凝时间/min	终凝时间/min	3d 抗折强度/MPa	3d 抗压强度/MPa
国标	≥280	≥45	≤600	≥3	≥15
实测	342	168	260	4.8	21.4

3.2.2　改性硅溶胶浆液

改性硅溶胶浆液在我公司生产的硅溶胶浆材基础上进行优化的产品，其性能指标见表 3。

表 3　　改性硅溶胶浆液主要性能表

项　　目	测试条件	技术指标控制
黏度/(mPa·s)	20℃/配浆比	1.0～10.0
pH 值	浆液	9～12
密度/(kg/L)	浆液	1.00～1.30
色泽	浆液	灰白色均匀
气味	浆液	无味
毒性	浆液或凝胶体	无毒
浆液操作时间/min	视硬化剂掺量而变化	3～120
充分固化时间/h	视硬化剂掺量而变化	2～24

根据类似工程的施工经验所得的配合比，对材料进行称量搅拌，制得各种类型浆液若干组，对隧洞内配置好的改性硅溶胶A、B液进行混合并搅拌均匀后分别编号并进行性能检测试验，见表4。

表4　改性硅溶胶配比现场试验结果

配比序号	硅溶胶/g	固化剂/g	稀释剂/g	改性剂/g	密度/(g/mL)	凝结时间/min	反应现象描述
4-11	50	5.12	150	0.5	1.090	13	灰白色均匀溶液，逐渐变稠至胶凝
4-12	50	4.78	150	0.5	1.090	18	
4-13	50	4.65	150	0.5	1.089	28	
4-14	50	4.56	150	0.5	1.088	34	

根据表4现场试验结果4-12和4-13组检测基本符合指标要求，选择这两组配比作为改性硅溶胶Ⅰ型（15min）和Ⅱ型（30min）的施工浆液配比。

3.2.3　水泥-水玻璃灌浆试验研究

水泥-水玻璃浆液是以水泥浆液和水玻璃溶液按一定比例（体积比）混合配制成的浆液。这种浆液不仅具有水泥浆的优点，而且兼有化学浆液的一些特点，可在施工中进行控制性灌浆，通过调整浆液的凝结时间控制浆液的扩散范围。

试验用水玻璃从乌鲁木齐市米东区启航水玻璃厂采购，其主要性能指标见表5。

表5　水玻璃主要性能指标

项　目	外　　观	水不溶物/%	氧化钠/%	二氧化硅/%	模数	密度/(g/mL)
技术要求	无色、略带色的透明或半透明黏稠状液体	≤0.5	≥8.2	≥26.0	3.10～3.40	—
检测结果	略带色的半透明黏稠状液体	0.11	9.0	28.1	3.12	1.394

水泥-水玻璃浆液采用水泥浆液与水玻璃体积比进行设计配制的，现场配比试验及结果见表6。水泥-水玻璃浆液的凝胶时间应当根据工程及地层情况确定。

表6　水泥-水玻璃浆液配比设计及试验结果

水泥浆浓度（水：水泥）	水泥浆与水玻璃体积比	凝胶时间/min：s	抗压强度/MPa	
			7d	28d
0.5：1	1：1	1：46	17.6	21.6
	1：0.8	1：21	19.8	23.8
	1：0.6	1：0	21.8	23.7
	1：0.4	0：37	14.0	18.3
0.8：1	1：1	1：58	12.7	16.6
	1：0.8	1：29	16.0	21.0
	1：0.6	1：08	17.9	21.8
	1：0.4	0：44	14.1	15.8

续表

水泥浆浓度（水：水泥）	水泥浆与水玻璃体积比	凝胶时间/min：s	抗压强度/MPa	
			7d	28d
1：1	1：1	2：10	2.2	12.8
	1：0.8	1：40	9.4	13.0
	1：0.6	1：15	11.5	16.0
	1：0.4	0：52	11.8	14.8

注 水玻璃浓度为40Bé。

3.3 试验施工工艺与方法

3.3.1 施工工艺流程

总体施工程序为：施工段灌前水量统计→灌浆孔逐环逐孔施工→灌后水量统计→效果评价对比分析。

单孔施工工艺流程为：确定孔位→固定钻机→一次性成孔→卡塞灌浆→封孔。

灌浆严格按照分序加密原则，分环分序施工。分环施工即Ⅰ序环（1，3，5，7，…）→Ⅱ序环（2，4，6，8，…），分序施工即每一环中按Ⅰ序孔→Ⅱ序孔顺序施工。

在注入量较小地段，同一环同一序上的灌浆孔采用了并联灌浆，并联灌浆的孔数不多于3个。

3.3.2 钻孔及压水试验

试验采用70-B型风动冲击钻机钻孔。钻孔孔径不小于50mm，钻孔方向垂直于洞壁，孔深3～5m，根据渗漏水情况适时调整。为探查洞壁基岩的透水性，堵水灌浆前在部分桩号选一个孔做简易压水试验，其透水率见表7。

表7　简易压水试验结果

序号	桩号	钻孔	段长/m	时间/min	透水率/Lu	备注
1	8+780	11-11	5.5	20	27.5	压水过程中铁轨中间有冒水现象
2	8+810	27-1	5.1	20	15.97	—
3	8+850	49-7	5	20	7.73	—

3.3.3 灌浆

本次灌浆试验采用三种浆液，分别为水泥浆液、水泥-水玻璃浆液和改性硅溶胶浆液。优先采用改性硅溶胶浆液进行灌注，漏水量较大的孔段采用水泥浆液或水泥-水玻璃浆液灌注封堵，局部再新开孔补灌。

3.3.3.1 灌浆参数

（1）灌浆段长。鉴于钻孔的孔深均较小，因此选择孔口至孔底作为灌浆孔段，采用孔口卡塞、纯压式灌浆方法，整孔一次灌注。

（2）灌浆压力。由于引水隧洞没有衬砌，考虑到施工安全因素，试验中采用的灌浆压力为：试验孔Ⅰ序环0.5～1.0MPa，试验孔Ⅱ序环1.0～1.5MPa，封堵孔1.5MPa。改性硅溶胶浆液灌浆压力为1.0MPa。

(3) 灌浆方式。试验灌浆方法为纯压式灌注法。灌浆方式根据具体情况选择单液灌注或双液灌注。

3.3.3.2 水泥灌浆

(1) 水泥浆液采用 2∶1、1∶1 和 0.5∶1 三级水灰比，开灌水灰比采用 2∶1 浆液开灌，逐级变浓。

(2) 当灌浆压力保持不变，注入率持续减少时，或当注入率不变而压力持续升高时，不得改变水灰比。

(3) 当某一比级浆液的注入量已达 300L 以上或灌注时间已达 30min，而灌浆压力和注入率均无改变或改变不显著时，改浓一级。

3.3.3.3 水泥-水玻璃双液灌浆

(1) 堵水灌浆试验主要采用表 7 中配比进行灌注，直至达到结束标准。

(2) 在灌浆过程中发现大面积漏浆或沿着某些部位大量漏浆，用水泥-水玻璃双液浆灌注。

(3) 在用 0.5∶1 水泥浆灌注过程中没有压力升高或注入率下降的趋势，改用水泥-水玻璃双液。

3.3.3.4 改性硅溶胶浆液灌浆

(1) 开灌采用Ⅱ型改性硅溶胶浆液灌注，开灌流量为 5～10L/min，当灌浆压力保持不变，注入率持续减少时，或注入率不变而压力持续升高时，不得改变浆液类型，继续灌注。

(2) 当灌注Ⅱ型改性硅溶胶浆液到达 200L，灌浆压力和注入率均无改变或改变不显著时，改灌凝结时间为Ⅰ型改性硅溶胶浆液。

(3) 当灌注改性浆液吸浆量大无法正常结束（未达到胶凝时间、无法达到设计压力、注入量和压力均无明显改变），且总注入量超过 400L 时，改用水泥-水玻璃浆液灌注直至正常结束。

3.3.4 灌浆结束及封孔

水泥浆液灌浆在该灌浆段最大设计压力下，当注入率不大于 1L/min 时，继续灌注 15min，灌浆即可结束。

改性硅溶胶浆液灌浆在该灌浆段最大设计压力下，当注入率不大于 0.4L/min 时，持续灌注 30min 后关闭阀门闭浆 2h，灌浆即可结束。

封孔采用全孔灌浆封孔法，封孔压力采用全孔最大灌浆压力。基岩封孔浆液采用 0.5∶1 普通水泥浆液，采用全孔灌浆法封孔。灌浆孔上部的空腔用人工回填砂浆封实。

4 主要试验成果与防渗堵漏效果评价

4.1 普通水泥灌浆

试验段内使用普通水泥灌浆 398 个，进尺 1302.8m，灌注水泥量 21.36t，平均单位注入率 14.12kg/m，其中Ⅰ序孔为 16.4kg/m，Ⅱ序孔为 9.97kg/m，补加孔为 18.09kg/m（见表 8)。

表 8　　各次序水泥灌浆孔灌浆数据汇总统计表

孔　序	孔数/个	进尺/m	水泥量/t	平均单位注入率/(kg/m)	备　注
试验孔Ⅰ序孔	240	1302.8	21.36	16.40	1-7、23-5 复灌
试验孔Ⅱ序孔	147	766.4	7.64	9.97	23-6、25-6 复灌
补加孔	11	54	0.97	17.96	—
小计	398	2123.2	29.98	14.12	—

水泥单位注入量可反映出灌浆过程所采用的工艺技术、灌注材料、浆液配比是否具有合理性。一般情况下，单位注入量应具有随孔序逐序递减的规律。各次序孔单位注灰量频率曲线和累积频率曲线图见图 4。

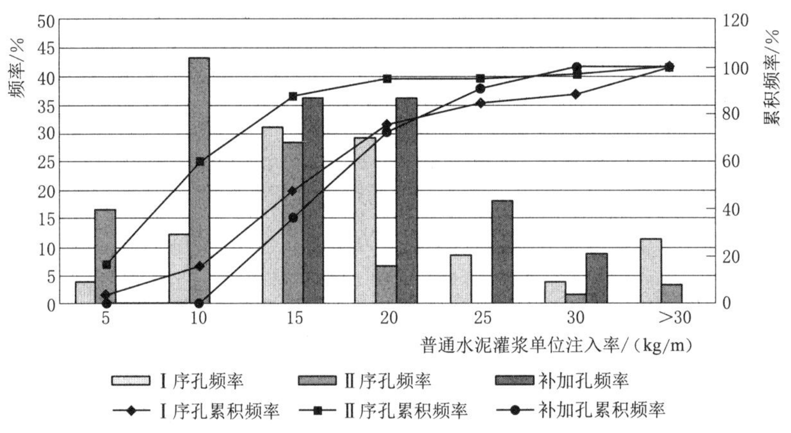

图 4　各次序普通水泥灌浆孔单位注灰量频率曲线和累积频率曲线图

从单孔单位注入率上分析，各次序孔的单位注灰量均遵循逐序递减的规律。Ⅰ、Ⅱ序灌浆孔的单位注灰量分别为 16.40kg/m、9.97kg/m，Ⅱ序孔比Ⅰ序孔递减了 39.2%，单位注灰量主要分布在 10～20kg/m 之间，Ⅰ序孔中，单位注灰量大于 50kg/m 的共有 6 个，占Ⅰ序孔总数的 2%；Ⅱ序孔中，单位注灰量大于 50kg/m 的共有 2 个，占Ⅱ序孔总数的 1%。

综上可见，试验孔的总注入量不高，灌注的浆液主要集中于少数存在较大裂隙或涌水的孔中，而且单位注灰量、大注灰量的孔数都具有较为明显的环间递减趋势。部分钻孔没有钻到裂隙或钻到的裂隙为封闭结构时，其单位注灰量就很小，属于基本不吃浆。这表明分序灌浆工艺具有较好的边缘封闭效果，有助于对涌水进行集中封堵。

4.2　双液灌浆

水泥-水玻璃双液统计结果见表 9。由表可见，水泥-水玻璃双液浆灌注孔段较少，表明灌浆区域较大裂隙或涌水的孔较少，并且Ⅰ序孔和Ⅱ序孔单位注入率不规律，很多情况水泥浆液灌注未达到结束标准时双液浆补灌所导致。

4.3　改性硅溶胶浆液灌浆

化学灌浆可以解决水泥等颗粒状材料灌浆不能解决的问题，化学浆液初始黏度低，具有较好的可灌性；浆液的胶凝或者固化时间可根据需求准确的进行控制。

表 9　　双液灌浆孔灌浆数据汇总表

孔序	孔数	进尺/m	水泥量/t	水玻璃量/L	单位注入率/(kg/m)
Ⅰ序孔	11	57.51	2.69	310	46.77
Ⅱ序孔	6	31.4	3.53	400	112.42
小计	17	88.91	6.22	710	69.96

试验段内使用改性硅溶胶浆液灌浆 308 个钻孔，进尺 1538.63m，灌注改性硅溶胶浆液 2.48m^3，平均单位注入率为 16.10L/m，其中Ⅰ序孔单位注入率为 12.33L/m，Ⅱ序孔单位注入率 11.99L/m，略小于Ⅰ序孔，Ⅱ序孔比Ⅰ序孔递减了 2.8%，补加孔单位注入率为 25.15L/m（见图 5 和表 10）。

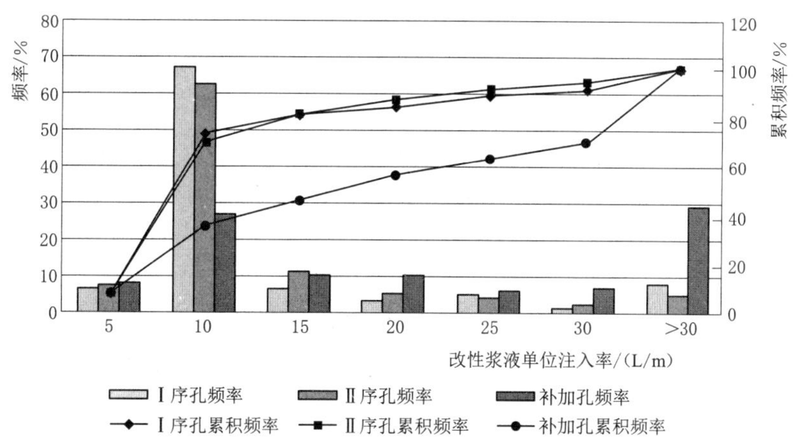

图 5　各次序改性硅溶胶浆液灌浆孔单位注灰量频率曲线和频率累积曲线图

表 10　　各次序改性硅溶胶浆液灌浆孔灌浆数据汇总统计表

孔序	孔数/个	进尺/m	改性浆液/L	平均单位注入率/(kg/m)
Ⅰ序孔	58	291.15	3589.5	12.33
Ⅱ序孔	155	774.71	9290	11.99
补加孔	95	472.77	11890	25.15
小计	308	1538.63	24770.3	16.10

4.4　表观漏水封堵情况

经堵水试验后，上述漏水点均得到有效封堵，洞壁表观无明水、无流水、无线状滴水。

4.5　试验前后渗漏量测量

灌浆试验前，对隧洞 8+750～8+850 段漏水流量测量和计算。

用沙袋将 8+750、8+850 两端压实、封堵，分别在表 11 中桩号处设置水位观测点，记录初始高度，50min 后记录变化水位，统计计算试验前总渗漏量为 10.17m^3/h。

表 11　　试验前水位观测数据记录表

序号	桩号	水位差/m	断面宽度/m
1	8+750	0.038	2.95
2	8+770	0.035	3.11
3	8+785	0.035	3.16
4	8+800	0.033	2.92
5	8+820	0.035	2.65
6	8+830	0.032	2.81
7	8+840	0.028	2.51
8	8+850	0.010	1.98

堵水灌浆试验后，用同样的方法测定渗水流量为 0.84m^3/h，比试验之前减少了 91.74%。

从试验测试数据及照片对比等显示的结果看，桩号 8+750～8+850 之间的大面积渗漏和涌水得到有效封堵，试验段内已经没有明显漏水点，段内总渗漏量也较试验前减少 91.74%。通过本次堵水灌浆试验，试验段的漏水取得了良好的效果，达到了预期目的。

5 结论

灌浆试验采用普通水泥、水泥-水玻璃和改性硅溶胶浆液，根据具体情况选择不同的浆液进行灌注，通过堵水灌浆试验，实现了预定目标，堵漏防渗效果很好。

加重泥浆在大涌水深厚覆盖层钻孔施工中的应用

谢　武[1,2]　王晓飞[1]　徐文峰[1]　伍元杰[1]　付　成[1]

（1. 中国水电基础局有限公司；2. 天津市地基与基础工程企业重点实验室）

【摘　要】泸定水电站深厚覆盖层帷幕补强灌浆在高水头大涌水条件下施工，灌浆孔成孔难度极大。通过泥浆护壁机理和压制水头原理分析，确定在泥浆中掺入重晶石粉、植物胶和表面活性剂等材料，优化加重泥浆性能，改进钻孔施工工艺，有效地防止了造孔过程中流砂及塌孔事故的发生，保证了钻孔施工顺利进行，为成功实施补强灌浆创造了条件，对今后类似工程施工提供借鉴经验。

【关键词】泸定水电站　加重泥浆　钻孔护壁　压制水头　钻孔施工

1　工程概况

泸定水电站位于四川泸定县，为大渡河干流第12级电站。水库正常蓄水位1378.00m，总库容2.195亿m^3，装机容量920MW，工程为Ⅱ等大（2）型工程。电站大坝为黏土心墙堆石坝，建基于覆盖层上，坝顶高程1385.50m，最大坝高79.50m；坝址河床覆盖层深厚，一般厚度120～130m，最大厚度148.6m。河床部位（0＋105.50～0＋250.30）坝基防渗体系由垂直混凝土防渗墙下接三排灌浆帷幕（防渗墙内一排、防渗墙上下游各一排）组成，混凝土防渗墙厚度1m，最大深度110m，覆盖层灌浆帷幕深度约40m；两岸部位坝基防渗体系由垂直混凝土防渗墙＋基岩帷幕灌浆（防渗墙内一排）组成。

2013年3月31日于右岸在量水堰下游约186m发现渗水，涌水点坐标$X=3313814.9$、$Y=521975.9$，高程约1306m，位于坝轴线下游448m（对应坝桩号0＋236），距大坝坡脚约209m。涌水初期流量约5L/s，至2013年4月15日涌水区地面发生塌陷，流量目测增至约200L/s，且有较多的灰黑色细颗粒涌出，之后流量在188～212L/s。涌水点附近出现地面开裂、河床塌陷等变形。大坝下游河道涌水出现后，分别对涌水点和涌水区域进行了压重反压、排水减势的应急处理措施。针对涌水点，在管涌塌陷区用碎卵石（混凝土骨料）找平，粗砂、土工织物、沙袋压边、透水砂砾料铺设等处理措施；针对涌水区域，抬高涌水反压区高程、扩大反压保护范围，涌水区靠河侧采用挡墙进行永久防护、在涌水反压区设置深层减压排水孔等措施。经过应急处理，涌水含砂有明显改善，涌水出口未再出现塌陷，但涌水流量未见明显减小。

除了上述应急处理措施外，针对坝基防渗体系，先后在坝基防渗体系进行了四期补强灌浆处理。截至2020年2月27日，坝后量水堰及涌水点水质清澈，未发现新的涌水点，坝基浅层渗压计成果正常，库水位1377.46m时，坝后量水堰流量285.56L/s，涌水点流量59.93L/s。

2 工程地质条件

2.1 河床基岩

坝址基岩为前震旦系康定杂岩，主要岩石类型为闪长岩、花岗岩、花岗闪长岩等，并有后期辉绿岩脉、石英脉穿插。岩石呈条带状、片麻状构造和包裹体发育。

河床岩体相对较完整，透水性较弱，区域性的泸定断裂距库区约1～4km，库内未见较大断层切割；库盆周边不具备发生水库诱发地震的地质构造背景，历史地震较稀少，无强震记载。根据中国地震局地质研究所对泸定水库诱发地震评价成果，从构造背景、岩体介质、水文地质条件和工程规模等综合分析并类比已建工程实例进行预测：泸定水库蓄水后由于库水的渗透引起断裂活动而发生地震的可能性很小；从岩体节理裂隙及卸荷裂隙发育程度，特别是顺坡向缓倾角小断层、节理裂隙发育地段的岩体渗透特性等分析，水库蓄水后存在发生小于4级地震的可能，震中烈度小于Ⅶ度，低于工程场地的地震基本烈度值，对水工建筑物不会造成破坏性影响。

2.2 河床覆盖层

坝址区河谷覆盖层深厚，层次结构复杂，一般为120～130m，最大厚度148.6m，层次结构复杂。根据物质组成、分布情况、成因及形成时代等，自下而上主要分为以下四层七个亚层见表1。

表1　覆盖层风化带分类

层别	亚层	岩层描述	厚度/m	顶板埋深/m	颗粒成分	透水性
第①层	—	漂（块）卵（碎）砾石层，系冰水堆积（Q_3^{fgl}）	51.85～75.31	62.2～81.8	弱风化花岗岩、闪长岩为主	强—中等
第②层	②-1	漂（块）卵（碎）砾石层	26.25～28.06	46.2～56.8	—	强—中等
	②-2	碎（卵）砾石土层	8.2～79.45	1.85～68.2	闪长石、花岗岩，次棱角状为主	强—中等
	②-3	粉细砂及粉土层，透镜状展布于上坝址河谷中下部	6.52～32.8	29.68～39.36	粉、细砂为主，底部见粉土	强—中等
第③层	③-1	漂（块）卵（碎）砾石土层，展布于坝址区Ⅰ级阶地和上坝址河谷右岸	5.0～39.36	0～39.36	粗颗粒成分以弱风化花岗岩、闪长岩为主	强—微弱
	③-1b	透镜体为含泥角砾中粗砂，呈透镜状展布	—	—	—	弱
	③-2	砾石砂层	约8.3	—	中、粗砂为主	中等
第④层	—	冲积（Q_4^{al}）堆积之漂卵砾石层，分布于坝址区现代河床及漫滩	5.6～25.5	—	弱风化闪长岩、花岗岩为主	强

由于地层中局部为砂层，钻孔过程中塌孔情况十分普遍，对施工进度的影响极大，如何处理钻孔塌孔是难点和重点。为了解决现有技术中对于高水头涌水环境钻孔存在的泥浆护壁形成效果差，悬渣与携渣、润滑与冷却效果不佳，不能满足钻工施工需求的问题，本文针对加重泥浆性能进行优化，使之能够在孔壁形成一层良好的护壁，同时能够在砂性土、黏性土和素填土中形成理想的泥浆渗透区，将孔壁外围区域形成全新的凝结胶体，搭建稳定的受力平衡，消除孔壁内外的压力差，大大增强土体以及孔壁的抗剪强度，从而实现完全消除孔壁因涌水或者渗漏导致的破坏或者塌孔现象。

3　加重泥浆护壁机理及作用

加重泥浆也叫加重钻井液，是由石油钻探行业最早开始研究和使用的。通过使用泥浆材料（膨润土浆、黏土泥浆、化学泥浆）、加重材料（重晶石粉、铁矿粉、石灰石）、有机高分子材料（植物胶、正电胶、聚合物）和其他化学处理剂等制备而成的加重钻井液，保证浆液具有良好的流动性和悬浮加重能力。

3.1　加重泥浆护壁机理

地基土体钻孔开挖之前，土体的自重应力逐渐增大并处于稳定的状态，土体开挖之后，土体原平衡遭到破坏，未注浆之前，孔壁只收到孔壁外的水土压力作用，若土体不稳定，将发生失稳。因此，必须采取向孔内注浆的措施，使泥浆产生对孔壁的泥浆压力抵抗孔壁外围的水土压力，孔壁受力示意图见图 1。

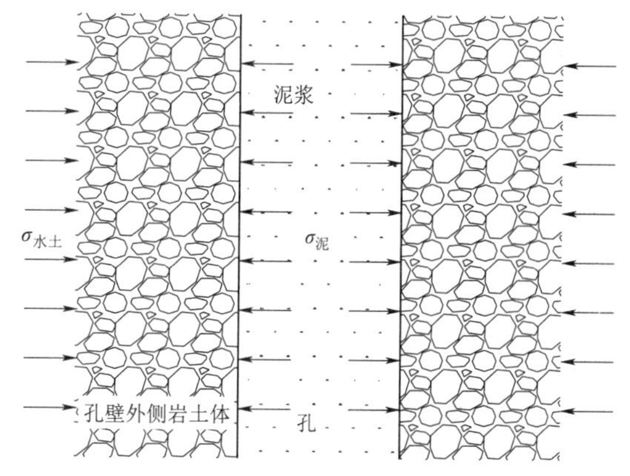

图 1　灌浆后孔壁受力示意图

由图 1 分析，孔壁失稳产生位移一定程度上取决于压力差：

$$\Delta\sigma=\sigma_{水土}-\sigma_{泥} \tag{1}$$

当 $\Delta\sigma<0$ 时，泥浆压力大于孔壁外水土压力，孔壁有向外偏移的趋势；当 $\Delta\sigma<0$ 时，泥浆压力小于孔壁外的水土压力，孔壁有向内偏移的趋势。

泥浆护壁机理除了泥浆产生的压力抵抗孔壁外的水土压力之外，另一个主要因素为泥浆与孔壁土体间的固化物理作用，通过泥浆压力，将泥浆渗透到孔壁外侧的土层孔隙之中，使泥浆渗透的区域成为一个新的凝结胶体，增强土体的抗剪强度，泥浆渗透区示意图见图 2。

从图 2 可知，渗透系数较差的土层其泥浆渗透区越大。同时，由于泥浆压力的作用，将泥浆或粒径较小的土颗粒压入到土层之中，从而起到填充土颗粒之间的缝隙，而粒径较大的颗粒则黏附在孔壁之上，形成一个透水性较差的泥皮，而泥皮既能阻止地下水渗透到孔内，又能防止泥浆流失，从而保证孔内水头压力值，加强泥浆护壁的作用。

3.2　加重泥浆的作用

泥浆的正确使用和泥浆性能的控制是泥浆护壁钻孔成败的关键。泥浆的功能主要体现在以下几方面：

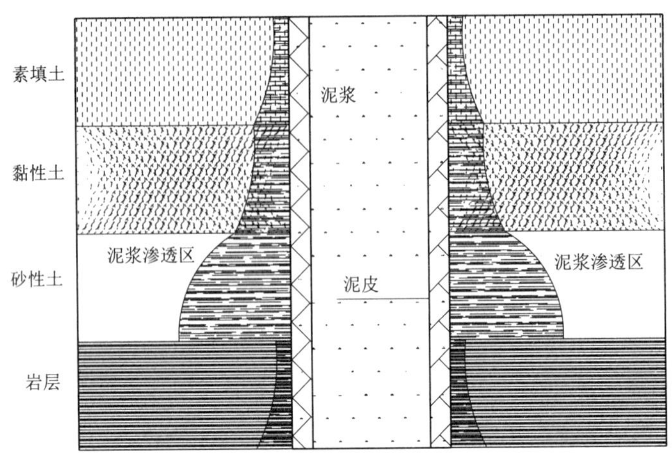

图 2　泥浆护壁泥浆渗透示意图

(1) 防止孔壁坍塌。泥浆的浆柱压力可抵抗孔壁中土的侧向挤压力和水压力，并防止水渗入孔内；同时，泥浆渗透到孔周围的一定范围，黏结该范围内的地层颗粒，并在孔壁表面形成泥皮。这种双重作用减少了孔壁坍塌的可能性。

(2) 防止泥浆渗漏。钻孔施工过程中，孔内泥浆在机械泵压和浆柱压力的作用下注入地层，充填堵塞渗漏通道，防止泥浆大量漏失，使施工能顺利进行。静止状态的泥浆在受压脱水后，具有较高的抗渗性能；灌浆孔与周围的泥皮和泥浆渗入带共同起防渗作用，提高了灌浆孔的整体防渗效果。

(3) 提高清孔效果。泥浆具备悬浮和携带钻渣的能力，清洗孔底，提高钻进工效，使钻孔施工有效地进行。对于循环出渣的各种钻进方式，泥浆有携带钻渣和清洗孔底的作用。

(4) 提高钻孔效率。泥浆是液体，可以在钻孔过程中冷却钻具，防止钻头过早磨损，可以连续进行钻孔施工。

4　加重泥浆压制水头原理

为控制钻孔过程中出现涌水、涌砂，现场施工采用加重泥浆护壁钻孔，通过加重泥浆自重来抵消涌水水头压力，避免涌水带出砂砾料，同时起到保护孔壁的作用。

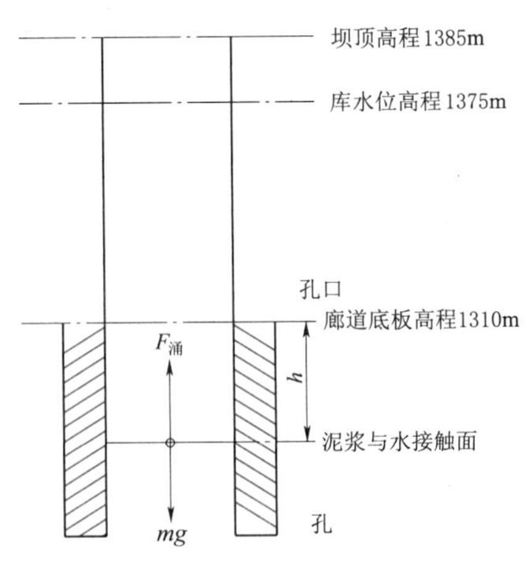

图 3　加重泥浆与涌水接触界面受力示意图

根据图 3，加重泥浆与涌水接触界面受力示意图可见泥浆自重与涌水压力是动态变化的，当泥浆自重小于涌水压力时，表现为涌水水位上升，泥浆起不了压制水头作用，钻孔施工难以进行；当泥浆自重平衡涌水压力时，表现为泥浆自重可以压制水头；当泥浆自重大于涌水压力时，表现为泥浆与涌水接触界面下降甚至出现漏浆现象。因此泥浆与涌水压力作用取决于孔的深度和泥浆自身的比重。力学计算见下列计算推导过程：

$$F_{涌}=mg \tag{2}$$

$$F_{涌}=P_0 S \tag{3}$$

$$g=\rho_{泥} V_{泥} g \tag{4}$$

$$P_0=[1375-(1310-h)]\times 10=10\times(65+h) \tag{5}$$

$$V_{泥}=hS \tag{6}$$

通过式（2）～式（6）可以推导出：

$$\rho_{泥}=P_0/hS=10\times(65+h)/(hS) \tag{7}$$

式中：$F_{涌}$为涌水压力，kN；P_0 为浆柱压力，MPa；$\rho_{泥}$为加重泥浆密度，g/cm^3；$V_{泥}$为加重泥浆浆柱体积，cm^3；m 为加重泥浆浆柱质量，g；h 为加重泥浆与涌水接触界面距孔口的高度，m；S 为孔截面面积，m^2；g 为重力加速度，10m/s^2。

通过水头压力公式计算得出，加重泥浆比重需在 1.5～1.8 之间才能达到足够的比重，才能抵消涌水水头压力。结合现场施工实际情况，钻孔深度在 80～130m 时加重泥浆才可发挥压制水头作用，同时还要兼顾泥浆的悬浮携渣能力，只有适宜的悬浮携渣能力才能使加重泥浆呈均质状态，避免重晶石粉沉淀至孔底导致钻孔抱钻、埋钻孔故。此外，加重泥浆要达到一定黏度，以满足在覆盖层中的钻孔护壁效果。

5 加重泥浆钻孔施工工艺

5.1 加重泥浆的组成

选用膨润土作为造浆材料，在泥浆中掺入了重晶石粉作为加重剂，天然有机高分子材料使用多糖类植物胶，化学处理剂选用烷基苯磺酸钠。选择使用膨润土泥浆有以下原因：为保证钻孔地层的稳定性，考虑到地层的透水性，膨润土泥浆能形成致密的泥皮，可减少和防止孔壁的透水，保证孔壁的稳定；膨润土本身含砂量很低，所制作的泥浆密度较普通黏土泥浆小，有利于泥浆循环清孔；膨润土泥浆悬浮能力强，清孔后可保持孔底部较长时间内无钻渣沉淀。

选择使用重晶石粉的原因是：由于地下水位较高且地层夹有粉细砂层，为了防止在造孔过程中发生流砂和塌孔事故，在泥浆中掺入重晶石粉作为加重剂，以增加泥浆的比重压制涌水。

植物胶是多年野生草本植物根加工而成的土黄色粉末，主要成分为含多糖类的丰乳糖、甘露聚糖及纤维素等，其水溶液为棕红色半透明的黏稠胶体，无臭无味，具有特殊的滑性。其溶液在覆盖层钻孔取芯施工时，具有良好的固壁和提高岩样采取率的作用。

表面活性剂具有很好地降低泥浆的表面张力和润湿、渗透和乳化的性能，可以提高泥浆在管路中的输送性能。

泥浆的配比及性能测试表见表 2，膨润土和加重泥浆拌制后的状态见图 4 和图 5。

表 2　　加重泥浆配比及性能测试表

编号	膨润土 /g	重晶石粉 /g	植物胶 /g	表面活性剂 /g	水 /g	密度 /(g/mL)	扩散度 /mm	黏度 /(mPa·s)	动塑比
J-1	150	—	—	—	1750	1.063	136	35.0	0.706
J-2	150	4000	—	—	1750	2.009	172	27.5	0.852
J-3	150	4000	100	9	1750	2.022	166	30.0	0.228

图 4　膨润土浆

图 5　加重泥浆

5.2　加重泥浆钻孔施工工艺

钻孔采用加重泥浆钻孔结合孔口封闭钻孔工艺和清水钻进的方式。正常情况下采用清水钻进方式进行造孔，在浅层加重泥浆发挥作用之前，如遇不成孔、涌水涌沙等情况采用钻灌结合的方式施工，灌浆采用水泥浆液灌注；下部采用加重泥浆钻孔时，当遇到不成孔、漏浆、塌孔严重时需预灌处理，采用纤维加重泥浆或水泥浆液进行预灌处理。在钻孔时一方面通过加重泥浆的自重来抵御水头的压力，另一方面通过浆液的黏度来达到护壁效果，来防止涌水、涌砂。

5.3　加重泥浆钻孔施工效果

在高水头大涌水深厚覆盖层地层条件下采用灌浆进行堵漏处理，造孔成孔是关键因素。

(1) 解决钻孔坍塌、缩孔问题。施工中钻孔有发生坍塌、缩孔现象，尤其是在 110～130m 细砂层段。由于造孔时发生坍塌、缩孔而造成卡钻、埋钻事故频频发生，严重制约工程进度和影响工程质量。根据地质资料显示，该孔深是在细砂层段，该层大部分变为疏松状态，造孔时使用比重为 1.5 的改良泥浆，其悬浮、携带细砂的能力较强，从而减少孔内细砂淤积过多而发生埋钻事故。同时，改良泥浆对砾砂层的固壁能力强，施工中大大减少发生因固壁效果不好而坍塌埋钻的事故。改良后的泥浆护壁施工，大大提高了地层的稳定性，基本上解决了钻孔坍塌、缩孔现象。

(2) 提高了钻孔工效，降低了材料损耗。在原防渗墙预埋管钻进扫孔时，金刚石钻头在钻进过程中受力不均，再加之金刚石钻头钻进时的高转速，使钻杆、钻具产生强烈的振动，极易损坏钻头、钻具，容易扫偏出墙，并且大大降低钻进效率。施工中根据地层情况先采用 $\phi60$ 的复合片小钻头扫孔，再使用 $\phi75$ 的复合片钻头扩孔，然后采用 $\phi91$ 复合片钻头再扩孔，最后采用 ϕ91 金刚石钻头扫孔。施工中也可以根据具体情况直接采用各种直径和材质的钻头进行钻进。在施工中采取更换不同硬度的钻头，选择较合理的钻进参数，由于使用加重泥浆护壁，大大改良了地层造孔环境，钻进效率得到提高。扫孔深度大，容易扫偏，出现涌水涌砂现象，加重泥浆可以克服涌水压力，通过循环利用工艺降低了加重泥浆的损耗。

基于上述原因，采用特殊研制的加重泥浆做钻孔护壁浆液，采用合理的钻孔施工工艺成功地解决了上述技术难题。

6 结论

本工程高水头大涌水深厚覆盖层地层施工条件，成孔施工难度极大，通过在泥浆中掺入重晶石粉，以及植物胶和表面活性剂等材料，优化加重泥浆性能，并通过加重泥浆护壁机理和压制水头机理分析，结合加重泥浆钻孔工艺有效地防止了粉细砂层造孔过程中流砂及塌孔事故的发生，保证了钻孔施工顺利进行，对今后类似地层的施工有一定的借鉴作用。

稳定性浆液在国外水利水电工程的应用

倪　力　蒋永生

（中国水利水电第八工程局有限公司）

【摘　要】 20世纪90年代，由瑞典专家隆巴迪提出的稳定性浆液，在理论上具有众多优点，国外的专家学者和工程师们已普遍接受这一理论，并在许多大坝工程基岩灌浆中采用了此类浆液，但国内目前大规模应用稳定性浆液灌浆的工程仍较罕见。本文通过在国外多个水利水电工程中采用稳定性浆液的实践，验证了稳定性浆液的良性能以及配套施工工艺简单、高效的特点，同时也在应用中不断总结经验，可为此后类似工程提供一定的经验和依据。

【关键词】 水利水电工程　基岩灌浆　稳定性浆液

1　引言

近十余年来，笔者在非洲连续参与建设三个水利水电工程的基础处理项目：加纳布维水电站工程（2008—2012年）、莱索托麦特隆大坝工程（2012—2015年）及尼日利亚宗格鲁水电站工程（2016年至今），由于其设计或咨询的欧美工程师团队推崇“现代”灌浆技术理论的要求，这些项目的基岩灌浆均采用了稳定性浆液。通过这些工程的实践应用，我们认识到稳定性浆液相对于“传统”的纯水泥多级配比浆液，具有稳定性好、析水率低、填充性好、胶结强度高、抗渗性好等优点；同时也发现其初凝时间长、早期结石强度低且在细纹裂隙中灌入较困难等缺点。此外，稳定性浆液灌浆须配套相应的灌浆工艺，才能发挥其性能优点以及施工简单、高效、质量可控的优势，在这些工程的实践应用中，我们不断总结经验、优化和改进工艺方法，以发挥稳定性浆液的优点并降低其缺点的影响，最终取得了良好的灌浆效果。

2　稳定性浆液理论简要分析

从基岩灌浆基本原理出发，基岩灌浆基本目的就是要让浆液填充到岩石的裂隙中并形成有效的结石状胶结物，以提高基岩的完整性、稳定性以及抗渗能力等。在传统灌浆方法中，当采用较稀纯水泥搅拌浆液（大水灰比浆液）时，浆液在其沉淀固化成结石过程中会析出大量水（见表1），从而导致填充不饱满，形成的结石孔隙率大、强度低；而采用较浓浆液（小水灰比浆液）时，由于其黏度高流动性差（浆液的宾汉体特性，见图1和表2），难以灌入岩石裂隙，同时纯水泥浆液还存在易沉淀、不稳定等缺点。

表 1　　各级水灰比纯水泥浆液析水率表

水灰比	10∶1	8∶1	5∶1	3∶1	2∶1	1∶1	0.8∶1	0.5∶1
2h 析水率/%	88	87	82	70	57	35	25	7.5

注　析水率与水泥种类静置时间等因素有关，此表数据来源于工程中室内 2h 析水试验，仅为参考。

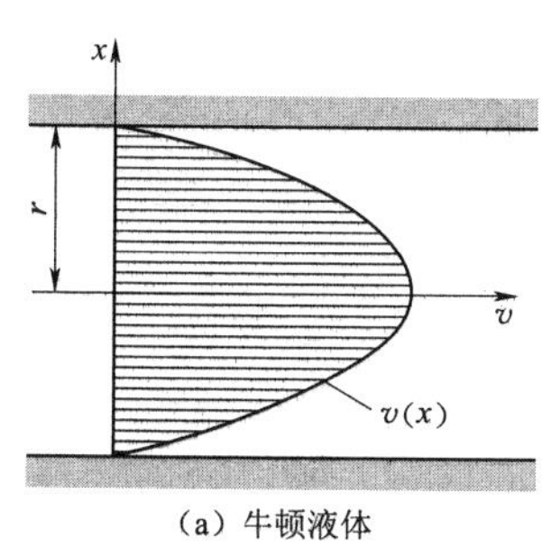

（a）牛顿液体

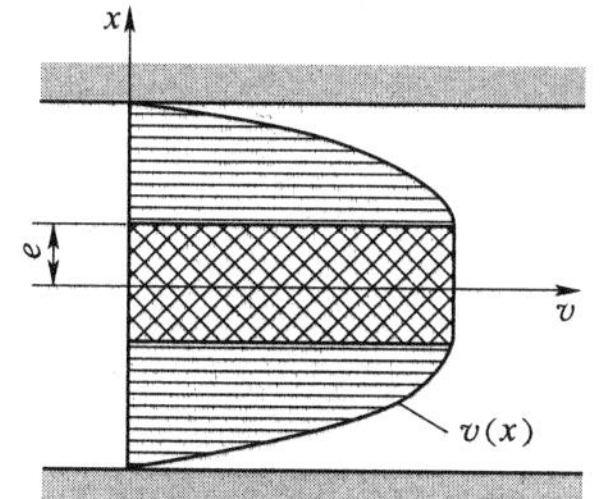

（b）宾汉体（宾汉体需要外力克服其抗剪屈服强度T_0，才能使其流动）

图 1　牛顿液体和宾汉体流速分布图

表 2　　水泥浆液水灰比与抗剪屈服强度关系表

水灰比 W	20	10	5	2	1	0.7	0.6	0.5	0.4	0.3	水
抗剪屈服强度 T_0/Pa	0.39	0.43	0.53	1	2.9	7.0	12.0	23.0	67.0	384.0	0

注　数据摘自 G.S. 约翰《水泥基浆液的设计》。大量工程实践表明 0.7∶1 以下的浓浆难以灌入较小岩石裂隙，且 0.5∶1 及以下浆液在长距离（大于 200m）送浆过程中需要较大的泵压才能完成。

针对纯水泥浆液存在的问题以及传统灌浆理论的缺点，瑞典专家隆巴迪（G. Lombardi）提出一种新的“现代”灌浆理论，其核心内容之一就是提出了“理想型”浆液被称为稳定性浆液。稳定性浆液具有极低的析水率（一般要求小于 5%），良好的流动性（黏度低、凝聚力小），同时还应稳定不易分层沉淀，且具有良好的结石完整性以及抗渗性能。此前有研究人员通过试验对比，稳定性浆液确实表现出良好的性能，但其配置方法及测试相对复杂，同时还需配合相应工序才能体现其更好的技术、经济优越性。

本文下面重点探讨在工程应用中如何配置满足生产需要的稳定性浆液，以及配套施工方法。

3　稳定性浆液配置及性能试验

稳定性浆液根据其设计原理可知，稳定性浆液首先要满足析水率低和流动性好的要求，因此稳定浆液的配置重点要从这两个特性参数着手，同时还应考虑到浆液密度、凝结时间、结石强度以及温度等参数。表 3 详细统计了工程应用中稳定性浆液各项性能要求、控制参数及常用检测、试验方法。

表 3　　稳定性浆液各项参数要求及工程中测量、控制方法

浆液特性	控制参数	工程测量/测试方法	工程中控制值	备　注
析水程度	析水率	量筒静置测量法	2h<5%	主控参数，影响灌入浆液质量
流动性能	黏度/凝聚力	马氏黏度计测量黏度	≤45s	主控参数，影响浆液可灌入性

续表

浆液特性	控制参数	工程测量/测试方法	工程中控制值	备　注
凝结时间	初凝/终凝时间	初凝/终凝试针测试		参考值，主要用于灌浆方法设计
浆液密度	密度	比重秤/密度计测量		参考值，主要用于验证现场浆液配置是否满足设计要求
强度	7天/28天无侧限抗压强度	70.7mm × 70.7mm × 70.7mm 试块抗压强度测试		参考值，用于推断和验证结石强度
温度	摄氏温度	温度计测量	5～40℃	参考值，温度过高或过低将会影响浆液的稳定性

注　表中控制参数、测量方法及控制值数据来源于作者参与的工程实践，其他工程也可能采用不同的控制参数值或测量方法，其取决于设计技术文件及浆液试验要求。

相对于普通纯水泥浆液，稳定性浆液的配置一般需掺入两种外加剂材料，一种是膨润土，另一种则是高效减水剂，两种材料在稳定性浆液配置中的作用如下：

（1）膨润土：膨润土与水泥浆中的钙离子发生交换作用，产生一种絮状物质，可以分散水泥颗粒并阻止水泥胶粒的沉淀，起到稳定作用。

（2）高效减水剂：高效减水剂能吸附在水泥颗粒表面，在一定时间内阻止或破坏水泥颗粒之间的凝聚作用，起到降低浆液黏度、增强流动性作用。

工程实践中，一般需配置各种水灰比以及各种外加剂掺量的水泥浆液进行试验，根据表3中的参数要求，在符合要求的配合比中选择最优的一种浆液用于生产应用。表4中为尼日利亚宗格鲁水电站工程中浆液配比试验结果。

表4　　稳定性浆液配置试验成果表

序号	水灰比	高效减水剂/%	膨润土/%	水泥/g	水/g	密度/(g/cm³)	析水率/%		黏度(4.75mm)		浆液温度/℃
							1h	2h	1	2	
1	1∶1	0.50	2.00	1000	1000	1.51	13.6	23	38.3	38.5	26.3
2	1∶1	0.50	2.50	1500	1500	1.52	8	10.8	38.1	38.3	26
3	1∶1	0.50	3.00	1000	1000	1.51	2	4	41.4	40.2	25.2
4	1∶1	0.80	2.00	1000	1000	1.52	11	14	34.3	34.3	25.3
5	1∶1	0.80	2.50	1000	1000	1.53	2	4	35.4	35.0	25.8
6	1∶1	0.80	3.00	1000	1000	1.52	1.6	2.4	38.2	37.9	25.1
7	1∶1	1.00	2.00	1000	1000	1.51	9.6	12.8	33.8	35.6	25.5
8	1∶1	1.00	2.50	1000	1000	1.52	2	3	35.1	34.7	25.5
8B	1∶1	1.20	2.50	1500	1500	1.52	2	2	34.7	34.4	25.9
8C	1∶1	1.30	2.50	1500	1500	1.52	1	3	34.7	35.2	25.6
8D	1∶1	1.40	2.50	1500	1500	1.51	1	2	34.6	34.5	26
8E	1∶1	1.50	2.50	1500	1500	1.53	1	2	34.4	34.6	27.4
9	1∶1	1.00	3.00	1000	1000	1.52	1	2	37.1	38.5	25.8
10	0.7∶1	0.80	0.80	1000	700	1.65	3	12	36.1	35.9	26.8

续表

序号	水灰比	高效减水剂/%	膨润土/%	水泥/g	水/g	密度/(g/cm³)	析水率/%		黏度(4.75mm)		浆液温度/℃
							1h	2h	1	2	
11	0.7∶1	0.80	1.00	1500	1050	1.65	4	14	37.3	36.9	27.7
12	0.7∶1	0.80	1.50	1800	1260	1.65	1.6	3.2	40.8	40.6	27.4
13	0.7∶1	1.00	0.80	1800	1260	1.67	4	12	35.5	35.4	26.9
14	0.7∶1	1.00	1.00	1800	1260	1.65	5	9	39.1	37.4	27
15	0.7∶1	1.00	1.50	1800	1260	1.65	1	2	42.3	41.3	27.4
16	0.7∶1	1.20	0.80	1800	1260	1.66	4	8	36.9	36.5	25.5
17	0.7∶1	1.20	1.00	1800	1260	1.68	3	7	39.0	39.3	25.4
18	0.7∶1	1.20	1.50	1800	1260	1.66	1	2	40.9	40.3	25.5
18B	0.7∶1	1.50	1.50	1800	1260	1.66	3	3	39.6	39.3	25.5
18C	0.7∶1	1.80	1.50	1800	1260	1.69	3	8	40.8	41.1	25.4
18D	0.7∶1	2.00	2.00	1800	1260	1.65	1	2	42.1	44.0	27.8
19	0.5∶1	2.00	0.80	2000	1000	1.81	2	3	76.2	75.4	26.7
20	0.5∶1	2.00	0	2000	1000	1.81	13	19	47.9	47.8	26.8
21	0.5∶1	3.00	0.50	2000	1000	1.77	2	2	81.3	83.6	25.1

注　以上数据来源于尼日利亚宗格鲁水电站工程，不同水泥及外加剂型号得到试验数据具有一定的差异，表上数据仅供参考。

根据表 4 的试验结果，我们选择 8B 为该工程主要浆液配合比，同时后续施工实践中又选取 18B 作为辅助配合比（原因在本文 4.3 节中阐述），对这两组浆液补充测试初凝时间和抗压强度成果见表 5。

表 5　稳定性浆液凝固时间及抗压强度测试成果表

编号	初凝时间/h	终凝时间/h	7天强度/MPa				28天强度/MPa				配合比参数
			1	2	3	平均	1	2	3	平均	
8B	17	18.5	7.08	6.90	7.06	7.01	13.86	14.23	13.93	14.01	$W:C:S:B=1:1:0.012:0.025$
18B	16.5	17.5	14.77	14.58	14.55	14.63	27.66	28.31	28.12	28.03	$W:C:S:B=0.7:1:0.015:0.015$
G1	3.5	7.6	9.05	9.31	9.12	9.16	15.92	15.13	15.75	15.60	$W:C=1:1$ 纯水泥浆液
G2	2.7	4.3	22.46	22.75	23.13	22.78	41.45	41.13	41.55	41.38	$W:C=0.5:1$ 纯水泥浆液

注　凝固时间及抗压强度与水泥型号有关，本表采用拉法基 P·O 42.5 水泥的试验结果，数据仅供参考。

在工程实践中，稳定性浆液的配置过程常碰到了一系列的问题，通过反复试验和分析，最终解决了所有问题，同时也发现稳定性浆液的另一些特性（问题），在设计灌浆方法是可以用这些特性，下面简单总结一些经验及浆液特性：

（1）若膨润土的加入并没有明显改善浆液析水率或测试时析水率不稳定，主要原因是膨润土没有充分水化膨胀。配置稳定性浆液的膨润土必须充分水化预膨胀后才能正常使用，否则无法有效改善浆液稳定性，及减小析水率。实际配置浆液时，建议膨润土：水按

5∶95 或 10∶90 的质量比均匀拌制并预膨胀 24h 以上。

（2）对于某特定水灰比的浆液，减水剂的掺量应控制在一个最佳范围内，若减水剂掺量过少，则浆液黏度值降低不够（流动性不够好）；若减水剂掺量过多，则浆液静止后会发生明显的分层现象，对浆液黏度及稳定性反而不利。实际工程中，因使用的水泥、减水剂型号以及水灰比都可能不一样，需要现场试验得到最优掺量范围。

（3）由于外加剂特性影响，采用膨润土和减水剂配置的稳定性浆液的初凝/终凝时间比普通浆液长的多，这对于配套灌浆方法/方式的设计有较大影响；此外稳定性浆液结石体的强度比普通纯水泥浆液有所降低（表 5 中有纯水泥浆对比数据），对于强度有较高要求的灌浆类型（如接触灌浆等）则需要考虑强度是否满足要求。

4 稳定性浆液在工程中的应用及经验总结

4.1 稳定性浆液在加纳布维水电站工程中应用成果

加纳布维电站基础岩石主要为石英砂岩，质地坚硬，但裂隙发育较多，多数微张，无充填，裂面可见锈膜浸染且胶结较差。电站挡水部分由一座主坝和一座副坝组成，主坝为 RCC 重力坝，坝高 102m；副坝为黏土心墙堆石坝，坝高 51.9m，副坝地基开挖揭示存在一些较大的裂隙，岩石条件较主坝更差。主、副坝帷幕灌浆分别采用了传统的纯水泥浆液和稳定性浆液，灌浆成果对比如下：

（1）各序灌浆孔单位注入量对比见表 6，由于副坝地层岩石更差，注入量明显更高，采用稳定性浆液的二序孔注入量明显高于纯水泥浆液，验证了稳定性浆液可灌入性能（流动性能）良好。

表 6　单位注浆量及单位注灰量对比

部位（浆液类型）	一序孔单位注浆量/(L/m)	二序孔单位注浆量/(L/m)	一序孔单位注灰浆量/(kg/m)	二序孔单位注灰量/(kg/m)
主坝（传统纯水泥浆液）	68.79	5.79	53.93	2.55
副坝（稳定性浆液）	141.02	44.14	148.0	39.7

（2）压水检查透水率成果见表 7，检查结果透水率均小于 3Lu，满足设计要求，对比发现采用传统纯水泥浆液比采用稳定性浆液平均透水率更小，分析原因一方面由于主坝基础岩石地质情况更好，另一方面也验证了传统纯水泥浆液及配套灌浆方法质量可靠性高。但是采用稳定性浆液只需要一种浆液，方便集中制取集中控制，配合自下而上纯压式灌浆方法，极大提高了副坝灌浆效率，满足设计质量要求的同时极大地降低了施工成本（工艺对比主坝采用的自上而下孔口封闭灌浆方法）。

表 7　压水检查透水率结果

部位（浆液类型）	孔数	合格率/%	平均透水率/Lu	最大透水率/Lu	最小透水率/Lu
主坝（传统纯水泥浆液）	58	100	1.36	2.71	0.10
副坝（稳定性浆液）	22	100	1.66	2.89	0.50

4.2 稳定性浆液在莱索托麦特隆大坝工程中应用成果

莱索托麦特隆大坝坝高73m，坝基上层（两岸部位）岩石为玄武岩，中下层（河床部位）为砂岩夹薄层页岩的岩石结构，玄武岩质地坚硬，但分层分块现象明显，层间或块间存在部分较大的裂隙（缝），砂岩地层岩石相对较完整。莱索托麦特隆大坝基岩灌浆全部采用稳定性浆液，并配合自下而上纯压式灌浆方法，灌浆成果如下：

(1) 帷幕灌浆单位注灰量情况见表8，一序孔、二序孔、三序孔与四序孔之间的单位注入量依次递减，符合一般灌浆规律。

表8　帷幕灌浆各序孔单位耗灰量统计表

孔　序	孔数	段数	总孔深/m	基岩灌浆长度/m	水泥消耗量/kg	单位注灰量/(kg/m)
一序孔	89	455	4305.7	3785.9	89890.53	23.74
二序孔	82	413	3977.1	3438.5	44056.93	12.81
三序孔	65	215	1881.34	1472.96	10619.99	7.21
四序孔（兼检查孔）	2	6	40	34.4	64.5	1.88
合计	238	1089	10204.14	8731.76	144631.95	16.56

(2) 莱索托麦特隆大坝工程帷幕灌浆几乎所有孔段均进行了灌前压水试验，通过各序孔及检查孔透水率情况对比（见表9）发现：首先，透水率分布从一序孔至四序孔在各区间的段数依次呈阶梯状有规律地减小；其次，四序孔及检查孔所有孔段透水率都小于3Lu（设计要求），且绝大部分孔段都小于1Lu，这些都证明了稳定性浆液及其配套灌浆方法在该工程实施中取得了良好的效果。

表9　帷幕灌浆孔及检查孔压水成果统计表

孔　序	总孔数	压水段数	各透水率区间分布段数			
			≤1Lu	1～3Lu	3～10Lu	>10Lu
一序孔	89	424	260	97	33	34
二序孔	82	386	276	86	12	12
三序孔	65	212	166	45	1	0
四序孔（兼检查孔）	2	6	6	0	0	0
检查孔	6	25	24	1	0	0

4.3 稳定性浆液在尼日利亚宗格鲁水电站工程中应用成果

尼日利亚宗格鲁水电站最大坝高101m，大坝由碾压混凝土重力坝段及左、右岸心墙堆石坝段构成，总长达2360m。坝基地层由含大量云母或绢云母矿物的泥质千枚岩、千枚岩组成，局部位置出现断层带、破碎带、节理密集带。该项目基岩灌浆均采用稳定性浆液，灌浆方法主要采用自下而上的纯压式灌浆方法，但是由于地层地质条件复杂，部分位置受到小型断层带及岩石破碎带影响，无法采用自下而上灌浆方法，则采用了自上而下灌浆待凝方法，并在这些部位使用了“更浓”的稳定性浆液（见表4、表5中编号18B浆液），在这些部位灌浆同样取得了良好的效果。目前已完成部分帷幕灌浆各序孔单位注浆量频率分布曲线见图 2，已完成部位的先导孔、一序孔及检查孔均进行了灌前压水试验，压水试验成果的透水率频率分布曲线图见图 3。

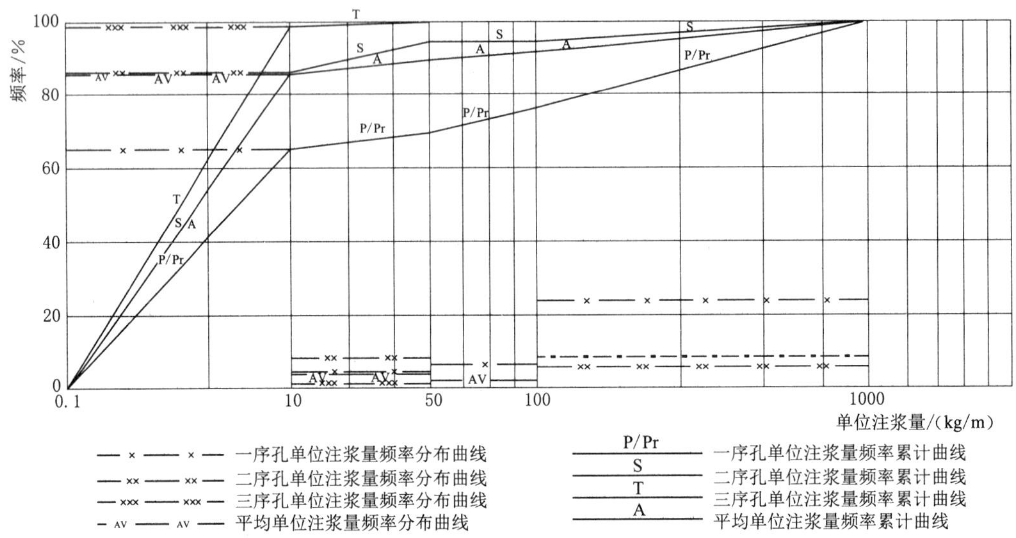

图 2　帷幕灌浆各序孔单位注浆量频率曲线图

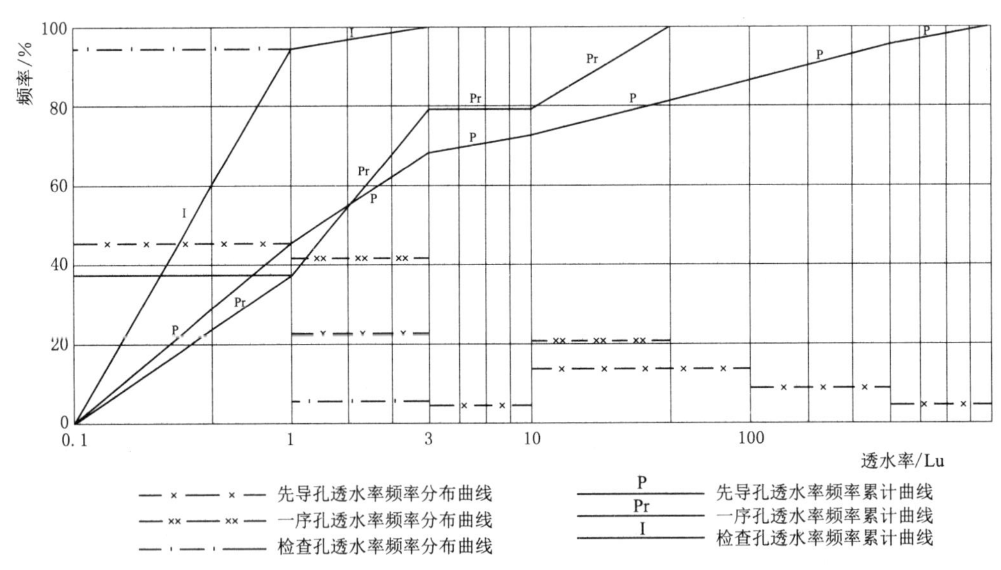

图 3　帷幕灌浆各序孔压水试验透水率频率曲线图

从图 2、图 3 的分布曲线可以看出，各序孔单位注浆量依据灌浆分序推进明显减小，符合一般灌浆规律。检查孔比先导孔和一序孔的透水率明显减小，且检查孔压水透水率都在 3Lu（设计控制值）以内，因而验证了在这种大型水电工程复杂岩石基础采用稳定性浆液能满足质量要求。

4.4　稳定性浆液及配套灌浆方法在工程中应用经验及问题解决方法小结

隆巴迪 . G 提出稳定性浆液的同时还设计了一种 GIN 灌浆方法，很多学者和工程师总把稳定性浆液与GIN灌浆方法直接联系到一起，但实际上稳定性浆液远比GIN灌浆方法适用范围广。笔者参建的上述三个工程，虽然有着完全不同的基岩地质情况，但都取得了良好的灌浆效果，完全满足设计要求。

稳定性浆液与自下而上纯压式灌浆方法是完美配合，其一，稳定性浆液的特性弥补了传统纯压式灌浆容易产生沉淀和不易变换浆液水灰比的缺点；其二，灌浆孔可以一钻到底，灌浆可以连续整孔完成，极大地提高了施工效率，是传统孔口封闭循环自上而下灌浆方式效率5倍左右；其三，由于采用单一固定配合比，适合大规模采用机械化、自动化、集中制浆，提升效率的同时还能有效控制浆液质量，提高水泥利用率以及降低施工能耗，因此这种与配套灌浆方法相结合的灌浆方式是一种高效、节能、低碳、环保的施工方式。

在工程实践中，也发现采用稳定性浆液及配套灌浆方法需注意的一些问题，兹建议如下：

（1）由于浆液流动性好，凝固时间长，稳定性浆液不适用于传统的孔口封闭式灌浆方法。

（2）由于浆液初凝时间长，稳定性浆液可以采用自上而下灌浆方法，但每段灌完后必须待凝超过稳定性浆液的初凝时间，因而采用自上而下灌浆方法的效率比较低，一般不提倡采用该灌浆方法，但遇到软弱复杂地层情况（如塌孔、掉块严重不能成孔时），可也采用该方法来解决问题。

（3）在工程实践中发现，当岩石条件良好（如灌前透水率小于等于1Lu）的地层，采用稳定性浆液灌浆对该地层抗渗性能的改善十分有限，这可能是因为当前采用的外加剂尚不能使稳定性浆液流动性达到理想性能指标（无法接近水的25s左右理想黏度），因此，当设计防渗标准小于等于1Lu时，尚不推荐使用稳定性浆液。

5 结语

稳定性浆液在理论设计时充分考虑到了传统水泥浆液及灌浆方法的缺点，是一种改进型浆液，在理论上具有众多的优越性能，在工程实践中也验证了其可靠性。

当稳定性浆液与自下而上纯压式灌浆方法结合时，一种高效、节能、低碳、环保的施工方式出现了，值得国内类似工程借鉴与推广。当然稳定性浆液也存在凝固时间长、结石抗压强度较低以及流动性仍不够好的缺点，这主要是外加剂特性带来的负面影响，希望以后能找到或研制出性能更优越的稳定剂和分散剂，进一步改善稳定性浆液性能，让其真正成为灌浆工程通用的理想型浆液。

白鹤滩水电站右岸坝基帷幕灌浆试验

徐　斌

（中国水利水电第八工程局有限公司基础公司）

【摘　要】 白鹤滩水电站右岸坝基未进行截渗处理的多条缓倾角层内错动带及节理密集带，岩体完整性较差，透水性较强。通过对错动带、节理密集带等构造进行帷幕灌浆试验，获取合理的、适应现场条件的帷幕灌浆施工参数和施工方法，保证白鹤滩水电站防渗帷幕效果。

【关键词】 白鹤滩水电站　帷幕灌浆试验　错动带

1　工程概况

白鹤滩水电站位于金沙江下游四川省宁南县和云南省巧家县境内，水库总库容206.27亿m^3，电站装机容量16000MW。拦河坝为混凝土双曲拱坝，坝顶高程834.00m，最大坝高289.00m，坝下设水垫塘和二道坝。

白鹤滩水电站枢纽区防渗帷幕由大坝基础防渗帷幕、地下厂房防渗帷幕和二道坝防渗帷幕三部分组成，其中两岸大坝基础防渗帷幕分别与地下厂房防渗帷幕相互连接，形成上游完整防渗体系。大坝基础防渗帷幕分别在坝体基础灌浆廊道和左右岸坝基帷幕灌浆平洞中施工，其中左右岸坝基帷幕灌浆平洞分别由六层平洞构成，平洞高差约30～60m。基础廊道及相邻左右岸一定范围平洞为3排帷幕，其余范围一般为2排帷幕设计。帷幕孔距为2.00m，设2排防渗帷幕时排距1.3m，设3排防渗帷幕时排距1.1m。

本文主要介绍右岸坝基帷幕灌浆试验情况。

2　帷幕灌浆试验设计

2.1　帷幕灌浆试验目的

通过对帷幕灌浆试验拟定的施工方法、施工工艺及灌浆材料、浆液配比、孔排距、灌浆压力等各种灌浆参数的试验和检验，论证坝基帷幕灌浆的可灌性，确定合理的施工工艺、参数（灌浆压力、灌浆孔间排距等）及检查方法，验证坝基层间错动带、层内错动带的帷幕灌浆效果。

2.2　帷幕灌浆试验控制标准

根据混凝土拱坝设计规范和类似工程实践经验，并考虑本工程的实际情况，确定右岸坝基帷幕灌浆试验标准为透水率$q \leqslant 1Lu$。

2.3 帷幕灌浆试验区布置

本次右岸坝基帷幕灌浆试验区为右岸第二层帷幕灌浆洞 WMR2 内的深孔帷幕和搭接帷幕以及下层帷幕灌浆洞相应洞段的搭接帷幕。试验区长度为 18m。

2.4 帷幕灌浆试验区地质情况

帷幕灌浆试验区岩体特性为Ⅲ$_1$ 类、Ⅱ$_1$ 类玄武岩、节理密集带、兼顾近建基面层间错动带 C_3、C_{3-1}。从上往下揭露 $P_2\beta_4^1$ 层隐晶质玄武岩（发育第三类柱状节理），厚 16.5～20.5m。$P_2\beta_3^6$ 层凝灰岩，厚 15～30cm。$P_2\beta_3^5$ 层角砾熔岩、斜斑玄武岩，厚 10～14m。$P_2\beta_3^4$ 层凝灰岩，厚 30～50cm。$P_2\beta_3^4$ 层角砾熔岩，厚 7～12m。玄武岩岩质坚硬，一般呈次块状、块状结构。凝灰岩岩质软弱，为软岩。

帷幕灌浆试验区区域范围未揭露断层，揭露的主要地质构造为层间错动带 C_3、C_{3-1}，层内错动带 RS_{411}，其中 C_3 在试验区孔深 16.5～21m 范围内，C_{3-1} 在试验区孔深 31～32m 范围内，RS_{411} 在孔深 13～14m 范围内。

2.5 帷幕灌浆试验参数

（1）孔位布置。WMR2 试验区深孔帷幕灌浆孔位布置见图 1，搭接帷幕灌浆孔位布置见图 2。

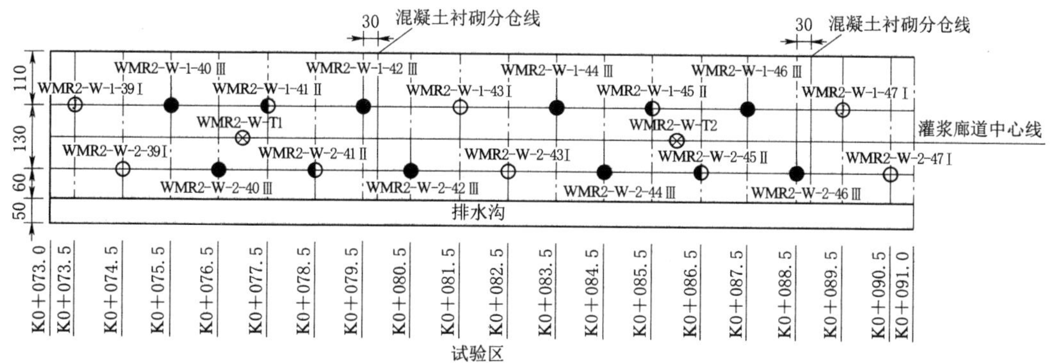

图 1　WMR2 试验区深孔帷幕灌浆孔位布置图

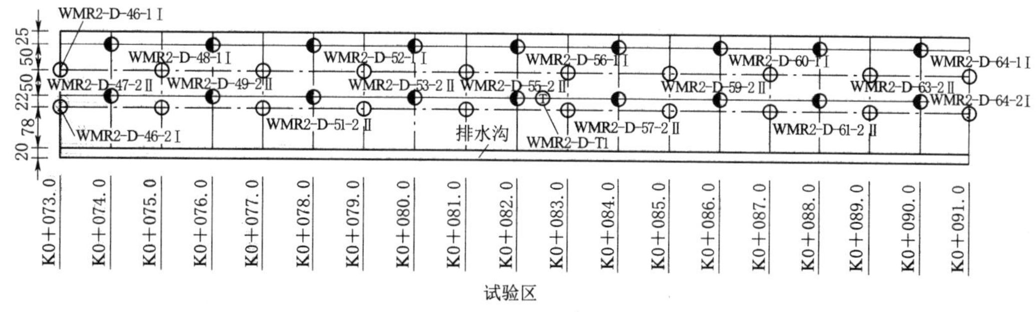

图 2　WMR2 试验区搭接帷幕灌浆孔位布置图

（2）单元划分及孔深。试验区深孔帷幕孔单孔入岩深度为 40m，搭接帷幕孔单孔入岩深度均为 12m，深孔帷幕钻孔角度为 13.3°～13.7°。

（3）灌浆方式。深孔帷幕灌浆方法采用孔口封闭灌浆法，搭接帷幕采用自上而下灌浆法。

3 帷幕灌浆试验方案

3.1 施工程序

（1）一般要求。深孔帷幕先对下游排孔进行灌注，然后灌注上游排孔。深孔帷幕与搭接帷幕重叠范围，先灌注搭接帷幕。搭接帷幕应从下往上灌注，分二序施工。

（2）工艺流程。试验区帷幕灌浆的钻孔和灌浆施工程序：钻孔放样→抬动观测孔、先导孔→Ⅰ序孔→Ⅱ序孔→Ⅲ序孔→检查孔→封孔。

3.2 施工方法

（1）深孔帷幕灌浆（含先导孔）主要采用“自上而下、孔口封闭灌浆法”的高压灌浆工艺。搭接帷幕采用孔内阻塞法施工。

（2）试验区帷幕灌浆采用普通硅酸盐水泥浆液进行灌注，在水泥浆液灌注完成后进行压水检查。

（3）帷幕灌浆按分序加密的原则进行，同一排相邻的两个次序孔之间，在岩石中钻孔灌浆的高差不得小于15m。

（4）搭接帷幕灌浆采用常规阻塞灌浆法，自上而下分段施工，第一段灌浆阻塞器阻塞在结合面处，以下各段应分别阻塞在该灌浆段顶以上0.5m。

3.3 施工工艺

3.3.1 钻孔

（1）孔位：所有钻孔按设计图纸统一编号、放点，开孔孔位偏差不得大于5cm，钻孔施工前由测量单位放控制点。

（2）钻孔孔径：深孔帷幕灌浆孔开孔孔径为76mm，终孔孔径为56mm。搭接帷幕孔孔径为56mm。物探测试孔孔径为76mm，抬动孔孔径为91mm，检查孔孔径为76mm。

（3）钻机固定方法：采用地锚对钻机进行固定，保证帷幕灌浆孔钻孔孔斜的要求。

（4）钻孔分段：帷幕灌浆孔灌浆段第一段段长2m，第二段段长3m，第三段及以下各段段长按5m控制。

（5）钻孔孔斜：帷幕灌浆孔需进行全孔测斜。孔向为垂直的或顶角小于5°时，孔底偏差不得大于表1的规定，方位角不得大于5°。深孔钻进时，要严格控制孔深20m以内的偏差。帷幕灌浆孔孔深20m以内每段测量一次孔斜，孔深20m以下每10～15m测量一次孔斜。

表1 帷幕灌浆孔孔底允许偏差表

孔深/m	20	30	40	50	60	80	100
允许偏差/m	0.25	0.5	0.8	1.15	1.5	2.0	2.5

（6）孔深控制：所有灌浆孔均达到设计孔深。

（7）钻孔取芯：先导孔、质量检查孔均进行取芯。检查孔岩芯采取率不少于90%，其他孔岩芯采取率不少于80%。

（8）钻孔验收：钻孔达到设计深度后，将钻孔冲洗干净，验收合格后方可进行下一工序的作业。

3.3.2 钻孔冲洗

灌浆孔灌前均进行孔壁冲洗和裂隙冲洗，冲洗过程中同步进行抬动观测。钻孔冲洗后孔内残存的沉积物厚度不得超过 20cm。

3.3.3 压水试验

帷幕灌浆试验区的先导孔和质量检查孔均采用“五点法”进行压水试验，一般灌浆孔采用简易压水试验，压水试验最大压力不大于灌浆最大压力的 80%。压水试验在裂隙冲洗后进行，过程中同步进行抬动观测。

3.3.4 孔口管埋设

（1）开孔采用 XY-2 型地质钻机钻进，钻入基岩长度一般按深入建基面以下 2m，地质缺陷部位和斜坡部位按 3m 控制。

（2）对第一段进行冲洗和压水试验后，阻塞于混凝土与基岩面结合处，射浆尾管距孔底不大于 0.5m，进行孔内循环式灌浆，直至达到结束标准为止。

（3）第一段灌浆结束后，采用 0.5∶1 的浓浆置换孔内稀浆，然后安装孔口管，孔口管采用无缝钢管，孔口管根据现场情况和埋入深度要求，可分节制作，采用丝扣连接，直至下入孔底，导正孔口管。孔口管上端口高出地面 0.10m。

（4）稳固孔口管，孔口管下入、固定后，不得碰撞，待凝 72h 以上即可进行扫孔，扫孔结束经检查合格后，进行第二段钻灌。否则进行处理或重新镶铸。

（5）经参建各方研究同意，在孔口管段分序灌浆后，镶铸孔口管。

3.3.5 灌浆

（1）灌浆压力。灌浆过程中，为防止混凝土及岩石发生抬动，必须严格控制灌浆压力与注入率，灌浆压力与注入率控制的关系见表 2。

表 2　　灌浆压力与注入率的关系

注入率/(L/min)	>30	30～20	20～10	<10
灌浆压力/MPa	<0.4p	0.6p	0.8p	1.0p

注　p 指设计灌浆压力。

灌浆压力值按表 3、表 4 所示压力进行，灌浆压力以孔口回浆管压力表读数为准，压力表读数读中值。

表 3　　深孔帷幕灌浆压力值

入岩深度/m		0～2	2～5	5～20	20～60
灌浆压力/MPa	Ⅰ序孔	2.0	2.5	3.5	4.5
	Ⅱ序孔	2.5	3.5	4.5	5.5
	Ⅲ序孔	3.0	4.0	4.5	6.0

表 4　　搭接帷幕灌浆压力值

入岩深度/m		0～2	2～5	5～10	10～12
灌浆压力/MPa	Ⅰ序孔	1.0	1.5	2.5	3.5
	Ⅱ序孔	1.5	2.0	3.0	4.5

（2）浆液选择及水灰比。帷幕灌浆试验区采用普通水泥浆液灌注，水灰比采用3∶1、2∶1、1∶1、0.8∶1、0.5∶1（重量比）五级，开灌水灰比为3∶1。

（3）浆液变换标准。①浆液由稀到浓逐级变换。当灌浆压力保持不变，注入率持续减少时，或当注入率不变而压力持续升高时，不得改变水灰比。②当某一级浆液的注入量已达300L以上或灌注时间已达30min，而灌浆压力和注入率均无改变或改变不显著时，则改浓一级水灰比浆液灌注。③当注入率大于30L/min时，根据具体情况可越级变浓。

（4）灌浆结束标准。帷幕灌浆在规定压力下，当注入率不大于1L/min，继续灌注30min，且总的灌浆时间不少于60min，灌浆即可结束。

3.3.6 封孔

（1）帷幕灌浆封孔：灌浆孔灌浆完成后浓浆置换压力封孔，物探测试和检查孔采用"全孔灌浆封孔法"，封孔灌浆时间不少于1h，封孔灌浆压力采用该灌浆孔的最大灌浆压力。

（2）搭接帷幕灌浆孔采用全孔灌浆封孔法，封孔压力采用当前序第一段最大灌浆压力。

3.4 抬动变形观测

本试验区搭接帷幕共布置抬动观测孔2个，垂直建基面钻孔，入岩孔深2m；深孔帷幕布置抬动观测孔2个，钻孔方向竖直向下，入岩孔深20m。抬动观测采用自动监测仪及千分表人工监测。

本试验区深孔帷幕、搭接帷幕施工过程中未出现抬动变形现象。

4 帷幕灌浆试验成果分析

4.1 深孔帷幕成果分析

试验区WMR2深孔帷幕灌前透水率及单位注灰量情况见表5。

表5　试验区WMR2深孔帷幕灌前透水率及单位注灰量统计表

部位	孔序	孔数	灌浆进尺/m	水泥注入量/kg	灌前透水率/Lu	单位注灰量/(kg/m)
下游排	Ⅰ	3	120	8106.10	0.61	67.55
	Ⅱ	2	80	4758.90	0.36	59.49
	Ⅲ	4	160	6320.00	0.22	39.50
	小计	9	360	19185.00		53.29
上游排	Ⅰ	3	120	1171.50	0.20	9.76
	Ⅱ	2	80	513.80	0.06	6.42
	Ⅲ	4	160	2772.20	0.08	17.33
	小计	9	360	4457.50		12.38
汇总	Ⅰ	6	240	9277.6	0.41	35.21
	Ⅱ	4	160	5272.7	0.21	31.20
	Ⅲ	8	320	9092.2	0.15	26.98
	合计	18	720	23642.5		32.84

从表 5 可以看出，试验区 WMR2 深孔帷幕下游排灌前透水率 q_1=0.35Lu，上游排灌前透水率 q_2=0.12Lu，$q_1>q_2$。下游排单位注灰量 $C_{Ⅰ}$=53.29kg/m，上游排单位注灰量 $C_{Ⅱ}$=12.38kg/m，$C_{Ⅰ}>C_{Ⅱ}$。随着灌浆次序的递增，排间灌前透水率及单位注灰量逐渐递减，符合灌浆一般规律。

4.2 搭接帷幕成果分析

试验区 WMR2 搭接帷幕灌前透水率及单位注灰量情况见表 6。

表 6　　试验区 WMR2 搭接帷幕灌前透水率及单位注灰量统计表

部位	孔序	孔数	灌浆进尺/m	水泥注入量/kg	灌前透水率/Lu	单位注灰量/(kg/m)
WMR2试验区	Ⅰ	20	240	4435.00	1.58	18.48
	Ⅱ	18	216	3881.30	0.38	17.97
小计		38	456	8316.30	1.01	18.24

从表 6 可以看出，本试验区 WMR2 搭接帷幕Ⅰ序孔灌前透水率 q_1=1.58Lu，Ⅱ序孔灌前透水率 q_2=0.38Lu，$q_1>q_2$。Ⅰ序孔单位注灰量 $C_{Ⅰ}$=18.48kg/m，Ⅱ序孔单位注灰量 $C_{Ⅱ}$=17.97kg/m，$C_{Ⅰ}>C_{Ⅱ}$。随着灌浆孔序的递增，灌前透水率及单位注灰量逐渐递减，符合灌浆一般规律。

4.3 错动带灌浆成果分析

4.3.1 错动带分布情况

帷幕灌浆试验区揭露的地质构造有层间错动带 C_3、C_{3-1}，根据灌前测试孔和灌后检查孔钻孔电视揭露情况，错动带 C_3 孔深出露范围为 16.3～20.6m，位于第 5 段。错动带 C_{3-1} 孔深出露范围为 30.8～31.8m，位于第 8 段。

4.3.2 灌浆成果

试验区帷幕灌浆，错动带出露孔段灌浆成果见表 7，按孔序汇总见表 8。

表 7　　试验区错动带出露孔段灌浆成果统计表

部位	孔　号	C_3 孔段		C_{3-1} 孔段	
		透水率/Lu	单位注灰量/(kg/m)	透水率/Lu	单位注灰量/(kg/m)
下游排	WMR2-W-1-39-Ⅰ	0.52	156	0	48.66
	WMR2-W-1-43-Ⅰ	0	20.44	0	279.76
	WMR2-W-1-47-Ⅰ	0.24	222.96	5.14	282.04
	小计	0.25	133.13	1.71	203.49
	WMR2-W-1-41-Ⅱ	0	22.08	0	27.38
	WMR2-W-1-45-Ⅱ	0.2	236.42	0	47.56
	小计	0.10	129.25	0.00	37.47
	WMR2-W-1-40-Ⅲ	0	66.74	0	47.06
	WMR2-W-1-42-Ⅲ	0.6	16.66	0	236.06
	WMR2-W-1-44-Ⅲ	0	14.46	0	10.42
	WMR2-W-1-46-Ⅲ	0	10.64	0	52.56
	小计	0.15	27.13	0.00	86.53

续表

部位	孔　号	C$_3$ 孔段		C$_{3-1}$孔段	
		透水率/Lu	单位注灰量/(kg/m)	透水率/Lu	单位注灰量/(kg/m)
上游排	WMR2－W－2－39－Ⅰ	0.15	7.66	0.02	8.84
	WMR2－W－2－43－Ⅰ	0	0	0	0.12
	WMR2－W－2－47－Ⅰ	0	22.38	0	5.2
	小计	0.05	10.01	0.01	4.72
	WMR2－W－2－41－Ⅱ	0	9.62	0	13.96
	WMR2－W－2－45－Ⅱ	0	0.15	0	10.78
	小计	0.00	4.89	0.00	12.37
	WMR2－W－2－40－Ⅲ	0.3	32.46	0.37	7.86
	WMR2－W－2－42－Ⅲ	0	4.92	0	9.96
	WMR2－W－2－44－Ⅲ	0	90	0	4.68
	WMR2－W－2－46－Ⅲ	0	0.2	0	13.16
	小计	0.08	31.90	0.09	8.92

表 8　　试验区错动带出露孔段灌浆成果按孔序汇总表

部位	孔序	C$_3$ 孔段		C$_{3-1}$孔段	
		透水率/Lu	单位注灰量/(kg/m)	透水率/Lu	单位注灰量/(kg/m)
下游排	Ⅰ	0.25	133.13	1.71	203.49
	Ⅱ	0.10	129.25	0.00	37.47
	Ⅲ	0.15	27.13	0.00	86.53
上游排	Ⅰ	0.05	10.01	0.01	4.72
	Ⅱ	0.00	4.89	0.00	12.37
	Ⅲ	0.08	31.90	0.09	8.92
小计		—	56.05	—	58.91

从表 7、表 8 可以看出，层间错动带 C$_3$ 出露的孔段透水率较小，为 0.25Lu，但单位注灰量较大，为 56.05kg/m。层间错动带 C$_{3-1}$ 出露的孔段透水率最大为 5.14Lu，均值 1.71Lu，单位注灰量为 58.91kg/m。对比其他灌浆孔段灌浆数据可以得出层间错动带 C$_3$ 未见明显错动痕迹，但单位注灰量较大，层间错动带 C$_{3-1}$ 性状较差。

4.4　灌后检查成果分析

4.4.1　深孔帷幕检查成果

本次试验区深孔帷幕共布置 4 个灌后检查孔，自上而下分段进行“五点法”压水试验，具体压水结果见表 9、表 10。

表 9　　试验区深孔帷幕检查孔压水情况统计表

检查孔号	各段透水率/Lu									合格标准	压水检查结果	备注
	1	2	3	4	5	6	7	8	9			
WMR2 - W5 - J01	0.05	0.00	0.01	0.00	0.09	0.01	0.02	0.07	0.03	≤1Lu	合格	
WMR2 - W5 - J02	0.73	0.22	0.13	0.02	0.25	0.34	0.22	0.08	0.08	≤1Lu	合格	第三方检查
WMR2 - W5 - J03	0.76	0.00	0.00	0.07	0.05	0.02	0.02	0.06	0.11	≤1Lu	合格	
WMR2 - W5 - J04	0.63	0.04	0.02	0.01	0.02	0.02	0.28	0.02	0.04	≤1Lu	合格	第三方检查

表 10　　试验区深孔帷幕检查孔情况统计表

检查孔数	压水段数	透水率/Lu			透水率统计/Lu					质量评价
					$q\leqslant1$		$q>1$		$q>1.5$	
		最大值	最小值	平均值	段数	合格率/%	段数	有无集中	段数	
4	36	0.76	0	0.10	36	100	0	—	0	合格

从表 9、表 10 可以看出，本试验区深孔帷幕压水共 36 段，透水率均小于 1Lu，满足设计要求，说明深孔帷幕灌浆效果较好。

4.4.2 搭接帷幕检查成果

本次试验区搭接帷幕灌浆各布置 4 个灌后检查孔，孔深均为入岩 17m，压水分段与灌浆分段一致，自上而下分段进行“五点法”压水试验，压水结果见表 11、表 12。

表 11　　试验区搭接帷幕灌浆质量检查统计表

检查孔号	各段透水率/Lu				合格标准	压水检查结果	备注
	1	2	3	4			
WMR2 - D4 - J01	0.00	0.00	0.00	0.00	≤1Lu	合格	
WMR2 - D4 - J02	0.00	0.00	0.00	0.00	≤1Lu	合格	
WMR2 - D4 - J03	0.59	0.47	0.02	0.00	≤1Lu	合格	第三方
WMR2 - D4 - J04	0.55	0.38	0.02	0.00	≤1Lu	合格	第三方

表 12　　试验区搭接帷幕灌浆质量检查统计表

检查孔数/个	压水段数/段	透水率/Lu			透水率统计/Lu					质量检查评价
					$q\leqslant1$		$q>1$		$q>1.5$	
		最大值	最小值	平均值	段数	合格率/%	段数	有无集中	段数	
4	16	0.59	0	0.11	16	100	0	无	0	合格

试验区 WMR2 搭接帷幕压水共 16 段，透水率均小于 1Lu，满足设计要求，说明搭接帷幕灌浆效果较好。

5 结语

本次试验采取的施工方法、灌浆工艺、施工参数等适应右岸坝基岩石特性，钻孔灌浆方法、段长，洗孔、压水试验方式，灌浆压力，水灰比等指标，符合设计要求，可以作为右岸坝基帷幕灌浆施工的控制参数。

本次试验区出露的主要错动带有 C_3、C_{3-1}，其中层间错动带 C_3 未见明显错动痕迹，但灌浆单位注灰量较大，层间错动带 C_{3-1} 性状较差，说明前期进行洞周固结灌浆及布置 C_{3-1} 截渗洞进行截渗处理以后，防渗效果显著。

通过帷幕灌浆试验，知悉了白鹤滩水电站右岸坝基层间错动带、层内错动带、节理密集带的帷幕灌浆效果，明确了帷幕灌浆施工的施工工艺、灌浆参数及检查方法，为后续大面积帷幕灌浆施工提供了依据。

超前预注浆技术在隧洞破碎带加固中的应用

龚　晗　方锡雄　龚　超

（中国水电基础局有限公司）

【摘　要】 在隧洞开挖过程中，遇到断层破碎带洞段会造成了施工进度缓慢、施工安全无保障和施工成本增加的多重压力，稍有不慎就会酿成隧洞塌方冒顶等重大事故。本文结合鄂北调水工程11标段凤凰寨隧洞施工，介绍采用超前预注浆加固断层破碎带的施工技术及经验，为类似工程提供借鉴。

【关键词】 超前预注浆　隧洞　破碎带

1　工程概况

凤凰寨隧洞全长10.15km，隧洞进口位于广水市余店镇王家湾村以北100m，接余店河（朝阳村）明渠，出口位于广水市郝店镇西北侧约460m，出口接双河村暗涵。隧洞城门洞形断面，开挖尺寸4.2m×4.8m，设计引水流量7.4m³/s，过水净空3.5m。隧洞沿线地面高程118.5～344m，隧洞埋深220m左右。轴线上有冲沟、山塘及水库，洞身在桩号224+320～224+420处有F_{20}断层及破碎带穿过，岩体完整性差，围岩极不稳定，施工按照Ⅴ类围岩加强支护。

2　涌水过程及原因简析

2018年9月23日开挖至桩号224+400处，掌子面围岩出水，水质清澈，流量20m³/h，2018年10月3日开挖至桩号224+374时，掌子面围岩出水量加大，并伴有浑浊水出现，流量140m³/h，超过设计排水量。2018年10月13日项目部对凤凰寨2号支洞上游进行了CFC超前探水和TST地质超前预报。凤凰寨隧洞2号支洞上游掌子面K224+379前方围岩含水结构的CFC偏移图像见图1，凤凰寨隧洞2号支洞上游掌子面K224+379前方85m内的地质体偏移图像和围岩波速曲线见图2。

项目部通过查阅前期地勘资料，并结合物探测试成果，综合分析得出：凤凰寨隧洞224+320～224+420段地层岩性为震旦-青白口系岔河组钠长片岩夹大理岩。本段有F_{20}断层破碎带通过，断层走向北向西335°，倾向北东，倾角60°～85°，破碎带可见断层角砾和挤压透镜体，具逆断层性质。隧洞上覆岩体厚90～107m，目前掌子面出水主要为裂隙水，但地表有沟及水库补给地下水，洞身位于地下水位以下。后续洞挖施工可能会出现涌水、涌泥、塌方、冒顶等风险。

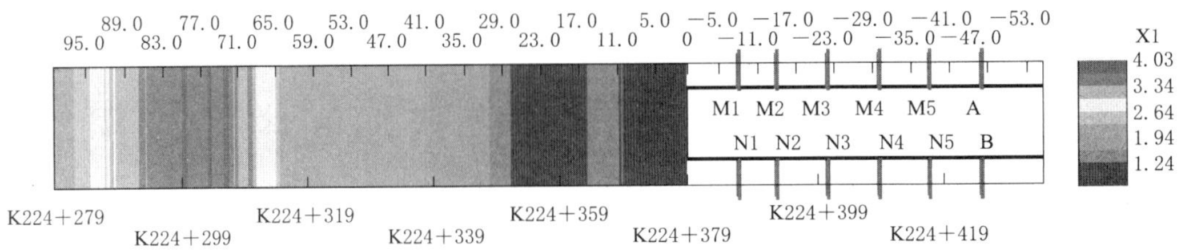

图 1 K224+379 前方围岩含水结构的 CFC 偏移图像

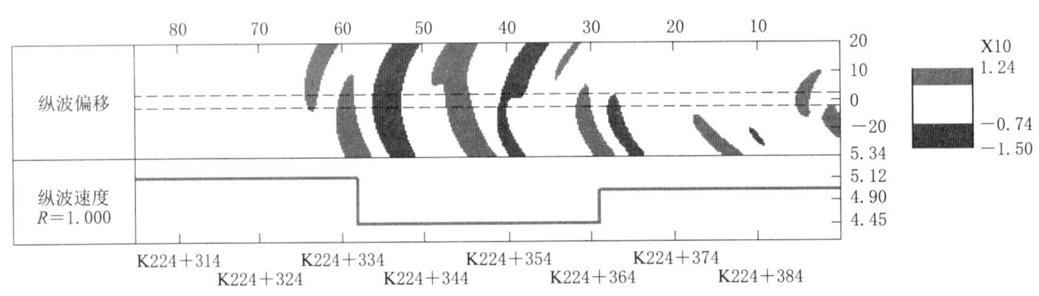

图 2 K224+379 前方 85m 内的地质体偏移图像和围岩波速曲线

3 破碎带处理方案比选

针对 2 号支洞上游洞身在桩号 224+320～224+420 处有 F_{20} 破碎带通过，岩体完整性差，围岩极不稳定，有塌方、冒顶风险。结合类似工程和现场实际情况，提出了三种处理方案。

3.1 大管棚注浆

隧洞顶拱 120°范围内实施大管棚注浆，施工分 4 个循环，单个循环 15m。优点：①安全可靠；②技术成熟。缺点：①隧洞断面尺寸小，管棚机体积大，不易操作；②边墙未加固，有滑块风险；③预算成本 80 万元，不经济；④处理时间约 4 个月，影响工期。

3.2 小管棚注浆

隧洞顶拱 120°范围内实施小管棚注浆，即超前小导管注浆，小导管长度 4m，排距 2m。优点：①操作简单；②预算成本 42 万元，很经济；③处理时间约 2.5 个月。缺点：小管棚刚度不够，安全系数低，可能出现局部掉块伤人事故。

3.3 超前预注浆

隧洞全断面预注水泥砂浆，破碎带分 3 个循环，单个循环 20m。优点：①采用 XY-2 地质钻机施工，操作简单；②安全系数较高；③处理成本低，预算成本 55 万元。缺点：处理时间约 3 个月。

为确保工期和施工安全，兼顾项目成本控制，综合比选后，最终采用超前预注水泥砂浆方案。

4 超前预注浆施工工序及方法

为防止断层破碎带对施工影响范围的进一步扩大，针对涌水破碎带洞段进行深孔超前预注浆处理，以提高结构面结合能力及岩体的稳定性。超前预注浆分 3 个循环，每个循环 20m。每个循环段施工工艺流程为：封闭掌子面→钻机就位→钻机平台加固→校准钻机→施工先导孔→灌浆孔定位及镶管→Ⅰ序孔第 1 段（4m）钻孔、灌浆→第 2 段（6m）钻孔、灌浆→第 3 段（5m）钻孔、灌浆→第 4 段（5m）钻孔、灌浆→封孔→后续灌浆孔施工→检查孔施工→压水试验→开挖检测→洞挖 15m→进入下个灌浆循环。

4.1 堵漏处理

超前预注浆前，必须对掌子面进行封闭处理，首先在主要出水点进行插管引导排水，然后喷射 15cm 掺有速凝剂的 C25 混凝土封闭掌子面，最后用木塞和止水片将引导管管头封死，形成止浆墙。目的在于注浆时，浆液不会从掌子面渗漏，注浆压力能满足堵水的要求，提高注浆效果。

4.2 灌浆材料及设备

灌浆主要材料为水泥砂浆，水泥砂浆采用水：灰：砂为 2：1：1 与 0.5：1：0.8 两种配合比。水泥采用 42.5 抗硫酸盐水泥，砂子采用特细砂，细度模数为 0.7～1.5。

注浆采用力比特 LBT 双液灌浆泵。

4.3 钻孔

超前预注浆孔沿洞轴线方向呈放射状布置，钻孔在洞轴线上的垂直投影为 20m。超前预注浆钻孔布置见图 3，超前预注浆循环钻孔参数见表 1，其单段工程量见表 2。

先施工Ⅰ序孔，后施工Ⅱ序孔，从上至下的原则进行。钻孔采用 XY－2 型地质钻机，开孔孔径 110mm，安装 108mm 套管护壁，终孔孔径 76mm。

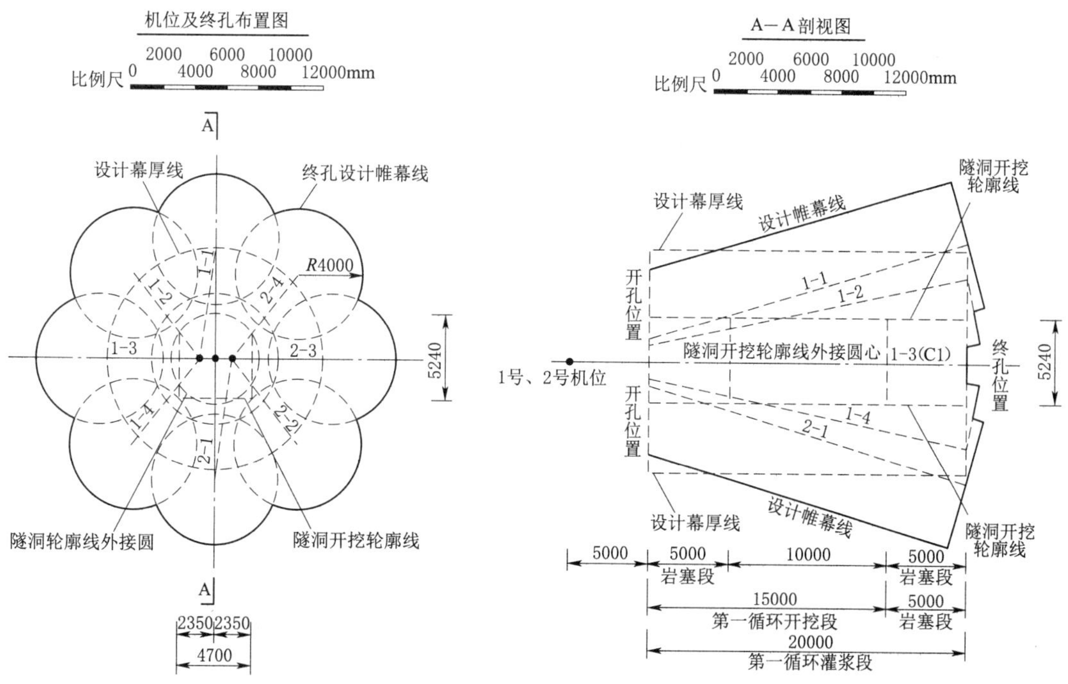

图 3 超前预注浆钻孔布置图

表 1　　超前预注浆钻孔参数表

钻孔编号	开孔坐标			终孔坐标			水平角/(°)	竖直角/(°)	孔长/m
	X	Y	Z	X	Y	Z			
1-1	0.2	5	1.46	1.00	25	7.30	2.29	16.28	20.85
1-2	−0.83	5	1.03	−4.16	25	5.16	−9.45	11.67	20.69
1-3	−1.26	5	0.00	−6.30	25	0.00	−14.14	0.00	20.63
1-4	−0.83	5	−1.03	−4.16	25	−5.16	−9.45	−11.67	20.69
2-1	−0.20	5	−1.46	−1.00	25	−7.30	−2.29	−16.28	20.85
2-2	0.83	5	−1.03	4.16	25	−5.16	9.45	−11.67	20.69
2-3	1.26	5	0.00	6.30	25	0.00	14.14	0.00	20.63
2-4	0.83	5	1.03	4.16	25	5.16	9.45	11.67	20.69
CI									20.00

表 2　　超前预注浆单段工程量表

钻孔编号	孔数	单孔长度/m	单孔灌浆长度/m	钻孔长度/m	灌浆长度/m
周边孔及中心孔	9	20.00～20.85	20.00～20.85	185.72	185.72

4.4 灌浆

经试验测得，该洞段地下水压力为 0.3MPa，灌浆时第一段（0～4m）灌浆压力 0.5MPa；第二段（4～10m）为 1.0MPa；第三段（10～15m）为 2.0MPa；第四段（15～20m）为 2.0MPa；封孔采用 2MPa。

开灌浆液浓度由稀到浓逐级变换，开灌水泥砂浆比例为 2：1：1。当起始压力小于设计灌浆压力，浆液压力保持不变，吸浆量均匀减少时，或当吸浆量不变，压力均已升高时，不得改变水灰比。当注入量大于 20L/min 时，可将水泥砂浆比例调整为 0.5：1：0.8。在灌浆过程中压力突然下降，可在原浆液浓度基础上进一步提高浆液浓度，缩短胶凝时间或间歇灌注方式加以处理。

4.5 灌浆结束条件

灌浆段在设计压力下，注入率不大于 1L/min 后，继续灌注 30min，可结束灌浆。封孔采用机械压浆法。

4.6 质量检查

灌浆结束 4d 后由监理工程师指定一个检查孔孔位，采用分段压水试验进行检查，透水率小于 10Lu 时视为合格。检查孔不封孔，作为后续洞挖施工观察井，洞挖过程观察裂隙注浆质量，以便后续灌浆中对施工参数进一步优化。

5 灌浆效果

凤凰寨隧洞 2 号支洞上游段超前预注浆从 2018 年 10 月 17 日开始，至 2019 年 1 月 20 日结束。共计 3 个循环 60m 灌浆施工，累计钻孔 558m，第一个循环灌注水泥用量 108t，第二个循环灌注水泥用量 191t，第三个循环灌注水泥用量 89t，累计灌注超细砂用量 206m^3。

布置了 3 个检查孔，压水试验检查，透水率均符合设计要求。灌后岩体平均波速由灌前 4657m/s 提高至 5330m/s，在后续开挖过程中也发现较多的水泥结石，尤其在第二个循环，明显可见裂隙内充填水泥砂浆结石。洞室出水量明显减少，由注浆前的 140m^3/h 降至 25m^3/h，确保了工程的顺利进行，工期和安全均得到保证。

6 结语

通过凤凰寨隧洞 F_{20} 断层破碎带的加固处理，熟练掌握了用于破碎带岩体加固的注浆技术，并总结以下几点经验：

（1）前期通过对大管棚和超前预注浆方案的施工工期、成本及安全进行分析比对，优先采用超前预注浆处理，实践证明，超前预注浆具有操作简单，节约施工成本，注浆效果直观的优点。

（2）在施工中采用了超前地质预报、钻孔取芯以及安全监测等一系列监控手段，实现了隧洞施工的专业化、精细化。

（3）任何施工方案必须通过严密施工，抓住施工难点和重点，精心管理和组织，不断对方案进行补充和优化，才能取得良好的效果。

大坝拱肩槽帷幕灌浆施工技术

石艳军　石海松　朱　旭

（中国葛洲坝集团市政工程有限公司）

【摘　要】针对水电工程帷幕灌浆施工特点，依托乌东德水电站大坝拱肩槽帷幕灌浆施工，研究钻孔孔斜精准控制技术，有效保证了帷幕灌浆成幕效果；研究智能灌浆技术，避免了人工操作的缺点；研究自上而下分段灌浆工艺，有效提高了较好围岩地质条件下施工效率。研究成果能够为今后的大型和特大型水电站的帷幕灌浆工程施工提供有益借鉴。

【关键词】拱肩槽　帷幕灌浆　孔斜精度　智能灌浆　自下而上

1 引言

帷幕灌浆作为增强各种建筑物基础的抗渗能力的最主要手段，在水电工程建设中被广泛应用，灌浆施工质量好坏直接影响整个水电站的安全运行状况。乌东德水电站作为典型碳酸盐岩地区修建的巨型水电站，最大坝高 270m，最大挡水水头约 160m，具有帷幕灌浆规模大、水头高、地质条件复杂的特点。本文将从以下三个方面介绍大坝拱肩槽帷幕灌浆。

（1）帷幕灌浆钻孔孔斜控制精度对灌浆施工整体质量和帷幕形成尤为重要，如何在水利水电工程灌浆施工中精准控制帷幕钻孔孔斜精度，特别是斜孔孔斜精度是本文主要研究重点，为类似工程帷幕灌浆提供了相应的技术措施和施工经验。

（2）灌浆过程中灌浆压力、配浆及变浆常规采用人工操作，存在人为误差、浆液浪费、配浆效率低和变浆时机不准确的缺点，并存在灌浆作假的嫌疑。大坝拱肩槽帷幕灌浆采用智能灌浆技术，可做到自动精准调控和变浆，并实现了变形抬动自动精准监测，当抬动超标时自动报警，及时降压或自动停泵处理，解决了上述人工操作的缺点。

（3）当围岩地质条件较好时，采用常规的自上而下分段灌浆工艺，钻灌间歇时间长、工效低；改用自下而上分段灌浆工艺，钻灌工序分离，在保证灌浆质量的前提下，会显著的提高施工效率。

2 钻孔孔斜精准控制技术

2.1 灌浆施工规范要求

依据《水工建筑物水泥灌浆施工技术规范》（DL/T 5148—2012）要求，帷幕灌浆孔应进行孔斜测量。垂直的或顶角小于 5°的帷幕灌浆孔，孔底偏差不应大于表 1 的规定，如钻孔偏斜值超过规定，应采取纠偏措施。

表 1 钻孔孔底最大允许偏差表 单位：m

孔深	20	30	40	50	60	80	100
允许偏差	0.25	0.50	0.80	1.15	1.50	2.0	≤2.5

对于双排或多排帷幕孔、顶角大于5°的斜孔，孔底允许偏差值适当放宽，但方位角的偏差值不应大于5°；孔深大于100m时，孔底允许偏差值应根据工程实际情况确定；深孔钻进时，应重点控制孔深20m以内的偏差。

2.2 钻孔前孔斜控制

（1）孔位放样：采用全站仪对灌浆孔进行精准放样，具体施工时采用激光水平仪对帷幕轴线进行校准。

（2）开钻前钻机下部支平、垫稳机身；采用地锚等可靠方式固定钻机；采用水平尺、地质罗盘等校核钻具顶角及方位角，钻孔时保证孔位、孔向精准。

（3）使用符合规格的钻孔器具，并随时检查，如发现有弯曲的钻具或有磨损较严重立轴导管时，应及时更换。

2.3 钻孔过程孔斜控制

（1）每班钻杆下入孔内、开钻前，均应采用水平尺校验钻机的立轴和油缸，保证立轴和油缸垂直、无偏差，钻进过程不摆不晃。

（2）钻进时应轻压慢转，以钻孔机具自身重量为主，适当给予钻压，避免钻压过大导致孔内钻杆弯曲而产生偏斜。

（3）对孔深20m以内钻孔跟踪测斜，现场重点检查20m、60m、80m孔斜，其他段次按10m进行跟踪检查孔斜，若任意一处测点偏斜超过表1及时纠偏，直至满足表1要求为止。

（4）采用KXP－3D遥感数字测斜仪（图1）进行跟踪测斜，KXP－3D遥感数字测斜仪采用了现代先进技术的传感器和数字处理技术，以遥控测量方式完成钻孔顶角及方位角的测量。有如下特点：①有测量精度高，操作简便等特点；②遥控测量，无需定时，任意时间，任一点测量；③可配置通信基站，专业软件处理数据，自动成图。

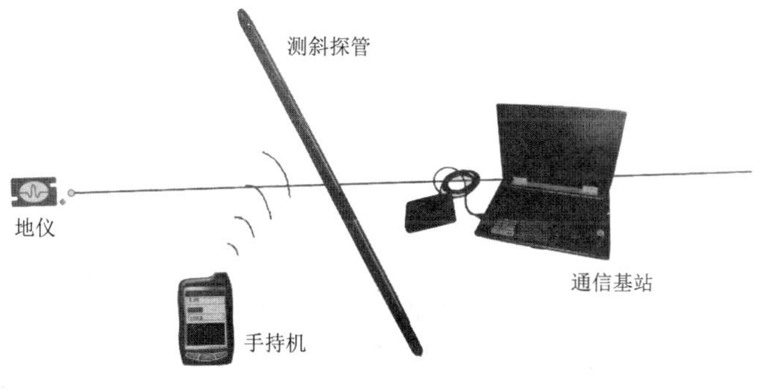

图1 遥感数字测斜仪

3 智能灌浆技术

乌东德水电站大坝拱肩槽帷幕灌浆均采用智能灌浆技术，“智能灌浆技术”综合运用了先进的自动控制、变频启动、网络通信、信息加密、软件运算等技术，结合网络通信技术将现场智能灌浆单元与中央服务器专家系统连接通信。实现工艺自动控制、水泥浆液自动配置、压力自动调节、数据自动记录、信息联网自动汇总的灌浆工程全过程自动化与智能化管理。智能灌浆可消除人为性因素，从根本上保证灌浆工程质量，避免人为质量事故的发生。同时，高度的智能自动化，很大程度上降低人员劳动强度及人工投入，减少施工成本，排除人为干扰，保障了工程质量。

3.1 智能灌浆特点

智能灌浆与传统的人工记录仪灌浆对比有如下特点：

(1) 全自动化，注浆、配浆、数据记录三大系统全自动化，节省人工。

(2) 高度智能化，一键启动灌浆施工，实现无人灌浆，排除人为干扰，保障工程质量。

(3) 高度集成化，适用缆机整体吊运或小型货车运输，方便现场设备转移，并可以减少现场管路与电线连接部署，提高工效。

3.2 智能灌浆系统三大自动化

(1) 自动配浆：根据设定的水灰比比级，可实现灌浆过程自动调浆和变浆，减少了人力资源投入，且提高了浆液密度的稳定性。设定密度和浆液量之后，系统自动控制加水加浆，使密度维持在设定密度值±0.03g/cm^3 的范围内。在灌浆过程中，随着浆液量减少，系统会自动补充水和浆液，并且补充后的浆液密度仍然维持在设定密度±0.03g/cm^3 的范围内。

(2) 自动调压：系统根据设定的灌浆压力，可实现压力自动调节和控制，减少了人力资源投入，且提高了压力调控的准确性。设定压力后，调压系统会自动调节阀门和灌浆泵的频率，使灌浆压力维持在设定压力值±0.05MPa。智能调压相对人工调压波动小，压力平稳，压力曲线平稳。

(3) 数据自动记录：数据处理中心是数据记录处理的平台，具有现场显示记录功能。灌浆时能够实时显示1个孔段的灌浆时间、压力、密度、进浆流量、返浆流量、总注浆量、单位注灰量、抬动值等信息；压水时能够实时显示通道的压水时间、压力、段长、流量、透水率、抬动值等信息。相关参数、灌浆数据反映全面、详细。

4 自下而上灌浆工艺

(1) 工艺流程。先导孔施工程序：分段钻孔、取芯、压水→终孔段灌浆→倒数第二段灌浆→倒数第三段灌浆→第一段灌浆→全孔封孔。

常规孔施工程序：全孔一次钻孔（至设计孔深）→全孔裂隙冲洗→终孔段压水→终孔段灌浆→倒数第二段灌浆→倒数第三段灌浆→第一段灌浆→封孔。

(2) 钻孔：灌浆孔采用XY-2型地质钻机钻孔，孔径为76mm，一次钻孔至设计孔深。①灌前物探利用灌浆前序孔（先导孔及Ⅰ序孔）；②抬动观测孔孔径为76mm，孔深入岩10m；③防渗帷幕第一段（接触段）一般为2m，第二段为3m，第三段及以下各段一般为 5m。

(3) 灌浆设备及器具：灌浆设备应用智能单元机（图 2），抬动监测应用激光抬动仪器（图 3），注浆管采用特制的双壁高压钻杆（图 4），阻塞器采用 ϕ67 的高压气囊塞等成套设备（图 5）。

图 2 智能单元机

图 3 激光抬动

图 4 灌浆双管

图 5 高压灌浆塞

(4) 钻孔冲洗：所有钻孔钻终后，采用钻杆插入孔底后上提 20cm，接系统水自钻杆至孔底对钻孔进行冲洗，直至回水澄清 10min 结束，孔底残留物不大于 20cm 结束。

(5) 裂隙冲洗：单孔裂隙冲洗采用压力水脉动方式进行，脉动时间间隔为5～10min，串通孔裂隙冲洗亦采用单孔裂隙冲洗方法轮换冲洗。冲洗效果不佳时，可改用风、水轮换方式冲洗。

(6) 阻塞：第一段阻塞器卡在混凝土与基岩接触面处，第二段及以下各段阻塞器卡在待灌段段顶0.5m处。

(7) 压水：先导孔自上而下分段压水、常规孔分两次压水（全孔段、终孔段），压水试验均采用单点法。

(8) 压水压力和灌浆压力详见表2。

表2　　防渗帷幕孔压水压力和灌浆压力表

灌浆段次	第一段	第二段	第三段	第四段及以下
灌浆段长/m	2.0	3.0	5.0	5.0
压水压力/MPa	1.0	1.5	1.5	1.5
灌浆压力/MPa	2.0	3.5	4.5	6.0

(9) 灌浆方法：自下而上分段灌浆法，采用高压循环灌浆塞，卡塞至待灌段段顶0.5m，所有段次灌浆完成后再进行全孔封孔。

(10) 水灰比：浆液水灰比采用5∶1、3∶1、2∶1、1∶1、0.8∶1、0.5∶1（重量比）等6个比级，开灌水灰比采用5∶1。

(11) 变浆标准：浆液应由稀到浓逐级变换，浆液变换应遵循如下原则：

1) 当灌浆压力保持不变，注入率持续减少，或当注入率不变而压力持续升高时，不得改变浆液水灰比。

2) 当某级浆液注入量达300L以上，或灌注时间已达30min以上，而灌浆压力和注入率均无显著改变时，可换浓一级水灰比浆液灌注。

3) 当注入率大于30L/min时，且基本不起压时可越级变浓水灰比。

(12) 结束标准：在设计压力下，注入率不大于1.0L/min后，继续灌注30min，可结束灌浆。

(13) 封孔：灌浆孔及其质量检查孔采用“全孔灌浆法”封孔，封孔压力采用2MPa，封孔灌浆持续时间不少于1h。

5　分析与比较

与国内同类帷幕灌浆工程比较，乌东德水电站大坝拱肩槽帷幕灌浆施工技术具有以下特点。

5.1　钻孔孔斜精准控制技术

大坝拱肩槽帷幕灌浆针对帷幕灌浆孔斜采取了事前控制、事中控制，并对控制要点及步骤进行了明确，同时采用了先进的3D遥感测斜仪器进行跟踪测斜，从而确保了主帷幕成幕质量。

5.2　智能灌浆技术

大坝拱肩槽帷幕灌浆采用智能灌浆技术，灌浆过程中灌浆压力及配浆操作，可实现自动、精准调控，避免了人为误差和浆液浪费，减少了人力资源投入；同时也实现了抬动自动、精准监测即当抬动超标时可实现自动报警，能做到及时降压或自动停泵处理，反应速度比较快，可以有效地避免了抬动的发生。

5.3 自下而上灌浆工艺

大坝拱肩槽帷幕灌浆在围岩地质条件较好部位采用自下而上灌浆工艺，在保证灌浆质量的情况下，优化了每段间歇时间，显著地提高了整体施工效率。

6 结语

在乌东德水电站工程中采用大坝拱肩槽帷幕灌浆施工技术，确保帷幕灌浆质量和成幕效果的同时，显著提高了整体施工效率，并实现了智能化灌浆，为乌东德水电站按期蓄水提供了有力保障，水电站蓄水后未发生绕渗现象。

参考文献

[1] 王瑞英，朱等民，郭炎椿. 智能灌浆技术在乌东德水电站帷幕灌浆中的应用 [J]. 人民长江，2020，51 (S2)：200-202，259.

[2] 周炳强，黄灿新，王团乐，等. 基于 GEAS 3D 的乌东德水电站防渗帷幕局部灌浆异常分析及处理 [J]. 长江科学院院报，2020，37 (8)：155-160.

[3] 徐刚. 帷幕灌浆钻孔孔斜控制工艺措施研究 [J]. 人民黄河，2020，42 (S1)：229-231.

[4] 何源，赵阳，朱等民. 乌东德水电站室内帷幕灌浆接触段施工工艺研究 [J]. 人民长江，2019，50 (S1)：259-262.

大型水电站灌浆工程科技档案电子化归档探讨

雒启伟

（中国水利水电第七工程局有限责任公司）

【摘　要】相较于传统纸质档案，电子化档案在形成、立卷、保存、利用等方面具备极大的优势，电子化档案应用能为工程项目带来较大的经济效益、社会效益和环境效益。灌浆施工由于其隐蔽施工、过程记录数据庞大的特点，形成档案数量极多，因此实现电子化归档能为工程施工带来较多效益。笔者结合杨房沟水电站智能灌浆系统应用及电子化归档情况，分析灌浆工程科技档案电子化归档存在的问题及解决办法，探讨灌浆工程科技档案电子化归档的应用前景。

【关键词】大型水电站　灌浆工程　科技档案　电子化归档

1　概述

灌浆技术的应用领域随着科技的不断进步在逐步扩大，在水电水利工程上有着积极重要的作用，经过近200年的发展历史，从最早期灌浆施工全过程靠人工控制、人工记录，到灌浆自动记录仪的使用，现场施工原始记录一直合理控制灌浆施工过程并为正确评定提供可靠的依据，是灌浆施工安全和质量的重要保障。近10年来，数字灌浆技术取得长足进展，灌浆工程数字系统具有实时性、真实性、快速性等优点，通过现场网络系统实现灌浆记录仪在线监控，灌浆数据自动传输、在线采集，成果在线分析及建设各方实时共享，并在乌东德水电站、白鹤滩水电站、两河口水电站、杨房沟水电站等大型水电工程中得到实际应用，使灌浆工程原始记录庞大数据实现电子化。

灌浆施工是隐蔽工程，灌浆施工过程是特殊过程，灌浆工程资料包含了灌浆施工全过程的记录，在工程施工过程和工程完工以后，地面观察不到有形的建筑物，工程的全部信息包含在各种资料中。灌浆过程记录对灌浆效果有最直观、全面的体现，为灌浆效果分析提供数据来源，是评价灌浆施工质量和灌浆效果、工程价款结算和索赔的依据。因此，灌浆工程科技档案显得尤为重要。

灌浆工程科技档案由现场原始记录和内业形成成果图表两部分组成。由于现场灌浆施工需要按孔段施工，每个孔段都要形成单独的原始记录，而一个灌浆单元通常有成百上千的孔段，每个孔段都需要灌浆压力、流量、密度、注入量、抬动值等数据。一个单元完工后，会形成极其庞大的原始记录，原始记录一部分由灌浆自动记录仪导出后打印生成，另一部分由人工观测记录生成。灌浆获得原始记录的数据还需按照规范制作成相应的成果图表，进而对灌浆质量进行分析和评价，该数据统计分析工作量庞大，难度较高。

得益于计算机的发展和普遍应用，除自动记录仪已广泛担当了现场的施工记录外，其他内业任务也已逐渐由计算机来完成了。在计算机中录入灌浆数据形成成果表，并进行数据分析，较大程度减轻了技术人员的劳动强度，提高了劳动效率，但施工单位仍然需要投入较大的人工成本，且相对目前工程施工速度快、周期短的特点，工作效率略显低下。

随着建筑信息模型化（BIM）的发展以及电子化归档技术的实现，国内建筑工程验评开始逐步向电子表单实时验评、实时归档发展。而智能灌浆系统的开发，为灌浆工程原始记录、成果类图表及验评表单电子化提供了极佳的平台，使灌浆工程科技档案电子化归档成为可能。

2 杨房沟水电站智能灌浆开发应用及电子化归档情况

2.1 杨房沟水电站灌浆工程项目简介

杨房沟水电站位于四川省凉山彝族自治州木里县境内，距雅砻江中游河段麦地龙乡上游约 6km，是雅砻江中游河段一库七级开发的第六级电站。坝址距西昌的公路约 235km，距木里县城约 156km。杨房沟水电站的开发任务为发电，电站总装机容量 1500MW，安装 4 台 375MW 的混流式水轮发电机组，属Ⅰ等水工建筑工程。杨房沟水电站设置有拱坝及地下发电厂房固结、帷幕、接缝、接触、回填等灌浆工程，智能灌浆系统基于拱坝帷幕灌浆进行研发。水电站拱坝工程设置 3 层灌浆平洞，分别为 2102m、2054m、2005m 高程，上、下两层帷幕通过帷幕进行搭接，主帷幕灌浆孔最大孔深 93m，副帷幕灌浆孔最大孔深 65.7m，设计工程量 7.7 万 m。

2.2 杨房沟水电站智能灌浆系统与灌浆科技档案电子化归档开发及应用情况

杨房沟水电站灌浆工程使用水电七局与江西大地联合研发的智能灌浆系统（型号：$DDZG_{880}$），实现了自动配浆、自动调压、智能化作业（按灌浆规范要求自动控制变浆、待凝、限压、限流、屏浆等操作）。而由水电七局与中成华瑞联合开发的数字孪生智能灌浆云平台，采用最新的 5G 技术、最新的无线传输 LORA 技术、最新的浆液系统多阶耦合智能调度算法以及最新的边缘云计算系统，实现数字孪生。通过终端传感器、执行器到管理中心的无线数据传输，在管理中心实现数字大屏的全景施工展示，实现施工过程实时监控，施工进度实时更新、提醒和总体进度展示，施工报表实时生成，施工成果及时分析、展示，从而实现全程、全面、系统地用数字展现并记录整个廊道施工过程。杨房沟水电站数字孪生智能灌浆云平台与智能灌浆系统衔接后，开发了灌浆工程原始记录使用的一系列电子表单，通过智能灌浆系统在线收集数据结合人工填表记录，实现了灌浆数据在线生成电子表单进行验评。系统还开发了灌浆数据在线实时统计分析模块，自动生成灌浆成果表等表单以及频率累计曲线图等成果图，极大限度地解决了灌浆施工数据统计分析滞后的问题。该模块的实现，大幅度降低了灌浆人工投入，加快了灌浆成果分析速度，为灌浆质量控制提供了较大助力，也为灌浆成果图表档案电子化归档创造了前提条件。

杨房沟水电站水电七局·华东院总承包项目部还研发了一套基于“多维 BIM”的工程数字化设计和施工管理一体化系统（以下简称 BIM 系统），以工程大数据管控为切入口，利用数字化手段和 BIM 技术对工程建设进度、质量、投资、安全信息进行全面管控，实现工程可视化智慧管理。

为满足系统电子文件管理相关需求，电子文件归档服务采用主流的软件设计典范：MVC（Model，View，Controller，即模型-视图-控制器）。用一种业务逻辑、数据、界面显示分离的方法组织代码，将业务逻辑聚集到一个部件里面，在改进和个性化定制界面及用户交互的同时，不需要重新编写业务逻辑，大幅度增强了系统的可扩展性、可维护性和灵活性。同时，配合开发电子文件存储与维护、预览与搜索等相关功能，不断完善电子文件在线管理和使用功能。

数字孪生智能灌浆云平台与 BIM 系统结合后，实现了在线生成表单、在线签证，采用合法有效的电子签章，完善系统中电子文件的签名管理，为整个管理信息系统提供安全、合法的技术支撑，通过建立与智能灌浆系统数据接口，最终实现了灌浆工程科技档案电子化在线归档和在线使用。

2.3 杨房沟水电站电子化归档所取得的成果

目前，水电行业电子文件归档仍存在合规性和归档规范性问题。杨房沟水电站电子文件在线归档遇到的问题，大部分是工程项目管理系统电子文件归档可能遇到的共同问题，因此，合理可靠地解决该问题可为其他工程建设项目电子文件管理提供参考借鉴。为保障 BIM 系统质量验评电子文件合规性和归档规范性，杨房沟水电站开发了“电子签名＋XML 封装＋PDF 转化＋四性检测”的归档方案，解决电子文件归档合规性和规范性问题。杨房沟 BIM 系统电子文件形成阶段，采取了合法有效的电子签章。在线填报的质量验评表单，现场由三检人员、监理人员基于移动端签署个人电子签章，当监理人员完成签章时，带有签章信息的质量验评表单固化于网页中。需要归档时，质量验收评定文件自动转化成 pdf 文件，用于原生电子文件归档。

杨房沟 BIM 系统一个单元工程完整的质量验评资料，不仅包括在线生成的电子验收评定表单，还包括线下或其他系统生成的原始记录、试验检测文件、检测报告等纸质表单。为解决该问题，杨房沟将纸质文件扫描成电子文件复制件后加盖电子签章，与原件具有同等法律效力，形成合规的电子文件表单，上传至系统进行统一归档。

2.4 杨房沟水电站电子化归档存在的问题

杨房沟水电站电子文件归档目前实行“双套制”，即线上归档一套电子正本，同时打印一套纸质副本便于线下查阅。根据《建设工程文件归档规范》（GB/T 50328—2019）第 3.0.3 条规定，“电子档案签署了具有法律效力的电子印章或电子签名的，可不移交相应的纸质档案”。杨房沟水电站质量验评电子文件虽然已签署合法有效的电子签章，但是根据业主方归档要求，仍需归档一套纸质档案以确保归档档案能满足相应制度要求，因此，要实现真正意义上的单轨制电子化归档，还需进一步探索。

3 灌浆工程科技档案电子化归档经济效益及社会效益

通过项目应用统计，电子化归档的应用能够创造大量经济效益。灌浆工程形成档案数量远超其他工程，预计形成档案数量 4200 卷（折合约 70 万页），案卷数量占整个水电站科技档案的一半以上。灌浆工程实现电子化归档，对整个水电站电子化归档应用具有极为重要的意义。杨房沟水电站灌浆工程使用电子化在线验评系统，单元工程质量验评填表耗时由原来的1.25h降低至0.4h，降本增效，提高了档案收集和整理效率。电子化归档应用还能够大幅度降低档案打码、扫描等整理时间成本，提高归档移交效率。过去档案整理移交平均至少要6个月，整理要进行命名、排序、分类、组卷、装订、敲页码、扫描、装盒等一系列繁复工作。而现在电子文件的整理功能都嵌于系统中，可利用信息化系统在线整理和批量处理，节约大量人工及材料投入，文件整理时间缩短80%以上。

电子化归档的应用还能创造较大时间效益。以杨房沟项目为例，项目档案归档保证金6000万元，使用电子化归档至少可提前4个月移交，利息效益100万元，同时可加快工程尾款结算，还能提高项目归档管理效率和电子档案查询利用效率。电子化归档实现了最大量项目文件——质量验评文件的无纸化，能够大幅降低传统纸质文件的打印量，间接实现节能减排，创造环境效益，进一步印证了杨房沟水电站“贡献清洁能源，服务国家发展”的宗旨。

4 灌浆工程科技档案电子化归档应用前景

电子化归档相较于传统纸质档案归档，具有天然的优势，除了能够创造大量的经济效益、社会效益外，还能间接创造环境效益。虽然国内电子化归档发展处于起步阶段，在开发及应用过程仍然存在不少问题，需要在过程中进行论证解决。但无论是国家法律还是规范或是地方政策，均在推行电子化归档：2020年3月1日开始实施的《建设工程文件归档规范》(GB/T 50328—2019)，明确电子档案签署了具有法律效力的电子印章或电子签名的，可不移交相应纸质档案；2020年6月颁布的《中华人民共和国档案法》，明确具有法律效力的电子档案可以以电子形式作为凭证使用；全国如福建、湖南、重庆等多地住建局，开始推行建设项目数字化与无纸化；2019年4月国家档案局组织开展建设项目电子文件归档和电子档案管理试点工作，拟通过试点项目形成可推广的建设项目电子文件归档和电子档案管理方案及经验。在数字中国的大背景下，电子文件法律效力和归档管理的政策日趋完善，电子化归档已然渐行渐近，为灌浆工程科技档案电子化归档提供了良好的环境。

灌浆工程科技档案作为水电项目科技档案重要组成部分，实现电子化归档对水电项目科技档案电子化归档具有推动性作用。智能灌浆及其云平台的开发，实现了灌浆数据实时收集，在线生成原始记录和成果图表，解决了灌浆科技档案无法形成电子表单的问题，为实现灌浆工程科技档案电子化归档提供了极为重要的基础条件。灌浆工程科技档案电子化归档以庞大的优势，成为水电工程数字化、智能化发展的必然趋势。

5 结语

灌浆工程科技档案在水电工程科技档案中占据极大的比重，实现电子化归档，对整个水电工程项目电子化归档具有极其重要的意义，是水电工程发展的必然趋势。杨房沟水电站通过智能灌浆系统及智能云平台的研发应用，实现了灌浆记录及成果资料在线形成、在线签证，再通过智能灌浆系统及智能云平台与杨房沟水电站水电七局·华东院总承包项目部研发的BIM系统相结合，通过采用“电子签名+XML封装+PDF转化+四性检测”的归档方案等一系列方式，解决了电子文件归档合规性和归档规范性问题，最终成功实现了灌浆工程科技档案电子化归档。通过实际应用证明，杨房沟水电站灌浆工程电子化归档系统在灌浆档案形成、立卷、保存和使用等方面具备较大优势，为工程施工创造了大量的经济效益、社会效益和环境效益，具有极大的推广价值。

膏浆灌浆技术在南方黄岗石灰石矿东部塌陷及涌水工程中的应用

黄　磊　洪　宁

（湖南宏禹工程集团有限公司）

【摘　要】 本文以南方黄岗石灰石矿东部塌陷及涌水工程注浆防渗工程为依托，通过膏浆（黏土水泥膏状注浆材料）对土层和强风化岩体裂隙的非密实可溶物裂隙、溶洞进行了良好的注浆充填封堵，治理效果较好，该技术是一种对矿山坝体防渗经济适用、效果可靠的方法，可供类似工程参考。

【关键词】 灌浆　膏浆　防渗

1　工程概况

江西泰和南方水泥有限公司石灰石矿（以下简称“矿区”）距离泰和县县城直线距离约2km处，行政区划属泰和县澄江镇辖区。矿区地理位置坐标：东经114°51′28″～114°52′10″，北纬26°48′59″～26°49′15″。105国道从矿区南东500m处通过，319国道从矿区南约500m处通过。距京九铁路泰和站约6km，距赣江、泰和县城约5km，交通十分便利。

由于黄岗水泥用石灰石矿为中型矿山，现只有一个露天采场，产品为水泥用灰岩。矿山于2001年建设，2003年初投产，核定生产规模为40万t/a。矿山早期开采始于建设前的80年代初期，2007年矿山通过技术改造，其开采规模基本达到60万t/a。矿山于2013年10月备案了（扩界）储量核实报告后重新编制了《开发利用方案》，规模由60万t/a（开采标高+70～+30m），扩大为90万t/a（开采标高+93.3至±0m），服务期限约30年。最深处已开采至±0m标高。

矿区东南部有一条小溪通过，小溪宽约2～4m，水深约1～2m，据资料显示，小溪正常流量2.78L/s，小溪水沿该矿东部大冲沟洼地，由东向西流入矿山南邻的乌石岗水库。矿区南边有乌石岗水库（小型水库），水库库区面积约335亩，最大库容时平均水深约4.0m，库容量约90万m^3，水库四季积水，枯水期最低水位标高约+60m，历史最高洪水位为+70m，水库蓄水主要为地表水和山洪地表水汇流补给。在矿山东部的东界附近，已设置截水堤坝，该截水堤坝顶面高程+72m（高于最高洪水位+70m），护坡由片石混凝土构成。矿区附近居民点较多，居民以农业为主，兼办矿业，居民生活水平属中等。

据2016年9月现场调查，矿区开采矿体为马平组灰岩，岩溶强烈发育，尤其是矿区东部，岩溶塌陷如星罗棋布，溶洞非常发育，岩溶裂隙水丰富。矿区内断裂构造不发育，但在矿区南部和北部各见一条大型走向断层，均可能沟通灰岩岩溶裂隙含水层，地下水沿断裂易构成断层构造脉状裂隙水，在开采中采坑应避开断层破碎带，以防断层沟通灰岩溶洞及地表水体而使采坑大量充水。

矿区采用凹陷型露天开采方式，公路运输开拓、水泵抽排水、人工打眼、炸药爆破、机械装车、机械选矿，汽车直接从采坑运输至水泥厂料库。2019 年底矿区已形成四大采坑，开采至±0m 标高。已有±0m 开采平台，+20m 平台，+32m 平台和+46m 平台等开采平台，开采平台由西向东一级一级抬高。对于渗流的防渗注浆存在以下难题：

黄岗石灰石矿塌陷区及涌水治理工程主以盆地出露第四系全新统溶洞，石炭系上统船山组，透水部位土层松散、岩体破碎，溶洞、渗流量大，常规浆液容易在较大水流下被水冲泡，导致无效灌浆。

2 堵水设计思路

可控复合膏浆灌浆技术是采用具有流动可灌性与高塑性变形强度的特殊膏状注浆材料，利用其可控凝结、低流动性及触变性的特点，达到有效控制浆液扩散范围，保证浆体在钻孔周围较均匀扩散充填透水孔隙，从而使松散强透水地层或松散软弱地层内快速形成防渗效果较好的连续帷幕体的技术。基于此技术，对于本工程中经水流冲刷的松散土层与节理裂隙密集发育岩体采用可控复合膏浆灌浆技术进行渗漏通道的充填封堵治理[1-2]。

3 可控复合膏浆灌浆技术

3.1 灌浆工艺

灌浆帷幕幕顶高程（高程 72m 处），帷幕幕底深入基岩不透水层。土层采用“孔内浆体自凝封闭、自下而上分段纯压式可控膏浆灌浆法”，基岩采用自下而上分段孔内阻塞可控纯压式稳定浆液灌注。

灌浆深度范围：灌浆顶部为高程 72m 处，底部深入基岩不透水层，平均深度 85m。土层采用可控复合膏浆，基岩采用可控稳定浆液，自下而上灌浆至灌浆顶部，段长和注浆压力见表 1、表 2。

表 1　完整灰岩稳定浆液帷幕注浆段长及最大注浆压力表

孔深		5m 以内	5～15m	15～30m	30～50m	50m 以下
段长/m		2～3	3～5	5～7	5～10	5～10
不同孔序注浆压力/MPa	Ⅰ	0.5	0.8	1.5	2.0	2.5
	Ⅱ	0.8	1.5	2.0	2.5	3.0

表 2　覆盖层各序孔段注浆压力参考值表

孔深/m	1～15				15～30				>30			
提升间隔/m	0.5				0.5				0.5			
注入压力 P/MPa、注入量 V/(L/m)												
控制参数	P_{min}	V_{max}	P_{max}	V_{min}	P_{min}	V_{max}	P_{max}	V_{min}	P_{min}	V_{max}	P_{max}	V_{min}
Ⅰ序孔	1.5	1000	2.5	800	2.0	800	3.0	600	2.5	800	3.5	600
Ⅱ序孔	2.0	800	3.0	600	3.0	600	3.5	400	3.0	600	4.0	400

3.2 工艺流程

施工总程序：施工准备→钻孔放样→膏浆钻孔先导孔施工（可作为Ⅰ序孔）→Ⅰ、Ⅱ序孔→质量检查→资料整理。

灌浆单孔施工程序：施工准备→钻孔定位→固定机具→坝体覆盖层跟管钻进→坝体灌浆段钻进→岩层段阻塞灌浆→下注浆管→起拔套管→待凝→注浆管安装及封闭→安装拔管机及注浆管路→启动注浆泵注浆→提升、拆卸注浆管→自下而上重复注浆与提升→注浆至段顶。

3.3 孔位布置

孔位布置图如图1所示。钻孔按设计图纸轴线（0＋000～0＋300）指定桩号，采用全站仪配合钢卷尺进行钻孔放样，钻孔开孔直径为168mm，终孔孔径不小于110mm，钻孔采用XY－200型地质钻机配金刚石钻头回转钻进、顶驱钻机YGL－C200配合金钻头回转钻进。

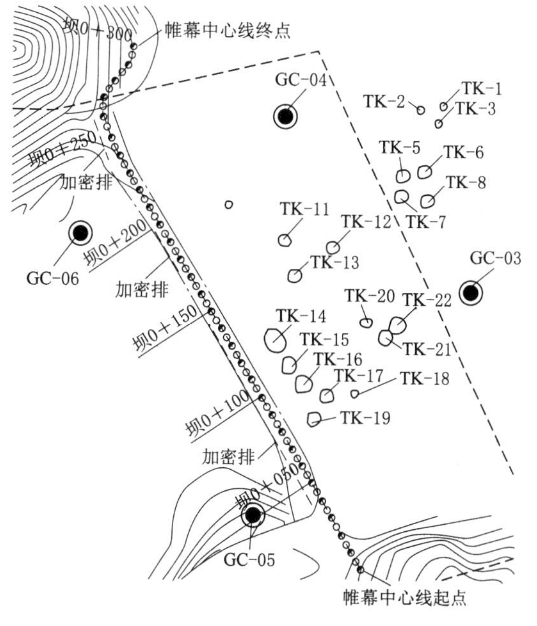

图1 施工孔位布置图

3.4 孔口管安装和注浆管安装

3.4.1 孔口管安装

孔口管采用ϕ127钢管，埋设后待凝8h以上，经检查合格后进行下一工序施工。

孔口管埋设后应及时查看孔口管接头是否有脱节、并用水平尺校铅直度、卷尺测量控制嵌入深度、注水检查管外侧是否漏水。

3.4.2 注浆管安装

钻孔达到要求深度后，下入灌浆管至孔底，然后用黏土或细沙回填灌浆管与钻孔之间的环隙至钻孔顶部。开灌前，将孔口封闭的回浆管开关打开，然后开泵压入封孔浆体填满灌浆管与孔口管壁之余留空隙，待回浆口排出为较浓的浆液时关闭回浆管口开关，开始试压浆灌注。如果在灌浆时或上提灌浆管后，出现从孔口管和覆盖层间隙处出现冒浆，可再次待凝10min左右，进行有效止浆。

3.5 灌浆材料

水塘坝坝体重点透水部位土层松散、岩层溶洞、岩体破碎、裂隙发育，对于裂隙连通性极好的透水部位堵水注浆材料十分关键，浆液的凝结时间、抗水流冲刷性能、流动性等特点尤为重要。

针对这类地层选择水泥、黏土及HY－1外加剂，将各种材料以适宜的比例拌和，以提高膏浆的早期强度与抗水流冲刷性能，提高浆材的灌浆有效性。灌浆材料见图2。

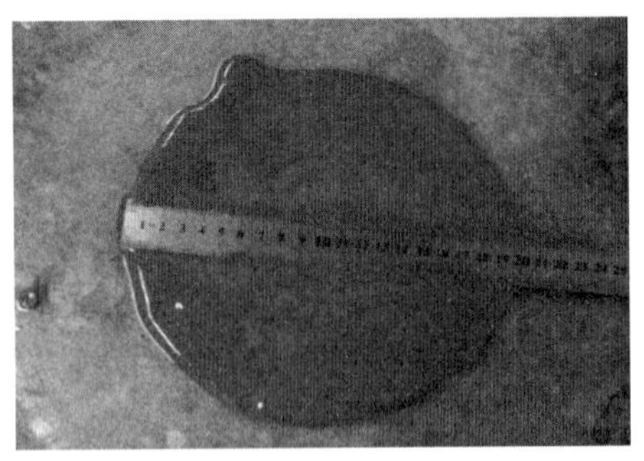

（a）水泥浆

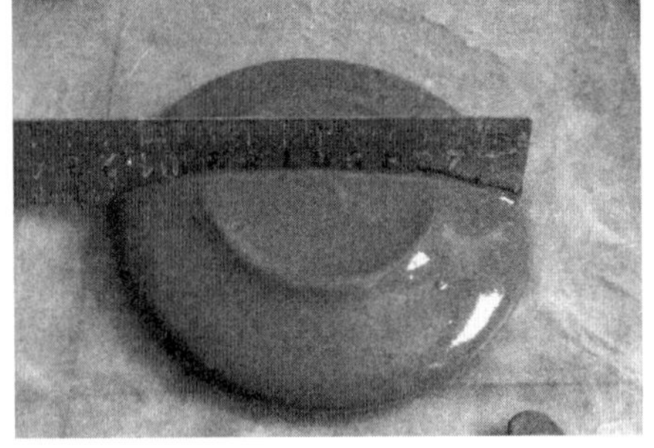

（b）黏土水泥膏浆

图 2　灌浆材料

3.5.1　灌浆原材料

（1）水泥：采用南方牌硅酸盐水泥。水泥的强度等级为 32.5，每批次有厂家检测合格证和化验报告，符合《通用硅酸盐水泥》质量标准，在施工过程中对水泥的强度、细度、凝结时间进行抽样检查。

（2）黏土：要求塑性指数大于 14，黏粒（粒径小于 0.005mm）含量不小于 20%，粉粒（粒径 0.005～0.05mm）含量一般在 60%～70%，含砂量（粒径 0.05～0.25mm）不大于 8%，有机物含量不大于 2%。黏土配置浆液前，应进行粉碎、除砂、细分后再入池后碱化，进行浸泡溶胀待用。

（3）水：水质符合灌浆用水要求。

（4）外加剂：HY－1 外加剂，以使黏土水泥浆材的性能符合浆体可控的要求，实现浆材基本不发生析水、浆材的凝固时间可控的目的。

3.5.2　浆材配比

本项目采用的黏土水泥膏浆及稳定浆液配比见表 3。

可控复合膏浆高压脉动注浆Ⅰ序孔注浆均采用配比 2 号改性水泥黏土膏浆灌注。Ⅱ序孔注浆均采用配比 1 号改性水泥黏土膏浆灌注，其浆液配比分别见表 3，封孔浆和溶洞充填的浆液采用配比 3 号。

表 3　　改性水泥黏土膏浆配比和结石性能

配比序号	主要原材料				流动度 /mm	结石性能	备注
	黏土	水泥	水	外加剂			
1 号	100	100	160～180	3	150～170	2.0	Ⅱ序孔
2 号	100	100	160～180	5	120～140	2.3	Ⅰ序孔
3 号	100	100	160～180	7	60～80	2.5	溶洞充填

针对完整灰岩层可采用配比 4 号、配比 5 号流动性大的稳定浆液（见表 4）。

表 4　　改性稳定浆液配比和结石性能

配比序号	浆液配比（重量比）				浆液和结石体性能			
	水泥	黏土	水固比	外加剂	析水率/%	流动度/mm	结石 28d 抗压强度/MPa	结石体 28d 渗透系数/(cm/s)
4 号	100	100	0.8～0.9	—	<5	220～250	1.8～2.0	10^{-7}
5 号	100	100	0.8～0.9	1.5%	<5	180～210	2.1～2.4	10^{-7}

改性水泥黏土膏浆抗动水冲蚀性能应满足表 5。

表 5　　不同流速情况下膏浆抗冲蚀性能

序号	流速/(m/s)	冲蚀率/%	冲蚀时间/s
1	0.3	7	60
2	0.5	13	60
3	0.8	20	60
4	1.2	30	60

注　流速指水槽内的水流的平均流速。

3.6　注浆结束控制

“复合膏浆灌浆技术”是一种连续间隔提升灌注工艺，注浆结束主要为间隔提升段分段控制。注浆间隔提升段结束控制标准如下：

(1) 该注浆间隔提升段达到设计单位注入量时，且注浆压力大于该注浆段最小设计压力时，可结束该间隔提升段注浆。

(2) 该注浆间隔提升段达到最大设计注浆压力，且注入量大于该注浆段最小设计单位注入量时，可结束该间隔提升段注浆。

3.7　特殊情况处理

(1) 钻孔串浆、地表冒浆、注浆中断的处理措施如下：

1) 立即停注，待凝 20～30min 后再注。

2) 立即在串浆的钻孔安装注浆装置，同时注浆。

3) 注浆中断时，如果中断时间短，可以再注；如果中断时间较长，则应扫孔后再注。

(2) 注浆过程中若长时间达不到该注浆段位设计最小注浆压力，且注入量到设计最大单位注入浆量，可采用间歇灌注或掺加外加剂方法处理，如还达不到结束标准，按溶洞注浆方法处理。

(3) 注浆过程中若长时间达不到该注浆间隔段设计最小注入量，且注浆压到设计最大注浆压力时，延续灌注 10min 或注浆压力连续三次超过设计压力 20%时可结束注浆。

(4) 孔周边及地面冒浆处理。在灌浆过程中，如果在孔周边及地面出现冒浆现象。分别采取待凝 10～20min 后复灌，复灌后的压力控制在 0.5MPa 左右，孔周不再冒浆和不出现新的冒浆点后恢复正常灌浆。

(5) 灌浆过程地面抬动处理。因水塘坝坝顶较窄，坝内坡有混凝土防渗面板，在灌浆过程中，浆液压力的作用下，容易使混凝土面板开裂，影响面板防渗功能。在不影响施工质量的前提下，在灌浆段上部 5m 段适当的减小灌浆压力。

（6）孔周覆盖层抬动处理。灌浆过程中如孔周出现轻微抬动迹象，但孔周未出现冒浆。出现抬动后，采取减少流量，降低压力。孔口抬动变形不再变化后恢复正常灌浆。

（7）抬动引起地面开裂处理。灌浆过程中如边坡及灌浆平台出现开裂现象，但裂缝内未出现冒浆，灌浆能正常进行。为避免裂缝发展，浆液将地层挤穿，在出现裂缝后，采取待凝 20～30min 后复灌，持续灌注 20min 后裂缝不再变化恢复正常灌浆。

（8）稳定浆液灌浆。灌浆过程中，灌浆压力或注入率突然改变时，应立即查明原因，采取有效处理措施。

（9）灌浆压力的调整使用：

1）灌浆尽快达到设计压力，但对于注入率较大或易于抬动的部位，分级升压。

2）在灌浆过程中，结合被灌地质体结构、埋深、透水性、浆液配比，适当调整灌浆压力。

4 注浆效果

江西泰和南方黄岗石灰石矿东部塌陷及涌水工程完成钻孔施工工程量 1775.3m，膏浆灌浆工程量 6454.2m，基岩钻孔工程量 6454.2m，孔口管镶筑 1937.3m，溶洞充填 15685.14m^3 主要工程量见表 6。

表 6　　工程量完成表

序号	项目名称	单位	完成工程量
1	南山矿酸水库渗漏处理工程		
2	灌浆工程		
3	土层钻孔	m	1775.3
4	基岩钻孔	m	6454.2
5	覆盖层膏浆灌浆	m	1775.3
6	可控膏浆灌浆	m	6454.2
7	溶洞充填	m^3	15685.14
8	孔口管镶筑	m	1937.3

如图 3 所示，设计标准矿坑 20m 平台日涌水量小于 300m^3/d，施工前矿坑 20m 平台日涌水量 2160～2750m^3/d，施工完成后矿坑 20m 平台日涌水量 136.08m^3/d 堵水效果良好，达到业主的堵水要求，灌浆质量合格。经工程检验表明，复合黏土膏浆灌浆技术对于溶洞、夹层等地层具有较好的防渗施工效果。

5 结论

注浆效果表明，对于江西泰和南方黄岗石灰石矿东部塌陷及涌水工程的防渗采用黏土水泥膏浆能对松散后的土壤、破碎岩层裂隙、溶洞进行足量充填、饱满、密实，能有效防止无效灌浆，节省灌浆材料，是一种堵水效果好、经济适用的地层塌陷，溶洞、涌水工程防渗工艺。

图 3　施工前后透水对比图

参考文献

[1]　中华人民共和国国土资源部．矿山帷幕注浆技术规范：DZ/T 0285—2015 [S]．北京：地质出版社，2015．

[2]　宾斌，孟旗帜，孙朝，等．黏土水泥膏浆在强岩溶地区帷幕注浆中的施工应用技术 [J]．中国建筑防水，2016 (22)：28 - 32．

拱坝泄洪中孔钢衬接触灌浆施工技术

刘英勋

（中国水利水电第七工程局有限责任公司）

【摘　要】本文对杨房沟水电站拱坝泄洪中孔钢衬接触灌浆施工做了较为详细的介绍，为类似工程施工提供借鉴。

【关键词】泄洪中孔钢衬　接触灌浆　施工技术

1　工程概况

杨房沟水电站位于四川省凉山彝族自治州木里县境内的雅砻江中游河段上，是雅砻江中游河段一库七级开发的第六级，开发任务为发电，电站总装机容量1500MW，安装4台375MW的混流式水轮发电机组，属Ⅰ等水工建筑工程。

杨房沟水电站拱坝泄洪中孔共计3孔（8号坝段为1号孔、9号坝段为2号孔、10号坝段为3号孔），泄洪中孔布置有钢衬，泄洪中孔钢衬接触灌浆为底衬的接触灌浆，通过预埋可重复灌浆管路进行灌浆，并采用钻孔灌浆进行了补充灌浆。

2　施工工艺流程

接触灌浆施工工艺流程为：钢衬安装→预埋灌浆系统→混凝土回填浇筑→混凝土等强→首次接触灌浆→冲洗预埋管路→浆液沉淀凝结→灌浆检查→若有脱空区域未满足检查标准→重复灌浆至不吸浆→灌浆再检查→若重复灌浆2～3次仍未满足检查标准的部位采用钻孔灌浆→卸除灌浆管→封堵灌浆孔。

3　接触灌浆预埋施工

在混凝土浇筑前，所有预埋管路均由现场技术人员配合测量人员采用全站仪和皮尺准确放样，接触灌浆预埋管路严格按照接触灌浆布置图执行，详见图1。

（1）安装前，将钢衬表面清理干净，确保无杂物和油渍等。

（2）用C型灌浆槽将重复接触灌浆管固定在钢衬表面上，灌浆槽与钢衬底板点焊，焊点间缝隙用于出浆。排气槽内放入塑料软管，混凝土浇筑前对塑料软管进行充气，浇筑结束24h后，对塑料软管进行放气并抽出，通过充气拔管避免排气槽被砂浆充填。

（3）混凝土浇筑过程中，加强灌浆管路、排气管路的保护，如有损坏及时修补或更换，防止砂浆进入管内造成堵管。如浇筑过程中因管体受到挤压变形或损坏有砂浆渗进管

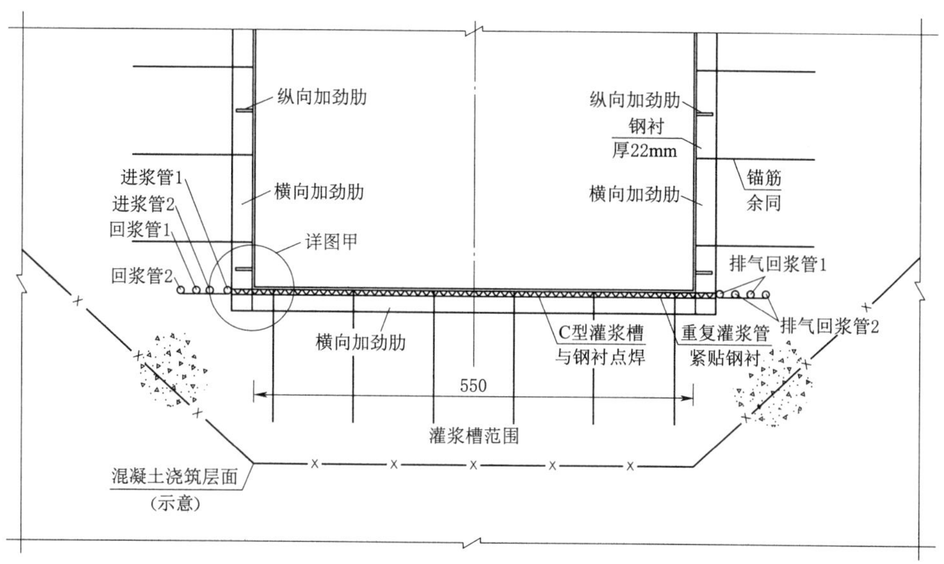

图 1 接触灌浆预埋管布置剖面图

内，立即用高压气和清水将管内的砂浆清理干净以防堵管。

(4) 灌(回)浆管路集中引至下游坝面或就近廊道内，做好标识并用胶带保护两头，以防堵塞。

(5) 两根灌浆管有搭接时，搭接长度不小于 10cm。

(6) 接触灌浆管路预埋结束后，经监理工程师验收合格后方可进行混凝土浇筑。每仓混凝土浇筑结束后，对管路系统进行通水检查，并做记录。

(7) 埋管注意事项如下：

1) 进、回浆接头丝口部位缠绑生料带，进、回浆(排气)支管与重复灌浆管之间使用扎丝捆绑可靠紧密连接，防止混凝土浇筑时水泥浆流入，堵塞管路。

2) 灌浆钢管之间的连接如果采用现场焊接方法，必须保证焊接质量，防止焊渣堵管和焊接不良引起的混凝土浇筑时堵管。

3) 接触灌浆管路安装时严格控制平顺，管路转弯处采用接头，以尽量减少灌浆压力的局部损失。

4) 进回浆管、排气回浆管与固定钢筋牢固连接。

5) 进、回浆管、排气管在出露部位需做好标识，防止混淆。

(8) 预埋质量检查。

1) 预埋质量检查方法：预埋灌浆管除检查规格尺寸及安装牢固程度外，还对预埋完成的管路进行通水检查。

2) 预埋效果检查异常情况的处理：加强过程控制，针对预埋不符合设计要求的管路，及时进行调整、加固。接触灌浆通水检查出现渗漏部位，根据不同部位采用不同方式进行处理：接头渗漏采用生料带及玻璃胶等对接头重新密封；管路连接间焊点渗漏采用电焊封堵密封。

4 接触灌浆施工

4.1 灌浆施工

（1）钢衬接触灌浆在钢衬底板部位混凝土二期冷却结束后，且在低温时段进行。接触灌浆施工时，钢衬顶板混凝土覆盖厚度不小于 12m。

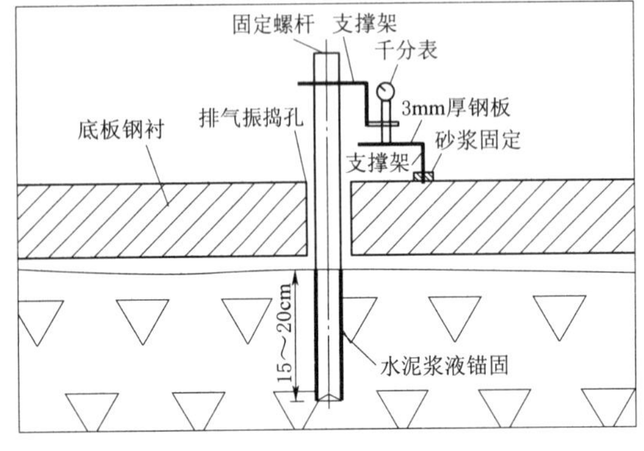

图 2　变形监测装置安装示意图

（2）开灌前再次检查管路连接情况、管路通畅情况、钢衬脱空情况等。

（3）灌浆前应先安装千分表，检查千分表的摆动是否正常，并确保其灵敏性和准确性。灌浆过程中安排专人看守千分表，如发现变形则立即停止灌浆并向监理工程师汇报研究处理。底衬按不大于 24m 安装一支千分表，利用排气振捣孔安装在底衬中部。抬动变形每隔 10min 测记一次千分表读数。灌前、灌后锤击检查时，应撤下千分表（图 2）。

（4）灌浆前进行水、风冲洗，冲洗压力为灌浆压力的 80%。

（5）浆液水灰比采用 0.8、0.45，浆液中加入减水剂。

（6）灌浆压力为 0.2MPa，灌浆过程中严格控制灌浆压力，具体灌浆压力根据钢衬实际情况调整，但不大于 0.3MPa。

（7）灌浆过程中持续观测钢衬变形，钢衬变形每米范围内不超过 2mm。

（8）灌浆过程中用锤敲击振动钢衬，以利于吸浆、排出空气。

（9）同一套并联灌浆管路包含 4 根管路，其中一侧的两根分别为进浆和回浆管路，另一侧为两根排气回浆管路，均引至坝体廊道或坝后。灌浆时，由一侧开始灌浆，待另一侧排完管内空气并出浆液后，将其封堵，此时浆液会从灌浆管全断面出浆并注入缝隙，缝隙内的空气从预埋的排气槽排走。

（10）不同灌浆分区的灌浆依次自低向高进行，并逐步向另一侧推进。

（11）在规定的压力下，最大浓度浆液停止吸浆，延续灌注 5min，即可结束灌浆。

（12）当排气槽排气或出浆不畅时，在第二次顺灌结束之后即刻进行倒灌。

4.2 灌后质量检查

（1）灌浆结束 7d 后进行灌浆质量检查，质量检查采用锤击敲打法进行检查，敲击工具使用木质锤或橡胶锤。

（2）脱空范围和程度应满足设计要求：独立脱空面积不得大于 0.2m^2，且脱空部位不得集中。

（3）灌后检查仍有脱空，利用预埋灌浆管路进行重复灌浆，对于重复灌浆无法灌到的部位采用钻孔灌浆。钻孔采用磁座电钻开孔，孔径不小于 12mm，每个独立脱空区布孔不少于 2 个，最低处和最高处均进行布孔。灌浆自低处开始，并在灌浆过程中敲击振动钢衬。灌浆压力在大面积脱空区控制在 0.1MPa，独立脱空区控制在 0.15MPa，最大浓度浆液停止吸浆，延续灌注 5min，即可结束。

4.3 封堵灌浆孔

（1）灌浆管的切割。灌浆结束后，用于灌浆的灌浆管将使用火焰切割进行切除，并在切除后，使用砂轮机对未清除干净的残余物进行打磨，保证孔口光滑平整。

（2）灌浆孔的封孔。由于灌浆过程中的水泥浆附着在灌浆孔的内壁，在进行灌浆孔的封堵之前，使用磨内圆机对孔内壁进行清理，保证内壁清洁，并采用焊补法封孔，焊后用砂轮磨平。

5 泄洪中孔钢衬接触灌浆成果分析及评价

5.1 变形观测值分析

抬动观测资料显示，从灌前通水检查至第三次化学灌浆结束为止，过程中安排专人进行变形观测，无抬动现象，未发现钢衬变形。

5.2 中孔钢衬第一次接触灌浆

5.2.1 灌浆前检查

（1）混凝土强度。通过查询中孔混凝土浇筑时间及高程，1～3 号中孔满足“钢衬顶板混凝土覆盖厚度不小于 12m 的要求”。1～3 号中孔钢衬底板部位混凝土二期冷却已结束，满足设计要求。

（2）管路预埋。各部位接触灌浆管路随钢衬安装进行预埋，预埋过程中注意管路连接可靠，预埋完成后通水检查，管路畅通。

（3）管路畅通性检查。1～3 号中孔钢衬进行管路畅通性检查，采用通水检查，管路全部畅通。

（4）灌前脱空检查。根据现场实际敲击情况，1～3 号中孔钢衬除部分振捣孔周边密实，其他均存在脱空现象。为更好地将钢衬接触灌浆灌注密实，经多方协商，在钢衬上开孔，作为排气孔，排气孔位于振捣孔之间。

5.2.2 接触灌浆

（1）3 号中孔钢衬接触灌浆重复灌浆管试验。根据设计要求，在钢衬内埋设重复灌浆管，灌浆前已对重复灌浆管进行灌浆试验，当压力达到 0.05MPa，重复灌浆管已撑开，满足设计要求。

（2）畅通性检查。接触灌浆前对管路系统做通水检查，各灌区管路均通水通畅，灌区无漏水现象。

（3）浆液配比。第一次接触灌浆采用纯水泥浆液，浆液水灰比采用 0.8、0.45，浆液中加入减水剂。开始灌注水灰比为 0.8 的浆液，待排气管出浆后，改换水灰比为 0.45 的浆液灌注。

（4）灌浆情况如下：

1）3 号中孔钢衬接触灌浆顺序是 Z3－1→Z3－3→Z3－2；先采用 0.8∶1 水泥浆开灌，回浆管及排气管出浆后，再采用 0.45∶1 水泥浆灌注；在 Z3－1 区串通 Z3－2－J1、Z3－3 区串通 Z3－2－J2，Z3－1 区、Z3－3 区灌浆结束后，采用风管进行吹孔，将重复灌浆管内浆液吹出；对 Z3－2 区使用风管进行吹孔时，浆液从 Z3－1、Z3－3 进回浆管内串出，反复两次操作，均从 Z3－1、Z3－3 进回浆管内流出浆液，由此断定重复灌浆管失效，而后采取一次灌注，封闭管路阀门，不再吹孔。经分析，重复灌浆管失效的原因可能为多次对重复灌浆管路通水，造成部分管路的外包橡胶发泡材料未能完全收缩，始终处于膨胀张开状态，不能封闭注浆管出浆孔，外包橡胶发泡材料失去单向开关功能。

2）2 号中孔钢衬接触灌浆顺序是 Z2－1、Z2－3→Z2－2；先采用 0.8：1 水泥浆开灌，回浆管及排气管出浆后，在采用 0.45：1 水泥浆灌注。Z3－1 区灌浆串通 Z3－2－J1、Z3－3 区灌浆串通 Z3－2－J2。

3）1 号中孔钢衬接触灌浆顺序是 Z1－1、Z1－3→Z1－2；先采用 0.8：1 水泥浆开灌，回浆管及排气管出浆后，再采用 0.45：1 水泥浆灌注。

中孔钢衬第一次接触灌浆成果见表 1。

表 1　　中孔钢衬第一次接触灌浆成果表

灌浆阶段	中孔编号	脱空面积/m^2	管路通畅情况	灌区串漏情况	水灰比变换	灌浆			水泥注入量		备注
						压力/MPa		密度/(g/cm^3)	总量/kg	单位注入量/(kg/m^2)	
						进浆管	排气管	排气管			
第一次	1 号	197.50	畅通		0.8：1/0.45：1	0.2	0.10～0.16	1.89～1.91	2632.30	13.33	
	2 号	200.00	畅通	Z2－1、Z2－3 串 Z2－2	0.8：1/0.45：1	0.2	0.10～0.17	1.88～1.94	2933.90	14.67	
	3 号	201.20	畅通	Z3－1、Z3－3 串 Z3－2	0.8：1/0.45：1	0.2	0.06～0.11	1.88～1.89	2635.60	13.10	

5.2.3　第一次灌后脱空检查

1 号中孔钢衬第一次灌后脱空区有 32 处，最大脱空面积为 3.46m^2，最小脱空面积为 0.30m^2，其中大于 0.2m^2 的脱空面积有 32 处。2 号中孔钢衬第一次灌后脱空区有 41 处，最大脱空面积为 4.44m^2，最小脱空面积为 0.06m^2，其中大于 0.2m^2 的脱空面积有 40 处。3 号中孔钢衬第一次灌后脱空区有 30 处，最大脱空面积为 8.50m^2，最小脱空面积为 0.06m^2，其中大于 0.2m^2 的脱空面积有 27 处。

5.3　中孔钢衬第二次接触灌浆

5.3.1　畅通性检查

第二次接触灌浆前对管路系统做通水检查，1 号、2 号中孔各灌区管路均通水通畅；3 号中孔灌区管路已被水泥浆液注满，无法利用可重复灌浆管路进行第二次接触灌。

5.3.2　第二次接触灌浆

第二次接触灌浆利用预埋可重复灌浆管，灌浆采用纯水泥浆液，浆液水灰比采用 0.8：1、0.45：1，浆液中加入减水剂。开始灌注水灰比为 0.8：1 的浆液，待排气管出浆后，改换水灰比为 0.45：1 的浆液灌注。3 号中孔钢衬预埋的重复灌浆管已堵塞，不能继续使用。中孔钢衬第二次接触灌浆成果见表 2。

表 2　　中孔钢衬接触灌浆第二次灌浆成果表

灌浆阶段	中孔编号	脱空面积/m^2	管路通畅情况	灌区串漏情况	水灰比变换	灌浆			水泥注入量		备注
						压力/MPa		密度/(g/cm^3)	总量/kg	单位注入量/(kg/m^2)	
						进浆管	排气管	排气管			
第二次	1 号	38.28	畅通	无	0.8∶1/0.45∶1	0.2	0.16～0.18	1.86～1.88	146.2	3.82	
	2 号	56.28	畅通	无	0.8∶1/0.45∶1	0.2	0.14～0.18	1.88～1.92	286.1	5.08	
	3 号	49.93	已封堵，不通	—	—	—	—	—	—	—	

5.3.3 第二次灌后脱空检查

1 号、2 号中孔钢衬第二次接触灌浆灌注量较少，脱空面积较第一次灌后变化不明显。分析认为经过第一次灌浆，接触灌浆管路与钢衬接触部位已充填浆液，管路之间的单独空腔无法利用预埋的管路注入浆液。

5.3.4 灌浆管路封堵

第二次接触灌浆结束时关闭管路阀门，管路内水泥浆液凝结硬化，使用火焰切割进行切除灌浆管，并使用砂轮机进行打磨光滑平整，再使用磨内圆机对孔内壁进行清理，采用焊补法封孔，焊后用砂轮磨平。

5.4 中孔钢衬第三次接触灌浆

5.4.1 第三次接触灌浆

为保证灌浆效果，有效减少脱空面积，第三次接触灌浆采用化学浆液环氧树脂。第三次接触灌浆采用在钢衬上使用磁座电钻进行钻孔并安装管嘴灌浆，每个独立脱空区布孔不少于 2 个，最低处和最高处均进行布孔。灌浆自低处开始，并在灌浆过程中敲击振动钢衬。中孔钢衬第三次接触灌浆过程中，浆液未串入钢衬底板冷却水排水管。

中孔钢衬第三次接触灌浆成果见表 3。

表 3　　中孔钢衬接触灌浆第三次灌浆成果表

灌浆阶段	中孔编号	脱空面积/m^2	钻孔/个	脱空厚度/mm	注入量/L	注入量/kg	单位注入量/(kg/m^2)	备注
第三次	1 号	38.28	206	1～3	1943.4	2060	53.81	
	2 号	56.28	221	0～2	584.91	620	11.02	
	3 号	49.93	245	1～2	896.20	950	19.03	

5.4.2 第三次灌后脱空检查

1 号中孔钢衬第三次灌后脱空区有 20 处，均小于 0.2m^2，最大脱空面积为 0.19m^2，最小脱空面积为 0.04m^2。2 号中孔钢衬第三次灌后脱空区有 15 处，均小于 0.2m^2，最大脱空面积为 0.18m^2，最小脱空面积为 0.04m^2。3 号中孔钢衬第三次灌后脱空区有 18 处，均小于 0.2m^2，最大脱空面积为 0.19m^2，最小脱空面积为 0.05m^2。

（1）灌浆孔采用 ϕ11.5 钻头钻设，灌浆孔堵塞采用直径为 12mm、长 14mm 的圆钢条，圆钢条前端打磨成钝边塞入孔内，打磨平整后开始堵焊工作。

(2) 堵塞塞入前将灌浆接头割除，并采用角磨机、直磨机、破布分别清理钢衬表面堵焊部位的油漆以及灌浆孔内的灌浆残留物和水分等杂物。

(3) 堵塞顶端距钢衬流道内表面距离基本小于 8mm，堵焊焊条采用 CHE507-2.5mm 焊条，焊接层数为 3 层，焊接过程中层间进行了打磨处理。焊接完成后利用角磨机将余高打磨与钢衬表面平齐。

(4) 堵焊焊接打磨平整后，采用渗透 (PT) 进行无损检测工作。无损检测完成后，对缺陷部位采用直磨机将缺陷部位磨除，然后再次进行了补焊及探伤工作。

6 结论

根据《水工建筑物水泥灌浆施工技术规范》(DL/T 5148—2012)，中孔钢衬接触灌浆的质量检查采用锤击敲打法进行检查。

6.1 中孔钢衬接触灌浆质量评价

1～3 号中孔钢衬接触灌浆在钢衬底板部位混凝土二期冷却结束后进行，灌前钢衬顶板混凝土覆盖厚度大于 12m，满足设计要求。各灌区预埋管路连接可靠，灌前通水检查管路通畅。灌前检查底板均为脱空范围。接触灌浆过程中，1～3 号中孔钢衬未发生抬动变形。

1～3 号中孔钢衬接触灌浆各灌区灌后独立脱空面积均小于 $0.2m^2$，且脱空部位不集中，灌浆质量合格。

6.2 重复灌浆系统效果评价

重复灌浆管具有单向开关作用，防堵塞性能好，浆液不会倒流，可多次注浆。中孔钢衬接触灌浆采用了重复灌浆管作为预埋注浆管路，中孔钢衬第一次接触灌浆注入水泥共计 8201.8kg，除 3 号中孔钢衬重复灌浆管失效外，1 号、2 号中孔钢衬均利用重复灌浆管进行了第二次接触灌浆，注入水泥共计 432.3kg。经分析，重复灌浆管失效的原因可能为多次对重复灌浆管路通水，造成部分管路的外包橡胶发泡材料未能完全收缩，始终处于膨胀张开状态，不能封闭注浆管出浆孔，外包橡胶发泡材料失去单向开关功能。

6.3 补灌孔封堵质量评价

灌浆孔堵焊完成后，采用渗透 (PT) 进行了无损检测工作，所有灌浆孔堵焊焊缝质量满足规范要求。

集成式锚固与灌浆智能控制系统的开发及运用

廖 军 李正兵

（中国水利水电第七工程局成都水电建设工程有限公司）

【摘 要】 本文在已经开发出来的锚固与灌浆智能控制系统的基础上，提出集成式锚固与灌浆智能控制系统，采用5G网络，利用大数据平台，建立地质模型，建立具有人脑思维和学习性的数据平台，有针对性地提出锚固、灌浆处理方案，利用平台来处理信息，现场智能灌浆控制系统仅实现对设备的具体操作，最终达到机械化减人、自动化换人、智能化无人的目的，从而降低居高不下的人工费成本，进而争取更大的利润空间和社会竞争力。

【关键词】 锚固 智能灌浆 控制系统 集成 技术研究 防渗 固结 帷幕灌浆

1 引言

从200多年前法国人采用人工锤击方法向地层挤压黏土浆液，到1886年英国人克雷阿森研制了压气灌浆机，再到20世纪70年代日本人把计算机技术引入灌浆施工中，实现了计算机管理的自动记录灌浆系统，80年代灌浆记录仪在国外发达国家逐渐普及。我国于20世纪50年代引进灌浆技术，80年代中期开始研制灌浆自动记录仪，90年代灌浆记录仪技术成熟，实现半自动记录，2015年前完成了全自动灌浆自动记录。随着4G和5G通信技术、云平台服务及人工智能的日新月异，基础建设中技术攻关取得成效。

基础处理项目历来是劳动密集型项目，过去采用人海战术，提倡人多力量大，为国家的建设贡献了力量。但随着社会的进步，特别是人工费的提高，人海战术已经不合时宜。为降低劳动强度，实现“机械化减人、自动化换人、智能化无人”的工作目标，同时为降低成本，减少人为干预，提高灌浆质量，灌浆过程智能控制逐渐提上日程。早在1994年，我国灌浆专家夏可风就曾提出灌浆自动记录仪和灌浆施工自动化[1]，2015年以来，全国多家企业及科研机构相继开展了相关的技术研究，短短一年多的时间，出现了功能近似的多类产品并投入市场。中国电建水电七局与江西大地岩土工程公司、中成华瑞科技有限公司联合进行了“锚固与灌浆智能控制系统”的研究，目前已经在多个项目推广使用。本文在结合该系统研发的基础上，提出新的研究路线和技术革新，进一步推动机械化、人工智能化和集成化的融合，实现基础处理无人化操作，进而提高质量，降低成本。

首先，锚固与灌浆智能控制系统具有人类的操作能力，借助工业自动化及机械手臂的共同作用，能够实现锚固和灌浆过程中的过程控制。系统能够根据规范、技术措施的要求，结合压水试验的具体情况选择适宜的灌浆参数。尤其能够实现流量与压力的匹配性操作，或根据地层不同按灌浆功率的不同级别进行过程控制，包括能够实现浆液申请（向集中制浆系统申请浆液的水灰比及需求量）[2]、接浆、配制浆液，向系统申请开始灌浆、灌浆过程中能够根据灌浆情况进行变浆，自动配浆或越级变浆、达到屏浆条件能够自动进入屏浆状态，达到结束条件时能够自动结束灌浆，结束灌浆后自动冲洗整个灌浆系统，将污水按指定渠道排放，完成整个过程无人化操作。为防止铸钻杆事故发生，灌浆过程中根据需要控制钻孔设备活动钻杆。

其次，锚固与灌浆智能系统具有人类简单思维能力，能够代替人类进行简单的判断，正确处理锚固张拉和灌浆过程中出现的特殊、异常情况，采取相应适宜的措施进行应对。包括伸长值与理论伸长值不匹配、失水回浓、浆液水灰比变换、浆液使用量的控制、灌浆压力的智能控制（采用PCL技术与变频技术实现灌浆泵的变频技术使用，结束了灌浆功率的消耗大的问题，特别是灌浆压力的关系，时时调整灌浆泵的转速来降低用电功率，达到节能降耗的作用）。

最后，具有人类的学习能力，并能学以致用。该系统后台服务建立有庞大的数据库，包括工程地质构造、岩体属性、围岩类别、岩体声波、弹性模量，岩芯三率、孔内录像、断层及裂缝、节理分布特征，通过建模形成一个大的地质模型，系统能够将所收集到的信息经过筛选、比对，结合规范要求，制定初步的灌浆策略（包括开灌水灰比、流量与压力控制关系、闭浆、屏浆及结束条件）。从先期施工的先导孔或先灌孔的灌浆情况分析与整理，及时对灌浆参数进行调整，在已灌成果的基础上，实现灌浆修复技术（所谓灌浆修复技术为在已经灌成果分析的基础上，结合地质资料及孔斜成果表，尤其是重点处理对象，如裂隙、断层、Ⅴ类围岩等，判断已灌孔存在的缺陷，在后序灌浆孔施工时，特别是相应的部位有针对性地进行灌浆，或在灌浆结束布置检查孔或加密孔时提出预警）。该系统除能够完成上述功能外，还具备普通记录仪、资料分析、实时查看数据的功能，能够实现远程可视化各灌浆点的实时情况、远程监控正在施灌孔的过程资料和实时数据，还能够查看历史数据，能够进行后续资料整理，进行成果分析及各类图纸的输出，还能将灌后检查孔或可能出现缺陷的部位标注出来，提出初步意见供工程技术人员及监理参考。

2 锚固与灌浆智能控制系统大脑的建立及维护

锚固与灌浆智能控制系统分为两部分，特别是集成式的智能灌浆控制系统，一部分为张拉与灌浆工作面的控制系统，主要负责工艺控制及操作控制，代替施工人员完成施工任务。另一部分为后台集成控制系统，包括收集信息、梳理各类信息、确定施工方案、学习、整理、分析解决问题、发布指令，相当于工程技术人员。锚固与灌浆智能控制系统能够将上述两部分有机融合在一起，既知道如何干，也知道为什么要这样干，还能够解决各类特殊情况。将控制系统后台服务平台比拟为人的大脑最合适不过了，包括收集处理各类信息（规范、操作规程、地质构造、岩石性质、透水率、声波值等）、信息加工、学习过程、形成智能灌浆策略（包括开灌水灰比、灌浆压力、流压比控制、灌浆过程中安全控制、变浆条件、配浆机制、屏浆条件、结束条件等）；智能管理模块会在上述分析的基础上结合规范、设计要求、施工措施最终形成控制参数；工艺指令模块，将施工参数编译为工艺指令，通过5G信息网传输至相应的灌浆控制机，该指令可以根据不同机组所在的部位不同选择不同的灌浆参数，下达不同的操作指令，同时实现一个服务器控制多个部位、多台设备同时进行操作，实现集成化；在施工过程中，已经灌注的孔段的相应灌浆数据通过数据采集、传输至服务平台，进行数据分析，可以根据不同的结果调整相应的控制参数，使灌浆效果更好，实现大数据服务功能。锚固与灌浆智能系统后台服务平台工作原理如图 1 所示。

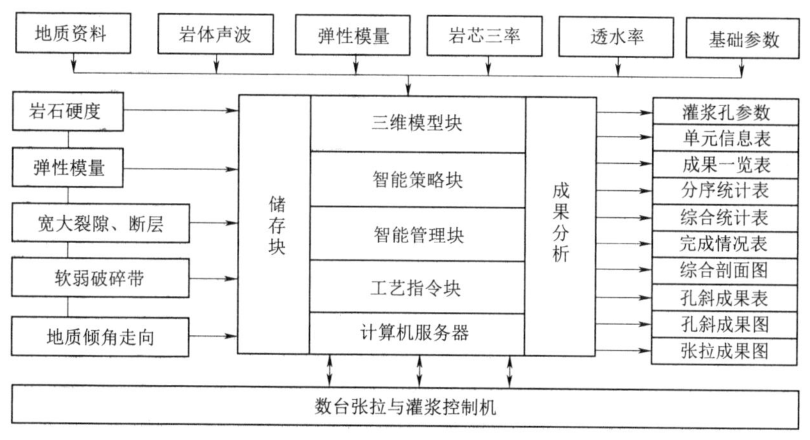

图 1　锚固与灌浆智能系统后台服务平台

灌浆系统以外的数据，包括声波检测值，弹性模量、岩芯素描、新发现的裂隙和断层位置等前期未勘探清楚的地质信息或新增加的数据可以采用导入、二维码扫描、人工输入等方式及时更新系统。如果存在其他记录仪不能同步时，可以采用接口录入或输入，另外对于灌浆过程中由于意外中断或未完成的相关数据要及时维护标识出来，避免系统进行数据分析。各类成果资料的整理与输出，可以设置根据需要输出，也可以按单元完成自动输出。地质模型数据以前期勘探资料建立初步模型，过程中增加声波、先导孔、岩芯素描、透水率及后期灌浆数据。由于灌浆数据量太大，可以选择性地进行数据采集，时时更新模型基础数据。

3　伸长值、张拉力、五参数数据采集与通信实现方式

集成式锚固与灌浆智能控制系统，鉴于工序、灌浆类型、部位、参数的不一致，需要对不同的灌浆控制机、锚固张拉设备进行单独控制，因此实现数据快速采集、传输及指令的下达尤其重要，伴随 4G、5G 通信信息的普及，带宽及速率完全能满足灌浆工艺控制的要求。

首先，从大环境来说，充分利用地区已有的通信网络，以降低成本。主要建立智能灌浆后台服务平台，并在一个部位、一条廊道、一个洞室建立数据传输媒介，实现指令交换、视频交换、数据交换；其次，由于建筑业的特殊性，包括洞室、廊道、竖井等狭小空间，无法建立通信网络，就需要建立其他通信网络，同时解决同一个灌浆部位对采集数据的时间同步性。我们解决该通信主要是通过 LoRa 技术来实现，现场以一个灌浆控制机为一个单元，建立类似 Wi－Fi 的网络，将灌浆控制机与各数据采集点，各控制器建立无线控制的网络，实现对数据的采集和各类动作操作，达到预期的目的。其优势表现在：①避

免了潮湿环境对数据的传输和指令的传输影响；②灌浆工作面往往管线路太多，采用无线连接，避免了线路太多，相互交叉干扰的问题；③利于现场安全文明施工；④采用数字进行信息传递、下达指令，避免了现场不稳定电源产生的电波等造成的干扰发生，如图2所示。

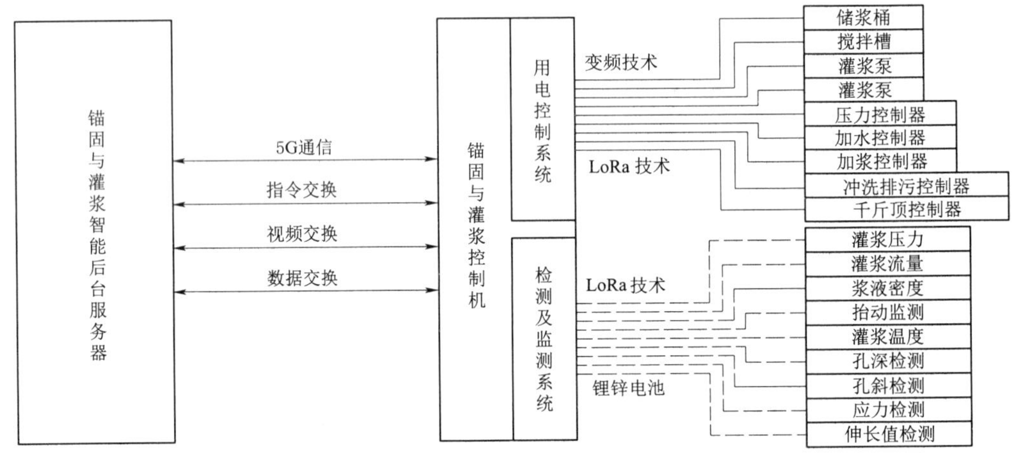

图2 锚固与灌浆智能控制机现场工作示意图

4 采用灌浆功率及拟合线控制抬动

基础处理灌浆工程的灌浆压力越来越高，我国定义大于等于3MPa的灌浆压力称之为高压灌浆，超高压灌浆已经出现在多个工程中，如目前正在实施的阳江抽水蓄能电站最大灌浆压力10MPa[3]，已经建成发电的锦屏二级水电站固结灌浆压力12MPa[4]，据文献查询，我国灌浆压力最大达到15MPa[5]，灌浆过程中由于浆液作用在岩体裂缝或混凝土面上，如果出现的脱空面与临空面平行，很容易造成基岩面或混凝土面抬动。当发生抬动超过基岩或混凝土抗折的最大位移量时就会发生基岩或混凝土面断裂隆起，造成对建筑物的破坏。

在很多重要部位严禁出现抬动破坏。发生抬动的机理主要依据压力＝压强×面积，正常灌浆过程中，对细小裂隙、节理等由于面积非常小，即使发生劈裂也不会发生抬动。为防止抬动，往往采用控制流量和压力两方面来降低抬动的风险，作为一个脱空区而言，往往注意纯灌入量及纯灌入速率。在现行灌浆规范《水工建筑物水泥灌浆施工技术规范》(DL/T 5148—2012) 采用流压比进行控制。在最新的修订版中，采用灌浆功率不超过30MPa·L/min来控制，即将灌浆时的灌浆压力与注入率乘积叫灌浆功率 (MPa·L/min)，其中灌浆压力为灌浆时作用在灌浆对象上的有效实际压力 (MPa)，注入率为灌浆时进浆与回浆流量之差，采用纯压式灌浆为灌入岩体的实际流量 (L/min)。三峡公司在乌东德水电站及白鹤滩水电站与中大华瑞联合开发的智能灌浆系统中提出了IGCM控制模型[6]，同样将压力与流量的乘积作为控制指标，将灌浆分为五个阶段，建立参数的联运实时控制，实现灌浆路径的智能选优和灌浆工艺的智能控制。作为我们开发的智能灌浆控制系统，采用并引用了最新规范来控制抬动，将压力 P 及流量 Q 在坐标系中建立曲线关系，

画出 $P\times Q=30\text{MPa}\cdot\text{L/min}$ 的一条曲线，沿曲线分为三个区域，分别为安全区（Ⅲ区）、临界区（Ⅱ区）、高风险区（Ⅰ区），如图 3 所示。对于基岩或混凝土整体强度较高部位，从图 3 中可以看出整体位于安全区和临界区，控制曲线的斜率绝对值较大，以控制流量为主；而流量 5～15L/min 区间段，控制曲线的斜率较缓，以控制流量和压力两指标为主；而在流量大于 15L/min 区间段，控制曲线的斜率较平，以控制压力为主。根据上述原则对智能灌浆系统流量和压力控制进行分区间段进行设置，根据施工部位对抬动值的敏感程度分别采用不同的控制工艺，如对抬动较敏感的重要部位，结构物等，严格控制在Ⅲ区和Ⅱ区内，对于相对不重要、对抬动不敏感的部位可以调整在控制曲线的上部，加快施工进度，降低成本。在智能灌浆系统中同时收集已灌区域抬动值的监测情况，系统会进行适度的调整流量压力与控制曲线之间的接近、偏离程度，自动进行学习提升防抬动能力。

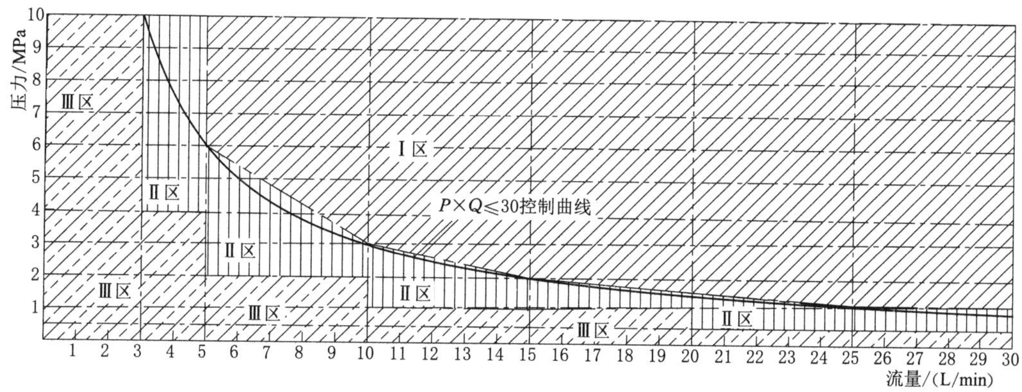

图 3　流量与压力控制区域划分图

5　其他方面

该智能灌浆控制系统除进行了上述技术创新外，还进行了密度检测方法改进。作为浆液密度，尤其是作为水泥浆液的宾汉体，由于泥浆液稳定性的特殊性，凝固或黏度增加后严重影响流动度，同时容易使检测仪器仪表失效。水泥浆液密度检测方法两大类：一是通过液体压力反算密度；二是采用光栅传感器或光谱扫描浆液分析颗粒的分布密度来检测浆液密度。方法一主要是由于浆液凝固而检测不准确，方法二由于水泥品种的不同，浆液时间长短等多方面都对光栅分析会产生很大的影响，导致检测数据不准确。课题组经过努力，采取了两种方法：一种为悬浮式检测；另一种为非接触密度检测方法，分别申请了专利。其中非接触密度检测方法主要采用不直接与浆液接触，间接检测，取得很好的效果，目前已经在智能灌浆控制机上使用，悬浮式检测方法还在试验阶段。

6　监测与成果数据分析

某水电站采用锚固与灌浆智能控制系统实现张拉与灌浆智能化操作，无人员干预完成相关工序作业，目前该地下厂房即将完成机组混凝土浇筑，图 4 为其中一束监测锚索的监测曲线图，其荷载基本处于稳定状态。

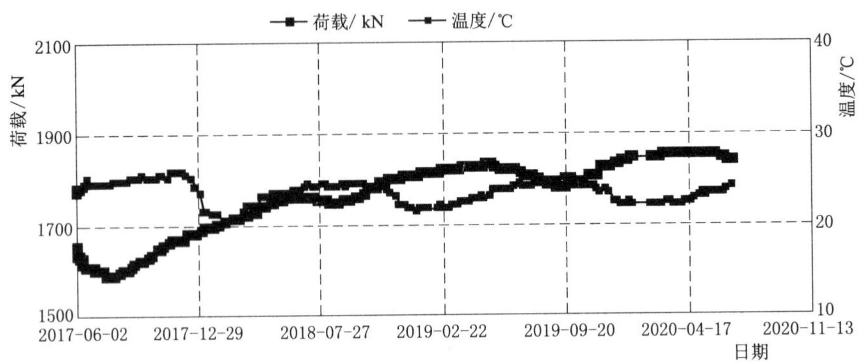

图4　锚固与灌浆智能控制系统施工的锚索监测数据图

目前该智能灌浆控制系统已应用于白鹤滩水电站、杨房沟水电站、乌弄龙水电站、夹岩水利枢纽和新疆萨尔托海水利枢纽工程。下面以某一水电站地下厂房防渗帷幕灌浆成果为例分析其控制效果，该灌浆过程基本上没有人员干预，最终输出的图形如图5所示。从整体上看累计曲线偏向左上角，说明整体岩性较好，74%以上的孔段灌前透水率小于1Lu，另外从上向下分别为Ⅲ、Ⅱ、Ⅰ序孔，且在小于10Lu前未出现交织，说明各序孔灌浆效果良好。另外从Ⅲ序孔小于1Lu的孔段已经达到94%，即通过前两序孔的灌浆已经能达到94%的孔段合格，再从Ⅱ序孔到Ⅲ序孔的增加率来看同样可以看出Ⅰ→Ⅱ序孔到Ⅱ→Ⅲ序孔的增加在降低，说明先序孔灌浆对岩体透水率的影响较大，符合客观规律。

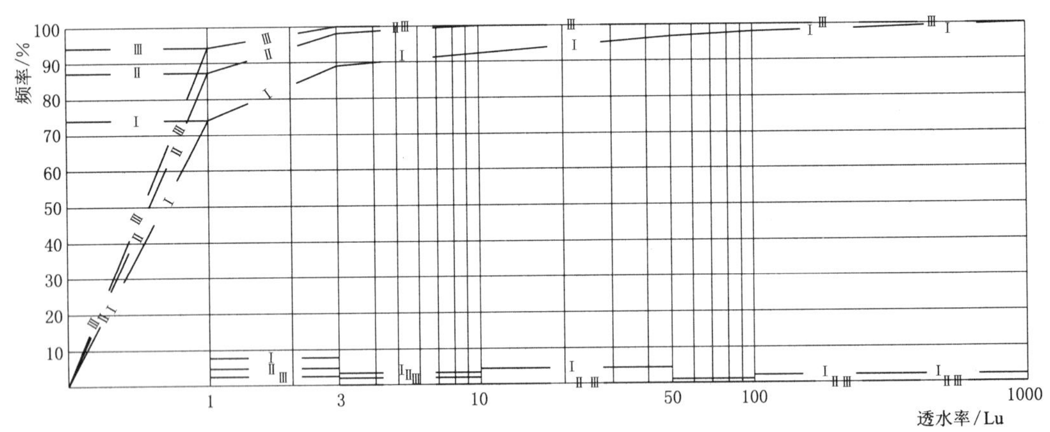

图5　帷幕灌浆灌前透水率频率曲线图

注：1.——Ⅰ——第Ⅰ次序孔灌前透水率频率曲线；2.——Ⅱ——第Ⅱ次序孔灌前透水率频率曲线；3.——Ⅲ——第Ⅲ次序孔灌前透水率频率曲线

从该单元的单位注灰量来看（图6），从整体上分析单位注灰量小于10kg/m的孔段达到50%，并且各序孔之间距离拉得较远，说明各序孔在前序孔的基础上提高率较多，表明灌浆效果较好，特别是在小单位注灰量区间效果更为明显，整体符合一般灌浆规律。

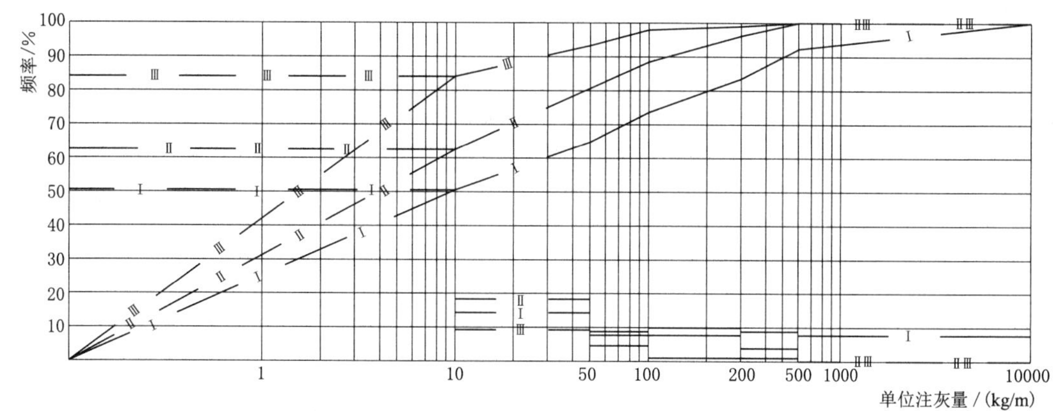

图 6　帷幕灌浆主帷幕单位注灰量频率曲线图

注：1.——Ⅰ——第Ⅰ次序孔单位注灰量频率曲线；2.——Ⅱ——第Ⅱ次序孔单位注灰量频率曲线；3.——Ⅲ——第Ⅲ次序孔单位注灰量频率曲线

针对该单元灌后检查孔全部合格，检查孔最大透水率为 0.32Lu，85%的孔段小于 0.1Lu，相对灌前提高较明显。从上述统计单元来看，智能灌浆已经达到或超过人工控制灌浆的质量水平，同时减少了人为因素，真正做到隐蔽工程，阳光作业。

7　存在的问题及改进

（1）压力调节阀损耗率太高。目前采用的压力控制方法基本都是开合式阀门或旋转球阀式，几乎都是通过机械手代替人旋转阀门控制流量来达到对灌浆压力的调节，缺点为阀门流道受到浆液高速冲刷磨损严重（特别是小流量通过时），机械手或机械臂与阀门采用齿轮来驱动，存在咬合间距问题，还产生较大噪声污染，间距大后很难精准控制压力，同时齿轮组合部件重复高速扭转而损坏，虽然目前采用了变频技术来调节泵的速度来控制压力，但在技术上表现还不太成熟，仍需加强灌浆泵变频技术的研发，彻底改变控制浆液压力的方法。

（2）智能灌浆控制机大部分仍然采用实线体进行连接，导致工作面线路太多，高压线与低压线、数据线交织在一起，出现问题较多。目前虽然已经采用 LoRa 技术取代了部分数据线、电池取代了部分低压电源，但还需要继续优化。

（3）智能灌浆控制系统从集成角度已经基本实现，但集成的规模太小，无法体现大数据、大服务平台的优势，推动真正意义上的集成应该是一个企业，一个行业，而不是一个项目部，一个施工部位。

（4）智能灌浆服务平台采用大数据平台推动困难，前期已经完成的灌浆基本停留在纸质版上，没有数据化，同时各专业之间还未能达到统一的共识，如声波、岩体弹性模量、渗压计等不能满足要求，岩芯三率、孔内录像等资料还需数据化。

（5）锚索控制系统还需解决快速穿索的问题，以降低劳动者的体力劳动。

8 结语

通过锚固与灌浆智能控制系统的开发及推广运用，解决了锚固与灌浆工程施工长期以来设备落后、工艺繁琐的问题，同时取得了一系列的技术成果，过程中凝聚了广大工程技术人员的心血，全体研发人员集思广益，开展了多项技术攻关，申请多项发明专利及实用新型专利，让工程技术人员在工作中提出问题，在解决问题中提出创新，在创新中激发学习动力，逐渐使该智能控制系统趋于成熟，同时也为下一步研究内容指明了方向——将5G技术、智能控制系统、大数据平台及集成化施工更加完美地融合，进一步实现锚固与灌浆施工工厂化，最终实现“机械化减人、自动化换人、智能化无人”。

参考文献

[1] 夏可风，龙达云. 灌浆自动记录仪和灌浆施工自动化 [J]. 水力发电，1994 (3)：24-25.

[2] 肖铧. 某水电站灌浆工程输浆智能化施工技术研究 [J]. 居舍，2019 (12)：33-34.

[3] 邱小宾，李俊敏. 川军在粤启动国内首个超高压灌浆试验 [EB/OL]. (2019-7-12). http://www.sc.chinanews.com/shouye/2019-07-12/108804.html.

[4] 殷国权. 深埋引水隧洞长距离输浆、高压灌浆技术研究与应用 [J]. 水电站设计，2015 (3)：55-61.

[5] 周光辉，许启云. 小断面裸岩隧洞超高压灌浆试验研究 [J]. 探矿工程，2015 (10)：81-84.

[6] 樊启祥，黄灿新，蒋小春，等. 水电工程水泥灌浆智能控制方法与系统 [J]. 水利学报，2019 (2)：165-174.

清远抽水蓄能电站工程硅溶胶灌浆试验研究

谢　武

（中国水电基础局有限公司；天津市地基与基础工程企业重点实验室）

【摘　要】 介绍硅溶胶灌浆材料在清远抽水蓄能电站上库坝基补强灌浆工程中的应用和主要施工参数的控制，经过检查孔压水试验、芯样检查和坝后量水堰渗流量观测证明，工程取得了满意的效果。

【关键词】 清远抽水蓄能电站　硅溶胶灌浆材料　帷幕灌浆

1　工程概况

清远抽水蓄能电站工程上库主坝为黏土心墙堆石（渣）坝，坝顶长度230m，坝顶高程615.6m，防浪墙高程616.2m，最大坝高52.5m，坝顶宽7.0m。

上库主坝上游区基础开挖至全风化石英砂岩硬塑土，冲沟附近坝基开挖至强风化石英砂岩，下游区基础置于强风化基岩上，黏土心墙基础置于强风化基岩上。大坝防渗系统采用自上而下黏土心墙、混凝土垫层、断层混凝土塞、基础固结灌浆结合帷幕灌浆的型式。黏土心墙与基岩之间设混凝土垫层，厚度为1.0m，宽度5m，每隔15m分结构缝，设止水铜片，缝间填聚乙烯闭孔泡沫板。

上水库蓄水后，发现上库主坝坝基渗水量较原设计值偏大，需进行防渗补强处理。经物探和钻探检测以及多次专家咨询会意见，认为渗水部位主要在心墙混凝土垫层下强风化带和弱风化上带浅层基岩范围。因此，确定对上库主坝的心墙混凝土垫层以下强风化带和弱风化上带浅层基岩范围采用帷幕灌浆进行补强处理。前期先后在坝址的弱风化带、断层破碎带进行灌浆试验，结果表明，破碎带中的变质石英砂岩、片岩和微风化带，因岩性致密、裂隙微细，普通水泥难以灌入，有些单位注入量仅0.15～3.5kg/m。

有些学者专家研究的结论是：宽度超过0.035mm的裂缝就可能成为渗水通道；对于水泥浆而言，最小可灌裂隙宽度在0.1～0.5mm范围内，小于0.1mm的微细裂隙则无法保证灌浆效果。

2　硅溶胶灌浆材料的研究

水玻璃类浆材是化学灌浆史上最早使用的化字灌浆材，同时也是目前使用最广泛的化

基金项目：国家重点研发计划（2018YFC1508504）。

学灌浆材料之一。水玻璃类浆材无毒、黏度小、可灌性好，价格较低。但是水玻璃类浆材凝胶时间调节不够稳定，凝胶强度和凝胶稳定性差，固结后凝胶体可以溶脱二氧化硅和凝胶体本身体积的变化会导致固结物耐久性不好，这些重大缺陷限制了其大范围的推广使用，因此多用于临时或半永久工程中。

为了克服水玻璃浆液的各种不利因素，国内外在水玻璃性能上做了大量的改进研究工作。1985年的酸性水玻璃材料的引进并在工程应用效果良好。虽然酸性水玻璃从原理上讲具有良好的耐久性，并已经在多个工程中应用，但是因缺乏有力的耐久性证明材料，而且材料中酸化材料——硫酸在采购和使用中有很多不方便之处，此外固砂体强度亦较低，这几个方面影响了这种材料的推广应用。

针对水玻璃类化学浆材的缺点，世界各国展开改善现有灌浆材料和研制新的灌浆材料工作，推出一批低毒或无毒、高效能的改进型浆材。仅日本市场就出现30多种化学浆材，同时水玻璃浆材的品种达50～60种，主要是硅溶胶为主的灌浆材料。

为了解决清远抽水蓄能电站工程基础防渗问题，在研究国内外相关工作的基础上，由中国水电基础局有限公司自主研发的硅溶胶灌浆材料，它具有黏度低、可灌入微细裂隙、胶凝时间可控、凝胶渗透系数低、抗挤出能力强等优点，最突出的是浆液无毒安全环保。在此工程应用之前，我们已在内蒙古乌拉盖水库进行现场灌浆试验和应用，取得了良好的效果。国外这种浆液在1995年已经在工程上取得应用，日本兵库县南部地震的修补中应用了这种浆液，其实用化得到迅速发展。例如广岛市承压水下的大规模地基灌浆和台北地下铁工程圆形竖井挖掘基岩灌浆，均在施工中采用硅溶胶浆液。

3 硅溶胶灌浆材料在清远抽水蓄能电站工程中的应用

清远抽水蓄能电站上库主坝基础防渗帷幕的防渗标准为$q \leqslant 3$Lu，帷幕防渗灌浆原则上是深入基岩相对不透水岩体以下5m，而相对不透水岩体很深时，如能满足其水力坡降小于断裂构造填充物的允许水力坡降要求，则主帷幕深度不小于2/3坝高也可。

帷幕灌浆原以普通水泥浆液为主，前期施工和观测资料显示效果存在不足，有的孔段吸水不吸浆，帷幕检查孔达不到设计要求的防渗标准，幕后扬压力偏高，坝后量水堰渗水量较大，为此需要化学灌浆来弥补，首先进行灌浆试验。

3.1 试验区施工孔位布置

灌浆试验区布置在主坝右坝肩补强帷幕轴线上，单排孔，孔距1.5m。上库主坝K17+1～K20共4个孔设计缩短孔距为1.2m，Ⅰ序孔、Ⅱ序孔、Ⅲ序孔采用纯水泥浆进行灌注；K21～K28共8个孔设计孔距为1.5m，Ⅰ序孔、Ⅱ序孔采用纯水泥浆灌注，Ⅲ序孔采用硅溶胶浆液进行灌注。详细布置图见图1。

3.2 主要施工参数

3.2.1 浆液浓度

硅溶胶灌浆浆液的浓度以质量百分数表示。硅溶胶在浆液中的浓度一般用9%；当灌注微细裂隙时，硅溶胶的浓度用11%；当灌注涌水孔段时，硅溶胶的浓度用13%；当灌注涌水孔段、压水流量大于10L/min时，硅溶胶的浓度用16%。

普通水泥浆液的水灰比为5∶1、3∶1、2∶1、1∶1、0.8∶1、0.5∶1六级水灰比，

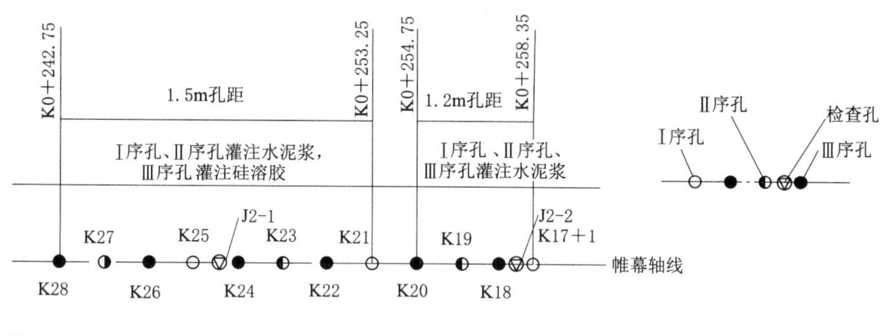

图 1　帷幕灌浆试验区孔位布置

开灌水灰比为 5∶1，灌注时浆液由稀至浓逐级变换，后期可根据试验过程情况作相应调整。

3.2.2　浆液凝胶时间的控制

硅溶胶浆液通过改变固化剂掺量可以准确地控制其胶凝时间，从而控制其扩散半径。根据现场施工经验和类似工程经验情况，按灌浆孔段压水时的压入流量 Q 来控制浆液的凝结时间。

当 $Q \leqslant 5$L/min 时，胶凝时间采用 50～60min 的 M－Ⅰ型浆液；当 5L/min$\leqslant Q \leqslant$ 15L/min时，胶凝时间采用 40～50min 的 M－Ⅱ型浆液；当 $Q>$15L/min 时，胶凝时间采用 30～40min 的 M－Ⅲ型浆液。

初始灌浆的浆量以满足管路和孔段占浆量再加开始 10min 的吸浆量为限，以后每批浆量按满足 10min 的吸浆量配制，这样既保证正常灌浆，又最低限度减少浆材浪费。

3.2.3　孔深与压力

硅溶胶灌浆孔深与压力见表 1。

表 1　硅溶胶灌浆孔深与压力表

段次	1	2	3	4	5	6
孔深/m	0～2	2～5	5～10	10～15	15～20	>20
灌浆压力/MPa	0.3	0.5	0.8	1.0	1.0	1.0

3.2.4　浆液变换原则

开灌采用 M－Ⅰ型浆液，当灌浆压力保持不变，注入率持续减少时，或注入率不变而压力持续升高时，不得改变浆液类型，继续灌注。

当灌注 M－Ⅰ型浆液到达 300L/m，灌浆压力和注入率均无改变或改变不显著时，应改为 M－Ⅱ型浆液灌注。

当灌注硅溶胶吸浆量大无法正常结束（未达到胶凝时间、无法达到设计压力、注入量和压力均无明显改变），且总注入量超过 500L/m 时，进一步调整硅溶胶浆液凝结时间，改为 M－Ⅲ型浆液灌注，直至正常结束。

水泥灌浆浆液按由稀到浓逐级变换。当灌浆压力保持不变，注入率持续减少时，或当注入率保持不变而灌浆压力持续升高时，不得改变水灰比。当某一比级浆液注入量已达

1000L以上，或灌注时间已达30min，而灌浆压力和注入率均无显著改变时，应换浓一级水灰比浆液灌注。任何情况下不得越级变浓。

3.2.5 结束条件

硅溶胶灌浆在设计压力下注入率不大于1L/min后，持续灌注30min，且最后灌浆的浆液已达或超过胶凝时间，可结束灌浆。

水泥浆液灌浆在该灌浆段最大设计压力下，当注入率不大于1L/min时，继续灌注30min，灌浆结束。

3.2.6 浆材性能指标

硅溶胶材料主要性能见表2。

表2　　硅溶胶材料主要性能表

项　　目	测试条件	技术指标控制
黏度/(mPa·s)	20℃（配浆毕）	1.0～4.5
pH值	浆液	9～12
密度/(kg/L)	浆液	1.00～1.30
色泽	浆液	无色均匀透明
气味	浆液	无味
毒性	浆液或凝胶体	无毒
浆液操作时间/min	视硬化剂掺量而变化	3～120
充分固化时间/h	视硬化剂掺量而变化	2～24

本试验选用不同胶凝时间及性能的M－Ⅰ、M－Ⅱ、M－Ⅲ型浆液，在制浆站配置成A、B液，分别贮存在相应的容器内，运至现场进行灌注。

4 灌浆试验结果及分析

4.1 岩体透水率

为了了解试验区岩体灌浆前透水情况，在水泥灌浆前，对各灌浆段进行压水试验，通过不同次序孔灌浆前透水率的变化情况来分析岩体的渗漏情况。各次序孔灌前透水率成果见表3。

表3　　试验区各次序孔灌前透水率成果表

孔序	孔数	平均透水率/Lu	灌前透水率频率/[区间段数/频率（%）]							
			总段数	≤1	1～3	3～5	5～10	10～50	50～100	>100
Ⅰ	3	11.96	23	4/17.4	3/13.0	1/4.4	3/13.0	11/47.8	1/4.4	0/0
Ⅱ	3	17.23	21	1/4.8	3/14.3	2/9.4	3/14.3	11/52.4	1/4.8	0/0
Ⅲ	6	13.45	43	0/0	6/14.0	5/11.6	6/14.0	23/53.5	2/4.6	1/2.3
合计	12		87							

由表3可以看出：随着灌浆Ⅰ、Ⅱ、Ⅲ序孔相继施工，试验区透水率分别为11.96Lu、17.23Lu、13.45Lu，递减规律不明显，但Ⅲ序孔较Ⅱ序孔有所下降；其中Ⅱ序

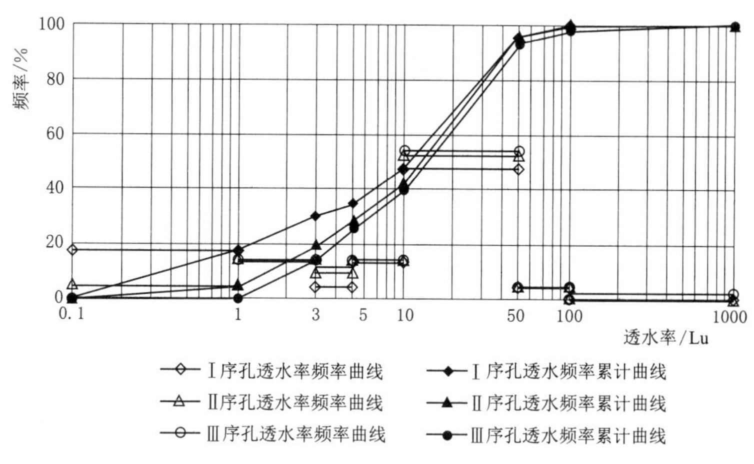

图 2　水泥灌浆各次序孔透水频率曲线图

孔灌前透水率比Ⅰ序孔递增了 44.1%，Ⅲ序孔灌前透水率比Ⅱ序孔递减了 21.9%。

由频率曲线图 2 看出，水泥灌浆Ⅰ、Ⅱ、Ⅲ序孔的透水率有很相似的规律，Ⅰ、Ⅱ、Ⅲ序孔的透水率在 10～50Lu 之间分别为 47.8%、52.4%、53.5%，透水率小于 10Lu 比例为 47.8%、42.8%、39.6%，透水率大于 50Lu 的孔段比例为 4.4%、4.8%、6.9%，整体透水率偏大，递减规律不明显，说明试验区以较为宽大的裂隙和微细裂隙为主，大裂隙较少，因此试验区灌浆以水泥灌浆为主，化学灌浆为辅，这样可以在灌浆孔逐步加密的过程中，渗水通道逐步被水泥浆液充填，裂隙中的充填物得到了挤密，使防渗能力逐步得到提高。

4.2　水泥单位注入量

水泥单位注入量频率区间成果见表 4。

表 4　　试验区各次序孔单位注入量频率成果汇总表

孔序	孔数	灌浆长度/m	单位注入量/(kg/m)	单位注入量频率/[区间段数/频率（%）]					
				总段数	<10	10～50	50～100	100～500	>500
Ⅰ	3	94	154.07	23	3/13.0	3/13.0	4/17.4	11/47.8	2/8.7
Ⅱ	3	87	82.95	21	4/19.0	8/38.1	2/9.5	7/33.3	0/0
Ⅲ	2	64.5	80.70	15	3/20.0	9/60.0	1/6.7	1/6.7	1/6.7
合计	8	245.5	79.13	59	25/16.9	20/33.9	7/11.9	18/30.5	3/5.1

单位注入量可反映出灌浆过程所采取的工艺技术、灌浆材料、浆液配比是否具有合理性，一情况下，单位注入量随孔序逐渐递减的规律。本次试验区灌浆的水泥浆液单位注入量成果具体见表 4。根据表 4 可以看出，Ⅲ序孔比Ⅱ序孔递减了 2.71%，Ⅱ序孔比Ⅰ序孔递减了 46.16%。从表 4 试验区各序孔平均单位注入量可以看出，Ⅰ序孔 154.07kg/m>Ⅱ序孔 82.95kg/m>Ⅲ序孔 80.7kg/m。随着孔序的增加水泥单位注入量有逐渐降低的趋势，符合灌浆的递减规律。

从表 4 中看出，Ⅰ序孔单位注入量频率最大的是 100～500kg/m 的段次占 47.8%，其

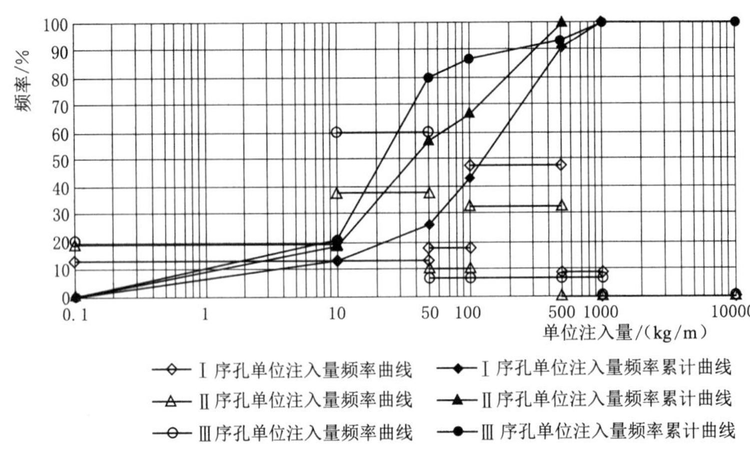

图3　水泥灌浆各次序孔单位注入量频率曲线图

次是50～100kg/m的段次占17.4%，最小的是大于500kg/m的段次占8.7%；Ⅱ序孔单位注入量频率最大的是10～50kg/m的段次占38.1%，其次是100～500kg/m的段次占33.3%，最小的是50～100kg/m的段次占9.5%；Ⅲ序孔单位注入量频率最大的是10～50kg/m的段次占60%，其次是小于10kg/m的段次占20%，由此也可反映出，灌浆试区石英砂岩中的裂隙，主要是细微裂隙与较为宽大裂隙两种，水泥浆液灌浆可灌性较好。

水泥灌浆试验各次序孔单位注入量频率曲线见图3可以看出，全孔的平均单位注入量均按序呈现明显递减趋势，体现出灌浆的逐序加密后注入量递减规律，说明随着灌浆次序的增加，岩体逐渐被灌注密实。

4.3　硅溶胶单位注入量与透水率

Ⅲ序孔硅溶胶灌浆成果见表5、表6。

表5　　**Ⅲ序孔硅溶胶灌浆成果表**

孔序	孔数	平均透水率/Lu	单位注入量/(kg/m)	灌前透水率频率/[区间段数/频率(%)]							
				总段数	≤1	1～3	3～5	5～10	10～50	50～100	>100
Ⅲ	4	14.94	68.36	28	0/0	5/17.8	4/14.3	2/7.1	15/53.6	1/3.6	1/3.6

表6　　**Ⅲ序孔灌注硅溶胶透水率与单位注入量统计表**

Ⅲ序孔透水率/Lu	≤1	1～3	3～5	5～10	10～50	50～100	>100
平均注入量/(L/m)	0	22.66	41.91	76.42	123.73	201.24	36.21

根据表5和表6可以看出，随着透水率增加，硅溶胶单位注入量逐渐增加，符合正常灌浆规律。灌前透水率小于10Lu的孔段占39.2%，透水率与单位灌注量递增关系明显，硅溶胶浆液很好被灌注。灌前透水率在10～50Lu的孔段，共计15段占53.6%，灌注硅溶胶浆液平均注入量为123.73L/m。根据灌浆资料分析，并结合以往类似工程灌浆成果对比，平均注入量大于100L/m，为正常灌注量，证明在此地层条件下，针对张开度小的细裂隙可灌性较好。

5 硅溶胶灌浆的效果检测

5.1 检查孔压水试验

帷幕灌浆工程质量的评定标准为：经检查孔压水试验检查，坝体混凝土与基岩接触段透水率的合格率为100%；其余各段的合格率不小于90%。不合格试段的透水率不超过设计规定的150%，且不合格试段的分布不集中。灌浆质量可评为合格。清蓄上库灌浆地层的渗透系数为10^{-3}～10^{-4}cm/s（为10～120Lu），经过现场灌浆施工处理后检查结果见表7，可以看出水泥灌浆区最大透水率为4.48Lu，还有1段透水率为3.85Lu，其他孔也均合格。硅溶胶灌浆区最大渗透系数为2.29Lu，坝体混凝土与基岩接触段及其下一段的透水率的合格率为100%，其余各段的合格率为100%。灌浆检查孔试验效果表明硅溶胶灌注区域比水泥灌注区域效果更好。

表7　　检查孔压水试验结果

孔　号	段次	段长/m	流量/(L/min)	压力/MPa	透水率/Lu
J2－1（硅胶区）	1	3.6	1.10	0.18	1.70
	2	3.0	2.15	0.33	2.17
	3	3.0	2.13	0.31	2.29
	4	5.0	2.08	0.31	1.34
	5	5.0	2.50	0.41	1.22
	6	5.0	0.90	0.50	0.36
	7	5.0	1.17	0.60	0.39
J2－2（水泥区）	1	3.8	1.17	0.20	1.54
	2	3.0	2.51	0.38	2.20
	3	3.0	4.30	0.32	4.48
	4	5.0	7.70	0.40	3.85
	5	5.0	6.92	0.50	2.77
	6	5.0	5.33	0.51	2.09
	7	5.0	2.46	0.60	0.82

5.2 芯样检查

随着灌浆施工的完成，浆液注入裂隙，检查孔岩芯自上而下整体趋势越来越完整。水泥灌浆检查孔岩芯部分有水泥浆浸染的痕迹见图4，能明显看到多处有明显的水泥结石。硅溶胶灌浆检查孔岩芯在外部很难看见，因硅溶胶凝胶强度较低，只有经过破坏后岩芯自然断裂节理微细裂隙面才有硅溶胶充填裂隙痕迹图5。

5.3 坝后量水堰渗漏量观测

在本次防渗补强处理前，在高水位时上库坝后量水堰渗流量达到85L/s。处理后在同等水位时，量水堰渗流量约为10L/s，小于设计允许渗流量，处理效果明显。

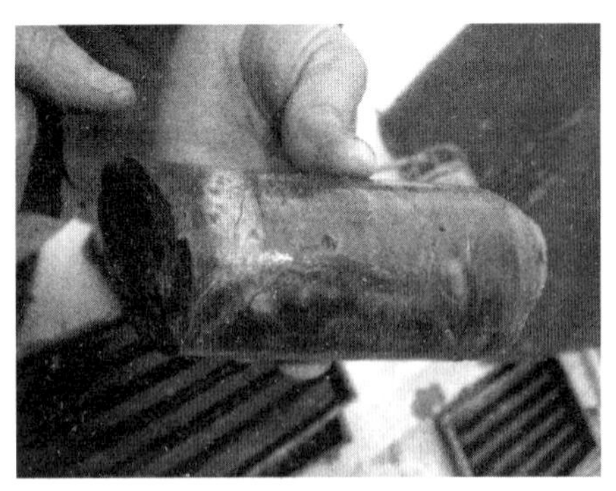

图 4　水泥灌浆孔岩芯结石

图 5　硅溶胶灌浆孔岩芯图

6　结论

硅溶胶灌浆材料是无毒安全环保的化学灌浆材料，它具有黏度低、可灌入微细裂隙、胶凝时间可控、凝胶渗透系数低、抗挤出能力强等优点，应用于清远抽水蓄能电站工程基础全强风化带、弱风化带、新鲜基岩中的断层破碎带和微细裂隙的防渗灌浆，取得了满意的效果。

溶蚀条带中灌浆帷幕耐久性探讨

邱建雄　王海东

（中国水利水电第八工程局有限公司）

【摘　要】观音岩水电站坝基溶蚀发育程度较强，为研究观音岩水电站坝基溶蚀条带水泥灌浆和化学灌浆的耐久性，从2014年至2019年间，通过对坝基排水孔渗流量进行不定期观测，对溶蚀区和非溶蚀区的物探声波对比，并且结合坝基帷幕灌浆成果和第三方质量检测成果等，分析水泥灌浆和化学灌浆的耐久性。

【关键词】观音岩水电站　溶蚀条带　水泥灌浆　化学灌浆　耐久性

1　引言

观音岩水电站位于云南省丽江市华坪县（左岸）与四川省攀枝花市（右岸）交界的金沙江中游河段，为金沙江中游河段规划的八个梯级电站的最末一个梯级，上游与鲁地拉水电站相衔接。观音岩水电站为Ⅰ等［大（1）型工程］，开发任务以发电为主，兼顾防洪与供水，电站装机容量3000(5×600)MW。

2014年10月底，观音岩水电站帷幕灌浆工程全部施工完成，水库正常下闸蓄水，帷幕灌浆正式投入运行。为研究观音岩水电站坝基溶蚀条带水泥灌浆和化学灌浆的耐久性，从2014年至2019年间，通过对坝基排水孔渗流量进行不定期观测，对溶蚀区和非溶蚀区的物探声波对比，并且结合坝基帷幕灌浆成果和第三方质量检测成果等，在坝基溶蚀条带水泥灌浆区和化学灌浆区布置深、浅耐久性检测孔，分别进行渗流量观测和压水检测。

2　溶蚀条带分布情况

观音岩水电站坝基溶蚀发育程度较强，共发育较大溶蚀条带7条（其中1条断层带），溶蚀条带宽度一般在1.0～4.0m，其中以第3、4、5条规模最大，宽度为3.0～4.0m左右，见图1。

断层的两侧岩体裂隙发育，由于断层带渗流条件相对较好，附近的砾岩溶蚀成砂状，形成密集的裂隙溶蚀结构，表明断层附近的岩层溶蚀程度较强，见图2。

3　水泥灌浆孔和化学灌浆孔的布置

在溶蚀条带区域，上游帷幕及衔接帷幕的水泥灌浆孔布置均为三排，孔距均为2.0m，

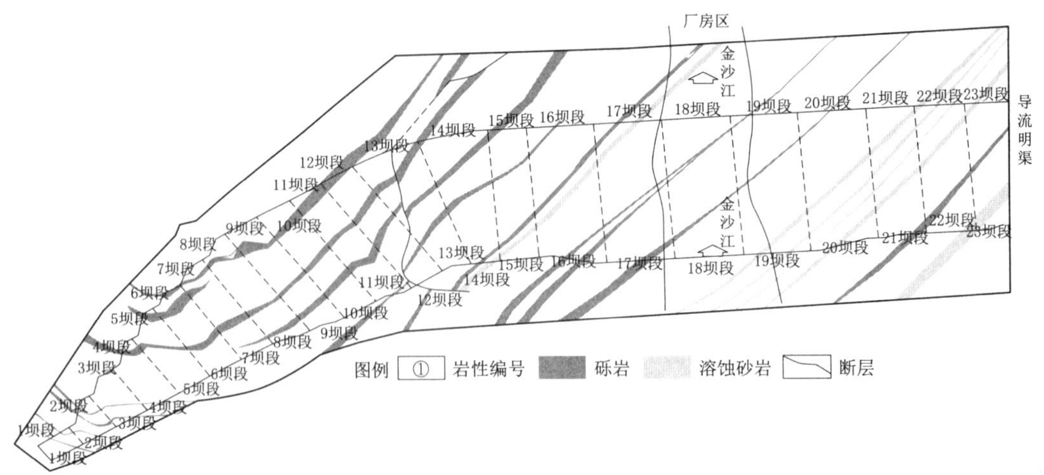

图 1　坝基砾岩溶蚀条带和砂岩溶蚀条带（断层）分布图

图 2　砾岩中密集的溶蚀裂隙（带）

排距均为 1.5m，施工中，要求先灌下游排，次灌上游排，后灌中间排，水泥灌浆采用 P·O42.5普硅水泥。

溶蚀条带区域的化学灌浆未进行系统性和大规模布置，而是具有针对性布置。水泥灌浆结束后，针对检查孔透水率大于 1.0Lu 的段次，先进行水泥灌浆，再进行化学灌浆，化学灌浆采用的是由华东院杭州国电大坝安全工程有限公司生产的环保型 HK－G 系列低黏度环氧灌浆材料。

4　耐久性检测孔的布置

耐久性检测孔分物探孔、坝基排水孔、渗流量观测孔和压水检测孔：

(1) 物探孔布置在溶蚀条带内，采用不同时段的声波检测和孔内成像，对溶蚀条带内的水泥填充和化学灌浆材料填充情况进行分析。

(2) 坝基排水孔布置在排水廊道内，孔距 2.5m，孔径 110mm。

(3) 渗流量观测孔共布置 7 个，孔深 25～65m 不等，主要布置在溶蚀、砂化发育坝段和非溶蚀区域内的上游主帷幕线上。

(4) 压水检测孔共布置 52 个，孔深最浅 18m，最深 45m，在每个坝段、连接段和灌浆洞洞口 1～3 单元上游主帷幕线上各布置一个检测孔，压水检测孔按“单点法”进行压水试验，根据压水成果进行分析。

5 水泥灌浆和化学灌浆的耐久性分析

5.1 物探检测分析

（1）水泥灌浆段分析。从表 1 和表 2 可以看出，10 号坝段和左岸 985 灌浆洞溶蚀区域经过水泥灌浆后，分别于 2013 年 8 月和 2014 年 5 月进行了灌后物探检测，可以看出溶蚀裂隙发育非常多且复杂，但经过水泥灌浆后，水泥结石填充均饱满。而到 2017 年 11 月和 2019 年 5 月再次测试后，有部分溶蚀裂隙带在水头作用下，逐渐被浸蚀，且水泥结石填充比例也在下降，水泥灌浆的耐久性在逐渐下降。

表 1　10 号坝段物探显示溶蚀内水泥灌浆填充情况

序号	部位	物探孔号	测试日期	测试方法	溶蚀裂隙情况	溶蚀内水泥结石填充率/%
1	10 号坝段	10－1	2013 年 8 月	声波测试、孔内成像	全孔共有溶蚀裂隙发育 19 条，填充基本饱满	95.7
		10－2	2013 年 8 月		全孔共有溶蚀裂隙发育 33 条，填充基本饱满	96.9
		10－3	2013 年 8 月		全孔共有溶蚀裂隙发育 19 条，填充饱满	100
2		XZZJ10－1	2017 年 11 月		全孔溶蚀裂隙共发育 17 条，填充一般	64.7
3		YJJC0010－1	2019 年 5 月		全孔溶蚀裂隙共发育 19 条，填充一般	61.2

表 2　左岸 985 灌浆洞物探显示溶蚀内水泥灌浆填充情况

序号	部位	物探孔号	测试日期	测试方法	溶蚀裂隙情况	溶蚀内水泥结石填充率/%
1	左岸高程 985m 灌浆洞第 1 单元	985－1	2014 年 5 月	声波测试、孔内成像	全孔共有溶蚀裂隙发育 55 条，填充饱满	100
		985－2	2014 年 5 月		全孔共有溶蚀裂隙发育 75 条，填充饱满	97.3
		985－3	2014 年 5 月		全孔共有溶蚀裂隙发育 80 条，填充饱满	97.5
		985－4	2014 年 5 月		全孔共有溶蚀裂隙发育 56 条，填充饱满	98.2
2		XZZJL985－1－1	2017 年 11 月		全孔溶蚀裂隙共发育 31 条，填充一般	74.2
3		YJJCL0985－1	2019 年 5 月		全孔溶蚀裂隙共发育 34 条，填充一般	70.6

（2）化学灌浆段分析。从表 3 可以看出，左岸高程 985m 灌浆洞溶蚀区域经过化学灌浆后，于 2014 年 9 月进行了灌后孔内成像检测，孔内裂隙均填充饱满，可见明显的化灌填充物。后又于 2017 年 11 月再次进行了孔内成像检测，孔壁内仍可见明显的化灌填充物，且溶蚀裂隙内化学灌浆填充饱满，证明溶蚀区域内化学灌浆起到了很好的作用。

表 3　　左岸高程 985m 灌浆洞物探显示溶蚀内化学灌浆填充情况

序号	部位	物探孔号	化学灌浆深度/m	测试日期	测试方法	孔内成像情况	溶蚀内化学灌浆填充率/%	备注
1	左岸高程985m灌浆洞	ZD1－1G－J－6	28～33	2014 年 9 月	孔内成像	孔壁裂隙内可见明显的黄色填充物	100	在原孔位上扫孔至化学灌浆段深度
		ZD1－1G－J－6	48～53	2014 年 9 月		孔壁裂隙内可见明显的黄色填充物	100	
2		ZD1－1G－J－6	28～33	2017 年 11 月		孔壁裂隙内可见明显的黄色填充物	100	
		ZD1－1G－J－6	48～53	2017 年 11 月		孔壁裂隙内可见明显的黄色填充物	100	

5.2　渗流量分析

（1）水泥灌浆段分析。为了研究水泥灌浆在溶蚀区域内的耐久性问题，从 2014 年至 2019 年对左岸坝基排水孔渗流量进行了测量，从表 4 可以看出，随着时间的推移，整个左岸坝基渗漏量在逐步增加，水泥灌浆区域的帷幕线在逐渐被侵蚀，水泥灌浆耐久性在逐渐下降。

表 4　　左岸大坝坝基排水孔流量观测成果统计表

观测日期	2014 年 8 月	2015 年 10 月	2015 年 11 月	2016 年 3 月	2016 年 4 月	2016 年 5 月	2017 年 5 月	2017 年 11 月	2018 年 5 月	2019 年 5 月
流量/(L/s)	5.33	7.39	7.42	7.53	7.73	8.05	9.61	9.98	10.15	11.36

（2）化学灌浆段分析。左岸高程 985m 灌浆洞第 3 单元检查孔的 5～8m 段，第 4 单元检查孔的 3～8m 段，于 2014 年 9 月进行了化学灌浆，2019 年 5 月对化学灌浆孔段进行了渗流量检测，从表 5 可以看出，化学灌浆段以内，不存在渗流通道，证明溶蚀区域内的化学灌浆耐久性作用明显。

表 5　　化学灌浆部位流量观测成果统计表

孔　号	部　位	渗水开始位置/m	观测日期	流量观测/(L/s)	原化学灌浆段位置/m	原化学灌浆孔完成时间	备　注
YJJCL0985－3XJ	左岸高程 985m 灌浆洞 3 单元	12	2019 年 5 月	0.5	5～8	2014 年 9 月	和原化学灌浆孔原位置基本相同
YJJCL0985－4XJ	左岸高程 985m 灌浆洞 4 单元	11.8	2019 年 5 月	0.67	3～8	2014 年 9 月	

（3）溶蚀区域和非溶蚀区域的渗流量分析。渗流量观测孔共 7 个，布置在溶蚀、砂化发育坝段和非溶蚀区域内的上游主帷幕线上，2019 年 5 月施工完成后，进行了渗流量观测，从表 6 可以看出，非溶蚀区域内的渗流量观测孔未出现渗水，而溶蚀区域内的观测孔均有渗水，显示溶蚀区域内的水泥灌浆帷幕线耐久性已下降。

表 6　　溶蚀区域和非溶蚀区域流量观测成果统计表

序号	部位	孔　号	地质情况	基岩内孔深/m	涌水开始位置/m	涌水流量/(L/min)	备注
1	9 号坝段	YJJC0009 - 1	非溶蚀区域	25			
2	16 号坝段	YJJC0016 - 1	非溶蚀区域	65			
3	23 号坝段	YJJC0023 - 1	非溶蚀区域	30			
4	25 号坝段	YJJC0025 - 1	非溶蚀区域	30			
5	35 号坝段	YJJC0035 - 2	非溶蚀区域	65			
6	18 号坝段	YJJC0018 - 2	溶蚀区域	65	25	48	
7	19 号坝段	YJJC0019 - 1	溶蚀区域	65	15	40	

5.3　压水透水率分析

(1) 水泥灌浆孔部位透水率分析。针对溶蚀区域的左岸高程 985m 灌浆洞和 11～13 号坝段进行了耐久性检测孔的压水工作，从表 7 和表 8 可以看出，耐久性检测孔压水透水率小于等于 1.0Lu 的比例已经小于自检孔和第三方检查孔，溶蚀区域内的水泥灌浆耐久性正在被侵蚀。

表 7　　左岸高程 985m 灌浆洞溶蚀区域水泥灌浆各方压水成果汇总表

名　称	部　位	施工日期	压水总段数	透水率/Lu				
				≤1	1～3	3～5	5～10	≥10
自检孔	左岸高程 985m 灌浆洞	2014 年 3 月	1044	966	73	4	1	0
第三方检查孔	左岸高程 985m 灌浆洞	2014 年 7 月	295	281	10	4	2	0
耐久性压水检测孔	左岸高程 985m 灌浆洞	2019 年 5 月	24	0	10	8	6	0

表 8　　11～13 号坝段溶蚀区域水泥灌浆各方压水成果汇总表

名　称	部　位	施工日期	压水总段数	透水率/Lu				
				≤1	1～3	3～5	5～10	≥10
自检孔	11～13 号坝段	2013 年 12 月	106	71	34	1	0	0
第三方检查孔	11～13 号坝段	2014 年 7 月	63	62	1	0	0	0
耐久性压水检测孔	11～13 号坝段	2019 年 5 月	10	3	4	0	3	0

(2) 耐久性压水检测孔透水率和化学灌浆孔之间的关系。从图 3 可以看出，河中大坝段化学灌浆孔数施工最多，本次压水检测孔平均透水系显示最低，右岸大坝段未进行化学灌浆，本次压水检测孔平均透水系显示最高，表明各部位化学灌浆孔数越小，本次耐久性检测孔压水透水率越大。

(3) 化学灌浆孔和耐久性检测孔压水透水率分析。右岸高程 985m 灌浆洞耐久性检测孔 YJJCR0985 - 2（坝纵 0＋485.151～坝横 0＋016.500）与化学灌浆孔 YD1 - 2G - J - 5（坝纵 0＋485.151～坝横 0＋016.500）孔位完全重合，从表 9 可以看出，化学灌浆孔第 6 段和耐久性检测孔第 5 段孔深基本吻合，压水透水率变化最小，证明化学灌浆在溶蚀区域起到了非常好的作用。

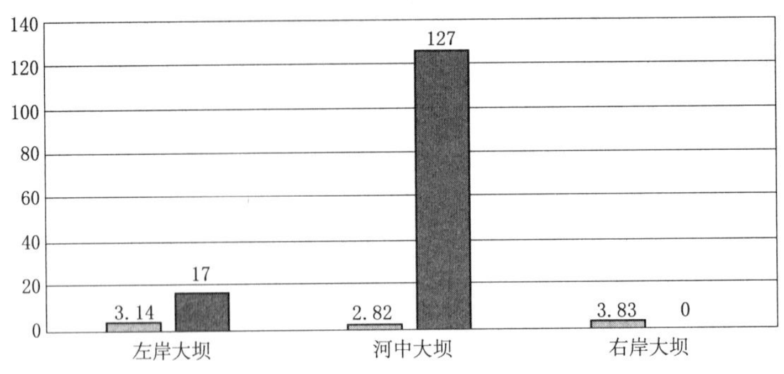

图3 各部位化学灌浆孔和耐久性检查孔透水率间的关系图

表9 11～13号坝段溶蚀区域水泥灌浆各方压水成果汇总表

YJJCR0985-2（耐久性检测孔，施工时间为2019年5月）			YD1-2G-J-5（第6段进行了化学灌浆，其他段次为水泥灌浆，施工时间为2014年9月）		
段次	段长/m	透水率/Lu	段次	段长/m	透水率/Lu
1	1.3～3.3	3.83	1	1～3	0.20
2	3.3～8.3	2.28	2	3～5	0.78
3	8.3～13.3	1.91	3	5～8	0.67
4	13.3～18.3	1.56	4	8～13	0.39
5	18.3～23.3	1.18	5	13～18	0.89
6	23.3～26.3	2.50	6（化学灌浆段）	18～23	1.09
7	—	—	7	23～28	0.32

5.4 仪器监测值分析

（1）非溶蚀区域测压管分析。左岸高程1139m灌浆洞和左岸高程1093m灌浆洞各测压管的测值自开测以来基本保持不变，与上游库水的相关性较差，测压管测值换算水面超过上游库水位，说明存在较高的地下水。左岸高程1139m灌浆洞洞底的测压管AL-UP-05当前测值换算水面为水位1133m，与库区水位1117m相差达16m，从监测仪器可以看出非溶蚀区域水泥灌浆帷幕线耐久性较好。

（2）溶蚀区域测压管分析。左岸高程985m灌浆洞底部和外部测压管测值与库水的相关性较好，而中部测压管测值与库水的相关性较差；底部和外部测压管测值偏大，中部测值较小。洞底的AL-UP-22较大，测值换算水面达1052m左右，但与洞底绕渗水位孔AL-HW-11的测值换算水面1005m相差较大。洞底绕渗水位孔AL-HW-11的测值与库水位相关性较好，当前换算水面为1005m，与灌浆洞洞底的测压管AL-UP-22当前测值换算水面1041m相差较大。灌浆洞中部的测压管AL-UP-21、AL-UP-20测值与库水相关性较差，自开测以来水位基本保持在灌浆洞基面附近。灌浆洞外部的测压管AL-UP-17、AL-UP-19、AL-UP-XZ02等3只测压管的侧值与库水的相关性非常好，在水库蓄水时与库水同步上升，没有滞后性，说明存在帷幕局部缺陷或绕帷幕底部渗漏，目前3只测压管的测值水位均在1050m左右。灌浆洞外部的测压管AL-UP-18的测值与库水的相关性也较好，在水库蓄水时与库水同步上升，没有滞后性，但水位上升过程较为缓慢，目前测值水位1021m。分析地质条件发现，左岸高程985m灌浆洞在3～6单元穿过了3号和4号溶蚀条带，高程985m灌浆洞外部与库水相关性较好，且测值较大的测压管恰好处于3号和4号溶蚀条带区域。从以上监测仪器可以看出溶蚀区域水泥灌浆帷幕线耐久性已被侵蚀，靠近大溶蚀条带内侵蚀越严重。

5.5 渗流物分析

坝基排水孔和耐久性检查孔施工完成后，溶蚀区域内的孔位均不同程度出现渗流通道，渗透水流通过防渗幕体对幕体中的水泥结石进行侵蚀性破坏，使水泥灌浆结石中钙溶解而流失，导致帷幕耐久性呈现整体下滑趋势，孔内析出物如图4所示。

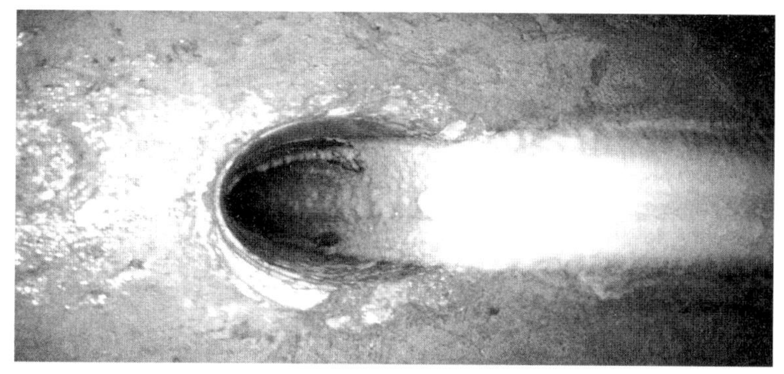

图4 耐久性检查孔内析出钙质沉淀物

6 结语

(1) 非溶蚀区域内的水泥灌浆帷幕体比溶蚀区域内的水泥灌浆帷幕体耐久性较好。

(2) 由于水泥灌浆的局限性，浆液在溶蚀条带难以有效浸入、胶结形成完整帷幕体，导致溶蚀条带上帷幕整体性和防渗能力比较薄弱，渗透水流通过防渗幕体对幕体中的水泥结石进行侵蚀性破坏，使水泥灌浆结石中钙溶解而流失，导致帷幕体耐久性下降。

(3) 溶蚀条带区域内经过化学灌浆的部位，帷幕体耐久性较好，未被侵蚀。

(4) 帷幕体耐久性研究是一项系统性且庞大复杂的工程，因资金投入的局限性，往往不能持续有效的研究下去，在后续工程的施工中，面对相似的地形地质条件，本文可作为参考。

深基坑止水帷幕灌浆施工技术探析

万　侠

（中国水利水电第八工程局有限公司基础公司）

【摘　要】为控制地下水位及地下水渗流速度，采用基岩灌浆的方式控制地下水扰流量和地下水位下降量，确保基坑开挖过程地铁线路变形量在地铁保护允许范围内。

【关键词】基岩灌浆　透水率　裂隙冲洗　压水试验

1　工程概况与地质条件

恒大中心项目位于深圳市南山区深圳湾超级总部基地，白石四道与深湾三路交汇处东南侧。拟建约 400m 的高层建筑，设 6 层地下室，基坑开挖深度 39.0～42.3m，开挖面积约 8400m^2（73m×113m），支护总长约 370m。项目北侧周边环境复杂，紧邻地铁 11 号线和 9 号线四条区间盾构隧道，基坑围护结构外边距隧道外边线最小值约 3.0m，其余三侧为规划市政道路。

场地内分布的地层自上而下有人工填土、第四系全新统海陆交互相沉积层、第四系上更新统冲洪积沉积层、第四系残积层及燕山期粗粒花岗岩。

钻孔压水试验结果表明，中风化花岗岩为中—弱透水性，裂隙系数为 0.4～0.8；微风化花岗岩为微透水性到弱透水性，裂隙系数为 0.2～0.6；碎裂岩为弱透水性，裂隙系数为 0.4～0.6。

随着深度的加深，岩石的完整性增大，透水率减少。根据本工程基坑和基础施工的防渗要求，需采取灌浆等防渗措施。

2　基岩灌浆任务与施工难点

基坑紧邻地铁盾构隧道，经分析计算基坑开挖后地下水会从地下连续墙底部绕流至基坑内部造成周边地下水位下降，有较大可能会引起地铁发生较为严重的沉降变形。为控制地下水位及地下水渗流速度，采用基岩灌浆的方式控制地下水扰流量和地下水位下降量，确保基坑开挖过程地铁线路变形量在地铁保护允许范围内。

根据前期基岩注浆试验资料，本次帷幕灌浆工程施工重难点如下：

（1）基坑北侧紧邻地铁区域，注浆施工过程中，需要密切关注地铁隧道的监测，是否有抬动变形。断裂带注浆封闭后，对地下水位的变化是否有影响，断裂带的水流路径是否改变，水位是否发生变化，产生的变化是否会影响周边区域的地下水位，是否会对地铁隧道产生影响。根据前期基岩注浆试验和补勘报告构造破碎带区域基坑底－42.35m以下存在2～8m强风化花岗岩，岩石风化强烈已呈泥状，渗透性极强且极其不均匀，采用岩石灌浆法无法达到要求。岩石上覆土层复杂：有填石、流沙、海相淤泥、强风化层、风化残留（球状风化）等，主要是抛石层较厚，最厚达10m，覆盖层钻孔难度大，垂直度难以保证，跟管钻进套管、钻头磨损严重，且钻进过程易发生卡钻，残坡积土上涌堵管等现象，泥沙堵管工作极难处理，废孔问题严峻且难以控制。

（2）非灌浆段需埋设孔口管，属于耗材，投入量大，后期全部预留在土层中，对开挖造成一定的影响。该阶段产生较多的泥浆，需做好场地围蔽、环境保护。该阶段由于覆盖层深度最深达50m，上拔跟管、套管过程易导致预埋孔口管脱落、错位及套管抱死无法拔出等问题，直接导致废孔，废孔问题难以控制。钻孔洗孔用水量大，现场场地狭小，需设置有效的排水措施，对场地内安全文明施工要求高，用水量较大。每个孔做简易压水实验，耗时耗力，资料记录、整理工作量大。

（3）岩石面高程起伏大：参照《深圳市岩土勘察研究设计院岩石面等高线图》，结合前期基岩注浆试验段分析，每个孔岩石高程都不相同，没有规律，易出现判断错误，造成废孔，后期大面积施工，需要有经验的工程师对每个注浆孔做出准确判断，大量专业技术人员的增加，人工成本随之也会相应增加。构造破碎带基岩注浆水泥消耗量大且施工困难，施工过程易发生冒浆、泥浆串孔及难以保压现象，劳动力投入多，注浆费用高。

3 基岩灌浆施工

本次帷幕灌浆工程施工工艺采用前期基岩灌浆试验自下而上分段灌浆法，具体工艺流程为，定位放线→钻机就位→土层套管钻进→预埋孔口管→岩层钻进→扫孔→裂隙冲洗→压水试验→自下而上分段灌浆→结束封孔。

3.1 定位放线

利用全自动激光全站仪、棱镜及卷尺等对钻孔孔位进行精准定位，为确保孔位误差控制在±5mm之内，根据地质情况采用“十字交叉法”，直接定点或打入木桩定点，并作好孔位定点标识保护。测量工作面标高，确定钻孔深度，孔位放好后，请监理工程师复核，经复核无误后方可进行钻孔施工。

3.2 钻机就位

钻机就位前，要事先检查钻机的性能状态是否良好，配套设备是否齐全，保证钻机工作正常。钻机就位后，调整钻杆垂直度，直至钻头中心对准孔位十字中心线。误差控制在±5mm以内。

3.3 土层套管钻进

钻孔顺序严格按设计文件和行业规程进行划分，每排分三序施工，先一序孔再二序孔最后施工三序孔，采用ϕ146套管BHD180顶驱钻机（或相似型号钻机）全套管护壁钻进至灌浆岩面深度成孔。

（1）孔深应符合设计规定，钻进过程中须及时测量孔斜并记录，孔斜偏差应符合设计要求，钻孔孔斜控制标准见表1。

表1　　帷幕灌浆孔孔底允许偏差　　单位：m

孔深	20	30	40	50	60	80	100
允许偏差	0.25	0.50	0.80	1.15	1.50	2.00	2.50

（2）存在风险根据勘察报告和补勘报告，本次帷幕灌浆上部土层钻孔穿过地层主要有填石、流沙、海相淤泥、强风化层、风化残留（球状风化）等，主要是孤石层，较硬且松散，最厚达10m。钻孔过程中无法确保孔斜要求，且套管、钻头磨损严重，设备损坏量大，维修费用高。

3.4 预埋孔口管

上部土层需预埋 ϕ89mm 孔口管至地面以下约41.36m，通过跟管钻机将 ϕ89mm 孔口管下放至钻孔孔底，采用XY-1地质钻机（或相似型号地质钻机）、全自动浆液搅拌机及注浆管等配置水灰比为2：1的水泥浆进行灌浆孔口固管，水泥浆孔口固管长度宜为钻孔深度的1/3，并待凝48h后上拔套管，套管上拔过程需匀速缓慢，避免损坏已预埋的孔口管。孔口管待凝期间应妥善加以保护，防止流进污水和落入异物。

3.5 岩层钻进

岩层平均厚度20.99m，采用KS-699型（或相似型号）钻机，直径76mm金刚石钻头自上而下钻进至设计标高。

为保证岩层钻孔孔斜满足设计及规范要求、防止因钻孔偏斜而影响灌浆质量或对外围、临边结构造成破坏，现场针对孔斜控制采取如下措施：

（1）开钻前钻机下部均应支平、垫稳机身；采用可靠方式固定钻机；采用水平尺、地质罗盘等校核钻具顶角，钻孔时必须保证孔位、孔向精准。

（2）每班开钻前，均应采用吊线锤和水平尺校验钻机的立轴和油缸，保证立轴和油缸垂直、无偏差，钻进过程不摆不晃。

（3）使用符合规格的钻孔器具，并随时检查，如发现有弯曲的钻具或有磨损较严重立轴导管时，应及时更换。

（4）基岩段钻进时应轻压慢转，以造孔机具自身重量为主，适当给予钻压，避免钻压过大导致孔内钻杆弯曲而产生偏斜。

（5）深孔钻进时，必须严格控制孔深20m以内的偏差，应每5m测量一次孔斜，20m以下应每10～15m测斜一次，灌浆孔按1%垂直度进行控制。

3.6 扫孔

采用地质钻机进行全孔扫孔，主要清除孔内残留泥土及破碎石块，扫孔过程同时使用大量清水灌注清孔，直至孔内畅通无残渣，扫孔时间宜为30min。

3.7 裂隙冲洗

岩层平均厚度20.99m，采用地质钻机XY-1分5段进行岩石裂隙冲洗，第一段2m、第二段3m，以下各段均为5m，冲洗压力首段选用最大灌浆压力的80%，第二段以下均采用1MPa大流量清水，敞开孔口进行冲洗，确保每一段返水澄清为止，时间不大于20min，共耗时约2h。同时应确保全孔冲洗完成后孔底沉积厚度不大于20cm，对遇水后性能易恶化的地层，可不进行钻孔裂隙冲洗。

3.8 压水试验

压水试验在施工过程中采用的是简易压水，检查孔是单点法压水。岩层平均厚度20.99m，分5段做压水试验，第一段2m、第二段3m，以下各段均为5m，进行灌浆段压水试验，压水试验开始前，孔口管下放止水塞至灌浆段，每压完一段提一次压水钻杆及止水塞。首段试验压力选用灌浆最大压力的80%，第二段以下采用1MPa，在稳定压力下，压水20min，每5min测一次压入流量，记录仪自动记录每段岩石压入流量，取最终流量值作为计算岩体透水率q值的计算值，重复此步骤依次完成所有灌浆段压水试验。每段压水完成约60min，共耗时约3h。对遇水后性能易恶化的地层，可不进行压水试验。

3.9 自下而上分段灌浆

灌浆采用自下而上分段灌注法，以20m灌浆长度为例，共分为5段，第一段段长2m，第二段段长3m，以下各段段长均为5m，通过孔口管下放灌浆塞至指定位置并加压使灌浆塞膨胀，确保灌浆封孔的密闭性，检查无误后开始进行灌浆。灌浆使用纯水泥浆液，采用3：1、2：1、1：1、0.8：1、0.5：1五个比级，灌注时由稀到浓逐级变化，每隔15～30min测记一次浆液比重及浆温。浆液变换原则如下：

（1）当灌浆压力保持不变、注入率持续减小，或注入率不变而压力持续升高时，不得改变水灰比。

（2）当某级浆液注入量已达300L以上，或灌浆时间已达30min，而灌浆压力和注入率均无改变或改变不显著时，应采用浓一级的水灰比。

（3）当注入率大于30L/min时，可根据具体情况越级变浓。

一般情况下，在灌浆段最大设计压力下，注入率不大于1L/min后，继续灌注30min即可结束灌浆。特殊情况下根据实际情况调整结束标准。

3.10 封孔

帷幕灌浆孔采用“全孔灌浆封孔法”进行封孔，采用导管注浆法将孔内稀浆置换成0.5：1的浓浆，而后将灌浆塞塞在孔口，继续使用浓浆进行纯压式灌浆封孔，封孔压力采用最大灌浆压力为3MPa，封孔时间为90min。

4 帷幕效果检测

4.1 四周帷幕灌浆质量检测

以单点法压水试验检测成果为主，结合钻孔岩芯和灌浆记录等进行综合评定。压水检查在灌浆结束14天后进行，压水检查孔数为灌浆孔数的5%。灌后基岩透水率合格标准为：$q \leqslant 0.5$Lu（6.475×10^{-6}cm/s）。其中墙体混凝土与基岩接触段及以下一段的透水率合格率应为100%，其余各段合格率应达90%以上。不合格的孔段透水率不超过设计规定值的150%，且分布不集中。检查不合格的部位进行补灌，直至达到合格为止。

4.2 基底基岩破碎带帷幕封底检测

帷幕灌浆效果检测采用大直径钻孔抽水试验为主，压水试验为辅。在基坑底以上段采用直径为1.4m孔径，基坑底以下灌浆段采用直径为1.2m孔径，基坑底以上段要求采用全套管工艺跟进至基坑底，基坑底以下灌浆段直接采用旋挖钻机成孔；成孔完成后，采用抽水试验，查看孔内水位恢复速度，并记录水位与时间曲线，确定灌浆基岩综合渗透系数，要求不大于 10^{-6}cm/s。此外，必要时孔内抽干水后，由专业人员进行孔内踏勘。大直径钻孔抽水试验检测数量和检测点位由五方责任主体共同确定。压水检查孔数为灌浆孔数的 3%。

5 结语

由于基坑紧邻地铁盾构隧道，基坑开挖后地下水会从地下连续墙底部绕流至基坑内部，造成周边地下水位下降，有较大可能会引起地铁发生严重的沉降变形，通过基岩灌浆，开挖后基坑渗水量非常小，地铁隧道的沉降变形在可控范围内，地铁运行正常。

隧洞工程堵水技术综述

刘松富[1,2]

（1. 中国水电基础局有限公司；2. 天津市地基与基础工程企业重点实验室）

【摘　要】在隧洞掘进过程中出现的突涌水问题，是隧洞工程经常遇到的技术难题。堵水灌浆技术是隧洞渗漏防治的重要措施之一，通过对掌鸠河引水洞、锦屏交通辅助洞、田湾河引水洞等国内几个典型的堵水工程实例的总结及研究，提出了针对隧洞突涌水不同类型，适宜采用的堵水技术、工艺及浆材，为类似工程提供借鉴。

【关键词】隧洞　突涌水　堵水　灌浆

1　引言

近些年我国的隧洞掘进技术及设备制造能力越来越高，以现有的水平修建一条隧道已不是难事，但是即使是再高的基建技术，也有碰上“硬茬”的时候。比如云南省掌鸠河引水工程采用双护盾 TBM 掘进隧洞至上公山进口段 K7+568 桩号处，在前端掌子面发生的单点、多频次突涌水、涌砂、塌方达几十次之多，涌出物回填洞段长度达百米以上。突涌水发生后，突水封堵极其困难，使得 TBM 掘进机机头受阻达 10 个月之久，开挖人员及机械安全无法得到保障。比如雅砻江锦屏二级水电站交通辅助洞由 A、B 两条单车道隧洞组成，位于南侧的 A 线及北侧的 B 线隧道长度均为 17.5km，两隧道间距 35m。隧道地下水发育，突涌水点多，由于锦屏山隧道最大埋深 2375m，具有高压力、流量大、突发性的特点。开挖揭露的单点涌水最大压力达到 4.7MPa，最大涌水量达到 6.7m^3/s，如此大流量的高压涌水在国内外尚属先例，仅采用常规的灌浆工艺往往无法满足堵水的需要。

隧洞工程的地下水问题伴随着隧洞工程而产生，并始终伴随着隧洞工程设计、施工和运营的整个过程。在各种复杂或不良的地质条件中，地下水是影响隧道工程施工运营和导致预算超概算的主要原因之一。在隧洞掘进过程中出现的涌水渗漏问题，会直接影响工程进度及安全，恶化作业环境，增加排水设施及排水费用，严重者甚至发生洞段的崩塌或淹没事故，造成重大的生命财产损失。

堵水灌浆技术是隧洞开挖过程中渗漏防治的重要措施之一，具有保证隧洞开挖作业安全，减轻洞内排水负担，节省排水用电，降低施工成本，提高工效和质量的明显优点。通过对掌鸠河引水洞、锦屏交通辅助洞、田湾河引水洞等国内几个典型的堵水工程实例的总

基金项目：国家重点研发计划项目（2018YFC1508504）。

结及研究，提出了针对隧洞突涌水的不同类型，适宜采用的堵水技术、工艺及浆材，为类似工程提供借鉴。

2 隧洞突涌水的处理原则

在过去大量的工程应用中，经常采用“以排为主”的原则对地下水进行处理，通过减小衬砌结构的外水压力来保证结构的安全。但随着时间的推移，以排为主的处理方法，不仅会降低地下水水位，打破隧址区水资源的平衡，还会造成隧址区生态环境的破坏，影响周围居民的生产生活用水。因此，对富水隧道采用“以堵为主，限量排水”的原则进行地下水的处理就显得异常重要。

为了实现快速堵水，还应遵循“系统思维、预报先行、堵排结合、先固后堵、先易后难、变动为静、一点一策”的原则。根据出水点的压力、流量、稳定时间、水系结构及围岩条件等实际情况，针对性地制定专项堵水施工方案，是有效封堵涌水的关键。

系统思维：隧洞堵水处理不可盲目地根据出水点表象做出判断，有时把一个大出水点封闭，往往会造成该区段的地下水位及压力迅速抬高，从而可能导致其他部位出水压力、水量增大以及围岩失稳，给后续处理增加难度及成本。在灌浆封堵过程中，还应实时观察其他部位串浆或出水量变化情况，必要时需对有联系的出水点同步处理。因此，在进行地下水处理时，应结合地勘、物探资料及堵水过程现象，系统地分析及决策。

预报先行：地下水处理前，首先要进行地质探查，摸清涌水区域内的水文地质构造、水系连通补给条件及围岩稳定状态，是做出合理决策的前提条件。同时超前预报＋超前灌浆，也是目前认为在隧洞开挖过程中预防发生突涌水危害最为可靠的一种工程技术手段。超前预报一般采用钻孔直观探查及物探测试的手段，目前应用较多且认为可靠的物探方法包括地质雷达及 TSP，但两种设备各有优缺点，地质雷达在探测含水构造方面有优势，测试快捷方便，但测试距离短；TSP 在探测断层及破碎带效果较好，测试距离长，但测试过程复杂。以单一的物探手段完成对隧洞的准确预报有时是困难的，而采用地质雷达和 TSP 探测相结合的方法，能够大大提高超前预报的准确性。

堵排结合：针对大流量、大压力的强富水区，不能开始就考虑全部封堵，首先要通过打孔引排的措施，逼迫水流由预设的分流减压孔改道排放，分散和释放原集中出水点的流量和压力，最终把大流量水分割为小流量水，高压力水分割为小压力水，以降低大出水点的处理难度。

先固后堵：在出水点周边围岩整体条件较差时，要先对围岩进行系统灌浆加固，以确保围岩安全。若仅实施局部封堵，在出水点封堵后可能会使洞圈围岩内水压力增大，造成洞圈岩壁大面积渗水的现象。

先易后难：难度小的先堵，先从低水压、小水量的出水部位开始处理，逐渐向高压力、大流量的部位渐进。

变动为静：通过合理的引排分流措施，实现区域阻断，把动水逐步变为静水，以降低堵水的难度。

一点一策：每一个出水点的水文地质特征均不同，其处理方法也应不同，宜有针对性地制定堵水处理方案。

3　突涌水的型式及对应的堵水策略

从以往工程突涌水情况看，根据涌水的性状，可将涌水大致分为两种类型：一类为崩塌型涌水，另一类为裂隙型涌水。

3.1　崩塌型涌水

多发生在大的断层构造带或溶塌体内，发生涌水时伴随断层带内松散物质一起涌出，造成隧洞不良洞段的坍塌。例如掌鸠河引水隧洞在上公山进口段K7+568桩号处的突涌水属于此种类型。

崩塌型涌水发生时，由于隧洞掌子面前端一定长度的洞段已被破碎带涌出物堵塞，无法直接在掌子面进行堵水灌浆，所以必须要在掌子面前端建造混凝土堵头，将涌出物进行封闭，形成良好的灌浆承压环境，并在堵头混凝土面上呈放射状布置1～2环超前灌浆孔进行防渗及加固处理，灌浆加固洞圈的厚度不宜小于1～2倍的洞径。若不良洞段的长度大于单次超前灌浆加固长度，则开挖工作应分段进行，且前一个开挖循环末端需预留大于5m长度的灌浆加固段作为下一个开挖循环的岩体堵头。例如在云南掌鸠河引水隧洞上公山涌水段采用了此种方案，单次灌浆加固长度为30m，单次开挖循环为18m，为下一个开挖循环预留加固长度为12m。经过堵水灌浆处理后，隧洞开挖区段内破碎带得到了有效的减渗及固结，岩体的自稳性能够满足开挖要求，经过2个开挖作业循环，顺利通过不良地质段。图1为隧洞超前灌浆放射状钻孔布置形式。

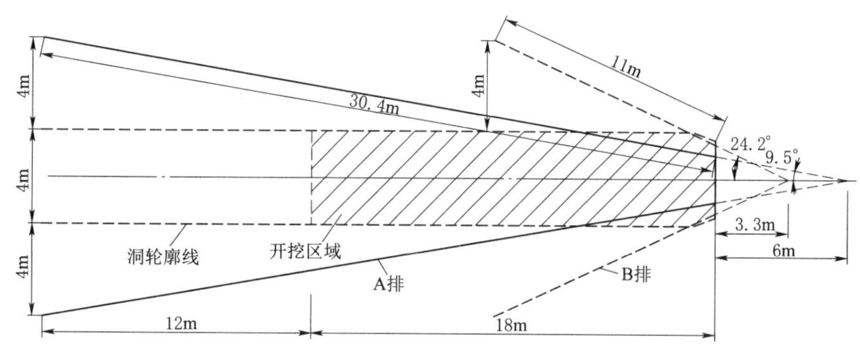

图1　隧洞超前灌浆放射状钻孔布置形式

3.2　裂隙型涌水

多发生在构造裂隙及层间、层内错动带中，以裂隙为水流通道，涌水裂隙连通性好，多有很好的补给环境。水从岩石裂隙中涌出，有些具有相当高的压力，有些则有相当大的流量，表现形式各异。裂隙涌水一般开始涌水量最大，压力最高，经过一段时间衰减后，达到稳定。裂隙型涌水又可分为淋帮水、单点大流量涌水及单点高压涌水等。

3.2.1　淋帮水

淋帮水的表现形式是在隧洞一段长度内，分布很多小裂隙，从裂隙中涌出的水顺洞壁下流，出水点几乎遍布整个岩面，包括湿润、滴流及线流等。此类多呈现为涌水压力不高，单点涌水量不大，一般采用系统的布置环状垂向灌浆孔的常规方案；在裂隙分布规律比较明显时，可采用针对主裂隙走向定向布置灌浆孔的方案。针对淋帮水，灌浆处理的深度一般控制在3～5m，但需穿过主裂隙的底界面，淋帮水的处理可以采用后处理的方式，即隧洞开挖与灌浆处理可以并行作业。例如在锦屏辅助洞BK15＋000～BK14＋888段及新疆EH项目引水隧洞等采用常规的布孔形式，均取得了较好的封堵效果，其中新疆EH项目处理洞段的涌水量由10.2m^3/h降至0.8m^3/h；在田湾河引水洞桩号2＋509～2＋530段呈现面状涌水，流量达58m^3/h，采用了裂隙定向布孔方式，灌浆处理效果显著。

3.2.2 单点大流量涌水

单点大流量涌水多为宽大裂隙或岩溶通道，与稳定补给水源连通性好，隧洞开挖破坏了原来的渗流平衡，呈现为管道型出水，出水流量大，若直接进行封堵会造成涌水压力急速上升，难以实现封堵目的，堵水处理时宜采用先分流再灌浆封堵的方案。首先在洞壁出水点两侧斜向穿设一排或多排引流孔，引流孔的孔、排距按0.5～1.0m，多呈梅花形布置，孔径宜大不宜小。钻孔角度、深度不确定，原则上应尽可能穿过较多的裂隙，当富水区围岩整体性较好时，可直接在出水构造浅层打孔引排；若富水区围岩破碎，宜从远端向出水构造打孔。钻孔完成后在孔内安装钢制管道进行分孔引流，最后进行灌浆封堵。当引流管安装及出水口封堵难度大时也可采用格栅模袋法，首先在出水口的外侧固定安装钢制格栅，封堵时可辅助模袋抵御内水压力，然后在内部下设模袋，最后在模袋内注浆使模袋膨胀泌水固结，以实现封堵出水通道的目的。例如锦屏A辅助洞AK14＋328.3处，最大涌水量达到6.7m^3/s，稳定流量也达到3.3m^3/s，采用了此方案封堵效果良好。

3.2.3 单点高压涌水

单点高压涌水多出现在大埋深洞段的富水构造裂隙，由于地下水压力高，人或机械均无法靠近进行直接封堵，必须先控制涌水再进行灌浆处理。控制引流宜采用特制的后端带引流管及阀门的金属杯罩，用机械直接罩在出水点上并进行固定，然后建造混凝土堵头及封堵灌浆。在金属罩安装前可采用在出水点侧面斜向打减压分流孔的措施，以降低封闭引流的难度。锦屏在BK14＋888处开挖时所揭露的涌水压力4.7MPa、流量210L/s的高压力出水点，采用了此方案进行封堵。

4 堵水材料及浆液

涌水封堵灌浆与普通灌浆不同，根据涌水形式，需要结合各类浆液的黏度突变性、凝结速度、早期强度、形态及抗冲能力等不同特性合理选择及使用，且有时采用一种浆液难以达到目的，往往需要两种以上浆液联合使用，才能达到良好的封堵效果。以下列举了堵水灌浆常用的几种浆材可供选择。

4.1 普通水泥浆液

和常规灌浆一样，普通水泥浆液是堵水灌浆中常用的一种灌浆浆液，具有操作简单、结石强度高、使用成熟、成本低的优点。一般在流速和涌水量较小时使用。

4.2 水泥-水玻璃浆液

水泥-水玻璃浆液是涌水封堵灌浆中最常用的一种双液灌浆材料，具有凝结速度快、凝结时间可调、结石率高、成本较低的优点。是封堵灌浆中不可缺少的灌浆浆液。在锦屏工程中采用的水泥-水玻璃浆液配合比及性能指标见表1。

表 1　　锦屏工程用水泥-水玻璃浆液配合比及性能指标

配比编号	水泥浆的水灰比	水玻璃：水泥浆（体积比）	凝结时间
1	0.6∶1	20%	16″66
2	0.6∶1	30%	16″96
3	0.6∶1	50%	40″
4	0.6∶1	100%	1′41″

4.3 硫铝酸盐水泥

硫铝酸盐水泥是我国在 20 世纪 70 年代研究的水泥新品种，其主要用途为抗冻混凝土的施工材料，具有早强、高强、高抗渗、高抗冻、耐蚀、低碱和生产能耗低等基本特点。其凝结时间短、早期强度高、抗冲能力好，失去流动性的同时即具有一定的抗冲能力，数分钟后抗冲能力急剧上升，强度增长相当迅速，早期强度很高。由注浆加固岩体试验表明硫铝酸盐水泥结石体强度也显著高于普通硅酸盐材料，对多孔隙砂岩的刚性改善效果最优，且结石体沿岩-浆界面产生滑移破坏的概率最小。这些特点恰恰对堵水非常有利，是普通硅酸盐水泥材料所不可比拟的。若通过试验改性后，比如和普通硅酸盐水泥可配成双液灌浆浆液，可克服水泥-水玻璃双液结石强度低的缺点。锦屏工程中采用的北极熊牌硫铝酸盐水泥的主要性能指标见表 2。

表 2　　锦屏工程用硫铝酸盐水泥浆液的性能指标

比重	流动度/cm	凝结时间/min	结石强度/MPa	
			1d	7d
2.8～3.0	28～32	20～90	15	30

4.4 膏状浆液

膏状浆液最初是针对覆盖层灌浆所开发的一种水泥基灌浆材料，通过在普通水泥浆中掺入大量的膨润土（或黏土）、粉煤灰等掺合料及少量外加剂而构成的小水灰比的膏状浆液，其基本特征是浆液的初始剪切屈服强度值可以克服其本身重力的影响，其抗水流冲释性能和自堆积性能具有一定的动水抗冲能力，膏浆的抗水稀释能力使膏浆作为一个整体来抗击水流的冲击，因此要使膏浆产生流动，水流必须克服膏浆的剪切屈服强度，而水泥膏浆的剪切屈服强度值通常可以达到 100Pa 以上。此类浆液适用于地下水流速小于 0.5m/s 的崩塌型以及大压力、大流量涌水的裂隙型灌浆处理。田湾河工程中采用的膏状浆液的性能指标见表 3。

表 3　　田湾河工程用膏状浆液的性能指标

配比编号	密度	析水率/%	流动度/mm	初凝时间/(h：min)	流变参数	
					τ/Pa	η/(mPa·s)
G-1	1.49	4	165	8：15	40.57	10.60
G-2	1.62	0	150	7：25	282.22	70.07
G-3	1.89	0	64	7：15	434.00	2083.00
G-4	1.75	0	64	9：01	1056.00	5051.00

4.5 化学浆液

化学浆液品种多样，性能各异，可根据所处理的问题采用针对性的材料，一般能够很好地解决问题，但与水泥基类浆材相比价格偏高。

水玻璃类：具有无毒、廉价、黏度低、可灌性好、操作方便的优点，可用于破碎带内的泥砂层及微细裂隙发育类型的淋帮水的处理。在掌鸠河引水洞针对溶塌体的固结处理及新疆 EH 项目引水洞针对淋帮水的处理采用了此类浆液，均取得了良好的堵水效果。

聚氨酯类：分水溶性及油溶性两种类型。水性聚氨酯化学灌浆材料包水量大，渗透半径大，适用于动水地层的堵漏处理，土体浅层和表面层的固结和防护；同时水性聚氨酯浆材固结体弹性好，适用于混凝土伸缩缝的防渗堵漏。油性聚氨酯浆材国内俗称“氰凝”，其所形成的固结体强度大，防渗透性能好，适用于加固地基、防护林水堵漏兼备的工程。同时油性聚氨酯浆材弹性小，适用于混凝土静止缝的防渗堵漏及加固。聚氨酯灌浆材料除了单独使用外，也可与水泥组成复合灌浆材料，利用聚氨酯的快速固化及水泥结石强度高的力学性能，实现快速有效堵水的目的。

马丽散：为双组分合成高分子—聚亚胺胶脂材料，是一种低黏度的新型堵水材料。当树脂和催化剂掺在一起时反应或遇水产生膨胀，可生成多元网状密弹性体，当它被高压推挤注入岩层或混凝土裂缝，在高压作用下可以使岩层的闭合裂隙张开，可沿岩层或混凝土裂缝延展直到将所有裂隙充填。马丽散材料的优点为：①黏度低，易渗透进入微小裂隙；②与水迅速反应膨胀，快速堵水，施工简单；③黏合强度高（＞3.0MPa），抗压强度高（＞60MPa），迅速黏合地层及松散岩体，良好的韧性不受地层变形破坏。2008 年马丽散在武广高铁隧道堵水得到应用，并取得良好效果。

4.6 纤维型灌浆材料

对于宽大涌水裂隙的封堵，尤其是裂缝内流速较高、渗压较大的裂隙封堵，使用单一的水泥-水玻璃浆液或膏状浆液容易被冲散稀释，施工时可在浆液中掺加聚丙烯纤维材料，以增加浆液的内聚力，并可在裂隙中产生桥架作用，提高浆液的抗冲能力。

在锦屏 B 辅助洞 BK14＋876.2 段开挖钻爆破孔时，出现较大涌水，经钻孔验证，前方裂隙宽度约 50～60cm，涌水压力 2MPa 左右，且裂隙与 B 绕洞相连通，属典型的大裂隙、大压力、高流速地下水类型。开始灌浆时，仅采用水泥-水玻璃双液浆灌注，B 绕洞漏浆严重，堵水效果不明显，后期在浆液中增加了纤维型材料，经三次重复灌注后，成功将涌水封堵。

4.7 改性沥青灌浆

沥青具有与水不互溶的特点，当沥青被加热成流态时具有良好的流动性和可灌性，通过灌浆泵进入渗漏部位后，遇水发生冷凝作用，逐渐黏附在渗透通道表面，堵塞漏水通道，利用沥青“加热后变为易于流动的液体、冷却后又变为固体”的物理性能以实现堵漏的目的。改性沥青浆液是通过在沥青中添加外加剂进行改性，降低了沥青溶点，减少了预热和清洗等工序，使得施工工艺变得相对简单。改性沥青灌浆具有加热温度低、流动性和扩散性好，凝结体强度高、蠕变小等优点，适合于较大流速的涌水封堵。

5 堵水的关键工艺措施

堵水灌浆工艺与涌水的形态密切相关，涌水的形态决定了需采用的灌浆工艺，不能生搬硬套，在堵水过程中与之相配套的工艺措施主要有以下几种。

5.1 孔口阻塞形式

由于涌水封堵灌浆钻孔中均有压力水涌出，因此采用普通灌浆镶管工艺是不可行的，一般多采用模袋镶管工艺或下设特制的高压止水塞。模袋镶管工艺可在涌水流量不大或压力不高的情况下使用；高压止水塞是一种在钻孔作业中对揭露的高压涌水可实现瞬时封闭、实时减压及安全转序，具有安全可控能力的孔口保护装置。其多与超前地质预报、超前灌浆配合使用，在超前预报发现掌子面后端存在高压涌水时，在掌子面钻孔的孔口提前安装高压止水塞。孔口模袋封闭装置结构与现场实用效果如图 2 所示。

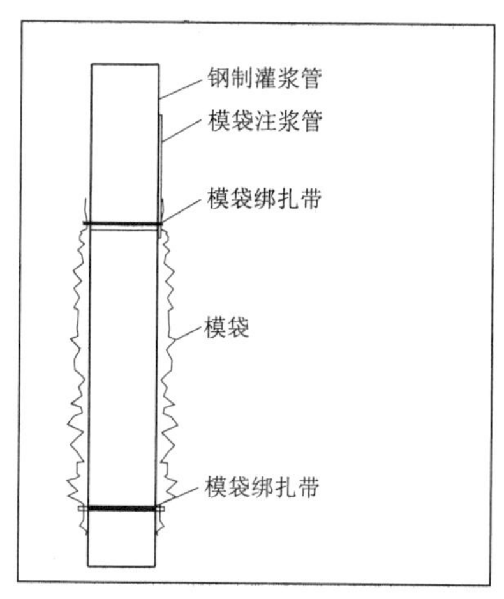

图 2 孔口模袋封闭装置结构与现场实用效果图

5.2 双液灌浆

涌水封堵灌浆一般要求浆液凝结时间较短，采用双液灌浆工艺能够使浆液凝结时间可控，是灌浆堵漏的最常用方法之一。

（1）双液灌浆中的浆液变换。双液浆的凝结时间可通过调节两种浆液的浓度及体积比例来调节。灌浆过程中为了防止因凝结速度太快，对一些无水或流速较小裂隙的过早堵塞，双液浆也需从长凝结时间的配比至短凝结时间的配比逐级变换。变浆原则与普通水泥灌浆也不尽相同，有时需要以灌浆时间作为主要变浆条件。

（2）双液灌浆管路连接。双液灌浆中，为了使浆液混合均匀，实现黏度突变及速凝效果，浆液出口需要安装扰流式或喷射式浆液混合器；为了防止因两条管路压力不均衡造成浆液倒流堵塞管路，每个灌浆管路均需要安装逆止阀，为了防止超高压灌浆时（大于10MPa），因管路堵塞产生瞬时高压造成事故，泵前需要安装自动的过压卸压装置。典型的管路连接形式见图 3。

（3）双液灌浆控制。堵水灌浆需要浆液有一定的凝结速度和凝结体强度，因此灌浆时必须准确控制浆液配比及凝结时间，通常采用以下两种控制方法：①浆液配比控制，采用流量计或自动灌浆记录仪准确测读浆液注入量，通过调节变频泵来调节两种浆材的注入量，以此准确控制浆液配比；②工艺控制法，对于使用最短凝结时间的配比仍不能有效封堵涌水时，可采用加长灌浆管路，使浆液在管路中有一定的混合时间，在浆液挤出管口后已基本凝固为控制标准，以此保证浆液的最大抗冲能力。

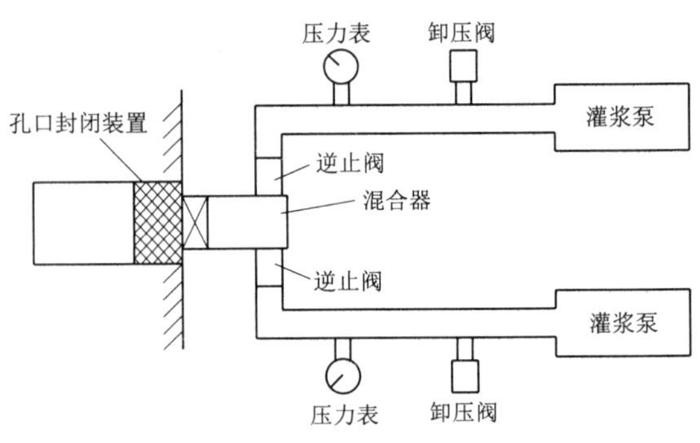

图 3　双液灌浆管路连接形式

5.3　群孔灌浆

群孔灌浆是针对同一条宽大裂隙或在某一特定区域布置多个钻孔，用多台灌浆泵同时进行灌浆，可同时灌注多种材料组合。一般在封堵动水时使用，目的是利用群孔灌浆在单位时间内可形成较大的灌注流量及多种材料的复合，在裂隙通道内尽快形成较大体积的浆体，保证短时间内不被水稀释而凝固，快速形成具有一定强度的结石体，达到封堵突涌水的目的。

6　结语

隧洞突涌水的封堵历来是工程技术难题，尤其是高压力、大流量涌水更是世界级难题。在堵水过程中，不可机械地照搬灌浆规范条文，针对突涌水的表现特征，需按照“系统思维，一点一策”的原则，并结合各类浆材及工艺的特性，制定科学合理的方案，是隧洞堵水成功的关键。

在隧洞开挖过程中，应重视及加强超前地质预报，在探明前端存在富水的不良地质段时，需事先提出有针对性的预处理措施、开挖措施及防排水措施，宜在突涌水未揭露前对待开挖的不良地质洞段进行超前灌浆处理，可以大大降低后期堵水的难度，减少突水造成的漫洞风险。

堵水灌浆材料主要是利用其高触变、速凝、早强、大黏聚力及高膨胀性等特性，实现对动水的抗冲能力。有时采用一种浆液难以达到目的，往往需要两种以上浆液联合使用，才能达到良好的封堵效果。水泥-水玻璃浆材具有凝结时间可调、施工操作简单、价格低廉等优点，配合双液灌浆工艺使用通常可以实现快速堵水的目的，宜作为隧洞堵水的首选材料；聚氨酯及马丽散类化学灌浆材料，存在一定的化学污染且施工成本高，可用于出水点的表层封堵及应急处理；纤维及沥青类颗粒材料工艺操作相对繁琐，可用于高压力、大流量的动水环境。

高寒地区复杂地质条件锚索施工中双液灌浆的应用与实践

闫龙伟　熊文财　王新锋

（中国水利水电第七工程局成都水电建设工程有限公司）

【摘　要】 高海拔强卸荷岩体预应力锚索施工中，由于地层架空及环境温度低等因素，普通水泥浆液扩散范围远，耗浆量大且浆液终凝时间长，不利于施工成本和施工进度控制，制约了施工关键线路边坡开挖进度。本文依托叶巴滩水电站左右岸高陡边坡预应力锚索工程，论述了低温条件下强卸荷岩体采用双液灌浆解决浆液待凝时间长，扩散范围远的问题，节约了成本，加快了深层支护工程施工进度，确保了开挖过程中的边坡安全与稳定。

【关键词】 双液灌浆　高寒　复杂地质条件　锚索施工

1　工程概况

叶巴滩水电站位于四川与西藏界河金沙江上游河段上，系金沙江上游 13 个梯级水电站的第 7 级，上游为波罗水电站，下游与拉哇水电站衔接。坝址位于金沙江支流降曲河口下游 600m，左岸属四川甘孜藏族自治州白玉县，右岸属西藏自治区昌都市贡觉县。坝址区域位于青藏高原和川西高原，气候寒冷而干燥，具有长冬无夏短春秋的特点。多年平均气温为－5.6～7.8℃，极端最低气温约为－23.4℃。冬季施工时间为 11 月至翌年 2 月，持续时间长。施工阶段左、右岸边坡开口线较招投标阶段上移，浅表部位边坡卸荷强烈，卸荷裂隙发育，边坡稳定性差。高程 3060m 以上边坡采用“框格梁＋锚筋束＋挂网喷混凝土＋锚杆”的支护方式，并在框格梁节点呈梅花形布置 $P=1500$kN、$L=30$m/40m 无黏结预应力锚索，间排距 5～6m。

2　工程地质条件

坝区位于金沙江断裂带分支竹英—山岩断裂与波罗—沙马断裂之间，无区域性断裂通过。坝区主要结构面可分为断层（F、f）、挤压破碎带（g）及节理裂隙（J），坝区出露基岩地层为华力西期侵入中酸性简单复式岩株，岩性为石英闪长岩（δo_4^3）与花岗闪长岩（$\gamma\delta_4^3$）。石英闪长岩、花岗闪长岩均呈浅灰色，细粒或中粒、半自形粒状结构，块状构造，局部也发育原生片麻理构造。主要矿物成分为斜长石、正长石、石英、角闪石和黑云母。

2.1 左岸边坡地质条件

根据开挖揭示的地质条件，浅表部位边坡卸荷强烈，卸荷裂隙发育，岩体破碎，以碎裂结构为主，整体松弛，边坡整体稳定性差。

2.2 右岸边坡地质条件

开关站及右岸缆机平台边坡总体上沟梁交错、坡面冲沟发育，地形凌乱，边坡顺河流方向从上游到下游恒华三道山脊，分别称之为1～3区。3个区域的脊体相对单薄，岩体卸荷强烈，浅表松动明显；陡倾角裂隙和断层发育，边坡破坏以崩塌、垮塌和松动拉裂为主。坡面危岩体分布广泛，边坡的工程地质条件复杂，稳定性较差。

3 预应力锚索施工概况

由于本工程位于高寒高海拔地区，受两次堰塞湖等因素影响，左右岸坝肩开挖施工进度严重滞后，为了保证整个工程的施工进度，保障后续工程节点目标的顺利实现。左右岸边坡预应力锚索施工无法避开冬季高寒的不利条件。由于地质条件强卸荷松弛，局部地层架空，钻孔漏风且钻头受力不均匀；钻渣无法有效返出孔口，进尺缓慢，且孔故频发，成孔难度大；遇到大孤石时，跟管造孔困难，采用裸钻造孔后，仍然存在破碎岩体，难以成孔；冬季环境温度低，普通水泥浆液凝结时间长，固壁灌浆后扫孔待强时间长达24h以上，工效低下。

边坡预应力锚索施工工序主要包括锚索成孔、锚索下索、锚索注浆、锚墩浇筑（待强）、锚索张拉、封锚施工等6个工序。结合前期已张拉完成的锚索分析：每一级马道分布32束锚索，布置7台锚索钻机，每台钻机平均施工工效为15d/束，锚索施工用时即锚索成孔（32×15/7=68.5d）→锚索下索（0.04d）→锚索灌浆（0.08d）→锚墩浇筑（0.38d）→待强（7d）→锚索张拉（0.25d）→封锚施工（0.02d），总用时为76.27d。结合现场施工情况，开挖工期为42d，预应力锚索施工工期远大于开挖工期，不能满足支护跟进的需要。结合斜卡水电站在高寒地区宽大、贯通裂隙的双液法灌浆施工工艺及浆液控制的基础上进行试验研究与探索。

4 双液灌浆工艺研究

4.1 外加剂类型确定

由于叶巴滩水电站具有长冬无夏短春秋的特点，冬季施工持续时间长，在低温条件影响下，采用纯水泥浆液护壁后需待强24～28h才能进行扫孔作业，否则浆液未终凝，易将钻杆抱死在孔内，导致发生孔故，而此类孔故处理时间约为2～3d，致使工效低，为解决此问题，结合场内现有速凝剂，分别进行多种添加比例对比试验，试验结果见表1和表2。

表1　添加YYSⅡ型低碱液体速凝剂后浆液凝结时间

速凝剂添加比例/%	1.0	1.5	1.8	2.0	备注
浆液凝结时间/(h：min)	8：24	7：46	6：25	6：08	户外
可泵性（直接添加）	可泵送	不可泵送	不可泵送	不可泵送	

表 2　　添加 2 号外加剂（成都理工大学生产的速凝剂）后浆液凝结时间

速凝剂添加比例/%	0.5	1.0	1.5	2.0	备注
浆液凝结时间/(h：min)	13：42	6：38	4：17	3：24	户外
可泵性（直接添加）	可泵送	不可泵送	不可泵送	不可泵送	

通过对比试验，添加 YYSⅡ型低碱液体速凝剂后可以缩短浆液待强时间，但是与 2 号外加剂（成都理工大学生产速凝剂）相比，同比例添加待强时间仍然较长，因此现场施工采用添加 2 号外加剂的方式。

4.2　2 号外加剂添加方式确定

施工现场采用直接添加 2 号外加剂的方式，当添加比例为 0.5%时，浆液待强时间仍为 13h 左右，对锚索钻孔施工提升效果不理想，无法起到缩短扫孔待强时间的预期目标；当添加比例大于 0.5%时，水泥浆液呈膏状，流动性差，易发生堵管现象，无法满足泵送要求。

经研究采取双液灌浆方式，本工程护壁灌浆主要采用孔口无压注浆的方式，采用 2 台灌浆泵分别泵送水泥浆液、2 号外加剂溶液，在孔口采用专用三通的形式使浆液与 2 号外加剂溶液在孔口均匀混合，解决可泵性问题。双液灌浆相关参数详见表 3。

表 3　　边坡锚索护壁双液灌浆施工参数表

2 号外加剂添加比例/%	流量比（水泥浆液：2 号外加剂溶液）	现场施工流量控制/(L/min)	
		水泥浆液（0.5：1）	2 号外加剂溶液
2%	25：3	50	6

4.3　现场应用效果

查阅和咨询锦屏水电站、杨房沟水电站等类似工程，采用普通水泥浆液边坡锚索单次护壁待强时间一般为 0.3d（8h），分析认为：参考类似工程的施工经验，本工程设定单次待强时间不大于 0.3d。针对现场施工作业班组进行全方面技术交底，开展了 5 束锚索现场施工试验，试验过程中对交底及现场执行情况进行了检查，各项指标均符合要求，同时对 5 束锚索单次待强时间进行了统计分析，平均待强时间均在 0.30d 左右，每束锚索平均护壁次数在 13 次左右，每束锚索造孔时间平均在 1.76d 左右，每束锚索造孔辅助时间平均在 0.75d 左右，即强卸荷岩体锚索成孔工效为：1.76＋0.75＋0.3×13＝6.41(d)，布置 7 台锚索钻机，每一级马道分布 32 束锚索每级马道锚索施工工期为：(32×6.41/7)＋0.04＋0.08＋0.38＋7＋0.25＝37.05（d）＜42d（开挖工期）。

对现场添加外加剂的灌浆已成孔 5 束锚索单次待强时间进行了统计分析见表 4。

表 4　　边坡锚索护壁双液灌浆单次待强时间统计表

序号	1	2	3	4	5
待强时间/d	0.31	0.32	0.28	0.29	0.30

通过采用双液灌浆方式后，可有效控制浆液扩散范围，护壁灌浆次数由原来需要 13 次，减少为 3 次，减少幅度为 76.9%，固壁注浆耗灰量大大降低。

5 效果检查

通过采取一系列措施，尤其是双液灌浆工艺，缩短了边坡锚索固壁待凝时间，强卸荷岩体锚索钻孔工效从15d缩短至2.12d，节约12.88d。不仅节约了工程投资，还加快预应力锚索施工进度，确保开挖过程中边坡安全与稳定，进而促进了工程整体进度顺利推进，为后续大坝主体混凝土施工奠定基础。

6 结语

通过室内试验和现场施工实践，针对高海拔强卸荷岩体边坡预应力锚索钻孔与注浆技术形成了成熟高效工艺，边坡锚索施工进度明显加快，基本满足设计要求的支护与开挖高差，推进工程整体施工进度节点目标的实现。

叶巴滩水电站大坝工程边坡锚索双液注浆施工实践，也可为高寒高海拔地区类似工程提供借鉴。

碳质泥岩地层防渗帷幕灌浆处理技术

曾 政 段鹏义

（中国水利水电第八工程局有限公司）

【摘 要】 平桥水库大坝趾板地基存在顺河床方向 F_9 断层破碎带，以断层为界右岸为碳质泥岩地层。趾板帷幕灌浆如采用普通自上而下卡塞法，断层破碎带附近地层在水流作用下会导致碳质泥岩软化，从而出现塌孔、掉块、涌水、卡塞不严或抱塞等现象，使局部地段受到连续性的破坏，导致帷幕防渗可靠性降低。本项目通过采用灌注桩、高喷灌浆形成的混凝土防渗墙有效增强了断层破碎带的防渗效果，又通过布置双排帷幕孔、改用孔口封闭灌浆法、加大孔深、布置加密补强孔等方式增强了碳质泥岩帷幕灌浆的效果，确保了工程质量。

【关键词】 碳质泥岩 断层破碎带 灌注桩 高喷灌浆 帷幕灌浆

1 引言

平桥水库工程位于贵州省黔西南州安龙县境内，开发任务是城镇供水、灌溉及农村人畜饮水。工程分期实施，一期工程包括水源工程和供水灌溉工程的总干渠、左干渠（管）、右干渠（管）及泵站工程。

枢纽工程主要建筑物由混凝土面板堆石坝、溢洪道、引水系统等组成，河床布置混凝土面板堆石坝，溢洪道和引水系统均布置于左岸。混凝土面板堆石坝轴线方位角 144.72°，坝顶高程 1329.50m（调整后为 1329.85m），坝高 74.5m（调整后为 74.85m），坝顶宽度 10m，上游设防浪墙，墙顶高程 1330.70m（调整后为 1331.05m）。溢洪道采用开敞式有闸控制，布置在左坝肩一斜坡上，由引水渠段、控制段、泄槽段、挑流鼻坎段和护坦段组成，水平总长 309.9m，控制段设 2 孔闸，孔口尺寸为 8m×6m（宽×高）。引水系统由引水渠、进水口、引水隧洞和出口阀室等组成，引水隧洞为有压洞，洞径 2.0m，引水系统总长 383.6m。引水隧洞后接总干渠首水池。左岸库首单薄山分水岭走向北西，其南东端边缘离河岸水平距离约 300～500m，横穿分水岭两侧地面高程分别为 1275m、1417m、1270m，宽度约 1.2km，上游接坝口冲沟，设置一条长 710m 的灌浆平洞，采用城门洞型，洞身净尺寸为 3.0m×3.5m。

2 施工概况

根据前期阶段勘察成果以及现场开挖后实际揭露的地质情况，河床及右岸存在大范围碳质泥岩地基，碳质泥岩的变形模量远低于左岸的弱风化岩体，强度低、压缩量大，遇水易软化，且其层位多、厚度较大、不良工程特性突出。针对河床及右岸碳质泥岩不良工程特征，参建各单位共同探讨合适的施工方法，最终经设计单位进一步研究本工程碳质泥岩地基上的趾板设计，并对趾板帷幕灌浆设计提出以下完善措施：

（1）针对河床段 F_9 断层破碎带，其范围大，槽带深，需设置混凝土防渗墙，在坝 0＋181.955～坝 0＋215.583 趾板范围内布置上、下游两排咬合灌注桩防渗墙，排距 2.4m，桩径 1.2m，桩间距 0.9m；其中上游排防渗墙桩间上、下游布置旋喷桩，桩径 0.6m，间距 0.9m。最下游侧布置一排灌注桩，桩径 1.2m，桩间距 1.8m；桩顶设置承台，顺水流向长 8m，厚 2.0m。在坝 0＋181.955～坝 0＋215.583 趾板范围内上、下游排帷幕灌浆位置对应调整，间距均为 1.8m。

（2）趾板帷幕灌浆坝 0＋181.955～坝 0＋215.583（断层破碎带 F_9 区域）原单排孔帷幕调整为双排孔帷幕，原双排孔帷幕将排距 1.2m 调整为 2.4m、上游排孔距 1.5m 调整为 1.8m、下游排孔距 2.0m 调整为 1.8m；其中下游排帷幕深度为上游排帷幕深度的 0.7 倍。坝 0＋215.583～坝 0＋398.978（右岸趾板碳质泥岩区域）由原单排孔调整为双排孔，其中上游排与原单排孔孔距一致，为 1.5m，下游排帷幕孔孔距为 2.0m，排距 2.4m，下游排帷幕深度为上游排帷幕深度的 0.7 倍。

3 旋挖钻孔咬合灌注桩结合高喷防渗墙施工

（1）施工平台高度应高于桩顶标高 0.5～1.0m，该场地需回填厚度为 1.2m 左右的强度不小于 30MPa 的石块料，经平整碾压后形成施工平台。施工过程中应准备 10 块左右的标准尺寸路基箱板，用于拔管机和施工设备承压载体。

（2）现场必须制作不少于 3 点固定的测量基准点，施工前需进行桩位做标、桩顶标高等进行计算并形成参数表，施工时采用全站仪进行精确放样，开孔前必须进行桩位再次复核，其误差不得大于 20mm，浇筑施工完成后需立即桩顶标高复核，不得低于设计桩顶标高 0.5m。

（3）咬合桩采用旋挖钻机施工，Ⅰ序桩成孔采用长护筒施工（必要时采用泥浆固壁），Ⅱ序桩成孔采用套管驱动全套管施工；钢筋笼分节现场制作（主筋选择长度为 9m＋12m 钢筋），吊车入位，搭接焊连接；打桩机振动锤下设长护筒，拔管机拔全护筒；考虑到场地受限及全护筒浇筑需要，采用汽车泵送混凝土，并采用导管法浇筑。

（4）咬合桩Ⅰ序桩采用 C20 缓凝混凝土泵送水下混凝土，缓凝时间大于 60h，初凝时间大于 70h，Ⅱ序桩采用常规泵送水下 C25 混凝土。

（5）高喷灌浆采用单管法，MDL－135D 型履带钻机套管跟进冲击造孔，钻孔直径 146mm；ϕ100PVC 管护孔，下入 ϕ73 单管高压旋喷灌浆，TTB180/10 型高压注浆泵灌浆，旋转速率为 10r/min，提升速度为 10cm/min，浆液比重为 1.4～1.5g/cm^3，浆压为 25MPa，回浆比重不小于 1.3g/cm^3。

（6）在灌注桩及高喷灌浆完成后，按设计图纸要求施工墙下帷幕，上游排设计孔深稍大于灌注桩的深度，而下游排帷幕深度为上游排帷幕深度的 0.7 倍（小于灌注桩深度），故取消对下游排帷幕施工，在完成灌注桩、高喷灌浆及墙下帷幕施工后，断层破碎带 F_9 区域共布置 2 个检查孔，各段压水试验透水率均满足设计防渗要求。

4 趾板帷幕灌浆施工

4.1 先导孔及帷幕灌浆试验施工

按设计蓝图要求，帷幕灌浆底线需根据现场先导孔试验成果及实际揭露地质条件确定，且帷幕底部需伸入相对不透水层（5Lu）线以下不少于6m；初拟帷幕灌浆表层段灌浆压力为0.4～0.7MPa，孔底段为1.0～1.2MPa，最终灌浆压力、布孔、浆液配比等数据可根据帷幕试验验证合理性。

先导孔钻孔孔径为76mm，本次试验先导孔均进行钻孔取芯，并按取芯次序统一编号、填牌装箱。先导孔压水采用“自上而下”分段单点法压水，先导孔灌浆采用“自下而上”分段灌浆，压水试验压力为灌浆压力80%。本次试验区除先导孔采用“自下而上”分段卡塞循环式灌浆，孔口段封孔采用导管法注浆封孔。其余灌浆孔均采用“自上而下”分段卡塞循环式灌浆法，封孔采用孔口封闭法封孔。

整体施工顺序为：先导孔→下游排Ⅰ序孔→下游排Ⅱ序孔→下游排Ⅲ序孔→上游排Ⅰ序孔→上游排Ⅱ序孔→上游排Ⅲ序孔。单孔施工顺序为：测量放样→钻机就位、校正→第1段（孔口段）钻孔→裂隙冲洗→简易压水→灌浆→待凝24h→第2段钻孔→裂隙冲洗→简易压水→灌浆→……→循环至底线段灌浆完成→封孔灌浆→封孔外观检查→单元灌浆完成至少14天→钻检查孔压水试验（按灌浆段段长“自上而下”分段压水检查）→检查孔灌浆、封孔。

按上述施工要求施工完先导孔压水试验及帷幕灌浆试验后，按要求对试验区布置检查孔，检查孔压水试验结果均满足设计防渗标准（$q \leqslant 5Lu$）。根据试验成果数据，最终按设计批复要求，趾板帷幕灌浆最大灌浆压力为1.2MPa，采用自上而下卡塞方式逐段进行灌浆，其余帷幕灌浆孔孔深必须达到设计蓝图底线且需同时满足伸入相对不透水层（5Lu）线以下不少于6m。

4.2 帷幕灌浆施工

4.2.1 概述

右岸趾板碳质泥岩帷幕灌浆按要求采用自上而下卡塞式灌浆，分单元分孔排序完成第1段（接触段）灌浆，第1段完成灌浆后待凝24h，依次序进行第2段及以下各段灌浆施工。

先施工的下游排（副帷幕）由于孔深为上游排（主帷幕）的0.7倍，设计孔深在7～35m范围之间，施工过程中除钻孔颜色呈黑色外，灌浆过程出现异常现象较少，且达到设计帷幕底线后透水率仍大于5Lu且需要继续加深的孔较少，需继续加深的孔深主要集中出现在原设计孔深20～30m范围之间。而后续施工的上游排（主帷幕）孔，灌浆施工由于孔深更深，卡塞灌浆施工难度更大，局部出现孔内掉块、塌孔导致栓塞在孔内卡死无法取出而需要重新开孔，靠近上游集水坑（趾板17～18单元）帷幕孔灌浆过程中部分孔段出现在上游面排水沟、集水坑及铺填出现漏浆现象，经浓浆、低压、限流、间歇、待凝等方式处理，最终将漏浆孔段灌注结束；相对于下游排（副帷幕）达到设计底线后仍有透水率大于5Lu需要继续加深的孔较多，针对终孔段透水率大于5Lu的帷幕灌浆孔需重新加深，按6m/段控制，加深后透水率小于等于5Lu后再加深1段；对终孔段透水率小于等于5Lu

而段长小于6m且上段透水率大于5Lu帷幕孔需加深1段，按6m/段控制，若加深段次透水率大于5Lu则继续加深，帷幕灌浆孔最终深度按深入透水率（$q \leqslant 5$Lu）以下6m控制。

4.2.2 特殊情况处理

根据新增检查孔施工成果参建各方再次召开专题会议，由于此区域涌水出现深度均超过下游排（副帷幕）孔总孔深，即在涌水位置实际为单排帷幕孔布置，从上述涌水情况及钻孔情况（未掉钻）初步分析，此透水层层间透水层，可能与帷幕线大角度相交发育，也可能受附近F_9断层影响，透水层呈凹槽型发育（中间237～240号孔均未出现涌水异常），为确保透水层灌浆形成幕体的厚度，需增加布置加密孔进行补强处理。

针对上述区域出现的涌水现象，会议要求对施工完的检查孔19-JC5（仅施工至第2段）可不再进行施工，直接进行灌浆封孔处理；已施工完的检查孔19-JC4、19-JC6提高灌浆压力进行处理，终孔灌浆压力控制在2～3MPa，孔口压力0.5MPa，自下而上逐级减压分段灌浆，提高灌浆质量。并在右岸趾板19单元上游增设1排帷幕孔，与灌注桩相接，孔深达到原上游排设计帷幕底线，与原上游排帷幕灌浆孔呈梅花形布置，排距0.5m，孔距1.5m。新增帷幕孔不进行裂隙冲洗和不做压水试验，直接钻孔灌浆，终孔灌浆压力控制在2～3MPa，孔口压力0.5MPa，采用镶铸孔口管孔口封闭自上而下逐级加压分段灌浆，新增加密孔布置如图1所示。

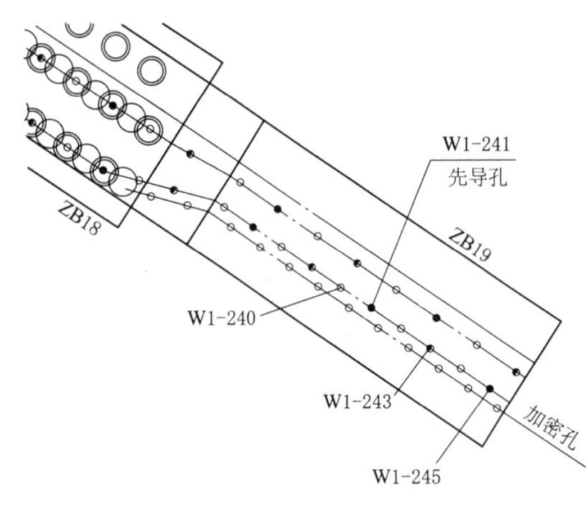

图1 加密孔孔位布置图

按上述方式施工完成加密孔后，在原上游排帷幕孔布置2个检查孔，2020年7月30日检查孔19-JC7（W1-239与W1-240中间）施工第10段（40.7～44.2m）出现涌水，涌水流量为6.8L/min，压水透水率为5.80Lu；检查孔19-JC8（W1-243与W1-244中间）施工第10段（40.7～46.7m）出现涌水，涌水流量为13L/min，涌水压力为0.05MPa，压水透水率为7.98Lu。

经业主、项目管理单位、监理单位、设计单位、施工单位五方共同现场查勘，再结合专题会议精神决定如下：

（1）已施工完的检查孔19-JC7、19-JC8对涌水段单独卡塞进行灌浆，灌浆压力采用终孔段最大灌浆压力2.75MPa，上部未涌水段整体单独灌浆，灌浆压力采用灌浆压力2.5MPa。

（2）趾板19单元再新增1排加密孔布置在原上、下游排帷幕孔中间（距上下游帷幕线0.6m），与灌注桩相接，孔号为ZBJ13～ZBJ24，孔距1.5m，孔深超过原上游排设计帷幕底线10m，与原上游排帷幕灌浆孔呈梅花形布置。新增帷幕孔不进行裂隙冲洗和不做压水试验，但终孔段做压水试验，直接钻孔灌浆，终孔灌浆压力控制在3MPa，孔口段灌浆压力0.5MPa，采用镶铸孔口管孔口封闭自上而下逐级加压分段灌浆。二次加密补强孔布置如图 2 所示。

上述涌水区域经二次加密补强灌浆后，再次布置检查孔各段施工未再出现涌水现象，且每段压水试验透水率均小于防渗标准。

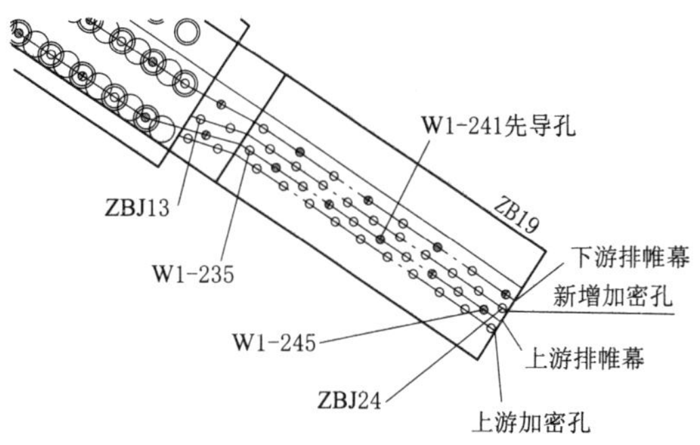

图 2 二次加密补强孔孔位布置图

5 结语

通过对河床段断层破碎带 F_9 区域及附近碳质泥岩地层帷幕灌浆及加密补强孔施工情况的回顾及检查孔资料综合分析后，得出以下结论：

（1）针对趾板位于断层破碎带位置，设置灌注桩结合高喷灌浆形成混凝土防渗墙可有效加强趾板基础的渗透稳定性。

（2）趾板碳质泥岩帷幕灌浆下游排帷幕孔孔深为上游排帷幕孔孔深的 0.7 倍，上游排孔深超过下游排帷幕孔后的段次相当于单排孔帷幕布置，灌浆压力偏小（最大灌浆压力仅 1.2MPa），且采用卡塞式自上而下分段灌浆，针对碳质泥岩地层，无法确保每段灌浆施工卡塞完全准确到位，导致局部出现涌水及检查孔压水不合格现象。

（3）针对碳质泥岩帷幕灌浆出现涌水现象，由于碳质泥岩存在遇水易泥化、失水易崩解等特性，采用原有的低压卡塞式灌浆，灌浆处理效果不明显。新增加密补强孔施工改用镶铸孔口管孔口封闭的方式逐段增加灌浆压力，最大灌浆压力采用 3.0MPa 高压灌浆，终孔孔深超过透水层以下至少 10m。以此方式进行灌浆施工，不仅可增加防渗幕体厚度，而且可有效封闭透水层通过防渗帷幕的透水通道，项目最终压水试验透水率均满足设计防渗要求。

托帕水库大坝基础防渗墙下帷幕灌浆试验研究

巨伟涛

（中国葛洲坝集团市政工程有限公司）

【摘　要】托帕水库大坝基础防渗墙下布置单排帷幕灌浆孔，因防渗墙下伏基岩裂隙较发育，对帷幕灌浆施工极为不利，为有效保证帷幕灌浆质量，开展了生产性试验研究，为本工程的帷幕灌浆施工提供参数依据，也为类似工程的帷幕灌浆生产性试验提供借鉴。

【关键词】托帕水库　防渗墙下　帷幕灌浆　生产性试验

1　工程概况

托帕水库大坝基础防渗墙全长314.411m，防渗墙全段布置单排墙下帷幕灌浆孔，孔间距2m；帷幕灌浆采用预埋灌浆管法施工，质量检查采用单点法压水试验，合格标准为检查孔压水试验透水率$q\leqslant$5Lu。

本工程防渗墙下帷幕灌浆在河床段内，覆盖层下部基岩岩性为泥盆系中统灰岩，强风化层厚为2～4m，弱风化层厚15～20m。河床段左侧岩体透水率$q\leqslant$5Lu界线埋深在基岩面以下4.7～31.5m，河床右侧深槽段基岩面以下5～7m均小于5Lu。根据防渗墙施工阶段先导孔的基岩鉴定资料，防渗墙下伏基岩与地勘阶段的地质资料局部存在差异，基岩总体为灰岩，局部为粉砂岩，基岩总体节理裂隙发育，节理裂隙面多呈铁质渲染。

2　开展生产性试验的目的

本工程最终确定的生产性灌浆试验段桩号为防0＋118.5～0＋142.5，共13个灌浆孔（其中包含1个先导孔），布置1个检查孔。

本次生产性试验目的是试验确定灌浆施工方法、施工组织相关数据及灌浆参数的适宜性，确定质量检查的方法和标准，验证设计方案及技术参数、质量标准和施工组织设计的合理性等，为下一步墙下帷幕灌浆提供合适的灌浆技术参数和施工方法，具体内容包括：①验证本工程设计阶段的帷幕灌浆防渗效果；②选择合适的灌浆浆液比级；③选择合适的施工工艺，确定合理的灌浆段长和灌浆压力；④获得本工程基岩帷幕灌浆材料单耗情况。

3 试验性灌浆施工技术要求

3.1 钻孔

采用XY-2钻机施工，钻头采用硬质合金钻头，灌浆孔采用小直径施工，开孔采用不小于ϕ76钻头，终孔采用ϕ56钻头。墙下帷幕灌浆孔从预埋灌浆管内下设ϕ76钻头开钻，第一段为接触段，钻进基岩深度按2m控制，以下部位段长按不超过5m控制。

3.2 灌浆

本工程帷幕灌浆采用自上而下分段灌浆法，灌浆浆液采用中等抗硫酸盐水泥浆。试验孔孔号为QXWM-59～71，共计13个孔，其中4个一序孔，3个二序孔，6个三序孔，灌浆施工顺序按孔号分序原则进行。

灌浆浆液原材采用水泥强度等级42.5的中等抗硫酸盐水泥。水泥浆按水灰比（重量比）5∶1、3∶1、2∶1、1∶1、0.7∶1、0.5∶1共六个比级进行控制。

本工程帷幕灌浆生产性试验灌浆压力按设计要求进行控制，具体如下：混凝土与岩石接触段灌浆压力按0.3～0.5MPa控制；防渗墙底部岩石段灌浆压力按1.5～2.0MPa控制。

3.3 质量检查

本工程生产性试验段检查孔位于桩号防0+121.5（孔号JC-F20）处，以分析检查孔压水试验为主，结合钻孔取芯资料、灌浆记录等综合评定，压水试验采用单点法，合格标准为检查孔压水试验透水率$q \leqslant 5$Lu。检查压水试验在该部位灌浆结束14d后进行，按照自上而下分段钻进、分段压水，分段段长按该部位灌浆段长控制。

4 先导孔钻孔取芯情况分析

基岩先导孔取芯遇水在钻头扰动下崩裂，局部岩芯采取率较低，全孔平均采取率为57.87%，取芯率小于60%钻次主要集中在孔深70.4～95.4m之间，对应高程为2244.9～2269.9m，该部位虽然采用了双管钻具取芯，但取芯率仍仅32%～56%。

该部位基岩地勘资料描述为泥盆系中统（D_2^{gv}）灰岩，但未提及构造情况。从先导孔取芯可以看出，该区域地层基岩为灰岩，地层均一性较差，节理、裂隙发育，且分布无明显规律，岩芯总体较为破碎，部分岩芯裂缝有方解石条带填充。

5 灌浆成果分析

5.1 灌前压水试验成果及分析

灌前压水试验成果反应原状岩体的透水率。墙下帷幕灌浆为单排帷幕灌浆，试验区共13个孔，本试验区灌前压水共112段次，其中Ⅰ序孔36段次，平均透水率10.97Lu；Ⅱ序孔26段次，平均透水率5.99Lu；Ⅲ序孔50段次，平均透水率3.9Lu，随着灌浆加密，透水率呈递减趋势。各次序孔平均透水率及区间分布见表1，灌前透水率区间频率柱状图和分布曲线见图1和图2。

表 1　墙下帷幕灌浆试验各序孔透水率区间成果表

孔序	灌浆进尺	总段数	平均透水率/Lu	透水率分布							
					<1	1~3	3~5	5~10	10~30	30~100	>100
Ⅰ	171.20	36	10.97	段数	0	3	10	19	0	3	1
				频率	0	8.33%	27.78%	52.78%	0	8.33%	2.78%
Ⅱ	123.44	26	5.99	段数	0	2	14	6	3	1	0
				频率	0	7.69%	53.85%	23.08%	11.54%	3.85%	0
Ⅲ	246.47	50	3.90	段数	3	24	14	3	5	1	0
				频率	6.00%	48.00%	28.00%	6.00%	10.00%	2.00%	0
合计	541.11	112		段数	3	29	38	28	8	5	1
				频率	2.68%	25.89%	33.93%	25.00%	7.14%	4.46%	0.89%

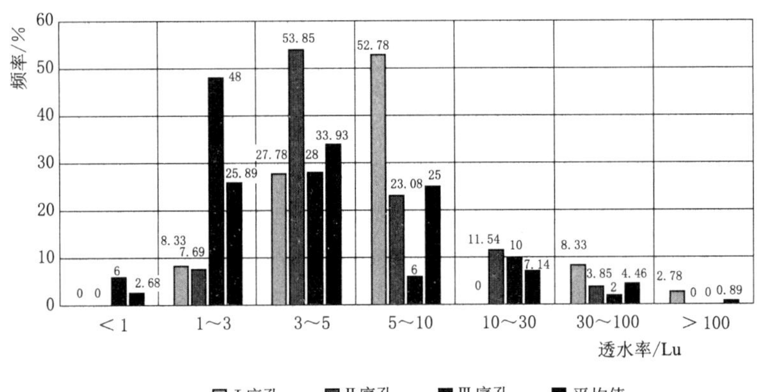

图 1　灌前透水率区间频率柱状图

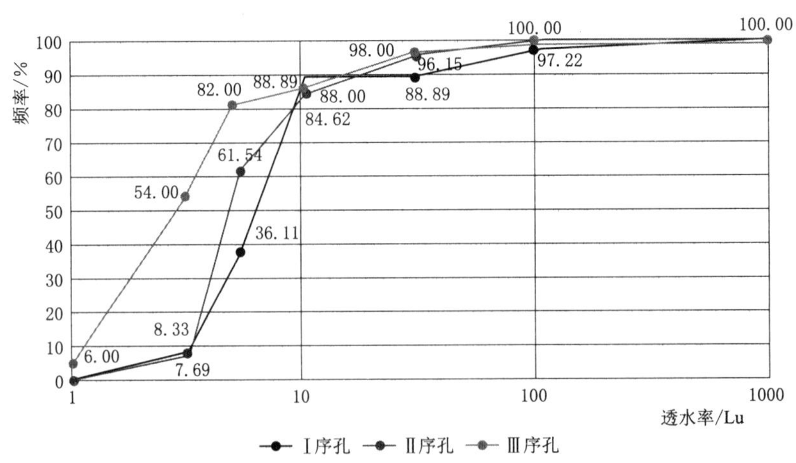

图 2　墙下帷幕试验区透水率频率曲线图

结合表 1、图 1、图 2 可以看出：

（1）灌前透水率主要分布在小于 5.0Lu 区间内，占总段数的 62.5%，少部分孔段透水率较大，个别孔段存在特大透水率。

（2）透水率小于 5.0Lu 的孔段Ⅰ序孔频率为 36.11%，Ⅲ序孔灌前频率为 82.00%，Ⅰ序孔至末序孔频率增加 45.89%。

（3）灌前透水率大于 5.0Lu 的孔段，各次序孔分别占 23 段次、10 段次、9 段次，至末序孔时中强透水性孔段频率为 18.00%。

（4）墙下帷幕接触段灌前透水率均大于 10Lu，平均值为 66.1Lu，极端最大值达 459.9Lu，去掉极端最大值的透水率平均值为 33.3Lu。结合灌浆成果，接触段平均单位注灰量为 219.1kg/m，最大值为 736.51kg/m，由此推测接触段为墙下帷幕的薄弱点，影响帷幕整体防渗效果。

（5）灌前平均透水率按序递减规律明显，Ⅲ序孔个别孔段仍然存在灌前透水率大于 5Lu，说明局部地质条件较为复杂。

5.2 单位注灰量成果及分析

5.2.1 平均单位注入量

墙下帷幕生产性试验共完成基岩灌浆 541.11m，其中Ⅰ序孔 171.20m，平均单位注入量 78.46kg/m；Ⅱ序孔 123.44m，平均单位注灰量 63.96kg/m，Ⅲ序孔 246.47m，平均单位注入量 26.73kg/m，随着灌浆加密，总体上各次序孔平均单位注灰量呈递减趋势。各次序孔平均单位注灰量及区间分布见表 2，试验段灌浆孔单位注灰量频率柱状图和曲线图见图 3、图 4。

表 2　　墙下帷幕灌浆试验各序孔平均单位注入量成果表

孔序	总段数	单位灌入量/(kg/m)	平均单位注入量分布/[区间段数/频率(%)]					
			<20		20～50	50～100	100～250	>250
Ⅰ	36	78.46	段数	4	123	14	4	2
			频率	11.11%	33.33%	38.89%	11.11%	5.56%
Ⅱ	26	63.96	段数	2	15	6	1	2
			频率	7.69%	57.69%	23.08%	3.85%	7.69%
Ⅲ	50	26.73	段数	29	15	4	1	1
			频率	58.00%	30.00%	8.00%	2.00%	2.00%
合计	112	51.59	35/31.25		42/37.5	24/21.43	6/5.36	5/4.46

结合表 2 和图 3、图 4 可以看出：

（1）随灌浆分序加密，单位注灰量按序递减率分别为 18.48%、58.21%，单位注灰量随灌浆孔序的增加呈递减趋势，符合水泥灌浆一般规律。

（2）在单位注灰量大于 50kg/m 区间内，Ⅰ序孔频率为 55.56%，至末序孔频率减少至 12.00%，结合灌前压水成果，说明通过Ⅰ、Ⅱ、Ⅲ序孔灌浆，防渗性能得到了加强。

5.2.2 大注入量孔段分析

大注入量段数据统计见表 3。

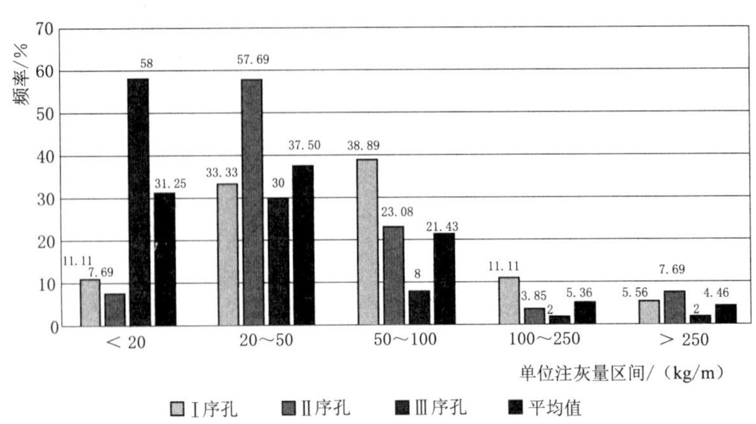

图3　单位注灰量区间频率柱状图

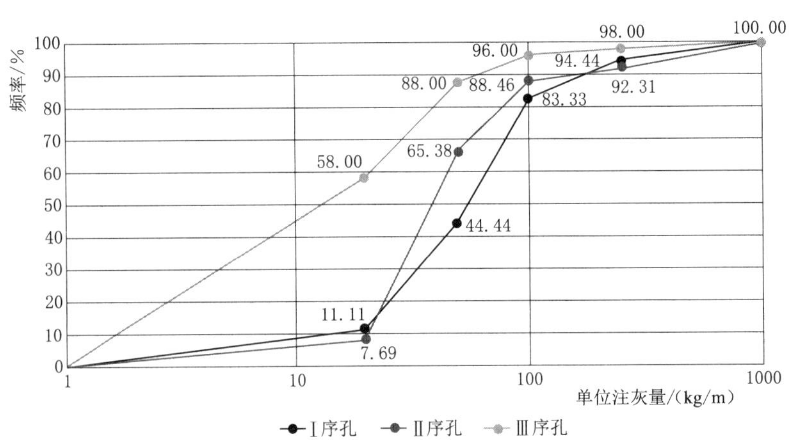

图4　墙下帷幕灌浆单位注灰量频率曲线图

表3　　　　　　　　　　　　　大注入量孔段统计表

序号	孔　号	段次	孔深/m	透水率/Lu	注入量/kg	单位注入量/(kg/m)
1	QXWM－Ⅰ－059	1	61.50～63.50	459.90	1473.01	736.51
2	QXWM－Ⅰ－059	4	73.50～78.50	8.52	540.08	108.02
3	QXWM－Ⅱ－061	3	69.11～74.61	10.27	1691.46	307.54
4	QXWM－Ⅲ－062	4	75.20～80.90	9.07	1636.45	287.10
5	QXWM－Ⅰ－063	1	63.40～65.40	54.72	1331.93	665.96
6	QXWM－Ⅰ－063	2	65.40～70.40	5.43	636.90	127.38
7	QXWM－Ⅱ－065	1	64.00～66.00	39.27	1440.43	720.22
8	QXWM－Ⅲ－066	1	64.30～66.30	54.37	211.29	105.65
9	QXWM－Ⅰ－067	4	76.62～81.62	4.52	509.78	101.96
10	QXWM－Ⅱ－069	1	65.15～67.15	29.29	267.24	133.62
11	QXWM－Ⅰ－071	1	66.28～68.28	38.88	255.44	127.72
12	QXWM－Ⅰ－071	4	78.80～84.30	5.80	1313.26	238.77

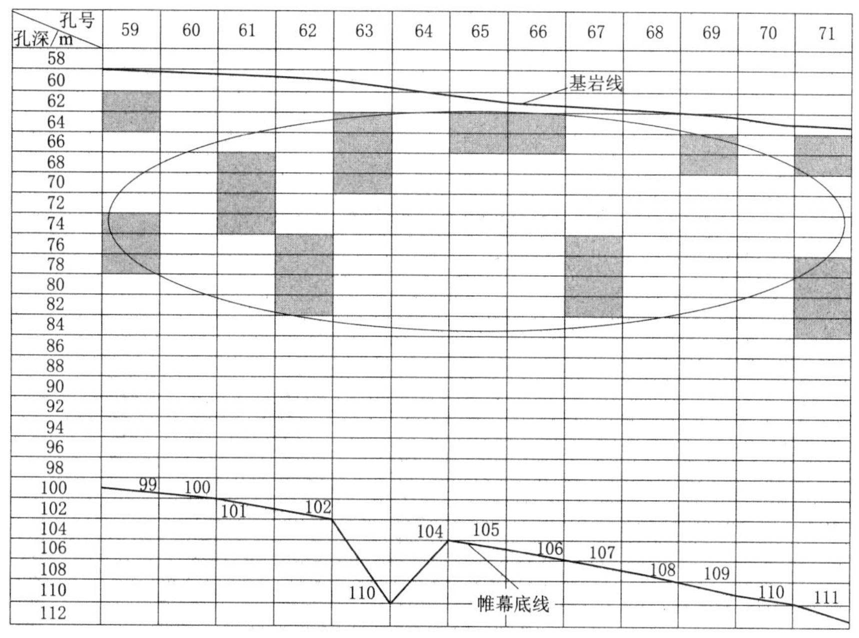

图 5 大注入量段分布图

从表 3、图 5 可以看出，吸浆量较大孔段主要集中在第 1 段至第 4 段，结合设计图纸分析，接触段为强风化岩层与弱风化岩层链接处，经过防渗墙施工时冲击钻的扰动，弱风化区域产生较为发育裂缝，是造成大灌入量的主要原因。

根据大流量段分布图和墙下帷幕灌浆试验成果综合剖面图可以看出，除接触段，大注入量灌段主要集中在防渗墙基岩线至基岩线以下 20m 范围内。结合先导孔和检查孔取芯情况分析，该深度范围内的基岩较其他部位较为破碎，地质条件相对复杂，是帷幕灌浆质量薄弱部位。

5.2.3 部分Ⅱ、Ⅲ序孔单位注入量较大的原因

灌浆试验Ⅱ、Ⅲ序孔除接触段，部分段次灌浆注入量较大。根据设计图纸，试验段岩层为弱风化灰岩，通过Ⅰ序孔的灌浆，大多数裂缝得到填充，到Ⅱ、Ⅲ序孔灌浆时，浆液只填充和挤压岩层中相对细小和局部相对宽大的裂隙，由于Ⅱ、Ⅲ序孔灌浆压力相对Ⅰ序孔灌浆压力较大，对相对细小裂缝及Ⅰ序孔灌浆已填充裂缝造成二次开裂，导致部分Ⅱ、Ⅲ序孔灌浆时注入量相对Ⅰ序孔仍然较大。

5.3 灌浆压力

根据设计要求，接触段灌浆压力按 0.3～0.5MPa 控制，第 2 段及以下 1.5～2.0MPa。接触段较为薄弱，第 2 段灌浆压力过大可能对接触段造成破坏，实际施工中第 2 段灌浆压力较难升到 1.5MPa 以上，普遍为 1.0～1.5MPa。经现场多次试验初步得到了比较适合本工程的灌浆压力，见表 4。

表 4　　灌浆压力参数表　　单位：MPa

孔序	第 1 段（接触段）	第 2 段	第 3 段	第 4 段及以下
Ⅰ	0.3	1.0	1.5	1.5
Ⅱ、Ⅲ	0.5	1.0	1.5	2.0

5.4 特殊情况处理

施工 QXWM－Ⅰ－059 号灌浆孔第 1 段（接触段）时，简易压水试验透水率达到 459.9Lu，采用 0.5∶1 水灰比开灌，无压力，经多级变浆后仍无改观，持续注灰量达到 1473.01kg 后，停止灌浆，待凝 24 小时复灌后正常结束。

6 检查孔压水试验成果

6.1 检查孔布设

检查孔布置在 QXWM－Ⅲ－60 和 QXWM－Ⅱ－61 两个孔之间，孔号 JC－F20。根据成果资料分析，除接触段外，灌浆注入量较大孔段大部分集中在 QXWM－Ⅰ－59～QXWM－Ⅱ－65 之间，JC－F20 号检查孔能有效检查该区域灌浆防渗效果。

6.2 检查孔压水试验成果

检查孔共完成压水试验 8 段，成果汇总见表 5。

表 5　　墙下帷幕灌浆 JC－F20 号检查孔压水试验成果汇总表

段次	压水孔段/m			孔径/mm	全压力/MPa	透水率/Lu
	自	至	段长			
1	61.80	63.80	2.00	91	0.40	0.32
2	63.80	69.00	5.20	91	0.82	0.88
3	69.00	74.40	5.40	76	1.04	4.14
4	74.40	79.60	5.20	76	1.02	1.00
5	79.60	84.60	5.00	76	1.00	4.84
6	84.60	89.60	5.00	76	1.03	0.00
7	89.60	94.6	5.00	76	0.98	0.32
8	94.60	99.6	5.00	76	1.01	3.69

检查孔压水试验成果与灌浆孔透水率区间成果对比见表 6。

表 6　　墙下帷幕灌浆试验压水透水率值区间成果统计表

项目	平均透水率/Lu	压水试验段数	透水率频率区间							
				<1	1～3	3～5	5～10	10～30	30～100	>100
灌浆孔	6.62	112	段数	3	29	38	28	8	5	1
			频率	2.68%	25.89%	33.93%	25.00%	7.14%	4.46%	0.89%
检查孔	1.64	8	段数	4	1	3	0	0	0	0
			频率	50.00%	12.50%	37.50%	0	0	0	0

（1）从表6可以看出，检查孔压水试验透水率符合设计要求的透水率不大于5Lu合格标准。

（2）从检查孔与灌浆孔灌前压水试验透水率对比，可看出经分序加密灌浆后，大部分段次透水率明显减小，且均小于5Lu，但仍有部分段次的透水率减小不明显（第5段4.84Lu，已接近合格标准）。

（3）检查孔压水试验结果显示，第3段（69～74.4m）和第5段（79.6～84.6m）透水率分别为4.14Lu和4.84Lu，远高于其他段次压水试验透水率，结合JC－F20检查孔两边的60号和61号灌浆孔单位注灰量情况，两孔在64～85m范围内单位注灰量远大于其他段次，由此推测，该区域在深度64～85m范围内岩石较为破碎，吸浆量大，为影响灌浆质量的关键部位。

6.3 质量检查孔钻孔取芯成果

结合灌前先导孔与灌后检查孔钻孔岩芯取芯情况分析，灌后检查孔取芯率较灌前先导孔有所提升，岩芯以碎块为主，少数为短柱状。

（1）检查孔岩性节理裂隙较发育，且岩面多呈铁锈色，说明基岩受侵蚀情况较为严重，地质条件较为复杂。

（2）局部岩芯呈现溶蚀性孔洞和裂隙，且分布无明显规律，对帷幕灌浆防渗效果影响较大。

（3）基岩裂隙中有方解石晶体颗粒胶结物，胶结较为松散，裂隙不封闭，易造成“吸水不吸浆”现象，影响帷幕防渗效果。

7 对试验性灌浆成果的评价和建议

7.1 评价

7.1.1 灌浆质量总体满足要求

（1）通过灌浆分序加密，透水率和单位注入量按序递减规律性强，符合水泥灌浆一般规律，防渗性能得到了改善。

（2）灌后检查孔压水8段次，透水率均小于设计要求的5Lu，但其中3个段次的透水率远大于平均透水率1.9Lu，分别为4.14Lu、4.84Lu和3.69Lu，在高水头作用下，可能存在渗漏风险。

（3）防渗墙基岩线以下20m深度范围内普遍存在大注灰量灌段，推测该区域内基岩较为破碎，为灌浆质量薄弱带。

7.1.2 施工工艺

（1）墙下帷幕采用自上而下分段阻塞、分段灌浆和自上而下、孔口封闭分段灌浆两种方式进行灌浆试验。经对两种灌浆工艺进行对比，分段阻塞施工中易出现埋塞现象，对施工不利，而孔口封闭灌浆法操作简便，灌浆效果好，有益于减少孔内事故，提高施工效率。

（2）灌浆施工分三序加密进行，透水率和灌浆量随着分序加密依次减小，符合一般灌浆规律，灌浆效果好。

（3）灌浆段长按5m控制较为合理，可保证帷幕灌浆正常钻灌施工，并保证了灌浆质量。

7.1.3 灌浆参数

（1）浆液采用六级水灰比，以5：1开灌，施工中大多数灌浆段采用5：1浆液开罐后，灌浆效果无明显变化，变浆至3：1后，才逐步出现流量下降、压力上升等现象，浆液比级有待调整。

（2）设计要求的灌浆压力基本可满足施工要求，但第2段灌浆压力普遍无法上升至1.5MPa以上，需根据实际情况进行调整。

7.2 建议

7.2.1 浆液比级

从灌浆原始资料分析，绝大多数孔段开灌采用5：1浆液，灌浆效果无明显变化，建议将开灌浆液调整为3：1，采用3：1、2：1、1：1、0.7：1、0.5：1五个比级。

7.2.2 灌浆方式及灌浆压力

灌浆方式建议采用自上而下、孔口封闭式灌浆，采用该方法，每次灌浆时可对孔内已灌完段次进行复灌，能有效加强灌浆质量，且操作简便，大大提高施工效率。

根据试验成果，建议在设计要求的基础上，将灌浆压力进行微调，拟调整后的灌浆压力参数见表7。

表7　拟推荐的灌浆压力　单位：MPa

孔序	第1段（接触段）	第2段	第3段	第4段及以下
Ⅰ	0.3	1.0	1.5	1.5
Ⅱ、Ⅲ	0.5	1.0	1.5	2.0

7.2.3 帷幕灌浆薄弱环节的处理

防渗墙基岩线以下20m范围是帷幕灌浆质量薄弱部位，对该部位的帷幕灌浆要详细记录施工情况，必要时加强对该部位的灌浆，确保帷幕质量。

8 结语

托帕水库大坝基础防渗墙下帷幕灌浆试验，结合先导孔取芯情况，对灌前透水率、灌浆压力、单位注入量、异常情况等进行了较为全面的分析，灌浆后经质量检查，综合分析压水试验透水率和钻孔取芯情况，证实了灌浆设计方案的可行性，并对部分施工参数提出了建设性的改进建议，有效保障后续主体工程的施工质量，为类似工程提供了参考。

乌东德高拱坝坝基无盖重固结灌浆施工

石海松　朱　旭

（中国葛洲坝集团市政工程有限公司）

【摘　要】乌东德水电站拱坝坝高 270m，全坝坝基采用无盖重固结灌浆，在施工中通过采用智能化灌浆系统、裸岩裂隙表层封闭、缓倾角地层防抬动技术、引管灌浆技术、高陡边坡排架快速搭设及截水槽排污等技术措施，确保了固结灌浆工程质量，同时有效解决了 300m 级高拱坝固结灌浆占压仓面，与混凝土浇筑相互干扰大的问题。该技术可为类似工程借鉴。

【关键词】无盖重智能灌浆　裂隙封闭　固结灌浆

1　工程概况

乌东德水电站是金沙江下游河段四个梯级电站中的最上游梯级，电站河谷狭窄（宽高比 0.9～1.1）、岸坡十分陡峻（60°～75°），其挡水建筑物为混凝土双曲拱坝，共划分 15 个坝段，其中 1～5 号、10～15 号坝段为岸坡坝段，6～9 号坝段为河床坝段。河床坝段建基面高程 718m，宽度 111.3m 左右，上下游方向最长 47.6m，大坝坝基布置无盖重固结灌浆，灌浆范围为全坝基及坝基轮廓上游外扩 5m、下游外扩 10m。见图 1。

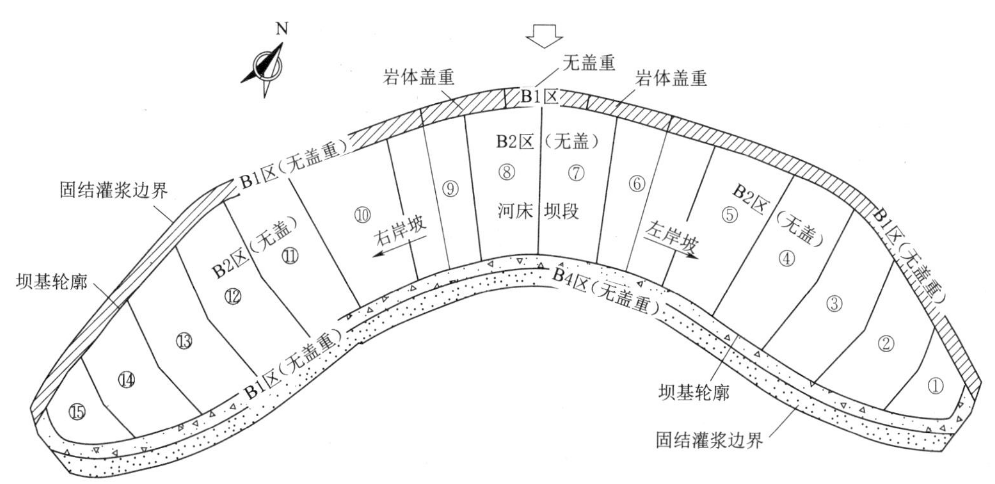

图 1　大坝固结灌浆区域分布示意图

2 施工难点及对策

2.1 施工难点

（1）固结灌浆与大坝混凝土浇筑的转序需紧密衔接，任何一个环节脱节，直线工期将难以得到保证。

（2）大坝为高拱坝，岸坡陡峻，边坡灌浆排架均属于悬空高排架且工作面狭窄，高边坡排架作业安全风险和坡面排污难度大。

（3）坝基宽大陡倾裂隙和局部的缓倾裂隙发育，无盖重灌浆过程中大范围漏浆及串通现象将十分突出，灌浆质量难以保证。

2.2 施工对策

（1）科学组织，加强协调，储备充足的设备和人力资源，确保固结灌浆施工顺利进行。

（2）组织专业排架队伍进行排架搭设及周边防护，钻孔设备宜采用轻型设备；岸坡坝段排污各坝区中部和最低高程范围线下各布置U形截水槽引排。

（3）现场布设专用备料场、备足快硬水泥，胶泥材料等材料，做好应急预案，灌浆前对建基面出露裂隙进行裂隙封闭，提高浅层灌浆效果。

以下具体介绍施工中采用的智能化灌浆系统、裸岩裂隙表层封闭、缓倾角地层防抬动技术、引管灌浆技术、高陡边坡排架快速搭设及截水槽排污等先进实用技术措施。

3 智能化灌浆系统

智能灌浆系统是在现有灌浆系统和灌浆工艺的基础上，综合运用了先进的自动控制、网络通信、信息加密、软件运算等技术，实现工艺自动控制、水泥浆液自动配置、压力自动调节、数据自动记录、信息联网自动汇总的灌浆工程全过程自动化与智能化管理，具有以下技术特点：

（1）全自动化，注浆、配浆、数据记录三大系统全自动化，节省人工。

（2）高度智能化，一键启动灌浆施工，专人值守，保障工程质量。

（3）高度集成化，适用缆机整体吊运或小型货车运输，方便现场设备转移，并可以减少现场管路与电线连接部署，提高工效及现场文明施工。

针对建基岩体的加固处理，乌东德大坝坝基固结全面应用了智能灌浆单元机，实现了灌浆工艺的智能化控制，保证了水泥灌浆工程的施工质量，保证了水泥灌浆成果的真实性和可靠性。

4 裸岩裂隙表层封闭

坝基宽大陡倾裂隙和局部缓倾裂隙发育，无盖重灌浆过程中大范围漏浆及串浆现象将十分突出，坝基浅层岩体灌浆质量的好坏，主要取决于灌前裂隙封闭的效果，乌东德水电站坝基裸岩无盖重固结灌前裂隙封闭材料主要采用环氧胶泥和快硬水泥，具体工艺、工序如下：

（1）建基面清理完成后对灌浆区域及周边范围内的张开裂隙、溶蚀裂隙及软弱破碎物（泥质或碎屑）充填裂隙等全部封闭后，方可开始压水、灌浆施工。裂隙封闭材料施工流程为：建基面清理→裂隙素描→裂隙清理或置换→批刮封闭材料。

（2）裂隙封闭强应清除建基面的浮石、浮渣，并采用高压水（风）对建基面进行清理，以便裂隙识别及封闭。

（3）采用高压水枪对建基面进行冲洗时，高压水压力不小于5MPa，利用高压水冲走裂隙中夹杂的泥土、岩屑等杂物。

（4）对于宽度大于2mm的裂隙，一般采用环氧胶泥封闭；宽度不大于2mm的裂隙，一般采用快硬水泥封闭。

5 缓倾角地层防抬动技术

根据现场开挖揭露的河床建基面地质条件，开挖揭露岩体为$Ⅲ_1$类岩体，坝基局部缓倾角裂隙相对发育，存在多条陡倾角、缓倾角裂隙，为保证缓倾角裂隙发育区基岩固结灌浆质量，避免灌浆施工发生岩体抬动破坏，固结灌浆采取以下处理措施：

（1）布置抗抬砂浆锚杆。砂浆锚杆采用带垫板锚杆，直径为28mm，杆长6m，三级螺纹钢，间排距2.5m×2.5m，与灌浆孔错开布置，锚杆外端部车丝长度为7cm。

抗抬砂浆锚杆施工程序：锚杆孔位放样→钻孔→孔道清洗→锚杆孔验收→锚杆加工制作→锚杆安插→水泥砂浆灌注→安装垫板、垫圈和螺帽→锚杆张拉、锁定→锚杆验收评定

（2）降低灌浆压力。缓倾区固结灌浆Ⅰ、Ⅱ、Ⅲ、Ⅳ序孔第1段灌浆压力分别调整为0.3～0.4MPa、0.4～0.5MPa、0.6～0.7MPa、0.7～0.8MPa。该部位灌前压水、灌后压水检查压力采用80%的灌浆压力。

灌浆过程中严格按照注入率与压力关系控制灌浆压力，同时加强抬动观测，若发生岩面抬动时应立即降低压力，将压力减少至相应灌浆压力的70%，注入率控制在10L/min以内。若第二次升压再次出现抬动且注入率在10L/min以内时，降低至相应压力的70%继续灌注30min可结束灌浆；若注入率>10L/min待凝12h扫孔复灌。

6 引管灌浆技术

为了避免后期在混凝土仓面钻孔及有盖重固结灌浆产生的抬动风险和间歇期过长引起的混凝土开裂风险，河床坝段采用引管固结灌浆为主的加固方案。（图2）。

按列分组向下游引管的布置方式：基础廊道上游侧灌浆孔引至基础廊道，基础廊道下游侧灌浆孔引至下游贴角，引管灌浆孔一般按列采用“四孔一组”的引管循环管路，少于四孔时可采用“三孔一组”“两孔一组”或“一孔一组”的引管循环管路。

引管固结灌浆须在施灌坝段及相邻坝段坝体混凝土盖重不小于30m，并且相邻横缝底层接缝灌浆灌区已具备通水条件后实施，单个坝段引管灌浆组灌浆顺序一般按“从低高程向高高程、先灌奇数列、再灌偶数列，先灌廊道、再灌贴脚”的原则进行施工；同一坝段同一时间段灌注的引管固结灌浆孔一般不多于两组，且距离不小于10m。

每一组灌浆孔灌浆过程中，其四周相邻组灌浆孔均应进行通水循环，其所在坝段高程727m以下接缝灌浆系统应进行通水循环，通水压力为0.3MPa。

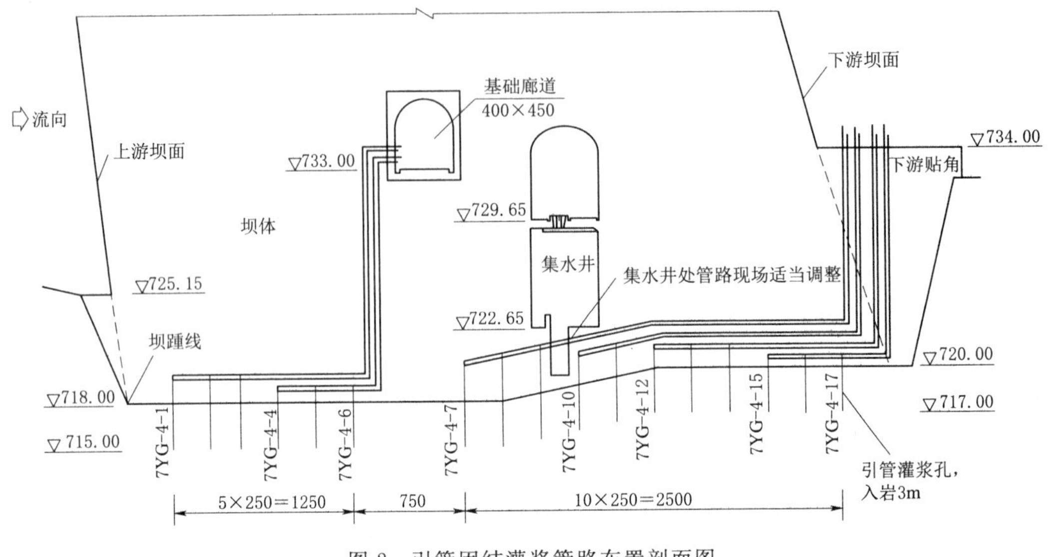

图 2　引管固结灌浆管路布置剖面图

7　高陡边坡设截水槽排污

为满足环保及文明施工要求，大坝固结灌浆钻孔、灌浆施工污水不得沿建基面漫坡排放。因大坝岸坡岩面陡峭，受作业条件限制，排水、排污亦是工程施工的重点和难点，乌东德水电站大坝坝基无盖重固结灌浆排污方法采用“先截，后沉，再排”的三步处理方案。

各坝区中部和最低高程范围线下各布置一道 U 形截水槽，下部搭设简易施工平台，截水槽一侧紧贴基岩面，按 3°坡度沿灌浆范围底线布置。基岩面与截水槽接触部位采用砂浆抹面，截水槽两端封闭，采用钢板加工制成。在截水槽低的一端焊接一根 A60 钢管接头，接头连接排污管将污水引排至三级沉淀池内进行处理。

8　高边坡排架快速搭设

大坝为高拱坝，岸坡陡峻，无盖重固结灌浆采取何种手段施工是工程的难点，乌东德水电站大坝坝基固结灌浆，采取了搭设悬空排架的方式作为钻灌平台进行施工，大坝 1～5 号、10～15 号坝段均为岸坡坝段，坝基固结灌浆均采用全孔裸岩裂隙封闭、无盖重灌浆（13m）＋表层加密无盖重灌浆（3m）＋接触灌浆（1m）施工方式，岸坡坝段灌浆任务需在相应坝段混凝土浇筑前完成且需与混凝土施工拉开一定高度。

坝基固结灌浆悬空高排架为综合钢管扣件式承重排架，左右岸坡固结灌浆需搭设排架施工面积约 25167m^2，排架搭设基本尺寸均为：步距 h × 纵距 l_a × 横距 l_b（1.7m×1.4m×1.0m）。

排架分区分块沿坝基 0 桩号线将排架上下游方向断开，采用竹跳板通道或梯道相连。排架在长度方向以 30m 为一个单元进行竖向分缝，分缝部位采用软连接，竹跳板连续铺设；排架在高度方向上，当高度小于 30m 时每 15m 为一个验收单元，大于 30m 时每 20m

为一个验收单元。

9 结语

乌东德水电站大坝坝基采用无盖重固结灌浆施工技术，确保了工程施工质量、安全及进度，实现了与坝体混凝土浇筑高差持续大于 30m 的目标。坝基无盖重固结灌浆施工技术具有施工速度快、成本低、工序干扰小、坝基混凝土无损伤等优点，可为今后类似工程提供借鉴。

乌东德高拱坝接缝灌浆施工技术

石海松　朱　旭

（中国葛洲坝集团市政工程有限公司）

【摘　要】 拱坝横缝灌浆关系到拱坝坝体整体结构受力稳定和安全。本文从横缝灌浆的工艺原理、管路布置、施工工艺及特殊情况处理等方面介绍乌东德水电站接缝灌浆实施情况。乌东德水电站双曲拱坝最大坝高 270m，全坝共 14 条横缝 29 层灌区，280 个单元工程，灌浆面积 99021.21m^2。通过精细施工各单元工程质量全部满足设计及规范要求，合格率 100%，优良率 99.29%。

【关键词】 乌东德工程　拱坝　横缝灌浆　施工技术

1　工程概况

灌浆工程是隐蔽工程，灌浆施工技术直接影响灌浆质量，灌浆质量若不满足设计要求，处理难度和处理费用极大。拱坝横缝灌浆关系到拱坝坝体整体结构受力，意义重大，质量要求高。

乌东德大坝为混凝土双曲拱坝。河床建基面高程 718.00m，坝顶高程 988.00m，最大坝高 270m，拱冠梁顶厚 11.98m，底厚 51.41m，厚高比 0.19，顶拱上游面弧长 326.95m，弧高比 1.211。大坝共分 15 个坝段，坝体设置 14 条横缝、不设纵缝，坝段接缝灌区分区高度，顶部三层 12m，其余为 9m，接缝灌浆面积约 99021.21m^2。

接缝灌浆是通过预先埋管方式将浆液灌入混凝土坝快之间预设的接缝缝面，以增强坝体整体性、改善传力条件的工程，为适应混凝土施工要求，乌东德拱坝灌浆区高度 9～12m。单个灌区接缝灌浆系统由底部灌浆槽＋顶部排气槽＋升浆槽组成。

2　接缝灌浆工艺原理和灌浆管路布置

横缝接缝灌浆采用纯压式灌浆，灌浆区外的管路连接采用循环式。纯水泥浆液由灌浆泵输送到灌浆区预埋的进浆管，浆液经进浆管后进入灌浆区底部的进浆槽；进浆槽充满浆液后，浆液沿升浆管及横缝面上升到灌浆区顶部排气槽，待排气管出浓浆后，说明横缝缝面内被浓浆有效充填，然后采取屏浆和闭浆措施。

灌浆槽布置在灌区底部，排气槽布置在灌区顶部，先浇块浇筑前，安装好进、回浆管、底部灌浆槽、顶部排气回浆槽、排气回浆管及四周止浆带。后浇块开仓前，对灌浆槽及排气回浆槽进行清洗，清除槽面上附着的杂物或凸起，保持灌浆槽或排气槽通畅，然后安装槽盖板。

上引及出仓管路：进、回浆管及排气回浆管按顺序排列，并作好记录和标记。上引及出仓管路采用不同材质、不同管径进行区分，灌浆槽/排气槽进、回浆管采用镀锌钢管，管路均引至坝后；进、回浆管及排气回浆管安装完成后及后浇块浇筑前，对管路进行通水检查。若发现管路堵塞，需及时采取措施进行处理。

升浆槽间距 2m 布置，先浇块预埋 ϕ30 半圆钢管（或半圆橡胶管），拆模后形成半圆槽，后浇块预埋 ϕ20 充气塑料拔管，初凝后拔管成孔。升浆槽底部与灌浆槽连接，引至距排气槽 50～100cm 处终止。

半圆钢管采用 ϕ30 普通钢管定制加工而成，底部与灌浆槽连接，采取点焊的方式固定在模板上。半圆钢管应沿铅垂方向安装，在上、下浇筑层间保持连续，顺直。安装后与模板间的缝隙需做勾缝处理。

升浆孔拔管采用充气 ϕ20 聚氯乙烯类软塑料拔管，壁厚均匀，表面无折裂痕迹，保证充气后无局部膨胀、断裂现象。塑料管封头宜采用热压膜具加工成圆锥形，安装前需经过 24h 充气试验，满足要求方可用于现场施工。

3 接缝灌浆施工工艺

3.1 一般要求

大坝接缝灌浆施工前，满足下列条件后，方可进行施工：①灌区两侧坝块混凝土的温度必须达到接缝灌浆技术要求的规定值（见表 1）；②灌区两侧坝块混凝土龄期应大于 4 个月；③灌浆区、同冷区、过渡区和盖重区应同步进行通水降温，其中灌浆区、同冷区温度达到接缝灌浆温度，过渡区温度达到中期通水结束的目标温度；④高程 790m 以上灌区施灌时，未接缝灌浆坝段的悬臂高度一般不超过 60m；⑤接缝张开度不宜小于 0.5mm，小于 0.5mm 的接缝应做细缝处理。灌浆压力：一般采用 0.3MPa，无混凝土压重的顶层灌区采用 0.1MPa；⑥灌浆管道系统和缝面通畅，灌区止浆封闭完好。

接缝灌浆温度的差值范围为－1～＋0.5℃。

表 1　　大坝各部位接缝灌浆温度

高程/m	718.0～871.0	871.0～934.0	934.0～964.0	964.0～988.0
温度/℃	13	14	15	16

3.2 灌浆顺序

同层灌区灌浆由坝体中部向两岸推进，同一高程横缝均采用多缝同时灌浆，表孔以上岸坡坝段灌区采取逐区连续灌浆的方式，相邻灌区采取通水平压措施，平压压力同灌浆压力。逐区间歇灌浆的间歇时间不小于 3d，当逐区连续灌浆时，如灌区间灌浆时中断时间超过 8h，则间歇时间也不小于 3d。

3.3 灌浆压力

灌浆压力以灌区层顶（排气槽）压力作为控制值，以进浆管口（灌区层底）压力作为辅助控制值。

灌区层顶（排气槽）灌浆压力：一般采用 0.3MPa，无混凝土压重的顶层灌区采用

0.1MPa。灌浆压力可根据实际情况适当增大，但缝面增开度应小于0.3mm。灌浆过程中，必须严格控制灌浆压力和缝面增开度。灌浆压力应达到设计要求。

3.4 灌浆浆液水灰比

灌浆浆液水灰比一般采用2∶1、1∶1和0.5∶1三个比级，开灌水灰比一般为2∶1。缝面张开度大于1mm且灌区通畅条件下，浆液水灰比变换采用1∶1、0.5∶1两个比级。缝面张开度大于2mm条件下，进回浆管与排气管相互通畅，两个排气管单开出水量均大于30L/min时，直接灌注0.5∶1浆液。

3.5 浆液变换

待排气管出浆后，改为水灰比1∶1的浆液；当排气管排出的浆液水灰比接近1∶1时，改为水灰比为0.5∶1的浆液，直至灌浆结束。

开灌时排气管应全部开启放浆，其他管口也应间断开启放浆，尽快使浓浆充填缝面。当排气管排出最浓级浆液时，再调节排气管的排浆量控制灌浆压力，直至灌浆达到结束条件。

3.6 结束条件

当排气管排出的浆液水灰比达到或接近0.5∶1，且排气管口压力到设计值，注入率小于0.4L/min，持续20min，灌浆即可结束。灌浆结束时，应先关闭各管口阀门后再停机，闭浆时间不宜少于8h。

4 特殊情况处理

4.1 细缝处理

若灌区缝面张开度小于0.5mm时，可对接缝两侧的坝块进行适当的超冷（−1℃），使缝面张开，然后进行灌浆。若采取超冷或其他措施后的张开度仍小于0.5mm时，可采取以下灌浆措施：

（1）使用超细水泥或湿磨水泥。

（2）在水泥（水灰比0.5∶1）中加入高效减水剂，改善浆液的流动性。

（3）适当提高灌浆压力、控制灌浆过程增开度（最大0.3mm，且不应造成已灌层缝面增开）等措施。

乌东德大坝坝体混凝土降温采用智能通水的工艺，在施工过程中，坝体温度控制良好，坝体最高温度符合率99.7%，温降过程曲线降温速率满足设计要求，横缝张开情况良好。但是在大坝表孔及以上部位，坝体总体厚度较薄，且孔口流道受外部环境影响较大的区域，少量横缝张开度较小达到了细缝标准，在处理过程中经参建各方研究讨论采取了浓浆（0.5∶1）中加入高效减水剂，灌浆过程中提高灌浆压力灌注的方式进行灌浆，灌浆过程中严格控制缝面增开度保证灌浆质量。

同时在已灌区增布监测手段，通过实时监测，提前预警相结合的方式确保已灌区不受影响。在施工过程中大坝横缝F1-988灌区，横缝F10-956、F10-964灌区，横缝F12-952、F12-964、F12-976灌区，横缝14缝F14-988灌区均采取了上述细缝措施处理，灌后接缝检查孔穿钻孔取芯揭示，混凝土缝面水泥充填密实，检查孔压水透水率均为0Lu。

4.2 管路堵塞处理

发生管路堵塞时，先打开所有管口放浆，然后在缝面增开度限值内尽量提高进浆压力疏通管路；若无效，再换管进浆疏通或采取其他措施。整个过程均有现场监理及建设方工程师现场监督旁站。在使用以上方式仍不能解决的情况下，经由参建各方开会研究，针对具体缝面情况采取重新钻孔穿缝的方式，确保灌区灌浆质量。

4.3 灌浆因故中断处理

灌浆时因故中断应尽早恢复。若无法恢复，应立即用清水冲洗管路和灌区，保证缝面和灌浆管路系统通畅，待商定恢复灌浆措施再重灌。

4.4 排气管出浆不畅或被堵塞处理

灌浆结束排气管出浆不畅或被堵塞时，按设计要求，在缝面增开度限值内，提高进浆压力至达到限值为止。当达到注入率不大于 0.4L/min，持续 20min，灌浆即可结束。若无效，则在顺灌结束后，立即从两个排气管中进行倒灌。倒灌使用最浓比级的浆液，在施工图纸规定的压力下，缝面停止吸浆，持续 10min 灌浆即可结束。

5 接缝灌浆成果

5.1 灌浆施工成果

2017 年 12 月至 2020 年 9 月，共完成 14 条横缝（1～29 层，高程 718～988m）280 个灌区的接缝灌浆施工，累计完成 99021.21m^2。灌前测缝计检查，灌区缝面最大张开度 3.15mm，最小 0.37mm，平均单位注入量 2.90kg/m^2。施工成果表明，坝块混凝土温度达到设计规定，至少两个排气管的排浆密度已达到 1.5g/cm^3 以上，且排气管压力均达到设计值的 50%以上，灌浆过程符合设计要求。接缝灌浆成果见表 2。

表 2　　　　大坝坝体接缝灌浆成果汇总表

缝号	高程/m	灌区数量/个	横缝面积/m^2	坝块温度/℃		混凝土凝期/d		横缝开合度/mm		总注灰量/kg	单位注灰率/(kg/m)
				最高	最低	最大	最小	最大	最小		
缝 1	916～987	8	2088.90	15.39	14.02	265	107	1.87	0.41	5709.89	2.73
缝 2	853～987	15	4886.50	15.21	13.43	279	123	2.44	1.43	13880.00	2.84
缝 3	808～987	20	7150.90	16.02	13.06	284	124	1.92	0.70	24774.39	3.46
缝 4	754～987	25	9015.89	15.86	12.64	283	103	2.69	1.21	24782.51	2.75
缝 5	727～959	25	9571.35	14.83	12.54	312	100	2.29	0.70	27039.12	2.83
缝 6	718～959	26	9566.95	15.08	12.90	312	98	2.03	0.97	28526.01	2.98
缝 7	718～959	26	9193.88	15.07	12.84	304	98	3.10	0.76	26845.58	2.92
缝 8	718～959	26	9496.65	15.03	12.87	304	101	2.11	0.98	27846.49	2.93
缝 9	727～959	25	9699.67	15.03	13.26	289	101	2.02	0.52	26881.28	2.77
缝 10	745～987	26	9572.72	15.50	12.95	289	120	2.47	0.37	25828.23	2.70
缝 11	772～987	23	8230.90	15.85	12.83	301	120	2.83	1.06	28658.65	3.48

续表

缝号	高程 /m	灌区数量 /个	横缝面积 /m²	坝块温度/℃		混凝土凝期/d		横缝开合度/mm		总注灰量 /kg	单位注灰率 /(kg/m)
				最高	最低	最大	最小	最大	最小		
缝 12	835～987	17	5650.00	15.59	13.22	301	126	2.70	0.41	14737.80	2.61
缝 13	880～987	12	3486.30	15.77	13.97	285	178	3.15	1.00	9006.65	2.58
缝 14	934～987	6	1410.60	15.00	14.37	261	142	1.33	0.59	3102.40	2.20
合计		280	99021.21	16.02	12.54	312	98	3.15	0.37	287619.01	2.90

5.2 灌浆质量检查

各灌区的接缝灌浆质量，以分析灌浆资料为主，结合钻孔取芯、压水等质检成果，进行综合评定。钻孔取芯、缝面压水工作，选择了有代表性的灌区及监理人指定灌区进行，检查时间在灌区灌浆结束 28d 以后，检查数量不宜超过灌区总数的 10%。

5.2.1 钻孔取芯检查

2017 年 12 月至 2020 年 10 月，大坝接缝灌浆完成横缝缝 1～缝 14（280 个灌区）共计 28 个灌后检查孔钻孔取芯，灌后检查孔布置比例为灌区数量的 10%。

现场取芯检查发现，接缝检查孔过缝芯样取出完整，混凝土缝面内水泥结石填充密实，并与两侧混凝土完整胶结在一起，宽度约 1.5～3mm；典型芯样照片见图 1、图 2。

图 1 F7 - 733 灌区缝面芯样

图 2 F12 - 862 灌区缝面芯样

5.2.2 压水试验检查

钻孔取芯完成后分别对各检查孔进行压水试验，压水压力 0.3～0.5MPa，压水检查成果见表 3。从检查孔压水成果可以看出，大坝横缝接缝灌浆灌后检查孔透水率均为 0。

5.3 质量评定

大坝坝体接缝灌浆分部工程横缝接缝灌浆分项工程共划分 280 个单元（灌区），单元工程验收评定完成共 280 个单元，合格单元 280 个，合格率 100%，优良单元 278 个，优良率 99.29%。

表 3　　接缝检查孔压水检查

序号	灌区编号	检查孔编号	压力/MPa	透水率/Lu	序号	灌区编号	检查孔编号	压力/MPa	透水率/Lu
1	F7-736	F7-736-J1	0.5	0	15	F5-862	F5-862-J1	0.3	0
2	F4-781	F4-781-J1	0.3	0	16	F8-862	F8-862-J1	0.3	0
3	F6-781	F6-781-J1	0.3	0	17	F12-862	F12-862-J1	0.3	0
4	F7-781	F7-781-J1	0.3	0	18	F3-898	F3-898-J1	0.3	0
5	F8-781	F8-781-J1	0.3	0	19	F12-898	F12-898-J1	0.3	0
6	F10-781	F10-781-J1	0.3	0	20	F13-898	F13-898-J1	0.3	0
7	F5-799	F5-799-J1	0.3	0	21	F2-943	F2-943-J1	0.3	0
8	F5-853	F5-853-J1	0.4	0	22	F5-943	F5-943-J1	0.3	0
9	F6-844	F6-844-J1	0.4	0	23	F14-943	F14-943-J1	0.3	0
10	F7-853	F7-853-J1	0.4	0	24	F1-952	F1-952-J1	0.3	0
11	F8-853	F8-853-J1	0.4	0	25	F9-952	F9-952-J1	0.3	0
12	F9-853	F9-853-J1	0.4	0	26	F12-952	F12-952-J1	0.3	0
13	F11-853	F11-853-J1	0.4	0	27	F1-987	F1-987-J1	0.3	0
14	F3-862	F3-862-J1	0.3	0	28	F13-987	F13-987-J1	0.3	0

6 结论

（1）从大坝接缝灌浆成果可以看出，乌东德拱坝横缝接缝灌浆对已张开的缝面进行了有效的充填，达到了预期的灌浆目的。

（2）相关灌浆施工管控措施、施工技术合理，施工过程正常，施工质量受控。

（3）针对管路细缝、管路拥堵等特殊情况已形成一套针对性强、完整、可行的处理方法。

（4）灌浆系统的检查应设专人负责，每层混凝土浇筑前后都应对灌浆系统认真通水检查，并在混凝土浇筑过程中加强灌浆系统的检查和维护。

无盖重固结灌浆结合有盖重引管灌浆施工技术

刘英勋

（中国水利水电第七工程局有限责任公司）

【摘　要】 杨房沟水电站为混凝土双曲拱坝，坝基固结灌浆采用无盖重固结灌浆结合混凝土盖重引管灌浆的方式，有效地保证了固结灌浆质量和施工工期。

【关键词】 无盖重固结灌浆　混凝土盖重　引管灌浆　施工技术

1　工程概况

杨房沟水电站位于四川省凉山彝族自治州木里县境内的雅砻江中游河段上，电站总装机容量1500MW，属Ⅰ等水工建筑工程。

杨房沟水电站采用混凝土双曲拱坝，坝顶高程2102m，坝高155m。拱冠梁顶厚9m，底厚32m。拱坝共设置16条横缝、17个坝段。其中1～6号、12～17号坝段为挡水坝段，7～11号坝段为泄洪孔口坝段，大坝不设纵缝。

拱坝建基面岩体均为花岗闪长岩。燕山期花岗闪长岩为坝址枢纽区主要出露岩性，深灰—浅灰色，花岗结构为主，块状构造，该侵入岩呈NNE向穿过上坝址，宽660～760m，左岸界线于杨房沟内向中坝址左岸延伸，右岸界线于勘Ⅰ线上游约80m处沿凹地形斜交勘Ⅰ线（高程约2220m）向山体高处延伸。

杨房沟水电站坝基固结灌浆采用无盖重固结灌浆结合混凝土盖重引管灌浆的方式。

2　施工方法与工艺

2.1　施工方案

无盖重固结灌浆施工时，优先施工上下游边界部位，以形成相对封闭圈，再施工中间部位。采用分段分序的灌浆方法，首先分序完成第一段浅表层灌浆，形成封闭盖重，改善浅表岩体的承压条件，再按自上而下的灌浆方法进行Ⅰ序孔第二段及以下部分灌浆。Ⅰ序孔灌浆完成后，进行Ⅱ序孔第二段灌浆，然后再按自下而上的灌浆方法进行Ⅱ序孔剩余孔段灌浆。最后采用湿磨细水泥进行补强加密灌浆。f_{27}断层及蚀变体刻槽部位，回填混凝土前，固结灌浆孔位预埋钢管，回填混凝土达到设计强度的50%后，进行混凝土盖重固结灌浆。

系统固结灌浆及加密灌浆结束后，进行引管固结灌浆钻孔与管路安装。在上部大坝混凝土浇筑高度达到30m后，且当相应坝段的横缝接缝灌浆结束3天后，进行混凝土盖重引管灌浆。

2.2 施工工艺流程

无盖重固结灌浆施工工艺流程为：施工准备→孔位放样→抬动观测孔→灌前测试孔→Ⅰ序孔第一段→Ⅱ序孔第一段→Ⅰ序孔第二段及以下段→Ⅱ序孔第二段及以下段→灌后检查→Ⅲ序孔施工（不合格补灌，直至灌浆合格）。

无盖重灌浆结合混凝土盖重引管灌浆施工工艺流程为：施工准备→孔位放样→钻孔→引管预埋→引管灌浆→灌浆检查。

2.3 主要灌浆材料及施工设备

（1）灌浆材料采用强度等级为42.5的普通硅酸盐水泥，且所用水泥的细度通过80μm方孔筛的筛余量不大于5%。Ⅰ序孔、Ⅱ序孔采用普通纯水泥浆液灌浆，Ⅲ序孔采用湿磨细水泥浆液灌浆。湿磨细水泥浆液采用水灰比为0.5∶1的普通纯水泥浆液经GSW－Ⅰ型湿磨机湿磨三次，达设计细度要求后，用于灌浆作业。

（2）一般灌浆孔采用D7、D9型履带式液压钻机、JH－100潜孔钻钻孔，取芯孔采用XY－2型地质钻机钻孔。

（3）灌浆设备采用3SNS高压灌浆泵，灌浆记录仪采用北京中大华瑞JT－Ⅳ型记录仪，三参数大循环测记灌浆压力、流量、浆液密度。左右岸分别布置集中制浆站，采用ZJ－800制浆机制备0.5∶1的纯水泥浆液，采用3SNS高压灌浆泵输送浆液。湿磨机采用GSW－Ⅰ型，生产能力（0.6∶1水泥浆）大于120L/min，出料最大粒径$D_{97}<40\mu m$，满足湿磨细水泥浆液的粒径要求。

2.4 钻孔施工

（1）无盖重固结灌浆孔钻孔孔径为ϕ76mm，引管固结灌浆孔孔径为ϕ65mm，钻孔方向与建基面垂直。坝基断层f_{27}刻槽范围内引管钻孔在回填混凝土浇筑前预埋ϕ65mm钢管。

（2）当采用自上而下分段卡塞灌浆法灌浆时，按灌浆分段进行钻孔、裂隙冲洗、压水及灌浆；当采用自下而上分段卡塞灌浆法灌浆时，钻孔一次性钻至孔底，再自下而上分段卡塞灌浆。

（3）开钻前，所有灌浆孔均由现场技术人员配合测量人员采用全站仪和皮尺准确标出灌浆孔位。

（4）钻机就位固定牢固，并校准钻孔倾角后开始钻孔，钻孔次序与灌浆次序一致，所有钻孔孔位及孔深均符合设计要求。钻孔开孔位置与设计孔位偏差不宜大于10cm。

（5）孔向应按施工图纸要求确定，钻孔时须保证孔向准确，如确需调整应根据监理工程师指示执行。

（6）钻孔过程中，应对混凝土厚度、岩层、岩性变化、断裂构造和发生卡钻、掉钻、坍孔、钻速异常、回水变色、失水、涌水等异常情况，进行详细记录，并反映在钻孔综合成果表中，作为确定加强灌浆、分析灌浆效果或孔内保护措施及保护范围的基本依据。当遇有掉钻、坍孔、卡钻等难以钻进时，应停钻进行处理；当发生不返水、严重漏水或涌水时，应查明周边洞室、地质构造等情况，分析原因，经处理后再行钻进。

（7）钻孔达到设计深度后，将钻孔冲洗干净，通过“三检”验收合格后，报请现场监理工程师验收，验收合格后方可进行下道工序的作业。所有灌浆孔，均妥善保护，防止流进污水或落入其他异物，直到验收合格为止。

(8) 灌浆段钻孔完毕后，使用大流量水进行钻孔冲洗，直到回水变清且孔底沉积物厚度不大于 20cm 时，方可结束洗孔。

2.5 管路预埋

(1) 表层段埋设灌浆管路引管至大坝两侧贴角部位。引管灌浆预埋采用每组 1～3 孔串联，每组管路之间并联的方式。

(2) 灌浆管采用 ϕ25 的钢管，预埋进、回浆管距离设计建基面（回填混凝土顶面）约 30cm，采用 C20 锚杆固定，间距 2.0m，锚入 0.3m，各根引管间排距应按不小于 15cm×20cm（竖向×水平）进行控制。

(3) 每组引管固结灌浆管路包含进、回浆管，进、回浆管分别在灌浆孔口采用三通分出支管伸入孔内，进浆支管伸入孔内距孔底 0.5m，回浆支管伸入孔内 0.2m。灌浆孔口采用钢盖板封闭，进、回浆支管自盖板上开孔内穿入，支管与盖板采用满焊封闭，盖板与孔口四周用 M10 砂浆密封。

(4) 引管固结灌浆孔、接触灌浆孔避开坝基长观孔、横缝面、拱坝上下游体形线、观测仪器等不小于 1m，引管固结灌浆孔、引管固结兼接触灌浆孔避开拱坝上下游体形线不小于 3m。

(5) 为了保证引管灌浆质量，引管应按照最多“三孔一引”，引管灌浆管路引至下游坝面贴角后，按照就近原则再接引至坝后平台或坝基下游马道。引管外露长度 20cm，各引管间距 15cm×20cm，分组平行布置且挂牌标注部位及孔号，以方便后期灌浆施工。

(6) 进、回浆接头丝口部位缠绑生料带，进、回浆支管与盖板、盖板与孔周必须封闭密实，防止大坝混凝土浇筑时水泥浆流入孔内，堵塞灌浆孔。灌浆管路之间的连接采用三通，如果采用现场焊接方法必须保证焊接质量，防止焊渣堵管和因焊接不良引起混凝土浇筑时堵塞管路。引管安装时严格控制平顺，管路转弯处采用接头，以尽量减少灌浆压力的局部损失。

(7) 引管管路预埋结束后，经监理工程师验收合格后方可进行混凝土浇筑。每仓混凝土浇筑结束后，对管路系统进行通水检查，并做记录。

2.6 裂隙冲洗与压水试验

灌浆孔或灌浆段在灌浆前采用压力水进行裂隙冲洗。冲洗水压为该段灌浆压力的 80%，并且不大于 1MPa，冲洗时间至回水清净为止，或不大于 20min。

在各序孔中选取不少于 5%的灌浆孔进行简易压水试验，简易压水结合裂隙冲洗进行。灌前测试孔和灌后检查孔采用“单点法”压水试验，计算透水率。

2.7 固结灌浆施工

2.7.1 灌浆压力与灌浆段长

无盖重固结灌浆最大压力 2.0MPa，混凝土盖重引管固结灌浆最大压力 1.5MPa，以确保灌浆质量和混凝土、基岩不发生有害抬动为原则。基岩累计抬动变形值不允许超过 200μm，混凝土累计抬动变形值不允许超过 100μm。

混凝土盖重引管固结灌浆采用循环式，一泵 1～3 孔进行灌注，引管灌浆按照“从低高程到高高程，从上下游到中间”的原则进行灌注，灌浆过程中严禁任何中断。

2.7.2 浆液级配及浆液变换

（1）无盖重固结灌浆Ⅰ序孔、Ⅱ序孔采用普通水泥浆液，水灰比以 2∶1、1∶1、0.8∶1、0.5∶1 进行比级变换；无盖重固结灌浆Ⅲ序孔、混凝土盖重引管固结灌浆采用湿磨细水泥浆液，水灰比以 3∶1、2∶1、1∶1、0.5∶1 进行比级变换。

（2）浆液变换原则。

1）灌浆施工按既定的水灰比进行施灌，灌浆浆液应由稀到浓逐级变换。当灌浆压力保持不变，注入率持续减小时，或当注入率保持不变而灌浆压力持续升高时，不得改变水灰比。

2）当某级浆液注入量已经达到 300L 以上，或灌浆时间已达 30min，而灌浆压力和注入率均无改变或改变不显著时，应改浓一级水灰比浆液灌注。

3）当注入率大于 30L/min 时，可根据具体情况越级变浓。采用越级变浆后，如发现压力突然增大或注入率突然减小，应立即换回原浓度的浆液，继续灌注。

4）灌浆过程中，灌浆压力或注入率突然改变较大时，应立即查明原因，并及时向监理人汇报，在监理人批准后，采用相应的处理措施。

2.7.3 灌浆结束与封孔

当灌浆段在最大灌浆压力下，注入率不大于 1L/min 后，继续灌注 30min，即可结束灌浆。

采用自上而下分段卡塞灌浆法，全部孔段灌浆结束后，先采用 0.5∶1 的浆液置换孔内稀浆或积水，然后将灌浆塞卡在孔口进行纯压式封孔。封孔压力使用最大灌浆压力，采用 0.5∶1 水泥浆液，封孔持续时间不小于 1h。

采用自下而上分段灌浆法施工，封孔时，直接在孔口段进行封闭灌浆。封孔压力使用孔口段最大灌浆压力，采用 0.5∶1 水泥浆液，封孔持续时间不小于 1h。

封孔完毕后，灌浆孔上部的空腔采用人工回填干硬砂浆封实。

2.7.4 特殊情况处理

（1）灌浆过程中发现冒浆、漏浆时，应根据具体情况采用嵌缝、表面封堵、低压、浓浆、限流、限量、间歇、待凝等方法进行处理。

（2）灌浆过程中发生串浆时的按以下方式进行处理：

1）当串浆孔为正在钻进的孔时，应立即停止钻进，在串浆孔内漏浆处以上的部位安设灌浆塞，堵塞严密，在灌浆孔中依照施工技术要求正常进行灌浆。待灌浆结束后，串浆孔恢复正常钻进。

2）若串浆孔为待灌的灌浆孔时，若串浆孔与灌浆孔具备同时灌浆条件则一泵一孔同时进行灌浆；若不具备此条件则在串浆孔内漏浆处以上的部位安设灌浆塞，堵塞严密，在灌浆孔中依照施工技术要求正常进行灌浆。待灌浆结束后，再对串浆孔进行扫孔、冲洗，而后继续灌浆。

（3）灌浆必须连续进行，若因故中断，应按下述原则处理：

1）设备故障，当灌浆泵出现故障时，若检修简单，则迅速修理以便恢复灌浆，或立即换用备用设备进行灌浆。

2）当输浆管路发生爆管或脱节时，迅速换管，及时恢复灌浆。

3）当发生地表冒浆时，及时进行表面封堵以恢复灌浆。

4）因故中断，若中断时间较短，中断后在极短的的时间内能够恢复灌浆，中断前又是灌注的稀浆，且注入率较大，则不再进行净孔冲洗，排除故障后就可复灌。

5）因故中断，若中断时间较长时，中断后在短时间内难以恢复灌浆时，立即冲洗钻孔。待具备灌浆条件后再恢复灌浆。若无法冲洗或冲洗无效，则应进行扫孔，再恢复灌浆。恢复灌浆时，应使用开灌比级的水泥浆进行灌注，如注入率与中断前相近，即可采用中断前水泥浆的比级继续灌注；如注入率较中断前减少较多，应逐级加浓浆液继续灌注；如注入率较中断前减少很多，且在短期内停止吸浆，应采取补救措施。

（4）当灌浆段注入量大而难以结束时，可选用下列措施处理：低压、浓浆、限流、限量、间歇灌浆。

（5）灌浆孔段遇特殊情况，无论采用何种措施处理，其复灌前应进行扫孔，复灌后应达到结束标准。

（6）当某一灌浆段出现孔故而无法处理时，则对该孔用砂浆回填，在该孔旁边10cm位置重新造孔，并直接钻进至出现孔故部位，接着上次灌浆状况继续灌浆。

（7）抬动变形处理。灌浆过程中，若观测到较大变形现象，立即降低灌浆压力，在不抬动的条件下进行灌注；若经过降压、加浓浆液和较长时间的灌注后仍无法实现升压的目的，则在不抬动的条件下灌至不吸浆后待凝，检查确定发生变形部位周围无安全隐患和其他特殊情况，待凝8h后扫孔复灌。

3 灌浆质量检查

（1）固结灌浆质量检查应以声波测试岩体波速为主，钻孔压水试验为辅，并结合灌浆前后物探成果、有关灌浆施工资料以及钻孔取芯资料等综合评定。

（2）检查孔的数量不宜少于灌浆孔总数的5%，一个单元工程内至少应布置一个检查孔。固结灌浆检查孔根据现场实际情况可以取芯，取芯孔需绘制钻孔柱状图，检查结束后应按技术要求进行灌浆和封孔。

（3）弹性波波速测试采用声波法，声波测试按照每个坝段或单元进行评价，声波测试在相应部位灌浆结束14天后进行，其孔位的布置、测试方法均按相关设计文件或监理工程师的指示执行，声波测试孔结合压水检查孔布置。声波测试合格标准见表1。

表1　　坝基固结灌浆灌后声波质量检查标准

应用部位	应用孔段	声波纵波波速 V_p/(m/s)	
		平均波速	下限波速
1～2号坝段、16～17号坝段	0～3m	≥4100	<3500比例≤10%，且不集中
3～15号坝段	0～3m	≥4300	<3700比例≤10%，且不集中
6～13号坝段（Ⅱ类岩体为主）	3m～孔底	≥4800	<4160比例≤10%，且不集中
1～5号、14～17号坝段（$Ⅲ_1$类岩体为主）	3m～孔底	≥4400	<3700比例≤10%，且不集中

（4）固结灌浆工程的质量检查采用钻孔压水试验时，可在该部位灌浆完成7天或3天后进行。工程质量合格标准为：单元工程内检查孔试段合格率应在85%以上（透水率不大

于 3Lu)，不合格试段的透水率不超过设计规定值的 150%，且不集中。

灌后不合格段不应集中在局部区域，并应消除集中分布的低波速段。达不到合格标准的孔段，应按监理人的指示或批准的补救措施进行处理。

4 结语

杨房沟水电站拱坝坝基固结灌浆采用无盖重固结灌浆结合混凝土盖重引管灌浆的方式施工，经灌后钻孔压水试验检查、声波测试及钻孔全景图像测试、钻孔取芯等资料分析，各单元灌浆质量合格，满足相关规范及设计要求。无盖重固结灌浆解决了混凝土浇筑与固结灌浆相互干扰的矛盾，加快了施工进度；避免了有混凝土盖重固结灌浆的抬动与处理困难；避免钻坏混凝土内埋设的冷却水管、受力钢筋、测试仪器等构件。由于岩石表面无盖重，不能采用大的灌浆压力，部分细小闭合裂隙没有得到很好的灌注。混凝土盖重引管灌浆弥补了无盖重灌浆这一缺点，对浅表层进行补强灌浆，有效保证了浅表层的固结灌浆效果。

新疆大西沟水库复杂地质条件灌浆技术

李春鹏[1]　唐玉书[1]　李　富[1]　赵海洋[2]

（1. 中国水电基础局有限公司；2. 乌鲁木齐水业集团有限公司）

【摘　要】 新疆乌鲁木齐市大西沟水库大坝基础灌浆工程前期施工及现场试验表明，受基岩破碎、微细裂隙发育等不良地质条件和 SO_4^{2-} 离子、硫化氢气体、水温低等水文条件影响，采用普通灌浆材料和常规施工工艺难以达到设计要求防渗标准。后采用水泥-膨润土混合浆液和硅溶胶作为灌浆材料进行灌浆处理，很好地解决了大西沟水库坝基防渗处理问题，为类似工程难题处理提供了可供借鉴的经验。

【关键词】 大西沟　特殊地质　灌浆　技术应用

1　工程概况与地质条件

大西沟水库是新疆乌鲁木齐河上的龙头水库，水库位于乌鲁木齐县，坝址处距乌鲁木齐市 68km，距乌拉泊水库 58km，是一项以防洪为主的水利枢纽工程，工程任务为防洪兼顾灌溉。大西沟水库的兴建，结合分洪工程和已建防洪工程，可以将乌鲁木齐市的防洪标准由目前不足 30 年一遇提高到 200 年一遇；同时可以将大西沟水库至乌拉泊水库之间、乌鲁木齐河下游米泉和五家渠段的防洪标准也提高到 200 年一遇。

大西沟水库属Ⅰ等［大（1）型工程］，由拦河坝、溢洪道、导流兼泄洪洞、灌溉放水洞组成。水库总库容 6985 万 m^3，拦河坝为黏土心墙坝，最大坝高 90m，属 1 级建筑物。

水库大坝基础防渗设计采用帷幕灌浆处理，原设计方案为两排孔防渗帷幕，孔、排距均为 2m，防渗标准为不大于 5Lu。受不良地质条件、水文条件等多重不利因素影响，按原设计方案实施后达不到设计要求，需要对大坝基础防渗进行补充处理。

水库坝址处河床基岩基础节理裂隙发育，无大的贯通性裂隙，X 形剪节理较发育，并将基础岩体切割成 10cm×20cm 的菱形块体，基坑内还发育有小断层，规模都不大，断层破碎带一般宽 1～5cm，长度数米不等，带内充填黄绿色糜棱岩、泥质及碎裂岩等，局部较集中形成密集带。

岩体现状为：岩体破碎，柱状岩石少见，多呈碎末状和粗砾状，地质特征极不均匀，总体分为 4 类：①较完整，岩石呈短柱状、柱状；②较破碎，岩石呈块状、碎块状；③破碎，呈碎渣状，含少量碎块；④软弱透镜体，岩石呈粉末状。

从上、下游边坡出露的岩石情况看，岩石为碎裂镶嵌结构，大部分岩石块径在 5～10cm，少部分岩石块径在 2～5cm；钻孔取芯岩芯破碎，均为 1～4cm 的碎块，表明下部岩石与边坡出露的岩石破碎程度基本一致。

勘探孔揭示河床段坝基岩体没有完整连续的相对不透水层界限，除局部外，建基面下部 45m（最大水头的 1/2 处）以下透水率仍大于 5Lu。河床基岩透水率中等，结合岩芯情况，可以确定基岩中不存在大的孔隙通道，裂隙均为杂乱无章的细小、微细裂隙。

坝基地下水 pH 偏碱性，SO_4^{2-} 含量 346.3～182.5mg/L，对普通硅酸盐水泥存在硫酸根离子侵蚀问题；局部有硫化氢气体出逸，硫化氢气体水溶液对高抗硫硅酸盐水泥浆液的凝结性能有影响。通过对地下水进行连续化学分析试验，结果表明坝基地下水环境逐渐向好的方向发展，对混凝土的腐蚀性也在减弱。

地下水温的情况，通过对大西沟水库连续 6 天的水温测试，坝轴线附近 ZK53、ZK22 号钻孔的地下水温一般在 5～6℃，坝轴线上游 ZK51 号钻孔水温略高，为 7～8℃，而同期河水温度一般为 6～8℃。说明坝基水温不受外界温度影响，地下水来源主要为河床水。

另外，河床段右侧坝基有涌水现象，涌水水头 2～5m。

2 工程特点与难点

综合分析，大西沟水库大坝基础存在以下不同于普通工程的特殊情况，是影响坝基灌浆处理效果的主要因素：

（1）从工程地质情况来看，坝基岩性主要为石炭系下统灰黑色、灰绿色巨厚层状、层理不发育，团块状、镶嵌碎裂结构凝灰岩、少量凝灰质泥岩，泥质结构和凝灰结构，分布于整个坝区。该种岩体岩块间结合紧密，孔隙很小，这种特殊地质情况致使灌浆过程中颗粒性材料不易灌入，容易产生吸水不吸浆的现象，历来是灌浆技术中不易解决的一个难题。

（2）根据水文地质资料，大西沟水库地下水主要为天山溶雪水，常年温度很低，根据测量资料，坝基地下水常年温度 5～8℃，这样的低温对普通水泥的水化凝结产生不利影响，或是导致前期普通水泥灌浆浆液不能正常凝结的因素之一。因此选择不受低温水影响的灌浆材料也是本工程的一项重要内容。

（3）地下水中含有 H_2S 气体，根据化学理论和试验室试验情况表明，H_2S 气体的存在对普通硅酸盐水泥、高抗硫酸盐水泥的凝结有影响，也是造成前期灌浆施工达不到设计要求的主要因素之一。

（4）灌浆孔中多有涌水的现象，灌浆压力低时涌水可能会将未凝结的浆液冲出裂隙，影响灌浆效果，需要采取屏浆、闭浆等措施处理。

（5）由于岩石本身较为破碎，虽然在盖板浇筑前进行了严格清基处理，但仍不能使盖板与岩石之间充分胶结，其整体性受到一定影响，在灌浆时非常容易产生盖板抬动，严重影响上部岩体的灌浆效果。

3 处理方案

在室内浆材试验及现场试验的基础上，确定大西沟水库大坝基础处理方案。

灌浆施工范围桩号 0＋079.642～0＋259.821，轴线长度 180.179m。灌浆孔布置遵循分排分序逐渐加密的原则，采用梅花形布置。共设 3 排帷幕灌浆（河床段灌浆向两岸延长，左岸 10.0m，右岸 10.367m），最大孔深 69.2m。灌浆施工时按照先下游排，再上游排，最后中间排的顺序进行施工，每排灌浆孔分三序逐序灌浆施工。

根据坝址沿轴线地质情况差别，地质条件相对较差的右坝段基岩更多灌注硅溶胶浆液。桩号 0+079.642～0+183.454，3 排帷幕均采用混合浆液灌浆，其中桩号 0+127～0+183.454 段Ⅲ序孔帷幕采用硅溶胶灌浆；桩号 0+183.354～0+259.821，中间排帷幕采用硅溶胶灌浆，其余采用混合浆液灌浆。

大西沟水库大坝基础处理帷幕灌浆设计方案如图 1 所示。

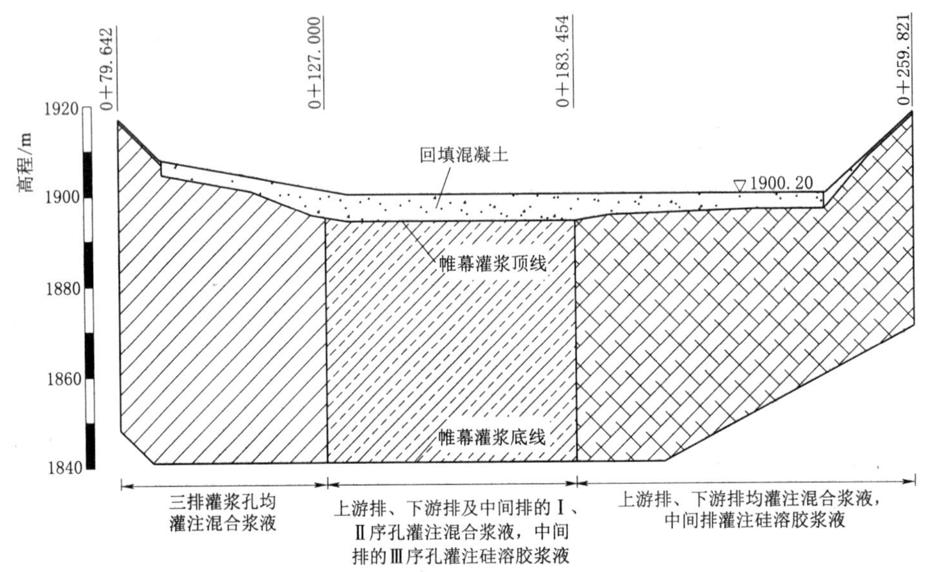

图 1　大西沟水库大坝基础处理帷幕灌浆布置示意图

4　技术要求和施工方法

4.1　灌浆材料

由于大坝基础含 SO_4^{2-}、硫化氢气体、水温低等不利条件，大坝基础处理结合室内试验成果选择灌浆材料，包括混合浆液和硅溶胶两种。

（1）混合浆液。混合浆液主要由强度等级 42.5 的快硬硫铝酸盐水泥、膨润土加水搅拌而成，其中膨润土掺量为水泥重量的 50%。混合浆液采用四级水固比，分别为 10∶1、5∶1、3∶1、2∶1，灌浆时混合浆液按照由稀变浓的原则使用。在混合浆液中掺加了外加剂，以提高混合浆液的流动性和可灌性。

（2）硅溶胶。硅溶胶是中国水电基础局有限公司研发的专利产品，为无机组分真溶液灌浆材料，能够灌入细微裂隙充分发挥防渗性能，并且凝结时间可控，适用性强。硅溶胶主要性能指标见表 1。

表 1　硅溶胶性能指标

项目	比重	黏度/(mPa·s)	固砂体强度/MPa
指标	1.05	1.5	0.3～0.5

大西沟水库位于乌鲁木齐河上游，是乌鲁木齐市的主要水源地之一，对灌浆材料的安全性和耐久性均有较高的要求。天津市疾病预防控制中心按照国家标准《食品安全性毒理学评价程序和方法》对硅溶胶进行了检测，检测结果证明凝胶体安全无毒；经天津大学水利工程仿真与安全国家重点实验室对硅溶胶灌浆材料评价研究，表明二氧化硅溶脱、体积变化率、固结砂长期强度和抗渗性能四个指标随龄期变化，长期指标则趋于稳定，显示出良好的耐久性能，可以用于长期性或永久性工程。

4.2 灌浆段长及灌浆压力

第一段即接触段段长 2m，第二段、第三段段长分别为 2m、3m，以下各段为 5m。

灌注混合浆液时，灌浆压力第一段采用 0.2～0.4MPa，吸浆量小时取大值，反之取小值，以不发生抬动为原则；第二段采用 0.6MPa；第三段为 1.0MPa；第四段为 1.5MPa；以下各段均采用 2.0MPa。灌注硅溶胶浆液时，灌浆压力第一段采用 0.2MPa；第二段采用 0.4MPa；第三段为 0.8MPa；第四段及以下各段均为 1.0MPa。

4.3 灌浆方法

水库大坝基础基岩较为破碎，为减少对地层的扰动破坏，采用地质钻机回转造孔，灌浆孔孔径为 ϕ76mm。

混合浆液灌浆采用“自上而下、孔口封闭、孔内循环”分段灌浆法。硅溶胶灌浆采用“孔口封闭、纯压式”灌浆。

4.4 结束标准及封孔

混合浆液灌浆时，在设计压力下注入率小于 1L/min 后，持续灌注 60min 即可结束。终孔段灌浆结束后，用水灰比为 0.5：1 的纯水泥浆液置换孔内稀浆，进行全孔压力封孔，封孔压力 2.0MPa。

硅溶胶灌浆时，在设计压力下注浆量小于 0.05kg/(min·m) 时，在不降压的情况下关闭进浆阀门进行闭浆直至浆液凝固；当达不到设计压力，且灌注量已达到 300kg/m 时，改灌水泥-膨润土混合浆液。终孔段灌注结束后，采用 0.5：1 纯水泥浆进行置换和封孔，封孔压力 1.0MPa。

4.5 特殊情况处理

(1) 串、冒浆。灌浆过程中如发生串浆，将串浆孔封住，继续灌注。灌浆过程中发生冒浆，进行表明嵌缝封堵；如封堵无效，采用浓浆灌注后，待凝复灌。

(2) 地表抬动。灌浆过程中，如发生超标抬动，采取降压、限流处理；若处理无效，改用浓浆灌注后，待凝并扫孔复灌。

(3) 塌孔段处理。钻孔遇到塌孔段时，钻至终孔深度，下入钻杆至孔底，用大流量水冲孔，有回水时，至返清水为止；当不返清水时，冲孔时间不小于 30min。然后在不间断冲孔的情况下，连续灌注混合浆液，开灌水灰比为 10：1，然后按要求逐级变浓，至灌浆结束。

(4) 灌浆中断处理。因故造成灌浆中断，应尽快排除故障，恢复灌浆。若吸浆量与灌前相差不大，可继续灌浆；若相差很大，则扫孔复灌。

5 灌浆施工成果与工程运行情况

大西沟水库大坝基础处理完成混合浆液灌浆 23504.6m，注入干料 4358.9t，单位注入率 185.4kg/m；硅溶胶灌浆 5090.6m，注入硅溶胶 441.0t，单位注入率 86.6kg/m。

下游排、上游排、中间排的平均单位注入率分别为 219.0kg/m、203.2kg/m、74.2kg/m，依次递减 7.2%、63.5%，至中间排时单位注入率显著递减，表明经过上游排、下游排的灌浆后，基岩裂隙被有效充填；下游排、上游排、中间排的平均透水率分别为 19.7Lu、18.7Lu、7.0Lu，依次递减 5.1%、62.6%，表明随灌浆次序的增加，基岩透水性逐步减小，尤其是灌至中间排时，透水率已比较接近设计值。

灌后检查孔 23 个，进行压水试验 246 段，其中透水率小于 5Lu 的 240 段，大于 5Lu 的 6 段（最大透水率 6.9Lu），满足施工规范工程质量合格标准。

大西沟水库工程于 2020 年 12 月通过竣工验收。试运行期间，渗压计、水位计等监测设施的观测数据显示，渗透水头均低于库水位，且从上游到下游逐渐降低，符合渗流的一般规律，水库整体运行状况良好。水库大坝坝后量水堰内无明水，表明大坝基础基本无渗漏，灌浆处理取得很好的防渗效果。

6 结语

大西沟水库坝基基岩为碎裂镶嵌结构，裂缝众多，且多为闭合裂隙，使用普通灌浆材料可灌性较差，在前期的灌浆施工及现场试验中已得到证明。本次坝基灌浆处理重点从灌浆材料着手，选用了掺加膨润土的水泥-膨润土混合浆液和硅溶胶溶液两种浆材，有效地解决了微细裂隙难以灌入的问题。同时，也充分借鉴以往工程经验，采用的施工工艺成熟可靠，对大西沟水库特殊地质水文条件具有很强的针对性和很好的适用性。水泥-膨润土混合浆液和硅溶胶灌浆材料成功联合使用尚属国内首例，为特殊工程地质条件下的基础处理施工开辟了新的思路，促进了基础处理施工技术的进步。

新型可控水泥膏浆在地铁车站堵漏中的应用研究

王丽娟[1,2]　赵卫全[1,2]　周建华[1,2]　路　威[1,2]

（1. 中国水利水电科学研究院；2. 北京中水科工程总公司）

【摘　要】某富水地区地铁车站采用水下开挖及水下混凝土封底新工艺进行施工，底板施工完成后出现底板大量漏水情况。经现场查勘，底板漏水是封底混凝土与分仓墙黏结不紧密出现大量细小裂缝造成的，因此需要进行灌浆堵水。本工程采用系统灌浆方法，选择可控水泥膏浆作为灌浆材料，通过改变水泥膏浆外加剂的比例来调整不同灌浆阶段的浆液参数，进而达到快速堵水的效果。

【关键词】新型可控水泥膏浆　灌浆堵水　系统灌浆　膏浆外加剂　浆液参数

1　引言

随着我国地铁行业的快速发展，地铁所遇到的地质条件越来越复杂，其中富水地区地铁车站结构渗漏是目前地铁行业发展所遇到的一个问题。结构基础渗漏不仅带来渗透损失，而且会威胁到内部结构安全，因此需要在地铁车站二次衬砌修建之前进行堵水处理。

灌浆防渗是堵水的传统有效方法，其不仅需要设计合适的施工工艺，而且需要选择合适的灌浆材料。本文针对某地铁车站的漏水情况，选择新型可控性水泥膏浆作为灌浆材料，分析了水泥膏浆在小开度裂缝的堵水原理，并根据现场施工情况对膏浆材料在地铁车站的堵水效果进行了评价。

2　工程概况及分析

地铁车站采用明挖法施工，基坑深约32m，地下水位线位于地表以下20m处，水位线以下所处地层主要为卵石层。考虑到施工的经济性及安全性，施工单位采用水下开挖及水下混凝土封底新工艺进行施工。基坑底部混凝土厚4m，分为16个仓，封底采用分仓灌注，见图1。由于混凝土封底时，封底混凝土与分仓墙未能黏结密实，导致在底板及分仓墙连接处出现漏水现象，见图2。

现场查勘发现，车站基坑底部漏水具有以下特点：

（1）水压较大，漏水点水压一般介于0.15～0.2MPa。该特点决定采用普通水泥灌浆材料难以很快得到较好的防漏效果，需选择有较好的抗水流冲击能力及自堆积能力的灌浆材料。

（2）漏水点较多，分仓墙、基坑底板接触线范围内均有不同程度的漏水缝隙。漏水范

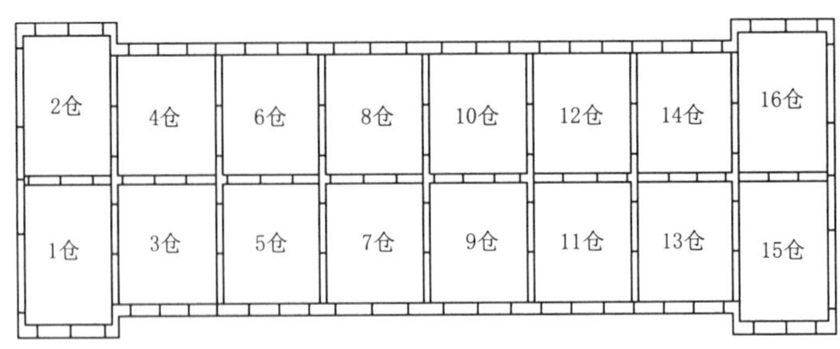

图 1　基坑底部示意图

图 2　基坑底部漏水现场图

围大使得本次注浆需采用系统灌浆，即以接触面为单位系统灌注，以确保灌注效率及灌注效果。

（3）漏水缝隙宽度很小，除个别大漏水点外，漏水缝隙表面宽度均小于 3cm（属于小开度裂缝）。因此本次灌注需综合采用灌注工艺和灌注材料的方法，使得灌浆材料既有良好的可灌性（流动性、扩散性），又必须有较高的抗水流冲击能力（即较高的抗剪强度）。

（4）底板厚度为 4m，不同漏水缝隙之间连接深度（基坑表面下距离）不一致，因此打孔深度要结合漏水情况而定，不能一概而论。

（5）漏水处均有不同程度的涌沙现象，这使得灌浆开始阶段需进行充填置换灌注。

综合以上特点，本次选择可控水泥膏浆为灌注材料。

3　新型可控水泥膏浆特性

膏状浆液是指抗剪屈服强度大于 20Pa，塑性黏度较大，流动性小，适用于大孔隙地层中灌浆。目前工程常用的膏浆主要有：普通水泥膏浆、防冲膏浆（速凝膏浆）、纤维类膏浆等。普通水泥膏浆是指在水泥浆中掺入大量黏土、膨润土、粉煤灰等膏状浆液，易被水稀释；速凝膏浆的工作性能不佳、价格较贵。本次采用的膏浆为新型可控性水泥膏浆，即通过调节水泥膏浆外加剂在水泥浆液中的比例，来控制水泥膏浆的凝胶时间、流动度、黏度、剪切强度等性能；同常规水泥膏浆比较，该浆液具有抗水稀释、浆液凝胶时间可调、浆液扩散范围可控等优点。

新型可控水泥膏浆的核心材料为膏浆外加剂，该外加剂是含有促凝剂、早强剂和增黏剂混合而成的复合外加剂，其可分为缓凝型膏浆外加剂和速凝型膏浆外加剂，见表 1。添加同比例膏浆外加剂，缓凝型膏浆相比于速凝型膏浆凝结时间较长、剪切强度较小，流动性较好；不同灌浆阶段应选择不同的外加剂配置水泥膏浆。

表 1　膏浆外加剂成分

外加剂种类	组成及含量				
	促凝剂 A	促凝剂 B	早强剂	增黏剂 A	增黏剂 B
缓凝型	1	0	1	2	1
速凝型	1	2	2	1	3

4　堵水方案及施工方法

灌浆堵水的基本原理就是通过灌注浆液，使得浆液填满缝隙，封堵水的流动通道，进而实现堵水效果。该地铁车站基坑底部漏水缝隙小，水流快，且出现涌沙现象，综合考虑这三个特点，设计以下堵水方案：

4.1　堵水方案及原理

堵水方案的总体思路是：根据现场情况，确定钻孔位置及注浆顺序，使得漏水缝隙内砂土被充分排除并充满灌注浆液，灌注浆液凝固后，缝隙得到修复进而达到堵水效果。具体方案如下：

（1）以分仓墙与封底混凝土的接触线为单位进行堵水施工，首先在漏水量较大的点进行钻孔，孔深设置为大于 2m；其次观察大漏水点的位置，若漏水点间隔大于 1.5m，则在两者中间增加一个浅孔（孔深设置为 1.2～1.5m），若间隔大于 2.5m，则在两者中间增加两个浅孔，以此类推。

（2）灌浆次序：首先对浅孔进行灌浆，封堵漏水量较小的裂隙，减小大漏水点之间的漏水区域；其次对深孔进行灌浆，深孔灌浆顺序选择从一端到另一端，这样不仅便于灌浆操作，同时可以较好掌握水流方向。

（3）变浆标准：本次采用的灌浆材料为可控性水泥膏浆，即通过添加外加剂来控制浆液的黏度、凝固时间等。灌浆开始阶段，由于漏水缝隙较小，且缝隙内存在涌沙现象，因此需先灌注稀浆（水灰比为 1∶1，添加少量缓凝型膏浆外加剂），此时浆液具有明显的牛顿流体特点，在压力（0.2MPa）作用下优先向裂缝和渗流通道的薄弱环节进行扩散，进而填充裂隙、置换混凝土浇筑过程中夹杂的沙石，起到充填置换的作用。灌注稀浆 10～15min 后，进行变浆，逐渐提高速凝型膏浆外加剂使用量，提高膏浆的剪切强度和抗水稀释能力，此时浆液为宾汉流体；当浆液的剪切强度达到 50Pa 后不再提高膏浆外加剂的使用量。

（4）灌浆前准备：为使得浆液能很好地填充裂缝，在开始灌注前，需采用棉丝封堵灌浆孔间开度较大的缝隙（缝隙宽度大于 1mm），这样可增大浆液在一定灌浆压力下的纵向扩散半径，提高灌浆效果，同时可减小跑浆量，节约材料。

4.2　施工方法

（1）钻孔：钻孔采用水钻机成孔，垂直钻孔，一次性成孔，孔径为 40mm。

（2）灌浆材料：灌浆材料采用水泥浆添加膏浆外加剂，牛顿流体浆液添加缓凝型外加剂比重为 5%，宾汉流体浆液添加速凝型外加剂比重为 20%～30%。

（3）灌注工艺：采用一次成孔，孔口封闭，孔内存压的灌浆方式。工艺流程为：孔位放样、钻孔、棉丝封口、灌浆、封孔、下一个孔。

(4) 灌浆压力：采用0.15～0.2MPa的灌浆压力，深孔灌浆压力偏大，浅孔灌浆压力偏小。

(5) 结束标准：裂缝流出浆液为宾汉流体浆液，且水压无法克服宾汉流体浆液的剪切强度，吸浆率小于1L/min，延续10min后结束。

5 施工效果评价及总结

灌浆堵水工程中，根据现场施工情况，设立以下几条评价标准：①漏水点的数量；②出水量的大小；③出水速度。本次灌浆结束后，车站底部漏水点全部封堵，不再存在大的漏水点；出水量减小85%以上，且剩下的小漏水点均为局部渗水，水流速度小于0.5m/s。

通过本次地铁车站堵水施工，成功将可控性水泥膏浆应用于小开度、大水量、大范围漏水工况，施工结果表明：

(1) 水泥膏浆不仅适用于中等开度漏水工况，且适用于小开度、大水量、大范围漏水工况，通过调整膏浆外加剂的比例，不断变浆，可简化施工操作、提高工作效率、减少人工操作任务。

(2) 大范围漏水工况，采用系统灌浆，钻孔深度根据具体情况及灌浆工艺相应调整，可提高灌浆效率、优化灌浆堵水效果。

(3) 本工程首次将可控性水泥膏浆成功应用于地铁车站堵水工程，对今后轨道交通工程堵水项目有一定的借鉴作用。

蓄水坝基有压动水覆盖层帷幕控制性灌浆技术研究与应用

谭宝宝[1]　冯杨文[2]　陈晓东[3]　熊德军[1]　钟久安[2]　何非凡[3]　臧　鹏[2]

（1. 国电丹巴东谷河水电开发有限公司；2. 四川共拓岩土科技股份有限公司；
3. 中电建振冲建设工程股份有限公司）

【摘　要】在蓄水条件一定水头下的坝基覆盖层渗漏采用灌浆进行防渗处理时，面临水泥浆液抗动水冲释性差而被流水稀释分散、冲失，以致灌浆难以成幕以及耗浆量极大等难题，结合工程实践，本文研究了有压动水覆盖层防渗帷幕成幕及控制性灌浆相关技术，取得良好效果，为类似工程治理提供了借鉴。

【关键词】坝基覆盖层　有压动水　帷幕　控制灌浆

1　引言

水利水电勘探资料表明，我国水利水电工程所处主要河流河床的覆盖层厚度一般为数十米至百余米，但局部地段可达数百米，尤其在西南地区，河谷深切和上伏深厚覆盖层现象更为显著，例如西藏旁多工程坝基覆盖层最深达420m。

相比两岸基岩，河床覆盖层的透水性通常较大。对于大坝基础设在覆盖层上的水利水电工程水库在运营期蓄水工况下的渗漏，覆盖层是主要的渗漏通道之一。运营期在设计允许之内的正常渗漏，一般不会对大坝产生渗透破坏；若渗流过大且集中，在长期作用下覆盖层中的细小颗粒可能被水流带走，形成大的孔隙结构，逐渐地渗流将可能具有一定的流速和较大的渗漏量，这不仅给已建水库带来水量损失和发电效益损失，而且威胁到大坝的安全，尤其是深厚覆盖层上的高坝。因此，具备处理条件时应尽快对坝基覆盖层的渗漏进行防渗处理。

覆盖层防渗工程中，混凝土防渗墙、高压喷射灌浆、帷幕灌浆等是比较常见的方法。综合考虑运营期水利水电工程水库现场条件、坝体结构、施工便利等，坝基覆盖层防渗堵漏采用帷幕灌浆相对较为适宜。

大坝坝基覆盖层防渗堵漏处理时，一般情况下需放空水库或降低库水位以确保“干地”施工，以减小水压力和渗流速度降低施工难度，但这会给电站水库的经济效益带来一定的损失。在不具备放空条件或为了减少经济损失而需保持蓄水工况时，库水将处于较高水位，尤其是高坝，在上下游较大水头差的作用下，坝基覆盖层渗漏区域可能产生具有一定流速和较大流量的流动水，即有压动水。相关工程治理表明，相比放水后低水位条件，有压动水条件下坝基深厚覆盖层防渗帷幕灌浆的施工难度更大，面临浆液被水冲释流失、浆液在地层的留存率低等问题，进而可能影响覆盖层防渗帷幕的有效形成。故此，对有压动水覆盖层帷幕成幕及控制性灌浆技术进行研究。

2 有压动水覆盖层帷幕控制性灌浆技术研究

2.1 有压动水覆盖层灌浆现状与难点

按被灌地层分，帷幕灌浆可分为基岩帷幕灌浆和覆盖层帷幕灌浆。类似地，在蓄水条件下的帷幕灌浆亦可分为有压动水基岩帷幕灌浆和有压动水覆盖层帷幕灌浆。相对而言，基岩帷幕灌浆、有压动水基岩帷幕灌浆、覆盖层帷幕灌浆、有压动水覆盖层帷幕灌浆的施工难度依次增大，尤其是蓄水条件下深厚覆盖层灌浆的难度更大。虽然有压动水基岩帷幕灌浆已有相关工程实例，如甲岩水电站大坝左右岸趾板新增帷幕灌浆工程（趾板灌浆孔位处水深达50m，孔深达153m），但并不意味着其经验就可解决有压动水覆盖层帷幕灌浆的问题。目前，有压动水覆盖层帷幕灌浆处理渗漏缺陷仍是难点问题。例如，甘孜州境内大渡河流域某水电站河床段坝基深厚覆盖层帷幕补强面临蓄水工况高承压水头、动水条件灌浆施工等难题。

通常，帷幕灌浆材料多采用水泥浆液。在有压动水覆盖层中采用水泥浆液进行灌浆时，因浆液凝结时间长、抗水冲和抗稀释性差，易被水流带走，渗透扩散亦受影响，使得浆液难以在覆盖层孔隙或空洞中留存，以致较难形成完整帷幕，难以达到坝基防渗目的，而且浆液耗量极大，使得渗漏治理效果不佳，是有压动水覆盖层灌浆的难点。

在有压动水覆盖层采用普通硅酸盐水泥浆液结合冲填级配料或者灌注水泥砂浆等，在一定程度上可抗水流冲击，但仍面临浆液水下凝固时间长、抗水流冲释性差等问题。已有的研究表明，普通硅酸盐水泥浆液在水下，尤其是动水下的凝结时间较长，甚至发生假凝或不凝现象。

近年来，为了解决浆液在水下凝固时间过长、动水下易被冲散的难题，多种灌浆材料用于有压动水灌浆工程，但仍难尽如人意。掺速凝剂的浆液、水泥-水玻璃双液浆液可缩短浆液凝结时间但易被水流稀释，水泥-水玻璃双液浆亦存在混合不均、堵管、堵孔事故；掺抗分散剂的水泥浆液可在静水下抗分散，但抗动水冲释性不足。热沥青遇水凝固，不易被水冲释，但灌前要加热、灌注过程中要保温，施工工艺复杂，不适用于深孔灌注。聚氨酯灌浆材料（化学浆液）密度约1.05g/cm^3，注入钻孔渗漏位置后，与水反应快，形成泡沫状固结体，扩散范围受限，在有压动水条件下，比水轻的发泡体易聚集在渗漏入口附近通道上部，动水仍可能从通道下部渗流，以致效果不太理想，同时该材料价格高。

综上所述，在蓄水条件下对坝基覆盖层渗漏进行灌浆处理时，面临常规水泥浆液抗动水冲释性差而被流水稀释分散、水流冲失以致灌浆难以成幕以及耗浆量极大等难题。

2.2 有压动水覆盖层灌浆技术总体研究思路

2.2.1 研究思路

（1）灌浆材料与浆液。在水流冲刷作用下，常规浆液易被水冲释，初凝时间延长，难以凝结与堵塞渗漏通道；常规浆液水泥颗粒被水流稀释分散、冲走，难以灌入并留存在覆盖层孔隙或空洞而成幕。因此，有压动水条件下，浆液一是要不易被水冲稀释，即具有抗动水分散性，二是进入孔内、地层后能尽早凝结，即具有一定速凝性。

（2）灌浆成幕技术方法。通常，坝基渗漏较大的覆盖层一定程度上存在优势渗漏通道。若能堵塞缩小优势渗漏通道，后续水泥灌浆成幕才有条件实施。因此，覆盖层灌浆施工需遵循“先堵漏，后灌浆”原则。遇动水大渗漏时，可先尽可能连续注入黏稠、抗水冲或抗动水分散浆液，以冀望渐进堵塞较大漏失通道，再及时连续灌入水泥浆渗透、扩散入地层孔隙或空洞以凝结成幕。

（3）帷幕效果与灌浆孔排数、施工顺序。从灌浆实践可知，灌浆帷幕的防渗效果与其厚度密切相关。一般地，覆盖层帷幕的厚度根据最大设计水头、帷幕的允许渗透比降、渗流控制标准确定后，即可匹配确定帷幕灌浆孔的孔距、排距及排数。

覆盖层帷幕布置三排孔及以上时，先灌注下游排孔，再灌注上游排孔，后灌注中间排孔。下游排孔可先行参照灌浆强度值（GIN）灌浆法封堵较大渗漏通道，一定程度上可拦阻上游排孔浆液，防止其随水流向下游流失过多，上下游两边排孔封堵周边后，中间排孔则可采用相对较高压力进行灌浆渗透、扩散入地层孔隙或空洞以凝结成幕。

2.2.2 工艺技术措施

（1）灌浆材料选择与使用：灌浆材料综合选用抗动水分散浆材、双液速凝浆材（掺水玻璃）、水泥浆液、水泥膨润土稳定浆液等。根据实际漏失情况调整浆材与配比，原则上先多灌入抗分散浆材、速凝浆材，封堵灌浆宜连续进行。

宜分排灌注不同浆液：下游排孔、上游排孔可灌注抗动水分散浆液、膏状浆液、双液速凝浆材或水泥浆等，中间排孔宜灌注水泥膨润土稳定浆液或水泥浆。

（2）灌浆参数拟定：根据水头大小调整灌浆压力，宜使用较高压力灌浆，以使灌浆扩散半径、压力挤密影响范围满足要求。

（3）灌浆设备选择：选用螺杆泵灌注抗动水分散浆材、膏状浆液、双液速凝浆材等；选用三缸高压灌浆泵，满足高压灌浆、深孔灌浆时压力需要，以及灌注水泥膨润土稳定浆液或水泥浆。

（4）灌浆孔分序灌注：覆盖层灌浆严格按分序加密的原则进行。先灌注下游排孔，再灌注上游排孔，后灌注中间排孔。同排灌浆孔先灌Ⅰ序孔，再灌Ⅱ序孔，后灌Ⅲ序孔。

（5）灌浆结束后措施：达到灌浆结束标准后，采取屏浆措施、闭浆措施，在较长时间持续压力作用下，促使水泥颗粒在被灌段沉淀并加速排水凝固过程，以及增强浆液对地层的预加应力效应，有效减小地下水流对浆液的影响。

2.2.3 工艺步骤与作用

有压动水覆盖层灌浆可按表1所示工艺步骤实施。

表1　　有压动水覆盖层灌浆工艺步骤与作用

序号	工艺步骤名称	说　明	作　用
1	灌注抗动水分散浆材	动水下浆液能留存，初步堵塞渗漏通道	控制灌浆
2	灌注速凝膏状浆液	进一步堵塞渗漏通道	控制灌浆
3	灌注速凝水泥浆液	基本堵塞渗漏通道	控制灌浆
4	灌注水泥黏土浆、普通水泥浆液	在较高压力下，水泥浆液扩散渗透、压力挤密覆盖层地层	帷幕成幕与防渗

2.3 有压动水灌浆材料研究

根据工程实际需要，对膏状浆液、抗动水分散浆液进行研究。膏状浆液黏稠，可用于充填较大空隙。抗动水分散浆液在水流中不分散，可先封堵较大的动水渗漏通道，为先堵后灌创造条件。根据材料特性、成本、配料与灌注工艺等相关资料分析，抗动水分散浆液考虑以聚氨酯类材料与水泥材料复合的方向进行调配研究。

2.3.1 膏状浆液

膏状浆液主要选用羟丙基甲基纤维素或海藻酸钠为主要外加剂，硅灰、甲酸钙等为辅助外加剂（见表2）。相对而言，纤维素的效果较海藻酸钠略微差些，但纤维素较为经济，故使用纤维素膏状浆液。

表2　膏状浆液配合比试验

序号	配合比			黏度/(mPa·s)	初凝时间/min	抗压强度/MPa
	水泥	水	外加剂			
1-1	100	50	1（纤维素）	4560	90	47
2-1	100	50	1.5（海藻酸钠）	4340	92	49

试验表明，在0.5：1水泥浆液中掺加1%纤维素、1%碳酸钠，获得的纤维素膏状浆液的流动性、初凝时间满足施工需要。

2.3.2 抗动水分散浆液

经试配，推荐GTGR：水泥＝0.5：1的C-GTGR1浆液，其密度、黏度相对较大，初凝时间相对较短，抗压强度相对较高。抗分散性试验表明，该浆液在静水中不分散，水中搅拌下亦不被稀释、不分散，具有抗水流冲释性。灌浆料的密度比水大，在水中呈现下沉趋势，不易随水流方向大量流失，具有抗水冲性。灌浆料初、终凝时间根据外加剂的加量进行调整控制，可实现快速固化。浆液以水泥为主，相应降低了使用成本，见表3。

表3　抗动水分散浆液配合比试验

序号	C-GTGR堵水浆液			密度/(g/cm³)	黏度/(mPa·s)	初凝时间/min	抗压强度/MPa
	GTGR浆材拌和料	水泥	催化剂				
1	5	10	0～10	1.95	4120	10～45	20

2.4 蓄水坝基覆盖层灌浆成幕与控制灌浆技术分析研究

2.4.1 控制灌浆技术

坝基渗漏较大的覆盖层一定程度上存在优势渗漏通道。普通水泥浆液到达覆盖层钻孔的渗漏位置时，在水流作用下顺着优势渗漏通道流动，不断被水流稀释、分散乃至冲走，流失量大，亦难以封堵渗漏通道。因此，覆盖层控制浆液的措施研究如下：

（1）采用抗动水分散浆液（如C-GTGR1浆液）先行封堵渗漏通道。抗动水分散浆液在动水中不分散，密度比水大，初凝时间可调至较短，则不断有凝结物在不规则的覆盖层渗漏通道中得以下沉、留存在通道下部，渐进堵塞较大漏失通道，使得抗动水分散浆液随水流流动的距离不会过远，从而合理地控制了灌浆量。之后，视不同情况，再采用纤维素膏状浆液、水泥-水玻璃双液、浓水泥浆等进一步封堵渗漏通道。

（2）覆盖层控制灌浆亦需要适宜的灌浆孔排数，例如两排或三排及以上。边排孔侧重于堵漏，注入抗动水分散浆液、纤维素膏状浆液、水泥-水玻璃双液等，采用低压或无压以避免浆液流失过远。边排孔封堵后，中间排孔可升压灌注水泥黏土浆液或水泥浆液，既保证灌浆质量，又可避免浆液在较大压力下流失过远。

2.4.2 动水条件成幕技术

在有压动水覆盖层，浆液需进入覆盖层孔隙或空洞并留存，才可胶结地层以成幕。因此，浆液要先在覆盖层中“站住脚”。此需先灌注抗动水分散浆液，不断有凝结物沉留在不规则的覆盖层渗漏通道下部，渐进堵塞较大漏失通道，先行起到一定减渗作用、遏制动水流速，以使后续浆液能更多地不断留存在覆盖层中，为成幕创造先决条件。

考虑帷幕的允许比降，覆盖层防渗灌浆需要一定的帷幕厚度，故宜布置多排孔。边排孔封堵漏失通道后，中间排孔灌浆时就能够升得起较高压力，配以专用灌浆钻喷头，切割掺搅孔周一定范围的地层，扩大浆液渗透扩散与胶结的范围，实现渗透胶结、压密空隙而形成有效防渗幕体。中间排孔宜灌注水泥膨润土稳定浆液或水泥浆。

2.4.3 蓄水坝基有压动水覆盖层帷幕控制灌浆实施步骤

帷幕灌浆孔布置参见图1。实施步骤如下：

步骤一：作为覆盖层灌浆成幕之必要首步，在下游排孔使用螺杆注浆泵分段灌注抗动水分散浆液，对有压动水覆盖层较大的漏失通道进行渐进堵塞，起到减渗和遏制动水流速的作用，之后使用三缸灌浆泵复灌水泥浆至正常结束，为后续水泥灌浆成幕提供条件；

步骤二：以适当高于下游排灌浆孔的灌注压力对上游排灌浆孔使用螺杆注浆泵或双液注浆泵分段灌注纤维素膏状浆液和水泥水玻璃速凝浆液，进一步堵塞渗漏通道，之后使用三缸灌浆泵复灌水泥浆至正常结束，为后续水泥灌浆成幕提供条件；

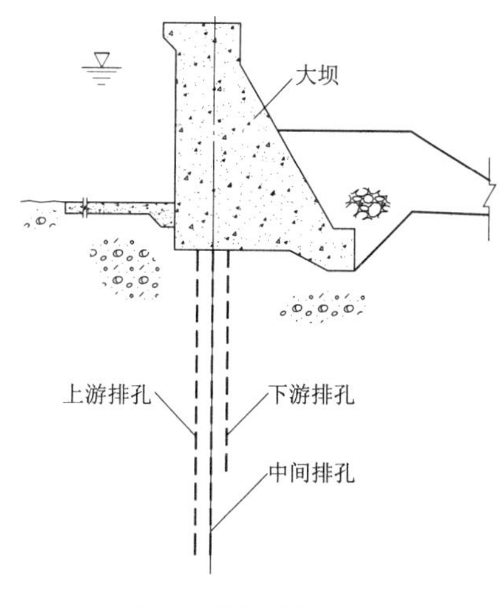

图1 灌浆孔剖面图

步骤三：以适当高于上游排灌浆孔的灌注压力对中间排灌浆孔使用三缸灌浆泵分段灌注水泥膨润土稳定浆液或水泥浆，浆液在高灌浆压力下渗透、扩散入地层孔隙或空洞以凝结成幕。

3 工程应用

四川省丹巴县某水电站坝基河床防渗原设计方案采用水平混凝土铺盖防渗。电站运行多年后，坝基渗流量超过设定值，研究决定采取新增垂直防渗灌浆帷幕。

3.1 坝基防渗设计

覆盖层坝段设置三排或两排帷幕灌浆孔，孔距1.5m，排距1.2m，梅花形布置，灌浆孔在覆盖层中的深度达55m；灌浆压力0.3～4.0MPa。

3.2 蓄水条件坝基覆盖层灌浆施工

为保障渗漏处理期间电站、水库的发电、水资源利用等经济收益，决定在蓄水条件下进行覆盖层帷幕灌浆。蓄水工况下大坝前后水头差约15m。

帷幕灌浆采用孔口封闭、孔内循环、自上而下分段灌浆法。除了主要对新钻段进行灌浆以外，还可以使以上各段都能得到若干次的重复灌浆，最终都会受到最高压的考验，有利于提高灌浆质量。

(1) 灌浆施工设备机具：XY-2地质钻机，3SNS或TTB180/10高压注浆泵，HSB8螺杆泵，GT-ZJ-50型自动化制浆站，膏浆搅拌机等。

(2) 在上下游较大水头差的作用下，经研究与试验，遵循“先堵漏、后灌浆”原则，遇动水大渗漏时，先尽可能连续注入黏稠、抗水冲或抗动水分散浆液（如C-GTGR1堵水浆液），以渐进堵塞较大漏失通道，再及时连续灌入水泥浆或水泥黏土浆渗透、扩散入地层孔隙或空洞以凝结成幕，取得了成效。例如，灌浆过程中，覆盖层坝段一个先导孔的覆盖层第1段塌孔严重，孔段0.20～0.30m（段长0.1m），漏失严重，注入水泥6991kg，单位注入量69907kg/m；第2段0.30～2.00m（段长1.7m），漏失严重，采用抗动水分散浆液C-GTGR1灌注以封堵大漏失通道，耗用GTGR1浆材3150kg，单位注入量约11279kg/m，与第1段相比，单位注入量显著下降，说明C-GTGR1浆液起到积极的封堵作用；第3段2.00～5.00m（段长3.0m），在水泥浆液中适当掺加水玻璃，亦试用了纤维素膏状浆液（耗用纤维素9.6kg），单位注入量约3322kg/m，降低明显，说明其上第2段灌注是有效果的。

(3) 总体上，灌浆按分序加密的原则进行，先边排后中间、排内分序加密。灌浆孔施工顺序为：先灌下游排，再灌上游排，最后灌中间排；排内先施工Ⅰ序孔，再施工Ⅱ序孔，最后施工Ⅲ序孔。分排灌注不同浆液，边排孔灌注了抗动水分散浆液、纤维素膏状浆液，侧重于堵漏，中间排重点在于较大压力灌注水泥黏土浆、水泥浆以渗透胶结、压密空隙而形成有效防渗幕体。

3.3 灌浆质量检查

经过新增垂直帷幕灌浆防渗处理后，检查孔注水试验地层渗透系数小于设计防渗标准5×10^{-5}cm/s，坝体下游河道内渗流量小于设定值0.05m^3/s，说明灌浆有效地充填封堵了孔隙通道，新增覆盖层帷幕灌浆发挥了作用。

3.4 发电效益保障

在蓄水发电条件下进行坝基渗漏处理保障了水电站运营，施工工期约5个月，发电收益约2000万元，经济效益明显。

4 结语

结合丹巴某水电站坝基深厚覆盖层渗漏处理工程施工实践，研究与总结了有压动水覆盖层帷幕控制灌浆技术，在蓄水发电条件下进行坝基深厚覆盖层渗漏处理，解决了常规水泥浆液抗动水冲释性差而被流水稀释分散、水流冲失以致灌浆难以成幕以及耗浆量极大的难题，防渗治理效果明显，同时保障了渗漏处理期间电站水库的发电、水资源利用等经济收益，社会经济效益明显，为今后类似工程的渗漏处理提供了参考，亦为深厚覆盖层的防渗灌浆工程提供了借鉴。

预灌浓浆技术在强透水松散地层防渗墙施工中的应用

杨 敏[1] 丁耀华[1] 李明宇[1,2] 李 娜[1]

（1. 中国水电基础有限公司；2. 天津市地基与基础工程企业重点实验室）

【摘 要】 水利水电防渗墙在松散地层中施工时，经常会遇到塌孔、漏浆情况。直接导致成孔困难、扩孔系数偏大等情况。通常情况下会采用挤密夯实土体、控制造孔速度、调整造孔泥浆性能等方法来改善或减缓地质条件对施工的影响。但是在常规处理方法遇到极端情况时，处理的效果、经济性和适用性就显得差强人意。此时，若采用预灌浓浆就会取得明显的止漏、防塌效果。本文通过预灌浓浆技术与常规处理方法的对比，来分析预灌浓浆技术在防渗墙施工中的合理应用所产生的技术及经济效益，为类似地质条件的施工提供借鉴和参考。

【关键词】 防渗墙 松散地层 预灌浓浆 处理效果 经济性

1 引言

在松散、强透水性渗漏地层进行防渗墙施工过程时，槽孔内极易发生漏浆，情况严重时，会造成大面积的塌孔。通常会采用挤密夯实土体、控制造孔速度、调整造孔泥浆性能等措施进行处理以保证成槽。如果处理效果不佳，还会采用填料对槽孔进行回填夯实后重新造孔。正常情况下会取得明显的效果，若效果不理想，只要造孔泥浆的注入量大于漏浆量时，也会通过时间差完成造孔，并在成槽后短时间内进行浇筑，完成成墙作业。遇到极端情况时，当漏浆量远大于泥浆的供应量时，孔内浆液面迅速下降，两侧槽壁失去支撑，直接会导致塌孔。若只是通过常规方法反复进行处理，就算最终成墙，不仅会影响墙体质量，付出的人工、机械、材料、工期成本也会远远超出预期。

而在探明地质情况后，在防渗墙施工前，采用预灌浓浆对防渗墙上、下游两侧的土体进行处理，使得防渗墙两侧孔壁的松散土体得到有效填充并提高土体强度和土体直立性，不仅提高了成墙效率，而且还能保证孔型，提高成墙质量。

2 处理效果对比

本文以某碾压式黏土心墙代料组合坝塑性混凝土防渗墙（墙体厚度 0.8m）为例，此类型的大坝建造时间大都集中在 20 世纪 70 年代，受当时技术条件及施工机械化程度限

基金项目：国家重点研发计划（2018YFC1508504）。

制，黏土心墙内夹杂了大量的砂石含量超过70%的代料土，且主要集中在孔深9～15m范围内，通过防渗墙先导孔揭示，位于此范围内的岩心并非呈柱状，而是呈稀泥状，部分钻孔内出现涌水，土体密度不足，地层松散。在此类地层进行防渗墙施工，极易出现漏浆、塌孔等特殊情况。

为了彻底探明地质情况及施工工艺对该地层的适用性，在施工前的生产性试验中，划定了两个试验区。将防渗墙轴线首端及中心位置共的两个槽孔，即FSQ-01、FSQ-15作为一期试验区。一期试验区内的槽孔未进行预灌浓浆处理，如遇漏浆、塌孔等特殊情况采用挤密夯实土体、控制造孔速度、调整造孔泥浆性能等常规措施进行处理。将FSQ-10、FSQ-21两个终孔深度较大的槽孔作为二期试验区。二期试验区内的槽孔在开抓前，在距槽孔轴线上、下游两侧2.0m距离各设置一排预灌浓浆孔进行预灌浓浆处理，孔间距2.0m。通过两个试验区处理效果的对比来为后续施工方案的确定提供依据。

2.1 常规措施的处理效果

在一期试验区施工时，首先对轴线两端的FSQ-01和FSQ-15进行施工，施工方法为：

(1)“抓取法”成槽，即采用金泰SG60抓斗挖掘地层，形成槽孔。

(2)泥浆固壁：采用膨润土泥浆护壁，确保孔壁稳定。造孔泥浆采用钙基膨润土泥浆，泥浆密度为1.04～1.08g/cm^3、黏度为37～52s（马氏漏斗）、pH值为8.5～9.5，符合规范要求。

(3)气举法清孔换浆，JHD-200型泥浆净化器净化泥浆。

(4)泥浆下“直升导管法”浇筑混凝土。

(5)采用“接头管法”墙段连接，节约混凝土及接头钻凿工时，保证接缝质量。

防渗墙施工开始后，在FSQ-01和FSQ-15槽孔施工中，孔深9～15m范围内均发生大量漏浆的现象。甚至在FSQ-15槽孔施工时，槽孔内浆液瞬间流失，并造成槽孔孔壁大面积的塌孔。由于槽孔两侧孔壁内夹杂了大量的砂石，有非常明显的渗漏通道且漏浆的速度很快（最大漏浆数度达到620.48L/min)，来不及补充泥浆，造成导墙下的大面积塌孔，槽孔内垂直于轴线方向的塌孔范围最大处达到1.4m（距导向槽内侧面），FSQ-15导墙底部淘空，下游平台出现塌陷空洞，对现场施工人员及设备的安全造成重大威胁。在及时回填后，未造成严重后果，但是对后续施工的槽孔安全、施工进度造成很大影响，不仅降低了施工效率，还增加了施工难度和成本投入。在回填槽孔内回填黏土充分沉降后，通过泥浆内增加锯末等堵漏材料、通过抓斗斗体夯实土体、降低抓取速度。将膨润土更换为钻井级钠基膨润土等措施艰难成槽后完成浇筑，各槽孔造孔施工情况见表1。

各槽孔浇筑情况见图1、图2。

根据浇筑指示图反映，两个槽孔扩孔系数（K值）与造孔漏浆情况相吻合，FSQ-01的扩孔系数$K=1.19$、FSQ-15的扩孔系数$K=1.29$，FSQ-01由于终孔深度较浅，仅为33.6m，所以其扩孔系数较FSQ-15相对来说要小一些。但是两个槽孔的扩孔系数较正常的黏土地层的扩孔系数要明显偏大。由此可以看出，采用常规处理措施在遇到地质条件恶劣的情况下，所起到的效果并不理想。虽然可以通过丰富的施工经验和高效的处理方式来弥补地质情况上的劣势，但是塌孔、漏浆导致设备效率低下，经常出现重复施工情

表 1　　一期试验区槽孔造孔施工情况统计表

槽孔编号		对应造孔深度/m	槽段总工期/d	泥浆面下降速度/(cm/min)	泥浆流失量/(L/min)	采取措施	终浇扩孔系数
FSQ-01	Ⅰ抓	9.2	4.5	3.3	73.9	泥浆内增加锯末等堵漏材料、通过抓斗斗体夯实土体、降低抓取速度	1.19
		11.4		15.2	340.48		
		13.2		26.1	584.64	泥浆内增加锯末等堵漏材料、通过抓斗斗体夯实土体、降低抓取速度等措施无效后，使用黏土将该槽孔回填至导墙顶部	
	Ⅲ抓	9.6		2.1	47.04	泥浆内增加锯末等堵漏材料、通过抓斗斗体夯实土体、降低抓取速度	
		14.8		27.7	620.48	泥浆内增加锯末等堵漏材料、通过抓斗斗体夯实土体、降低抓取速度等措施无效后，使用黏土将该槽孔回填至导墙顶部	
FSQ-15	Ⅲ抓	8.7	6.5	14.7	329.28	泥浆内增加锯末等堵漏材料、通过抓斗斗体夯实土体、降低抓取速度	1.29
		13.5		62.4	1397.76	采用泥浆内增加锯末等堵漏材料、通过抓斗斗体夯实土体、降低抓取速度。将膨润土更换为钻井级钠基膨润土，增大泥浆比重至 1.10g/cm³，黏度 39s 等措施。最终使用黏土将该槽孔回填至导墙顶部	
		15.2		65.5	1467.20		
	Ⅰ抓	2.0		55.9	1252.16		
		9.3		140.0	3136.00		
		10.5		138.0	3091.20		
		14.8		150.0	3360.00		

况。同时导致扩孔系数增大使得泥浆损失率巨大、凝土的使用量增加，不但不能保证孔型，而且付出的成本代价是巨大的。因此，在防渗墙施工前对松散、强透水地层进行处理后，才能提高成槽效率、降低施工成本、保证施工安全和施工质量。

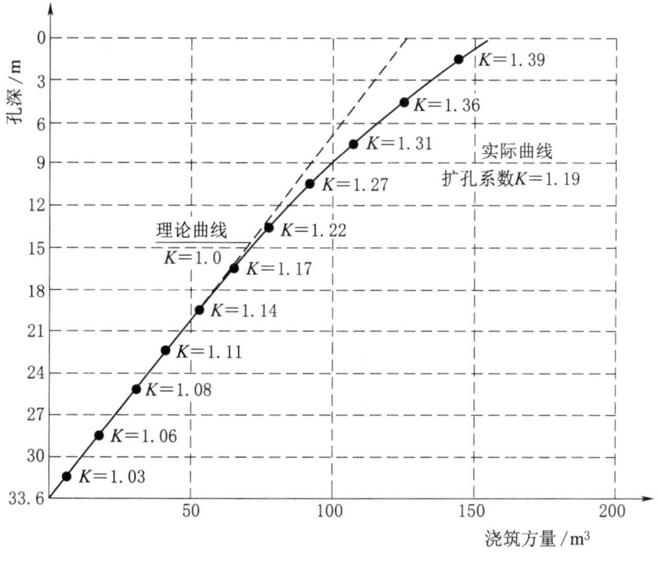

图 1　FSQ-01 浇筑指示图

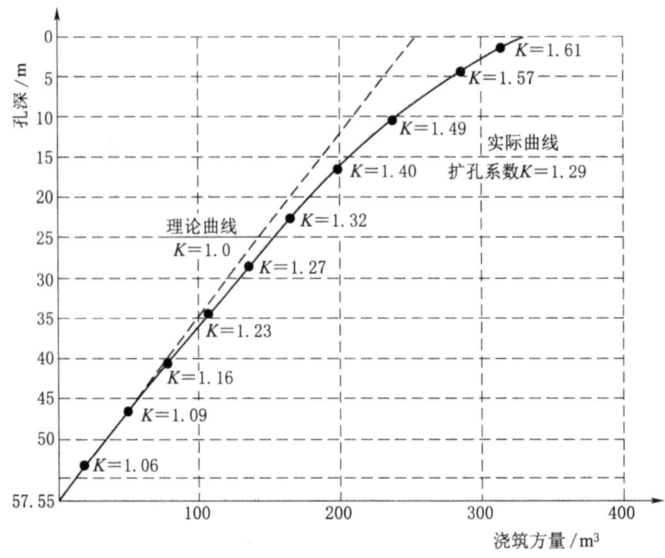

图 2 FSQ-15 浇筑指示图

2.2 预灌浓浆的处理效果

通过一期试验区的施工结果可以看出，该地层虽为黏土心墙，理论上为纯黏土，不应出现严重的泥浆渗漏情况。但该地层从开孔时就开始出现漏浆，渗漏情况最为严重的位置集中在孔深 9～15m，且抓斗从该范围内所抓岩样中，砂石含量超过 70%，岩样孔隙较大，为易渗漏地层。如果要从根本上解决严重漏浆问题，需先对该类地层大渗漏孔隙进行充填处理，隔绝渗漏通道，而预灌浓浆技术是应对此类问题快捷、经济、有效的处理方法。

2.2.1 预灌浓浆孔位布置

二期试验区槽孔开抓前，先在距槽孔轴线上、下游两侧 2.0m 距离各设置一排预灌浓浆孔进行预灌浓浆处理，钻孔孔径 110mm，钻孔深度 16m，孔间距 2.0m。灌浆孔分二序施工，待第一序孔灌浆结束后再进行第二序孔，先施工上游排后施工下游排。本次灌浆采用充填灌浆法，采用无压力灌浆，利用浆液自重对松散地层进行灌浆处理，灌浆材料采用水泥膨润土浆液，孔位布置见图 3。

2.2.2 浆液配比及制备

灌浆浆液采用水泥膨润土浆（水固比为 0.5：1），这样可加大浆液稠度、加快浆液凝结时间、控制浆液凝结时间、控制浆液扩散范围，使灌浆具有可控性，浆液配比见表 2。

表 2　　浆液配比表

灌注浆液		水泥膨润土浆	备　注
水固比		0.5：1	若注入率持续增大，可根据现场实际调配水固比
配合比	水	1	
	水泥	1	
	膨润土	1	

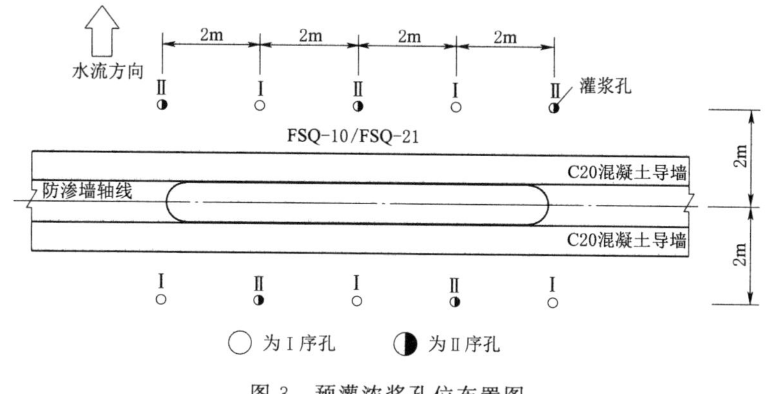

图 3　预灌浓浆孔位布置图

浆液制备采用 ZJ－800 高速搅拌机，具体制浆按如下程序执行：

（1）制浆程序：先加水，后加水泥，搅拌后加泥浆。

（2）稳定浆液制出后应过筛除去大颗粒后入储浆池，用泵输浆至施工作业面。

2.2.3　施工工艺

施工时采用 XY－2 地质钻机钻孔，ZJ－800 高速搅拌机制浆，自下而上分段无压灌浆的施工工艺。

（1）钻孔。根据一期试验区施工时出现的漏浆情况，确定松散地层主要位于孔深 9～15m 范围内，本次处理也主要对该范围内的地层进行处理，根据施工实际情况，钻孔只需采用 XY－2 型地质钻机即可满足施工需求。在钻机钻进过程中，需采用套管护壁法（干钻法）施工，保证钻孔的有效孔径，这样浆液在压力作用下能有效渗入坝体渗漏通道。边钻进，边下设套管，直至计划深度。钻孔采用直径不小于 108mm 的金刚石钻头及合金钻头进行。成孔后，上提套管至距孔底小于等于 5m，准备灌浆。

（2）灌浆。灌浆段靠近孔口一段段长为 6m，其余各段段长均为 5m，地质缺陷部位可适当缩短段长，在地质条件较好的地段，可适当加长段长。灌浆方式采用自下而上分段灌浆法灌浆，每完成一段灌浆，套管上提 5m，直至提出孔口完成最后一段灌浆。灌浆压力采用浆柱压力，即无压力灌浆。预灌浓浆浆液以水泥膨润土浆液为主，特殊吃浆量较大部位采用水泥膨润土浆液加砂的方式进行灌注。灌浆时浆液由储浆池泵送入孔，当孔内浆液灌注量达到灌注段不吃浆或者孔内浆液从孔口翻浆时，即可结束本段灌浆，总体灌浆情况见表 3。

2.2.4　预灌浓浆施工效果检验

对 FSQ－10 和 FSQ－21 两个槽孔的预灌浓浆施工完毕后，即开始对两个槽孔进行造孔、浇筑施工。预灌浓浆工艺流程如图 4 所示。造孔泥浆依旧采用钙基膨润土泥浆，泥浆密度为 1.04～1.08g/cm^3、黏度为 37～52s（马氏漏斗）、pH 值为 8.5～9.5，造孔过程非常顺利，两个槽孔均未出现明显的塌

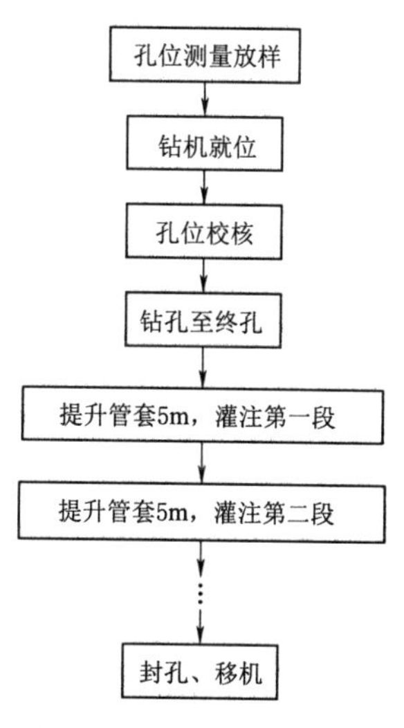

图 4　预灌浓浆工艺流程图

表 3 灌浆情况统计表

槽孔号	孔序	孔位	灌浆孔深/m	平均灌浆时间/min	单孔平均注浆量/L	单孔平均注入率/(L/min)	总施工时间/d
FSQ-10	Ⅰ序孔	上游排	11～16	67	737.2	11.0	2
			6～11	55	528.9	9.6	
			0～6	16	103.5	6.5	
		下游排	11～16	49	516.1	8.5	
			6～11	36	262.8	7.3	
			0～6	14	71.4	5.1	
	Ⅱ序孔	上游排	11～16	34	255.0	7.5	
			6～11	24	127.2	5.3	
			0～6	8	32.8	4.1	
		下游排	11～16	29	197.2	6.8	
			6～11	18	93.6	5.2	
			0～6	8	27.2	3.4	
FSQ-21	Ⅰ序孔	上游排	11～16	71	880.4	12.4	2
			6～11	51	540.6	10.6	
			0～6	19	148.2	7.8	
		下游排	11～16	53	487.6	9.2	
			6～11	31	220.1	7.1	
			0～6	15	87.0	5.8	
	Ⅱ序孔	上游排	11～16	42	331.8	7.9	
			6～11	21	119.7	5.7	
			0～6	13	61.1	4.7	
		下游排	11～16	36	248.4	6.9	
			6～11	18	97.2	5.4	
			0～6	11	41.8	3.8	

孔、漏浆情况，造孔泥浆回收率达到70%以上（不计因施工正常产生的废浆），各槽孔造孔情况见表4。这种效果同样反映在浇筑过程中，FSQ-10和FSQ-21的终浇扩孔系数（*K*值）分别为1.08和1.06（图5、图6），相比于一期试验区的两个槽孔，扩孔系数明显减小，混凝土消耗量明显降低。

表 4 二期试验区槽孔造孔施工情况统计表

槽孔编号		对应造孔深度/m	槽段总工期/d	泥浆面下降速度/(cm/min)	泥浆流失量/(L/min)	采取措施	终浇扩孔系数
FSQ-01	Ⅰ抓	9～15	1.5	<0.1	<2.2	未采取任何措施	1.19
	Ⅲ抓						
FSQ-15	Ⅰ抓		2.0				1.29
	Ⅲ抓						

各槽孔浇筑情况见图 5、图 6。

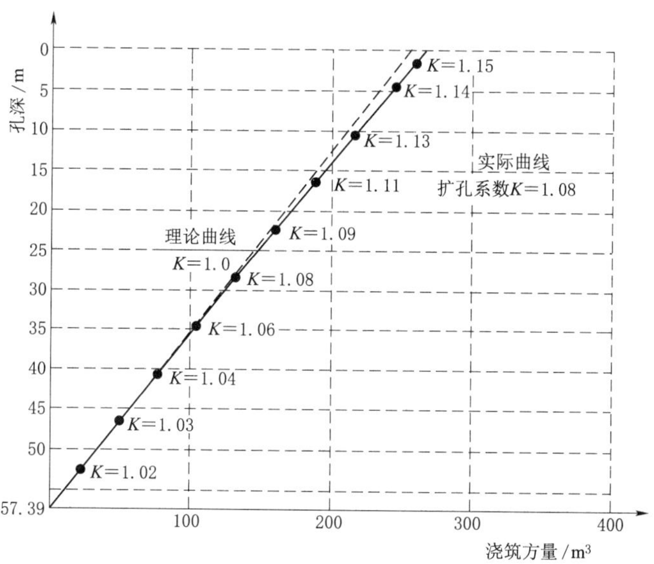

图 5　FSQ－15 浇筑指示图

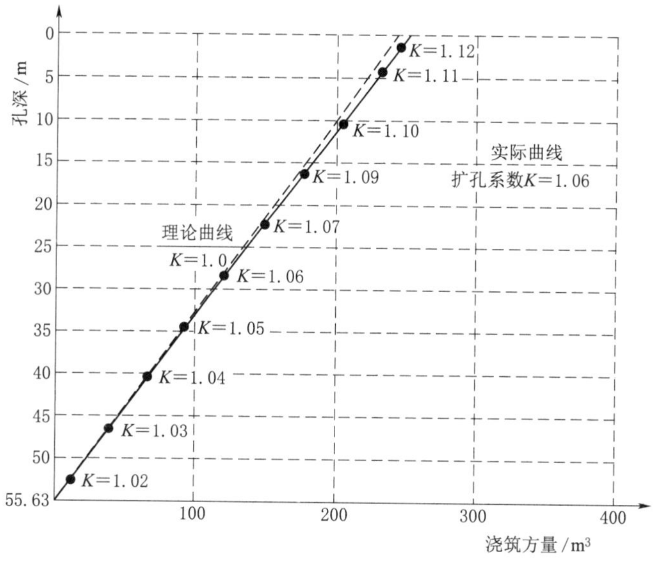

图 6　FSQ－21 浇筑指示图

3　结论

综上所述，预灌浓浆技术应用于松散、强透水性渗漏地层的防渗墙施工，可以使两侧孔壁的松散土体得到有效填充并提高土体强度和土体直立性，对造孔过程中出现的塌孔情况有很强的预防效果。同时，通过预灌浓浆还可以降低地层的透水性，在槽孔上下游灌浆轴线范围内形成两道隔水、止漏屏障，对造孔过程中的漏浆情况起到极大地改善效果。

所以，在防渗墙施工前，通过对防渗墙先导孔成果进行分析、判断，确定地质情况属易漏浆、塌孔地层后，先对槽孔上下游两侧进行预灌浓浆处理，然后再开始防渗墙施工，可以起到节约工期、降低成本、确保施工安全和施工质量的作用。

参考文献

[1] 刘祥国，朱立东，兰彩虹. 预灌浓浆施工技术的应用 [J]. 东北水利水电，2008，26 (2)：28-29.

[2] 万谋丹，汤明燕，肖可洋，等. 特种黏土固化浆液防渗心墙在小型水库除险加固中的应用 [J]. 水利科技与经济，2015，21 (12)：107-109.

主厂房蜗壳接触灌浆施工技术

石艳军　张国华

（中国葛洲坝集团市政工程有限公司）

【摘　要】 白鹤滩水电站右岸主厂房钢蜗壳进口直径为 8.6m，蜗壳最大静水压力为 2.62MPa，最大内水压力为 3.54MPa。在蜗壳底部混凝土浇筑时，埋设接触灌浆管，蜗壳混凝土浇完后，进行接触灌浆。同时，采用拔管工艺对座环二期混凝土进行灌浆。上述方法在工程实际应用中取得了较好效果，可为类似工程提供参考和借鉴。

【关键词】 蜗壳　拔管工艺　一泵一区

1　工程简述

白鹤滩水电站右岸主厂房共布置 8 台水轮机组，发电机组单机容量 100 万 kW，为大型发电机组，由于蜗壳尺寸较大，而外围混凝土的几何形状十分复杂，结构尺寸和体积相对较小，且预留孔洞、埋件及机电管路众多。机组布置在厂房内，其左右分别布置主副安装间。机组段上下游长 31m，南北侧长 304m，高程 562.9 以下相互独立，中间布置有岩墩分隔。

蜗壳混凝土拟分 4 层浇筑，按Ⅰ、Ⅲ和Ⅱ、Ⅳ象限对称下料，接触灌浆区按混凝土象限进行划分。混凝土垂直上升速度控制在 0.3m/h，浇筑时均匀下料，平面高差不超过 20cm，液态混凝土高度不超过 0.6m。蜗壳底部及座环基础阴角部位混凝土入仓困难，采取浇筑后进行接触灌浆的方法，以确保混凝土密实。

右岸主厂房蜗壳接触灌浆共划分为 8 个单元，分布于 9～16 号蜗壳，单个蜗壳接触灌浆面积 547m^2。

2　施工难点及对策

主厂房蜗壳接触灌浆施工的特点和难点为：①由于蜗壳尺寸较大，形状极不规则，且土建、金结埋件密集，特别是座环阴角部位，空间狭小，灌浆预埋管安装质量控制为难点之一；②蜗壳混凝土被称为电站厂房混凝土的“心脏”，灌浆过程中防抬动措施是难点之二。

主要采用以下对策：

（1）依据蜗壳尺寸大小，象限位置分布、浇筑顺序等因素，综合考虑编制灌浆预埋管仓位设计图表，安装前对安装人员进行详细交底并全程跟踪指导。高程灌浆管安装完成后，厘清管路类别，粘贴醒目编号标识，并绘制安装效果图，引管至高程 564.90m 蜗壳下层廊道内。

（2）蜗壳灌浆管路布置在蜗壳底部 135°范围内，从第一灌区顺时针安装至第四灌区。每个灌区底部分别依次布置 6 趟管路，呈扇形布置，形成“六进六回”效果。

（3）灌前在座环基础板布置 8 个监测抬动点，采用百分表观测；在蜗壳顶部安装 8 个监测点，采用全站仪进行监测。

3 施工技术

3.1 座环拔管工艺技术

（1）利用座环部位 ϕ150 振捣孔作为操作口，环向布置两道发散灌浆管路，通过拔 ϕ20 充气塑料软管形成，利用支架进行固定，详见图 1 和图 2。

（2）ϕ20 充气塑料软管安装完成后，对管路进行保护，防止破坏。蜗壳二期混凝土开仓前再对管路进行一次检查，检查 ϕ20 充气塑料软管是否有脱落、漏气现象。拔管的拔出时间按混凝土的初凝时间进行控制。拔管应缓慢均匀地拔出，拔出后待混凝土终凝用压力风检查管路的通畅情况，并将里面的细微杂物吹出。塑料软管的风口要严格检查，在 3～5kgf/cm 的压力下存放 24h，不漏气方可使用。

图 1　座环拔管孔

图 2　拔管安装效果图

3.2 抬动观测技术

（1）座环监测点布置。在座环底环基础板的 $+Y$、$+X$、$-Y$、$-X$ 方向旋转 45°布置 4 个测量位置，各布置 1 个径向测点和高程测点（共 8 个测点），见图 3、图 4。

（2）蜗壳监测点布置。在蜗壳顶部均布 8 个监测点，采用全站仪进行监测。在地面做一个基准校正点，用于仪器校正，防止仪器移动或因气温等因素造成的零点漂移。

（3）根据相关要求，座环抬动和变形值应小于等于 0.25mm，则相应抬动监测要求如下：

1）当座环上抬 0.1mm 时，向现场监理及相关人员提示；当座环上抬 0.2mm 时，向现场监理及相关人员报警，暂停蜗壳接触灌浆。

座环上抬小于等于 0.1mm 时，每 10min 监测一次；座环上抬大于 0.2mm 时，每 5min 监测一次或根据现场监理指令加密监测次数，同时降低灌浆压力。

2）灌前、灌后锤击检查时，应撤下百分表。

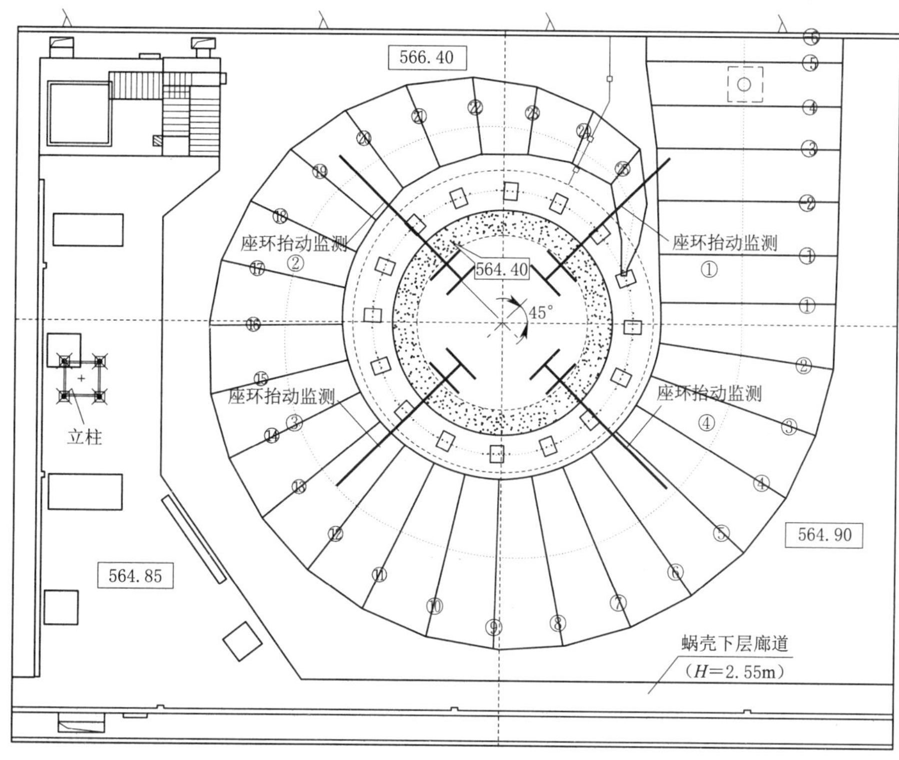

图 3　抬动监测布置图

3）抬动变形观测过程中，检测装置严格防止碰撞，保证仪器在正常工作状态下进行观测，确保测试精度。

3.3　一泵一区灌浆技术

蜗壳接触灌浆在钢管外包第一层混凝土浇筑结束 60 天后进行。厂房蜗壳接触灌浆共分四个灌区，按照由低向高的顺序逐步进行灌注，灌浆结束后对预埋的排气管进行反灌，保证管路充填密实，具体灌浆方法如下：

(1) 采取一泵一区的方式，每个蜗壳灌区投入 1 台灌浆泵。根据现场灌区分布情况，灌浆顺序为：灌浆一区→灌浆四区→灌浆三区→灌浆二区。

图 4　监测点安装效果图

(2) 灌浆开始时，将排气管上的阀门全部敞开，等返出的浆液稠度与进浆接近时再予关闭。灌浆压力以排气管浆液压力为准，一般为 0.1～0.2MPa，具体可根据现场情况并经监理工程师核准后确定。

(3) 使用强度等级为 42.5 的普通硅酸盐水泥，水泥浆液输送至灌浆现场后，采用人工在水泥浆液内掺加氧化镁（MgO），掺量为 4%。

(4) 采用 0.5∶1 水泥浆液进行灌注，在设计规定压力下，灌浆孔停止吸浆后继续灌注 10min 即可结束。

(5) 特殊情况处理。①灌浆过程中发现外漏，立即进行堵漏处理。若无效，采用加浓浆液、降低压力等措施处理；②灌浆过程中发现与其他灌区串通，在串通灌区管路出浆比重达到 0.5：1 后更改进浆管路至串通区灌注，直至串通区正常灌注结束。

4 分析与比较

与国内同类蜗壳接触灌浆工程比较，白鹤滩水电站主厂房蜗壳接触灌浆施工技术具有以下特点：

(1) 座环拔管工艺技术。采用拔管工艺，有效解决了座环阴角部位灌浆管预埋棘手问题，且便于后期混凝土终凝后逐孔进行灌注，提高了座环接触灌浆质量。

(2) 抬动监测技术。抬动监测主要监控座环、蜗壳在灌浆过程中的位移情况；在常规百分表监测的基础上，新增全站仪观测，以确保灌浆过程中座环和蜗壳处于质量受控状态。

(3) 一泵一区灌浆技术。是一种预防抬动措施。按照灌区分布情况，使灌区呈 X 形对称方式进行施灌，有效避免了灌浆过程中发生抬动和位移。

5 结语

白鹤滩水电站右岸主厂房蜗壳接触灌浆采用拔管、一泵一区灌浆施工技术，不仅加快了灌浆管预埋进度，完全避免了与土建、金结交叉作业影响，保证了预埋灌浆管的完整性，而且接触灌浆质量一次达到要求，取得了良好的灌浆效果。

参考文献

[1] 殷国权. 向家坝电站地下厂房蜗壳和压力钢管灌浆技术 [J]. 施工技术，2012，41 (S1)：348 - 350.
[2] 谢孟良. 亭子口水利枢纽蜗壳回填及接触灌浆施工质量监控 [J]. 水力发电，2014，40 (9)：47 - 48.
[3] 范智鑫. 水电站蜗壳接触灌浆施工工艺 [J]. 东北水利水电，2013，31 (10)：21 - 22.

浅谈深帷幕钻孔孔斜控制技术

高千园

（中国水利水电第七工程局成都水电建设工程有限公司）

【摘　要】深孔防渗帷幕施工中，控制钻孔孔斜具有重要意义，孔斜控制的效果，直接关系到幕体的连续性和厚度，对帷幕灌浆的最终质量乃至成败影响巨大。本文结合四川省木里县杨房沟水电站枢纽防渗帷幕灌浆的施工，探讨了深孔防渗帷幕灌浆施工的孔斜控制技术，着重研究了孔斜成因及其不良影响，介绍了孔斜的预防与纠偏措施，从而为类似的深孔防渗帷幕灌浆施工的孔斜控制提供技术借鉴。

【关键词】深孔帷幕　钻孔孔斜　控制技术

1　孔斜成因分析

防渗帷幕钻孔由于多种原因，往往会产生孔斜偏差，如果偏斜严重，会影响幕体的连续性，使防渗不能达到设计要求，甚至不得不采取补充灌浆进行补救，从而使帷幕的造价提高。所以，展开对帷幕灌浆钻孔孔斜的成因分析及预防和控制措施研究，提高施工时的钻孔控制精度，是十分必要的。

深孔防渗帷幕钻孔施工过程中，钻孔时孔斜偏差过大的原因较多，可归纳为地质条件不良、施工机具不适宜、操作控制不到位等方面。

1.1　地质条件不良

钻孔下伏地层岩性复杂，地质结构发育，岩石层面与钻孔方向成小角度斜交、软弱夹层等，均对钻孔时的孔斜控制要求很高。钻孔时，应结合勘探孔、先导孔等已取得的地质资料，提前对钻孔地质条件进行分析预判，制定相应的钻孔策略，指导施工。同时，应加强孔斜监测频次，及时发现偏斜并采取纠偏措施。

1.2　施工机具不适宜

因采用与实际地质条件不相宜的钻孔施工机具造成的钻孔偏斜，主要表现为：

（1）选择了不适宜的钻机型号及性能状态不好的钻机。如深孔帷幕灌浆钻孔选择了机型过小或过轻的钻机，往往会在钻孔时产生钻机频繁抖动甚至跳动等现象，从而影响钻孔精度；钻机性能状态不好，如采用了机头晃动的钻机，在钻孔时带动立轴机杆晃动，直接造成钻孔偏差。

（2）使用了弯曲的钻具或过短的岩芯管。岩芯管、钻杆等的弯曲，都会使钻具连接后不正，从而影响钻进的方向。使用过短的岩芯管，在孔内歪斜时，比长岩芯管的歪斜度更大，产生的孔斜度也更为严重；同时，过短的岩芯管，在钻孔时也不能发挥其导向扶正的作用。

（3）使用了不适宜的金刚石钻头，“缺牙掉齿”、孕镶金刚石和表镶合金条分布不均匀、胎体硬度不一致的金刚石钻头，在高转速压力下的离心摆动太大，容易造成孔斜偏差。

1.3 操作控制不到位

（1）在开孔钻进或浅孔阶段的钻进中，钻机立轴与钻孔方向不在同一条中心线上，会直接影响钻孔偏斜，使用过高的立轴钻杆与磨损较严重的立轴钻杆定向套管，容易使立轴产生较大的摆动，直接影响到钻头在孔底钻进时的不稳定性。采用孔口封闭法施工时，如果孔口管不正，也会直接影响到开孔钻进时的方向。

（2）操作人员盲目的钻进，钻进时水量过大、钻压过高等操作方法往往是产生孔斜的直接原因。

（3）在大孔径换小孔径或扩孔钻进过程中，因为孔壁各部硬度不一，孔径大小也不一致，换径后的钻头很难保持在与原孔中心线一致的方向下钻进。

（4）采用冲击回转式钻机或回转式钻机施工时，钻压过高，在遇到软弱地层或结构面时，钻孔往往会向地层软的一边偏斜。

2 孔斜的影响

2.1 导致孔内事故增多

钻孔一旦发生较严重的孔斜，将会给钻孔施工过程带来很多困难，严重的孔斜，不仅会加剧孔内事故的发生，而且会增加已发事故处理的难度。

（1）钻孔偏斜会增加孔壁坍塌、掉块等事故的发生。钻孔偏斜过大，钻进时，钻杆更易碰撞孔壁，造成岩块掉落。

（2）钻孔偏斜过大，使高速回转的钻具在孔壁岩石的摩擦作用下，加剧磨损；同时也增加了钻机扭矩，导致进尺缓慢或不进尺；钻具在孔内回转时会因钻孔较大偏斜产生很大的阻力，而此阻力又集中表现在孔内的弯曲接触上，从而使钻具折断的概率增加。

（3）在偏斜度较大的钻孔内，发生钻具折断事故后会影响事故的正常处理，增加其处理的复杂性。钻杆折断以后，其下部的断头会因孔斜而深藏在孔内，使打捞矢锥不易对接，以致不得不改变打捞方法，也就相应地增加了打捞时的复杂性。

（4）钻孔偏斜导致钻机扭矩过大，会导致钻机的故障频繁；使钻具、钻杆折断事故增多。机故和孔故的频繁发生，势必浪费大量时间导致工效降低；单位进尺的材料消（损）耗量增加，施工成本提高；同时，频繁的设备维修、孔故处理也增加了施工人员的劳动强度和施工安全隐患。

2.2 对灌浆质量的影响

（1）钻孔偏斜会导致灌浆孔间的合理孔底间距超出设计值，从而导致帷幕幕体不连续，出现“防渗窗口”。

（2）钻孔偏斜，导致灌浆孔的孔壁变形和不平整，给灌浆造成困难。

（3）采用孔口封闭法钻孔灌浆时，一般采用钻杆作为射浆管使用，受钻孔偏斜的影响，钻杆在孔内呈弯曲状态，在灌浆特别是灌注浓浆时，很容易发生钻杆“铸死”的现象，从而影响灌浆施工的顺利进行。

（4）在取芯孔施工时，孔斜过大，容易出现岩芯管内钻渣淤积堵塞产生烧钻；或岩芯管内岩芯卡住产生岩芯磨损，影响岩芯的采取率。

3 孔斜的预防

深孔防渗帷幕精准控制钻孔钻进方向，使之不发生严重偏斜是一项很复杂的技术工作。针对孔斜的影响结合孔斜成因分析需做好做如下预防措施：

（1）帷幕灌浆施工前，应结合区域地质条件和勘探孔钻孔资料，对下伏地层地质条件进行分析，找出地质结构发育埋深、岩石层面与钻孔方向成小角度斜交位置、软弱夹层发育部位等并在钻孔进度图上进行详细标注，以便钻孔施工时进行参考。

（2）使用性能良好、稳定性好的钻机施工，认真做好钻机的检修、维护工作。

（3）钻机的安装要牢固平稳，地面应预先找平、后期垫平，严禁钻机机台与地面点接触，采用地锚及型钢等联合支撑固定。用地质罗盘与水平尺校正立轴与钻孔开孔倾角和方位角应在同一条中心线上，以使钻进中不摇摆。

（4）使用定向性能良好的长钻具、岩芯管，严禁使用不符合要求的钻杆。每次起钻前均要求仔细检查钻杆钻具的磨损情况，如发现有弯曲的钻具或有磨损较严重的立轴导管、岩芯管、钻杆时，应及时更换。

（5）使用适宜地层的金刚石钻头，按照其时效与寿命合理控制及时更换。

（6）大孔径换小孔径或扩孔时，通过低压力慢转速等操作方法钻进，并适时检测孔斜偏差。

（7）加强操作工人的技能培训工作，提高操作工人的钻孔技术水平；通过加大奖罚力度等管理手段，提高操作工人的责任心。

4 孔斜纠偏措施

（1）扩孔纠偏法。此种方法适用于浅孔阶段中（一般不超过10m）钻孔已偏斜严重的情况。采取加长的粗径钻具，并使用比原钻具直径至少大一级的钻具，从孔口或孔口管底部位置扩下去，矫正钻孔的方向。

（2）钻具纠偏法。在松软岩层或厚度大的覆盖层中钻进时，如钻孔产生偏斜，可采用加长钻具的方法进行矫正。主要采用相同口径的岩芯管加长钻具，或使用钻铤达到加长钻具的效果，一般情况下，加长后的钻具不小于原钻具的2倍，加长钻具后，通过上部孔段的导向作用进行钻孔纠偏。施工时通过低压力慢转速的操作方法钻进进行钻孔纠偏，此时应加大孔斜监测频次，及时判断纠偏效果。

（3）小口径纠偏法。当钻孔深度不大，在设计允许的钻孔孔径范围内，可采用小口径钻头在孔底重新开孔，以达到钻孔纠偏的目的。这种方法在卡塞法灌浆时一般不宜使用，钻孔孔径由大变小，在卡塞法灌浆时容易出现卡塞下设困难、加大绕塞事故处理难度的问题。

（4）封孔扫孔法。扫孔法是某一灌浆段钻孔结束时进行孔斜测量，发现偏斜值超过允许值时，先不进行纠偏处理，按正常程序继续进行灌浆，在灌浆结束后，采用比例为

0.5：1的浓浆（可加适量的速凝剂）置换出孔内稀浆，并待凝72h后再扫孔，扫孔时注意控制钻压并随时检测孔斜，可使已偏斜的钻孔段得到有效的纠正。

（5）补孔法。补孔法分灌浆阶段补孔和检查阶段补孔两种情况：在灌浆施工中，当发现钻孔偏斜严重时，为防止严重的孔斜对灌浆质量产生影响，可在该孔附近补钻新的灌浆孔；灌浆施工结束布置检查钻孔位置时，可结合灌浆施工资料的综合分析，在因孔斜超标可能漏灌的地方布置检查钻孔，使其得到补强。

5 孔斜控制研究方向

要保证帷幕灌浆孔不发生偏斜，绝非易事，应以预防为主、采取及时发现及时纠偏的策略。虽然结合地质条件采取多种技术措施和操作方法，往往也很难控制钻孔不发生偏斜。另外，一旦发现偏斜，要采取纠偏，不但费时费力，而且不易成功。因此，对于钻孔偏斜问题，可以考虑从多方面入手，在预防、检测、纠偏、弥补等方向进行研究。

（1）针对地质条件特别复杂，钻孔施工孔斜控制难度极大的情况，可考虑增加帷幕排数，以弥补孔斜对灌浆质量产生的影响，确保防渗幕体的连续性和厚度。

（2）结合项目工程特性，可考虑适当调整灌浆施工参数，在一定程度上加大浆液的扩散范围以弥补因钻孔孔斜造成灌浆范围的不足。

（3）研发性能优越、稳定性好的钻孔设备，预防和降低设备对孔斜的影响。

（4）进行随钻智能孔斜监测研发，实时监测钻孔偏斜情况，以便及时采取措施。

（5）研发钻孔精准定位导正系统、钻孔纠偏专用机具，增加纠偏成功率和工效。

6 结语

帷幕灌浆钻孔施工孔斜控制，应结合地质条件，确定合理的机具设备；严格把控钻机固定、开孔等工序施工，强化施工人员质量意识，及时发现及时纠偏。也可根据工程实际，通过合理的施工参数调整或灌后弥补措施确保防渗幕体的连续性和厚度。同时，要契合科技发展成果，积极开展智能化检测和施工研究，研发新型适用的机具，加大施工控制精度，减少钻孔偏斜的发生。

高压脉动灌浆技术在水库除险加固中的应用

贺茉莉　谭鑫阳　宾　斌　黄晓倩　洪　宁

（湖南宏禹工程集团有限公司）

【摘　要】 土石坝坝体渗漏问题对坝体运行造成严重的安全隐患。基于某水库的工程实例为背景，针对其存在的渗漏问题，采用高压脉动灌浆技术除险加固的方案，成功解决水库的渗漏问题。通过对检查孔灌浆效果分析、坝体渗漏点观测及量水堰施工前后对比分析，高压脉动灌浆技术在水库除险加固中取得较好的效果，为类似工程提供了相关工程经验。

【关键词】 高压脉动灌浆　土石坝　水库　除险　加固

1　引言

全世界用于开发水资源的水库工程已有 10 万多座，对人类的生产生活起到了至关重要的作用。根据国际大坝委员会 2011 年的统计，全球土石坝水库总数为 25094 座，占已注册大坝总数的 2/3。水利建设在我国是从 1958 年兴起，截至 2020 年，我国已建成 9.8 万余座大小水库，其中 8.6 万余座是土石坝水库，绝大多数建成于 1958—1980 年间。受限于当时的经济技术落后的条件以及运营期间的维护不周，诸多土石坝工程存在先天不足和年久失修等问题，导致坝体渗水产生渗透破坏，甚至引起溃坝等问题，给人民群众的生命财产安全带来了重大威胁。

本文以某水库加固处理工程为依托，论述了高压脉动灌浆技术在水库除险加固中的应用。该技术成功解决了水库坝体渗漏的问题，相关施工工艺和成果可以为类似的工程提供借鉴。

2　工程概况

某水库坝型为土石分区坝，主坝坝顶高程为 51.6m，坝顶宽度为 8.0m，坝顶长度为 556.5m，最大坝高为 66m，副坝坝顶高程、坝顶宽度与主坝相同，坝顶长度为 435m，最大坝高为 54.5m。根据现有的地质勘探资料，主要存在的问题有：坝体为分区坝，由于黏土区和非黏土区中间上昂式排水砂槽的存在，坝体上部渗径较短，高水位时渗水流量较大，并且排水砂槽上宽下窄，渗水易入难出，容易从坝肩和坝体薄弱坡面出渗；坝体填土由黏土和砂岩风化土组成，夹有风化砂岩碎石块，局部填筑不密实，存在薄弱带，在高水头作用下，容易出现渗漏。

3 高压脉动灌浆加固施工技术

3.1 钻孔及灌浆管下入

(1) 先导孔施工。按照每 20～40m 布置 1 个先导孔，进行全孔取芯和注水试验，注水试验采用常水头方法，确定该段的帷幕灌浆上、下限和查明砂砾石、残坡积层的渗漏情况。对先导孔所取得的岩心摆放整齐，并标明岩土名称，土样位置等详细信息，及时、准确地做好施工原始班报表记录工作和地层岩心编录工作。

(2) 钻孔施工。钻机就位：钻机就位前进行施工场地平整，场地平整后钻机就位，孔位误差小于 5cm。钻机水平校正：钻机就位安装后，进行钻机水平校正，确保钻孔的垂直，孔斜率小于 1%。

(3) 钻孔孔径。开孔直径为 110mm 或 130mm。采用潜孔锤钻进成孔时，土层及砂卵石层终孔直径不小于 91mm；采用地质钻机成孔时，土层及砂卵石层终孔直径不小于 75mm。

(4) 埋设孔口管。在孔壁不稳定或有承压涌水的地段应埋设孔口管，埋设深度大于 3m，管径应大于终孔直径 1～2 个等级。

(5) 钻孔深度。钻孔以深入相对不透水层 0.5～1.0m 为原则进行布置。

(6) 钻孔施工工艺。土层采用泥浆护壁钻进成孔，砂卵石层及残坡积层采用跟管钻进或泥浆护壁钻进成孔，基岩可采用清水或泥浆护壁钻进成孔。

(7) 灌浆管设置。在钻孔结束，提出钻杆后，应该尽快下入注浆管，注浆管下入不少于设计孔深 20cm。

3.2 灌浆顺序

分排分序进行施工，先施工先导孔，后施工Ⅰ序孔，再施工Ⅱ序孔，帷幕灌浆孔完成 14 天后再施工检查孔。在有动水的情况下，原则上先灌迎水流方向的一排，后灌下一排；在多排布置时，最后灌中间排。

3.3 灌浆工艺参数

(1) 在灌浆开始时，先灌注 300～500L 稠浆，流动度控制在 80mm 左右，填塞注浆管与钻孔之间的空隙，防止后续浆液往孔口返浆；后再灌浆流动度为 100～120mm 的浆体。

(2) 灌浆压力：依据地层的深度、孔隙率及孔隙大小和浆液的流变性能，灌浆表压力一般控制在 1.0～5.0MPa 范围内。

3.4 结束标准

(1) 生产性试验确定。在项目总体施工之前，先应该进行生产性试验，以确定最佳工艺参数。一般情况下，依据灌入量进行结束控制。即达到预定注入量即可结束灌段，预定注入量 Q 是根据地层孔隙率 n、孔距 z 和段长 L 确定，按 $Q=k\pi \cdot n \cdot R^2 \cdot L$ 公式估算，R 为孔距 z 的 1/2，然后提升灌注上一段。一般而言，Ⅰ序孔最少灌入量不少于 400L/m，Ⅱ序孔不少于 300L/m，Ⅲ序孔不少于 200L/m。

(2) 在地层情况复杂时，应分段设定压力上限。当注入量达到某一值时，注浆压力达到设定压力，即可停止该段注入，提升注浆管，进行下一段注浆。

一般情况下，在深度 5～20m 时，进行可控挤入复合膏浆灌浆，可采用设计上限压力

1.0～1.5MPa；在深度20～50m施工时，采用设计上限压力1.2～3.0MPa；在深度50～80m进行可控挤入灌浆时，采用设计上限压力2.5～5.0MPa；具体工程施工前须根据地层的可灌性、水头压力、工程重要性等条件进行试验确定。

3.5 特殊孔段处理

特殊孔段施工中如出现孔口冒浆、地表冒浆、大吸浆量时，分别采用以下方式进行解决。地表冒浆或孔口冒浆时可降低浆液的流动度或待凝10～20min解决；遇大吸浆量段时，应降低浆液流动度，增大注浆量至设定注浆量的2～3倍，在达到设定注浆量和最小注浆压力时，即进行提升，灌注下一段。

3.6 封孔结束

按要求全孔灌段灌浆完成后，拔出灌浆管，用浓浆或黏土球封满孔内剩余的空间。当承压水头高出孔口的灌浆孔，封孔灌浆完成后，必须及时将孔口管加盖封闭，待浆体凝固后能抵抗承压水头顶托时，方能打开。

4 加固处理效果分析

4.1 检查孔灌浆效果分析

检查孔是常用的检验灌浆施工效果的检测方法之一。因此，在灌浆施工结束14天后，进行检查孔的全孔段取芯，在坝体土层段采用常水头注水试验，坝基基岩段采用单点法压水。其中，注水试验共完成282段，各段渗透系数均满足小于等于5×10^{-5}cm/s的设计要求，合格率为100%；压水试验共完成120段，各段的透水率值均小于等于5Lu的设计要求，合格率100%，通过对检查孔的透水系数检验，脉动灌浆技术较大程度减小了坝体的渗流量。

4.2 坝体渗漏点前后对比分析

图1为水库坝体灌浆前后渗漏点对比图，其中坝体在施工之前坝体下游渗漏点较多且能汇聚成溪流［图1（a）、图1（c）］，坝体渗漏量较大。应用高压脉动灌浆施工技术之后，对应坝体渗漏点处，无明显渗漏点，如图1（b）和图1（d）所示，说明高压脉动灌浆技术能够较好地解决水库坝体的渗漏问题，并取得较好的堵漏效果。

4.3 量水堰检测分析

通常采用量水堰的流量来反映水库的渗漏情况。图2和图3分别为某水库主坝和副坝灌浆施工前后量水堰的动态流量对比图，从图中可知，主坝和副坝量水堰的水流量在施工之前，水流量随着库水位的增加而急剧增加；采用脉动灌浆施工技术施工处理之后，主坝和副坝量水堰的水流量随库水位的增加而无明显变化，表明高压脉动灌浆技术较大程度减少了坝体的渗漏通道，从而减小了量水堰的流量。

5 结论

本文通过对某水库应用高压脉动灌浆技术灌浆前后的对比分析，得出高压脉动灌浆技术能够较大程度降低土石坝坝体的渗漏量，明显消除了坝体的渗漏点，量水堰中的水流量大幅减小。高压脉动灌浆技术应用于土石坝水库加固除险是可行的，其效果显著。

(a) 主坝施工前　(b) 主坝施工后

(c) 副坝施工前　(d) 副坝施工后

图 1　坝体灌浆前后渗漏点对比

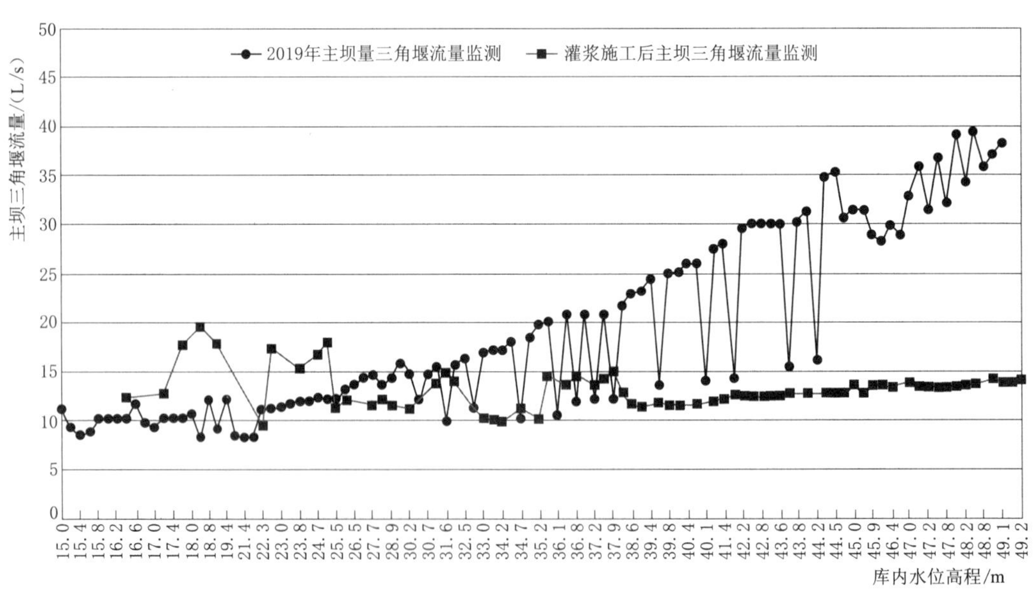

图 2　某水库主坝灌浆施工前后量水堰对比

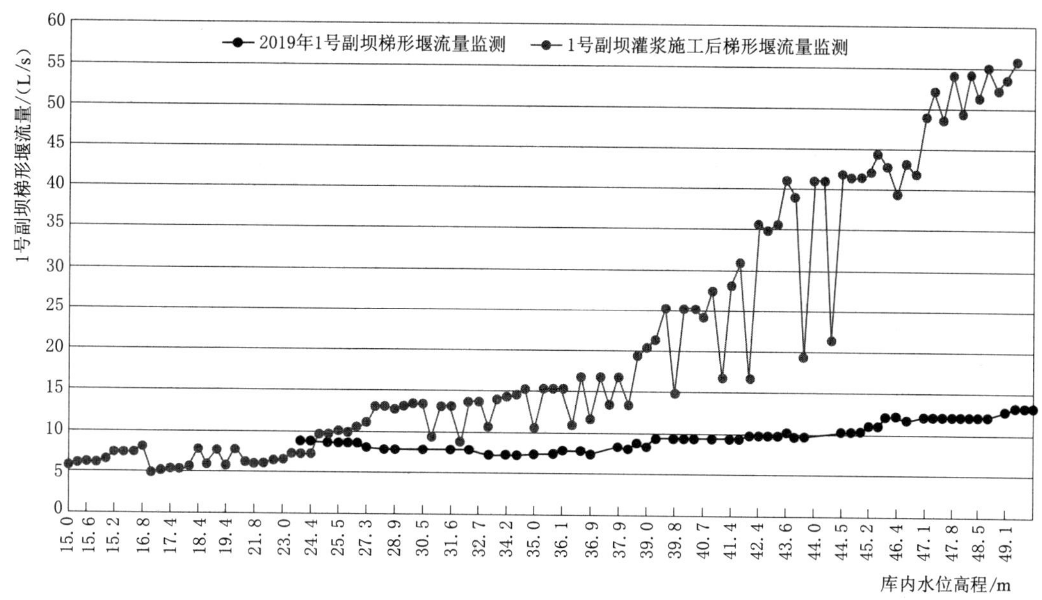

图 3　某水库副坝灌浆施工前后量水堰对比

参考文献

[1]　庞琼，王士军，倪小荣，等. 世界已建高坝大库统计分析 [J]. 水利水电科技进展，2012，32 (6)：34 - 37.

[2]　庞琼，王士军，谷艳昌，等. 土石坝垂直防渗加固措施综述 [J]. 水利水运工程学报，2014 (4)：28 - 37.

[3]　孙书文. 土石坝安全隐患防治措施分析 [J]. 山西水利，2020 (2)：36 - 38.

[4]　秦鹏飞. 基于 FLAC3D 的砂砾石土石坝防渗加固稳定性 [J]. 武汉大学学报（工学版），2014，47 (3)：319 - 324.

高压脉动帷幕灌浆和防渗面板结合技术在溶洼水库加固工程中的应用

孟旗帜　曹广荣　丁　瑶　吴清林　丁贸杰　吴强毅

（湖南宏禹工程集团有限公司）

【摘　要】猫儿岩水库溶洞、漏斗、落水洞及暗河发育，是典型的侵蚀、溶蚀的岩溶地貌，建库以来渗漏严重，水库无法有效蓄水。为了解决工程渗漏问题，根据水库渗漏现状和工程区水文地质条件。采用C30防渗面板与帷幕灌浆相结合的除险加固方案，成功解决了水库的渗漏问题。完工后检查及坝体渗漏观测结果分析，除险加固取得很好的堵漏效果。

【关键词】岩溶　水库　高压脉动灌浆　防渗面板　除险加固

1　工程概况

猫儿岩水库位于永州市的西南侧，在湘江一级支流——石期河的上游。坝址在永州市零陵区大庆坪乡排家洞村。

猫儿岩水库为封堵地下暗河所形成，坝体与山体连接，坝顶与上覆岩体连为一体，暗坝坝底高程为420.00m，坝顶高程为458.00m，猫儿岩水库正常蓄水位高程为500.00m，相应库容为3209万m^3，山体最低位置的高程也在520m以上，因此坝顶高程可以满足要求。猫儿岩水库主要以灌溉为主，兼有防洪、发电等综合效益，工程等别为Ⅲ等的中型水库。

2　工程地质条件

库区大部分属裸露的岩溶化地区，东、南、西三面均为泥盆系锡矿山组上段（D_3x_2），砂页岩相对隔水层环绕，山顶高程为650～850m。北面为锡矿山组下段（D_3x_1），中厚至厚层隐晶质灰岩，属相对管道含水层。溶洞、漏斗、落水洞及暗河均发育，是一个典型的侵蚀、溶蚀的岩溶地貌。

表面第四纪松散堆积体，该层在水流长期影响下，细小颗粒被带走，透水性较为强烈。尤其位于F_2、F_5断层影响带上的堆积体，多处于架空状态，并在水流作用下不断掏空，溶蚀现象继续加深。

岩溶发育受F_2、F_5断层控制，地下河溶洞沿这两断层形成，溶洞两侧岩体完整，岩溶发育弱，坝基沿F_2、F_5断层形成裂隙状溶洞。据钻探和清基资料坝基下部20m左右，发育顺层溶槽，宽2～10m，坝前坡立谷底401.00m高程以上充填堆积塌落的大孤石、砂砾石层，孔隙率大，透水性强，渗透系数K大于1×10^{-3}cm/s，下部还充填有黏土。

3 存在险情

水库坝基渗漏是工程主要病险问题。水流常年沿断层影响带淘刷，从坝顶岩体至坝基形成一个连通性较好的岩溶通道；坝基由于清基不彻底，局部坐落在溶洞堆积松散体上，产生严重漏水；水库放空后，坝体表面水平蚀痕渗漏明显，通过放水底孔进入坝后暗室，发现主坝脚的集水坑有水量冒出，估计涌水量约20～30L/s。大坝上、下游面上渗水溢出水痕密布，有部分呈射流状。在高水头作用下，坝体漏水严重；坝前蓄水位上升后达到了50～80L/s漏水量。综合原有资料分析，泥灰岩夹层上部393.00m高程以上，仍存在超规范要求的漏水段，透水率大于10Lu。

大坝坝体渗漏主要体现在坝后面有10余处渗漏点，且存在较大的湿润面（约280m^2），在水位较高时坝体渗水流量约2～3L/s。

曾经进行了多次处理，但由于未对主坝坝体及库区进行系统的防渗处理，后发现左岸西侧垭口沿F_6断层485.0m高程以上存在向西侧洼地渗漏通道，是水库始终未达到正常水位的地质因素之一；水库常年处于死水位之下，主坝坝体应力偏大，虽经多年运行沉降趋于稳定，但有开裂可能等主要问题。

4 水库加固处理

4.1 各部位防渗加固措施

本工程除险加固的主要目标是解决主坝及坝周边岩壁，坝基，F_2、F_5、F_6断层以及左坝肩的渗漏问题，解决大坝的安全隐患，使大坝能正常安全的运行；将各个部位的防渗措施在整个坝址区建立一套较完整的防渗体系，达到除险加固的目的。

水库各部位防渗加固措施如下：

（1）主坝及坝周边岩壁防渗：采用C30钢筋混凝土面板防渗。

（2）坝基防渗：采用帷幕灌浆防渗。

（3）坝肩防渗：采用帷幕灌浆防渗，与坝基帷幕灌浆同轴线。

（4）F_2、F_5、F_6断层防渗：采用高压脉动灌浆防渗，为解决边坡防渗幕体难以形成的问题，F_2、F_5断层的防渗利用新开工作隧洞，分别从左、右岸在其内开设支洞，洞内进行高压脉动帷幕灌浆，使这两处的帷幕线与坝基及F_6断层高压脉动帷幕灌浆轴线相连接，形成一条封闭完整的防渗体系。

4.2 帷幕灌浆施工工艺

本工程的帷幕灌浆通过浆液灌入岩体或土层的裂隙、孔隙，与大坝防渗面板结合形成连续的防渗体，以减小渗流量和降低渗透压力。根据现场实际情况，将帷幕灌浆分为四个施工区域，包括坝基帷幕施工和左坝肩帷幕施工。

4.2.1 施工工艺

施工流程：清理施工现场→测量放孔位→施工平台安装→先导孔钻孔→帷幕灌浆钻孔→Ⅰ序孔施工→Ⅱ序孔施工→Ⅲ序孔施工→检查孔施工→资料整理→工程质量评定。

单孔施工工艺流程：钻孔定位→固定机具→灌浆段钻进成孔（跟管钻进）→注浆管安装→自上而下分段灌浆→全孔压力灌浆封孔→单孔资料整理。

4.2.2 孔位布置及钻孔

孔距为 2.0m，排距为 2.0m，从上至下分段灌浆。

钻孔采用 HYG-200 型地质钻机钻进，开口孔位与设计位置偏差不大于 10cm，钻具采用 ϕ110mm、ϕ91mm、ϕ75mm 金刚石或硬质合金钻头，钻孔孔壁应平直完整。帷幕灌浆孔逐序加密。

4.2.3 灌浆

本工程帷幕灌浆采用自上而下分段灌注法施灌。灌浆时先将注浆管下入距孔底 0.5m。

灌浆浆液配合比见表 1。

表 1　浆液配合比表

配合比	水/kg	水泥/kg	外加剂/kg	速凝剂/kg	比重/(kg/cm²)
1	60	120	0.4	1.2	1.5
2	64.29	107.14	0.5	1.5	1.6

4.2.4 灌浆压力及结束标准

灌浆前尽快达到最大设计压力，但当注入率很大时，应分级升压。最大设计压力 5MPa。

帷幕灌浆采用自上而下分段灌浆法，灌浆段在最大设计压力下，当注入率不大于 1L/min 时，继续灌注 30min，灌浆可以结束。

4.2.5 帷幕灌浆试验

试验区Ⅰ序孔灌浆段长 203.5m，Ⅱ序孔灌浆段长 108.3m，Ⅲ序孔灌浆段长 218.4m，试验区Ⅰ序孔单位注入量 244.3kg，Ⅱ序孔单位注入量 223.3kg，Ⅲ序孔单位注入量 147.6kg。

4.3 高压脉动灌浆

针对沿 F_2、F_5 断层形成地下河溶洞和坝基沿 F_2、F_5 断层形成裂隙状溶洞，以及 F_6 断层 485.0m 高程以上存在的向西侧洼地的渗漏通道，包括库区内部充填物为泥或泥夹砂的全充填型溶洞，利用普通帷幕灌浆无法满足防渗要求，特引用高压脉动灌浆加固施工技术对其进行处理。

（1）钻孔及灌浆管下入。

1）先导孔施工。根据现场实际情况按照每 20～40m 布置 1 个先导孔，进行全孔取芯和注水试验。

2）钻孔施工。

钻机就位：钻机就位前进行施工场地平整，场地平整后钻机就位，孔位误差小于 5cm。

钻机水平校正：钻机就位安装后，进行钻机水平校正，确保钻孔的垂直，孔斜率小于 1%。

3）钻孔孔径。开孔直径为 110mm。采用地质钻机成孔，终孔直径为 75mm。

4）埋设孔口管。在孔壁不稳定或有承压涌水的地段应埋设孔口管，埋设深度大于

3m，管径应大于终孔直径 1～2 个等级。

5）钻孔深度。钻孔以深入相对不透水层 $q=5$Lu 以下 5m 为原则进行布置。

6）钻孔施工工艺。土层采用泥浆护壁钻进成孔，残坡积层采用跟管钻进或泥浆护壁钻进成孔，基岩采用清水钻进成孔。

7）灌浆管设置。在钻孔结束，提出钻杆后，应该尽快下入注浆管，注浆管下入不少于设计孔深 20cm。

（2）灌浆顺序。分排分序进行施工，先施工先导孔，后施工Ⅰ序孔，再施工Ⅱ序孔，最后施工Ⅲ序孔，帷幕灌浆孔完成 14d 后再施工检查孔。

（3）灌浆工艺参数。

灌浆材料配合比为：水∶水泥∶膨润土∶外加剂＝3∶1∶3∶0.01。

1）在灌浆开始时，先灌注 300～500L 稠浆，流动度控制在 80mm 左右，填塞注浆管与钻孔之间的空隙，防止后续浆液往孔口返浆；后再灌浆流动度为 100～120mm 的浆体。

2）灌浆压力：依据地层的深度、孔隙率及孔隙大小和浆液的流变性能，灌浆表压力一般控制在 1.0～5.0MPa 范围内。

（4）结束标准。

1）达到最大设计压力、最小注入量，结束本段灌浆上提。

2）达到最大注入量、最小设计压力，结束本段灌浆上提。

3）吸浆量较大的段，注入率达到拟定控制注入量无法提升至设计压力下限者，加大注入量至设计的 1.5 倍时，可结束本段灌浆。

4）在最大设计压力下，当注入率不大于 1L/min 后，延续灌注时间不少于 30min，灌浆即可结束。

5）若最后连续 3 个注入率读数均大于 1L/min 时，则不能结束灌浆；当长期达不到结束标准时，报请监理人共同研究处理措施。

（5）灌浆异常情况处理。施工中如出现孔口冒浆、地表冒浆、大吸浆量时，分别采用以下方式进行解决。地表冒浆或孔口冒浆时可降低浆液的流动度或待凝 10～20min 解决；遇大吸浆量段时，应降低浆液流动度，增大注浆量至设定注浆量的 2～3 倍，在达到设定注浆量和最小注浆压力时，即进行提升，灌注下一段。

（6）封孔。待灌浆结束后采用 0.5∶1 的水泥浆进行封孔，当注入率小于 0.4L/min 持续 20min 后结束封孔，并将孔口抹平。

4.4 防渗面板加固

大坝与坝周边岩壁均采用 C30 混凝土防渗面板，抗渗等级为 W8，建成最终坝高和坝周边岩壁封堵高度为 37.0m，面板厚度为 2.0m；面板顶部超过原坝顶 2.0m，与上部山岩浇筑连成整体，坝体两侧各嵌入岩基 2.0m，主坝面板基础嵌入岩基 3.0m，与帷幕灌浆形成了连续、封闭的防渗体。

4.4.1 脚手架搭设

采用扣件式钢管脚手架。搭设三排脚手架，立杆和纵、横水平杆均采用 $\phi48\times3.5$ 钢管，自下而上分层搭设施工，由于脚手架搭设高度大，每隔 5m 高将脚手架与模板拉杆、锚筋焊接。

4.4.2 锚筋及钢筋制安

采用 ϕ20 的锚筋长 200cm，间距 1.0m×1.0m（高×宽），梅花型布置，锚入老坝体 100cm。

按照设计要求面板的钢筋为布置双向的 16@200 的钢筋网，由于面板上已经打设了锚筋，故钢筋按设计间距直接绑扎在锚筋上即可，施工时钢筋种类、钢号、直径等均符合设计要求，并已按规定进行材质试验。加工前应将钢筋表面油渍、漆污、锈皮等清除干净。

4.4.3 模板制安

防渗面板采用 1200mm×1500mm 普通钢模板进行架立，层高一般以每仓 2.0m 组织施工。拉条采用 ϕ12 钢筋，拉条在立面上布置 4 根，纵向每 1.5m 安排一组，模板的拉条不应弯曲，采用的拉条直径应满足荷载要求；模板与混凝土接触面都需进行清洗并涂刷脱模剂，拼装时注意表面平整，拼缝严密。

4.4.4 深基坑混凝土入仓浇筑

大坝 C30 防渗面板施工采用自上而下泵送入仓。主坝坝高为 37.0m。由于水库为封堵地下暗河所形成，四周陡峻库区内混凝土运输条件极差，只能通过铺设注浆管进行泵送。库区内垂直高差达到 90m，注浆管的铺设长度最长为 350m，属于向下超深输送施工，混凝土输送时容易发生离析、堵管等情况，且随着泵送距离的增加，泵管中混凝土的量增加，导致混凝土与管壁之间的摩擦面积增加，并且泵送阻力增加，这容易导致管道被堵塞。所以需要确定一个能顺利输送到浇筑仓，且满足设计强度要求的配合比。混凝土配合比见表 2。

表 2　　混凝土配合比表

水泥	掺合料	细骨料	粗骨料	水	外加剂	
P·O 42.5	石粉	河砂	碎石 5～40mm		减水剂	膨胀剂
1.00	0.11	2.1	1.2	0.54	0.02	0.10

泵送混凝土前，先把储料斗内清水从管道泵出，达到湿润和清洁管道的目的。然后向料斗内加入与混凝土配比相同的水泥砂浆（或 1∶2 水泥砂浆），润滑管道后即可开始泵送混凝土。泵送混凝土，应本着先慢后快，逐步加速的原则。同时应观察混凝土泵的压力和各系统的工作情况，待各系统运转顺利后，才能以正常速度进行泵送。混凝土泵送要连续作业，当混凝土供应不及时，需降低泵送速度，泵送暂时中断时，搅拌不应停止。浇筑中应注意混凝土的浇筑顺序，输送混凝土时，应由远及近浇筑。

4.4.5 混凝土养护

本工程防渗面板在低温季节施工，混凝土拆模后进行洒水养护并马上采用表面覆盖草袋和薄膜的方法养护并防冻，以保证混凝土的湿度和温度，不致因受冻而降低强度。

5 加固效果分析

5.1 施工检查

本工程施工完成后，在防渗幕体上每个单元钻取不少于一个检查孔进行全孔段取芯以检验防渗施工效果。坝体覆盖层段采用常水头注水试验，坝基基岩段采用单点法压水试验。共计完成注水试验 8 段，各段渗透系数均满足小于 5×10^{-5}cm/s，合格率为 100%；压水试验共完成 302 段，各段的透水率值均小于 5Lu，合格率 100%，通过对检查孔的透水系数检验，本次防渗加固措施堵漏效果显著，达到了设计预期目的。

5.2 渗漏点前后对比分析

在本次加固处理施工过程中，下游渗漏出水口及下游排水沟渗漏水量逐步减少；施工完成后，下游溶洞渗漏出水口及下游排水沟已基本断流，下游局部溶洞存在细微渗漏水量，经过本次加固处理后，库区下游渗漏排水量经计算为 45L/s。

5.3 水库蓄水效果分析

猫儿岩水库在本次除险加固之前虽经多次防渗处理，但多年蓄水运行都未达到过正常蓄水位（蓄水位未超过 480.0m），经过本次处理后目前蓄水高程已达到 490.0m，有效确保了水库的正常蓄水，保证了下游农田正常的灌溉用水。

6 结语

猫儿岩水库工程的主要病害问题是岩溶引起的水库渗漏，如何做好防渗处理是该水库除险加固成败的关键，经过本工程证明采用高压脉动帷幕灌浆和防渗面板结合的防渗加固处理方案是成功的，本次加固处理达到了设计的预期目的，解决了水库渗漏与大坝自身的安全问题，并为类似溶洼水库除险加固处理提供了借鉴。

防渗墙工程

超深地下连续墙“三槽合一”施工技术研究

罗会东　薛高升

（中国葛洲坝集团市政工程有限公司）

【摘　要】以南京江北新区中心区地下空间一期工程的 13 号线、15 号线地铁线交汇处的滨江站地下连续墙施工为背景，原套铣工艺单幅槽宽为 5～6m 左右，无法发挥设备优势，提出将三幅槽合并为一幅槽，采取“抓铣结合”工艺施工，通过对施工平台、泥浆制备、成槽、钢筋笼制作安装、浇筑等进行研究及成功应用，有效降低了施工成本和缩短工期。

【关键词】超深地连墙　三槽合一　成槽

1　引言

目前国内地连墙施工技术越来越完善，施工设备也越来越先进。《建筑基坑支护技术规程》（JGJ 120—2012）中对地连墙槽段长度有规定：“一字形槽段长度宜取 4～6m”。液压铣铣头固定宽度为 2.8m，目前套铣工艺单幅一期槽一般在 6m 左右，二期槽一般为 2.8m。

槽段划分过小，一方面不仅增加了施工难度，而且导致墙体整体防渗性能降低，基坑变形增大。另一方面先进的设备优势无法充分发挥，工期和施工成本无法实现合理压降。因此迫切希望在确保施工质量和安全的前提下通过施工工艺的优化和施工过程的严格控制，来实现槽段长度不断扩大化。

2　工程概况

南京江北新区中心区地下空间一期工程的 13 号线、15 号线地铁线交汇处的滨江站采用地下连续墙作为基坑围护体系，基坑内设置 5 道满堂水平支撑，附属区域设置第 6 道水平支撑。地连墙轴线长度约为 473m，成槽深度为 74.1～76.5m，幅数为 93 幅。其中，墙厚为 1500mm 地连墙采用铣接头，槽段共计 59 幅；墙厚为 1000mm 和墙厚为 1200mm 地连墙采用工字钢接头，槽段共计 34 幅。

“三槽合一”的思路：将相邻的两个一期槽段和中间的一个二期槽段合并成一个槽段进行施工。

原槽段设计宽度：一期槽段 5.761m，二期槽段 2.8m，一期槽段 5.761m，一期槽段与二期槽段搭接 30cm。调整后“三槽合一”槽段宽度 13.722m。调整后槽段尺寸见图 1。

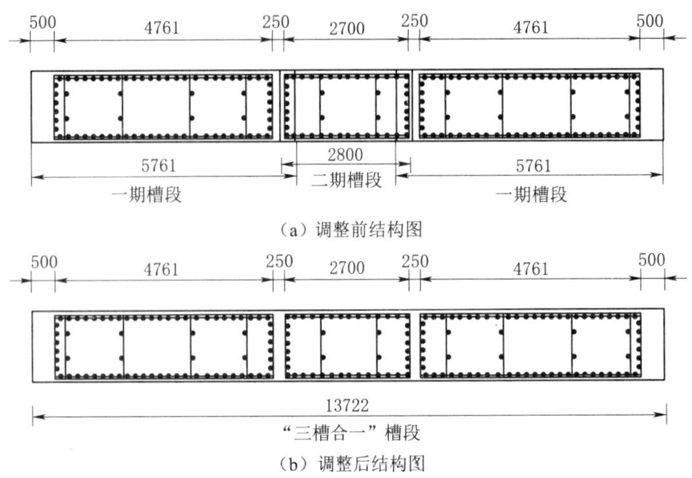

图1 三轴搅拌桩槽壁加固孔位布置图

3 提出“三槽合一”的背景

3.1 提高本工程地连墙质量和安全的客观需要

(1) 本工程地连墙结构形状复杂，异形槽段多，大多数槽段长度为5.5～5.7m，且为铣接法，该槽段长度不能满足全两铣成槽施工的长度，双轮铣在施工第二铣时，铣头单侧受力，容易向槽内方向偏斜，无法保证成槽垂直度，二期槽段铣切混凝土接头时，易造成一期、二期槽段混凝土搭接厚度不够或无搭接，存在较大的质量隐患。

(2) 根据以往施工经验，对于形状比较复杂的地连墙围护结构，往往在形状不规则的部位出现墙体变形和接缝漏水的概率较大，尤其是采用的铣接法施工的地连墙。为降低基坑开挖风险也需要尽可能在这些部位少设接缝。

3.2 业主、设计、监理高度信赖和大力支持

在没有成功经验可以借鉴的情况下，要创新地将槽段长度从5m左右提升至14m，需要承受较大风险和压力。所幸该项目业主和监理非常支持该项研究，同意在不改变原设计槽段的划分、确保质量和安全的前提下，有序开展本项研究工作。

因此，提出“三槽连做”的施工方案：通过工序调整，将原设计的三个槽段合成一个槽段，一次成槽，然后将按照设计图制作的三套钢筋笼依次下放到槽孔中，最后一次性完成槽段的水下混凝土浇筑。

4 “三槽合一”面临的施工难题

“三槽合一”技术将原来的单槽施工变成三槽同时施工，槽段长度由原来的5m左右，增加到14m。施工难度将大大增加，主要体现在以下几个方面：

(1) 成槽周期变长。由于要一次完成三个槽段的成槽施工任务，成槽花费的时间比单个槽段施工更长，要让槽段孔壁在这段时间内始终保持稳定，这就非常考验施工组织能力和泥浆性能控制水平。

（2）钢筋笼下设难度增大。成槽施工完毕后，三套钢筋笼共计九节需要连续进行对接和下设。下设过程中还需考虑其垂直度。这对施工场地、人员组织、设备协调提出了更高的要求。如何快速下设三套钢筋笼也是面临的技术难题之一。

（3）二次清孔难度增大。由于钢筋笼下设时间变长，孔内沉淀必然增加，如何快速高效地完成二次清孔工作也是面临的技术难题之一。

（4）混凝土浇筑难度增大。根据槽段长度，至少需要下设4～5套导管，同时进行混凝土浇筑，这给设备和人员组织、泥浆的消纳和处理增加难度。

5 “三槽合一”施工技术要点

5.1 槽壁加固与施工平台地基处理

5.1.1 槽壁加固

地连墙施工场地地貌单元属长江漫滩，为软土地基。为满足地连墙施工需要，在地连墙槽壁两侧采用ϕ850@600三轴水泥土搅拌桩进行加固，采用套接一孔的施工方法，水泥掺量为加固土体重量的20%，最大加固深度为32.1m，穿过淤泥质粉质黏土等易坍塌的土层，确保成槽过程中该地层槽壁的稳定性，槽壁加固孔位布置，详见图2。

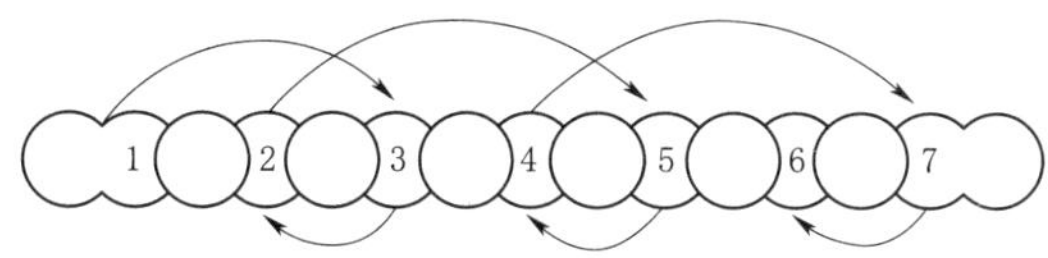

图2 三轴搅拌桩槽壁加固孔位布置图

5.1.2 施工平台地基处理

为了满足成槽及钢筋笼吊装大型设备施工需要，施工平台采用C30混凝土硬化，混凝土浇筑厚度为300mm，ϕ14@300钢筋双层布置。进行施工平台硬化前，采用HAS固化剂对场地表面软土进行固化、换填处理。固化、换填深度为4～4.5m。然后再浇筑钢筋混凝土平台，确保地连墙施工大型设备的安全。施工平台地基处理，详见图3。

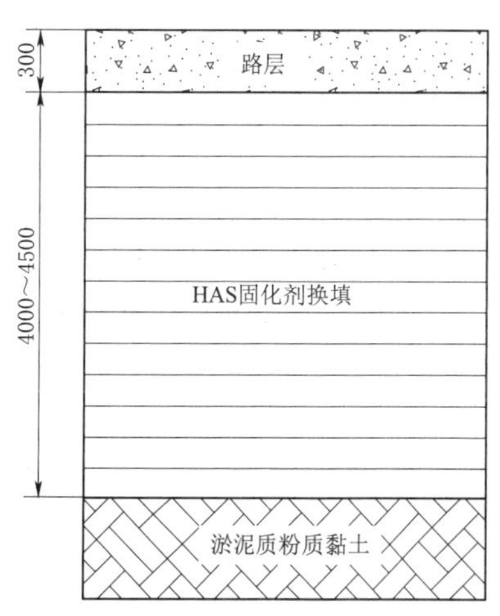

图3 施工平台地基处理示意图

5.2 泥浆制备与质量控制

采用优质膨润土拌制。

泥浆配合比为：水：膨润土：纯碱＝1000g：(45～80)g：(2～4)g

新制泥浆密度大于等于1.05g/cm^3，黏度大于等于30s，pH值为9～10，胶体率大于等于98%。当需要增加浆液黏度时，可以选择增加膨润土粉重量或添加适量的CMC。

成槽施工前，制备充足的优质膨润土泥浆，制备量为最大成槽方量的1.2倍（约1890m^3），并储备至少120t膨润土，随时制备新浆。新制泥浆存储于泥浆箱中进行适当膨化。

5.3 成槽施工

5.3.1 成槽顺序

“三槽连做”采用“抓铣结合法”成槽，即先采用液压抓斗施工槽段的上部覆盖层，然后采用双轮铣接力施工下部砂卵石和基岩。下部砂卵石和基岩采用双轮铣七铣成槽施工工艺。七铣成槽施工顺序按照保证原始土层少被扰动的原则进行，为加快成槽速度，第一铣和第二铣同时成槽，后施工第三铣和第四铣，再施工小墙。第一铣至第四铣均为完整铣，中间小墙宽度为 80～100cm，可以起到良好的导向和支撑作用。双轮铣在施工完整铣时，铣头上 12 块纠偏板可以有效地发挥其纠偏作用，确保槽孔的垂直度。成槽施工顺序，详见图 4。

5.3.2 成槽时间控制

(1) 采用“抓铣结合法”成槽，这样既能充分发挥这两种设备各自优势，也能形成流水作业，大幅度减少了成槽施工时间。

(2) 第一铣、第二铣采用两套双轮铣槽机同时施工，变七铣为六铣，缩短了成槽时间。

(3) 先施工边铣，后施工中铣，最后施工小墙，由于中间小墙存在，大通槽形成之前，两边相当于是两个独立的小槽段，不仅保证了形成大通槽的时间最短，同时也确保了槽段的稳定。第一铣和第二铣同时施工设备布置，详见图 5。

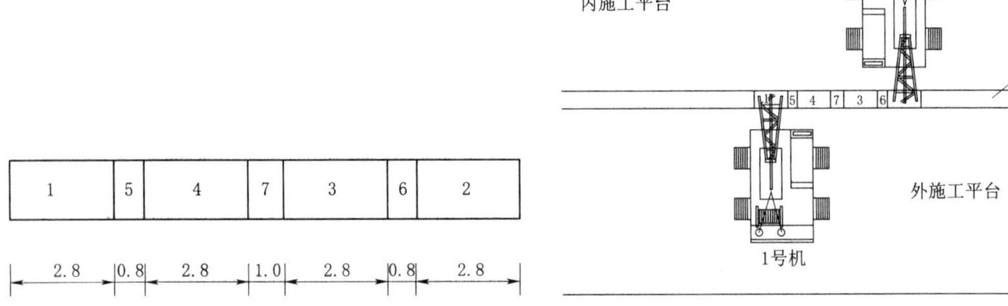

图 4 槽段施工顺序

图 5 第一铣和第二铣同时施工设备布置图

5.3.3 泥浆性能指标控制

(1) 使用新制泥浆或质量指标检测合格的回收利用浆，禁止通过加水对泥浆浓度进行调整。

(2) 经常检测槽内泥浆性能，尤其是采用双轮铣施工时，铣轮铣削破碎土层，导致大量粉细颗粒分散到泥浆中，从而引起泥浆性能恶化，因此要及时对槽内泥浆性能进行调整。泥浆密度控制在 1.25～1.35g/cm^3 之间；黏度控制在 33～35s 之间；含砂率小于 4%。

(3) 在槽段施工后期，对槽孔内泥浆性能指标进一步调整。此时双轮铣主要施工基岩，基岩对泥浆污染较小，泥浆净化器的工作负荷大幅度降低，净化效果大幅度提高，泥浆含砂率会降到2%以下，此时重点放在泥浆密度和黏度的性能检测上，控制密度小于 $1.25g/cm^3$，黏度小于38s。不同施工阶段泥浆密度变化情况详见图6。不同施工阶段泥浆含砂率变化情况详见图7。

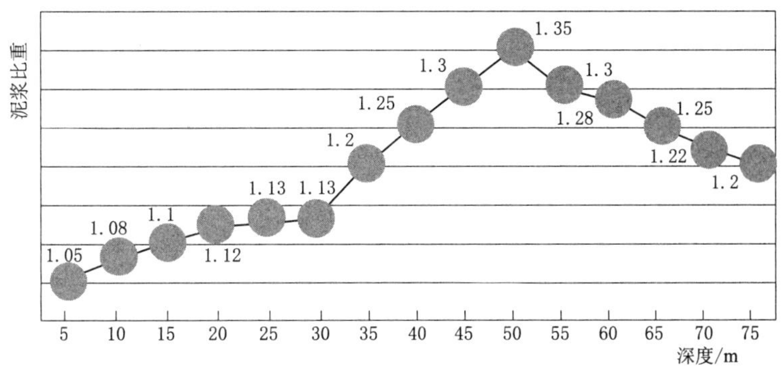

图6　不同施工阶段泥浆密度变化图

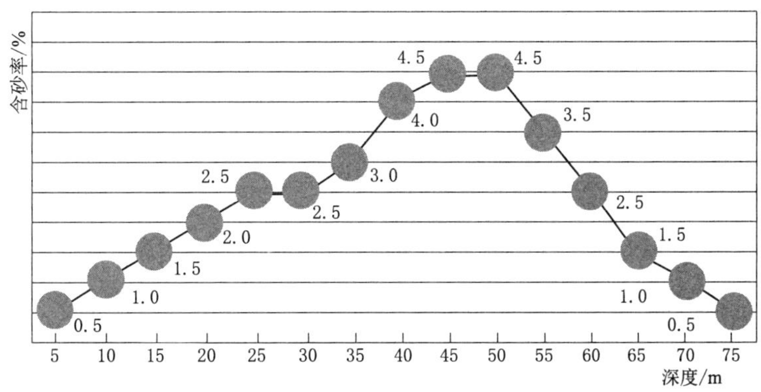

图7　不同施工阶段泥浆含砂率变化图

5.4　清孔

成槽施工完成后，按照成槽施工的逆顺序，采用双轮铣槽机泵吸反循环依次清孔，并检测泥浆指标。如果泥浆比重超标，则通过适量更换部分新浆进行调整。不建议采取全孔换浆的方式进行清孔换浆。因为换浆前后泥浆密度如果出现大幅度变化，势必会影响到槽壁稳定性。

数据统计表明，在成槽过程中严格控制泥浆性能指标，尤其是对含砂率和黏度等指标的有效控制，可以保证成槽后泥浆性能处于良好状态，有效减少槽底沉渣，缩短二次清孔时间，甚至不用二次清孔，沉渣厚度就能满足规范要求。

5.5　钢筋笼下设

钢筋笼在加工场分节制作，下设前，采用双机抬吊的方式，提前将钢筋笼转移到槽口附近位置存放。

成槽验收合格后，立即进行起吊，并下设钢筋笼。钢筋笼下设安排两班人员 24h 不间断进行，以最短时间完成钢筋笼下设。钢筋笼下设详见图 8。

图 8　钢筋笼下设

5.6　二次清孔和混凝土浇筑

根据槽段的长度，下设 5 套导管同时浇筑水下混凝土，钢筋笼和导管布置详见图 9。

导管下设完成，首先检测孔底沉渣厚度。当孔底沉渣厚度满足设计要求时，立即进行水下混凝土浇筑。当沉渣厚度大于设计要求时，采用正循环+气举反循环方式，通过浇筑导管进行二次清孔，清孔验收合格后，采用 5 台混凝土搅拌车同时下料浇筑，混凝土搅拌车布置详见图 10。浇筑过程中，导管埋深控制在 2～6m，各导管附近混凝土面高差不宜超过 50cm，混凝土面平均上升速度大于 4m/h，终浇高程高于设计墙顶 70cm 以上。

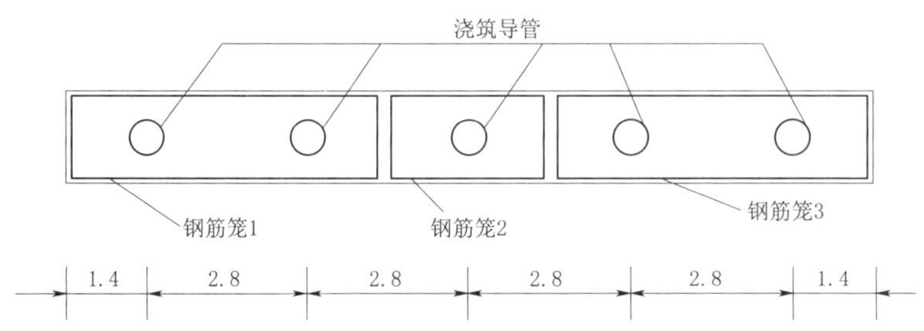

图 9　钢筋笼和浇筑导管布置图（单位：m）

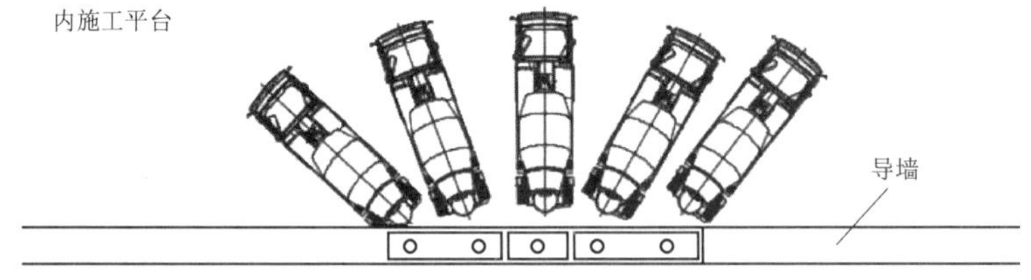

图 10　混凝土搅拌车布置图

6 结语

南京江北新区中心区地下空间一期工程 13 号线、15 号线地铁线滨江站地连墙共完成“三槽连做”槽段 26 个，均取得成功。说明通过地连墙施工工艺的优化和施工过程的严格控制，能够实现在复杂软弱土层中增加地连墙单次成槽长度的目标。槽长的增加不仅大幅度提高地连墙整体防渗性能和基坑稳定性，而且大幅度提高了施工工效，降低了施工成本。

随着深层化城市地下空间开发的飞速发展，对地下连续墙的要求将愈来愈高，需要高等院校、科研院所、企业对“多槽合一”从理论上和实践上进行突破，推动地下连续墙施工向更深、更快方面发展。

超深复合土工膜垂直铺设技术研究

谢文鹏　姜旭民　刘　征

（山东省水利科学研究院）

【摘　要】以“导杆式旋切开槽机”成熟开槽工艺为基础，研发配套生产新型铺膜台车装备及型材接头装置，创新提出了超深复合土工膜垂直铺设新技术、新工法。具有经济、高效、环保等技术优势，施工便捷、地层适用性强，具有较广阔的推广前景。

【关键词】开槽　超深　垂直　铺膜

1　国内外技术现状

土工膜（板）用于垂直防渗，在国内外都属于新发展的防渗技术。资料显示，意大利 Valle Cornuta 大坝选用锁口板桩（由荷兰 Geotechnics Holland 公司与 Cofra 公司合作设计并获专利）作为防渗墙，塑料板桩采用高密度聚乙烯片材（厚 1.5～3.0mm）和板材（厚 5mm）组成，两侧有锁口，锁口间隙使用密封条密封止水。板桩宽度为 0.5～2m，采用两种下膜方法进行施工：一是振动插板法，利用高频振动机，将两块钢板和底部的靴组成插板装置，内放板桩同时插入土中，靴是尖锐封闭的，起挤进作用，但上提时可以开启，该法适用于埋深为 8m 及板宽为 1m 的工况；二是射水振动法，将板桩置于导架上，上部挂住，下部垂直锚固，导架随射水振动机边射水边下沉，该法适用于埋深为 15m 及板宽为 2m 的工况。

国内自 20 世纪 90 年代末开始，山东、辽宁、内蒙古、福建、江苏、陕西等地相继开展了垂直铺膜防渗技术的研究，其中山东省科委立项了“垂直铺塑防渗技术研究”课题，由山东省水利科学研究院承担，该技术是针对平原水库围坝和江河堤防渗漏和渗透变形问题而研究的防渗新技术，采用刮板式造槽机在坝体（基）内开出一定宽度和深度的连续沟槽，并同步在沟槽内铺设塑料薄膜和填以设计要求的回填料，经过填料的湿陷固结形成以塑膜为主要幕体材料的复合防渗帷幕。目前施工深度一般为 8～12m，最大施工深度为 15m。铺设膜体材料为塑料薄膜，受铺设工艺限制，膜厚一般小于等于 0.3mm，最大厚度为 0.5mm。该课题研究始于 1989 年，1994 年通过山东省科委组织专家鉴定。并于 1996 年、1997 年分别获山东省水利厅、山东省科技进步一等奖。自研究试验以来，在山东、河南、新疆、江苏、河北、湖北等国内多省市推广应用完成了三十余项工程，建造防渗帷幕 130 余万平方米，均取得了较为良好的防渗效果。

2 现有技术缺点及局限性

垂直铺膜技术的部分缺点及局限性。总结为以下两点：

(1) 施工深度无法满足工程现实需要。目前国内垂直铺膜施工深度一般为 8～12m，最大施工深度为 15m。且随着深度加大，施工难度随之变大，遇有相对不透水层埋深较大的施工地质条件，则该工艺无法实施。这也是该工艺目前仅适用于截渗深度要求不深的堤防工程的原因。并且，目前铺设膜体材料为塑料薄膜，受铺设工艺限制，膜厚一般小于等于 0.3mm，最大厚度为 0.5mm。膜体较薄且无保护层，抗穿刺能力较弱，对地层及土质要求较高。

(2) 土工膜竖向接头可靠性有待提高。垂直铺膜过程中相邻膜幅间竖向接头防渗可靠性是关键技术点。目前国内垂直铺膜常用接头方式是采用相邻膜幅搭接，因置膜入槽时泥浆不断地向外排出，沉淀后再返回，这样槽内泥浆快速流动会将搭接的塑膜冲开，使局部接头部位无膜而形成防渗缺口。虽在具体实施过程中采取了一些改进措施，但未从根本上消除技术上的缺陷，存在质量隐患。

3 研究目标

鉴于上述原因，山东省水利科学研究院在总结已有技术的基础上，以“导杆式旋切开槽机”成熟开槽工艺为基础，研发配套生产新型铺膜台车装备及型材接头装置，创新提出超深复合土工膜（板）垂直铺设新技术、新工法，力争实现以下几方面的成果：

(1) 创新形成超深复合土工膜（板）铺设新工法，通过技术改进创新，使垂直铺设深度达到 15～25m 范围，最大铺设深度为 25m。较现有技术工艺铺设深度有显著的提高。研发配套生产新型铺膜台车装备及型材接头装置，以达到相邻两膜（板）幅之间的无缝密闭连接。同时提高工效以相对降低工程造价。

(2) 铺设膜体材料由单一聚乙烯薄膜扩展为高密度聚乙烯复合土工膜（板），其中膜体厚度增加至 0.5～2mm，采用编织土工布热复合层作为膜体保护层，具有良好的物理力学性能，加强膜体的抗穿刺能力，尤其对地层适应性较强，可用于粒径小于等于 60mm 的砂砾、砾石等复杂地层。

(3) 针对重要的堤防段或对防渗等级要求有特殊要求的工程，从提高防渗工程可靠性出发，研究开发“固化灰浆＋土工膜”复合防渗墙施工工艺，将两种墙体材料结合起来，取长补短，消除单一墙体材料自身的缺陷。

4 目前研究进展情况

4.1 工法原理研究

本工法依托已研发的导杆式开槽机构建铺膜槽孔成熟技术，并在此基础上，研发铺膜专用成槽器，集成整合泥浆反循环系统，成槽器采用旋切开槽原理，外形尺寸需满足单幅复合土工膜（板）垂直铺设的要求，并考虑槽段隔离及相邻膜幅施工的空间要求。泥浆反循环系统需通过预设管路与成槽器整合集成，满足槽孔构建全过程中连续不断的沉渣排除，以上技术措施能够解决施工中遇到的沉渣排除、槽型连续规整、槽壁稳定等技术难题。

已有垂直铺膜技术中，塑料薄膜是通过联动装置卷帘铺设，即将薄膜预先卷至一根滚轴上，辊轴在开好的槽内转动展开薄膜，由于辊轴转动的着力点位于顶部，底部若遇阻力就难以前行，薄膜难以展开，这也是施工深度受限的原因；因槽孔宽度有限，且滚轴需要一定直径满足刚度要求，故可供卷绕土工膜的空间有限，故膜厚一般小于等于0.3mm，最大厚度为0.5mm，且为单层膜，薄膜没有保护层，在铺设过程中易受机械强力拖拽、尖锐器物的损伤。薄膜之间的连接采用搭接2m的方式，薄膜接头处易形成渗漏通道。

为克服以上存在的技术问题，研发人员重新对铺膜专用设备的功能进行定义和整合，将行走、定位、下膜、灌注等多功能集于一体，以满足对下膜质量和工效的要求。采用液压步履底盘作为设备平台。为满足型材连接装置精确定位提升，研发设置了顶置卷扬系统及井口锁定装置；为克服下膜过程中土工膜与泥浆间的摩擦黏滞力，研发设置了链条式导杆加压装置，保证下膜加压导正；黏土水泥浆液灌注系统与中低压空气气拌法结合实现槽孔灌注填充。

同时研发膜（板）幅间接头装置。相邻槽段膜（板）幅间采用公、母型材接头装置套接方式连接，母管起连接止水及定位作用，公管与膜（板）幅边缘热熔焊接，公、母管在水下套接完成后向两管之间的环状间隙注入聚合物水泥净浆，以此实现公、母管的密封，进而达到相邻两膜（板）幅之间的无缝密闭连接，以此构建完整可靠的防渗体系。

在以上设计思路下形成超深复合土工膜（板）铺设施工工艺流程，见图1。

4.2 主要设备研制

根据拟定的工法进行设备的研制和配套。自主研发生产的设备包括：铺膜专用成槽器，定长、定宽多轴竖向钻具箱，预设管路与泥浆反循环系统整合集成；铺膜台车，采用液压步履式底盘，集行走、定位、下膜、灌注等多功能于一体，详见图2和图3。

4.3 槽孔灌注填充材料的研究

研发缓凝黏土水泥浆液灌注填充材料，用于土工膜垂直铺设完成后的槽孔灌注填充。

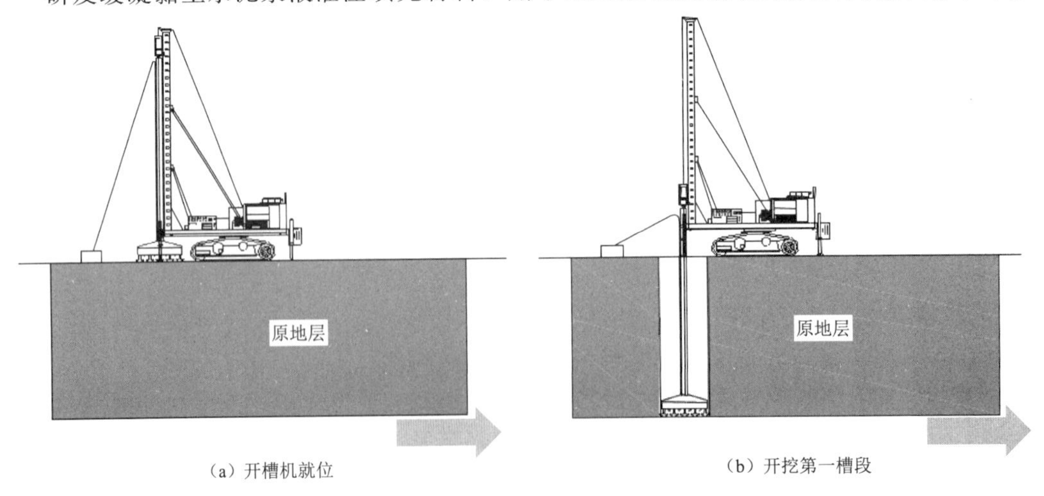

(a) 开槽机就位

(b) 开挖第一槽段

图1（一） 工艺流程图

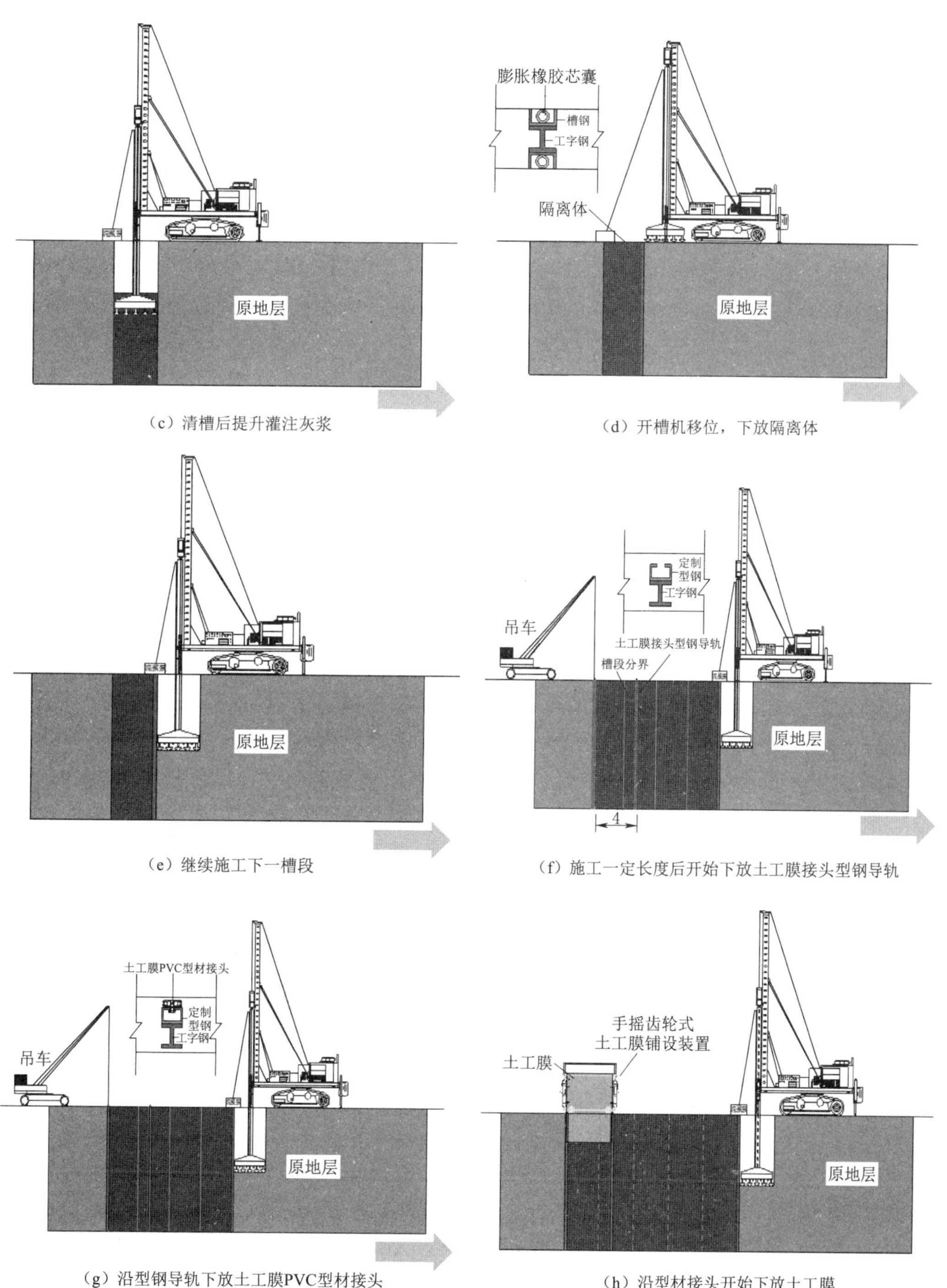

（c）清槽后提升灌注灰浆

（d）开槽机移位，下放隔离体

（e）继续施工下一槽段

（f）施工一定长度后开始下放土工膜接头型钢导轨

（g）沿型钢导轨下放土工膜PVC型材接头

（h）沿型材接头开始下放土工膜

图 1（二） 工艺流程图

本次拟对槽孔灌注填充的墙体材料进行系统的配比试验研究，确定其各项性能指标，重点是满足垂直铺膜过程中对浆液流动性、稳定性、初凝时间的特殊要求。

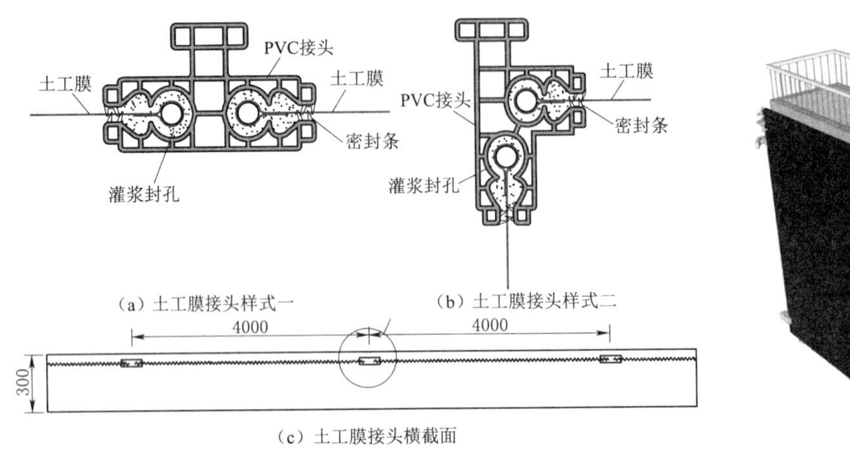

图 2　铺膜接头示意图

图 3　移动式土工膜铺设架

5　结语

目前该技术已历经孤北水库、孤东水库、济南轨交地铁等多个项目试验性生产，复合土工膜垂直防渗处理深度较之前增加 60%以上，防渗性能提升 3 个数量级，而施工造价较传统灌浆类、混凝土防渗墙等工艺降低约 30%，且具有造价低、施工速度快、质量易于保证、防渗效果好、适应变形好、相邻两膜（板）幅之间的无缝密闭连接的技术优点。

参考文献

[1] 刘宗耀，等. 土工合成材料工程应用手册（第二版）[M]. 北京：中国建筑工业出版社，2000.
[2] 水利水电工程混凝土防渗墙施工技术规范：SL 174—2014 [S]. 北京：中国水利水电出版社，2014.
[3] 土工合成材料应用技术规程：GB/T 50290—2014 [S]. 北京：中国计划出版社，2014.

超长、超重地连墙钢筋笼整体制作和分节吊装技术

周佳奇　薛高升

（中国葛洲坝集团市政工程有限公司）

【摘　要】 超长超重地连墙钢筋笼制作与吊装存在钢筋笼几何尺寸大、整体刚度小、吊装重量大等一系列问题，本工程通过对整体制作与分节吊装技术研究，通过实践，掌握了钢筋笼整体制作的控制要点，通过计算分析，掌握了钢筋笼吊机与吊索具的选型与吊装过程需要注意的技术环节，有效解决了超长超重钢筋笼制作与吊装的问题。

【关键词】 超长超重钢筋笼　整体制作　分节吊装

1　工程概况

南京江北新区中心区地下空间一期项目4号线滨江站为地下六层标准侧式站台车站，主体为三柱四跨箱形框架结构。标准段基坑深度约为44.79m。车站围护结构采用地下连续墙＋内支撑型式。地下连续墙厚1.5m，最大墙深75.06m。钢筋笼存在Z型、T型、L异型幅，钢筋笼制作与吊装采用“整体制作、分节吊装、孔口对接、整体下放”的施工工艺。

本工程钢筋笼最重217.38t，宽度为6.6m，长度为74.752m。钢筋笼分3节吊装，上部钢筋笼长度为24.752m、重量为66.201t，中部钢筋笼长度为20m、重量为74.888t，下部钢筋笼长度为30m、重量为76.292t。

2　超长超重钢筋笼制作安装

2.1　钢筋笼整体制作

钢筋笼分3节在钢筋胎架上整体制作，即上、中、下3节钢筋笼主筋先用套筒连2个丝扣，再整体焊接，以保证上、中、下节钢筋笼主筋连接位置准确。钢筋胎架采用16号槽钢拼装而成，用水平仪校核胎架的平整度后投入使用。

主筋采用机械连接，同一截面内的接头面积百分率不大于50%。

为保证钢筋笼吊装刚度，除了设计规定的横、纵桁架筋外，增设笼头加固钢板（图1）、吊点加强钢筋（HPB300）（图2）。

每节钢筋笼笼头加固钢板采用20mm厚，180mm宽的通长钢板，与主筋双面焊接。笼头钢板的设置保证了钢筋笼整体的吊装刚度，减少吊装过程中主筋的变形，保证了孔口对接。

图 1　笼口加固钢板

图 2　吊点加强钢筋

每个吊点布置 32 个吊点加强钢筋（HPB300）。吊点钢筋与纵向桁架筋焊接，同时在纵向桁架筋帮焊一根 ϕ40、长 200mm 支撑短筋，作为吊点加强。

异型钢筋笼在正常钢筋胎架上加工，箍筋尺寸在孔口比对后进行批量加工与安装，为了保证钢筋笼顺利下放，制定钢筋笼验收表见表 1。

表 1　　钢筋笼验收表

项　　目	容许偏差/mm	检查方法及频率
钢筋笼骨架长宽	±20	尺量
主筋间距	±10	用尺量检查不少于 5 处
加强筋间距	±20	用尺量检查不少于 5 处
箍筋间距	±20	用尺量检查不少于 5 处
钢筋骨架垂直度	0.5%	掉线尺量检查
保护层厚度	不小于设计值	检查垫块
预埋件数量	实际数量	目测，全部
预埋件位置	±10	全部，用尺量
焊点和焊缝	无气泡、焊渣	50%焊缝
搭接长度	设计要求	50%焊缝
笼体清洁度	无明显锈斑、油污和泥块	目测

2.2　钢筋笼孔口对接

各节钢筋笼采用直螺纹套筒进行对接（图 3），直螺纹连接技术具有接头强度高、质量稳定、施工方便、连接速度快、综合经济效益高等优点。

直螺纹套筒进场应有合格证，表面不得有裂缝、结疤等缺陷。

对接过程先将钢筋笼 4 个角点对接，确保钢筋笼的垂直度，套筒旋入螺纹后，外露丝长不得超过 2 丝。

对接完成后补焊水平筋，确保钢筋笼整体刚度。

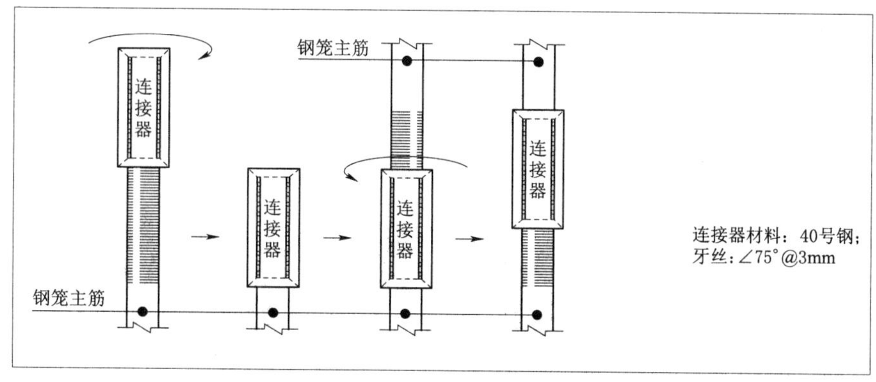

图 3　直螺纹套筒连接

3　超长超重钢筋笼吊装

3.1　吊点布置

本工程采用双机抬吊，将钢筋笼起吊过程简化成梁受均布荷载。根据正负弯矩相等时所受弯矩变形最小的原理，确定横纵吊点位置。

3.1.1　纵向吊点布置

根据钢筋笼纵向受力弯矩图（图 4）及正负弯矩相等，求出 L_1 与 L_2 的值。B、C 为主吊位置，D、E 为副吊位置。公式如下：

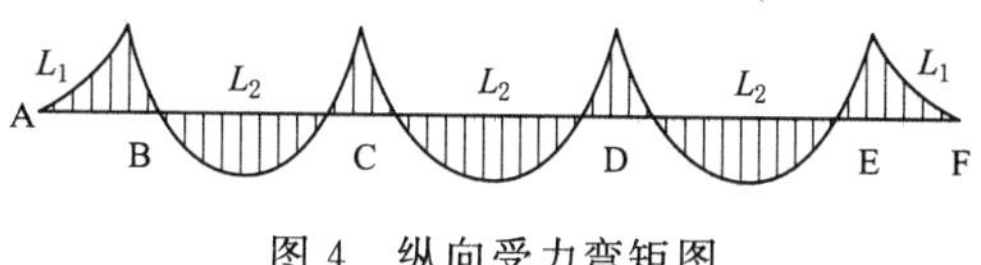

图 4　纵向受力弯矩图

$$+M=-M$$

$$+M=\frac{1}{2}q\,L_1^2$$

$$-M=\frac{1}{8}q\,L_2^2-\frac{1}{2}qL_1^2$$

式中：$+M$ 为正弯矩；$-M$ 为负弯矩；q 为吊点受力；其他符号含义见图 4。

求得：$L_2=2\sqrt{2}L_1$

又：$2L_1+4L_2=30$

解得：$L_1=2.264\text{m}$，$L_2=9\text{m}$

吊点位置根据预埋件位置进行微调。

异形钢筋笼纵向吊点同一型钢筋笼。

纵向吊点布置图，如图 5 所示。

3.1.2　T 型钢筋笼横向吊点布置

T 型槽段受力可以简化为在原均布荷载上叠加一个均布荷载。

计算公式如下：

$$\frac{q\,l^2}{2}=\frac{q\,(L-2l)^2}{8}-\frac{q\,l^2}{2}+\frac{q_1a}{2}\left(\frac{L}{2}-l\right)$$

由于钢筋笼主筋配筋间距及直径均相同，则带入上式即可求得的长度，横向吊点布置为 0.6m+1.5m+0.6m。

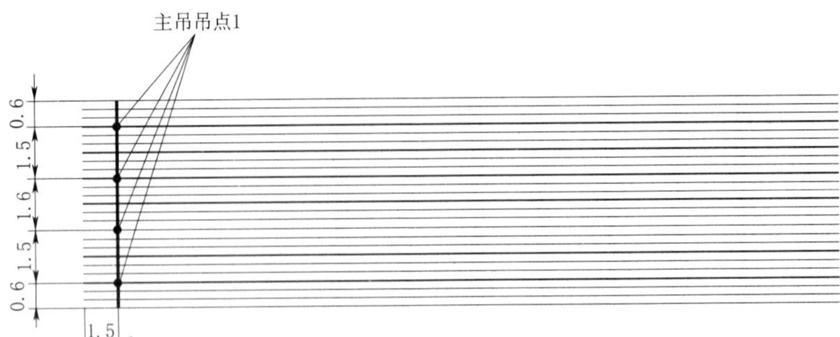

(a) 钢筋笼面向基坑外一侧吊点布置图

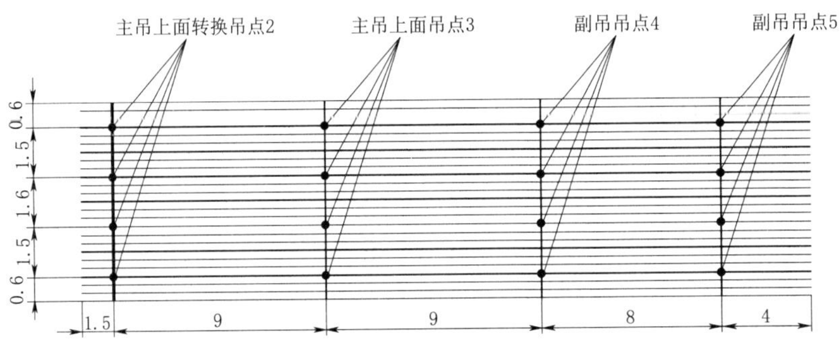

(b) 钢筋笼面向基坑内一侧吊点布置图

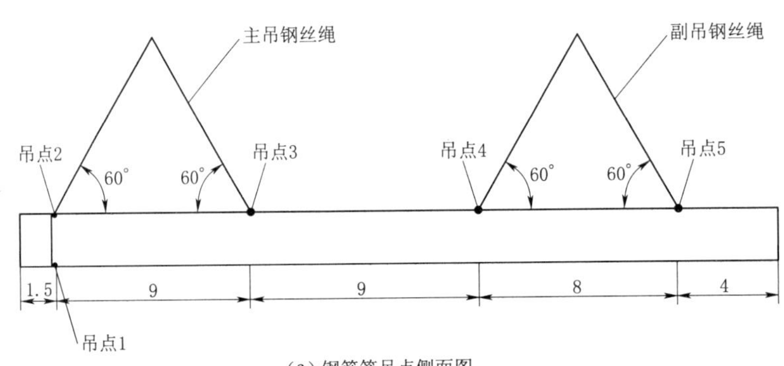

(c) 钢筋笼吊点侧面图

图 5 纵向吊点布置图（单位：m）

T 型钢筋笼横向受力图见图 6；T 型钢筋笼横向受力弯矩图见图 7。

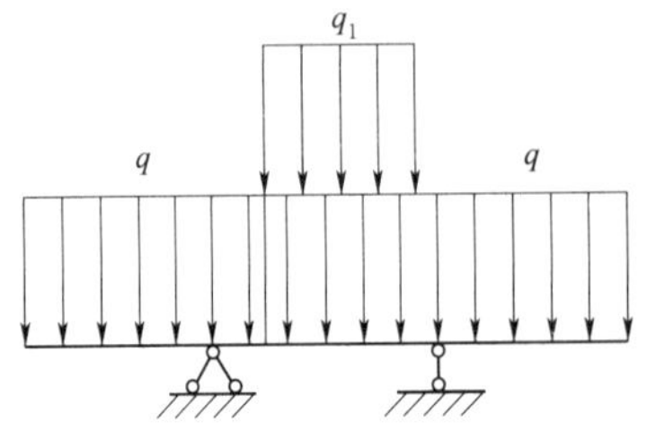

图 6 T 型钢筋笼横向受力图

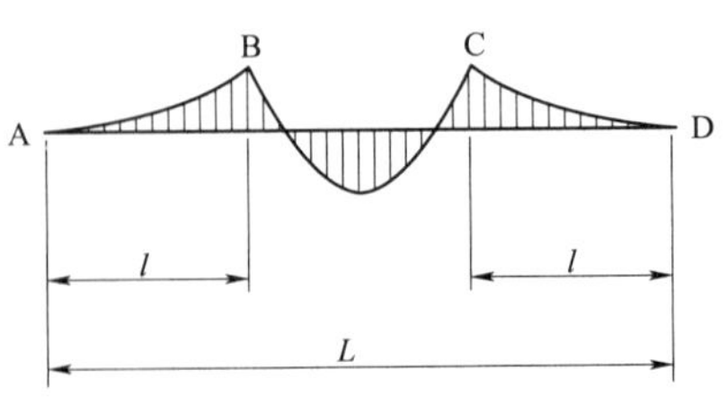

图 7 T 型钢筋笼横向受力弯矩图

3.2 吊装分析

根据吊点布置，通过 Midas Civil 对钢筋笼进行静力计算分析，得出钢筋笼的最大应力为 326.7MPa，见图 8；最大变形为 10.4mm，见图 9，符合吊装要求。

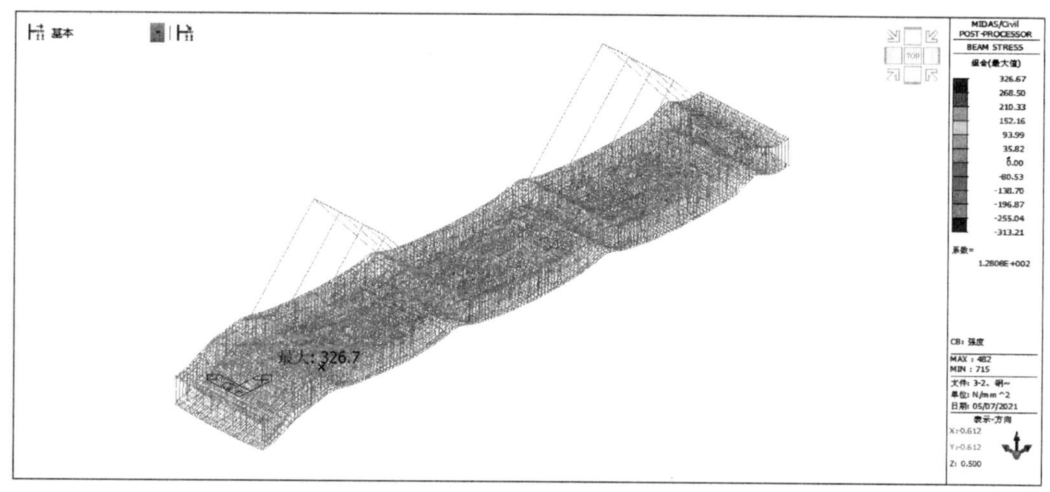

图 8 最大应力 326.7MPa

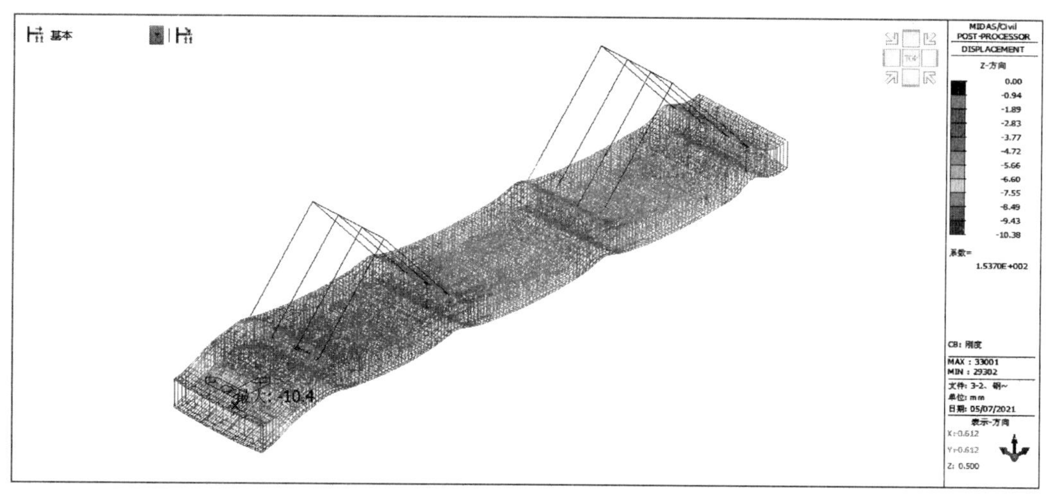

图 9 最大变形 10.4mm

3.3 吊机选型

吊机主要根据起吊高度和最大起吊能力选型。

主吊起吊高度由吊装富余高度（取 1m 计算）、扁担上钢丝绳的高度、扁担高度、扁担下钢丝绳的高度、钢筋笼单节最大长度。本工程主吊所需升起的高度 $H=0.5+28+5+3.5+0.75+3=40.75$(m)，考虑到主吊吊起钢筋笼后需要旋转 180°，进行防碰撞验算：

$H=3\times\tan73^\circ+30+0.5=41.6$(m)。所以主吊最大起重高度取 41.6m。

主吊防碰撞分析图，见图 10。

副吊吊装富余高度1m；扁担下钢丝绳高度13m；扁担上钢丝绳高度3m，扁担高度按0.75m计；吊点以下钢筋笼长度为2m，履带吊吊钩卷上允许高度3m。所需起升高度：1＋13＋3.0＋0.75＋2＋3＝22.75(m)。

主吊的最大起重在整体下放阶段，此时承担所有钢筋笼的重量（2272.8kN）。

副吊最大起吊在抬吊时候，约承担单节钢筋笼73％的重量（629.92kN）。

3.3.1 主吊选型

主吊采用400t履带吊，臂长42m。最大起吊高度44m，大于41.6m。最大安全起吊重量2295kN，大于2272.8kN。

3.3.2 副吊选型

副吊采用200t履带吊，臂长40.5m。最大起吊高度36m，大于22.75m。最大安全起吊重量767.2kN，大于629.92kN。

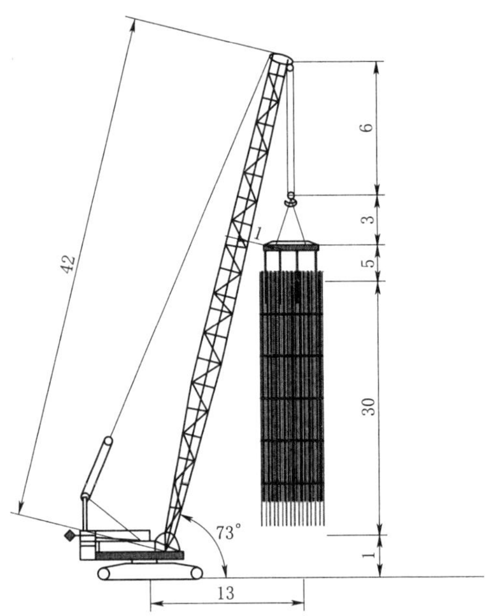

图10　主吊防碰撞分析图

3.4 吊具验算

3.4.1 钢丝绳验算

钢丝绳包括主吊扁担上钢丝绳S1、副吊扁担上钢丝绳S2、主吊扁担下钢丝绳S3、副吊扁担下钢丝绳S4。安全系数K取6。吊具示意图见图11。

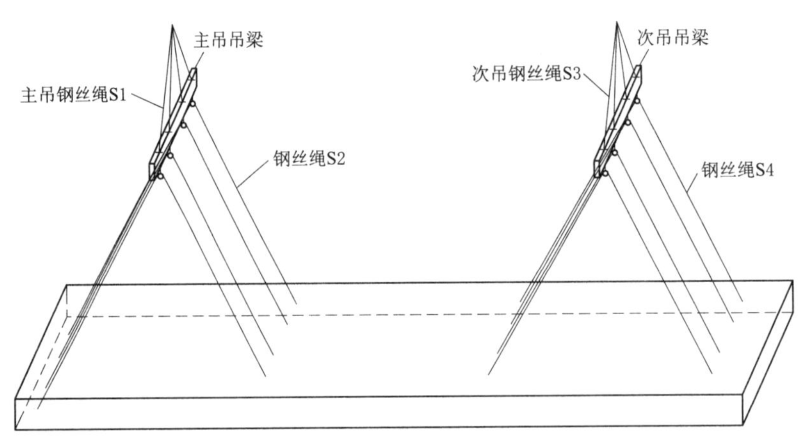

图11　吊具示意图

(1) S1为ϕ90mm钢丝绳，公称强度1550MPa，允许抗拉力［T］＝666kN。S1在钢筋笼空中调直后承担整个钢筋笼及吊索具（按10t计算）的重量。

S1钢丝绳承受最大拉力为：$Q/(4\sin60°)=655.87(\text{kN})$

式中，Q为整个钢筋笼加吊索具的重量；

求得S1承受的最大拉应力为655.87kN，小于666kN。

（2）S2 为 ϕ56mm 钢丝绳，公称强度 1550MPa，允许抗拉力［T］=304.2kN。S2 在双机抬吊过程中承担单节最重钢筋笼 73%的重量。

S2 钢丝绳承受最大拉力为：$0.73Q_1/(4\sin 60°)=181.84(\mathrm{kN})$

式中，Q_1 为单节最重钢筋笼重量。

根据受力计算，求得 S2 承受的最大拉应力为 181.84kN，小于 304.2kN。

（3）S3 为 ϕ56mm 钢丝绳，公称强度 1552MPa，允许抗拉力［T］=304.2kN。S3 在钢筋笼空中调直后承担整个钢筋笼的重量。

S3 钢丝绳承受最大拉力为：$Q/8=284.1(\mathrm{kN})$

根据受力计算，求得 S3 承受的最大拉应力为 284.1kN，小于 304.2kN。

（4）S4 为 ϕ39mm 钢丝绳，公称强度 1552MPa，允许抗拉力［T］=145.8kN。S4 在双机抬吊，S4 与钢筋笼成 75°角最大。

S2 钢丝绳承受最大拉力为：$0.73Q_1/(8\sin 75°)=81.53(\mathrm{kN})$

根据受力计算，求得 S4 承受的最大拉应力为 81.53kN，小于 145.8kN。

3.4.2 扁担验算

主吊扁担钢板厚 50mm，两边采用 14 工字钢和 20 工字钢加劲。副吊扁担钢板厚 30mm，两边采用 14 工字钢加劲。扁担验算主要是对扁担整体受压弯强度的计算与销孔拉板的一个剪切计算。

主吊扁担结构图见图 12，受力图见图 13。

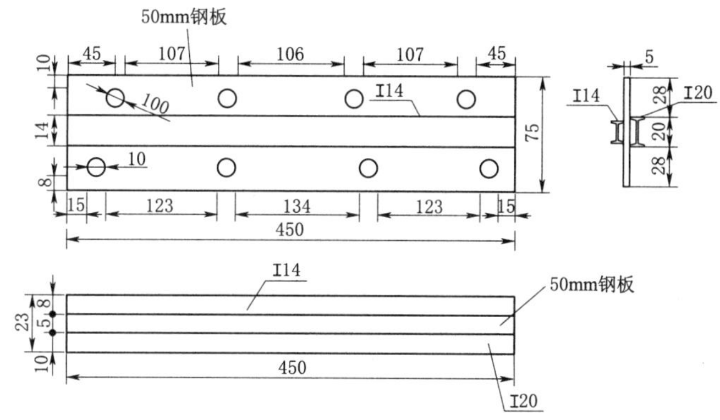

图 12　主吊扁担结构图

受力分析：

$$F_1\times\sin 60°+F_1\times\sin 75°+F_1\times\sin 60°+F_1\times\sin 75°=2272.8(\mathrm{kN})$$

计算得：$F_1=620.38(\mathrm{kN})$

$F_{1x}=F_1\times\cos 60°=310.19(\mathrm{kN})$

$F_{1y}=F_1\times\sin 60°=537.26(\mathrm{kN})$

$F'_{1x}=F_1\times\cos 75°=160.96(\mathrm{kN})$

$F'_{1y}=F_1\times\sin 75°=599.13(\mathrm{kN})$

扁担所受水平力 $N=F_{1x}+F'_{1x}=$

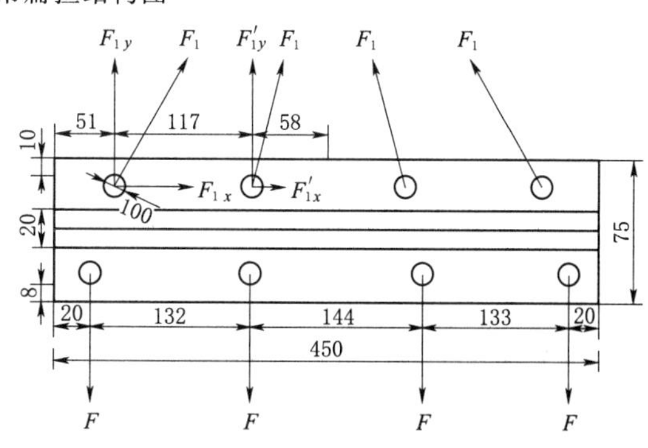

图 13　主吊扁担受力图

310.19+160.96=471.15(kN)

M_x =537.26×1.75+599.13×0.58+471.15×0.25−568.2×2.05−568.2×0.72
=−168.426(kN·m)

出于安全考虑，钢材的容许强度值取其设计值的0.95倍。[σ]- Q235钢材的抗弯强度容许值取190MPa；16～40mm Q235钢材的抗剪强度容许值取114MPa，40～60mm Q235钢材的抗剪强度容许值取109.25MPa。

ϕ 为轴心受压构件的稳定系数，应根据构件的长细比、钢材屈服强度和钢材类型选定，取两主轴稳定系数较小者。

立杆的计算长度 l_0 按 L 计算，l_0=3.6m。

对扁担进行惯性矩计算：

x 截面参数：75×5cm 矩形钢板对 x 轴的惯性矩 $I_{x1}=bh^3/12=5\times75^3/12=175781.25(cm^4)$

查表得，工14对 x 轴的惯性矩 $I_{x2}=712cm^4$

20b 对 x 轴的惯性矩 $I_{x3}=2500cm^4$

截面对 x 轴惯性矩 $I_x=I_{x1}+I_{x2}+I_{x3}=175781.25+712+2500=178993(cm^4)$

$$A=bh+A_{14}+A_{20}=436.094(cm^2)$$

$$i_x=(I_x/A)^{0.5}=20.26(cm)$$

y 截面参数：75cm×5cm 矩形钢板对 y 轴的惯性矩 $I_{y1}=bh^3/12=75\times5^3/12=781.25(cm^4)$

工14对 y 轴的惯性矩 $I_{y2}=A_1\cdot h_1^2=21.516\times(4+2.5)^2=909.051(cm^4)$

工20对 y 轴的惯性矩 $I_{y3}=A_2\cdot h_2^2=39.578\times(5.1+2.5)^2=2286(cm^4)$

截面对 y 轴惯性矩 $I_y=I_{y1}+I_{y2}+I_{y3}=781.25+909.051+2286=3976.3(cm^4)$

$$i_y=(I_y/A)^{0.5}=3.01cm$$

x 截面参数：75cm×5cm 矩形钢板对 x 轴的面积矩 $W_{x1}=bh^2/6=5\times75^2/6=4687.5(cm^4)$

查表可得，工14对 x 轴的面积矩 $W_{x2}=102cm^4$

工20b 对 x 轴的面积矩 $W_{x3}=250cm^4$

截面对 x 轴惯性矩 $W_x=W_{x1}+W_{x2}+W_{x3}=4687.5+102+250=5039.5(cm^3)$

x 轴的长细比 $\lambda_x=l_0/i_x=360/20.26=17.76<150$

y 轴的长细比 $\lambda_y=l_0/i_y=360/3.01=119.6<150$

查规范 GB 50017—2003 得：$\varphi_x=0.978$；$\varphi_y=0.453$

弯矩作用内的稳定性：

$$\sigma_x=\frac{N}{\varphi_y A}+\frac{\beta_{mx}M_x}{\gamma_x W_{1x}\left(1-0.8\frac{N}{N_{Ex}}\right)}$$

$$=51.31MPa<[\sigma]=190MPa$$

扁担在作用平面内的最大弯矩小于钢材的容许抗弯强度，故受力满足要求。

其中，$\beta_{mx}=0.85$，使构件产生反向曲率。

$\gamma_x = 1.05$。

$$N_{Ex} = \frac{\pi^2 EA}{1.1\lambda_x^2} = \frac{3.14 \times 2.06 \times 10^5 \times 43525}{1.1 \times 17.76^2} = 25318(\text{kN})$$

弯矩作用外的稳定性：

$$\sigma_x = \frac{N}{\varphi_y A} + \eta \frac{\beta_{tx} M_x}{\varphi_b W_{1x}} = 55.27\text{MPa} < [\sigma] = 190(\text{MPa})$$

扁担在作用平面外的最大弯矩小于钢材的容许抗弯强度，故受力满足要求。

其中，$\beta_{tx} = 0.85$，使构件产生反向曲率。

$\eta = 1$。

$$\varphi_b = 1.07 - \frac{\lambda_y^2}{44000} \times \frac{f_y}{235} = 0.904$$

主吊具销孔拉板剪切计算：

$$A = 100 \times 60 = 6000(\text{mm}^2)$$

$$\tau = 620.38 \times 1000/6000 = 103.39(\text{MPa}) < [\tau] = 109.25(\text{MPa})$$

销孔承受最大剪切力小于钢材的容许抗剪强度，故满足要求。

副吊吊具按照相同原理计算。

3.5 地基承载力验算

履带吊车自重 4070kN，地下连续墙钢筋笼加钢丝绳最大自重 2272.8kN；吊车两个履带尺寸均为：9.4m(长)×1.2m(宽)，履带中心线距离 7.6m；施工路面 C30 混凝土硬化，300mm 厚，配筋 ϕ14@300 双层布置，进行路面硬化前，压实处理后浇筑钢筋混凝土路面。现场土层示意图见图 14。

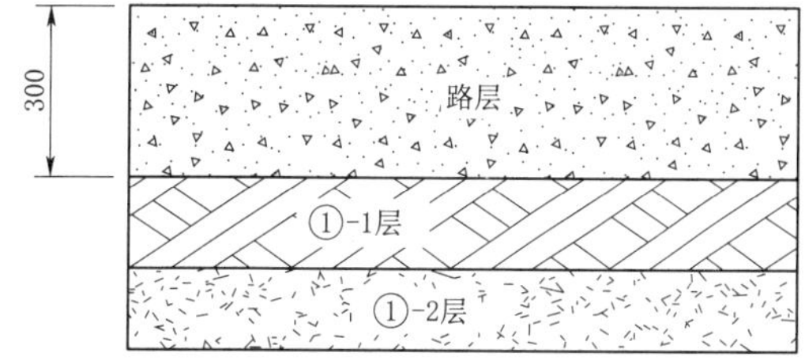

图 14　现场土层示意图（单位：mm）

吊车自重（吊物与吊车视为整体）：$F = 4070 + 2272.8 = 6342.8(\text{kN})$。

机械行走过程中根据《建筑地基基础设计规范》（GB 50007—2011），考虑受力方式为轴心受压。钢筋笼竖起时，吊车及吊物整体重量为 6342.8kN。应力分配到两条履带上，不平均分配系数取 1.2，则履带传递到混凝土硬化层表面的压应力为

$\sigma = 1.2 \times 6342.8/(9.4 \times 1.2 \times 2) = 333.738(\text{kPa}) < [fc] = 9.6(\text{MPa})$，混凝土顶板处所受最大压应力小于混凝土容许压应力，故满足要求。

混凝土扩散角按 45°考虑，传递到混凝土硬化层下地基应力为

$$\sigma = 333.738 \times 9.4 \times 1.2/[(9.4 + 0.3 \times 2) \times (1.2 + 0.3 \times 2)] + 0.3 \times 24 = 216.342(\text{kPa})$$

硬化层下换填 1m 水泥土垫层，扩散角按 30°考虑，传递到原始地面地基应力为

$$\begin{aligned}\sigma &= 216.342 \times 9.4 \times 1.2/[(9.4 + 0.3 \times 2 + 1 \times 1.73 \times 2) \times \\ &\quad (1.2 + 0.3 \times 2 + 1 \times 1.73 \times 2)] + 0.3 \times 24 + 1 \times 14 \\ &= 55.67(\text{kPa}) < 65\text{kPa}\end{aligned}$$

垫层下面的持力层所受最大压应力小于该地层的地基承载能力，故地基承载力满足

要求。

实际施工过程中，未发生路层破裂和沉降现象，符合计算结果。

3.6 吊点转换

在主吊第2、第3排吊点钢筋笼下0.5m处设置3块20mm×160mm×400mm钢板作为定位卡，与钢筋笼主筋焊接，焊接长度不小于$10d$，待钢筋笼整体下放至该位置处时，采用扁担梁穿入后平稳下放钢筋笼，将钢筋笼临时搁置在导墙上，由起重工卸掉主吊第3排卸扣。同时，将预留在钢筋笼顶以下1.2m处的钢丝绳挂在主吊扁担上，完成吊点转换，然后钢筋笼整体下放。

3.7 起吊安全措施

（1）保证吊点位置准确，检查吊点加固钢筋焊接质量。

（2）在钢筋笼起吊过程中离地面小于150mm时，静止观察5min确保没有异常变形后方可起吊。

（3）钢筋笼入槽前要求吊直扶稳，钢筋笼中心对准孔位中心缓慢下沉，不得摇晃碰撞孔壁和强行入槽。

（4）专人负责统一指挥，设备保持动作一致，指挥人员由项目部每次吊装前检查工作情绪，保持情绪平静，如有异常，立即停止作业，待情绪平稳、冷静后作业。

4 结论

根据南京江北新区中心区地下空间一期项目4号线滨江站地下连续墙钢筋笼制作与吊装的施工经验，掌握了超长、超重地连墙钢筋笼分节制作和吊装的技术要领，并得出以下结论：

（1）钢筋笼整体制作技术，既保证了钢筋笼的整体尺寸又保障了孔口对接的质量。

（2）钢筋笼分节吊装技术，降低了主吊的型号与臂长，也降低了吊装的风险。

（3）为了保证超长、超重钢筋笼顺利下放，严格按照表1要求制作钢筋笼。

（4）吊点根据正负弯矩相等时所受弯矩变形最小的原理确定。异型钢筋笼吊点的确认。

（5）主副吊车按照最高起吊高度和最大起重能力选型。

（6）吊具安全验算中，主副吊钢丝绳、扁担均需满足安全吊装要求。

澄碧河水库混凝土防渗墙施工期土坝安全监测技术

嵇红光

（中国水电基础局有限公司；天津市地基与基础工程企业重点实验室）

【摘　要】广西百色市澄碧河水库除险加固工程施工Ⅰ标设计在老混凝土防渗墙轴线下游侧4.0m新建一道混凝土防渗墙。新防渗墙施工过程中可能对坝体产生横向劈裂、位移及变形等影响，按设计要求在混凝土防渗墙施工期间，在大坝上下游坝坡及导墙上布设观测点，需进行施工期大坝安全监测，便于及时了解掌握坝体变形情况，及时采取安全应对措施保证施工期坝体安全。

【关键词】澄碧河水库　防渗墙施工　土坝安全监测

1　工程介绍

广西百色市澄碧河水库位于右江支流澄碧河的下游，具有发电、防洪、养鱼、供水等综合利用功能，为大（1）型水利枢纽工程。水库枢纽工程由大坝、溢洪道、引水发电管、坝后电站等建筑物组成。大坝为混凝土心墙与黏土心墙结合的土坝，坝顶高程为190.40m，最大坝高为70.40m，坝顶长425.0m，坝顶宽6.0m。根据设计地勘报告显示混凝土心墙连续性较差，局部存在波速较低的部位，混凝土心墙内存在横向和纵向裂缝。混凝土心墙下部的黏土心墙土以砾质黏土、黏土为主，分布在高程150m以下，干密度为1.64g/cm^3，渗透系数为2.0×10^{-5}cm/s，不满足规范要求，影响大坝的运行安全。

大坝加固设计方案新建的混凝土防渗墙轴线（中心线）与老混凝土防渗墙轴线平行，位于老混凝土防渗墙轴线下游侧4.0m。混凝土防渗墙轴线长390.0m，按招标文件和设计要求，新建防渗墙施工期应对大坝安全进行监测。

2　大坝安全监测总述

2.1　监测要求

（1）根据施工需要，在坝体上布置必要的观测点和配置观测仪。

（2）进行必要的定期、定时的施工安全观测，及时整理有关观测资料，并根据观测结果及时调整施工安全措施。

（3）安排配置有丰富经验的观测人员1人，辅助人员1人，加强施工安全监测工作。

（4）观测工作须认真负责，严格遵守观测规程的要求。

（5）各项观测原始记录要使用标准记录表格，采用2H以上硬铅笔填写，记录工整、严禁涂改，横线划除误写数据，不得损坏和遗失原始记录。

（6）观测数据应随时整理和计算，如有异常，应立即复测。当影响工程安全时，应及时分析原因和采取对策，并及时通知有关单位。

2.2 监测项目

（1）位移观测：监测坝体的沉降变形，向下沉降为正，向上抬动为负。

（2）裂缝观测：监测坝体已有或新出现裂缝的变形情况，张开扩大为正，闭合收缩为负。

2.3 位移监测点布设

（1）基点布设：利用施工控制网内的基点，两端坝肩各一个，分别为XD01和JM03。

（2）观测点布设：在坝顶上下游两侧各设一排纵向位移观测点，每排纵向点间距100～150m，测点采用混凝土浇筑埋设十字钢筋桩，中心预埋刻划十字线的圆钢（0.4m长），圆钢外露5mm，测点桩埋设深度0.5m。上游观测点编号SW01-03，下游观测点XW01-03，共设6个点。

（3）开合（裂缝）测点布设：沿防渗墙轴线方向，在两侧导墙上设开合测点，共4组8个相对点，每组测点间距100m，上游测点编号S01～S04，下游测点编号X01～X04，如发生轴线方向的纵向裂缝，应增设测点。

施工期大坝安全观测点布置见图1。坝体位移观测点初始值数据见表1。

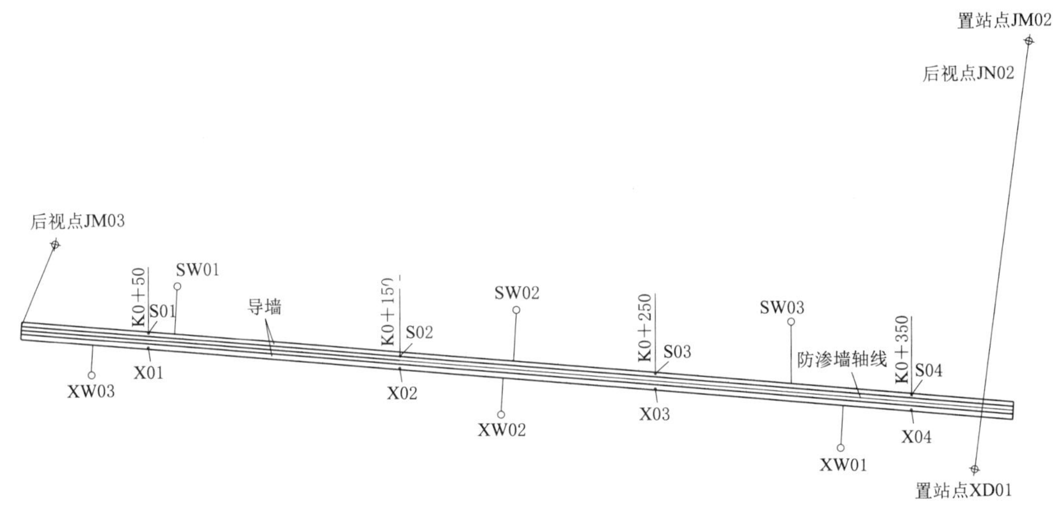

图1 施工期大坝安全观测点布置示意图

表1 坝体位移观测点初始值数据表

桩号/m	初始点号	X（坐标）	Y（坐标）	高程/m
K0+323.5	XW03	2650496.7318	361297.3739	181.752
K0+190.5	XW02	2650627.8902	361275.3930	181.911
K0+028.3	XW01	2650787.8724	361248.1609	183.154
K0+060.3	SW01	2650761.4700	361281.3146	186.160
K0+194.4	SW02	2650629.6942	361306.4438	185.586
K0+303.8	SW03	2650522.1610	361326.7248	185.623

2.4 坝体裂缝监测要求

(1) 对土坝表面裂缝，一般可用皮尺、钢尺及简易测点等简单工具进行测量。对 2m 以内的浅缝，可用坑槽探法检查裂缝深度、宽度及产状等。

(2) 表面裂缝的长度和可见深度的测量，应精确到 1cm。裂缝宽度，可用钢尺在缝口测量。对表面裂缝宽度的变化，宜采用在缝两边设简易测点，测量测点的距离来求得。裂缝宽度应精确到 0.2mm。

(3) 对于深层裂缝，除按上述要求测量裂缝深度和宽度外，还应测定裂缝走向，精确到 0.5°。

(4) 观测频率按每天一次的原则，当发生坝体裂缝时，应适当增加观测频率。

坝体开合（裂缝）观测点初始值数据见表 2。

表 2　　坝体开合（裂缝）观测点初始值数据表

	初始点号	X（坐标）	Y（坐标）
观测点初始值	X01	2650723.6640	361271.3450
	X02	2650612.9397	361289.4047
	X03	2650599.3782	361294.1809
	X04	2650565.1180	361300.4790
	S01	2650724.0230	361272.7310
	S02	2650633.8920	361287.6807
	S03	2650599.6224	361295.6000
	S04	2650565.1180	361301.9430
初始距离/cm	X01 - S01	143.20	
	X02 - S02	173.70	
	X03 - S03	144.00	
	X04 - S04	146.40	

3 监测资料的整编和分析

3.1 资料整理工作内容

(1) 检验观测数据的正确性、准确性：每次观测完成之后，应立即在现场检查作业方法是否符合要求，有否缺漏现象，观测值是否符合精度要求，数据记录是否准确、清晰、齐全。

(2) 观测物理量计算：经检验合格后的观测数据，应换算成观测物理量，计入相应记录表。

(3) 绘制观测物理量的过程线图。在观测物理量过程线图上，初步考察物理量的变化规律，发现异常，应立即分析异常量产生的原因，提出专项文字说明，上报监理机构和项目法人。

3.2 资料分析方法

(1) 比较法：通过巡视检查，比较大坝外表各种异常现象的变化和发展趋势。通过各观测物理量数值的变化规律或发展趋势的比较，预计大坝安全状况的变化。

（2）作图法：通过绘制观测物理量的特征过程线图（裂缝测点开合度值过程线图），直观地了解观测物理量的变化规律、判断有无异常。

4 安全监测成果及分析

4.1 大坝位移监测

用全站仪进行测点位移情况观测，测量值精确到1mm。

（1）观测成果：自2015年3月6日至2015年5月7日防渗墙施工期间，用全站仪进行了位移变形情况的观测。X方向偏移量－4～22mm；Y方向偏移量－0.4～11mm，H高程变量－5～20mm。

（2）坝体测点X轴上下游方向变形观测过程线性图见图2。

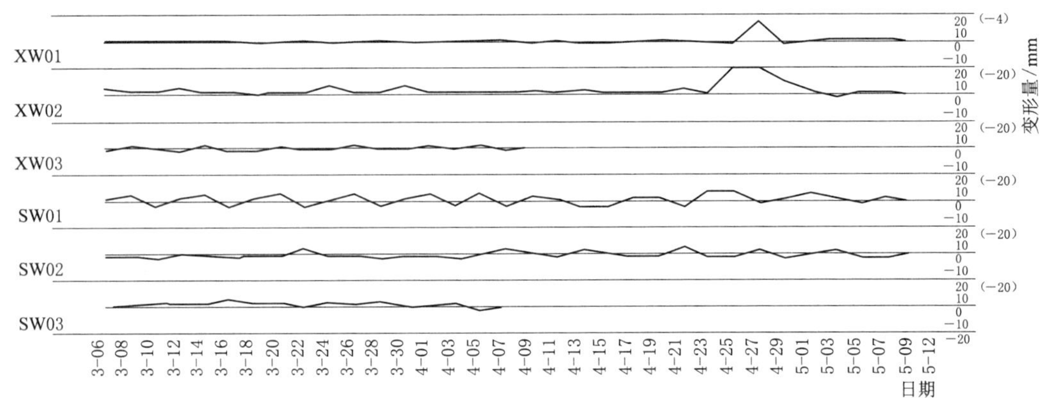

图2 X轴上下游方向变形观测过程线性图

图2中观测点数据显示，各测点的水平位移增量主要偏向下游，分析主要由于上游坝坡加固施工及防渗墙开槽施工影响，变形符合一般规律。

（3）坝体测点Y轴左右方向变形观测过程线性图见图3。

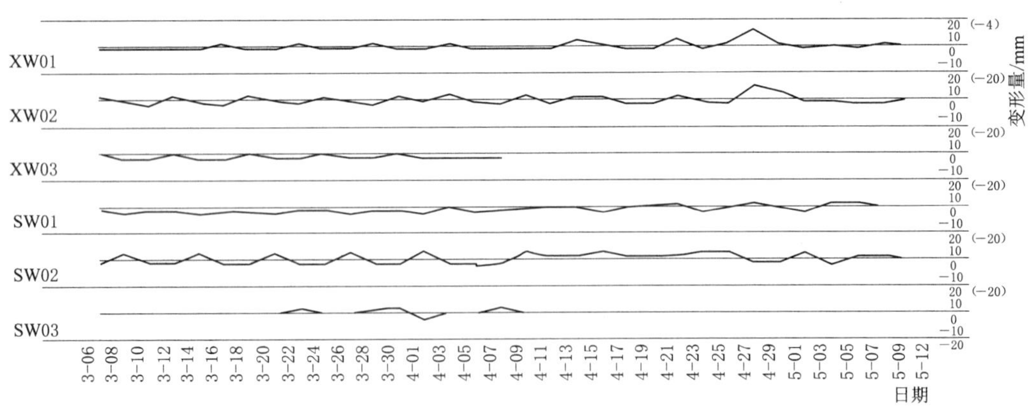

图3 Y轴左右方向变形观测过程线性图

图 3 中观测点数据显示，各测点的水平位移增量主要偏向下游，分析由于坝顶降坝后下游坝坡与防渗墙轴线间宽度较小以及防渗墙开槽施工影响，变形符合一般规律。

本工程实测水平位移无流变性，尽管沉降的后期变形所占总沉降比例较大，但其变形量仍较小，在大坝允许和可承受的范围内，大坝的运行状况是安全的。

4.2 大坝裂缝观测情况及数据分析

4.2.1 观测成果

自 2015 年 3 月 10 日至 5 月 11 日所观测的开合值变化范围为－2～21mm；各测点当日沉降量变化幅度最大为 21mm。

4.2.2 数据分析

大坝裂缝变形观测过程线性图见图 4。

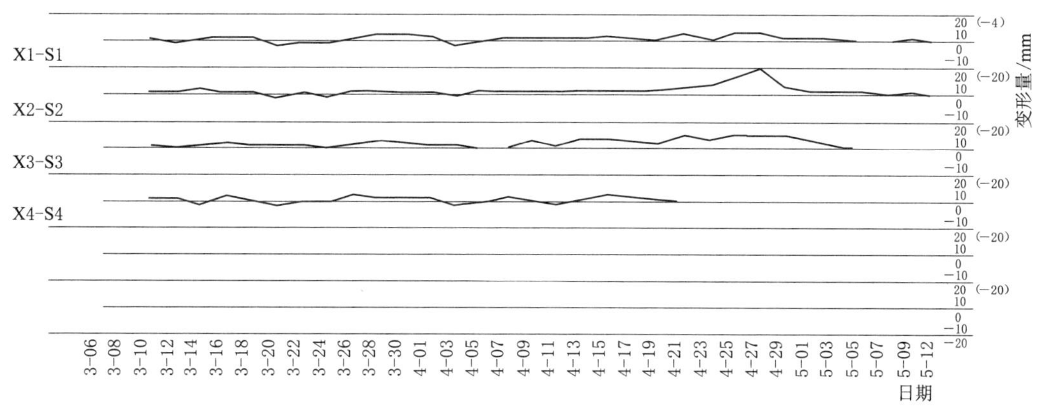

图 4 大坝裂缝变形观测过程线性图

图 4 中数据显示：各测点实测开合度受防渗墙开槽施工的影响，各测点开合度比施工前有所增大，均呈张开状态，但其张开量均不大，也小于周边缝允许变形值，表明大坝周边缝开合度变形状况正常。

5 施工期坝体安全监测结论

通过以上对澄碧河水库大坝混凝土防渗墙施工期变形监测情况的介绍及对大坝监测资料的初步分析，可得出以下结论：

（1）监测方法及观测点布置基本合理，能够满足工程监测要求。

（2）大坝的内部沉降过程与分布均正常，其总沉降量不大，大坝的最终沉降量也不大。

（3）大坝位移变形过程与分布符合一般规律，其位移总量较小，无明显流变性，位移状况正常。

（4）大坝的裂缝周边缝变化规律是正常的，周边缝的整体变形状况正常。

6 结语

土坝坝体具有柔性，在填土自重及其他荷载作用下的坝体土产生应力应变，易产生剪切破坏或裂缝等不稳定因素。在土坝坝体原防渗墙下游侧再建造一道混凝土防渗墙，加上新建防渗墙下游护坡厚度较小，施工过程中进行坝体安全监测是必要的，本文简述本工程安全监测点布置、观测方式、数据采集和数据整理分析的一些方法，可供类似工程借鉴。

地下连续墙声测管施工技术措施

何　鹏　臧公兵

（中国葛洲坝集团市政工程有限公司）

【摘　要】 地下连续墙墙身完整性检测常采用声波透射法，该方法要求预埋声测管保持畅通，否则无法进行检测，或检测过程中出现异常情况后需采用其他检测方法，影响施工进度，造成成本增加，超深地下连续墙声测管的埋设及堵塞预防处理尤为重要。通过在施工现场反复试验分析，总结了声测管安装、检测的施工要点。

【关键词】 地下连续墙　声测管　堵塞　保护

1　工程概况

江北新区中心区地下空间一期项目位于南京市浦口区，紧邻长江。本工程基坑周边采用地下连续墙作为围护结构，基坑整坑顺作实施，基坑面积约 13500m^2，基坑周边总延米为 470m，预估挖深 23.4～27.3m，基坑安全等级为一级。其中，邻地铁 13 号线、15 号线滨江站侧地连墙厚度均为 1500mm，邻横江大道侧地连墙厚度为 1200mm，西侧地连墙厚度为 1000mm，基坑四周地连墙深度约 75m。

本工程临地铁区间地连墙检测比例为 100％，声测管通长布置于地连墙钢筋笼内部，约为 75m，声测管采用内径 48mm、壁厚 3mm 的封底钢管，单幅地连墙约埋设 8 根声测管。

2　声测管的安装及检测

2.1　声测管的安装要求

声波透射法是指在预埋声测管之间发射并接收声波，通过实测声波在混凝土介质中传播的声时、频率和波幅衰减等声学参数的相对变化，对墙体完整性进行检测的方法。声测管总体的安装要求是：下端封闭、上端加盖、管内无异物，声测管连接处应光滑过渡，相邻两根声测管间距不大于 1.5m，直线型地下连续墙声测管布置如图 1 所示，L 型地下连续墙声测管布置如图 2 所示。

当声测管材料或安装工艺较差时，可能造成漏浆、堵管、断裂、弯曲、下沉、变形等事故的发生，对超声波透射法检测产生不利影响，甚至无法进行检测。如果声测管保护不到位，无法进行声波透射法检测或检测过程中出现了异常情况，就需要采用其他检测方法，如钻芯法来判断墙身完整性。这给工程带来的不仅是经济上的损失，也会造成工期的

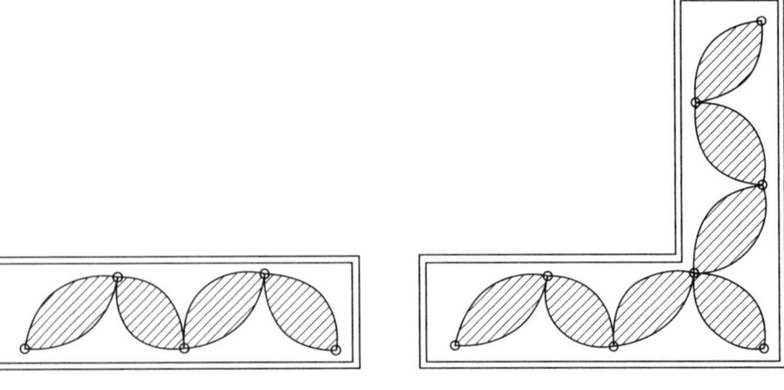

图 1　直线型地下连续墙声测管布置图　　图 2　L 型地下连续墙声测管布置图

延误，并且对工程质量也有一定的隐患。因此，声测管安装时必须注意以下施工要点，确保声测管埋设一次合格：

（1）声测管应严格按照设计参数要求采购，确保内径、壁厚符合设计及规范要求，下部封闭，管内无异物、管体平直无变形。

（2）由于地连墙钢筋笼整体长度很长，通常声测管需采用数根连接而成，故连接部位的牢固与密封程度至关重要。声测管应采用螺纹式连接并外加套管焊接，确保连接处的密封性。

（3）声测管采用绑扎方式与钢筋笼牢固固定，每间隔约 2m 绑扎焊接一道，确保吊装过程中声测管在钢筋笼内部固定无偏位。

（4）钢筋笼下设完成后，在声测管内部注满清水并密封，确保声测管管口高于地面 10～50cm，并且各管口高度一致。

2.2　声波透射法检测注意事项

（1）检测前使用绑有 30cm 长、直径 28mm 钢筋的测绳对声测管全数进行深度检查，确保管体畅通，以免换能器卡住或电缆被拉断，并记录声测管实际测量深度，便于有针对性疏通或检测。

（2）收集待检地连墙相关参数及施工记录。包括墙型、尺寸、标高、孔型图、混凝土标号、施工过程异常情况等。

（3）检测前在声测管内注满清水，并将高于地面部分声测管长度切割至同一标高。

（4）检查测试系统的工作状态，采用率定法确定仪器系统延迟时间［参考《地下连续墙检测技术规程》（T/CECS 597—2019）条文说明］，计算声测管及耦合水层声时修正值，在墙顶测量各声测管外壁间净距离，将各声测管内注满清水，检查声测管畅通情况，换能器应能在声测管全程范围内正常升降。

（5）准确测量相应声测管之间外壁净距离，管距精确至 1mm。

（6）受检墙段混凝土强度不应小于设计强度的 70%。

3　声测管堵塞原因分析

根据地下连续墙的施工工序，对声测管从原材料进场到超声波检测的全过程进行逐步分析，总结各个环节可能导致声测管堵塞的原因，具体情况如下。

3.1 声测管原材进场

（1）声测管壁厚以及内径不符合要求。声测管原材料进场时可能存在管壁、内径偏差以及不同程度的变形，材料负差大，造成声测管柔软或内部不通畅，轻微受力后易变形、弯曲。

（2）验收合格后的声测管未存放在平整场地。堆积的声测管倾斜、滑落、受力不均等情况，致使管体变形，影响后期使用。

3.2 声测管安装与对接

（1）声测管固定不牢固。钢筋笼在吊装、下设过程中管体发生偏位，可能导致声测管与钢筋笼内部碰撞致使变形或因为泥浆浮力而脱离原位，最终无法疏通。

（2）电焊引弧烧伤管壁。作业人员在钢筋笼焊接过程中，不慎在声测管管壁引弧，导致管壁焊穿漏洞，且验收时不易发现。

（3）声测管连接处不严密。本项目地连墙声测管长度约为75m，单节声测管原材长度为12m，连接接头至少6处，若未妥善连接，任意一处连接部位漏浆都将导致声测管堵塞且不易疏通。

（4）钢筋笼对接部位声测管存在漏洞。本项目地连墙钢筋笼分三节吊装，即下设过程中需要对接两处接头。声测管在钢筋笼对接处无法采用螺纹连接，故需要采用焊接对接，由于声测管外壁薄，焊接难度大，焊接时极易将管壁烧伤产生漏洞。

（5）下放过程中未及时注水。声测管在下放过程中应及时注满清水平衡管体内外压力，下设完成后加盖木塞封顶，若不及时密封采取保护措施，泥浆及杂物进入声测管内易造成管体堵塞。

（6）浇筑导管对声测管的影响。声测管安装位置与导管距离过近，一方面在下设导管时，导管的活动与偏移容易与声测管产生碰撞，致使管体受到挤压而变形；另一方面混凝土开始浇筑时，在混凝土的挤压推动下，导管附近的声测管，底节连接不牢固易脱落或弯曲变形，造成声测管无法疏通到底。

3.3 声测管检测前

（1）混凝土初凝后未及时清水疏通。如果管内在浇筑后已进入水泥浆或泥浆，初凝后墙身混凝土已初具强度，但管内水泥浆或泥浆强度并不高，此时若不采用清水疏通，待管内水泥浆强度不断提升后，后期难以疏通。

（2）声测管未采取保护措施。施工现场道路清洁时，易将路面泥浆、渣土冲向槽内，声测管伸出地面高度不足或管口密封不严，都容易导致声测管的掩埋与堵塞。

4 预防声测管堵塞的方法及堵塞后处理措施

4.1 预防声测管堵塞的方法

（1）声测管原材料进场验收。安排专人清点进场的声测管原材料，使用游标卡尺抽查管体壁厚、内径，观察管内是否有杂物，将质量不合格的声测管清退出场。验收合格后堆放在指定区域，确保声测管下部平整，不挤压变形。

（2）对作业人员进行质量教育。强调声测管在安装过程中的控制要点，包括绑扎的间距、连接的方法、焊接钢筋笼时不允许在声测管上引弧，若不慎焊穿漏洞及时采用止水胶带缠绕密封。

(3) 牢固固定声测管。声测管应绑扎在地连墙钢筋笼主筋上，固定声测管时严禁焊接，必须采用钢丝绑扎，每道固定点间隔约 2m，保证声测管通长安装的垂直度，不可弯曲扭动。

(4) 声测管连接方式。声测管宜采用螺纹式连接并外加套管焊接，确保连接处的密封性，避免直接在声测管上点焊形成漏洞；钢筋笼对接处声测管采用焊接连接后，同样使用外部焊接套管的方式，使连接处紧密不漏洞。

(5) 声测管内注水及密封。声测管随钢筋笼下设完成后，应确认管内注满清水并及时使用木塞密封顶端，防止杂物从管口进入。

(6) 声测管间距。相邻声测管间距应小于 1.5m，制作钢筋笼时将布设在导管仓附近的声测管位置进行微调，建议声测管距离导管大于 50cm。

(7) 声测管清水开塞及保护。混凝土初凝后及时安排人员对该幅槽段内的声测管进行深度复测以及清水开塞并在周围设置警示标识牌，防止设备碾压、渣土泥浆覆盖等破坏声测管的情况。

4.2 声测管堵塞后处理措施

对于复测深度不足的声测管，宜先采用小于声测管内径的硬质水管（具有柔性）冲洗，若管中有硬物堵塞，上述方法无法疏通时，采用小型扫孔机进行疏通，直至达到设计埋设深度为止。

小型扫孔机若在疏通过程中出现水管断裂、钻杆脱落等突发情况，造成该声测管已无法再进行疏通时，可采用钻孔取芯检测。

5 结语

声波透射法是目前地下连续墙检测使用的主要方法之一，因此声测管的畅通是顺利完成检测任务的前提。南京地下空间项目中施工约 500 幅地连墙，在确保声测管安装的各关键控制要点以及正常浇筑的情况下，采用上述预防以及处理措施，成功降低了声测管的堵塞率，减少了因声测管堵塞造成的工期延误或改用钻孔取芯所发生的额外费用，项目顺利完成了地连墙墙体质量的检测任务。

柬埔寨致富大厦地下连续墙施工

宁　隆

（中国水电基础局有限公司；天津市地基与基础工程企业重点实验室）

【摘　要】 柬埔寨致富大厦商业综合体基坑支护采用地下连续墙维护结构，本文针对该项目窄小空间深基坑的特点，对地下连续墙施工工艺进行介绍。

【关键词】 深基坑　地下连续墙　止水橡胶板　接头板

1　工程概况

柬埔寨致富大厦商业综合体项目位于柬埔寨金边市区莫尼旺大道与322街交会处，占地面积约1200m^2，建筑面积约31400m^2，地下5层（地下自动停车场），地上41层（含屋面层），基坑深度为23m，采用地下连续墙和钢支撑支护的方式。现场施工场地狭窄，北面紧临高50m的柬埔寨银行，东面紧临一幢超高层在建建筑物，西面紧临金边主干道莫尼旺大道，现场无劳工住宿和物资堆放场地。

地连墙平面设计呈L形沿场地布置，见图1。设计墙厚0.8m，总长度为147m，最大开挖深度为33m，共分为33个槽段，包括26个“一”字槽，5个90°转角槽和2个135°转角槽，最大槽宽为6.28m，最小槽宽为3.20m，混凝土强度等级为C40。

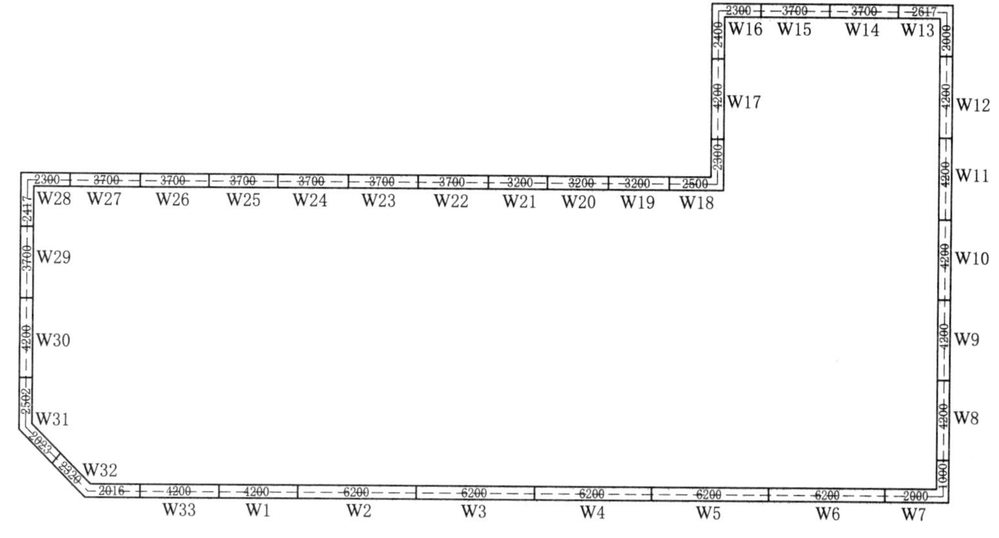

图1　地连墙平面布置图

地连墙结构穿越地层从上至下依次为：回填土（3.7m）、低塑性黏土（3.2m）、密质粉砂层（10.3m）、硬质粉土（4.3m）、密质黏土（8.6m）、硬质黏土（1.9m）、硬质砂岩（大于15m），地下水位为地面以下约1m处。

2 地下连续墙施工

2.1 导墙施工

导墙采用倒L形单层钢筋混凝土结构设计，高度为1400mm，顶宽700mm，底宽200mm，钢筋保护层厚25mm，导墙净间距850mm，混凝土强度等级C20。导墙拆模后，用圆木或浇筑混凝土矮墙支撑导墙内侧，以防止导墙挤压变形。导墙剖面图见图2。

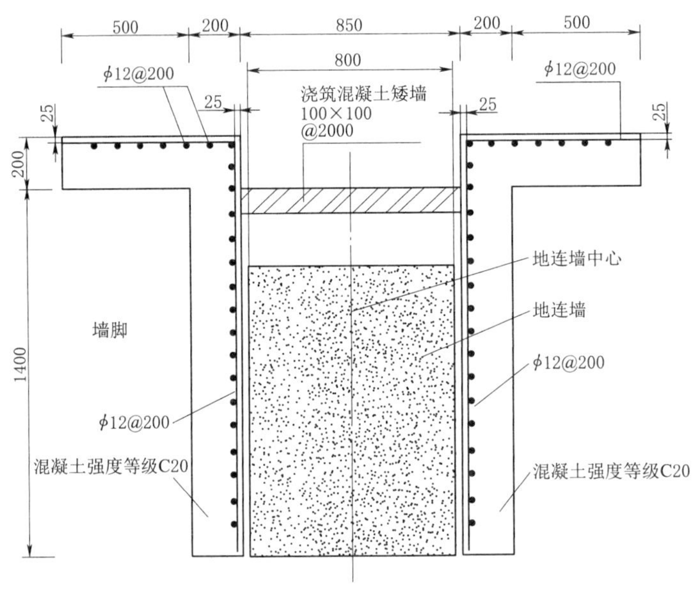

图2　导墙剖面图（单位：mm）

2.2 泥浆护壁

槽孔挖掘期间槽壁的稳定性直接关系到地下连续墙的槽孔质量，虽然地层以黏性土为主，鉴于施工的连续墙临近两座高大建筑及主干道，为利于槽壁的稳定，防止塌孔，故采用膨润土泥浆护壁，所要求使用的泥浆密度为1.04～1.05g/cm^3，膨润土泥浆配合比见表1。

表1　膨润土泥浆配合比

水/kg	膨润土/kg	Na_2CO_3/kg	CMC/kg
1000	100	＜3	0.5～1

2.3 槽孔挖掘与质量监控方法

2.3.1 槽孔挖掘

槽孔挖掘施工选用抓斗纯抓法，由于工地窄小，现场只能使用一台抓斗施工，根据现场条件和计划安排，先施工W6槽段，然后逆时针依次施工，至W28槽段后，剩余槽段较小，现场已具备两端跳跃施工的条件，故按照 W7、W27、W8、W26、…的顺序依次施工至全部完成。

2.3.2 质量控制

为了控制槽孔垂直度，使抓斗在吃土阻力均衡的状态下挖槽。对于超过 6m 的槽孔，先用抓斗抓一端的主孔，再抓另一端的主孔，最后抓取中间的副孔；对于小于 6m 的槽孔，可先抓远端，再抓近端。挖掘槽孔过程中，用安装在抓斗上的自动检测仪器检测槽孔垂直度，并及时采取纠偏功能予以调整，槽孔挖掘完成后，用声波检测仪检查槽壁在纵横轴线方向上的垂直度。

2.4 钢筋笼下设

基于槽孔深度和起吊设备能力，每段墙的钢筋笼分成两节加工。底节钢筋笼长 20～22m，上节钢筋笼长 7～10m，迎土面和开挖面钢筋错缝 1m 搭接，搭接长度 1.6m。

起吊时，先起吊底节钢筋笼，采用 75t 的履带吊车作为主吊，35t 的汽车吊车作为副吊，由专人负责指挥，协调两吊车的吊装。完全吊起后，卸掉副吊吊钩，用 75t 履带吊车将钢筋笼运送到槽孔口，调整钢筋笼方向后，缓缓下设钢筋笼，并确保下设高程及平面位置的准确。

底节钢筋笼下设到一定位置后，用“扁担”横穿钢筋笼上的挂钩，把底节钢筋笼固定在导墙上。再用同样的起吊方法，把上节钢筋笼吊至槽孔口，与底节钢筋笼搭接后，下设钢筋笼至设计标高。

2.5 接头连接

2.5.1 接头形式

墙体接头技术一直是地下连续墙施工的关键和难点，接头形式的选择直接关系到后期墙体的防渗效果。针对本项目特点，经专家分析论证，采用 RWS 接头板带橡胶止水带的接头形式，见图 3。该接头方式不同于一般的地连墙接头拔管施工，具有设备简单、使用方便、防渗效果可靠的特点。

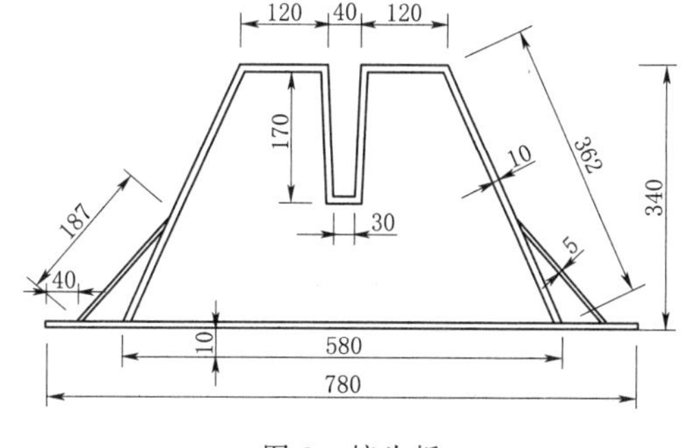

图 3 接头板

宽度 250mm 规格的止水橡胶带夹在梯形断面接头板凸头中间，除第一个槽段需要下设两个接头板，最后一个槽段不需要下设接头板以外，其他每个槽段均需要按设计深度在槽孔开挖端下设接头板，浇筑混凝土成墙，橡胶止水带留于混凝土墙体中，待相邻的槽段施工时取出接头板，浇筑混凝土后墙体接缝即形成了可靠的防渗结构。

2.5.2 下设接头板

接头板节长 6m，下设接头板之前，在接头板迎混凝土面涂抹脱模剂，在凹槽内涂抹黄油，现场按设计标高位置固定好一节止水带，待成槽完毕，验收合格，吊放钢筋笼后再吊装接头板至设计位置。下设一节接头板后，用横销连接第二节接头板，并将止水带安装到第二节接头板凹槽内，继续下设接头板，直到接头板全部下设完毕为止。接头板背侧空隙位置用砂袋填充密实，防止浇筑时混凝土绕流到接头板背面而造成后期接头板无法拔出的质量事故；上部导墙面采用拔管器固定在导墙指定位置，防止接头板偏移。

2.6 混凝土浇筑

本项目地下连续墙浇筑采用商品混凝土，用混凝土搅拌运输车运到施工现场。混凝土标号为水下 C40，坍落度为（175±25）mm，浇筑时间不超过 5h。

浇筑前，确保有 6 车（每车 $9m^3$ 料）混凝土已到现场，将隔水球放入导管里，检查混凝土的标号及坍落度后开始浇筑，槽宽超过 4m 的使用两根导管，且两根导管同时下料，保证导管埋入深度不小于 1m。打通后连续下料，并通知搅拌站每 15min 持续发一车料，使得浇筑速度与发料速度达到动态平衡，现场始终保持 2 台混凝土运输车在等候的状态。导管随混凝土逐步提升，并保持埋入深度为 4～6m，浇筑过程中，每 15min 上下抽动导管，防止导管内混凝土流动不畅造成堵管。快到设计标高时，量取深度，精度计算一次剩余方量报搅拌站，防止后期补方时间太长而造成断墙。

混凝土浇筑高度应高出设计标高 1m，以便后期冠梁施工过程中将顶部破除，露出新鲜混凝土。

3 施工效果检测

3.1 墙体质量

按马来西亚基础工程施工质量验收规范及合同条款中约定的验收标准，本项目地下连续墙质量完全满足作为永久结构的质量标准。其主要验收指标见表 2。

表 2　　地下连续墙主要验收数据

项　目	设计值/允许值	单位	验　收　数　据		
			最大值	最小值	平均值
混凝土强度	40	MPa	69	45	53
墙体垂直度	0.5	%	0.50	0.02	0.15
沉渣厚度	200	mm	120	10	20
槽孔超深	500	mm	500	200	350
混凝土坍落度	150～200	mm	200	160	190
混凝土超方量	—	%	10.50	0.90	2.54

3.2 周边环境变形监测

地下连续墙全部完成后，通过对周边环境变形监测发现，地下连续墙的施工对周边既有建筑物影响极小。其中，南面小路最大沉降量为 5.3mm，西面主干道最大沉降量为 2.56mm，北面高层建筑最大沉降量为 0.52mm，无倾斜位移，东面超高层在建建筑最大沉降量为 0.22mm，无倾斜位移。

4 结语

随着城市建设的发展，城市用地越来越紧张，尤其像柬埔寨金边这样的城市，城市整体规划性不强，土地全是私有制，开发的房地产占地面积都很小，只有对地下空间进行开发和利用，基坑越来越深，对地下连续墙的要求越来越高。

柬埔寨致富大厦商业综合体地下连续墙是目前金边最深的地连墙项目，该项目的完工是在金边地区深基坑支护施工中进行的一种成功尝试，为当地深基坑支护提供了可借鉴的成功经验。

搅拌桩防渗墙在小型水库防渗工程中的应用

向　东[1]　刘成峰[2]　焦乐辉[1]

（1. 山东省水利科学研究院；2. 江苏天源建设集团有限公司）

【摘　要】介绍多头小直径搅拌桩防渗墙施工工艺，山东盱眙县大礼堂水库均质土坝和粉质黏土地基采用多头小直径搅拌桩防渗墙防渗，取得良好效果。

【关键词】坝体防渗加固　多头小直径搅拌桩　防渗墙　施工

1　工程概况

大礼堂水库位于盱眙县马坝镇卧龙村境内，属淮河流域，建于1965年。水库集水面积为4.80km²，干流长度为2.82km，干流比降为29.1（万分之一），水库总库容为152.97万m³，是一座以防洪、灌溉为主兼顾养殖的小（1）型水库。

水库现有主要建筑物有：均质土坝一座，坝顶长850m，坝顶高程为26.34～27.83m（废黄河高程，下同），坝顶宽2.80～7.20m，最大坝高为4.50m。迎水坡为土坡，坡比为1∶1.5～1∶2.5；背水坡坡比为1∶2.0～1∶2.5。输水涵洞三座，北涵涵底高程为23.56m，南侧两座涵洞涵底高程为24.0m，洞身均为ϕ0.3m混凝土圆形涵管。开敞式溢洪道一座，堰顶净宽为5m，堰顶高程为24.90m。

2　工程地质

2.1　大坝地质条件

钻探深度范围揭示的土层，按成因类型、地质年代及土的性状自上而下可分为2层：

①层：坝身填土（Q_4^s）。以暗黄色、灰黄色、灰色黏土、壤土为主。层底含腐殖物，味略臭。层厚1.40～5.80m，层顶标高24.19～27.45m。

②层：粉质黏土（Q_3^{al}）。黄褐色、暗黄色、灰黄色、黄灰色。硬塑状（局部稍软）。含铁锰结核。层顶标高21.59～23.56m，最大孔深15.00m未揭穿。

2.2　坝身填土及填筑质量评价

大礼堂水库大坝的①层坝身填土多为粉质黏土、壤土。由于筑坝前清基工作质量较差，造成局部坝身底部与坝基接触处填土呈灰色，有机质含量稍高，密实度亦稍差，强度稍低，对坝身的稳定性及渗透性稍有影响。

2.3　坝身透水性评价

从现场注水试验及室内土工试验来看，坝体底部及顶部渗水较快，表明其渗透性相对较强，这主要是由于筑坝时清基不彻底导致坝身与坝基结合处土质较松软，加之坝身上部填筑质量较差，碾压不够充分、填土稍为松散并夹杂有少量碎石、坝身表层植物根系较发育，局部还可能有昆虫孔穴，结构稍松散等造成。

2.4 坝身存在主要问题及评价

坝体为粉质黏土、壤土，填方土质量较差，渗水相对严重。另外，坝体背水坡局部存在沟塘，影响坝体稳定。

3 坝体防渗处理

桩号 0＋040～0＋740 段坝身采用多头小直径水泥搅拌桩防渗墙进行防渗处理，墙顶高程为 27.20m。桩号 0＋040～0＋102 段防渗墙墙底高程为 22.50m，桩号 0＋102～0＋197 段墙底高程为 22.50～21.00m，桩号 0＋197～0＋740 段墙底高程为 21.00m。搅拌桩直径 0.30m，搭接处理论最小成墙厚度为 0.22m，搭接 0.10m，轴距为 0.20m。合格标准：渗透系数 k 小于 $A\times10^{-6}$cm/s，抗压强度大于 1MPa。

4 多头小直径搅拌桩防渗墙施工

多头小直径搅拌桩防渗墙主要施工程序和工艺如下。

(1) 平整、清理场地。根据防渗墙施工技术规范及设计要求，沿防渗墙施工轴线方向平整场地，清除桩位处地上、地下一切障碍（主要是大块石、树根和生活垃圾等），场地低洼时应回填黏土，不得回填杂土。

(2) 开挖导浆槽。沿成墙轴线开挖出宽约 0.6m、深约 1m 的导浆槽，将余土运到临时堆土区。

(3) 桩机就位及其附属设备安装。结合施工现场情况，进行桩机吊卸、组装、调试。

(4) 进行工艺性试验施工，确定施工参数。试验部位在桩号 0＋040 附近，水灰比选 1∶1，水泥掺入比 10%、12%、15%各施工一组桩，经开挖检查和取样室内渗透系数及抗压强度检测，结合施工及开挖情况，确定了施工参数：水灰比 1∶1，水泥掺入比 12%，钻头直径 300mm，升降速度 0.3～1.5m/min，喷浆量 152L/m。

(5) 测量放样。根据设计图纸和施工规范定的要求，定出防渗墙轴线；每隔 30m 设立一个轴线控制桩，测量其高程，标定桩号，并做好记录及维护工作。因每幅施工成墙长度为 58cm（扣除搭接部分），每幅定位以钻杆中心进行控制，放样时每 58cm 测放一个桩位控制点。该控制点是沿防渗墙轴线用钢尺量距进行测放。

(6) 浆液配制。第一搅拌系统按照已确定的水灰比配制并搅拌水泥浆。具体到每一搅拌桶用量时，按照搅拌桶容积和确定的水灰比进行水泥量计算。制浆时每桶均先放水到计算用量，然后加入所需水泥量进行搅拌，每桶正反方向搅拌不少于 2min。水泥浆液随配随用，为防止水泥浆液离析，搅拌机和料斗中水泥浆液要不断搅动。用泥浆泵把拌制好的水泥浆输送到第二搅拌储浆罐，确保浆液密度大于等于 1.5g/cm^3。

(7) 搅拌喷浆。开动搅拌主机，使钻头底部与设计防渗墙顶在同一个高程。先开始慢速搅拌进尺，同时送浆泵送浆，钻进一定深度后改为快速钻进，搅拌下沉。深层搅拌记录仪记录下钻深度，直至设计深度。然后提升钻头，同时喷浆搅拌直至设计防渗墙顶，深层搅拌记录仪记录送浆量。喷浆时要保持浆压稳定、供浆连续，确保整个桩体喷浆均匀连续。关闭送浆泵，主机整体沿预定的方向移动58cm，重复上述过程，进行下一幅单元墙施工。如此连续作业，直至工程完成。

5 质量检查

5.1 多头小直径搅拌桩防渗墙开挖及取芯检测

（1）开挖检查。本工程多头小直径搅拌桩防渗墙轴线共布置3个探坑。桩号位置分别为0+100、0+220、0+700。检查内容主要包括：桩径、桩之间搭接长度、最小搭接成墙厚度、搅拌均匀程度等；经检查，墙体的外观质量好，无蜂窝、孔洞；防渗墙桩与桩搭接、墙厚达到设计要求；防渗墙整体性好；满足设计要求（图1）。

图1 检测人员在进行防渗墙搭接长度及墙体厚度检测

（2）抗压强度及渗透系数检测。在开挖部位取芯样检验试块强度、渗透系数及芯样的完整性评价。检测结果满足设计要求，检测结果见表1。

表1 多头小直径搅拌桩防渗墙墙体质量检查成果表

检查孔编号	桩号/m	钻孔深度/m	墙顶高程/m	墙底高程/m	取样深度/m	抗压强度/MPa	渗透系数/(cm/s)
Zk01	0+100	4.7	27.2	22.5	1～2	3.67	6.18×10^{-7}
			27.2	22.5	3～4	3.38	
Zk02	0+220	6.2	27.2	21	1～2	3.37	
			27.2	21	4～5	3.12	6.65×10^{-7}
Zk03	0+700	6.2	27.2	21	1～2	3.23	
			27.2	21	5～6	3.15	7.34×10^{-7}

多头小直径搅拌桩防渗墙抗压强度代表值为3.12～3.67MPa，平均值为3.32MPa；渗透系数代表值为6.18×10^{-7}cm/s、6.65×10^{-7}cm/s、7.34×10^{-7}cm/s，均能满足设计要求。

5.2 多头小直径搅拌桩防渗墙连续性检测

采用探地雷达进行防渗墙连续性检测，雷达波形总体变化不大，同相轴基本连续，未见抛物线状圆弧雷达波形等明显缺陷特征，图形色谱均匀平滑，总体搅拌桩水泥土较均匀和密实，防渗墙体连续性较好。

6 结论与建议

多头小直径搅拌桩防渗墙工艺具有施工方便、防渗墙连续性好、施工效率高、水泥浆弃浆少、对施工场地及周围环境污染小等优点，对于坝体为粉质黏土、壤土，含水量小于30%的软土及填方土质量较差的小型水库坝体及坝基漏水需要防渗处理时，宜采用多头小直径搅拌桩防渗墙进行防渗加固，在能满足水库大坝的防渗处理要求下，又能对坝体又能起到加固作用，还能有效节省工程造价。

南京地下空间基坑工程地下连续墙接头型式研究及应用

石艳军　周腾龙　罗会东

（中国葛洲坝集团市政工程有限公司）

【摘　要】地下连续墙作为一种基坑围护结构，由于其独特的优势，在城市基坑开挖中被广泛使用。地下连续墙的接头型式多种多样，各具特点。本项目同时涉及几种不同柔性接头的应用，在施工和基坑开挖中表现出不同的效果，因此将这几种接头做了客观的分析和比较，为日后类似项目合理选择地下连续墙接头型式提供参考。

【关键词】南京地下空间　基坑工程　地下连续墙　接头型式

1　地下连续墙的应用

地下连续墙是指在地面上，通过挖槽机械沿着深开挖工程的周边轴线，在泥浆护壁条件下，开挖出一条狭长的深槽，清槽后，在槽内吊放钢筋笼，然后用导管法灌筑水下混凝土筑成一个单元槽段，如此逐段进行，在地下筑成一道连续的钢筋混凝土墙壁，作为截水、防渗、承重、挡水结构。

由于其施工工程中噪音和振动较小，对邻近地基和建筑物影响甚微，故地下连续墙被广泛用作城市地铁开挖的围护结构。

2　地下连续墙的接头型式及特点

地下连续墙由于独特的施工工艺，单元槽段之间存在接头，为了确保接头连接具有较好的整体性和防渗性，根据地下连续墙的作用选择适当的接头型式。接头型式根据接头刚度分为刚性接头和柔性接头。

2.1　刚性接头的种类和特点

刚性接头的流水线路较长，不容易出现渗水、漏水的现象，止水效果好。且相邻两槽段钢筋笼衔接性能良好，能够较好地传递应力，具有较强的抗剪抗弯曲能力，整体刚性好。但由于刚性接头施工精度要求高，接头部位存在钢板或钢筋，因此刷壁器需要特别定制，刷壁时间长，施工难度大。

国内目前常见的刚性接头有：十字形穿孔钢板接头（图 1）、钢筋承插式接头（图 2）等。

2.2 柔性接头的种类和特点

柔性接头具有一定的抗剪能力，能起到一定的抗剪作用，但由于其与墙体无刚性连接，传递应力的能力较差，缺乏较强的抵抗弯矩的能力，同时因为流水线路较短，容易出现渗水现象。

国内目前常见的柔性接头有接头管接头、工字钢接头、铣接头等，见图 3～图 5。

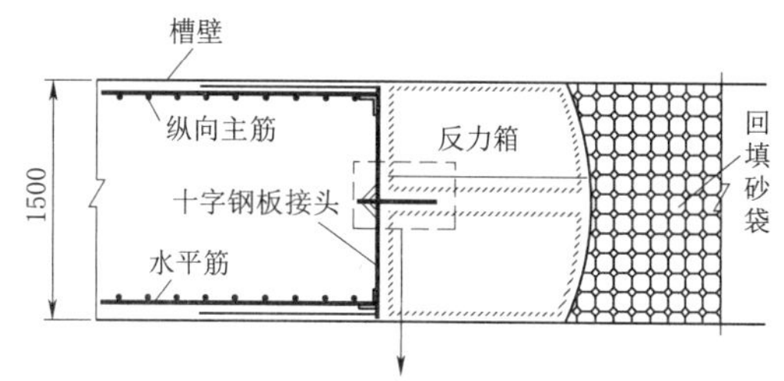

图 1　十字形穿孔钢板接头

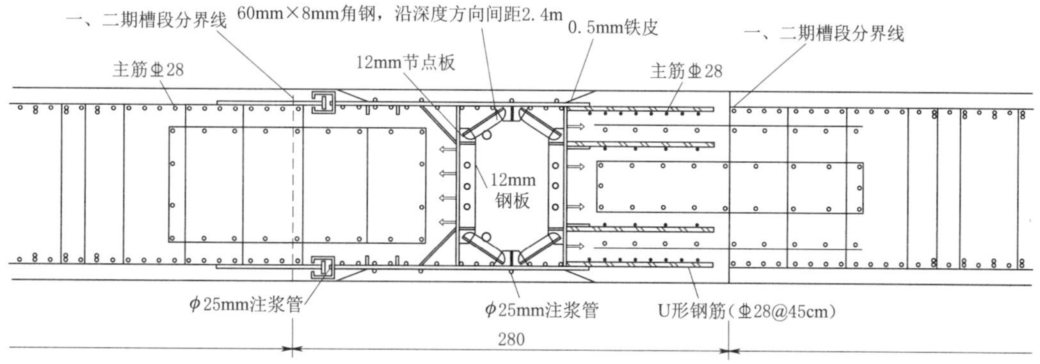

图 2　钢筋承插式接头

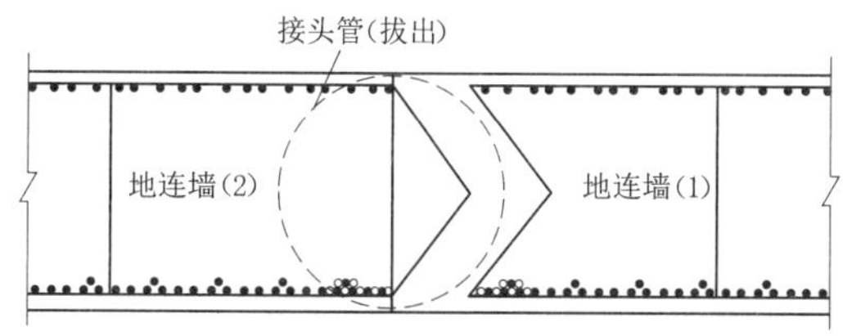

图 3　接头管接头

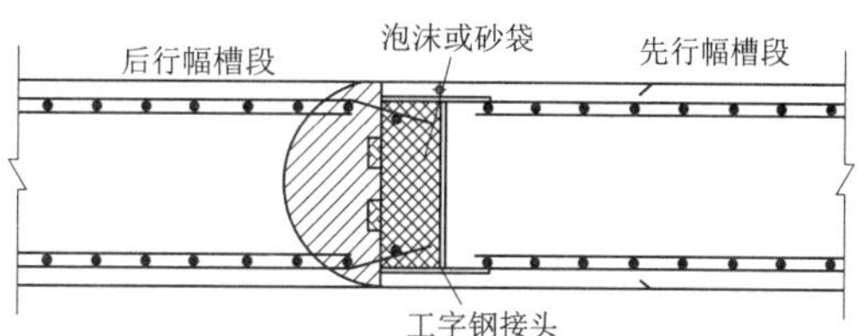

图 4　工字钢接头

图 5　铣接头

3 几种接头型式在南京地下空间基坑工程中的应用及特点分析

南京江北新区地下空间一期工程，是江北新区中心区中央商务区（CBD）的核心项目，项目总用地面积52hm^2，总建设规模约145万m^2，总投资约230亿元。项目将地下管廊、商业、轨道交通等在地下实现相连和整合，共分为7层，最深开挖深度为50.08m。

其中很多区段采用地下连续墙作为围护结构，涉及“铣接头”“工字钢接头”和“接头管接头”，在施工过程和开挖过程中呈现不同的特点。

3.1 “铣接头”的应用

一期项目4号线滨江站为地下6层标准侧式站台车站，主体为三柱四跨箱形框架结构。标准段基坑深度约44.79m。车站主体长258.5m。车站围护结构采用地下连续墙＋内支撑型式。地下连续墙采用铣接头连接，墙缝止水采用三轴搅拌＋RJP高压旋喷桩。基坑支撑图见图6，基坑现场图见图7。

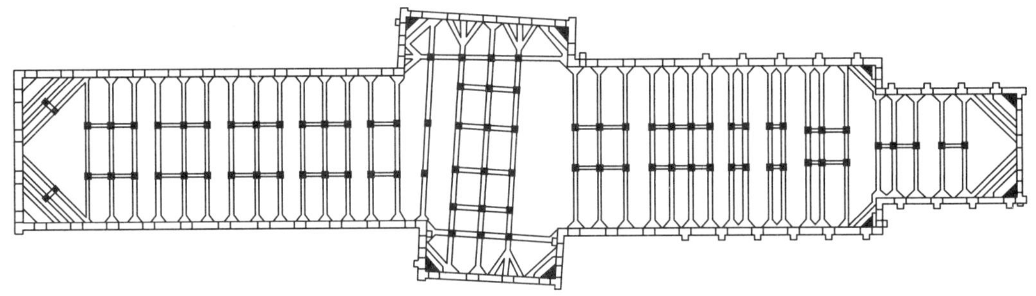

图6　基坑支撑图

图7　基坑现场图

铣接头在基坑开挖过程中出现的问题：接缝处在开挖过程中逐渐开裂，出现渗水，渗水情况（图8）逐渐加剧。

开挖至第一道支撑到第二道支撑时（深度7m），发现7处渗水点（S1～S7）。开挖至第二道支撑到第三道支撑（深度13m），发现渗水点7处（S1～S7），漏水点7处（L1～

L7)。渗水点均发生在拐角处，具有明显的对称性和规律性。

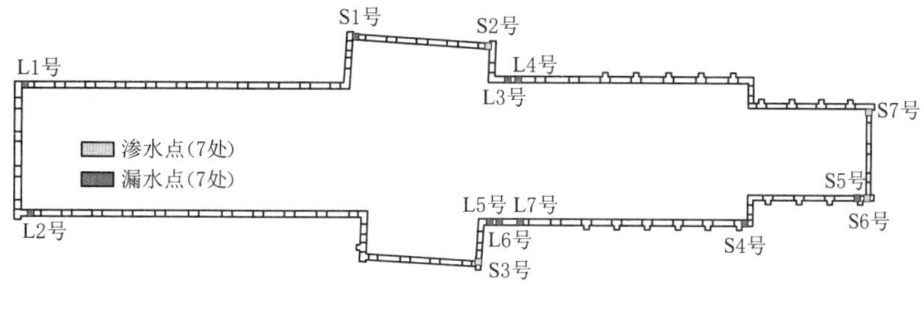

图 8　渗水情况

根据基坑监测数据分析，墙体测斜、墙顶水平位移、墙体应力、地表位移、支撑轴力均在设计要求范围之内。

由于该基坑转角多达 16 处，转角处地下连续墙开挖过程中拉应力集中，铣接头又属于柔性接头，依靠墙体的挤压作用达到止水效果，在该复杂基坑应用铣接头，不能充分发挥铣接头的优势。

南京仙新路过江通道南锚锭基础采用外径 65m、壁厚 1.5m 的圆形地下连续墙加环形钢筋混凝土内衬支护结构。地下连续墙接头采用“铣接头”，地下水位埋深为 1.10～3.60m，本工程未采用 RJP 止水措施。

基坑布置图见图 9。

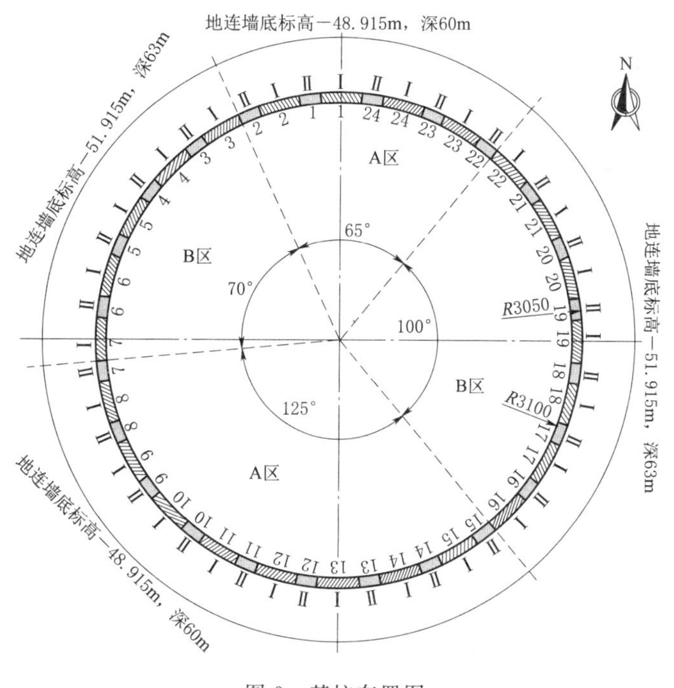

图 9　基坑布置图

开挖 57m 到底后，未见渗漏水现象。基坑开挖图见图 10。

南锚锭地下连续墙为环形结构，随着基坑开挖，基坑外土体对墙体产生挤压的作用，

图 10　基坑开挖图

充分发挥了铣接头的特点，起到了良好的止水效果。

根据两个基坑铣接法的开挖效果，铣接法施工的接头，对于在基坑开挖过程中接头始终受挤压作用的结构比较适用，如圆形基坑和小结构矩形基坑，不适用于形状结构复杂和尺寸过大的大型基坑。

根据开挖后基坑渗漏的实际情况，从设计及施工两方面进行分析，旨在减少此类渗漏情况。

在设计“铣接头”时，由于铣接法接头两侧不可避免地存在 20～40cm 素混凝土，这部分混凝土在受压过程中相对薄弱，一旦承受压力超过极限便会破坏，表现为混凝土一层层碎裂脱落。因此在设计使用“铣接头”时：①要充分考虑基坑开挖过程中最不利的工况，合理选择混凝土设计强度；②在确保设备铣削安全的前提下减少素混凝土部分的设计厚度。

在施工“铣接头”时：①要提高成槽精度，尤其是在二期槽铣削过程中左右两侧的一期槽段混凝土强度偏差不宜太大，且应达到设计强度，避免出现铣头向较软的一边偏斜；②要提高槽段的泥浆性能和清孔质量，减少接缝处的泥皮厚度；③接头采用钢丝绳进行仔细刷壁，避免接缝夹泥；④要改善混凝土性能，提高混凝土浇筑质量。

3.2　“工字钢接头”的应用

二区 1 段位于定山大街（九袱洲路与横江大道之间）西侧，地块基坑开挖面积约 43600m^2，周长约 1200m（南北长 429m，东西宽 99m）；基坑开挖深度为 14.95～16.45m。本工程基坑西侧、南侧及北侧采用地下连续墙作为围护结构，地下连续墙厚度为 800mm、1000mm 和 1200mm。墙缝止水采用 RJP 高压旋喷桩。

该基坑地下连续墙采用工字钢接头，目前基坑已经开挖至底板，未见明显渗漏情况。工字钢接头作为常用接头，其优点是明显增长了接头的渗水途径，提高了接头抗渗性能；

墙段之间增设了一定深度的钢筋混凝土凹凸榫，提升了整体刚度；施工操作方便，接头质量易保证。其缺点是两侧均需回填砂袋，工作量大，工序延长；双轮铣施工砂袋容易造成堵管；砂袋填筑过程中容易侵入槽段内；工字钢接头用钢量大，成本高；工字钢接头存在混凝土绕流情况。

工字钢接头施工中应注意以下方面：

（1）接头填充采用“砂袋＋碎石＋砂袋”的夹心饼干式接头填充法将超挖部分回填密实。

（2）采用旋挖钻机预先处理砂袋和碎石，减少双轮铣成槽时浆管的堵塞。

（3）在工字钢底部焊接钢筋网片，避免砂袋侵入槽段内部。

（4）根据设备施工精度和工艺控制水平，合理选择接头部分超挖宽度。超挖宽度过小，会导致砂袋下不到底，填不到位，容易造成大面积混凝土绕流；超挖宽度过大，会造成回填工程量加大，造成不必要的浪费。

（5）接头应及时处理，大量的经验表明，接头处理时间越早，越容易处理干净，质量越好。

3.3 “接头管接头”的应用

二区1段位基坑北侧采用厚度为800mm，深度为68m地下连续墙，设计接头型式为“接头管接头”。采用200T拔管机和直径为750mm接头管进行施工。

基坑开挖过程中，接缝位置止水效果较好，没有出现漏水现象。

施工过程中出现的问题：

（1）接头管的活动和起拔时间较难控制。拔得过早，容易造成墙身混凝土坍塌。拔得过晚，容易埋管。

（2）接头管垂直度较难保证。混凝土浇筑过程中，接头管容易移位和偏斜，不仅增加起拔难度，而且造成相邻槽段施工困难，严重影响下一个槽段钢筋笼下设。

通过本项目施工对“接头管”工艺总体认识是：

（1）接头止水效果较好。

（2）对混凝土性能稳定性、操作手经验和态度等要求高，工艺容错性过低。

（3）对没有真正掌握“接头管”技术的施工队，在超深地下连续墙和超深基坑的施工中不建议使用。

4 结论

本项目使用的三种柔性接头各具特点，虽然通过精细施工都达到了设计的目的，但是在施工及开挖中还是能看到不同接头之间存在的巨大差异。对三种柔性接头进行对比，从刚度方面看，工字钢最高，铣接次之，接头管最低；从止水效果看，工字钢最高，接头管次之，铣接最低；从施工风险看，接头管最高，工字钢次之，铣接最低；从施工成本看，铣接最高，工字钢次之，接头管最低；从可靠度方面看，工字钢最高，铣接次之，接头管最低。希望能对今后类似项目地下连续墙接头型式的选择提供借鉴。

参考文献

[1] 从蔼森. 地下连续墙的设计施工与应用 [M]. 北京：中国水利水电出版社，2000.

[2] 伍军，邓稀肥. 超深基坑地连墙十字钢板接头变形控制方法 [J]. 现代隧道技术，2021，58（2）：204-207，237.

[3] 谭少珩. 超深地下连续墙施工技术 [J]. 铁道建筑，2008，3：26-28.

浅谈振动沉模防渗板墙在花园湖退洪闸地基处理中的应用

姜健俊[1]　储龙胜[2]

（1. 淮委综合事业发展中心；2. 中水淮河安徽恒信工程咨询有限公司）

【摘　要】为了提高大型水闸基础处理的施工效率和节约工程投资，引入振动沉模防渗板墙技术，替代原设计的旋喷连续墙。采用双模板（A模和B模）交叉连续作业，拟定了切合实际的工艺方法，有效保证防渗墙体的连续性和可靠性，并取得了明显的经济效益，有关技术研究成果也可为类似工程提供有益的参考。

【关键词】水闸　地基处理　防渗　板墙　应用研究

1　项目概述

花园湖流域位于淮河中游南岸，总面积为875km^2。花园湖常年蓄水区（湖心区），东西长12km，东端向南延长达12km，西端向南延长约6km，中部狭窄宽仅2km，湖底高程为11.50m，湖心区面积为42km^2，湖滨北面、西南面为畈坡地和圩区，地势较低，湖滨东南面为面积较大的丘陵区。花园湖行洪区现状行洪方式为口门行洪，有两个上口门，位于宁洛高速公路淮河大桥下游约2km处，宽度分别为700m、800m，高程为19.75m；下口门位于小香圩以上，凤阳县与五河县交界处，宽度为1500m，高程为18.95m。笔者作为主要技术负责人，在花园湖退洪闸施工图设计阶段，引入振动沉模防渗板墙技术，替代原设计的旋喷（连续墙）。淮河侧和湖内侧底板下垂直水流向均设厚20cm振动沉模防渗板墙，兼顾防渗及对闸基形成防液化围封作用，采用新工艺后，施工效率大为提高，同时也有效保证防渗墙体的连续性和可靠性。花园湖退洪闸振动沉模施工桩机见图1。

2　工程地质条件

花园湖退水闸防渗板墙的墙底高程为1.0m，闸址区揭露的地层主要由第四系冲、洪积形成的地层，地层中夹层、互层及透镜体较多，下部为第四系更新统地层，底部为花岗岩，在勘探深度内揭露地层为：(0)层，人工填土（Q^s），由黄色、浅黄色的重粉质壤土、中粉质壤土夹少量

图1　花园湖退洪闸振动沉模施工桩机

轻粉质砂壤土组成，干至稍湿，呈硬塑或中密状态，堤顶高程为 20.6m，层底高程为 13.55～16.66m；①₋₂层，粉质黏土（Q_4^{al}），黄色，可塑状态，夹轻粉质土层，层底高程为 10.77～15.55m，厚 1～6m；②层，轻粉质壤土夹砂壤土（Q_4^{al}），黄色，稍湿，呈软可塑状态或稍密状态，夹中粉质壤土层，区内广泛分布，层底高程为 5.35～12.08m，层厚 3m 左右；③层，轻粉质壤土夹砂壤土（Q_4^{al}），灰色，湿，软塑或松散状态，局部流塑状态，夹有淤泥或淤泥透镜体，岩性较杂，夹层、互层及层厚无规律，同层现场标贯试验离散性较大，层底高程为 1.85～8.40m，层厚为 4.5m。③₋₁层淤泥质重粉质壤土（Q_4^{al}），灰、灰褐色，软至流塑状态，夹有轻粉质壤土、粉土薄层，层底高程为－3.26～7.69m，层厚 3～5m。

3 质量控制参数和技术标准

3.1 技术参数

(1) 设计要求防渗板墙墙厚达到 20cm；墙体长 855.6 延米；墙顶高程为 12.4m；墙底高程为 1.00m。

(2) 28d 渗透系数不大于 1×10^{-6} cm/s，抗压强度不小于 7.0MPa，弹性模量不小于 1000MPa。

(3) 单元板体间连接紧密，无明显夹泥现象。

(4) 墙体垂直度偏差不大于 0.3%，墙体轴线位移偏差不大于±10mm，墙体高程偏差在 0～＋10cm 以内。

3.2 质量控制标准

质量控制标准有：《水利水电工程混凝土防渗墙施工技术规范》(SL 174—96)、《粉煤灰混凝土及砂浆中应用技术规程》(GBJ 146—2014)、《建筑地基处理技术规范》(JGJ 79—2012)、《混凝土用水标准》(JGJ 63—2006)、《混凝土泵送施工技术规范》(JGJ/T 10—2011)、《建筑地基基础工程施工质量验收规范》(GB 50202—2002)、《混凝土外加剂应用技术规程》(GB 50119—2013)、《水工混凝土施工规范》(DL/T 5144—2013)。

4 施工工艺和主要技术措施

4.1 施工工艺

本工程采用“振动沉模防渗板墙技术”建造薄型防渗墙。其施工工艺为：运用大功率、高频率振动锤将 H 形空腹钢模板振动沉入土体至设计深度，在起拔模板的同时连续灌注防渗墙体材料，边提边灌，形成单元防渗板体。为保证单元板体之间连接可靠，防止单元板体间垂直分叉，施工时采用双模板（A 模和 B 模）交叉连续施工法，保证防渗墙体的连续性和可靠性，工艺流程见图 2。

主要施工程序包括：①振板就位调整。平机架后将 A 模板对准孔位，以自重将模板刃口压入土层中，再检测、调整模板的垂直度。②振动沉模。启动振锤，将 A 模沉入土中至设计深度，A 模板称为先导模板，有起始、定位、导向作用；再将 B 模沿施工轴线与 A 模套接后，沉至设计深度。B 模称为前接模板，起到延长板墙长度的作用。③浆体灌注和提升。向已沉入设计深度的 A 模板腹腔内灌满浆体，然后边振动边上拔边灌浆，直至拔出

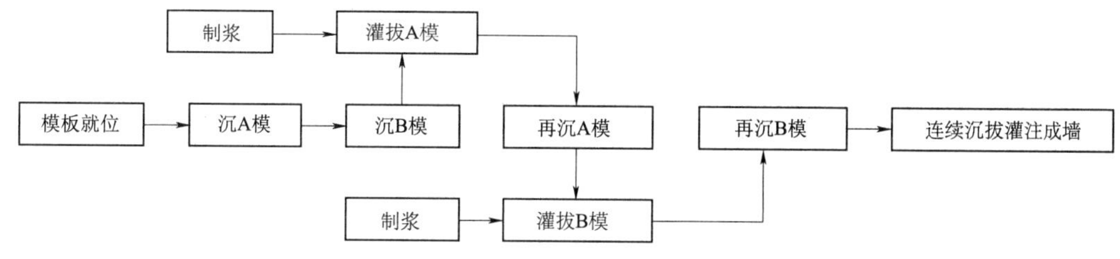

图 2　花园湖振动沉模防渗板墙工艺流程

地面，浆体留在槽孔内，形成单元板体。④浆体充盈灌注。在模板腹腔内部，始终保持一定的浆料面高度，确保浆体灌到防渗墙顶设计高程。⑤再沉 B 模板。A 模拔出地面后，移动步履式桩机，使 A 模在 B 模前沿就位；此时，A、B 模作用互换。如此重复上述①、②、③、④道工序操作，即可完成一道竖直、连续的防渗板墙。

4.2　主要技术措施

（1）按施工工艺要求，在沉模前校平机架垂直度，进行第一块导向模板的就位；要求立柱中心偏差不超过±1cm，立柱前后、左右倾斜度不超过 3‰。

（2）施工中模板轴线与设计轴线偏差小于等于 1.0cm；深度与设计深度偏差在 0～+10cm之内。

（3）进行连续振动沉模时，保持立柱的垂直度；保持模板板面无厚重泥皮。沉模前将护板沿前一模板在已充满浆料槽孔中沉下。

（4）为减小沉模过程中侧壁摩阻力，提高槽孔壁的平整度，在沉模的同时压注润滑水。

（5）配合比要求。按设计要求委托有资质的试验室进行配合比设计，严格控制每盘砂浆材料用量及拌制质量；浆料比重大于等于 1.9g/cm^3，稠度为 34～40cm。每盘浆料的拌制时间大于等于 120s；制成的浆料应具备良好的流动性和保水性。

（6）灌注浆料前，储浆桶中需备足一块单元板体的浆料，泵送要连续；模板的提升速度与浆料泵送量相吻合；灌注时如模板中有水，待浆料将水全部排出孔口后方可提拔模板；浆料灌注充盈系数应大于等于 1.0。

（7）提拔模板时，应先启动振锤振动数秒，使模板侧壁阻力减小，待振锤振幅正常后再缓慢提拔；模板离孔底 2.0m 后，再按常速提拔。

（8）如果施工中发生停歇时间较长或发生其他异常现象时，对接缝进行检查，采用高压旋喷等措施进行防渗处理，保证接缝处质量达到设计的防渗要求。

5　结语

花园湖退洪闸是淮河干流花园湖行洪区的退水闸，属于大（2）型工程，工期紧、任务重，基础处理施工中采用双模板（A 模和 B 模）交叉连续作业，制定了切合实际的工艺方法，施工效率大为提高，同时也有效保证防渗墙体的连续性和可靠性。经检测，振动沉模防渗板墙的连续性和抗渗性均达到和超过设计要求。据测算，引入新工艺后，工程投资比原设计节约 30%，工期比原设计缩短 50%，取得了明显的经济效益。

青海某水库混凝土防渗墙质量评价与效果分析

张修远　刘伟男　徐　达

（江苏河海工程技术有限公司）

【摘　要】混凝土防渗墙因其具有结构可靠、防渗效果好、适应各类地层条件、施工简便以及造价低等优点，在我国水利水电工程中应用广泛。文章依托青海省某水库大坝混凝土防渗墙工程，通过注水试验、压水试验、钻芯及超声波方法，研究了防渗墙的成墙质量及防渗效果。结果表明：水库主坝防渗墙的防渗效果满足设计要求，达到了预期的效果，可为类似工程提供借鉴。

【关键词】防渗墙　质量评价　防渗效果　现场试验

1　引言

随着国家经济发展和综合国力的提高，水电资源的需求也是日益增大，而水利水电作为清洁无污染能源，是中国基础设施建设中一个非常重要的组成。然而在水利水电工程建设过程中，如何正确有效处理防渗始终是一个关键问题。在水利水电工程中采取的防渗技术有很多，其中混凝土防渗墙以施工方便、效果显著等优势得到了广泛应用，是目前最常用的一种防渗措施。因兴建水利水电工程现场地质条件复杂和现场施工环境恶劣，以及目前国内防渗墙质量控制是重中之重，提高水库主坝防渗墙的施工质量，对水库主坝的安全性和使用寿命有直接影响。

本文依托青海省某水库大坝防渗墙的渗透性能以及实体质量的试验数据，分析混凝土防渗墙的实体质量及防渗效果并为同类工程提供借鉴。

2　工程概况

青海省某水库是一座以城乡供水、农业灌溉为主的流域骨干调蓄工程，水库总库容为 $1.13\times10^{7}m^{3}$，工程主要建筑物由大坝、溢洪洞、导流放水洞等组成，坝型为混凝土面板堆石坝，最大坝高为 56.82m，坝顶长度为 461m，大坝设计防洪标准 50 年一遇，校核防洪标准 2000 年一遇。该水库大坝采用混凝土面板堆石坝型，最大坝高为 56.82m，防浪墙顶高程为 2942.82m，坝顶长度为 461m。上游坝坡取 1：1.5；下游综合坝坡 1：1.4，坝顶路宽 6.0m。大坝趾板坐落在结构密实的冲洪积砂砾石层上，趾板前端做防渗墙，墙厚 0.8m，防渗墙自墙顶 9m 深度范围内采用 C30F250 钢筋混凝土，9m 深度以下为 C25F250 素混凝土，深入河床下覆基岩面以下 1.0m，防渗墙下进行帷幕灌浆，设两排帷幕灌浆，孔距为 2.0m、排距为 1.5m，帷幕线底部深入 5Lu 渗透线以下 5m。

3 质量检测方法

对该水库主坝混凝土防渗墙防渗性能以及完整性进行质量检测，主要进行注水试验、压水试验、取芯（抗压强度和抗渗试验）和内部质量超声波检测。共布设 6 个钻孔（SF-J-1～SF-J-6），钻孔深度分别为 61.75m、62.70m、63.80m、67.5m、56.9m 和 49.12m。

3.1 注水试验

采用预钻孔降水头注水试验方法进行。试验按 5min、10min 间隔读数。采用金刚石钻头进行钻孔，孔径为 110mm，试验用水采用沉淀后的清水。根据检测方案的要求，现场进行混凝土防渗墙钻孔降水头注水试验，并按《水利水电工程注水试验规程》（SL 345—2007）规范要求进行试验数据的记录与整理计算。

按下式（1）计算加固体试验段的渗透系数：

$$K=\frac{0.0523r^2}{A}\frac{\ln\frac{H_1}{H_2}}{t_2-t_1} \tag{1}$$

式中：K 为试验岩土层的渗透系数，cm/s；t_1、t_2 为注水试验某一时刻的试验时间，min；H_1、H_2 为在试验时间 t_1、t_2 时的试验水头，cm；r 为套管内半径，cm；A 为形状系数，cm。按《水利水电工程注水试验规程》（SL 345—2007）附录 B 选用。

计算得到各孔坝基试验段的渗透系数和透水率见表 1。根据试验结果计算出防渗墙注水试验段的渗透系数在 $0.19\times10^{-6}\sim9.59\times10^{-6}$ cm/s 之间，说明防渗效果达到预期。

表 1　防渗墙注水试验结果表

试验孔号	试验段深度位置	试段长度/m	渗透系数 $K/(10^{-6}$cm/s)
SF-J-1	4.5～6.75m	2.25	0.19
SF-J-2	4.0～16.7m	12.7	1.37
SF-J-3	4.0～17.8m	13.8	6.57
SF-J-4	4.0～21.5m	17.5	1.08
SF-J-5	3.5～15.9m	12.4	9.59
SF-J-6	3.5～8.12m	4.62	0.25

3.2 压水试验

采用随钻孔自上而下的单栓塞分段隔离法进行。试验按三级压力五个阶段进行，试验压力采用分级施加。采用金刚石钻头进行钻孔，孔径为 76mm，试验用水采用水库中清水。按《水利水电工程钻孔压水试验规程》（SL 31—2003）规范要求进行数据的记录与整编计算，按式（2）计算试验段的透水率：

$$q=Q/(pL) \tag{2}$$

式中：q 为试段透水率，Lu；Q 为压入流量，L/min；p 为作用于试段中点的全压力，MPa；L 为试段长度，m。

根据试验结果计算出坝基灌浆试验段的透水率为 0.10～2.48Lu，从图 1 透水率随钻孔深度变化曲线图中可以看出，各深度试验段压水试验结果透水率满足不大于5Lu的要求。

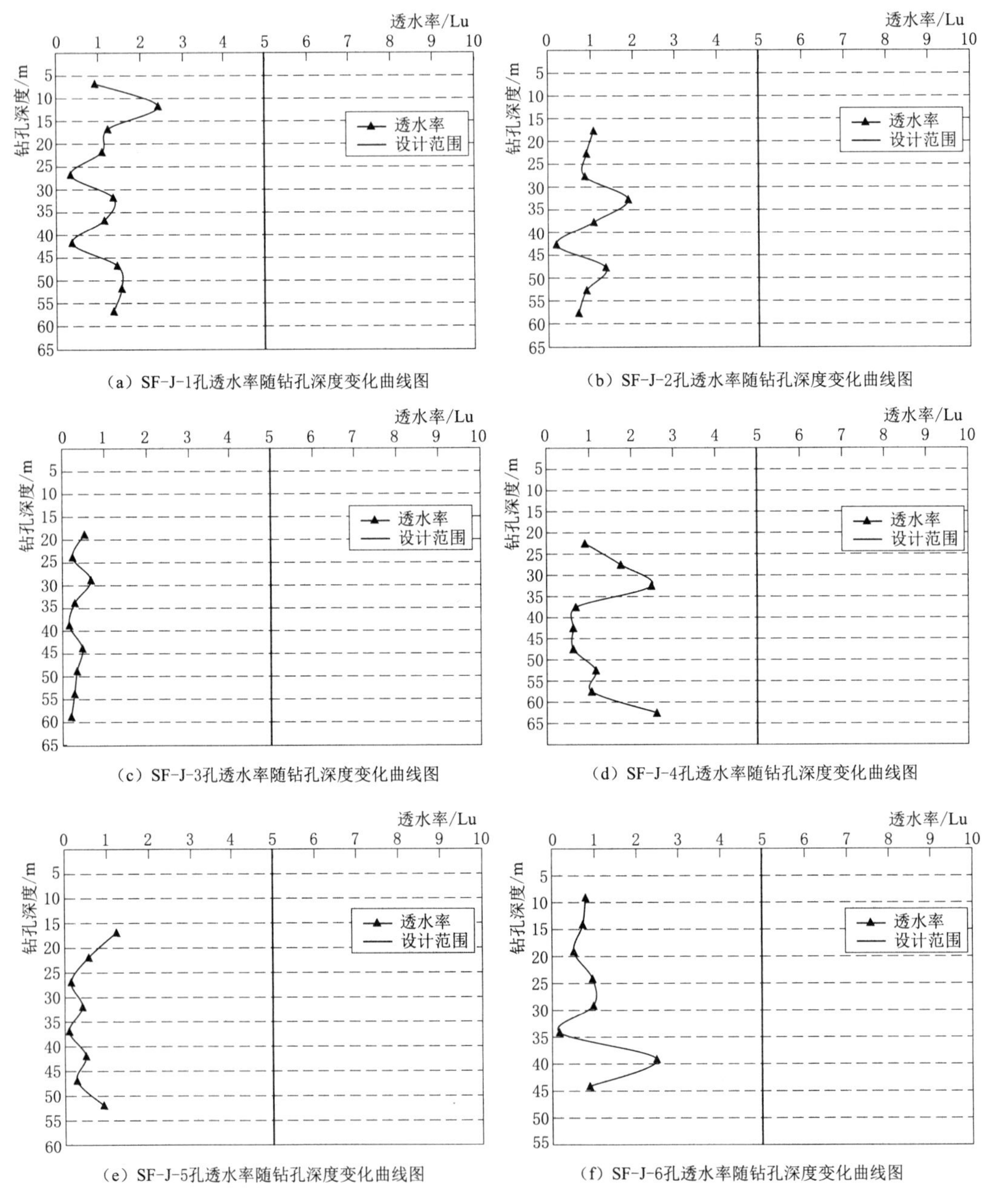

（a）SF-J-1孔透水率随钻孔深度变化曲线图

（b）SF-J-2孔透水率随钻孔深度变化曲线图

（c）SF-J-3孔透水率随钻孔深度变化曲线图

（d）SF-J-4孔透水率随钻孔深度变化曲线图

（e）SF-J-5孔透水率随钻孔深度变化曲线图

（f）SF-J-6孔透水率随钻孔深度变化曲线图

图1　透水率随钻孔深度变化曲线图

3.3　取芯强度

混凝土芯样抗压强度的检测按《水工混凝土试验规程》（SL/T 352—2020）进行。芯样抗渗等级检测方法如下：先将芯样按长度为150mm的尺寸截取，磨平两端（端面平整度的误差不应大于直径的1/10，两端面应与中轴线垂直）。本文中取芯强度数据结果与设计要求对比分析，分析采用了箱型图表示。箱型图由五个数值点组成：最小值、下四分位数、中位数、上四分位数、最大值。

本工程所制作的混凝土试块试验满足规范要求，设计指标为：对 SF-J-1～SF-J-3 号钻孔，0～13m 段强度等级为 C30，13m 以下段为 C25；对 SF-J-4～SF-J-6 号钻孔，0～12m 段强度等级为 C30，12m 段以下为 C25。从图 2 可以看出，本次芯样抗压强度试验检测结果，6 个钻孔各段混凝土强度均满足相应要求。

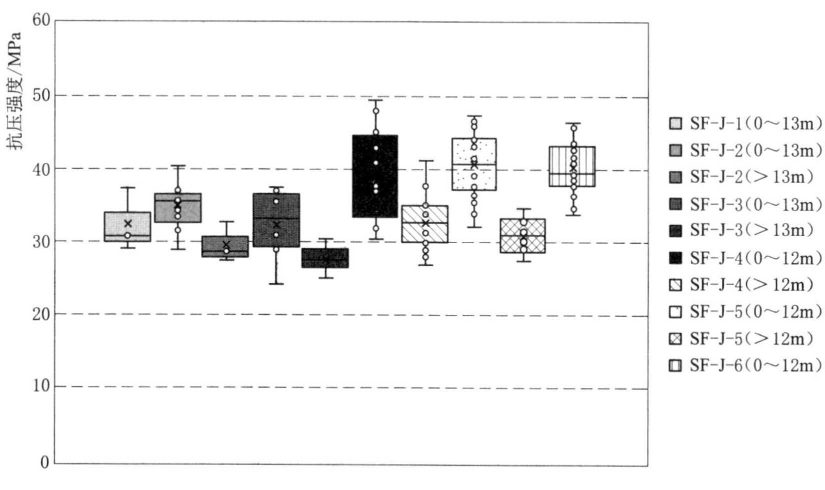

图 2　抗压强度箱型图

3.4　超声波探测

混凝土防渗墙属于隐蔽性工程，墙体的连续性、完整性对整体防渗效果的影响至关重要，完工后需要对混凝土防渗墙的内部质量进行评价，本次采用超声波法对青海省某水库混凝土防渗墙内部质量及其墙下灌浆质量进行检测。

通过在被测防渗墙混凝土中的一端发射超声波，而在另一端接收超声波信号，如图 3 所示，在超声波传播的路径上存在混凝土缺陷（孔洞、夹泥、裂缝、低强等）时，所接收到的超声波声学参数（声时、波幅、PSD）将会异常，根据所接受到的超声波声学参数的变化，判断内部质量情况。

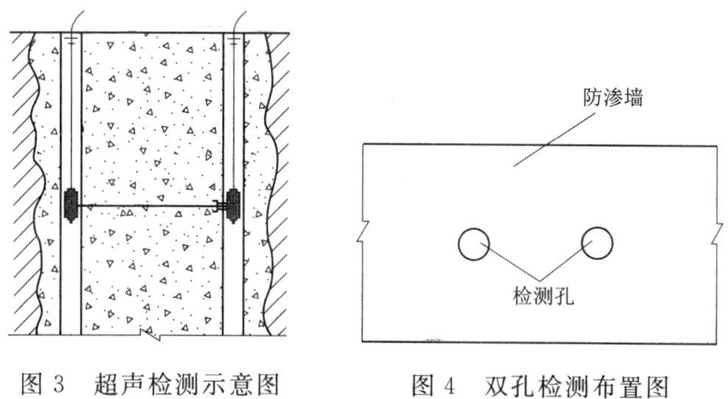

图 3　超声检测示意图　　图 4　双孔检测布置图

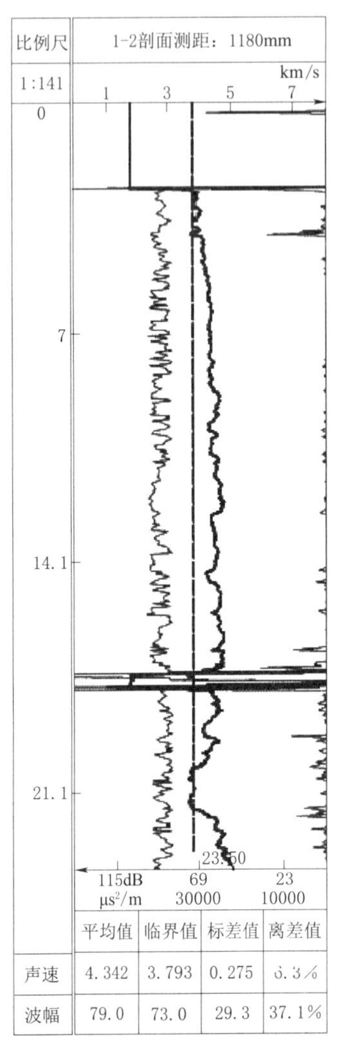

—— 声速实测线 ········ 声速临界线 —·-·波幅实测线
----波幅临界线 —·-· PSD曲线

图5 测孔声速-波幅-PSD曲线图

由于超声波检测需要有一对发射和接收超声波的测试面，即对测（如图4所示）。根据本工程实际情况，预埋声测管已经不能实现，对于混凝土防渗墙这样的地下结构，采用超声波检测考虑采用如下途径。

利用钻芯取样孔作为声测通道，同样管之间的距离不宜过大，普通混凝土一般不得超过2.0m，塑性混凝土不大于1m。如果6个钻芯取样孔分布较分散，则需在钻芯取样孔旁2.0m范围内（具体距离根据工程实际情况确定）再钻一个孔，组成一对孔，本工程钻孔直径89mm。

检测时，把声测管割平，管口应高出墙顶300mm以上，且各声测管管口高度一致，再往声测管里面灌满清水，并检查测管是否通畅。测点间距不宜大于250mm，发射与接收换能器应以相同标高同步升降，其累计相对高差不应大于20mm，并随时校正。对于声时值和波幅值出现异常的部位，应采用水平加密、等差同步或扇形扫测等方法进行细测，结合波形分析确定墙身混凝土缺陷的位置及其严重程度。

从检测的情况（图5）来看，取测孔编号SF-J-2第二对检测孔为例：0～2.65m范围内为非混凝土段；2.70～13.00m范围内为完整的C30混凝土段；13.05～17.40m范围内为完整的C25混凝土段；防渗墙墙身均匀、密实、连续性完整性好；17.45～23.50m范围内为岩石灌浆段，其中17.45～18.00m内波速较小，与其他灌浆段存在差异，说明此段灌浆质量一般。

4 结语

通过现场试验及室内抗压试验，结果表明：①混凝土防渗墙防渗效果较好，满足防渗功能的要求；②防渗墙混凝土强度满足要求；③防渗墙墙体完整性、连续性较好。根据防渗墙的完整性、连续性、力学指标和抗渗指标等多方面分析，工程实体质量及防渗效果良好，达到了预期的效果，可为类似工程提供借鉴。

参考文献

［1］ 杨得萍．混凝土防渗墙施工技术在某水利工程中的应用［J］．河南水利与南水北调，2019，48（5）：47－48．

［2］ 孙鹏．论水利水电工程中混凝土防渗墙施工技术［J］．工程技术研究，2019，52（20）：69－70．

［3］ 冯志东．水库主坝混凝土防渗墙施工及防渗处理效果［J］．黑龙江水利科技，2019（7）：17－21．

［4］ 谭运吉．水利水电工程中混凝土防渗墙施工技术应用分析［J］．山东工业技术，2018（3）：99－99．

文莱都东水坝塑性混凝土防渗墙关键技术及施工实践

徐方才

（中国水电基础局有限公司；天津市地基与基础工程企业重点实验室）

【摘　要】文莱都东水坝工程执行英美标准，大坝防渗墙在以泥岩材料作为心墙填料填筑的坝体心墙内构筑，影响防渗墙施工的因素多，难度较大。针对工程实际，较系统地研究了新建土坝坝顶施工防渗墙面对的问题和应对措施，优化施工工艺和运用科学措施，解决了工程实际难题，高质量建成大坝防渗墙，本项目施工成果和实践经验具有很强的参考和借鉴价值。

【关键词】文莱都东水坝　防渗墙　坝顶施工　超静孔隙水压力　塑性混凝土　湿掺法

1　工程概况

文莱都东水坝供水项目是文莱国最大的水利工程，由中国水电基础局有限公司实施，项目业主是文莱国家水务局，设计和咨询均为美华国际咨询公司（MWHC），项目采用英国和美国标准。

都东水坝位于文莱首都以南 100km 的都东县境内，热带森林内的都东河上，系心墙土石坝，填筑坝高 42m，坝长 450m，土坝采用当地材料坝。防渗体系以泥岩材料作为心墙填料，填筑坝体心墙，并在心墙内构筑一道塑性混凝土防渗墙，防渗墙轴线长度为 396.8m，墙体厚度为 1.0m，防渗墙从坝顶自上而下贯穿泥岩料填筑心墙、坝基覆盖层，嵌入基岩不少于 2m，防渗墙下游侧 4m 处设置有宽度为 1m 的垂直反滤料排水墙，排水墙与底部反滤带相连。

项目设计阶段在防渗墙轴线附近完成勘探孔 7 个，施工阶段实施沉降和变形观测孔 5 个，防渗墙施工前，对河床砂岩与泥岩接触带补充了 3 个勘探孔。上述钻孔揭示防渗墙所在坝址区内的两侧岸坡为泥岩或薄层砂岩或泥岩和砂岩互层，岸坡部位上部为厚度不等坡积体，河床部位表层 2～4m 范围内为松软冲积淤泥层，河道覆盖层为含泥的砂砾层，其中冲埋有直径达 1.5m 以上的古木、树桩和树枝等障碍物，局部为细砂层，岩石上部有 2～4m 不等的卵砾层，未显示有透镜体。基岩为发育年代较晚，为发育不完整的中风化泥岩、泥质砂岩或砂岩泥岩互层，泥岩石抗压强度主要分布在 2～7MPa 上下，砂岩带最大厚度超过 1.2m，最大抗压强度为 15MPa。坝区土壤抽样检测 pH 值为 4.0～5.0，呈酸性。

2 塑性混凝土防渗墙要求

2.1 适用标准

美国石油协会标准：API 13A 钻井液材料规程。

美国石油协会标准：API 13B-1 钻井液试验操作规程。

英国标准：BS1377 1990 Part 2 Clause 8.3 比重试验方法。

英国标准：BS 812 1985 Part 103 粗细骨料筛分试验方法。

英国标准：BS 1881 1983 Part 116 混凝土试验规程。

英国标准：BS EN1538 2000 地下防渗墙施工作业规程。

美国标准：ASTM C150-05 波特兰水泥标准。

2.2 设计要求

项目设计和咨询，系国际著名咨询公司，设计安排在大坝基本填筑完毕以后，从大坝顶部采用双轮铣成槽工艺，构建心墙内的塑性混凝土防渗墙，墙体接头预埋后期补强灌浆花管，塑性混凝土要求采用湿掺法（通过膨化泥浆掺入）生产。

合同要求要充分考虑新填筑黏性心墙超静孔隙水的压力的影响，确保施工阶段坝体稳定和槽孔稳定，为此严格限定专业承包商的过往相似施工经验，标书对此只推荐了两家国际专业承包商作为备选。

2.3 设计指标

文莱都东水坝塑性混凝土防渗墙设计要求，防渗墙应具有较小的渗透性、较好的抗侵蚀性和足够变形适应能力，要求采用膨润土湿掺法生产塑性混凝土，墙体要求具备较小强度和较大的变形能力，能抵抗 50m 水头的侵蚀破坏。技术规范要求的设计指标：28d 无侧限抗压强度小于 0.4MPa；28d 无侧限抗压应变大于 1.0；渗透系数 K 小于等于 1×10^{-6} cm/s；墙厚不小于 1m。

3 防渗墙配比设计和考虑

3.1 材料选择

考虑坝区酸性地质特点，设计要求采用抗硫酸盐水泥，根据市场供应情况，选用泰国 TPI 公司抗硫酸盐水泥 SRC525N；膨润土采用印度 Ashapura 公司 OCMA 级膨润土；混凝土用水采用经过滤沉淀后的都东河水，经检测满足混凝土拌制要求。

细骨料选用文莱当地仅有的 PK 洗砂场开采冲洗的山砂（0.15～5mm），细度模数偏小；粗骨料选用马来西亚沙巴州斗湖 PPJ 采石场的人工碎石（5～14mm），以 50%砂率混合后，基本满足混凝土骨料混合级配标准。

3.2 塑性混凝土配比试验

湿掺膨润土的方法施工塑性混凝土，国内可参考资料不多，国内唯一可以借鉴的资料是 20 世纪 70 年代北京十三陵采用的黏土塑性混凝土防渗墙，采用湿掺黏土的方法生产塑形混凝土。国内通行采用膨润土干粉直接用于塑性混凝土生产，其 28d 无侧限抗压强度高于 2MPa，最高可达 10MPa，国内的研究表明，采用膨润土干掺法可以满足大多数防渗墙设计需要。但国外的经验和规范一般要求使用湿掺法进行塑性混凝土的生产，尤其是永久性防渗工程，而且设计 28d 抗压强度低于 2MPa 的案例占了绝大多数，经验表明湿掺法塑性混凝土能提供低至 0.6MPa 无侧限抗压强度和更低的弹性模量，具有更好的应变性能，能对填筑体沉降和防渗墙细部缺陷有自我补偿适应和修复功能。

项目前期委托基础局科研设计院利用计划采用的水泥和膨润土，采用相似筛分曲线和细度模数的骨料和砂，在国内试验室采用正交法设计了 13 组配合比进行配比初步筛选，并按照欧洲标准进行了强度、渗透、变形等试验室试验，提交初步的配比报告。

进驻现场后，根据初步设计配比报告的结论，又进行 12 组优化配比现场试拌，取样养护后在现场试验室进行了强度、渗透性和变形试验，根据试验结果推荐两组配合比供现场试验段使用，试验段一期槽使用 T－4，两个二期槽使用 T－12。试验段混凝土配合比及试验测试结果见表 1。

表 1　两组配合比与试验测试结果

配合比编号	水灰比	砂率/%	$1m^3$ 混凝土材料用量/kg					试验结果		
			水	水泥	膨润土	砂子	碎石	坍落度/cm	渗透系数/(cm/s)	28d 抗压强度/MPa
T－4	2.98	50	387	130	32.5	744.7	740	20	1.46×10^{-7}	1.13
T－12	2.94	50	382	130	30.0	774	774	19	4.94×10^{-8}	1.25

为了使得塑性混凝土的变形能力与防渗墙周围土体变形参数最大限度适应和复核验算，现场对上述配比进行生产性拌和取样，以及在防渗墙周边填筑体取直径为 100mm、高度为 200mm 标准样本养护密封，递送香港理工大学土工试验室进行饱和不排水三轴试验。

上述 T－4 塑形混凝土试样，试验的渗透系数小于等于 5×10^{-7}cm/s，杨氏模量为 30MPa，相应的应变大于 1%，峰值应变大于 3.5%，内聚力为 135kPa，摩擦角为 29.5°。

3.3　防渗墙试验段施工

3.3.1　试验目的

根据规范和设计要求，防渗墙需要在大坝以外的合适场地进行试验段施工，以验证承包方塑性混凝土生产系统、成槽施工方法、施工机具能力和现场组织配合等环节的适应性。

3.3.2　试验场地与施工设施布置

场地选在距大坝轴线 200m 左右下游，导流洞尾水左侧的滩地上，以文莱高程为 29m 建造施工平台，布置试验施工需要的混凝土导墙、膨润土泥浆池、沉淀池和泥浆管路系统，采用柴油发电机供电。

防渗墙导墙采用图 1 所示的混凝土结构，混凝土强度等级 C25，导墙施工按常规钢筋混凝土结构控制施工质量；内侧间隔支撑、外侧分层回填、顶部构建斜坡，回填碎石垫层形成施工平台。

护壁泥浆生产系统、膨化池、储浆池和沉淀池布设在大坝上游侧的高程 64m 施工平台上，通过 37.5mm 直径的 PE 管线，向试验段附近的临时储浆池提供膨润土泥浆。临时储浆池和沉淀池，系在防渗墙试验段附近平地向下挖掘，放坡铺设 HDPE 土工模方式构

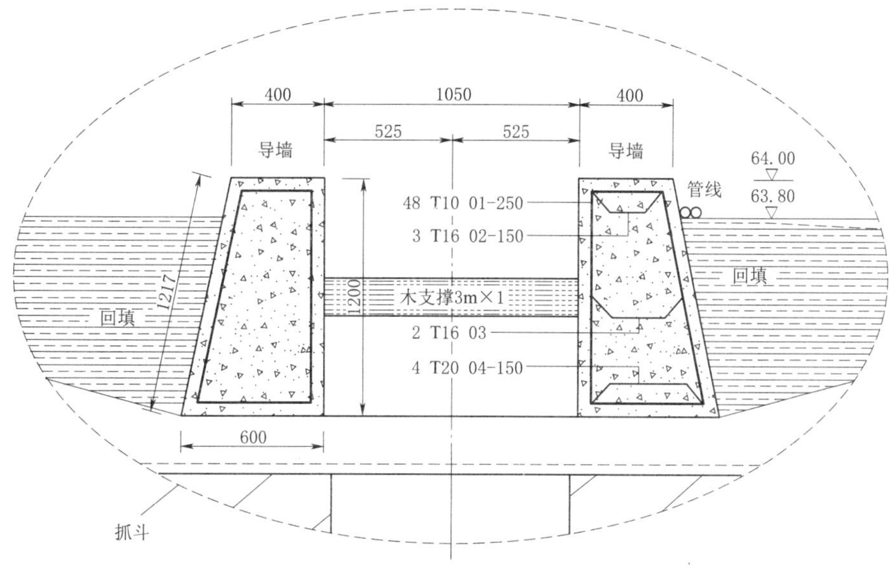

图 1　混凝土导墙结构

建，尺寸均为 5m×5m×1.2m。

自动集中制浆系统配置两套，一套 Auto－ZJ80 集中制浆系统满足混凝土拌制的泥浆需要，系公司研制的 Auto ZJ－80 自动灰浆系统，具备单人操控起吊、上料、集料、送配料、搅拌和压力排放的制浆站；另外一套 ZJ100 制浆系统，布置在高程 64m 施工平台上，按需生产成槽需要的护壁清孔泥浆。

混凝土拌和站设在生活营地下游的骨料堆场内，布设一套 ELBA60A 强制搅拌系统，和一台 JL HZS50D 模块化拌和站，并对两套拌和站的配料系统改造，适合湿掺法的浆液配料，生产能力超过 $30m^3/h$。

与拌和站配套的膨润土泥浆制备系统就近布置、设置有两个超过 $150m^3$ 的泥浆膨化池和储浆池，满足生产塑性混凝土所需的膨润土泥浆。

3.3.3　试验段施工

根据将要实施槽孔布置形式，按咨询工程师要求进行单抓槽、双抓槽和三抓槽三种情况的三种槽段的试验，试验段槽孔划分见图 2。

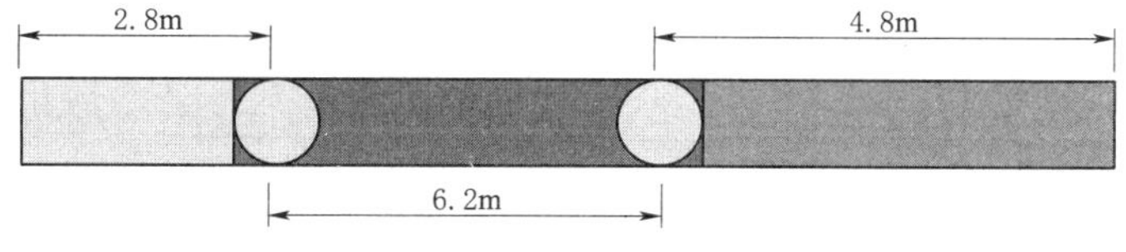

图 2　试验段槽孔划分图

成槽施工泥浆的控制指标见表 2。

湿掺法塑性混凝土的膨润土泥浆，必须比重要较大，才能掺入更多的膨润土粉，进而得到较低的塑性混凝土强度，根据泥浆搅拌系统和输送系统的适应性，现场最后选用膨润土泥浆配比，见表 3，膨化超过 16h 以后使用。

表 2 成槽施工泥浆指标控制表

S/N	控制指标	新鲜泥浆	开挖泥浆	清孔泥浆
1	比重	1.02～1.05	1.02～1.25	1.02～1.15
2	黏度/s	32～50	32～60	32～50
3	砂含量/%	<2	N/A	<4
4	pH 值	7～11	7～12	N/A

表 3 膨润土泥浆配比

性能	1m^3 混凝土材料用量/kg	
密度/(kg/m^3)	水	膨润土
1.063	963	100

试验段采用“抓斗成槽、拔管接头、气举清孔、导管浇筑”方法进行，按规定检测、取样，记录过程。各工序和步骤完全按承包商呈报的施工方法说明进行，特别进行了接头安装灌浆花管的尝试。

3.4 试验段监管和评估

试验段施工过程咨询总工程师，在每个关键环节都到现场监督，咨询的现场检查员实行轮岗旁站监督，此外咨询工程师由于自身防渗墙经验不足，委托了美国第三方咨询 Geosystems 公司的布鲁斯博士也到现场见证，并提供咨询意见。

咨询工程师对试验段的现场检测高度重视，对墙段的开挖观测、钻孔取芯、压水试验、岩芯试验、接头缝夹泥厚度测量、墙体表面缺陷等项目进行了检查、记录和评估。

咨询工程师根据现场试验、试验室检测结果，结合第三方咨询专家意见，对我方呈报的方案进行了审批，提出正式施工阶段工艺改善意见。

4 防渗墙施工

4.1 施工方法和控制指标

规范要求本工程的防渗墙必须要由推荐的国际专业化公司实施，要求采用双轮铣成槽，铣切法接头连接方案，前期咨询也十分坚持。项目部以专业经验证明了双轮铣对于本工程不是最好选择，咨询最终认可我方建议的“抓斗成槽，拔管接头”方案，并最终同意由基础局来实施。

塑性混凝土采用湿掺膨润土法生产，实际施工严格按照试验段确定的施工流程和工艺进行，最终咨询工程师考虑防渗墙的必须抗冲蚀耐久性，接受第三方咨询和承包商专业意见，对都东坝体沉降和应力复核计算的基础上，批准选用的为我方推荐的塑性混凝土配合比 T-4。

由于防渗墙系坝体内永久工程，任何不稳定的塌方对刚填筑好的坝体和后面的排水系统都可能引起难以接受的后果和修复困难，英国咨询和承包商都十分谨慎，开工前形成了完备施工方案、过程控制和特殊风险问题处理程序。

根据现场和试验确定塑形塑性混凝土防渗墙控制指标：

新制塑性混凝土坍落度：(220±30)mm。

新制塑性混凝土扩散度：(380±40)mm。

坍落度保持大于 150mm 的时间：大于等于 2.0h。

渗透系数：小于等于 1×10^{-6}cm/s。

28d 无侧限抗压强度：0.75～1.25MPa。

28d 无侧限抗压应变：大于 0.90%。

4.2 施工资源投入

本工程共投入金泰 SG40 重型抓斗成槽设备一台套，辅助成槽 CZ22 冲击钻两台套，BG1000 拔管机两台套，接头管 120m；ZX200 除砂器两台套，KODEN643 槽孔检测仪一台套，混凝土浇筑导管 200m；泥浆搅拌机 ZJ1000 一台套，箱式泥浆自动搅拌系统 Auto-ZJ800 一套，阿特拉斯 20 方空压机一台，气举清孔专用机具一套；现场土工试验室，配备全套泥浆和塑形混凝土取样、养护和试验机具（不含三轴试验器具）。

拌和楼采用 JL HZS50D 和 ELBA60A 两套系统改造以适合湿掺拌制塑性混凝土生产，具备提供 $30m^3/h$ 的实际生产能力，根据槽孔大小可准备 3～5 台搅拌混凝土运输车作为现场运输工具。

针对本工程特点现场特制捞木屑铁笼两套，接头孔保护板两套。

4.3 施工完成情况

2015 年 7 月 15 日，防渗墙工程完成要求的工艺试验，于 2015 年 7 月 30 日防渗墙正式开工，现场实行两班作业，于 8 月 15 日完成左岸坝肩 49～64 号浅槽段，于 8 月 16 日开始从右坝肩依次向左施工，然后施工中间号深槽段，共完成 64 个槽段，工程于 2016 年 1 月 10 日完工，共完成防渗墙成墙面积 $11680m^2$，其中底部嵌入砂页岩基岩 $998m^2$。

4.4 质量控制和结果观测

4.4.1 质量控制

咨询工程师现场旁站监督，进入下一道工序以前必须通知现场咨询，并现场约定：

(1) 护壁泥浆（浆站储浆池和槽孔内）每班检测不少于两次、湿掺泥浆每班检测不少于 1 次，槽孔浆液液面不低于导墙顶以下 30cm。

(2) 抓斗成槽机附近要求咨询检查员和承包商技术员现场旁站，监控记录成槽状态、泥浆液面、地层变化等情况，每班打印抓斗成槽偏斜数据；入岩深度不少于 2m，入岩到终孔记录不少于三张照片。

(3) 成槽验收采用 KODEN643 左中右不少于三个部位进行超声波扫描，孔内淤积不多于 10cm，泥浆指标满足控制指标。

(4) 塑性混凝土取样按槽孔底部（第二车）、中部和上部（倒数第三车），在入仓口各取至少一组样，按标准成型和养护后，备后期各项试验，此外，还需从拌和站额外取样，并进行同步试验，以便为拔管过程控制提供塑性混凝土强度数据。

(5) 塑性混凝土浇筑时，导管最小埋深控制不小于 3m，并控制好连续性；取样试验要求咨询监理旁站，由指定的有资格人员进行，并共同记录数据。

整个施工过程中，没有出现大的泥浆漏失或塌孔，成槽验收全部一次合格；混凝土浇筑过程中，拌和站、罐车和入仓器具全部具备防雨避雨措施，总体浇筑顺利，没有出现浇筑问题；拔管过程严格控制，起拔后记录孔底淤积上升均小于 50cm。

4.4.2 结果观测

塑性混凝土现场取样试验统计，无侧限抗压强度为 0.89～1.10MPa，平均为 1.0MPa，抗渗系数均小于 10^{-6}cm/s，28d 无侧限抗压变形介于 0.90%～1%，平均值为 0.95%。

防渗墙导墙撤除后，凿除设计高程以上部分多余混凝土以后，现场检查接缝质量情况，除一二期混凝土略有颜色差异外，接缝不明显，咨询工程师非常满意。现在大坝蓄水完成近三年，在旱季连续晴天时段，大坝下游排水垫层集中渗流三角堰流量实测小于 2L/s，总体防渗效果良好。

5 现场成槽的特殊问题和措施

5.1 覆盖层古木问题解决

坝区地处山区森林河谷，在成槽开挖过程中，覆盖层偶尔遇到最大直径达 1.5m 左右的古木，古木以或横或竖等状态存在，给开挖、清孔和成墙带来挑战。一是大的古木抓斗很难直接抓出，只能采用抓斗抓破抓碎后抓出，影响槽孔开挖速度。二是抓碎的大小不一的木屑比重与泥浆相仿，部分会散落在槽孔泥浆中，在后期清孔换浆极易堵塞泵管，影响清孔效率。三是浇筑过程中，泥浆中过多的木屑在孔内局部聚集会影响墙体尤其是接缝质量。针对这一特殊问题，现场特地设计加工专门木屑捞取工具，在清孔前进行木屑清除；同时对清孔换浆的气举泵的泵头加装过滤装置，减少细小木屑堵塞而影响清孔效率。

5.2 塑性混凝土生产系统改进

采用湿掺膨润土制备塑性混凝土，专门配置大黏度膨润土泥浆制浆系统（基础局开发集装箱式集中制浆系统），效率很高、运行稳定、节省资源。膨化池的泥浆循环和泥浆输送，由于浆液比重不同于造孔泥浆，加上黏度较高，常规使用的泥浆输送泵无法满足工作需要，经过现场的实际试验，采用国内定做的转速超过 3000r/s、扬程超过 20m 的三寸渣浆泵，才较好地满足了泥浆输送和循环的施工需要。两套混凝土拌和站也进行了适应性改装，适应膨润土泥浆的添加和计量。

为了保证塑性混凝土生产过程中配料准确，产品参数的稳定，考虑到泥浆比重不能很快调整，雨天会引起骨料含水量偏大，有可能使得配制的塑性混凝土强度偏低。为解决这个问题，现场雨天对粗骨料采用篷布进行遮盖，细骨料堆放处构建了钢结构防雨棚使得骨料含水量处于较低水平。

5.3 接头形式及预埋灌浆管问题的解决

根据英国咨询最初设计，一二期槽段接头部位采用铣接法连接，并需要在接头处预埋灌浆管，后期对接缝进行灌浆补强。我们对此与咨询进行了多次沟通，提出双轮铣铣接法对于本项目有明显的局限性，接缝预埋灌浆管存在可靠性不高且增加成墙工序，容易诱发潜在接缝缺陷问题。我们推荐的液压拔管接头法和配套接头质量保证措施能完全满足设计要求，并有更长渗径，通过我们现场进行的拔管演示，以及刚性镀锌预埋管和柔性 HDPE 管实际安装试验，咨询聘请的第三方美国专家首先同意我方建议，咨询工程师最后同意液压拔管法接头连接，并取消防渗墙接头预埋灌浆管的设计。

5.4 墙段接头质量保证措施

考虑到英国咨询高度关注项目防渗墙的接头接缝质量，按国内常规工艺施工容易出现接缝质量问题，现场根据试验段结果提出以下改进措施，一是加强木屑捞取，并延长捞取时间；二是二期槽段开挖时对已成形一期接头下设接头保护装置；三是在液压抓斗斗体下部附加隔离装置，避免抓斗斗体损坏已成形混凝土接头弧形体；四是接头管安装完毕后，增加塑形固定装置，确保垂直度；五是采用抓斗斗体附着专用刷子，进行标准刷洗，刷洗全过程监控，直到满足咨询要求；六是由于浇筑时间较长，清孔时采用合格泥浆置换槽内泥浆直到合格。

5.5 接头管起拔的量化控制

国内接头管起拔具有很强的专业经验特点，但文莱项目英国咨询对我部呈报的接头管起拔方法并不认同，认为实际存在不可控、操作上存在随意性的问题，不利于咨询检查人员的现场监督。为此，我们对低强度塑性混凝土防渗墙起拔接头管的量化控制方面进行了研究和试验，得出取样试块初凝并失去流动性的无侧限抗压强度约为 0.125MPa，时间在 10h 到 12h 之间，围绕这一重要特点，协商形成双方接受的量化控制程序，见表 4。

表 4　　接头管起拔量化控制程序

底管试块状态/接头管操作	微动	起拔高度 50cm	起拔高度小于 3m	连续起拔至压力 6MPa 以下
无侧限抗压强度/MPa	≥0.125	—	—	—
取样时间/h	≥10	—	—	≥10
表观泌水	无	—	—	—
指压状态	无流态	—	—	—
拔管起拔后泄压	回落较多	回落较少	回落少	回落很少
拔管机液压起拔压力/MPa	显著下降	>6	>12	>16

5.6 超静孔隙水压问题

自然固结完成的黏性土体中不存在超静孔隙水压，但在机械填筑黏性土体由于外力碾压而固结排水消散缓慢，通常存在这个问题，曾出现过坝体填筑过快、坝体不稳定而坍塌的案例，欧洲规范把超静孔隙水压建议等同地下水压来进行稳定计算。

文莱都东大坝心墙是黏性页岩料新填筑体，填料排水性能较差，大坝预埋孔隙水压仪器显示，新填筑体孔隙水压高于坝顶 2～4m，中间个别测点达 6m，两侧坝肩较低。咨询师高度关注其对防渗墙施工的槽孔稳定和对坝体稳定的影响，坝体填筑在汛期前完成，特意安排近 3 个月雨季作为沉降和孔隙水压消散期，通过安排先坝肩后中间的施工顺序，延长了孔隙水压较大的中间坝段消散期，此外防渗墙导墙建筑顶部区间，承包商考虑其建成后承担的水头较低，选用孔隙水能快速消散的砂岩料填筑，实现更高槽孔泥浆压力平衡存在的心墙孔隙水压力，由于黏性土有较好内聚力，采取上述措施后，坝体稳定和泥浆下槽孔 3D 稳定计算符合规范的安全系数。

6 探讨和建议

（1）在文莱项目实施过程中，较系统地研究了新建土坝坝顶施工防渗墙面对的问题和应对措施，可为类似项目提供借鉴。

（2）湿掺膨润土塑性混凝土防渗墙，能提供比干掺法更低的无侧限强度，更低的弹性模量，更好的沉降和应变适应能力。但低于 1MPa 时需要进一步审慎研究抗冲蚀耐久性。

（3）文莱防渗墙项目进行的一些创新性探索，注重精细化管理，较好地满足了国际咨询的要求，也保证了整个防渗墙施工质量。

（4）对国际咨询的防渗墙或其他工艺试验，要以最充分的准备和最好的工艺展示，以证明自身的能力和经验，便于方案的批准，否则咨询可能提出进一步的要求。

废弃泥浆压滤技术在某地连墙工程的应用

张春峰

（中国水电基础局有限公司）

【摘　要】以某竖井地下连续墙工程为例，研究解决了采用压滤施工技术处理施工过程中产生的大量废弃泥浆的难题，切实达到了“零排放”和“零污染”的环保目标，对于类似工程施工具有一定的借鉴意义。

【关键词】废泥浆　压滤技术　环保

泥浆作为地下连续墙施工中重要组成部分，起着平衡地层压力、保护孔壁、悬浮钻渣、冷却润滑钻头等不可忽视的作用。工程施工中，会产生多余和废弃的泥浆，目前废弃泥浆的处理方法主要有：自然沉降法、离心法、压滤法。自然沉降法耗时过长，尤其分离泥浆中悬浮体和胶体成分更困难；离心法能耗高、处理效率低，且产生噪声污染；压滤法技术较为复杂，但处理效率高，且分离物可循环利用。本文以某竖井地下连续墙工程为例，介绍压滤机的引进，并与泥浆预处理系统有机结合，有效解决了废弃泥浆处理的问题。

1　工程概述

某盾构穿越接收竖井工程，一主一备共计两座竖井，位于境外某施工封闭区内，邻近水源保护地。工程设计采用圆形地下连续墙加水平环梁作为围护结构。地下连续墙厚度为1m，内径为12m，外径为14m，受施工技术和工艺限制，圆形地下连续墙实际是由10个槽段共20个折线组成的近似圆形。

地下连续墙设计深度为26.88m。地质条件依次为：

①层粉质黏土：灰黄色—黑色，可塑，无摇振反应，稍有光泽，干强度中等，韧性中等，土质不均，局部含砂及砾石，表层50cm富含植物根系和腐殖质。该层场区内普遍发育，层厚约3.00～8.00m。

②层碎石：杂色，中密，颗粒不均，分选性差，一般粒径20～50mm，约占80%，最大粒径为80mm，母岩成分以石英、长石为主，颗粒间隙主要是中粗砂填充。

③全风化流纹岩：灰色，结构完全被破坏，岩体极破碎，岩芯大部分为砂土状，局部可见少量碎块状岩块。一般层厚2.10～9.00m。

④中等风化安山岩：灰色，斑状、流纹结构，结构被部分破坏，岩芯大多呈短柱状，局部呈长柱状，部分地段岩体破碎，岩石完整性变化较大。

经综合考虑工程地质条件、施工场地条件、设备出入境、经济效益等相关因素，本工程地下连续墙采用冲击钻机作为成槽设备，钻劈法成槽。

本工程所在地位于某境外封闭区内，过境人员设备不得随意出入封闭区，且处于水源保护地范围内，环保要求较高。按照合同要求，施工现场不得开挖建造大型泥浆池、沉淀池等泥浆存储设施。地下连续墙钻机造孔过程中废弃泥浆必须做到零外运、零排放，为此本工程在地下连续墙施工期间引进了压滤系统。

2 施工设备及机具

此压滤系统配备了 ZXS1－100/30 泥浆净化设备 1 套、DKMZGZ450/2000－U 隔膜压滤机 1 台及相应配套设备。

ZXS1－100/30 泥浆净化设备主要由动力系统、旋流系统、振筛系统、控制系统、辅助系统构成，主要用于泥浆的预处理筛分，其中筛分系统分为预筛及脱水筛二次筛分，其主要技术参数见表 1。

DKMZGZ450/2000－U 隔膜压滤机由机架、液压系统、电控系统、滤板以及辅助系统组成，主要用于对废弃泥浆进行固相处理，产物为滤饼及滤液，其主要技术参数见表 2。配套设备有污泥泵 2 台、泥浆箱 3 个、潜水泵 1 台等。

表 1　ZXS1－100/30 泥浆净化设备技术参数表

机　型	处理能力 /(m^3/h)	渣料分离能力 /(m^3/h)	渣料含水率 /%	总功率 /kW	外形尺寸 /mm	重量 /kg
ZXS1－100/30	100	9	≤35	25	2240×1690×2150	9500

表 2　DKXMZ450/200－U 压滤机技术参数表

机　型	过滤面积 /m^2	滤板数量 /片	滤室容积 /m^3	过滤压力 /MPa	最大行程 /mm	滤板尺寸 /mm
DKMZGZ450/2000－U	450	31	9.14	0.8	2200	2000×2000

3 施工技术

3.1 泥浆预处理

在本工程施工中，废弃泥浆主要来源于冲击钻机造孔阶段和混凝土浇筑回浆阶段。冲击钻造孔时，槽孔内的高浓度泥浆被抽渣筒倾倒于竖井中间集渣坑后，采用渣浆泵将其输送至泥浆净化设备的预筛，如浓度太高，可适当加水稀释，在进入预筛时，用高压水对泥渣进行冲洗，通过预筛把泥渣中大于 2mm 颗粒筛出，透筛的泥浆进入储浆槽，通过泥浆净化装置的渣浆泵导入脱水筛进行旋流除砂处理，砂性颗粒通过脱水筛进行脱水，含水率低于 35%。泥浆净化设备处理后的泥浆经检测合格后可重复利用，不合格的泥浆进入待压泥浆箱后进行压滤处理。

混凝土浇筑过程中，采用回浆管路进行回浆处理。前期质量较好的泥浆经净化设备处理后可重复用于造孔，对于浇筑后期被混凝土污染较严重的泥浆，经净化预处理后进入待压泥浆箱进行压滤处理。

3.2 废弃泥浆压滤处理

压滤机是压滤系统中最主要的组成设备，目前市场上有手动式、机械式、液压式、程控自动隔膜式、程控自动快开隔膜式、悬梁式等10余种。综合考虑废泥浆特征、分离效率及对分离物循环利用，本工程选择了程控自动快开隔膜式压滤机。

3.2.1 压滤机的工作原理

压滤机固液分离的原理是：混合液流经过滤介质（滤布），固体停留在滤布上，并逐渐在滤布上形成滤饼。而滤液部分则渗透过滤布，成为不含固体的液体。随着过滤过程的进行，滤饼过滤开始，滤饼的厚度逐渐增加，过滤阻力加大。过滤时间越长，分离效率越高。

3.2.2 压滤机的工作流程

泥浆预处理完成后，由专用的泥浆泵将泥浆泵入压滤机空腔内，泥浆中部分自由水快速透过滤布由滤板四周排水孔流出。随着自由水排出，泥浆中粗颗粒被滤布截留在其表面，并逐渐形成滤饼。随着滤饼厚度增加，滤液会越来越清澈，但其过滤阻力也越来越大。当滤饼厚度达到相邻滤板间隔时，在泵压作用下即开始密实，此时滤饼被压缩，孔隙减小，过滤阻力进一步增大，滤液排出速度明显减慢。开启隔膜滤板上加压装置，使隔膜膨胀，压缩滤室中刚形成的滤饼，由于再次受压而挤出其中多余孔隙水，密度加大，含水率降低。然后通过自动控制系统将滤饼从滤板上脱卸下来。

压滤工作流程为：液压自动压紧滤板→泥浆泵入压滤机→固液分离形成滤饼→隔膜膨胀压缩滤饼→滤饼自动脱板→自动冲洗滤布→滤板自动复位，如此循环作业。

3.2.3 泥浆压滤过程中的注意事项

（1）工作参数。通过观察滤饼状态来调整泥浆预处理与压滤机工作参数，如滤饼厚度减少，含水率高，脱板困难，应通过调整助滤剂加量或种类、压滤时间来解决。理想滤饼状态是当液压自动松开滤板，滤饼立即自动脱板，用脚踩踏时不留明显印迹。

（2）工作压力。液压压紧滤板时工作压力应不少于20MPa，而且将控制系统调至自动保压状态，防止泥浆从滤板间渗漏出。过滤压力控制在0.4～0.8MPa，隔膜压榨压力一般为0.8～1.0MPa。

4 应用成果及使用效益

本工程地下连续墙冲击钻机造孔方量约2200m³。其中粉质黏土占30%，约660m³，碎石层占15%，约330m³，中风化岩石层占55%，约1210m³。

冲击钻机在粉质黏土中造孔时，泥浆中黏粒增加较快，黏度较大，原土中80%的颗粒溶混于泥浆中，预处理系统只能分离出20μm左右的固相颗粒，导致泥浆携带渣土能力降低，需补充循环泥浆来降低泥浆密度，从而产生大量废弃泥浆。需压滤处理泥浆较多。

冲击钻机在碎石中造孔过程时，碎石颗粒较大，预筛效果较好，经二次筛分后，透筛的泥浆性能较好，稍加调整后可重复用于冲击钻机造孔。

冲击钻机在风化岩层中造孔时，产生的岩石粉状颗粒较多，脱水筛效果较好，透筛的泥浆性能一般，部分废弃泥浆需进行压滤处理。

经统计分析，本工程在施工过程中，产生废弃泥浆约5500m³，泥浆经分离压滤后，泥饼含水率小于等于25%，压滤出的滤液呈pH约为8的碱性无色透明液体，滤饼可直接运渣场堆放，滤液用于现场冲洗。压滤实际应用效果见图1。

(a) 压滤出滤饼图

(b) 压滤出滤液图

图1　压滤实际应用效果图

5　结语

本工程通过压滤施工技术的应用，有效解决了地下连续墙施工过程中产生的废弃泥浆处理难题。泥浆压滤的产物是清水和固态滤饼，达到了泥浆“零排放”的要求，确保了对周边环境的“零污染”，有着良好的工程作用和经济效益，值得在类似项目中推广和应用。

云南红石岩堰塞坝防渗施工新技术研究与应用

唐玉书[1,2]　肖恩尚[1,2]　赵明华[1,2]

（1. 中国水电基础局有限公司；2. 天津市地基与基础工程企业重点实验室）

【摘　要】 云南省红石岩堰塞体整治工程是将“8·03”地震形成的堰塞体改建成电站大坝，但因地层条件极为复杂，防渗体系施工难度堪称世界级难题，是工程成功与否的关键。工程施工过程中研究采用了很多新工艺、新设备和新材料，解决了诸多技术难题，成功建造了防渗体系，为类似工程的整治提供了一条新途径。

【关键词】 堰塞体　防渗体系　新技术　应用

1　引言

2014年8月3日16时30分，云南省鲁甸县发生6.5级地震，震后约半小时，牛栏江右岸在红石岩村处发生崩塌，崩塌长度沿河流方向约890m，后缘岩壁高度约600m，属特大型崩塌。崩塌形成长约1000m、宽约270m、厚度约103m的堰塞体，堰塞体上游坡角距已被地震毁坏的原红石岩水电站引水坝1.6km。

由于堰塞体整体规模约1000万m^3，放置可能造成次生灾害，而采取清除措施不但工程量巨大，且经勘察附近无合适的堆放场地，因此堰塞体的处理成为一个难题。那能否将其经过整治变成个可安全运行的堰塞坝呢？经各方综合分析堰塞体所处地理位置和水文及地质条件，堰塞体处于原红石岩水电站附近，具备建设水电站的各种条件，因此本着“除害兴利、变废为宝”的原则，决定利用堰塞体建造新的红石岩水电站。

堰塞体体型巨大，自身稳定性好，要将其整治改造成安全运行的堰塞坝，关键是建造一道安全有效的防渗体系。然而由于堰塞体地层深厚，条件极为特殊，无论是防渗墙，还是帷幕灌浆，施工难度均极大。在如此复杂的新堆积地层中建造如此大型的防渗体系，国内属第一例，世界也没有先例，有很多技术难题需要解决，被业内誉为世界级难题。

2　堰塞坝防渗体系设计

堰塞湖正常蓄水位高程为1200m，对应库容为$1.409\times10^8m^3$，规模为大（2）型水库。红石岩堰塞湖水电站装机为201MW，属Ⅱ等大（2）型工程，主要由堰塞体、右岸泄洪洞、右岸泄洪冲沙放空洞、右岸引水系统、岸边主副厂房组成。堰塞体为1级建筑物，

基金项目：国家重点研发计划项目（2018YFC1508504）。

泄洪建筑物、电站进水口为2级，发电建筑物为3级，次要建筑物为3级。

堰塞坝防渗体系由左岸覆盖层帷幕灌浆和基岩帷幕灌浆、堰塞体防渗墙和墙下基岩帷幕灌浆、右岸基岩帷幕灌浆组成。其中左岸覆盖层帷幕灌浆分三排布置，孔距为1.5m，排距为0.75m，帷幕底部嵌入基岩5Lu线，覆盖层最大灌浆深度为125.83m，综合最大灌浆深度为149.0m；堰塞体防渗墙顶高程为1209m，墙体厚度为1200mm，混凝土指标为C18035，嵌岩深度为1.0m；右岸基岩帷幕灌浆由单排孔组成，帷幕底部嵌入基岩5Lu线。防渗体系布置见图1，防渗体系主要工程量见表1。

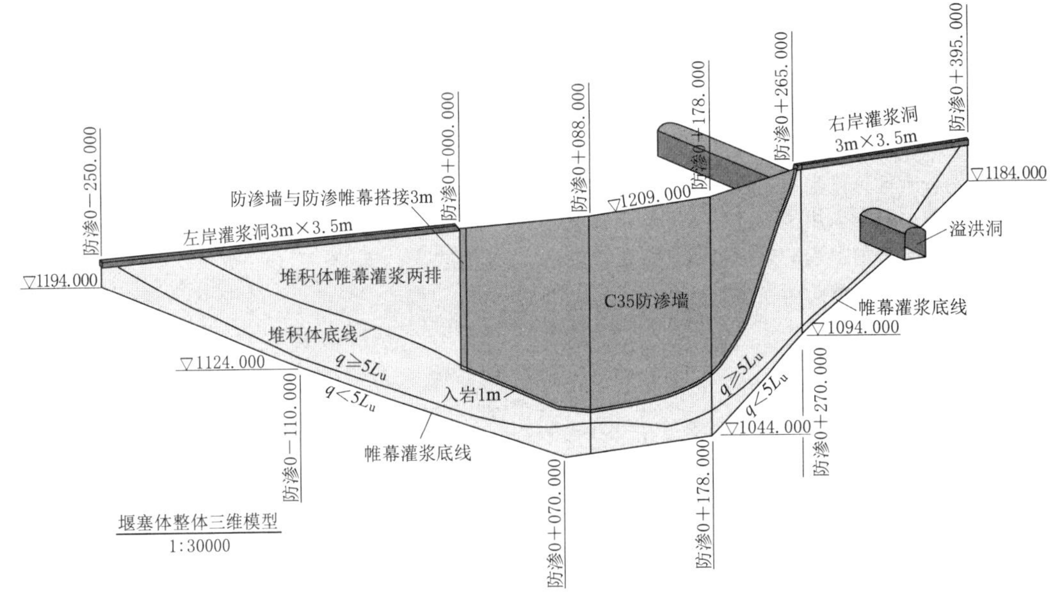

图1 堰塞坝防渗体系布置图

表1 **防渗体系主要工程量**

部位	工程名称	轴线长/m	工程量	最大深度/m
左岸	古滑坡体帷幕灌浆	296.20	34923.83m	149.00
	基岩帷幕灌浆		5000.00m	
河床	堰塞体防渗墙	256.50	31371.80m^2	137.34
	墙下灌浆		5260.00m	
右岸	基岩帷幕灌浆	106.50	5057.18m	101.00

3 工程地质与水文地质

3.1 工程地质

红石岩堰塞体地层主要由三部分组成，由上至下依次为：

（1）崩塌堆积层：以堰塞体为代表，最大厚度约103m，组成松散，分上部和下部2层。上部为孤石、块石夹碎石，有少量砂土；下部块石、碎石混粉土或粉土夹碎块石。

（2）坡积层：为灰褐、褐黄色粉土夹碎石，厚度一般小于5m。

(3) 滑坡堆积：以左岸古滑坡堆积为代表，可分为上、下 2 层。上层为灰色孤石、块石夹碎石及粉土，厚度为 24～60m，主要分布在滑坡体顶部平缓处；下层为灰褐、褐黄色碎石土夹孤石、块石，堰塞体左岸滑坡堆积物最大厚度大于 100m。

(4) 河床冲积层：分为古河床冲积层和现代河床冲积层。古河床冲积为粉细砂夹砂砾石，厚度为 10m 左右；现代河床冲积层为粉细砂、砂砾石及粉土，厚度一般为 16～22m。

(5) 基岩为灰岩夹少量白云质灰岩。

3.2 水文地质

枢纽区各地层渗透性等级均为中等透水至强透水，但堰塞体地层，尤其是堰塞体上部及各层变层部位存在架空与漏失情况。各层具体渗透系数统计见表 2。

表 2 钻孔覆盖层注水试验渗透系数统计表

土层代号	渗透系数平均值/(cm/s)	渗透系数范围值/(cm/s)	渗透性等级
现代河床冲积层	0.03550	3.5×10^{-2}	强透水
古河床冲积层	0.00122	$5\times10^{-3}\sim1\times10^{-4}$	中等透水
堰塞体上部	0.01338	$3\times10^{-2}\sim1\times10^{-3}$	中等—强透水
堰塞体下部	0.00463	$9\times10^{-3}\sim3\times10^{-3}$	中等透水
古滑坡堆积体上部	0.00802	$3\times10^{-2}\sim2\times10^{-4}$	中等—强透水
古滑坡堆积体下部	0.00594	$8\times10^{-3}\sim1\times10^{-4}$	中等透水

注 注水试验是在水泥护壁的条件下进行的，渗透系数试验值比实际值偏小。

4 工程地层特点及防渗施工主要问题

4.1 地层特点

红石岩堰塞体是由于地震引起的山体特大崩塌堆积而成的，与其他人为爆破或自然沉积地层相比，其颗粒组成、渗透性等方面有很大差别。

4.2 覆盖层深厚

根据勘察资料，原河床冲积层厚度约 26.0～32.0m，叠加堰塞体最大厚度约 103.0m，覆盖层最大厚度达到了 133.0m 左右。

4.2.1 块石粒径大、含量高

根据《云南牛栏江红石岩堰塞湖整治工程实施方案报告 3 工程地质》，堰塞体表部为大块石堆积，细颗粒较少，存在架空现象，孤石最大直径超过 15m。堰塞体主要部分（包括堰顶部位中部及右侧、堰体上下游等）颗粒粗大，最大粒径大于 5m，堰塞体堆积物中块径 50cm 以上的约占 50%，块径 2～50cm 以上的约占 35%，块径 2cm 以下的约占 15%，并且颗粒粒径和含量呈现由上部向下部逐渐减小的趋势。

4.2.2 架空部位多、漏失量大

红岩堰塞体形成条件特殊，地层组成多样化，因此渗透性也更为复杂。纵观防渗体系所在地层，主要存在四个架空情况多、漏失量大的部位：①堰塞体上层；②现代河床冲积层；③古滑坡堆积体上部；④右岸覆盖层与基岩接触带。

4.2.3 地层胶结性差

堰塞体形成于 2014 年 8 月，到 2016 年 3 月开工仅仅 2 年时间，地层沉积时间短，基本没有胶结，地层无黏性，组成颗粒之间呈散体状态，密实性差。

4.3 防渗施工主要问题

4.3.1 防渗墙施工主要问题

由于以上地层特点，防渗墙施工的主要问题体现在以下几个方面。

（1）钻孔问题很突出。一是由于地层中存在很多的大孤石，尤其是堰塞体地层中粒径超过 50cm 孤石含量超过 50%，采取什么方法能够快速破碎，采用什么机械和工艺能够快速钻进，是非常大的技术难题。二是地层漏浆问题，堰塞体地层存在很多孔隙，架空现象严重，在钻孔时必然发生浆液漏失，导致槽孔坍塌，如何有效堵地层中的渗漏通道，使槽孔内泥浆保持稳定，也是造孔施工中必须解决的重大难题。

（2）槽孔稳定是关键。槽壁稳定影响因素有泥浆质量、地下水位、槽壁土体的组成和密实度、孔口地面荷载、施工方法和成槽时间等。通过对本工程地层条件分析，影响槽壁稳定的因素主要有四个因素：①堰塞体形成时间仅 2 年时间，未沉积胶结，稳定性偏差；②薄而韧的泥皮是槽壁保持稳定的基本条件，堰塞体地层中块石含量高，级配差，不利于泥皮的形成；③施工时间长，本工程槽孔深度普遍在 100m 左右，最大深度达到 137.34m，孤石粒径大且含量高，导致施工效率较低，槽段施工时间长达 5～6 个月，槽孔长期浸泡在泥浆中也对槽壁稳定产生不利影响；④堆载的影响，防渗墙槽壁稳定的实质是力学不稳定问题，当槽孔地层所受的应力超过其本身的强度则会发生槽壁不稳定，水平地应力的大小受上覆地层压力、地层岩性、埋藏深度等诸多因素的影响。而防渗墙两侧如果有堆载的存在，无疑增加了地层中的地应力，对槽壁的稳定产生不利影响。右岸防渗墙轴线上游存在一个高度约为 150m 的崩塌体，其产生的附加应力增大了槽壁的水平应力，增加了槽壁失稳的危险，同时施工过程中一旦发生槽孔坍塌事故，诱导堆载发生滑动，将会产生难以想象的严重后果。

（3）槽孔质量难保证。槽孔建造质量有四个方面的要求，槽壁平整度、孔斜率、嵌岩深度和孔位允许偏差。根据本工程的地层条件，由于块石多、大、硬，采用“劈钻法”施工，容易产生槽壁不平整、梅花孔、小墙和孔斜率等指标超过规范和设计标准的质量问题。

（4）预埋管下设成活率低。预埋灌浆管是解决混凝土防渗墙下基岩灌浆防渗问题的常用方法。但是存在孤石含量高的地层中预埋灌浆管成活率偏低的问题，在后期的墙下灌浆时，需要补钻很多的灌浆孔，减弱了这一措施的有效性。红石岩堰塞体地层中的块石多、大、硬的特点，预埋灌浆管问题会更加突出，如何改进传统预埋方法，提高预埋管成活率，需要仔细研究。

4.3.2 覆盖层灌浆主要问题

覆盖层帷幕灌浆最大深度为 125m 左右，在 3.5m×3.5m 的灌浆洞内施工，在如此狭小空间进行如此深厚的覆盖层帷幕灌浆，在以往工程中没有先例，因此选择什么设备，采用哪种施工工艺，使用什么浆材，才能达到透水率小于 5Lu 的设计要求，是本工程覆盖层帷幕灌浆的课题。

5 防渗施工新技术

5.1 防渗墙施工新技术

针对以上技术难题，我们进行了系统研究，取得了一系列科研成果，在工程施工中效果显著，圆满完成了堰塞体防渗墙施工任务。

5.1.1 预处理措施

（1）预爆破技术。本工程沿防渗墙轴线布置了一排爆破孔，孔距为1.5m。对防渗墙轴线上的孤石进行全面破碎爆破，解决大部分孤石、块石，为防渗墙施工创造有利条件。

在以往的防渗墙工程施工中，预爆破仅针对于单个孤石进行爆破，本工程预爆工程量大，采用常规预爆方法无法满足工程进度要求，结合深孔爆破和孤石解爆技术，研究采用全孔一次爆破技术。采用全孔一次爆破的关键是控制钻孔孔斜和确定装药量及起爆方法。通过试验，本工程预爆孔孔斜严格控制不超1%，装入2～3kg/m的炸药，采用电雷管全孔一次起爆。全孔一次爆破法保证了孤石的破碎效果，加快了施工进度。

（2）预灌浆技术。为充填地层中存在架空和强漏失孔隙，避免防渗墙造孔过程中发生漏浆塌孔事故，沿防渗轴线上游、下游各布置一排灌浆孔，孔距为2.0m，排距为1.8m，三角形布置，孔深70～80m。

防渗墙预灌浆常规灌浆方法一般采取拔管灌浆法，但由于预灌工程量很大，采用传统方法不能满足工期要求，因此借鉴覆盖层预埋花管灌浆法，研究简易花管灌浆法，即采用跟管钻进法钻孔，下设花管，然后采用自下而上分段卡塞灌浆法灌浆。灌浆浆液采用水泥黏土浆，灌浆段长5.0m，灌浆结束标准为：压力达到0.5MPa，流量小于10L/min或灌注总量达到2.0t/m，即结束该段灌浆。预灌浆浆液配比见表3。

表3　　预灌浆浆液配比表

灌注浆液		水泥黏土浆		
水固比		0.4∶1	0.4∶1	0.4∶1
配合比	水泥	1	1	1
	黏土	1	1	1
	水	0.8	0.8	0.8
	水玻璃	—	0.05	0.1

采用预灌浆处理后，在防渗墙造孔过程中，仅发生3次较大漏浆情况，但未引起塌孔事故，架空及强漏失情况得到很好解决。

5.1.2 钻孔成槽技术

目前，对于深度超过100m的防渗墙，钻孔成槽方法主要有钻劈法或改进钻劈法、钻抓法和铣槽法，根据本工程的地层特点和以往施工经验，本工程钻孔成槽采用改进钻劈法施工。钻进过程中采用了平打技术、分段钻劈、钻孔爆破、快速堵漏等技术，保证了钻孔成槽施工的顺利进行。

钻孔成槽主要施工设备采用ZZ-6A重型冲击钻机施工，其主要性能参数见表4。钻头针对堰塞体地层的特点，结合平底钻和十字钻的优点，特研制加工了实心多角钻头，该钻头设置 4 个水口，水口宽度 12cm，钻头底部空心达到 28cm，冲击刃角由斜面变为弧面，改善了钻头的受力结构，提高了钻进工效和槽壁稳定性，保证了槽孔质量。实心多角钻头结构图见图 2。

表 4　　ZZ－6A 型冲击钻机主要技术性能参数

项　　目	技术参数	项　　目	技术参数
钻孔直径	600～2500mm	冲击次数	36～42
钻孔深度	300m	钻机重量	8t
配用动力	75kW	桅杆高度	8～12m
大卷提升力	8t	钻具重量	5500kg

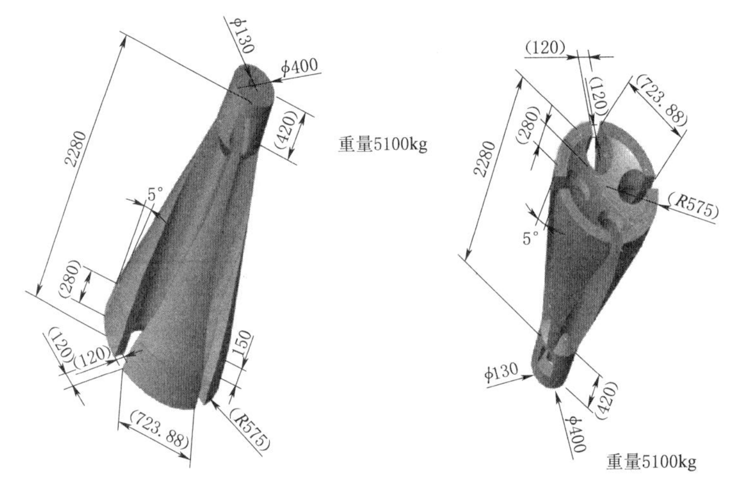

图 2　实心多角钻头结构图

5.1.3　混凝土防渗墙接头施工技术

在国内水利水电工程中，超过 100m 深墙的接头方式必须采用“接头管法”，主要设备为我公司研制的 YBJ 系列卡键直顶式大口径液压拔管机，解决了超深防渗墙施工的瓶颈，为国内防渗墙的发展做出了突出贡献。本工程采用了拔管与扩孔结合的接头施工方法，防渗墙厚度为 1200mm，拔管直径采用 900mm，然后采用 1200mm 直径钻头进行扩孔，形成接头孔。本工程开发了智能化拔管机，拔管机采取抱、卡结合方式，由单片机中的专家系统判断起拔时间并自动起拔，发生压力异常自动报警，减少了人为失误，提高了接头孔施工成功率。智能拔管机主要技术参数见表 5。

表 5　　智能拔管机主要技术参数

项　　目	单　　位	指　　标
电机功率	kW	45＋11
抱紧力	kN	2450

续表

项　目	单　位	指　标
垂直起拔力	kN	3780
垂直提升速度	mm/min	580
垂直下降速度	mm/min	1100
油缸行程	mm	750
拔管直径	mm	800～1200
工作时外形尺寸	mm×mm×mm	2200×2200×1770
单台重量	kg	1370

5.1.4　护壁泥浆研究

目前国内防渗墙施工护壁泥浆主要有膨润土泥浆、黏土浆、正电胶泥浆、化学浆等，在分析了各种护壁泥浆优缺点后，选取了正电胶泥浆、普通膨润土浆和石灰泥浆综合使用的方案，即钻孔底部采用石灰泥浆，加快钻进速度，下部采用正电胶泥浆前期护壁，上部采用普通膨润土泥浆保持槽孔稳定。泥浆综合使用既保证了槽孔安全，利于清孔和混凝土浇筑，又节约了成本。正电胶泥浆和普通膨润土泥浆性能见表 6。

表 6　　　　固壁泥浆性能

项　目	密度 /(g/cm^3)	漏斗黏度 /s	塑性黏度 /(mPa·s)	失水量 /(mL/30min)	10min 静切力 /(N/m^2)	pH 值
正电胶泥浆	1.05	40～50	7～9	19～21	8～14	9.5
常规泥浆	1.06	34～46	5～7	11～16	4.6～11.2	9.5

5.1.5　预埋灌浆管新技术

预埋灌浆管的常规做法为采用框架桁架进行横向定位，但在以“劈钻法”施工的防渗墙中，尤其在大孤石地层，经常出现预埋管成活率低的问题，给后期的墙下灌浆埋下隐患。为避免该问题的发生，本工程研究采用了一种新型预埋管定位方法，变横向定位为竖向定位，减小了定位架与孔壁的剐蹭概率，取得了很好的效果，成活率达到 98%以上。预埋管定位架示意图见图 3。

5.2　覆盖层帷幕灌浆新技术

5.2.1　灌浆方法

目前覆盖层灌浆方法主要有循环钻灌法（也有叫边钻边灌法）和袖阀管法两种灌浆方法。本工程由于覆盖层深厚，达到 125m 以上，全孔采用循环钻灌法容易发生失水回浓和铸钻事故，而采用袖阀管法，由于在小型隧洞内施工，不仅没有合适的跟管钻进设备，而且由于地层深厚，块石含量高，跟管钻进深度一般只能达到 40～50m 深度，因此本工程采用了袖阀管法与循环钻灌浆法相结合的综合灌浆方法，即上部 40～50m 深度采用袖阀管法，下部采用循环钻灌法，顺利完成了深厚复杂覆盖层的帷幕灌浆施工。

5.2.2　灌浆材料

红石岩覆盖层孔隙差异大，既有上部大孔隙地层，也存在下部较密实地层，因此，灌浆浆液采用的跨度范围很大。具体使用原则为：上、下游排采用膏状浆液，中间排大部分

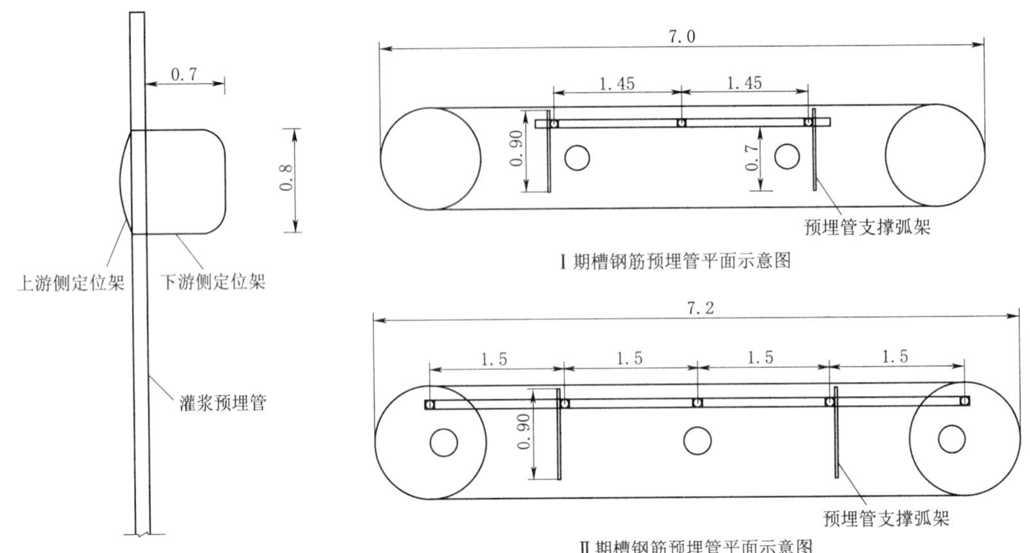

图 3　预埋管定位架示意图

采用普通水泥浆液灌浆，Ⅲ序中砂层采用了创新产品 HSS 型高强硅溶胶灌浆材料，其技术指标见表 7。

表 7　HSS 型高强硅溶胶灌浆材料技术指标

项　目	条件或要求	技术指标
黏度/(mPa·s)	20℃（配浆毕）	1.0～10.0
浆液操作时间/min	视硬化剂掺量而变化	3～180
充分固化时间/h	视硬化剂掺量而变化	3～24
抗压强度/MPa	固砂体	5.0～10.0
渗透系数/(cm/s)	固砂体	10^{-10}～10^{-7}
抗挤出破坏比降	凝胶体	≥600

6　施工质量

6.1　防渗墙施工质量

槽孔质量不仅对孔形、孔深、孔斜等指标进行了检查，还增加了试笼连通性检查项目，合格率达到 100%。防渗墙墙体检查按《水利水电工程混凝土防渗墙施工技术规范》（SL 174—2014）要求进行了钻孔取芯、混凝土强度、抗渗性能及接头质量检查，合格率 100%，防渗墙质量满足设计要求。

6.2　帷幕灌浆施工质量

帷幕灌浆主要进行了压水试验检查，合格率达到 95%以上，帷幕灌浆质量满足设计要求。

6.3　渗漏量

红石岩水库 2019 年 12 月下闸蓄水完成鉴定，目前已完成蓄水，首台机组已发电，坝后量水堰尚未产生明流，证明防渗体系防渗效果良好。

7 结语

堰塞体地层为山体自然崩塌形成的堆积体，地层深厚，条件复杂，防渗墙和帷幕灌浆施工难度很大，属世界级难题。在充分总结超百米深墙施工经验的基础上，针对堰塞体地层的特点研制了两种新设备：低净空跟管钻机和智能化拔管机，研究了预爆破、预灌浆、防渗墙接头、预埋管下设、综合帷幕灌浆方法等系列施工新技术，研究了 HSS 高强硅溶胶新型灌浆材料，圆满完成了红石岩堰塞体地层防渗体系施工任务。我国西南地区多高山峡谷，在地震、洪水等灾害发生时，容易形成堰塞湖，本次红石岩堰塞体防渗体系的施工技术和成功经验，为堰塞湖的整治提供了一个新渠道，具有广阔的使用前景和较大的推广价值。

参考文献

[1] 宗敦峰，等. 超深与复杂地质条件混凝土防渗墙关键技术［M］. 北京：中国水利水电出版社，2017.

[2] 高钟璞，等. 大坝基础防渗墙［M］. 北京：中国电力出版社，2000.

[3] 张瑞. 深覆盖层防渗墙施工过程中槽孔稳定关键影响因素研究［D］. 西安：西安理工大学，2010.

振冲工程

陆上干法底部出料碎石桩在香港某工程的应用

杨　冲　聂子超　张可强

（中电建振冲建设工程股份有限公司）

【摘　要】本文根据香港某工程陆上干法底部出料碎石桩项目的实际施工情况，对工艺、设备、施工程序等部分进行论述，给类似工程提供参考。

【关键词】陆上干法底部出料　碎石桩

1　引言

振冲工法作为一种地基处理的方法，在振冲器水平振动和高压水/气的共同作用下，使松散碎石土、砂土、粉土、人工填土等土层振密；或在碎石土、砂土、粉土、黏性土、人工填土、淤泥土等土层中成孔，然后填入碎石等粗粒料形成桩，和原地基土组成复合地基。相较传统振冲工法，干法底部出料碎石桩施工采用压力仓输料底部出料作业，将碎石通过下料管直达孔底，避免在淤泥质土层时，石料难以随振冲器下到孔底。同时，采用空气代替水输送石料，减少了污水及泥浆的产生，可实现绿色环保施工。

2　项目概况

项目位于香港某河套地区。该河套生态区环岛路堤的下方采用振冲干法底部出料碎石桩进行地基处理，对路基进行加固，并形成良好的排水通道，提高地基承载力，处理深度为圆锥静力触探方法（CPT）锥尖阻力（Q_c 值）大于 10MPa。因临近深圳河，绿色环保施工尤为重要，因此采用干法底部出料碎石桩进行施工。

2.1　工程地质条件

本工程典型的地质条件描述如下：

（1）回填层。回填层主要有红色、灰色、红棕色、浓黄色等粉质、砂质黏土，细砂至粗砂；砾石，岩石碎屑等，深度为 2～5m。

（2）河相沉积层。坚固、蟹青色，粉质黏土，灰色，黏质粉土，夹杂细至粗砂，偶见石英碎屑；深度为 3～10m。

（3）海相沉积层。软至坚固，深灰色，砂质粉质黏土，夹杂砾石及石英碎屑，偶见贝壳；深度为 10～20m。

（4）黏土冲积层。坚固至坚硬，灰色，粉质黏土，中间夹杂细至粗砂，中等密实；10～20m 左右。

2.2 技术参数

主要技术参数如下：

（1）设计桩径为1000mm。

（2）布桩形式为1.7m×2m矩形布桩。

（3）碎石桩处理深度约10～20m，取决于该区CPT结果Q_c值大于10MPa深度。

（4）桩位偏差控制在±300mm以内，垂直度小于1/20。

（5）碎石桩成桩直径不得小于理论值的95%。

3 施工设备

施工设备选择适应现场作业区范围及地基土的物理学性质。本项目考虑沿轴线布桩形式，设备移动需求较少，且为安全稳固施工，采用JB160步履式打桩架及配套底部出料设备（图1）进行作业。

3.1 专用设备

（1）双锁压力料仓。该压力仓系统是采用空压机辅助设备提供气压，通过过渡仓及压力仓中的控制阀门实现石料的垂直输送，并在料管内形成持续稳定的气压，辅助石料进入振冲施工所形成的空腔内，确保顺畅下料，同时防止孔内泥土、水倒流入石料管内，保证桩体质量。

该双锁压力仓在港珠澳大桥人工岛碎石桩项目上得到了成功应用，并进一步进行了优化，具有施工工效更高、维修故障率低等优点。

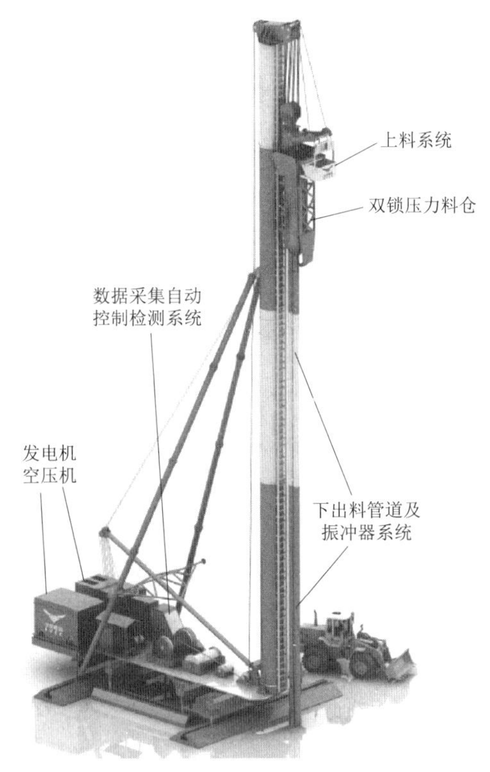

图1 干法底部出料碎石桩设备

（2）下出料管道及振冲器系统。该下出料管道，由导杆、下料管及料管减震器组成。料管配备旁通气管，可解决干法造孔过程中冲击力不够的情况，提高造孔效率。在充分考虑耐久性及施工性能要求下，振冲器系统由180kW振冲器及主减震器组成。

（3）上料系统。上料系统由卷扬机、提升料斗及控制手柄组成，配合数据采集系统称重传感器使用。

（4）数据采集自动控制监测系统。数据采集自动控制监测系统由PLC、数据采集器、工业平板三大模块构成，其中PLC完成测深编码器高速计数和转角-深度值转换、各输入开关量监测及输出开关量的逻辑控制，加料过程的程序控制。数据采集系统主要由电机启动器、平板电脑及各类传感监测器件组成，完成对振动制桩全过程的主要数据监测与记录；在施工过程中，数据采集系统通过深度传感器、称重传感器、压力传感器、电量传感器、倾角传感器、微波物料计来收集各种信息。

（5）步履式打桩架。采用上海工程机械厂生产 JB160 打桩架配套使用。该桩架配置精良、性能优越、工作稳定可靠、实用性广、安全文明、低碳节能、符合环保要求，适应各种桩基施工需求，尤其能满足深基础施工，具有高稳定性。

3.2 通用设备

（1）发电机。为振冲器提供电动动力，按照振冲器及其他用电设备的功率，并且考虑控制声音、降低噪音要求，本工程选取超静音 500kVA 的发电机。

（2）空压机。采用压力 $24m^3$、12kgf/cm 的空压机供应压缩空气到压力仓，通过双阀门装置确保钻孔内空气压力时刻保持连续供给，不致振冲器端部泥水进入料管内。石料在辅助压缩空气的推动作用下通过导料管到达振冲器端部。

（3）装载机及挖掘机。采用 ZL30 正铲侧翻式装载机上料，具有上料速度方便快捷的优点。采用挖掘机进行碎石垫层的开挖及场地平整工作。

4 施工流程

4.1 工艺流程

干法底部出料碎石桩施工流程见图 2。

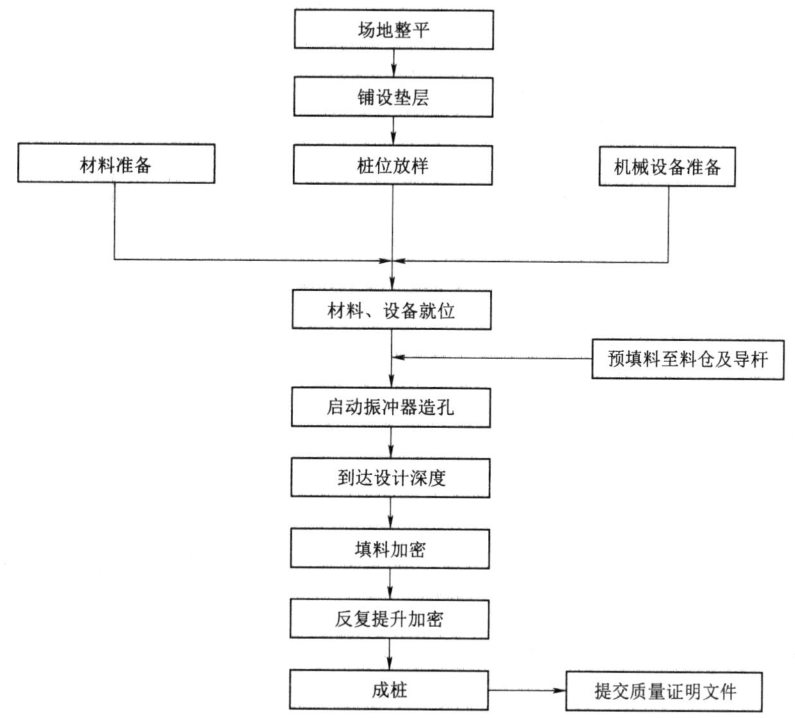

图 2 干法底部出料碎石桩施工流程

4.2 施工过程

（1）场地整平。在碎石桩施工前，在现有地面上铺设土工布和石料垫层，土工布和石料垫层的铺设不能对碎石桩施工产生不利的影响，土工布需要满足 Type Ⅰ类型最低要求。

（2）测量定位。测量定位采用 GPS 定位仪 RTK 定位方法，数据采集自动控制监测系统中内置 GPS 功能。施工前，将坐标及桩号数据导入数据采集自动控制监测系统中，可在该系统生成对应坐标的桩位图（图 3）。通过 GPS 将振冲器对准桩位中心，桩机控制系统来调整桩机的垂直度。

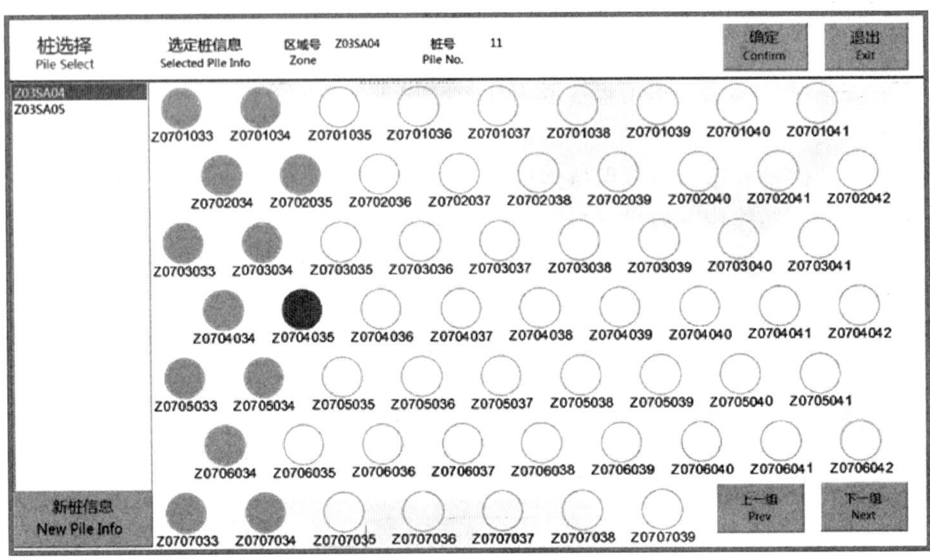

图 3　GPS 选择桩号界面示意图

（3）造孔。

1）造孔前，预填料至料仓及导杆内（预填料将导杆内部全部填充，料仓内部填充一半），可以增加自重便于造孔，同时可以避免造孔过程中淤泥等倒灌下料口内。

2）开启振冲器及空压机造孔，压力仓控制阀门应处于关闭状态，风压为 0.2～0.5MPa，风量 24m^3/min。

3）造孔至硬层时，可借助旁通气管输压协助振冲器造孔至设计桩底标高。

4）振冲器造孔速度不大于 1.5～3m/min，深度大时取小值，以保证制桩垂直度。

5）振冲器造孔直至设计深度。造孔过程应确保垂直度，形成的碎石桩的垂直度偏差不大于 1/20。

（4）填料及加密。

1）在保持振动同时，通过提升料斗上料，并通过振冲器顶部集料斗、转换料斗过渡至压力仓，形成风压底部干法供料系统，填入碎石骨料。

2）振冲器匀速上提升 500～1000mm，石料在下料管内风压和振冲器端部的离心力作用下贯入孔内，填充至提升振冲器所形成的空腔内。

3）振冲器再次反插加密，形成密实的桩体。

4）在振冲器加密期间，需维持相对稳定的气压 0.2～0.5MPa，保持侧面的稳定性并确保石料通过环形空隙，达到要求的深度。

5）第二次填料，提升振冲器 500～1000mm，重复以上加密过程。

（5）成桩。

1）重复上述填料加密工作，直至达到碎石桩桩顶高程。

2）关闭振冲器、空压机，制桩结束。

（6）提交质量证明文件。碎石桩施工质量证明文件由数据采集自动控制监测系统自动生成。数据来源为施工过程中数据监测采集，对碎石桩桩位、总填料量及每米填料、倾斜度、桩深、电流、气压、时间等进行实时的监测，通过上述监测，对每根碎石桩质量实施全过程的监测及控制，碎石桩质量控制完全可以确保设计要求。碎石桩施工记录见图 4。

合约编号	YL/2017/03	设备名称	SC3
桩号	Z06 _ 02066	地面标高/mPD	5.37
开始时间	11：55	设计桩底标高/mPD	−10.006
结束时间	12：24	处理深度/m	15.68
坐标	E：826586.939 N：842346.296	天气	晴
垂直度/（°）	0.51	实际桩底标高/mPD	−10.31
造孔时间/min	8	加密时间/min	21
处理障碍物	不适用	处理障碍物	不适用
平均桩径/m	1.00	填料量/m^3	12.38

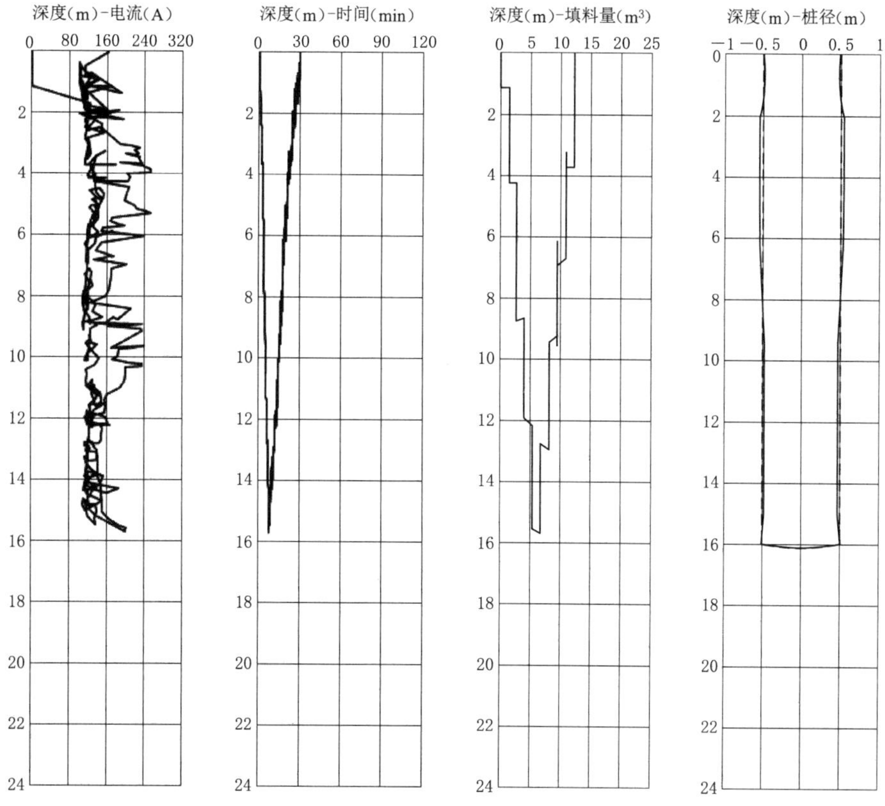

图 4　碎石桩施工记录

5 结论

香港某河套地区采用陆上干法底部出料碎石桩工艺很好地解决了下料困难的问题，同时兼顾绿色环保要求，且具有造价低廉、施工简单的优越性，成桩速度快、质量有保证、密实度和均匀性好，具有推广价值。

振冲碎石桩结合褥垫层加筏板基础在房建地基中的研究和应用

刘全超　金　昊　任　烨　贾贺军

（中国水电基础局有限公司）

【摘　要】 地基处理在房屋建筑中属于关键性工程。遇到深厚砂砾层、排水不畅、地震液化的不良软基，存在地基承载力低下，不均匀沉降，滑坡、失稳等地质灾害隐患，难以满足房屋建设要求。采用振冲碎石桩结合褥垫层加筏板基础相结合而形成的复合地基，可有效解决地层排水不畅，消除地震液化，满足房建地基承载力等问题，经济快速合理，类似不良地基处理可借鉴应用。

【关键词】 振冲碎石桩　地震液化　褥垫层　筏板　房建基础

本项目研究以乌东德水电站四川省会理县移民安置工程为依托。移民安置作为水电站的建设的一项重大工程，云兴安置点为本工程其中一个安置点，移民搬迁时间节点即将到来，剩余房屋建设、场内道路、给排水等基础设施工程量大，所剩工期较少。场地地层较为复杂，以洪坡积砂土地层为主，场内砂积层较厚，排水不畅，存在严重地震液化，对基础设施和房屋建筑带来严重威胁。面临工期紧、任务重、技术难度大等问题，液化地基经济快速处理成为制约后续基础工程建设的一个关键性技术问题。

1　工程概述

1.1　工程简介

云兴移民安置点位于四川省凉山州会里县云甸镇中部云兴村内，是乌东德水电站建设征地移民安置点之一，居民点人口规模为 91 户 345 人，为安置农村移民的大型村。其中 3 人户 42 户，4 人户 26 户，5 人户 23 户，其宅基地分别为 90m 基地户、120m 地分户、150m 地分户。居民点规划建设用地面积为 26128m^2。安置点建设包括场平工程、房屋建设工程、场内给排水管网、道路工程、强弱电工程、环卫绿化工程。

1.2　地形地质条件

场区范围总体处在摩挲河二级阶地面上，为一倾向南西侧的斜坡，平面上近似椭圆形，长轴方向约 400m，短轴方向约 300m。地形平缓，坡度一般为 5°～10°。安置点建设分布高程为 1355～1370m，地形总体坡度为 6°左右；安置点场地多为水田，呈阶梯状地形，阶梯高差一般以 1m 为主。

建设场地地表以第四系洪坡积层（Q^{pl+dl}）地层为主，主要为砂质粉土夹砾石、碎石等。

表层 3m 厚左右主要为黄褐色砂质土；黄褐色砂质土层之下总体为灰黑色砂质土夹碎砾石层，厚度一般为 25～30m 左右，该层大体岩性与顶部岩性相似，砂以中粗砂为主，主要为花岗岩风化颗粒。下部基岩为昔格达组及花岗岩构成。

1.3 水文地质与气象方面

（1）地表水。场区内地表水系发育，主要为自然河流沟谷和人工水系。安置点以西 200m 左右摩挲河自南向北流经，为区内最大地表水系，河谷较为平直，阶地发育，向东西两侧延展 0.5～0.8km 左右，河谷高程最低为 1295m，一般为 1310m 左右，为区内最低排泄基准面。摩挲大堰从摩挲河引水，流经贯穿安置点全境，宽 2m，深 3m，流量 $0.192m^3/s$，现渗流较为严重，为场区内主要水系来源。场区范围总体处在摩挲河二级阶地面上，承压水分布范围未在整个场地内分布，仅分布于古冲沟一带，且承压水水头仅高出地表 0.5m 左右，对场地稳定影响不大。

（2）地下水。场内地下水分为孔隙水、基岩裂隙水两类。孔隙水是区内地下水主要赋存形式，主要赋存于第四系松散层中，与摩挲河建立直接的水力联系。裂隙水主要赋存于花岗岩裂隙中，接受大气降水的补给，受岩性及风化构造等影响。区内花岗岩裂隙发育，裂隙水较为丰富。

（3）气象。云兴安置点年均气温 8～12℃，年降雨量为 1000～1300mm，雨季 6—10 月降水最为集中，占全年降水量的 80%以上。

1.4 地震情况

云兴安置点属于凉山彝族自治州会理县，属于攀西地区腹心地带，在历史上是一个多地震的地区，据统计，从公元 624 年到 2008 年，凉山境内便发生过大于 4.7 级的地震 73 次，大于 7.0 级有 3 次，最大为 7.5 级。该地区受川滇地区地震带影响，余震频繁。

2 地震液化及对本工程的影响

土是一种多相多孔的固体状介质，一般情况下处于一种稳定的结构状态，当土体内部固相和液相的受力状态发生改变，就会导致土结构的破坏，强度或承载力急剧下降。饱和砂土、粉土，在地震短暂振动、地层排水不畅的条件下，土中的孔隙水压力升高，有效应力相应降低，在极端情况下，不仅全部外力由水来承担，而且砂土的重量也加到水上，形成了颗粒的悬液。从而导致土体不再能抵抗它原来所能安全承受的作用剪应力，形成液化流动破坏，称为液化现象。

安置点场区为砂质土夹碎砾石地层，由于场区地表水系发育，地下水埋深浅且存在局部承压水分布影响。表层砂土颗粒级配和力学参数本来较差，容易液化，场区地层排水路径不畅通，孔隙水压力上升，加之地层受地震带历史长期频繁震动，致使砂土有效应力降低为零，呈液体流动状态，形成地震液化层。且基础设施建设布置在斜坡之上，斜坡液化土体分部范围较广，所以房屋建筑存在滑坡、失稳等地质灾害风险。经勘探，安置点中部液化较为严重，液化最大深度约 10m。安置点液化程度区域见图 1。

3 安置点建设的制约因素

安置点建设内容及施工顺序为：场平工程→房屋建设工程→场内给排水管网→道路工

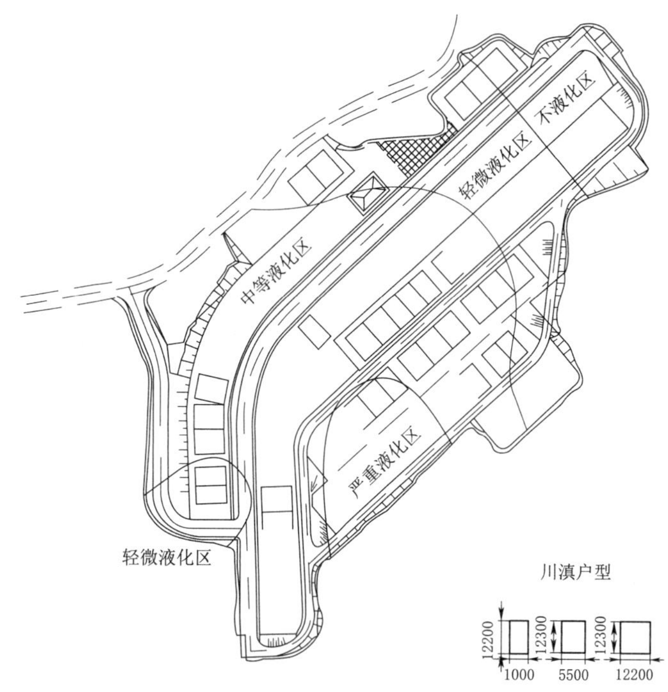

图 1　云兴安置点液化程度区域分布

程→环卫、绿化工程。

云兴安置点场平工程于 2018 年 6 月 11 日开工建设，因施工正值雨季，且过境摩挲河流渗水严重，场区内地下水丰富，局部泥质含量较高，机械无法开展大面积施工作业，经研究，在场区后缘设置临时截水沟和盲沟、场区内设置集水井等方式进行临时降排水，解决了安置点后大量渗水的问题，期间开展了场平土石方开挖、浆砌石挡墙等施工，于 2018 年 12 月 10 日完成场平交付。

2019 年 2—5 月，地勘单位对安置点重新进行了钻孔勘探，确认安置点地层存在不同程度地震液化，且地下过境水丰富，存在地基失滑地质灾害隐患。乌东德水电站 2019 年 11 月 20 日下闸蓄水，此前移民必须从库区搬出，安置点房屋建设、给排水管网、场内道路、环卫和绿化剩余工程量较大，面临建设工期紧、任务重，地基处理问题成为安置点后续工程的关键制约因素。

4　处理方案的比选

4.1　消除地震液化技术方案选择

综上分析，本工程场区产生液化的主要原因为：①砂土级配差，密实度低；②地下水位高，排水条件差；③可液化土层埋深浅，上覆压力小；④地处川滇地震带，历史震动频繁。

地基处理必须解决：①消除地震液化问题；②地下水渗流畅通问题；③满足房建承载力要求；④投入较小；⑤缩短工期。

常用的液化处理方法有：注浆法、围封法、强夯法、砂桩挤密法、换填法、碎石桩排水法。

根据常用的地震液化处理方法进行对比，因地制宜挑选经济合理的处理方案。

（1）注浆法、围封法。是通过液体胶凝材料填充松散结构体，固结形成一个封闭胶结岩体，起到抗渗稳定作用，效果较好，但胶凝材料为水泥，本工程处理深度较深，投入造价较高，从经济上考虑不适宜。

（2）强夯法。强夯法处理砂土液化的原理是提高砂土的密实度。可快速经济完成浅层软弱地基加固，但本工程地震液化层较深，且地下水丰富，起不到治本作用。

（3）砂桩挤密法。通过振动冲击和挤实作用，增加被加固土层的密实度，降低地基液化的可能性。因本地层本来为地震液化砂地层，再把砂振冲挤入地层，起不到消除地震液化的作用。

（4）换填法。是将基础底面以下一定范围内的可液化土层挖走，然后分层填入强度较大的砂、碎石、素土、灰土及其他性能稳定的材料，并夯实至要求的密实度。此种方法原理相对简单，根据实际工程情况，选择垫层种类即可，但多适用于中小型建筑场地。因本工程液化地层深度较深，地下水埋深较浅，无法全部挖除换填，不适用此工程。

（5）碎石桩排水法。碎石桩排水法处理砂土液化的原理是提高桩间土的密实度，并改善地基的排水条件。适用于埋藏较深的具有较大厚度的饱和砂层的防液化处理，并适用于强震区经密实处理难以达到临界密实度要求的地基。

振冲法具有机具较简单、费用低、不需固结时间、处理深度较深等优点，能够提高地基承载力。且碎石桩提高桩间土的密实度，并改善地基的排水条件，减少孔隙水压力，从根本上消除地震液化。

通过以上常用方法对比，振冲碎石桩法方案消除本工程地震液化可行且最优。

4.2 满足房屋承载力方案选择

（1）为使桩土共同承担载荷，在桩顶设置褥垫层。基础下设置褥垫层，桩间土承载力的发挥就不单纯依赖于桩的沉降，即使桩端落在较硬土层上，也能保证荷载通过褥垫层作用到桩间土上，使桩土共同承担荷载。

（2）筏板基础。因安置点房屋载荷较大，软弱复合地基承载力较差，采用混凝土底板，承受建筑物荷载，形成筏基，其施工简单、整体性好，能很好地抵抗复合地基不均匀沉降。

满足房屋承载力采用桩间褥垫层和筏板基础处理。

5 方案实施设计

根据以上比选，可选用实施振冲碎石桩方案以消除地震液化，选用实施“褥垫层＋筏板基础”方案以满足房屋建筑复合地基承载力的要求。具体设计方案为：正方形布置振冲碎石桩，桩径 1m，桩间距 2.3m，从地面起算桩长 12m；振冲碎石桩处理范围为：在房屋基础外扩 2 排桩，桩体材料采用含泥量不大于 5%的碎石，填料粒径为 40～150mm。

桩体施工完毕后，将顶部预留的松散桩体挖除，为保证复合地基的桩土共同承担荷载，在桩的顶部设置厚250mm的粗砂褥垫层，桩顶深入褥垫层100mm，褥垫层的夯填度不应大于0.9。方案布置剖面图见图2。

施工完毕后，应对桩间土进行标准贯入试验。标准贯入锤击数检测试验应符合《岩土工程勘察规范》(GB 50021—2001)的有关要求，检测位置在桩间土的中心。各深度标准贯入锤击数不应小于表1中的数据。

此外对桩体材料进行重型动力触探试验，要求重型动力触探试验 $N_{63.5}\geqslant 20$ 击。

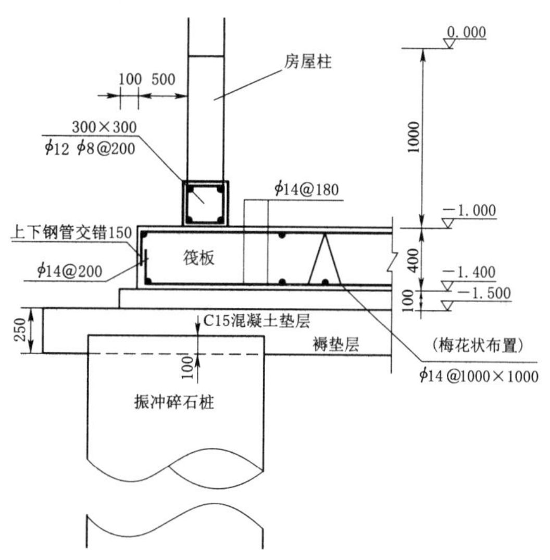

图2 振冲碎石桩+筏板基础剖面图

表1 标准贯入锤击数临界值表

深度/m	标准贯入锤击数临界值	深度/m	标准贯入锤击数临界值
3	5.3	8	9.03
4	5.54	9	10.65
5	6.97	10	8.85
6	9.07	11	8.16
7	8.01	12	14.13

6 生产性试验施工

生产性试验采用4×4=16根桩，孔深为15m，布置形式见图3。

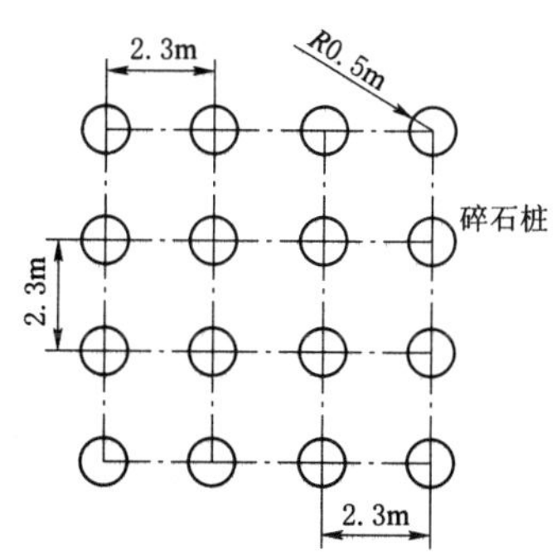

图3 试验桩布置形式

施工时精准定位，桩位允许偏差为±50mm，垂直度允许偏差为±1%。施工时采用了75kW的振冲器进行施工，2d完成16根桩，各项指标均在控制范围内，碎石理论用量188.5m^3，实际用量234m^{3}碎石，施工完毕后进行以下检测：

(1) 桩间土的标准贯入锤击数实测值均大于液化判别标准贯入锤击数临界值，详见表2。

(2) 对16根桩进行了桩体重型动力触探试验，$N_{63.5}$最小值为21击，最大值为27击。平均值为23击，详见表3。试验检测均满足设计方案要求，说明此方案可行。

表 2　　桩间土锤击试验实测值统计表

深度/m	标准贯入锤击数临界值	实测值	深度/m	标准贯入锤击数临界值	实测值
3	5.30	8	8	9.03	17
4	5.54	12	9	10.65	16
5	6.97	14	10	8.85	19
6	9.07	15	11	8.16	19
7	8.01	13	12	14.13	20

表 3　　重型动力触探试验锤击数统计

桩号	设计要求锤击数	实测锤击数	结论	桩号	设计要求锤击数	实测锤击数	结论
Z-1	20	23	合格	Z-9	20	24	合格
Z-2	20	21	合格	Z-10	20	26	合格
Z-3	20	22	合格	Z-11	20	24	合格
Z-4	20	26	合格	Z-12	20	25	合格
Z-5	20	24	合格	Z-13	20	21	合格
Z-6	20	25	合格	Z-14	20	22	合格
Z-7	20	27	合格	Z-15	20	27	合格
Z-8	20	21	合格	Z-16	20	23	合格

7　工程经济效果

云兴安置点需处理的房屋基础为 20 户，振冲碎石桩共计 800 根桩，施工总造价 120 万元，1 个月完成，经过桩间土试验和桩体承载力检测，各项检测指标均满足设计要求。

褥垫层和房屋筏板基础 20d 完成，基础处理完毕后，进行了房屋建设和其他基础设施工程施工，房屋建筑完成后，对每户房屋设置了 6 个沉降观测点，2019 年 7—10 月（雨季 6—9 月）进行了 3 个月的房屋沉降观测，每月观测一次，累计观测数统计见表 4，通过数据显示日沉降速率小于设计值 0.1mm/d，且各点累计沉降差异均匀，经过一个雨季的沉降观测分析，房屋沉降达到设计沉降稳定指标。满足移民搬迁入住条件。

表 4　　3 个月房屋累计沉降观测统计表

房屋号	累计最大沉降量/mm	累计最小沉降量/mm	累计最大沉降量差异/mm	日沉降量速率/(mm/d)	设计值沉降稳定指标	结　论
FW-1	5	2	3	0.033	<0.1mm/d	房屋沉降达到稳定期，满足移民搬迁入住
FW-2	4	0	4	0.044		
FW-3	4	2	2	0.022		
FW-4	3	0	3	0.033		
FW-5	3	2	1	0.011		
FW-6	6	4	2	0.022		
FW-7	7	3	4	0.044		

续表

房屋号	累计最大沉降量/mm	累计最小沉降量/mm	累计最大沉降量差异/mm	日沉降量速率/(mm/d)	设计值沉降稳定指标	结　论
FW-8	6	2	4	0.044	<0.1mm/d	房屋沉降达到稳定期，满足移民搬迁入住
FW-9	7	4	3	0.033		
FW-10	9	6	3	0.033		
FW-11	7	5	2	0.022		
FW-12	3	1	2	0.022		
FW-13	7	4	3	0.033		
FW-14	6	3	3	0.033		
FW-15	5	2	3	0.033		
FW-16	3	0	3	0.033		
FW-17	4	1	3	0.033		
FW-18	7	3	4	0.044		
FW-19	9	5	4	0.044		
FW-20	10	6	4	0.044		

不良地基快速处理，使水电站库区移民提前搬迁入住，进一步保证了乌东德水电站按期下闸蓄水的目标。此方案缩短了工期，推进了移民安置工程建设速度；经济合理，未突破规划概算；技术上消除和防治了砂积地震液化。

8　结论

通过振冲碎石桩方案的实施，消除和防治了坡积砂层排水不畅导致的地震液化的技术性难题；褥垫层和筏板基础，解决了软弱复合地基不均匀载荷问题，筏板基础满足了房屋建筑承载力和不均匀沉降要求。同时加快了工程进度，降低了工程造价，取得了良好的社会经济效益。

振冲碎石桩＋褥垫层和筏板的基础处理方案，可在类似条件下的工程推广应用。

质量管理监控系统在振冲碎石桩质量控制中的应用

藏成新[1,2]　张广彪[1,2]

（1. 中电建振冲建设工程股份有限公司；2. 北京振冲工程机械有限公司）

【摘　要】振冲碎石桩地基处理作为隐蔽工程，其施工质量控制较为复杂。应用质量管理监控系统对施工质量控制中的相关数据进行采集、分析及运用，对减少人为因素影响、保证施工质量具有重要意义。

【关键词】振冲碎石桩　隐蔽工程　实时数据　质量监控

1　振冲碎石桩施工质量控制的现状分析

一直以来，振冲碎石桩施工质量控制有如下若干个经验化特征。

（1）现场工艺试验。在振冲碎石桩工程桩大面积施工前，一般应在施工现场进行工艺试验，确定施工工艺和施工质量控制参数，但是现场工艺试验具有一定的局限性。另外，振冲碎石桩地基处理作为一种复合地基，是隐蔽工程，其质量控制环节具有复杂性和经验化特点，给最终的地基处理效果带来一定的影响。

（2）质量控制要素对成桩质量的影响。振冲碎石桩施工质量控制的要素有密实电流、留振时间、加密段长度及填料量等。

密实电流是控制振冲碎石桩施工质量重要的参数之一。其是指填料过程中，振冲器在某一固定深度上振动一定时间（留振时间）而稳定在某一数值的电流值，密实电流一般根据现场工艺试验确定，密实电流确定后，工程桩施工时调整的概率很小，大面积工程桩施工时，如土层的强度比现场制桩试验区域高，则更容易达到密实电流，从而填入的石料较少，形成的桩径也小，反之，填入的石料较多，形成的桩径也大。

实际工程中，尤其在地质条件比较复杂的工程中，由于地层情况的差异，使用由局部区域的工艺试验制定的单一施工参数进行施工所形成的桩体将会出现桩径大小不一的情况，如图1所示。

振冲碎石桩在土层强度变化的地层中形成的变桩径桩体是复合地基中粗颗粒桩的典型特征。

（3）振冲碎石桩的隐蔽工程特点。振冲碎石桩地基处理是隐蔽工程。要确保振冲碎石桩的施工质量，需要按隐蔽工程的要求，对工程进行科学管理。通常来说，要实现隐蔽工程的科学管理，需要满足三个条件，即施工方案的合理性、施工过程的可控性以及施工完成后的可追溯性。

然而，目前常用的施工过程控制手段难以满足以上所述的隐蔽工程科学管理的必要条件。其中最主要的原因是存在较大的人为因素影响。如图 2 所示。

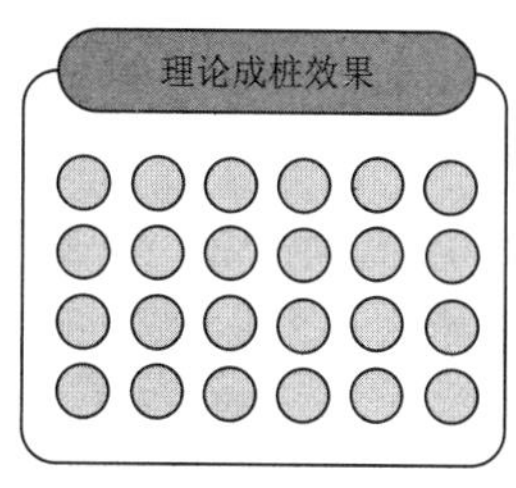

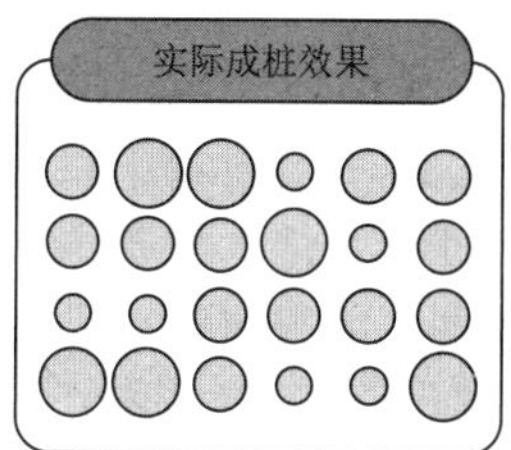

图 1　碎石桩成桩效果

图 2　振冲碎石桩施工的人为影响因素

目前，振冲碎石桩施工的制桩操作主要由吊车手完成。吊车手在制桩过程中的操作主要通过工作电流的变化和振冲器在施工中的表现，依据自身的施工经验完成。在同一工程中，不同的吊车手往往会有不同的制桩操作方式，即使同一个吊车手，在不同的时间段和不同的制桩点，操作手法也会有所不同。因此，振冲施工的质量可控性受人为因素影响较大。

另外，施工中的质量控制参数等过程数据是振冲碎石桩质量管理和质量追溯的重要依据。目前，振冲碎石桩施工中，大多由人工进行过程数据的记录。因而，记录数据的准确性和连续性难以得到保证，同时由于人工记录分散的各过程数据之间的对应关系难以直观体现，不方便施工技术人员和操作人员根据数据进行土层分析和施工质量分析，使得施工过程数据在施工质量控制中无法发挥其应有的作用。

2　振冲碎石桩施工质量控制中的数据

2.1　工程施工实时数据的作用和意义

准确的工程施工实时数据的采集对于振冲碎石桩的质量控制具有重要的意义：

(1) 有助于实现施工过程的质量监控和安全监控。在施工中，实时相关数据可作为指导施工人员进行合理操作的依据，帮助施工人员能够严格按照施工工艺、设计要求、施工流程合理操作、规范施工，保证施工质量，实现安全施工。

(2) 提供更详细的地质信息。获取准确的施工实时数据，施工人员能够更为详细地了解每一个桩点位置的地质情况，出现差异化时，可对比分析地勘报告的准确性和全面性。可起到对地质勘察结果的补充和验证作用。

(3) 桩体施工质量初步判断。通过施工实时数据，可以判断振冲碎石桩施工时是否按照既定施工质量控制参数和施工工艺施工，同时较精确地获取振冲碎石桩的平均桩径和实时桩径，从而达到初步评估振冲碎石桩的施工质量的目的。

(4) 施工数据汇总。施工实时数据库收集完毕后，通过后台专业的数据分析软件，可实现施工实时数据的汇总，并以图表形式呈现，更直观地体现单个桩点和整体施工的基本情况，以及各施工参数之间的相互对应关系，有助于施工人员对施工情况进行准确分析，同时也保证了振冲碎石桩隐蔽工程的可追溯性。

2.2 振冲碎石桩工程施工质量控制的数据及应用

施工质量控制的数据包含以下内容：成桩时间；振冲器成孔深度；振冲器造孔电流、填料密实电流；清孔时间及遍数；每次填料数量/单桩填料数量；成桩桩径等。

以上数据可通过综合图表形式建立起各数据间存在的一定的对应关系，如图3所示，通过对应关系，振冲碎石桩工程各方管理人员及施工人员可以直观、清晰、便捷地了解工程施工的相关信息。如：工程名称、施工单位、施工时间、工程地点等工程基本信息；振冲器的工作状态、振冲器工作电流随深度和时间的变化、加密段长度和留振时间、填料的时间和填料的次数、制桩的起始点和终止点等施工过程信息；造孔时间、清孔时间、填料密实时间、单桩时间等工效信息；作业人员对振冲设备的操作及施工工艺的实施等施工工艺信息；土层强弱及变化的地层信息；单桩数据统计、区域桩体数据统计、全部桩体数据统计等施工统计信息，等等。

施工质量控制数据的采集有着重要的意义，它使得作为隐蔽工程的振冲碎石桩工程对施工流程进行了全过程的跟踪“录像”，在需要的时候，可重新对施工过程进行全程或部分“重播”。这对于振冲碎石桩的质量把控和质量追溯能够起到积极的作用。

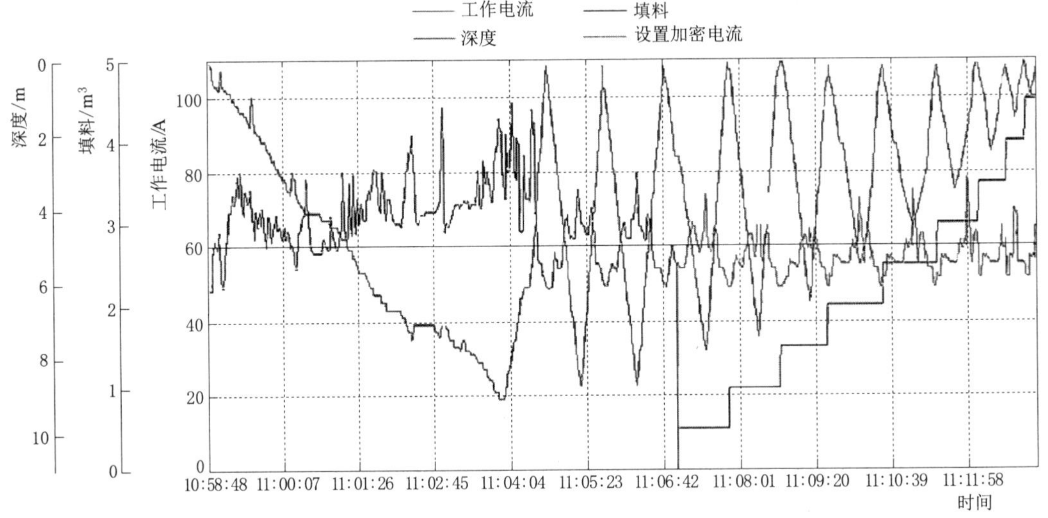

图3 振冲碎石桩制桩施工质量控制数据的对应关系

3 振冲碎石桩施工质量管理监控系统

可通过智能化的振冲碎石桩质量管理监控系统取代人工方式采集准确、连续、实时的施工质量控制数据。该系统除了具有采集施工实时数据的功能，还有控制振冲施工设备的启停、监控施工设备安全操作等延伸功能。

振冲碎石桩质量管理监控系统由控制终端、系统电控柜、传感器等硬件和施工管理上/下位机、绞车变频控制软件、GPS或北斗定位系统控制软件、数据存取及分析软件等软件组成。

图 4 为某工程中运用到的质量管理监控系统工作原理示例。

在此工程应用中，振冲碎石桩质量管理监控系统可以实现振冲碎石桩的深度检测、电流检测、石料称重监控、起重设备主卷扬和副卷扬张力检测、水泵出水压力监测、振冲器电机温度监测以及振冲器施工过程中的倾斜度监测控制，同时还可以控制对振冲器及其他主要配套施工设备（如水泵、空压机以及底部出料振冲器的料仓等）的启停操作。

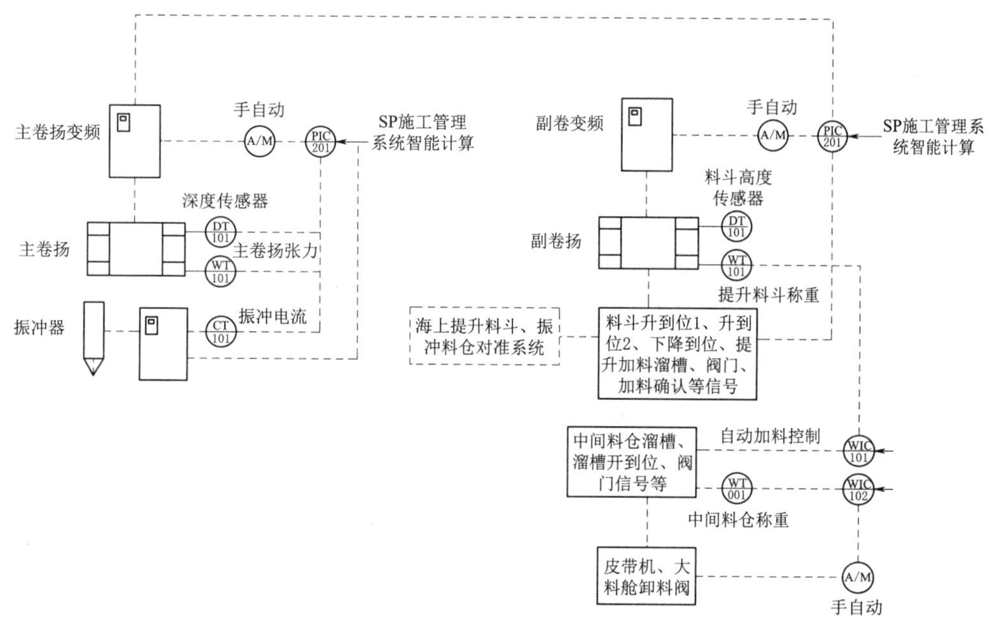

图 4　振冲碎石桩质量管理监控系统的工作原理

4　质量管理监控系统应用的实例

4.1　振冲碎石桩质量管理监控系统的应用

某集装箱码头底部出料振冲碎石桩工程，由于地质条件复杂，为更好地控制施工质量，要求施工过程中采用质量管理监控系统。

该系统的主要功能包括振冲碎石桩施工计划导入、GPS 桩机定位、成孔和填料密实自动控制、监测、信息采集、实时动态桩形图、施工报表及曲线定制输出（后处理系统）等。

质量管理监控系统工作的流程：

（1）准备工作。系统使用前，将振冲器及配套施工设备准备好，并确保供电、供水、供气系统处于正常工作状态，将质量管理监控系统控制柜的选择开关切换成自动位置。

（2）施工参数设置。系统开机后，通过菜单选择可以对设备工作参数、石料称重参数、桩体密实参数、其他参数进行设置，见图 5～图 10。

（3）桩位选择及定位。通过主界面的菜单，可选择桩位并进行 GPS 桩点定位，见图 11、图 12。

图 5　系统启动界面

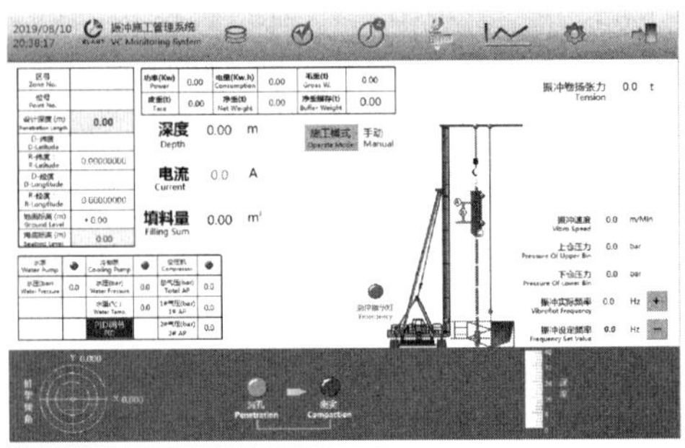

图 6　系统主界面

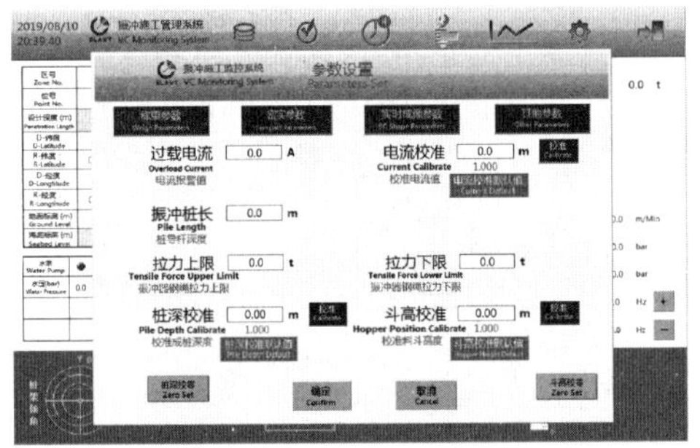

图 7　系统参数设置主页面

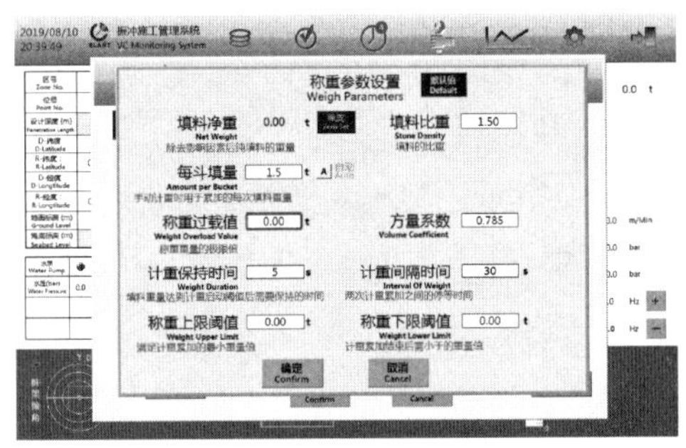

图 8　系统称重参数设置页面

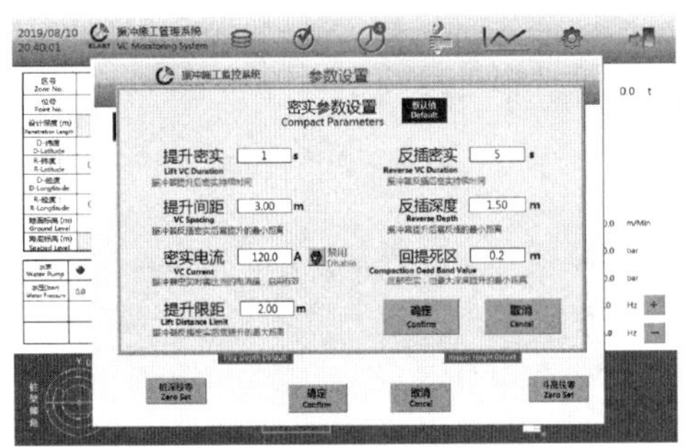

图 9　系统密实参数设置页面

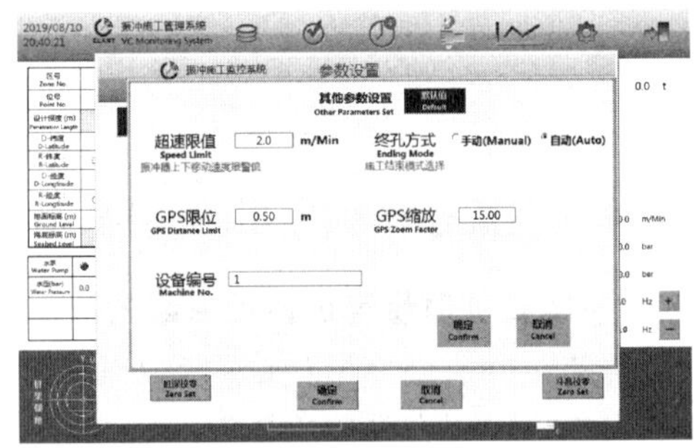

图 10　系统其他参数设置页面

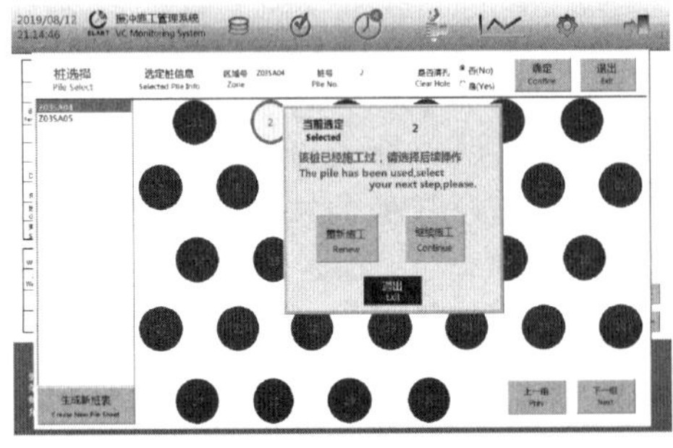

图 11　系统施工桩号的选取

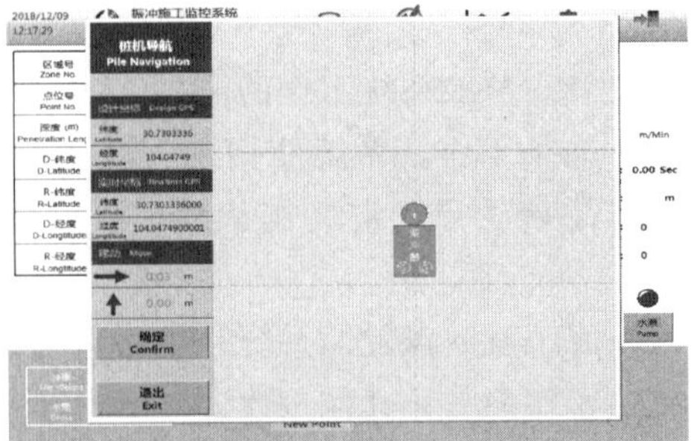

图 12　系统施工桩点的 GPS 定位

(4) 振冲碎石桩施工。施工过程中，系统将显示振冲设备的工作状态及参数、质量控制参数的变化情况以及施工的模拟动画图像，质量控制参数还可以通过图表直观的显示出来，见图 13、图 14。

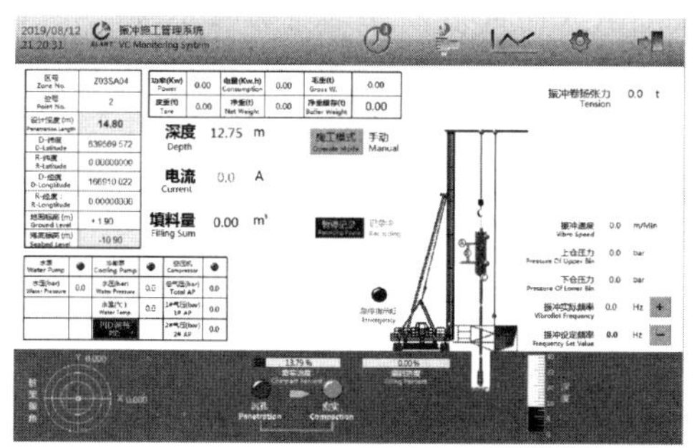

图 13　系统工作状态实时数据

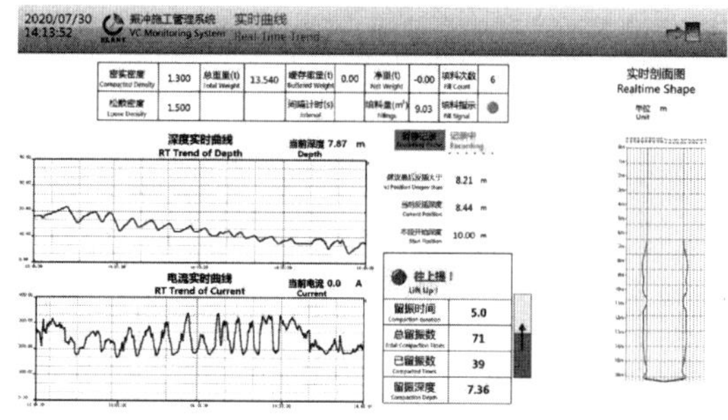

图 14　系统核心参数图表化显示

(5) 数据采集。项目管理人员或施工人员可将数据导出，并用分析软件进行后台处理，得到振冲碎石桩施工质量控制参数的综合曲线图表，见图 15。

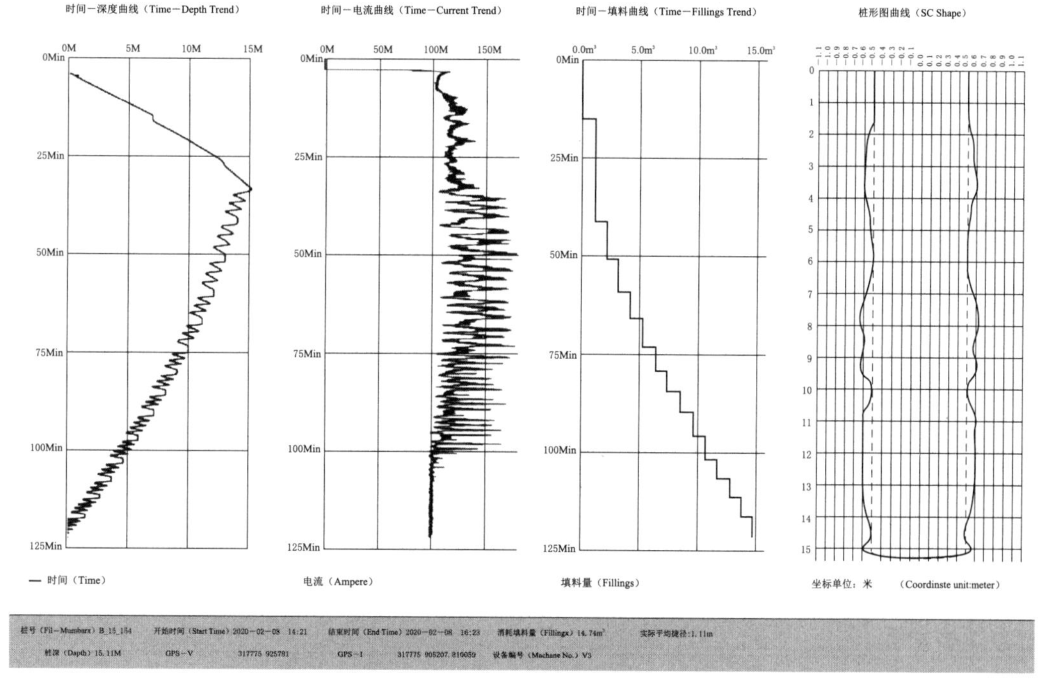

图 15　系统施工核心参数综合曲线图

4.2　振冲碎石桩质量管理监控系统应用效果

该项目中，振冲碎石桩质量管理监控系统的应用取得了良好的效果。相关人员通过分析所采集的数据，有针对性地提出部分优化方案，如将振冲碎石桩桩径由 700mm 调整为 1000mm，部分区域碎石桩桩长也进行了调整。在提高工效和施工安全性的同时，确保了振冲碎石桩的施工质量。

5 结论

振冲碎石桩工程作为典型的隐蔽工程，其质量控制要求高、复杂多变、不确定因素较多，给从业人员带来更高要求，将质量管理监控系统引入振冲碎石桩施工质量控制中，通过对施工过程数据的采集、分析、判断并运用到设计优化、施工管理等环节中，从而对减少人为因素的影响、保证施工质量具有重要意义。

自动化振冲挤密施工技术

赵 钦 赵 坤

（中电建振冲建设工程股份有限公司）

【摘　要】 以色列阿什杜德港地基处理，采用国内传统的分离式国内振冲挤密施工技术还较为原始，供电系统、供水系统、记录控制系统、行走系统各自分散，因此，为了尽量减少移动设备（搬家）的频率而节省用工时间，一般采用了尽可能加长供水系统与行走系统之间高压水管的长度的方法。在施工过程中，由于上述设备原因，水压损失较大，造孔速度缓慢，且加密过程中卡孔情况频发，施工效率极低，因此吸取了欧洲发达国家的施工经验，对设备进行改造，实现了水流水压的变频控制，以及全自动化管理，保质保量地完成生产任务。

【关键词】 振冲挤密　变频水压　自动化管理　海外施工　施工技术

随着国民经济实力快速增长和国内港口专业技术的飞速发展，地基处理施工行业逐步走向海外。为此，针对海外施工环境的地基处理施工技术研究尤为关键。

目前，国内振冲挤密施工技术还较为原始，供电系统、供水系统、记录控制系统、行走系统各自分散，因此，为了尽量减少移动设备（搬家）的频率而节省用工时间，一般采用了尽可能加长供水系统与行走系统之间高压水管的长度的方法。在施工过程中，由于上述设备原因，水压损失较大，造孔速度缓慢，且加密过程中卡孔情况频发，施工效率极低，采用此常规施工工艺难以满足施工要求。所以，寻找一种更加科学先进的施工工艺，是按时完成振冲挤密施工的必要条件。

1　工程概况

1.1　工程简介

以色列阿什杜德港大吹填区，位于阿什杜德港码头主体位置。

整个工程需振冲挤密处理约 1000 万 m^3 海沙，工后需进行静力触探试验（Cone Penetration Test，CPT）检测点位约 600 个。

1.2　技术要求

（1）根据技术规格书要求，场地标高须吹填到高程 2.0m，振冲挤密范围为从泥面（原海底面）以下 2m 至+0.5m。吹填料的细颗粒含量（粒径 d 小于 0.075mm）不大于 10%（根据吹填之前的 PSD 颗粒筛分试验所得），吹填区域出现淤泥夹层的厚度每 1m 高度段内不得超过 250mm。

（2）振冲挤密施工完成后，采用 Post - CPT（静力触探）试验进行工后检测，检测结

果中的相对密实度 D_r 应大于等于 70%。

2 工程特点及难点

2.1 工程特点

（1）工程量大：约 1000 万 m^3 海沙，实际工期仅有 40 个月。

（2）检测要求高：CPT 检测结果。

（3）沙中含泥较多：吹沙过程中出现部分含泥夹层，影响振冲挤密结果。

2.2 工程难点

（1）水泵压力过小，供水管径小，造孔效率低。

（2）卡孔情况频发，施工难度大。

（3）国内质量管理模式较为粗放，仅对工后检测结果有要求，而海外市场对振冲施工过程的质量控制把控更为严格。

3 施工工艺选择

根据本工程特点及难点，在此施工环境下，要想顺利完成施工任务，必须对施工设备进行改造，既能满足施工效率，又符合施工质量要求。通过分析调研，决定采用将供水系统、供电系统、记录控制系统与行走系统完美地整合到一起的新型振冲工艺。改造前后施工实拍图见图 1、图 2。

图 1 改造前施工实拍图

图 2 改造后整体施工实拍图

4 设备改造关键技术

4.1 供水系统改造

联系到国内专业的水泵生产商，针对振冲挤密须大水压穿孔、而加密时又须将水压降至很低的特性，从该水泵生产商处订制了当时还未投放市场的全新型号大功率多级离心泵，并要求生产商为该水泵量身打造了变频系统，使得该型水泵能在非常短的时间内随意调整水压大小。

订购全新大功率供水系统的同时，我们又从德国生产商处定制了适合于整套全新供水系统的具有高承压能力的大直径高压水管与卡扣。我们又为该套全新供水系统配置了电磁流量计、抗震压力表、气动阀、压力变送器、压力传感器等一系列先进的电子附属装置。

项目现场的人员对振冲器射水系统也进行改进。振冲器头部从原有的 1 个主射水口增加至 3 个，再配合全新大功率供水系统＋大直径供水高压水管，大大提高了施工时的穿孔速度。振冲器导管侧壁从原有的 1 个旁冲管增加至 2 个，且在旁冲管上加装了可向四周喷射水流的扇形喷嘴，用以提高振冲器在加密过程中对横向地层切割与扰动的能力，进而达到对砂质地层更加高效的液化处理效果。

4.2 供电系统改造

联系国内厂家，配置兼容变频水泵的电力系统，将操作系统集中到吊车后部，通过电力调节，控制水泵，进行造孔-加密的变频处理。

4.3 记录系统自动化改造

为了使全新供水、供电系统能与振冲挤密施工用自动记录控制系统完美结合，我公司又为自动记录控制系统特意设计编制了全新的操作程序，且将自动记录控制系统操作电脑集成安装于吊车驾驶室中，所有施工过程中的操作仅由吊车操作手一人即可完成。新自动记录控制系统在施工时可实时显示出电流、水压、流量与施工深度的关系，并能同时记录控制系统所生成的施工记录同时能记录穿孔、加密、留振等各施工阶段的能量消耗情况（图 3）。

为了方便现场技术人员与咨询工程师监督管理，还为现场技术人员配备了平板电脑（图 4），从自动记录控制系统制造商处定制了适合安装于平板电脑上的监控程序，该监控程序可与吊车驾驶室中自动记录控制系统操作电脑完美同步。现场技术、质检人员仅通过平板电脑就可在数十米外展开对振冲挤密施工过程的监控。此监控系统还预留了升级空间，可通过搭建网桥，将监控距离提升至数百米乃至数公里，即做到足不出办公室，便可监控现场施工质量与施工动向。

4.4 行走系统改造

为了提高振冲挤密施工系统整体的移动能力，还须将整套供电系统（包括发电机、电控柜等）集成安装在履带吊上，为此项目部联系到国内吊车生产厂家，由项目部提供吊车改造方案，即用钢梁加工成的供电系统承载支架替换吊车原有配重部件，再由吊车生产厂家专业工程师配合提供出详细的承载力计算书。

5 结语

以色列阿什杜德项目通过对设备进行优化升级，主要实现了以下新功能：

（1）水压变频控制。包括振冲密实施工过程中的恒压供水系统以及振冲器与水泵的变频控制。

振冲挤密施工主要分为造孔和振动密实两个阶段，由于普通振冲工艺水压无法变化，

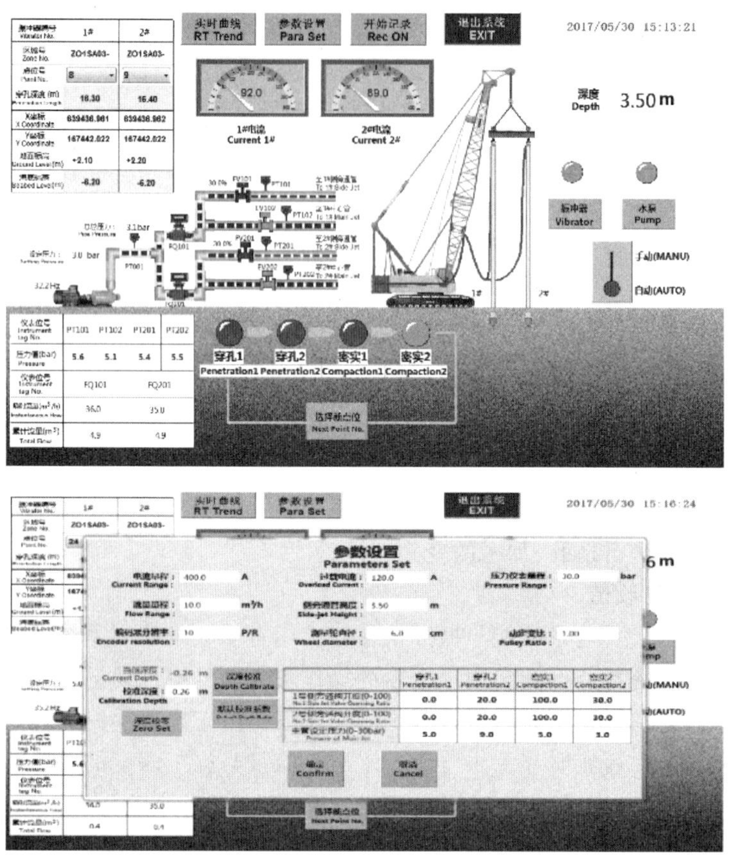

图 3　控制系统操作界面及参数设置界面

图 4　现场技术员通过平板电脑监控施工情况

因为振动密实期间要求水压较小，为满足密实度要求，所以全程水压较小，造孔较慢。采用水压变频控制系统以后，造孔期间水压调大，10m 孔深仅需数十秒钟。当造孔完毕后将水压调小，开始进行振动密实。单次造孔最高可以提高工效 40%，且每套振冲设备可以节约 1～2 个作业人员。

（2）自动化管理。包括水、电全自动化控制，施工深度、密实度实时监控，数据处理系统及数据远程管理。

本套设备的控制集中于起重设备司机室的触屏显示器上，所有用电设备都可在电脑内通过起重司机完成，启动起重设备，移动到打桩位置，对准桩点位。启动发电机组，所有用电设备供电。打开司机室控制系统平板电脑，导入将要打桩区域的批文件（包含桩号、坐标、目标深度等信息），设置各个工序的预设参数（零点校准、各个阶段的阀门开度及压力值），选择桩号（桩号的先取是从先前输入的文件里读取，这里只做选择），选择自动/手动。

施工前可将具体参数预输入操作室界面中，与此同时通过自动变频控制系统实现不同深度的水道压力值的调节，自动控制系统通过调节各水道气动阀的开度改变压力从而满足整个环节的施工具体参数，实现自动可控。系统通过实时记录深度电流、水压、能量计算等一系列数据，直接生成记录表格，无需人工手动计算，同时也避免人为修改施工记录。

目前整体式自动化振冲设备改造过程中不少关键配件为外国进口，国内无可替代品，且价格较高，购买周期较长。因此此套施工工艺仍然需要不断优化。

参考文献

[1] 王勇超. 振冲密实工艺在国外港口工程中的应用 [J]. 水运工程，2008 (25)：116 - 117.

[2] BAUMANN V，BAUER G E A. The Performance of Foundations on Various Soils Stabilized by the Vibro - compaction Method [J]. Canadian Geotechnical Journal，1974，11 (4)：509 - 530.

桩基工程

CFG 桩复合地基在黄河泛流平原细砂土层中的应用

杨晓诚　王文学　李　辉

（中国水利水电第五工程局有限公司）

【摘　要】CFG 桩是一种由水泥、粉煤灰、碎石、石屑或砂加水搅和形成的高黏结强度桩，CFG 桩复合地基具有承载力高、沉降变形小、施工简单、造价低、适用范围广的特点。本文以商丘市民权县黄河泛流平原细砂土层 CFG 桩复合地基工程实例，研究 CFG 桩设计参数如置换率、混凝土配合比、桩长、桩间距、布桩形式、桩土压缩模量比等，确定分析地基承载力特征值和地基变形量，可为类似工程提供参考。

【关键词】细砂　CFG 桩复合地基　设计参数　载荷试验　地基承载力　地基变形

1　引言

CFG 桩是水泥粉煤灰碎石桩的简称（即 Cement Flying - ash Gravel Pile），它是由水泥、粉煤灰、碎石、石屑或砂加水搅和形成的高黏结强度桩，和桩间土、褥垫层一起形成复合地基，CFG 桩可以利用工业废料粉煤灰、石屑作掺和料，不用配筋，相比其他桩基础，有着承载力高、沉降变形小、施工简单、造价低、适用范围广的特点。

本文以 CFG 桩复合地基为研究对象，基于正常使用极限状态地基承载力原理，根据载荷试验和规范要求对复合地基承载力设计特征值和地基变形进行分析研判，结合商丘市民权县黄河泛流平原细砂土层 CFG 桩应用工程实例，研究 CFG 桩设计参数如置换率、混凝土配合比、桩长、桩间距、布桩形式、桩土压缩模量比对地基承载力影响及相应参数选取适用范围，研究成果对了解 CFG 桩复合地基工作原理及设计参数选取有一定理论指导和参考价值，可为类似工程提供参考。

2　CFG 桩工作原理

CFG 复合地基由 CFG 桩通过基础与桩和桩间土之间设置一定厚度散体粒状材料的褥垫层相连接，见图 1，在上部荷载作用下，桩和桩间土发生沉降。由于桩的强度和模量比桩间土大，所以桩比桩间土沉降小，导致桩发生相对位移，可以向上刺入土层。但由

图 1　CFG 桩褥垫层

于基础下面设置了一定的褥垫层，可以随时调整垫层材料补充到桩间土上，以保证桩和桩间土始终协同工作，形成了一个复合地基的受力整体，共同承担上部基础传来的荷载，同时桩顶应力比桩间土表面应力大，桩可以将承受的荷载向较深的土层中传递并相应增加了桩间土承担的荷载。

3 试桩设计

为了更科学地指导现场CFG桩施工，精准确定CFG桩施工设计参数，现场进行成桩试验，一是通过试桩对施工图纸中的地质资料进行复核、确认，合理正确选择机械设备，并验证机械性能；二是验证CFG桩成桩后是否能达到设计承载力的要求。

3.1 工程概况

该工程拟建场地位于商丘市民权县城关镇郊区龙门大道与长虹北路交叉口西南角，拟建场地长696m，宽400m，占地417亩，周边是农村，东西两侧现状是农场长满杂草。

该场地位于华北台块东南隅，秦岭—昆嵛纬向构造带东段北支的南侧，新华夏系第二沉降带的隐伏背斜上部，构造线方向呈北东、北北东，属于黄河泛流平原地形，地貌单元为黄河早期冲积一级阶地，呈低平原地形，地表岩性为第四系全新统河流相沉积，地形平坦而开阔。据钻探揭露，该场地可划分五个工程地质单元层，具体地质参数见表1。

表1　　各土层物理参数建议值

层号及岩性	平均厚度/m	含水率/%	承载力特征值/kPa	压缩模量/MPa	侧阻力特征值/kPa	端阻力特征值/kPa
(1) 粉土	3.97	23.1	125	13	24	
(2) 黏土	7.68	37	70	5.6	20	
(3) 黏土	7.48	36.3	70	5.9	22	
(4) 细砂	13.12		180	17	29	450
(5) 粉质黏土	8	22.7	140	7.8		

3.2 试桩参数

本次试桩（工程桩不在此范围）共计54根，分6个区域，每个区域9根桩。结合该场地土层岩土参数见表1，(2)层、(3)层黏土，中至高压缩性土，工程地质性质差，(4)层细砂密实，低压缩性土，工程地质性质好，可做地基持力层，故暂定选取试桩参数：正方形布置，桩间距为1.4m×1.4m，桩径为400mm，有效桩长19m，桩端持力层为第(4)层细砂，桩端进入持力层深度不小于0.8m，桩身混凝土等级为C25，桩身的无侧限抗压强度不小于25MPa，桩顶标高等试桩参数与工程桩保持一致，本次试桩采用长螺旋钻机成孔，管内泵压混合料灌注成桩的施工工艺。

3.3 CFG复合地基载荷试验

3.3.1 试验装置

载荷试验压板选取尺寸边长为1.4m正方形承压板，加载装置采用压重平台反力装置，能提供反力不小于1500kN，满足现场试验压桩要求，见图2。试验加载装置和测量仪器设备具体参数见表2。

图 2　复合地基静载荷试验加载

表 2　　静载荷测试仪设备一览表

传感器名称	型　号	量程	仪器有效期	检测桩号
主机	JCQ-503A		2021-09-12	F1-56 F2-181 F3-343
油压传感器	CYB-10S	80MPa	2021-09-12	
位移传感器	MFX-50	50mm	2021-09-12	
千斤顶	QF200t	2000kN	2021-09-12	

3.3.2　试验步骤

试验严格按照《建筑地基检测技术规范》(JGJ 340—2015）复合地基载荷试验要求进行，分为两步：第一步，对 CFG 桩复合地基加载；第二步，对原先加载进行卸载。

第一步加载。加载等级分 8～12 级，第 1 级取分级荷载的 2 倍，本工程复合地基载荷试验最大加载压力为 600kPa，分为 8 级，单级荷载为 75kPa，具体分级见表 3。加载过程中每加 1 级荷载前后均应各读记承载板沉降量一次，以后每半个小时读记一次，当 1h 内沉降量小于 0.1mm，加载达到稳定状态，可以加下一级荷载。终止加载试验条件：一是沉降急剧增大，土被挤出或承压板周围出现明显隆起；二是承压板的累计沉降量已大于其边长（直径）的 6%或大于等于 150mm；三是加载至要求的最大试验荷载，且承压板沉降速率达到相对稳定标准。

表 3　　复合地基静载荷试验加载分级表

分级	1	2	3	4	5	6	7
荷载/kPa	150	225	300	375	450	525	600

第二步卸载。卸载遵循分级进行原则，每级卸载量应为分级荷载的 2 倍，逐级等量进行卸载。卸载过程中每级维持 1h 时间，在第 30min、60min 测读承压板沉降量，并记录数据，当卸载至零后，维持 3h 时间，应测读第 30min、60min、180min 承压板残余沉降量，并记录数据。

3.3.3　试验结果

本次试验选取三点复合地基原位点，在既定设计标高处进行试验，最大加载压力为 600kPa，试验过程一切正常，具体载荷试验概况见表 4。试点 F1-56 载荷试验数据汇总见表 5。

表 4　　　　复合地基载荷试验概况表

试验桩号	试验日期	试验历时/min	最大加载压力/kPa	最大沉降量/mm	残余沉降量/mm
F1-56	2020-08-09	1110	600	11.60	6.69
F2-181	2020-08-10	1200	600	11.24	5.11
F3-243	2020-08-11	1110	600	13.38	6.77

表 5　　　　复合地基静载荷试验数据汇总表

工程名称：民权县高级中学新校区建设工程（试桩 1）				试点编号：F1-56	
测试日期：2020-08-09		设计荷载：300kPa		压板面积：1.96m^2	
级数	荷载/kPa	本级沉降/mm	累计沉降/mm	本级历时/min	累计历时/min
1	150	1.44	1.14	90	90
2	225	0.66	1.80	90	180
3	300	0.92	2.72	90	270
4	375	0.94	3.66	90	360
5	450	1.50	5.16	120	480
6	525	2.13	7.29	120	600
7	600	4.31	11.60	150	750
8	450	−0.69	10.91	60	810
9	300	−1.15	9.76	60	870
10	150	−1.34	8.42	60	930
11	0	−1.73	6.69	180	1110

从表 5 可以看出，沉降最大值为 11.60mm，最大加载量为 600kPa，最大回弹量为 4.91mm，沉降随着荷载量逐级增加而增大，在加载量 375kPa 之前，基本上呈线性增加，加载量 375kPa 至 600kPa 之间，$p-s$ 曲线逐步平缓光滑，没有突变或递减，是平缓的光滑曲线。根据相对变形值原理，当 $p-s$ 曲线是平缓的光滑曲线时，对 CFG 桩复合地基，以卵石、圆砾、密实粗中砂为主地基，可取 s/b 或 $s/d=0.008$ 所对应的压力；以黏性土、粉土为主地基，可取 s/b 或 $s/d=0.01$ 所对应的压力，故本试桩场地以黏性土、粉土为主的地基，可取 s/b 或 $s/d=0.01$ 所对应的压力，本试验 b 等于 1.4m，s 可得 14mm，没对应压力，满足承载力特征值不应大于最大加载压力的一半，结合试验获得复合地基承载力特征值见表 6。

表 6　　　　复合地基承载力特征值判定表

点号	极限荷载法	最大加载压力的一半	复合地基承载力特征值
F1-56	≥300kPa	300kPa	300kPa
F2-181	≥300kPa	300kPa	300kPa
F3-243	≥300kPa	300kPa	300kPa

根据《建筑地基检测技术规范》(JGJ 340—2015)第5.4.4条规定，试验点数量不小于3点，3点复合地基承载力检测值平均值为600kPa，极差为0kPa，极差与平均值之比为0，满足其极差不超过平均值的30%，故取其平均值的一半300kPa为本工程复合地基承载力特征值，满足大于基底压力，下文根据规范公式进行地基承载力复验。

4 CFG复合地基承载力设计分析

根据勘察任务书及设计要求可知本场地图书信息楼拟采用CFG桩筏板基础，高一、高二教学组团，500人报告厅及地下车库拟采用CFG桩独立基础见表7，桩端持力层为第(4)层低压缩性土细砂。

表7　　拟建建筑物基设计参数一览表

建筑物/构筑物	楼层数地上/地下	结构形式	基础埋深/m	基底平均压力/标准值	单柱最大荷载/kPa	拟采用复合地基形式
高一、高二教学组团	5F	框架	2	100	5000	CFG桩独立基础
500人报告厅	1F	框架	2	70	3000	CFG桩独立基础
图书信息楼	11/−1F	框架	5	200		CFG桩筏板基础
地下车库	−1F	框架	5	80	4000	CFG桩独立基础

依据《建筑地基处理技术规范》(JGJ 79—2012)第7.1.5条，对有黏结强度增强体复合地基承载力特征值确定，按以下式(1)计算。

$$f_{spk}=\lambda m\frac{R_a}{A_p}+\beta(1-m)f_{sk} \tag{1}$$

式中：f_{spk}为复合地基承载力特征值，kPa；f_{sk}为处理后桩间土承载力特征值，kPa，可按地区经验确定；λ为单桩承载力发挥系数，可按地区经验取值；R_a为单桩竖向承载力特征值，kPa；A_p为桩的截面积，m^2；β为桩间土承载力发挥系数，可按地区经验值取值；m为面积置换率。

结合周边土承载力特征值及经验对增强体单桩竖向承载力特征值确定，按式(2)计算。

$$R_a=u_p\sum q_{si}l_{pi}+\alpha_p q_p A_p \tag{2}$$

式中：u_p为桩的周长，m；q_{si}为桩周第i层土的侧阻力特征值，kPa，可按地区经验确定；l_{pi}为桩长范围内第i层土层的厚度，m；α_p为桩端阻力发挥系数，应按地区经验确定；q_p为桩端阻力特征值，kPa，可按地区经验确定，具体结果见表8。

表8　　CFG桩承载力特征值估算结果

楼　　号	图书信息楼	高一、高二教学组团	地下车库
层高(上/下)	11/−1F	5F	−1F
基础埋深/m	5.0	2.0	5.0
桩径/mm	400	400	400
有效桩长/m	16.0	19.0	16.0

续表

楼　　号	图书信息楼	高一、高二教学组团	地下车库
桩端进入持力层/m	2.1	1.7	2.1
持力层岩性	细砂	细砂	细砂
布桩形式	正方形	正方形	正方形
桩间土承载力发挥系数 β	0.9	0.9	0.9
单桩承载力发挥系数 λ	0.85	0.85	0.85
桩的截面积/m^2	0.1256	0.1256	0.1256
f_{sk}桩间土承载力特征值/kPa	70	125	70
f_{spk}复合地基承载力特征值/kPa	220.1	220.3	180.2
面积置换率/m	4.8	2.9	3.7
桩中心距/m	1.6	2.0	1.8
单桩竖向极限承载力计算值 R_a	485	560	480
基底压力/kPa	200	200	160
孔号	Z63	Z42	Z35

由表8可知，图书信息楼，高一、高二教学组团，地下车库复合地基承载力特征值分别为220.1kPa、220.3kPa、180.2kPa，均满足大于基底压力条件。图书信息楼与地下车库有效桩长、布桩形式、桩径、持力层桩间土岩性相同，但桩中心距存在差别分别为1.6m、1.8m，桩中心距越大，面积置换率越小，得到复合地基承载力特征值越小。高一、高二教学组团与图书信息楼相比，有效桩长大3m，持力层桩间土岩性承载力大55kPa，得到复合地基承载力特征值越大。

5　基础变形设计分析

根据《建筑地基基础设计规范》(GB 50007—2011) 第5.3.5条，选取基底下地层差别最大钻孔，按式 (4) 估算复合地基变形，复合地基土层压缩模量按照《建筑地基处理技术规范》(JGJ 79—2011) 第7.1.7条，即式 (3) 进行计算。

$$\zeta = f_{spk}/f_{ak} \tag{3}$$

式中：f_{spk}为复合地基承载力特征值；f_{ak}为基础底面天然地基承载力特征值，计算得到各土层所采用的压缩模量建议值见表9。

表9　各土层采用压缩模量建议值一览表

层号	土体名称	实际应力下压缩模量 E_s/MPa	复合土层压缩模量 E_{sp}		
			图书信息楼	高一、高二教学组团	地下车库
			$\zeta=3.1$	$\zeta=1.8$	$\zeta=2.6$
(1)	粉土			23.4	
(2)	黏土		17.36	10.06	14.56
(3)	黏土		18.29	10.62	15.34
(4)	细砂	27.2	52.7	30.6	44.2
(5)	粉质黏土	12.48			

$$s = \psi_s s' = \psi_s \sum_{i=1}^{n} \frac{p_0}{E_{si}} (z_i \bar{\alpha}_i - z_{i-1} \bar{\alpha}_{i-1}) \tag{4}$$

式中：s 为地基最终变形量；s'为按分层总和法计算出的地基变形量，mm；ψ_s 为沉降计算经验系数，根据地区沉降观测资料及经验确定，无地区经验根据变形计算深度范围内压缩模量的当量值、基底附加压力按《建筑地基基础设计规范》（GB 50007—2011）中表5.3.5取值；n 为地基变形计算深度范围内所划分的土层数；p_0 为相应于作用的准永久组合时基础底面处附加应力，kPa；E_{si} 为基础底面下第 i 层土的压缩模量，MPa；z_i、z_{i-1} 为基础底面至第 i 层土、第 $i-1$ 层土底面的距离，m；$\bar{\alpha}_i$、$\bar{\alpha}_{i-1}$ 为基础底面计算点至第 i 层土、第 $i-1$ 层土底面范围内平均附加应力系数。

通过上述理论公式可以推导出各楼栋沉降量见表10，可知，图书信息楼、教学组团、地下车库最终沉降量为44.39mm、31、94mm、19.77mm，不超过《建筑地基基础设计规范》（GB 50007—2011）第5.3.5条中建筑物地基变形允许值。

表10　　CFG桩复合地基变形估算结果

楼号	孔号	经验系数 ψ_s	压缩模量当量值 E_s/MPa	最终沉降量估算/mm	最终变形深度/m
图书信息楼	Z63	0.29	18.64	44.39	17
教学组团	Z42	0.47	13.24	31.94	20.4
地下车库	Z35	0.41	14.63	19.77	16.6

对复合地基各楼栋进行沉降观测，每个楼栋根据规范要求设置沉降观测点，具体观测结果见图3，可知最终沉降趋于稳定，沉降量在规范可控范围内，各楼栋沉降较小，CFG桩复合地基取得了良好效果。

6　结论

本文对商丘市民权县黄河泛流平原细砂土层CFG桩复合地基进行试桩现场静载荷试验，并结合相关规范进行CFG桩复合地基承载力和地基变形确定分析，得到如下结论：

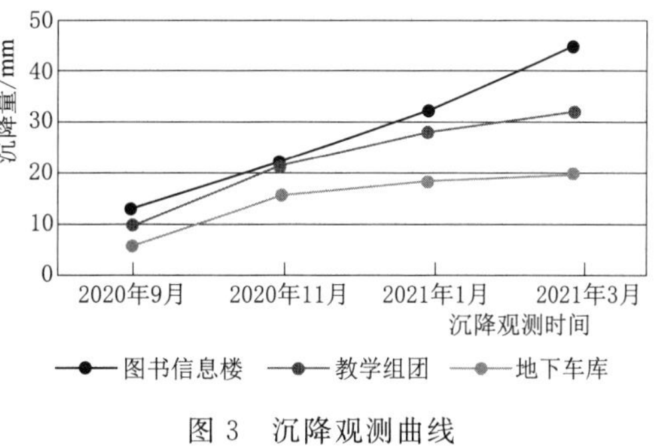

图3　沉降观测曲线

（1）通过试桩和地质条件，本场地黄河泛流平原细砂土层CFG桩设计参数：桩径为400mm，桩间距为1.4m×1.4m，桩长19m，桩端进入持力层深度不小于0.8m，桩身混凝土等级为C25，获得竖向增强体承载力特征值580kN，复合地基承载力特征值300kPa，可为类似工程提供参考借鉴。

（2）从CFG桩复合地基静载试验结果数据看，地基承载力特征值大于基底压力，满足设计要求。本工程采用CFG桩技术处理黄河泛流平原细砂土层CFG桩复合地基应用，可以最大限度发挥CFG桩的优点，使处理后的复合地基的承载力得到大幅度的提高，地基变形得以降低和控制。

（3）在CFG桩复合地基承载力设计及地基变形设计分析中可知，相同桩间土岩性强度越好，桩长越长，桩中心距越小，最终处理完成复合地基承载力特征值越大，地基变形越小。

参考文献

[1] 马明正，海振雄，叶阳升，等. 高速铁路 CFG 桩复合地基沉降计算使用方法研究 [J]. 中国铁道科学，2014，35 (2)：7 - 13.

[2] 孙华波，周振鸿，武威，等. CFG 桩复合地基设计计算中存在问题的探讨 [J]. 工程勘察，2020，42 (11)：35 - 39.

[3] 孙金龙. CFG 桩在非自重湿陷性黄土地层中的应用 [J]. 岩土工程技术，2020，34 (5)：273 - 275.

[4] 薛新华，魏永幸，杨兴国，等. CFG 桩复合地基室内模型试验研究 [J]. 中国铁道科学，2012，33 (2)：7 - 12.

[5] 商拥辉，徐林荣，陈钊锋. 高速铁路 CFG 桩-筏复合地基固结解析解及特性 [J]. 中国铁道科学，2021，42 (1)：1 - 8.

DH958K－230M 全液压履带式三支点多功能打桩机

姚军平

（中电建振冲建设工程股份有限公司）

【摘　要】主要介绍了日本车辆 DH958－230M 全液压履带式三支点多功能打桩机的结构组成、基本参数以及技术特点。该打桩机具有一机多用、大转矩、操作方便、低污染以及施工效率高等特点，代表了大型打桩机的国际水平，具有广阔的市场前景。

【关键词】打桩机　液压系统　卷扬机　DH958－230M

1963 年，日本车辆制造株式会社研发出了第一台三支点打桩机，其安全性良好，机动性优越，快速成为了基础工程施工的主角。随着社会环境保护的迫切需求，低噪声、低振动的各种基础施工工法逐渐进入各类工程建设市场，根据各行业发展需要，施工工法的进步以及环境标准的提高，日本车辆持续进步，陆续开发出了大中小各种型号的 DH 系列打桩机，如图 1 所示。该履带式打桩机由于移动自由、稳定性好，可以打斜桩等优点，代表着全球打桩机世界顶尖水平。

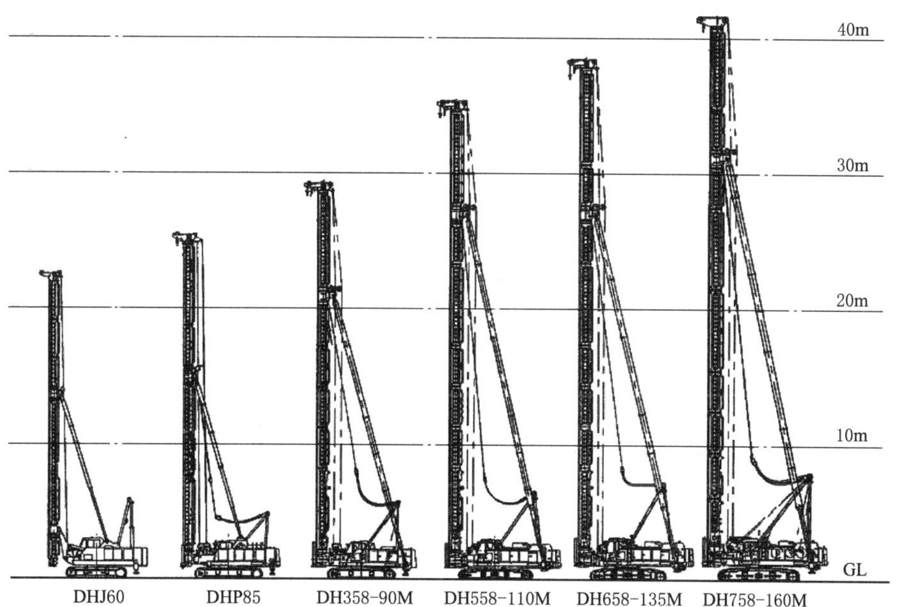

图 1　日车 DH 系列打桩机结构示意图

2017 年 7 月，日本车辆时隔 7 年后成功研制出了 DH958K－230M 型全液压履带式三支点打桩机，该机目前是世界上最大的三支点履带打桩机，是基础工程领域不可或缺的桩工机械。本文主要介绍 DH958K－230M 型全液压履带式三支点打桩机的构造、技术参数以及技术特点，供国内桩工机械设计及施工人员参考。

1　主要结构组成及性能参数

DH958K－230M 打桩机主要由底盘、上车、A 型架、前后支腿、工作装置、液压系统、电气系统等组成，参见图 2。底盘包括驱动行走机构、履带张紧机构、底架、液压油缸、左右纵梁以及 H 型梁等；上车主要由回转平台、驾驶室、配重、机罩、主副 5 个卷扬机等部件组成；工作装置包括立柱、斜撑、牛头架、顶部滑轮组等，其中立柱和斜撑可根据施工需要组成不同长度。DH958K－230M 打桩机改用过去习惯采用的日野 J08E－TM 型发动机，而是采用戴姆勒公司的 Daimler AG OM936LA. E4 发动机，主阀采用远程控制，该机设有倾斜计、载荷仪、施工管理器等显示管理装置和各种报警装置。

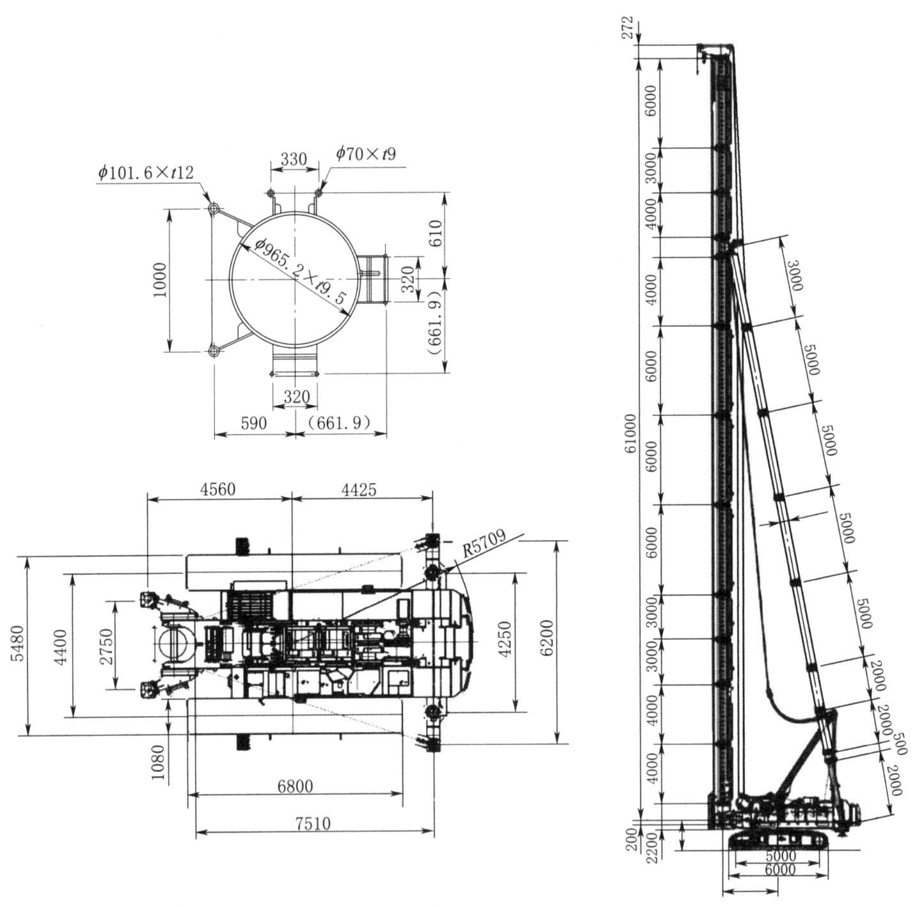

图 2　DH958K－230M 打桩机结构图

DH958K－230M 打桩机主要技术性能见表 1。

表 1　DH958K－230M 打桩机主要技术性能

发动机型号	Daimler AG OM936LA. E4	履带宽度/mm	1080
发动机功率/kW 或 PS	205 或 279	机身长/mm	6800
最大扭矩/(N·m)	1150 (117.3)/1200－1600	作业时机身宽/mm	5480
蓄电池	115F51＊2 (JIS 型)	最大立柱长度/m	51
燃料消耗/[g/(kW·h)] 或 [(g/(PS·h)]	203 或 149	立柱类型	M140CSW
燃料箱/L	250	立柱规格	965.2mm×9.5mm
全装备最大质量/t	230	立柱最大承受扭矩/(kN·m)	343 (35tf. m)

2　技术特点

自 1963 年开始，日本车辆一直致力于三支点打桩机的开发生产，目前日车三支点打桩机已经系列化，关键技术成熟。随着工程建设行业逐渐趋于高难度，超大型化、高稳定以及低重心的打桩机的必要性越来越突出，DH958K－230M 打桩机成功吸取了已有 DH 系列打桩机的优点并加以改进，使该打桩机成为了世界上最大型号的打桩机，主要指标达到了国际先进水平。

2.1　动力系统

DH958K－230M 打桩机是日本车辆 DH 系列打桩机中最大功率的一种，采用了戴姆勒公司的 Daimler AG OM936LA. E4 发动机，属四冲程涡轮增压发动机类型，具有高效率、超静音、低油耗、低排放和低污染等特点。

2.2　立柱

由于该机型属超高重型打桩机，根据不同的施工需要，DH958K－230M 打桩机配备了 M140CSW 型立柱，M140CSW 立柱悬挂钻孔装置处导轨间距为 1m，是专门为安装大型钻孔机而设计，可用于立柱转矩较大条件下的施工。立柱分别由 1.3m、3m、4m、6m 等不同长度的立柱节以及顶部滑轮组牛头架 H972mm 组成，其斜撑由 0.5m、2.9m、5.5m、5.8m 等不同长度的斜撑节以及长 3388mm 的油缸组成。这些立柱节以及斜撑节经过不同的组合，可组成最大不超过 51m 的桩机高度，以满足不同桩深施工需要。

值得重点关注的是，该打桩机后支撑可以根据需要安装两层三支点支撑结构，使得立柱高度从标准高度 51m 直接提升到了 61m 高。此方案在韩国经过了大量试验及应用，打桩机稳定性良好，为超深地基处理和打桩基础工程提供了有力的打桩机设备保障。

2.3　卷扬系统

DH958K－230M 打桩机配备了 5 台卷扬机，分别为主卷扬机、副卷扬机、第三卷扬机、第四卷扬机和起架卷扬机，各卷扬机布置位置如图 3 所示。各卷扬机均可使用 ϕ22mm 钢丝绳，方便了作业时的钢丝绳维修和互换，主卷扬机可根据施工需要，旋挖 DCM 钻机、振冲器、长螺旋钻机、反循环潜孔锤双动力头钻机、液压打桩锤、CFG 钻机、柴油打桩锤等多种打桩设备，实现了其钻机的多功能作用。在不同工况下，主卷扬机、副卷扬机、第三卷扬机可分别悬挂钻孔机、桩锤和桩，主卷扬机和第三卷扬机有快速

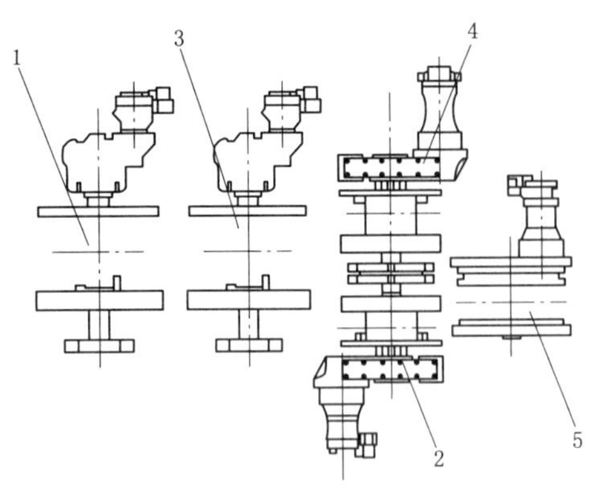

图 3　DH958K－230M 打桩机卷扬机配置图
1—主卷扬机；2—副卷扬机；3—第三卷扬机；
4—第四卷扬机；5—起架卷扬机

和慢速两种速度，各卷扬机也分别具有独立的离合器和制动器，可独立或同时操作，以满足不同的施工工况。

主卷扬机和第三卷扬机采用折线绳槽，工作时钢丝绳排列整齐、不乱绳，可以延长其使用寿命，同时这 2 个卷扬机容绳量比较大，可以允许使用较长立柱施工。所有卷扬机上均装有棘轮，可以通过手柄或者按钮来控制油缸伸缩用棘爪锁定棘轮，可使卷扬机停在任意位置，预防事故的发生并便于维修。

同时，DH958K－230M 打桩机具有超低速控制功能，能够通过控制旋钮使卷扬速度在额定速度的 1～1/13 范围内变化，可保证在土质不好的工况下也能取得比较好的作业效果。同时第三和第四卷扬机上的绳索可用半结合离合器进行少量缠绕，以避免卷钢丝绳缠绕变松。

2.4　液压控制系统

DH958K－230M 打桩机液压系统采用斜盘式轴向变量双泵，主阀采用液压远程控制。操纵系统由液压泵提供动力，通过十联阀等液压阀组成的控制阀组实现整机行走、卷扬机升降、回转驱动、快慢速控制等功能。行走系统采用斜盘式轴向马达通过减速器、驱动轮实现整机行走；采用液压马达通过减速器、卷筒实现各卷扬机的升降以及立柱的起落；回转系统采用液压马达通过减速器、回转支承实现主平台回转驱动。液压系统体积小、质量轻、使用方便。

2.5　履带板伸缩装置

该打桩机履带底盘采用了履带伸缩装置，作业时履带框架可伸展到最大宽度，以保证打桩作业的稳定，同时运输时又可收缩至机体宽度，方便运输。利用斜撑处的伸缩装置，立柱在 27m 以内不需其他起重设备便可独立实现工作状态和运输状态之间的转化，给桩机使用管理带来了极大的方便。

2.6　全过程电气监控管理系统

该打桩机的电气系统可以监控发动机的启动和关闭，对其运行状态进行检测，控制发动机转速；系统中倾斜计可以监测立柱的角度，并在立柱倾角超出允许范围时报警；桩机的施工管理系统可控制和记录打桩机作业时的各种作业参数，对钻孔深度、速度、钻孔阻力、电流等数据进行记录控制，可以满足特殊施工的需求。同时该机还在立柱、驾驶室、卷扬机等处配备了多种安全装置。

2.7　舒适的操作室

DH958K－230M 打桩机的每一个卷扬机对应一个操作手柄，卷扬机所有的操作功能都集中在该操作手柄上，从而实现了利用一个操作手柄控制一台卷扬机的效果。驾驶室内结构简洁、视野开阔，驾驶室前挡风玻璃全大面积全景视觉，室内明亮安静，并配有空调装置，操作人员感觉舒适、不易疲劳，符合人机工程学以及以人为本的基本要求和理念。

2.8 方位安全保障装置

在结构设计时，该机主平台、斜撑架以及履带框架等关键部件都采取了加强措施，以保证打桩机的承载能力。该机所配备的倾斜计、载荷计、施工监视器等各种施工管理控制设备和安全保护装置可保证各种施工条件下施工的安全，也可最大限度地防止事故的发生。

2.9 拆装及运输

DH958K－230M 打桩机配备了液压动力的前后支腿，使主机以及桩架部分安装、拆卸容易。可伸缩的履带装置在运输时可收缩至机体宽度，方便设备运输。打桩机总重量230t，仅仅比 DH758K－160M 设备重了 70t，分解后主体重量约 35t，车高为 3.5m，拖车运输时装载总体高度不超过 4.5m，便于运输。

3 结语

目前，DH958K－230M 打桩机已向韩国、日本以及中国香港等地生产销售了近 10 台，用于单轴或矩形四轴 DCM（深层水泥搅拌桩）以及长螺旋 CFG 的施工。DH958K－230M 打桩机以其合理的整体布置、美观的造型、便捷的操作、稳定的性能而获得客户的认可，顺应了时代对于超重型、多功能重型打桩机的需求，具有广阔的市场前景，尤其是该打桩机后支撑可根据需要安装两层三支点支撑结构，使得立柱高度从原 51m 高直接提升到了 61m 高，大大提高了基础处理深度受制于打桩机高度限制的现实，值得我国桩工机械行业人员参考借鉴。

SMW 桩在古城水系治理工程中的应用

汪天宇　易　明

（中国葛洲坝集团市政工程有限公司）

【摘　要】 东护城河为开封市一渠六河连通治理工程一条重要组成河流，北起东京大道，南止于南护城河与惠济河交汇处，河道长度约 4.5km。其中宋都市场段施工区域狭窄，两岸老居民房紧邻河岸，开挖线紧贴民房及商铺。通过现场环境调研，施工方案对比分析，结合 SMW 桩（劲性水泥土搅拌桩）施工设备选型及施工工艺优化，保证了 H 型钢插入质量，加快了施工进度，避免了影响周边建筑物的安全和居民的正常生活。

【关键词】 水系治理　基坑支护　SMW 桩　自行式桩机导向架装置

1　工程概况

开封市一渠六河连通综合治理工程在城市景观格局上是环抱开封古城，外连城市建成区的一条重要水环，是集防洪、排涝、水质保护、亲水景观、水生态等功能于一体的城市水利综合性基础设施。宋都市场段为外部环境极为复杂的一段，设计河道宽度 13～15m，全段 770 余米河道岸线与居民商户建筑物相距仅 8.0m 左右。在土方开挖和降水过程中，将会危及周边房屋安全，施工便道和施工导流无法布置，混凝土入仓困难。研究决定采用 SMW 桩支护，垂直开挖，解决了空间狭小、无法放坡开挖的问题。同时，研发了一款自行式桩机导向架装置，确保了 H 型钢垂直度，避免了施工对周边建筑物的影响，提高了工效，节约了成本，为加快重力式挡墙施工奠定了基础。

东护城河宋都市场段河道两岸地层为第四系全新统洪冲积（Q_4^{al+pl}）层，上部以杂填土为主，厚度 0.5～1.8m，中部以轻粉质砂壤土为主，厚度 0.9～8.1m，存在不连续分布的粉细砂层，局部为人工填土，下部以重粉质壤土为主，未揭穿，最大揭穿厚度为 5.4m。

2　方案论证与对比分析

经方案论证和对比，一是采用 C40 钢筋混凝土板桩施工方案，但因造价高，施工噪声大，止水不可靠；二是采用钢筋混凝土灌注桩进行支护，但其不具备止水功能，需在两根桩间补打高压旋喷桩作为“止水补丁”进行止水，造价高，而且污染严重，不适合用于城市施工；三是采用 SMW 桩方案，施工噪声小，造价低等优势。

通过生产性试验，探索出了 SMW 桩在城市水系治理应用中合理的施工参数，研发出一款桩机自行式导向架，确保成孔后 H 型钢及时插入，并保证其垂直度质量，同时提高了工效。

3 SMW 桩的应用

3.1 技术背景

SMW 工法桩又称劲性水泥土搅拌桩，即在水泥土搅拌桩内插入 H 型钢，以达到将承受土压力荷载与防渗挡水结合起来，同时具有受力和抗渗两种功能。SMW 工法桩作为一种可回收、循环使用的基坑支护挡墙结构，具有结构简单、止水性能好、工期短、造价低、环境污染小等优点，在城市基坑支护施工中运用广泛。

根据目前施工中的常规操作技术，采用三轴搅拌桩机能够有效地保证桩体成桩质量，但是如何在充满浆液的导向槽中，对桩心进行快速准确地定位，从而将 H 型钢顺利地垂直地插入桩槽内，对 SMW 工法桩的质量是非常重要的。常规 H 型钢定位方式为在垂直沟槽方向，放置两根定位 H 型钢，再在平行沟槽方向放置两根定位 H 型钢，来形成 H 型钢定位卡槽。实际施工中操作繁琐，H 型钢定位卡槽需随着桩基位置进行调整，且定位误差较大，H 型钢保护层厚度难以满足要求，成桩质量较差，安全系数较低。为解决上述问题研制了自行式工法桩导向架装置。

3.2 设备选型

SMW 工法桩钻孔机械种类较多，根据场地条件及设计地勘资料，结合前期现场踏勘，采用 PH－5D 型水泥土搅拌桩机钻孔，通过采用新型的 H 型钢插入导向架，及时、精准地确保 H 型钢插入质量。

3.3 主要施工工艺

SMW 搅拌桩采用“四搅三喷”工艺。主要施工程序为，喷浆、搅拌、下沉→喷浆、搅拌、提升→重复搅拌、下沉→重复喷浆、搅拌、提升→移位。

(1) 预搅下沉，待搅拌桩机钻杆下沉到 SMW 桩的设计桩顶标高时，开动灰浆泵，待纯水泥浆到达搅拌头后，按 1m/min 的速度下沉搅拌头，边注浆（注浆泵出口压力控制在 0.4～0.6MPa)、边搅拌、边下沉，使水泥浆和原地基土充分拌和，通过观测钻杆上桩长标记，直到达到桩底设计标高。

(2) 喷浆搅拌提升，搅拌机喷浆搅拌下沉到设计深度后，上提 10cm，再开启灰浆泵，边喷浆、边旋转搅拌钻头，泵送必须连续。同时严格按照设计确定的提升速度提升钻掘搅拌机。

(3) 复搅，重复搅拌下沉和提升至孔口，为使土体和水泥浆充分搅拌均匀，要重复上下搅拌，第二次复搅下沉不喷浆，第二次上提时进行复搅、喷浆，最终完成一根均匀性较好的水泥土搅拌桩。

(4) 水泥搅拌配合比：水灰比 0.45～0.50，水泥掺量不低于 15%、高效减水剂 0.5%。通过试验，H 型钢插入采用“隔一插一”形式，SMW 桩主要工艺技术参数见表 1。

表 1　**SMW 桩主要工艺技术参数表**

序号	项　目	技　术　指　标
1	水泥掺量	≥15%
2	下沉速度/(m/min)	0.8～1.0
3	提升速度/(m/min)	2.0
4	搅拌转速/(rad/min)	30～50
5	浆液流量/(L/min)	40

4　自行式工法桩导向架装置

本项目研发出自行式桩机导向架装置，以解决 H 型钢传统定位卡槽操作繁琐，安装困难，误差较大的问题。图 1 为 SMW 桩钻机整体结构示意图，包括搅拌机和 H 型钢。

搅拌机左侧的大梁上焊接有下层 H 型钢，数量 2 个，前后对称；下层 H 型钢的正上方设有上层 H 型钢，数量 2 个，前后对称设置。上层 H 型钢的底端面固定有连接 H 型钢，其底端面与下层 H 型钢固定连接。下层 H 型钢之间和上层 H 型钢之间均固定连接有限位板或限位装置。下层 H 型钢的底端面固定连接有支撑杆，呈倾斜设置，支撑杆的另一端与搅拌机的大梁左侧固定连接，如图 2 所示。

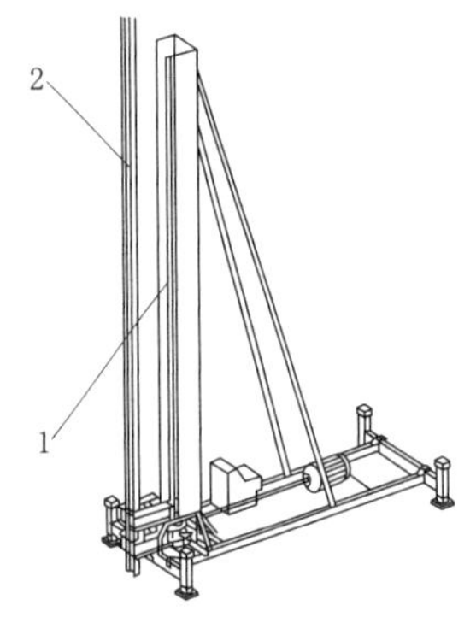

图 1　SMW 桩钻机整体结构示意图

1—搅拌机；2—H 型钢

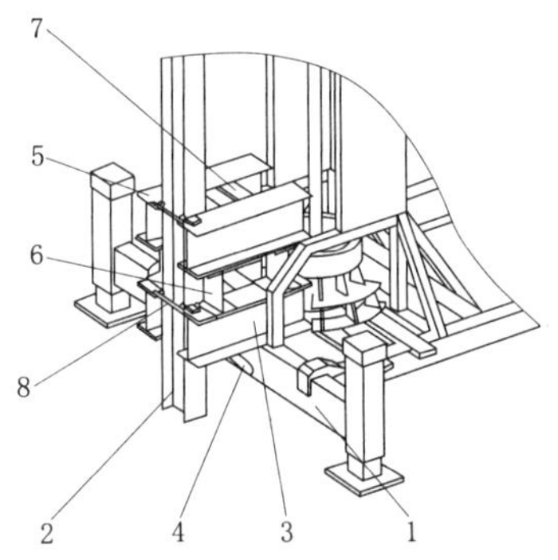

图 2　自行式桩机导向装置安装结构示意图

1—搅拌机；2—H 型钢；3—下层 H 型钢；4—支撑杆；5—上层 H 型钢；6—连接 H 型钢；7—限位板；8—限位装置

限位装置包括挡板和转动杆，位于后侧的上层 H 型钢和位于后侧的下层 H 型钢的顶端面均固定连接有铰支座，铰支座的顶端铰接有连接块，连接块的另一端转动连接有转动杆，且转动杆的另一端固定连接有挡板。

挡板的另一端通过支架转动连接有导轮。转动杆的另一端固定连接有转动块，转动块的另一端铰接有把杆，位于前侧的上层 H 型钢和位于前侧的下层 H 型钢的顶端面均固定连接有 L 形架，L 形架位于把杆的正上方，如图 3 所示。

自行式桩机导向架装置与原有技术相比，可以有效地解决传统定位卡槽操作繁琐、安装困难、误差较大的问题，提高 H 型钢插入的精准度和工作效率，提高成桩质量。

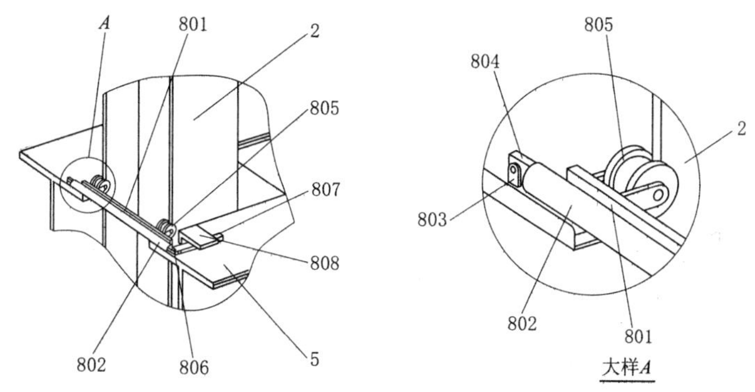

图 3 自行式桩机导向装置结构示意图

801—挡板；802—转动杆；803—铰支座；804—连接块；805—导轮；
806—转动块；807—把杆；808—L 形架

5 应用情况及实施效果

宋都市场段采用 SMW 桩支护垂直开挖的方式施工，解决了空间狭小、放坡开挖问题。全段河道两侧共计施工 SMW 桩约 1500 根，桩径为 0.5m，单根长度为 12m，最大开挖深度为 4m。施工前期先后进行两次试验段施工，试验段施工完成 28 天基坑开挖后，揭露出桩体成桩质量良好，桩体完整，桩径满足设计要求，无断桩破损等情况。7 天内位移观测，高程位移为 $-5.3\sim9.2$mm，X 轴方向位移为 $-12.7\sim9.4$mm，Y 轴方向位移为 $-8.8\sim5.3$mm，满足规范及设计相关要求。

通过实际实施及方案对比，创新了 SMW 桩在城市水系治理中的应用，采用 SMW 工法桩形成有效的基坑围护结构，确保工程顺利施工，研发了一款自行式 H 型钢导向架装置，确保了 H 型钢插入垂直度和插入质量，避免了施工过程中对周边建筑物的影响，提高了工效，加快了进度，直接经济效益等到提高。

6 结语

通过研究宋都市场段河道支护和止水施工方法，根据方案对比及生产试验确定合理的 SMW 工法桩施工参数，可得出结论：

（1）河道水利挡墙基坑采用 SMW 桩施工工艺，选择合适的机械、合理的施工参数，能够确保沿岸老旧居民住房结构安全，降低施工对居民生活及出行的干扰，降低了成本，确保了水利挡墙安全顺利实施。

（2）通过对 SMW 桩 H 型钢垂直度精准定位研究与试验，发明了一款自行式导向架，确保了 H 型钢插入的垂直度。

超大荷载双套管钻孔灌注桩试桩施工技术

薛高升　周腾龙

（中国葛洲坝集团市政工程有限公司）

【摘　要】本文以南京地下空间工程试桩施工为例，通过该工程的难点分析，提出相应的技术控制和解决措施，为今后类似灌注桩试桩施工提供参考。

【关键词】超大荷载　双套管　钻孔灌注桩　试桩

1　工程概况

1.1　项目简介

南京江北新区中心区地下空间一期项目三区1段总高600m的多功能塔楼，主结构高约533m，塔楼包含地上116层和4层地下室。设计使用年限为50年，建筑地基基础设计等级为甲级，场地土类别为Ⅲ类，抗震设防烈度为7度。本工程主塔楼试桩采用ϕ1200桩端、桩侧联合后注浆钢筋混凝土灌注桩。试桩作四组试验，共包括4根试桩，10根锚桩。试桩垂直度设计要求小于1/300，设计桩长87.1m。成孔设备要求采用旋挖钻机成孔，设计承载力特征为25000kN，极限值为50000kN。为得到最真实的试验数据，试桩上部27m范围采用双套管将土层和桩身混凝土进行隔离。

由于试桩在地面做堆载试验，试桩比有效桩长27m左右，试验时，这部分桩身与周围土体会产生侧摩阻力，该部分侧摩阻力的存在会造成试桩的单桩承载力大于工程桩的单桩承载力，对实验结果的精确度有很大影响。为了消除有效桩长以上的侧摩阻力，采用双套管技术，外套管抵御土体的侧摩阻力，内套管保证桩身完整，双套管试桩工艺能消除桩顶标高以上部分侧摩阻力，从而精确取得试桩的单桩承载力，为设计提供依据。试桩桩身顶部大样图见图1。

1.2　地质条件

本项目地质条件复杂，地质分布见表1。

表1　　地　层　分　布

土　层	埋深/m	土　层	埋深/m
①$_1$层杂填土	0～1.2	②$_3$层粉砂	26.1～32.3
①$_2$层素填土	1.2～4.1	②$_4$层粉质黏土	32.3～34.5
②$_2$层淤泥质粉质黏土	4.1～26.1	②$_5$层粉细砂	34.5～42.0

续表

土　　层	埋深/m	土　　层	埋深/m
③₁ 层中粗砂	42.0～49.0	④₂ 层强风化泥质砂岩	66.4～67.6
③₂ 层圆砾	49.0～66.4	④₃ 层中风化泥质砂岩	67.6～80

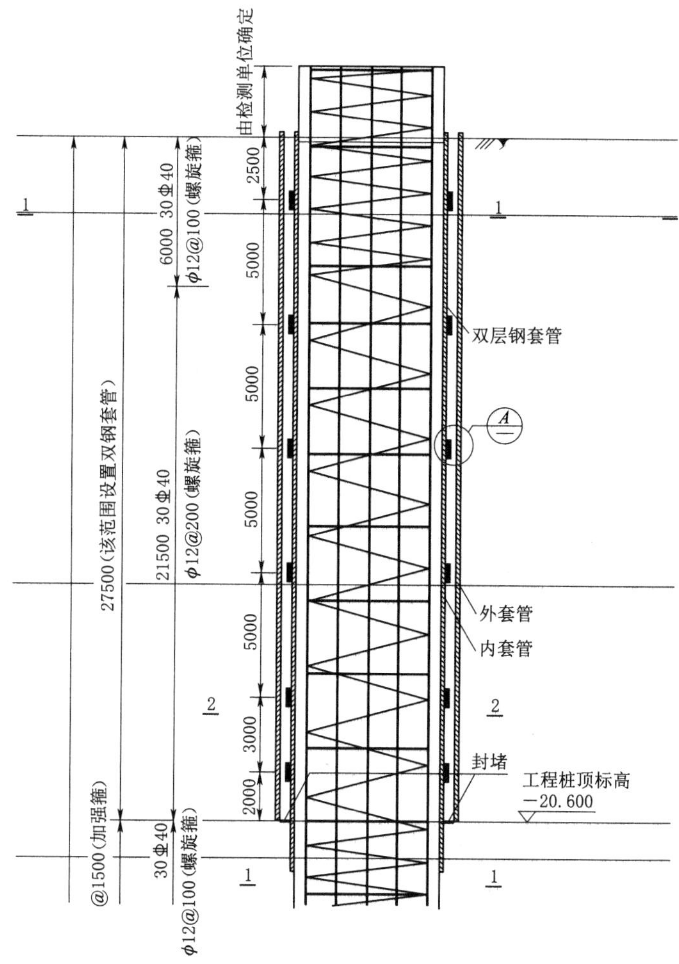

图 1　STZ1 桩身大样图

2　钻孔灌注桩施工工艺

根据设计要求本项目试桩选用德国宝峨 GB38 型旋挖钻机进行施工。该型号设备为大三角支撑结构，稳定性强，施工精度高。

抗压试桩施工工艺流程：场地平整硬化→孔位放样及定位→埋设双套管筒→旋挖钻进成孔→终孔验收→钢筋笼下设→导管下设→二次清孔→混凝土浇筑→桩端桩侧注浆→桩头施工。

2.1 场地平整硬化及孔口加固

为确保大型施工设备安全，施工路面采用C30混凝土硬化，300mm厚，配筋ϕ14@300×300双层布置，进行路面硬化前，先压实处理，后浇筑钢筋混凝土路面。一般区域采用100mm厚，C30素混凝土硬化。

2.2 孔位放样及定位

使用全站仪测定桩位，并打入木桩；以“十字交叉法”引到四周用短钢筋做好护筒。

短护筒采用钢质护筒，护筒长度为2m，采用厚度为8mm钢板制作，护筒钢板接头焊接密实、饱满。制作时，钢护筒的内径为1500mm。

采用高频振动锤，直接打入预定位置，短护筒高出施工地面0.3m，后在孔内回填30～50cm黏土，并用旋挖钻钻头夯击密实。

护筒中心基本与桩位中心重合，其偏差不大于2cm。

护筒位置确定后，吊垂线，用钢卷尺量测护筒顶部、中部、底部距离垂线的距离，检查护筒的竖直度。护筒斜度不大于1%。符合要求后在护筒周围对称填土，对称夯实。四周夯填完成后，再次检测护筒的中心位置和竖直度。

定期复核测量控制点，防止控制点的变形造成进一步的测量误差。

2.3 双套管下设

2.3.1 套管加固

双套管内套管长度为29.1m，内套管内径为1300mm，壁厚为14mm，外径为1328mm；外套管长度为27.1m，外套管内径为1410mm，壁厚为14mm，外径为1438mm。双套管内套管底标高为−22.1m。为确保运输过程和工地吊装过程中钢管质量，在构件吊装部位进行局部加强。加固方式为采用3cm厚、60cm宽环形钢板在双套管设计吊点处进行加固，吊点焊接在加固钢环上。吊点加固见图2。

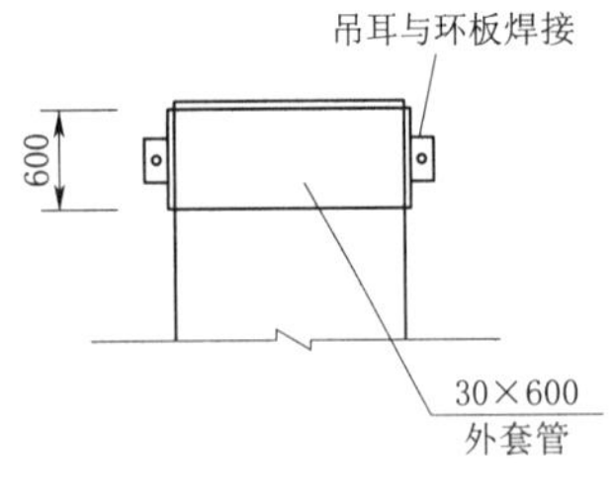

图2 吊点加固图

2.3.2 双套管下设定位

试桩施工前必须准确计算空孔深度，即确保双套管埋设深度及开孔钻进深度，在施工过程中，我公司对旋挖钻机开孔钻头进行精确度量，采用ϕ1400钻头进行钻进，钻进深度较理论计算深度浅约200cm。钻孔完毕后，取出开工钻护筒，双套管采用整节吊装，吊装方法为：双机抬吊，空中回直，整体下放。

吊车采用100t作为主吊，80t作为副吊，采用8点起吊，吊点为4道，每道2个吊点。

主吊采用ϕ32钢丝绳，共2根，单根长5m，双向挂在主吊大钩上。主吊副钩采用ϕ28钢丝绳，共1根，单根长6m。

副吊采用ϕ28钢丝绳，共2根，单根长度16m。

吊装时采用两台吊车同步起吊，一台起吊顶部吊点，另一台托住底部吊点，同步指挥，同步起吊，整个起吊过程在专业吊装工的指挥下进行，见图3。

双套管固定加固措施：双套管采用4根ϕ32圆钢作为吊筋，将其焊接在钢扁担上，同时在双套管四个方向上采用20mm厚、七字形钢板将钢套管与平台连接。

2.4 钻进控制要点

(1) 减少旋挖施工中产生的抽筒效应，由于旋挖钻在提升过程中，极容易产生抽筒效应，尤其是软柔淤泥质黏土层，孔壁和钻头外部紧密贴合，在钻头上提过程，孔内产生负压，加剧孔壁缩孔和坍塌。因此，一方面选用带“呼吸孔”的钻头并始终保持呼吸孔通畅；另一方面在钻头外侧安装扩孔器，将上部38m进行适当扩孔。

图3 双套管起吊

(2) 控制钻进速度，及时补充优质泥浆进行护壁，保持泥浆面始终不低于护筒顶下0.5m。不同地层旋挖钻进速度的控制见图4。

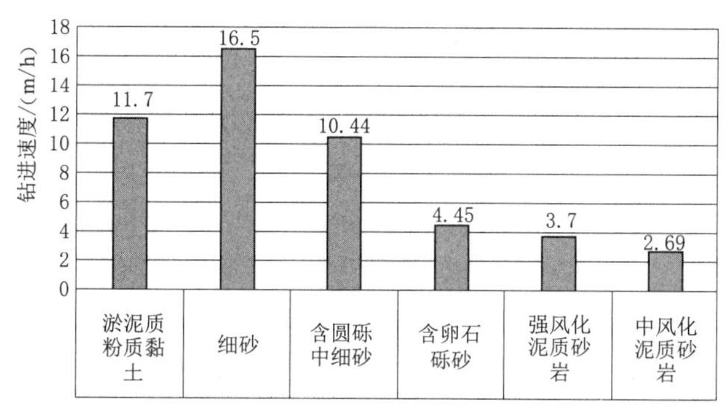

图4 不同地层旋挖钻机钻进速度

2.5 清孔控制要点

清孔质量是影响桩基承载力的关键因素之一，必须进行严格控制。第一次清孔在成孔完成并等孔内泥浆含砂进行适当静置后，采用清底钻斗进行清孔；第二次清孔在钢筋笼、导管下设完成后，采用气举反循环清孔，最终验收沉渣厚度应满足不大于50mm的设计要求。气举反循环清孔见图5。

2.6 钢筋笼制作及下设控制要点

钢筋笼分7节在台架上制作，每两节整体制作，钢筋笼总长为87.6m，分节长度分别为12m、12m、12m、12m、12m、12m、15.6m。

使用200t履带吊进行钢筋笼吊装和下设。利用吊车正副钩两点起吊钢筋笼，待钢筋笼离地面一定高度后，副钩停止起吊，利用正钩继续起吊直至把钢筋笼吊直。钢筋笼入孔时应对准孔位轻放，慢慢入孔。

钢筋笼入孔下放至顶端高出地面1.5m左右时，穿入15cm钢扁担把钢筋笼固定在孔口。吊下一节钢筋笼至孔位上方，使上、下两节钢筋笼主筋对准并保证上、下轴线一致，同时使上、下节钢筋笼的对接定位主筋对准再进行套筒连接。

钢筋笼下放到位后采用扁担将钢筋笼固定在孔口。

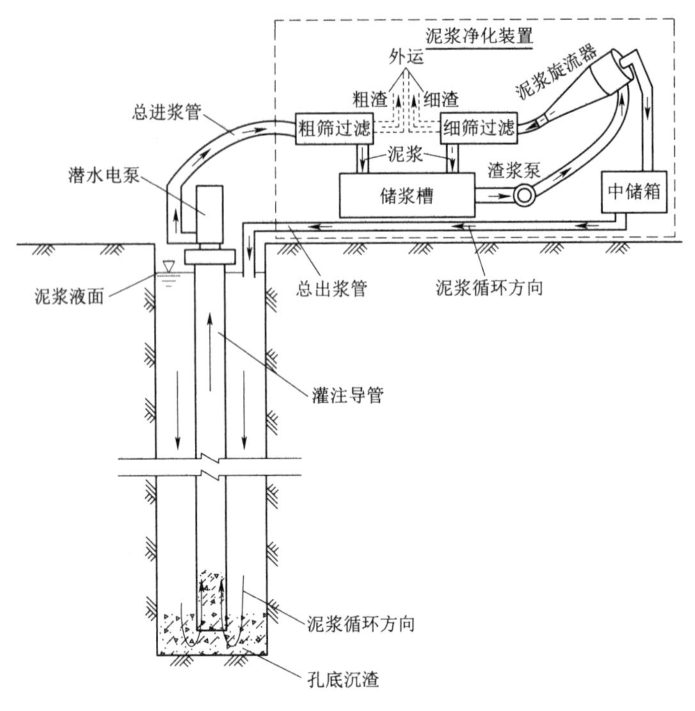

图 5　气举反循环清孔

2.7　混凝土浇筑控制要点

安装集料斗：二次清孔完毕后，立即安装初灌料斗，大料斗容量为 $2m^3$。

放置钢挡板：在导管内放入直径为 28cm 的气球，并在料斗口放入钢挡板。

初灌前大料斗内装满混凝土。拔出钢挡板，开始灌注混凝土。

导管的拆除：拆除导管由埋管深度和混凝土埋管时间来决定，混凝土的埋管深度必须控制在 2～6m 之间。导管拆除时应对导管进行记录，与下导管时的原记录进行复核，确保导管拆除无误，导管拆除后要及时清洗。

2.8　桩端桩侧注浆控制要点

桩端桩侧注浆是提高桩基承载力的关键因素之一，施工中必须严格按照工艺流程进行施工和质量控制。

（1）后压浆装置安装。

每桩设置两根桩底压浆导管，外径为 25mm。压浆导管沿钢筋笼直径均匀设置，下端至桩底与单向压浆阀连接。桩侧压浆导管由纵向压浆导向管和环向出浆软管组成。桩侧压浆纵向压浆导管同桩端一样，主要作用是通过该导管将浆液导入环向出浆软管，压浆导管通至地面。

环向出浆管由内径为 33.42mm 的优质 PVC 管和保护装置组成，即在 PVC 软管上向桩身外侧每隔 3～5cm 设置一出浆孔口，然后用透明胶带封缠，外套橡胶套作为保护装置。纵向压浆导管和环向出浆软管由三通连接组成了后压浆装置，如图 6 所示。

（2）浆液配比及制备。

浆液选用水泥浆，必要时可掺加适量的减水剂和膨胀剂，以改善浆液性能及注浆效

图 6　浆管安装

果。水泥选用强度等级为 42.5MPa 的普通硅酸盐水泥，浆液配置目标为 7 天强度不小于 5MPa。

水泥浆配制：水灰比 $w/c=0.5\sim0.6$，起始水灰比可配制成 0.7，浆液初凝时间大于 3 小时。压力正常后逐渐变换成 0.5（上述参数可以根据实际情况适当调整，也可采用水泥浆稠度大于等于 17s 作指标）。严格控制水灰比，搅拌时间不少于 2min，浆液进入储浆桶时必须用 16 目纱网过滤，防止杂物堵塞压浆孔。外加剂：u 型微膨胀剂 6%，膨润土 2%，特效减水剂 0.6%。浆液配制后应放置 5min 后才能使用，以消除浆液中的空气。水泥浆液应两次搅拌，每次搅拌时间不小于 10min，搅拌采用自制的搅拌桶。第一次搅拌完成后放入另一个搅拌桶。两次搅拌是为了使浆液的和易性更加良好，有利于压浆的效果。

（3）压浆施工。

压浆压力包括开塞压力、压注清水压力、压注稀浆压力和压注稠浆压力。根据工程实践，开塞压力比较大，有时可达 10MPa，但由于开塞压力是克服密封注浆孔的保护装置，因此开塞压力无需控制。一般情况开塞压力也仅是瞬间压力，一旦后压浆装置开通后，压力即可下降。开塞所用的压力泵其压力应不小于 20MPa。在注清水时的压力应加以控制。防止清水在过高压力下向桩周土渗透，一般情况下可控制在 2.0MPa 左右。

压稀浆时的压力也应加控制，因为压注稀浆是为了使浆液沿桩周渗透距离更远，充填更充分，同时应防止浆液随意扩散。一般情况下控制在 2.5MPa 左右。压注稠浆时的压力可适当提高，因为压注稠浆是为使浆液渗透进一步充分密实，因此在注稠浆时的压力可控制在 5.0MPa 左右。压注清水和压浆一般选用 BW－250 型压浆泵即可。压浆设备见图 7、图 8。

图 7　压浆泵

图 8　搅拌桶

开塞：开塞时间一般应在桩身混凝土灌注完成 8～12h 内完成，即当桩身混凝土达到初凝状态时，太早则由于桩身混凝土尚未完成凝固，容易破坏桩身。太晚则会由于桩身混凝土强度提高而难以保证开塞效果。

压注清水：开塞以后尚应继续保持一定的压力。并压注不小于5min的清水，通过压注清水，清除并冲开桩侧泥皮和缝隙，保证浆液顺利沿桩周流动，保证后压浆的效果。实践证明，压注清水是后压浆效果好坏的关键。

压浆时间应在桩身混凝土灌注完成48～84h进行。稀浆压完后，应在60min内进行压稠浆。压浆终止标准：以压浆量控制为主，压力控制为辅。即首先要保证各压浆装置分配估算的压浆量全部压注完毕。当出现下列问题时，可采取如下措施予以处理。

当一个压浆装置由于压力太高浆液压不进时，可通过其邻近压浆装置将剩余浆液压注完毕。

当一个压浆装置压浆量没有达到设计要求压浆量时，出现地面冒浆或串浆，可暂时停止压浆，并冲洗压浆装置，停止60min后，再进行复压，如此反复直到达到设计压浆量。

当某个压浆装置达到设计压浆量，但仍能继续压浆且压力较低时，应停止压浆，改用稠浆继续压浆。

2.9 桩帽施工注意要点

试桩混凝土浇筑完毕7天后（后注浆完成后），开挖桩头，采用风镐机人工凿掉桩顶部的浮浆层和软差混凝土，直至到达混凝土强度满足设计要求的混凝土面为止，并将新老混凝土结合面冲洗干净。

桩帽采用定制钢桩帽，桩帽设计见图9。

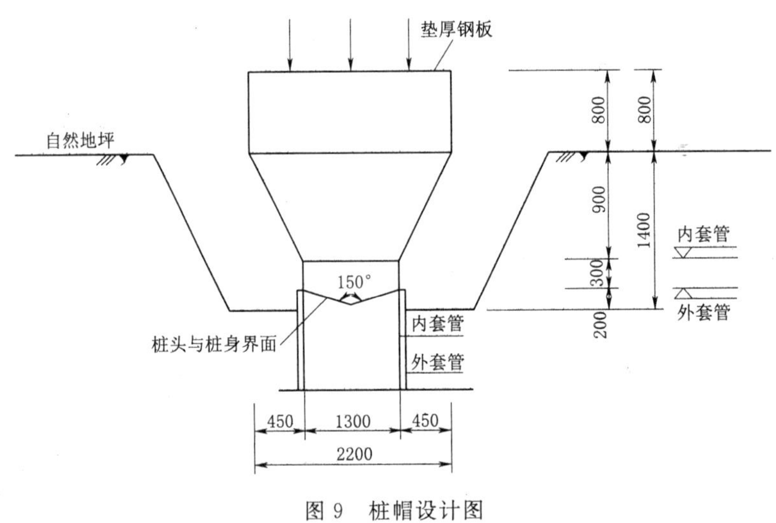

图9　桩帽设计图

混凝土面冲洗干净后，桩帽与双套管刚性连接，桩帽内按设计要求进行配筋。由于桩帽内配筋十分密集，振捣棒无法插入，在不改变设计配筋率的前提下，预留出20cm×20cm的空间，方便振捣棒将桩头混凝土振捣密实，见图10。

3 试验结果

(1) 4根试桩的荷载-位移曲线均为缓变型，基本呈直线变化，实测极限承载力均不小于50000kN，表明大直径后注浆钻孔灌注嵌岩桩比一般的钻孔灌注桩具有更好的位移控制能力。

（2）通过对试桩的轴力和侧摩阻力发挥情况的分析，表明试桩在桩身强度满足承载力要求的情况下，桩基承载力还有进一步提升的空间。

图 10　现场配筋图

4　结论

该技术能精确检测出有效桩长内的单根桩基承载力，为设计及施工提供有效依据，重点效益体现在优化结构设计，使结构设计更加经济、合理，同时能避免由于设计依据不精确带来的风险。但对于施工来说施工工艺复杂，直接成本相对较高，适用于单桩承载力要求。

高、深基础的大型项目试桩施工，相对效益较高，是普通试桩工艺不能比拟的。双套管工艺有效地解决了超深孔、超大荷载试桩难题，为设计单位在最短时间内提供精确的试桩数据，使桩基础设计更为经济合理，为施工选型提供可靠依据。

超长钢管混凝土柱垂直度控制技术

周佳奇　薛高升

（中国葛洲坝集团市政工程有限公司）

【摘　要】 南京地铁4号线滨江站，为地下六层标准侧式站，采用半顺半逆法施工，钢管混凝土柱在地表直接施工。钢管混凝土中钢管柱采用长53m左右的成品钢管，柱内灌注C50水下混凝土，柱外回填碎石。钢管安装垂直度允许偏差为长度的1/800，为国内罕见。采用钢管柱垂直度上、中、下三点调垂技术，保障超长钢管柱垂直度有效控制。

【关键词】 超长　钢管柱　高精度　调垂

钢管混凝土柱因其结构特征，同时具备了钢管和混凝土两种材料的性质，即管柱外部包裹钢管材料，管柱内部充填混凝土材料，因钢管壁对混凝土形成的刚性拘束作用，防止了管内混凝土的脆性破坏，钢管的轴向和径向受压而环向受拉。管内混凝土则三向皆受压。钢管和混凝土皆处于三向应力状态。三向受压的混凝土抗压强度大大提高，同时塑性增大。其物理性能上发生了质的变化。由原来的脆性材料转变为塑性材料。正是这种结构力学性质的根本变化，决定了钢管混凝土的基本性能和特点。随着城市轨道交通的发展，越来越多的地铁站等暗挖法施工的地下工程也开始采用这种具有巨大优势的钢管混凝土柱。

钢管柱是采用逆作法施工地下车站之重要的工程构件。施工阶段为临时支柱，使用则为车站永久性的主要竖向承载与传力结构。钢管柱的安装与调垂在深窄的桩位中进行，是逆作法施工的关键技术。

1　工程概况

南京江北新区中心区地下空间一期项目4号线滨江站为地下六层标准侧式站台车站，主体为三柱四跨箱形框架结构。标准段基坑深度约44.79m。本工程灌注桩桩径为2.5m，深度为78m左右，桩身垂直度偏差小于等于3‰。灌注桩有效桩长23～33m，灌注C40水下混凝土；钢管柱直径为1.1m和1m，长度为53m左右，钢管采用成品钢管，柱内灌注C50水下混凝土，柱外回填碎石。传统调垂技术采用单点调垂技术，仅在孔口进行调垂。本工程钢管安装垂直度允许偏差为长度的1/800，单点调垂满足不了安装的精度。因此在原有成熟技术基础上面，采用上、中、下三点调垂技术。

2　钢管混凝土柱施工工艺

场地平整硬化→孔位放样→埋设长套筒→孔内取土→终孔验收→钢筋笼下设→钢管柱

下设→钢管柱调垂→导管下设→二次清孔→混凝土浇筑→长套筒拔出。

3　钢管柱的制作与定位

钢筋笼采用吊车吊放转运。钢筋笼下放到位后采用定位卡扣将钢筋笼固定在定位架上，如图1所示。

钢筋笼定位完成后，即可开始吊放钢管柱。钢管柱长53m，在结构梁板处设置6道钢牛腿及环板，钢管柱及牛腿环板加工在工厂制作，设计要求全部焊缝（法兰除外）为一级焊缝。钢管柱法兰连接的位置，在下上节钢管柱内侧布置800mm长、16mm厚内衬钢板进行加固，钢管柱与衬管之间采用ϕ24塞焊（衬管上留孔），焊点间距300mm×300mm，梅花形布置。如图2所示。

图1　定位卡扣示意图

钢衬管塞焊展开图，见图3。

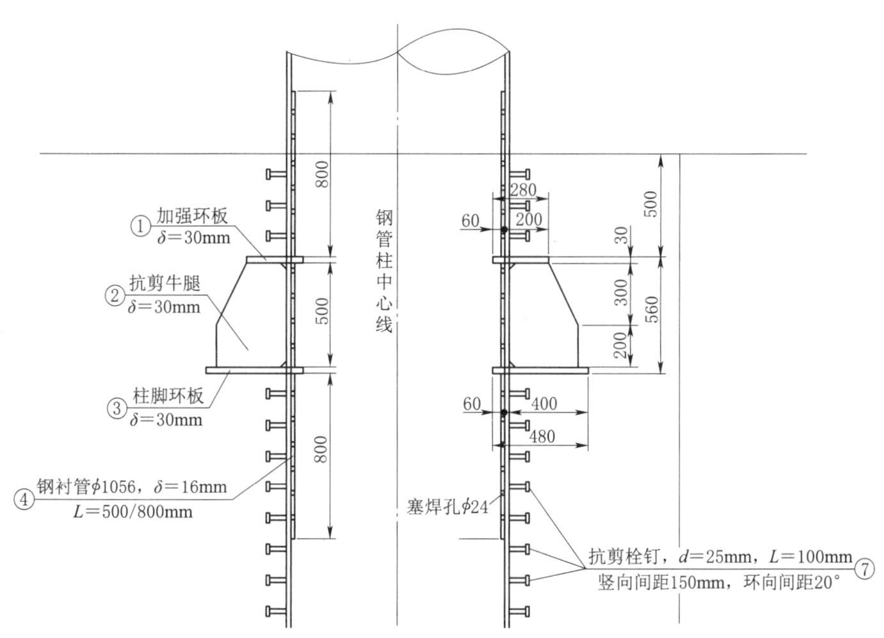

图2　钢管柱加固图

为了下部钢管柱起吊方便，且不对法兰产生影响，在下部钢管柱上部法兰处制作与法兰同等大小的起吊器，主吊点安装在工具器上起吊。

在浇筑混凝土前需要对钢管柱坐标及垂直度进行高精度调整，并要求混凝土浇筑过程中，钢管柱始终处于固定状态。因此在钢管柱顶部增设临时法兰结构，便于钢立柱的吊装及定位。柱顶临时法兰可在钢管柱浇筑完成、吊装装置拆卸完毕后割除。临时法兰采用设计法兰来拼接，地面拼接后再一起起吊。起吊器与工具头见图 4、图 5。

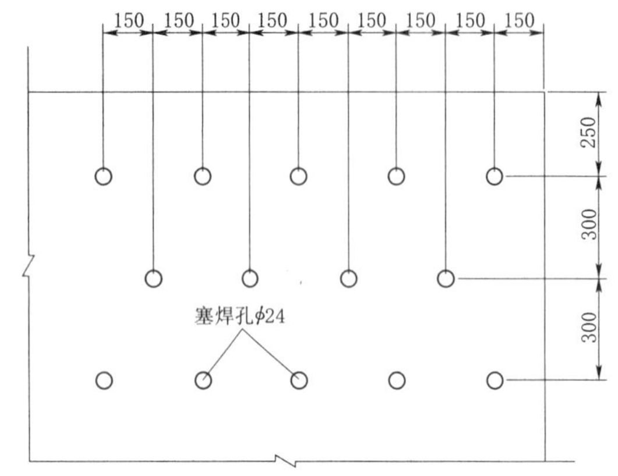

图 3　钢衬管塞焊展开图

图 4　起吊器

钢管柱吊放采用双机抬吊，空中回直，主吊采用 260t 履带吊，副吊采用 100t 履带吊机。

钢管柱与钢筋笼连接施工如图 6 所示。

图 5　工具头

图 6　钢管柱与钢筋笼连接施工图

4　钢管柱上、中、下三点调垂技术

为了满足钢管柱高精度的安装要求，本工程采用上、中、下三点调垂技术（图 7）。下部钢管柱底部与钢筋笼之间采用呈针织状分布的钢丝绳软连接方法。中部采用“地下空间开发逆作法钢管（构）柱垂直度调整器”发明专利技术进行调整。上部采用“逆作法施工钢管柱安装调整方法及控制装置”发明专利技术进行调整。

4.1　下部调垂

钢管柱与钢筋笼用一根 ϕ20 钢丝绳把钢管柱环板与钢筋笼顶层箍筋呈针织状连接起来，钢管柱环板与钢筋笼各 8 个连接点，钢丝绳两端头卡扣连接。在钢管柱底部环板 8 个对称均匀孔位上安装 8 个吊环，钢丝绳通过吊环与钢管柱连接，钢筋笼连接采用钢丝绳与顶层箍筋八等分均匀连接。单根钢丝绳连接使每个吊点受力均匀，确保钢筋笼与钢管柱重心重合。

钢管柱与钢筋笼连接立面图、剖面图如图 8、图 9 所示。

4.2 中部调垂

利用预设在钢管柱负四层加劲肋板上（约在地下 25m 位置）垂直度调整器，通过钢管立柱垂直度检测传感器的读数进行校验，若有偏差，利用垂直度调整器对钢管的推动，对钢管进行垂直度控制，以达设计要求（图 10）。

4.3 上部调垂

在旋挖钻机成孔之后，待桩孔验收合格，在钢套管外侧安装“逆作法施工钢管柱安装调整方法及控制装置”，简称“安装平台”。如图 11 所示。

待钢管柱下放至设计标高时，利用定位横臂下四个千斤顶、可调上下平台，进行整个钢管柱的标高、柱心、垂直度控制。

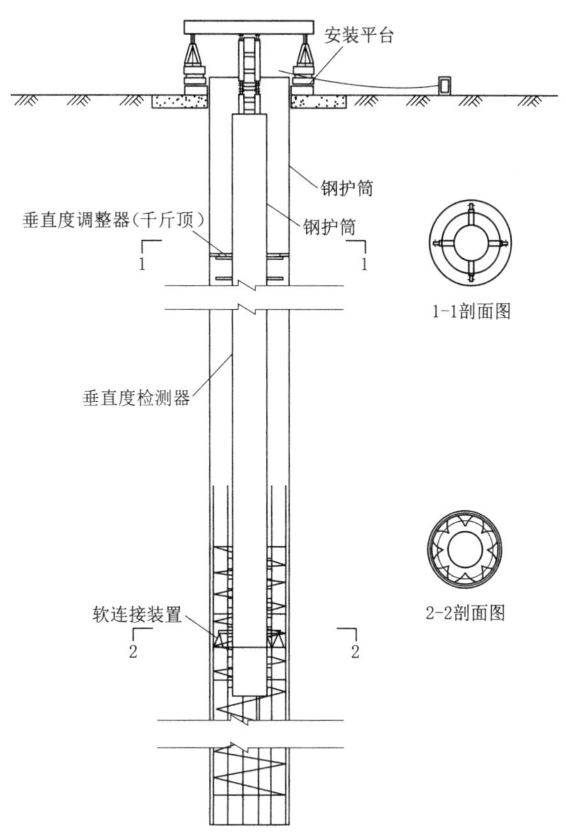

图 7 “上、中、下三点调垂”技术

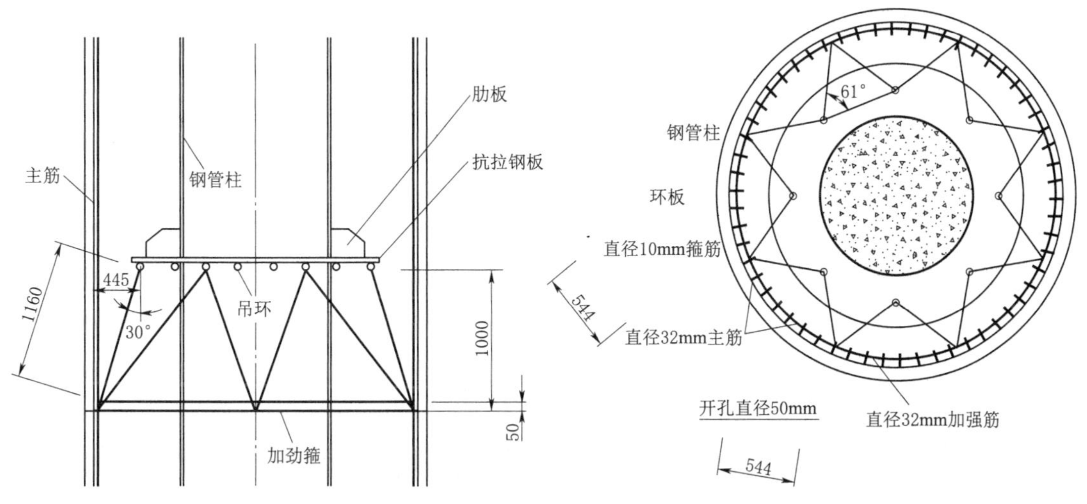

图 8 钢管柱与钢筋笼连接立面图

图 9 钢管柱与钢筋笼连接剖面图

图 10　钢管柱垂直度调整器安装

图 11　安装平台

5　监测系统

为了确保钢管柱安装垂直度，本工程采用两种监测器，实施监测是否满足垂直度要求，使施工质量可视化。

监测一：建筑用高精度倾角传感器（ICM－02），如图 12 所示，为第三方（上海建工集团地下空间技术研究院）提供，为国内最先进的倾角测定仪，该仪器可实时对钢管柱进行垂直度监测。在工程现场安装时，与专用的施工现场安装调整平台配合使用。

为了实时监控钢管柱安装过程中以及安装完成之后混凝土灌注对钢管柱垂直度的影响，在验收合格后的钢管柱两端口进行倾角传感器安装固定并进行钢管柱柱心主副仪器定位，吊装下设后调直钢立柱，垂直度达到设计允许范围为合格，并将主仪器值同步至副机，副机实时监控钢管柱施工中对灌注混凝土及回填碎石的扰动，进行垂直度变化监控到工具柱拆除时结束。

监测二：GN－103A 型读数仪，如图 13 所示，适用于测读测斜仪、固定式测斜仪及其他电压信号输出的传感器等，并能在工程现场气候环境下工作，为目前国内较为领先的高精度测斜仪。在工程现场安装好之后，钢管柱须保持垂直状态，然后读取初始值。

图 12　倾角传感器装置 ICM－02
（第三方监测设备）

图 13　测斜仪传感器 GN－103A

为了确保钢管柱安装过程中以及混凝土灌注过程中的垂直度，经过调节安装好的钢管柱垂直度的初始值，经检验满足设计要求时，方可进行下一步工序，同时在整个过程中对于钢管柱垂直度进行实时监控。

6 结论

“钢管柱垂直度上、中、下三点调垂”和“双控监测法”施工方法，改变了传统的孔口单点调垂和孔口单点监测的施工方法，弥补了国内 53m 长度钢管柱施工的空白，解决了钢管安装中心线与基础中心线允许偏差±5mm，不垂直度允许偏差为长度的 1/800 的高精度要求，希望为类似工程提供参考经验。

汉江雅口航运枢纽电站厂房地基处理方案优化

郭玉涛

（中国葛洲坝集团市政工程有限公司）

【摘　要】电站厂房阶梯型基坑内施工场地狭小，旋挖钻干作业方式成孔无需泥浆处理系统，减少了施工占地；同时，建基面岩层多为黏土岩，遇水软化，干作业施工有效地保护了厂房基础岩石，易于保证成孔和浇筑质量，文明施工形象好。

【关键词】阶梯形基坑　场地狭小　旋挖干作业　遇水软化

1　工程概况

雅口航运枢纽位于汉江中游丹江口—钟祥河段，湖北省宜城市下游 15.7km 处，上距丹江口水利枢纽 203km，下距河口 446km，是汉江干流湖北省内梯级开发中的第 6 级，其上下游分别与崔家营梯级和碾盘山梯级衔接，距上游崔家营梯级约 52.67km，距下游碾盘山梯级约 59.38km。枢纽正常蓄水位 55.22m，相应库容 3.37 亿 m^3，装机容量 75MW，航道等级为Ⅲ（2）级，设计通航船舶吨级为 1000t。主要建筑物包括船闸、泄水闸、发电厂房、土石坝、坝顶交通桥、鱼道等工程。工程开发任务以航运为主，结合发电，兼顾灌溉、旅游等综合利用效益。

2　工程地质条件

电站厂房位于主河床右侧丁坝附近沙洲，地形因河流冲刷等原因导致起伏较大，地面高程 44.0～51.0m，上游高，下游底。基岩面高程约 29.7～32.0m，基岩面较平缓，基岩主要为新近系掇刀石组黏土岩夹泥灰岩、粉（细）砂岩、砂砾岩透镜体，成岩程度差、属极软类岩石，工程施工过程中可能出现快速风化崩解问题。

3　结构布置和地基要求

主厂房长 135.1m，顺流向宽度 80.78m，共设置 6 台贯流式灯泡机组，其中右岸侧 1 号机组长 23.1m，左岸侧 6 号机组长 24.8m，中间 2～5 号机组间距为 21.8m。

厂房设计建基面高程为 22.69m，建基面岩层主要为黏土岩，黏土岩承载力为 320kPa，根据《水电站厂房设计规范》（SL 266—2014）计算可知电站厂房建基面所需承载力分别为 1 号机组 576kPa，2～5 号机组 497kPa，6 号机组 647kPa，天然地基不满足厂房地基承载力要求，需通过地基处理方式以提高地基承载力。

设计采用长螺旋钻孔灌注摩擦桩复合地基来进行地基处理，混凝土强度C30，桩径1.2m，根据规范计算可知其复合地基承载力均满足要求，各机组具体情况见表1。

表1　各机组长螺旋布置及计算结果

项　目	桩长/m	间距/m	排距/m	单桩承载力特征值/kN	复合地基承载力/kPa	计算沉降量/cm
1号机组	10.8	3.55	3.3	4800	610	1.45
2～5号机组	7.8	3.55	3.6	3900	505	1.26
6号机组	13.8	3.55	3.6	5900	670	1.57

4　地基处理方案优化

灌注桩是最常见的一种地基处理工艺，其受力特征明显，施工工艺简单，被广泛应用于公路桥梁、铁路桥梁、市政建设、高层建筑等地基处理工程中。根据其成孔工艺，灌注桩可以分为干作业成孔灌注桩、泥浆护壁成孔灌注桩和人工挖孔灌注桩。本工程招标文件采用泥浆护壁成孔灌注桩进行施工，实际施工中由于各种原因优化为旋挖钻干作业成孔灌注桩。

4.1　方案优化的必要性

（1）厂房基坑开挖后呈“阶梯状”，各阶梯尺寸普遍偏小且高差大（图1），难以布置泥浆系统，若采用泥浆护壁成孔方法，一套泥浆系统必然不能满足施工要求，施工成本将大大增加。

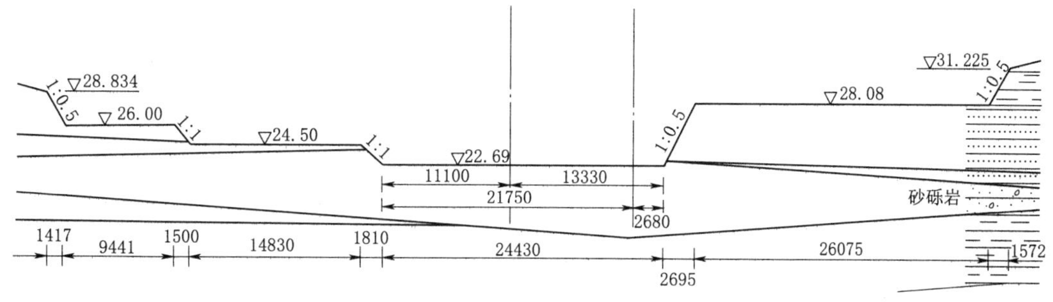

图1　厂房基坑开挖图

（2）厂房基坑开挖成形后，若采用泥浆固壁工法施工灌注桩，施工工艺的限制，厂房基坑建基面多为黏土岩，遇水易软化，基坑内将泥泞不堪，将严重影响钢筋笼的运输及下设等辅助工序，降低整体施工功效。

（3）可减少基坑建基面岩石由于泥浆的浸泡而形成的软化层厚度。

（4）该地域工程地质结构的特点，干法施工可有效保证成孔施工质量。

（5）本工程为国家标准化重点工程，若采用泥浆护壁成孔工法，文明施工形象差。

基于以上原因，将电站厂房地基处理施工方案优化为旋挖钻干作业方式成孔是必要的，也是可行的。

4.2　优化后地基处理结果

采用三一重工220C旋挖机对电站厂房进行地基处理优化施工后，委托第三方对桩身完整性、单桩竖向承载力及复合地基承载力进行检测，结果表明桩体均为Ⅰ类桩，在最大承载力作用下，基桩最大沉降为10.44mm，复合地基最大沉降为9.53mm，满足规范及设计要求。

5　旋挖钻干作业成孔灌注桩施工工艺

5.1　工艺简介

旋挖钻干作业成孔灌注桩采用旋挖钻机直接进行旋挖干取土作业，利用土（岩）自身的胶结性和整体性保持孔壁稳定，反复循环钻挖成孔，经清渣、验孔、安放钢筋笼后灌注混凝土成桩。

旋挖钻干作业成孔灌注桩施工工艺流程为：施工准备→桩位放样→护筒埋设→钻机就位、钻进成孔→孔底清渣→钢筋笼制作及安装→导管安装→混凝土灌注→拆除导管、护筒→桩头处理。

具体施工工艺如图2所示。

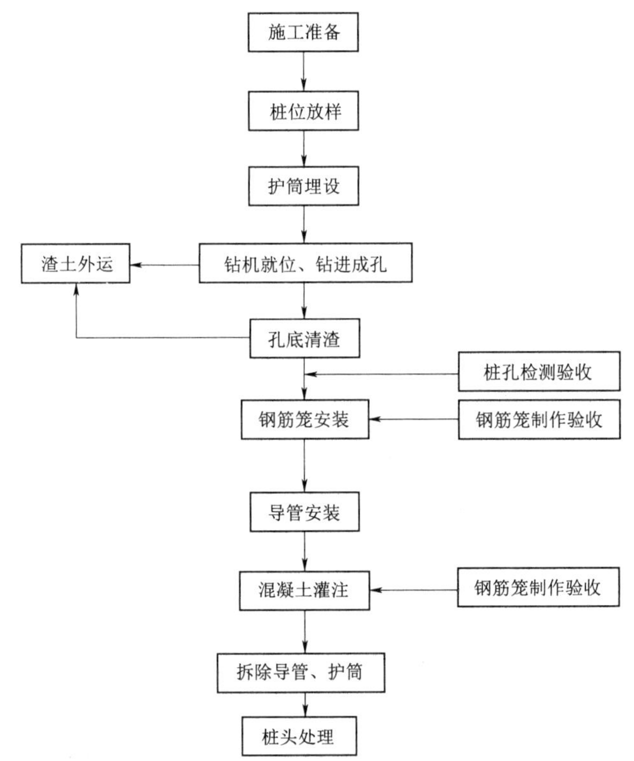

图2　旋挖钻干作业成孔灌注桩施工工艺流程图

5.2　施工方法

5.2.1　施工准备

（1）开工前根据设计文件、设计交底、相关质量验收规范及施工规范对管理人员及技术人员进行技术交底及安全交底。

（2）桩基施工机械设备进场前，应先结合现场实际情况，对施工场地进行清理、整平，施工平台标高应高于设计标高不小于0.5m。

（3）修筑施工便道，确保钻机、混凝土罐车、钢筋笼运输车等重型车辆通行顺畅。

5.2.2 桩位放样

桩位放样按“从整体到局部的原则”进行，放样采用全站仪准确测定各桩点的位置，确保将放样误差控制在规范要求内。

5.2.3 护筒埋设

（1）护筒采用5mm厚钢板卷制，内径比设计桩径大200～400mm。

（2）护筒的中心应与桩的中心重合，其偏差不得大于20mm，并严格保持护筒的垂直度偏差不大于1%。

（3）护筒埋深2m，同时其顶部应高出地面0.3m，护筒位置正确固定后，四周分层回填原土，防止护筒移位。

5.2.4 钻机就位、钻进成孔

（1）钻机就位后，必须对钻杆进行竖直度检测和适当调整，调整好后应将钻杆的调整系统锁定，防止钻杆在钻进过程中发生倾斜、偏移，确保桩身垂直度偏差不大于1%。

（2）钻孔时先将钻斗接触地面，以钻头自重并加压作为钻进动力，以保证成孔后桩孔整体的垂直度，待钻斗全部进入地面后，可按正常速度进行钻进。

（3）钻头旋转取土，当钻斗满载土后，将其提出孔外或直接装入运输车辆运出施工现场。通过钻头的旋转、削土、提升、卸土，反复循环直至设计深度。

5.2.5 成孔验收

（1）在钻至设计深度后对孔深、孔径、孔壁及垂直度等进行检查，确保其各项数据符合设计和规范要求。

（2）清孔是保证钻孔灌注桩成桩质量的重要环节之一，清孔采用平底刮砂专用钻斗进行清渣作业，清渣可一次或多次进行，直至孔底虚土厚度小于100mm为止。

5.2.6 钢筋笼制作及安装

（1）本工程设计桩长较短，钢筋笼根据设计图纸要求在钢筋加工场整体加工成型，然后用平板车运输至施工现场。

（2）采用25t吊车下放钢筋笼，主副钩三点起吊法以保证钢筋笼起吊时不变形。

（3）下笼时由人工辅助对准孔位，保持钢筋笼的垂直，轻放、慢放，避免碰撞孔壁，严禁高提猛放和强制下入。

（4）吊放钢筋笼过程中，必须始终保持钢筋笼轴线与桩轴线吻合，并保证桩顶标高符合设计要求。为防止混凝土灌注过程中钢筋笼上浮，钢筋笼最上端设定位筋，由测定的孔口标高来计算定位筋的长度，反复核对无误后焊接定位。

5.2.7 混凝土灌注

桩身混凝土灌注采用导管法施工，施工工艺同水下混凝土施工工艺相同。灌注设备主要由钢导管、混凝土储料斗、溜槽、漏斗等组成。

（1）导管安装时，导管接头采用橡胶密封圈丝扣连接。导管位于桩孔中心位置，距孔底高度控制在0.5m以内，避免混凝土灌注对孔底产生冲击作用。

（2）拌和站按工地试验室提供的施工配合比集中拌和混凝土，干成孔坍落度控制在

16～20cm，混凝土运输采用专用混凝土罐车，罐车数量必须满足桩基混凝土连续不间断灌注的要求。

(3) 开始灌注首批混凝土前，现场必须有2辆装满混凝土的搅拌运输车以保证首灌混凝土的连续性，首灌完成后导管埋深不小于1.0m。

(4) 首批混凝土灌注正常后，应连续不断灌注，并用测锤测探混凝土上升高度，推算导管下端埋入混凝土的深度，以便及时调整导管埋深，将导管埋深控制在2～6m之间。

(5) 灌注混凝土过程中，严格控制混凝土质量，检测混凝土坍落度，现场取样制作混凝土试块，留作强度检验。

(6) 桩顶以下5m范围内的混凝土应随灌注随振捣，每层灌注高度不得大于1.5m，以保证混凝土密实性，灌注完毕的桩顶标高应比设计标高高出至少0.5m。

5.2.8 拆除导管、护筒

混凝土浇筑完成后及时拆除导管，同时在混凝土初凝前拆除护筒。

5.2.9 桩头处理

在下部结构施工前，将桩头凿除至设计标高，如设计标高以下桩头不能满足要求，还须凿除松散部分桩头，以确保桩头的密实性、强度。

6 旋挖钻干作业成孔灌注桩工艺特点

(1) 环保、污染小。干作业旋挖成孔施工过程中不使用泥浆，有利于现场文明施工，同时节省泥浆外运的费用。

(2) 噪声污染少。旋挖钻在使用过程中仅发动机产生噪声，其余零部件基本不会产生噪声。

(3) 施工效率高。旋挖桩施工过程中可自行移动，移机方便快速，无需其他机械的配合，成孔后不需要控制泥浆指标，可多根桩连续施工，加快施工进度，节约施工成本，提高经济效益。

(4) 适用的地质情况广泛。在施工过程中可能会遇到岩土勘察报告之外的地质情况，旋挖钻配置多种钻头，可适用于多种地质情况，可单独完成桩基施工，不需要其他成孔机械的配合。

(5) 易于管理。旋挖桩施工过程中无需进行泥浆制备、钻杆重复安拆、支架搭设等环节，机械化程度高，所需操作人员少，易于管理和节省成本。

7 结论

相较于传统的泥浆护壁成孔作业，旋挖钻干作业成孔无需布置浆液处理系统，解决了电站厂房阶梯型基坑施工场地狭小的问题，提高了综合施工工效，同时有效地保护了厂房基础岩石。采用该工法施工，易于保证成孔和浇筑质量，降低了施工成本，施工中无需处理泥浆，减少了对环境的污染，利于现场文明施工，符合保护生态环境的发展趋势。

静压钢管桩在沿海风电开关柜室基础加固中的应用

徐军阳

（河海工程技术有限公司）

【摘　要】灌云某风力发电场 110kV 升压站开关柜室地基存在深厚的淤泥层下卧层，具有压缩性高、固结速度慢等特点。项目投产运行后，开关柜室基础发生较大不均匀沉降，地面呈两边高中心低的“碗状”凹陷，对开关柜安全运行造成严重的影响。加固处理要求在不停机状态下进行，增加处理的难度。根据工程经验，结合施工场地空间条件，选用静压钢管桩的处理办法，有效地解决了地基加固与风力发电的矛盾问题，保证了风电场的经济效益。

【关键词】静压钢管桩　液压桩机　开关柜　高压缩性淤泥质土　后期沉降

1　引言

江苏沿海地区淤泥及淤泥质黏土具有含水率高、渗透性低、压缩性高、固结速率慢、灵敏度高及强度低等特点，工程地质条件极差。为保证建筑物结构的稳定，控制工程结束后的后期沉降，必须对淤泥地基进行加固处理。目前针对淤泥等软弱地基处理的方法主要有排水固结法、抛石挤淤法、深层搅拌法、高压旋喷法及灌浆法等办法。

针对风电场 110kV 升压站开关柜室基础淤泥层加固，因受施工场地限制及不能影响风电场正常运行，项目部设计了多种处理方案进行比较，优选了静压钢管桩处理的方案。开关柜室经加固处理后，后期不再发生沉降，2 年后复测沉降量 2.5mm，有效地解决了淤泥地基问题，保证了 110kV 升压站的正常运行。

2　工程概况

江苏灌云某风电场位于海堤内侧的道路旁，风电场区包括 50 台单机容量 2.0MW 风机和 1 座 110kV 升压站。开关柜室基础因地基沉降问题造成了室内地坪出现不均匀沉降，并产生配电柜倾斜现象，经沉降监测结果显示地基仍在下沉，影响到开关柜及配电设备的安全运行。

开关柜室基础投产运行后，因地基不均匀沉降已进行了两次加固处理，第一次采取了对混凝土地面进行找平处理；第二次采取了在配电柜箱基础底下打短桩处理。因两次处理均没有针对下卧层的软弱淤泥层进行处理，沉降仍在进行。

因建设方不能提供前期地质勘察报告，施工前在开关柜室外进行了钻孔补充勘察，揭示土层自上向下分别为：

（1）0.0～0.3m 为地表回填种植土，含有块径不一的碎石及植物根茎。

（2）0.3～3.5m 为回填砂石及块石土，块石块径最大值约 50cm×40cm×80cm，块石含量较大，回填料松散。

（3）3.5～40.0m 段为滨海相淤泥、淤泥质黏土，灰黑色，呈流塑—软塑状；20～24m 段为粉质砂土夹层，中密—密实状。

本次开关柜室地基加固在不停机状态时进行，增加了地基处理的难度及方案选择的限制。

3 加固方案设计

3.1 处理特点及难点

开关柜室地基加固处理具有以下特点和难点：

（1）开关柜室电器元件多，对粉尘、水等敏感度大，又属运行状态下加固，限制了施工设备的选择，必须采用振动小、不带水作业、粉尘小的轻便设备。

（2）施工必须穿透约 3.0m 厚的砂石土填筑层，块石直径大小不小，最大块径达到 80cm，且块石含量大，静压钢管桩无法直接穿越，需进行针对性处理。

（3）开关柜室下卧软弱淤泥、淤泥质土层厚度大于 15m，承载力低、压缩性大，后期压缩变形大，为确保加固效果、减少加固后附加沉降，加固桩需穿透淤泥层，进入粉砂质土层。需保证桩在淤泥中的稳定性、整体性，处理工程难度大。

3.2 加固处理方案

针对本工程的特点和难点，结合相应的加固工程经验，选用人工挖孔桩对上部块石填层处理，采用静压钢管桩对下部软弱淤泥层进行处理。为保证开关柜室基础的整体性，在地坪上布设 10 号槽钢网架，由钢管基桩对开关柜室基础进行整体支撑。钢管基桩布置见图 1。

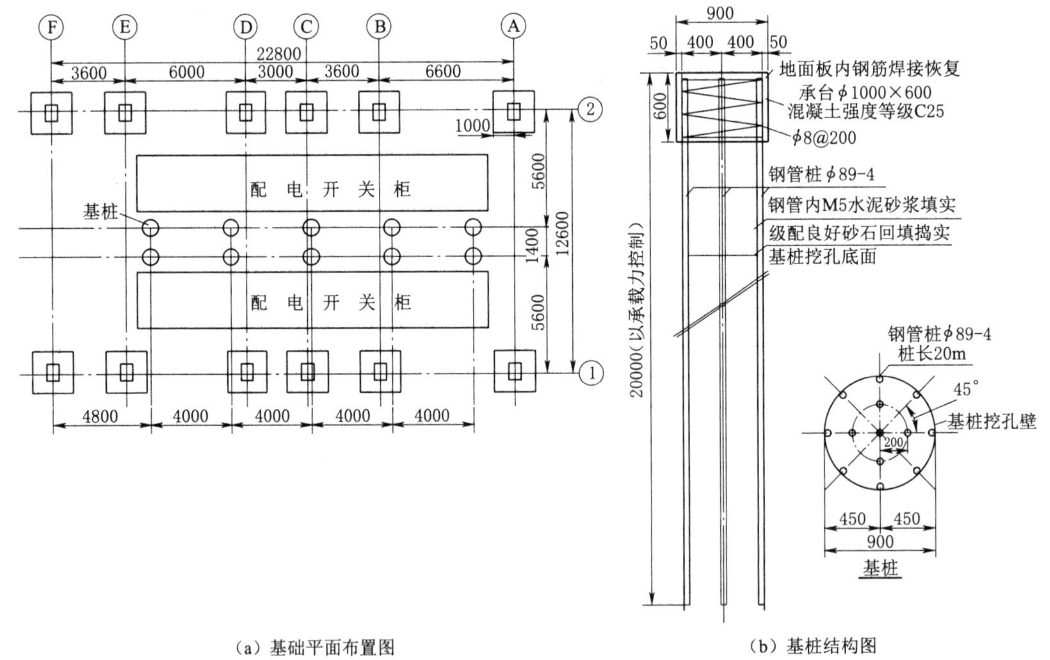

（a）基础平面布置图　　（b）基桩结构图

图 1　钢管基桩布置图

（1）钢管桩的选择：根据地基承载力要求及钢管桩抗水平剪切能力要求，通过力学验算，采用直径 89mm、壁厚 4mm 无缝钢管。

（2）压桩设备的选择：必须采用液压设备，承受最大压力不小于 15MPa。

（3）基桩设计：开关柜室布设 10 根基桩，每个基桩内共布置 13 根钢管桩，钢管桩进入粉砂层不小于 50cm，桩长不小于 20m，钢管桩单桩承载力不小于 8MPa。钢管桩内采用 M5 水泥砂浆充填。

（4）基桩桩头处理：人工挖孔桩回填分两部分进行。挖孔桩孔底至距桩顶 60cm 段采用级配砂密实回填；桩顶 60cm 范围内采用 C25 混凝土回填，钢管桩采用 $\phi 8$ 盘圆钢筋螺旋绑扎。钢筋混凝土地坪内的钢筋进行焊接恢复。

（5）人工挖孔桩：人工挖孔桩直径为 1000mm，每开挖 80cm 进行护筒衬砌支护，衬砌厚度不小于 8cm，混凝土强度不小于 C15 级。

（6）地坪加固恢复：在现有钢筋混凝土地坪，焊接 10 号槽钢网架，采用 10 根基桩支撑整体开关柜室基础地坪，并将混凝土地坪用轻质泡沫混凝土整平处理。

4 加固施工工艺

根据加固处理方案，本工程采用“静压钢管桩基”处理软弱淤泥的施工工艺。为确保开关柜室地基加固施工在不影响场站正常运行前提下安全进行，制定一有效的施工流程：进行开关柜防（水、尘）保护→基桩放样→基桩地坪钢混凝土→混凝土开孔→人工挖孔作业→静压钢管桩施工（加工、压桩）→人孔桩回填→基桩桩头处理→槽钢网架制作→软质混凝土地坪浇筑。

4.1 开关柜防尘等防护

因室内施工存在破除混凝土、挖土石、混凝土浇筑及焊接等作业，施工前对室内所有配电柜顶部及两侧采用塑料薄膜进行覆盖，并用胶布进行固定，防止施工过程产生的灰尘及施工用水进入配电柜造成短路等现象，防止发生意外。

配电柜属带电作业设备，施工过程配电柜为带电状态，且施工作业面距配电柜最小距离只有 50cm 的净操作空间，所以在配电柜外围设置显著的安全防护警示标志，并配备灭火器等安全设备。

4.2 基桩钢筋混凝土拆除

开关柜室内地坪为 C20 现浇钢筋混凝土，因配电柜灵敏度高，有较微的振动均有可能造成跳闸断电现象，将影响风力发电的运行。本次作业考虑到为配电柜带电作业施工，现场采用振动小的水钻进行开孔作业。

设计布置双排基桩，每排 5 孔，桩径为 1000mm，桩距为 4m，排距为 2m。

施工时，在每个人工挖孔桩上布置 16 个水钻孔，用 200 型水钻沿基桩外径成孔，然后将桩心混凝土人工抬出，采用电钻对孔壁进行人工修理平整，对地坪上布置的钢筋进行凿出保护，以便桩头浇筑时与地坪形成一体。

严禁采取大功率电锤进行基桩混凝土拆除。

4.3 人工基桩开挖

基桩开挖因施工作业空间小，且地质条件差，为松散的块石土，作业采用边开挖边支护人工开挖作业。

基桩桩径为1000mm，基桩开挖深度在3.5～3.8m之间。挖桩作业每挖深80cm采用C15混凝土支模浇筑护壁，壁厚8cm，要求支护混凝土强度达到5MPa以上才可继续加深开挖。开挖出来的块石土直接装推车运出场地，严禁在基桩周边堆放。

因地下水位较高，普遍为2.5～2.8m，且地下水量大，采用2台15m^3/h的排污泵进行抽水并进行加深开挖。

4.4 静压钢管桩施工

基桩清除地下回填块石后，采用2Y-15T型静压机进行外径89mm壁厚4mm无缝钢管压桩，设计桩长20m，经压桩试验后，静压桩承载力达到8t，桩长需21m，本次静压桩施工以桩承载力8t与进入粉细砂层双重控制。

首先进行钢管桩锥形桩尖加工，桩尖长6cm。首节桩长控制在2.8～3.8m。其余桩节长底按3.5m及4m加工。

4.4.1 具体施工方法

（1）按照设计图纸的规格型号，采购进场合格的钢材成品；按照设计桩长和每节的长度，分段制作钢管桩成品，堆放待用；首节钢管桩的头部制作成尖状，并闭合以避免土体进入管内。

（2）按照设计图纸的桩位布置图，测量放样具体桩位，平面偏差不大于10mm。

（3）本工程因为是钢管桩，且桩径为89mm，故静力压桩机选用2Y-15T型；该机械压桩行程0.5m，压桩速度为0.9～1.5m/min，比较符合室内作业。

（4）静压桩机就位后，使桩机纵横方向保持水平，调校垂直在规范允许值1.0%以内才能沉桩；垂直度控制即调校桩的垂直度是沉桩质量的关键；当带有桩尖的第一节插入地下30～50cm时，立即进行调校并使垂直度控制在0.5%以内；满足要求后进行第一节试压，垂直度控制及静压正常则进行全面施工。

（5）因受开关柜室内净空的限制，钢管桩按3.5m、4.0m分段制作并循环接桩；钢管桩接头采用车床加工丝扣，用快速接头进行连接。

（6）认真记录入桩行程深度及相应压力值，以判别入桩情况正常与否及桩的承载能力。当压桩机泵压达到8MPa，且桩尖贯入度小于2cm/10min时，桩长大于20m进入粉砂质土层时，结束单根钢管桩作业。

（7）静压桩施工过程中，要对建筑物和地下管线进行观测及监护。

4.4.2 完成工作量

本次施工共布置有10个静压基桩，每个静压基桩内设13根静压钢管桩，共进行了130根静压钢管桩施工。

4.5 人工挖孔桩内级配砂石回填及钢管桩内砂浆回填

静压桩压桩完成后，将拌和均匀的级配砂石料采用手推车运料，回填至开挖的人工挖孔内，并用插入式振动棒振捣，每30cm分层填筑，并加水进行密实。

回填级配砂石料至桩顶面下600mm，回填厚度为2.6～3.2m。

砂石料回填完成后，对钢管桩内的空隙部分采用0.5∶1∶1的水泥砂浆进行充填，充填水泥砂浆要求连续密实，回填砂浆时，将回压浆管放入桩底，边填边振动钢管外壁，尽量使充填的水泥砂浆密实。

4.6 钢筋制安

钢筋制安主要为桩头8号圆螺旋钢筋制安和地坪孔洞处钢筋的恢复连接两部分。

桩头采用8号螺旋箍筋间距200mm，与静压钢管桩采用点焊连接处理。

原地坪混凝土内的钢筋网片连接，采用16mm螺纹钢与原地坪内的钢筋采用双面焊接处理，焊接长度100mm。

双层钢筋网片钢筋交叉点全部采用扎丝绑扎连接。

4.7 混凝土桩头浇筑

桩头钢筋制安完成后，然后进行C25混凝土浇筑。C25混凝土采用商品混凝土，保证混凝土具有良好的和易性，并能保证混凝土的质量。

采用搅拌车将混凝土运输至开关室门口，然后采用手推车将混凝土转运至人工挖孔桩孔口，然后将混凝土倒入桩头部位。

桩头混凝土采用振捣器分层振捣混凝土，分层厚度30cm，对原地坪下部脱空部位，采用振捣器赶浆法，使脱空部位用混凝土充填密实。

混凝土浇筑完成后，对混凝土进行14天的洒水养护。

4.8 配电柜调整

配电柜下部调位支撑见图2。

(1) 采用8只5t千斤顶将配电柜调整水平，并用水平尺进行平整度及垂直度校准，调节各只千斤顶。

(2) 调整好配电柜基础后，在配电柜边框下沿架设5号槽钢。

(3) 沿配电柜地坪面每隔50cm，布1根10号槽钢，槽钢伸入配电柜底部不少于20cm，每根槽钢下料长度为80cm，并在靠静压桩侧设2个锚固孔，采用14号膨胀螺栓固定。在静压桩顶部设置通长槽钢。

(4) 安装好底部支撑槽钢后，再在5号和10号槽钢间架立可调节螺栓调整配电柜。

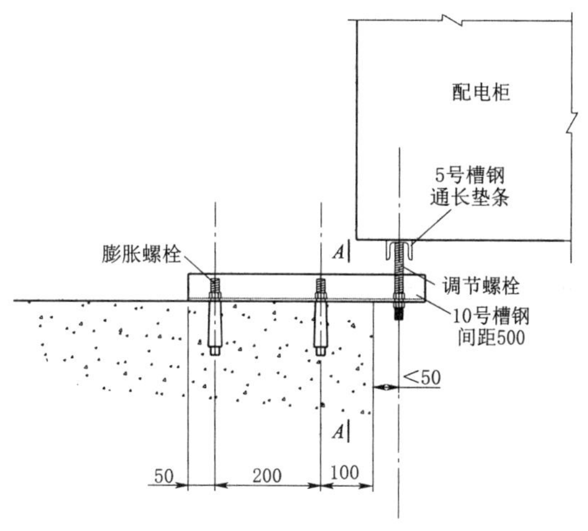

图2 配电柜下部调位支撑剖面图

(5) 所有用于配电柜调整的槽钢均进行除锈及防腐处理，刷一道防腐底漆和一道防锈漆进行防腐。

4.9 配电柜室地坪处理

配电柜下部调位支撑安装结束后，配电柜室地坪采用现浇轻质泡沫混凝土整平处理。

现浇轻质后泡沫混凝土材料为600号，选择具备轻质泡沫混凝土生产厂家供应混凝土。

现浇轻质泡沫混凝土施工严格按《现浇轻质泡沫混凝土应用技术规程》(DGJ32TJ

104—2010）进行。

现浇轻质泡沫混凝土地坪找平后，在铺设一层防滑阻燃地胶板。

5 沉降监测成果

配电柜基础加固施工过程中，共布置了9个沉降监测点，从挖桩、压桩、混凝土浇筑等过程中均进行沉降观测，如发生沉降异常，立刻暂停施工，待加固措施到位后再进行恢复作业。

2015年6月7日地基加固处理后，在过道地坪上重新布置9个沉降监测点，布置如图3所示，并定期进行沉降观测。

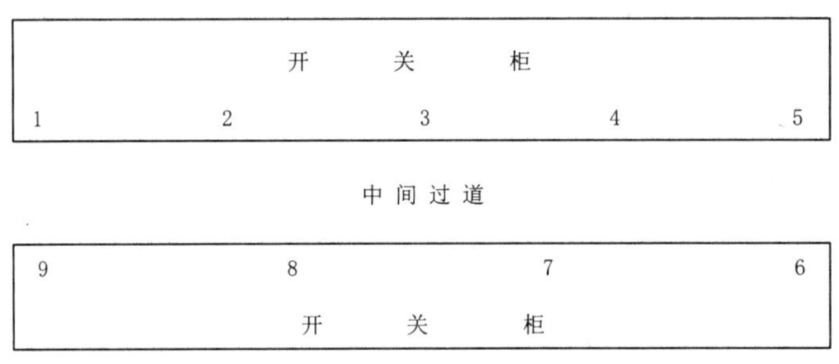

图3 沉降监测点布置图

监测周期为第1个月，每天监测一次，第2个月每周监测一次，第3个月后每月监测一次，总监测周期为2年。

本次针对配电柜基础沉降监测做了一个月、半年、一年与两年沉降的统计，成果见表1。

表1 **配电柜基础沉降监测汇总表**

监测时间	测点沉降值/mm								
	1	2	3	4	5	6	7	8	9
2015-06-23	0.3	0.38	0.42	0.42	0.25	0.32	0.51	0.39	0.15
2016-01-18	1.92	2.0	2.1	2.13	1.8	1.75	1.9	1.8	1.66
2016-06-25	2.1	2.3	2.32	2.4	2.0	2.0	2.2	2.2	1.9
2017-06-26	2.3	2.5	2.5	2.6	2.1	2.2	2.3	2.3	2.0

从监测成果表发现，加固处理后，半年后监测点的沉降值为1.6～2.2mm，一年后监测沉降值为1.9～2.4mm，2年后监测总沉降值为2.0～2.6mm。主要沉降发生在加固处理的半年内，且最大总沉降值小于2.6mm。

沉降总体分布还是以中间沉降值大于两端，但经过2年的固结沉降，最大沉降量小于3mm，完全满足地基加固处理的沉降要求。

6 总结

（1）通过本次配电柜基础的施工证明，在施工空间受限，对粉尘、水敏感的电器设备和对振动要求较高的场所，采用无振动的小型液压装置施工，有效地解决了施工困难。

（2）通过对沉降监测结果表明，采用静压钢管桩对深厚软弱淤泥层进行加固，能有效地解决软弱土层的后期沉降问题。

（3）本次施工工法，在风机不停机状态下进行加固，可以有效地保证风电场的正常运行及经济效益，为类似工程提供参考。

拉森钢板桩在北二路基坑支护中的应用

代　福　盖广刚　乔德龙　董小京　徐延平

（中国水电基础局有限公司）

【摘　要】 东营北二路裕华街-西六路全长约4733.711m，雨污水管道沿道路布置，敷设于非机动车道下。沿途开挖深度超过5m的深基坑有10个，项目位于城市建成区内道路两侧，周边可用空间受限，为保证工程顺利实施，减少开挖面积，基坑支护采用拉森钢板桩技术，取得了很好的效果。

【关键词】 拉森钢板桩　基坑支护　打桩　应用

1　概述

东营北二路裕华街-西六路全长约4733.711m，雨污水管道采用钢筋混凝土Ⅱ级管/玻璃夹砂管，雨水管沿道路两侧布置，敷设于非机动车道下，管径为600～2200mm；污水沿道路布置，敷设于非机动车道下，管径为400～1400mm。雨污水管道中心距约2.5m，高差最大约3m。沿途要穿越已有道路和涵洞，开挖深度超过5m的深基坑有10个。根据开挖深度、周边可用空间、周边环境情况及施工总体经济性、工期、施工便利性等要求，根据管道埋置深度、周边环境及水文条件分区域确定采取放坡支护或直立钢板桩支护。

根据中交远洲交通科技集团有限公司提供的岩土工程勘察报告，地质情况如下：

场地地貌单一，属黄河三角洲冲积平原。拟建场地地基土在勘探深度内可划分为7层，各地层自上而下分述如下：

①层：素填土（Q_4^{ml}），压缩性较高，土质不均匀，结构松散。厚度为0.60～4.80m。

②层：粉土（Q_4^{al}），干强度低，韧性低。层顶埋深为0.60～4.80m，厚度为0.30～2.70m。

③层：粉质黏土（Q_4^{al}），厚度为0.60～6.40m。

④层：粉土（Q_4^{al}），干强度低，韧性低。层顶埋深为1.80～10.20m，厚度为0.60～6.40m。

⑤层：粉质黏土（Q_4^{al}），干强度中等，韧性中等。厚度为0.40～5.40m。

⑥层：粉土（Q_4^{al}），干强度低，韧性低。厚度为1.20～7.50m。

⑦层：粉质黏土（Q_4^{al}），干强度中等，韧性中等。该层在勘察深度范围内未揭穿，厚度为不详。

本项目位于城市建成区内，道路两侧不具备修筑施工便道条件，根据地质条件其开挖超 3m 部分采用钢板桩支护，用角桩对其施工范围进行封闭，采取板内抽干降水，防止降水对周边构筑物等环境造成破坏。

2 施工前期准备

2.1 技术准备

（1）组织专业人员熟悉图纸，对图纸进行自审，熟悉和掌握施工图纸的全部内容和设计意图。

（2）结合施工实际情况和周边环境，对其超 5m 的深基坑部分进行编制深基坑专项施工方案并组织专家评审，评审通过后方可进行施工。

（3）计算所需要材料的详细数量、人工数量、大型机械台班数，以便做进度计划和供应计划，更好地控制成本，减少消耗。

（4）做好技术交底工作。通过技术交底使参加施工的所有人员了解工程技术要求，以便科学地组织施工和按合理的工序、工艺进行施工。

2.2 生产准备

（1）施工机具设备：施工中计划投入的大型、小型施工机械根据需要分批进场。

（2）施工管理人员进场后，会同有关单位做好现场的移交工作，包括测量控制点以及有关技术资料，并复核控制点。

（3）临时用电、临时用水的搭设、安装、调试。

（4）组织施工管理人员及劳动力调配入场，满足施工要求。

3 测量控制

（1）支护施工前，根据结构内轮廓点及外放要求，采用全站仪从引测点直接投放结构内轮廓点坐标，并利用线路中线进行复核。

（2）支护施工时，根据设计图纸提供的坐标，用全站仪实地放样出支护结构轴线，并立即做好护桩，报甲方、监理进行复核。

（3）由于基坑开挖时支护结构在外侧土压力作用下会向内位移和变形，为确保后期基坑结构的净空符合要求，根据现场实际情况适当外放。

4 钢板桩施工

4.1 钢板桩施工流程

钢板桩施工流程为：管线调查→板桩定位放线→挖沟槽→施打钢板桩→基坑开挖→安装支撑和围檩→机械分层开挖→30cm 人工开挖→基础施工→基坑回填→管道施工→回填至支撑下 0.5m→拆除围檩→回填至路面→拔出钢板桩→回灌沙。

4.2 钢板桩的检验、吊装和堆放

钢板桩的检验、吊装和堆放要求见表 1 和表 2。

4.3 钢板桩施打

（1）现场根据需要选用 9m 和 12m 两种规格的拉森钢板桩，拉森钢板桩用振动沉拔桩机施打，施打前一定要熟悉地下管线、构筑物的情况，认真放出准确的支护桩中线。

表 1　　钢板桩的检验吊装堆放要求

序号	内容	注　意　事　项
1	钢板桩的检验	对钢板桩，一般有材质检验和外观检验，以便对不合要求的钢板桩进行矫正，以减少打桩过程中的困难。 外观检验：包括表面缺陷、长度、宽度、厚度、高度、端头矩形比、平直度和锁口形状等内容。 钢板桩进场后由现场人员组织工程部、安全质量部、物资部等部门进行检验，不合格产品严禁入场使用
2	钢板桩吊运	钢板桩吊装采用 25t 汽车吊吊装。装卸钢板桩宜采用两点吊。吊运时，每次起吊的钢板桩根数不宜过多，并应注意保护锁口免受损伤。吊运方式有成捆起吊和单根起吊。成捆起吊通常采用钢索捆扎，而单根吊运常用专用的吊具
3	钢板桩堆放	钢板桩堆放在施工现场。堆放时应注意： （1）堆放的顺序、位置、方向和平面布置等应考虑到以后的施工方便。 （2）钢板桩应分层堆放，每层堆放数量一般不超过 5 根，各层间要垫枕木，垫木间距一般为 3～4m，且上、下层垫木应在同一垂直线上，堆放的总高度不宜超过 2m

表 2　　钢板桩验收标准表

序号	检查项目	允许偏差或允许值	检查方法
1	桩垂直度	1%	用钢尺量
2	桩身弯曲度	2%桩长	用钢尺量
3	齿槽平直度	无点焊渣或毛刺	用 1m 长的桩段做通过试验
4	桩长度	不小于设计长度	用钢尺量

（2）打桩前，对板桩逐根检查，剔除连接锁口锈蚀、变形严重的普通板桩，不合格者待修整后才可使用。

（3）打桩前，在钢板桩的锁口内涂油脂，以方便打入拔出。

（4）在插打过程中随时测量监控每块桩的斜度不超过 2%，当偏斜过大不能用拉齐方法调正时，拔起重打。

（5）钢板桩施打采用屏风式打入法施工，见图 1。

屏风式打入法不易使板桩发生屈曲、扭转、倾斜和墙面凹凸，打入精度高，易于实现封闭合拢。施工时，将 10～20 根钢板桩成排插入导架内，使它呈屏风状，然后再施打。通常将屏风墙两端的一组钢板桩打至设计标高或一定深度，并严格控制垂直度，用电焊固定在围檩上，然后在中间按顺序分 1/3 或1/2 板桩高度打入。

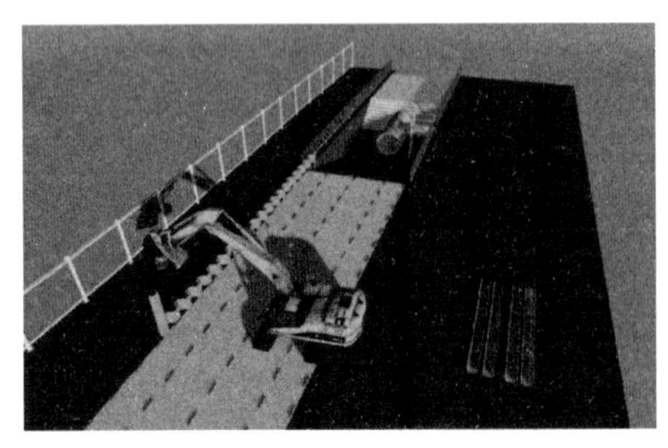

图 1　拉森钢板桩插打示意图

屏风式打入法的施工顺序有正向顺序、逆向顺序、往复顺序、中分顺序、中和顺序和复合顺序。施打顺序对钢板桩垂直度、位移、轴线方向的伸缩、钢板桩墙的凹凸及打桩效率有直接影响。因此，施打顺序是钢板桩施工工艺的关键之一。其选择原则是：当屏风墙两端已打设的钢板桩呈逆向倾斜时，应采用正向顺序施打；反之，用逆向顺序施打；当屏风墙两端钢板桩保持垂直状况时，可采用往复顺序施打；当钢板桩墙长度很长时，可用复合顺序施打。

（6）密扣保证板桩顺利合拢。

4.4 注意事项

（1）钢板桩在插打过程中，钢板桩下端有上挤压，钢板桩锁口和锁口之间缝隙较大，上端总会产生向远离第一根钢板桩的方向倾斜。因此，每打四五根钢板桩就要用垂球吊线，将钢板桩的倾斜度控制在1%以内，超过限定的倾斜度应予纠偏（一次性纠偏不能太多，以免锁口卡住，影响下一片钢板桩的插打）。当钢板桩偏移太多时，采用多次纠偏的方法逐步减少偏移量，若因土质太硬纠偏困难时，采用走四滑轮组纠偏。

（2）距离周边建构筑物较近时，为降低插打施工的振动影响，优先采取钻机引孔施工，以减小振动对周边环境的影响。

（3）钢板桩的堵漏。一般的做法是在钢板桩施打过程中用棉絮、黄油等填充物填塞接缝。

4.5 拔桩及桩孔处理

（1）待排结构施工完后，基坑回填后，要拔除钢板桩，以便重复使用。

（2）拔桩时先用打拔桩机夹住钢板桩头部振动1～2min，使钢板桩周围的土松动，产生液化，减少土对桩的摩阻力，然后慢慢地往上振拔。拔桩时注意桩机的负荷情况，发现上拔困难或拔不上来时，应停止拔桩，先振动1～2min后再往下锤0.5～1.0m再往上振拔，如此反复既可将桩拔出。

（3）拔桩时应注意事项。

1）拔桩起点和顺序：对封闭式钢板桩墙，拔桩起点应离开角桩5根以上。可根据沉桩时的情况确定拔桩起点，必要时也可用跳拔的方法。拔桩的顺序最好与打桩时相反。

2）振打与振拔：拔桩时，先用振动锤将板桩锁口振活以减小土的黏附，然后边振边拔。对较难拔除的板桩可先用柴油锤将桩振下100～300mm，再与振动锤交替振打、振拔。

3）对引拔阻力较大的钢板桩，采用间歇振动的方法，每次振动15min，振动锤连续不超过1.5h。

（4）拔除钢板桩前，应仔细研究拔桩方法顺序和拔桩时间，否则，由于拔桩的振动影响，以及拔桩带土过多会引起地面沉降和位移，会给已施工的地下结构带来危害，并影响临近原有建筑物、构筑物或底下管线的安全。分段间隔拔除钢板桩，并控制拔桩速率，对已拔出钢板桩部分及时进行灌砂、灌水处理，对拔出后无法进行灌砂处理的部分采用高压注射水泥浆进行处理。

5 应用效果及评价

东营北二路裕华街—西六路段改扩建工程中基坑支护钢板桩总量为14014m，其中桩长6m施打工程量为5540m，桩长9m施打工程量为8474m。钢板桩支护整体效果良好，结合降排水措施做到了干槽施工，有效地利用了空间，提高了管道施工安全保证，满足施工要求。实际应用效果见图2。

图 2　钢板桩支护现场效果图

6　结论与建议

拉森钢板桩具有施工简单、工期缩短、耐久性良好等特点，同时具有显著的环保效果，大量减少了取土量和混凝土的使用量，有效地保护了土地资源。本工程地层为粉土和黏土地层，拉森钢管桩支护方案取得了很好的效果，类似项目可借鉴使用。

某车辆段基坑防渗支护一体化设计与施工

曹殿彬[1]　刘从胜[2]　肖立生[3]

（1. 济南轨道交通集团有限公司；2. 中铁上海工程局集团有限公司；
3. 山东省水利科学研究院）

【摘　要】依托导杆式开槽机形成了防渗支护一体化工法，在完成开槽进行固化灰浆灌注后，插入型钢，完成基坑的防渗支护一体化施工。相比较同类工法，本工法施工简便，造价低，防渗效果好，可应用于开挖深度10m以内的基坑快速围封作业。

【关键词】防渗支护　一体化　固化灰浆　钢板桩

1　引言

为满足济南市轨道交通工程建设的安全、高效，研究基坑支护和防渗技术十分必要。基于导杆式开槽机构筑地下连续墙技术的优势，进行技术整合，研究开发防渗与支护一体化施工技术相关工艺，创新设计模型，固化理论体系，实现防渗支护一体化下的节能、节材、降低成本目的。型钢＋固化灰浆防渗墙是防渗与支护一体化的一种结构型式。该方法采用导杆式开槽技术形成墙体然后插入型钢，搭接施工后形成刚性连续墙，可用于车站出入口、场段出入线工程，对于环境条件要求不高的场地也可以用于一层地下结构（附属结构）的基坑工程，类似于TRD、SMW的工法，但具有明显技术及经济优势；由于形成的是连续的无缝墙体，较SMW工法的防渗的可靠性也大为增加，较TRD工法价格大为降低。

济南东车辆段雨水泵房、水处理用房基坑采用防渗支护一体化设计，其中雨水泵房防渗轴线长度为76.9m，水处理用房防渗轴线长度为63.4m。主要工程项目为导杆式开槽机构筑固化灰浆防渗墙及内插SP-Ⅳ型拉森钢板桩，形成防渗支护一体化施工。

2　工程地质条件

（1）济南东车辆段工程属山前冲洪积倾斜平原地貌单元，地形相对平坦，地势变化不大，第四系地层一般为粉土和粉质黏土夹砂、砾石层组成。勘察期间因施工单位施工造成渣土堆积，场区局部微地貌遭到改变，地面标高21.17～25.54m，地物主要为农田及乡村道路等。

（2）水文地质条件概况：勘察期间，水位埋深一般为0.87～4.60m，相应水位高程19.67～21.98m，第四系松散孔隙水水位年变幅2.0～3.0m。与本工程有关的地下水类型主要为孔隙水与裂隙水。

3 支护方案

3.1 雨水泵房支护设计

雨水泵房为四层建筑（地下两层、地上两层），基坑东西长约10.9m，南北长约25.6m。处理结构包括功能用房及废水池。废水池基坑东西长约10.6m、南北长约19.1m。基坑开挖主要支护形式如下（图1、图2、图3）：

（1）平面布置形式：基坑东西长约10.9m，南北长约25.6m，基坑开挖深度7.9m。

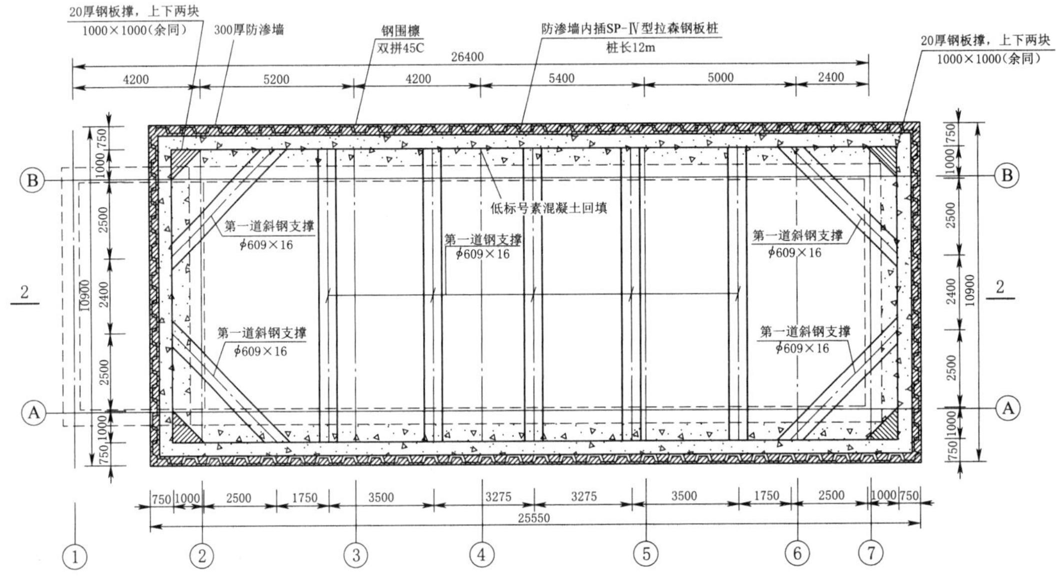

图1 雨水泵房平面布置图

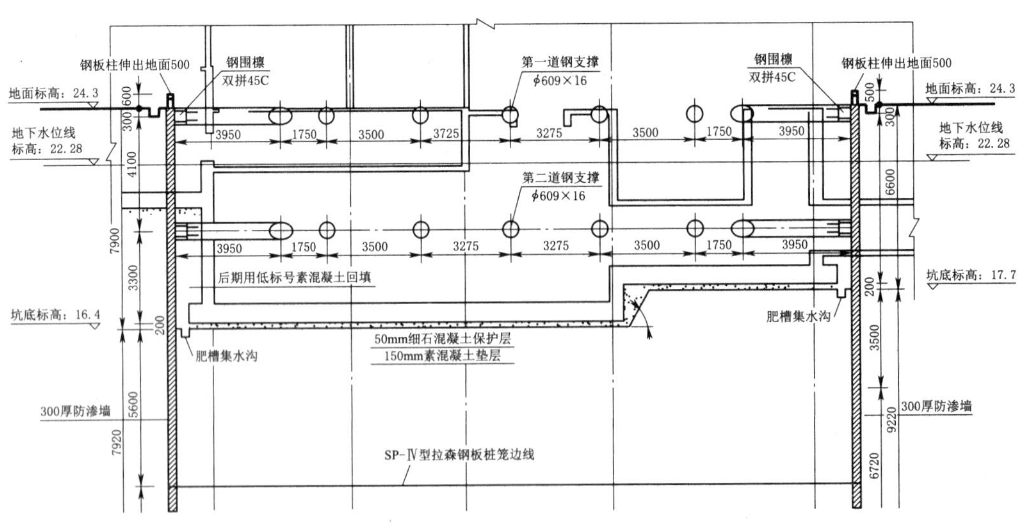

图2 雨水泵房支护剖面图

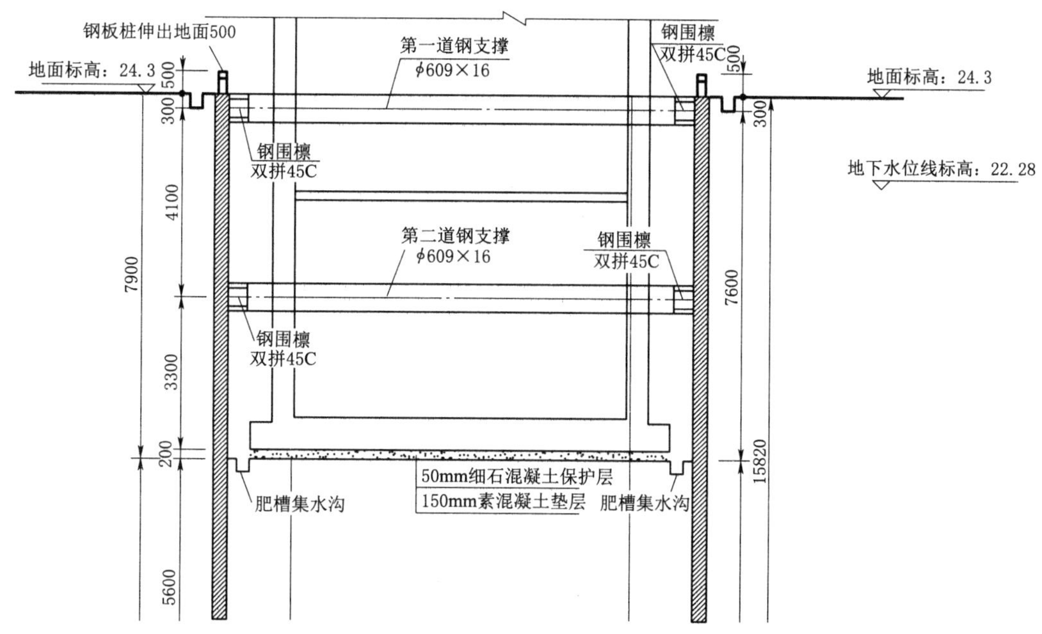

图 3　雨水泵房支护立面图

（2）围护形式：300mm 厚固化灰浆防渗墙＋内插 SP－Ⅳ型拉森钢板桩。

（3）支撑体系：竖向设 2 道 $\phi609\times16$mm 钢管（H 型钢）支撑。

3.2　水处理用房支护设计

水处理用房为单层结构，东西向长度约 18.5m，南北向长度约 22.5m，标准段基坑深度约 5.8m，采用明挖顺作法施工。基坑开挖主要支护形式如下（图 4、图 5）：

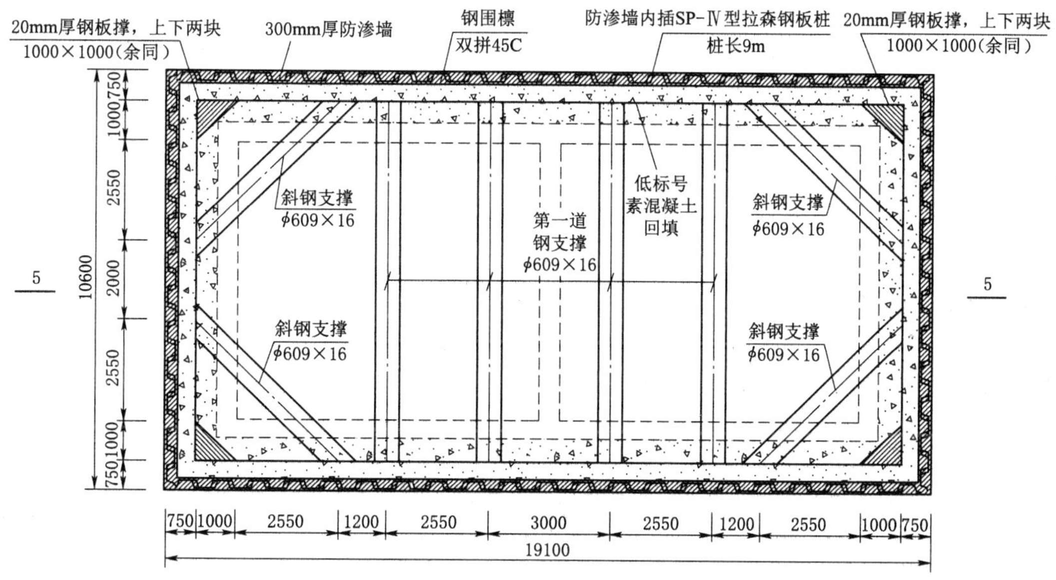

图 4　水处理用房平面布置图

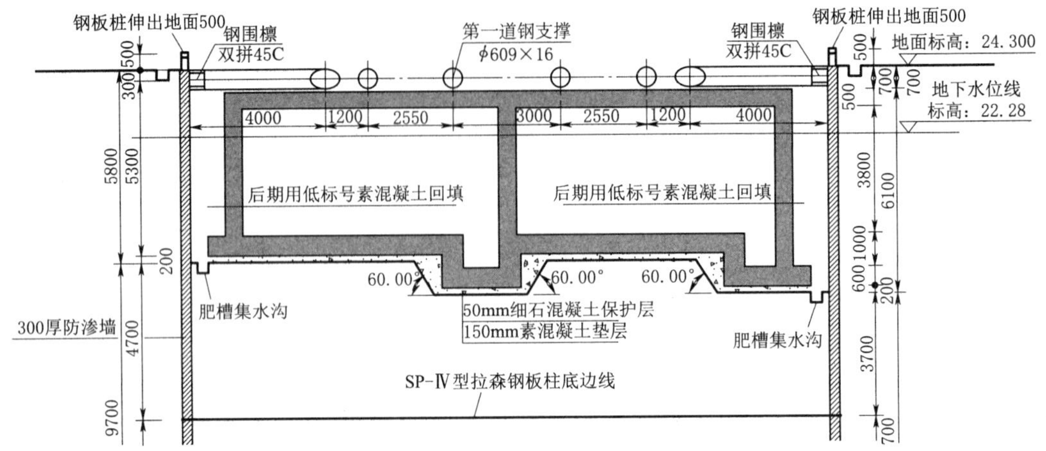

图5　水处理用房剖面图

（1）平面布置形式：基坑东西长约10.6m，南北长约19.1m，基坑开挖深度5.8m。

（2）围护形式：300mm厚固化灰浆防渗墙＋内插SP-Ⅳ型拉森钢板桩。

（3）支撑体系：竖向设1道ϕ609×16mm钢管（H型钢）支撑。

4　固化灰浆防渗墙＋内插钢板桩一体化施工

4.1　固化灰浆防渗墙施工

4.1.1　施工准备

（1）施工场地规划。为满足槽口稳定、浇筑通行、铣槽设备移动等要求，需对部分工作面进行平整压实处理，处理宽度满足施工要求。

（2）测量放线。

1）根据设计图纸及技术交底要求，测定防渗板墙的轴线、起始桩号及坝顶高程，便于防渗墙施工范围控制。测量误差不超过2cm，并设置固定控制桩以便于施工控制。

2）施工轴线方位控制：施工段的两端设置控制桩，平行于施工轴线，用测绳拉直，以此精确标定各槽孔的位置，定位误差不大于2cm。

3）施工高程控制：根据高程控制桩测定施工段的坝顶高程纵剖面，以此确定和部位的坝顶高程及相应孔深。定位误差不大于10cm。

4.1.2　设备开槽

（1）槽段划分：单元内槽段长度的划分根据地质条件、单槽施工周期、灰浆供应能力等要求确定，本工程槽段划分为Ⅰ、Ⅱ期槽，根据设备成槽器的长度确定。搭接长度20cm，均采用单孔成槽。

（2）开槽深度确定：以设计墙底高程作为每个槽段的预定深度，在铣槽设备钻具导杆上进行刻度标注，方便建造槽孔时确定槽孔的成槽深度。

（3）开槽：采用成槽器尺寸3300mm×250mm，多钻头组钻头直径按360mm、315mm交替布置，以保证钻具箱箱体正常成槽，成槽槽型最窄处均满足设计墙厚要求；通过水平靠尺调整导杆的垂直度以控制成槽垂直度；铣槽机的调平采用水平尺测量设备桅杆及井口板进行，如发生沉降及时调平，保证施工垂直度在设计范围内。

(4) 槽段接头处理方式：Ⅱ期槽孔施工时，采用“铣削（套打）法”进行Ⅰ、Ⅱ期槽段连接，Ⅱ期槽对Ⅰ期槽墙体接头部位进行铣削（套打），保证Ⅰ、Ⅱ期槽段连接良好。Ⅰ、Ⅱ期槽段施工时间间隔不应小于36h，不宜大于72h。

(5) 清孔。槽段开挖至设计深度后，即进行清孔换浆。采用正循环清孔，清孔所需用时约10～20min。用测绳测量清孔后的孔深，清孔换浆质量标准：槽底沉渣厚度小于等于100mm。

4.1.3 灰浆灌注

将成槽器下至设计深度，边搅拌边提升钻具，钻具提升速度根据注浆速率计算得出，钻具提升速度不得大于1m/min。每槽段灰浆连续浇筑，固化灰浆灌注量应满足计算要求。浇筑灰浆完成后，孔口设置盖板，防止其他杂物散落槽孔内。

4.2 插型钢施工

4.2.1 施工准备

(1) 将新旧钢板桩运到工地后，详细检查、丈量、分类、编号。

(2) 钢板桩的整修。对有弯曲、破损、锁口不合的钢板板桩均进行修整，采用的方法为：冷弯、热敲、焊补、割除。钢板桩表面应进行除锈，并在干燥条件下涂抹减摩剂，搬运使用应防止碰撞和强力擦挤。且桩顶制作围檩前，事先用牛皮纸将钢板桩包裹好进行隔离，以利拔桩。

(3) 钢板桩长度不足时，可用同类型的钢板桩接长。接长采用焊接，先对焊，再焊加固板。

4.2.2 钢板桩围堰的打设

Ⅰ期或Ⅱ期槽段成槽灌注完毕后，需立即开展钢板桩内插作业。钢板桩应在固化浆液初凝前插入，建议在成槽灌注完毕后4小时内完成插桩。插入过程中，必须吊直钢板桩，尽量靠自重压沉。若压沉无法到位，再开启振动下沉至标高。

(1) 导向安装。

准确测量后，插入前应校正位置，在槽孔位置设立导向装置，以保证垂直度小于1%。

(2) 钢板桩插打。

打桩设备：日立长臂挖掘机液压振动锤式打桩机。

插打方法：逐根插打，分槽插打。

垂直度的控制：在钢板桩正面、侧面各站一人采用吊线锥的方法检查垂直度，观察点远离钢板桩插打位置50～100m为宜。

1) 按设计轴线要求放出拉森桩咬口轴线灰线并在灰线上做好红色木桩标识。

2) 按灰线标识安装导向围檩夹木，并打导向围檩定位桩。

3) 将导向围檩吊到位，并与定位桩固定。检查安装尺寸，核准导向围檩中心线是否在拉森桩轴线灰线上。

4) 沉桩前检查桩是否平直、完好。

5) 拉森桩打入后，保证桩顶上口平直，达到设计标高。

6) 拉森桩垂直度用两台经纬仪垂直控制，若出现偏差，通过吊机调正吊点方位随时修正。发现垂直度超标，必须拔出重新开打。

7）拉森桩采用单点起吊，吊点由钢丝绳长度确定，起吊垂直后进行喂桩。桩底轻轻落地，桩顶倒向振动锤咬口处，振动锤开口咬合，液压夹紧，起吊提升，吊至打桩位置的导向围檩处。施工人员护桩，插桩，桩翼板相互贴紧，然后开锤起打，控制调整垂直度向下送桩。

8）桩送到设计标高后，振动锤咬口松开，复位，再移动锁口卡板，继续重复下一根桩的施工。结构示意图见图 6。

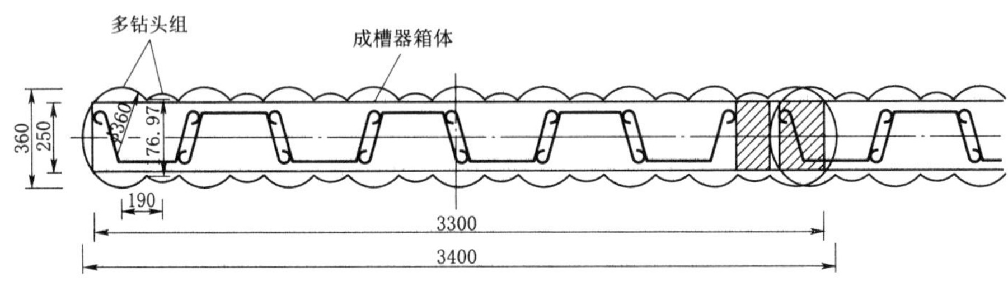

图 6　拉森钢板桩施工大样图

4.2.3　钢板桩拆除

钢板桩在拆除工作中应注意：

（1）钢板桩围堰拆除与围堰施工顺序相反进行。首先回填土至最下一道围堰标高处拆除最下一道钢围檩，依次循环，直至最顶一层围檩拆除完毕。

（2）钢板桩拔除先回填后拔出，采用立长臂挖掘机液压振动锤式打桩机进行施工。

5　结语

通过对导杆式开槽机技术进行整合并深化研究，形成了防渗支护一体化施工关键技术。本技术具备 TRD、SMW、高喷帷幕、预制桩支护等工法的优点，克服了其缺点，具有经济、可靠、高效、环保等优势，施工设备简洁实用、地层适用性强，在深基坑防渗支护中具有较好的推广前景。通过优化墙体材料配比，创新设计模型，固化理论体系，实现防渗支护一体化下的节能、节材、降低成本。该工法对于济南轨道交通建设中的大量深基坑的防渗支护工程具有重要现实意义，在地铁及城建领域具有广阔的市场前景，能产生良好的社会效益。

浅谈 SMW 桩在城市综合管廊中的应用

张汪洋

（中国水利水电第八工程局有限公司）

【摘 要】 武汉某城市综合管廊项目基坑施工中，采用 SMW 桩作为基坑支护。本文结合工程实例，介绍水泥土搅拌桩墙通过内插型钢，使得墙体既能达到抗剪承载力的要求，同时满足止水效果，充分发挥其良好的基坑支护及止水作用。

【关键词】 SMW 工法桩 综合管廊 应用

1 工程概况

本工程为黄家湖大道与三环线交汇节点区域环境综合整治提升工程子项综合管廊工程，综合管廊基坑工程西起白沙洲大道，东至黄家湖大道，起点桩号为 K0＋285，终点桩号为 K2＋640，全长 2925m。基坑工程设计主要内容包含综合管廊及支线管群基坑支护设计。主线管廊标准段基坑深度约 7～8m，下卧段基坑深度最大为 14.4m，标准段基坑宽度约 9.6～11m，支线管群基坑深度约 2～3m，基坑宽度为 3.6～7.6m。

2 支护方式

根据地勘报告显示，本工程地质条件复杂，存在杂填土、黏土，局部地区存在淤泥层，且地下水位较高。基坑支护形式主要为 SMW 桩（型钢水泥土搅拌墙）1～2 层内支撑，部分区段采用拉森钢板桩或钻孔灌注桩。直径为 0.85m，间距为 0.6m，咬合为 0.25m，桩长 15～24m，内插 HN700×300×13×24 型钢，插入方式有插二跳一和密插两种。

3 SMW 桩施工

3.1 工艺流程和主要技术参数

SMW 桩施工工艺流程为：平整场地→测量放样→开挖导槽→设置机架移动导轨→桩机就位→搅拌桩施工→插入型钢→施工结束→型钢回收、注浆。

SMW 桩直径为 0.85m，间距为 0.6m，咬合为 0.25m。采用的水泥强度等级不低于 42.5MPa，水泥掺量不少于 20%，即每立方米被搅拌土体中水泥掺量不少于 360kg。桩长 15～24m，内插 HN700×300×13×24 型钢，插入方式有插二跳一型和密插型两种，分别见图 1、图 2。

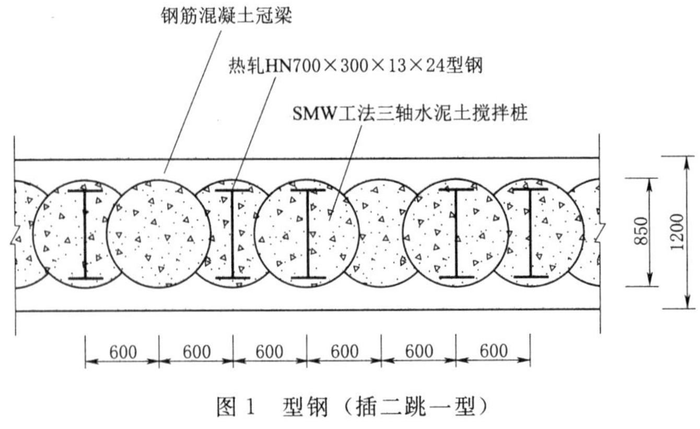

图 1　型钢（插二跳一型）

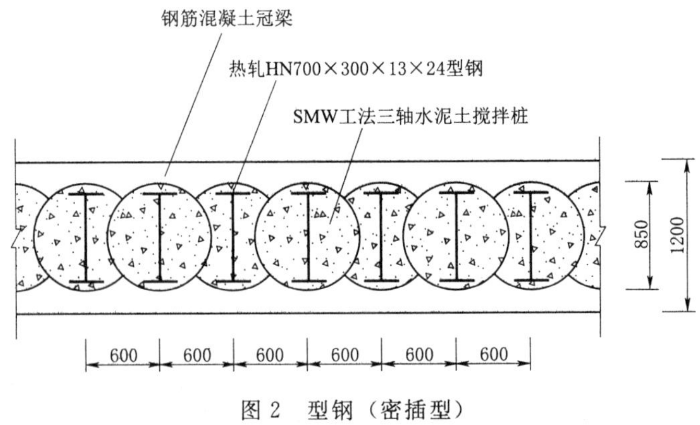

图 2　型钢（密插型）

SMW 工法（图 3）为跳打施工，其中阴影部分为重复套钻，保证墙体的连续性和接头的施工质量，水泥搅拌桩的搭接以及施工桩体的垂直度补正是依靠重复套钻来保证，以达到止水的作用。

3.2 施工工艺

3.2.1 平整场地

由于搅拌桩机设备自重较大，并且插入型钢需要使用履带吊，所以施工作业面需要平整。对于地表土质较好的区域，可采用挖掘机或推土机直接进行清表、平整；对于地表土质较差的区域，可使用搅拌桩施工时产生的返浆（或水泥浆）进行场地铺垫，并使用钢板铺垫，保障机身安全、稳定。

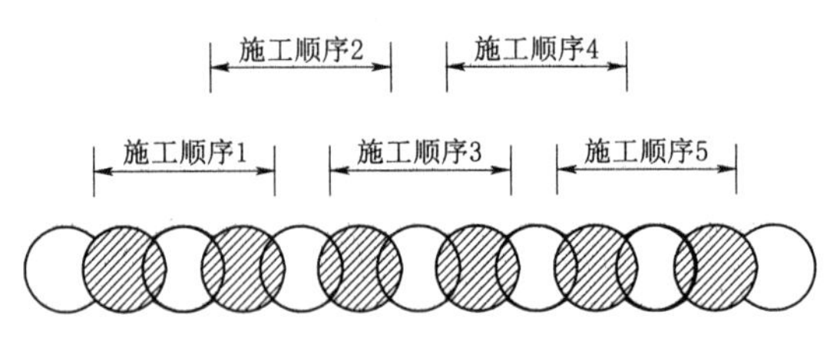

图 3　SMW 工法桩施工顺序示意图

3.2.2 测量放样

（1）施工前，先根据设计图纸和坐标基准点，精确计算出围护中心线角点坐标（或转角点坐标），利用测量仪器精确放样出围护中心线，并进行坐标数据复核，同时做好护桩。

（2）根据已知坐标进行垂直支护墙轴线的交线定位，按要求每边外放 10cm，放样定线后填写《施工放样报验单》，提请监理进行复核验收签证，确认无误后进行搅拌施工。

3.2.3 开挖导槽

（1）根据放样出的水泥土搅拌桩围护中心线，用挖掘机沿围护中心线平行方向开掘工作沟槽，沟槽宽度根据围护结构宽度确定，槽宽约 1.2m，深度约 0.6～1.0m。

（2）场地遇有地下障碍物时，利用镐头机将地下障碍物破除干净，如破除后产生过大的空洞，则需回填压实，重新开挖沟槽，确保施工顺利进行。

3.2.4 设置机架移动导轨

在平行导槽方向放置两根沟槽定位型钢，规格为 300mm×300mm，长约 8～12m，在沟槽定位型钢上根据设计桩距标出桩中心点定位标记，作为施工时初步确定桩位的依据。在垂直导槽方向放置两根定位型钢，规格为 200mm×200mm，长约 2.5m，按型钢尺寸做出型钢定位卡，防止型钢插入时不正。转角处 H 型钢采取与围护中心线成 45°角插入。导槽定位导轨如图 4 所示。

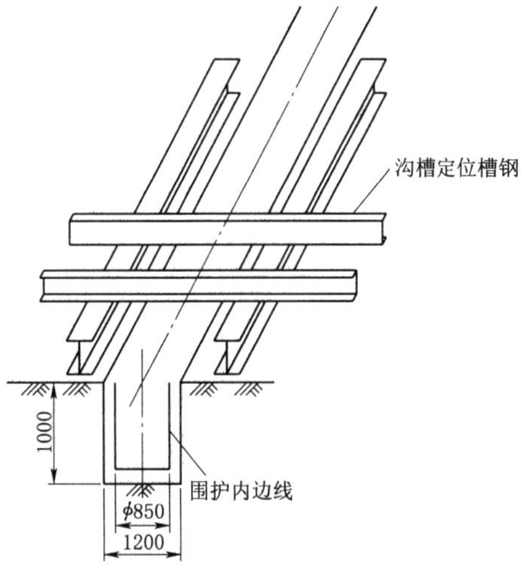

图 4 导槽定位导轨

3.2.5 桩机就位

搅拌桩机械拟采用 JB160A 三轴搅拌机，桩机重量约 130t。桩机就位前必须保证工作面平整、安全，桩机就位按桩头中心和桩位中心进行校准，桩位偏差不大于 2cm。就位后采用经纬仪进行钻杆垂直度校准，垂直度偏差不大于 1/200。

3.2.6 搅拌桩施工

（1）水泥土搅拌桩采用两搅两喷工艺，要求连续喷浆搅拌，搅拌下沉速度宜为 0.5～0.8m/min，提升速度宜为 1m/min，按设计要求水泥掺量不少于 20%，即每立方米被搅拌土体中水泥掺量不少于 360kg，若出现管堵断浆等现象，立即停泵查找原因，进行处理，待故障排除后钻具下沉或提升 1m 方可喷浆，保证断浆处上下搭接长度不小于 1m。

（2）相邻两幅搅拌桩的施工间隔不宜超过 48h，针对由于施工间隔过长产生的施工冷缝，需要进行外侧补桩处理。

3.2.7 插入型钢

（1）型钢选材和焊接。H 型钢选用 HN700×300×13×24 型钢，在距 H 型钢顶端 0.2m 处开一个圆形孔，孔径约 10cm。若因型钢定尺种类繁多或运输不便而需要进行现场拼焊，焊缝应均为坡口满焊，焊缝须饱满，且与两边的翼板面一样平，不得高出。若高出须用砂轮打磨焊缝至与型钢面一样平。

（2）涂刷减摩剂。由于 H 型钢价值较高，一般需用于 10～20 个工地方淘汰，所以施工前需在 H 型钢表面涂刷一层油脂，既能隔绝水泥浆体与型钢的直接接触，又能减小摩擦力，使得型钢拔出时更加顺畅。

（3）型钢插入。

1）待水泥土搅拌桩施工完毕后，吊机应立即就位，准备吊放 H 型钢。本工程采用 50t 履带吊起吊 H 型钢。H 型钢插入时间必须控制在搅拌桩施工完毕 3min 内。

2）放置定位型钢卡，然后将 H 型钢沿定位卡缓慢插入水泥土搅拌桩体内，插入 1～2m 后，利用线坠调整型钢的垂直度，调整完毕后将 H 型钢插入水泥土。

3）当 H 型钢插入到设计标高时，若 H 型钢底标高高于水泥土搅拌桩底标高，用 ϕ20 吊筋将 H 型钢固定，使其控制到一定标高。若 H 型钢与水泥土搅拌桩底标高一致，可以不用吊筋固定。溢出的水泥土由挖掘机进行处理，以便进行后续作业施工。

4）待水泥土搅拌桩硬化到一定程度后，将吊筋与槽沟定位型钢撤除。

5）若 H 型钢插放达不到设计标高时，则采用提升 H 型钢，重复下插使其插入到设计标高。

H 型钢插打示意图见图 5。

3.2.8 型钢回收、注浆

在主体结构完成后拔除 H 型钢，机械拟采用 BY300－Ⅱ型液压拔桩机。型钢拔除过程应采用履带吊将型钢顶部吊住，液压拔桩机逐段顶升拔除。型钢拔除应采用间隔拔除，间距不小于 2m。H 型钢拔除后产生的空隙需要及时采用灌砂填充，当灌砂效果不理想时可采用 1：1 水泥砂浆填充，水泥采用强度等级不低于 42.5MPa 的普通硅酸盐水泥，注浆压力不大于 0.1MPa。注浆浆液应施加速凝剂，边拔边灌。

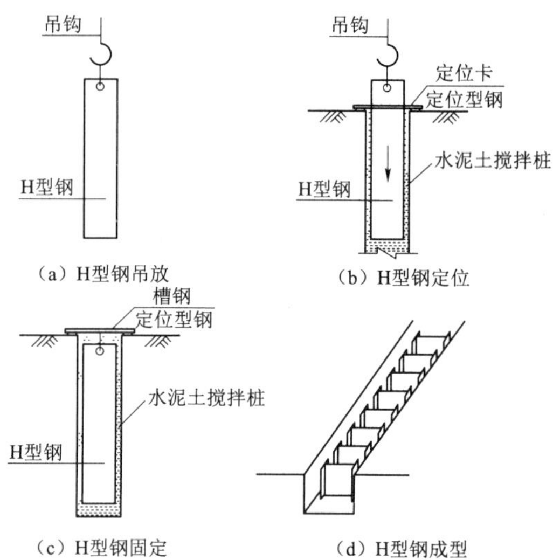

图 5 H 型钢插打示意图

4 质量保证措施

4.1 技术控制措施

（1）严格按照规范和设计图纸要求进行施工，质量管理人员应积极配合现场做好质量验收工作。

（2）技术部门做好技术交底，让项目管理人员、班组清楚各项施工参数。现场出现的施工问题及质量问题，应及时汇报，寻找解决问题的办法。

（3）现场严格落实“三检制”，做好责任逐级压实。

4.2 施工控制措施

（1）原材料是质量控制的第一道关，现场所需的水泥、型钢等原材料必须认真履行原材料进场报验，所有拟投入施工的材料需符合规范及设计要求，经检测合格的材料方可投入使用。

（2）场地平整是保证设备安全的基本工作，也是保证成桩垂直度的基本要求。场地平整时应充分考虑地表土承载力和周边其他施工的干扰。

（3）开挖导槽是继定位测量后进一步辅助桩位定位的措施，导槽不仅能收集返浆，同时能起到辅助定向的作用，因此开挖导槽时应以支护轴线为中心开挖，不得偏移、变形。

施工过程中应及时清理导槽中的浆液，便于直观地观察墙体施工是否平直。

(4) 浆液的配置是影响桩身质量的重要因素，因此对浆液的要求应张贴在制浆后台处，时时提醒制浆工人。同时，应派遣专门人员时时检查浆液，浆液闲置超过 2h 应弃置。

(5) 制浆后台的布置应综合考虑工程量分布、管道压力损耗等因素，管道输送最大距离不超过 200m。同时，制浆后台应考虑其安全性，浇筑适当厚度的基座，并验算其承载力和抗倾覆力。

(6) 搅拌桩施工为两搅两喷，搅拌喷浆过程应连续进行，搅拌下沉喷浆量宜为 60%，搅拌提升喷浆量宜为 40%。

(7) 针对地质较硬难以钻进的土层，可使用清水或稀浆进行引孔施工，待引孔完成后再使用浓浆进行墙体施工。

(8) 施工过程中因各种原因导致的停钻，应及时查明原因。恢复施工后，应在停钻处上（下）1m 重复喷浆，保证断浆处上下搭接长度不小于 1m。

(9) 型钢加工时应考虑方便拔除，型钢顶部宜高于搅拌桩桩顶 0.5m，便于型钢的后期拔除。

(10) 基坑转角处（特别是阳角处）由于水、土侧压力作用受力集中，变形较大，宜插型钢增强墙体刚度，转角处的型钢宜按基坑边线角平分线方向插入。

(11) 施工过程中严格控制桩长，可通过钻杆长度来控制。

(12) 施工过程中严格控制垂直度，可通过经纬仪校准钻杆垂直度来控制，垂直度偏差控制不超过 1/200。型钢插入过程同样通过经纬仪进行垂直度控制，且型钢插入后要防止后续搅拌桩对其产生扰动。

5 结语

本文以综合管廊基坑支护的实例为背景，针对 SMW 桩在基坑支护中的应用进行探讨，阐述了 SMW 桩的施工工艺及质量控制要点。SMW 桩在基坑工程中应用颇为广泛，因其止水性好、造价低、噪声小、污染小等优点，在我国很多城市均有广泛应用。在实际施工中，要加强对工艺各环节的控制，充分发挥 SMW 桩的应用价值，为我国建筑行业的发展保驾护航。

高层房屋深厚回填层基础旋挖灌注桩施工技术

涂　寒　袁德华　邹　炜

（中国水利水电第十工程局有限公司）

【摘　要】重庆市系山城，属于山地、丘陵地带，地势高低不平，建筑物大多建立在回填土层上。大部分平场工程采取的是抛填施工，没有严格按照要求采用相应的材料进行分层填筑和分层碾压，导致回填层不密实。本文对高层房屋深厚回填层基础旋挖灌注桩施工技术进行总结。

【关键词】旋挖灌注桩　回填层　成孔方法　施工技术

1　工程概述

洺悦城·公园里3号、4号地块项目位于重庆市巴南区龙洲湾，为商品住宅工程，其中4栋为29～32层高层建筑，6栋为7～11层洋房，基础形式为桩基础，桩基直径为900～1600mm，共计约888根，桩长为11～36m不等。平场为山体开挖及土石抛填形成，地勘报告显示回填层最深厚度约为30m，地下水丰富，影响因素多，施工难度较大。

2　地质条件及工程特点

2.1　地质条件

场地为构造剥蚀丘陵斜坡地貌，南侧高北侧低。因场地平整，原有地貌有所改变，其北侧局部地势较平坦，中部和南侧地势较高，场地地形标高界于219.60～241.59m，相对最大高差为21.99m。场区地质环境复杂程度属中等复杂场地。

根据勘察报告，场区上覆土层为第四系全新统人工填土、粉质黏土，侏罗系下统珍珠冲组砂、泥岩、粉砂岩互层。地层分布如下：

①素填土：杂色，主要由黏性土夹砂泥岩碎块组成，一般粒径为20～200mm，最大粒径为400mm，含量约占全重25％～35％，松散状—稍密，稍湿，近期拆迁平场，为无序堆填，局部含有一定量的较大块石。该层所有场地均有分布，在北侧一带厚度较厚，厚度为5.0～30m。

②粉质黏土：黄褐色，主要由粉粒和黏粒组成，无摇震反应，稍有光泽，干强度中等，韧性中等，手可搓条，呈可塑状。该层主要在场区局部有分布，其中南侧一带厚度较厚，厚度为0.20～8.00m。

③泥岩：泥质结构，中厚层状构造。强风化带岩质极软，多呈碎块状；中风化带岩质

极软—软，岩芯较完整，多呈长、短柱状。该层在整个场区均有分布，为该场区的主要岩层。

④砂岩：中厚层状。强风化带岩质极软，岩芯较破碎，多呈碎块、砂状；中风化带岩质较软。

⑤页岩：强风化带岩质极软，岩芯较破碎，多呈碎块石状、薄饼状；中风化带岩质较软，岩芯较完整，多呈碎块、短柱状。

2.2 工程特点

本工程特点：

(1) 回填土区域属于抛填，回填层不密实，且回填层为土夹石，回填石粒径大。

(2) 因回填层不密实、孔隙大，无法进行泥浆护壁施工，须采用干作业钻孔桩的工艺，钻孔过程中易出现塌孔现象，需进行二次黏土回填造孔。

(3) 回填土区地下水丰富，成孔后灌注桩需及时、连续浇筑混凝土，须保证混凝土的供应。

3 施工技术

3.1 成桩技术

3.1.1 施工准备

采用的主要施工设备为：旋挖钻机型号为南车 TR360（动力头输出扭矩为 300kN·m，最大施工孔径为 2500mm，最大钻孔深度为 95m）、70t 履带吊车、挖机振动锤 300 等。因旋挖钻机较重，应对施工作业面进行场地平整，保证旋挖钻机底座密实，避免产生不均匀沉陷，确保旋挖钻机在施工过程中的安全性与准确性。

3.1.2 桩位放样

根据设计提供的桩定位坐标点及业主提供的基点，在施工场地内布设施工测量控制点和水准点，并经监理单位验收无误后，进行桩位测量放线，用钢筋标记出需要施工的桩位点，并用“十字栓桩法”做好标识，同时设置醒目标志标明桩号、桩径、桩深，防止工作人员或者设备破坏，施工过程中经常对基点桩位进行复测。

3.1.3 钻机就位

将钻头对准预先测定好的桩位点上，使用钻机自身的垂直度系统调整垂直度。对点时使钻头尖与桩位点垂直对准，如发现钻尖离开点位需要重新调整，直到钻头尖再次对准桩位为止，利用钻杆的自重把钻头压入土中。

3.1.4 钻机成孔

核对好中心点后，然后开始钻孔，由于回填区域较多且回填深度较深，旋挖在钻进过程中容易出现塌孔现象。

(1) 如钻进不深出现塌孔时，及时回填较好的黏土，夯实周围土体，重新放点进行钻孔施工。

(2) 回填区域钻进施工时，每次钻进进尺不易过大，每钻进 1m 左右时，注意孔内情况，如出现塌孔及时回填较好的黏性土，回填高度要大于钻进进尺 1～2m，并采用旋挖钻头下落加压的方式进行夯实。

（3）在回填区域旋挖转速不宜过快，待钻孔至原状土层时，下设护筒至原状土层，护筒下设安装完成后，钻机应换下大尺寸（大于桩径 20cm）钻头，同时采用直径与孔径相同的筒式普通钻头进行钻孔施工。在施工至岩层时，钻机需要换成筒式取芯钻头进行岩层的施工直至施工到设计桩底标高完成钻孔。

（4）在钻进过程中钻机不能产生位移或沉陷，如产生位移或沉陷应及时处理。处理孔内事故或因故停钻时，钻头必须提出孔外。

（5）旋挖钻机机组一般配备筒式普通钻头、筒式钻头、取岩钻头等多种型号，在施工过程中应根据不同的地层情况随时更换合适的钻头。

（6）护筒固定完成之后，钻机换与桩径大小一样的钻头继续进行钻进，钻出的碎石统一规堆后清理运走，直至钻至设计标高。

（7）旋挖钻机一般采用筒式钻头，施工时将钻头下降至预定深度后，转钻头并加压，旋起的土挤入钻筒内，泥土挤满钻筒后，反转钻头，钻头底部封闭并提出孔外，然后自动开启钻头底部开关，倒出弃土成孔。

（8）在钻至设计孔深后，钻机换与桩径大小一样的清孔钻头进行孔底浮渣清理。

3.1.5　埋设护筒

（1）在回填层地层施工的时候，回填区域采用下设长护筒施工，为保证护筒顺利下设，回填层位置下设护筒直径应大于桩径 100～200mm。护筒中心和桩位中心偏差不得大于 50mm，倾斜度的偏差不大于 1%，护筒与坑壁之间应采用黏土回填密实。

（2）施工过程中小于 15m 的护筒埋设采用履带吊起重机进行起吊，长度超过 15m 的护筒埋设为保证安全则需要增加一台吊车配合履带吊起重机进行起吊。先用挖机将护筒运至孔口附近再由履带吊起重机将护筒吊至孔位。

（3）钢护筒平面位置与垂直度应准确，埋设钢护筒时应通过定位的控制护桩放样，确保护筒下方不偏位。

（4）在护筒下放过程中如出现下放困难或无法下放时应立即提出护筒，采用旋挖钻机（旋挖移机至孔口后应采用护桩拉出桩中心再次进行桩中心确定）进行扫孔作业，以清理孔壁内的凸石及渣石。严禁采用振动锤锤击下放。

（5）护筒垂直吊放完成后，要进行桩中心复测，确保护筒中心与桩位中心重合。护筒就位后，应四周对称、均匀的回填黏土，并保证填土密实，防止护筒偏斜移位，护筒应高出地面 30cm，护筒进入稳定地层不宜小于 2m。为防止护筒偏斜移位，需用木板在护筒上部重新确定桩位中心，待旋挖就位后再次进行桩位中点校对，当钻头对准中心点位后，旋挖机应锁定桩位中心，再次进行钻进施工。

3.1.6　钻至设计标高成孔验收

护筒固定完成之后，钻机换与桩径大小一样的钻头继续进行钻进，钻出的碎石统一规堆后清理运走，直至钻至设计标高。

旋挖成孔完成后应及时通知建设单位、监理单位对孔深、孔径、垂直度、沉渣厚度等进行验收，不合格时采取措施处理。现场采用测针测量桩孔深度，验收合格后方可进行下一步施工。

3.2 钢筋笼加工与安装

钢筋笼长度超过 25m 时易分段制作，钢筋笼连接采用单面焊接连接，焊接长度不小于 $10d$ 且钢筋笼顶部箍筋加密，加密区长度大于 1500mm。钢筋笼下端主筋的端部应加焊加强筋一道，以防止钢筋笼在下入时插入孔壁或在导管提升时卡挂导管。对于桩径大于 1m 的钢筋笼，为便于起吊在其内部增加井字形或者三角形内支撑，直径同箍筋。

成孔验收完成后，立即将已加工好的钢筋笼缓慢吊放入桩孔中。吊放要对准孔位，避免碰撞孔壁，不得强行下放。笼吊放入孔内，位置允许偏差应符合下列规定：钢筋笼定位标高偏差为 50mm，笼中心与桩孔中心偏差为 10mm，主筋的混凝土保护层厚度不应小于 50mm，保护层允许偏差为 20mm，钢筋笼顶面和桩顶标高误差不大于 50mm。桩基较深钢筋笼需要现场焊接，钢筋笼分段长度不宜少于 5m，以减少现场焊接工作量。每一截面上接钢筋笼主筋接头采用单面搭接焊，且接头数量不超过 50%，接头应错开 50cm 以上。加强箍筋与主筋连接全部焊接。

3.3 灌注桩浇筑

3.3.1 浇筑前的准备

(1) 浇筑混凝土前应检查沉渣厚度，沉渣厚度应满足设计要求；当设计无要求时：灌注桩沉渣厚度小于等于 50mm。如沉渣厚度超出规范要求，则要进行二次清孔（采用履带吊车把已下设好钢筋笼提起，待钢筋笼提出之后，钻机换与桩径大小一样的清孔钻头进行二次清孔）。

(2) 导管采用壁厚为 3mm，直径 $\phi300$ 导管，每节长 2～4m，导管第一节底管长度应不小于 4m，内壁表面应光滑并有足够的强度和刚度，采用双螺纹方扣快速接头。导管在桩孔内位置应保持居中，防止跑管撞坏钢筋笼。导管上部采用漏斗放料，贮料灌注漏斗牢固连接于灌注导管上，防止贮料斗不稳定出现移位或倒塌。贮料斗体积应大于 $1.5m^3$，确保初灌混凝土的埋管深度不小于 800mm。

3.3.2 混凝土灌注及护筒提升

(1) 桩基混凝土采用 C30 普通混凝土或 C30 水下混凝土，罐车运输至现场。为保证成桩质量及护筒的循环使用，采用混凝土输送泵直接输送到桩孔料斗内。当混凝土浇筑至护筒底标高以上 2m 时，采用振动锤配合履带吊车边拔护筒边浇筑。护筒每拔出 5m 均需经护筒预留的测量孔进行混凝土液面的测量计算，以保证混凝土面高于护筒底标高 2m。如在测量过程中发现护筒埋深不到 2m 时应及时补充混凝土，保证护筒的埋置深度。如护筒埋入混凝土中的深度高于 2m 时则应及时上拔护筒，以免护筒埋入过深导致护筒无法拔出。

(2) 首批封底混凝土下落时须有一定的冲击能量，确保桩底沉渣挤压上来，以控制桩底沉渣，减少工后沉降。

(3) 灌注应连续，严禁中途停止。在灌注过程中，应防止混凝土从导管口溢出，从护筒上预留观察孔观察护筒内混凝土升降情况，及时测量孔内混凝土面高度，准确提升护筒；导管的埋置深度应控制在 2～4m。根据孔内混凝土面的位置，及时调整导管埋深。

(4) 灌注过程中，当导管内混凝土不满，含有空气时，后续混凝土要徐徐灌入，不可整斗地灌入导管，以免在导管内形成高压气囊，造成后期桩身出现空洞。混凝土灌注接近设计标高时，需计算混凝土需要量，以免造成浪费。

3.4 灌注桩质量验收

3.4.1 桩位及标高检查

（1）为确保成桩位置偏差小于等于100mm，钻机定位要准确、稳固、水平，钻头中心与桩位中心重合，其水平位置偏差要小于10mm。

（2）用水准仪将地面高程引到可靠且便于测量和检查的位置处，以便随时测量计算孔深及孔底标高，终孔时用测绳测量以保证孔深达到设计要求。

3.4.2 成孔检查

旋挖成孔完成后应及时对如下项目进行检查：桩位允许偏差、孔深、孔径、垂直度允许偏差、沉渣厚度。

验收标准：孔深、孔径不得小于设计，钻孔倾斜度误差不大于1%，沉淀厚度小于等于50mm，桩位误差±50mm。用测深绳（锤）或手提灯测量孔深及虚土厚度。虚土厚度等于钻孔深的差值，虚土厚度不超过5cm。

3.4.3 钢筋笼检查

钢筋笼的材料、加工、接头和安装，符合设计要求。

4 结语

重庆市属于丘陵地带，回填土层较多，桩基础均在回填层上施工，施工难度大，安全隐患突出。采用下设长护筒施工工艺，既解决了桩基成孔难题，又提高了施工工效。重庆市地形地貌特殊，随着城市建设向外扩展，在深厚回填层上建造高层建筑的项目必然是越来越多，深厚回填层旋挖灌注桩施工技术具有一定的借鉴作用。

桥梁桩基工程反循环钻机关键技术研究与应用

易　明　郑　伟　孙　雨

（中国葛洲坝集团市政工程有限公司）

【摘　要】东护城河是开封市一渠六河连通治理工程的一条重要组成河流，4.5km 河道设置 10 座景观及市政桥梁。开封属于黄河冲洪积、泛滥平原区，在古护城河的特殊地质下修建景观及市政桥梁，桥梁桩基成孔过程中经常发生遇到块石及建筑砖块堵塞钻杆、卡钻、跳车等情况，施工进度及成桩质量难以保证，本文通过研究和创新解决了以上技术难题。

【关键词】市政桥梁　桩基　反循环钻钻头　打捞工具

1　引言

开封市作为国家级历史文化名城，文化旅游胜地，河南中原城市群中心城市之一，古城水系治理迫在眉睫。在此情况下，开封市委市政府坚决立项建设一渠六河连通综合治理工程。其中东护城河自北向南穿越“三园一市”，即铁塔公园、体育公园和汴京公园及宋都市场，古城河道地层复杂，地层中存在建筑砖块或块石等情况时，桩基钻孔过程中容易导致反循环钻机真空泵叶轮卡死及泵管堵塞等情况，当建筑砖块或块石部分体积过大，无法经钻杆及泵管抽排，导致卡钻或钻头掉进孔内，以及“跳车”及真空泵的电机被烧坏等严重机械故障，致使工效严重偏低、钻孔充盈系数较大，增加人、材、机的投入，影响整体施工进度。

2　工程概况与地质条件

开封市一渠六河连通综合治理工程是集防洪、排涝、水质保护、亲水景观、水生态等功能于一体，以保障城市经济社会可持续发展、努力实现人水和谐为目标，以水安全、水系网络构建和滨水生态环境建设为核心的城市水利综合性基础设施。本项目一渠六河中的五条河道位于开封古城墙外，包括三条护城河（西护城河、南护城河、东护城河）和一条为古城内水系供水的利汴河及一条古城内外水系汇流排水的惠济河，总长 15.6km，其中，三面护城河全长 11.7km，河道平均宽度为 24m，在城市景观格局上是环抱开封古城，外连城市建成区的一条重要水环。其中东护城河新建市政及人行桥梁共计 10 座。桥梁桩径为 120～200cm，桩长 17～35m，共 132 根桩。

开封市位于黄河南岸，属黄河冲积扇平原的一部分，为第四纪松散层所覆盖，沉积物深达 300～500m。地势总趋势由西北向东南倾斜，平均坡降为 1/5000，海拔多在 5～78m

之间。由于黄河多次在开封市境内决口、泛滥、改道，留下许多故道残堤、缓岗、沙丘与槽状洼地，使微地形起伏不平，微地貌差异显著，形成了类型多样、差异明显的中小地貌和微地貌形态。根据营力作用的不同和堆积物的特性，以及地表基本形态的差异，可分为临黄河滩、背河洼地、冲积、风积砂地、黄河故道、黄土岗地、泛淤平地七种微地貌单元。工程区域高程一般为 70.05～73.93m，高差 3.88m。地貌单元为黄河冲洪积、泛滥平原区，地貌单一。

区域内被第四系地层覆盖，埋深 200～300m，第四系沉积较完整，由砂类土及黏性土组成，呈多层结构。根据钻探揭露，在勘探深度内地层共分 4 大层，第四系全新统冲洪积（Q_4^{al+pl}）：黄褐色、灰黄色。岩性主要为粉质黏土、粉土、粉砂、细砂及中砂，广泛分在本区，厚度为 15～40m。

上部覆有第四系全新统素填土和杂填土，下部为第四系全新统冲洪积形成的粉土、粉质黏土和粉细砂。

3 技术难点

地质条件复杂是桩基工程中的主要难点。

（1）回转式反循环钻机成桩，其钻进工艺是用反循环钻机在泥浆护壁条件下，通过三棱或四棱常规钻头切割土体，进而形成桩孔。三棱或四棱常规钻头可应用于一般素填土、粉土、粉质黏土、砂层一类地层中。但是对于地质发生特殊变化，遇到卵石、块石、孤石、杂填土等土层时，三棱或四棱常规钻头所表现的工作效率将大幅度降低，破碎块石困难，并且钻头及叶片磨损非常严重。从而造成堵管、提钻检查修补次数增加、加长成桩时间、投入资源增加等问题。

（2）地层中掺杂建筑砖块或块石等情况时，桩基钻孔过程中容易导致反循环钻机真空泵叶轮卡死及泵管堵塞等情况，当建筑砖块或块石部分体积过大，无法经钻杆及泵管抽排，导致卡钻或钻头掉进孔内，以及“跳车”及真空泵的电机被烧坏等严重机械故障，致使功效严重偏低、钻孔充盈系数较大，增加人、材、机的投入，整体施工进度滞后等问题。

4 反循环钻机关键技术研究与应用

针对反循环钻机钻进成孔过程中，遇卵石、块石、孤石及建筑砖块等情况，以及给施工带来的难度和影响，通过多方位市场了解，结合现场实际以投入小、解决快、保证质量为原则，充分发掘技术人员创新能力，解决技术难题。

4.1 反循环钻机新型钻头研究

为解决遇块石、孤石、建筑砖块等条件下反循环钻机堵塞泵管及损伤叶片的问题，研发一款钻头，包括两端开口的中空钻杆，钻杆一端安装有钻杆活接头，钻杆另一端通过滤网封闭，下端敞开的导向桶通过隔板连接组件固定套设于钻杆中部外表面，导向桶的下端桶体外沿均匀布设有多个金刚石钻头块。

反循环钻进的钻头是通过钻杆下部设置滤网，经导向桶、隔板连接组件底部外沿设置多个金刚石钻头块，作为耐磨材料；鱼尾板的设计提高了钻进速度和破碎块石能力，金刚石钻头块减缓破碎块石过程中对钻头的磨损，滤网格挡破碎不完全的粒径较大的石块，使石块充分破碎后才可吸入导管内，有效防止堵管问题发生；有效地提高了回转式反循环钻机在块石、孤石等地层的钻进能力，缓解了因钻头磨损造成的频繁提出钻头检查修补问题，加快了施工进度，提升了工效，减少了成本的投入。用于砂土地层反循环钻进的钻头详见图 1。

4.2 防堵管反循环钻机打捞工具

市面上的反循环钻机打捞工具在实现对块石的打捞操作时，钻机的高速旋转，在极其容易使得密封构件受损破损的同时，后期的拆卸取出操作十分困难，并且利用反循环的方式，在将泥浆带出后，部分早凝的泥浆极其容易黏附于排水端内壁上，从而增加后期进行清洁操作困难度，因此，针对上述问题结合工程实际遇到的问题，提出防堵管的反循环钻机打捞工具。通过大胆实践、多次现场试验和改进，成功研发一款打捞工具并解决了实际问题，提高了施工效率。

结合地勘资料及前期施工中揭露的建筑砖块或块石，研发一款打捞工具。在通过反循环钻机实现对地基的处理时，反循环钻机的破碎机理是利用回旋钻头对岩石进行较高频率的切割，使岩石产生破碎，然后利用反循环排渣方式及时将破碎岩屑第一时间排出孔外，冲击钻头由两根钢绳平衡连接，无论起钻、下钻都非常方便，大大缩短了辅助时间，并且在冲击过程中，钻机利用打捞工具实现对块石的打捞收集。防堵管的反循环钻机打捞工具：通过钻杆转动带动孔底钻头，块石经钻头端部镶嵌的金刚石削切块石。

打捞工具通过设置的连接环、刀片、排水孔、牵引孔和衔接块，当需要对早凝的泥浆进行清除操作时，在牵引孔和衔接块的连接配合下，受力后的连接环将会携带刀片，紧贴于排水孔的内壁进行旋转转动，直至黏附的泥浆得以被清除，有效地降低后期对整个打捞工具进行清洁操作时的困难度。

防堵管的反循环钻机打捞工具详见图 2。

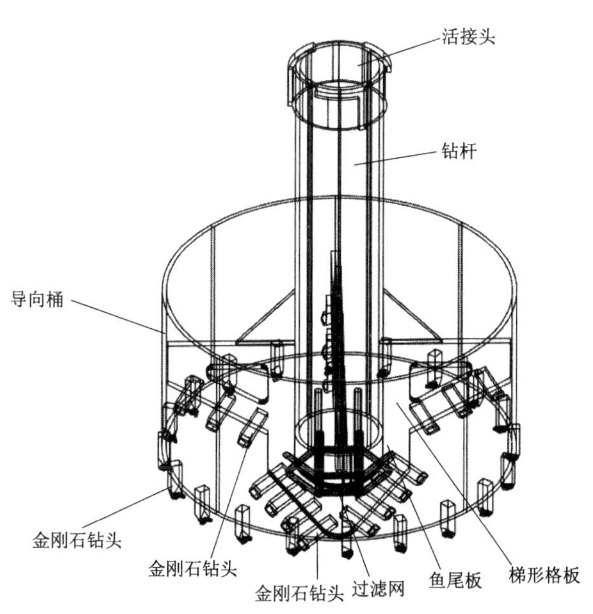

图 1　用于砂土地层反循环钻进的钻头

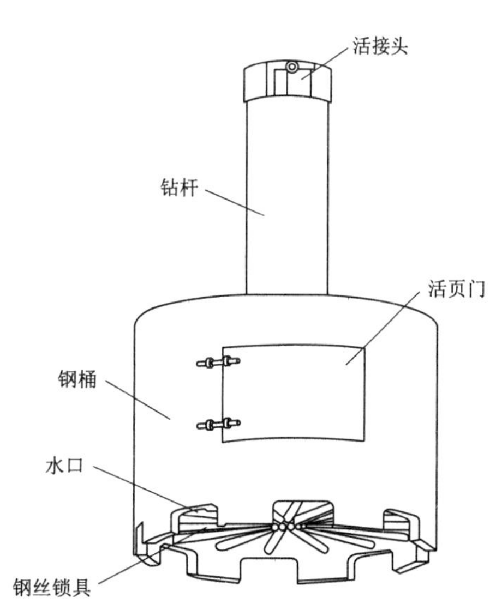

图 2　防堵管的反循环钻机打捞工具

5 结语

该项目通过采取改进反循环钻头、研制防堵管的反循环钻机打捞工具，较好地解决了开封城市水环境治理中桥梁桩基施工中存在的难题，提高了施工效率，缩短了施工工期，降低了成本，圆满地完成了开封东护城河新建市政及人行桥梁桩基工程任务。技术研究成果达到了安全、经济、高效施工的有益效果，具有显著的社会效益。

深厚沙层中超长钻孔灌注桩施工工艺的探索

贺　礼[1]　李海成[2]

（1. 中国水利水电第八工程局有限公司基础公司；
2. 中国中铁大桥局集团第四工程局有限公司）

【摘　要】 孟加拉国 Padma 大桥铁路连接线 1 号高架桥基础为深厚细沙层，地层较为松散。经过多次试验对比分析，确定了适合该地层的钻孔灌注桩的技术工艺和施工参数。本文介绍在深厚沙层中试桩施工工艺的探索过程，最后通过改进的施工工艺在该地层超长钻孔灌注桩的施工取得了成功，其经验对深厚沙层钻孔灌注桩施工具有借鉴意义。

【关键词】 Padma 大桥　钻孔灌注桩　深厚沙层　施工工艺

1　概述

孟加拉国 Padma 大桥铁路连接线项目（Padma Bridge Rail Link Project）位于孟加拉国中西部，是孟加拉国东西部客货运输交流的又一个主通道，是“孟中印缅经济走廊”铁路南通道的重要组成部分，是“一带一路”的重要建设内容之一。

Padma 新建铁路正线全长 168.6km。大桥铁路连接线设计时速为 120km/h，连接线主要项目有 1 号高架桥、Padma 北高架引桥，Padma 南高架引桥、阿伊尔汗桥 6m×101.5m 简支钢桁梁桥、莫图莫地桥 12m×101.5m 简支钢桁梁桥。

1 号高架桥全长 16774.9m，沿线地质主要以冲积层松散细砂至致密中细晶粒细泥沙为主，其中里程 Ch11＋500～Ch23＋950.11 之间有 4 条河流穿插，高架桥沿线的河流之间多为季节性小型湖泊，该部位沙层主要由上游河流冲积而形成，厚达 45m 以上，局部穿透原地面 45～50m 沙层后可见第四系黏性土类、砂性土类冲积层。

2　深厚沙层的特点以及对钻孔灌注桩的影响

Padma 大桥铁路连接线 1 号高架桥地基砂层厚度较厚，砂土由于其碎散的特性，内聚力几乎为零，颗粒间的作用力主要是内摩阻力，其稳定性主要靠颗粒间的内摩阻力来保持。在浸水地基或者地下水位以下，砂土的含水量较高，有效应力减少，内摩阻力明显减低。在钻孔过程中，钻孔形成的应力需要向钻孔内释放，在这个过程中，深厚的粉细砂层极有可能形成流沙，早期表现主要有孔径变小或者孔壁受压而变得粗糙不规则，进而造成砂层部位明显缩径，最终表现为砂层孔壁的坍塌，施工中断。在砂层的钻孔过程中，既要克服泥浆配比不合适造成的孔壁坍塌，也要注重施工节奏和工艺的不恰当造成的砂层的扰动。

3 试桩

试桩指的是在工程桩施工前均需进行试验桩的施工，通过桩的静载试验，以确定施工工艺和各项参数是否适应该地层。本次 Padma 大桥铁路连接线项目 1 号高架桥的试桩试验主要是针对深厚砂层中的钻孔灌注桩施工，深厚砂层中钻孔灌注桩施工难度大，孔内事故多发。因此，在施工初期进行的钻孔灌注桩试验未能达到设计的载荷要求，通过在试桩施工过程中逐步改进、优化施工工艺参数，最终试验桩的静载试验成果满足设计要求。

本次试验桩最早施工的是 TP－6 号钻孔灌注桩，桩径为 1.2m，桩长 44.5m，按桩的承载方式为摩擦桩。

3.1 施工流程

制作和埋设临时钢护筒→化学泥浆拌制→钻孔至设计桩底标高→成孔质量检测→钢筋笼和声测管安装→混凝土导管安装和清孔→灌注水下混凝土。

3.2 临时钢护筒的制作与埋设

荷载试桩的临时护筒由钢结构车间加工制作，采用 12mm 钢板卷制成内径为 1.3m、长度为 6m 左右的钢护筒。临时钢护筒采用 DZJ－90/DZJ－120 振动锤进行插打或旋挖钻自埋，护筒顶面中心与桩位偏差不得大于 5cm，倾斜度小于 1%。

3.3 化学泥浆拌制

泥浆使用化学泥浆，配比为水（g）：化学泥浆粉（g）：97%纯度 NaOH(g)＝1000：0.6：0.56。泥浆拌制好后，储存于泥浆箱中待用，在桩基施工时由泥浆泵将泥浆送至孔位。钻孔过程中，需及时补充浆液，以保证孔内泥浆始终高出地下水位 2m 以上。泥浆性能指标需满足表 1。

表 1　　泥浆性能指标

性能测量	试验方法和设备	测试结果
泥浆比重/(g/cm^3)	泥浆比重秤	1.01
黏度/s	Marsh 锥筒	101
含砂量/%	含砂量测定仪	<0.5%
pH	pH 表	8～10

3.4 钻孔前准备工作

钻孔采用三一重工制造的 SR265 旋挖钻机，旋挖钻停放的位置必须安全可靠，将钻孔平台平整筑实后，铺设钢垫板，确保钻进过程中钻机不下沉。

钻机就位后，对钻机的钻杆进行两方向垂直度检测和调整，钻机自行调整完毕后，采用 GPS 对钻杆进行校核，调整后将钻杆的调整系统锁住。钻进过程中随时对钻杆垂直度检测。钻机就位后，卷扬机提起钻头，钻头中心要和桩中心对齐，钻头最下端锥尖对准十字线交叉点后，钻机上的深度计数器做清零处理，下放钻头。钻进前测量护筒顶标高，用作钻孔时孔深测量参考。

3.5 钻进

钻进过程中，对钻杆的提升速度加以控制。若钻杆提升过快，钻头下方就容易出现负压区，地下水则会渗入钻孔内，冲刷护壁而造成坍孔；同时，钻头上部的泥浆通过齿之间的空隙快速回流，填充因钻头上提而出现的空间，也会严重冲刷泥浆护壁，从而出现坍孔隐患。钻头下降的速度也不可太快，尤其是刚入钻孔时，易造成泥浆四溅。钻斗的下降速度不超过 0.5m/s，在砂层中，升降速度应更加缓慢。

护筒内浆面高度应在钻孔前确定，同时施工过程中也应注意孔内水头高度。提钻时应停止注浆，当钻头提升至浆面以上时，应注意护筒内的液面高度；当钻头离开护筒时及时补浆。

3.6 成孔检测

钻孔至终孔后应进行成孔检测，以检测孔的孔深、垂直度和完整性。深孔采用标准测绳，测绳采用细钢丝绳，测坨采用标准测锤，测锤为圆锥形，重量为 4～6kg。测绳和测锤校准后方可使用，且自成孔检测至灌桩结束均应采用同一条测绳。

成孔后采用探孔器对孔径、孔壁形状和垂直度进行检查，并满足表 2 验收标准。

表 2　　钻孔成孔质量验收标准

检测项目	允许偏差	检测项目	允许偏差
孔的中心位置/mm	50	孔深	摩擦桩（不小于设计规定）
孔径/mm	≥设计桩径（1.2m）	沉淀物厚度/mm	≤100
倾斜度/(°)	<1%且<50mm		

3.7 钢筋笼制作及安装

钢筋笼由钢筋制造车间采用“长线法”分节匹配试制造，主筋用直螺纹套筒连接接长，其余钢筋采用绑扎或 U 形卡连接。同一截面主筋接头数量不得超过主筋总数的 50%。

钢筋笼下放过程中须认真检查，对准钻孔中心。当钢筋笼下端接近护筒底时，应放慢速度，防止钢筋笼碰撞孔壁，造成塌孔给清孔增加难度；一旦发生钢筋笼被卡，入孔困难时，应稍稍提起钢筋笼，并来回转动，然后慢慢试探入孔，直到钢筋笼下到设计标高。

3.8 声测管安装

声测管直接购买半成品，其单根长度与钢筋笼节段长度匹配。在钢筋笼制作时，按设计位置固定于节段钢筋笼上，随同钢筋笼安装接长，每节安装完毕，钢筋笼下放前，将声测管内灌满清水，检查有无漏水现象，如漏水，则解决漏水现象，再下放钢筋笼。

声测管采用 ϕ10mm 螺纹钢加工成 U 形扣筋焊接或 12 号铁丝绑扎固定，于节段钢筋笼上、中位置将声测管与主筋绑焊，并使其下口具有一定的上下左右活动余地，便于其对接连接。

声测管连接采取钢套管焊接的方式，钢筋笼安装时，将上节声测管套入下节上端套管内，并垫平橡胶垫圈，拧紧螺栓。

声测管底节采用工厂加工好的底端封闭的管子，并将底端与主筋焊接固定，每节声测管安装完毕，管内注满清水，再将顶口封闭。

3.9 混凝土导管安装和清孔

混凝土灌注采用内径为 300mm 的导管，导管用螺旋丝扣连接。导管在使用前，应对其规格、质量和拼接构造进行认真的检查，还要做拼接、水密、承压和接头抗拉实验。导管底节长度为3m或4m，中间节段长度为3m，配备一定的备用导管。导管吊放时，使导管位置居孔中，轴线顺直，稳定下放，防止擦挂钢筋笼和碰撞孔壁，管底距孔底30～40cm。

清孔的目的是通过置换孔内浆液清除下钢筋笼时刮下的泥皮、停钻后的沉渣和钻孔时搅动的浮沙，并调整泥浆使其达到灌注水下混凝土时所需的性能指标。

清孔采用气举反循环法，在清孔过程中应适当的摇动导管，改变导管底与空地的相对水平位置，从而更彻底地清除沉渣。注意清孔时要补充孔内泥浆，维持孔内水头高度。清孔结束后，取孔底浆液进行相关试验。要求孔底含砂率低于2%。

3.10 水下混凝土灌注

钻孔桩采用垂直导管水下混凝土灌注方法，灌注用水下混凝土由混凝土搅拌站集中拌制供应，混凝土运输车运至施工工点，用混凝土汽车泵或混凝土运输车自卸的方式输送混凝土至孔口，经导管灌入孔内。

灌注混凝土时要求混凝土初凝时间应大于灌注时间，含砂率、水泥用量符合要求并具有良好的和易性。安装拔球料斗前在导管中放入泡沫板，用于隔离混凝土和水；每车混凝土到场后检测坍落度和温度，要求坍落度不小于230mm，扩展度不小于550mm，温度满足不大于32℃，否则不得用于灌注。此外现场生产经理、技术人员、调度以及钻孔作业队务必密切配合，由现场技术负责人统一指挥，做好各工序衔接工作，尽量缩短二次清孔结束至首批混凝土灌注之间的时间间隔，尽可能避免出现等待时间。

首批灌注混凝土（砂浆）的数量须满足导管底首次埋置深度1.5m以上。首批混凝土灌入孔底后，立即测探孔内的混凝土面高度，计算出导管埋设深度，如符合要求即可进行正常灌注。灌注开始后，应紧凑、连续地进行，严禁中途停工，现场技术人员及试验人员做好混凝土性能实时观察和监测，避免出现堵管现象，同时准备好导管振捣器等措施，在出现堵管现象时，立即进行处置。

此外，在灌注过程中要防止混凝土拌合物从漏斗顶溢出或从漏斗外掉入孔底；注意观察导管内混凝土下降和孔内水位升降情况，及时测量孔内混凝土面高度，计算导管埋置深度，现场技术人员应正确指挥导管的提升和拆除，使导管的埋置深度控制在2～6m以内。拆下的导管要立即清洗干净，堆放整齐。

4 试桩分析和工艺改进

试桩完成30天之后，对试桩进行了竖向静载试验，静载试验成果见表3。

表3　　TP-6号试桩竖向静载试验荷载与位移值成果

荷载等级	荷载/kN	位移值/mm		备注
		设计允许最大位移值	实际位移值	
100%	4060	10	2.61	
150%	6090	15	4.95	
200%	8120	25	27.15	

如表3中，TP-6号试桩的工作荷载为4060kN，1.5倍荷载为6090kN，2倍荷载为8120kN，在2倍荷载下超过了设计允许的最大位移值25mm，设计要求单桩承载力必须达

到2倍工作荷载，因此，本次试桩未能达到设计值。经过对TP-6号试桩的施工过程认真分析，并结合检测成果认为主要有以下两点原因造成：

(1) 砂层中含泥低，化学泥浆对孔壁无法形成泥皮，护壁效果不理想。

(2) 在钻孔过程中由于钻孔对沙层的搅动，造成孔内含砂率过高，给清孔增加难度，清孔时间过长，且影响成桩质量。

由于TP-6号试桩的检测结构未能达到设计值，因此，对钻孔灌注桩施工工艺进行优化改进，根据改进过后的施工工艺再进行后续的试验桩施工。

施工工艺优化改进后的施工顺序为：制作和埋设临时钢护筒→膨润土泥浆拌制→钻孔至距离设计桩底标高2m处→一次清孔→钻孔至设计桩底标高→成孔质量检测→钢筋笼和声测管安装→混凝土导管安装和二次清孔→灌注水下混凝土。

在第一根试桩的基础下主要改进的施工工艺有以下三点。

4.1 更换膨润土泥浆

将原来的化学泥浆更换为膨润土泥浆，采用印度PILOGEL膨润土拌制泥浆，按照水：膨润土：纯碱：PHP：纤维素=100kg：5.1kg：0.0255kg：0.003144kg：0.00288kg的比例拌制，泥浆性能需满足表4要求。

表4　膨润土泥浆性能指标

性能测量	试验方法和设备	新鲜的膨润土	钻孔过程中	浇筑混凝土前
密度/(g/mL)	泥浆比重秤	1.01～1.03	<1.25	<1.12
黏度/s	Marsh锥筒	50～60	50～60	50～60
含砂量/%	筛砂机	—	—	<2%
pH	pH表	—	9～11.5	9～11.5

4.2 在钻孔终孔前必须进行一次清孔

在钻孔至距离孔底标高2m时立即进行孔内清孔，其清孔工艺按照3.9条中进行，增加这次清孔的目的是：在钻孔完成前，置换孔内浆液，使孔内保持新鲜膨润土泥浆，提高沙层孔壁的聚合力，使之孔壁形成膨润土泥皮护壁，可防止：因缩径导致桩径变小；因塌孔导致孔内事故发生或因塌孔导致孔底沉渣过厚；孔壁形成的泥皮可有效地阻止钢筋笼下放时钢筋笼与沙层的直接摩擦。

4.3 调整二次清孔标准

在混凝土浇筑前必须进行孔底泥浆检测，需符合表4混凝土浇筑前的泥浆性能标准，否则须进行二次清孔，每清孔5min进行孔底泥浆检测，直至孔底泥浆性能符合标准值，清孔工艺按照3.9条执行。

5 试验桩竖向静载试验成果

在TP-6号试桩完成后，通过改进后的施工工艺，在里程Ch11+500～Ch23+950.11超厚砂层中完成了29根试验桩施工，其中大部分试验桩地层为全沙层，部分试验桩在45～50m穿越砂层进入了第四系黏土层。根据检测成果，TP-6号在200%工作荷载下位移值达到27.15mm，超过设计最大值25mm，其他试验桩在200%工作荷载下最大位移值为 18.41mm，说明在通过施工工艺的改进之后，静载试验结果总体能满足设计标准。

6 结论

Padma 大桥铁路连接线项目 1 号高架桥地基处理采用钻孔灌注桩的方式，试验桩施工工艺通过综合运用更换膨润土泥浆、在钻孔终孔前进行一次清孔、增加二次清孔等方法，有效提高了静载试验的参数，达到了设计标准值。

在试验桩取得成功后，其改良后的施工工艺直接运用到工程桩的施工中，目前孟加拉国 Padma 大桥铁路连接线在深厚砂层中（Ch11＋500～Ch23＋950.11）的工程桩已基本完成，共计完成桩径 1200mm 正式桩 1824 根，桩径 1500mm 正式桩 48 根，桩径 2000mm 工程桩 64 根，其中最长桩深度达到 93m。

工程桩的检测通过声波透射法（单根逐个全检）、高应变法（抽检）、单桩竖向静载试验（抽检）相结合，Ⅰ类桩的占比达到了 99.8%，检测结果表明，在本工程中运用的超长钻孔灌注桩施工工艺取得了成功，对于类似深厚砂层复杂地质情况下灌注桩施工，具有普遍的借鉴意义。

旋挖钻孔灌注桩在机场工程中的应用

陈俊良　李国印　王　帅

（中电建振冲建设工程股份有限公司）

【摘　要】本文结合新加坡樟宜机场第三跑道灌注桩基础工程的实例，通过对工程地质条件、工程设计要求等因素进行分析，确定了灌注桩采用旋挖成孔方式。又从旋挖钻孔灌注桩的施工技术、施工方法、施工过程中易于出现的质量问题，以及质量问题的预防措施等方面进行了分析总结，为新加坡地区钻孔灌注桩的施工提供指导。

【关键词】旋挖钻孔桩　成孔方式　施工技术　施工质量　预防措施

近年来，城市建筑行业空间建设的迅速进步和发展，超高层建筑施工技术的迅猛进步，城市竖向空间的设计理念不断完善和优化，更多要求在窄小区域内进行开发和建设。越来越多的竖向空间建筑物拔地而起，随之对桩基的设计和技术要求也不断提高。旋挖钻孔灌注桩以施工效率高、土壤环境污染小、不同地层的适应能力强，且承载力高等优势，在实际工程建设中得到了广泛应用。旋挖钻孔灌注桩在钻孔施工过程中易受到地质状况、钻孔施工工艺、泥浆护壁及浇筑钢筋混凝土等多种因素的影响，某机场地下隧道项目已经通过指定技术手段攻克了钻孔施工中的一些技术难点和重点，并取得了很好的成果。

1　工程概况

本项目位于新加坡樟宜东樟宜机场第三跑道，项目主要是建设长约1.1km的机场穿越滑行道、52m宽469m长的ARC隧道、30m宽325m长的MS隧道、闭合北滑行道以及机场系统，其中桩基采用钻孔灌注桩，直径为600～2000mm，截桩标高在地下8～16m深，桩底深度在30～76m，地基承载力高达6800t。

2　工程地质条件

地勘资料显示，本区域在勘察深度范围可分为几大类岩土层：

（1）回填层。樟宜东部地区从1975年到2005年分阶段填海。填土材料来源于邻近场地的海床，充填层厚度在1～11.5m，变化很大。在现场遇到的填土材料大多是松散到中等稠密、浅棕灰色、粉质/黏土状的沙子，偶尔带有硬核、贝壳碎片或岩石颗粒。

（2）加冷地层。大部分地区均有加冷地层沉积，厚度达33m。它属于第四纪，由过渡、沿岸、冲积和海洋四部分组成（按时间的增加顺序排列）。地层由4个成分组成：海相黏土（M）、河口黏土（E）、河流黏土（F2）和河流砂（F1）。其中的海相黏土层组成成分以海相黏土（M）为主。

海相黏土（M）：软、灰色或蓝灰色海洋黏土通常是非常软的，夹带贝壳碎片和泥沙。

河口黏土（E）：通常呈褐色、黑色、深灰色的有机富泥炭黏土，含有朽木和沙子，厚度 2～3.5m。

河流黏土（F2）：非常柔软到坚硬，呈黄色、红棕色、黑棕色、浅灰色，淤泥质/砂质黏土。

冲击砂（F1）：松散到中等密实，浅按灰色或浅棕色，砾砂/或黏土砂。

（3）古冲积层。古冲积层在更新世间冰期的一个缓慢沉降盆地中沉积。密实到坚硬的，黏土、砂质粉土或砾砂。在工程现场，填筑层或加冷地层衬垫层，地下水位在地表以下 1.5～2m。

3　桩基的选型

钻孔灌注桩可以根据不同的地质状况、设计桩长、桩径和钻孔施工条件来选定施工机具的类型，同时还要充分考虑施工周期、经济费用等影响因素选择成孔方式。目前我国常用的混凝土灌注桩成孔施工方式主要包括正、反循环式回转钻孔，长螺旋钻孔，冲击式钻孔，旋挖式成孔等，见表 1。

表 1　　灌注桩成孔方式特点分析

序号	成孔方式	特点			
		地层适用性	施工效率	环境污染程度	施工桩径
1	正循环式回转钻孔	适用	低	高	适用
2	反循环式回转钻孔	适用	低	高	适用
3	长螺旋钻孔	适用	高	低	不适用
4	冲击式钻孔	适用	低	高	适用
5	旋挖式成孔	适用	高	低	适用

表 1 中可以看出，常用的成孔施工方式均适用该地层，但其中正、反循环回转钻孔的施工效率较低，且在施工过程中产生大量的泥浆需要处理，不宜采用该种成孔方式；长螺旋钻孔常用于干作业钻孔，且施工桩径宜为 400～800mm，不满足本工程设计桩径，故也可排除；冲击钻孔因其施工效率低，根据项目周期需配置多台冲击钻，施工成本较高，所以也不太适用。旋挖式自动钻机系统采用一台全液压电机驱动，计算机自动操作控制，能精确地自动定位各个钻孔、自动精确校正钻孔垂直度和自动测量深度，最大限度节约了劳动力。伸缩式钻杆不仅向钻头内部传递回转力矩和轴向压力，且同时充分利用本身的高度伸缩性等特点来实现钻头快速升降、卸土，节省了大量劳动力及成孔辅助作业时间，提高工作效率。

通过以上分析，本项目采用旋挖钻机施工。

4　旋挖钻孔灌注桩施工工艺要点

4.1　工艺流程

旋挖钻孔灌注桩主要施工程序见图 1。

4.2 施工要点

4.2.1 成孔

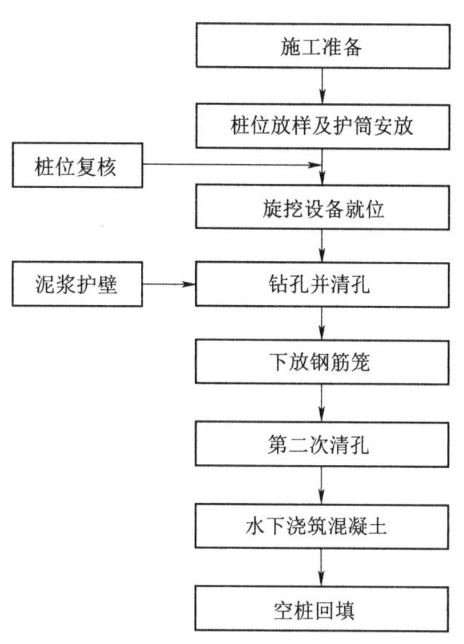

图 1 旋挖钻孔灌注桩主要施工程序

旋挖钻机整机操纵一般采用液压先导控制、负荷传感。首先是通过钻机自有的行走功能和桅杆变幅机构使得钻具能正确地移动到桩位，利用桅杆导向下放钻杆将底部带有活门的桶式钻头置放到孔位，钻机动力头装置为钻杆提供扭矩，加压装置通过加压动力头的方式将加压力传递给钻杆钻头，钻头回转破碎岩土，并直接将其装入钻头内，然后再由钻机提升装置和伸缩式钻杆将钻头提出孔外卸土，这样循环往复，不断地取土、卸土，直至钻至设计深度。

为了防止上部松散回填砂层坍塌，本工程项目采用临时护筒以及优质膨润土泥浆进行护壁，为保证状体钻孔稳定性及桩体质量，临时护筒的长度穿透回填层砂层。膨润土泥浆液面应与地面相持平，在钻进时根据工程地质条件来调整膨润土泥浆的浓度。在局部软弱地层，放缓钻孔的施工速度。

4.2.2 清孔

(1) 清孔目的。清孔工作是钻孔灌注桩生产工艺中至关重要的几个环节之一，其主要工作目的在于有效替换钻孔内外的泥浆，清除孔内钻渣，尽量减少孔底沉渣以及水泥浆的含砂量，确保钢筋混凝土桩体的质量。

(2) 一次清孔。旋挖钻机钻进至设计高程后，采用平底捞砂钻头对孔底进行清渣，使孔底沉渣满足要求。

(3) 二次清孔。吊放钢筋笼、下放浇筑导管时，难免会碰撞到孔口孔壁，使得在孔壁上的泥皮被刮落到孔底，孔口放置时间太长，防止桩底沉渣过厚，泥浆密度过高，不利于混凝土浇筑且对桩体的施工质量造成影响，本工程项目将采取浇筑导管作为循环管道并以正循环的方式进行第二次清孔。

(4) 清孔质量要求。清孔作业的质量要求是清除孔底的沉淀物，砂土以及水泥浆中的含砂量，泥浆等指标应符合表 2 要求。

表 2　　膨润土泥浆性能参数表

序号	泥浆性能	参数指标	检测方法
1	密度/(kg/m^3)	≤1.1	比重计
2	黏度/s	30～90	马氏漏斗
3	含砂率/%	≤4	洗砂瓶
4	pH 值	9.5～12	试纸

4.2.3 浇筑混凝土

(1) 为了有效保证混凝土桩体的质量，初次浇筑混凝土时为避免导管内发生涌水，导管底部首次混凝土埋深应不小于1.0m，可根据以下公式计算首批混凝土所需最小体积为：

$$V_{初}=D^2\pi/4(H_1+H_2)K+d^2\pi/4h_1 \quad (其中\ h_1=Hr_1/r_2)$$

式中：$V_{初}$ 为初灌量，m^3；D 为钻孔直径，m；d 为导管内径，m；H_1 为导管底端距孔底距离，m；H_2 为导管埋入混凝土深度，应不小于1m；H 为孔内泥浆的深度，m；K 为充盈系数；r_1 为泥浆比重；r_2 为混凝土比重。

(2) 混凝土浇筑及其质量控制过程。

1) 混凝土浇筑前，导管内必须放置符合要求的蛭石（隔水塞)。

2) 混凝土浇筑前，应注意引料导管底部距离孔底0.3m，且应计算出混凝土最小的初灌量，确保首批混凝土的浇筑用量大于所需的初灌量，导管宜一次性埋入混凝土面不小于1m。

3) 在浇筑时，应确保导管底部始终插入混凝土面以下。在拆除引料导管前，必须仔细测量导管在混凝土内的埋深，其埋深宜为2～6m。浇筑混凝土不得将导管作反复上下反插。

4) 混凝土浇筑结束后，最终导管起拔应缓缓上提，以防桩头空洞及夹泥。

5) 为保证混凝土桩头质量强度符合要求，最终混凝土面的高度应超出桩顶设计标高1m以上。

6) 混凝土浇筑应在一次作业中连续进行。

7) 混凝土灌筑完成后，须对桩顶到地面的空桩部分进行标识、保护，待混凝土初凝后回填。

5 施工过程中常见问题及解决措施

5.1 塌孔与缩径

塌孔与桩径收缩问题是旋挖施工过程中比较常见的问题，产生的原因大体上基本相同，主要原因是由于地层较为松散、钻进速度过快、孔口护壁泥浆性能差、成孔后放置时间太久而没有浇筑混凝土等多种原因引起。

措施：在旋挖成孔穿越松散的砂层或软弱地层时，控制钻头进尺速度，使得钻头在升降过程中，减少孔内产生负水头压力；提高泥浆的性能参数，通过对泥浆进行除砂处理，有效地控制泥浆的密度和含砂量，增大泥浆的黏度，使孔内形成具有足够黏度的泥皮；若现场没有特殊原因，钢筋笼放置完毕后应立即浇筑混凝土。

5.2 钻孔垂直度不符合要求

(1) 导致钻孔偏斜主要有以下原因：

1) 人为主观因素。

2) 由于施工场地的整体平整度和密实度较差，钻机就位时偏斜或施工进尺过程中产生不均匀沉降。

3) 钻杆弯曲，钻杆接头间隙太大。

4) 钻头翼板磨损不一，钻头受力不均。

5）钻进中遇软硬土层交界面或倾斜岩面时，钻压过高使钻头受力不均。

（2）采取的措施。

1）应聘用资深熟练的操作手钻孔。

2）压实、平整施工场地。

3）安装钻机时应严格检查钻机的平整度和主动钻杆垂直度，钻孔时应定时检查钻杆的垂直度，发现偏差应立即调整。

4）定期检查钻头、钻杆配件的连接处，发现问题应及时维修或更换。

5）在软硬土层交界面钻进时，应低速低钻压钻进。发现钻孔偏斜，应及时回填黏土，冲压后再低速低钻压钻进。

5.3 桩身质量问题

（1）造成混凝土桩体质量的主要原因有：

1）浇筑时导管破损。

2）混凝土浇筑导管底部距孔底深度过小、完成二次清孔后与浇筑混凝土的时间间隔过长。

3）混凝土的配置材料质量低。

4）由于泥浆含砂量超标，灌注时导管埋深过大等原因引起的。

（2）纠正措施。

1）导管安装前应有专人负责检查，是否有漏洞和断裂、接头处是否紧密、厚度是否合格；安装结束后要对其进行水密承压试验，试验时水压不应小于孔内水深压力的1.5倍。

2）二次清孔后，无特殊情况应立即灌注混凝土，若因故延误而推迟灌注混凝土，应重新清孔，浇筑前，应确保导管底部距桩底留有300～500mm。

3）严格把控好进场水泥的质量，控制好施工现场混凝土材料的配合比，掌握好搅拌工作时间以及混凝土的和易性。

4）泥浆清孔结束时应检测泥浆的含砂量，避免在灌注过程中砂粒沉淀在混凝土面上，影响混凝土浇筑，浇筑过程中应及时上起拔导管，避免导管埋深过大，拔导管前应测量混凝土面深度，计算应拔导管长度，避免导管拔出混凝土面。

6 结论

（1）本工程施工证明采用旋挖钻机进行灌注桩成孔是成功的，既提高了造孔效率，又提高了造孔质量。

（2）针对钻孔垂直度采取的措施满足了施工质量要求。

（3）保证桩身质量采取的措施对本工程是适合的，保证了桩基工程质量。

硬塑淤泥质粉砂层中 20m 以上钢板桩施工技术

秦世奇

（中国水利水电第八工程局有限公司）

【摘　要】 钢板桩由于其特殊结构，因而具有高强度、轻型、隔水性能好、施工速度快、可重复使用、环保效果显著等优点，被广泛用于中小码头的建设当中，钢板桩施工质量的优劣直接关系到板桩码头的结构稳定性、防水性、耐久性。本文结合孟加拉国 Matarbari 燃煤电站临时码头钢板桩施工实际施工案例，探讨了在硬塑淤泥质粉砂层中 20m 以上超长钢板桩施工技术，总结了设备选型方法、施工工艺、施工难点以及相应的解决办法，可为今后类似工程提供借鉴和参考。

【关键词】 超长钢板桩　设备选型　施工工艺　施工难点

1　工程概况

孟加拉国 Matarbari 燃煤电站临时码头地处孟加拉湾东海岸的 Matarbari 半岛上，该半岛由河流冲积而成，浅层地层为松软无机粉土层，深层为坚硬淤泥质粉砂层，临时码头设计采用韩国现代公司 SP－V_A 型钢板桩配合 F270T 型拉索及内部锚固钢板桩作为挡土结构，支撑码头土体自重及作业设备荷载产生的侧压力。根据码头所在位置地层特征及设计载荷要求，外侧支护钢板桩长度范围为 20.8～26m，内部锚固钢板桩长度范围为 10.5～18m，如图 1 所示。

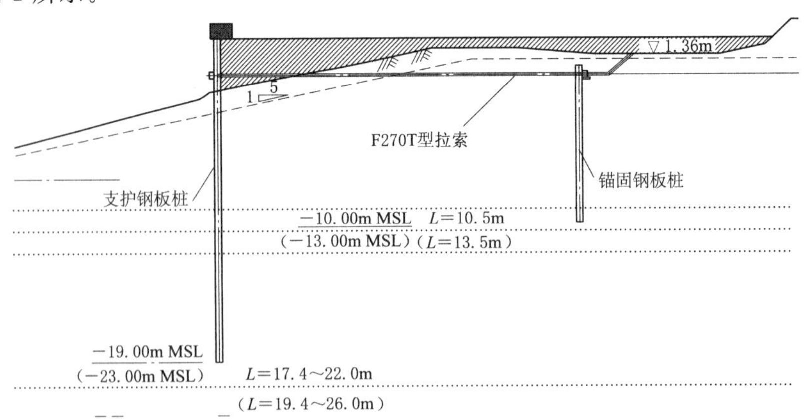

图 1　临时码头剖面图

根据地质勘察报告，主要地层特征为自上而下分别为0～10.5m无机粉土层，松散，软塑；10.5～12m粉砂层，中密到密实，可塑到硬塑；12～13.5m无机粉土层，中密到密实，硬塑；13.5～22.5m淤泥质粉砂层，密实，硬塑到坚硬；22.5～25.5m无机粉土层，中密到密实，硬塑。在10.5m处和21m以下标贯值均大于50。而根据钢板桩实际长度，该码头区域所有钢板桩均需穿越较密实地层，对钢板桩施工工效及垂直度控制等方面将会产生不利影响。

2 施工设备选型

钢板桩施工应根据施工场地地层情况、钢板桩类型、入土深度及设计技术要求等选择较为合理的施工设备和施工工艺，使项目施工在满足工程需要的同时，产生一定的社会经济效益。本工程钢板桩插打施工由履带吊配合振动锤完成，振动锤的选型主要参考振动锤的激振力和锤自重等因素。结合施工部位地勘资料，通过经验公式计算，确定本工程选用振中DZ150A型振动锤配合100t履带吊作为打桩设备。

振动锤的激振力（P_0）应大于钢板桩穿越地层的桩身动侧摩阻力之和（T_v）。

$$T_v = U\sum_{i=1}^{n} H_i T_{vi}$$

式中：U为桩身截面周长，m；n为钢板桩插打至设计深度时所穿越的土层数；H_i为第i层土层厚度，m。

结合施工部位地勘资料，根据日本建机调查株式会社经验公式，这种方法主要是根据土壤标贯试验所得到的N值来进行计算的，首先根据各土层N值计算出各土层的极限静侧摩阻力的总和。

对于砂性土：

$$T = U\sum_{i=1}^{n} H_i \frac{N_i}{5}$$

对于黏土：

$$T = U\sum_{i=1}^{n} H_i \frac{N_i}{2}$$

式中：T为各土层极限静侧摩阻力之和；N_i为第i层土的标准贯入试验锤击数。

本工程钢板桩的最大入土深度为25m，根据前期地勘资料，利用上述公式可算得各土层的极限静侧摩阻力见表1。

表1　钢板桩所穿越深度范围内各土层极限静侧摩阻力值

序号	地层	H_i/m	H_n/m	N_i	U/m	T_i/kN	T/kN
1	无机粉土层	1.5	1.5	1	2.02	1.52	1.52
2		1.5	3	5	2.02	7.58	9.09
3		1.5	4.5	2	2.02	3.03	12.12
4		1.5	6	8	2.02	12.12	24.24
5		1.5	7.5	2	2.02	3.03	27.27
6		1.5	9	4	2.02	6.06	33.33
7		1.5	10.5	280	2.02	424.20	457.53

续表

序号	地层	H_i/m	H_n/m	N_i	U/m	T_i/kN	T/kN
8	粉砂	1.5	12	9	2.02	5.45	462.98
9	无机粉土层	1.5	13.5	25	2.02	37.88	500.86
10	淤泥质粉砂	1.5	15	35	2.02	21.21	522.07
11		1.5	16.5	26	2.02	15.76	537.83
12		1.5	18	31	2.02	18.79	556.61
13		1.5	19.5	18	2.02	10.91	567.52
14		1.5	21	155	2.02	93.93	661.45
15		1.5	22.5	13	2.02	7.88	669.33
16	无机粉土层	1.5	24	18	2.02	27.27	696.60
17		1.5	25.5	28	2.02	42.42	739.02

钢板桩插打施工过程中，极限动摩阻力会在极限静摩阻力的基础上有一定衰减，极限动摩阻力之和（T_v）小于极限静侧摩阻力（T）。

本工程拟选用的振动锤为振中 DZ150A 型，其主要参数见表 2。

表 2　　振中 DZ150A 振动锤主要参数表

型号	电动机功率/kW	转速/(r/min)	偏心力矩/mm	激振力/kN	振幅/mm	最大起拔力/kN
DZ150A	150	940	1000	1000	12.5	400

$$P_0=1000\text{kN}>T=739.02\text{kN}>T_v$$

可见选用 DA150A 型振动锤可以满足本工程钢板桩插打要求。

需要注意的是：因钢板桩施工过程中相邻两块钢板桩需要通过锁扣连接，由于钢板桩生产运输或焊接接长过程中会导致钢板桩弯曲变形或锁扣变形，进而导致锁扣间的摩擦力增大，给施工带来困难。因此振动锤的选择应在理论计算要求的激振力基础上适当增大。

3　施工工艺流程

常规的钢板桩施工顺序主要包括：逐根打桩式、屏风式、跳打式。根据本工程实际特点，选择采用逐根打桩式方式进行施工，其施工流程如下。

3.1　安装导向架

在钢板桩施工中，为保证沉桩轴线位置的准确和桩的竖直，控制桩的打入精度，需采用导向架辅助施工。导向架由导桩和导梁组成，导桩和导梁利用Ⅳ型钢板桩制成，在导桩上焊接钢牛腿用于安放导梁，将导梁安放于导桩上并通过焊接固定，导向架示意图见图 2。安装导向架时，首先由钢板桩走向的轴线确定导桩位置，然后进行导桩施工，导梁距离钢板桩顶高程一般为 50～80cm，保证振动锤可以将钢板桩振送到设计高程。四根导桩施工完毕后将导梁用吊车吊装到位，两根导梁需与排桩中轴线保持平行，在导梁定位后进行测量校核，确认无误后将其与导桩牛腿通过焊接固定。迎海面钢板桩施工时，需考虑潮汐对施工的影响，导梁高程需高于涨潮时的最高海平面高程，操作人员可以在导梁两侧加装护栏作为操作平台。

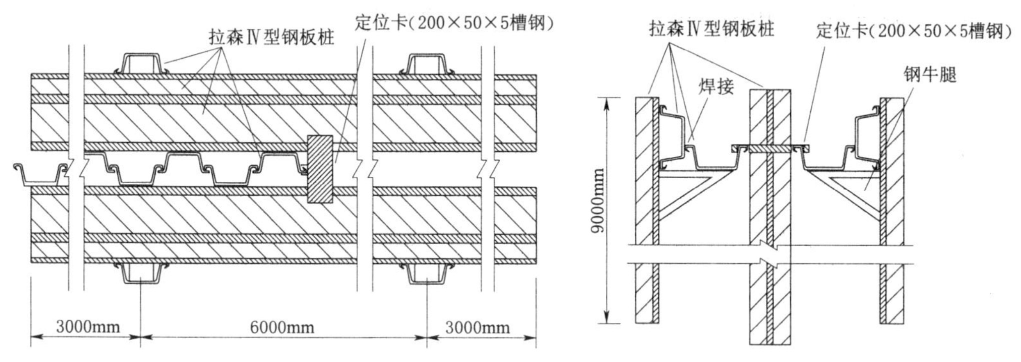

图 2　导向架示意图

3.2　钢板桩起吊、定位

根据本工程实际特点采用“逐根打桩”方式进行施工，导向架安装完成后进行测量校核，确认无误即可开始钢板桩插打施工。起吊钢板桩时，可采用一根 6m 长吊带，一端固定在距桩顶 2～3m 的位置，另一端固定在振动锤夹具上的吊环上，缓慢起吊，钢板桩起吊过程示意图见图 3。如钢板桩较长时可采用两点起吊的方式，在距离钢板桩底 1/3 处设置吊点，用吊车小钩辅助起吊调垂。缓慢移动吊车使钢板桩移动至预定位置由工人扶正插入已设置好的点位中，校准垂直度并安装定位卡，定位卡示意图见图 4。首根钢板桩的平面位置和垂直度直接关系到后续钢板桩的施工质量，需严格控制首根钢板桩的平面位置和垂直度。沉桩前，在排桩中心线上，距离施工桩位 25m 左右架设一台经纬仪，观测钢板桩的垂直度和导向架的中心位置，确保垂直度的同时避免排桩中心位置超出轴线位置。在与第一台经纬仪成 90°角左右的位置架设另外一台经纬仪，校核垂直度钢板桩偏差。

图 3　钢板桩起吊过程示意图

3.3　钢板桩沉桩

钢板桩起吊定位并校准垂直度完成后，启动振动锤均匀加压下沉，在沉桩过程中继续使用两台经纬仪对桩的垂直度进行跟踪观测，如发现垂直度发生偏差，随时用吊车大钩进行调整，要求垂直度偏差不应大于1/100。当钢板桩顶部接近设计高程时，用水准仪测量标记出设计高程，当沉桩至设计高程后停止振动，后续的钢板桩起吊后插入已施工桩的锁口中，固定定位卡并调垂后继续沉桩，根据施工实际情况，可通过焊接方式将已施工钢板桩连接起来，防止已施工完毕的钢板桩在摩擦力带动下继续下沉。以此工序沿钢板桩走向依次完成排桩施工。

图4 定位卡示意图

4 常见问题及预防处理措施

由于该临时码头施工场地存在2个以上较为密实的地层，在钢板桩沉桩过程中遇到沉桩困难、垂直度偏差较大等施工问题，下面就施工中出现的问题进行总结，分析问题产生的原因，并提出解决问题的处理措施。

4.1 沉桩困难

4.1.1 原因分析

由于钢板桩较长，振动锤振动所产生的激振力传递到桩尖时已有所减弱，当遇到较硬地层时钢板桩受到的侧摩阻力及桩端阻力较大，激振力无法克服桩身受到的侧摩阻力以及端阻力；由于桩长较长，锁扣受到的摩擦力也随之加大。综合原因导致钢板桩无法继续下沉。

4.1.2 解决办法

（1）机械引孔。当沉桩困难时使用长螺旋钻机或类似机械对桩位处的土层进行预前引孔疏松，本工程中采用了CFG30+2长螺旋钻机，配置直径为600mm，长度为28.5m的钻杆进行预引孔，如图5所示。

图5 长螺旋钻机引孔示意图

引孔前应检查施工场地承载力是否满足要求，必要时可铺设钢板以避免不均匀沉降导致的钻孔倾斜，移动长螺旋钻机至桩位点对中后，用2台经纬仪在互成90°角方向上对桅杆进行垂直度调整，使桅杆垂直，引孔施工过程中经常检查，随时保证引孔长螺旋桅杆的垂直度。

引孔深度应小于钢板桩打入深度1～2m，引孔至设计深度后，保持该深度继续钻1min，然后将钻杆提起0.5～1.0m后边反转边起钻。钻孔位置根据地层密实程度确定，如果地层较密实可采用逐根引孔，否则可采用间接引孔的方式，本工程为了提高施工效率采用间隔引孔的方法。

（2）将桩尖削成楔形。为了减小沉桩时桩尖产生的桩端阻力，可以在监理工程师批准的情况下将桩尖处理成楔形或尖形。

（3）选用激振力更大的振动锤。为了克服沉桩困难问题，提高施工效率，降低施工成本，本工程换用了激振力更大的荷兰 ICE 公司生产的 ICE 815C 型免共振液压振动锤，使打桩效率在一定程度上有所提高。

4.2 垂直度累计偏差较大

4.2.1 原因分析

在钢板桩施工过程中往往会出现沿钢板桩走向方向的垂直偏差，其产生的主要原因如下：

（1）下沉速度过快使振动锤的冲量全部压在钢板桩上使钢板桩扭曲变形。

（2）垂直度观察不到位。

（3）入土后由于土体的挤压而使钢板桩本身在入土前形成的垂直度微偏差。

（4）钢板桩锁扣间阻力过大导致振动锤冲量偏向软弱土层方向。

（5）由于前根钢板桩的倾斜，在下根钢板桩插打时振动锤压力点位置会偏向前根钢板桩倾斜方向，导致累计偏差增大。

（6）沉桩阻力过大导致钢板桩底部发生水平方向的扭转，导致排桩顶部轴线长度大于底部轴线长度，导致下一根桩延轴线方向的倾斜。

4.2.2 解决办法

（1）沉桩前控制措施。为了避免钢板桩底部发生水平方向的扭转，增加钢板桩整体刚度，在钢板桩两个锁口间垂直于锁口走向方向加焊钢筋，每间隔 1m 焊一道。此举使得钢板桩避免因沉桩阻力过大导致钢板桩发生较大扭转，保证了排桩顶部和底部轴线长度一致，减小钢板桩在沉桩施工过程中发生的倾斜。

（2）沉桩过程中控制措施。在钢板桩插打过程中使用两台全站仪在正交两个方向上观察垂直度，当发现出现偏差及时通过吊车斜拉振动锤进行调整。

（3）沉桩完成后纠偏措施。对于已经发生倾斜且累计偏差较大的钢板桩可以采用异形钢板桩进行纠偏。采用现场实测的偏差数据，经过计算确定偏差补差数据，制作“上宽下窄”或者“上窄下宽”的异形钢板桩，进行插打纠偏，异形钢板桩示意图如图 6 所示。

图 6　异形钢板桩示意图

5　结语

在孟加拉国 Matarbari 燃煤电站临时码头工程中，运用以上质量控制方法较好解决了沉桩困难，钢板桩平面位置和垂直度不好控制等难题，大大提高了施工质量和施工效率，取得了良好的社会效益和经济效益。本文通过对施工过程中遇到的具体问题进行分析，提出了相应解决问题的方法，并通过工程实践验证，总结了 20m 以上超长钢板桩在较密实地层条件下施工设备选型、施工过程中常见的问题以及相应的行之有效的解决办法、质量控制措施，为其他类似的超长钢板桩施工工程提供了参考依据。

高喷工程

孤石密集砂砾石覆盖层围堰高喷防渗墙施工

陈　果

（中国水利水电第七工程局成都水电建设工程有限公司）

【摘　要】高喷灌浆具有适用范围广、周期短、进度快、人力资源投入小、成本低、桩身强度高等诸多优点，广泛运用于建筑地基加固、地基处理、防渗、边坡防护治理、堤坝及围堰防渗等方面。但对于覆盖层以及孤石较为密集区域的高喷灌浆能否取得良好效果，仍需深入研究。本文对大渡河硬梁包水电站明渠进、出口及纵向围堰孤石密集砂砾石覆盖层高喷防渗墙施工技术进行总结，其成功经验可为其他类似提供参考。

【关键词】孤石密集　砂砾石　覆盖层围堰高喷灌浆

1　工程概述

硬梁包水电站位于四川省甘孜藏族自治州泸定县境内的大渡河干流上，为四川省大渡河干流最新规划28级方案的第14级电站，上游为泸定水电站，下游接大岗山水电站。

工程区河段河谷较开阔，呈U形，河流纵坡降相对较缓，为5.8‰左右，河流受两岸冲沟洪积扇控制，河曲或左或右，直至谷坡陡岸边，河谷呈舒缓的深切曲流侵蚀地貌。河水以SSE方向流向闸址区，并顺左岸以SW向流经闸址区，向下游至德威大桥。导流明渠布置于闸址区右岸滩地，导流明渠建筑物包括导流明渠进出口围堰，导流明渠、明渠左边墙防渗（纵向围堰）及明渠出口防护工程等。

2　工程地质

根据河床覆盖层区勘探钻孔揭示，河床覆盖层最大厚度为129.7m，分布有两层连续性较好的堰塞沉积细粒土层，以此为界，其余为含漂砂卵砾石粗粒土层。由老到新，从下至上大致可分为5层：第①层为冰水沉积含孤（漂）、块（卵）碎砾石层；第②层为堰塞湖相沉积细粒土层；第③层为冲积堆积含漂砂卵砾石层；第④层为堰塞湖相沉积细粒土层，该层为堰塞湖相堆积细粒土层，厚度一般为10～15m，以粉质黏土及粉土、黏土层为主，并夹有数个厚度为2～8m的细砂、中细砂层“透镜体”，分布于河床中上部，仅在左岸坝轴线下游局部缺失；第⑤层为现代冲洪积堆积含漂砂卵砾石层，分布于河床顶部，以含漂砂卵砾石层为主，局部有架空漂块石较为密集，砂卵砾石集中分布，局部砂层透镜体，呈透镜体状。

3 高喷防渗墙布置形式

明渠进口围堰位于大渡河拐弯处上游端明渠进口外侧，围堰所处位置河谷开阔，枯水期水面宽约 71m，最大堰高约 10.0m，堰顶轴线长度为 361.11m。进口围堰设计高喷灌浆施工高程为 1225m，设计堰顶高程为 1230m，高程 1225m 以下部分采用高喷防渗墙进行防渗，1225m 以上部分采用高喷防渗墙桩顶浇筑盖帽混凝土夹土工膜的形式防渗。高喷防渗墙设计桩径为 0.8m，有效厚度为 0.5m，单排孔布置，最大喷射深度 16.0～24.0m，最大防渗高度约 19.5m。

纵向围堰位于大渡河拐弯处右岸，与明渠左边墙结合布置，围堰所处位置河谷开阔，围堰填筑量较小、最大堰高约 10m，基础防渗处理深度较大、高喷防渗墙深 18～25m。纵向围堰高喷灌浆施工高程为 1228m，堰顶轴线长度为 351.89m，纵向围堰高喷轴线范围均为原始河滩部位，为此利用这一天然地理优势，纵向围堰高喷灌浆施工无需进行填筑。高喷防渗墙设计桩径为 1.0m，有效墙厚为 0.8m，单排孔布置，最大喷射深度 18.5～25.4m，最大防渗高度约 22.50m。

明渠出口围堰位于大渡河拐弯处下游端、明渠出口外侧，围堰所处位置河谷开阔，河谷枯水期水面宽约 73m，最大堰高约 10m，堰顶轴线长度为 387.96m，高喷防渗墙墙深 12.1～18.6m。出口围堰设计高喷灌浆施工高程为 1221.5m，设计堰顶高程为 1228m，1221.5m 以下部分采用高喷防渗墙进行防渗，1221.5m 以上部分采用高喷防渗墙桩顶浇筑盖帽混凝土夹土工膜的形式进行防渗。高喷防渗墙设计桩径为 0.8m，有效厚度为 0.5m，最大喷射深度 12.1～18.6m，最大防渗高度约 15.50m。

4 材料设备选型

（1）高喷灌浆浆液采用普通硅酸盐水泥拌制，水泥强度等级为 P·O42.5 水泥。

（2）根据高喷灌浆施工工艺，高喷灌浆钻孔采用哈迈 HM90A、阿特拉斯 A66CBT 履带式全液压履带式钻机。

（3）钻孔供风配置特沃特 TWT1070E－24T 型、美国寿力 EPQ1000RH 型、柳州富达 218 型电动空压机以及配置一台阿特拉斯 XHP900WCAT 油动空压机提供应急供风。高喷灌浆用风采用捷豹 3.8m^3/min 螺杆式空压机供风。

（4）高喷灌浆旋喷机采用 MGL－150DCPY 型钻喷一体机、XL－50 型高压旋喷机及天津聚强 GP－1800－2 型、QXP－60 型高塔架式旋喷机。根据前期地质复勘孔对整过围堰的地质情况分析，针对各部位的地质情况合理地选用各类旋喷机，从而有效地减少了后期孔故事故，同时保证了施工质量，降低劳动强度，提高工作效率。

（5）高喷灌浆供浆采用天津聚能 GPB－90E、天津沃特 GZB－40BW－1、天津聚沛 GYB－90E 型高压注浆泵。根据设计对围堰各部位桩径、墙体厚度要求不同，合理选用泵型。

（6）钻孔固壁套管拔管设备采用 BG－60、CF 型拔管机吊车辅助配合进行拔管。

（7）集中制浆采用江山智能 JSZN－Z15－80T 全自动集中制浆系统，该系统每小时最大制浆量超 10000L，且高效环保节能、节约生产时间、减少人员配置、拆卸转运便捷。

5 高喷防渗墙施工

5.1 施工工艺流程

高压防渗墙施工工艺流程见图 1。

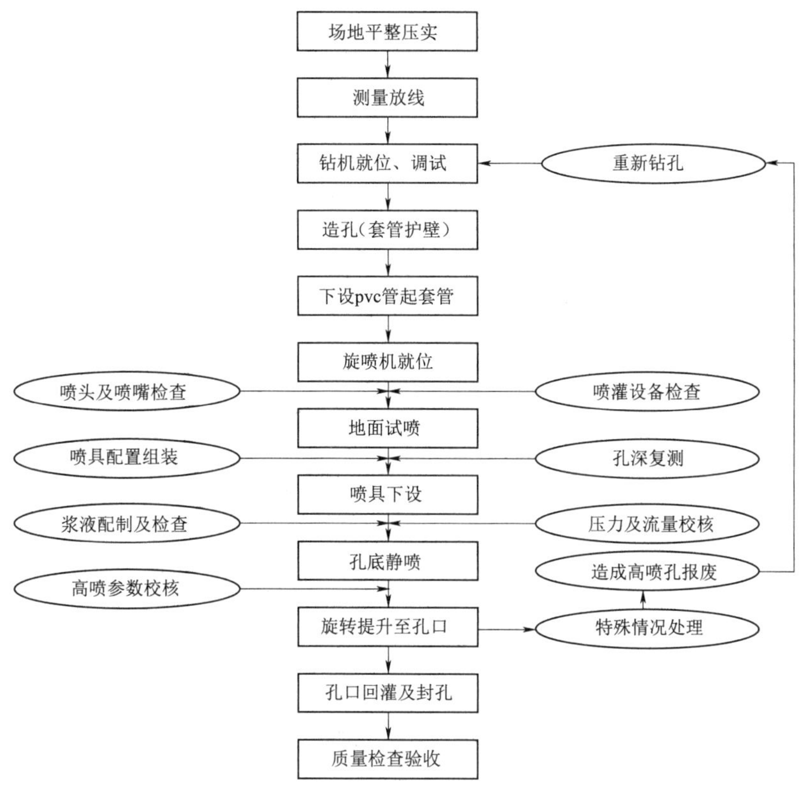

图 1 高压防渗墙施工工艺流程图

5.2 高喷灌浆孔布置

明渠进、出口围堰高喷防渗墙灌浆孔设计桩径为 0.8m，有效墙厚为 0.5m，单排孔布置，孔距为 0.6m，防渗墙底部嵌入第④层（堰塞湖沉积细粒土层）4.0m。

纵向围堰高喷防渗墙灌浆孔设计桩径为 1.0m，有效墙厚为 0.8m，单排孔布置，孔距为 0.6m，防渗墙底部嵌入第④层（堰塞湖沉积细粒土层）4.0m。

5.3 施工方法

5.3.1 钻孔施工

高喷灌浆钻孔成孔质量对于高喷防渗墙起到至关的重要性，因此在进行施工前查阅了大渡河流域地质资料以及对硬梁包工程的地质资料综合分析，高喷灌浆钻孔采用哈迈及阿特拉斯大扭矩全液压履带式钻机进行钻孔。钻孔采用 ϕ146mm 同心球齿合金钻头、偏心钻头及旋翼钻头，钻头前部装合金球齿扩孔套，跟进套管采用 ϕ146mm 套管，首根套管加装管靴，螺纹连接；Ⅰ序孔钻孔均采用同心球齿合金钻头钻进，根据Ⅰ序孔的钻孔揭示情况，Ⅱ、Ⅲ序孔有针对性地选取偏心钻头及旋翼钻头钻进钻孔。钻孔共分Ⅲ序进行施工，各序孔内采取跳孔加密施工，每相邻孔之间施工时段间隔不得小于48h。

硬梁包明渠进、出口及纵向围堰砂卵砾石层内孤石密集，物质成分主要为花岗岩、闪长岩，圆磨度好，并局部伴有松散及架空现象，因此钻孔过程中需注意以下几点：

(1) 根据测量放好的点位将钻头对准孔位的中心点，采用地质罗盘或水平尺校正钻机动力头以及钻具的垂直度，确保铅直后方可进口开孔钻进。

(2) 开孔后待钻具进入覆盖层后应停机再次校核动力头的垂直度，同时将钻机卡瓦打开，调整卡瓦与套管之间的间隙，如遇孤、漂块石钻具偏斜，卡瓦能起到扶正和偏斜度的限制。

(3) 钻孔过程中首根套管需每2m进行垂直度的测量及校核，后每根套管加装完成后进行垂直度测量及校核。

(4) 钻孔遇松散体或架空地层时应控制好钻进速度，速度不得过快并降低给进力，采用“吊打”的方式钻进，以防止给进力过大钻具在松散体内偏斜。

(5) 钻孔过程中如遇孤、漂石，首先应详细记录孤、漂石的起止深度，由于覆盖层内孤、漂块石的磨圆度较好，钻孔易造成孔斜偏斜，而采用套管跟进钻孔过程中进行孔斜测量得将钻具及钻杆全部取出，过程测斜占用时间较长，且耗时耗力对施工进度制约较大。因此，在钻孔遇孤、漂、块石上止点时尤其得控制好给进压力，采用“吊打”“抽打”的方式低压钻进，并加密套管的垂直度测量。

钻机就位，要求开孔偏差不大于5cm，孔深偏差不大于10cm，钻孔施工时，采取预防孔斜及各种纠偏措施，确保孔斜误差小于1%，测斜采用重垂式测斜仪。

高喷灌浆孔钻孔结束后，利用钻孔高压风对钻孔孔内残留的细小颗粒吹洗，如遇粉质土可适当在套管内加水，采用风水混合进行冲洗，以保证孔底残留满足设计及规范要求。孔内残屑冲洗干净后，进行孔深及孔斜的验收与测量，各项检测验收指标满足要求后，在ϕ146mm固壁套管内下入特制的ϕ100mm PVC管逐根下入孔底，PVC管节与节之间的连接采用不干胶缠绕连接，粘接的胶带上下宽度不超过20cm，黏结厚度均匀避免套管起拔时将PVC管带出，造成孔内塌孔。PVC管下设完成后采用吊车起拔套管，对于孤、漂石孔段钻孔过程中套管与孔壁镶嵌较紧密，吊车无法拔出，则采用吊车辅助反打冲击器进行套管起拔。

5.3.2 高喷灌浆施工

高喷灌浆施工前查阅了大量大渡河类似特殊地质条件情况下大规模高喷施工经验，结合现场生产性试验，最终验证总结了一套适合该工程的高喷灌浆施工参数。见表1、表2。

表1　明渠进、出围堰高喷灌浆施工参数控制表

项目	拟定技术参数	相　应　要　求
高压喷浆	压力：35MPa	喷嘴个数：2个
	排量：70～100L/min	喷嘴直径：2.0mm
压缩空气	压力：0.6～0.8MPa	风嘴个数：2个
	排量：0.8～1.2m^3/min	气嘴与浆嘴间隙：1.0～1.5mm

续表

项目	拟定技术参数	相　应　要　求
提升速度	Ⅰ序孔：8cm/min	第④层粉土层提升速度15cm/min，地层分界线处停止提升，静喷5～10min；第⑤层砂卵砾石层提升速度参照组内数据，人工回填层各序孔均按照12cm/min。水灰比1∶1
	Ⅱ序孔：8cm/min	
	Ⅲ序孔：12cm/min	
旋喷	旋转速度/(r/min)	(0.8～1)v

表2　　　　纵向围堰高喷灌浆施工参数控制表

项目	拟定技术参数	相　应　要　求
高压喷浆	压力：37MPa	喷嘴个数：2个
	排量：70～100L/min	喷嘴直径：2.0mm
压缩空气	压力：0.6～0.8MPa	风嘴个数：2个
	排量：0.8～1.2m^3/min	气嘴与浆嘴间隙：1.0～1.5mm
提升速度	Ⅰ序孔：8cm/min	第④层粉土层提升速度15cm/min，地层分界线处停止提升，静喷5～10min；第⑤层砂卵砾石层提升速度参照组内数据，人工回填层各序孔均按照12cm/min。水灰比为1∶1
	Ⅱ序孔：8cm/min	
	Ⅲ序孔：12cm/min	
旋喷	旋转速度/(r/min)	(0.8～1)v

高喷灌浆施工过程中工序复杂，控制要点多，目前高喷灌浆智能灌浆管理系统缺口大，国内高喷灌浆记录仍处于人工测量记录，人工记录人为因素较多，过程中受个人情绪及个人素养因素大。对于孤石密集砂砾石局部有架空围堰高喷防渗墙灌浆施工，过程中质量控制尤为重要，每一个控制点不到位都将有可能影响高喷灌浆成墙质量。因此，高喷灌浆施工过程中需着重注意以下几点：

（1）高喷灌浆设备的额定压力和注浆量要符合高喷参数要求，并确保管路系统的畅通和密封性。

（2）高喷灌浆喷具下设前，应进行地面试喷，检查机械设备运转及管路通畅情况是否良好。下设喷具前应对喷嘴进行保护，防止喷具下设过程中喷嘴堵塞，喷嘴可采用不干胶缠绕进行保护。若喷杆采用丝扣连接，每根喷杆下设前务必检查丝扣连接处O形圈的完整性；如采用高塔架式台车，地面试喷结束后可同时送风、浆，浆压力不得大于1MPa，并确保喷具下入到设计深度。

（3）当喷具下入到设计深度后，启动旋喷钻机，调节风（水）浆的流量、压力和旋喷钻机的旋转速度，使之达到设计值，待孔口返浆比重符合要求后，开始提升，自下而上连续喷射灌浆，直至设计孔顶高程后停喷。

（4）高喷灌浆过程中风、浆均需连续输送，确保喷灌作业连续进行。定期测试水泥浆液密度，浆液水灰比为1∶1时，其相应浆液密度为1.52g/cm^3，并确保回浆密度不得低于1.3g/cm^3，当施工中浆液密度超出上述指标时，必须立即停止喷注，并调整至上述正常范围后，方可继续喷灌。

（5）高喷灌浆水泥浆液需进行严格的过滤，防止喷嘴在喷射作业时堵塞。施工过程中，经常检查高压注浆泵的压力、浆液流量、空压机的风压和风量、提升速度及耗浆量。

(6) 高喷灌浆过程中因故中断停喷，重新恢复施工前将喷头下放50cm，采取重叠搭接喷射，如停机超过3h时，应对泵体及管路进行清洗。需中途拆卸喷射管时，搭接段应进行复喷，复喷长度不得小于20cm。

(7) 施工过程中，经常检查泥浆（水）泵的压力、浆液流量、空压机的风压和风量、钻机转速、提升速度及耗浆量。当孔口返浆量少时，首先应降低提升速，测量搅拌槽内浆液下降速度，推断是浆液漏失还是喷嘴堵塞。

(8) 遇到松散架空地层，松散地层孔口无返浆情况较为常见，对于该类现象可采用降低提速、降低喷射压力、原位进行静喷、加大浆液密度、孔口加砂、添加速凝剂等措施进行处理，尽可能地使孔口返浆。如采用以上措施后孔口仍无返浆，可先进行提升，待提升至返浆部位返浆量稳定后再将喷杆下至无返浆部位进行复喷。

(9) 对于地下水较为丰富地层，可能会出现孔口返浆密度小、返浆量增大的现象，应降低气压并加大进浆量和浆液密度。

(10) 孤石部位首先应精准地掌握孤石的上、下止点，这将直接关联到高喷灌浆对孤石部位的喷射参数的调整与控制。掌握到孤石的部位后，当喷具提升至孤石的上、下止点处首先应严格按照要求进行静喷，静喷结束后可采用上下往复式复喷，使风更好地去扰动浆液，浆液浸满至孤石外壁，保证孤石与覆盖层处的浆液饱和胶结可靠性。

(11) 为解决凝结体顶部因浆液析水和渗漏而出现凹陷现象，在高喷作业完成后，应由专人负责进行孔口静压注浆，直到液面不再析水下降为止。也可采用相邻孔段高喷孔冒浆进行回灌，但在黏土层或淤泥层内进行喷射时，不得将冒浆进行回灌。

6 高喷灌浆质量检查

明渠围堰高喷灌浆施工结束后，根据设计要求以及监理工程师布置，明渠围堰高喷防渗墙灌后共布置了41个检查孔进行取芯和注水检查，共进行了24组检查孔岩芯芯样抗压强度检测。检测结果满足设计要求。见表3、表4。

表3 明渠围堰高喷防渗墙灌后检查孔注水成果统计表

部位	单元个数	检查孔个数	渗透系数 K			
			设计标准	实测注水（最大）	实测注水（最小）	合格率/%
明渠进口围堰	7	11	$K \leqslant 1\times10^{-5}$	1.168×10^{-5}	7.67×10^{-7}	100
纵向围堰	13	17	$K \leqslant 1\times10^{-5}$	1.01×10^{-5}	7.29×10^{-7}	100
明渠出口围堰	13	13	$K \leqslant 1\times10^{-5}$	1.207×10^{-5}	9.705×10^{-7}	100

表4 明渠围堰高喷防渗墙检查孔芯样强度统计表

部位	试验组数	抗压强度/MPa			
		设计标准	实测强度（最大）	实测强度（最大）	合格率/%
明渠进口围堰	6	第④层≥5	15.1	10.2	100
		第⑤层≥5	17.4	14.3	100
纵向围堰	10	第④层≥5	15.4	9.4	100
		第⑤层≥5	23.6	16.8	100

续表

部　位	试验组数	抗　压　强　度/MPa			
		设计标准	实测强度（最大）	实测强度（最大）	合格率/%
明渠出口围堰	8	第④层≥5	14.6	10.8	100
		第⑤层≥5	22.6	19.6	100

7　结语

目前的水电建设工程中，高喷灌浆工法具有快速施工的特点，与水利水电工程度汛进度的要求是相符的。其防渗体可以起到较好的防渗效果，可减少基坑开挖时降水费用。但对于特殊复杂地质情况下的高喷灌浆施工，仍需不断总结经验并进行创新。

高压摆喷灌浆在河堤治理工程中的应用

王永福[1,2]　肖　瑞[1,2]　刘加朴[1,2]

（1. 中国水电基础局有限公司；2. 天津市地基与基础工程企业重点实验室）

【摘　要】太和县引水入城工程中椿樱河规划新开河道，规划河道线位距离沙颍河左堤堤脚较近，由于堤基为砂性土，汛期存在渗透破坏的风险，为满足堤基渗流稳定安全要求，选定高压摆喷截渗墙进行截渗加固。

【关键词】河堤　渗透破坏　高压摆喷　截渗

1　概述

1.1　工程概况

太和县位于安徽省西北部，地处黄淮平原南端，位于阜阳、亳州两市之间。根据《太和县城市总体规划（2013—2030）》，规划至2017年太和县城区人口为35万人，至2030年为60万人。按照《防洪标准》和《淮河流域防洪规划》，太和县城市等级为Ⅲ等，城区防洪按50～100年一遇，考虑到太和县的经济实力及可能采取的工程措施，确定太和县中心城区防洪标准为50年一遇。

为改善太和水环境现状、加快太和县水利现代化建设步伐、推进太和生态城市建设和文明城市建设、早日实现皖北水文化生态宜居名城，县政府决定实施引水入城工程，工程建设地点位于太和县城及周边，工程的主要内容包括引水工程、防洪工程、治涝工程、水环境改善工程。

引水入城工程考虑椿樱河规划新开河道，规划河道线位距离沙颍河左堤堤脚较近，河道右岸距离沙颍河左堤内坡脚约20～120m，由于沙颍河该段堤基基本为砂性土，汛期存在渗透破坏的风险，为满足堤基渗流稳定安全要求，需对堤基采取截渗处理措施。通过设计比较各种截渗方法，从截渗效果、施工工艺、工程投资以及工期要求等方面综合考虑，选定高压摆喷截渗墙进行截渗加固。

1.2　水文气象和工程地质

太和县地处温暖带向亚热带过渡地带，属暖温带半湿润性季风气候。季风明显，气候温和，光照充足，四季分明，雨量适中，光热水组合条件较好，冬季多偏西北风，气候干冷，降水较少，夏季多偏西南风，气候潮湿，是全年降雨的主要季节。多年平均气温为14℃，年极端最低气温为－20.4℃，极端最高气温为41.4℃。

工程区域地层分布如下：

①层填筑土（Q_4^{ml}）：灰褐、灰色，主要由软塑—可塑状的粉质壤土组成，见植物根茎，局部含石子、砖块等垃圾，硬杂质含量小于10%。场地内普遍分布，该土层物理力学性质不均匀，压缩性高，工程性质差。

②层砂壤土（Q_4^{al+pl}）：黄褐色，稍密状态，部分为中密状态，场地北段主要为粉质壤土夹砂壤土，偶见黑色氧化物斑点，含见云母鳞片、贝壳等；摇振反应迅速，光泽反应无，干强度低，韧性。场地部分地段缺失，属中等压缩性、中等强度土，工程性质一般。

③层粉质壤土（Q_4^{al+pl}）：黄褐、褐黄色，稍湿、可塑状态，部分为黏土。含铁锰结核，摇振反应无，光泽反应为稍光滑，干强度、韧性中等。场地普遍分布，该土层属中等压缩性、中等强度土，工程性质较好。

④层砂壤土（Q_4^{al+pl}）：黄褐、灰黄色，稍密状态，部分为粉质壤土夹砂壤土。含铁锰结核、云母，摇振反应缓慢，光泽反应无，干强度中等、韧性低。场地普遍分布，该土层属中等压缩性、中等强度土，工程性质一般。

⑤层砂壤土（Q_3^{al+pl}）：黄、灰黄色，中密—密实状态，部分为粉砂，局部夹少量粉质壤土薄层。含云母鳞片、贝壳等，摇振反应迅速，光泽反应无，干强度中等，韧性低。场地普遍分布，该土层属中低压缩性、中高强度土，工程性质较好。

⑥层粉质壤土（Q_3^{al+pl}）：灰黄、灰褐色，可塑，局部硬塑状，含砂壤土。偶见黑色氧化物斑点，摇振反应无，光泽反应稍光滑，干强度、韧性中等偏高。

2 高压摆喷截渗墙技术参数及要求

2.1 高压摆喷截渗墙布置

高压摆喷灌浆孔沿沙颍河迎水侧坝脚截渗墙轴线单排布置，孔距为1.2m，喷射管摆角20°。截渗墙顶高程位于滩地以下1m，墙顶以上挖除现状土层，采用黏性土回填，回填断面底宽1m，两侧边坡1∶1.0，回填深度1.5m，墙顶伸入黏土截渗体0.5m；截渗墙底高程为18.77～15.52m，底部嵌入⑥-1层粉质壤土（相对不透水层）约1.0m。截渗墙墙体高度根据现场联合测量高程确定，成墙厚约0.2m。

设计垂直比降 i 小于等于0.5，抗浮稳定安全系数大于等于1.1。

2.2 截渗墙的一般要求

施工前，应详细分析截渗墙位置的地质条件，每隔31.2m布置一个先导孔，查明地层情况，确定截渗墙施工深度。

施工前，应做好场地平整，开挖冒浆排放沟和集浆坑，复核测量高喷墙轴线、孔位和孔口高程。要求施工平台平整坚实，风、水、电设置专用管路和线路，轴线、孔位定位准确。

截渗墙施工结束后，对上部空钻段采用水泥浆封孔。

高喷灌浆试验、施工、检测严格按《水利水电工程高压喷射灌浆技术规范》要求执行。

2.3 高压摆喷施工技术参数

本工程采用三管法高压摆喷施工工艺，正式施工前，进行了试验段施工，根据试验结果联合检查情况，由建设单位、设计单位、监理单位、施工单位四方人员共同确定高压摆喷施工参数，见表1。

表1　三管法高压摆喷施工参数值表

序号	项目名称		参数	备注
1	孔距/m		1.20	
2	水	水压/MPa	38	
		流量/(L/min)	75	
3	气	气/MPa	0.7	
		流量/(m^3/min)	1	
4	浆液	浆压/MPa	0.4	
		浆量/(L/min)	70	
		密度/(g/cm^3)	1.60	
		回浆密度/(g/cm^3)	1.20	
		水灰比	0.7	设计
5	提升速度/(cm/min)		15	
6	摆速/(次/min)		16	单程为一次
7	摆角/(°)		20	设计

3　主要施工方法

3.1　施工设备的选择

本工程选择三管法高压摆喷施工设备，喷管直径91mm，高压水泵为GZB-100系列卧式，高喷钻孔采用GY-200型钻机成孔。

3.2　孔位布置形式

高喷灌浆分两序孔进行施工，先喷灌Ⅰ序孔，后喷灌Ⅱ序孔，相邻孔作业时间间隔控制在12～72h，施工时每隔31.2m的Ⅰ序孔设先导孔。孔位布置图见图1。

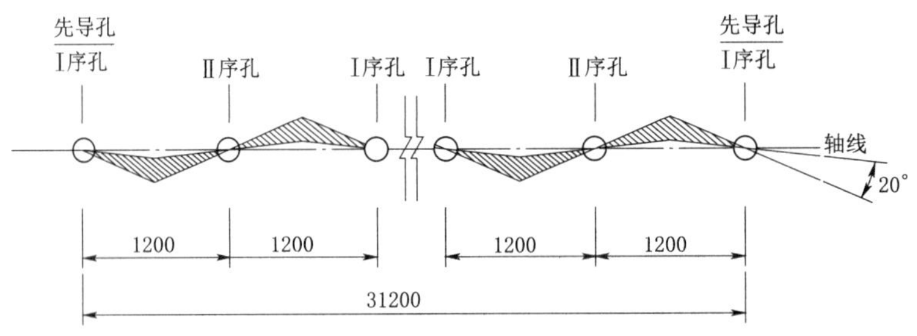

图1　孔位布置图（单位：mm）

3.3　钻孔

选用GY-200型钻机，钻孔孔径130mm。使用鱼尾钻头泥浆固壁造孔，钻孔顺序依据有利于高喷成墙和方便施工的原则安排，分两序施工，开孔孔位偏差要求不大于2cm。

开钻前确保钻机基座水平，立轴垂直。钻进过程中，不定期进行复测，成孔后及时测量，单孔孔斜率不大于0.5%，相邻两孔的相对孔斜率综合值不大于1%。如实测孔斜超过上述标准值即视为不合格孔，须采取措施进行纠正或重新钻孔。为精确定位孔向和有利于纠偏，测孔斜的同时测出孔的方位角。

钻进时详细记录孔位、孔深、地层变化和漏浆、掉钻等情况，便于高喷灌浆时对不同的地层采取相应的技术措施。钻孔的有效深度超过设计墙底深度至少0.5m。

钻进过程中，出现泥浆严重漏失、孔口不返浆时，可采取加大泥浆浓度、泥浆中掺砂或填充堵漏材料等措施，直至孔口返浆后继续钻进。

钻进暂停或终孔待喷时，孔口加盖保护，若时间较长采取措施防止塌孔。

3.4 高压摆喷灌浆与技术措施

通过试喷选定合适的高压喷嘴和检查风、水、浆系统。试喷后将喷射装置移到灌浆孔位，将喷射管下放到孔中的设计深度。下喷浆管时，可用薄胶带包裹风、水、浆嘴，或采取其他措施防止喷嘴堵塞。

喷头下到设计深度，调整好喷射方向，先按规定参数送浆、气、水进行静喷，待浆液返出孔口、情况正常后按规定速度进行高喷灌浆。喷射灌浆保持连续作业，当拆卸喷射管后重新进行高喷作业时，中断时间较短，复喷搭接长度不小于0.3m；因事故中断供浆、水、气时间较长，复喷搭接长度不小于0.5m。

高喷管提升接近设计高程时，从顶高程以下1m开始，慢速提升喷至设计高程，喷射数秒，再向上慢速提升摆喷0.5m左右。灌浆结束后，利用孔口回浆或水泥浆液及时回灌，直至浆面不再下沉为止。

施工中经常检查施工参数、如实记录高喷灌浆过程和异常现象及处理情况等。定期检查高压喷嘴的出口直径其磨耗情况。喷射孔与高压泵的距离不宜大于50m。为减小沿程损失，搬动高压泵保持与喷射孔的距离。

4 施工成果

建成的高喷截渗墙经检查，施工质量优良。通过检测数据计算，桩号K1+950、K2+850、K3+750、K4+750、K8+550，垂直比降i分别为0.36、0.40、0.37、0.44、0.39，抗浮稳定安全系数分别为2.76、2.47、2.70、2.28、2.56。经过截渗处理后，堤基渗流量满足稳定要求，达到了设计目的。

高压喷射灌浆技术在围堰中的施工应用

肖 帆

（湖南宏禹工程集团有限公司）

【摘 要】围堰作为水利工程建设的围护结构，其质量和施工效率对水利工程的建设周期及安全具有重要影响，如何高质量快速施工围堰一直是工程的重难点。本文以广西北海市合浦县洪潮江水闸为例，重点介绍高压喷射灌浆技术在该工程的实施情况，以及其在围堰中的应用效果，以供类似工程参考。

【关键词】高压旋喷灌浆 围堰 防渗加固

1 引言

在我国水利工程建设中常采用高强混凝土或塑性混凝土防渗墙技术应用于围堰中，以解决围堰渗漏、流砂等问题，但其存在成本高、工期长等问题。因此，如何解决上述问题，研究围堰防渗处理技术具有较大的意义。本文对此以广西北海市合浦县洪潮江水闸为例，研究分析高压喷射灌浆技术在围堰中的应用效果。

2 工程概况

洪潮江水闸位于合浦县石湾镇，是一座以分流南流江洪水为主，兼有挡潮、灌溉、供水、乡镇交通等综合利用的大（2）型水闸，设计灌溉面积为11.3万亩，保证合浦县及部分乡镇25万人供水。本工程在原闸址上重建闸坝，枢纽建筑物主要由闸室、消能防冲设施、两岸连接建筑物等组成，等别为Ⅱ等工程，主要建筑物按2级建筑物设计，设计洪水标准为30年一遇，校核洪水标准100年一遇。洪潮江水闸最大过闸流量为2530m^3/s，新设16孔16扇工作闸门和16孔2扇检修闸门，孔口尺寸为（宽×高）10.0m×2.35m，底坎高程为2.20m，工作闸门采用尺寸10.0m×2.8m露顶式平面滑动钢闸口；保留原有的10kV供电线路，更换变压器和配电设施；设置水闸计算机监控、视屏监视、安全监测和水情自动测报系统，以及通信、照明系统。

3 围堰工程施工

由于基础为饱和流塑性淤泥，其承载力有限（一般不超过5t/m^2），而围堰主堰体的荷载约为8t/m^2，远远大于基础承载力，基础必然会下沉甚至会滑移，因此围堰填筑开始时，要先对基底进行清理及围堰与岸坡连接地方的堆积物进行挖除。在填筑膜袋砂之前，先铺防渗彩条布。施工时先铺设膜袋，用竹竿将其定位，膜袋上方有2～3个孔，然后灌砂，采取一个孔进砂，其他孔排水，直至该膜袋填满。膜袋砂填筑之后，围堰迎水坡面用黏土找平，依次铺设防渗彩条布和沙包防护。

膜袋砂围堰的施工程序为：施工准备→河床清基→铺设土防渗彩条布→膜袋铺设→张拉定位→锚固压顶→冲灌砂料→填筑黏性土防渗彩条布→沙袋压脚→围堰完成。

4 围堰高压喷射灌浆技术

当上游围堰填到7.15m，下游填到3.8m时，开始进行高压喷射灌浆施工，采用直摆型布置，柱列型灌浆，孔距为1.0m，灌浆材料为水泥浆，防渗体厚为200mm，上游围堰灌浆要求灌入砾砂4.0m，总长约为18.28m，下游围堰灌浆要求灌至圆砾底，总长度约为12.7m。高压旋喷灌浆上下游各使用两台回转钻机造孔，上下游各使用一套高压旋喷灌浆设备施工，保证施工进度。

4.1 高压喷射灌浆技术施工工艺流程

高压喷射灌浆施工工艺流程如图1所示。

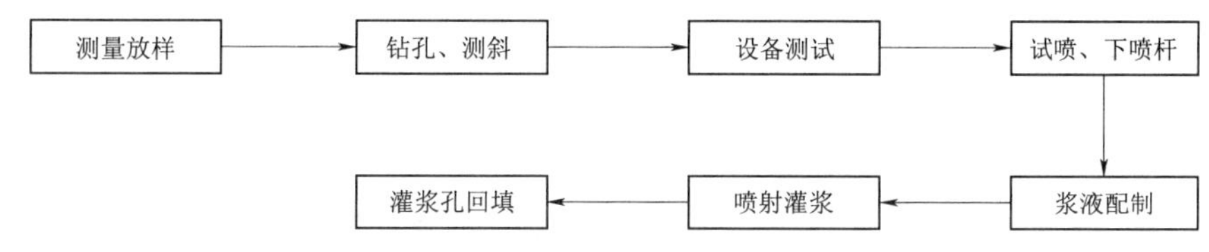

图1 高压喷射灌浆施工工艺流程

4.2 试验方案

(1) 室内浆材试验。根据设计图纸，进场后详细拟定试验方案，并报监理工程师审批后，立即进行灌浆浆液配合比室内试验，包括确定浆液最佳搅拌时间，水泥与水、外加剂的比例，浆液密度，流动性，稳定性，黏度，凝结时间（初、终），固结体密度，强度，弹模及渗透系数等性能参数。

(2) 钻孔泥浆配合比试验。根据购买的泥粉进行泥浆配比试验，测试其性能参数如黏度、含砂量、比重、静切力、pH值、失水量等，必须满足该地层情况下钻孔护壁钻进要求。

(3) 高压旋喷灌浆试验。根据设计图纸选定有代表性的地段，选择1～2处进行单桩试验，灌浆试验深度大于20m，并定三套灌浆参数。单桩检查采取开挖、注水试验等检测手段分别检查高压旋喷灌浆试验效果。

4.3 高压喷射灌浆施工

4.3.1 工艺参数

根据试验灌浆试验结果确定三管法高压旋喷灌浆工艺参数，见表1。

4.3.2 高压旋喷灌浆钻孔

根据设计要求，要求分二序孔施工，Ⅰ序孔间距为2.0m，采用岩芯钻机110mm金刚石钻头钻进。先施工先导孔，再按高压旋喷灌浆孔分二序、逐渐加密原则进行施工。钻孔的有效深度超过设计深度0.3～0.5m。钻进中选取部分Ⅰ序孔作为先导孔，按勘探孔要求进行钻孔施工。

表 1　　三管法高压旋喷施工灌浆技术参数表

序号	项　　目		单位	施工技术参数
1	水	压力	MPa	32～34
		流量	L/min	70～75
2	浆	压力	MPa	0.4～0.6
		流量	L/min	30～40
3	气	压力	MPa	0.6
		流量	m^3/min	1
4	进浆浆液密度		g/cm^3	≥1.6
5	提升速度		cm/min	10
6	浆喷嘴个数		个	2
7	浆喷嘴直径		mm	1.7
8	气嘴个数		个	2
9	回浆密度		g/cm^3	≥1.3
10	旋转速度		r/min	10

4.3.3　浆液制备

水泥：采用 P·O42.5 普通硅酸盐水泥，运至工地后，采用妥善处理的措施储放，防止受潮和结块。凡过期受潮、结块的水泥一律按报废处理，不用于灌浆。

水：施工用水水质符合水工混凝土拌制的要求。

掺合剂：凡需加入改变浆液性能的掺合剂（如膨润土等）应根据现场材料配比试验后，报监理工程师审批后方可使用。

灌浆浆液一律按试验选择的最优配合比采用重量法配制，误差严格控制 5%之内，采用三管法喷射注浆的浆液水灰比控制在 1∶1～1.5∶1，浆液密度分别为 1.5g/m^3 和 1.37g/m^3。

采用自动制浆站制备水泥浆液，制浆时严格检测其浆液密度，使用高速搅拌机搅拌，时间不少于 30s。

水泥浆液自制备至用完的时间：当环境温度 10℃以下时，不超过 5h，当环境温度 10℃以上时，不超过 3h；当浆液存放时间超过有效时间时，应按监理工程师指示，降低标号处理或按废资料处理。

4.3.4　高压旋喷灌浆

钻孔完成后，将高压旋喷台车移至孔口固定，进行设备调试，高喷台车就位后，接通喷杆喷头，用铁皮盖住孔口，开启高压水泵及空压机、制浆机、泥浆泵，将水、气、浆全部送出，检查接头及管路是否漏气或堵塞，试压时间 3min。

（1）试水、试气。根据高喷施工规范要求，在下喷射管前，做好设备准备工作，特别是水压、气压必须在设计范围内，否则进行调整，整个施工过程中，施工参数均达到工艺要求。

（2）喷射灌浆。在试水压、气压及所有设备运行正常后，用卷扬机将喷射管慢慢下至孔底，首先在孔底静喷 2～3min，待孔口冒浆比重达 $1.25g/cm^3$ 时再开始提升，提升速度因地层而异，在基岩层的提升速度均为 6cm/min，在砂卵石层的提升速度均为 5～10cm/min。在施灌过程中若孔口不冒浆，则立即停止提升，直到孔口冒浆比重达 $1.25g/cm^3$ 时才能提升。当喷杆提升达到设计高度后即移机。

（3）封孔回填灌浆。当喷射灌浆完毕后，随即进行静压灌浆，连续将冒浆回灌至孔内，并随沉随补，直至孔口浆液不再析水下沉为止，以避免高喷灌浆后由于地层中浆液的析水、收缩而使上部墙体产生空缺现象，影响质量。

4.4 高压旋喷灌浆效果

本工程施工后，在Ⅰ、Ⅱ序孔连接点进行了注水试验，高喷防渗墙渗透系数分别为 8.21×10^{-6}cm/s、8.31×10^{-6}cm/s，满足设计要求。

5 结语

广西北海市合浦县洪潮江水闸围堰防渗，采用高压喷射灌浆施工技术，具有较好的施工效果，可供类似工程参考。

高压喷射灌浆在平寨航电枢纽工程中的应用

邱建雄　冯　浩　赵永磊

（中国水利水电第八工程局有限公司）

【摘　要】 平寨航电枢纽围堰工程分为一期枯水围堰、二期全年围堰和下游引航道围堰，围堰采用高压旋喷灌浆和高压摆喷灌浆相结合的方式进行防渗施工。高喷灌浆施工间歇期较长，工程地质复杂，围堰大小、长度及填筑料均不同。本文主要介绍高压旋喷灌浆和高压摆喷灌浆在几个围堰中的防渗效果，可供类似工程施工参考。

【关键词】 平寨航电枢纽工程　高压旋喷灌浆　高压摆喷灌浆

1　工程概况

平寨航电枢纽位于贵州省清水江干流黔东南苗族侗族自治州施秉、台江两县交界处，平寨枢纽是清水江干流梯级的第 9 级电站。工程开发任务为航运、发电。水库正常蓄水位为 543.0m（56 黄海高程），总库容为 3829 万 m^3，设计通航船舶吨级为 500t，电站装机容量为 42MW，多年平均发电量为 1.2784 亿 kW·h，拟安装 3 台灯泡贯流式水轮机发电机组，本工程以水库库容及设计通航船舶吨级确定工程等别为三等工程。

平寨航电枢纽工程围堰分为一期枯水围堰、二期全年围堰和下游引航道围堰，围堰填筑料以砂卵石层和基坑开挖页岩为主，经现场生产性试验确定，围堰采用高压旋喷灌浆和高压摆喷灌浆相结合的方式进行防渗施工。

2　防渗施工方法选择

通过在砂卵石层带和土层碎石带进行的高喷灌浆试验，经钻孔取芯和开挖检测高压旋喷灌浆和高压摆喷灌浆的扩散半径，研究决定在围堰不同地质条件地段，采用高压旋喷灌浆和高压摆喷灌浆相结合的方式进行防渗施工。

（1）一期枯水围堰中的河中纵向围堰填筑料主要来自河床上的砂卵石层，渗透性较强，采用高压旋喷灌浆进行防渗施工。上、下围堰填筑料主要来自山体的土层和碎石等，经分层碾压后密实度较高，采用高压摆喷灌浆进行防渗施工。

（2）二期全年围堰中的上、下游围堰靠河床中部，填筑料主要为基坑开挖的页岩层和砂卵石层，围堰合龙处抛有大石，且孔深均超过 15m，采用高压旋喷灌浆进行防渗施工。和左岸山体相连接部分堰体，利用就近开挖的土层和碎石等进行填筑，经分层碾压后密实度较高，采用高压摆喷灌浆进行防渗施工。

（3）下游引航道围堰填筑料来自基坑开挖料，以页岩碎石和泥土层为主，主要采用高压摆喷灌浆进行防渗施工。

3 高压旋喷灌浆主要施工参数

高压旋喷灌浆主要参数为：使用三管法（三重管）进行施工，孔距为 0.8m，开灌水灰比不小于 0.8∶1，主要施工参数见表 1。

表 1　　高压旋喷灌浆施工参数表

参数及条件		数值	参数及条件		数值
水	压力/MPa	32～37	气	压力/MPa	0.7～0.8
	流量/(L/min)	60～70		流量/(m^3/min)	0.8～1.2
	喷嘴数量/个	2		气嘴数量/个	2
	喷嘴直径/mm	1.7～1.90		环状间隙/mm	1.0～1.5
浆	压力/MPa	0.7～1.0	提升速度 v/(cm/min)	卵砾石层	8～15
	流量/(L/min)	60～80		填筑层	10～20
	密度/(g/cm^3)	1.6～1.7	摆动速度/(次/min)		(0.8～1)v
	浆嘴数量/个	2	旋喷角/(°)		360
回浆密度/(g/cm^3)		≥1.2	旋转速度/(r/min)		10

4 高压摆喷灌浆主要施工参数

（1）高压摆喷灌浆钻孔孔位在平面上布置为折线型，相交连接，形成板状连续墙体，孔距为 1.0m，孔位布置在轴线上，分Ⅰ、Ⅱ序孔进行施工，板墙接头为“摆喷折接”，具体孔位布置见图 1。

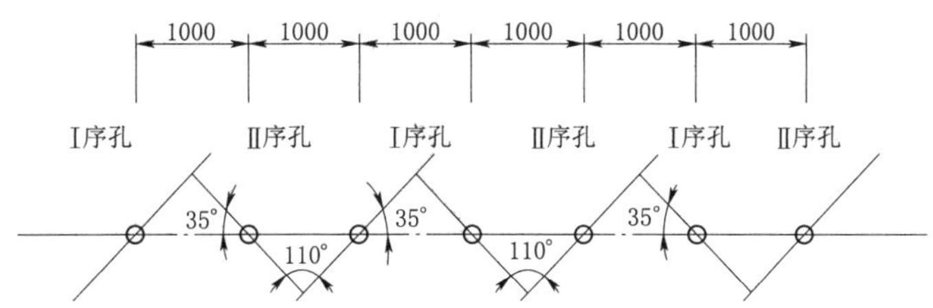

图 1　高压摆喷防渗墙布置图

（2）高压摆喷灌浆使用三管法进行施工，主要施工参数见表 2。

表 2　　高压摆喷灌浆施工参数表

参数及条件		数值	参数及条件		数值
水	压力/MPa	32～40	浆	压力/MPa	0.7～1.0
	流量/(L/min)	70～80		流量/(L/min)	60～80
	喷嘴数量/个	2		密度/(g/cm^3)	1.5～1.7
	喷嘴直径/mm	1.7～1.90		浆嘴数量/个	2

续表

<table>
<tr><th colspan="2">参数及条件</th><th>数值</th><th colspan="2">参数及条件</th><th>数值</th></tr>
<tr><td rowspan="4">气</td><td>压力/MPa</td><td>0.6～0.8</td><td rowspan="2">提升速度 v/(cm/min)</td><td>卵砾石层</td><td>5～12</td></tr>
<tr><td>流量/(m^3/min)</td><td>0.8～1.2</td><td>填筑层</td><td>7～15</td></tr>
<tr><td>气嘴数量/个</td><td>2</td><td>摆动速度/(次/min)</td><td colspan="2">(0.8～1)v</td></tr>
<tr><td>环状间隙/mm</td><td>1.0～1.5</td><td>摆喷角/(°)</td><td colspan="2">35</td></tr>
<tr><td colspan="2">回浆密度/(g/cm^3)</td><td>≥1.2</td><td colspan="3"></td></tr>
</table>

5　高压旋喷灌浆和高压摆喷灌浆主要施工方法

所有围堰高喷灌浆均采用一排二序孔进行施工，先施工Ⅰ序孔，后施工Ⅱ序孔，相邻孔施工间隔时间不少于72h。主要施工方法如下：

（1）施工准备工作：对施工场地进行平整，并由专业测量人员用全站仪放出高喷灌浆孔的施工轴线，并把每个孔的坐标进行标记。

（2）在灌浆轴线附近靠背水面一侧布置泥浆沟，有制浆站一端设三级沉淀池，施工中产生的废浆通过挖设的小沟自流至已喷射灌浆的孔内回填，多余的废浆经排污沟流入沉淀池沉淀后，上部清水排入堰内，下部废渣等固体废弃物及时派专人进行清理，保证施工作业面清洁。

（3）钻孔采用徐工产的260型液压钻机，孔径为150mm，跟管冲击钻进，分Ⅰ、Ⅱ两个次序进行施工，钻孔过程严格控制孔间距，当孔位偏离轴线5cm以上时，需立即调整偏差，且钻孔必须保证入基岩0.5m以上。钻孔完成后，下入ϕ110mm的PVC花管，花眼成梅花形布置，孔口封闭好，防止掉入杂物等。

（4）在喷杆下入孔内之前，应停在孔口先行试喷，经检查各种管路、机械运转及各喷嘴喷射正常，各参数均达到要求后方可将喷杆下入孔内。

（5）喷头下至孔底后，先送高压水，再送水泥浆和压缩空气，应按规定的各项技术参数进行原位喷射，待浆液返出孔口并达到规定回浆比重（回浆比重不少于1.2g/m^3），经检查各项喷射参数均符合规定值，喷射情况正常后方可开始提升喷射。

（6）按要求的提升速度和摆速，边摆（旋）边提升，高压喷射灌浆作业必须连续进行。当板墙高度超过喷杆长度需要换杆时，第二次恢复喷射灌浆时，喷杆应重新插入已喷板墙内0.5m以上，按设计参数喷射3min后才继续提升；如遇特殊情况需中途停喷并将喷杆提出时，必须重新洗孔，洗孔深度为停喷高程以下1.5m，喷射管进入停喷高程以下不少于1.0m。当提升至离设计墙顶高程1.0m时应减慢提升速度，到达规定的终喷高程后即可结束该孔的高喷灌浆。

（7）每孔喷射完毕后，应用清水将高喷机具及喷杆喷头冲洗干净，以免管路堵塞。

（8）将高喷台车移至下一孔位进行喷射。

6　特殊情况处理

（1）各灌浆孔的孔口高程因围堰在填筑过程中，围堰顶部高程会根据实际施工情况有所偏差，因此灌浆孔的孔口高程需根据设计图纸给出的参数进行调整，在施工钻孔过程中要根据实际高程确定最终孔深。

(2) 在实际施工过程中当达到设计孔深后，因夹层或破碎带等原因不能准确判断是否达到入岩 0.5m 时，需再继续钻进 0.5m，直到确认进入基岩。

(3) 高压旋喷灌浆段先导孔按 10～20m 布置，高压摆喷灌浆段先导孔按 20～40m 布置，先导孔必须保证入岩 3～5m，连接段、拐角及地质复杂段先导孔需加密布置。根据先导孔施工情况，确认其他灌浆孔的孔深，高喷灌浆孔必须保证入岩 0.5m 以上。

(4) 在喷浆过程中当发生串浆时，应封堵被串孔，待高喷孔喷灌结束之后应尽快对被串孔进行扫孔、喷灌或继续钻进。

(5) 钻孔过程中，若遇有大块石集中带或漏水量大的地段，在喷射灌浆之前，先回填有级配的砾石、砂、黏土，使该地层的大孔隙减少，在灌注稳定性浆液或水泥砂浆至不吸浆后，再进行水泥浆喷射。

(6) 在堆石、漂石等存在架空的地层中喷射灌浆时采取以下措施：

1) 下喷具前对 PVC 花管护壁的钻孔进行预注浆。

2) 喷具停止提升，静压注浆，使架空地层全部充填密实，孔口返浆符合要求后才能恢复喷具提升。

3) 降低喷射水压和风压，加浓浆液，增大供浆量，孔口掺砂、掺加速凝剂等措施。

(7) 旋喷灌浆主要布置在卵石层，个别孔段在喷射过程中，会出现突然不返浆现象，采取从孔口向孔内回填沙和黏土，回填比例 10%添加，再采取上、下反复多次喷射，既节约了成本，又很好地达到了预期高喷灌浆效果。摆喷灌浆主要布置在黏土层，返浆情况相对较好。

7 高喷灌浆防渗处理成果分析

(1) 两岸岸坡段等部位围堰为黏土填筑，分层碾压，均采用高压摆喷灌浆，单排孔布置，孔距为 1.0m，喷灌结束后，从平均单位耗灰量来看，高压旋喷灌浆明显高于高压摆喷灌浆，对于岸坡段等部位的灌浆，因水头较低，采用高压摆喷灌浆，即节约了成本，也起到了很好的防渗效果，各部位平均单位耗灰量统计见表 3。

表 3　　各部位平均单位耗灰量统计表

序号	部　位	高喷方法	完成工程量/m	平均单位耗灰量/(kg/m)
1	一期枯水围堰	高压旋喷灌浆	3762	332.5
2	一期枯水围堰	高压摆喷灌浆	3796	286.8
3	二期全年围堰	高压旋喷灌浆	2467	345.1
4	二期全年围堰	高压摆喷灌浆	1572	284.6
5	下游引航道围堰	高压摆喷灌浆	3546	290.1

(2) 为了使高压旋喷灌浆和高压摆喷灌浆接触段形成连续墙体，在两孔之间布置了一个高压旋喷灌浆孔，孔位布置在迎水面侧，距高喷轴线 0.5m 处，如图 2 所示。灌浆完成经检查，各部位的高压旋喷灌浆和高压摆喷灌浆接触段墙体连接较好，基坑开挖后未见明显渗漏点。

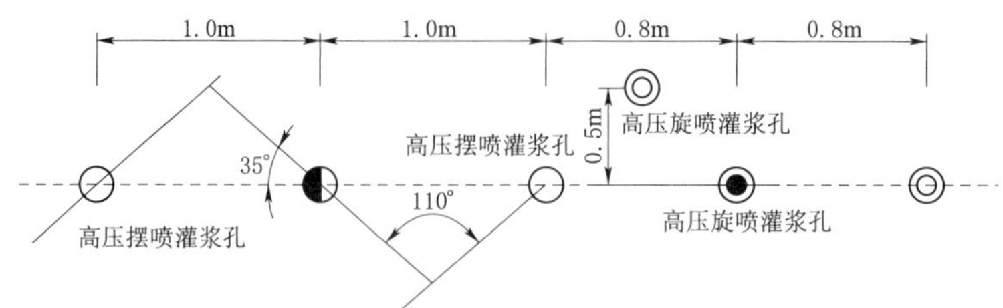

图 2　高压旋喷灌浆和高压摆喷灌浆接触段加密孔布置图

（3）纵向混凝土围堰基岩段未做任何防渗处理，且二期全年围堰高喷灌浆轴线和纵向混凝土围堰相交，交接处为了达到更好地防渗效果，在纵向混凝土围堰和高喷灌浆轴线交接处，设置了一排加密高喷灌浆孔，采用高压旋喷灌浆进行施工，孔距为 0.5m，如图 3 所示。加密高喷灌浆孔共计施工 4 个，布置在原高喷灌浆轴线的两端，施工完成后平均单耗为 420kg/m，基坑开挖后未见明显的渗漏点。

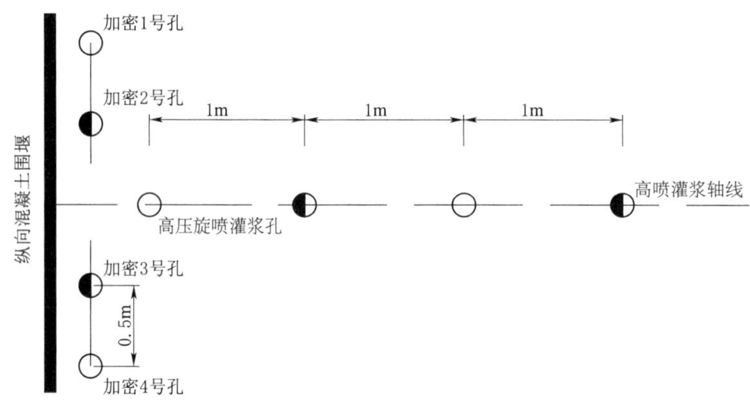

图 3　和纵向混凝土围堰交接处加密孔布置图

（4）二期全年围堰分为上游围堰和下游围堰，其中上游围堰靠左岸边坡段为龙口合龙段，长度约 10m，此处高喷灌浆原设计图纸为摆喷灌浆，孔距为 1.0m。但因合龙段填充了大量的石料，因此改为高压喷旋灌浆，孔距改为 0.8m，施工过程中采用从合龙段两头往中间逐步施工的方法，并在孔内充填了大量的黏土、碎石和水玻璃，黏土和碎石按水泥量的 5%～10%填入，水玻璃按 3%掺入到水泥浆液内，主要充填情况见表 4。灌浆完成且基坑开挖后，合龙段未见明显的渗漏点，灌浆效果较好。

表 4　　合龙段高喷灌浆工程量统计表

孔　号	孔序	孔深 /m	水泥平均单耗 /(kg/m)	黏土填充量 /kg	碎石填充量 /kg	水玻璃掺入量 /kg	备注
合龙段 1 号孔	Ⅰ	16	968.7	775	930	465	
合龙段 2 号孔	Ⅱ	16	518.8	415	498	249	
合龙段 3 号孔	Ⅰ	16	781.2	625	750	375	
合龙段 4 号孔	Ⅱ	16	406.3	325	390	195	

续表

孔　号	孔序	孔深/m	水泥平均单耗/(kg/m)	黏土填充量/kg	碎石填充量/kg	水玻璃掺入量/kg	备注
合龙段5号孔	Ⅰ	16	843.7	675	810	405	
合龙段6号孔	Ⅱ	16	387.5	310	372	186	
合龙段7号孔	Ⅰ	16	718.7	575	690	345	
合龙段8号孔	Ⅱ	16	506.3	405	486	243	
合龙段9号孔	Ⅰ	16	843.8	675	810	405	
合龙段10号孔	Ⅱ	16	468.7	375	450	225	
合龙段11号孔	Ⅰ	16	781.2	625	750	375	
合龙段12号孔	Ⅱ	16	475.0	380	456	228	
合龙段13号孔	Ⅰ	16	956.25	765	918	459	

(5) 施工结束后，进行了开挖检查，从图4和图5中可以看出，砂卵石层和砂土石层经过高压旋喷灌浆和高压摆喷灌浆后，墙体连接较好且饱满，砂卵石层板墙抗压强度均大于3.0MPa，一期基坑开挖排水量为32m^3/h，二期基坑开挖排水量为50m^3/h，均符合设计要求。

图4　砂卵石层开挖后的高喷墙体

图5　砂土石层开挖后的高喷墙体

8　结语

围堰防渗对于基坑施工非常关键，选取和采用安全可靠、经济合理的施工工艺尤为重要，通过本项目的施工，对于本工程平寨航电枢纽工程围堰采用高压旋喷灌浆和高压摆喷灌浆相结合的方式进行防渗施工，经施工效果分析，各项施工参数选取合理，施工防渗效果满足后续基坑开挖施工要求，为以后类似围堰防渗高喷设计和施工提供了可参考的工程实例。

高压旋喷桩在某泵站基础纠偏处理中的应用

焦乐辉　姜旭民　唐文超

（山东省水利科学研究院）

【摘　要】 本文介绍了利用高压旋喷桩和充填灌浆技术对某灌区泵站基础进行纠偏加固情况，并通过取样检测和沉降观测，验证了纠偏加固的效果，对类似工程有一定的参考意义。

【关键词】 高压旋喷桩　充填灌浆　纠偏加固

1　工程概况

某灌区泵站为减少占地，泵房直接建在水源中。泵站为U形结构，由呈品字形布置的三个沉井厂房组成，每个沉井平面尺寸为15.2m×13m，高15.75m，沉井厂房上部结构共三层，总高度为14.5m；引渠直接开挖河道堤防形成，长度为85m，呈喇叭状，两岸采用混凝土护坡与堤防连接；前池由U形的厂房沉井三面围成，平面尺寸为16.4m×14.2m，设素混凝土护底；U形厂房的两个转角为安装间，混凝土箱型基础。泵站平面布置形式见图1。

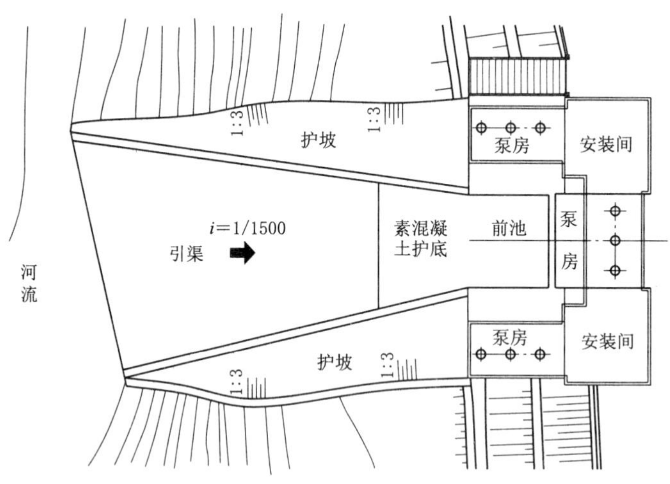

图1　泵站平面布置示意图

根据地质勘探资料，泵站地基土层为冲积形成的厚层细砾、中粗砂，饱和、中密—密实状态，钻探未揭穿。

泵站于2012年建成，投入运行后不久，开始发生轻微的不均匀沉降，后期不均匀沉降逐渐增大，到2020年3月，泵房结构外侧顶部水平位移达到17.8cm，最大沉陷量达到13.4cm，且有随时间加剧发展的趋势。

2 变形原因分析

泵站建成后，初期不均匀沉降发展较慢，2016年河道进行了较大规模的挖砂，开挖深度较大，由于泵站紧邻河道，泵站引渠前缘就形成了较大的陡坡临空面，相当于人为减小了抵抗泵站地基滑移的被动土压力，泵站变形开始加大，推断此为泵站沉陷倾斜变形的主要原因。

沉井地基土层为中砂、粗砂和细砾等非黏性土层，早期设计时考虑到承载力足够，故未进行地基加固处理，但是实际运行后，前池水流流态不稳定导致地基承受不规律的动荷载作用，同时水泵运行也会对地基产生动力作用，特定情况下不利荷载组合可能导致饱和砂土出现局部液化，从而引起局部地基强度降低，导致差异沉降。

泵房成U形布置，优点是占地较少，但缺点是使得地基受力状况不良，中部前池地基受到的建筑物荷载会产生叠加效果，受力明显大于泵站外侧地基受力，这也会对沉降和倾斜也会产生不利影响。

3 加固方案选择

本泵站地基加固的思路是，首先使基础稳定，沉降和倾斜不再继续发展，在此基础上，进一步采取措施减少差异沉降，达到纠偏的目的。因为沉井基础埋深较大，前池内常年有较高水位等原因，无法通过压桩顶升等直接纠偏方法，也没有条件采用在沉降较小部位掏土卸荷或压重加载等纠偏方法，因此本项目最终选择高压旋喷桩注浆结合充填灌浆的加固纠偏方案。

4 加固施工

4.1 施工方法

本次基础加固范围包括泵房、安装间和前池。加固方法分为高压旋喷桩结合充填灌浆两种施工方案，旋喷桩采用二管法施工，充填灌浆采用双液灌注工艺。加固时下套管穿越上部水层和基础底板并与底板密封连接，利用泵房基础和前池混凝土护底作为灌浆上部压重，加固方案布置图见图2、图3。

泵房及前池外围采用双排旋喷桩加固，旋喷桩伸入沉井刃脚以下，起到桩基础和围封固砂的作用。内排旋喷桩轴线距建筑物0.5m，孔距为1.0m，排距为0.8m，桩长10.0m；前池内沿沉井厂房边布置3道单排旋喷桩，中间顺水流和垂直水流各布置2道单排旋喷桩，孔距为1.0m，桩长10.0m；安装间外侧布置1道排旋喷桩孔距为1.0m，桩长10.0m。

旋喷桩围封形成的格室内和泵房内基础下部采用充填灌浆加固。孔距为1.0m，孔深为5.0m，梅花形布置。

4.2 施工技术参数

4.2.1 灌浆材料

灌浆采用纯水泥浆，水泥采用普通硅酸盐水泥，水泥等级为P·O42.5，施工前应提

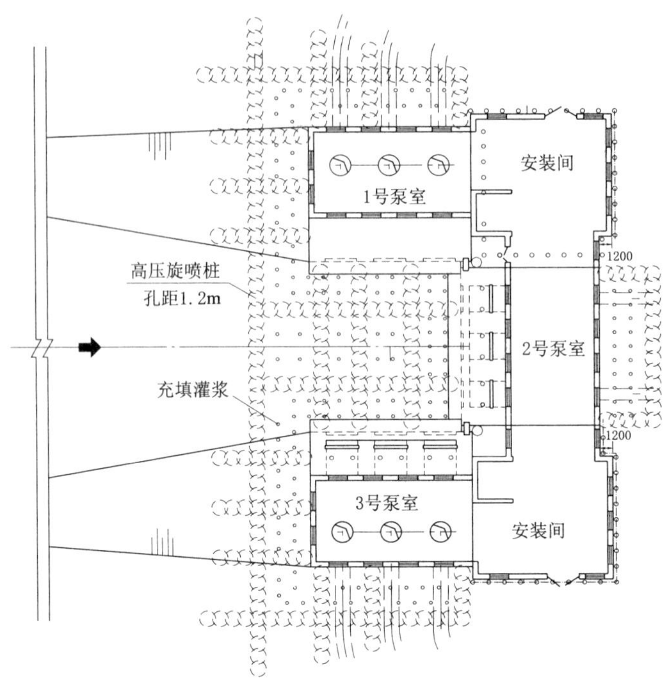

图 2　加固方案平面图

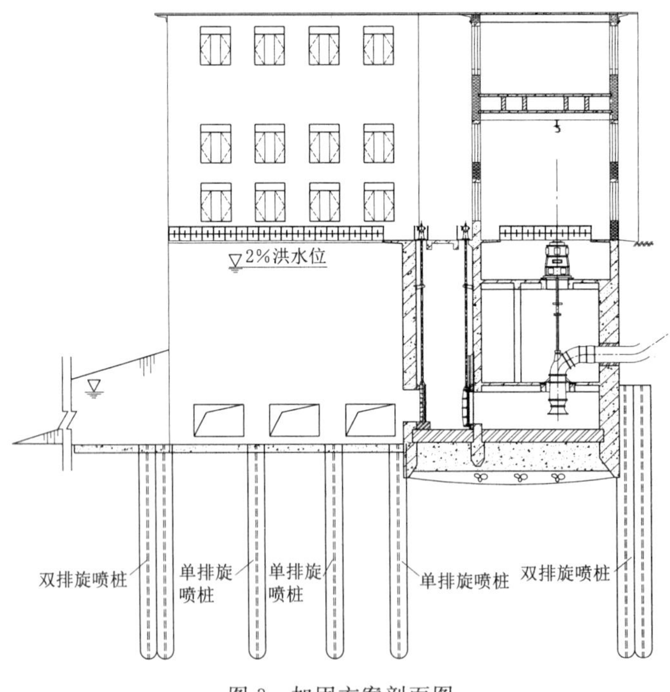

图 3　加固方案剖面图

前送检，同批次每 200t 取样化验 1 次，检测水泥细度、安定性和强度指标。同时满足《水电水利工程高压喷射灌浆技术规范》（DL/T 5200—2019）。

4.2.2 高喷参数

根据现场高喷试验，确定高压喷射灌浆施工参数如下：

浆压大于等于 28MPa，浆流量大于等于 60L/min，浆比重大于等于 1.5。气压 0.6MPa，流量 100～1000L/min。提升速度小于等于 12cm/min，旋转速度大于 10r/min。

高喷灌浆分为两序孔施工：先灌注一序孔，孔中心距 2.0m，采用旋喷施工；再灌注二序孔，终孔中心距 1.0m。

4.2.3 轴线控制

高压旋喷灌浆距边墙以孔中心距沉井刃脚距离不大于 0.5m 为控制标准，高压旋喷灌浆孔中心距边墙距离控制在 0.5m。

4.2.4 充填灌浆

采用纯压式全孔一次灌注，各排按钻孔顺序分序进行灌注。灌浆压力初选为 0.5MPa，灌浆开始先用稀浆，经过 3～5min 后再加大泥浆稠度，若孔口压力下降和注浆管出现负压（压力表读数为 0 以下）立即再加大浆液稠度，浆液的容重按技术要求控制。

4.3 施工要点

4.3.1 动水条件下施工措施

由于工程运行的需要，本泵站纠偏需在动水中进行。加固地层中始终存在渗流，动水条件下施工，灌浆浆液易冲蚀流失，往往存在初凝时间延长甚至不初凝、固结体有效桩径减小、桩身强度降低等问题，造成成桩效果较差。降低这种不利影响是高压旋喷桩在动水条件下成功加固泵站地基的关键。本工程采用以下 3 种措施解决：

（1）调整灌浆工艺。选取较大直径的旋喷桩、提高浆液浓度、降低喷射提升速度、加大喷浆压力和流量等措施改善灌浆效果。

（2）调整灌浆材料。在浆液中掺加速凝剂，缩短凝固时浆液能控制在 5min 以内初凝。

（3）调整施工顺序。采用分序灌浆，间隔灌注。

4.3.2 施工中应重点控制的参数

施工中影响高压旋喷桩成桩质量的因素很多，重点要控制以下几个参数。

（1）高喷孔位偏差及孔斜。孔位偏差较大或者孔斜较大会造成旋喷桩桩体搭接不良，不能有效隔绝固结体成墙内外岩土体及水力联系，则起不到围封固砂的作用，因此孔位偏差及孔斜必须满足设计要求。

（2）高喷管提升速度。可通过每分钟提升高度和每个孔的总高喷时间对高喷管提升速度进行严格控制；对不同地层，高喷管提速调整应分别进行。

（3）浆液控制。在确定灌浆泵浆压、浆量后，须严格控制浆液，经常抽查浆液比重，保证水泥加入量和浆液浓度。

（4）灌浆孔序。应严格按照设计的孔序施工，避免出现串孔或吃浆量减少等现象。

（5）灌浆压力和流量。灌浆压力和流量对高压旋喷成桩质量影响很大。在施工设备确定正常工作下，灌浆压力和流量一般变化不大。当施工条件改变时，应进行抽查验证，随时调整参数。高喷结束或暂停喷射时，必须先停气，最后停止供浆，以避免因先停浆造成高喷桩出现空洞。

4.3.3 信息化施工

该工程施工条件复杂，不利影响因素较多，有必要按照现场情况和有关规范制定详细的检测和沉降监测方案，并在施工过程中严格执行，根据现场施工过程的监测成果，决定是否进行或调整下一步的施工，做到以信息化施工来确保工程质量和安全。

5 加固效果检测与监测

高压旋喷桩系隐蔽工程，固结体在地层内，不能直接观察到质量，必须用科学的方法检验固结体的质量和治理效果。工程中采用钻孔取芯和超声波探测检查旋喷桩质量，桩体强度、完整性等指标完全符合要求。

纠偏加固工程施工过程中及竣工后，通过加强沉降观测，检查工程纠偏加固效果，沉降量观测值变化情况如图 4 所示。本工程 2020 年 3 月开始施工，施工前最大沉降量为 13.4cm，施工过程中沉降量逐渐减小，到 2020 年 6 月施工完成时最大沉降量降为 6.42cm，沉陷最严重位置向上抬升了 6.98cm，纠偏效果明显。完工后继续监测，到 2021 年 3 月，最大沉陷量为 6.45cm，沉降增加量很小，沉陷变形趋于稳定，纠偏效果良好。

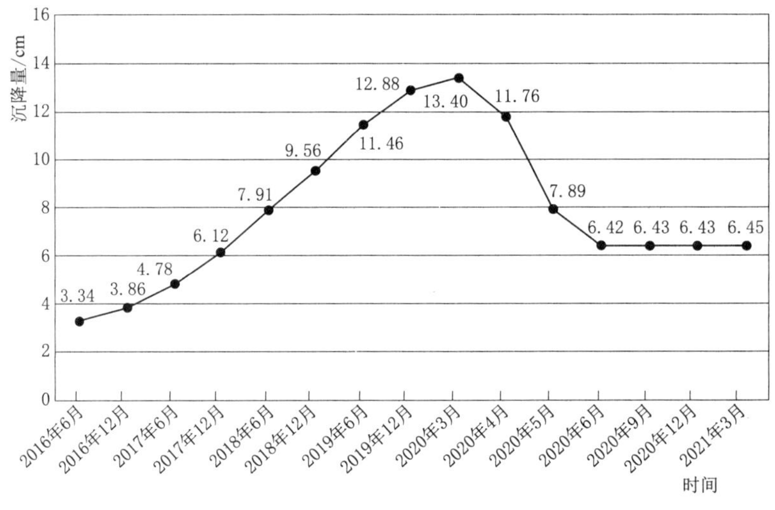

图 4 沉降量观测值变化图

6 总结

本工程采用高压旋喷桩注浆结合充填灌浆技术对倾斜变形的泵站地基基础进行纠偏加固处理，实践证明是可行的，且本技术方案具有不需要事先建造围堰、对工程上部结构影响较小、施工简单、工程造价较低等诸多优点，特别适应于既有的、施工场地受限、正在使用的水工建筑物地基纠偏加固。

参考文献

[1] 徐至均. 高压喷射注浆法处理地基 [M]. 北京：机械工业出版社，2004.

老挝南欧江水电站上游围堰防渗帷幕施工

潘振海　王小虎　张宇翔

（中国水电基础局有限公司）

【摘　要】老挝南欧江水电站上游围堰工程施工过程中，因遭遇超标洪水，前期施工成果遭到破坏，为保证总工期和施工质量，将原定混凝土防渗墙方案调整为高压旋喷防渗墙加补强灌浆复合防渗帷幕方案。本文主要介绍了该工程施工方法和取得的成果。

【关键词】南欧江　围堰防渗　高喷灌浆　补强灌浆

1　概述

老挝南欧江七级水电站位于老挝丰沙里省境内，为南欧江规划七个梯级水电站的最上游一个水电站。水电站以发电为主，工程等别为一等大（1）型工程，最大坝高约143.5m，共有两台发电机组，总装机容量为210MW，正常蓄水位高程为635.3m，对应库容为16.94亿m^3，死水位为590m，死库容为4.49亿m^3，具有多年调节性能，工程主要枢纽布置由混凝土面板堆石坝、左岸溢洪道、右岸泄洪放空洞、左岸引水系统、坝后岸边厂房和GIS开关站等组成。

上游围堰堰顶高程为562.0m，设计最高洪水位高程为560.0m，达到该水位上游围堰最大水头65m。上游围堰原定堰基防渗方案为混凝土防渗墙，到2017年11月20日，施工所需人员、设备、材料等均已到位，并且已完成施工平台施工。2017年11月22—24日南欧江流域上游持续降雨，到11月24日七级电站枢纽区遇超标洪水，导致施工平台被冲毁。受洪水的影响，若按原定上游围堰堰基防渗方案重建，将推迟到2018年3月下旬才可完成，导致大坝基坑开挖、趾板开挖浇筑及后续大坝填筑施工工期延期2个月以上。基于此参建四方讨论并达成一致意见，最终确定了上游围堰防渗改用高压旋喷加补强灌浆方案。

围堰轴线处土层自上而下依次划分为回填石渣层、砂卵砾石层、基岩层。防渗帷幕顶高程为523.0m，高喷轴线长77.5m。2017年12月13日开工，2018年1月19日完工，历时38d。

2　施工方案

2.1　孔位布置和施工程序

两排高喷灌浆孔呈梅花形布置，中间排补强灌浆孔布置在高喷孔中间，高喷灌浆孔排距为 0.8m，孔距为 0.8m，孔深入岩 0.5m；补强灌浆孔孔距为 0.8m，孔深入岩 5.0m。孔位布置见图 1。

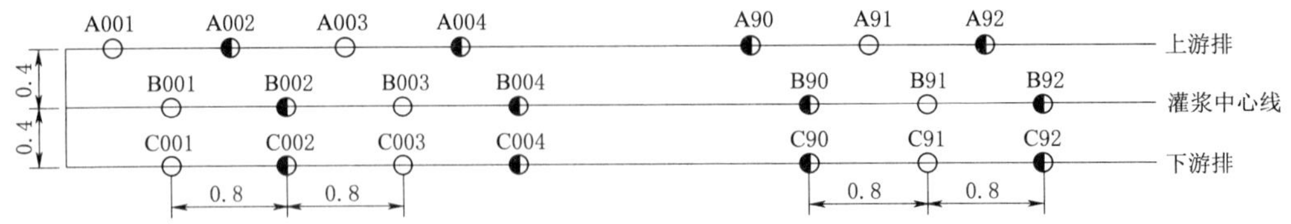

图 1　防渗帷幕高喷孔和灌浆孔孔位布置图

施工顺序按照先高喷，后帷幕灌浆；高喷按先施工下游排，再施工上游排的原则；高喷和补强灌浆孔均分二序进行加密施工。

2.2　高喷灌浆

经前期先导孔取芯发现河床部位存在局部堆石层，并且围堰填筑料粒径较大（30～60cm），孔隙较多，因此采用两种钻孔方式：下游排高喷灌浆采用回转钻进，泥浆护壁工艺，泥浆可充分填充孔隙，对较大孔隙提前进行封堵，有利于高喷灌浆施工；上游排采用风动钻机跟管钻进，风动钻机造孔效率高，跟管钻进可防止塌孔，钻孔完成后，下特制 PVC 管护壁。

采用普通三管法，喷射介质为水、水泥浆和压缩空气，主要设备有高喷台车、高压泥浆泵、高压水泵及空压机等。

2.3　补强帷幕灌浆

补强帷幕灌浆采用分段钻进，孔口封闭，分段灌浆，孔内循环的施工工艺。钻孔采用 XY-2 型工程钻机，钻孔孔径为 75mm。

3　施工参数

各项参数由生产性试验确定，高喷灌浆和补强帷幕灌浆施工参数见表 1 和表 2。

表 1　　高喷灌浆施工参数

项目		高喷灌浆技术参数
气	压力/MPa	0.6～0.7
	流量/(m^3/min)	3
	喷嘴个数/个	2
水	压力/MPa	≥38
	流量/(L/min)	≥70
	喷嘴个数/个	2
	喷嘴孔径/mm	1.8～2.0
浆	压力/MPa	0.6～0.8
	流量/(L/min)	≥70
	密度/(kN/m^3)	1.594
	喷嘴孔径/mm 及个数	13～20mm（2 个）

续表

项　目	高喷灌浆技术参数
回浆比重	≥1.20
提升速度/(cm/min)	砂卵石层、砂层：10；土层：8；淤泥层：6
转动速度/(转/min)	8

表 2　补强帷幕灌浆段长及压力

段次	1	2	3	以下各段	基岩段
段长/m	2.0	3.0	5.0	5.0	5.0
压力/MPa	0.1	0.2	0.3	0.3	0.3

4　防渗帷幕施工

4.1　高喷灌浆施工

高喷灌浆采用常规工艺流程，主要工序施工要点如下。

(1) 钻孔施工：下游排钻孔采用 XY-2 型工程钻机，泥浆护壁工艺，上游排采用风动钻孔跟管钻进，为增加喷管与孔壁间隙，防止卡、埋喷管的现象，钻孔孔径为 ϕ110mm，并下入 PVC 护壁管。钻孔完成后，先进行孔深检测，合格后下设喷管。

(2) 制浆：高喷灌浆采用 42.5 级普通硅酸盐水泥，浆液配合比为 0.8∶1（水∶水泥），采用 ZJ-400 高速搅拌机搅拌，纯拌和时间不少于 30s，保证连续制浆。储浆桶内已制成待用的浆液采用低速搅拌机搅拌，以防止沉淀。

(3) 喷射控制：钻孔验收、高喷台车就位并对准孔口后，为了直观检查高喷系统的完好性以及是否能够满足使用要求，首先进行地面试喷。喷管下至指定深度后，拌制水泥浆液，然后供浆、供风，开始喷灌。待各压力参数和流量参数均达到要求，在孔底静喷 3min，且孔口返浆正常后按既定的提升速度进行喷射灌浆。喷射作业完成后，继续将冒浆回灌至孔内，直到浆液面稳定为止。结束后及时将各管路冲洗干净，以防堵塞。

4.2　补强灌浆施工

补强灌浆施工要点如下。

(1) 钻孔：采用 XY-2 型工程钻机钻孔，金刚石水钻分段钻进。

(2) 灌浆：采用浆液由稀变浓的原则灌注，浆液比级采用四级变换，水灰比分别为 2∶1、1∶1、0.8∶1 和膏状浆液。不返水的孔段，开灌比级为 1∶1。

(3) 变浆原则：当灌浆压力保持不变，注入率持续减少时，或注入率不变，而压力持续升高时，不改变水灰比。当某级浆液注入量已达 300L 以上，或灌注时间已达 30min，而灌浆压力和注入率均无明显改变时，改浓一级水灰比。当注入率大于 30L/min 时，则采用浆液越级变浓。

(4) 灌浆结束标准：水泥浆液结束标准为在设计压力下注入率小于 1L/min 后，持续灌注 30min 结束灌浆。

(5) 封孔：终孔段灌浆结束后，采用 0.5∶1 水泥浆置换出孔内的稀浆，进行压力封孔。封孔压力采用最大灌浆压力，持续灌注 30min。

5 施工过程质量控制

5.1 高喷灌浆质量控制

钻孔时需切实保证孔深入岩0.5m，方可终孔；喷杆在未下入孔内之前必须先行试喷，以确保在孔下能正常工作；喷头切实保证下至孔底，通过孔上余尺可得知孔下深度；喷浆过程中定时检测浆液水灰比，严格控制水泥浆液比重不小于1.6；回浆利用率控制在30%以内，土层的返浆含土量大，不宜再次利用。

高喷灌浆保持全孔连续一次作业，因拆卸喷射管而停顿后，重复高喷灌浆长度不小于0.3m；装卸喷射管时，采取措施密封、加快装卸动作以防止喷嘴堵塞；为使浆液更好地与基岩面接合，当喷浆提升接近基岩与覆盖层接触面位置时，静喷30s后再向上提升；在高喷灌浆过程中，出现压力突降或骤增、孔口回浆浓度和回浆量异常，甚至不返浆等情况时，查明原因后及时处理。

5.2 补强帷幕灌浆质量控制

严格按照分段标准进行分段钻孔，孔深满足设计要求；灌浆压力按设计要求执行，达不到设计压力不得结束灌浆；变换浆液比级时，及时检测浆液浓度，浓度需与记录仪上保持一致；灌浆过程中严格检测抬动，出现抬动后，暂停灌浆；灌浆过程中发生流量突然变大应立即停止灌浆，分析原因并按照方案进行处理。

6 特殊情况处理

6.1 高喷灌浆特殊情况处理

串浆：在高喷施工过程中，浆液从相邻施工孔位冒出，首先封堵被串孔，继续串浆孔的施工，待其结束后，即刻进行被串孔的施工；并且在易发生串浆的部位，延长了相邻施工孔位的间距，由原来隔1个孔位施工改为隔3个孔位施工，以避免发生串浆。

不返浆：地层中有较大空隙引起不冒浆或严重漏浆时，如在钻孔中发生漏浆，采取加大钻进泥浆的浓度，在泥浆中掺加锯末、黄豆等措施，使其恢复孔口正常返浆。如在喷射时漏浆，则采取了灌注回浆以及加砂、锯末静喷的方法；均取得较好效果。

凹穴的处理：喷射完成后，由于重力作用和浆液性能本身的特性，喷射浆液形成的浆、气、土混合液，在逐渐凝结硬化的前期，其表面因析水沉淀而出现一定程度下陷形成所谓凹穴。本工程凹穴的处理措施主要为：在喷射注浆完毕时连续地向喷射孔内回灌浆液，直至孔内的液面不再下沉为止。

灌浆中断：在施工过程中曾因多种情况导致灌浆中断，例如：设备故障、喷杆堵塞、停电等，为保证中断前后桩体的有效连接，在排除故障重新施工前，根据中断的时间将喷杆下放0.5～1.0m不等进行复喷。

6.2 补强帷幕灌浆特殊情况处理

漏浆：灌浆过程中发生漏浆，灌浆达不到设计压力，首先间歇20min，若依然漏浆，则采取待凝24h，然后扫孔对本段进行复灌。当出现灌浆过程中突然不返浆时采用膏状浆液灌注。

串浆：用孔口塞将串浆孔封堵，继续灌注。

盖板抬动：采取降压、限流、浓浆灌注等措施，若依然抬动，待凝 24h 后重新扫孔灌注。

7 施工成果

本工程在生产性试验时，对墙体进行了开挖检查，墙体的连续性较好、搭接厚度达到 40～60cm；施工完成后，采用钻孔取芯和注水试验对防渗体的质量进行检测。

补强灌浆结束 14d 后，沿轴线每个单元工程布设 2 个检查孔，自上而下分段钻孔，钻孔完成后进行注水试验，测定渗透系数。本工程中检查孔的水泥岩芯均匀性、完整性较好，注水试验结果显示，各个检查孔的渗透系数均小于设计要求的 5×10^{-6}cm/s，防渗效果得到有效保证。

8 结语

（1）实践证明，南欧江上游高水头大粒径围堰采用高压喷射灌浆加补强灌浆方案，与其他处理方案相比，造价适中，工期短，适用性强，阻水效果可靠，能够形成合格的防渗帷幕，施工经验可为同类围堰防渗工程提供参考。

（2）在高水头的情况下，高喷灌浆防渗墙加补强灌浆方案依然能够满足防渗要求，主要取决于施工参数合理选择并严格执行，同时减小施工部位两侧水位差，降低施工难度。

水闸除险加固工程中基础防渗处理

覃　慧

（湖南宏禹工程集团有限公司）

【摘　要】中国早期兴建的水利设施存在一些安全隐患，水利工程施工中常遇到如淤泥质地层、岩溶地层、断层破碎带等土质较差、承载力较低、渗透性较强的复杂地层，对水工建筑物的稳定性具有较大的影响，因此需要对这类地基问题进行处理。高压喷射灌浆技术是地基处理常用的一种手段，本文以广西北海市含浦县洪潮江水闸为例，介绍高喷灌浆技术在该工程中应用，以及对淤泥质地基的处理效果。

【关键词】高压旋喷灌浆　水闸除险加固　淤泥质地基处理

1　引言

由于建设的时代不同，受生产力、建设技术水平的限制，中国早期修建的水工建筑物自身的建设标准、施工水平和管理水平有着明显的差异。同时由于年代比较久远，因老化等客观原因造成水工建筑物发生了不同程度的裂缝、渗漏、变位等隐患。随着社会发展需要对这些隐患进行修复处理，保障周围居民的生活安全，提高实现建筑物的使用效益。在病害水工建筑物中，水闸基础渗漏是常见的问题，对水闸的除险加固十分重要。

2　工程概况与地质条件

洪潮江水闸位于合浦县石湾镇，是一座以分流南流江洪水为主的大（2）型水闸，设计灌溉面积为 11.3 万亩，保证合浦县及部分乡镇 25 万人供水。洪潮江水闸最大过闸流量为 $2530m^3/s$，新设 16 孔 16 扇工作闸门和 16 孔 2 扇检修闸门，孔口尺寸为（宽×高）10.0m×2.35m，底坎高程为 2.20m，工作闸门采用尺寸为 10.0m×2.8m 露顶式平面滑动钢闸口；保留原有的 10kV 供电线路，更换变压器和配电设施；设置水闸计算机监控、视屏监视、安全监测和水情自动测报系统，以及通信、照明系统。

合浦县属亚热带季风型海洋气候区，日照较强，雨量充沛，夏热冬暖。气候受季风环流控制，雨热同季。县境各地年均雨量为 1500～1800mm。

该堤线主要沿周江右岸布置，沿岸地势平坦，大部分地段建有旧堤，局部为新建，出露的岩性主要为填土、淤泥质土、粉质黏土、含泥沙、中粗砂、砾砂及砂砾石等土层，旧堤填土岩性由粉质黏土、砂质黏土、粉土、粉细砂等组成。

3 水闸基础防渗处理

由于堤基局部有淤泥质土层，工程性质较差，因此需采取适应的措施进行基础处理。其他土层均可满足堤防新建或加固要求。局部堤线距离河岸较近，且河岸受冲刷较严重，有崩塌现象，需采取防护措施处理。

3.1 高压喷射灌浆防渗技术

高压喷射灌浆指的是利用高压设备将注浆材料从注浆管喷射，形成流速快、压强大的喷射束，并对地层土体产生一定冲击力，使注浆材料充填土体，形成板状凝结体，增强地基防渗能力和承载能力的基础处理技术。

3.2 施工流程

本闸坝工程防渗采用高压旋喷灌浆，高喷灌浆范围为 0－16.0～0＋208.80 位置，深度为闸室段顶部灌至－0.2m 高程，岸坡段顶部灌至－12.7m 高程。布置单排高喷孔，孔距为 1.0m，孔中心距闸轴线上游 0.5m，灌浆为三管法，分二序施工。

高压旋喷施工总流程：闸坝底板混凝土浇筑并达到设计强度→先导孔与灌浆试验施工→高压旋喷施工→检查孔施工。

单孔施工流程：测量放样→钻孔定孔位、机架、机座定位校正与开孔→钻进一段后测斜（如发现偏斜及时纠斜处理），按此顺序钻至设计孔深，终孔测斜→安装高压旋喷灌浆台车→地面试喷→下入高压喷射灌浆三重管至设计位置→制浆、送浆、送水、送气→待返浆正常后，静喷 2～3min→按试验或设计确定提升速度，喷完全孔→浆液回填→封孔。

3.3 施工设备及机具

3.3.1 水系统

本工程采用 3D1－SA 系列三桩塞高压水泵，此泵具有高压状况下排水量稳定，射流切割能力强的特征，功率为 75kW，额定工作压力可达 50MPa，配套的高压钢丝输水胶管内径为 19mm，耐压达 60MPa。

3.3.2 气系统

采用 YV－6/8 型空压机，功率为 37kW，排量为 0.4～1.8m^3/min，该机适合于在孔深 25m 以内的砂、土地层中作为高压旋喷的配套空压机使用，相应输气胶管内径 20～25mm，耐压力为 1.2MPa。

3.3.3 浆系统

采用 ZL－800 型水泥制浆机，功率为 6kW，分上、下桶制浆，该制浆机具有转速慢，制浆量大，拌和均匀的特点。BW－250 型泥浆泵送浆，功率为 13kW，可分为 6 档，根据地层耗浆情况调节。

3.3.4 旋喷钻机

采用 XP30 型钻机，提升高度可达 15m，提升重量 2～3t，提升速度 6～25cm/min。转动装置为 SH－30 转盘，抗扭力矩为 1.2×10N·m，提速可以从 6～24cm/min 无级调速，调速电机功率为 4.5kW。

3.3.5 钻孔系统

采用 SGZ－IIIA 型地质钻机，单台功率为 15kW，各配套 HB－80 型泥浆泵 1 台，单台功率为4kW。

3.4 主要技术要求

3.4.1 材料及浆液要求

高压旋喷灌浆浆液拌制水泥采用42.5级普通硅酸盐水泥，为减缓水泥浆液沉淀速度，硅酸盐水泥中可添加适量的膨润土和碳酸钠，喷射注浆的水灰比初定1∶1，施工中应根据现场试验确定配合比。浆液存放时间：当环境气温10℃以下时，不超过5h；当环境气温10℃以上时，不超过3h；当浆液存放时间超过有效时间时，按废浆处理。

3.4.2 灌浆施工要求

高压旋喷灌浆施工前，应先进行高喷灌浆的工艺试验，以选定喷射流量、压力、旋速和提升速度等工艺参数。定孔位应按设计图纸进行，其中心允许误差不大于5cm。为防止钻进和高喷中孔口塌陷，要求埋设孔口管。钻孔钻至设计深度后再插入喷管到预定深度，钻机就位后保证立轴与孔位中心对正，成孔偏斜率不大于1.5%。

高压旋喷灌浆喷射灌浆过程中，管路、旋转活接头和喷嘴等必须拧紧，达到安全密封；高压水泥浆液、高压水和压缩空气各管路系统均应不堵不漏不串，并保证浆、水、风连续输送。高压注浆设备的额定压力和注浆量应符合设计图纸要求，设备系统安装后，必须经过运行试验，试验压力要达到工作压力的1.5～2.0倍。且浆液必须严格过滤，防止水泥结块和杂物堵塞喷嘴及管路。

喷管进入预定深度后，应进行试喷，待达到预定压力、流量后，再提升。中途发生故障，应立即停止提升和高喷，以防止桩体中断。同时进行检查，排除故障。若发现浆液喷射不足，影响质量时，应进行复喷。因故停工后恢复施工前，应将喷头下放30cm，采取重叠搭接喷射处理后，方可继续向上提升。停机超过3h时，应对泵体输浆管进行清洗后方可继续施工。

每次施工完毕后，必须立即用清水冲洗旋喷机具和管路，检查磨损情况，如有损坏零部件应及时更换。施工过程中，应经常检查泥浆（水）泵的压力、浆液流量、空压机的风压和风量、钻机转速、提升速度及耗浆量。施工中应做好详细记录。

3.5 施工过程质量控制

3.5.1 开喷前准备工作

钻孔经验收合格后，方可进行高压旋喷灌浆。高压旋喷灌浆施工前，根据孔深计算三管法长度，检查管路畅通情况、密封是否良好；每孔注浆应对注浆管总成进行地面试喷，观察水、气、浆的喷射情况。三重管下入孔底的深度与实际钻孔深度的差值不大于0.1m，如达不到设计深度，必须重新扫孔至设计深度。

3.5.2 施工过程控制

（1）准备就绪后，开始从下至上进行高压旋喷灌浆，泥浆冒出地面时，静喷5～8min，返浆正常后，再开始提升三重管，连续喷射到设计高程为止。喷射过程的返浆水泥含量控制在进浆量的20%左右。

（2）必须按规定速度提升，在提升和喷射过程中，如发现异常或不符合要求时，应查明原因或返工；处理事故或换管重新喷射时，将喷射装置下放至原位置以下0.5m重复喷射，确保搭接长度不小于0.5m。

（3）施工中应如实记录高喷注浆过程中的各项技术参数、浆液材料的用量、异常情况及处理情况等，并定时检查施工的工艺参数。

（4）高压旋喷灌浆施工中，应采取措施保证孔内浆液上返畅通，避免造成墙体壁裂。

3.5.3 特殊情况处理

在高压旋喷灌浆过程中，出现压力突降或突升、孔口回浆浓度或回浆量异常等情况时，应查明原因及时处理；孔内出现严重漏浆时，根据地层情况分别采用以下措施处理：降低喷射管提升速度或停止提升；降低压力、流量，进行原地灌浆；在浆液中掺加适当的速凝剂；加大浆液浓度，灌注水泥砂浆、水泥黏土浆等。在喷射过程中发生串浆，应填堵被串孔，待灌浆孔结束后，尽快进行被串孔扫孔、灌浆或继续钻进。

4 工程实施效果

本工程施工后，在Ⅰ序孔、Ⅱ序孔连接点进行了检查孔注水试验，高喷防渗墙渗透系数分别为 8.21×10^{-6}cm/s、8.31×10^{-6}cm/s，满足设计要求。

选用高压喷射灌浆技术在水闸除险加固工程中具有较好的效果，本工程施工参数及施工过程控制可供类似工程参考。

直腹式钢板桩围堰砂卵石层复合防渗工艺研究

张　杰

（中国水利水电第七工程局有限公司）

【摘　要】 本次复合防渗施工区域位于原电站泄洪冲水区，原始河床由于泄洪冲水作用，砂卵砾石层埋深在30～56m深度，受水库水位变化及深水动水影响，级配严重不均，颗粒粒径大、架空漏失现象严重，本文依托巴基斯坦塔贝拉水电站钢板桩围堰高喷防渗工程，通过对砂卵石层复合防渗高喷防渗施工工艺的研究，确定一套科学、高效的施工工艺，保证配套方案能满足施工强度、工程质量。

【关键词】 巴基斯坦　塔贝拉水电站　直腹式钢板桩围堰　砂卵石层　复合防渗工艺

1　工程概况

塔贝拉水电站位于巴基斯坦首都伊斯兰堡西北开伯尔-普赫图赫瓦省境内，最大坝高为143m，工程于1968年开工，1976年正式蓄水发电。四期扩建工程需在厂房基坑的下游形成一段东西向的钢板桩围堰，见图1。与东侧现有的三期厂房混凝土挡墙和西侧陆地连接，钢板桩格体内填充材料为抛填的松散粉细砂。由于四期扩建工程厂房区域位于下游深水库区中，钢板桩围堰高喷防渗需在深水中施工，最大水深大于30m，砂卵砾石层埋深在30～56m深度，架空严重，级配分部不均，质量风险高、施工难度大。钢板桩围堰结构布置见图2。该类型围堰防渗施工方式在国内外均没有先例。

图1　钢板桩围堰实景图

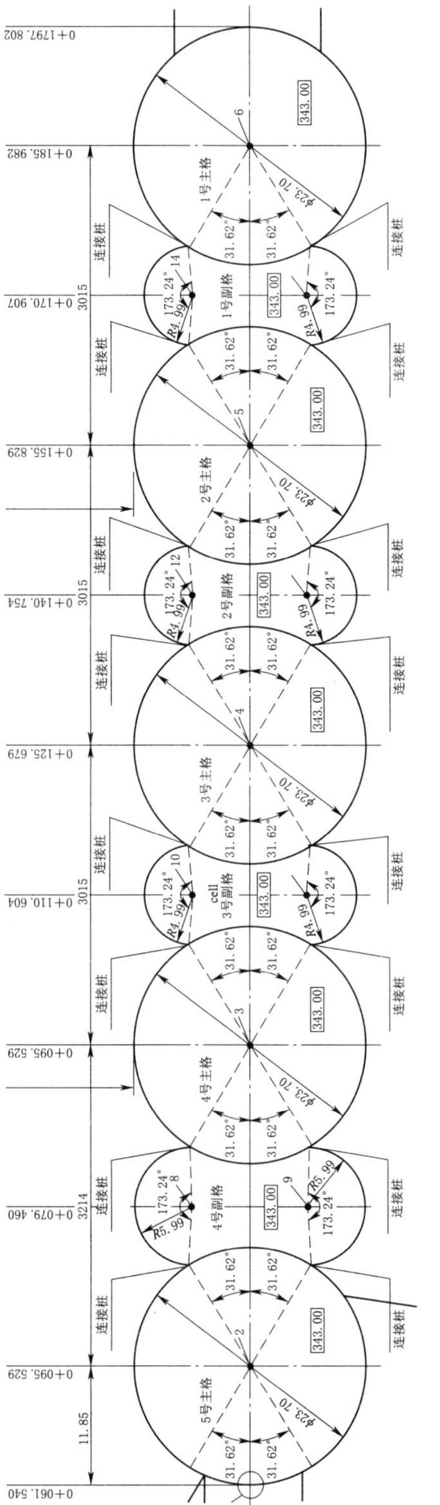

图 2 钢板桩围堰结构布置图

2 施工难点

国内外高喷施工多应用在土石围堰防渗及地基处理加固方面，高喷深度多在30m级以下，地层较为单一，处理难度小，巴基斯坦塔贝拉水电站钢板桩围堰高喷防渗在国内外尚属首次。

本次针对砂卵砾石层高压旋喷灌浆施工具有以下难点：

(1) 最大钻灌深度57m，平均钻灌深度40m，此深度高喷防渗处理为国际先例，无工程实例可借鉴，无相应的条文规范可参考。

(2) 施工难度大。砂卵砾石层埋深在30～50m区间，厚度最大达20m，埋深深，厚度大，无相关处理经验。

(3) 砂卵砾石层架空漏失严重，地层均一性差，受动水影响，处理难度空前之大。

3 施工措施

针对砂卵石层复合防渗的施工难点，通过在传统高压旋喷工艺基础上开展钻进工艺及灌浆工艺技术研究，形成一套有针对性的砂卵石层复合防渗高压旋喷技术，此套技术有效地解决了巴基斯坦塔贝拉水电站钢板桩围堰形式下的大深度、高埋深、架空漏失地层、动水区砂卵砾石层高压旋喷灌浆施工难题。

4 施工方法

4.1 偏心跟管钻进工艺应用

高喷防渗墙57m深孔施工区域位于原电站泄洪冲水区，原始河床由于泄洪冲水作用，砂卵砾石层埋深在30～56m深度，级配严重不均，颗粒粒径大、强度高，继续采用同心跟管钻进工艺钻孔进尺较慢，已不能满足钻孔工效要求，在上部30m孔斜得到有效保障的情况下更换钻进工艺对下步钻孔孔斜不利影响较小，根据经验及试验对比，对埋深30～50m区间砂卵砾石层采用偏心跟管钻孔工艺。所采用的意大利C6XP多功能液压钻机及偏心钻头系统见图3。

偏心跟管钻具由稳杆器、中心钻头、偏心钻头三件套组成；偏心式跟管钻孔依靠中心钻头破碎底部岩石钻进，偏心钻头对孔壁周围的岩石进行破碎扩孔，稳杆器带动外壁套管跟进护壁成孔。优点为适用地层范围广，工效高。不足为在遇孤石、飘石等地层，扩孔过程受偏心头影响，钻进速度较慢、孔斜不易控制。砂卵砾石层钻进工效及孔斜对比见表1。

表1　砂卵砾石层钻进工效及孔斜对比表

钻进工艺类型	对比孔数/个	单孔孔深/m	钻进米数/m	工效比/(m/h)	孔斜比	备注
同心跟管	20	50	1000	6	3‰～8‰	钻孔上部30m均采用同心跟管工艺钻进
偏心跟管	20	50	1000	10	3‰～8‰	

从表1中可以看出：在对上部30m孔深人工填砂层均采用同心跟管钻进工艺保证孔斜的情况下，对下部砂卵砾石层采用偏心跟管钻进工艺，钻孔工效高，整孔孔斜控制满足

（a）意大利C6XP多功能液压钻机

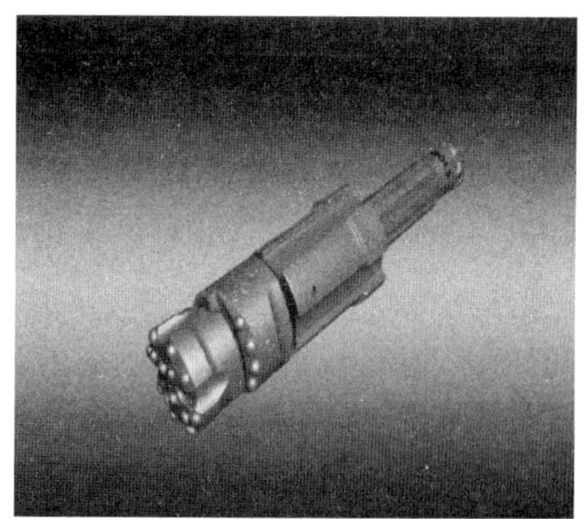
（b）偏心钻头系统

图 3　意大利 C6XP 多功能液压钻机及偏心钻头系统

设计要求。

偏心跟管钻进工艺的选择充分考虑了实际地质情况、设计钻孔精度要求、工艺原理和适用条件并经过现场试验验证，配合同心跟管钻进工艺，有效保证了复杂地质条件下大深度覆盖层钻孔的精度、成孔率及工效，为高喷防渗墙钻孔及相似条件下的其他类型钻孔工艺选择提供了参考依据和宝贵经验。

4.2　高压风动冲洗在高喷钻孔中的应用

高喷钻孔在应用过两种钻进工艺成孔后，孔内残留大量细沙及破碎岩石颗粒，将残留物尽可能排出孔外，一是保证钻孔深度符合设计要求，二是保证高喷喷具的下设到位，从而达到喷射过程对需要改善加固地层的全覆盖，最终保证高喷墙体的质量要求。

高压风动冲洗是利用钻进供风系统——寿力高风压空压机在钻孔完毕后，选择合适的风压对钻渣进行吹排，吹排时间、压力、标准可根据工程实际情况选择和验证，塔贝拉高喷地层钻渣吹排根据实际验证选择为吹排风压 3MPa，吹排时间不低于 10min，吹排合格标准为返水澄清即可。高压风动冲洗工艺效果对比见表 2。

表 2　　　　**高压风动冲洗工艺效果对比表**

洗孔方式	对比孔数/个	钻孔报废率/%	钻孔放置时间/h
未采用高压风动洗孔	20	90	2
采用高压风动洗孔	20	15	5

高压风动冲洗一是将孔内钻渣大量吹排出孔外，二是将细碎颗粒物吹排至河床内距钻孔足够远距离，从工艺对比结果来看，采用高压风动冲洗，能加长河床冲积物往孔内回返的时间，能减少冲积物的回返量，从而保证钻孔的放置时间和提高钻孔保护的安全性，有利于工程的实际操作和工序衔接。

4.3　起拔套管前下设喷具

钻孔工序各环节全部完成后，正常流程需要起拔全部钻孔套管，高喷台车就位，开始下设喷具至孔底。但由于塔贝拉围堰地质条件限制，全部起拔套管后地层失去钢套管束缚，大粒径砂卵砾石在动水影响下迅速塌陷破坏钻孔，整孔塌孔报废率极高，达到惊人的

90%比例，给工程施工推进带来极大干扰和难题，经研究、分析、总结，最终对工序进行调整，采用先下设喷具，然后分段起拔套管法。此法对比高喷传统工艺流程有明显区别，是在传统工艺上的突破和改良。

在采用PVC+泥浆复合护壁技术的前提下，对起拔套管→下设喷具流程进行调整，改为下设喷具→起拔套管，充分对钻孔进行保护，保证喷具的有效下放和喷射工序的推进。

4.4 分段起拔套管法

为缩小地层因起拔套管而引起的塌陷范围，减少对钻孔的破坏深度，经过现场反复试验论证，改变全孔一次起拔套管工艺为分段起拔套管。

分段起拔套管法实施细则为：针对动水条件下大粒径砂卵砾石层，一次起拔深度不超过7m，针对原始河床粉土质砂覆盖层一次起拔深度不超过13m，各类地层套管起拔深度成果见表3。

表3　各类地层套管起拔深度成果表

地质分层	一次起拔套管深度	备　注
砂卵砾石层	≤7m	套管宜每根长3m，并配置部分1m、1.5m、2m短套管套接上部以便于分段起拔
粉土质砂层	≤13m	
粉细砂层	≤16m	

4.5 静喷+复喷结合工艺

常规静喷措施是对地层分界面、大漏量区域、有质量隐患区域为补充浆液充填，加强地基处理而采取的一种在喷射参数不变的情况下停止提升继续旋转喷射措施，时间为5～10min。复喷则多用在每次拆卸喷具区域，塌孔区域，为避免出现漏喷在各项喷射参数不变的情况下而采取的一种常规处理措施，复喷长度一般为50～100cm。

塔贝拉钢板桩围堰高喷灌浆由于是在深水库区施工，动水影响大，浆液漏失严重，塌孔现象频繁，塌孔深度大，地层分界不明显，采取常规静喷、复喷措施只对特殊地质、特殊情况进行处理，已不能满足质量控制要求。为充分保证防渗质量，对特殊部位进行了静喷或复喷，实际措施为：在地层分界面、每次拆卸喷具搭接面、返浆比重不满足要求或不返浆等特殊部位静喷10min；静喷后根据返浆情况下插50～100cm进行复喷，对塌陷报废孔扫孔至塌陷底部3m，重新复喷。工程施工根据现场实际情况扩大静喷、复喷工艺的处理对象、范围，并采取相互结合方式来共同配合，通过实践证明，对防渗质量是有保障的。

4.6 灌浆参数优化

砂卵石层复合防渗地质条件及特性明显区别于人工抛填粉细砂层及原始河床粉土质砂层，对灌浆参数进行调整和选择，是工程施工质量的现实需要，人工抛填粉细砂层主要施工参数见表4，砂卵石层复合防渗高喷灌浆主要施工参数见表5。

从两种地层的参数对比来看，砂卵砾石层高喷压力提到36～38MPa，浆液排量提高到60～65L/min，各次序孔提速、钻速明显低于人工填砂层，浆液比级提高至1∶1，并在喷射前辅以0.5∶1浓浆大排量无压灌注预堵漏，直至浆液下沉速度低于1m/min，开始喷射。

表 4　　人工抛填粉细砂层主要施工参数表

项　　目	技　术　参　数	相　应　要　求
高压浆	压力：32～35MPa	喷嘴个数：2 个 喷嘴直径：1.75～1.85mm
	排量：55～60L/min	
压缩空气	压力：0.6～0.8MPa	风嘴个数：2 个 气嘴与浆嘴间隙：1.5～2mm
	排量：1.5～2m^3/min	
提升速度	背水排（Ⅰ序排）	迎水排（Ⅱ序排）
	Ⅰ序孔：8～10cm/min	Ⅰ序孔：12～14cm/min
	Ⅱ序孔：8～10cm/min	Ⅱ序孔：12～14cm/min
	Ⅲ序孔：10～12cm/min	Ⅲ序孔：14～16cm/min
旋转速度	8～12r/min	12～16r/min
水灰比	1.5：1（纯水泥浆液）	

表 5　　砂卵石层复合防渗高喷灌浆主要施工参数表

项　　目	技　术　参　数	相　应　要　求
高压浆	压力：36～38MPa	喷嘴个数：2 个 喷嘴直径：1.75～1.85mm
	排量：60～65L/min	
压缩空气	压力：0.6～0.8MPa	风嘴个数：2 个 气嘴与浆嘴间隙：1.5～2mm
	排量：1.5～2m^3/min	
提升速度	背水排（Ⅰ序排）	迎水排（Ⅱ序排）
	Ⅰ序孔：6～8cm/min	Ⅰ序孔：8～10cm/min
	Ⅱ序孔：6～8cm/min	Ⅱ序孔：8～10cm/min
	Ⅲ序孔：8～10cm/min	Ⅲ序孔：10～12cm/min
旋转速度	6～8r/min	8～12r/min
水灰比	1：1（纯水泥浆液）	

从高喷灌浆的最终防渗质量来看，对砂卵石层复合防渗根据设备性能和工程施工成本综合选优，采用大压力，慢提速、浓浆配合泥浆堵漏，并辅以多种配套措施进行处理的思路是对的，方式是可行的，效果是经得住考验的。

5　质量检查

5.1　钻孔取芯检查

检查孔取出的砂卵砾石层高喷芯样呈灰色至深灰色，无空洞气泡，无孔隙，水泥结石强度高、结石率高，胶结密实、连续饱满，平均采取率达 95%以上，最长单根芯样长 1.2m，砂卵砾石层胶结效果见图 4。根据芯样观察，砂卵砾石层搅拌充分，成墙均匀连续，效果极佳。

5.2　注水试验检查

注水试验全围堰共布置 5 组检查孔，检查成果见表 6。从所有检查孔注水试验结果来

图 4 砂卵砾石层胶结效果图

看，高喷灌浆试段渗透系数 K 值均在 10^{-6} cm/s 量级，完全满足规范及设计要求（$K \leqslant 1\times10^{-5}$ cm/s）。

表 6 高喷检查孔注水试验成果表

序号	孔号	施工高程 /m	孔深 /cm	孔半径 /cm	试段长度 /cm	试验水位 /cm	地下水位 /cm	水头高度 /cm	注水流量 /(L/min)	系数比	形状系数	渗透系数
				r	l	h_2	h_1	$H=h_2-h_1$	Q	m	$A=2\pi l/\ln(ml/r)$	$K=16.67Q/(A\cdot H)$
1	2J-1	343	360	3.8	360	360	200	160	0.01	1	496.76	2.1E-06
2	2J-1	343	604	3.8	604	404	200	204	0.05	1	748.36	5.46E-06
3	2J-1	343	800	3.8	800	800	550	250	0.10	1	939.13	7.1E-06
4	2J-1	343	800	3.8	800	800	500	300	0.01	1	939.13	5.92E-07
5	3J-1	343	700	3.8	700	700	400	300	0.04	1	842.78	2.64E-06
6	3J-1	343	1140	3.8	1140	1140	840	300	0.10	1	1255.17	4.43E-06
7	3J-1	343	1300	3.8	1300	1300	1000	300	0.10	1	1399.11	3.97E-06
8	3J-1	343	1300	3.8	1300	1300	1000	300	0.15	1	1399.11	5.96E-06
9	3J-1	343	1300	3.8	1300	1300	1000	300	0.20	1	1399.11	7.94E-06
10	12-J1	343	570	3.8	290	350	300	50	0.03	1	420.13	2.14E-05
11	12-J1	343	920	3.8	640	620	490	130	0.40	1	784.01	6.54E-05
12	12-J1	343	1420	3.8	1140	1120	1000	120	0.70	1	1255.17	7.75E-05
13	12-J1	343	1770	3.8	1570	1570	1360	210	1.95	1	1636.77	9.46E-05
14	8-J1	343	650	3.8	650	650	300	350	0.10	1	793.86	6E-06
15	8-J1	343	950	3.8	950	950	600	350	0.15	1	1080.51	6.61E-06
16	8-J1	343	1250	3.8	1250	1250	850	400	0.25	1	1354.41	7.69E-06
17	8-J1	343	1550	3.8	1550	1550	1050	500	0.30	1	1619.36	6.18E-06
18	8-J1	343	1850	3.8	1850	1850	1350	500	0.40	1	1877.52	7.1E-06
19	8-J1	343	2150	3.8	2150	2150	1450	700	0.80	1	2130.25	8.94E-06
20	8-J1	343	2450	3.8	2450	2450	1750	700	0.80	1	2378.48	8.01E-06

续表

序号	孔号	施工高程/m	孔深/cm	孔半径/cm	试段长度/cm	试验水位/cm	地下水位/cm	水头高度/cm	注水流量/(L/min)	系数比	形状系数	渗透系数
				r	l	h_2	h_1	$H=h_2-h_1$	Q	m	$A=2\pi l/\ln(ml/r)$	$K=16.67Q/(A\cdot H)$
21	8-J1	343	2750	3.8	2750	2750	2000	750	1.00	1	2622.88	8.47E-06
22	8-J1	343	3050	3.8	3050	3050	2300	750	1.10	1	2863.98	8.54E-06
23	8-J1	343	3350	3.8	3350	3350	2450	900	1.20	1	3102.17	7.16E-06
24	8-J1	343	3650	3.8	3650	3650	2500	1150	1.50	1	3337.76	6.51E-06
25	8-J1	343	3950	3.8	3950	3950	2750	1200	1.80	1	3571.02	7E-06
26	8-J1	343	4250	3.8	4250	4250	2950	1300	2.00	1	3802.17	6.75E-06
27	8-J1	343	4550	3.8	4550	4550	3150	1400	2.50	1	4031.39	7.38E-06
28	8-J1	343	4850	3.8	4850	4850	3450	1400	3.00	1	4258.83	8.39E-06
29	8-J1	343	5030	3.8	5030	5030	3600	1430	4.00	1	4394.50	1.06E-05

5.3 基坑开挖检查

厂房15号、16号、17号基坑开挖属于干地施工的状况，基坑经常性排水仅需$400m^3/h$水泵1台进行间歇性抽水就能满足基坑干地施工要求。如果考虑部分外部来水和基坑内施工排水等水量，钢板桩围堰高喷防渗体系属于基本不渗水情况。各阶段开挖效果见图5。

(a) 基坑开挖效果

(b) 基坑见基面清理

图5 各阶段开挖效果图

6 结语

地层的种类和密实度、地下水质、土颗粒的物理化学性质，对高压喷射注浆凝集体均有不同程度的影响，也可以说，高压喷射注浆凝集体的形状和性能取决于被处理的地层类别。在实际施工中，要因地制宜，采取恰当而必要地工艺措施。

通过工程实践，对砂卵石层复合防渗钻孔及灌浆工艺进行研究及运用，解决了砂卵砾石层级配严重不均，颗粒粒径大、架空漏失现象严重、受水库水位变化及深水动水影响等难题，确定了一套科学、高效的施工工艺，保证了配套方案满足工程施工强度、工程质量和安全需要。

参考文献

[1] 徐至均. 高压喷射注浆法处理地基 [M]. 北京：机械工业出版社，2004.

[2] 刘正峰. 地基与基础工程新技术实用手册 [M]. 北京：海潮出版社，2000.

[3] 张启岳. 土石坝加固技术 [M]. 北京：中国水利水电出版社，1999.

[4] 郭鹏，李小飞. 高压旋喷防渗墙在某工程的应用 [J]. 科技与企业，2012 (10)：148-149.

设备研制

水泥灌浆自动化成套装备的研究

杜晓麟[1]　杨　雨[1]　孙仲彬[1,2]　张裕文[1,2]　杨振中[1]

（1. 中国水电基础局有限公司；2. 天津市地基与基础工程企业重点实验室）

【摘　要】随着我国水利水电建设的快速发展，施工单位对灌浆设备提出自动化要求，而灌浆工程全过程体系复杂，涵盖从灰料储存、浆液制备、输送、孔内灌注、灌浆压力和流量的控制等，整个灌浆设备多、工作量大、持续时间长。目前灌浆所采用的设备处于半机械化程度，没有实现自动化，各设备之间关联性差，运行完全依靠人为控制，没有形成集成化装备。因此迫切需要将整套灌浆设备与自动化控制相结合，集成电气、液压控制部件，以提高灌浆装备的效率和灌浆质量。

【关键词】水泥灌浆　自动化　集成　控制

灌浆技术是用于水工建筑物地基防渗或加固的重要工程措施，灌浆工程常常是建筑物地基处理工程的重要组成部分。近年来我国施工的许多大型水利水电项目的灌浆工程量都在数十万米、百万米以上，工期几乎贯穿整个枢纽工程的始终，有时甚至成为影响工程整体进度的关键线路。但是，与众多的工程技术比较起来，灌浆工程施工技术进步不快，总体上仍然处于半机械化和劳动密集型的水平，施工过程的管理和控制主要依赖于人工人力，工人和技术人员劳动强度大，施工现场作业环境差，工人劳作辛苦，施工效率低。由于工程的隐蔽性，工程数量和施工质量都不透明，从而难以有效控制。

因此，如何使用现代科技成果对灌浆装备和技术加以改进改造，一直是工程界努力的目标。近年来，中国水电基础局有限公司结合加查水电站右岸灌浆工程、白鹤滩水电站上下游围堰帷幕灌浆工程、广东阳江平堤水库灌浆工程和鹤壁盘石头水库灌浆加固等工程，开展了灌浆自动化装备与应用研究，从制浆设备、灌浆设备以及灌浆压力控制设备进行自动化控制研究，引入电气、液控、编程等新的技术，研发新一代的整套灌浆设备，以达到减少劳动力成本、提高施工效率、提高控制精度、提高灌浆质量的目的，实现灌浆工程自动化施工。

1　装备组成及主要创新

整套装备覆盖了水泥灰的储存、输送；水泥浆的搅拌、储存、送浆；孔内浆液灌注、灌浆压力和流量的控制。总共包含了：模块化卧式双体水泥仓、一体式智能制浆系统、全液压灌浆泵、灌浆压力智能控制装置4套设备。该套装备将机械、液压、电气、程序等多学科集合为一体，从水泥灌浆全工艺过程出发进行设计，实现了高效便捷、集成度高、可自动化控制的整套装备。水泥灌浆自动化成套装备关键技术体系如图 1 所示。

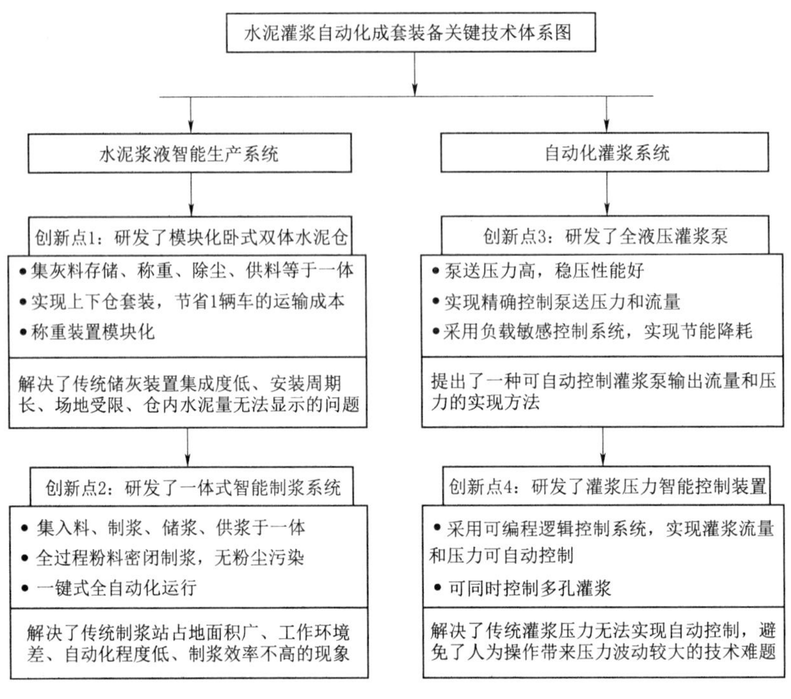

图 1　水泥灌浆自动化成套装备关键技术体系图

1.1　模块化卧式双体水泥仓

（1）研发了模块化水泥仓集成式系统。针对传统的水泥仓正常工作时粉尘较大，且除尘装置在水泥仓旁，中间用管道连接，易造成粉尘外泄，无称重装置，无法时时监测到水泥仓内的存储情况，研发了模块化水泥仓集成式系统，集灰料存储、称重（图 2）、除尘、自动供料于一体，解决了狭小受限空间水泥存储的难题，提高了料仓布置的场地适应性。

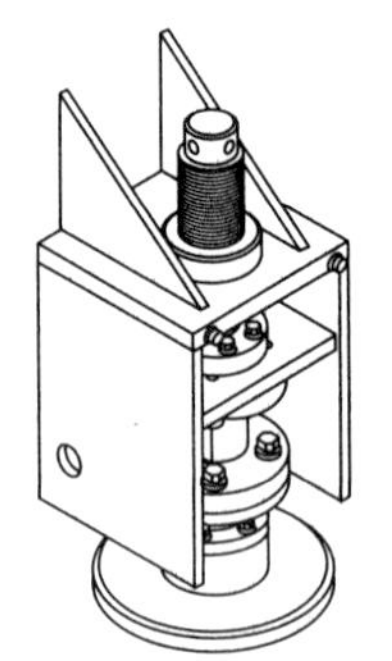

图 2　称重模块

（2）首创了双体水泥仓套装运输方法。使卧式水泥仓分上下两个仓体，结构紧凑，装运便捷，由原有的 2 辆运输车节省为 1 辆运输车，降低运输成本（图 3）。主要技术参数对比见表 1。

技术对比与应用效果：传统卧式水泥仓是上、下两个仓体组成，需要 2 辆车运输、无称重装置、无主动除尘装置，不符合现代环保施工要求。套装式卧式水泥仓运输车辆减少为 1 辆，节省运输成本；配备了称重装置可实时显示仓内物料，便于自动化控制；增加了强制式除尘装置，避免了粉尘对环境造成的污染。

1.2　一体式制浆系统

（1）研发了一体式制浆系统。针对传统制浆设备分散、占地面积广、人工劳动强度大、临建时间长等缺陷，研发了一体式制浆系统，集成了原料计量和加注、配方设定、自动搅拌、浆液存储、浆液泵送、容器管道自动冲洗等功能，结构紧凑，占地面积小，大大改变了现场的制浆环境，符合现代环保施工要求。

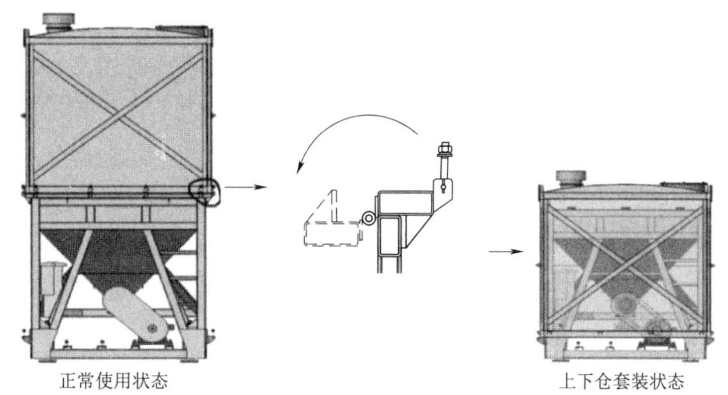

图 3　可上下套装卧式水泥仓

表 1　　模块化卧式双体水泥仓与传统卧式水泥仓主要技术参数对比

设备类型	主要性能参数					
	总功率/kW	容积/t	运输尺寸/mm	安装尺寸/mm	称重装置	除尘装置
传统卧式水泥仓	30	50	19000×2300×2500	9600×2300×4630	无	无
卧式双体水泥仓	23.1	60	9600×2300×2500	9600×2300×4630	有	有

(2) 改进研发了全过程封闭式制浆系统。所有装置高度集成于一个标准集装箱内，整个生产过程中原料和浆液都处于封闭的容器和管道中，无污染物排放，避免了灰料和浆液外漏，有效控制了对环境的污染，使作业环境得到改善。

(3) 提出了智能化制浆方法。相关制浆参数可根据施工工艺提前设置，可设置 8 种不同的配方参数，实现可编程逻辑控制系统一键制浆（图 4），实现进料、制浆、储浆和供浆全过程自动化精准生产，日生产能力达 300t（灰料），实现系统故障报警提示，便于工人对相应处进行维护。主要技术参数对比见表 2。

表 2　　一体式智能制浆系统与传统制浆站主要技术参数对比

设备类型	主要性能参数				
	操作人数/人	占地面积/m^2	制浆能力/(m^3/h)	称重装置	供浆装置
传统制浆站	7	150	10	无	无（需单独增加）
一体式智能制浆系统	1	30	20	有	有

技术对比与应用效果：传统制浆站采用人工加灰料，环境恶劣，劳动强度大，制浆效率低，制浆精度无法有效保证。一体式智能制浆系统，集成入料斗、高速制浆、低速储浆、大流量供浆于一体，实现了自动化一键制浆；结合称重传感器、超声液位计实现了精确制浆，制浆效率大大提高；全过程粉料密闭，无粉尘污染，现场环境整洁。

1.3　全液压灌浆泵

(1) 研发了灌浆泵输出流量、输出压力调控技术。通过电比例流量阀、压力传感器、

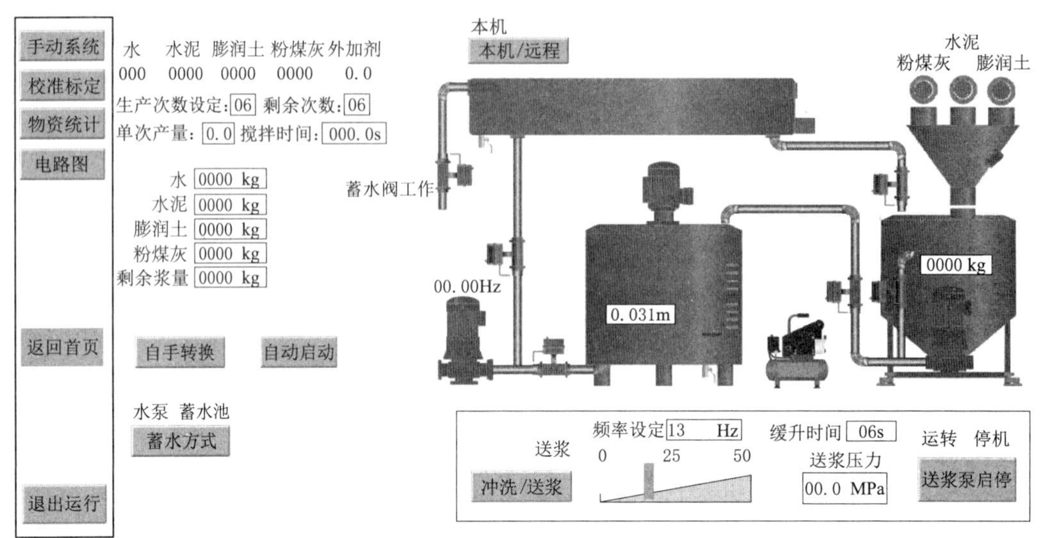

图 4 控制操作界面

位移传感器和可编程逻辑控制器组成的一个闭环控制系统，实现了泵送压力和流量的精确控制，解决了定量泵输出压力和流量无法调节的缺陷。

（2）提出了灌浆泵节能降耗实现方法。通过采用负载敏感液压控制系统，使灌浆泵时时处于节能工作状态，输送压力稳定性能好。主要技术参数对比见表 3。

表 3 全液压灌浆泵与传统灌浆泵主要技术参数对比

设备类型	主要性能参数		
	操作人数/人	灌浆压力/MPa	灌浆流量/(L/min)
传统灌浆泵	3	10（定值）	120（定值）
全液压灌浆泵	1	0～10（可调）	0～120（可调）

技术对比与应用效果：传统灌浆泵压力和流量无法调节，长时间满负荷工作，能耗高，容易造成灌浆波动大。全液压灌浆泵采用负载敏感液压系统，实现灌浆泵处于节能工作模式，降低灌浆泵能耗；结合电比例流量阀和传感器，实现灌浆压力和流量自动控制，保证灌浆压力的平稳性，确保灌浆质量和灌浆效率。

1.4 灌浆压力智能控制系统

（1）研发了灌浆压力智能控制系统。采用可编程逻辑控制系统、伺服控制器，通过设置在灌浆回路中的压力传感器参数反馈，实现灌浆压力高精度控制（图 5）。采用多通道设计，具有多条独立的灌浆管路，一台控制装置可以控制多台灌浆泵，大大降低人力成本。

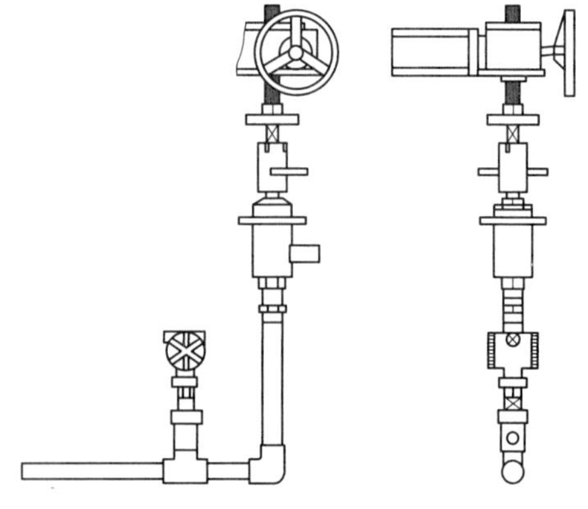

图 5 灌浆压力自动控制装置

（2）优化高压阀门的结构设计。采用组合密封，大大提高密封效果和密封寿命；阀芯、阀座和阀套采用耐磨硬质合金制作，表面硬度大于 HRA91，适合于高压灌浆，大大提高阀门使用寿命。

技术对比与应用效果：传统灌浆压力控制装置是通过人工现场观察灌浆压力表指针变化，手动调节阀门开度大小来控制灌浆压力，需要操作人员长时间注意力高度集中，当遇到灌浆压力波动大时，无法保证灌浆压力平稳，易造成地面抬动。灌浆压力智能控制装置集合传感器、伺服机构、可编程逻辑控制系统为一体，实现灌浆压力的自动控制，提高了灌浆压力的控制精度，确保灌浆质量和灌浆效率。

2 应用情况

灌浆自动化装备已经过 2 年以上大规模的实施应用，典型应用实例如下：

（1）本项目研究过程当中，在沙湾水电站、加查水电站、白鹤滩水电站、淇河盘石头水库、内蒙古三座店水利枢纽等 5 个基础灌浆施工工程中推广应用，大大提高了灌浆自动化效率，减少劳动力成本，整体提高了灌浆装备的自动化水平，为基础处理灌浆工程的质量提供更有力的保障。

（2）研究成果在牛栏江红石岩堰塞湖整治工程、卓资县隆胜水库工程、浙江高岗水利枢纽、阳江平堤水库、新加坡地铁汤申线 T227 滨海南地铁站及隧道工程、文莱都东水坝项目等国内外基础处理工程中成功应用并全面推广。见表 4、图 6、图 7。

表 4　　主要应用单位情况表

应用单位名称	应用技术	应用的起止时间
大渡河沙湾电站帷幕灌浆工程	创新点 1、2	2015.01—2015.10
西藏加查水电站新增防洪度汛项目	创新点 1、2	2015.07—2015.12
白鹤滩水电站工程	创新点 2、3	2016.03—2016.10
河南省淇河盘石头水库工程	创新点 3、4	2017.01—2017.08
内蒙古三座店水利枢纽项目	创新点 3、4	2017.10—2018.03
中广核工程有限公司阳江项目部	整体应用	2013.09—2015.06
牛栏江红石岩堰塞湖整治工程指挥部	整体应用	2018.06—2018.12
卓资县隆胜水库工程项目建设管理处	整体应用	2014.08—2015.06
浙江高岗水利枢纽有限公司	整体应用	2015.11—2016.05

图 6　新加坡地铁汤申线施工现场

图 7　河南省淇河盘石头水库工程

（3）该项目成果发表论文2篇，授权发明专利3项，授权实用新型专利4项，获天津市科学技术成果认定3项。

3 结语

经过近几年的努力，该成套装备解决了灌浆设备集成化程度低的现状，使本属于劳动密集型的灌浆作业可以自动化，大大改善操作人员的环境和工作强度，推动了灌浆装备自动化水平。市场上针对单独的灰料储存或浆液制备已经研发出自动化设备，但从整套灌浆系统出发，全面覆盖灌浆整个过程的集成化成套装备市场上没有发现。

水泥灌浆自动化成套装备是一套智能化装备，各设备均按照模块化设计，集成度高，可单独使用，也可成套集成使用，设备之间可通过无线网络与控制中心联网运行，整套装备涵盖灰料储存、制浆、送浆、灌浆及压力控制，整体实现自动化控制，对各控制过程、浆液质量实施可监测、可记录、可查看，无需人工参与制浆、送浆、配浆，全过程实现自动化控制，保证灌浆质量。本成套装备具有执行效率高、可靠性强、维护少、劳动强度低、工作环境好等显著优势。同时，灌浆压力的实时控制可避免灌浆抬动的发生，降低灌浆事故，保证灌浆安全和质量。

参考文献

［1］ 宫淑贞，徐世许. 可编程控制器原理及应用［M］. 北京：人民邮电出版社，2012.

［2］ 孙亮，夏可风. 灌浆材料及应用［M］. 北京：中国电力出版社，2013.

［3］ 张兵. 制浆系统自动化技术在灌浆工程中的应用和优化［J］. 水电施工技术，2011（1）.

［4］ 成大先. 机械设计手册［M］. 北京：化学工业出版社，2007.

智能灌浆系统质量控制技术研究与应用

肖　铧　　廖　军　　王　礼

（中国水利水电第七工程局有限公司）

【摘　要】传统的灌浆质量控制技术难以实现灌浆质量的跨越式提升，而现阶段的智能灌浆系统对灌浆专业品质的提升具有重要意义，本文针对灌浆工程质量难以把控的特点，以白鹤滩、杨房沟水电站为例，系统阐述了智能灌浆系统在提高灌浆质量薄弱环节处理能力、改进灌浆服务流程、提升顾客满意度三方面内容，总结了智能灌浆系统质量控制技术对于工程质量的促进作用，具有广泛的推广意义。

【关键词】智能灌浆系统　质量控制技术　研究　应用

1　概述

建筑业是我国国民经济的支柱产业和重要引擎，但是，当前建筑业的发展水平，还无法满足我国国民经济与社会高质量发展战略需求。行业数字化水平，建筑业也仅高于农业，在疫情大考和数字化浪潮的多种机遇和挑战下，彻底改变碎片化、粗放式的工程建造模式，推进智能制造，提高工程质量，拓展质量技术创新视野，不断转型提升成为建筑业高质量发展的关键。为顺应数字化时代背景下的建筑业转型，研究、应用智能灌浆系统在质量管理中的创新很有必要，围绕智能灌浆系统在白鹤滩水电站的工程实践、杨房沟水电站的工程应用，系统总结了智能灌浆系统在提升质量技术水平方面一些可复制、可推广的经验做法。

大坝基础灌浆是水电水利工程中的一项非常重要的课题，许多水工建筑物的失事都与渗透破坏有关，据国际大坝委员会（ICOLD）、CONGDATA 和 ERATA 数据，各种坝型溃坝比例基本一致，渗透导致溃坝百分比与洪水漫顶、坝体结构百分比持平（其中坝体渗漏破坏 18%、坝基渗透破坏 12%），运行 80 年后，渗透破坏占比更高。因此，基础灌浆在水电水利工程建设中有着不可替代的作用。在数字化转型的背景下，传统的灌浆工程技术显然难以适应当前的社会发展需求，以输浆为例，肖铧曾指出，传统输浆调度，浆液指令的传达与接收还停留在电铃、对讲机和电话联系的方式。这些传统落后的技术方法已构成智能灌浆发展“卡脖子”难题，特别是近些年来，大中型水电项目招标，均已明确要求使用智能灌浆系统，为此，迫切需要加快研发智能灌浆系统、完善系统功能，提升、促进灌浆专业品质。

2 智能灌浆系统简介

灌浆智能化的发展，经历了从20世纪初50年代初的人工对灌浆施工记录的简单应用后，过渡到20世纪80年代末引进国外的灌浆记录仪，再到中国水电基础局与天津大学成功研制的我国第一台灌浆自动记录仪并通过技术鉴定，直至如今的智能灌浆，正是迭代升级的一个过程，也正是从碎片化到系统化的递进路径。白鹤滩、杨房沟水电站研发、实践运用的智能灌浆系统主要由地质与施工多维信息系统、灌浆控制系统两部分组成，涵盖算法、信息、机械等专业，具有专业性强和多专业强耦合的特征。智能灌浆系统的研发，是以提升灌浆质量管控能力为目标，通过借助TRIZ理论，综合利用智能化建造技术及六西格玛先进思想（MSA、SPC、PDCA、QFD等），实现了智能灌浆系统在质量管理中的创新应用，改变了传统建筑业特别是类似灌浆项目的“隐蔽工程”“碎片化”的建造模式，特别是在提高灌浆质量薄弱环节处理能力、改进灌浆服务流程、提升顾客满意度获得极大提升。

3 智能灌浆系统质量控制技术研究

3.1 提高灌浆质量薄弱环节处理能力

灌浆质量薄弱环节常体现在灌浆过程中，如果从灌前分析入手，利用数字化技术增强预判性，同时加强灌浆过程异常工况的处理，可达到提高处理质量薄弱环节能力的目的。

3.1.1 灌浆数值模拟分析

随着新一代信息技术向纵深发展，数值模拟技术逐步成为研究裂隙岩体灌浆的主要方法，开展裂隙岩体灌浆的数值模拟研究，对指导水电工程裂隙岩体灌浆具有重要的意义。通过前期勘探、开挖阶段的地质资料以及先导孔压水、取芯资料建立起灌浆工程所对应部位的地质模型，对岩层裂隙产状、裂隙宽度等进行相关性分析，从而确定出灌浆孔不同孔深对应处理对象的地质特有的特征，提高质量薄弱环节处理能力。李瑞金等在耦合多孔的三维裂隙网络岩体灌浆模型的基础上，提出了多孔分序灌浆实现方法，并结合具体案例，进行了考虑隙宽随机分布的裂隙数值模拟研究，分析了灌浆孔序对浆液扩散压力场和单宽流量的影响规律。

通过采用NUBRS建模技术和参数化建模方法，Monte Carlo随机模拟实现对裂隙面三维网络模拟建立，进一步建立裂隙岩体多尺度模型，在灌浆数值模拟计算中引入流体场、固体场和损伤场，建立多场耦合作用下的灌浆过程数值模型，并在多场耦合作用下开展灌浆过程数值模型模拟分析，浆液在岩体裂隙中的扩散半径、注灰量等灌浆过程参数，精确反映三维空间中的浆液扩散规律以及岩体可灌性综合分析，从而实现岩体可灌性的定量评价，见图1。

3.1.2 灌浆过程常见异常工况处理

智能灌浆系统灌浆过程中时常会出现异常工况，按工况类型分类，主要有以下三种：一是系统自带的设备仪器自身故障，主要包括进浆和回浆流量计异常、灌浆压力传感器及浆液密度传感器异常等；二是常见的质量通病，主要包括进浆和回浆流量异常、灌浆压力异常、灌浆浆液密度异常、回浆变浓、大注入量和终孔透水率超设计值、浆液温度、黏度以及留置时间过长、灌浆久灌达不到结束标准等；三是人员操作失误导致系统出现的异

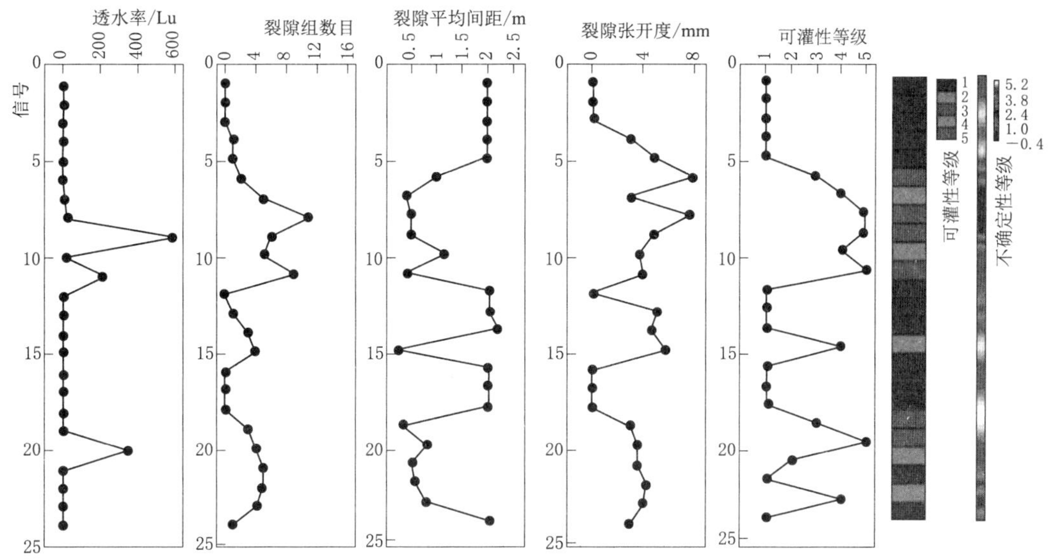

图 1　灌浆数值模拟分析

常。将重点描述智能灌浆系统对于前两种异常工况处理方法。

（1）系统自带的设备、仪器自身故障处理。

以进、回浆流量计异常为例，智能灌浆系统每间隔 5s 记录一次进浆和回浆流量平均值，连续 1min 记录 12 次流量平均值，分别自动计算出 12 次记录的进浆和回浆的流量平均值为 D_1 和 D_2，设定灌浆泵的正常工作排量值为 m，进、回浆流量计判定异常设置条件如表 1 所示。

表 1　　进、回浆流量计异常判断

时间范围	60s	系　数	时间范围	60s	系　数
设置条件一	$D_1>m\times L_1$	L_1：高值系数	设置条件三	$D_2>m\times L_1$	
设置条件二	$D_1<m\times L_2$	L_2：低值系数	设置条件四	$D_2<0$	

注　m 设定值参考灌浆泵的技术参数，一般为 3SNS－A 型注浆泵，正常工作排量取值 75L；L_1 和 L_2 分别为高低值系数，取值分别为 1.3 和 0.5。

若满足表 1 中设置条件一或设置条件二，则说明进浆流量计异常；若满足表 1 中设置条件三或设置条件四，则说明回浆流量计异常。当流量测量传感器故障时，测量值已失真，需要进行人工处理，排除故障后作业。若灌浆过程中流量计发生异常，且需保证连贯性的情况时，智能灌浆系统从自动记录方式会切换到人工记录方式。

（2）常见的质量通病处理。

1）进浆、回浆流量异常分析、处理。

智能灌浆控制系统每间隔 5s 记录一次流量平均值，连续 1min 记录 12 次流量平均值，取第一次记录的流量平均值为 A，最后一次记录的流量平均值为 B，设定流量允许波动值为

表 2　　进浆、回浆流量异常分析

时间范围	60s
设置条件一	$W_1>n$
设置条件二	$\lvert A-B\rvert<2W_1$

注　设置允许波动值 n 参考值为 10L。

n，系统自动计算 12 次流量平均值方差 W_1，设置条件如表 2 所示。

若同时满足表 2 中设置条件一和设置条件二，则说明出现灌浆流量异常情况，需自动处理，处理方案为：每 5min 计算桶内浆液使用体积 V、进浆流量平均值 V_1 和回浆流量平均值 V_2。

当桶内浆液使用体积 $V \leqslant 0$。

①$V_1 < V_2$ 时，正常屏浆至结束，结束作业后提示清洗流量计。

②$V_1 > V_2$ 时，此时因流量波动，智能灌浆系统表现有注入量，无法达到结束标准，提示操作人员"流量计异常，请暂停作业，清洗流量计后继续作业"，如果清洗流量计无效后，需更换备用流量计继续完成作业。

当桶内浆液使用体积 $V > 0$。

①$V \neq (V_1 - V_2) \times 5$ 时，发出警告，提示需排除流量计异常情况，再继续作业；在需保证连贯性的情况时，人为每 5min 测量灌浆桶浆液使用量，并做好人工记录，以人工记录报表为准。

②$V = (V_1 - V_2) \times 5$ 时，表示流量波动，但均值正确，则正常作业，结束作业后提示清洗流量计。

表 3　灌浆压力异常判断

时间范围	60s	系数
设置条件一	$W_2 > D_3 \times L$	L
设置条件二	$\lvert E - F \rvert < 2 \times W_2$	

注　L 参考值为 0.2。

2）灌浆压力异常分析、处理。

智能灌浆系统每间隔 5s 记录一次灌浆压力值，连续 1min 记录 12 次灌浆压力平均值，取第一次记录的灌浆压力平均值为 E，最后一次记录的灌浆压力平均值为 F，设定系统自动计算 12 次灌浆压力平均值方差为 W_2，12 次平均值为 D_3。灌浆压力判定异常设置条件见表 3。

若同时满足表 3 中设置条件一和设置条件二，则说明出现灌浆压力异常情况。当灌浆压力异常时，系统发出提示信息，操作人员现场观察压力表读数与系统测量的压力值以及波动值是否一致，再检查原因，排除异常后恢复灌浆。

3.2　改进灌浆服务流程

在锦屏一级水电站成功应用 6S 管理的基础上，将 9S 管理理念运用到智能灌浆系统，通过"智能灌浆+9S"从而改进灌浆流程，彻底改变传统灌浆施工"脏、乱、差"的形象。廖军等指出，9S 可视化管理不仅能改善现场的工作环境，还能通过标准化的摆放机具设备等一系列举措，利用智能化建造技术提高灌浆标准化作业水平，对于降低安全风险、降低不良质量成本、促进工程进度带来积极影响。

改进灌浆流程，需要充分认识到 9S 管理对于促进灌浆流程改进的重要性和必要性，以"隐蔽工程 阳光作业"为理念，明确改进灌浆流程的目的是为了提升灌浆质量，减少不良质量成本的发生。再者，抓住要害，以 3.1 节描述的质量薄弱环节作为突破口，在对传统灌浆施工流程改进的时候，围绕灌浆施工特点，充分发挥智能灌浆系统集成化优势，打造实施"超小断面硐室（2m×2.5m）灌浆标准化服务平台""多工种多层次干扰灌浆标准化服务平台"，从而更好地提高灌浆质量。改进灌浆服务流程，需确保流程顺畅。在制浆—输浆—配浆—灌浆工序，任何环节智能化水平较低，都将会影响流程的改进效果。以输浆环节为例，肖铧曾指出，输浆工序对制浆、灌浆的影响，通过研究的分浆装置，利用分浆电磁阀可有效串联制浆、灌浆环节，实现输浆精准调度。改进灌浆服务流程，通过多业务模块高度集成，达到优化流程的目的。智能灌浆系统是依托灌浆智能云平台，根据具体的工作业务流程，通过地质与施工多维信息系统、灌浆控制系统两大系统具体实施分析反馈、操作运行功能的流程。不管是灌浆前的分析预判、灌浆中的运行控制、过程处理，还是灌浆后的评价管理，都基于灌浆智能云平台实现，使不同工序之间的沟通和衔接更顺畅，更适应不同部门的业务流程要求。

3.3 提升顾客满意度

对于顾客满意度，从事技术质量工作者都较为清楚，源自一体化管理体系程序文件中顾客满意度测评程序，其目的是对工程项目施工过程中顾客要求的满意程度进行测评，评价公司质量管理与顾客需求的差距，为公司质量管理持续改进、增强顾客满意度提供依据。

既然做了顾客满意度测评工作，那么，只需将我们的顾客——建设单位、监理单位、设计单位对项目质量体系运行、实物质量、质量整改落实等指标从“基本满意”“满意”提升到“很满意”的程度，这也是体现质量控制技术中的一个关键。然后，传统灌浆与锚固工程质量，建设单位、监理单位满意的基本标准均是从实体质量出发，譬如固结灌浆灌后声波检测值、帷幕灌浆灌后压水透水率等指标是否满足设计要求，以此最终判断、评价灌浆实体质量好坏所在，这种评价体系由来已久，但是对于灌浆工程这类隐蔽性强的项目，光靠最终的数据指标来评判，显然顾客满意度仅能达到“满意”的程度。因此，利用智能灌浆系统中的地质与施工多维信息系统，将灌浆隐蔽工程“看不到”的质量检验达到“看得到”“看得清”的效果，势必增强参建单位的体验感，提升顾客满意度。

4 智能灌浆系统应用评价

4.1 灌排廊道帷幕灌浆应用评价

(1) 透水率及单位注入量成果分析。以智能灌浆系统实施的杨房沟水电站右岸高程2054m 灌排廊道第 2 单元为例，帷幕灌浆各次序孔灌前透水率累计频率曲线图见图 2，帷幕灌浆各次序孔单位注入量累计频率曲线图见图 3。

右岸高程 2054m 灌排廊道帷幕灌浆第 2 单元成果分析：

1) 第 2 单元下游排透水率满足Ⅰ序孔＞Ⅱ序孔＞Ⅲ序孔，符合一般灌浆规律，第 2 单元下游排各序孔的单位注入量呈现Ⅲ序孔＜Ⅱ序孔＜Ⅰ序孔，符合一般灌浆规律。

2) 第 2 单元上游排平均透水率呈现Ⅰ序孔＞Ⅲ序孔＞Ⅱ序孔，基本符合一般灌浆规律，第 2 单元上游排Ⅰ序孔单位注入量呈现Ⅲ序孔＜Ⅱ序孔＜Ⅰ序孔，符合一般灌浆规律。

3) 第 2 单元下游排上游排（后灌排）的平均透水率小于下游排（先灌排）的平均透水率。

(2) 灌前灌后透水率成果分析。右岸高程 2054m 灌排廊道帷幕灌浆第 2 单元灌前灌后透水率统计表见表 4。

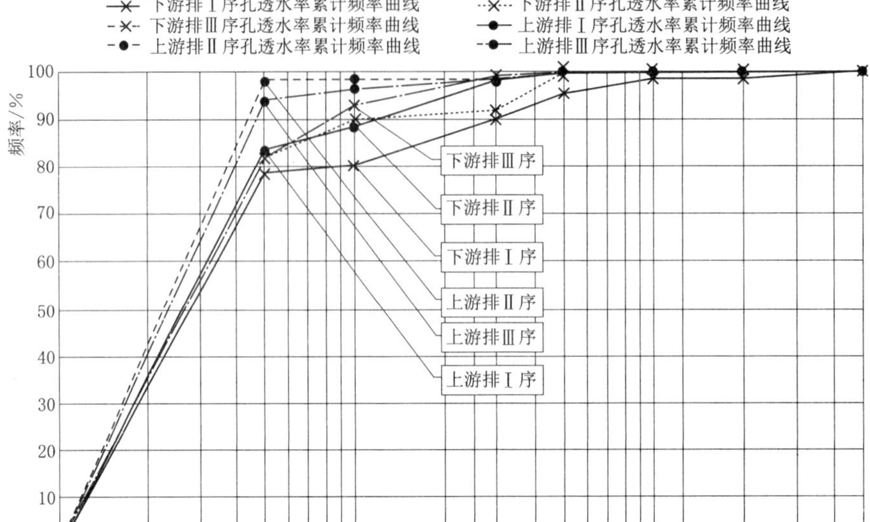

图 2　右岸高程 2054m 帷幕灌浆第 2 单元各次序孔灌前透水率累计频率曲线图

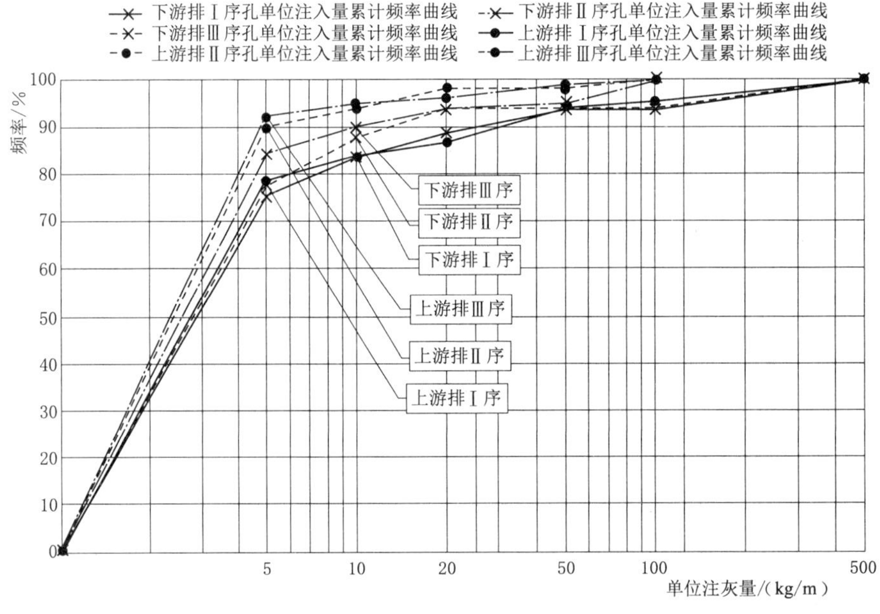

图 3　右岸高程 2054m 帷幕灌浆第 2 单元各次序孔单位注入量累计频率曲线图

第 2 单元布置灌前先导孔 3 孔，单点法压水试验 36 段；灌后布置检查孔 4 个，单点法压水试验 48 段。灌前先导孔最大透水率为 30.376Lu，灌后检查孔最大透水率为 0.92Lu，灌后各段压水透水率均满足设计合格标准（$q \leqslant 1$Lu）。目前，智能灌浆系统在左、右岸灌排洞成功应用，效果良好。

表 4　　右岸高程 2054m 灌排廊道帷幕灌浆灌前灌后透水率统计表

单元	类别	孔数	最大透水率/Lu	最小透水率/Lu	平均透水率/Lu	总段数	透水率段数/频率/%										设计标准/Lu
							<0.5		0.5～1.0		1.0～1.5		1.5～5.0		>5		
							段数	频率/%	段数	频率/%	段数	频率/%	段数	频率/%	段数	频率/%	
第 2 单元	先导孔	3	30.37	0.00	1.39	36	29	80.56	1	2.78	0	0.00	4	11.11	2	5.56	
	检查孔	4	0.92	0.00	0.19	48	44	91.67	4	8.33	0	0.00	0	0.00	0	0.00	≤1

4.2　杨房沟智能灌浆整体应用评价

杨房沟水电站采用智能灌浆系统，完成拱坝接缝灌浆 2.3 万 m^2，占总工程量 70%；固结灌浆 2.6 万 m，占总工程量 20%；帷幕灌浆 4.4 万 m，占总工程量 33%，数据累计采集 8.5 亿条。目前，灌浆工程已基本完成，仅剩余较高部位的灌浆工程量，预计在 2021 年 5 月 31 日前结束。自第一阶段蓄水以来，大坝等主要建筑物工作性态正常，灌浆工程形象及施工质量均满足第二阶段下闸蓄水的要求，目前，第二阶段蓄水已至高程 2066m，为实现杨房沟水电站工期目标、保障灌浆工程质量打下了坚实基础。

5　结语

智能灌浆系统质量控制技术的研究与应用，提升了质量管理水平，通过对常见异常工况处理、改进灌浆服务流程、提高顾客满意度等措施，可实现隐蔽工程可视化、提高质量薄弱环节诊断准确性、规范现场质量服务流程、降低不良质量成本、增强用户（参建各方）满意度的目的。

参考文献

[1]　肖铧. 某水电站灌浆工程输浆智能化施工技术研究 [J]. 居舍，2019，38 (36)：33－34.

[2]　罗熠. 灌浆记录仪发展状况和趋势 [J]. 中国水利，2010，60 (21)：60－62.

[3]　李瑞金，赵梦琦，王晓玲. 基于三维随机裂隙网络的坝基多孔分序灌浆数值模拟 [J]. 水力发电，2017，43 (5)：64－69.

[4]　廖军，王礼. 浅谈 9S 可视化管理提高基础处理施工效益 [J]. 四川水力发电，2020，39 (6)：63－68.

[5]　肖铧. 杨房沟水电站智能灌浆控制系统的设计研究与应用 [J]. 四川水力发电，2020，39 (6)：48－53.

[6]　熊利新. 一种卧式散装水泥罐集成一体式自动制浆装置 [P]. 中国：ZL 2019 2 2010116.4.

边坡整治

关于压力分散型预应力锚索张拉及锁定吨位的分析研究

雷　舰　杨　彬

（中国水利水电第七工程局成都水电建设工程有限公司）

【摘　要】 白鹤滩水电站地下厂房洞室开挖尺寸为 438.00m × 31.00m（34.00m）× 88.70m（长×宽×高），超大洞室在开挖过程中具有强度高、难度大、交叉影响严重等因素，对各道工序的控制非常重要，为防止厂房随开挖变形影响，对系统支护及时跟进，特别是预应力锚索深层支护对防止厂房持续变形起到至关重要的作用。本文针对压力分散型锚索在施工过程中锚索张拉锁定进行分析，制定了一套质量控制及检测方法，结果显示锚索锁定吨位均符合设计要求。

【关键词】 厂房支护　预应力　压力分散型锚索　张拉锁定

1　工程概况

白鹤滩水电站位于四川省宁南县和云南省巧家县，是金沙江下游干流河段梯级开发的第二个梯级电站，上游距乌东德水电站 182km，下游距溪洛渡坝址 195km。白鹤滩水电站以发电为主，电站正常蓄水位为 825.00m，水库总库容为 206.27 亿 m^3。

枢纽工程主要由引水发电系统、泄洪洞、二道坝及水垫塘、混凝土双曲拱坝等建筑物组成。混凝土双曲拱坝坝顶高程 834.00m，最大坝高 289.00m，3 条泄洪洞都布置在左岸；左、右岸地下厂房各布置 8 台单机容量 100 万 kW 的水轮发电机组，总装机容量 1600 万 kW，地下厂房按照一字形布置，从北到南依次布置安装场、机组段、辅助安装场和副厂房。主（副）厂房洞的开挖尺寸为 438.00m×31.00m（34.00m）×88.70m（长×宽×高）。

2　工程地质情况与分析

左岸地下厂房洞室水平埋深 800～1050m，垂直埋深 260～330m，主变洞和主副厂房洞平行布置，洞室轴线方向为 N20°E，如图 1 所示。围岩主要由 $P_2\beta_3^1$ 和 $P_2\beta_3^2$ 层新鲜的隐晶质玄武岩、杏仁状玄武岩、角砾熔岩、斜斑玄武岩等组成，以Ⅱ类、$Ⅲ_1$ 类围岩为主，C_2 层间错动带斜穿厂房边墙中下部，厂房顶拱整体位于第二类柱状节理玄武岩 $P_2\beta_3^2$ 和第一类柱状节理玄武岩中，为顺向坡，岩层缓倾上游，为泄水地形，如图 2 所示。

图 1 厂房洞室

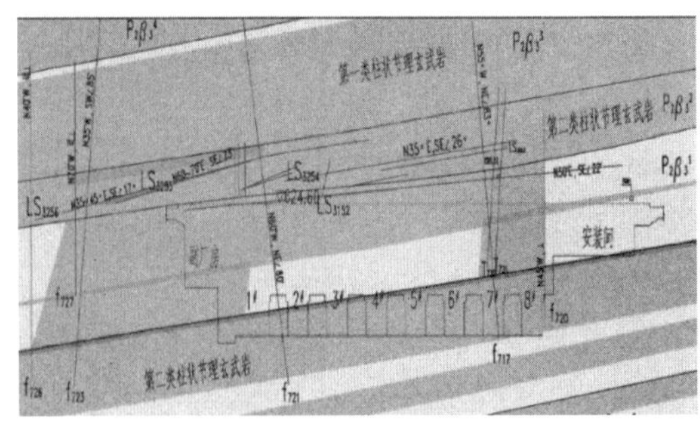

图 2 厂房地质图谱

3 施工情况简述与设计布置

按照设计要求，厂房锚索支护分别在顶拱布置 2000kN 对穿锚索，拱肩布置 2000kN 压力分散型锚索，边墙布置 2500kN 压力分散型锚索，厂房基坑布置 2000kN 对穿锚索及 2500kN 端头锚索，局部设置 1000kN 端头锚索及 2500kN 对穿锚索。锚索类型较多且施工强度大，施工过程中与各工序（包括开挖、挂网喷护、锚杆施工、锚索施工等）相互交叉影响，增加了施工难度。

其中锚索施工包括锚索造孔、锚索编制、锚索安装、锚索注浆、锚墩浇筑、锚索张拉、锚头防护等，工序多、施工周期较长。尽快发挥锚索最大锚固作用对防止厂房持续变形起到至关重要的作用，锚索支护如图 3 所示。

图 3 锚索支护

4 压力分散型锚索施工

4.1 施工工艺流程

施工工艺流程：孔位放样（测量放样）→锚索造孔→锚索编制→锚索安装→锚索注浆→锚墩浇筑→锚索张拉→补偿张拉→孔口回填灌浆→锚头防护。锚索安装、锚索注浆及锚墩浇筑的施工顺序应根据现场实际情况灵活安排，对于上倾孔锚索必须考虑锚索安装后下坠风险，在做好锚索固定的前提下，施工顺序宜采用先安装锚索再进行锚索注浆，最后进行锚墩浇筑。

4.2 孔位放样

严格按照设计图纸、施工技术要求，编制锚索施工参数表（包括孔号、桩号、孔深、钻孔角度、孔径等），采用全站仪对锚索孔位进行现场放样，并按一定规律用红色油漆在边墙上做好标识（位置、孔号），开孔孔位偏差不大于±10cm。钻孔角度采用角度测量仪或地质罗盘进行顶角及方位角的放样，再将钻机固定牢固，防止在钻孔过程中导致钻机位移以致钻孔角度发生变化。

4.3 锚索造孔

（1）造孔方法。采用 YXZ－70A 型锚固钻机或 HM70A 型履带钻机，配备潜孔锤钻孔，电动空压机供风，利用压力水随风进入孔内除尘。为提高钻孔工效，根据地层的变化，调整钻孔工艺和钻孔参数。

（2）造孔孔径。根据设计要求，预应力锚索为 2500kN 级，钻孔孔径为 ϕ165mm，同一孔径钻至设计孔深。

（3）钻孔孔深。设计孔深为 30m 的锚索，实际钻孔深度至少大于设计孔深 0.4m。若锚固段仍处于破碎带或断层等软弱岩层，可向监理工程师、设计单位建议增加孔深。

（4）孔斜控制：①采用扶正器和加长粗径钻具及加设平衡器保证孔斜。在钻进过程中，每钻进 5m，用测斜仪进行检测，如果有偏差及时纠偏；若无效，则用高标号砂浆进行回填，达到一定强度后重新钻孔。②保证孔斜偏差不大于孔深的 2%，方位角偏差不大于 2°。③为确保孔斜和钻孔孔向符合要求，开钻前采用角度测量仪校正倾角及钻孔孔向后，将钻机固定牢固，防止在施工平台上发生位移。④孔口段钻孔时，采用加长粗径钻具进行低压慢速钻进。

（5）钻孔冲洗：钻孔完毕后，采用风水联合冲洗的方式，将孔内岩屑清洗干净，做好孔口保护。

4.4 锚索编制及安装

（1）钢绞线：公称直径 $d=15.24$mm（7ϕ5），强度等级 1860MPa，其延伸率、强度、直径均满足设计要求。

（2）锚索编锚：①根据设计蓝图进行锚索编制，钢绞线用切割机按设计要求的尺寸下料，2500kN 级截取 17 根钢绞线。各组钢绞线下料长度 L_n＝设计孔深 $L_0-(n-1)\times 1.2+$找平砂浆垫层厚度 L_d+钢锚墩厚度 L_g+辅助张拉长度 L_f。②按锚索施工细部结构图制作内锚头和无黏结自由段，锚固端每隔 1.2m 设置 1 组承载板，自由端沿锚索轴线方向每隔 1.5m 设置对中隔离架，同组钢绞线对称分布。③锚索挤压锚具在挤压时挤压套内应加专用弹簧，挤压后挤压套的长度为 80mm 左右，直径应小于 ϕ30.5mm，钢绞线在挤压套外露 5mm 左右，在内锚头防护罩内填满防腐油脂，并在各级承载板与钢绞线之间均涂上玻璃胶，保证预应力锚索的防腐性能。④锚索灌浆管为 ϕ20mm 聚乙烯管（壁厚 3.0～3.5mm，耐压强度 1.5MPa 左右），排气回浆管与锚束体一起埋设至锚索底部，进浆管埋设在孔口。⑤锚束体编制完成后，每根钢绞线均应平顺、自然，不得有扭曲、交叉的现象，锚索制作完成后应进行统一编号，采取涂用油脂等方式防止钢绞线锈蚀或污染。

（3）锚索安装固定。锚索入孔采用人工、机械卷扬结合钻机的方法，保证索体平顺、安全地安装于锚索孔道内，过程保证锚索整体结构完好，钢绞线 PE 套及注浆管通畅完好，锚索安装好后用专用夹具固定锚索索体，防止坠落。

4.5 锚墩安装及浇筑

（1）钢锚墩制作。2500kN 级锚索钢锚墩采用两层 Q235C 方形钢板重叠满焊连接而成，下层钢垫板 600mm×600mm×45mm（边长×边长×厚度），上层钢垫板 400mm×400mm×45mm（边长×边长×厚度），中间开 ϕ165mm 的孔，孔口导向钢管（外径 ϕ159mm，壁厚 3.5mm，长度 800mm）与钢垫板焊接连接成一整体，且保证导向钢管与钢垫板平面垂直，并在导向管上安装 ϕ25mm 的进浆钢管。

（2）钢锚墩安装。按设计图纸要求，安装钢锚墩。锚垫板与 4 根 ϕ22mm 螺栓锚杆（L=1.00m）连接一体，以加强锚垫板的稳定性、对中性，螺栓锚杆孔灌注 M25 水泥浆。钢锚墩固定后，用 M40 预缩砂浆充填锚垫板与边墙间隙，并捣实充分。在砂浆垫层施工过程中，预留注浆管与回浆管，在垫层内引出相同口径的钢管，并保护好进浆管与回浆管。

4.6 锚索灌浆

（1）材料及浆液：①水泥采用普通硅酸盐水泥，强度等级不低于 P·O42.5；②水泥按规定每批次 200t 取样一组，做原材料抽样检测，每个批次不足 200t 时也要取样一组；③施工用水应符合制浆用水；④锚索浆液为纯水泥浆添加减水剂和膨胀剂，浆液配合比通过室内试验确定；⑤纯水泥浆液的水灰比采用 0.38～0.45，浆液中可掺入膨胀剂、早强剂，选用的外加剂不得对钢绞线有腐蚀作用；⑥灌浆施工时按每批次取试件一组，送入室内作标准养护，要求水泥浆液养护时间不小于 7d，水泥结石体强度不小于 35MPa。

（2）制浆配制。按照实验室配合比将各种材料（水、水泥、减水剂、膨胀剂）进行称量，制浆材料进入搅拌机中，高速搅拌机搅拌时间不少于 30s。初凝浆液或超过 4h 的浆液必须废弃，浆液温度应保持在 5～40℃，当浆液温度高于 40℃或低于 5℃时，应采取降温或保温措施。

（3）锚索注浆：①锚索注浆前，检查制浆设备、灌浆泵是否正常，检查送浆及注浆管路是否畅通无阻，确保灌浆过程顺利，避免因中断情况影响锚索注浆质量；②灌浆施工采用 3SNS 泵灌注，通过锚索灌浆管自下而上一次性灌浆，利用与锚索一同安装至孔底的回浆管进行排气和回浆，灌浆过程中，灌浆压力控制在 0.1～0.3MPa，当回浆比重与进浆比重相同时进行屏浆，屏浆压力为 0.3～0.4MPa，屏浆时间 20～30min；③锚索灌浆需满足单束锚索连续不间断灌注至结束，控制在 4h 内灌完，不允许中途停灌，灌浆过程中必须采用灌浆自动记录仪测记其压力、流量、比重等各项数据；④灌浆后，在浆体强度达到设计要求前，锚索不得受扰动，灌浆后 3d 内，不允许在锚索周围 30m 范围内进行任何爆破作业，3～7d 内的爆破作业产生的质点振动速度不得大于 1.5cm/s。

4.7 锚索张拉

（1）张拉准备：①张拉前先对投入使用的张拉千斤顶和压力表进行配套标定，并绘制出油表压力与千斤顶张拉力的关系曲线图。张拉设备和仪器标定间隔期控制在 6 个月内，如标定后使用次数少于 20 次，且未经检修或无异常，其标定期可适当延长，但不超过 10 个月，超过标定期或遭强烈碰撞的设备和仪器需重新标定后方可投入使用。②张拉机具、设备和仪器由专人保管，并定期进行维护和标定。张拉前需要核定找平垫层强度是否达到设计强度，达到设计强度后才可对锚索进行张拉。③安装锚具及千斤顶，连接液压系统，仔细检查各系统的运行情况，确保无误后开始进行张拉。④张拉分序：采用分序跳束张拉，减小在张拉过程中对相邻已经张拉的钢绞线应力的影响。

（2）张拉施工：①先对承压钢垫板进行清理，理顺钢绞线防止在孔内交叉，再依次安装测力计（适用于需进行应力监测的锚索）、锚板、夹片、限位板、千斤顶及工具锚等，安装前锚板上的锥形孔及夹片表面应保持清洁。为便于卸下工具锚，工具夹片可涂抹少量润滑剂，工具锚板上孔的排列位置需与前端工作锚的孔位一致，避免在千斤顶穿心孔中钢绞线发生交叉现象。②锚索张拉按分组单根预紧→差异补偿张拉→整体分级张拉→锁定的顺序进行张拉。③锚索正式张拉前，先对每股钢绞线施加 0.1P 的张拉荷载进行预紧张拉，以使锚索各钢绞线受力均匀、完全平直，起到调直对中的作用，并将该荷载锁定在锚板上。④锚索正式张拉按分级整体进行，张拉过程按 0.2P 预紧后卸荷→0.25P→0.5P→0.75P→P→1.05P→稳定锁定荷载 1.0P（P＝1500kN 设计锁定荷载）进行。⑤张拉过程中当达到每一级的控制张拉力后稳定 5min 即可进行下一级张拉，达到最后一级张拉力后稳定 30min，即可锁定。张拉时，升荷速率每分钟不超过设计应力的 0.1P，卸荷速率每分钟不超过设计应力的 0.2P。⑥张拉荷载控制以拉力为主，辅以伸长值校验。当实际伸长值大于理论计算值 10％或小于 5％时，应暂停张拉，查明原因并采取相应措施予以调整后，方可重新张拉。⑦锚索张拉完成后，用小于 0.2P/min 的速率均匀卸载至 1.0P 锁定，张拉锁定后 48h 内，发现锁定力低于设计张拉力的 10％时，应进行补偿张拉，补偿张拉应在锁定值基础上一次张拉至 1.05P，补偿张拉次数不超过 2 次。⑧张拉锁定后，用砂轮切断外露钢绞线，锚板距切口处的距离不小于 150mm。

4.8 验收试验和抽样检查

预应力锚索验收试验：预应力锚索施工中，监理工程师按照施工图纸随机抽样（不少于 3 束）进行验收试验。当验收试验与完工抽样检查合并进行时，其试验数量为锚索总数量的 5％。

4.9 孔口段补浆

锚索张拉结束经检查合格后，对孔口段采用砂浆或纯水泥浆液（水灰比采用 0.38～0.45）进行灌注，灌浆密实，不吸浆后闭浆 12～24h。

4.10 外锚头保护

锚头保护前对锚具及钢绞线除锈，对浇筑面进行清理，锚头用 C30 混凝土现浇，保护层厚度不小于 50mm，外形要求规则美观。

5 锚索张拉中遇到的问题

锚索在张拉过程中伸长值和吨位偏小，张拉结束在锁定过程中吨位损失偏大。根据分析和研究，发现锚具、夹片、限位板的匹配关系直接影响锚索张拉及锁定荷载。

5.1 张拉力与伸长值对应关系的计算方法

5.1.1 2500kN 压力分散型锚索结构及设计参数

锚索长度 35.00m，钢绞线共 17 根（2＋3＋3＋3＋3＋3＝17），承载板间距 1.20m（L_1-L_2＝1.20m），共分 6 组（第 1 组 2 根、第 2 组 3 根、第 3 组 3 根、第 4 组 3 根、第 5 组 3 根、第 6 组 3 根），锁定吨位 2500kN，如图 4 和图 5 所示。

5.1.2 材料及名称解释

材料强度等级为 1860MPa 低松弛钢绞线，公称直径 15.2mm。

P——给定最终张拉（设计锁定）荷载作用下的单根钢绞线束荷载。

A——单根钢绞线束的截面面积，取 A＝140mm^2。

E——钢绞线的弹性模量，取 E＝195000MPa。

ΔL_1、ΔL_2、ΔL_3、ΔL_4、ΔL_5、ΔL_6——各组钢绞线在锁定荷载下的伸长量。

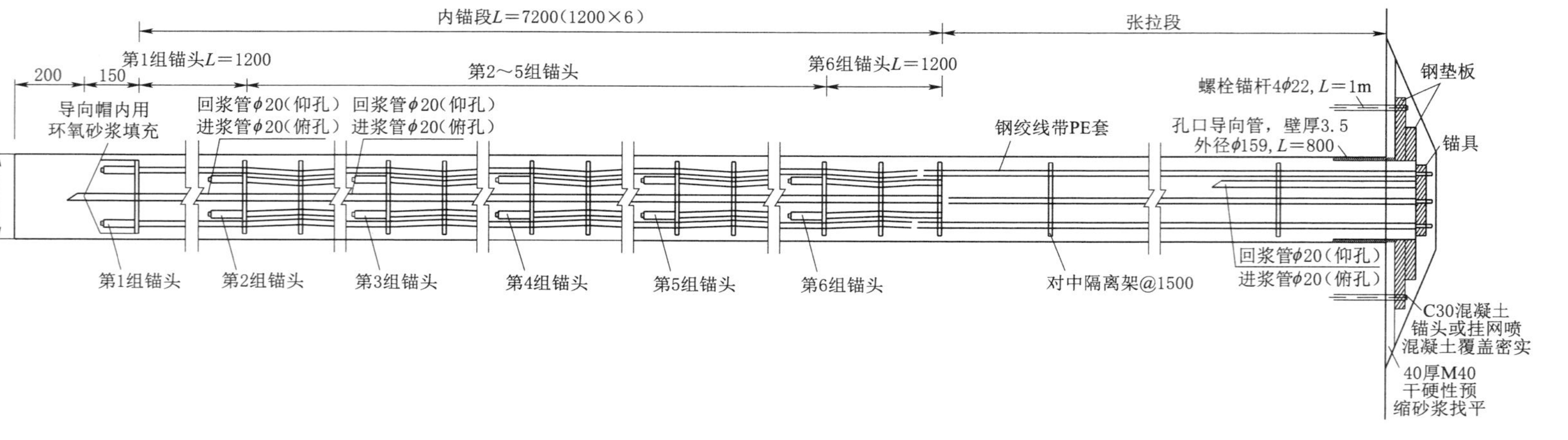

图 4　2500kN级压力分散型锚索结构示意图

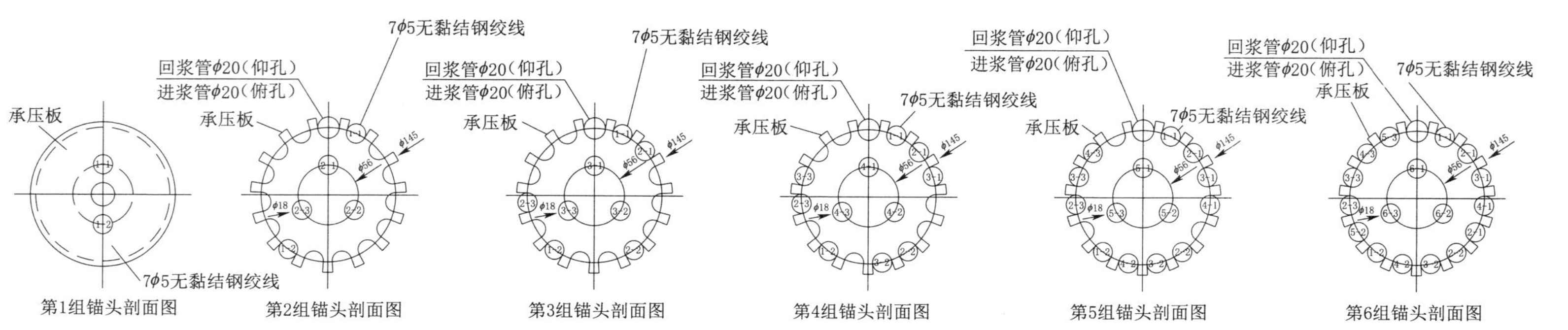

图 5　2500kN压力分散型锚索锚头剖面示意图

L_1、L_2、L_3、L_4、L_5、L_6——第 1、2、3、4、5、6 组钢绞线的自由段长度，且 $L_1>L_2>L_3>L_4>L_5>L_6$，$L_n-L_{n+1}=1.20$m。

$\Delta L_{1\text{-}2}$、$\Delta L_{2\text{-}3}$、$\Delta L_{3\text{-}4}$、$\Delta L_{4\text{-}5}$、$\Delta L_{5\text{-}6}$——相邻两组钢绞线差异伸长值。

ΔP_i——相邻单元分步补偿张拉差异荷载增值，kN。

5.1.3 张拉力及伸长值计算

锚索在锁定状态下各组钢绞线伸长值及差异值如下：

第 1 组钢绞线伸长值 $\Delta L_1=(P\cdot L_1)/(E\cdot A)$

第 2 组钢绞线伸长值 $\Delta L_2=(P\cdot L_2)/(E\cdot A)$

第 3 组钢绞线伸长值 $\Delta L_3=(P\cdot L_3)/(E\cdot A)$

第 4 组钢绞线伸长值 $\Delta L_4=(P\cdot L_4)/(E\cdot A)$

第 5 组钢绞线伸长值 $\Delta L_5=(P\cdot L_5)/(E\cdot A)$

第 6 组钢绞线伸长值 $\Delta L_6=(P\cdot L_6)/(E\cdot A)$

相邻两组钢绞线差异伸长值 $\Delta L_{1\text{-}2}=\Delta L_1-\Delta L_2=(P\cdot L_1)/(E\cdot A)-(P\cdot L_2)/(E\cdot A)$

计算简化为 $\Delta L_1-\Delta L_2=P\cdot(L_1-L_2)/(E\cdot A)=P\cdot(1.2\text{m})/(E\cdot A)$

相邻两组差异伸长值为固定值 $\Delta L_{1\text{-}2}=(1500\times1000/17)\times(1.2\times1000)/(195000\times140)=3.88$mm，$\Delta L_{2\text{-}3}=3.88$mm，$\Delta L_{3\text{-}4}=3.88$mm，$\Delta L_{4\text{-}5}=3.88$mm，$\Delta L_{5\text{-}6}=3.88$mm。

5.2 问题分析研究

5.2.1 测力计、锚具、夹片、限位板对应关系

测力计、锚具、夹片、限位板对应关系如图 6 所示。

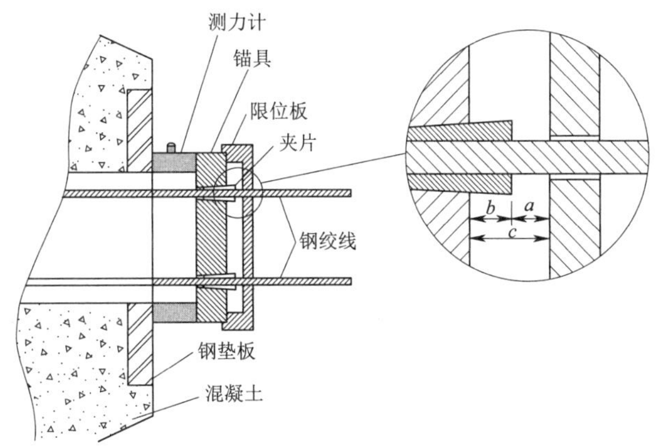

图 6 测力计、锚具、夹片、限位板对应关系

a—钢绞线张拉锁定后夹片与限位板的间距（mm）；

b—钢绞线张拉锁定后夹片外露长度（mm）；

c—张拉锁定后工作锚具与限位板的间距（mm）

5.2.2 锚索有效拉力及伸长值负差过大分析

锚索在张拉过程中测量锚索伸长值及锚索有效拉力远小于设计值，经现场检查钢绞线无交叉，测力计、锚具、夹片、限位板及千斤顶安装均满足要求，对张拉伸长值及拉力有异常的锚索卸掉千斤顶检查，发现钢绞线有明显切痕。根据现场张拉试验总结，在一定范

围内，当 a 值越小，钢绞线切痕越深，钢绞线受到夹片束缚的程度越大；a 值越大，钢绞线切痕越浅或无切痕，钢绞线受夹片的束缚程度越小。对数据进行分析，结果如图 7 和图 8 所示。当 a 值约为 3mm 时，张拉结束检查钢绞线切痕明显较浅；当 $a \geqslant 3.5$mm 时，张拉结束检查钢绞线基本无切痕。根据张拉过程效果，a 值宜大于等于 3.5mm。对大量锚索在张拉结束后检查夹片发现，夹片外漏部分 b 值在 3.0～3.5mm 范围且无明显错牙整体平整，限位板的限位高度 b 值为 7.5mm。

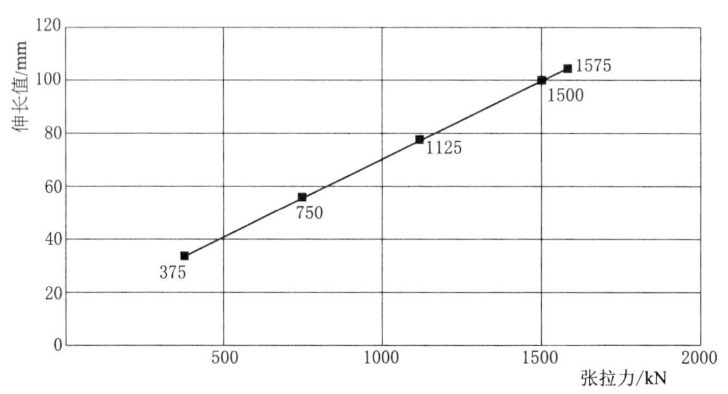

图 7　张拉力与伸长值的关系

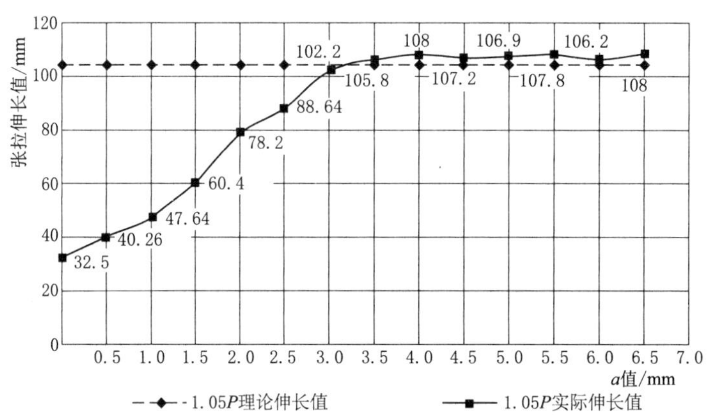

图 8　张拉伸长值与 a 值的对应关系

5.2.3　锚索张拉后锁定过程中拉力回缩损失过大分析

锚索在张拉至 1.05P（1575kN）结束后锁定 1.0P（1500kN）的过程中拉力损失过大，通过测定锚索锁定时钢绞线回缩量（采用测力计测定拉力损失），发现当 $a \approx 4.5$mm 时钢绞线回缩量略微偏大，拉力损失与 a 值形成递增关系，造成锚索张拉后“锁不住”现象，且当 $a > 5.0$mm 锚索锁定后夹片会出现错牙现象，当 a 值在 3.5～4.0mm 范围时钢绞线回缩量及锚索拉力损失在设计范围之内且夹片无明显错牙，根据锚索锁定过程效果分析，a 值在 3.5～4.0mm 范围为合适，如图 9 所示。

5.2.4　数据分析结论

综上可以得出结论，当 a 值在一定范围内，a 值越小，钢绞线伸长值越小；a 值越

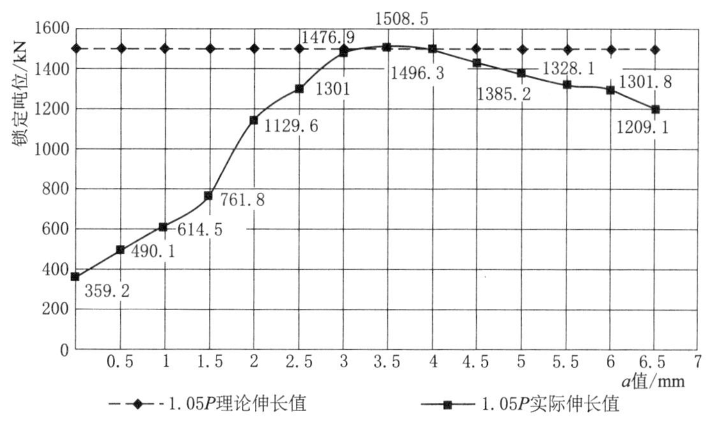

图 9　锚索锁定吨位与 a 值的对应关系

大，锚索在张拉锁定过程中钢绞线回缩量及拉力损失越大。a 值在 3.5～4.0mm 范围，锚索张拉结束测定夹片外漏长度 b 值在 3.0～3.5mm 范围，且限位板限位高度 c 值为 7.5mm 比较科学合理，锚索张拉伸长值、张拉力及锁定吨位均能满足要求。一般而言，当 b 值偏大或 a 值偏小时，钢绞线会出现明显切痕且伸长值偏小；当 b 值偏小或 a 值偏大时，夹片会出现错牙且锚索锁定拉力损失偏大（钢绞线回缩量偏大）。

参考文献

[1] 刘军. 复杂地质条件下压力分散型单孔多锚头全防腐无粘接型预应力锚索施工工艺研究 [J]. 公路交通科技，2016 (11)：172 - 175.

[2] 廖军，韦雨，陈军. 白鹤滩左岸地下厂房顶拱对穿锚索施工技术研究 [J]. 施工技术，2017，46 (2)：92 - 97.

[3] 张发斌，贺斌，彭正良. 压力分散型预应力锚索在特大型穹顶中的运用 [J]. 建筑工程技术与设计，2016 (19)：1307.

浅谈压力分散型锚索测力计单根循环张拉现场率定方法

熊文财　王新锋　闫龙伟

（中国水利水电第七工程局成都水电建设工程有限公司）

【摘　要】因压力分散型预应力锚索具有其独特的优势，近些年逐渐取代集中拉力型锚索而被大型水利水电工程高边坡深层锚固工程所应用。锚索张拉锁定值对整个边坡锚固效果将产生重大影响，而锚索测力计为整个边坡稳定提供数据支持，因此测力计的率定尤为重要。本文对金沙江叶巴滩水电站左岸边坡锚索测力计采取单根循环张拉及不同的率定方法进行探讨，为类似工程施工提供借鉴。

【关键词】压力分散　锚索测力计　单根循环张拉　现场率定

1　引言

近些年，压力分散型预应力锚索在地质条件复杂的工程中应用较为广泛，尤其在高陡边坡及地下洞室锚固工程中尤为突出。压力分散型预应力锚索以其锚固段压力分散较传统拉力型锚索受力合理，锚固力大，逐渐取代传统拉力型锚索。在预应力锚索施工时，同一锚固区内的锚索应分序进行张拉，同一序次的张拉应先张拉试验锚索和安装测力计的锚索。根据测力计及张拉千斤顶压力表的读数，绘制张拉力-压力表（测力计）读数关系曲线，指导同一锚固区内的工作锚索施工。本文以金沙江叶巴滩水电站左岸边坡 1500kN 测力计锚索现场率定为例，分别用不同的方法对测力计进行率定，推导、计算及绘制张拉力-压力表（测力计）读数关系曲线，找到适合施工现场测力计的率定方法。

2　工程概况

叶巴滩水电站位于四川与西藏界河金沙江上游河段上，系金沙江上游 13 个梯级水电站的第 7 级，上游为波罗水电站，下游与拉哇水电站衔接。坝址位于金沙江支流降曲河口下游 600m，左岸属四川甘孜藏族自治州白玉县，右岸属西藏自治区昌都市贡觉县。大坝为混凝土双曲拱坝，最大坝高 217m，边坡开挖高度 480m，电站正常蓄水位 2889m，相应库容 10.80 亿 m^3，电站总装机容量 2240MW。

左岸边坡浅表部位强卸荷松弛以碎块现象发育，边坡卸荷强烈，卸荷裂隙发育，岩体破碎，整体松弛，边坡整体稳定性差，采用 $P=1500$kN、$L=30$m/40m 无黏结预应力锚索，间排距 6m 交叉布置形式对边坡进行深层锚固。

3 锚索结构、张拉工艺及施工程序

3.1 锚索结构

叶巴滩水电站左岸边坡 1500kN 级压力分散型锚索束体主要由导向帽及承载板、隔离架、钢绞线等组成。钻孔孔径为 ϕ140mm，束体直径为 ϕ126mm。内锚固段长度为 9m，共有 4 组承载板等间距布置，每组钢绞线分别为 2/2/3/3，共 10 根钢绞线。隔离架按照 1.5～2.0m 的间距布置。

3.2 张拉工艺

预应力锚索张拉方式为分级、分组单根循环张拉，选择 YDC-240Q 型千斤顶进行张拉施工。张拉施工前，先施加 20%的设计张拉力初始荷载，将钢绞线逐根调直预紧，再按照 0.25 倍、0.5 倍、0.75 倍、1.0 倍、1.1 倍设计张拉力逐级、逐根张拉，每级张拉荷载持荷 5min，达到超张拉后，稳定 10～20min 后锁定。

3.3 总体施工程序

同一锚固区内的锚索先施工安装测力计的锚索，待测力计锚索施工完成后再进行其他工作锚索施工。

4 测力计率定方法及成果分析

本次共采用三种方法对测力计进行率定试验，分为孔道外和孔道内率定（其中孔道外率定有两种方法），分别为单根钢绞线逐级张拉试验、10 根钢绞线逐级张拉试验、逐根循环张拉试验。本次使用的张拉千斤顶及油压表经有资质的第三方检测单位进行率定，千斤顶型号为 YDC-240Q，已率定的主油表编号为 56537，千斤顶编号为 509128，测力计型号为 BGK4900HP-1500kN。

4.1 单根钢绞线逐级张拉率定试验

4.1.1 试验方法

选 1 根长度约为 3.0m 的钢绞线，首先用挤压锚固定一端，再用若干个锚具组合在一起模拟孔道，装上测力计后进行逐级张拉。

4.1.2 试验成果

试验成果见表 1。

根据试验数据，单根钢绞线孔外率定试验测力计测得数值与理论值偏差较大，原因主要为钢绞线有效张拉长度较短，伸长值有限，卸荷至锁定期间，夹片回缩量占伸长值的比例较大，损失绝大部分应力。

4.2 10 根钢绞线逐级、逐根循环张拉率定试验

4.2.1 试验方法

选 10 根长度约为 3.0m 的钢绞线，首先分别用挤压锚固定一端，再用若干个锚具组合在一起模拟孔道，装上测力计后进行逐级、逐根循环张拉，如图 1 所示。

表 1　　单根钢绞线 1500kN 测力计孔外率定结果

钢绞线有效张拉长度：2.24m　横截面积：140mm²　弹性模量：192GPa

钢绞线序号	钢绞线外露长度/cm	25%P		50%P		75%P		100%P		110%P		备注
		实际伸长值/cm	测力计荷载/kN	实际伸长值/cm	测力计荷载/kN	实际伸长值/cm	测力计荷载/kN	实际伸长值/cm	测力计荷载/kN	实际伸长值/cm	测力计荷载/kN	
1	66.8	0.3	15.8	0.7	35.6	0.9	65.1	1.3	74.3	1.8	80.2	
油压表读数/MPa		11.0		19.0		27.0		35.0		37.0		
测力计总荷载/kN		15.8		35.6		50.8		74.3		80.2		
理论荷载/kN		37.5		75.0		112.5		150.0		165.0		

注　表中测力计荷载数值为张拉完成后测力计累计测得数值。

图 1　10 根钢绞线逐级、逐根循环张拉试验组装图

4.2.2　试验成果

试验成果见表 2。

表 2　　10 根钢绞线 1500kN 测力计孔外率定结果

钢绞线有效张拉长度：2.24m　横截面积：140mm²　弹性模量：192GPa

钢绞线序号	钢绞线外露长度/cm	25%P		50%P		75%P		100%P		110%P		备注
		实际伸长值/cm	测力计荷载/kN	实际伸长值/cm	测力计荷载/kN	实际伸长值/cm	测力计荷载/kN	实际伸长值/cm	测力计荷载/kN	实际伸长值/cm	测力计荷载/kN	
1	66.9	1.7	6.5	2.3	74.3	2.5	376.9	2.8	679.3	3.3	980.9	
2	69.1	0.0	16.7	0.4	101.6	0.6	410.4	0.9	718.3	1.5	1001.2	
3	72.8	0.3	20.6	0.7	126.4	0.7	438.6	1.0	748.1	1.5	1020.8	
4	72.7	0.3	27.29	0.7	165.9	0.8	471.4	1.1	782.7	1.7	1039.7	
5	73.1	0.2	33.25	0.6	194.68	0.6	591.3	0.9	811.9	1.5	1058.2	
6	72.4	0.2	37.9	0.8	228.6	0.8	528.4	1.1	842.1	1.6	1074.7	
7	73.0	0.9	43.7	1.4	258.6	1.5	561.5	1.8	870.2	2.3	1093.6	
8	73.1	0.6	47.6	1.1	290.4	1.2	590.3	1.4	901.5	2.0	1114.2	
9	74.2	0.4	49.8	0.9	318.2	0.9	619.8	1.2	928.9	1.8	1133.6	
10	71.2	0.1	52.2	0.9	348.5	1.0	651.3	1.2	962.6	1.8	1153.2	

续表

钢绞线序号	钢绞线外露长度/cm	25%P		50%P		75%P		100%P		110%P		备注
		实际伸长值/cm	测力计荷载/kN	实际伸长值/cm	测力计荷载/kN	实际伸长值/cm	测力计荷载/kN	实际伸长值/cm	测力计荷载/kN	实际伸长值/cm	测力计荷载/kN	
油压表读数/MPa		11.0		19.0		27.0		35.0		37.0		
测力计总荷载/kN		52.18		348.5		651.27		962.57		1153.19		
理论荷载/kN		375.0		750.0		1125.0		1500.0		1650.0		

注 表中测力计荷载数值为单根钢绞线张拉完成后测力计累计测得数值。

根据试验数据，10 根钢绞线孔外率定试验测力计测得数值与理论值偏差较大，原因同样为钢绞线有效张拉长度较短，伸长值有限，卸荷至锁定期间，夹片回缩量占伸长值的比例较大，损失绝大部分应力。

4.3 孔道内分级、分组单根循环张拉

4.3.1 试验方法

现场选取 1 束已经具备张拉条件的 $P=1500$kN、$L=30$m 压力分散型测力计锚索，进行分级、分组单根循环张拉。

4.3.2 试验成果

试验成果见表 3。

表 3　1500kN 测力计孔内率定结果

锚索编号：B2917 - 5　有效张拉长度：$L_1=30.23$m，$L_2=27.98$m，$L_3=25.73$m，$L_4=23.48$m

横截面积：140mm^2　弹性模量：192GPa

钢绞线序号	钢绞线外露长度/cm	25%P		50%P		75%P		100%P		110%P		备注
		实际伸长值/cm	测力计荷载/kN	实际伸长值/cm	测力计荷载/kN	实际伸长值/cm	测力计荷载/kN	实际伸长值/cm	测力计荷载/kN	实际伸长值/cm	测力计荷载/kN	
1 - 1	51.4	4.2	310.9	8.3	447.2	13.1	830.3	17.1	1227.0	19.1	1549.2	
1 - 1	57.1	4.7	321.5	9.2	485.7	13.9	870.9	18.4	1261.2	19.9	1561.6	
2 - 1	60.5	3.9	332.1	7.9	524.1	12.5	911.4	16.2	1295.3	17.2	1573.4	
2 - 2	64.7	4.1	342.0	8.4	562.7	13.1	951.2	17.1	1330.1	18.5	1585.4	
3 - 1	71.0	3.7	352.1	7.2	601.1	11.1	991.9	14.9	1363.6	15.9	1597.3	
3 - 2	73.8	3.9	362.5	7.5	639.6	11.9	1032.8	15.2	1397.3	16.4	1609.0	
3 - 3	77.9	4.1	371.8	7.9	678.3	12.1	1072.0	15.9	1431.2	17.1	1621.6	
4 - 1	80.2	3.3	393.4	6.5	715.7	9.9	1112.2	13.2	1466.9	15.1	1634.2	
4 - 2	81.5	3.4	396.0	6.7	753.6	10.2	1153.1	13.9	1500.8	16.2	1645.9	
4 - 3	84.2	3.7	409.0	7.4	791.1	11.1	1192.5	14.1	1536.3	16.3	1657.6	
油压表读数/MPa		11.0		19.0		27.0		35.0		37.0		
测力计锁定荷载/kN		409.0		791.1		1192.5		1536.3		1657.6		
理论荷载/kN		375.0		750.0		1125.0		1500.0		1650.0		

注 表中测力计荷载数值为单根钢绞线张拉完成后测力计累计测得数值。

根据试验数据，孔道内分级、分组单根循环张拉率定试验测力计测得数值最终锁定值与理论值基本一致，每根钢绞线呈现出类似的受力曲线及状态。

4.4 试验成果分析

各试验油压表与荷载关系曲线如图 2～图 4 所示。

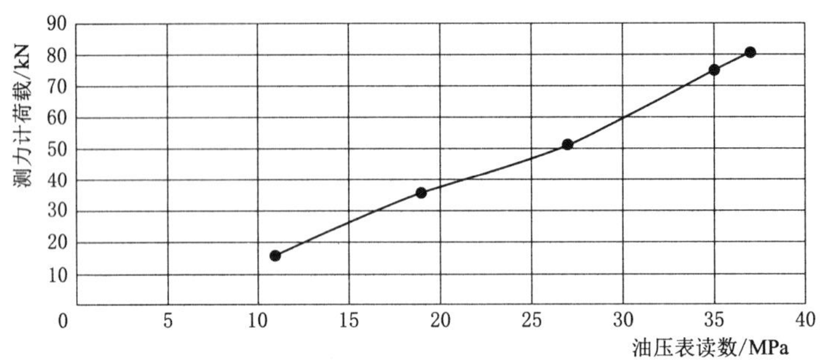

图 2　单根张拉试验油压表读数与测力计荷载关系曲线

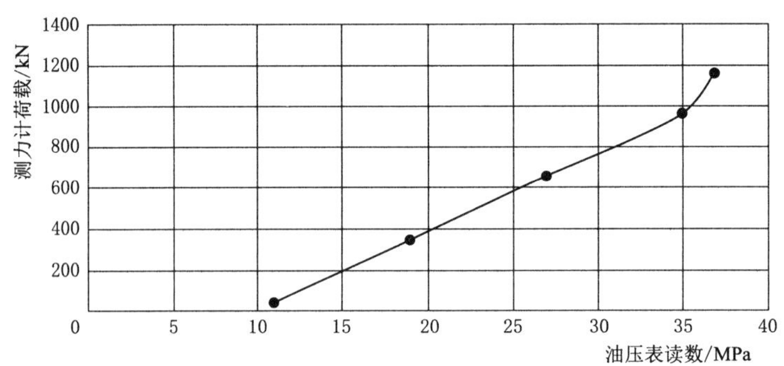

图 3　10 根张拉试验油压表读数与测力计荷载关系曲线

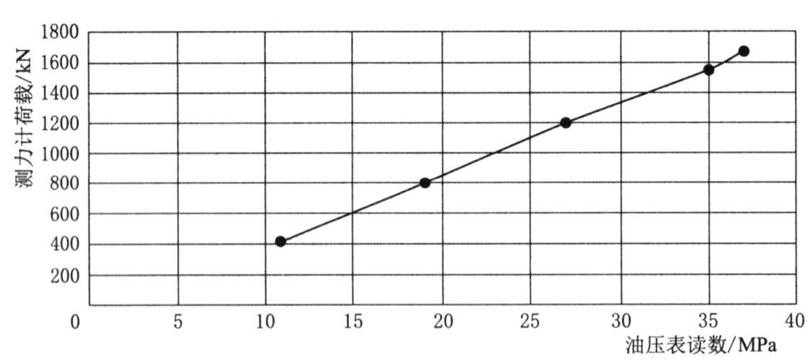

图 4　孔道内张拉试验油压表读数与测力计荷载关系曲线

（1）单根和 10 根钢绞线逐级、逐根循环张拉率定试验实测数据绘制出的油压表读数-测力计荷载关系曲线接近线性关系，但由于千斤顶拉 1 根，另外 9 根夹片受力，且由于钢绞线总长度较短，伸长值有限，卸荷至锁定期间，夹片回缩量占伸长值的比例较大，损失绝大部分应力，所以测力计显示的荷载值与理论值相差较大。此两种率定方法无法用于施工。

（2）孔道内分级、分组单根循环张拉率定试验绘制出的油压表读数-测力计荷载关系曲线接近线性关系并能推导出关系式，测力计测得的荷载与理论荷载基本一致，此种率定方法可用于施工。

通过后期对左岸边坡 34 台监测锚索锁定后 1d、2d、7d 监测数据采集与分析，锁定值均能达到设计吨位的 110％，锁定后的最大损失率为 2.49％，监测数据表明，监测锚索锁定质量及效果均满足设计及规范要求。

5 结语

压力分散型预应力锚索测力计孔外率定由于试验钢绞线有效张拉长度较短，伸长值有限，夹片将钢绞线锁定后需要用接近极限强度的拉力才能将夹片全部拉出，退锚安全风险极大，且试验钢绞线、挤压锚、夹片均报废，成本较高。结合孔道内锚索张拉施工一起进行率定，不再进行单独率定，不仅在施工现场具有可操作性，其结构、受力条件和状态与工作锚索基本一致，更具有代表性且节约了大量的时间及成本，安全风险低，此种率定方法更安全、高效，为类似工程施工提供了参考，值得推广与应用。

受管线影响的深厚砂卵石层基坑“强桩＋格栅”支护施工技术

曹富荣　张　侃

（中国葛洲坝集团市政工程有限公司）

【摘　要】城市地铁基坑施工受管线影响导致灌注桩无法连续的现象越来越普遍，深厚砂卵石地层基坑安全风险更加严重。研究采用合理的基坑支护技术，使得在开挖和主体施工过程中的基坑变形能够满足设计要求，具有很重要的应用价值。本文通过方案设计、现场应用及监测分析等手段，对跳桩部位的施工技术进行研究，结果表明：采用加强桩和双层格栅网喷支护措施，能够有效控制基坑变形和地面沉降，满足基坑围护结构变形要求。

【关键词】管线　砂卵石地层　基坑变形　加强桩　格栅

1　引言

在城市地铁基坑工程施工中，经常出现因管线影响而导致基坑支护结构无法按照设计要求进行连续施工，而在深厚砂卵石地层中基坑支护结构成型质量隐患大，进一步加剧基坑涌砂失稳风险，导致基坑安全事故发生。为了控制管线部位基坑变形，必须研究采用合理的支护技术，确保在进行土方开挖和结构换撑施工时的基坑安全可控。

2　工程概况

西安某地铁车站设计为地下二层岛式站台车站，基坑长 287.5m，标准段宽 22.7m，深约 17.3m，采用明挖顺作法施工。设计为钻孔灌注桩＋内支撑体系的支护形式，灌注桩直径 1.0m、间距 1.5m，嵌固深度 7.0m，采用三道钢管支撑，第一道支撑在桩顶冠梁上，第二道和第三道随开挖支撑在围檩上。基坑支护设计使用年限为 2 年，车站基坑安全等级为一级，监测等级为一级。

车站站址地貌单元属渭河一级阶地，场地地形较为平坦，地下水位介于 19.9～21.0m，位于基坑底以下，车站周边场地地下水属第四系松散层孔隙性潜水，受季节降雨影响，在雨季时基底存在滞水需要进行集中明排。根据详勘资料揭露地层情况，自上而下依次为：①素填土，层厚 0.3～4.4m；②黄土状土，层厚 6.0～12.2m；③中砂，层厚 0.5～6.8m；④圆砾，层厚 3.0～7.5m；⑤卵石，层厚 1.4～7.8m；⑥粉质黏土，层厚 3.5～9.2m。基坑开挖范围内的地层主要以黄土状土和砂卵石层为主，其主要土层物理力学性质指标见表 1。

表 1　　土层物理力学性质指标

土　层	天然密度/(g/cm³)	桩的极限侧阻力标准值/kPa	黏聚力 c /kPa	内摩擦角 ϕ /(°)	地基承载力特征值/kPa	土石工程分级
①素填土	1.70	20	15	10	—	Ⅱ
②黄土状土	1.74	75	30	22.5	140	Ⅱ
③中砂	1.95	80	0	32.5	270	Ⅰ
④圆砾	2.15	140	0	38	370	Ⅲ
⑤卵石	2.30	150	0	40	500	Ⅳ
⑥粉质黏土	1.94	70	30	20	190	Ⅱ

注　黏聚力 c 和内摩擦角 ϕ 为固结快剪试验下测定的指标值。

车站沿城市主干道纵向布置，周边无地上建筑物，根据地下管线物探资料揭露情况，在场地内遍布多条横穿车站基坑的管线，主要有现状燃气、给水、高压电缆、光纤、雨污水等，受征地拆迁影响及各产权单位规划差异，绝大部分管线无法进行改迁，导致在管线区域无法进行钻孔灌注桩连续施工，其中最大影响区域约 2m 范围内无法进行灌注桩施工，如图 1 所示。

3　基坑支护方案

根据西安地区砂卵石层深基坑的设计经验，一般多采用桩锚支护方案，随基坑开挖同时进行桩间网喷和内支撑的施工，由于该工程管线处桩间距 3m 大于原设计要求的 1.5m，不能满足基坑支护要求，结合场地地层分布情况，经研究房建等基坑工程施工经验，拟在管线部位采用大直径钻孔灌注桩和格栅联合（即强桩＋格栅）进行基坑支护。强桩基坑支护如图 2 所示，格栅基坑支护如图 3 所示。

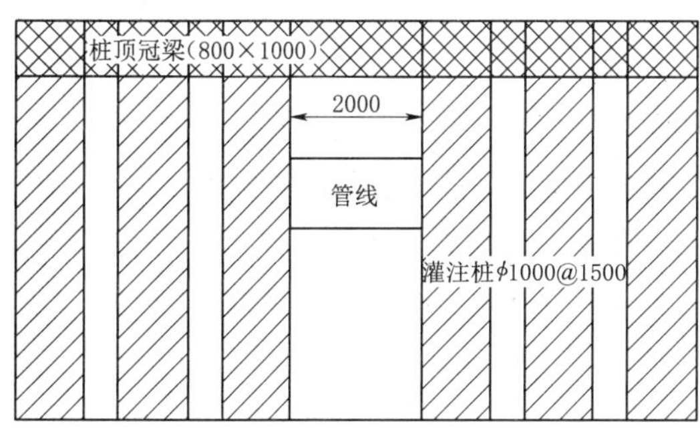

图 1　受管线影响的灌注桩施工

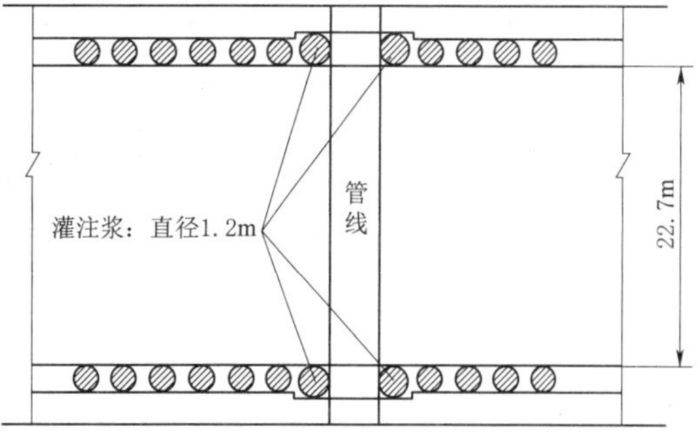

图 2　受管线影响的强桩基坑支护

（1）在管线两侧各施工直径 1.2m 的钻孔灌注桩。桩长同原设计，为 23.94m，嵌固深度为 6.6m，钻孔深度为 25.23m，桩中心向远离基坑方向偏移 0.2m，防止桩体侵入车站主体结构。桩顶冠梁截面尺寸由原设计 1m×0.8m 改为 1.2m×0.8m。灌注桩、桩顶冠梁及挡墙混凝土同原设计，分别为水下 C30、水上 C30。

（2）格栅随土方开挖自上而下每隔 0.5m 布置一道，上下格栅之间采用竖向 ϕ22mm 钢筋进行焊接连接，连接筋间间距为 0.5m，格栅与灌注桩主筋采用 ϕ22mm L 形钢筋帮焊

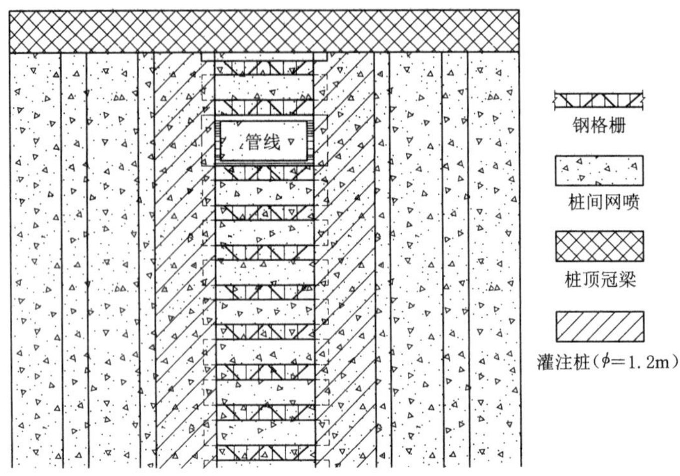

图 3 受管线影响的格栅基坑支护

连接，帮焊长度 25cm，格栅施工完成后挂钢筋网片并喷射 C25 混凝土。

4 基坑支护施工工艺

4.1 结构组成

（1）灌注桩钢筋笼竖向主筋由原设计 14ϕ25 调整为 14ϕ28，主筋净保护层为 70mm，螺旋箍筋及加强箍筋同原设计，分别为 10@100、20@2000。其中，加强箍筋为焊接封闭箍设置在主筋内侧，竖向每间隔 2m 设置一圈，与主筋点焊连接；灌注桩钢筋搭接采用单面搭接焊，单面焊长度大于等于 10d（d 表示钢筋直径），焊缝厚度大于等于 0.3d（d 表示钢筋直径），灌注混凝土时，桩顶超灌 0.5m 以保证桩顶混凝土强度。

（2）格栅主筋采用 ϕ25mm，架筋及定位筋采用 ϕ14mm，架紧与主筋双面焊接，格栅由钢筋加工厂进行预制，现场进行安装。格栅安装完成后，挂设钢筋网片（8@150×150），网片之间采用横向加强筋 ϕ14mm 连接，并用锚钉固定在桩体上，挂设完成后喷射 10cm 厚 C25 混凝土，格栅结构如图 4 所示。

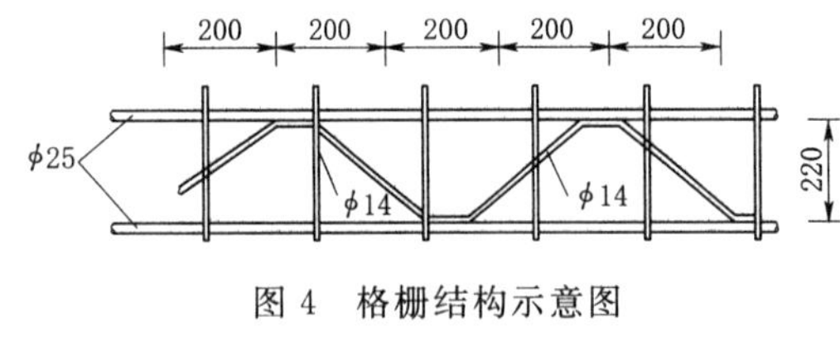

图 4 格栅结构示意图

4.2 施工工艺

整个施工过程主要包括：灌注桩及冠梁施工→管线悬吊保护→土方开挖→格栅及网喷支护→达到 50%强度后进行下一层土方开挖循环作业。如此循环支护至钢支撑位置时架设钢支撑，直至施工至基坑底。

4.2.1 灌注桩及冠梁施工

（1）采用旋挖机进行灌注桩钻孔，施工前进行测量放样与复核，确保钻孔与管线的间距不小于 30cm，防止钻孔时损伤管线。

（2）钻孔采用泥浆护壁（泥浆配合比为膨润土：碱：黄土：水=1：0.2：0.5：20），

在钻至砂卵石层（距地面 8m）时，为防止钻孔塌孔，向泥浆中加入 0.5m³ 黄泥。

（3）钻至设计标高后进行清孔，使得沉渣厚度不大于 30cm，成孔后及时下放钢筋笼并浇筑 C30 水下混凝土。

（4）待桩身强度达到设计要求后，进行桩头开挖，凿出桩头钢筋进行冠梁钢筋绑扎并浇筑混凝土，在管线附近进行桩头开挖时由人工进行开挖及清理，防止机械开挖施工破坏管线。

4.2.2 管线悬吊保护

（1）在冠梁上横向架设支撑梁，由人工进行开挖裸露管线。开挖前，先在管线底部掏孔，在支撑梁上横向放置型钢，用吊带和手拉葫芦将管线悬吊在横梁上，最后再开挖管线下方的土，将管线全部裸露出来。

（2）支撑梁采用六四式军用梁，共布置 2 道，每道长度为 24.7m，横梁采用型钢 HW250a，H 型钢每隔 3m 布置一道，每道长度为 3m，如图 5 所示。

4.2.3 土方开挖

（1）根据基坑内地层分布情况，在进行黄土层（0～8m）开挖时，每 2m 开挖一层；在进行砂卵石层（8～16m）开挖时，每 1m 开挖一层。

（2）先采用机械开挖出作业面（约 4m×4m），然后采用人工开挖，为保证网喷混凝土厚度并且防止侵限结构，开挖前后分别进行测量放点，严格控制水平掏挖深度，一般为 10～20cm，使得网喷混凝土能够满足设计支护强度要求。

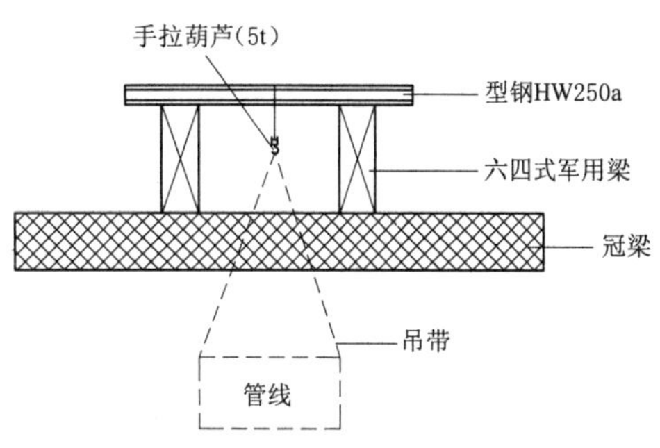

图 5　管线悬吊保护示意图

（3）在进行砂卵石层开挖时，为防止下一工序施工时网喷混凝土回弹量过大，开挖完成后，先挂设一层密目铁丝网（网孔 3cm×3cm，铁丝粗 1.8mm），并进行初喷混凝土（厚度 5cm），然后再进行后续格栅施工。

4.2.4 格栅及网喷支护

（1）将桩体外侧主筋凿出，格栅与 L 形钢筋预制完成后吊入基坑内，将格栅与桩体主筋通过 L 形钢筋相互搭接焊接在一起，格栅净间距为 50cm，安装完成后挂设钢筋网片，并喷射混凝土。

（2）为防止因钢筋网片和格栅钢筋太密，致使网喷混凝土无法密实布满间隙，在钢筋网片挂设完成后，向桩体间插入注浆花管并进行堵头封堵开口，待网喷完成后，向其中注入水泥浆，确保桩体间混凝土填充密实。

5 支护效果评价

为了随时掌握基坑的变形情况和安全稳定状况，以利于及时反馈信息，在施工过程中对基坑进行了监测，主要对基坑周边地表沉降、桩顶位移以及基坑坑壁主动土压力等进行量测并记录相关数据。

5.1 地表沉降

对在距离基坑 1m、3m、5m 位置的地表沉降观测点 B1、B2、B3 数据进行研究，其监测周期为自冠梁施工完成至结构顶板施工完成，变化曲线如图 6 所示。

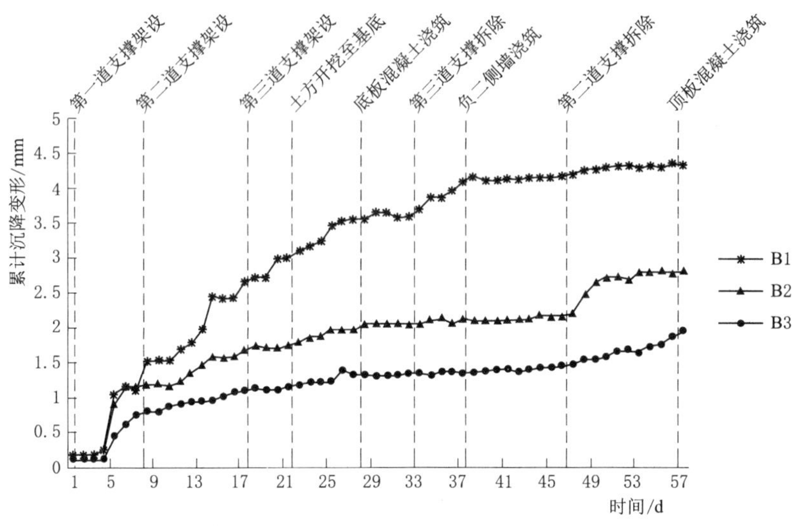

图 6 地表沉降变化曲线图

(1) 由图 6 可知，地表沉降值随距基坑的距离增加而非线性减小，表明地表变形模式为“三角形”，该部位产生的变形是由于随基坑开挖，管线部位的格栅网喷处理使得结构类似悬臂结构，由于开挖的卸载作用，致使基坑坑壁朝内倾斜，其背后土体向基坑方向移动，表现为地表沉降。

(2) 地表沉降累计最大为 4.32mm，沉降变化速率最大为 0.78mm/d，设计累计最大沉降为 30mm，变化速率控制值为 2mm/d，地表变形均满足设计控制要求，表明支护体系能够满足地表变形控制要求。

(3) 地表沉降累计变化主要集中在土方开挖施工期间，尤其是在第二道钢支撑架设与第三道钢支撑架设期间，地表变形表现为连续沉降，经分析是由于开挖至第二道支撑后，地层揭露出砂层，进行挂网喷射混凝土施工效率较低，支护相对滞后，此外由于为了便于施工而在坑壁处预先开挖的工作面致使桩间土体暴露过早，进一步加剧了基坑变形，表现为地表持续沉降。

(4) 在底板混凝土浇筑完成后地表沉降仍在持续发生，主要影响因素为钢支撑的拆除。经分析，在钢支撑拆除完成后，桩体结沟悬臂距离虽然变短，但是由于该部位进入主体结构施工高峰期阶段，地面行车荷载较大，有利地表沉降，而随着侧墙结构的施工抑制地表沉降，致使地表沉降变化呈现波动性增加。

5.2 桩顶水平位移

在桩顶冠梁处布置水平位移监测点，其监测周期为自冠梁施工完成至顶板结构混凝土浇筑完成，变化曲线如图 7 所示。

(1) 由图 7 可知，受基坑开挖影响，在开挖至第二道支撑前变形为向基坑方向移动；

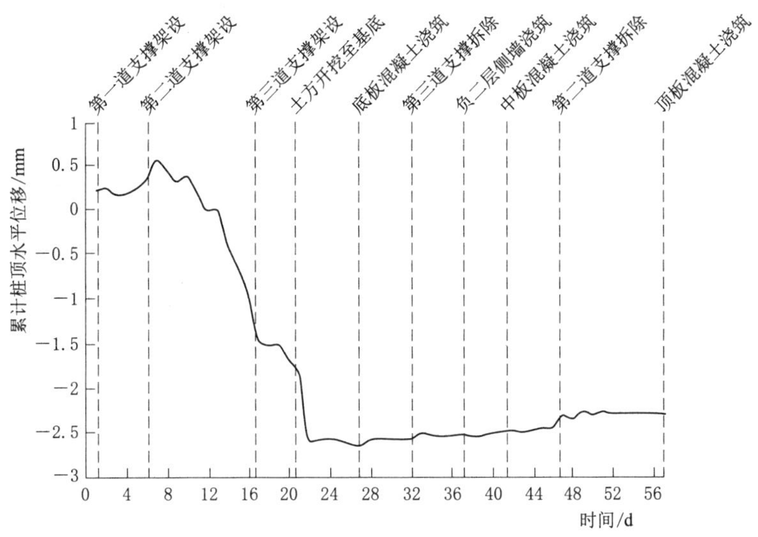

图 7　桩顶水平位移变化曲线图

在第二道支撑架设完成后，随着开挖深度不断加深，桩顶迅速向远离基坑侧移动，尤其在土方开挖至基底的期间，桩顶变形达到最大值。

（2）桩顶水平位移最大累计变形为 2.65mm，最大变化速率达到 0.77mm/d，设计累计最大桩顶水平位移为 30mm，变化速率控制值为 2mm/d，桩顶变形均满足设计控制要求，表明支护体系能够满足桩体变形控制要求。

（3）变形在底板混凝土浇筑完成后，基本趋于稳定，但在第三道支撑和第二道支撑拆除后分别表现为向基坑移动和向基坑外移动。经分析，这是由于拆撑后原支撑受力体系发生变化，桩体在背后土压以及剩余支撑和结构对其的约束下产生一定程度的弹性恢复变形。

5.3　基坑土压

在格栅施工前，在土体内放入土压测试计，分别在距第二道支撑中心、第三道支撑中心及基底以上 1m 的位置布置土压监测点，为防止因操作不规范导致监测数据失效，每排布置 3 个监测点，取中值数据进行分析，根据土方开挖期间的背后土压力变化指导支撑应力调整，分析拆撑后支护体系的结构受力情况，变化曲线如图 8 所示。

（1）由图 8 可知，基坑土压在开挖到第二道支撑后达到峰值，第二道支撑的架设能够有效改善基坑受力，进而控制基坑变形，使得基坑内外受力基本平衡。

（2）随着基坑开挖，第三道支撑的架设能够缓解第二道支撑所承受的主动土压力，使得基坑稳定下来。

（3）在钢支撑架设过程中应着重关注第二道支撑架设的轴力变化情况，当基坑出现紧急情况时，宜采取措施优先架设第二道支撑，确保基坑安全，避免基坑变形进一步恶化。

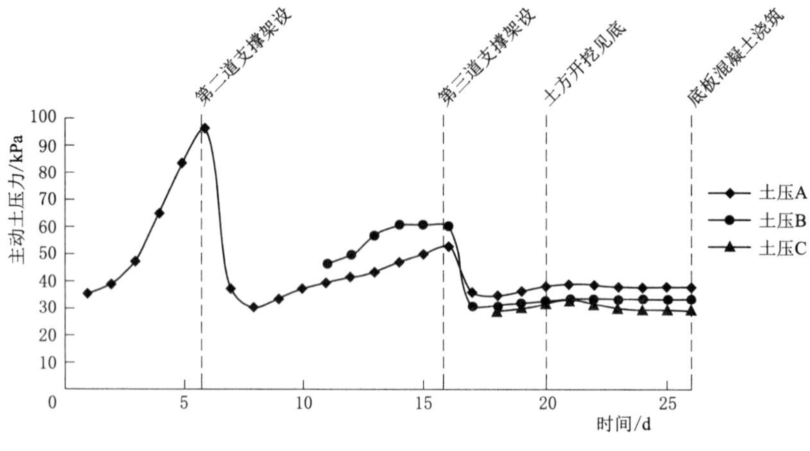

图 8　主动土压力变化曲线图

6　总结

（1）当地铁工程基坑支护结构施工受到管线等影响时，可以采取“强桩＋格栅”支护措施进行处理，该支护组合能够有效控制砂卵石层基坑及其周边地面变形，满足基坑支护要求。

（2）地表沉降变形模式为“三角形”，且变形持续时间较长，在结构施工期间受钢支撑拆除及行车荷载影响仍呈现波动性缓慢增长。此外，基坑的第二道钢支撑的及时架设能够有效抑制桩体位移及土压变化，施工时应加强对第二道钢支撑受力情况的监测。

（3）进行砂卵石层网喷支护施工时，宜挂设密目铁丝网，先初喷混凝土，能够减少喷射混凝土的回弹量，同时宜在桩体背后留设注浆管，当因钢筋网片布置过密致使喷射混凝土不密实后可以进行注浆填补。

文莱都东水坝工程导流洞进口高边坡防护处理

杨卫杰

（中国水电基础局有限公司；天津市地基与基础工程企业重点实验室）

【摘　要】鉴于文莱严禁使用炸药施工，在文莱都东水坝导流洞进口高边坡工程中，经研究采用挖掘机装配岩石专用挖斗直接开挖的方式。本文简要介绍高边坡开挖和支护方法。

【关键词】文莱都东水坝　高边坡开挖　双重防腐锚杆　挂网喷锚

1　工程概况

文莱都东水坝项目是文莱近年来建设的最大的水利工程项目，也是文莱的“三峡”工程。该项目开发的目的是保证向文莱摩拉地区和都东地区提供长期和可靠的水源，并保证在大坝修建完成后能够在枯水期有效控制从都东放水到下游的缺水地区。该项目主体工程包括23km进场路、塑性混凝土防渗心墙土石坝（坝顶长度500m、最大坝高44m）及输水工程，总合同工期为45个月。

根据地质勘察资料显示，工地表层的Belait岩由一系列深灰色的泥岩和砂岩构成，这些岩层相对来说较新。该岩层沿一定的倾斜角（1°～2.4°）向下游倾斜。各类岩石的性质如下：

（1）泥岩。颜色呈深灰色，强度为弱或者很弱（抗压强度1～5MPa），由石质材料间或沙砾材料构成。偶尔会出现薄层岩层组织，但大部分的岩层是中厚度的，石层间的裂缝十分紧密。长时间暴露在阳光下的石层会出现裂缝、沙化和软化现象。

（2）砂岩。颜色为浅灰色或棕色，细粒，非常稠密或密，稍胶结，强度为中度弱（抗压强度1～12.5MPa），中间夹杂强度高或强度非常高的物质，夹杂泥岩和煤斑。岩层变化很大，但岩体通常都很薄，或者说是中等岩床，不排除部分也会有厚实或者很厚实岩层出现的情况。岩层的连接处宽或者很宽，在岩床中极少出现不同岩床相接的情况。

（3）薄层状的砂岩、粉砂岩与泥岩。颜色为灰色或者棕色，有明显或者非常明显的纹路，通常强度弱或者非常弱（抗压强度1～5MPa）。岩层通常非常薄或者说是薄层状岩。裂隙之间的缝隙非常小，岩层稀松的地方裂缝也会变得稍微松弛。长期暴露在日光下会出现裂缝、沙化和软化现象。

除有厚冲积矿存在的谷底外，岩层一般位于当地地平面下0～5m深处，这些底层没有经受深度风化，在岩层1～2m的深度存在着刚开始风化或者轻微风化的岩石。

导流洞进口工程是该项目的控制性工程，主要包括高边坡开挖、双重防腐锚杆施工、挂网喷锚，该区域地质条件主要为泥岩和砂岩组成，砂岩强度最大可达12.5MPa。其中高边坡开挖支护从63.5m高程至24m高程，开挖和支护总高度为39.5m。

2 导流洞进口高边坡施工

2.1 施工方案

鉴于文莱严禁使用炸药施工，经研究，确定采用挖掘机装配岩石专用挖斗进行分层开挖、挂网喷锚和双重防腐锚杆等联合支护方案。

2.2 项目及试验

由于导流隧洞进口边坡支护采取挂网喷混凝土、双重防腐预应力锚杆联合支护形式，因此，在边坡施工前要做好挂网喷混凝土试验、双重防腐预应力锚杆试验等各种施工工序的准备工作。这些准备工作须首先得到监理的批准方能用于永久工程的施工。

项目施工所需砂石骨料、抗硫酸盐水泥、水、钢筋网片等各种原材料全部到位后，根据上报的配比方案进行喷混凝土试验。2010年8月2日，喷混凝土试验一次性通过，试块取样所得抗压强度、两层之间的结合力、密实度、孔隙率等各项指标均满足规范要求。

根据钢质锚杆腐蚀的原因及防护措施，项目采用注浆包裹保护法对锚杆进行双重防腐，双重防腐预应力锚杆试验于2010年10月23日在施工现场进行。双重防腐预应力锚杆的长度为15.5m，直径为40mm，试验检测的目的主要是验证双重防腐预应力锚杆所承受的拉力达到工作荷载以上，即310kN以上，另外主要是检测双重锚杆的极限抗拉力。试验位置选择在距离施工区域附近且地层相似的地方，在双重防腐锚杆注浆完成14d后，进行拉拔试验，拉拔检测结果满足规范要求且极限抗拉强度达到543kN。通过试验验证，挂网喷锚和双重防腐预应力锚杆各种试验指标满足规范要求，为项目按期开工奠定了坚实的基础。

2.3 施工方法

2.3.1 开挖施工

开挖从上至下分层依次进行，根据锚杆的间距为1.5m，为了方便施工，分层高度1.5m一层。边坡开挖前先清理开挖出至少4m宽的工作平台，以利开挖机械布置。开挖采用1m^{3}斗容的反铲挖装，土方直接堆放在坡面。在坡底处，用3m^{3}装载机装辅助挖装，用推土机集渣，用20t自卸车运至弃渣场或监理工程师指定地点。

为满足边坡稳定、限制卸荷松弛，开挖边坡的支护在分层开挖过程中逐层进行，上层初期支护完成后，才进行下层开挖支护。开挖完毕后，基础表面及边坡面上的松动岩石、裂隙发育部位岩石，采用人工撬挖清理干净，岩石尖角采用人工凿成钝角或圆弧。用高压风水枪将基岩面清洗干净，并按规范要求提交资料，经工程师认可后验收。

由于该工程岩石长期在日光下曝露会出现裂缝、沙化和软化现象，需及时覆盖混凝土或其他上部结构物。

2.3.2 锚杆施工

锚杆施工主要采用香港生产的双重防腐预应力锚杆，使用CM351钻机造孔，孔的倾角为15°，采用高压风将孔内岩粉和积水清除干净，孔内不得残留废渣、岩粉，并对钻孔的孔径、孔向、孔深及孔清洁度进行认真检查记录。

采取先安装锚杆后注浆的程序，锚杆注浆选用 BW250 注浆泵注浆，将注浆管插入至距孔底 5～10cm，注浆应匀速、连续注入，直到达到规范要求时停止注浆，并清理孔口所溢出浆液。锚杆注浆、安装完成后，应妥善保护，在浆液凝固前，不得敲打、撞击和拉拔锚杆。

2.3.3 喷射混凝土施工

2.3.3.1 施工准备

施工准备内容包括：测量放样、工作面清理、机具安装调试、材料及风水电准备等。

喷混凝土前对喷射工作面进行检查，并做好以下准备工作：搭设施工排架、清除开挖面的浮石、墙角的石渣和堆积物；处理好光滑岩面；对比较大的块体采取锚杆等加固措施；用高压风水枪冲洗喷射面，对遇水易潮解的泥化岩层，采用高压风清扫岩面；埋设控制喷混凝土厚度的标志；保证作业区照明充足。

喷混凝土的施工设备由干喷机、排架、搅拌机、空压机及输混凝土管路等组成。施工前应对上述设备进行安装调试，保证其性能满足施工要求。在空压机与喷射机之间增设小型贮气罐，保证供风压力稳定，避免喷射时混合料出现离析和脉冲现象。

喷混凝土设备就位后，砂石骨料、水泥、空压机所用油料等材料应及时就位并备料充分；同时对供风系统、供水系统、供电系统等进行调试，查看喷射管路和供水管路是否通畅。

2.3.3.2 排除地下水

对于有渗水部位，喷射混凝土施工时采取以下措施：

当涌水点不多时，先进行导水处理后再喷射；当涌水范围大时，设树枝状排水导管后再喷射；当涌水严重时，可设置泄水孔，边排水边喷射。

改变配合比，增加水泥用量。先喷射干混合料，待其与涌水融合后，再逐渐加水喷射。喷射时由远而近，逐渐向涌水点逼近，然后在涌水点安设导管，将水引出，再在导管附近喷射。

2.3.3.3 铺设钢筋网

按施工图纸的要求和工程师的指示，在指定部位进行喷射混凝土前布设钢筋网。使用 A393 钢筋网，其钢筋规格、钢材质量、网格尺寸须满足设计要求，施工时严格根据测量数据按照施工图纸确定钢筋网铺设边界，钢筋网沿开挖面铺设。为保证钢筋网与基岩之间保持 5cm 的距离，拟采用 5cm×5cm×5cm 的混凝土预制垫块，垫块按 2m×2m 布设，平整度较差的部位应适当加密垫块。

2.3.3.4 喷射混凝土

喷射混凝土作业分段分片依次进行，分缝分块根据实际施工强度确定，喷射顺序自下而上。在排水孔已施工的部位，采取孔口保护措施后喷混凝土。

喷混凝土一次喷层厚度为不超过 75mm。分层喷射时，后一层混凝土应在前一层混凝土初凝后进行。在喷射第二层之前，用风水将喷层面清洗干净。

喷射机作业严格执行喷射机的操作规程：连续供料；保持喷射机工作风压稳定；完成或因故中断喷射作业时，将喷射机和输料管内的积料清除干净。

喷射料束以螺旋式轨迹进行，按现场工艺试验确定喷射压力和行走速率均匀喷射，受喷距离0.7～1.2m，减少回弹。喷射时，喷嘴垂直岩面并稍微向刚喷射的部位倾斜，使回弹物受喷射料束的约束，避免与岩石撞击，减少回弹。

2.4 安全监测

为了保证边坡在开挖过程的安全，根据现场实际情况在开挖边坡顶部安装观测点，及时反映围岩的变形情况，以便岩体出现异常时保证人员和设备的安全。变形观测点在开挖过程中，观测点安装一周内每天测量两次，在变形观测点安装一周以后，每天观测一次，安装观测点两周后两天观测一次，等数据稳定后一周观测一次。如出现裂缝或滑动迹象时，立即暂停施工，将人员设备尽快撤离工作面，保证人员和设备安全。

2.5 边坡开挖和支护过程中防雨及排水设施

在边坡开挖时视情况及时完成开挖区顶部截、排水沟等排水系统的修筑，以控制坡面流水损坏开挖边坡造成新的安全隐患。在开挖过程中如遇下雨天气，应及时用雨布将开挖面覆盖，以免雨水冲刷开挖面，另外防止泥岩遇水软化等破坏开挖面。

在喷锚2h内或者在喷锚过程中遇到下雨天气，用雨布及时将喷锚区域覆盖，以免造成雨水冲刷喷锚面，影响喷锚质量。

3 施工成果

项目属于高陡边坡开挖，施工难度较大，因文莱严禁使用炸药施工，采用机械开挖施工设备平台又难以形成。机械安全性问题在开挖前进行了多次的论证。导流隧洞进口边坡于2010年底完成施工准备工作，2011年1月25日开始开挖。施工中克服了极端多雨气候、软岩遇水泥化、材料运输困难、高温作业等困难和干扰，于2011年9月初顺利完工。完成的主要工程量为：开挖方量4000m^3；双重防腐锚杆ϕ40mm、$L=15.5m$，720根；喷C30混凝土300m^3，厚度15cm；挂钢筋网ϕ6mm@20cm×20cm，6t；排水孔ϕ50mm、$L=5m$，共300m。

4 结语

文莱都东水坝工程导流隧洞进口边坡开挖属于高边坡开挖。在施工过程中没有发生任何安全事故，证明边坡施工方法是可行的。这得益于导流隧洞进口高边坡施工前准备充分，考虑全面；施工过程中严格按规范要求执行，措施得当。由于地质、气候等因素的影响，导流洞进口高边坡的施工方法不可能完全相同，但采用合理、规范的施工方法是确保高边坡施工安全的关键。只有通过大量反复的试验和实践才能得到最符合项目特点的施工方案。

向家坝水电站道路岸坡防护锚杆注浆试验

龚　晗　龚木金

（中国水电基础局有限公司）

【摘　要】 向家坝水电站右岸运输道路岸坡为含有大量漂石和孤石的覆盖层，设计拟采用15m长的注浆锚杆支护。为解决在大孔隙架空地层中的漏浆、跑浆问题，决定先进行锚杆注浆方法和浆液比选生产性试验。本文介绍了所采用的常规孔口封闭注浆、全孔套土工布注浆、部分套土工布注浆、膏状灰浆注浆及膏状砂浆注浆共5种注浆方法的试验情况和试验成果。试验结果表明：膏浆砂浆锚杆的密实度满足设计要求，且其抗拔力最大可以达到240kN。

【关键词】 向家坝水电站　岸坡防护　锚杆　注浆试验

1　工程概述

向家坝水电站右岸重件运输道路路面以下覆盖层边坡拟采用非预应力注浆锚杆进行支护（图1）。设计锚杆间排距为2m×2m和3m×3m，钻孔直径110mm，锚杆为直径36mmⅡ级钢筋，长度为16.3m，入坡深度为15.0m，外露1.3m，倾角10°。水泥砂浆的设计强度等级为30MPa，设计锚杆合格标准为注浆密实度不小于80%，并为设计提供该地层所承受的抗拔力。

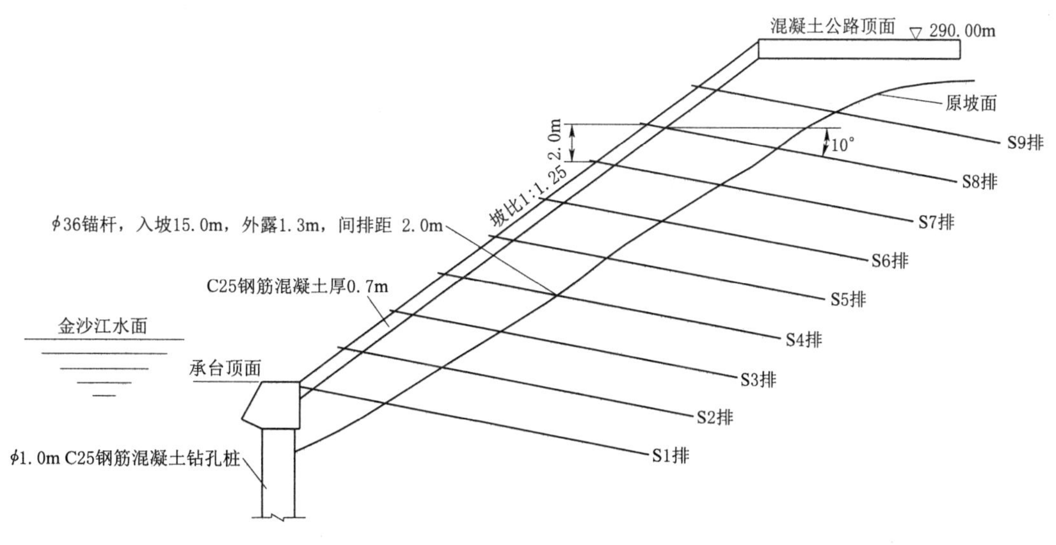

图1　向家坝水电站重件道路岸坡锚杆支护布置图

锚杆施工范围内均为架空严重的砂卵砾石层，且含有一定数量直径超过 1m 的孤石。松散覆盖层的锚杆支护完全不同于岩石的锚杆支护，存在的主要问题是浆液可能大量漏失，从而造成材料和工时的浪费，同时影响锚杆的承载力。为验证本工程覆盖层锚杆支护施工技术的可行性、锚固效果的可靠性和经济上的合理性，需进行生产性试验，以便为选择成孔方法、注浆材料、注浆参数等提供依据。试验重点为注浆材料和方法的选择。

2 试验布置及内容

根据现场情况，试验区域选在具有代表性的 0＋343～0＋385 段边坡上。此段挡墙顶部标高为 272～274m，以上的边坡上按“口”字形和 2m×2m 间距可布置锚杆 9 层，试验施工自下而上逐层进行。

业主、设计、监理、施工四方商定，采用常规孔口封闭注浆、全孔套土工布注浆、部分孔套土工布注浆、膏状灰浆注浆及膏状砂浆注浆等五种注浆方法和常规水泥砂浆、膏状灰浆、膏状砂浆三种浆液分别进行试验，试验施工工艺流程如图 2 所示。

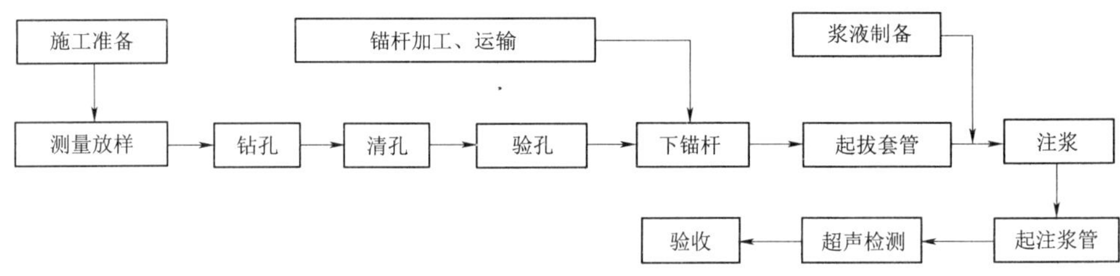

图 2　护坡锚杆试验施工工艺流程图

3 钻孔施工

钻孔要求：直径不小于 110mm，孔位偏差不大于 20cm，钻孔方向偏差不超过 3％，孔深偏差不超过 100mm。

钻孔采用锚杆钻机、风动潜孔锤跟管钻进的方法，套管直径不小于 110mm，采用专用锚杆量角器量测套管方向。控制孔斜的措施主要有：采用合理的钻进方法和工艺参数、稳固钻机、准确定向、控制钻速、不使用弯曲的套管等。钻进中应经常测斜，及时了解钻孔轨迹，一旦发现偏差过大应及时采取措施处理，直至满足要求。

4 锚杆制作与安装

锚杆钢筋连接采用直径 36mm 直螺纹钢套筒。孔内对中定位采用直径 6mm 钢筋制成的船型支架，呈“品”字形与锚杆焊接成一体，每隔 2.0m 设置一道，最大外径 80mm。锚杆外露 L 形弯钩阻碍套管起拔，故留在后期施工贴坡混凝土时再用钢套筒与孔内锚杆连接。

首先将加工好的锚杆运至施工作业平台上，校核锚杆长度并在锚杆上标明外露部分位置，绑扎好注浆管；然后再进行锚杆下设。注浆管采用外径 30mm、内径 25mm 的 PE 管，绑扎位置为距离锚杆底部不大于 10～20cm 处，不同的注浆方法略有不同。

5 套管起拔

起拔套管采用 75t 液压拔管机。当采用水泥砂浆注浆时，要求在锚杆和注浆管下入孔内后将套管全部拔出后再注浆；当采用膏状浆液注浆时，要求边注浆边拔管，即锚杆安装后不立即拔除全部套管。管靴的内径比外径小 30mm，为防止内径较小的管靴将锚杆带离孔底，起拔套管时由专人负责检查锚筋是否活动。

6 锚杆注浆试验

6.1 水泥砂浆注浆

6.1.1 注浆材料

水泥采用华新牌 P·O42.5 的普通硅酸盐水泥，砂采用最大粒径小于 2.5mm 的天然中细砂，外加剂为 NOF－1C 干粉减水剂。试验室提供的 M30 水混砂浆施工配合比见表 1。

表 1　　M30 水泥砂浆配合比

编号	水：水泥：砂	减水剂/%	稠度/mm	材料用量/(kg/m³)				抗压强度/MPa	
				水	水泥	天然砂	减水剂		
1	0.40：1：1	0.3	110	345	864	864	2.59	7d	43.2
2	0.40：1：2	0	41	240	602	1204	1.81	7d	35.0
3	0.45：1：1	0	137	371	825	825	2.48	7d	38.5
4	0.45：1：1.2		—	347	772	926	2.32	—	—
5	0.45：1：1.4		—	323	718	1005	2.15	—	—

常规注浆试验施工时采用四个不同配合比进行现场浆液搅拌试验后，选择便于施工的 3 号、4 号、5 号配合比（水灰比为 0.45：1，掺砂量不同）浆液进行注浆试验，其中 4 号、5 号配合比通过现场逐级增加砂量来调整。

6.1.2 浆液拌制与注浆设备

水泥砂浆采用双层低速 2×100L 型灰浆搅拌机拌制，按配合比将水泥浆搅拌好后再加入配合比规定的天然砂，搅拌均匀后再用 3SNS 型灌浆泵灌注。

6.1.3 注浆方法

（1）常规孔口封闭注浆试验。采用 0.5MPa、1.0MPa 和 1.5MPa 三种灌浆压力进行孔口封闭常规注浆试验。试验在 274m、286m、290m 三个不同高程各选取 1 孔进行。锚杆下设后将孔口封闭，通过注浆管向钻孔内注浆，灌注流量均为 30～35L/min。注浆时按逐级增加压力的方式进行。由于孔内漏浆严重，孔口回浆管无回浆，无法正常升压。

（2）全孔套土工布注浆试验。土工布套直径为 150mm，锚杆安装时土工布套随锚杆下至孔底。在距孔底不大于 10cm 处的锚杆上绑扎 1 根注浆管，在距孔口 2m 处绑扎 1 根排气管。注浆时将孔口外露土工布套绑扎密封，采用 0.45：1：1 水泥砂浆灌注，灌注流量均为 20～36L/min。注浆前对布套进行压水试验，当压力为 0.06MPa 时土工布套被压破，因此注浆只能在0.06MPa以下压力进行。

根据设计、监理要求，后来又增加了长度为2m和4m的拉拔试验孔，孔数分别为4个和2个，布置在第S3排以上0.5m处，水泥砂浆配合比为0.45：1：1。

（3）部分孔套土工布注浆试验。锚杆下部6m为锚固段，不套土工布；上部9m自由段采用土工布套住锚杆，土工布套直径为150mm。土工布套在距锚杆底部6m处及孔口处，分别用6～8道铁丝绕绑扎，注浆时绑扎头不得漏浆。锚固段和自由段的锚杆上绑扎注浆管和排气管各1根。锚固段注浆管绑扎在离孔底不大于20cm处，排气管绑扎在距孔底6m处的布袋外；上部布袋内注浆管绑扎在离布袋底部不大于50cm处，布袋内排气管绑扎在距孔口0.5～1m处。

采用0.45：1：1水泥砂浆灌注。先对布套内灌注，布套内注浆至排气管回浆后升高压力至0.2MPa，当流量小于4L/min时，屏浆10～15min后再灌注布套外的锚固段（后调整为注满布套后适当增加压力即可结束注浆）。当布套外的排气管回浆，注浆压力不小于0.3MPa（平均压力为0.38MPa），注浆流量小于4L/min时，屏浆10～15min即可结束注浆。

6.2 膏状浆液注浆试验

6.2.1 注浆材料

灌注膏状浆液在块石架空的复杂地层中的扩散范围易于控制，浆液流失量较小，有利于以最少浆量较好地充填和胶结锚杆周围的地层，提高锚杆的承载力。

水泥采用华新牌P·O42.5普通硅酸盐水泥；砂采用最大粒径小于1.5mm的天然细砂，掺量为水泥用量的10%～15%；粉煤灰采用华能珞璜牌一级粉煤灰，掺量为水泥用量的20%～30%；膨润土采用湖南澧县生产的Ⅰ级膨润土，掺量为水泥用量的3%～5%；外加剂为NOF-1C干粉减水剂，掺量为水泥用量的1%。

采用0.43：1：0.34、0.47：1：0.44、0.43：1：0.41、0.41：1：0.45（水：水泥：粉煤灰＋膨润土＋砂）四个配合比进行浆液搅拌试验后，选择最稠且强度满足要求的0.41：1：0.45浆作注浆试验（表2）。

表2　　膏状浆液配合比表

水胶比	水：水泥：其他材料	外加剂/%	材料用量/(kg/m³)						备注
			水	水泥	砂	粉煤灰	膨润土	外加剂	
0.3：1	0.41：1：0.45	1	455	1120	112	280	112	11.2	掺砂10%

6.2.2 浆液制备与灌注设备

制浆设备为专用膏浆搅拌机，转速为200～500r/min，浆液搅拌时间不少于3min。搅拌时先加水，再加水泥，待水泥浆完全搅拌均匀后加入其他材料。灌注设备为3SNS灌浆泵及CE50型膏浆泵。

6.2.3 注浆方法

由于膏状浆液注浆工艺要求边注浆边拔管，故套管即为注浆管。注浆时先将套管内填满浆液，再通过升高压力向孔内注浆，注浆压力为0.3MPa，当注浆流量为小于4L/min时，屏浆10～15min即可起拔一根套管，重复上述注浆过程直至孔口即可结束全孔注浆。

试验先采用3SNS灌浆泵按表2配合比进行了膏状灰浆（不掺砂）边拔套管边注浆、膏状砂浆（掺砂10%）边拔套管边注浆、膏状砂浆（掺砂15%）先拔管后注浆三种工艺试验各2个孔。前者注浆平均压力为0.43MPa，平均单位注浆量为57.63L/m；次者注浆平均压力为0.4MPa，平均单位注浆量为44.1L/m；后者注浆平均压力为0.24MPa，平均单位注浆量为96.63L/m。

后来又采用专用的CE50型膏浆泵按表2配合比（掺砂10%）进行了边拔管边注浆试验，注浆平均压力为0.48MPa。

根据设计、监理要求，增加了施工长度2m的拉拔试验孔4个。拉拔试验孔布置在第S2排以上0.5m处，也按表2配合比（掺砂10%）膏状砂浆采用边拔管边注浆的方法进行施工。

6.3 各注浆试验成果

边坡锚杆生产性试验成果统计见表3。

表3　边坡锚杆生产性试验成果统计表

锚杆注浆工艺	施工根数	钻孔进尺 /m	注浆量 /L	水泥用量 /kg	用砂量 /kg	平均单根注浆量 /L
孔口封闭常规注浆	9	132.27	35326.95	27846.02	31826.73	3925.22
全孔布套注浆	10	148.32	10090.87	7835.85	8400.19	1009.09
6+9土工布套注浆	57	782.71	78345.97	65909.98	79861.41	1374.49
膏状灰浆注浆	6	81.73	5355.36	6339.57	1934.58	889.2
膏状砂浆注浆	10	142.21	8156.87	9453.52	3875.98	815.68
拉拔试验孔	10	26.0	2330.10	2146.59	1648.11	233.01

7 试验检测

7.1 拉拔试验检测

套土工布水泥砂浆注浆锚杆拉拔试验检测成果见表4。膏状浆注浆锚杆拉拔试验检测成果见表5。

表4　套土工布水泥砂浆注浆锚杆拉拔试验检测成果

序号	锚杆编号	龄期 /d	锚杆埋深 /m	设计拉拔力 /kN	实测拉拔力 /kN	破坏程度	备　注
1	S3+1	15	2	70	240	锚杆拔出	套土工布注浆
2	S3+2	17	2	70	140	锚杆拔出	套土工布注浆
3	S3+3	17	4	140	220	锚杆未损坏	套土工布注浆
4	S3+4	17	2	70	240	锚杆未损坏	套土工布注浆
5	S3+5	18	4	140	190	锚杆拔出	套土工布注浆
6	S3+7	17	2	70	190	锚杆拔出	套土工布注浆

表 5　　膏状浆注浆锚杆拉拔试验检测成果

序号	锚杆编号	龄期/d	锚杆埋深/m	实测拉拔力/kN	破坏程度
1	S2+1	8	2	240	锚杆完好
2	S2+2	8	2	240	锚杆完好
3	S2+3	8	2	拉拔力达到 140kN 时混凝土底座被移动，检测未完成	
4	S2+4	8	2	205	锚杆破坏

7.2 密实度无损检测

全孔套土工布注浆共 10 孔，检测 2 孔，检测率为 20%，合格率为 100%；常规孔口封闭注浆 9 孔，检测 3 孔，检测率为 33.3%，合格率为 0%；膏浆注浆 16 孔，检测 16 孔，检测率为 100%，合格率为 66.6%；部分孔套土工布注浆 16 孔，检测 14 孔，检测率为 87.5%，合格率为 85.7%。

8 结论

通过上述试验，可以得出锚杆注浆适宜工法的建议：

(1) 常规孔口封闭注浆的流量较大，难以达到灌浆结束标准，灌浆过程中不能升压，单孔灌浆时间较长达 3～4h/孔，灌浆量达 3.925m^3/孔，且密实度检测结果不能满足设计要求。

(2) 全孔套土工布注浆压力受土工布承受能力限制，注浆压力稍有增加或不稳定时土工布套即破裂。虽然检测结果表明锚杆杆体密实度较好，但仅在土工布套内的注浆不能形成锚筋与周围土层的良好黏结，影响锚固作用的发挥。

(3) 部分套土工布注浆在布套内注浆的性质和效果与全孔套土工布注浆相同；布套外注浆的性质和效果与常规孔口封闭注浆相同，在孔隙较大的部位灌浆范围难以控制，无损检测成果表明密实度的缺陷分布在该 6m 段上。

(4) 膏状砂浆的黏聚性较好，在压力的作用下既能较好地充填、黏结锚杆四周的松散、架空地层，又不会大量流失。膏浆砂浆锚杆单根（长 15m）注浆量仅为 843.26L，密实度检测合格率平均为 93.8%，满足设计要求；锚杆的抗拔力最大可以达到 240kN。

(5) 灌注膏状砂浆虽单价较高，但单位注入量较小，且不需采用土工布袋和注浆管，因此其综合成本较低，具有较好的技术经济效果，适合本工程的具体情况。

新型生态护坡技术在水环境治理中的应用

周守国　汪天宇　王根峰

（中国葛洲坝集团市政工程有限公司）

【摘　要】开封市作为国家级历史文化名城、文化旅游胜地，古城水系治理迫在眉睫。东护城河为一渠六河项目中的一条重要河流，自北向南穿越“三园一市”，其中汴京公园段施工区域狭小，要打造滨水景观效果、提升生态河道，同时起到防洪排涝作用，施工难度大。通过对水系治理现状分析，采用新型生态河道护岸结构形式，并在本工程中进行应用，既满足提升滨水景观效果，又满足河道体系的防洪排涝功能，且有利于河道系统的生态建设。

【关键词】水系治理　生态河道护岸　工字连锁块　格宾石笼　膨润土防水毯

1　工程概况

开封市作为国家级历史文化名城、文化旅游胜地，是河南中原城市群中心城市之一，古城水系治理迫在眉睫。在此情况下，开封市委市政府立项建设一渠六河连通综合治理工程。其中，东护城河自北向南穿越“三园一市”，即铁塔公园、体育公园和汴京公园及宋都市场，北起东京大道，南止于南护城河与惠济河交汇处，全长4.56km。主要施工内容包括五大部分，即水利工程、桥涵工程、道路工程、园林景观工程、截污工程。本文涉及的新型生态护坡技术主要应用于汴京公园段水系治理，全长约400m。

2　地质气象条件

开封市位于黄河南岸，属黄河冲积扇平原，为第四纪松散层所覆盖，沉积物深达300～500m。地势总趋势由西北向东南倾斜，平均坡降为1/5000，海拔多在5～78m。工程区域高程一般为70.05～73.93m，高差3.88m。地貌单元为黄河冲洪积、泛滥平原区，地貌单一。

区域内被第四系地层覆盖，埋深200～300m，第四系沉积较完整，由砂类土及黏性土组成，呈多层结构。根据钻探揭露，在勘探深度内地层共分4大层，第四系全新统冲洪积（Q_4^{al+pl}）：黄褐色、灰黄色。岩性主要为粉质黏土、粉土、粉砂、细砂及中砂，广泛分布在本区，厚15～40m。上部覆有第四系全新统素填土和杂填土，下部为第四系全新统冲洪积形成的粉土、粉质黏土和粉细砂。

开封市属暖温带大陆性季风气候，四季分明，光照充实，气候温和，雨量适中。冬季寒冷干燥，春季干旱多风沙，夏季高温多雨，秋季天高气爽。年均气温为14.52℃，年均无霜期为221d，年均降水量为627.51mm，降水多集中在7月、8月。工程区近30年平均冻土深度为7cm，最大冻土深度为18cm。

开封黄河段地处下游，河面宽阔，水流缓慢，河床高出地面8m，为著名的悬河地段。东护城河流域面积为15.39km^2，排涝标准为20年一遇。东京大道至大学路段20年一遇的排涝流量为17.6m^3/s，大学路至曹门桥段20年一遇排涝流量为24.2m^3/s，曹门桥至惠济河口段20年一遇排涝流量为29.3m^3/s。

3 工程特点及技术措施

汴京公园段水系治理施工区域狭窄，原设计河道开挖宽度约24m，周边房屋密集，河道沿岸现有大型苗木、设施较多，开挖红线内需移除建筑、设施及沿河树木较多，增加施工难度，在土方开挖和降水过程中，可能会危及周边房屋安全，施工便道和施工导流等施工设施布置困难。按照传统施工方法在狭窄的空间里打造滨水景观效果、提升生态河道，同时起到整治河道防洪排涝作用，施工难度较大。

在汴京公园段水系治理施工区段研究新型生态护坡结构形式，将连锁工字块、格宾石笼、土工布、膨润土防水毯等进行结合，减小河道开口断面，打造在狭窄河道段的生态护岸，既满足河道体系的防洪排涝功能，又有利于河道系统的生态建设。

4 新型生态护坡结构设计及施工

东护城河全线河岸原设计为重力式C20混凝土挡墙护岸（图1）。根据河道沿线环境条件，穿越汴京公园段河道为了保留原河道苗木，经研究，将该河岸护坡形式优化为连锁工字块护坡砖＋格宾石笼＋土工布＋膨润土防水毯生态护坡（图2）。

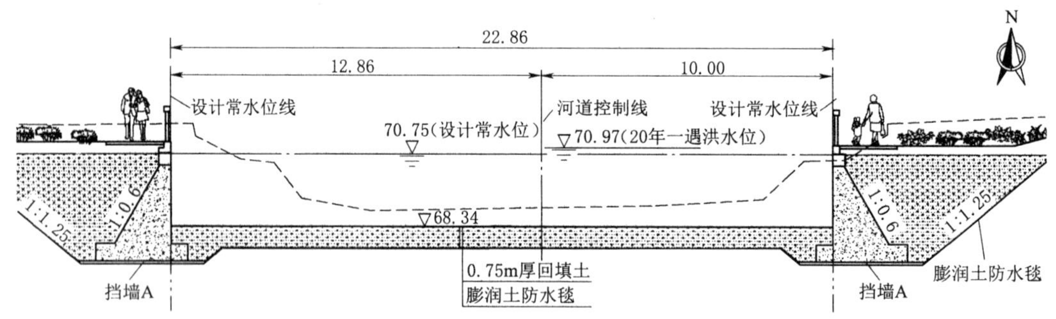

图1 原设计河道断面示意图（截选断面）

4.1 施工工艺流程

施工工艺流程：施工准备→测量放线→河道及边坡开挖→格宾石笼施工（底部防水毯铺设→回填土→土工布铺设→格宾石笼安装）→混凝土齿墙施工→连锁工字块护坡砖施工（防水毯铺设→回填土→土工布铺设→连锁工字块砌筑）→坡顶压顶施工。

4.2 防水毯铺设

4.2.1 膨润土防水毯铺设前的准备工作

（1）完成基底清理、碾压及刷坡，做好下料分析，画出膨润土防水毯铺设顺序和裁

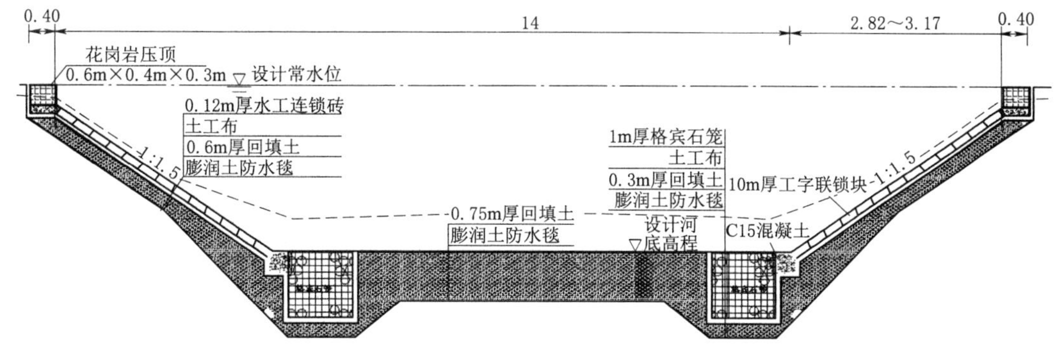

图 2　汴京公园段河道断面示意图（截选断面）

剪图。

（2）检查膨润土防水毯的外观质量，记录并修补机械损伤和生产创伤、空洞等缺陷。

（3）膨润土防水毯的施工应在无雨、无雪天气下进行，施工时如遇下雨、下雪应用塑料薄膜进行遮盖，防止膨润土防水毯提前水化。

4.2.2　膨润土防水毯铺的铺设

（1）按规定顺序和方向分区分块进行防水毯的铺设。

（2）铺设时，垫与垫之间的接缝应错开，不形成贯通的接缝。

（3）膨润土防水毯搭接面不得有沙土、积水（包括露水）等影响搭接质量的杂质存在。搭接宽度应为 20～25cm，防水毯应自然松弛，与支持层贴实，不宜折褶、悬空，在搭接底层的边缘 15cm 处均匀撒上膨润土干粉（或膨润土胶泥），其宽度为 15cm、重量为 $0.4kg/m^2$。搭接时，搭接处膨润土干粉应先喷水活化黏合后压实，并保证平整。

（4）膨润土防水毯两边的土工织物分别为无纺布和编织布，铺设时无纺布应对着遇水面（朝向），编织布面朝下。

（5）铺设过程中应随时检查膨润土防水毯的外观有无破损、孔洞等缺陷。发现有孔洞等缺陷或损伤时，应及时用膨润土干粉（膨润土胶泥）或用破损部位尺寸放大 15cm 以上的膨润土防水毯及膨润土干粉（膨润土胶泥）进行局部覆盖修补，边缘部位按搭接的要求处理。

4.3　回填土及土工布铺设

（1）回填土施工前确保搭接及锚固部位、膨润土防水垫全部处理完毕。

（2）回填 300mm 厚素土后进行夯实。

（3）回填土施工是保证膨润土防水毯防水效果的非常关键的环节，必须符合下列要求：

1）铺设施工完的防水垫，必须于当日（最多不超过两日）完成回填施工。

2）所有回填土最好用砂子或过筛后的土，土中不得含有 10mm 以上的石子等杂物。

3）在夯实、压实过程中，注意不要损坏防水毯，如有损坏，须按要求进行修补。

回填土碾压完成后，及时进行土工布铺设，土工布铺设时的搭接长度参照防水毯执行。铺设宽度两侧应超出格宾石笼不小于 50cm。

4.4 格宾石笼安装

4.4.1 填充料

（1）填充料必须是坚固密实、耐风化好的石料，不得使用薄片状石料，所用石料性能参数应符合设计要求，填充材料容重应不小于 1.70t/m^3。

（2）格宾石笼内填充石料的粒径为 10～25cm，应满足有 90%以上的粒径不小于 1.5～2.0 倍直径。

4.4.2 格宾网箱施工

格宾石笼技术参数见表 1。

表 1　　格宾石笼技术参数表

规格型号	长度/m	宽度/m	高度/m	隔板间距/m
	2	1	0.4	1.0
网孔型号	网孔型号/mm	D/mm	网孔尺寸允许偏差	网面钢丝
	90×110	90	±5%	2.7
钢丝参数	钢丝类型	网面钢丝	边丝	绑扎钢丝
	钢丝直径/mm	2.7	3.4	2.2
	钢丝直径允许偏差/mm	±0.04	±0.06	±0.04
	最小镀层量/(g/m^2)	250	275	220
	镀层最薄处厚度/μm	≥30	≥32	≥25
	钢丝力学性能应符合 YB/T 5294—2009 规定。 未编制成网片前钢丝抗拉强度应大于等于 350MPa、伸长率应大于等于 10%			

注　网垫长度 2.0m，宽度 1.0m，高度 0.4m，并在其中部设置一片隔断网片。长度宽度允许误差±3%，高度允许误差 2%。

（1）格宾笼箱的基底应碾压密实，预防不均匀沉降。

（2）间隔网与网身应成 90°相交，经绑扎形成长方形网箱组或网箱。绑扎线必须是与网线同材质的钢丝。每一道绑扎必须是双股线并绞紧。

（3）相邻网箱组的上下四角各绑扎一道，相邻网箱组的上下框线或折线，必须每间隔 25cm 绑扎一道。

（4）填料时必须同时均匀地向同层的各箱格内投料，严禁将单格网箱一次性投满。填料施工中，应控制每层投料厚度在 30cm 以下，一般 1m 高网箱分四层投料为宜。

（5）填充石料应密实，空隙处宜以小碎石填塞。裸露的填充石料，表面应以人工或机械砌垒整平，石料间应相互搭接。

（6）封盖必须在顶部石料砌垒平整的基础上进行，必须先使用封盖夹固定每端相邻结点后，再加以绑扎。封盖与网箱边框相交线，应每相隔 25cm 绑扎一道。

4.5 连锁工字块护坡砖施工

（1）连锁工字块砌筑前，由测量人员进行放线测定标高和坡顶位置，使其坡脚高程在一水平线上，减少坡面渐变段分缝的设置，提高美观效果，并在坡面上下两端设立固定标杆挂线，控制连锁工字块砖厚度，铺设过程中采用直尺靠测，确保坡面平整。

（2）铺设前，应在铺设范围外将连锁砖上的泥垢冲洗干净并洒水湿润，铺设时保持砌石表面湿润，孔洞应垂直于护坡受压面铺设。

（3）根据设计图纸连锁砖基础与坡脚齿墙紧密衔接，由于边坡呈曲线连锁砖基底与齿墙紧靠顺铺时，设置渐变段分缝，分缝形式和位置以现场实际情况确定。

（4）铺设方向为长边顺河铺设，从坡脚至坡顶连接相扣铺设。

4.6 护坡压顶

护坡压顶形式采用 12cm 厚 C15 混凝土上部设置花岗岩压顶，压顶石尺寸为 0.6m×0.4m×0.3m，待混凝土强度达到设计强度后在上部安装花岗岩压顶石。

5 结语

通过开展狭窄河道段水环境治理研究，形成了“连锁工字块护坡砖＋格宾石笼＋土工布＋膨润土防水毯”的新型生态河道护岸结构型式，并在工程中得到成功应用，采用新型的河道护岸结构型式，避免了对河道两侧原状苗木的破坏，保证了施工安全，加快了施工进度，节约了成本，提升了该段范围滨水景观效果，既满足河道体系的防洪功能，又有利于河道系统的生态建设。为以后类似狭窄河道段水环境治理项目提供了一种可借鉴的结构型式。

云南鲁甸红石岩堰塞体右岸高边坡治理措施研究

李文炜[1]　占鑫杰[2,3]　赵明华*[4,5]　程　凯[6]　叶玉麟[4,5]　肖恩尚[4,5]

（1. 河海大学土木与交通学院；2. 南京水利科学研究院岩土工程研究所；
3. 水文水资源与水利工程国家重点试验室；4. 中国水电基础局有限公司；
5. 天津市地基与基础工程企业重点实验室；
6. 中国电建集团昆明勘测设计研究院有限公司）

【摘　要】 本文基于云南鲁甸红石岩堰塞体整治工程，介绍了堰塞体右岸高边坡的基本情况和施工过程中存在的问题。由于右岸高边坡在治理工程实施阶段余震不断、暴雨频发，导致了边坡岩体进一步开裂掉块，边坡治理难度加大，治理现场工作受到影响。为保障施工安全，顺利推进堰塞湖整治工程的实施，需要对边坡的治理方案进行调整。在右岸高陡边坡布置监测设备，对变形及裂缝发展情况进行监测，基于监测数据对现有施工方案进行了优化。红石岩右岸高边坡的治理方案为：从上至下清除顶部及边缘危岩体、倒悬体，对开挖坡面及崩塌后形成的坡面进行喷锚支护结合局部预应力锚索加固；中部软弱条带采用锚拉板加固；中部缓倾平台外边缘设置挡渣墙和被动防护网。

【关键词】 红石岩堰塞体　高边坡　监测　治理措施

2014 年 8 月 3 日，云南省鲁甸县发生 6.5 级地震，在鲁甸县火德红乡李家山村和巧家县包谷垴乡红石岩村交界的牛栏江干流上形成堰塞湖。堰塞湖形成后，通过采取多项应急抢险及后续处置措施，使堰塞体安全度过 2014 年汛期，暂时解除了溃堰风险。为促进地区经济发展，选择对残留的堰塞体进行永久整治，拟建造一座 201MW 的水电站，不仅可以消除地震可能引发的洪水等次生灾害，同时可以满足下游供水和灌溉的功能。

在施工过程中发现，红石岩右岸高边坡工程的地质条件复杂，治理难度极大。如按原方案对边坡进行彻底清挖处理，造价过高，施工工期长，难以满足原定工期目标要求。且鲁甸当地余震不断，降雨较多，导致高陡边坡频发落石、危岩体坍塌、裂缝发育等风险，给施工带来了许多问题。因此对红石岩堰塞体右岸高陡边坡进行现场监测，结合监测结果和地勘资料对原施工方案进行优化，本文着重介绍红石岩堰塞体右岸高陡边坡治理的相关成果。

基金项目：国家重点研发计划（2018YFC1508504）；中央级公益性科研所基本科研业务费重点项目（Y320012）；天津市科技计划项目（20YDLZSN00280）。

1 工程地质条件

红石岩堰塞体右岸高边坡为崩塌堆积体，根现场地质调查资料分析，该崩塌体上部为灰岩、白云岩，下部为砂泥岩、页岩，坡体结构呈上硬下软的岩质边坡。坡面岩体发育三组节理，即横河向陡倾节理、顺河向陡节理及层间节理。边坡岩体上硬下软，边坡岩体沿软岩形成压致拉裂变形，在地震作用下沿顺河向卸荷裂隙在其他结构面组合作用下产生大面积崩塌，形成陡峻高大的崩塌边坡。右岸边坡震后地形为整体呈一台阶状地形，上部滑床后缘为陡崖，最大高度约 350m，中部形成一个横河向缓倾向下游的斜面地形，在此斜面以下为陡崖。右岸岩层倾向山里偏下游，岩层产状 N20°～60°E，NW∠10°～30°。

右岸未发现较大规模的断裂构造，仅在右岸边坡缓倾斜面发育断层 F_5（N5°～15°W，SW∠40°～50°），由碎裂岩及断层泥组成。根据断层的性质、分布位置和规模综合分析，认为对山边坡抗滑稳定有一定影响，但该断层上盘岩体在“8・03”地震时已滑落，目前边坡上的岩体未形成明显的分离体。受地震影响，右岸高边坡顶部卸荷裂隙发育，卸荷张裂缝多见，原陡崖顶部约 60m 范围内裂缝分布较多。坡面卸荷变形缝发育间距 5m，呈锯齿状延伸，方向近东西，平行坡面。其他变形缝规模大小不一，以平行坡面方向为主，其次为与坡面正交的变形缝及岩体与覆盖层间的变形缝。从缝的平面形态观察，以锯齿缝及平直缝为主，错台不明显。

根据坡顶裂缝发育程度以及边坡危险性程度，对原坡顶稳定性进行分区评价，可分为三个区（图 1）：Ⅰ区为边坡不稳定，范围为距悬崖边 10～30m 断续延伸裂缝外侧条带状地面，除该边界裂缝外，带内裂缝纵横交错，宽度 1～40cm 不等，岩体明显松弛，有随时塌落的可能，目前已将其挖除；Ⅱ区为边坡稳定差，范围为Ⅰ区以里至距悬崖边 40～60m 的条带状地域，该区裂缝时有发育，但密度相对较小，宽度一般小于 15cm，肉眼看不出

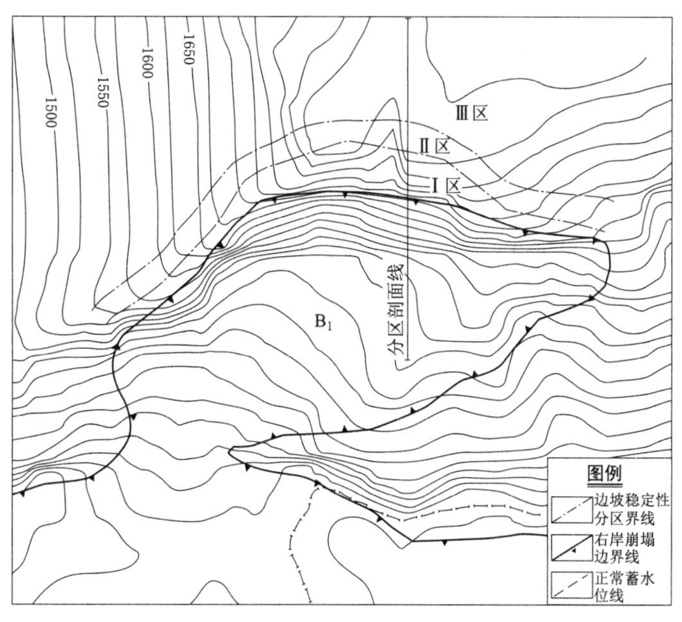

图 1　右岸崩塌体坡顶稳定性分区示意图

明显错台，但在下部边坡变形调整过程中仍有失稳的可能，目前已将其挖除；Ⅲ区为边坡基本稳定，范围为Ⅱ区以外，该区未发现明显裂缝，坡面基本稳定，在自然状态下，边坡再造不会延伸到该区，目前局部较危险区域已挖除，开挖边坡以及坡顶已增加监测点，监测数据显示开挖后的边坡变形数据较小。

2 现场监测

2.1 现场情况

右岸高边坡高程 1765m 以下，中部及上游区域边坡危岩已基本清理完成，根据设计要求，部分区域已做喷混凝土处理（图 2）。

图 2 高边坡高程 1765m 以上部分开挖支护完成

高程 1765m 以下，中部及上游区域在上部边坡开挖支护过程中的倒渣冲刷及后期的人工清除危岩后，部分支护已完成，边坡已基本稳定；下游区域横河向、顺河向节理裂隙发育，裂隙目前继续发展趋势明显（图 3）。裂隙与岩层层间结构面共同作用导致边坡岩体松散，在雨水、地震作用下极易发生坍塌。

图 3 高边坡高程 1765m 以下中部及上游区域边坡处理

2.2 高程 1765m 以上开挖边坡监测

如图 4 所示，高程 1765m 以上开挖边坡安装 10 个 GNSS 监测点、3 套多点位移计、5 个锚索测力计。

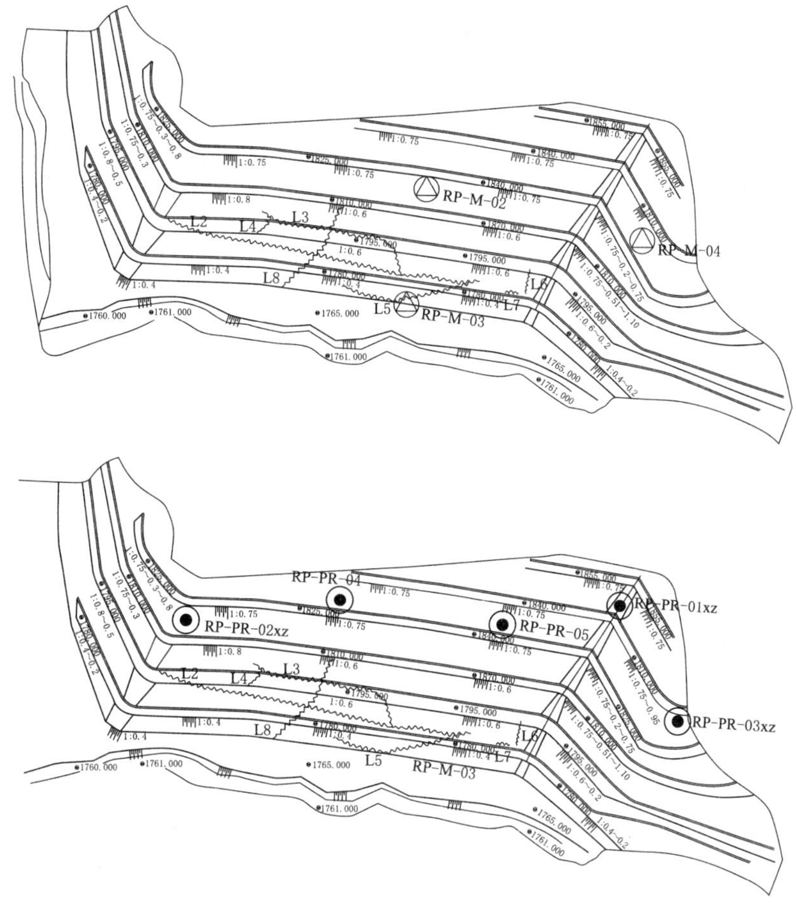

图 4　高程 1765m 以上部位边坡变形监测布置图

位移监测结果如图 5 所示。从图中可知，截至 2017 年 9 月 17 日，坡面监测点水平合位移介于 1.3～15.3mm，垂直位移介于－29.8～12.9mm，各测点位移波动变化，无明显位移增大变形趋势。3 套多点位移计于 2016 年 12 月实施完成。至 2017 年 9 月 9 日，多点位移计孔口变形介于－1.65～0.15mm，变形量值较小，各测点测值变化总体处于稳定状态。

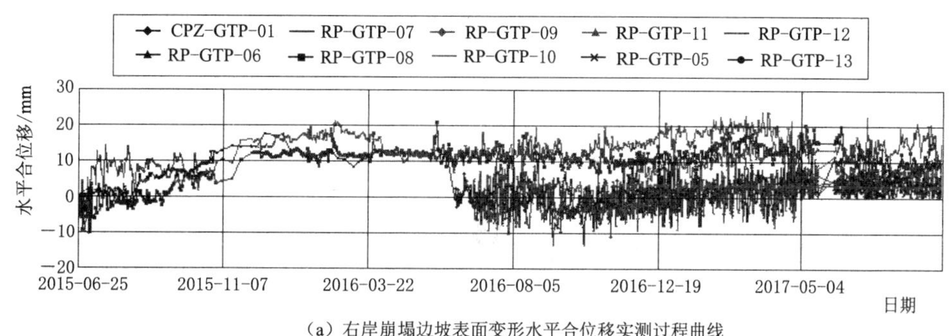

(a) 右岸崩塌边坡表面变形水平合位移实测过程曲线

图 5（一）　高程 1765m 以上部位边坡变形过程曲线

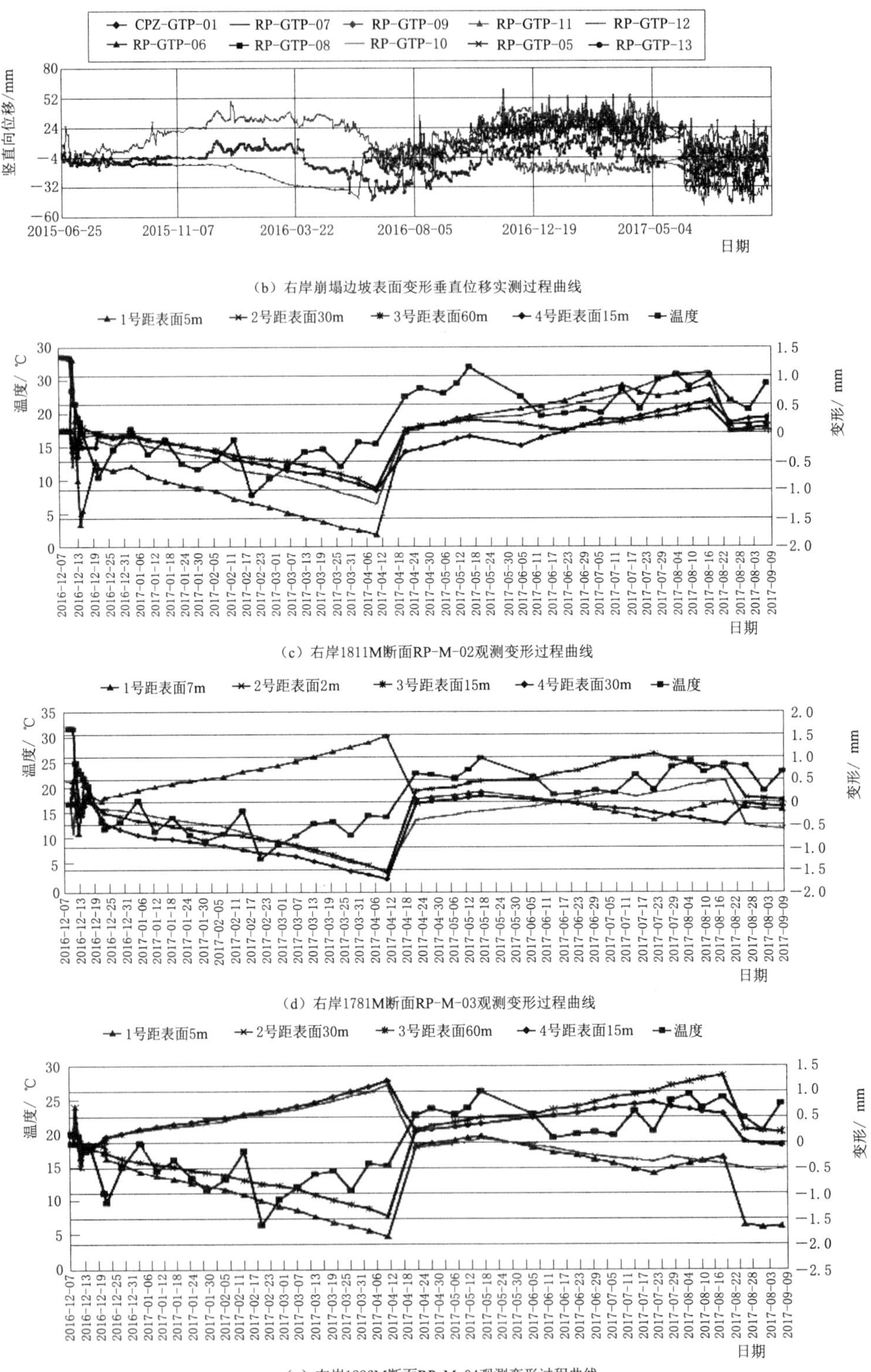

（b）右岸崩塌边坡表面变形垂直位移实测过程曲线

（c）右岸1811M断面RP-M-02观测变形过程曲线

（d）右岸1781M断面RP-M-03观测变形过程曲线

（e）右岸1826M断面RP-M-04观测变形过程曲线

图 5（二） 高程 1765m 以上部位边坡变形过程曲线

右岸边坡锚索测力计的监测结果如图6所示，各监测锚索锁定荷载介于1569.3～1643.4kN。2017年10月7日，各测点锚索荷载介于1674.02～1866.53kN，为设计荷载的0.84～0.93，锁定后荷载变化量为30.62～297.23kN，荷载损失率介于－18.9%～－1.9%。

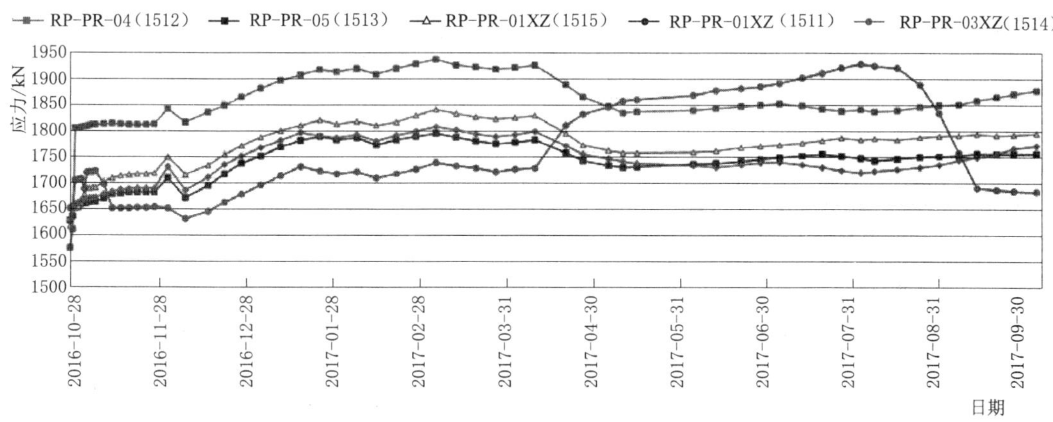

图6　高程1765m以上部位边坡预应力锚索应力监测曲线

监测数据显示，高程1765m以上部位的边坡稳定性良好，采取的开挖支护措施可靠有效。

2.3　高程1765m以下边坡监测

如图7所示，在下游侧Ⅰ、Ⅱ类危岩区布置了34个测点。2017年8月11日开始观测，截至2017年10月11日19时，水平变形量最大为177.7mm，沉降量最大为219.7mm。11～20、25～27测点位移增大趋势较明显，水平位移变形速率介于1.17～2.93mm/d；垂直位移变形速率介于0.35～3.02mm/d。监测期间，水平和垂直位移增大趋势及速率变化均未收敛。

高程1765m平台下边坡表面变形监测曲线如图8所示，由图可知，下游侧边坡坡面危岩区处于缓慢变形过程，危岩体稳定性较差。

图7　高程1765m平台下边坡表面变形监测布置

2.4　裂缝监测

如图9所示，右岸查坪子L1裂缝目前共布置4支测缝计。监测结果如图10所示，至2017年9月17日，查坪子边坡裂缝开度在2.54～11.58mm，裂缝开度自2017年3月以来处于基本稳定状态，未出现明显增大趋势。崩塌陡坡区域开口线外裂缝目前开度为11.58mm。

2.5　监测结果总体分析

(1) 根据红石岩右岸高边坡高程1765m以上部位的变形、裂缝及锚索应力计监测数据表明，红石岩右岸高边坡整体稳定性满足要求，高程1765m以上部位开挖支护完成后

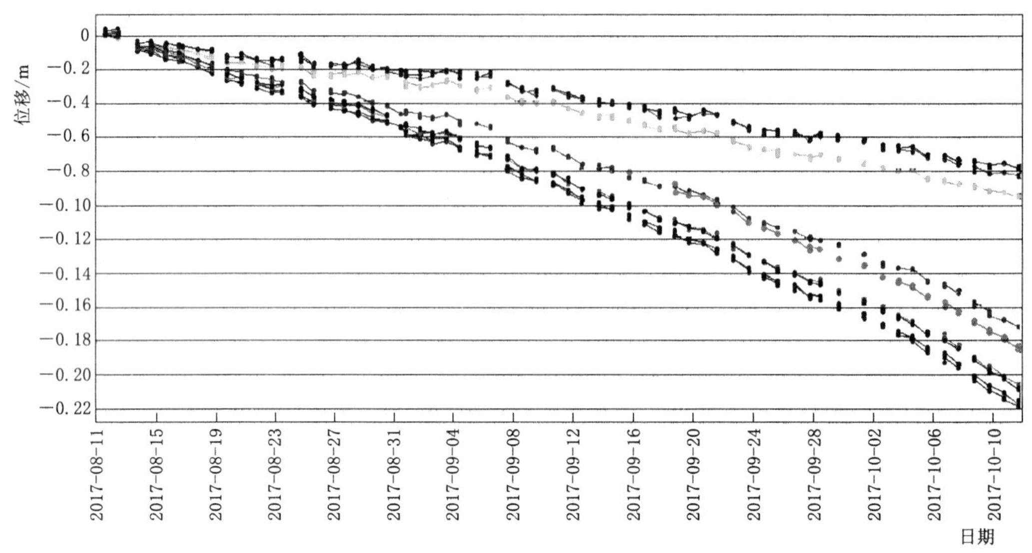

图 8　高程 1765m 平台下边坡表面变形过程线

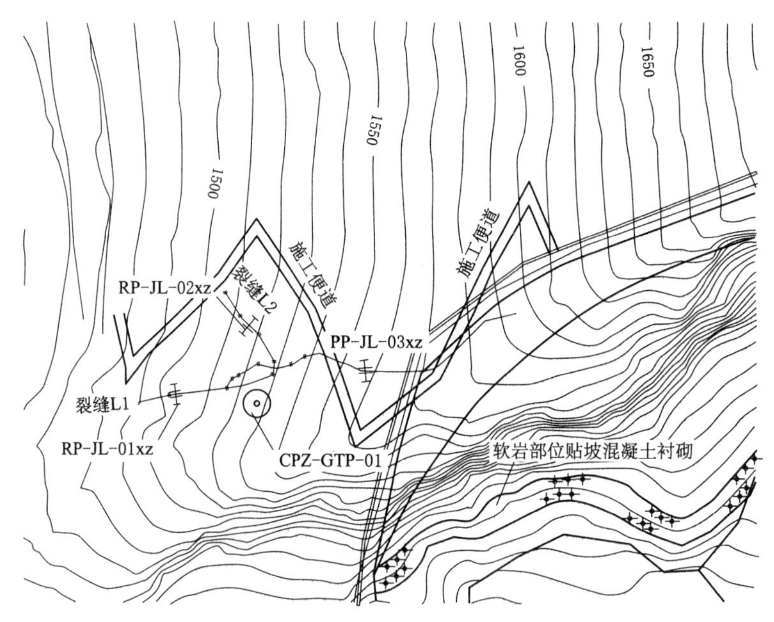

图 9　原有裂缝测缝计布置

稳定性良好。

(2) 红石岩右岸高边坡下游侧坡表的卸荷裂隙及结构面长期暴露并受暴雨及地震的影响，力学性质恶化，加剧了裂隙的开展贯通。在重力作用下，上部岩体挤压下部软弱条带，产生了明显压缩变形并导致顶部岩体倾倒拉裂，形成了较大规模的潜在不稳定体。

（a）RP-JL-01实测过程曲线

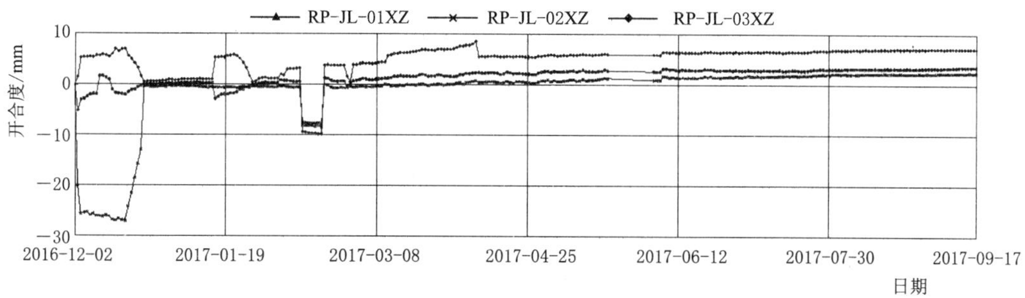

（b）RP-JL-01XZ、RP-JL-02XZ、RP-JL-03XZ实测过程曲线

图 10　测缝计监测曲线

3　现场施工所存在的问题

原设计方案主要包括：

（1）对高程 1765m 以上松动开裂的岩体做挖除处理，同时对开挖边坡表面做喷锚支护并布置预应力锚索。

（2）高程 1470～1765m 做清坡处理，清除上下游侧开口线附近倒悬岩体、坡面上的松动及倒悬岩体。清坡后素喷 C20 混凝土（厚 0.10m）进行表面封闭保护，并布置预应力锚索及混凝土锚拉板。

（3）上下游侧高程 1765m 以下区域清除倒悬部位岩体，清除明显开裂松动岩体。

（4）高程 1470m 缓倾平台区域清理表面崩塌体松渣，并在缓倾平台外侧布置一道被动防护网。

但在实际施工中发现，彻底对边坡进行清挖处理的方案造价高，施工工期长，难以满足原定工期目标要求，且在施工现场遇到了较多问题，极大地影响了施工进程。右岸高边坡施工现状如图 11 所示。

3.1　余震不断、暴雨频发、危岩体坍塌

余震引起右岸高边坡局部危石或危岩体掉落［如图 12（a）所示，2017 年 3 月 26—28 日，高程 1520m 处危岩体多次发生坍塌，崩塌体最大粒径约 3.5m］。在雨水的作用下，坡面右岸高边坡裂缝不断增加［如图 12（b）所示］，严重影响其下部堰塞体上防渗墙的施工，安全隐患极大。

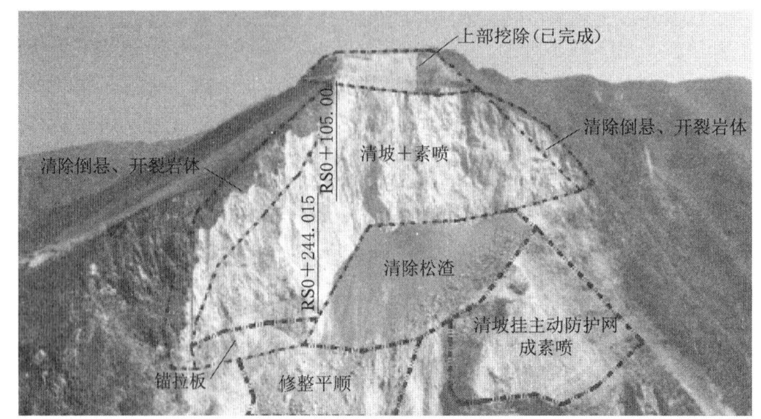

图 11　右岸高边坡施工现状图

(a) 右岸高边坡坍塌滚石砸坏施工设备

(b) 右岸高边坡顶新增裂缝位置

图 12　现场施工过程遇到的问题

3.2　治理难度极大，边坡裂缝开展及变形得不到控制

地震后形成的右岸崩塌边坡总高度约 620m、宽约 1000m，上部崩塌后缘为陡崖，后缘上部有很多裂缝，上部为厚层、巨厚层灰岩、白云岩，下部为页岩、砂岩，呈上硬下软结构。岩层面倾下游偏坡内，上下游侧陡倾角卸荷裂隙发育，下游侧顶部顺坡向节理发育，存在很多危岩体（图 13），时有掉块发生，危及下部防渗墙施工安全，给边坡治理带来极大的难度。

4　右岸高边坡治理措施

鉴于目前右岸高边坡上部危岩分布现状，根据监测数据、现场勘查及补充计算分析成果，结合施工安全、工期要求及工程投资进行综合考虑，拟对右岸高边坡治理方案进行优化：由于监测资料显示危岩体变形仍在持续发展，采用挂主动防护网及喷混凝土封闭无法控制变形发展，并对危岩部位进行开挖处理。同时取消正面边坡喷混凝土并在上下游侧开口线条带增设主动防护网。具体如下：

(1) 稳定性较好区域取消素喷混凝土。根据现场实际情况及监测数据分析，高程 1765m 平台至下部缓倾平台之间陡崖正面边坡、上游侧中下部边坡完整性较好，经过地震

图 13　监测危岩体及裂隙情况

后两年多的观察，坡面残留危石较少，对下部三洞进口边坡的施工影响较小，因此取消高程 1765m 平台至下部缓倾平台之间陡崖正面边坡的素喷混凝土。

（2）上、下游侧增加主动防护网。针对高程 1765m 平台以下，上、下游边坡将原素喷混凝土 10cm 改为挂主动防护网＋喷混凝土 20cm 的支护方式。此方案增加主动防护网，施工人员利用主动网作为施工通道，解决陡坡段无法喷混凝土施工的问题。

（3）坡顶危岩体清挖。对右岸高边坡下游侧坡顶高程 1620～1685m 危岩体（Ⅰ类危岩区）采用抛掷爆破的方式直接解爆至高程 1620m。开挖边坡坡面采用系统挂网喷锚支护。

（4）坡面危岩体区域局部开挖支护。对右岸高边坡下游侧下部高程 1660～1500m 边坡采用分台开挖的方式进行处理，开挖坡比根据实际地形确定，上游侧 1∶0.15、下游侧 1∶0.3，每台边坡高度 20m。高程 150～1470m 采用一次性开挖，开挖高度 30m，坡比 1∶0.3。开挖边坡坡面采用系统挂网喷锚支护，并于高程 1595m、高程 1585m、高程 1575m、高程 1545m 和高程 1535m 各布置一排 2000kN 级预应力锚索进行加固。

（5）坡脚防护墙。为保证右岸高边坡下部堰塞体防渗工程施工时的安全，在高边坡坡脚（即堰塞体防渗墙施工平台）约高程 1209m 布置一道防护墙，墙高 7m，采用重力挡墙形式，墙顶布设 7m 高被动防护网，可防止不可预见的零星小掉块。

（6）软岩条带支护范围调整。鉴于目前高程 1470m 平台堆渣量较大，受目前施工道路限制及上部边坡开挖处理影响，挖除弃渣难度较大。堆渣覆盖也可达到封闭软弱条带的效果，且堆渣体较厚，压脚效果明显。堆渣稳定性满足要求。因此取消靠近上游侧的软岩条带混凝土封闭及锚索施工，调整支护范围。缓倾平台有堆渣覆盖的软岩条带取消锚拉板，锚拉板施工完成后上游侧再覆盖堆渣保护。

5 结语

（1）根据红石岩右岸高边坡高程1765m以上部位的变形、裂缝及锚索应力计监测数据分析表明，红石岩右岸高边坡整体稳定性满足要求，高程1765m以上部位开挖支护完成后稳定性良好。

（2）红石岩右岸高边坡下游侧坡表的卸荷裂隙及结构面长期暴露并受暴雨及地震的影响，力学性质恶化，加剧了裂隙的开展贯通。在重力作用下，上部岩体挤压下部软弱条带，产生了明显压缩变形并导致顶部岩体倾倒拉裂，形成了较大规模的潜在不稳定体。

（3）结合地质调查成果，对红石岩右岸高边坡的治理方案进行了优化，包括：①上下游侧边坡增加主动防护网；②对于稳定性较好的区域，取消喷混凝土；③爆破清除下游侧坡顶高程1685～1620m的危岩体；④对高程1660～1470m边坡进行系统分台开挖喷锚；⑤对边坡下部压缩区岩体及软弱条带进行加固；⑥在防渗墙墙顶布设被动防护网。

参考文献

［1］ 赵增华，周祥，赵俊翔．堰塞湖整治工程安全管理措施综述［J］．建筑安全，2021，36（7）：63-65.

［2］ 邢恩达，卢斌强，曹丽，等．露天矿高边坡稳定性监测与分析［J］．科技通报，2021，37（6）：89-94.

［3］ 黄凯湘，温忠义，彭卫平．土岩组合高边坡稳定性分析与治理［J］．城市勘测，2021（3）：200-204.

［4］ 邓雷．高速公路改扩建路堑高边坡施工安全防护技术要点研究［J］．工程建设与设计，2021（12）：150-153.

［5］ 陈钦庭，程小栓．粤境某山区高速边坡稳定性及动态设计浅析［J］．低碳世界，2021，11（6）：223-224.

［6］ 寿立永，崔拥军，李向阳，等．石灰岩矿山高陡边坡稳定性控制与生态修复初探［J］．中国非金属矿工业导刊，2021（3）：70-73.

［7］ 王天森．峡谷高边坡施工技术研究［J］．绿色环保建材，2021（6）：120-121.

［8］ 魏嘉玮，廖捷．阳春市某在建高速公路路堑高边坡支护设计优化分析［J］．中国水运（下半月），2021，21（6）：129-130，133.

［9］ 张魁．某高速公路顺层路堑高边坡病害处治［A］．中国公路学会，世界交通运输大会执委会，西安市人民政府，陕西省科学技术协会．世界交通运输工程技术论坛（WTC2021）论文集（上）［C］．中国公路学会，世界交通运输大会执委会，西安市人民政府，陕西省科学技术协会，中国公路学会，2021.

［10］ 孟志军．红光路半填半挖路基及其高边坡防护施工分析［J］．成都工业学院学报，2021，24（2）：51-54.

［11］ 王曙光，陈亚洲．贵州山区路堑边坡失稳机理与处治对策［J］．交通科技，2021（3）：72-75.

［12］ 霍伟，姜嵩，李斌．复杂环境下露天石灰石矿山高陡边坡的安全开采［J］．现代矿业，2021，37（4）：65-68，72.

［13］ 方美平，董梅，Rafig Azzam．基于高频高精监测技术的施工期高速公路高陡边坡安全防控技术研究［A］．中冶建筑研究总院有限公司．2020年工业建筑学术交流会论文集（下册）［C］．中冶建筑研究总院有限公司，工业建筑杂志社，2020：7.

[14] 宋子岭，王振，刘文坊. 陡边坡技术的边坡形态优化 [J]. 辽宁工程技术大学学报（自然科学版），2020，39 (5)：381 - 389.
[15] 袁博. 川藏公路安久拉山口高陡边坡滚石灾害特征与防护结构研究 [D]. 济南：山东建筑大学，2020.
[16] 缪海宾. 抚顺西露天矿高陡边坡蠕变-大变形综合预警及防治技术研究 [D]. 阜新：辽宁工程技术大学，2020.
[17] 何金城. 某露天矿高陡边坡稳定性分析及土地复垦适宜性评价 [D]. 绵阳：西南科技大学，2020.
[18] 陈晶晶，张兵兵，蓝宇，等. 高陡边坡下民采空区处理技术分析 [J]. 工程爆破，2019，25 (6)：85 - 89.
[19] 段峻峰. 西藏某高陡露采边坡稳定性分析与优化 [J]. 现代矿业，2019，35 (11)：218 - 221，229.
[20] 侯征，朱自强，许小燕，等. 预应力锚索锚固力监测点经济高效布设方法研究 [J]. 金属矿山，2019 (11)：54 - 61.
[21] 韩亚兵. 某多台阶排土场堆置参数优化分析及稳定性研究 [J]. 世界有色金属，2019 (14)：165 - 166.
[22] 李海涛，胡硕鹏. 高陡边坡开挖支护技术在水利工程边坡处理中的应用研究 [J]. 科技风，2019 (25)：112 - 113.

云南鲁甸红石岩堰塞体左岸高边坡稳定性分析及治理措施研究

李文炜[1]　占鑫杰[2,3]　赵明华*[4,5]　程　凯[6]　叶玉麟[4,5]　肖恩尚[4,5]

（1. 河海大学 土木与交通学院；2. 南京水利科学研究院 岩土工程研究所；
3. 水文水资源与水利工程国家重点试验室；4. 中国水电基础局有限公司；
5. 天津市地基与基础工程企业重点实验室；
6. 中国电建集团昆明勘测设计研究院有限公司）

【摘　要】本文基于云南鲁甸红石岩堰塞体改造工程，介绍了堰塞体左岸高边坡的基本情况和工程地质条件。首先分析了左岸高边坡在自然条件下的稳定性情况，结合震后踏勘及监测成果，初步判定边坡整体基本处于稳定状态。基于GNSS变形监测技术及测缝计，对边坡位移变化进行了监测，现有监测结果进一步验证了稳定性分析结果。但左岸高边坡存在较多危岩体，给堰塞体整治施工带来了极大的不确定性，因此采用以被动防护为主的整体防治措施。最后，结合现场监测和稳定性分析等结果，制定了系统监测、仅对陡崖部位开裂区域及危岩体做开挖，清坡及被动防护为主的处理方案。

【关键词】堰塞体　高边坡　稳定性分析监测　治理措施

2014年8月3日16时30分，云南省鲁甸县发生6.5级地震，在鲁甸县火德红乡李家山村和巧家县包谷垴乡红石岩村交界的牛栏江干流上，因地震造成两岸山体塌方形成堰塞湖。鉴于堰塞湖危险依然存在、受灾群众生产生活急需安置、地震引起的堰塞湖地质灾害问题严重等原因，开展堰塞湖永久性整治迫在眉睫。堰塞湖稳定性有保障，经比选采用保留堰塞体的永久整治方案。实施永久整治后，可消除地震可能引发的洪水等次生灾害，保障下游供水和灌溉（近期供水4.5万人、灌溉面积3.6万亩），同时可兴建一座201MW的水电站，极大促进地区经济发展。堰塞体整治是对堰塞体、坝基及两岸岸坡进行防渗加固及堰坡部分整治，由于红石岩堰塞体两侧高边坡较为典型，可为类似工程提供治理经验。本文着重介绍了对于左岸高边坡治理的相关研究。

1　工程背景

红石岩堰塞体左岸高边坡为古滑坡体，形成机制以滑坡为主，伴随有崩塌现象。该滑

基金项目：国家重点研发计划（2018YFC1508504）；中央级公益性科研所基本科研业务费重点项目（Y320012）；天津市科技计划项目（20YDLZSN00280）。

坡底部宽约 1200m，自堆积体顶部至坡脚的投影长度约 900m，平均厚度估计约 70m，滑坡方量约 5670 万 m^3。古滑坡体底部高程以中部高（约 1220m），上、下游低（上游 1170m，下游约 1120m），顶部高程约 1550m。地形下陡上缓，高程 1400m 以下地形坡度 36°，以上地形坡度 18°。红石岩滑坡主要由碎石土夹孤石、块石组成，并分布有直径最大达 15m 左右的大孤石。堆积物密实，未见架空现象。“8·03”地震后该滑坡表面物质被震松，大孤石及局部失稳碎石土滑移进入牛栏江，但滑坡体整体没有滑动，处于稳定状态。滑坡体后缘为近垂直的陡崖，崖壁由灰岩、白云岩等组成，厚层、块状构造，节理裂隙（卸荷裂隙）发育，沿陡崖顶部存在长 124m 的宽张拉裂缝，系鲁甸“8·03”地震引起的，裂缝外侧至陡崖边，宽 15m 范围岩体松弛，局部形成危岩，危及堰塞体施工安全，现场情况如图 1 所示。

（a）整体影像　（b）左岸高边坡顶部倒悬开裂岩体　（c）左岸高边坡顶部裂隙

（d）滑动破坏后的滑裂面　（e）小规模的滑动破坏　（f）左岸坡顶发育的裂隙

图 1　红石岩堰塞体左岸高边坡现场情况

未发生滑坡之前，左岸山坡陡峭，岩体上硬（灰岩、白云岩）下软（页岩、泥岩、砂岩），岸坡卸荷松弛明显，致使大范围山体滑移并覆盖原河床，后缘形成圈椅状地形，陡壁绝对高度达 200m 以上。滑坡体坐落于坡脚，底面与河床高程齐平。“8·03”地震后该滑坡表面物质被震松，局部大孤石及碎石土滑移进入牛栏江，但滑坡体整体没有滑动，处于稳定状态。滑坡体下部被右岸“8·03”地震产生的崩塌物质覆盖，与右岸红石岩崩塌堆积物共同形成堰塞体。滑坡体目前处于基本稳定状态，但滑坡表层发育多处裂缝，同时在对堰塞体进行施工时对滑坡前缘开挖形成较陡斜坡，在余震、降雨、堰塞湖水位上升以及前缘开挖等综合作用下，滑坡体稳定性将变差。

2　左岸高边坡稳定性分析

为分析自然条件对边坡稳定的影响，采用简化 Bishop、Spencer 和 Morgenstern - price 法对左岸堆积体边坡进行了稳定性分析，主要计算以下几种工况：①正常运用条件；②非常运用条件Ⅰ，暴雨工况；③非常运用条件Ⅱ，地震工况。

在正常运用条件下计算时考虑以下基本荷载：岩土体自重、孔隙水压力；地震工况除上述基本荷载外，计算中计入水平地震力和垂直地震力作用。暴雨工况考虑滑面 5m 水头；地震基本烈度为Ⅷ度，50 年 10％的峰值加速度为 0.194g，地震作用的效应折减系数取 0.25，动态分布系数为 2.0。计算剖面选取了左岸高边坡的三个典型剖面（Ⅱ-Ⅱ剖面、Ⅲ-Ⅲ剖面和Ⅳ-Ⅳ剖面）进行计算，详见图 2～图 4。

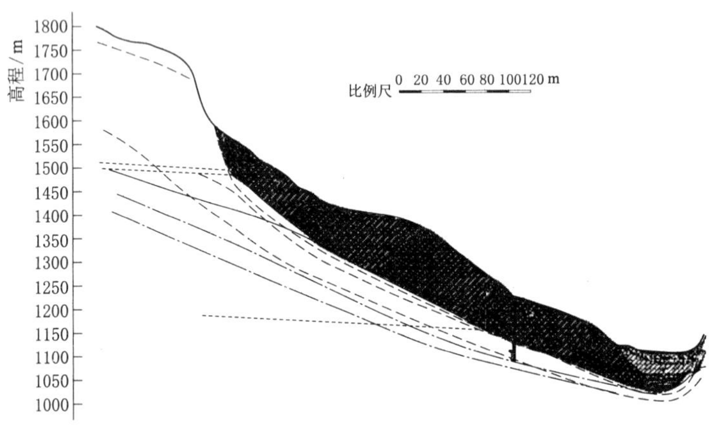

图 2　Ⅱ-Ⅱ地质剖面图

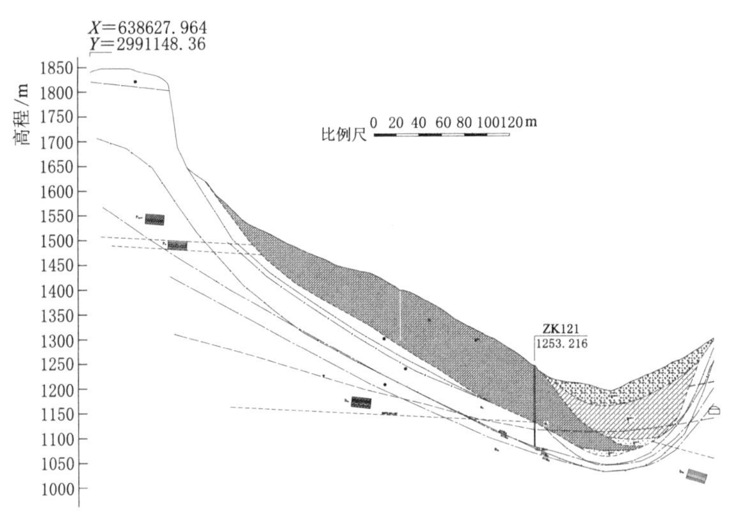

图 3　Ⅲ-Ⅲ地质剖面图

根据对左岸高边坡的稳定计算结果（表 1），左岸滑坡体的整体稳定安全系数在持久工况（正常运行）、短暂工况（暴雨、施工）及偶然工况（地震）下均满足规范要求。并且由于左岸古滑坡体地震后堰塞体对其形成了压脚，滑坡体整体处于稳定状态。

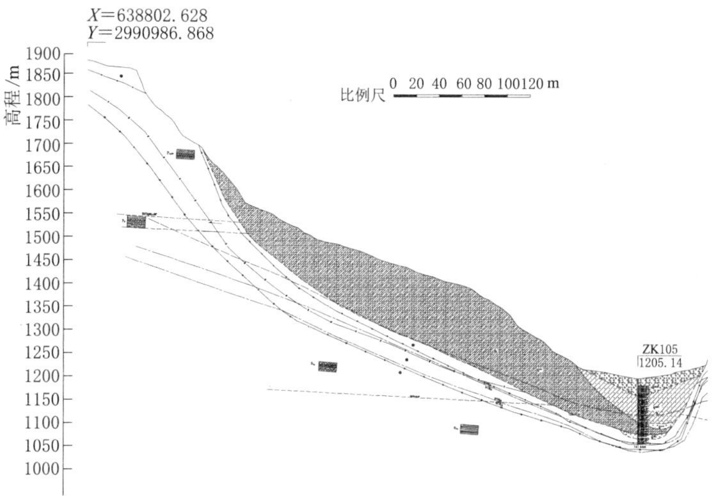

图 4 Ⅳ-Ⅳ地质剖面图

表 1　　左岸高边坡典型剖面不同工况的计算安全系数

剖面	计算方法 计算工况	简化 Bishop	Spencer	M-P	安全系数标准
Ⅱ-Ⅱ	正常运用条件（现状）	1.248	1.252	1.246	1.20
	非常运用条件Ⅰ（暴雨、现状）	1.191	1.200	1.189	1.15
	非常运用条件Ⅱ（地震、现状）	1.054	1.067	1.057	1.05
Ⅲ-Ⅲ	正常运用条件（现状）	1.220	1.239	1.231	1.20
	非常运用条件Ⅰ（暴雨、现状）	1.179	1.193	1.187	1.15
	非常运用条件Ⅱ（地震、现状）	1.050	1.057	1.055	1.05
Ⅳ-Ⅳ	正常运用条件（现状）	1.257	1.265	1.261	1.20
	非常运用条件Ⅰ（暴雨、现状）	1.207	1.210	1.209	1.15
	非常运用条件Ⅱ（地震、现状）	1.057	1.067	1.069	1.05

3 现场监测

3.1 表面变形监测

自2014年9月开始对左岸高边坡进行了变形监测，共设立6个GNSS变形监测点（图5），监测数据表明变形量较小（表2）。从6个测点过程线可看出垂直方向均有不同程度的下沉，最大达63mm，X方向最大变形达91mm，Y向最大变形达45mm，从方向可知位移向北东方向，变形量呈同向缓慢增加趋势，因总的变形量小，滑坡体整体处于稳定状态。

因边坡治理，GNSS测点于2015年10月拆除，截至2015年10月，左岸边坡位移变化较平缓，未发生异常突变，边坡处于基本稳定状态，测值过程线如图6～图8所示。

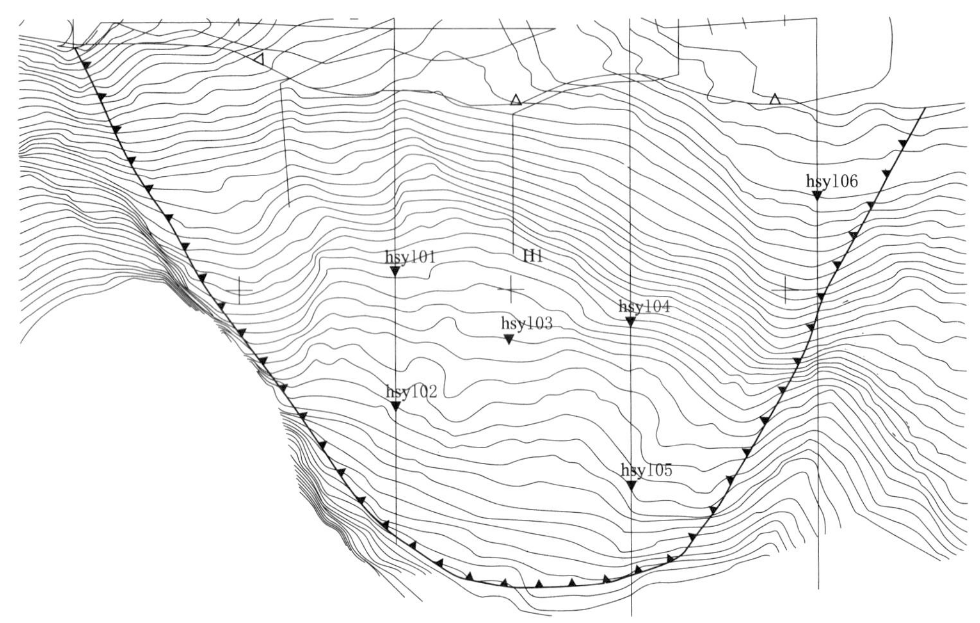

图 5　左岸高边坡监测点布置示意图

表 2　　　　**各变形监测点监测数据**

测点编号	上期累计位移/mm				本期累计位移/mm				期变化量/mm		
	X 向	*Y* 向	竖向	日期	*X* 向	*Y* 向	竖向	日期	*X* 向	*Y* 向	竖向
HSYR-06	−2	4	6	2015-04-21	1	9	11	2015-05-08	3	5	5
HSYL-01	−53	−22	41	2015-04-21	−53	−24	43	2015-05-08	0	−2	2
HSYL-02	−90	−20	38	2015-04-21	−90	−22	34	2015-05-08	0	−2	−4
HSYL-03	−91	−38	48	2015-04-21	−91	−39	49	2015-05-08	0	−1	2
HSYL-04	−90	−44	58	2015-04-21	−91	−45	63	2015-05-08	−1	−1	5
HSYL-05	−89	−30	50	2015-04-21	−91	−31	54	2015-05-08	−2	−1	4
HSYL-06	−71	−47	46	2015-04-21	−71	−47	53	2015-05-08	0	0	7

注　期变化量指本期累计位移相较上期累计位移的变化量。

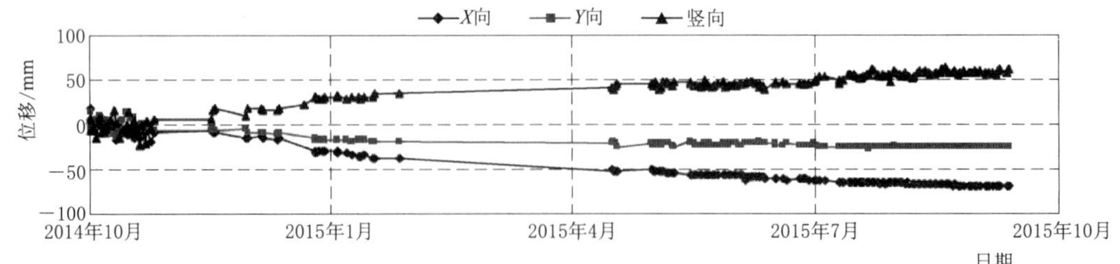

图 6　左岸边坡表面 HYSL-01 点过程线

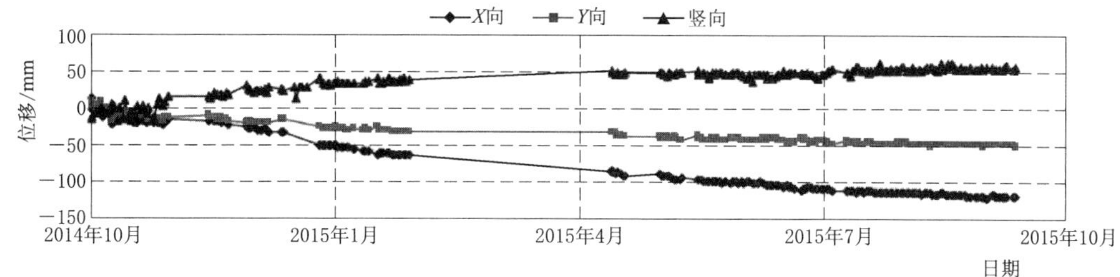

图 7　左岸边坡表面 HYSL-03 点过程线

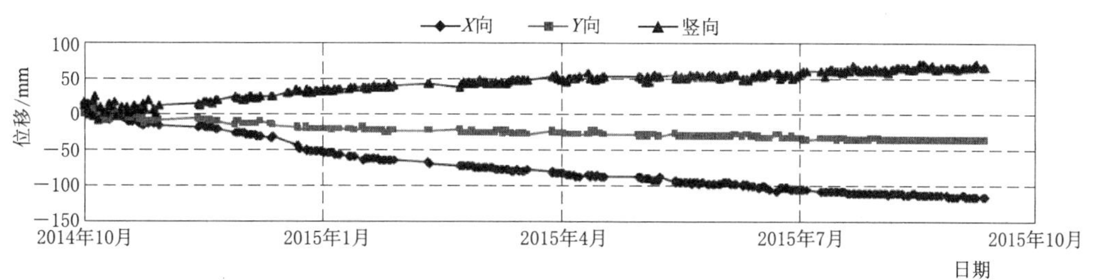

图 8　左岸边坡表面 HYSL-05 点过程线

3.2　深部变形监测

深部变形监测采用多点位移计和测斜孔。在左岸边坡中高程、高高程部位各布置 1 个测斜孔，深度分别为 93m、120m，以监测古滑坡体的深部变形。2015 年 10 月以后左岸边坡永久性监测仪器随着工程进度安装埋设，测缝计目前均安装埋设完成，测斜孔和部分表面变形监测点取得初始值。测缝计当前监测成果见表 3。由表 3 可知，裂缝开合度均出现闭合的趋势，说明左岸边坡总体上处于稳定状态。

表 3　　测缝计当前监测成果

编　　号	当前开合度/mm	编　　号	当前开合度/mm
LP-JL-01	−2.73	LP-JL-03	−0.53
LP-JL-02	−3.01	LP-JL-05	−4.53

注　张开为正，闭合为负。

3.3　监测结果总体分析

根据监测结果，左岸古滑体具有如下特点：①由于古滑坡体地形较缓，经长期沉降固结密实，堆积物已具备一定的强度；②滑坡体分布位置低，前缘覆盖于古河床之上，并抵达右岸坡脚，无进一步滑动的空间；③勘探揭露堆积体前部底面平缓，比现代河床还低，具有较好的阻滑作用；④表面变形量小，且无变形加速现象；⑤新的堰塞体堆积压覆于古坡体上部，相当于增加了坡脚压重，也起到了稳定古滑坡的作用。

根据以上分析可知，古滑坡整体处于稳定状态。但滑坡表面物质被震松，抢险施工形成了局部陡坎，大孤石及松散碎石土会产生局部滑动和滚落。左岸古滑坡虽然整体稳定，但受施工干扰、地表水下渗作用后，会对其稳定性产生较大影响，因此堰塞湖整治施工期间，不应对左岸古滑坡体进行大规模开挖和施工干扰（如大量施工用水入渗、强爆破振动等）。左岸古滑坡上游侧在水库蓄水后，滑坡脚被淹水下，受库水浸泡影响可能存在局部失稳，建议采取一定的处理措施。

根据开挖揭露的地质条件及施工现状分析，左岸边坡由于顶部开裂岩体未处理，为保证下部安全，也需增加被动防护措施；溢洪洞出口边坡及R1公路边坡由于卸荷裂隙发育，为保证边坡永久稳定，需增加开挖及支护措施。

4 危岩体分析

左岸古滑坡以上为陡崖地形，高200～300m，为二叠系下统栖霞、茅口组厚层状灰岩、白云岩地层。根据调查研究资料，由于受卸荷裂隙切割，叠加地震作用，陡崖部位分布有较多的危岩体。左岸发育的危岩体（块）有30个，根据危害性评价的结果将危岩体分为三类，如图9和图10所示，其中危害性大的Ⅰ类危岩有15区（块），危害性中等的Ⅱ类危岩有12区（块），危害性小的Ⅲ类危岩有3区（块）。其中WYT4位于陡崖顶部，沿陡崖顶部存在长124m的宽张拉裂缝，系鲁甸“8·03”地震引起的，裂缝外侧至陡崖边，宽15m范围岩体松弛，形成危岩，可能失稳，危及堰塞体施工安全，设计已考虑采取挖除措施。

图9 枢纽区左岸边坡公路上侧危岩体分布及危害性分区图

图10 枢纽区左岸边坡公路下侧危岩体分布及危害性分区图

对于左岸整个陡坡危岩体的防治，考虑到对陡崖上危岩体进行主动防护存在生产技术和施工条件限制等问题，而在陡崖下是古滑坡 H1 的堆积物，坡度较为平缓，坡角小于 30°的堆积体长度达到 360m 左右，对被动防护的挡石墙和落石槽的设计有很好的场地条件，故宜采用以被动式为主的整体防治措施。具体方案为：上游侧，在高程 1460m 的古滑坡堆积体缓台上设置高 3～4m 的挡石墙并结合被动防护网；下游测，在高程 1225m 处设置挡石墙并设置被动防护网。

5 治理措施研究

结合稳定性分析、现场监测及危岩体分析结果，对左岸滑坡体未考虑大规模的治理方案，施工及运行期间以对古滑坡开展监测为主，根据监测资料分析滑坡体的整体变形趋势。仅对陡崖部位开裂区域及危岩体做开挖，以清坡及被动防护为主的处理，具体如下。

5.1 非工程类安全防护措施

（1）发函提醒地方政府尽快将左岸高边坡下部采石场及砂石料加工场关闭、撤离。

（2）在红石村至包谷垴的乡村公路上、靠近堰塞体左岸边坡的危险区域道路两端设置两道安全警示牌，以提醒过往车辆及行人注意边坡滚石、观察通行等。

（3）禁止在堰塞体左岸高边坡、左岸滑坡堆积体影响范围内布设人员相对集中的生产、生活设施。

（4）做好安全警示及应急预案。

（5）加强边坡安全监测及数据分析，根据监测成果，必要时采取交通管制、停止施工等措施，避免发生安全事故。

5.2 工程类治理措施

（1）防治原则：规模大、稳定性差及危险性大的危岩体，采用整体加固、清除等工程措施；有一定规模，稳定性较差的危岩体，局部加固或局部清除；规模较小、稳定性一般的危岩体，采用被动拦挡措施。

（2）对陡崖顶部开裂部位高程 1840m 以上进行开挖处理，开挖坡比 1∶0.75，每 15m 布置一台马道，马道宽度 3m。开挖坡面做喷锚支护，支护参数为：系统锚杆 ϕ28（$L=6$m）/ϕ25（$L=4.5$m），锚杆间排距 2.5m×2.5m，梅花形布置；挂网钢筋 ϕ6.5@200mm×200mm，喷 0.15m 厚 C20 混凝土；表面布设系统排水孔 ϕ76@5m×5m，孔深 5m，内插 ϕ50 塑料盲沟管。另外，边坡开挖开口线及每台马道外边缘处均布设一排锁口锚筋桩 3ϕ25（$L=9$m）@2m，以保证下部边坡开挖的施工安全。

（3）其余陡崖部位做清坡处理，局部根据实际情况布设随机锚杆或锚筋桩和挂网喷混凝土支护。

（4）在陡崖下部古滑坡体上布置二道防护沟及一道被动防护网：

第一道防护：设置防护沟，大致沿高程 1520m 布置，长度约 720m，防护沟断面尺寸 5m×5m（底宽×深）。

第二道防护：设置防护沟，大致沿高程 1450m 布置，长度约 810m，防护沟断面尺寸同样为 5m×5m（底宽×深）。

第三道防护：设置被动防护网，大致沿 L1 公路及堰塞体左岸边缘上方布置，高程范围约 1300～1250m，被动防护网高度 7m，总长度约 1100m。

（5）可视需要对危险坡面增设主动防护网。

6 结语

（1）根据红石岩左岸高边坡稳定性分析，左岸滑坡体的整体稳定安全系数在各工况下均满足规范要求，滑坡体整体处于稳定状态。

（2）根据左岸高边坡表面及深部变形监测结果，边坡整体处于稳定状态。但受施工干扰、地表水下渗作用后，其稳定性无法保证，因此不应对左岸古滑坡体进行大规模开挖和施工干扰，并建议增加被动防护措施，增加开挖及支护措施。

（3）边坡陡崖分布有众多危岩体，危及堰塞体施工安全，宜采用以被动式为主的整体防治措施。

（4）施工及运行期间应当以对古滑坡开展监测为主，根据监测资料分析滑坡体的整体变形趋势，采用非工程类安全防护与工程类治理措施相结合的方式对红石岩堰塞体左岸高边坡进行治理。

参考文献

[1] 赵增华，周祥，赵俊翔. 堰塞湖整治工程安全管理措施综述 [J]. 建筑安全，2021，36（7）：63-65.

[2] 黄凯湘，温忠义，彭卫平. 土岩组合高边坡稳定性分析与治理 [J]. 城市勘测，2021（3）：200-204.

[3] 邢恩达，卢斌强，曹丽，等. 露天矿高边坡稳定性监测与分析 [J]. 科技通报，2021，37（6）：89-94.

[4] 邓雷. 高速公路改扩建路堑高边坡施工安全防护技术要点研究 [J]. 工程建设与设计，2021（12）：150-153.

[5] 陈钦庭，程小栓. 粤境某山区高速边坡稳定性及动态设计浅析 [J]. 低碳世界，2021，11（6）：223-224.

[6] 王天森. 峡谷高边坡施工技术研究 [J]. 绿色环保建材，2021（6）：120-121.

[7] 魏嘉玮，廖捷. 阳春市某在建高速公路路堑高边坡支护设计优化分析 [J]. 中国水运（下半月），2021，21（6）：129-130，133.

[8] 王曙光，陈亚洲. 贵州山区路堑边坡失稳机理与处治对策 [J]. 交通科技，2021（3）：72-75.

[9] 孟志军. 红光路半填半挖路基及其高边坡防护施工分析 [J]. 成都工业学院学报，2021，24（2）：51-54.

补强与消缺

硫铝酸盐水泥在防渗及补强固结灌浆中的应用

彭林峰

（中国水利水电第八工程局有限公司基础公司）

【摘　要】 本文以长河坝放空洞防渗及补强固结灌浆为例，系统阐述了快硬硫铝酸盐水泥在灌浆过程中的施工要点及各项经验参数。通过对现场数据的分析，与传统普通硅酸盐水泥灌浆进行比较，详细分析了快硬硫铝酸盐水泥在防渗、补强灌浆应用中的特性和实用性。

【关键词】 快硬硫铝酸盐水泥　防渗　补强　灌浆

1　引言

在灌浆工程中，现在普遍使用的是以普通硅酸盐水泥为主的灌浆材料，普通硅酸盐水泥作为灌浆材料有凝结时间长的特点，通常为了缩短凝结时间，在浆液中加入水玻璃、速凝剂等。本文主要介绍了快硬硫铝酸盐水泥在长河坝放空洞防渗及补强固结灌浆中的应用情况以及施工过程中的要点，分析了快硬硫铝酸盐水泥在防渗、补强灌浆应用中的特性，希望能起到一定的借鉴作用。

2　项目概况

长河坝水电站位于四川省甘孜藏族自治州康定市境内，为大渡河干流水电梯级开发的第10级电站，工程区地处大渡河上游金汤河口以下约4～7km河段上，坝址上距丹巴县城82km，下距泸定县城49km。长河坝电站枢纽永久泄水建筑物布置在河道右岸，由三条泄洪洞和一条放空洞组成，从左至右依次为1号泄洪洞、2号泄洪洞、3号泄洪洞和放空洞。

放空洞建成投运后，其进口闸室在蓄水和泄流过程中，闸室、边墙有渗水、析钙现象；其洞身段一定范围有排水孔排水量较大、局部底板渗漏、底板混凝土局部冲刷破坏等现象。为确保放空建筑物永久运行安全，减少水库水量损失，设计对放空洞进口闸室及洞身段桩号（放）0＋050.00～0＋550.00范围进行加固处理，处理范围见图1。

3　防渗及补强灌浆设计

（1）进口洞段（放）0＋050.00～0＋100.00，典型断面见图2。

灌浆孔布置：孔深入基岩12.0m，排距3.0m，每排14孔。

灌浆压力：0～3m，为0.8～1.0MPa；3～7m，为1.8MPa；7～12m，为2.5MPa。

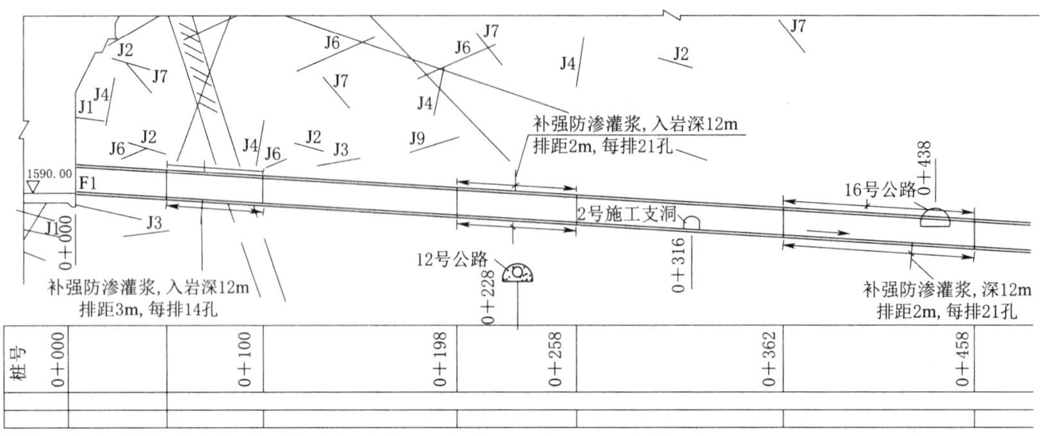

图1 长河坝放空洞洞身段防渗及补强灌浆范围布置图

(2) 12号公路交叉段（放）0＋198.00～0＋258.00，典型断面见图3。

灌浆孔布置：孔深入基岩12.0m，排距2.0m，每排21孔，梅花形布置。

灌浆压力：0～3m，为0.6～1.0MPa；3～7m，为1.2～1.8MPa；7～12m，为2.5MPa。

(3) 2号施工支洞、16号公路交叉段（放）0＋362.00～0＋458.00，典型断面见图3。

灌浆孔布置：孔深入基岩12.0m，排距2.0m，每排21孔，梅花形布置。

灌浆压力：0～3m，为0.6～1.0MPa；3～7m，为1.2～1.8MPa；7～12m，为2.5MPa。

(4) 本次灌浆合格检查以压水试验为主，其合格标准为透水率不大于4.0Lu。

4 施工难点与对策

长河坝放空洞防渗及补强固结灌浆具有以下工程技术特点：①在电站已蓄水、放空洞已投运情况下对放空洞洞身及周边岩体进行防渗加固处理，灌浆过程中的洞身混凝土衬砌抬动、收敛变形监测尤为重要；②隧洞洞口在水下60～90m，隧洞埋深超过100m，洞内大部分钻孔孔内涌水压力基本与库区水头相同，即0.6MPa；③隧洞界面面积超过110m^2的特大隧洞；④洞身渗水量大，隧洞衬砌渗水总量（0＋000～0＋500范围渗水）超过300L/s；⑤灌浆过程中常出现大面积漏浆及串通现象。

针对长河坝放空洞防渗及补强固结灌浆的施工难点，经过现场试验、研究、论证，主要采取以下对策：

(1) 针对孔内涌水压力大、大面积漏浆、串浆的孔段，通过现场试验，对比普通硅酸盐水泥浆液、水玻璃-水泥双液、快硬硫铝酸盐水泥（简称“快硬水泥”）浆液三种浆液在本项目的实用性，选出最合适的灌浆材料，研究合适的配合比进行灌浆，提高灌浆效率、质量。

(2) 增压投放示踪剂，通过增压投放示踪剂的方式，可在灌浆施工前找到常态水压下

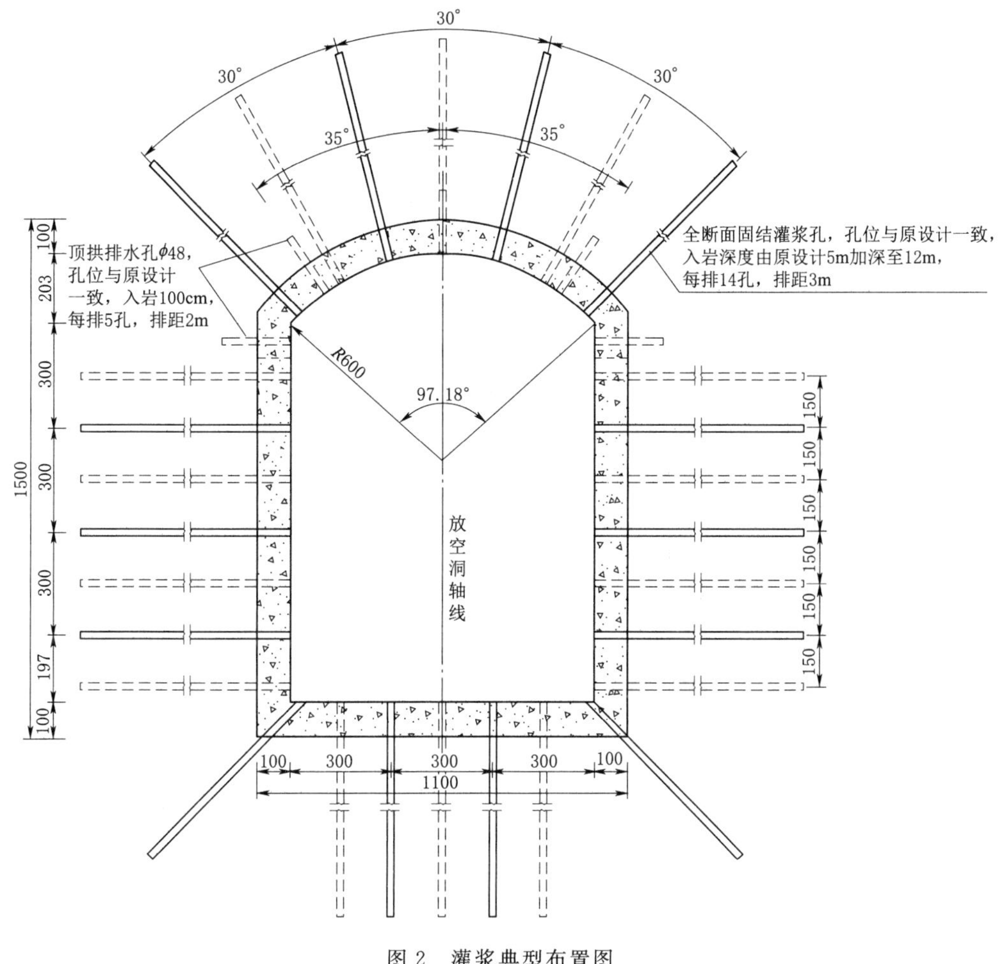

图 2　灌浆典型布置图

[适用于（放）0+050.00～（放）0+100.00 段]

渗漏点以外的新漏点，提前找到灌浆过程中将出现的漏浆点，并采取相应封堵措施，可有效提高施工效率。

（3）增加抬动变形观测点，电子自动观测数据，实时监测洞身各部位抬动变形情况，设置预警阈值，确保洞身抬动监控有效性。

5　前期生产性试验

5.1　试验区布置

防渗及补强固结灌浆选取 2 个部位进行生产性试验，1 号、2 号试验区分别选在放空洞 0+50～0+62、0+362～0+374 区域。1 号试验区布置 5 排灌浆孔，排间距 3m×3m，孔深入岩 12m；2 号试验区布置 6 排灌浆孔，排间距 2m×2m，孔深入岩 12m。

5.2　试验过程分析

1 号试验区固结灌浆分别采用普通水泥浆液、水玻璃-水泥双液、砂浆、快硬水泥浆液 4 种浆液在现场进行灌浆试验，现场确定针对不串浆、串浆量较小的孔段，采用普通水泥

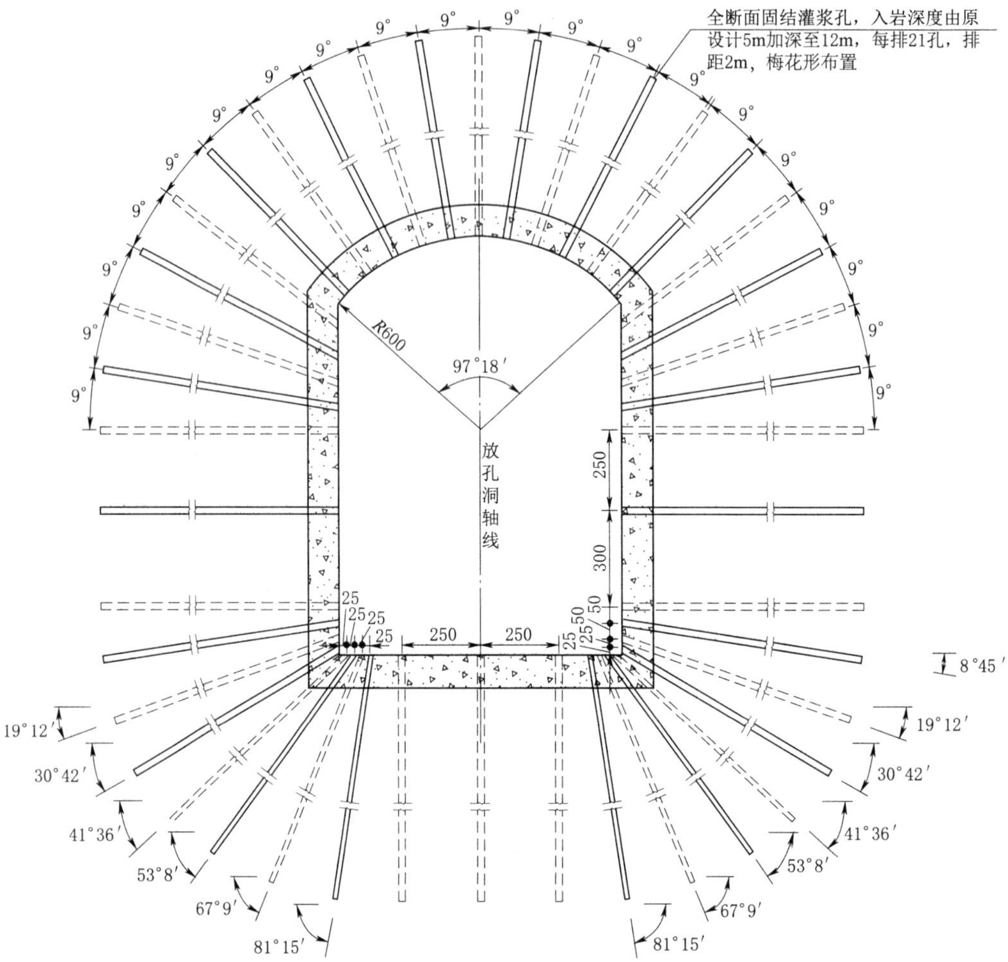

图 3　灌浆典型布置图

［适用于（放）0＋198.00～（放）0＋258.00、（放）0＋362.00～（放）0＋458.00 段］

浆液灌浆，对串浆通道较多或串浆量较大的孔段，采用快硬水泥浆液、水玻璃-水泥双液、砂浆分别进行灌浆并记录灌浆效果。2 号试验区采取普通水泥浆液、快硬水泥浆液进行灌浆试验。

1 号试验区现场串浆、冒浆示意图如图 4 和图 5 所示。

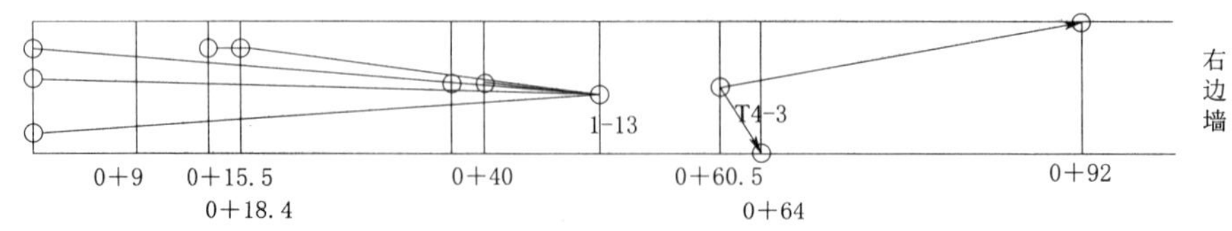

图 4　右边墙串浆、冒浆示意图

普通水泥浆液、水玻璃-水泥双液、砂浆、快硬水泥浆液 4 种浆液在现场灌注情况如下：

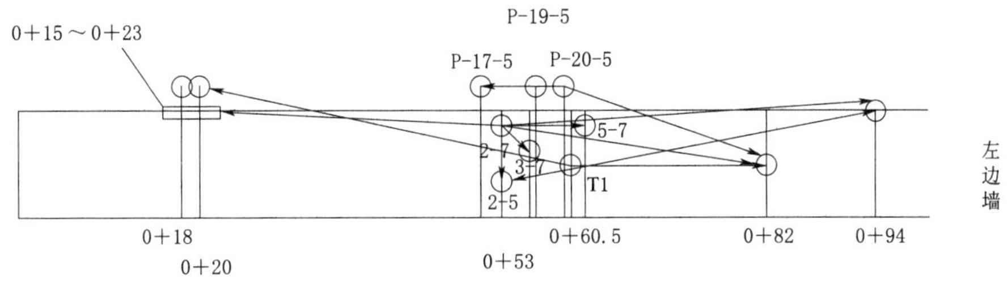

图 5 左边墙串浆、冒浆示意图

(1) 普通水泥浆液：对于不串浆或者串浆情况不严重的灌浆孔，采用普通水泥浆液灌浆，可达到理想的防渗、加固效果。但是对于涌水大、串浆、裂缝漏浆比较严重的灌浆孔，使用普通水泥浆液灌浆时，因初凝时间过长，大量漏浆裂缝无法进行有效处理，因而造成浆液浪费并且灌浆效果不理想。

(2) 水玻璃-水泥双液：针对涌水大、串浆、裂缝漏浆比较严重的灌浆孔，在 1 号试验区选取部分孔进行水玻璃-水泥双液灌浆，结果显示水玻璃-水泥双液凝固速度快，1～2min 内浆液进入初凝状态，因而灌浆扩散范围小，有一定效果，但是不理想。左边墙孔 1－13渗漏严重，且串浆点多、距离远，该孔先采用普通浆液将裂缝中水挤出，后加入水玻璃，该孔灌注 3 次，灌注量分别为 5166kg、3341kg、1591kg。相邻孔灌注量稍微减小，但不明显，初步判断水玻璃溶液加入后，水泥浆液在 5min 左右凝固，扩散范围有限。

(3) 砂浆：针对涌水大、串浆、裂缝漏浆比较严重的灌浆孔，考虑到成本因素，在 1 号试验区选取部分孔进行砂浆灌浆试验，砂浆灌注过程中发生砂、浆分离现象，砂子被留在孔内堵塞灌浆通道，而水泥浆液被涌水冲走，从其他串浆、漏浆部位漏出。第二天取下灌浆塞后，孔内仍旧大量涌水将堆积在孔内的砂子冲出，灌浆堵漏效果不理想。抬动孔 4－3渗漏较大，采用砂浆灌注时，浆液从 0＋64m 处串出，但浆液内不含砂，砂颗粒卡在裂缝中无法随浆液流动，灌注 3000L 后停止灌注，第二天打开灌浆塞，孔内水流将砂带出，无浆液，砂、浆分离，砂浆无法在本项目条件下灌注。

(4) 快硬水泥浆液：快硬水泥特点是可通过添加外加剂调整浆液初凝时间，调整区间为 20min 至 2h，适合本工程施工条件。针对涌水大、串浆、裂缝漏浆比较严重的灌浆孔，在 1 号试验区选区部分孔进行快硬水泥浆液灌浆，结果显示，通过调整外加剂的掺量，制浆站制浆时掺入 0.8‰缓凝剂可达到通过管路输送至工作面的要求，在机组灌浆时添加 0.1‰速凝剂可达到浆液到达串浆、漏浆部位时开始凝固的目的，灌浆效果良好。左边墙孔 2－7 渗漏严重，且串浆点多、距离远，该孔采用快硬水泥灌注 2 次，普通水泥灌注 1 次，灌注量分别为 3120.9kg、2724.2kg、274.3kg。相邻孔 3－7、4－7 分别灌注 1745.3kg、1970.9kg。这 3 个孔采用快硬水泥灌注后，相邻其他部位的孔已几乎不进浆，说明快硬水泥效果显著。

经过 1 号试验区的 4 种浆液现场灌浆试验，2 号试验区采取普通水泥浆液、快硬水泥浆液相结合的方式进行灌浆，减少了大量漏浆、串浆导致的水泥浪费，灌浆堵漏效果良好。

6　主要施工工艺

6.1　施工工艺流程

Ⅰ序孔钻孔→示踪剂增压压水排查漏点→漏点处理→涌水流量及压力测定→灌浆孔分类及浆液选择→Ⅰ序孔灌浆→灌浆区域外泄压孔钻孔→Ⅱ序孔钻孔→示踪剂增压压水排查漏点→漏点处理→涌水流量及压力测定→灌浆孔分类及浆液选择→Ⅱ序孔灌浆→排水孔施工→下一单元循环施工。

6.2　主要施工工艺要点

6.2.1　钻孔

（1）同一单元内，钻孔先中间后两头，孔位按梅花形布置，自上而下两边对称进行施工。

（2）钻进过程中应对每个孔的地层变化、钻进状态（钻压、钻速）、地下水及一些特殊情况做现场记录，如遇地层松散、破碎时，缩短段长进行固结灌浆，待水泥浆初凝后，重新扫孔钻进。

（3）采用潜孔冲击钻或旋转钻钻进。

（4）钻孔遇钢筋时应移孔位，并及时进行修补，确保不破坏整体钢筋结构。

6.2.2　渗漏点排查

灌浆之前采用示踪剂（如高锰酸钾溶液）压水检查漏点。压入示踪剂时适当增大压力，压力应高于涌水压力，但不高于灌浆设计压力。

6.2.3　漏点封堵

根据现场不同的施工情况，灌浆前后裂缝处理灵活采用下面三种方式进行，具体施工流程按照图 6 进行。

（1）方式 1：裂缝表面封堵。灌浆前，采用高锰酸钾溶液示踪剂进行裂缝排查，排查出的渗漏裂缝采用表面封堵进行处理：对裂缝表面混凝土挖槽，凿成 V 形截面，顶部宽约 5cm、深约 3cm，然后采用尖锐铁钎将棉纱类吸水材料嵌进缝内，并预埋泄压管，再用普通水泥砂浆封堵 V 形截面。

（2）方式 2：凿除表面松动混凝土。因部分混凝土裂缝表面混凝土松动且厚度较小，凿槽过程中若出现表层混凝土呈块状掉落现象，采用裂缝表面封堵工艺处理后，灌浆过程中，处理过的裂缝重新被破坏导致继续漏浆，此时应暂停灌浆，采用手风钻或风镐对呈块状掉落区域进行凿除，再次对裂缝表面混凝土挖槽，凿成 V 形截面，顶部宽约 5cm、深约 3cm，然后采用尖锐铁钎将棉纱类吸水材料嵌进缝内，并预埋泄压管，再用普通水泥砂浆封堵 V 形截面。

（3）方式 3：镶嵌铁板加固裂缝。针对涌水压力过大的情况，采用方式 1、方式 2 处理后，仍出现处理过的裂缝重新破坏导致继续漏浆的现象，这种情况下，采用镶嵌铁板加固裂缝的方式进行处理，主要流程为：凿除松动混凝土→清理表面浮渣→钻膨胀螺栓孔→安装铁板→安装膨胀螺栓→铁板内注入砂浆，详见图 7 和图 8。

6.2.4　涌水压力测定

孔口安装压力表，对孔内涌水压力进行测定并记录，以便于选择合理的灌浆压力。

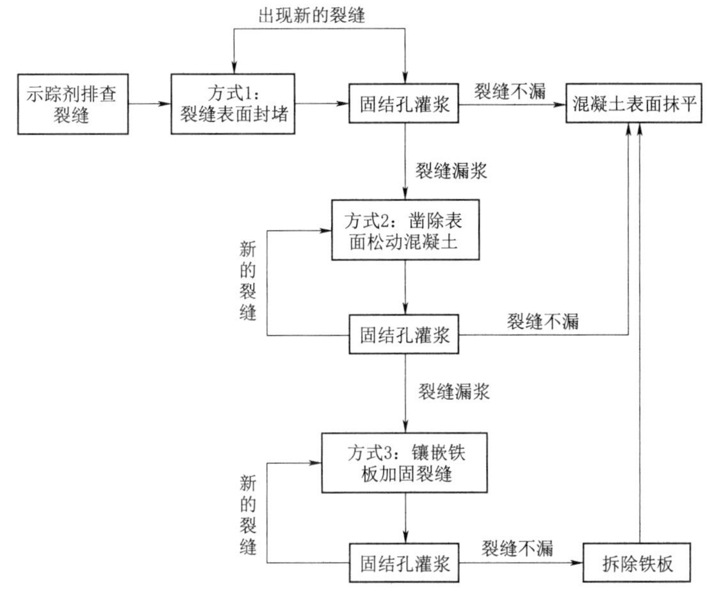

图6 裂缝处理流程图

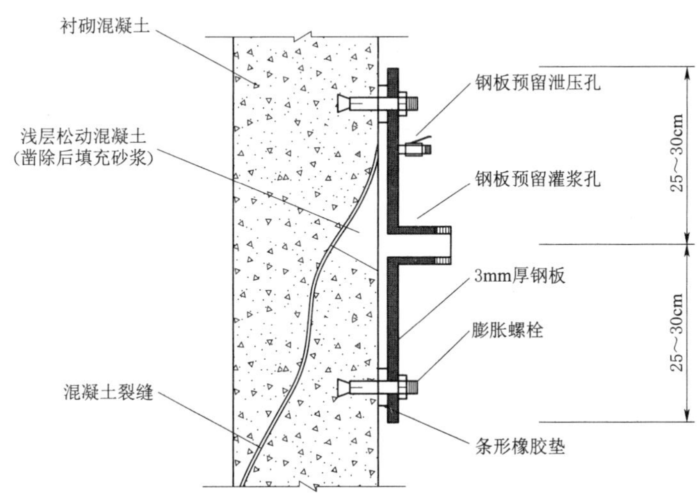

图7 镶嵌铁板剖面示意图

6.2.5 灌浆孔分类及浆液选择

根据灌浆孔内涌水压力及漏点，将灌浆孔分为3类：1类孔采用速凝浆液（水玻璃-水泥浆液）对大涌水、多漏点孔段进行灌浆，起到止水作用；2类孔采用速凝早强浆液（快硬硫铝酸盐水泥浆液）对涌水孔段进行灌浆，起到加固岩体作用，2类孔于1类孔之后进行灌浆；3类孔采用常规灌浆材料（普通水泥浆液）进行灌浆，3类孔于2类孔之后进行灌浆。

2类孔采用速凝早强浆液（快硬硫铝酸盐水泥浆液）对涌水孔段进行灌浆，起到加固岩体及快速封堵涌水通道的作用。

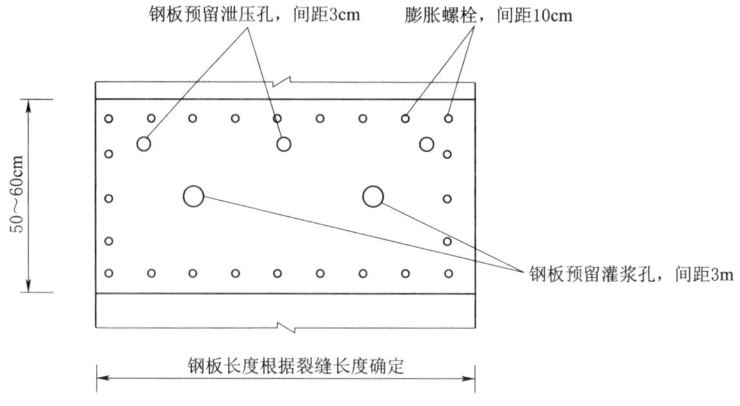

图 8　镶嵌铁板平面示意图

（1）灌浆材料选用快硬硫铝酸盐水泥，外加剂选用聚羧酸减水剂、硼酸缓凝剂、碳酸锂速凝剂、HEC 抗税分散剂。

（2）水泥浆的水灰比、外加剂的掺量需要通过试验确定，探索出符合地质条件的流动性能较好、凝结时间可控、强度高的浆液配比。

（3）灌浆方式采用自上而下分段灌浆。

（4）灌前进行简易压水试验，压水试验过程中投放示踪剂，漏点排查与压水试验可同步进行。

（5）浆液配置时，先将快硬水泥浆液在搅拌机内拌和均匀，然后将其加入双层搅拌桶内，考虑到制浆站到灌浆泵的距离以及快硬硫铝酸盐水泥的初凝时间，应添加适量的减水剂和缓凝剂，具体掺量根据试验确定，以确保具有足够的操作时间。浆液配置根据注入量大小，遵循“少量多次、随灌随制”的原则，不得一次性配制大量浆液、存放时间过长，造成浆液黏度增大，造成浆液浪费。

（6）浆液泵送时，根据孔内涌水压力，添加适量速凝剂、抗水分散剂，具体掺量根据试验确定，确保浆液在孔内迅速凝固且在水下不易分散，浆液搅拌均匀后利用灌浆泵将浆液泵入孔内。

7　快硬硫铝酸盐水泥应用效果分析

通过快硬硫铝酸盐水泥在长河坝水电站放空洞防渗及补强固结灌浆工程中的应用，总结出在防渗及补强灌浆工程中快硬硫铝酸盐水泥相比普通硅酸盐水泥具有以下特点：

（1）相比普通硅酸盐水泥浆液初凝时间过长，水玻璃-水泥初凝时间较短，快硬硫铝酸盐水泥可通过微量缓凝剂的掺量将初凝时间控制在 20min 至 2h。

（2）在防渗灌浆工程中，相比水玻璃-水泥双液灌浆，快硬硫铝酸盐水泥浆液操作更简便。

（3）相比普通硅酸盐水泥及水玻璃-水泥双液，快硬硫铝酸盐水泥浆液早期强度高，且后期强度可缓慢提升至自身标号。

（4）快硬硫铝酸盐水泥本身具有微膨胀特性，收缩率低，可有效提高受灌体的抗渗性、耐久性。

8 结语

快硬硫铝酸盐水泥具有速凝、早强、收缩率低等特性，较为适合防渗、补强灌浆工程，造价略微偏高。在四川大渡河长河坝水电站放空洞防渗及加强固结灌浆施工中，通过综合采用普通硅酸盐水泥、快硬硫铝酸盐水泥进行灌浆，既保证了工程质量也兼顾了经济效益，为防渗及补强灌浆施工提供了一种新思路，希望能为类似工程提供相关经验。

参考文献

[1] 袁进科，裴向军，陈礼仪，等. 快硬型硫铝酸盐水泥灌浆性能研究 [J]. 混凝土，2015 (8)：87 - 90.

[2] 俞锋，朱华. 早强微膨胀水泥基灌浆料的性能研究 [J]. 混凝土与水泥制品，2012 (11)：6 - 9.

[3] 邓尤东，帅建国，罗光财. 快硬硫铝盐水泥单液浆性能研究及应用 [J]. 铁道科学与工程学报，2012，9 (3)：99 - 105.

某平原水库入库泵站应急加固措施

马成远[1]　肖立生[2]

（1. 无棣水总建设工程有限公司；2. 山东省水利科学研究院）

【摘　要】某水库入库泵站坝下箱涵运行期间发现漏水、过度沉降险情，采取了化学灌浆堵漏、压密注浆加固地基等综合方案，经过3年的运行观测，无漏水和继续变形。

【关键词】变形　堵漏　压密注浆　加固

1　工程概况

1.1　基本情况

某平原水库设计库容1520万m^3，兴利库容1130万m^3，库区总占地面积4457.37亩。围坝轴线长6355m，主要建筑物有入库泵站1座，输水渠节制闸、泄水闸各1座及水厂。工程规模为中型平原水库，工程等别为Ⅲ等，坝体及建筑物级别均为3级。

入库泵站位于水库东坝，堤外式布置，由引水闸、进水前池、泵室、出水池、穿坝方涵和入库闸组成。泵站设计流量12m^3/s。泵室为框架式结构，穿坝方涵为双孔钢筋混凝土箱涵，过水断面2.4m×2.4m。入库泵站的出水池、箱涵、入库闸结构如下。

（1）出水池设计底高程2.80m，顶高程8.30m，采用C25钢筋混凝土框架架构，底板厚1.00m，边墙0.50～0.80m。

（2）出水池后接穿坝箱涵，箱涵为两孔涵，长度方向分为两段，每段长11.00m，断面尺寸为3.3m×6.2m，每孔净尺寸2.4m×2.4m，C25钢筋混凝土框架结构。

（3）入库闸上游连接段与穿坝箱涵衔接。闸室采用C25钢筋混凝土整体结构。闸室顺水流方向长5.0m，设2孔，每孔净宽2.2m，其中闸底板厚0.8m，边墩厚0.6m，中墩厚0.8m。结构纵剖面见图1。

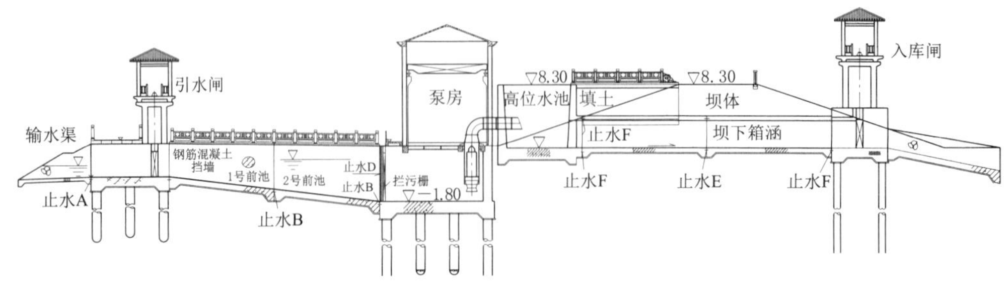

图1　结构纵剖面图

2018 年对入库泵站穿坝箱涵例行检查发现三类问题。

(1) 沉降缝漏水。右侧穿坝箱涵与入库闸衔接的沉降缝漏水，说明止水带局部损坏（图 2)。漏水量随着库水位降低逐渐减少，一直漏清水。

图 2　沉降缝漏水

(2) 不均匀沉降变形。右侧穿坝箱涵与入库闸处沉降量达 8cm；左侧穿坝箱涵与入库闸处沉降量 6cm；箱涵中部比两端沉降达 10cm；两节箱涵间的沉降缝开裂，下端开裂渐宽；箱涵端部相比出水池沉降 4cm 左右。

(3) 混凝土拉裂。箱涵与闸室接缝处的混凝土保护层拉裂，钢筋外露，判断保护层太薄，不均匀沉降止水带受拉，拉动入库闸一侧钢筋混凝土，压碎混凝土致使裸露钢筋（图 3)。

图 3　混凝土拉裂

1.2　泵站地层条件

站址地层岩性大致分为 6 层，分述如下：

(1) 层表土：大部分为耕土，含有杂草；局部为素填土，以粉质黏土为主。场区普遍分布，厚度 0.40～0.60m，平均为 0.44m；层底标高 2.85～3.45m，平均为 3.10m；层底埋深 0.40～0.60m，平均为 0.44m。

(2) 层粉质黏土：棕褐色—棕黄色，局部棕红色，可塑，切面有光泽，无摇震反应，干强度及韧性中等，含铁质氧化物和贝壳碎片。场区普遍分布，厚度5.80～6.80m，平均为6.34m；层底标高－3.89～－2.85m，平均为－3.24m；层底埋深6.40～7.20m，平均为6.78m。

(3) 层粉质砂壤土：灰色，湿，密实，无光泽，摇震反应迅速，干强度及韧性低，含云母和贝壳。场区普遍分布，厚度2.60～3.90m，平均为3.24m；层底标高－7.30～－5.65m，平均为－6.48m；层底埋深9.50～10.60m，平均为10.02m。

(4) 层粉质壤土：灰褐色，可塑，切面稍有光泽，无摇震反应，干强度及韧性中等，含贝壳和姜石。场区普遍分布，厚度5.00～7.30m，平均为6.46m；层底标高－13.90～－11.49m，平均为－12.94m；层底埋深14.80～17.20m，平均为16.48m。

(5) 层粉砂：浅灰色，湿，中密，砂粒较均匀，主要由石英颗粒为主，含贝壳和云母。场区普遍分布，厚度4.40～7.40m，平均为5.76m；层底标高－19.55～－18.15m，平均为－18.70m；层底埋深21.60～23.00m，平均为22.24m。

(6) 层粉质黏土：棕褐色—棕黄色，可塑，局部硬塑，切面有光泽，无摇震反应，干强度及韧性中等，含铁质氧化物和姜石。该层未穿透，最大揭露厚度为8.10m。

1.3 计算沉降量及建设期地基处理情况

经查阅原设计资料，围坝坝基沉降计算深度为27.5m，计算坝基最终沉降量为30cm。泵站设计中，各建筑物处的承载力不满足地基应力的要求，采用了地基处理措施，相关地基处理内容有：泵室采用28根ϕ800钢筋混凝土灌注桩，桩距2.4m，桩长15.0m；入库闸闸室共采用6根ϕ600钢筋混凝土灌注桩，桩距4.0m，桩长15.0m。

2 除险方案设计

2.1 险情判断

经调查分析，险情类型可以基本判断如下：

(1) 闸室基础为灌注桩，箱涵地基未做处理，而箱涵承受最大附加荷载，导致差异沉降变形，使右侧箱涵与入库闸之间的止水带发生了局部撕裂，导致漏水。从变形程度分析，其他部位的止水带也处于高度拉伸状态。

(2) 左侧箱涵与入库闸之间因受力导致入库闸胸墙混凝土局部破坏，钢筋锈蚀，有结构失稳隐患。

(3) 充库及水库高水位期间漏水进入坝体，使箱涵两侧坝体浸泡变形，影响坝体稳定。

(4) 坝前土工膜局部损坏。

2.2 处理思路

漏水部位位于箱涵与入库闸之间的沉降缝处，由于两者不同的地基现状及较大的荷载变化，不均匀沉降变形是必然的，今后仍会有缓慢的持续沉降。目前出现的少量漏清水，说明止水橡胶带局部已发生撕裂。考虑到止水带的极限拉伸能力，不排除其他部位止水带继续撕裂的可能，应采取措施调整地基应力，控制箱涵沉降。种种迹象表明，坝前土工膜局部失效，坝体直接挡水，坝体存在渗透变形和接触冲刷的问题，因此需要箱涵周侧坝体加固，同时对破损的混凝土进行修复。

2.3 加固处理方案

2.3.1 主要加固内容

（1）沉降缝止水修复：对漏水的沉降缝进行封堵处理。采用改性树脂材料进行封堵，包括剔槽环氧胶泥表面封堵、埋设注浆管、注浆封堵、表面清理等。

（2）箱涵地基注浆加固，提高地基承载力，减小沉降变形，采用袖阀管压密注浆。同时设置截渗环，防止因接触渗漏和坝体渗流可能造成的渗透破坏。

（3）箱涵右端 30m 坝段注浆加固，防止坝体的继续变形。

（4）损坏的混凝土及土工膜的修复：采用拉筋固定损坏的混凝土；采用浅层灌注的方法修补土工膜。

2.3.2 沉降缝止水修复

对沉降缝进行化学灌浆处理。以沉降缝为中心开凿 V 形槽，然后采用 YEM 环氧砂浆嵌填并抹平；在沉降缝旁侧斜交钻灌浆孔并埋设灌浆嘴；分别采用改性聚氨酯和改性环氧材料灌浆，最后清理并抹平表面。共修复沉降缝 6 道。

2.3.3 袖阀管压密注浆

压密注浆加固地基机理，是在适宜的压力下，通过特定装置将大比重的水泥黏土混合浆液分段分层注入地层中，袖阀管分段灌浆可实现定点、定部位注浆，防止注浆不当造成的基础抬升、应力不均等现象。浆液首先充填土体的空洞、裂隙和松散部位，随着灌浆量和灌浆压力的增大，将使土体在软弱区域沿小主应力面或弱应力面产生劈裂作用，浆液随之扩散延伸、充填，产生大量板状、树根状等不规则形状的凝结体。这类凝结体将土体分割、包围成一些小的单元，起到骨架作用，浆液在扩散过程中对周围土体有挤密作用。对箱涵地基的注浆加固可以提高地基土的强度和压缩模量，达到加固地基土和减小地基沉降的目的。

2.3.3.1 注浆设计

（1）箱涵地基加固。箱涵两侧各布注浆孔一排，平均间距 1.5m（根据应力、变形情况调整），每排布孔 15 个，两侧共布孔 28 个。其中竖直孔 18 个，孔深均为 7.5m；斜孔 10 个，孔深均为 10.2m，钻灌 237.0m；箱涵内设注浆孔 12 个，孔深 3.5m，钻灌 42.0m，合计钻灌 279.0m。如图 4 所示。

（2）坝体截渗环。采用注浆方式挤密坝体土，提高抗渗性能，起到截渗环的作用。截渗环厚度 3m，箱涵两侧深入坝体 8m。分两排布孔，排距 1.0m，孔距 2.0m，每侧设注浆孔 9 个，注浆孔总数 18 个，孔深 7.5m，钻灌 135.0m。箱涵顶部共设 7 孔，孔深 3m，钻灌 21.0m。合计钻灌 156.0m。

（3）箱涵右侧坝体加固。箱涵右端加固坝段长度 30m，布注浆孔两排，排距 2.5m，上游排在坝轴线上游 0.5m 处，下游排在坝轴线下游 2.0m 处。每排孔间距 2.0m，两排孔相间布置，共布孔 30 个。孔深 7.5m，钻灌 225.0m。

（4）箱涵洞底注浆。由于双洞宽度较大，仅两侧注浆难以保证洞底的注浆效果。洞内布置少量注浆孔，双洞共 4 节箱涵，每节箱涵布孔 3 个，中心 1 个，两端各 1 个，均位于洞体轴线上，孔深 2.0m，共计 12 孔，钻灌 24m。两端的钻孔距端点 1.0m，避开齿墙。

（5）土工膜修复。泵站进水时发现闸室与坝坡相接的缝隙喷水，由此判断坝坡土工膜

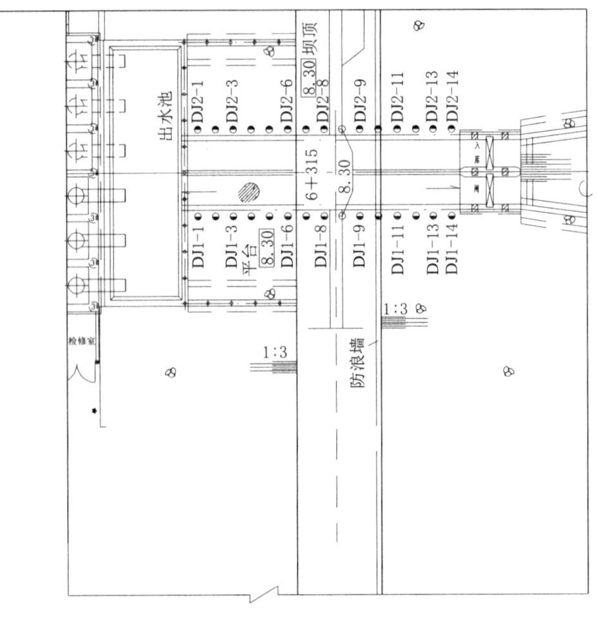

（a）平面布孔图

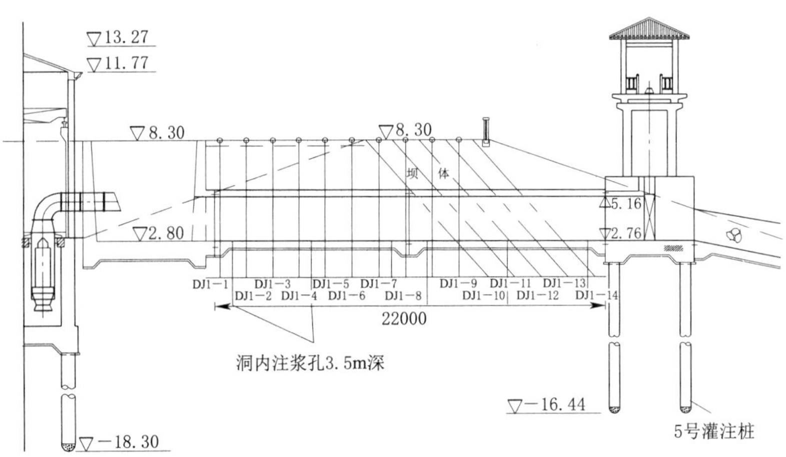

（b）加固纵剖面图

图 4　箱涵地基加固布孔图

与建筑物的连接处已经开裂。采用护坡板下钻孔注入聚合物砂浆的方式，封闭开裂或损毁的土工膜。采用密集短注浆孔，孔深 0.5m，沿闸室周边 1m 范围内相机布孔，布孔约 84 个。

（6）局部混凝土和坝体修复。对防浪墙前混凝土护板及板下土体注浆，修复因长期渗水造成的坝体松软和护坡板的损坏。布孔 8 个，孔深 3～6m。

（7）箱涵右侧坝体坝后坡排水设置。现状坝后坡为混凝土现浇护板，本次设置排水管，便于排除坝体内的积水。设置方法如下：

排水管布置上下两排，位置位于混凝土护板的中部为宜，每排间距 4m 左右，两排孔位相间布置；排水管采用2英寸PVC管材加工，长度2.5m左右，一端1m长度加工成花管，孔径5mm，径向对穿4孔，间距10cm，外包1层200g/m^2的土工布，用细铅丝绑紧待用；仰角10°左右向坝体内钻孔，孔径与制作好的花管基本一致；最好干钻孔，达到深度后插入制作好的排水管，无花管段用壤土填实孔隙。

2.3.3.2 注浆参数设计

孔径90mm；采用普硅32.5水泥，水泥黏土混合浆液密度不小于1.5g/cm^3；灌浆压力不超过0.4MPa，灌浆流量不大于20L/min。

3 灌浆加固施工

3.1 成孔

按设计孔位定孔位，采用地质钻机成孔，孔径90mm，然后下入内径不小于40mm的花管，注浆管底部距段底不大于0.2m，上部露出地表10cm即可。

3.2 浆液

（1）制浆材料的选择：选用钙基膨润土；水泥采用P·O32.5。

（2）制浆方法及对浆液的要求：制浆采用泥浆搅灌机，以适当速度连续均匀地从搅拌桶的进料口加入，经过连续搅拌后，经过另一端的出浆口排至储浆桶内，然后经泥浆泵灌入孔内。

3.3 注浆技术要求

施工顺序：分2序施工。每孔自下而上分3段灌注。每隔2.0m设一灌浆段。

3.4 施工技术要求

（1）施工顺序：每排分2序。每孔自上而下分段灌注，少灌多复。

（2）灌浆段设置：每隔2m设一灌浆段。

（3）灌浆控制：采取多次灌注的方法，每个灌浆段灌浆次数不少于3次。

（4）灌浆结束标准。本次施工灌浆结束标准可以用以下4个标准来控制：①每个灌浆段灌浆量达到200L；②孔口压力大于设计压力；③当地面出现冒浆时；④当箱涵基础出现抬升现象时。每个灌浆段注浆时达到上述标准之一即可结束灌浆。

4 加固效果及结论

加固完成后，泵站已正常运行3年。施工及运行期间，共安排5次进洞检查，没有发现新的渗水点，箱涵沉降缝无开裂变形迹象，表明加固后的地基处于稳定状态，沉降缝的堵水效果符合预期要求。针对入库泵站出现的险情，成功实施了应急加固，加固方案针对性强，措施得当，对同类加固工程具有一定的借鉴意义。

隧道无砟轨道板防抬升的控制灌浆措施

陈森森[1]　高鑫荣[1]　李晓东[2]

（1. 南京康泰建筑灌浆科技有限公司；2. 南京地铁建设有限责任公司）

【摘　要】 长株潭城际高铁湘江隧道滨江路到雷锋大道区间隧道为单洞双线隧道，设计时速为200km/h，埋深浅，断面大，地质复杂，施工条件差，造成二衬结构和轨道板渗漏水严重，渗漏水整治要先对结构外进行固结灌浆和帷幕注浆加固和堵漏，灌浆施工中防止无砟轨道板抬升的控制灌浆技术尤其重要。

【关键词】 城际高铁隧道　渗漏水整治　防抬升　无砟轨道　控制灌浆措施

1　工程概述

长株潭城际高铁是湖南省境内一条连接长沙市、株洲市和湘潭市的城际铁路，呈南北走向，是长株潭城际轨道交通网的主干线路。

该铁路全长105km，共设24座车站，设计速度200km/h，列车初期运营速度160km/h。长沙站以南段于2016年12月26日竣工运营，长沙站以西段于2017年12月26日建成通车。

长株潭城际铁路走向为“人”字形，从长沙站南端引出后，向南经暮云分岔，分别接入株洲、湘潭站；向西过湘江至雷锋大道，区间隧道为双洞单线标准轨道，如图1所示，车站为岛式明挖结构。

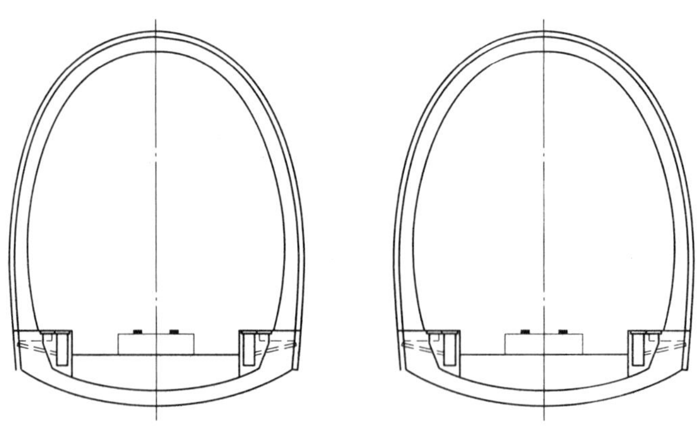

图1　双洞单线标准轨道示意图

2 渗漏原因分析

（1）主要外部原因：地质条件非常复杂，透水率大；紧靠湘江，地下水非常丰富；紧靠市政管线，污水管和供水管的跑冒滴漏也造成围岩含水率高；地表雨水多。

（2）工期紧张，施工管理工序衔接不足。市区施工，商品混凝土供应受到交通管制，不能连续供应，影响浇筑质量。

（3）隧道和无砟轨道施工后有一定的沉降稳定期。

综上因素造成隧道二衬和无砟轨道板发生局部渗漏水严重的质量通病。

3 技术措施

城际高铁采用整体道床，动车组在通过时给二衬和仰拱、底板带来很大的振动扰动和荷载扰动，并产生很大的气流扰动，利用综合整治的方法来解决地下结构工程振动环境下渗漏水。

（1）先对二衬结构与初期支护结构之间的存水空腔进行回填灌浆，把空腔水变成裂隙水，把压力水变成无压力水；其次再对初支背后的围岩进行固结灌浆和帷幕注浆，把隧道后面围岩的透水率降低，从而减少对隧道二衬拱墙渗水的来源。

（2）对隧道无砟轨道板渗漏水部位仰拱下的虚渣进行固结灌浆止水。

（3）对二衬结构的裂缝、施工缝、变形缝、不密实进行堵漏兼加固处理。

（4）对隧道二衬渗漏水严重地段，在1.5m高的位置钻孔，孔径25mm，深度至打穿二衬为止，水平间距3m左右，避开施工缝，先让孔流水3～5d，把拱墙壁后水压泄掉，压力为0.1～0.2MPa，采用特定水灰比浆液进行灌浆，灌浆从线路低处向高处，逐个孔灌浆，如果相邻孔出浆或二衬表面2m范围内的裂缝有漏水，即停止灌浆，灌浆采用水灰比1∶2左右的膏状浓浆，掺KT－CSS－303早凝早强的水泥基灌浆材料，还有KT－CSS－101水中胶凝无收缩高强灌浆料，以及结构自防水和水泥基渗透结晶的添加剂，快速形成一道水平隔离墙，隔断隧道拱部和边墙壁后的空腔和仰拱下空腔贯通的通道，防止后面拱部灌浆时串浆到仰拱虚渣下，造成无砟轨道板抬升。水平隔离墙施工工艺如图2所示。因为是低压灌注，所以不会对无砟轨道和仰拱有抬升的可能。

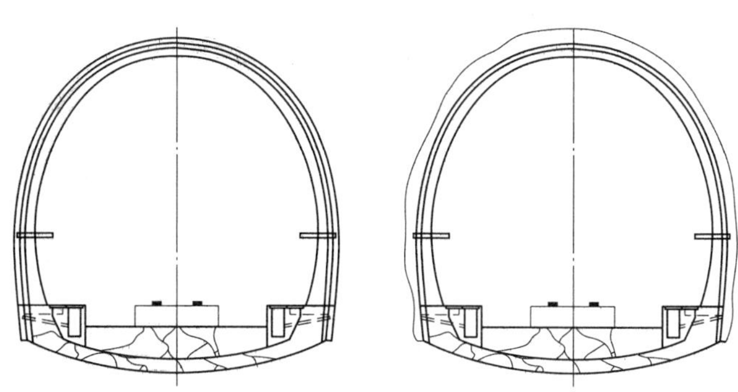

图2 水平隔离墙施工工艺示意图

（5）在渗漏水部位，找出严重区间，按照每个 10～20m 范围，在隧道二衬环向范围钻孔，孔径 25mm，深度打穿二衬为止，环向间距 3m 左右，避开施工缝进行灌浆，灌浆从边墙的低处向拱部的高处逐个孔灌浆，如果相邻孔出浆就停止灌浆，灌浆压力在 0.2～0.3MPa，采用水灰比在 1∶1、1∶2 的浓浆，掺 KT－CSS－303 早凝早强的水泥基灌浆材料，还有 KT－CSS－101 水中胶凝无收缩高强灌浆材料，以及结构自防水和水泥基渗透结晶的添加剂，快速形成一道环向隔离墙，形成二衬背后渗水空腔分区。灌浆的时候，每隔 1h 检测轨道板抬升的数据，如果抬升超过 2mm 则黄色报警，超过 3mm 则红色报警，停止灌浆。一般水泥浆固化会有一定的泌水率，稍微抬升的部位会回落一部分。前面做了水平隔离墙后，很难有水泥浆窜到仰拱虚渣内造成无砟轨道板抬升。

（6）对于分区后的隧道二衬背后的回填灌浆，采用在隧道拱部正顶部和左右拱腰位置钻孔，孔径 25mm，深度打穿二衬为止，纵向间距 4～5m，采用低压、慢灌、快速固化、间隙性分次分序 KT－CSS 控制灌浆工法，压力在 0.3～0.5MPa，采用螺杆灌浆机，压力呈抛物线上升、平缓，采用水灰比在 1∶1、1∶2、1∶3 的浓浆，根据进浆量和出水量来现场制定配比，掺 KT－CSS－303 早凝早强的水泥基灌浆材料，掺硫铝酸盐早强水泥，还有 KT－CSS－101 水中胶凝无收缩高强灌浆料，以及结构自防水和水泥基渗透结晶的添加剂，控制水泥浆的固化时间，间隙性分序分次灌浆。灌浆的时候，每隔 1h 检测轨道板抬升的数据，如果抬升超过 2mm 则黄色报警，超过 3mm 则红色报警，停止灌浆。

（7）利用人工对泵送来的水泥浆进行二次搅拌，灌浆现场添加速凝材料和其他特种水泥灌浆材料，利用人工搅拌，用量小，不易造成浆液堵管和浪费，并且利用人工搅拌和灌浆机的泵送时间差的间隔自动形成间隙性灌浆的特定工法，防止以前采用搅拌机连续搅拌向灌浆机料斗供料而不能自动形成间隙性灌浆。

（8）对于无砟轨道渗漏水部位的仰拱结构下的虚渣灌浆堵漏，先采用在两侧边水沟钻透仰拱，泄压排水，观测水量和水压，孔径 50mm，孔深钻透仰拱后 10cm，安装涨壳式中空注浆锚杆，如图 3、图 4 所示，对无砟轨道、找平层、仰拱结构层先进行物理机械式锚固，再用槽钢临时连接锚杆头，水平方向控制住无砟轨道的抬升可能性。先利用物理机械力控制住无砟轨道抬升的可能性，然后采用纯的 KT－CSS－202 水泥基超细无收缩自流平自密实微膨胀特种灌浆料，必要的时候掺 KT－CSS－101 水中胶凝无收缩高强灌浆料进行灌浆，采用低压、慢灌、快速固化、间隙性分次分序 KT－CSS 控制灌浆工法，压力在 0.2～0.3MPa，采用螺杆灌浆机，压力呈抛物线上升、平缓，采用水灰比在 1∶1、1∶2、1∶3 的浓浆。灌浆的时候，每隔 1h 检测轨道板抬升的数据，如果抬升超过 2mm 则黄色报警，超过 3mm 则红色报警，停止灌浆。灌浆的时候需要有灌浆孔和泄压孔、观测孔。后期再采用 14mm 钻头，钻孔深度 1.5m，采用化学灌浆机，灌注耐潮湿水中可以固化的 KT－CSS－4F/18 高渗透改性环氧结构胶，进一步对无砟轨道与铺装层、仰拱结构层，以及结构下面的夹层空隙和微小空腔进行补充灌浆，提升堵漏和加固效果。

（9）在渗水大的位置，隧道正顶部与拱腰 60°夹角的左右拱腰，先用抽芯机钻透二衬的钢筋混凝土和初期支护的混凝土，然后再用钻机向围岩层钻孔，采用中空注浆锚杆，钻孔深度为 6m，灌注超细的水泥基无收缩高强度灌浆料，添加 KT－CSS－101 水中胶凝无收缩高强灌浆料和 KT－CSS－1022 阳离子丁基丙烯酸胶乳（聚合物胶水），采用 KT－

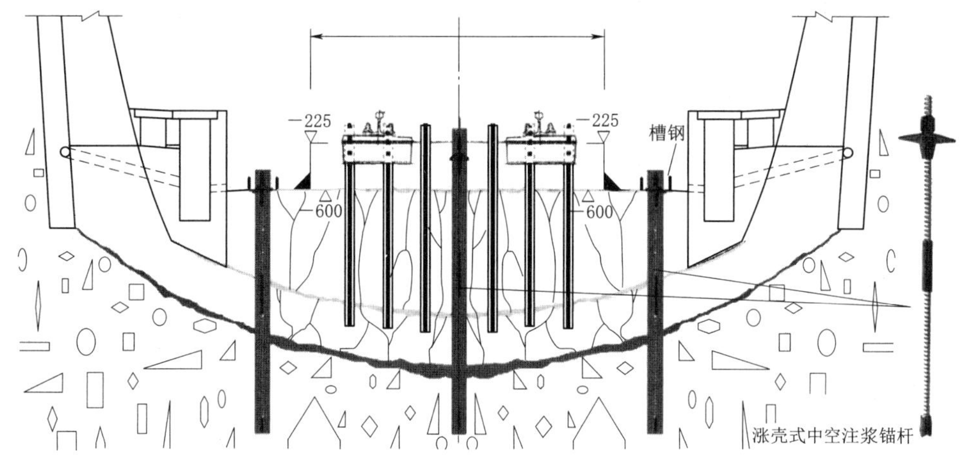

图 3　仰拱结构下虚渣灌浆堵漏横断面示意图

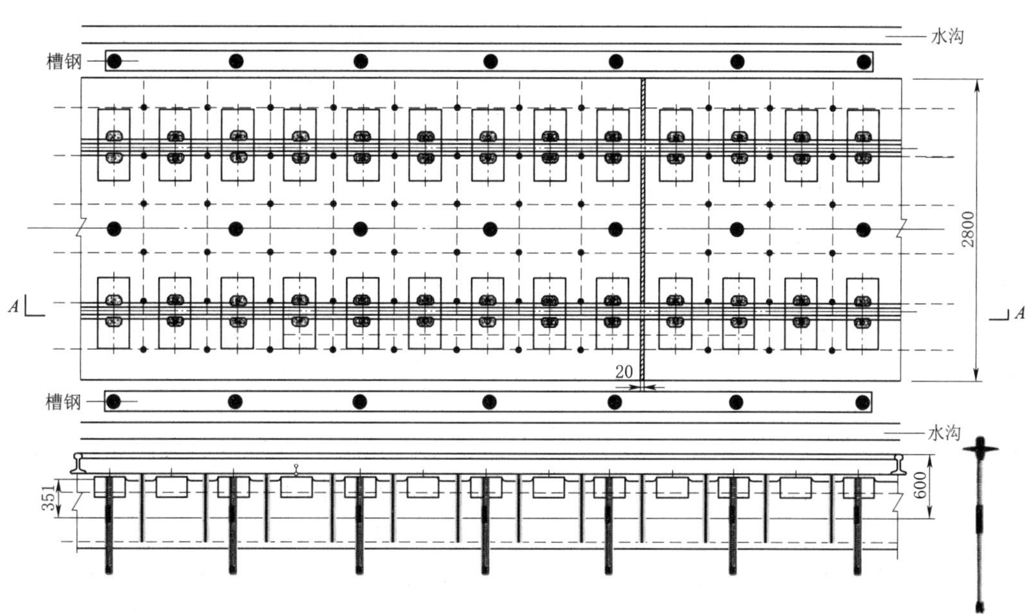

图 4　仰拱结构下虚渣灌浆堵漏俯视图河纵断面示意图

CSS 控制灌浆工法，分次分序进行灌注，固结砂砾石层围岩。加固围岩采用活塞型泥浆泵，灌浆压力控制在 1.5～2.0MPa，2min 内进浆量小于 5L，就停止灌浆。在 48h 后在拱腰离拱部 30°夹角位置再钻孔，深度在 4m 左右；再灌注改性环氧灌浆材料，采用活塞泵灌注，灌浆压力在 2.0MPa，做帷幕灌浆，在 5min 内进浆量小于 1L，就停止灌浆。间隔 10min 后，为防止浆液流失，再进行二次补充灌浆，直到 5min 内进浆量小于 1L，就停止灌浆。减少围岩层的透水性，提高围岩的抗渗效果，进一步减少隧道渗漏水的源头。灌浆的时候，每隔 1h 检测轨道板抬升的数据，如果抬升超过 2mm 则黄色报警，超过 3mm 则红色报警，停止灌浆。

（10）最后对二衬结构的不规则裂缝、结构不密实、无砟轨道裂缝进行堵漏与加固，灌注 KT-CSS-18 耐水耐潮湿的改性环氧树脂，并且固化后有一定的韧性，延伸率达到8%左右，可以抗通车后的列车振动扰动和荷载扰动。对施工缝采用灌注 KT-CSS-8 耐水耐潮湿的改性环氧树脂，并且固化后有一定的弹性，延伸率达到20%左右，可以抗通车后的列车振动扰动和荷载扰动。对于变形缝采用 KT-CSS 变形缝专利工法，利用 KT-CSS-9019 阳离子丁基改性液体橡胶达到设计要求，修复变形缝的止水带功能，达到设计的要求。

4 主要材料

(1) KT-CSS-4F 耐潮湿低黏度改性环氧灌缝结构胶。KT-CSS-4F 耐潮湿低黏度改性环氧灌缝结构胶是一类双组分、无溶剂环氧化学灌浆材料，它具有高强度、低收缩、耐腐蚀和混凝土及金属的黏结力强等特点，是一种对混凝土和岩石进行补强加固、无溶剂环氧灌浆材料，其对潮湿环境不敏感。

(2) KT-CSS-101 水中胶凝无收缩高强灌浆料。KT-CSS-101 水中胶凝无收缩高强灌浆料主要应用于隧道、大坝、地下岩体的驱水后防水加固。使用时将 100kg 灌浆料与 40～50kg 水混合，用高速搅拌机（500L，大于 1000r/min，线速度 10～20m/s 的高速搅拌机）搅拌均匀，然后用 5MPa 的压浆泵将浆体压进岩体、压进隧道顶部、压进酥松的裂缝的混凝土，当与水接触时浆体不分散，随着泵压力的加大，水中不分散高强灌浆料浆体逐渐把水挤走到半径 10～20m 以外。

(3) KT-CSS-303 早凝早强高强灌浆料。KT-CSS-303 早凝早强高强灌浆料主要应用于隧道、矿井、大坝、地下岩体的注浆防水，抢修加固，与 KT-CSS-101 水中胶凝无收缩高强灌浆料配合，主要应用于岩体活动水和突水的堵漏，即先用 KT-CSS-101 水中胶凝无收缩高强灌浆料注浆将水压退，再用 KT-CSS-303 注浆，90min 后凝固。使用时在一台高速乳化分散机中先注入 270kg 水，开动高速乳化分散机将 1000kg KT-CSS-303 徐徐加入高速乳化分散机中，加完后再搅拌 6～15min，然后用压浆泵将浆液压进岩体、压进隧道矿井结构混凝土或管片壁后、压进疏松裂缝有缺陷的混凝土。性能指标：水料比 0.27，初始流动度 15s，30min 流动度 25s，浆液高速乳化分散 15min 后细度小于 0.05mm，初凝时间 90min，终凝时间 100min，4h 抗压强度大于 20MPa，28d 抗压强度大于 90MPa。搅拌好的浆液必须在 60min 内注浆压完，否则浆液会迅速变浓，无法压浆。

5 结语

通过采用接力泵送、水平隔离墙、环向隔离墙、仰拱先物理锚固后灌浆、人工搅拌组合灌浆工法以及低压、慢灌、快速固化、分层分序间隙性的 KT-CSS 工法，利用次控制灌浆堵漏和加固的技术措施，结合控制灌浆技术所需要的配方灌浆材料和涨壳式中空注浆锚杆，对长株潭城际高铁隧道结构外进行固结灌浆和帷幕注浆加固并堵漏，最后再对隧道二衬结构和无砟轨道进行渗漏水综合整治。对长株潭城际高铁隧道滨江路到雷锋大道区间隧道渗漏水进行了有效的治理，施工中无砟轨道板没有抬升。

针对不同的结构、不同的环境，随着控制灌浆技术的发展，只要善于总结，勇于创新，就一定能解决好灌浆堵漏施工中防止无砟轨道抬升的技术难题，使控制灌浆技术得到创新发展，新材料、新工艺、新技术、新装备相结合，是一个永恒的发展和创新历程，此控制灌浆技术措施在京沈高铁朝阳隧道、大连地铁 2 号线机场站到辛寨子站区间隧道的堵漏灌浆施工中，成功用于防止轨道板抬升。

参考文献

[1] 王婕. 长株潭城际铁路分担率影响因素的定量研究 [D]. 北京：北京交通大学，2019.

[2] 谷莎，杨和平. 浅谈基于道路交通安全的路侧交叉开口设计 [J]. 湖南交通科技，2014，40 (3)：174-178.

[3] 陈森森，朱德林. 隧道堵漏施工中对运行期间抗震动扰动的处理 [J]. 新型建筑材料，2012，39 (9)：66-68.

[4] 李红军，陈森森. 地铁隧道初期支护渗漏水处理技术与施工 [J]. 中国建筑防水，2018 (14)：39-42，46.

[5] 唐英波. 严寒地区车站地下通道电梯井渗漏综合整治 [J]. 中国建筑防水，2021 (1)：41-44.

[6] 陈森森，王军，刘文，等. 盾构隧道渗漏水整治综合技术 [J]. 铁道建筑技术，2019 (12)：101-106.

[7] 马瑞华. 运营客专隧道内无砟轨道病害快速整治技术 [J]. 铁道建筑技术，2019 (11)：121-125.

[8] 裴熊伟. 钻孔压水试验水压式栓塞排水泄压问题研究 [J]. 探矿工程（岩土钻掘工程），2016，43 (3)：56-59.

[9] 全学友，刘金平，刘宝，等. 钢筋混凝土框架结构抽柱改造关键问题及其解决方法 [J]. 建筑结构，2020，50 (15)：1-7.

[10] 陈森森，王军，王吉. 古盐田地质条件海湾隧道盾构竖井堵漏和加固新技术 [J]. 中国建筑防水，2018 (17)：30-33.

[11] 李红军，陈森森. 地铁隧道初期支护渗漏水处理技术与施工 [J]. 中国建筑防水，2018 (14)：39-42，46.

[12] 时勇. 严寒地区隧道二衬漏水处理方法 [J]. 北方交通，2013 (1)：115-118.

BIM技术应用

BIM 技术在建设项目全生命周期中的应用与探讨

黄宏庆

（中电建振冲建设工程股份有限公司）

【摘　要】 BIM 技术是一种先进的工具和工作方式，其在建设项目全生命周期中的应用，具有三维可视化、协调性、模拟性和优化性等特点，为建筑行业提供了一个革命性的平台，将彻底改变建筑行业的协作方式。本文综述 BIM 技术近年来在国内建筑项目全生命周期中的应用与进展，归纳概述了 BIM 技术在建筑项目规划阶段、设计阶段、施工阶段和运维阶段的主要应用点，提出了 BIM 技术在结合层次分析法和集成测绘地理信息新技术等方面应用的新思路，可以为 BIM 技术在国内建筑行业的全面推广提供借鉴；同时分析了 BIM 技术在当前应用中存在的问题，给出了更好全面采用 BIM 技术的相应建议。

【关键词】 建设项目　BIM 技术　全生命周期

1　引言

我国传统建设项目管理模式存在着不少管理不合理、人员素质参差不齐、信息化手段缺乏充分应用等问题。建筑行业一直存在着高耗能、重污染和产业效率低等现象，绿色建筑理念不强。近年来建筑行业规模不断扩大，科学技术水平快速发展，建设项目在全生命周期中的技术含量高、施工周期长、不可重复、涉及单位多等诸多特点尤为突出。随着信息化程度的不断提高，以数字化形式表达的建筑信息模型（Building Information Modeling，BIM）技术快速发展，有效缓解了以上问题，成为建筑行业新的发展趋向。

BIM 技术可在城市规划、道路桥梁、铁路机场、水利港口和风景园林等各类基础设施建设中广泛应用。基于 BIM 技术的协同平台全面覆盖了项目的整个生命周期，有利于工作人员间充分交流信息和进行协商，实现信息的集成管理和共享，大大提高了工作效率，保证了项目质量，避免了设计变更引起的返工和浪费。

本文对 BIM 技术的应用研究与进展进行分析概述，重点分析 BIM 技术目前在项目全生命周期中各个阶段的应用现状，并提出一些新的应用思路，以推动 BIM 技术在国内的全面发展和技术进步。

2　BIM 的概念

现今相对比较完整的 BIM 概念是由美国 BIM 标准作的定义：BIM 是用数字化表达一个设施的物理和功能特性，共享设施的知识资源，为设施全生命周期中的所有决策提供科学依据；同时参与方在项目完整的生命周期中可以对 BIM 进行插入、提取、更新和修改信息，来反映和支持各职责内的协同工作。

3 BIM 技术在全生命周期中的应用

建筑项目全生命周期包涵了规划阶段、设计阶段、施工阶段和运维阶段等四个阶段。通过对 BIM 技术在项目全生命周期应用的分析，总结出 BIM 技术在各个阶段的主要应用点，分析 BIM 技术在项目设计阶段和施工阶段的应用现状，提出 BIM 技术在结合层次分析法和集成测绘地理信息新技术等方面应用的新思路。

3.1 规划阶段

在规划阶段，需要依据业主的设计任务进行初步规划、方案预演、场地分析和建筑性能预测等任务。传统手段往往定量分析不充分，主观因素偏重，对于大量的数据信息处理困难。然而，通过 BIM 技术强大的信息统计功能和初步模型的分析、评估，对建设方案和投资预算方案进行模拟和分析，有效地处理数据信息，可在场地规划分析、成本估算、策划方案优选和空间布局等方面取得良好效益。

目前，BIM 技术在规划阶段的应用较少。为了深入优化各个策划方案和保证建筑物性能，针对建筑物场地规划分析提出 BIM 技术结合层次分析法的应用方法：首先，确定规划方案的自然因素、社会政治因素、交通和位置因素、经济技术因素等影响因子；其次，根据判断矩阵特征向量解算的原理，求得准则层各元素对目标层的优先权重；然后进行加权，得出各预备方案对最终目标的总权重，优选方案为权重最大者；最后，结合 BIM 技术的性能模拟分析，进一步优化方案。层次分析法和 BIM 技术的结合，不仅降低了方案选择的难度和建设成本，还优化了方案的性能，使最终的决策更加客观和科学，使得场地规划布局更加合理。

3.2 设计阶段

对于工程项目设计越来越复杂多变、设计周期短、信息不流畅、数据重用率低等严重问题，BIM 技术可为项目建设提供一个协同、高效的设计平台。通过 BIM 技术的参数化设计、协同设计和深化设计等应用，提升了设计效率，减少了设计变更，节约了设计成本。另外，在复杂的异形建筑物设计时，利用 BIM 技术的 3D 可视化展示和建筑性能模拟分析，可为工程项目带来低成本、高质量、环保的实施方案。

在结构设计方面，对 BIM 技术中的结构模型与分析软件间的数据链接，以及建筑结构设计间的无缝对接等问题研究较多。BIM 模型与结构分析软件的结合，实现了基于 BIM 模型的快速荷载计算，避免了浪费大量时间和人力进行审图的过程。针对建筑结构一体化的设计思路，可以通过云端建立 BIM 浏览器，明确分工、分责和进度计划，有效地避免不同单位间的利益冲突，实现建筑结构设计一体化，促进建筑行业健康发展。

3.3 施工阶段

施工阶段是人员和资源投入最多的阶段，如何实现科学、合理地精细化管理，节约成本是亟须解决的问题。利用 BIM 技术在项目招标、深化设计、资源计划、虚拟施工和安全控制等方面的功能，可促进施工精细化管理和成本节约；另外，BIM 与测绘地理信息技术的集成，可以很好地帮助施工阶段实现智能化施工和健康监测。

3.3.1 项目投标

传统施工招标主要由经验丰富的评标专家以纸质的招标文件筛选施工单位，这样的投标方案不够直观，报价不够精细，竞争过程优势不够明显。基于 BIM 的施工投标，通过 3D 施工状况显示和 4D 施工方案演示，可以更加直观、立体地表达技术方案；通过精细化数据分析，可以快速计算工程量、精准报价，省去图纸理解和算量模型建立的工作，提高项目的中标率。

3.3.2 施工图深化

一些大型复杂结构的项目，空间布局上经常发生设备管线与结构间的碰撞，给施工造成困难。通过 BIM 技术可视化模拟、施工碰撞检测和设计方案优化，可解决施工过程碰撞的问题，减少返工，提高施工质量，从而节约施工成本。

3.3.3 施工模拟

由于复杂建筑结构的施工图比较抽象，经常导致专业间沟通交流障碍，不利于施工进度的控制。国内首次研发的 4D 施工管理系统，有效控制了施工进度、提高了施工效率；采用多层次 BIM 建模规则，可实现复杂场景施工过程的高效动态模拟与分析，减少了施工返工，并保证了施工质量。总之，通过 BIM 技术的施工模拟，直观地进行了施工交底和作业指导，从而可及早发现问题，采取相应的补救措施，使进度计划与施工方案达到最优化。

3.3.4 计划及成本控制

工程造价管理主要采取分段性的管理模式，经常可能发生不同专业间数据信息丢失和工程量反复计算的问题。BIM 技术与管理信息系统集成，可实现施工进度与材料需求相结合，实现进度、成本的动态管理与联合控制。另外，基于 BIM 的施工动态监控模式，不仅优化了资源的使用计划，还提高了造价算量精度和效率，很好地控制了施工成本。

3.3.5 安全管理

施工过程中，在现场布置、工作面管理、危险源辨识等方面，经常会出现安全问题；而 BIM 技术的应用，可以创建 4D 施工安全信息管理模型，通过模型模拟进行邻近施工和限高施工、施工场地规划，保证施工安全，提高了施工安全的管理水平。

3.3.6 BIM 与测绘地理信息技术集成

国内对 BIM 技术与智能型全站仪、三维激光扫描仪和 GIS 等技术的集成研究，主要应用在施工测量监控、现场规划布置和施工安全监控等领域。实现基于 BIM 的自动化测量和异形结构施工测量精度控制；基于 BIM 和三维激光扫描技术建立的自动化 BIM 实时施工模型，可以实时指导和动态跟踪项目进展，有效控制项目进度；在 BIM 与 GIS 技术的结合上，实现了施工现场布置、规划和施工过程物料状态的可视化管理。随着建设信息化的飞速发展，相信更多新技术会与 BIM 技术相集成。

3.4 运维阶段

传统竣工图参差不齐，错误频繁，许多建筑设施的关键数据缺失，在隐患或事故发生之时，不能够有效地采取相应措施，导致经济损失严重。近年来，人们研究 BIM 技术在建筑设施维护管理、灾害预警应急处理、结构管线安全监控和节能优化等方面取得了显著成果，有效节约了运维成本。BIM 智能运维管理系统可实现所有系统设备的动态管理、灾害应急处理和能耗分析；对 BIM 技术和楼宇自动化系统进行集成，使楼宇系统的设备维护管理、人员管理和应急管理等工作集成在统一的平台，可实现楼宇系统智能化管理的目标。未来 BIM 技术将会使建筑项目运维管理逐步迈向信息化、数字化和智能化，更有助于智慧城市的实现。

4 BIM 技术目前的问题

BIM 技术也存在一定局限性，目前并没有广泛、统一地应用在建筑项目的全生命周期中，主要存在以下问题。

4.1 管理观念和认识改变

对建筑企业而言，BIM 技术不仅是应用于项目投标和项目管理，其更大的作用在于企业管理的应用。将企业的所有项目和资源都集中在一个平台，提高企业的资源调配能力，大幅减少企业管理的级别，且各项审批、审核都可以变得直观、透明、简单，从而大幅提高企业的生产效率。要真正实现这个目标，技术和培训不是最难解决的问题，而是要目前企业的各级管理人员切实转变观念，能够真正主动去接受和学习 BIM 这项高端技术并愿意主动投放资源，将 BIM 技术应用到项目管理、企业管理中去。

4.2 政策与标准规范缺乏

虽然国家在政策方面已经给予大力支持，但相比于发达国家仍显得比较粗放。政府强制的力度不够，没有制定专门的实施策略；国家标准规范不完备，致使图纸表达时会出现部分细节紊乱的现象，以及数据文件读取性较差。

4.3 BIM 技术不够完善

BIM 不是一个单一的软件，而是一个集成各专业、各平台、各软件功能的高层次平台，负责各专业、各平台的人员在同一个平台上操作，实现数据信息的流转和交换，各专业、各部门之间的协同作业成为该系统运转的核心。BIM 技术在规划、设计、施工和运维等应用阶段涉及到不同的参与单位，所以缺少一个协同、共享的平台来保证不同单位间及时获取所需信息和进行相关交流，以使 BIM 模型中的信息在各个阶段无障碍传递。同时 BIM 技术在同一阶段不同专业间信息集成与共享方面也存在障碍，造成建设过程数据信息断层和不连续传递；BIM 建模过程复杂、智能化不完善和审核工作量大，导致 BIM 技术的操作和推广难度增加。

4.4 综合应用模式和案例缺乏

目前，BIM 技术的应用主要集中在设计和施工领域，规划、运维阶段应用相对较少，具有典型意义的 BIM 综合应用案例更少，严重阻碍了 BIM 技术在项目全生命周期的普及。

5 研究与建议

5.1 加强 BIM 应用意识

各参与方要敢于突破传统 2D 的思维模式，认同 BIM 技术的应用理念和价值，采取强制再教育方式，发现应用 3D 思维模式带给项目的经济效益，以促进传统观念的转变和 BIM 技术的统筹管理。

5.2 政策引导

在 BIM 技术推广时，国家要通过制定更多的扶持政策、设立研发基金和基础项目 BIM 应用等方式，来提供强有力的保障；再通过地方政策和行业政策的制定，开展一些 BIM 技术的示范项目，引导高校培养 BIM 技术人才，以推动 BIM 技术的全面应用。

5.3 BIM 标准规范的制定

政府和行业部门应加大对 BIM 技术应用的项目案例进行标准规范研究，并借鉴国外标准制定的经验，制定出符合国内行业要求的统一标准规范和数据标准形式，规范市场管理，使 BIM 技术本土化。

5.4 加强技术研发

加大对 BIM 技术资金投入的力度，培养专业人才，组建 BIM 研发团队。通过团队与软件厂商合作，对 BIM 进行软件、技术和应用方面的不断研发，完善 BIM 自身功能，促使 BIM 技术更加智能化与普适化，实现项目的集成交付模式，不再限制在局部应用范围。

5.5 BIM 与新技术集成

基于云端和 BIM 技术的建筑设计一体化应用，BIM 技术和层次分析法在场地规划方案优选和性能分析中的应用，以及 BIM 技术与智能型全站仪和三维激光扫描仪在智能化施工和健康监测中的全面应用。同时，也可以与互联网、物联网、智能化和绿色建筑等新技术结合来服务建筑项目，实现 BIM 技术多方面的创新。

5.6 强化项目中 BIM 技术的应用及案例推广

项目招标时，要求投标单位从项目规划设计到运维的建设过程中全面采用 BIM 技术，并具备一定数量的专业 BIM 技术人才；对典型的 BIM 技术工程案例进行研究分析和知识管理，加大宣传力度，推广 BIM 模型在项目建设过程中的普及应用。

6 结语

当前，我国建筑行业的 BIM 应用还处于初级阶段，因此难免会有各种问题。建筑业应该从改变思想认识出发，借助国家出台的相关政策和措施，对建设项目全生命周期的各个阶段进行规范，提高 BIM 技术的应用效率，及时转变发展策略，积极打造建立高素质的 BIM 技术应用团队。因此，制定合理的 BIM 项目执行计划，将充分发挥 BIM 技术在建设项目中各专业、各阶段的各项价值，为项目各参建方提供统一的方法，实现建设项目全生命周期信息共享、实现建设项目的各项期望，BIM 技术将会为建筑行业带来一个革命性的进步和发展。

参考文献

[1] 李艳妮. 基于 BIM 的建筑结构模型的研究 [D]. 西安：西安建筑科技大学，2012.

[2] 刘军生，石韵，王宝玉，等. BIM 技术在施工管理中的应用研究 [J]. 施工技术，2015 (S1)：785 - 787.

[3] 王晓维. 浅析 BIM 在建筑全生命周期中的应用 [J]. 四川建材，2015 (6)：268 - 269.

BIM 技术在小梅沙片区梅沙客厅基坑及桩基工程中的应用

袁　枭　王海东

（中国水利水电第八工程局有限公司基础公司）

【摘　要】 随着国内工程建筑水平的迅猛发展，地基与基础处理工程的施工竞争已经越发激烈，如何利用信息化技术提升项目精细化管理水平，是企业保持旺盛竞争力和蓬勃发展的重要基础。本文以小梅沙片区梅沙客厅基坑及桩基工程为例，对项目在基坑支护及桩基础施工准备、施工实施、竣工移交全过程的 BIM 技术应用管理成果进行分析总结，希望能为后续类似工程的信息化管控提供参考。

【关键词】 BIM 技术　基坑　桩基　模型　三维场地　碰撞检查　可视化

1　引言

地基与基础处理工程综合性强、风险系数高、施工难度大，一直以来施工都需要依靠经验丰富的项目管理人员和工程技术人员。近些年来，基坑工程安全问题频出，探其原因，主要还是存在交底不清、施工过程管控粗犷、工程信息传递滞后等问题，亟须一种新的技术来辅助施工、保障安全。

BIM 是建筑信息模型的缩写，因其具有可视化、可出图性、模拟性、优化性、协调性等优点，在施工工程中对质量、安全、进度和成本的控制效果显著，受到国家大力推动及各大施工企业的青睐。BIM 技术已较广泛地运用在地上建筑设计与施工中，并取得一定成效，但目前在基础处理工程中的应用还较少。

本文以小梅沙片区梅沙客厅基坑及桩基工程为例，介绍 BIM 技术在地基与基础处理工程中施工准备阶段、施工阶段、竣工阶段的具体应用及成效，展现 BIM 技术在地基与基础处理工程施工中的应用优势。本项目通过 BIM 技术建立统一的数据库，对传统的施工管理方式进行优化，在工程实际施工过程中具有重要参考意义。

2　工程概况

小梅沙片区梅沙客厅位于深圳市盐田区梅沙街道小梅沙海滨旅游区，拟建公共厕所、社区健康服务中心和紧急救助中心、公共自行车租赁点（100 个停车位），设 2 层地下室（局部 3 层地下室）。基坑开挖面积 8350m^2，支护周长 412m，考虑底板厚度及垫层，开挖深度约 9.5～15.0m；坑中坑开挖深度 6.0m，支护长度 144m。基坑支护形式为排桩＋内支撑梁，基坑地下水控制采用三轴搅拌桩止水帷幕＋截排水沟系统，工程桩为旋挖钻孔灌注桩，孔径800mm，桩长10～25m。

工程场地现状为平地，拟建场地原始地貌单元为山前滨海浅滩，地势相对平坦，勘察期间所测钻孔点孔口标高为3.17～5.14m，最大相对高差1.97m。各地层自上而下分别为人工填土层、第四系全新统海陆交互相沉积层、第四系上更新统冲洪积层、第四系残积层、白垩纪晚世燕山五期粗粒花岗岩。

场地南侧为小梅沙湾，距离场地约200m，北东侧毗小梅沙河、深坑水，工程场地北侧有一个人工湖，处于静水状态，水深约1.0m，经测得场地地下水混合水位埋深为2.75～6.30m，标高－1.60～2.15m。

3 工程重难点分析

（1）场地狭小，临建布置空间有限。本工程场地南侧及东侧为市政道路盐梅路，西侧为惠深沿海高速匝道，北侧为在建深圳地铁轨道8号线，除场地东侧及西北角外，其余位置施工用地红线距离基坑排桩边缘仅0.8m，场地狭小。在施工准备阶段，如何在有限的空间内合理布置施工道路、临时建筑，减少材料二次转运成本、提高生产效率是本工程的一项难点。

（2）多层对撑结构，分层开挖。本工程基坑支护采用排桩＋内支撑梁系统，基坑开挖采用先撑后挖，需要根据基坑规模、支撑梁高程确定分层开挖深度，根据支撑梁及格构柱布置位置确定基坑出土便道。由于基坑较为狭小，支撑梁较密集，出土道路在满足坡度及转弯半径的前提下，需要多次转角才能到达基坑底部，如何合理安排土方开挖次序，规划出土道路，制定严谨可行的方案是本工程的一项重点。基坑内撑结构平面如图1所示。

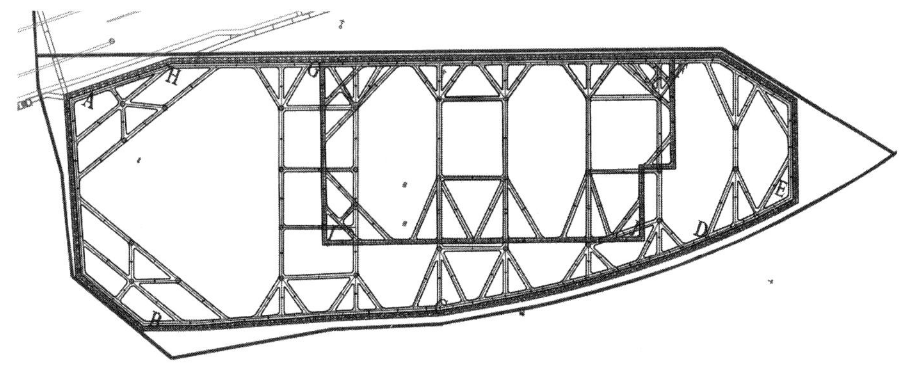

图1　基坑内撑结构平面

（3）基坑地质条件复杂。本项目工程桩以强风化岩层为持力层，要求入岩深度不小于10m，根据工程地质勘查报告显示，强风化地层揭露厚度1.30～18.30m，层顶标高－20.71～－9.01m，层顶埋深13.90～25.80m。一方面，地层表面起伏较大，厚度分布不均匀，桩长变化较大，场内存在孤石，如遇孤石可能因长期无进尺而提前终孔；另一方面，根据工程地质勘查报告显示，本工程存在淤泥质粉质黏土层，主要由淤泥、有机质粉质黏土或粉砂，层厚1.10～10.70m，该类地层孔壁稳定性极差，采用泥浆护壁成孔困难，须要长护筒进行强支护，但由于地层起伏较大，护筒长度不易确定。因此，如何准确判定桩基所在位置各类地层的地质情况是本工程的一项难点。

(4) 工程信息化水平要求高。本项目对工程信息化水平要求高，项目需要保证施工过程信息可以随时追溯，并按照有关信息化管理的要求，在相关信息化管理平台上及时上传、报送有关质量检查、监测和整改情况，但项目现场工程桩、支护桩、水泥搅拌桩、立柱桩等桩基总数近千根，每根桩都具有独立的桩号、安全质量检查资料、检验批资料、工程量信息、检测资料等，施工过程信息繁多，如何采用工程信息化技术，提高促进项目管理精细化、标准化水平是本工程的一项难点。

4 项目应用 BIM 的必要性

针对本项目基坑支护及桩基工程施工中存在的重难点问题以及信息化管控要求，采用 BIM 技术通过在施工过程中的不同应用可以不同程度地辅助解决问题，见表 1。

表 1 小梅沙项目施工问题及解决途径

问题类型	问 题 描 述	解 决 途 径
规划方面	场地狭小，临建布置空间有限； 进场道路限高，需考虑设备高度问题； 场地内存在市政管线，需要提前规划改迁	三维施工场地布置； 地下构件碰撞检查
进度方面	结构复杂，开挖分层分序； 工期紧张	施工方案预演，可视化交底； 4D 进度管理
质量方面	工人水平参差不齐，交底不清； 地质情况复杂，桩基质量难以保证	施工方案预演，可视化交底； 建立地质模型、了解地质情况
成本方面	地质情况复杂，桩基混凝土及钢筋材料损耗严重； 基坑隐蔽后难以了解内部情况； 桩基数量及类型较多，工程量人工计量易出现偏差	建立地质模型、了解地质情况； 可视化竣工验收资料管理； 工程量管理
安全方面	基坑临边部位较多，安全风险高； 安全交底不清，易出现事故	三维施工场地布置； 施工方案预演，可视化交底

5 项目 BIM 应用价值点

5.1 BIM 模型的创建

根据工程需要，在施工准备阶段，首先制定 BIM 实施方案，明确 BIM 应用内容，并组建 BIM 团队，提前做好项目的软件及硬件配置工作。本项目主要采用 Autodesk Revit 及 Dyanmo 作为主要建模工具，需要搭建的 BIM 模型包括：

(1) 施工平面布置模型。

(2) 支护桩模型。

(3) 支撑梁模型。

(4) 工程桩模型。

(5) 三轴搅拌桩模型。

（6）地质模型。

（7）地下管线及其他地下预埋构件模型。

5.2 三维施工场地布置

根据项目地形图及周边现场实际踏勘情况，利用 BIM 软件 1∶1 还原施工场地，项目北侧为人工湖，东南侧为市政道路盐梅路，但该道路为双向双车道，如施工车辆由此道路进出，极易造成交通堵塞；西侧为惠深沿海高速匝道，匝道限高 4.5m，匝道下方有一无名道路，可满足施工常用设备进出。经综合比选，选择场地西北角作为工地大门，其余位置沿红线用围挡进行封闭。由于场地极其狭小，经利用 BIM 模型预先模拟后，选择在场内布设钢筋加工厂、洗车池、混凝土系统等必要设施，现场办公室、食堂、仓库等设施在场地外另寻位置布设。尽可能在有限的空间内，降低钢筋笼、搅拌桩水泥浆等材料的运输及吊装路径。小梅沙项目施工总平面布置模型如图 2 所示。

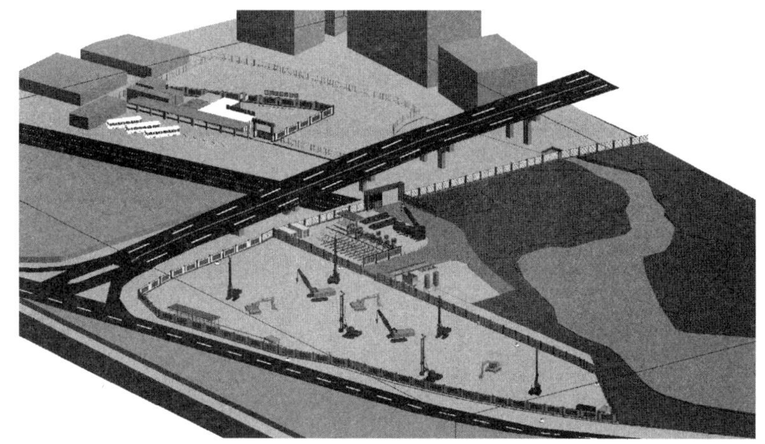

图 2 小梅沙项目施工总平面布置模型

5.3 地下构件碰撞检查分析

拿到设计图纸后，分专业对图纸进行翻模，各专业 BIM 模型如图 3 所示。

在完成各专业模型建设后，利用 Revit 或 Navisworks 对各专业 BIM 模型进行碰撞检查，出具检测报告；根据检测报告，对模型碰撞点（施工过程中可能出现的干涉点）进行分析并确定解决方案，报告给设计单位。

利用 BIM 模型进行图纸审查，在 BIM 模型中能直观地看到各个结构的尺寸、标高和定位是否合理，可以准确地表达工程完成后的空间关系，还可以在正式施工前消除图纸上存在的“错、漏、碰、缺”等问题。对地下埋藏的各系统的管线进行统一的空间排布，以解决基坑开挖或桩基钻孔施工对原有管线可能造成破坏的问题，确保施工过程的安全与施工效率。多专业碰撞检查流程如图 4 所示。

5.4 可视化交底

基于已创建工程的 BIM 模型，将其导入 3D MAX 进行加工处理，依据施工方案等相关信息创建施工工艺模型，并对复杂节点及施工重难点区域进行施工模拟，生成施工工艺模拟视频动画，并将施工要求及技术规范等关键信息加入，用于进行技术交底。相较于常

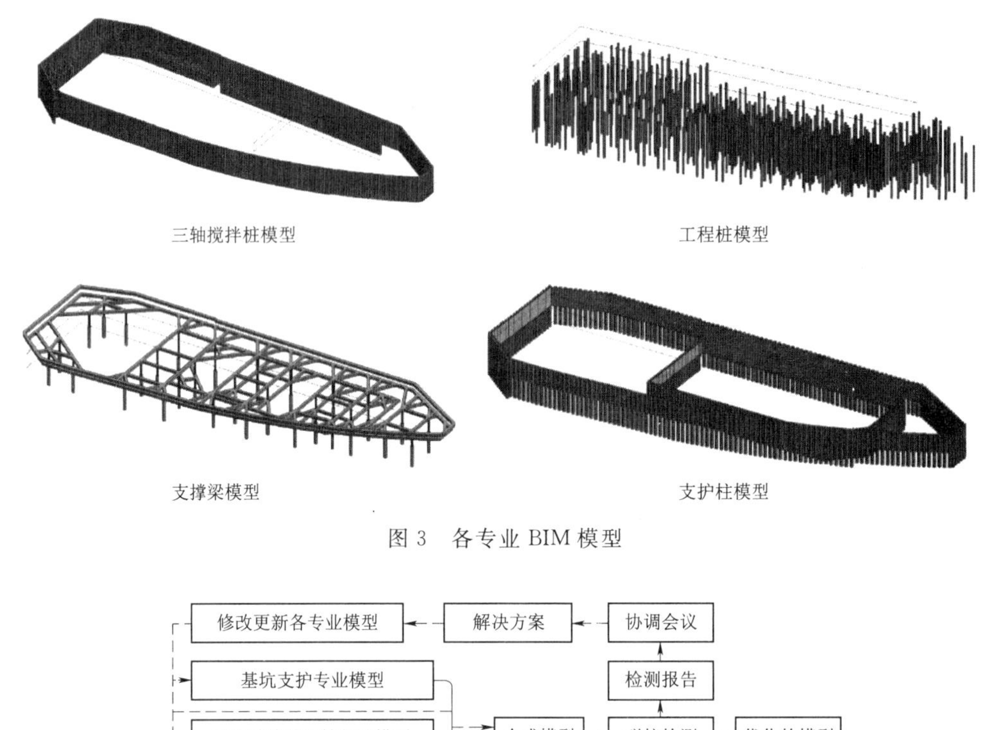

图 3　各专业 BIM 模型

图 4　多专业碰撞检查流程

规书面、口头技术交底，采用 BIM 技术进行可视化交底更有利于施工人员直观领悟、印象深刻，让项目部管理人员在较短时间内了解和熟悉施工方法及注意事项。

5.5　桩基础工程优化及深化设计

钻孔灌注桩施工属于地下隐蔽工程施工，本项目基坑地质条件复杂，地层表面起伏较大，相邻各桩位对应的地下岩土分层厚度差距较大，难以准确地进行计算，如何利用现有的地勘资料及手段，准确分析各桩位对应的地质分层数据，是实现桩基础工程优化及深化设计的关键。

为了解决以上问题，常用的做法是在设计提供的地勘资料基础上，在施工阶段利用桩孔钻孔获取的地层地质情况（如旋挖钻机取土，反循环钻机返渣等），补充加密设计地勘剖面图，或将已施工的桩孔连线剖切，绘制桩孔之间的地质剖面图，利用已施工桩孔钻孔情况估算临近桩孔钻孔可能遇到的情况，作为后期桩孔钻孔施工的指导依据。目前，施工阶段主要采用 CAD 绘制二维地质剖面图，位于地质剖切线附近的桩孔根据剖面图能够获得相对准确的地层分层信息，而距之较远的桩孔根据剖面图计算的地质分层数据存在较大误差。桩孔分层长度、孔深数据的提取是由技术人员通过在 CAD 图上手动量测，用于指导现场施工，手动提取繁琐、耗时长、容易出错。

为降低深化设计人员工作强度，避免人为操作误差，本项目采用 BIM 技术进行桩基础工程深化设计，通过建立地质 BIM 模型，导入各桩基的桩心坐标，计算各桩基的桩心到地层表面的投影距离，确定桩基位置各地层的地层厚度，进而根据地层情况确定每根桩的护筒长度、预计终孔孔深、桩长、钢筋笼长度、混凝土用量等。其应用流程主要为：

（1）收集勘察报告，钻孔平面图、剖面图、柱状图、桩位平面图。

（2）根据地勘报告及图纸创建地质 BIM 模型。

（3）将桩位平面图导入地质 BIM 模型，从模型中提取各桩孔以下地层中淤泥层及粉细砂层厚度，根据淤泥层厚度加工制造长护筒。

（4）确定各孔位持力层深度，根据持力层预估该孔位钻孔的终孔深度与桩长，提前制定灌注桩施工参数表，便于现场施工人员更好判断桩基的位置关系，避免因为孤石或夹层造成的工程桩成孔错误，方便预估工程难度。

（5）根据桩长提前制作加工钢筋笼，向商品混凝土站要料，保证施工工艺的连续性，降低材料损耗。

（6）记录施工过程中通过钻孔揭露的地层信息，及时导入至 BIM 软件中，更新地质 BIM 模型及相关数据。

在本项目中，利用 Revit＋Dynamo 相结合的方式，根据项目需求，编制相应建模及数据提取 Dyanmo 程序，梅沙客厅地质 BIM 模型如图 5 所示。

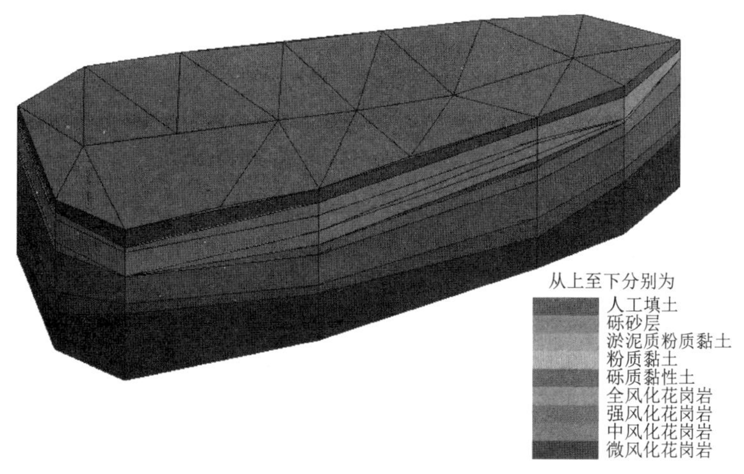

图 5　梅沙客厅地质 BIM 模型

5.6　工程量统计

传统工程量统计主要依赖手工计算和利用各类办公软件辅助计算，技术人员根据设计图纸进行各类构件信息的提取和分析，最终整理出有价值的工程量信息。上述方式开展过程中，工程量统计结果易受个人对设计图纸的理解、施工经验、计算能力等多种因素的影响。因此，本项目利用 BIM 软件辅助对工程量进行统计，其原理主要是利用软件自带统计功能，依照设定的计算规则和统计方式，集成各类构件信息，一键完成工程量的统计输出，实现数据的集成管理，使工程量统计更为便捷，同时提高工程量统计的准确性和合理性。以钻孔灌注桩为例，建立桩基础族文件，设定桩基础直径、桩长等参数，在工程施工完成后，完善相关参数信息，即可通过明细表自动导出钻孔孔深、钢筋制安、混凝土用量等工程量数据。

5.7 可视化竣工交付

在施工过程中实时根据项目的实际施工结果，修正原始的设计模型，使模型包含项目整个施工过程的真实信息，保证模型与工程实体的一致性，包括本工程建筑、结构等各专业相关模型大量、准确的工程和构件信息，这些信息能够以电子文件的形式进行长期保存，形成竣工模型（图 6）。

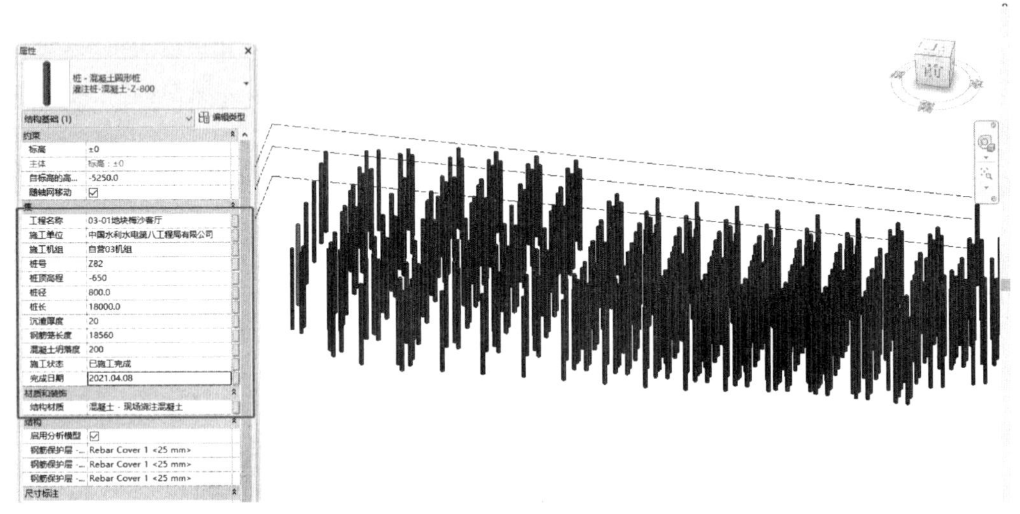

图 6 可视化竣工交付成果示意

6 结语

本项目针对基坑支护及桩基工程施工中存在的一些问题，选择利用 BIM 技术辅助进行项目施工管理，通过本项目施工准备、实施阶段的施工场地布置、碰撞检查、可视化交底、三维地质模型建立校核桩长、工程量统计等多方面的应用，充分发挥了 BIM 技术可视化及参数化的特性，在一定程度上解决了传统地基与基础处理施工中存在的场地杂乱、自动化程度低、施工过程管理粗犷等问题。本项目实践经验可为后续类似工程的信息化应用提供参考，也可为同类地基与基础工程提供一些新的思路。

参考文献

[1] 于凤树，吕凤华. 基于 BIM 技术地质体三维模型构建关键技术的研究 [J]. 工程勘察，2018，46 (8)：37-40，50.

[2] 张芳，郑山霖，张秀莲. 岩土工程信息技术及其工程应用 [J]. 地下空间与工程学报，2016，12 (5)：1336-1343.

[3] 潘炜，刘大安，钟辉亚，等. 三维地质建模以及在边坡工程中的应用 [J]. 岩石力学与工程学报，2004，23 (4)：597-602.

其他

插扣式脚手架支撑体系施工技术

代　福　张龙龙

（中国水电基础局有限公司）

【摘　要】 插扣式脚手架适用于非高大模板的模板支撑架或标准层模板支撑架和结构形式较规整的结构。雁阳路合村并居安置房工程通过支撑体系方案比选，3 号、4 号楼采用插扣式脚手架支撑系统，相较于同面积大小户型使用扣件式满堂架的 8 号楼，前者主体模板施工搭拆速度是后者的 3～4 倍。

【关键词】 插扣式　支撑体系　安全高效

1　引言

插扣式脚手架是由承插型盘扣式钢管支架衍生出来的一种新型建筑支撑系统。与盘扣式钢管支架相比具有承载力大、搭建速度快、稳定性强、易于管理等优点。插扣式脚手架在脚手架发展史上实现了 3 个“第一”，即“第一”实现了钢管脚手架在结构上无任何专门的锁紧零件；“第一”实现了在钢管脚手架上无任何活动零件；“第一”实现了我国对整体新型钢管脚手架的自主知识产权。插扣式脚手架支撑体系现已被普遍应用于市政、房建与基础设施等工程。

2　插扣式脚手架的特点和适用范围

插扣式脚手架具有可靠的双向自锁能力，无任何活动零件，运输、储存、搭设、拆除方便快捷，受力性能合理，可以自由调节，产品标准化包装，组装合理，它的安全性、稳定性好于碗扣式、优于门式脚手架。

插扣式脚手架适用于非高大模板的模板支撑架或标准层模板支撑架和结构形式较规整的结构。

3　插扣式脚手架的架体组成

（1）立杆：杆上焊接有连接的轮盘和连接套管的竖向支撑杆件。立杆参数见表 1。

（2）连接轮盘：焊接于立杆上可扣接 4 个方向扣接头的圆扣形孔板。

（3）立杆连接套管：焊接于立杆一端，用于立杆竖向接长的专用外套管。

（4）横杆：两端焊接有扣接头，且与立杆扣接的水平杆件。横杆参数见表 2。

表 1　　立杆参数表

标准杆					
型号	杆长/mm	理论重量/kg	型号	杆长/mm	理论重量/kg
LG－240	2400	13.82	LG－120	1200	7.31
LG－180	1800	10.52	LG－60	600	4.07

表 2　　横杆参数表

标准杆					
型号	长度/mm	理论重量/kg	型号	长度/mm	理论重量/kg
HG－240	2400	9.93	HG－90	900	4.17
HG－180	1800	7.63	HG－60	600	3.02
HG－150	1500	6.48	HG－30	300	1.87
HG－120	1200	5.32			

4　插扣式脚手架施工要点

（1）前期应做好支撑体系的专项施工方案设计，搭设前应进行放线定位，使支撑体系横平竖直，以保证后期剪刀撑和整体连杆的设置，确保其整体稳定性和抗倾覆性。

（2）插扣式脚手架安装基础必须要夯实平整并采取混凝土硬化措施。

（3）插扣式脚手架宜使用于同一标高范围的梁板，而对于标高相差较大的梁板需进行详细的排版、设计。

（4）架体搭设完成后要加设足够的剪刀撑，在顶托与架体横杆 300～500mm 之间的距离要增设足够的水平拉杆，使其整体稳定性得到可靠的保证。

（5）目前尚未有插扣式脚手架行业标准和规范出台，不过在建设工地上已开始广泛使用，其现场施工可参照《建筑施工承插型盘扣式钢管支架安全技术规程》，施工计算可参照《建筑施工碗口式脚手架安全技术规程》。

5　工程应用

5.1　工程概况

雁阳路合村并居安置房 3～4 号楼工程，设计室内地坪±0.000 相当于绝对标高 104.20m 和 105.70m，室内外地坪高差 0.10m，建筑物高度为 52.10m，地下室层高为 2.90m，地上均为住宅，标准层层高 2.90m。通过支撑体系方案比选，工程采用插扣式脚手架支撑系统。

5.2　施工方案

5.2.1　立杆选择

立杆采用 ϕ48mm×3.0mm 钢管，受力计算时应根据现场实际情况进行调整，一般按 ϕ48mm×3.0mm 进行计算。根据本工程的楼层高度，立杆选用标准型号 A2400 和 A1200 以及 A600 三种标准杆对接，以满足模板架体的高度。搭设时型号 A2400 立杆全部放于底部，再对接 A1200 立杆和 A600 立杆。

因每根立杆均设置有立杆连接套管，连接套管将使单根立杆总长增加 100mm，故选用立杆时考虑其增加长度，以避免立杆过长。

5.2.2 横杆选择

横杆选用标准杆件，长度符合 300mm 模数，故在进行架体立杆间距设计时按照所提供的横杆长度进行计算，设置无扣件式钢管脚手架更灵活。根据本工程实际情况，水平横杆选择 A600、A1200 两种横杆。

5.2.3 步距选择

架体步距的设置需与承插口相对应，标准立杆的承插口间距为 600mm，故步距选择时需符合 600mm 模数。且最底部轮盘距立杆底端距离为 350mm，故扫地杆实际设置于 400mm 处。根据本工程现场实际情况，第一步扫地杆按实际设置距地 400mm，纵横向双向设置；第二步水平杆连接杆件按立杆每步距的模数，选用距扫地杆向上 1.8m，纵横向双向设置；第三步水平杆连接杆件按立杆每步距的模数，选用距扫地杆向上 4.0m，纵横向双向设置。根据现场施工条件，横向水平连接杆件，纵横向共设置三道。

5.2.4 架体布置

架体布置时按实际开间尺寸排设，按纵横向立杆间距不大于 1.2m 进行立杆定位。排设时先从建筑物一端开始，向另一端立杆定位，局部不足排设间距的可减小一个横杆等级进行排设，且设置于墙柱边。梁底采用锁钢管扣件的形式进行支设，保证梁板模板的正常搭设。

5.3 施工流程及要求

5.3.1 施工流程

测量放线，确定本层梁、板位置→定位立杆，并作出十字标记→竖立杆并搭设扫地杆及第一步横杆→搭设上部横杆及剪刀撑→锁梁底钢管→铺设梁底模板→板底模板铺设。

(1) 将楼层各构件位置的边线在地面上标出，以保证支架、模板施工过程中按设计尺寸进行施工。

(2) 按预先的支架设计位置在地面上将立杆位置标出，并做好标记，保证立杆排列整齐。

(3) 先竖立最角端的立杆，并逐步将周边立杆竖起，将扫地杆及第一步横杆搭设，保证已搭设架体稳固、不倾倒。

(4) 在立杆全部竖立完成后，进行上部立杆搭设，将全部横杆搭设完成，并预留出梁位。按预定架体设计要求搭设剪刀撑，剪刀撑必须按要求整体搭设。

(5) 搭设梁底纵向受力钢管，受力钢管需采用双扣件固定，钢管搭设时需进行标高复核以保证梁底模板为设计标高。

(6) 梁底模板铺设时，次楞木枋放置应平顺，且靠近节点位置需放置次楞。

(7) 板底模板铺设时，应先将顶部可调顶托调整至预定标高位置，并对其进行拉线找平，满足平整度要求后再铺设模板。

5.3.2 施工要求

(1) 所有模板支撑满堂脚手架搭设前，都要先熟悉方案要求，根据楼层高度、混凝土构件大小，确定立杆的间距要求、立杆的高度；拉线放出立杆的位置，注意横杆能尽量纵横贯通，平直。梁底的立杆与板底的立杆能通过横杆形成整体。

（2）立杆基础应坚实，且底部需设置 100mm×100mm 垫板。

（3）立杆接头不宜设置在同一截面。

（4）横杆接头需卡紧，并且保证端部与立杆接触紧密，在架体搭设完成后及混凝土浇筑过程中，需派人对横杆紧固情况进行检查。

（5）立杆可调底托伸出长度不应大于 300mm，立杆内长度不得小于 150mm。

（6）为满足支撑系统的整体刚度，防止构架纵横侧滑、倾斜，必须增设剪刀撑，剪刀撑的构造应符合下列规定：

1）模板支架四边满布竖向剪刀撑，中间每隔 4 排立杆设置一道纵、横向竖向剪刀撑，特别是主梁方向必须设置剪刀撑，由底至顶连续设置。

2）每道剪刀撑宽度不应小于 4 跨，且不应小于 6m，剪刀撑斜杆与地面倾角宜在 45°～60°之间。倾角为 45°时，剪刀撑跨越立杆的根数不应超过 7 根；倾角为 60°时，则不应超过 5 根。

3）剪刀撑斜杆的接长应采用搭接，其搭接长度不小于 100cm，并用不少于 3 个旋转扣件固定，端部扣件盖板的边缘至杆端的距离不小于 10cm。

4）剪刀撑应用旋转扣件固定在与之相交的横向水平杆的伸出端或立杆上，旋转扣件中心线至主节点的距离不宜大于 150mm。

5）设置水平剪刀撑时，有剪刀撑斜杆的框格数量应大于框格总数的 1/3。

5.4 特殊情况处理

（1）立杆底部楼板存在降板，降板位置架体正常搭设时无法与周边架体连接形成整体。采用可在降板位置立杆下设置较厚的垫板将立杆底部调至同一标高，或按《建筑施工承插型盘扣式钢管支架安全技术规程》（JGJ 231—2010）要求使用可调底座。降板位置架体搭设示意图如图 1 所示。

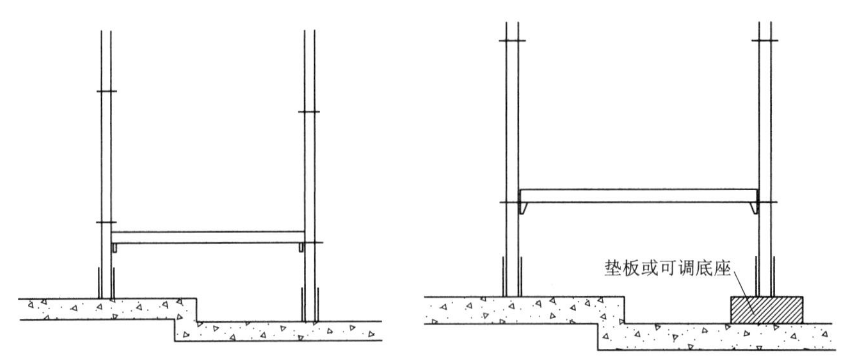

图 1 降板位置架体搭设示意图

（2）蓄水坑位置底面高差超过 300mm，无法使用可调底托调整，架体与整体分离。采用扣件将不能正常连接的横杆与立杆连接（见图 2）。

5.5 应用效果

雁阳路合村并居安置房 3～4 号楼工程，其中 3 号楼建筑面积为 14724.72m^2，4 号楼

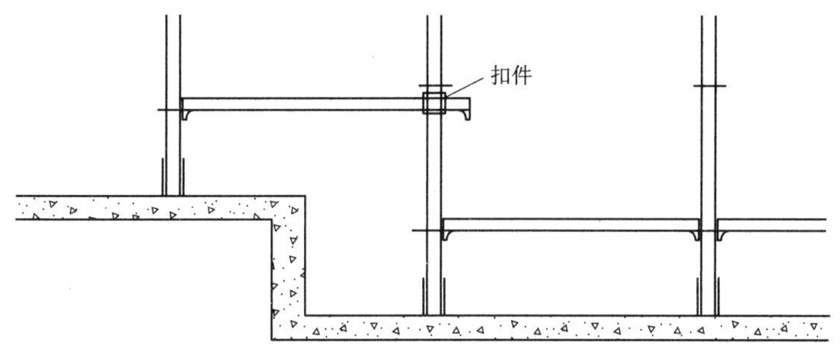

图 2　蓄水坑位置架体搭设示意图

建筑面积为 15455.89m^2，标准层单层面积 696.20m^2。3 号、4 号楼均采用插扣式满堂脚手架搭设支撑清水模板，为保证结构稳定性配置 3 套（层）模板，待混凝土强度达到 80％时进行拆模上翻使用，单层使用插扣式脚手架使用架体 17.89t；在重量上插扣式脚手架对比扣件式架体无零散扣件，大大地减少了下层楼板承重重量。搭拆速度相比较于同面积户型大小使用扣件式满堂架的 8 号楼，主体模板施工搭拆速度是扣件脚手架的 3～4 倍，对提高工效非常有利。

6　结语

结合插扣式脚手架在雁阳路合村并居安置房 3～4 号楼工程中的使用情况及综合安全运行情况，插扣式脚手架各个节点所受的拉力和压力呈合理的分布状态，受力性质合理，保证其具有很好的刚度和整体稳定性，最大限度地减少了传统脚手架上活动锁紧件造成的安全隐患。

插扣式脚手架支撑体系是一种安全、高效、便捷的施工工艺，在雁阳路安置房工程中成功运用并取得很好的效果，可在类似项目中推广使用。

大型水利工程闸墩环氧涂层钢绞线锚索张拉工艺研究

李桂枝　张黎波

（中国水利水电第八工程局有限公司）

【摘　要】 环氧涂层钢绞线具有优良的防腐性能，已广泛应用于桥梁工程中。大型水利水电工程中首次使用环氧涂层钢绞线，没有成熟的张拉工艺可借鉴，施工中采取调整锚夹具系统，增设顶压装置、悬浮支撑装置，调整张拉控制的方法，成功解决了张拉中存在的问题，所取得的成果可为类似项目提供借鉴。

【关键词】 闸墩　环氧涂层钢绞线　错牙　悬浮张拉　顶压装置

1　引言

大型水利水电枢纽工程泄水建筑物往往需采用大尺寸弧形闸门，大型弧形闸门承受的水推力很大，为改善其支承结构的应力状态，确保建筑物安全运行，一般将其设计成预应力混凝土结构。某大型水利枢纽工程泄水闸预应力闸墩锚索布置采用辐射式平行布置方式，预应力锚索上游锚固端位于水位变动区，为保证钢绞线运行期的安全工作状态，设计对预应力锚索的耐久性提出了更高的要求，创新采用了单丝涂覆环氧涂层钢绞线。由于本工程是类似大型闸坝预应力闸墩中首次采用环氧涂层钢绞线，锚索施工无现成经验可借鉴，故在正式施工前进行了一系列工艺试验探索，最终取得了适用于本工程闸墩预应力锚索施工工艺，并在后续其他坝段预应力锚索施工中成功推广应用。

2　工程概况

某大型水利枢纽工程是一座以防洪、航运、发电、补水压咸、灌溉等综合利用的流域关键性工程，工程规模为Ⅰ等大（1）型工程。左岸泄水闸坝段共布置 1 个泄水高孔坝段和 10 个泄水低孔坝段。

泄水闸低孔主要任务是泄洪与排沙，采用宽顶堰，低孔分缝采用“两孔一联”的墩中分缝型式。单孔宽 9m，孔高 18m，边墩厚度 4m，中墩厚度 5.3m。泄水闸弧门推力标准值为 68100kN，设计值为 72500kN。弧门推力巨大，弧门支撑体系采用预应力锚索＋钢梁联合受力结构，将泄水闸闸墩与弧门支铰支座钢梁用锚索连接，形成预应力闸墩结构。主锚索在闸墩立面上呈辐射状布置，采取“上二下三”的布置方式，共布设 5 层，长短相间，总扩散角 16°，相邻两层主锚索扩散角为 4°。泄水闸中墩每层布置 6 排主锚索，边墩临水侧布置 3 排主锚索，非临水侧布置 1 排 5 层平衡锚索，主锚索长度 27.5～32.5m，上游锚固端设在弧门下游侧闸墩内的预留平孔内，预留平孔沿闸墩高程方向布置 5 层，直径为 1.5m。泄洪闸底孔主锚索布置形式如图 1 所示。

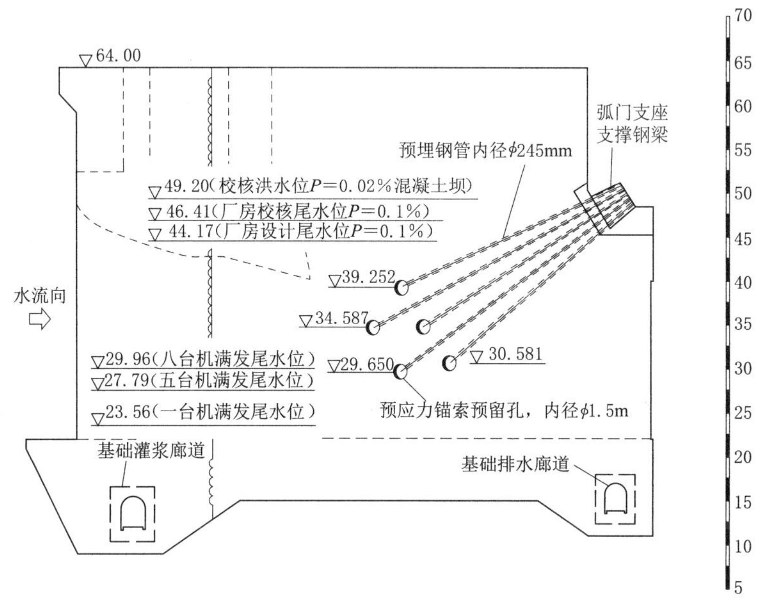

图 1　泄洪闸底孔主锚索布置图（单位：m）

3　钢绞线材料选型研究

工程泄水闸预应力锚索上游锚固端及主体部分位于上游水位变动区，为保证闸墩运行期安全，对锚索的防腐性能提出了很高的要求。原设计采用普通光面预应力钢绞线，因考虑以上因素影响，施工前对光面预应力钢绞线、镀锌钢绞线和环氧涂层钢绞线等三种不同防腐涂层的钢绞线进行了比选。

（1）光面预应力钢绞线：直接埋置在混凝土中的光面钢绞线，在混凝土密实性较好的条件下具有较好的耐腐蚀性能。通过了解国内已建工程预应力闸墩结构运行状况，部分工程预应力锚索，由于处于水位变动区、锚固端密封不实，再加上混凝土中氯离子对钢绞线的氢脆影响，造成了预应力锚索的腐蚀损坏，从而影响锚索的工作性能。

（2）镀锌钢绞线：镀锌是一种优良的钢材防腐技术措施，在实际应用中，由于“锌-铁-砂浆”存在电化学反应，对氢脆较为敏感的钢绞线容易断裂，因此要避免镀锌钢绞线与水泥浆直接接触，以降低断裂的风险。目前这类钢绞线主要应用于不与砂浆接触的桥梁拉索上，同时需对锚固端进行特殊处理。

（3）环氧涂层钢绞线：环氧树脂材料是一种有机高分子非金属材料，具有优良的防腐性能。21 世纪初，我国在桥梁工程中引进了环氧涂层钢绞线技术，环氧涂层钢绞线以其优异的防腐性能和综合力学性能，大幅提高了桥梁结构的使用寿命，降低了桥梁的维护成本，提高了桥梁运行的安全性。现今使用的环氧树脂涂层钢绞线是在工厂生产条件下，采用静电喷涂方法，将环氧树脂粉末喷涂在光圆钢丝表面，以提高钢绞线的耐蚀性，适用于潮湿环境或侵蚀性介质，但其制造装备和工艺复杂，成本较高，在使用时要保护好涂层表面，对施工工艺要求较高。

通过对比光面预应力钢绞线、镀锌钢绞线和环氧涂层钢绞线三种钢绞线的性能指标，环氧涂层钢绞线更适合本工程泄水闸下游水位变动区预应力锚索运行工况。因此，本工程低孔闸墩预应力锚索采用单丝环氧涂层有黏结钢绞线，监测锚索采用单丝环氧涂层无黏结钢绞线，其主要技术性能指标见表 1。

表 1　　闸墩预应力锚索钢绞线主要技术性能

项　　目	指　　标
公称直径/mm	15.20
直径允许偏差/mm	−0.15～0.4
公称面积/mm^2	140
公称密度/(kg/m)	1.101
0.2%屈服力 $F_{p0.2}$/kN	≥234
整根钢绞线最大力 F_m/kN	≥260
整根钢绞线最大力的最大值 F_{mMax}/kN	≤288
最大力下/L_0=500mm 总伸长率/%	≥3.5
弹性模量/MPa	$(1.95\pm0.1)\times10^5$
强度标准值/MPa	1860
在标准条件下 0.6F_m、持荷 1000h 后松弛率/%	≤1.0
在标准条件下 0.7F_m、持荷 1000h 后松弛率/%	≤2.5
在标准条件下 0.8F_m、持荷 1000h 后松弛率/%	≤4.5

4　预应力锚索工艺试验研究

为了验证闸墩预应力锚索设计参数，完善锚索施工工艺，施工前期在低孔泄水闸进行锚索施工生产性试验。该泄水闸有 2 个边墩和 1 个中墩，每个边墩布置 20 束锚索，中墩布置 30 束锚索，共计 70 束锚索，其中 19 束为监测锚索。单束锚索设计吨位 5600kN，永存吨位大于 4600kN，超张拉力 6100kN。单束锚索由 36 根 ϕ15.2mm 1860MPa 级环氧涂层钢绞线组成，锚索长度 30.0～35.4m。

4.1　工艺流程及操作要点

4.1.1　锚夹具、锚垫板材料要求

锚夹具由生产厂家按照锚索吨位要求配套提供。锚具满足《水电水利工程预应力锚索施工规范》（DL/T 5083—2010）附录 B 的要求，其锚固性能需满足：锚具效率系数不小于 0.95，实测极限拉力的总应变不小于 2.0%，且夹片未出现肉眼可见的裂纹或破碎。

张拉端锚垫板及保护罩采用热镀锌防腐，喷锌防腐层最小局部厚度不小于 160μm；面层采用环氧清漆+丙烯酸聚氨酯涂层防护，封闭底漆为环氧清漆，干膜厚度为 20μm，中间层为环氧云铁两道，干膜厚度为 100μm，面漆为自清洁丙烯酸聚氨酯一道，干膜厚度为

100μm。防腐油脂的技术指标满足《无粘结预应力筋用防腐润滑油脂》(JG/T 430—2014)的要求。

4.1.2 施工工艺流程

闸墩锚索安装及张拉施工工艺流程：搭设编束平台→钢绞线下料→钢绞线编束→安装张拉端及固定端锚垫板→安装测力计→在锚束端部安装工作锚夹具→塔机吊装锚索穿入闸墩预埋管道内→安装锚固端锚具→单根钢绞线预紧张拉→安装限位板→安装整体张拉千斤顶→安装工具锚板→分级整体张拉→注浆防护→切除超长部分钢绞线→安装防松夹板及防护罩。

4.1.3 锚索的组装与安装

锚索组装前对钢绞线进行检查、下料，外观存在死弯、明显刻痕、松丝散丝、涂层不连续等缺陷的钢绞线截去不用，对目视可见的涂层损伤按照修补材料生产厂家的指导书进行修补，不得使用局部锈蚀严重的钢绞线。

钢绞线下料使用切割机切割，下料长度按照“两锚固点间净距＋钢垫板厚度＋工作锚板厚度＋限位板厚度＋千斤顶工作长度＋工具锚板高度＋测力计长度（如有）＋1m”的长度进行截断。各根钢绞线按照锚索结构设计采用隔离架集束，同时将一根耐油橡胶注浆软管编入索体并保持通畅。组装时要注意保护钢绞线环氧涂层不被破坏，钢绞线转运采用人工抬运，不得在地上拖运。施工现场待安装的锚索，按序号顺直存放在距离地面20cm以上的承索架（台）上，并采取必要的防雨、防污染措施。

锚索孔道钢管预埋完成后，及时采用通孔器进行孔道检查、疏通，穿索前再次进行检查清理。经检验合格的锚索，利用安装在坝后的大型门机，在人工辅助下，使用钢丝绳和特制锚索夹具整体提吊锚索。锚索入孔前在先入管道一端捆拴一根安全拉绳，供闸墩预留孔内的人员拉拽锚索至管道口，缓慢下入管道内，待锚索夹具抵达下端锚垫板时，调整两端长度，使之满足工作要求。然后拆除锚索夹具，并调整工作锚具，使之居中于锚垫板内孔。

4.1.4 锚索张拉施工

锚索张拉在闸墩混凝土达到设计强度后进行，锚索测力计和千斤顶油泵压力表按规定进行校验和率定，绘制张拉应力-压力表（测力计）的关系曲线，用于通过油压表控制张拉力，指导张拉施工。

在同一闸墩上（或钢梁一端）锚索张拉次序采用对称、跳束、分级同步张拉的方法，先中间、后两侧，逐步扩散，对称均衡进行。张拉采用以张拉力控制为主、伸长值校核的双控操作方法。当锚索张拉实测伸长值超出理论计算伸长值±6%时，应停机检查，待查明原因并采取相应措施后，方可恢复张拉。

锚索张拉完毕后48h内，发现预应力损失超过设计张拉力的10%时，必须进行补偿张拉。锚索张拉锁定后夹片错牙不应大于2mm，否则退锚重新进行张拉。

4.2 试验过程中出现的问题及原因分析

4.2.1 试验过程中出现的问题

试验索张拉过程中监测和测量结果反映出了多个问题，主要问题如下：

(1) 伸长值超标，存在偏大和偏小两种情况。

（2）锁定后回缩值超标。

（3）应力损失偏大，部分锚索预应力低于设计吨位。

（4）夹片错牙超过 2mm 的占比达 5%，单束最多有 6 根钢绞线夹片出现了错牙现象。

（5）多束锚索出现滑丝现象，其中 2 束夹片滑脱。

4.2.2 问题产生的原因

以上问题出现后，联合材料供应商对问题产生的原因进行了研究分析，主要原因如下：

（1）本工程采用的单丝涂覆环氧涂层钢绞线，是将常规普通无黏结钢绞线拆丝后，对每根钢丝喷涂环氧涂层，环氧粉末经静电或其他方法均匀涂覆在钢绞线的各钢丝表面，并熔融结合固化后形成的膜状物，厚度不小于 0.13mm，然后再绕丝制成，在水利水电工程中应用较少，缺乏类似工程施工经验。

（2）在张拉工艺上，本工程前期设计要求和施工准备均是按无涂层钢绞线进行的，钢绞线进场前改为环氧涂层钢绞线后，技术要求及锚夹具未作相应的配套调整。

（3）检测报告显示，由于环氧涂层的影响，与普通钢绞线相比，环氧涂层钢绞线直径更大，采用常规无涂层钢绞线的工作锚、工具锚及限位板孔，由于钢绞线与孔之间的环状间歇相对较小，夹片后退空间受限，张拉时锚孔或夹片刮擦钢绞线表面涂层，极易造成刮伤钢绞线涂层，脱落的涂层填充了夹片丝牙。由于涂层不均匀填塞在夹片丝牙和周边缝隙中，锚固回缩时夹片与钢绞线及锚孔壁摩擦受力不均衡，容易引起夹片与钢绞线咬合不紧，进而引发一系列问题，如夹片错牙、伸长值及回缩值超标、钢绞线滑丝等。

4.3 改进措施

由于本工程是环氧涂层钢绞线在水利水电工程闸墩大吨位预应力锚索中的首次应用，缺乏成熟可靠的预应力锚固系统及张拉施工工艺。针对生产性试验中出现的问题，组织了多家预应力锚夹具生产厂家，对环氧涂层钢绞线新型材料在大吨位闸墩预应力锚索中的应用进行研究，包括锚夹具的改进、张拉工艺的改进、锚固系统长期运行的安全可靠性研究等，并开展现场张拉工艺对比试验。

（1）调整工作锚板与夹片的尺寸，设计了新型的适合钢绞线的锚夹具系统。原方案采用的工作夹片不能满足锚固要求，需要将工作夹片长度进行调整，工作锚板锥孔相应改变；并加厚了工作锚板；在锚索两端工作锚板与锚垫板之间增设密封板，在锚索孔道回填灌浆前向密封板凹槽灌注聚氨酯密封胶进行密封。

（2）对原张拉工艺进行了调整并开展了工艺试验，采用悬浮预紧张拉工艺，即在千斤顶以上采用两套工具锚板、夹片及限位板，两套工具锚板之间增设悬浮支撑装置。采用两套工具锚板及增设悬浮支撑装置是为了在回油倒顶时，工作夹片不会咬住钢绞线，始终处于悬浮状态，减少预紧张拉过程中工作夹片对钢绞线涂层的损伤，保证张拉过程中环氧涂层的完好无损，避免夹片丝牙刮掉过多的涂层，防止工作夹片多次夹持受力受损。

（3）增加顶压装置，即在工作锚板与千斤顶之间增设顶压器，在锚索整体张拉达到设计张拉力之后、并在卸压前，先对夹片施加顶压力，使夹片预先和钢绞线咬合，减少卸压时钢绞线预应力的损失、控制回缩值及防止夹片错牙。

（4）位于预留平洞内的锚索锚固端采取锚具及夹片锁定时，受涂层影响，张拉过程中夹片跟进存在差异以及咬合不紧，是造成锚固端钢绞线滑丝、错牙、张拉伸长值超标等问题的主要原因之一。为了解决这个问题，在现场试验了锚固端使用P型锚具的方法，能够有效解决锚固端钢绞线锁定滑丝等问题，但由于P型锚具需在预留平洞中加工，空间受限，作业条件差，后来锚固端仍采取锚具及夹片进行锁定，同时对施工工艺进行了优化调整，即在锚固端增加夹片防松装置，张拉过程中调节控制防松压板的螺栓，使张拉端的夹片持续跟进钢绞线的回缩，可防止锚固段夹片回缩不均匀，避免了锚固钢绞线的滑丝，同时对锚固洞内操作人员的安全起到保护作用。

(5) 严格控制锚固材料、张拉设备的同心度。由于在普通张拉方法的基础上增加了悬浮张拉和顶压装置，张拉设备的组合长度较大，因此，各设备之间保证同心十分重要，否则，容易导致各设备偏心受力而产生不良后果。

4.4 后续施工效果

通过以上措施的处理和加强现场管理，对试验坝段存在问题的锚索全部进行了处理，后期700余束锚索张拉施工均未出现回缩值超标、夹片错牙、钢绞线滑丝等施工异常情况，锚索张拉的各项控制参数及张拉吨位均满足设计要求，施工质量良好。

5 结语

(1) 根据水利水电工程闸墩预应力锚索的运行工况及施工特点，经试验及工程实践研究表明，环氧涂层钢绞线不能简单采用常规光面钢绞线锚夹具，应使用与之相匹配的锚夹具系统，张拉前应对张拉工艺进行试验验证；结合施工工期、现场施工条件、锚夹具防腐等因素，在锚固端采用单根防松顶压装置、张拉端采用悬浮预紧、整体张拉，配合顶压装置的施工工艺适合环氧涂层钢绞线锚索张拉要求。

(2) 环氧涂层钢绞线以其优异的防腐性能，已广泛应用于桥梁工程中，但还未在水利水电工程中推广应用，许多水利水电工程预应力闸墩具有与桥梁工程相似的运行工况，因此在水利水电预应力闸墩工程中引进环氧涂层钢绞线材料，对于提高结构使用寿命、降低维护成本具有积极作用。

导杆式开槽机的研制及技术特点

李江宁[1]　孙庆文[2]　肖立生[3]

（1. 济南轨道交通集团有限公司；2. 中铁上海工程局集团有限公司；
3. 山东省水利科学研究院）

【摘　要】 研制的导杆式开槽机用于防渗墙造槽，不需要宽大的作业平台和混凝土导墙，其对地层适应性较强，可入岩，成槽工效高、造价低，特别适合于基坑围封、中低水头的大坝垂直防渗、骨干河道堤防渗漏治理，也可用于小型水利工程建造高标准的防渗墙。

【关键词】 导杆式开槽机　成槽器　防渗墙

1　引言

山东省平原水库较多，早期建造的水库较多存在渗漏现象，这些水库围坝长度5～20km，坝顶宽度一般较小，加宽成施工平台的难度大、代价高，很难采用塑性混凝土防渗墙；另外小型水库的渗漏治理，因工程量小、施工条件差等原因，防渗设计也很少有采用高标准的混凝土防渗墙，而采用搅拌桩、高喷灌浆、坝体充填灌浆等工艺治理的效果往往可靠性差。

针对以上问题和需求，山东省水利科学研究院适时开展了导杆式开槽机的研究，主要解决以下问题：①针对现有混凝土防渗墙施工设备庞大、场地条件要求高、临建工程量大、工程成本高的现状，研究导杆式开槽机，利用现状坝顶无需导墙，即可建造高防渗等级的防渗墙，从而大幅度降低工程造价；②研制机动灵活的液压开槽机，用于工程量小、施工条件差的小型水库建造高标准防渗墙。

2　导杆式开槽机的构成及技术特点

2.1　设备系统构成

导杆式开槽机（见图1）整体上可分为承载平台和成槽系统两部分，承载平台采用履带式桩机，成槽系统自行开发研制，为开槽机的核心技术。成槽系统挂载于履带桩机上，采用导杆定位给进、多头成槽器切削地层、泥浆循环的方式排渣实现开槽，整套设备由6部分组成：

（1）开槽机机台。选用履带桩机作为承载动力头、导杆、成槽器、操控系统的平台，桩机桅杆能调整垂直度，起重设备采用无极调速卷扬机。

（2）动力头。顶置动力头由大功率调频电机、减速机及操作系统构成，提供稳定可靠的动能；通过内置于导杆内的钻杆传递旋转动力；开发的液压成槽器取消了顶置动力头，改由安装于成槽器上的液压马达提供动力。

（3）导杆装置。包括导杆、内置钻杆、外置管路和定位套。导杆由矩形型钢制作而成，具有定向、加压、提升等功能；内置钻杆传递动力头的机械能给成槽器；外置管路包括浆管、油管和气管，输送循环浆液、液压油和压缩空气。定位套包括井口导向板和导杆支撑架，均以桅杆为基准控制导杆的方位和垂直度。

（4）成槽器。成槽器由齿轮组和钻头组成，钻头按等间距排成一排，互相套接，齿轮箱外形为矩形；成槽器分 9 轴、15 轴、17 轴三种，对应成槽器长度分别为 1.86m、3.00m、3.40m；钻头分为直径 380mm、160mm 两种，钻头动力通过钻杆传递给成槽器中齿轮组来提供。

（5）浆液循环系统。由搅浆机、泥浆泵、输浆管路、内置于成槽器中的管道构成循环回路，浆液有正、反循环两种方式。以上设备可实现浆液的正循环施工，反循环施工需要增设反循环泵及相应管路。

（6）灰浆拌制灌注系统。由以上浆液循环系统完成，无需增加其他设备。双联大容量搅浆机按配比拌制固化灰浆，通过泥浆泵、输浆管路、导杆、成槽器输送至槽底开始灌注，直至灌满整个槽段。

2.2 主要设备及特点

2.2.1 动力头

动力头为成槽器钻头提供钻进扭矩，开发出电动和液压两种动力头。电动动力头由变频电机驱动，与成槽器之间采用导杆连接，动力采用全机械式传动。优点是综合传动效率高，可达到 85%以上，其次是故障率低；缺点是动力头重量较大，需要占用较大的空间，减少了桅杆的利用高度，相应减小了钻深。

图 1　开槽机全貌

液压动力是通过设立液压站，由管路输送液压油，驱动成槽器上的液压马达以提供钻进动力，优点是可充分利用桩机桅杆高度，减小开槽设备重量，可选用小桩机完成同样的钻深；缺点是综合传动效率低于 70%，转速较低，相同动力的工效低于机械传动。

（1）电动式动力头主要组件。电动式动力头由电动机、变速箱、联轴器组合在一个带有导轮的钢制框架内，钢制框架可随桅杆导轨上下移动。控制系统为电机变频器。

1）电动机：选用 4 极 90kW 电动机，额定转速 1500r/min。

2）变速箱：行星齿轮变速箱，传动比 1∶10，钻具额定转速 150r/min。

3）变频器：变频范围为0～100Hz。变速箱可输出转速0～300r/min。当变频器输出频率在0～50Hz时为恒转矩，随着频率的升高，输出功率上升；当频率达到50Hz时，输出功率达到额定功率；当变频器的输出频率超过50Hz后，为恒功率输出，但输出转矩随频率的升高而降低。变频器有过载保护、反转保护等功能。

（2）液压动力头主要组件。液压动力由液压站、管路及液压马达组成。液压站安置在桩机机架上，液压马达安置在成槽器上，之间用油管连接。

1）液压站由电动机、油泵、油箱、散热器构成。由于液压系统传动效率低于机械传动，故电动机功率大于机械传动的90kW，采用4极110kW。液压油泵工作压力24～36MPa。

2）液压泵由斜盘式双泵柱塞泵串列组合而成，泵调节器具有总功率控制功能，当发动机转速一定时，液压泵的功率恒定；当自身泵的输出压力 p_1 或对偶泵的输出压力 p_2 升高时，泵调节器自动调节使斜盘倾角减小，即减小泵的排量，使液压泵的功率保持在一定的范围之内；当工作负荷较小，液压泵的功率不超过发动机的输出功率时，柱塞泵以最大排量工作，保证小负荷快速作业。

3）输油管路内置于导杆内，分为进油管、回油管、溢油管，由耐油、耐高压的专用管根据导杆结构制作而成。

4）液压马达安置在成槽器上，采用1组4个串联方式。

2.2.2 导杆

（1）导杆的功能。

1）传递动力头的动力。电动式动力头由调频调速电机直接产生扭矩，经减速机后通过花键套与内置于导杆内的钻杆连接，钻杆连接在成槽器的主动轴上。扭矩的传递通过机械传动，成槽器的主动轴通过齿轮带动被动轴转动。液压动力由液压站产生油压高势能，通过油管传递至成槽器的液压马达上，液压马达带动成槽器的主动轴转动，取消了内置钻杆，优点是减少了上部结构的复杂性和设备重量，能够充分利用桅杆的高度。液压动力的油管内置或外挂方式与导杆结合在一起。

2）导向作用。导杆为矩形断面，上端与动力头硬连接，动力头在桅杆的轨道上下移动，其方位不变，从而控制导杆的一点，导杆的下部通过固定于桅杆的井口板导向，井口板设有与导杆截面匹配的矩形槽，导杆穿过井口板并通过井口板控制方向，从而起到导向作用。

3）加压提升作用。钻具钻压由成槽系统的重量产生，包括动力头、导杆和成槽器的重量，均通过导杆传递到钻头上。同样，钻具的提升也通过导杆完成。

4）浆液循环通道。浆管一般外挂设置于导杆的两侧，采用钢管，与导杆同长。将浆液输送至钻头箱处的喷口，完成浆液的输入。

5）其他管路的载体。其他管路指采用液压动力时的油管3根、保护油管2根、保护气管2根，均依附于导杆内外设置。

（2）导杆的结构。

1）导杆由壁厚10mm的无缝钢管冷拔制成，断面尺寸为250mm×500mm，导杆长度有14m、12m、10m、6m等几种规格，导杆间采用法兰连接，接头处设密封装置。

2）内置钻杆由 ϕ168mm 的厚壁钢管加工而成，长度与导杆相配套，钻杆之间采用花键轴插接连接。对于长度超过 10m 的钻杆，在导杆内设置定位支架，以防高转速时钻杆摆动过大。

3）浆管、油管等附属结构：浆管通径一般采用 2.5in，钢制结构；油管、气管等根据流量大小设置，一般直径小于 20mm。

2.2.3 成槽器

机械动力或液压动力成槽器的内部结构基本相同，成槽器的内部传力通过齿轮组完成。机械动力成槽器由 1 根主动轴带动其他从动轴；液压动力成槽器由 4 个马达驱动，即有 4 根为主动轴，目前仅用于 15 轴的成槽器。

（1）成槽器结构。成槽器由箱体、上下压盖、传动轴（含齿轮）、密封函、钻具、连接段等构成。箱体内安装有传动轴、轴承等主要部件；下上压盖为整体结构；下压盖外接密封函，传动轴通过花键、丝扣等方式与副轴、钻具实现连接；连接段是成槽器与导杆的过渡段。成槽器结构示意图如图 2 所示。

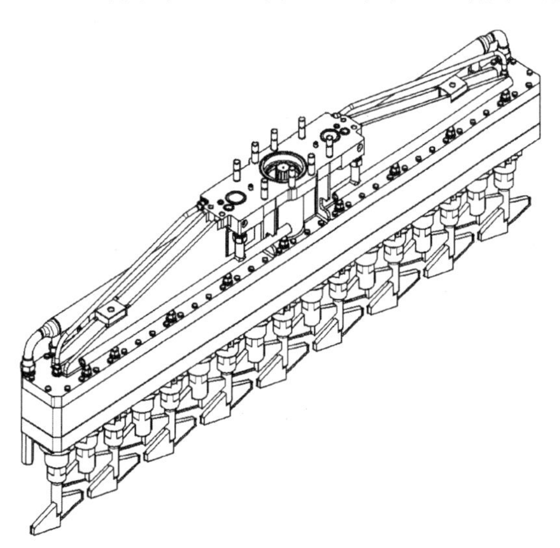

图 2　成槽器结构示意图

（2）成槽器规格。目前共有 9 轴、15 轴、17 轴三种规格的成槽器。根据山东省混凝土防渗墙应用情况，以 30cm 厚度的墙型居多，故成槽器以能完成 30cm 的墙型为依据确定厚度。经计算，轴间距采用 190mm，箱体厚度为 270mm，可形成厚度 300mm 的防渗墙。对应 9 轴、15 轴、17 轴，成槽器长度依次为 1.86m、3.00m、3.40m。

（3）动力分配。机械传动方式下，按 85%的综合传动效率，在额定功率状态下，成槽器的钻具总功率为 $90\times0.85=76.5(kW)$，9 轴、15 轴、17 轴每个钻头获得的功率分别为 8.5kW、5.1kW、4.5kW；液压传动方式下，按 70%的综合传动效率，在满负荷状态下，成槽器的钻具总功率为 $110\times0.70=77.0(kW)$，15 轴每个钻头获得的功率为 5.1kW。

由于地层的不均一性，加上钻头按上下两排布置且下排的钻头大于上排，故各个钻头的实际负荷并不相同。极端情况下钻头负荷峰值要超过均值的数倍甚至十几倍，在复杂地层中偶尔会出现断轴现象。

（4）钻头规格及钻压。钻头有 ϕ360mm、ϕ160mm 两种规格，小钻头位于上排。钻压的产生完全依赖于钻具重量。以 20m 长导杆、3m 长成槽器为例计算钻压。动力头重量 3t，导杆 2t，成槽器 3t，总重 8t，最大浮力以 3t 计。实际情况下，基本上只计下排钻头的总接地面积，经计算为 8138cm^2，平均接地钻压仅为 61kPa。如前所述，由于地层的不均一性，接地钻压要超出平均值的数倍甚至数十倍。对于松散结构的地层钻进效率很高，而对于黏土层、铁板砂等地层，钻压比较平均，钻进效率比较低。

（5）密封保护。成槽器内的传力结构为比较精密的齿轮传动，轴承等均需得到密封防护。在地下泥浆状态下，成槽器在浆压力下，泥水向箱体内渗透，钻具受力状态下传动轴会产生形变和位移，泥浆中细颗粒会进入箱体内，加速齿轮和轴承的磨损，必须采取密封保护。除设置密封函外，另加设了油气保护系统。

钻轴密封采用高压骨架油封加 UN 型密封圈密封。与 UN 型密封圈配合的耐磨套外圆镀硬铬，镀层厚度大于 0.3mm。高压骨架油封与 UN 型密封圈分别装在两个端盖上，UN 型密封圈每组 3 个，最下面 1 个与泥浆直接接触，采用耐磨性好的聚氨酯材料；上面两个采用耐高温性能较好的夹布橡胶。

2.2.4　泥浆泵和灰浆拌和站

（1）泥浆泵。导杆式开槽机开槽时所需泥浆泵要具备大流量、中等压力。大流量的要求是因为要正循环携带钻渣，需要上返的浆液具备一定的流速；中等压力是要求形成一定射流冲击力辅助破碎地层，兼顾远距离输浆的压力损失。常规的泥浆泵流量偏小，因此专门研制了大流量的泥浆泵，参数要求：流量不小于 1000L/min，无级调速；额定压力不小于 2.5MPa。

（2）灰浆拌和站。为达到稳定的成墙质量，成槽后灌注的固化灰浆需要严格按照配比拌制，灌注的灰浆在材料配比、析水率、黏度等方面均有具体的要求，因此需要有专用的灰浆拌和站。拌和站需要具有以下性能：

1）一次供浆量。以 3m 幅宽、深度 20m、厚度 30cm 的墙体进行计算，采用全置换法灌注需要灰浆为 $18m^3$，要求拌和站容量尽可能大一些，但考虑到结构、运输、吊装等方面的限制，采用双连装直径 2.0m、高度 1.8m 的搅拌桶，桶体之间开窗相连。一次拌制供浆量不小于 $10m^3$。

2）灰浆拌和型式。由于灰浆无骨料成分，采用立式高速搅拌机，电机功率 7.5kW。

2.2.5　设备创新及技术特征

（1）设备创新。动力头、导杆结构、成槽器、砂浆泵组成的开槽灌注系统，满足了建造固化灰浆防渗墙的需求。设备创新体现在以下几方面：①动力头、导杆、成槽器构成开槽系统，动力输出及形成的开槽方式具有独创性，成槽效率高、质量好；②实践证明，成槽器结构合理，密封好，寿命长，维修使用方便。

（2）技术特征。

1）切削地层的多头钻成槽方式。研制的成槽器采用机械传动，整体密封，增加了油气密封保护，钻头间的间距和大小可做成不同的规格，以适应不同的墙体厚度要求。成槽器的密封及保护功能大大减小了成槽器的故障率，提高了工效。

2）采用导杆与成槽器连接，兼具传力、导向、加压、提升、输浆等功能，其结构清晰、操作灵活，是其他技术所不具备的。

3）设备可实现开槽、灌注一体化施工，简化了工序，大大降低了成本。

3　工程案例

自 2016 年开始试验性生产以来，共完成了 10 余个项目的应用，建成固化灰浆防渗墙约 13 万 m^2，主要工程有：

(1) 滕州市尚善水库坝基自凝灰浆防渗墙：中粗砂地层；施工深度 13.5m，入风化砂岩 1.0m；采用 25cm 厚的自凝灰浆防渗墙，累计完成围坝长度 5.2km、防渗面积 7.2 万 m^2 的防渗墙。经开挖检查钻孔检测，质量满足设计要求。

(2) 济南市任家庄地铁站基坑防渗：细砂、粉土、壤土地层；施工深度 22.9m，基坑开挖深度 18m；采用 30cm 厚的固化灰浆防渗墙方案，完成防渗墙轴线长度 450m，防渗面积 $8800m^2$。基坑顺利开挖无漏水。

(3) 东营市孤东水库围坝溃决段防渗：细砂、粉土、壤土地层；施工深度 18.5m；采用 30cm 厚的固化灰浆防渗墙方案，完成防渗墙轴线长度 350m，防渗面积 $6450m^2$。坝后漏水点消失。

(4) 黑龙江干堤嘉荫段截渗：堤身为碎石、砾石地层；施工最大深度 11.0m；采用 30cm 厚的固化灰浆防渗墙方案，完成防渗墙轴线长度 600m，防渗面积 $6100m^2$。堤后漏水点消失。

(5) 高密市城北水库围坝防渗：砂土、壤土含姜石地层；施工最大深度 20.0m；采用 30cm 厚固化灰浆防渗墙，完成防渗墙轴线长度 2400m，防渗面积 $35000m^2$。截渗效果明显。

(6) 滨州市无棣县王山水库围坝防渗：砂土、壤土地层；施工最大深度 18.7m。采用 30cm 厚固化灰浆防渗墙。完成防渗墙轴线长度 580m，防渗面积 $11000m^2$。截渗效果明显。

4 导杆式开槽机的应用价值

总结使用导杆式开槽机的各个工程案例，其应用价值有以下几个方面：

(1) 设备配套费用低，总购置费约 150 万元，具有自主知识产权，完全国产配套。

(2) 可进行 30m 深度内的固化灰浆防渗墙施工，适用于含碎石土、砂砾石地层，可入全风化岩，强风化岩有一定的嵌入深度，是一种具有很强竞争力的工法。

(3) 设备操作简单，每班 5 人即可进行开槽、灰浆搅制、灰浆灌注等全部工序。

(4) 成槽工效高（含灰浆灌注）：一般土层 $200m^2$/台班，含黏土地层 $100m^2$/台班，砂性土、中粗砂最高达到 $300m^2$/台班。

(5) 防渗效果好，可达到混凝土防渗墙同样的防渗等级；工程单价较低，依据工程量的大小及地层复杂程度，单价在 160～280 元/m^2。

5 结语

导杆式开槽机简洁实用、地层适用性强，可实现成槽、灌注成墙施工质量的全过程监控，可为小型水库建造高质量的防渗墙，在水库堤防的防渗工程中具有广阔的推广前景。

本装备可承担多种行业领域的工程施工任务，应用范围不断拓展。既可以用于水库防渗墙等永久工程，也可以用于应急抢险工程；既可以用于解决水利工程防渗问题，也可以用于构筑基坑截水帷幕。

机械掘进法在砂卵砾岩地层隧洞工程的施工应用

陈　磊　刘　勇

（中国水电基础局有限公司）

【摘　要】新疆轮台五一水库供水管线工程隧洞开挖长度 6.28km，开挖段岩性为第四系中更新统冲积砂卵砾石层，其间存在Ⅳ类和Ⅴ类围岩，地层较为复杂，基于掘进工效、断面尺寸控制等方面考虑，选取了机械掘进法施工。本文详细介绍了机械掘进法在砂卵砾石层中的应用情况。

【关键词】引水隧洞　机械掘进　砂卵砾石岩层　施工应用

1　工程概况

新疆轮台县五一水库供水管线工程主要承担向轮台县供水的任务，从迪那河五一水库取水，引用流量 $Q=1.62m^3/s$，年引水量 4000 万 m^3。五一水库为中型水库，综合确定本工程规模为中型工程，等别为三等。供水受水点为距五一水库以南 23km 的拉依苏工业园区。

输水隧洞为城门洞型，开挖长度 6.28km，隧洞进口渐变段起点底板高程为 1285.678m，出口高程为 1279.391m。开挖断面尺寸为 2.8m×3.8m（宽×高），断面净尺寸为 2.0m×3.0m（宽×高），如图 1 所示。施工支洞设为 2 条，1 号施工支洞位于输水隧洞 1＋500 桩号处，进口布置在隧洞左侧，与隧洞夹角 82°35′26″，进口路面高程约 1288.925m，与主洞交点高程 1284.178m，长度 112.637m，纵断面设计纵坡 4.88％，进出口 20m 范围设 3％缓坡段；1 号支洞断面型式为城门洞型，陡坡段断面净尺寸 5m×6m（宽×高）。2 号施工支洞位于输水隧洞 3＋980 桩号处，进口布置在隧洞左侧，与隧洞夹角 90°00′00″，进口路面高程约 1301.37m，与主洞交点高程 1281.37m，长度 200.00m，纵断面设计纵坡 10％；2 号支洞断面型式为城门洞型，陡坡段断面净尺寸 5m×6m（宽×高）。

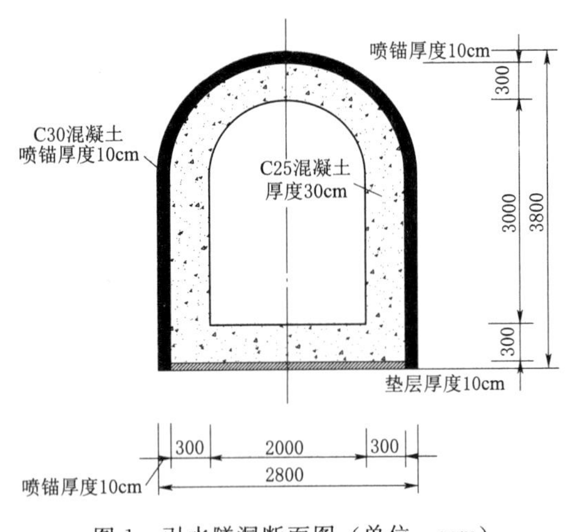

图 1　引水隧洞断面图（单位：mm）

2 地质条件

进口段（0＋000～0＋010）：进口位于河床右岸Ⅳ级阶地高陡边坡坎下，该岸自然边坡坡度80°～85°，坡高约60m，砾岩裸露。强风化层厚4～8m，弱风化层厚15～25m。隧洞进口位于强～弱风化层中，属Ⅴ类围岩，建议洞口放到弱风化岩体中，弱风化岩体的弹性抗力系数K_0＝3～4MPa/cm，坚固性系统f_k＝0.8。

隧洞洞身段（0＋010～6＋382.90）：引水隧洞为无压低流速输水隧洞，总长6382.90m，隧洞进口处设引水闸室，闸底板高程1285.678m。隧洞由Q_1西域砾岩和Q_2砂卵砾石两种地层组成，两种岩性有明显的区别，现分别评价如下：

（1）Q_1西域砾岩洞身段（0＋010～4＋570），洞身多处在第四系下更新统砾岩微风化—新鲜岩体中，厚层状，泥砂质、钙质胶结或半胶结，产状65°～80°SE∠20°～25°，岩层走向与洞线交角约45°～60°，洞线岩体较完整，未发现大的构造，成洞条件好，但西域砾岩遇水易软化，强度不高，应进行支护衬砌。隧洞上覆岩体厚50～270m，新鲜岩体纵波波速V_p＝2500～3100m/s，属Ⅳ类围岩，弹性抗力系数K_0＝4～6MPa/cm，坚固性系统f_k＝1.5～2.0，该段在2＋850附近发育一条大的冲沟，冲沟宽度260m，切割深60m左右，沟底高程高于隧洞顶板69m，对引水隧洞无不利影响。

（2）Q_2砂卵砾石洞身段（4＋570～6＋382.90），洞身岩性为第四系中更新统冲积砂卵砾石层，隧洞出口上覆围岩厚度以3倍洞径计，该层顶部为Ⅶ～Ⅷ级阶地砂卵砾石层，厚3～5m。Q_2砂卵砾石层，厚度40～60m，砾石天然密度2.17g/cm^3，干密度2.15g/cm^3，相对密度D_r＝0.71，结构密实，渗透系数7.7×10^{-2}cm/s，局部有弱泥、钙质胶结，隧洞上覆Q_2砂卵砾石层厚9～45m，具备成洞条件，属Ⅴ类围岩，弹性抗力系数K_0＝3～4MPa/cm，坚固性系统f_k＝0.8，该段地下水埋深70m左右，对隧洞无影响。建议施工时及时支护，并用混凝土衬砌。

3 施工难点

本工程隧洞掘进长约6.28km。整个隧道地质条件不好、埋深大、工作面狭小、单口施工距离较长，且地层为西域砾岩层和冲积砂卵砾石层，胶凝结构发育较差，遇水即溶。

采用火工爆破的方法掘进可能存在制约性的问题：①钻爆法施工工序多，爆破用的雷管，炸药存储运输管理要求比较严格，手续繁琐，并且使用过程中存在较大的安全风险；②爆破后洞内排烟困难，掘进速度慢；③可施工空间有限，无法做到二衬混凝土浇筑跟进支护，所以爆破产生的地层扰动可能会发生坍塌等事故，难以保障施工人员、机械的安全。

隧洞开挖强度是制约整体工期的绊脚石，如何组织实现快速施工，确定正确的施工方法，十分关键。

4 隧洞开挖风水电布置

供风管路布置在开挖面顶端，通风机控制系统应装有保险装置，当发生故障时应自动停机，隧道施工通风的风速全断面开挖时不应小于0.15m/s，每位作业人员供应新鲜空气不小于3m^3/min。供水管路固定在开挖面侧墙，离地1.5m，便于检修和更换。临时用电线路架设的离地高度不低于 2.5m，采用绝缘性能好的电缆线路。

本项目隧洞开挖典型断面风水电布置如图 2 所示，通风设备配置见表 1。

表 1　　通风设备配置表

设备名称	规格型号	排风量/(m^3/min)	功率/kW	数量/台	备注
通风机	SDDY-1	333	22×2	6	压入式
通风机	SDDY-1	333	22×2	4	抽出式
风筒（柔性）	ϕ600	—	—	—	—

5　隧洞开挖设备选取

基于工程难点，优先考虑机械掘进法。机械挖掘施工工艺简单，机械效率高，循环工序少，无毒无烟，施工安全风险降低，便于操作。

通过工程前期试验，从掘进工效、断面尺寸控制以及设备故障率方面，对比分析了破碎挖掘一体机、铣挖机和悬臂式掘进机三种掘进设备，选定了性能优良的悬臂式掘进机进行施工。

BBZ75 悬臂式掘进机的造价为 250 万～300 万元/台，适用于断面为 2m×3m 以上的隧洞掘进施工。其体积较小，移动方便，机身装有电路防爆装置，悬臂上设有液压正旋转齿轮，臂架可以上下左右摆动，底部出渣口设有自动进渣系统，岩体掘进时操作方便。BBZ75 悬臂式掘进机如图 3 所示，悬臂式掘进机开挖的隧洞如图 4 所示。

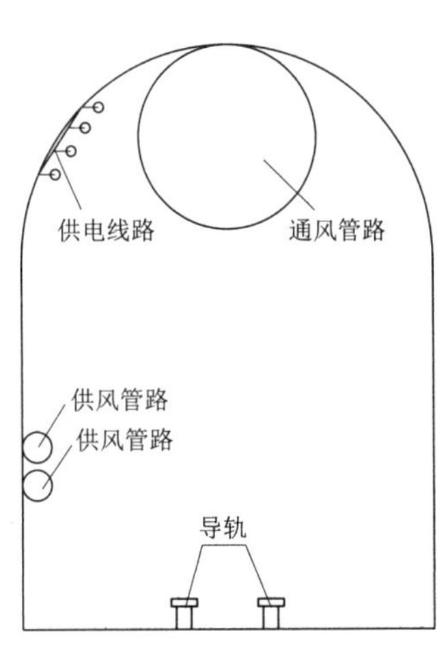

图 2　隧洞开挖典型断面风水电布置图

图 3　BBZ75 悬臂式掘进机

图 4　悬臂式掘进机开挖的隧洞

6　隧洞掘进施工

6.1　机械掘进法工艺流程和开挖作业循环

本工程围岩主要是Ⅳ、Ⅴ类围岩，采用机械掘进开挖，其工艺流程为：机械就位→断面测量画开挖轮廓线→机械挖掘→出渣→通风洒水→清危排险→断面支护→……如此循环作业。表 2 为机械掘进法隧洞开挖作业循环表。

表 2　机械掘进法隧洞开挖作业循环表

序号	项目	作业时间/min	循环作业时间/h						
			1	2	3	4	5	6	7
1	测量及准备	30							
2	机械掘进	120							
4	危石处理	10							
5	出渣	150							

说明：每循环作业时间 5h，综合考虑其他因素，每天 3 个循环，平均每天进尺 8.5m，平均每月进尺 255m。

6.2 隧洞超欠挖控制

水工隧洞掘进不允许欠挖，且规范要求径向超挖值和开挖岩面的起伏均小于 200mm，平均 100mm。因此，制定严格的开挖控制要求十分关键。

本工程采用了激光点作为开挖引线，测量队随时对激光点进行校核校正，开挖过程中使用固定模具对开挖段面进行检验，以便及时对欠挖部位进行处理。

6.3 出渣运输

隧洞单向掘进距离较大（800～1200m），出渣运输用小型运输车，每隔 150m 挖掘会车调头洞，布置合理的会让线路，组织有序的调车作业，确保洞内运输忙而不乱，有条不紊。

7　不良地质段施工措施

7.1 超前地质勘探

施工过程中，当接近断层破碎带及节理发育地段时，为了准确了解地下洞室中尚未开挖岩体的地质情况，及时研究选定掌子面开挖后的支护形式，对前方可能出现的涌水、有害气体、崩塌等及时采取防范措施，改进施工方法，避免工程事故，确保人身安全，在开挖中设超前钻探孔。在钻进过程中采取岩芯进行分析和试验，通过对钻孔内水压力的量测或抽水试验，探测各段水文地质情况，包括涌水量和水压力等，通过对岩芯的分析，判断该段岩性、产状、岩层的性质和厚度、节理裂隙、断层以及岩体的结构。

7.2 塌方的预防与处理

预防隧洞施工坍塌，首先做好地质预报，选择相应安全合理的施工方法和措施；现场施工时，主要遵照先排水、短进尺、强支护、快衬砌、勤检查和勤量测的要求。

（1）处理塌方的步骤。

1）分析塌方原因，弄清塌方规模、类型及发展规律，核对塌方段的地质构造和地下水活动状况，尽快制定切实可行的塌方处理方案。

2）对一般性塌方，在塌顶暂时稳定之后，立即加固塌体四周围岩，及时支护结构物，托住顶部，防止塌穴继续扩大；对于较大塌方或冒顶，还应妥善处理地表陷坑。

3）有地下水活动的塌方，应先治水，再治塌方。

4）认真制订塌方处理中的安全措施，认真组织塌方处理专业队伍，充分保证处理塌方的必需器材设备供应。

（2）塌方处理方法。

不同类型的塌方，选择不同的处理方案。某些塌方还需综合处理才能达到目的。对于一般的塌方，采用锚喷法进行处理，其处理程序如下：

1）排出淋水，用 ϕ19mm 钢管插入排水孔内 30～60cm，钢管与岩面用棉纱封紧，再用 1：1 水泥砂浆（加速凝剂）堵在棉纱外面，在钢管出口套塑料管，沿洞侧悬挂，将淋水导入排水沟内。

2）喷早强混凝土，封闭补平岩面，混凝土厚 2～5cm。

3）按间距 0.6m×0.8m 梅花形埋设锚杆（采用 ϕ25mm 螺纹钢），锚杆长 3.0m，外露 0.1m。

4）挂网，网格尺寸 20cm×20cm，与岩面密贴并与锚杆头焊接。

5）喷第 2 次早强混凝土，厚 8～10cm。

塌方段通过锚喷处理基本稳定后，可利用管棚管对不良地质洞段进行固结灌浆，加固围岩和止水，使围岩达到稳定。塌方非常严重的部位，为防止四周岩体松动后产生更大规模的塌方，应在锚喷支护完成后对塌方段进行混凝土浇筑，然后对洞顶孔穴进行回填和灌浆处理。塌方处理施工方法如图 5 所示。

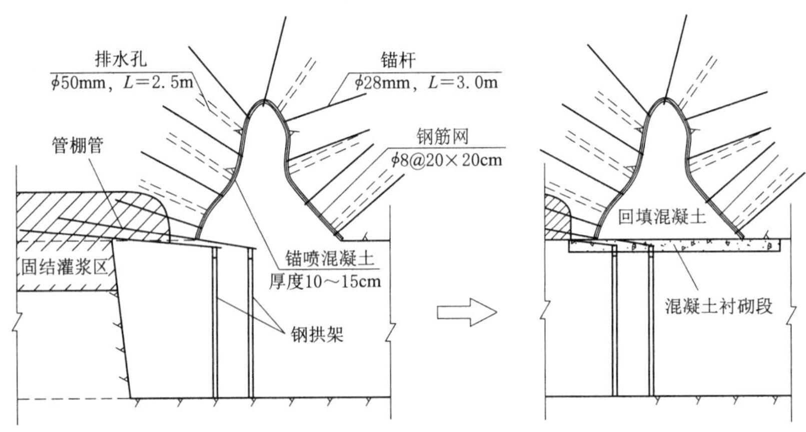

图 5 塌方处理施工方法

7.3 断层破碎带处理

由于洞室穿越的地层断裂裂隙发育，断层破碎带岩体破碎，局部有溶蚀，稳定性差，采取超前小导管预注浆在围岩中形成结石拱和超前锚杆加固岩石、钢支撑和挂网锚喷支护跟进的方式进行处理，立即对围岩喷混凝土保护，控制围岩变形，出渣后及早进行锚喷支护。如在开挖过程中，出现塌方现象时，采取对松散岩体进行固结后出渣、钢拱架梁联合锚喷支护及时跟进的方式处理。

8 地下水的防渗、排水及封堵措施

8.1 渗漏水防渗封堵措施

当开挖中洞内渗水面积较大时，采用钻孔将水集中引入集水井中，然后用水泵抽出洞外；当地下渗漏水水量较丰富或渗水量较大时，开挖前先进行超前固结灌浆，再结合超前锚杆、超前小钢管等超前支护或全封闭深孔固结止水注浆措施进行处理，并且在开挖掌子面前方保留不小于 10m 的搭接长度。超前锚杆和小钢管安装采用快硬水泥卷，以缩短待凝时间。

8.2 承压水防渗封堵措施

当勘探显示前方有承压水，且排放不会影响围岩稳定时，采用超前钻孔排水；当勘探显示前方有承压水，且排放会影响围岩稳定时，采用超前固结灌浆进行止水。

8.3 排水措施

对向下开挖的工作面，在开挖掌子面适当位置设置集水坑，用潜水泵抽排至相邻集水井或工作面以外，再由排水系统逐级抽排至洞外；对向上方向施工的洞段，利用开挖的排水沟将水自然引离工作面。

9 结语

本工程隧洞掘进长约 6.28km。整个隧道地质条件差、埋深大、工作面狭小、单口施工距离较长，科学组织实现快速施工。选配适当的机械设备、确定正确的施工方法是十分关键的。

本工程选用机械开挖模式，组建开挖装运、喷锚支护、混凝土衬砌机械化作业线；遵循“地探超前、控制断面成型、临时支护紧跟、监控量测反馈”的作业原则；强化施工组织管理与调度，充分利用时间和空间，优化工序衔接和资源配置，重点抓好出渣与运输，保证了洞内作业紧凑、有序、协调与均衡。

锦屏一级水电站坝基地质缺陷处理设计与施工

黄　平

（中国水利水电第七工程局成都水电建设工程有限公司）

【摘　要】锦屏一级水电站特高拱坝坝基岩体工程地质条件复杂，涉及多种地质缺陷，这些地质缺陷均不能满足特高拱坝建基面岩体质量要求，为提高建基面岩体质量，对地质缺陷进行加固处理非常关键、十分重要。本文对不同地质缺陷从处理设计、主要施工方法、处理效果三个方面进行了简要介绍，可供类似工程借鉴和参考。

【关键词】拱坝　坝基　地质缺陷　处理措施

锦屏一级水电站大坝为世界第一高拱坝，坝高305m，正常蓄水位以下库容77.6亿m^3，调节库容49.1亿m^3，总装机容量3600MW，是雅砻江锦屏大河湾双子星座电站及雅砻江下游河段电站开发的龙头和控制性水库。锦屏一级水电站大坝建基面工程地质条件复杂，建基面地质缺陷部位采取综合处理措施对锦屏特高拱坝建设及长期安全有效运行尤其重要。

1　坝基工程地质条件

1.1　地层岩性

大坝坝址区地层岩性为三叠系中上统杂谷脑组第三段砂板岩及第二段大理岩。第三段砂板岩分布于左岸坝基及抗力体、边坡约高程1800.00m以上。第二段大理岩分布于左岸坝基及抗力体、边坡约高程1800.00m以下和右岸整个坝基及抗力体、边坡。

1.2　地质构造

（1）断层。坝基开挖共揭露不同规模的断层25条，规模较大的断层主要有左岸的f_2、f_5、f_8断层及右岸的f_{13}、f_{14}、f_{18}断层。

（2）层间挤压错动带。坝基开挖揭示的层间挤压错动带主要发育于砂板岩中的厚层变质砂岩夹薄层板岩和大理岩第6-2层薄—中厚层大理岩夹绿片岩内，其他岩层总体发育较少；层间挤压错动带破碎带宽度一般约5～30cm不等，主要由片状岩、糜棱岩组成，少量局部见灰色构造泥，总体产状N20°～40°E/NW∠30°～45°；一般为强风化夹层，遇水易软化、泥化。

（3）节理裂隙。坝基岩体中节理裂隙主要发育5组。第1组N10°～40°E，NW∠40°～50°（层面裂隙）；第2组N50°～60°E，SE∠60°～75°；第3组N0°～30°E，SE∠40°～70°；第4组近EW，S（N）∠60°～80°；第5组N30°～50°W，SW∠60°～80°。

2 坝基地质缺陷总体处理方案

大坝坝基开挖后建基面揭示的地质缺陷主要有断层、层间挤压错动破碎带及其影响带（$Ⅳ_1$ 级、$Ⅳ_2$ 级、$Ⅴ_1$ 级岩体），弱卸荷岩体（$Ⅲ_2$ 级岩体），弱—强风化岩体（$Ⅲ_2$ 级岩体），弱—强风化绿片岩（$Ⅳ_1$ 级、$Ⅴ_1$ 级岩体），溶蚀裂隙密集发育带等各类地质缺陷。

按设计要求，拱坝坝基中下部应全部置于Ⅱ级或$Ⅲ_1$ 级岩体之中，中上部应尽可能置于$Ⅲ_1$ 级岩体之中，若无法避开$Ⅲ_2$ 级或$Ⅳ_2$ 级等岩体时，应进行可靠的加固处理，处理后建基面应能够有效地承受或传递坝体荷载，满足拱坝、地基整体受力要求。根据上述拱坝建基面岩体利用原则以及建基面出露的各类地质缺陷的岩性组成、岩体结构、风化卸荷状况、声波测试资料，并结合拱坝受力特性，建基面地质缺陷处理原则如下：

（1）常规处理。对规模较小的小断层、层间挤压错动带、弱—强风化绿片岩、溶蚀裂隙、裂隙密集带等地质缺陷，在坝基清基过程中进行局部刻槽、顺倾向带掏挖和高压水冲洗清除破碎岩体及软弱填充物、两侧松动岩块清撬等一般性常规处理，处理深度按断层出露宽度的 2 倍且不小于 50cm 进行控制，并结合建基面固结灌浆，加密灌浆孔距或加长孔深。

（2）专门处理。对规模较大的地质缺陷分别采取刻槽开挖、高压冲洗灌浆、混凝土回填、系统固结灌浆以及水泥-化学复合灌浆等综合处理措施。对左岸坝基出露的 f_2 断层与上下盘数条层间挤压错动带、fL_{c13} 断层，以及右岸坝基出露的 f_{13}、f_{14}、f_{18} 断层及煌斑岩脉等主要地质缺陷均进行了专门处理。

3 坝基主要地质缺陷处理

3.1 左岸建基面 f_2 断层及层间挤压错动带

3.1.1 处理设计

采用建基面 L 形开挖刻槽、混凝土置换、建基面高压水冲洗灌浆、建基面常规固结灌浆处理方式。开挖刻槽宽度 13.5～16.0m，开挖范围高程 1647.00～1686.37m。置换塞开挖前先进行锁口锚杆施工，开挖完成后，采用系统砂浆锚杆进行坡面支护，再进行混凝土回填、高压水冲洗灌浆、建基面常规固结灌浆。

主要施工程序为：L 形梯段开挖、支护→混凝土回填→高压水冲洗灌浆→常规固结灌浆。

f_2 断层及层间挤压错动带置换处理布置如图 1 所示。

3.1.2 主要施工方法

由于 f_2 断层及层间挤压错动带在坝基开挖完成、大坝混凝土已开始浇筑后进行，施工通道布置、出渣较为困难，且因上下交叉作业，采取了专项安全防护措施。

（1）开挖施工。

1）开挖施工通道布置。左岸建基面 f_2 断层位于拱肩槽槽坡上，为保证正下方大坝混凝土浇筑的正常施工，不能将石渣滚至基坑，主要利用左岸抗力体高程 1670.00m 的次通道及施工支洞作为左岸 f_2 断层的开挖通道，部分石渣利用缆机吊运出渣。

2）开挖安全防护布置。分别在拱肩槽槽坡高程 1647.00～1663.00m、1630.00m、

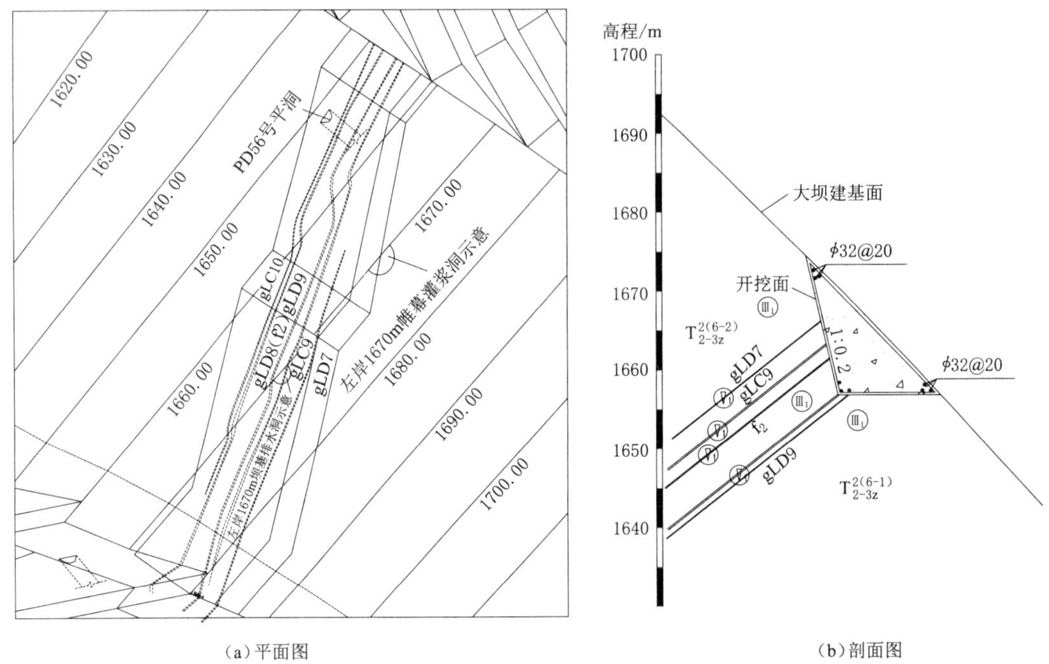

(a)平面图　　(b)剖面图

图 1　f_2 断层及层间挤压错动带置换处理布置

1605.00m 布置了三道安全防护设施，以确保下部施工安全。

第一道安全防护布置在 f_2 断层开挖轮廓线下部，采用型钢加马道板防护，主要作用是对开挖石渣进行集渣和挡护，为设备出渣创造工作面；第二道安全防护采用柔性被动防护网，防护网高 7m、长 85m，主要防护飞石和开挖施工中的滚石；第三道防护采用竹跳板防护，防护网高 3m、长 95m，主要是防止开挖过程中可能出现的滚石，确保大坝混凝土施工工作面的安全。

3）开挖施工。开挖施工程序为：施工准备→安全防护施工→钻孔爆破及出渣→锚杆支护→欠挖处理及清面。钻孔采用 TOMRCK700 液压钻机钻孔，周边预裂孔采用 XZ－30 潜孔钻钻孔，梯段钻孔孔间排距为 300cm×300cm，周边孔间距 60cm。

（2）混凝土回填。回填混凝土层厚按不超过 3m 控制，采用右岸高线拌和楼供料、缆机吊运 C_{180}30W13F250（三级配）混凝土入仓浇筑和人工振捣器振捣。并通过铺设冷却水管对回填混凝土通水冷却，冷却水管间距为 1.0m×1.5m（水平×垂直）。在混凝土浇筑过程中，沿断层产状预埋 ϕ140mm 高压水冲洗灌浆孔预埋钢管。

（3）高压水冲洗灌浆。高压水冲洗灌浆孔按断层走向矩形交错布置，孔深均为 30m，孔径为 110mm。大坝帷幕上、下游 5m 范围内的孔距为 1.5m，其余部位孔距均为 2.0m。f_2 断层高压水冲洗灌浆孔布置如图 2 所示。

高压水冲洗采用“双管法”，冲洗水压 20～30MPa、风压 0.6～0.7MPa，冲洗水压从 5MPa 开始，以每 $\Delta P=5$MPa 进行逐级升压。

高压水冲洗完成后，直接对该冲洗段采用 0.7∶1～0.5∶1 水泥浆液、最大压力 2.5MPa 进行固结灌浆，固结灌浆采用孔口卡塞灌浆法施工。f_2 断层及层间挤压错动带高

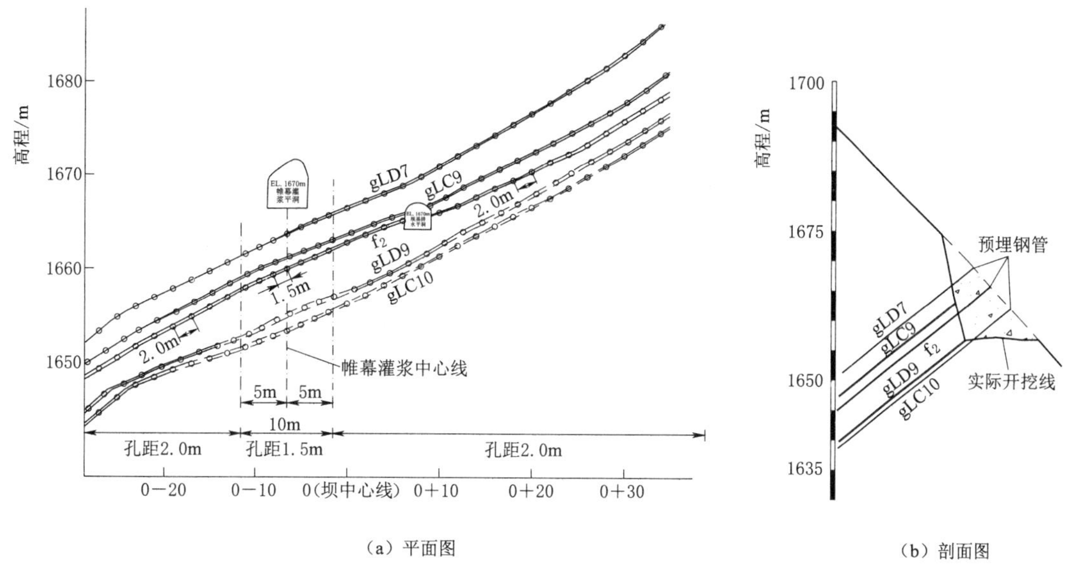

（a）平面图　　（b）剖面图

图 2　f_2 断层高压水冲洗灌浆孔布置图

压水冲洗共完成 5120m，累计冲洗出石渣 297m³。高压冲洗灌浆施工工艺流程如图 3 所示。

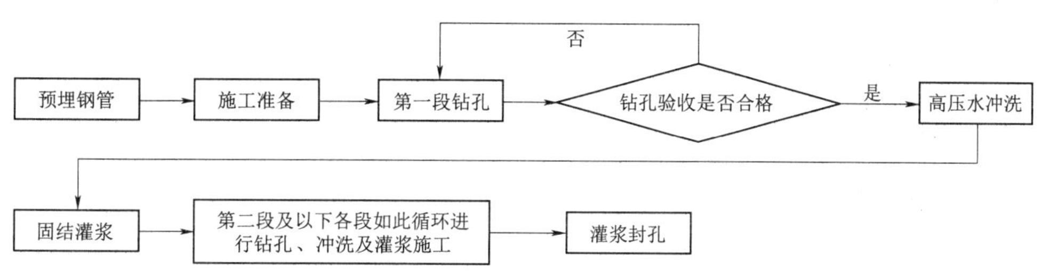

图 3　高压冲洗灌浆施工工艺流程图

（4）常规固结灌浆。高压水冲洗灌浆完成后，从建基面进行坝基系统固结灌浆，固结灌浆的最大压力为 3.5MPa，采用自上而下、分段卡塞灌浆法施工。8 号坝段 f_2 断层及层间挤压错动带灌浆孔布置如图 4 所示。

3.1.3　效果检测

f_2 断层及层间挤压错动带综合加固处理完成后，布置单孔声波和钻孔变模测试孔进行物探检测。经综合加固处理后，f_2 断层及层间挤压错动带岩体单孔平均声波 4342m/s，平均钻孔变模 6.29GPa。经综合加固处理后，基本消除了软弱岩带引起的局部不均匀沉陷和应力集中，提高了坝基整体承载力和抵抗不均匀变形能力，综合处理后满足大坝对基础变形的要求。

3.2　左岸垫座高程 1730.00m 建基面 f_5 断层

高程 1730.00m 垫座基础出露的 f_5 断层采用刻槽置换处理，刻槽深度 3～10m，刻槽完成后进行混凝土回填，并在垫座混凝土内预留灌浆廊道，利用该廊道进行置换斜井开挖

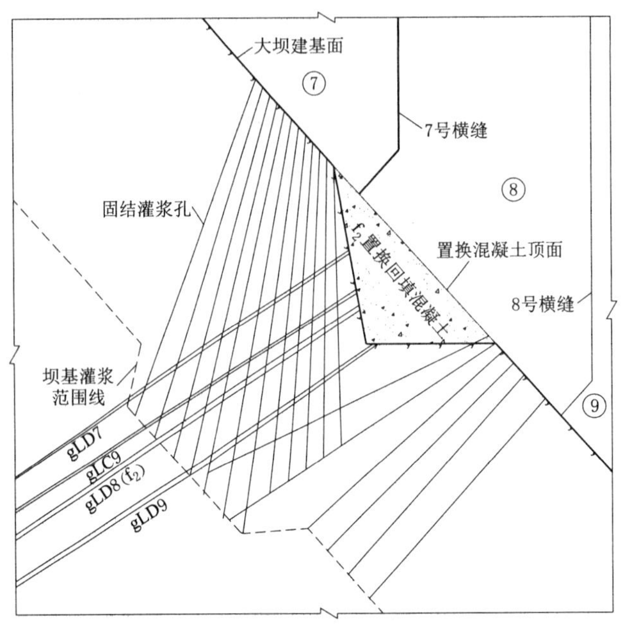

图 4　8 号坝段 f_2 断层及层间挤压错动带灌浆孔布置图

支护、混凝土回填和 f_5 断层加密灌浆、水泥-化学复合灌浆。高程 1730.00m 垫座基础刻槽开挖布置如图 5 所示。

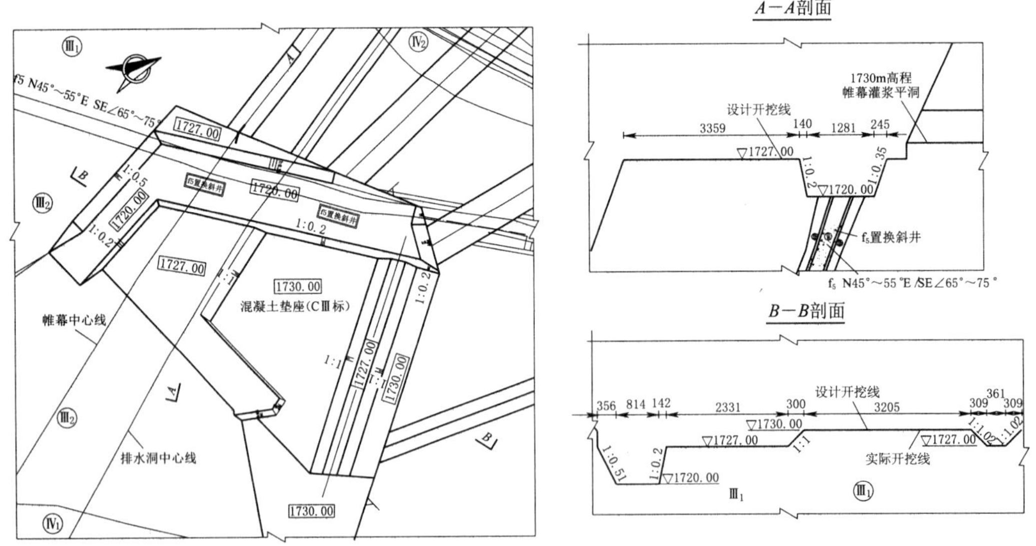

图 5　高程 1730.00m 垫座基础刻槽开挖布置

3.3　左岸 fL_{c13} 断层

(1) 处理设计。fL_{c13} 断层处理方案包括：断层浅表清理、利用坝体预留的灌浆廊道对断层进行水泥-化学复合灌浆，然后对预留灌浆廊道进行封堵，最后进行回填及接缝灌浆。

(2) 主要施工方法。

1）施工工艺流程如图 6 所示。

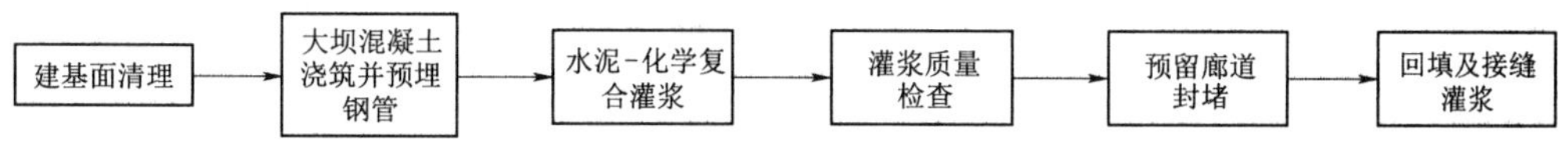

图 6 fL_{c13} 断层处理施工工艺流程图

2）施工方法。10 号坝段混凝土浇筑前，对 fL_{c13} 断层进行浅表刻槽处理，随大坝混凝土浇筑逐层沿断层产状预埋水泥-化学复合灌浆孔导向钢管至 10 号坝段高程 1635.00m 预留灌浆廊道底板，利用预留廊道对断层深部进行水泥-化学复合灌浆处理。灌浆孔利用预埋管钻进，沿断层走向、顺断层倾向布置 1 排，孔距 1.5m，灌浆孔入岩深度为 20m，fL_{c13} 断层预留廊道灌浆处理布置如图 7 所示。

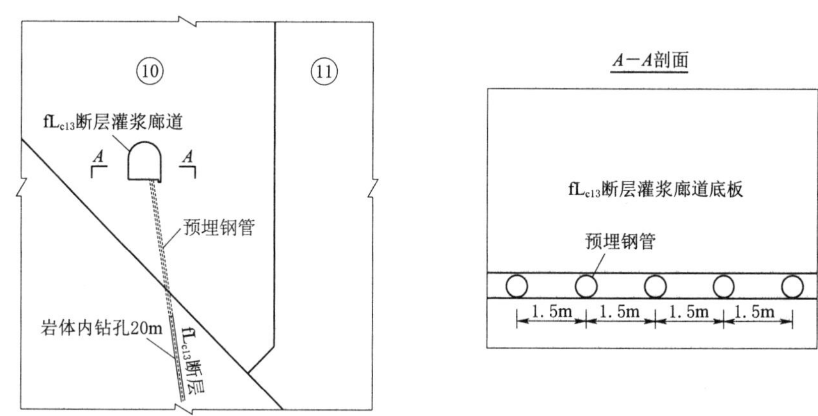

图 7 fL_{c13} 断层预留廊道灌浆处理布置

当灌前压水试验透水率 $q\leqslant 1Lu$ 时，直接进行化学灌浆；当灌前压水试验透水率 $q>1Lu$ 时，先进行湿磨细水泥灌浆，再进行化学灌浆。水泥灌浆最大灌浆压力 3.5MPa，化学灌浆最大灌浆压力 3.0MPa。

水泥-化学复合灌浆施工质量检查合格后，对预留廊道采用 $C_{180}40$ 三级配低热微膨胀混凝土回填封堵，并对两侧墙、浇筑段间进行接缝灌浆，顶拱 120°范围内的回填灌浆与接缝灌浆一并实施。

（3）效果检测。fL_{c13} 断层在水泥-化学复合灌浆完成后布置了 3 个检查孔，分别进行了单孔声波、钻孔变模、岩体透水率检测。灌后检查孔单孔平均声波 5007m/s，平均钻孔变模 6.45GPa，透水率均为 0Lu，检测结果均满足设计要求。

3.4 河床坝段建基面小断层

（1）处理设计。河床坝基主要地质缺陷包含 fL_{c14}、fR_{c4} 断层及 K_{L25} 溶蚀裂隙。处理方案为：先对出露的断层浅部进行清理，再进行深部固结灌浆处理。固结灌浆孔布置在断层或溶蚀裂隙两侧，各 1 排，灌浆孔在地表距断层带 1.0m，间距为 1.0m。灌浆孔下部孔段在断层不同高程处交叉，以达到灌浆处理效果。小断层、溶蚀裂隙固结灌浆处理布置如图

8 所示。

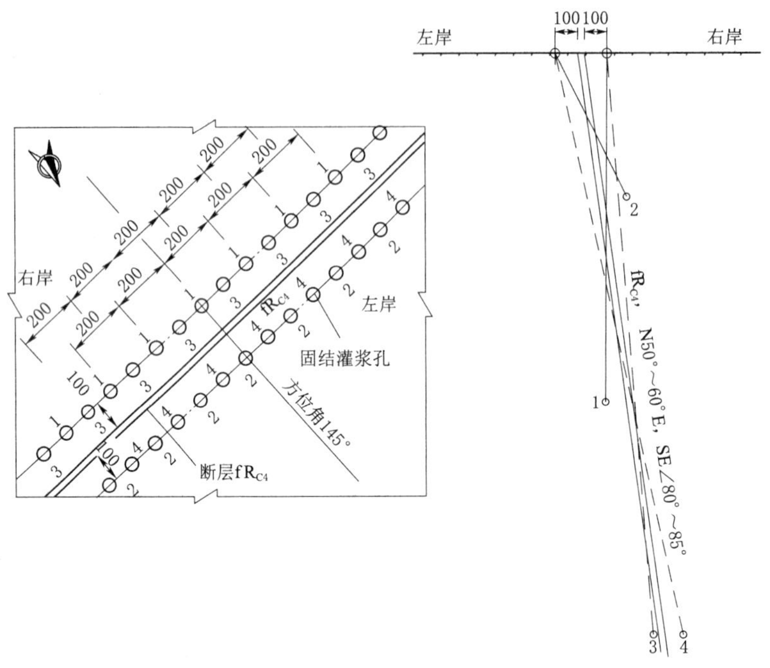

（a）灌浆孔布置平面典型图　　（b）灌浆孔布置横剖面典型图

图 8　小断层、溶蚀裂隙固结灌浆处理布置

（1～4 代表 4 种类型不同角度的钻孔）

（2）主要施工方法。河床坝段建基面小断层处理与相应坝段固结灌浆同步施工。在大坝混凝土浇筑前先采用无盖重固结灌浆，待大坝混凝土浇筑后，再结合坝基固结灌浆对浅部 0～5m 范围进行有盖重固结灌浆补强。固结灌浆采用自上而下分段卡塞灌浆法，最大灌浆压力 3.5MPa。

（3）处理效果。河床坝段建基面小断层固结灌浆结合河床坝段坝基固结灌浆一并进行质量检查。经灌浆处理后，灌后透水率指标及声波波速指标均满足设计要求。

3.5　右岸 f_{13} 断层

（1）处理设计。对高程 1885.00～1875.00m 建基面出露的 f_{13} 断层及 FL10～FL15 等绿片岩进行开挖置换处理，处理深度约为 2.5m，置换槽底部至少跨过断层影响带边界 50cm。置换槽开挖前先进行锁口锚杆施工。置换槽采用混凝土进行回填，回填混凝土周边结构配筋。f_{13} 断层建基面置换处理布置如图 9 所示。

（2）主要施工方法。

1）开挖支护。为了防止爆破作业影响大坝混凝土浇筑施工，在开挖线外临江侧搭设一排防护墙拦截爆破时产生的飞石及滚石。断层置换开挖采用手风钻钻浅孔、密孔、小药量控制爆破施工，主爆孔间排距为 0.7m×0.5m，预裂孔间距为 0.5m，钻孔深度为 2.5～3.0m。爆破时在炮孔的上部盖压竹跳板和砂袋，控制爆破飞石。爆破石渣通过反铲装渣至渣斗，缆机吊运至高程 1885.00m 平台装车运至渣场。

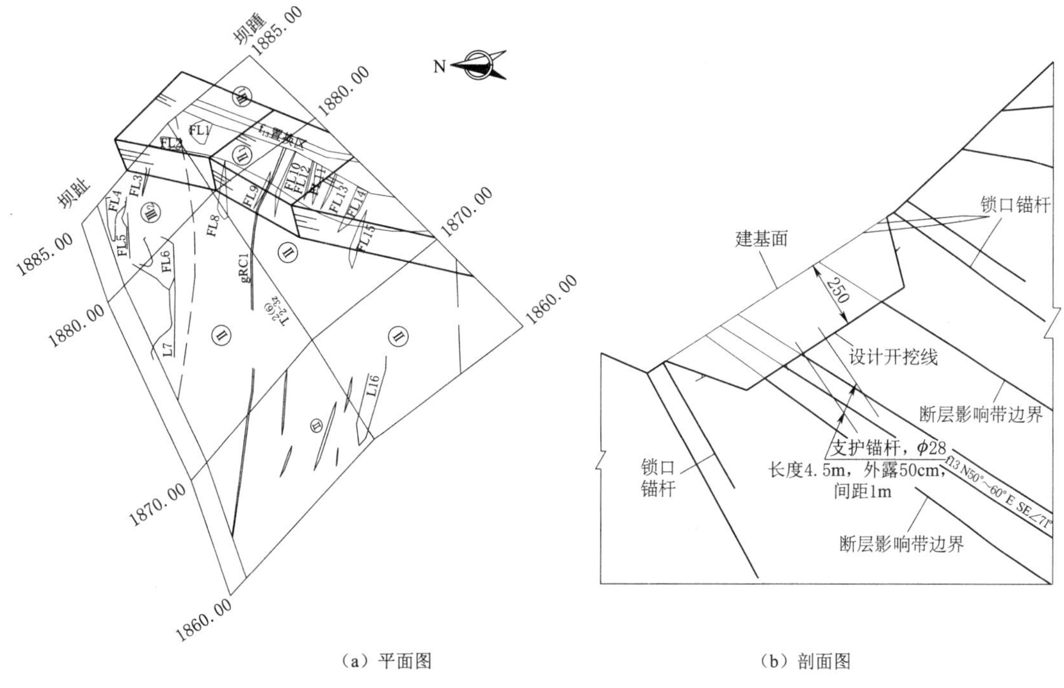

（a）平面图　　　　（b）剖面图

图 9　f_{13}断层建基面置换处理布置

2）混凝土回填。建基面 f_{13}断层采用大坝 C 区混凝土回填，与 26 号坝段混凝土浇筑同步浇筑。

3.6　右岸 f_{14}断层

（1）处理设计。

1）建基面开挖置换。对高程 1820.00～1720.00m 出露的 f_{14}断层及其影响带进行开挖置换处理（见图 10）。置换深度在坝趾处约为 3 倍断层影响带厚度，在坝踵处约为 2.5 倍断层影响带厚度。断层影响带外侧的Ⅲ$_2$级岩石处理结合断层置换槽的处理进行部分挖除，置换槽开挖前先进行锁口锚杆施工。置换槽采用混凝土进行回填，回填混凝土周边结构配筋。

2）固结灌浆和接触灌浆。为避免灌浆钻孔打断冷却水管，置换混凝土中预埋灌浆管，固结灌浆完成后重新扫孔，扫孔入岩 30cm 左右，引管至下游，后期待置换混凝土及坝体混凝土温度稳定后进行开挖槽坡以及与坝体混凝土间的接触灌浆。f_{14}断层建基面固结灌浆布置如图 11 所示。

（2）主要施工方法。由于 f_{14}断层及层间挤压错动带在坝基开挖完成、大坝混凝土已开始浇筑后进行，施工通道布置、出渣较为困难，且因上下交叉作业，采取了专项安全防护措施。

1）安全防护设施施工。在爆破开挖施工前，沿开挖线底部设置安全防护网、型钢和钢管排架挡墙两道防护墙进行安全防护，避免爆破开挖时石渣落入下部施工区域，影响大坝混凝土浇筑施工。

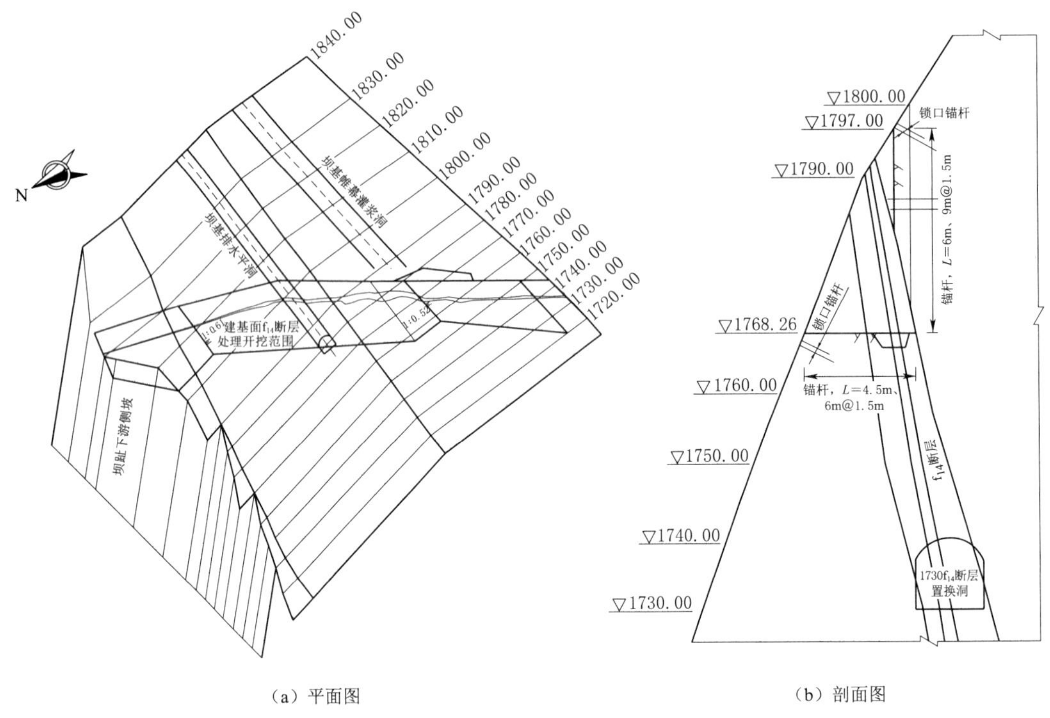

(a) 平面图　　(b) 剖面图

图 10　f_{14}断层建基面置换处理布置图

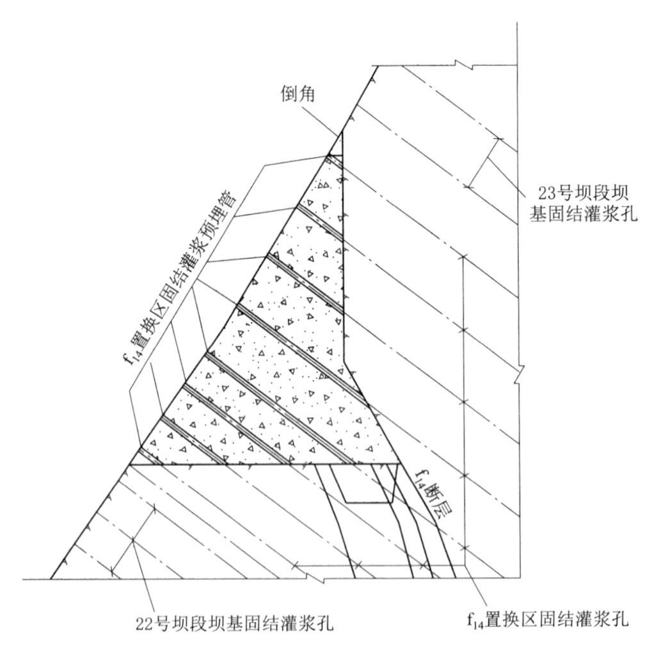

图 11　f_{14}断层建基面固结灌浆布置

2）置换槽开挖。为了控制爆破飞石和滚石，全部采用手风钻浅孔、密孔、小药量控制爆破，主爆孔间排距为 0.7m×0.5m，预裂孔间距为 0.5m，钻孔深度为 2.5～3.0m。

出渣采用小反铲装渣至渣斗，塔吊吊运至高程 1785.00m 平台，或缆机吊运至高程 1885.00m 平台，卸入自卸车运至弃渣场。

3）回填混凝土。混凝土回填施工程序：基岩清理→缝面处理→钢筋绑扎→模板安装→冷却水管铺设→混凝土浇筑→温控、养护。

建基面 f_{14} 断层回填混凝土采用高线拌和系统供应，缆机吊运 C_{180}30W13F250（三级配）混凝土进行回填，部分钢筋密集区采取二级配混凝土浇筑。f_{14} 断层刻槽部分仓位缆机受槽坡地形条件限制无法到达，采用泵机或溜筒入仓，二级配混凝土浇筑。为满足 f_{14} 断层刻槽回填混凝土温度控制要求，回填混凝土中铺设冷却水管进行通水冷却。

4）加密固结灌浆。加密固结灌浆与相应坝段坝基固结灌浆同步施工，固结灌浆采用自上而下、分段灌浆法施工，灌浆水灰比为 2∶1、1∶1、0.7∶1、0.5∶1，灌浆压力为 0.3～3.5MPa。

（3）效果检测。f_{14} 断层置换区加密固结灌浆后共布置 18 个检查孔，压水 85 段，透水率最大值 2.43Lu，最小值为 0.93Lu，满足设计要求；f_{14} 断层及影响带灌后声波波速 0～5m 段平均值为 5482m/s，5m 至孔底段平均值为 5425m/s，灌后声波波速均满足设计要求。

3.7 右岸 f_{18} 断层及煌斑岩脉

（1）处理设计。

1）建基面开挖置换。对于出露在高程 1583～1605m 建基面的 f_{18} 断层以及煌斑岩脉进行开挖置换处理，坝趾处按 3.5 倍断层宽度、坝踵处按 2.5 倍断层宽度进行开挖，置换槽开挖深度 10m 左右，置换槽底部宽度按 6m 控制，开口线附近设置 2 排锁口锚杆。置换回填混凝土结构配筋 ϕ32@20cm，并在混凝土内预留 3m×3.5m 灌浆廊道。f_{18} 断层建基面开挖置换处理布置如图 12 所示。

2）加密固结灌浆。利用预留廊道对 f_{18} 断层以及煌斑岩脉进行加密固结灌浆，灌浆孔环距为 1.5m，帷幕轴线上、下 10m 范围孔深为 50m，其他孔深为 40m。右岸 f_{18} 断层加密固结灌浆布置如图 13 所示。

3）化学灌浆补强。水泥灌浆完成后，对 f_{18} 断层以及煌斑岩脉进一步采用化学灌浆补强处理，在帷幕上游设 3 排化学灌浆孔，下游设 1 排，孔深 50m；坝趾范围布置 17 排化学灌浆补强孔，孔深 40m。每排内灌浆孔发散布孔，孔底间距不大于 2m。右岸 f_{18} 断层化学灌浆补强剖面（顺走向）布置如图 14 所示。

（2）主要施工方法。

1）施工程序：锁口锚杆施工→分层梯段爆破开挖→出渣→清理→槽坡支护→回填混凝土→加密灌浆→化学灌浆→预留廊道混凝土回填。

2）置换槽开挖。置换槽开挖采用分两层梯段爆破开挖，上层高度为 5.0m，下层高度根据断层实际开挖高程确定。主爆孔采用 R700 履带式液压钻钻孔，钻孔孔径 76mm，V 形布孔，边线进行预裂爆破。断层刻槽底部预留保护层厚度为 2.0m，保护层采用手风钻钻浅孔爆破。

3）混凝土置换回填。置换槽回填采用分层浇筑，右岸高线拌和系统供料，缆机吊 9.6m^3 吊罐入仓浇筑，人工 ϕ100 振捣器振捣。回填混凝土中铺设冷却水管通水冷却，布

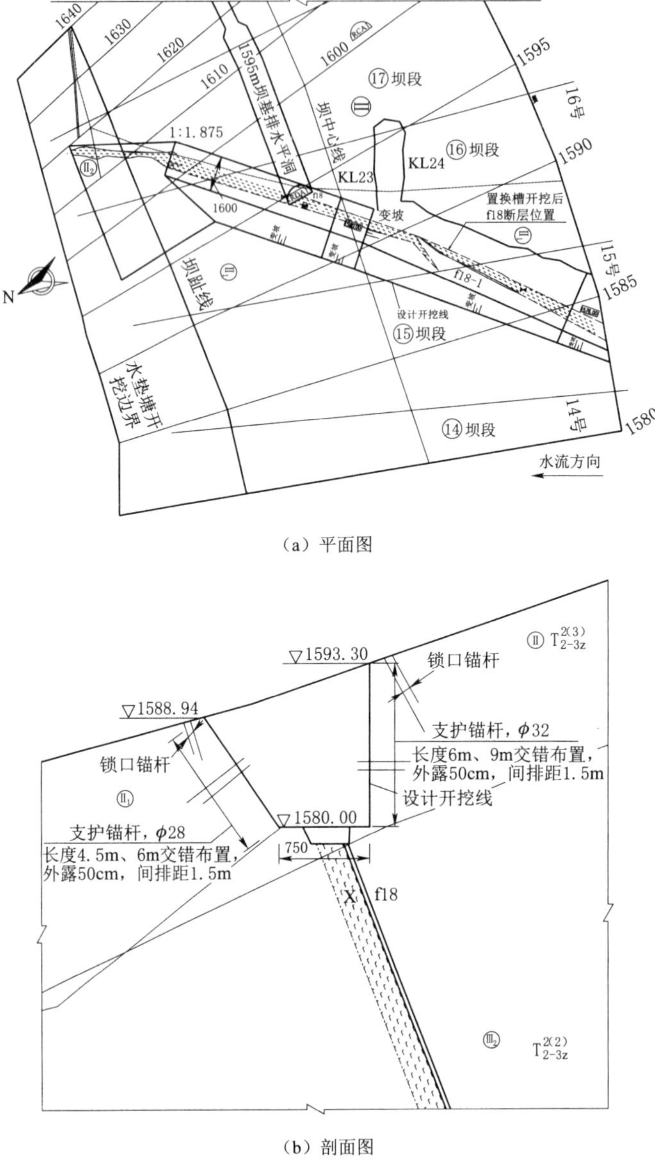

(a) 平面图

(b) 剖面图

图 12　f_{18}断层建基面开挖置换处理布置

置间距为 1.0m×1.5m（水平×垂直）。置换槽预留灌浆廊道采用全断面一次回填，下部平缓段长 44.2m，分 3 仓浇筑；中部陡坡段长 34.8m，分 2 仓浇筑；上部平缓段长 43.6m，分 3 仓浇筑。

4）加密固结灌浆。加密固结灌浆采用孔口封闭灌浆法，按环间分两序、环内分三序逐序加密施工。固结灌浆浆液水灰比采用 2：1、1：1、0.7：1、0.5：1 四个比级，最大灌浆压力 4MPa。

5）水泥-化学复合灌浆。水泥-化学复合灌浆采用孔内卡塞、纯压式灌浆。当灌前压

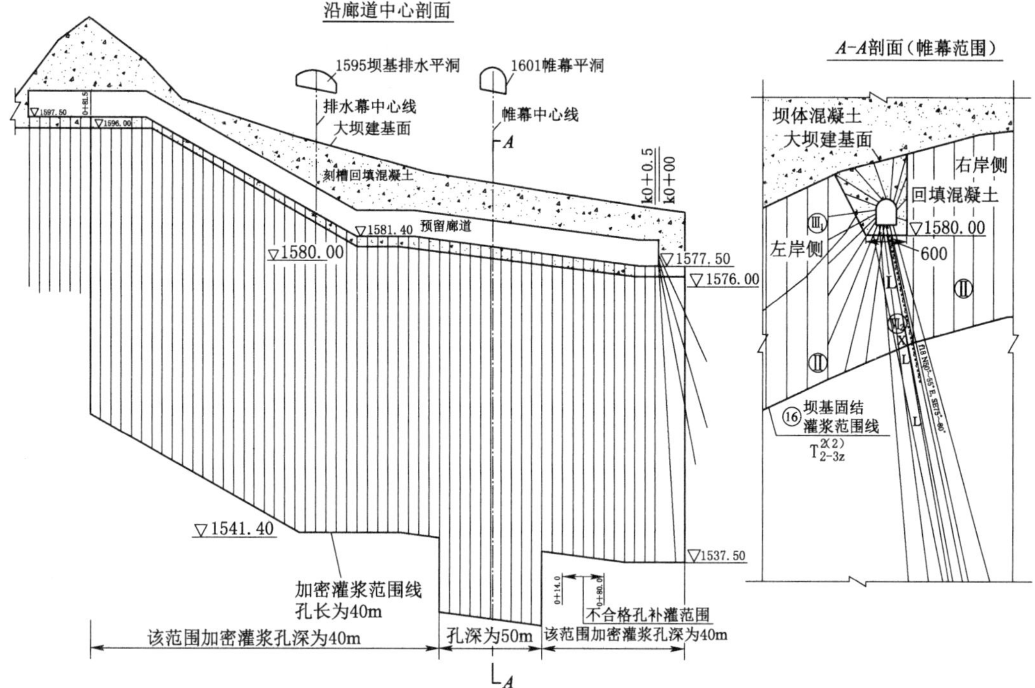

图 13　右岸 f_{18} 断层加密固结灌浆布置

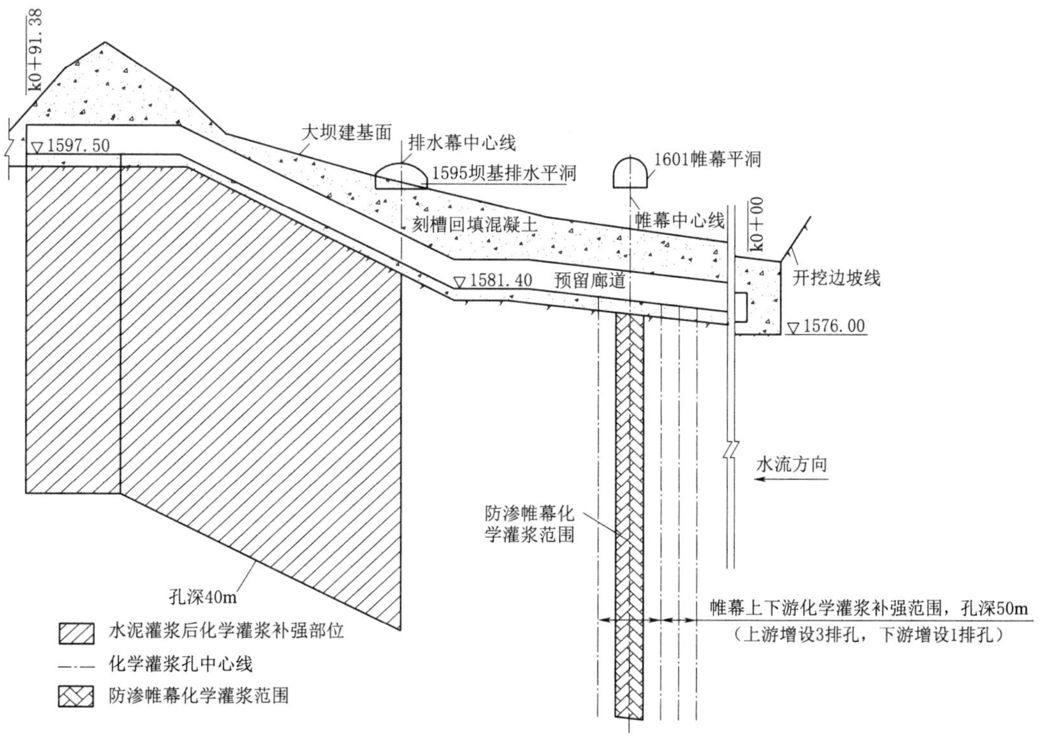

图 14　右岸 f_{18} 断层化学灌浆补强剖面（顺走向）

水试验透水率 $q \leqslant 1.0\mathrm{Lu}$，直接进行化学灌浆；当灌前压水试验透水率 $q > 1.0\mathrm{Lu}$，先进行湿磨细水泥灌浆，再进行化学灌浆，最大灌浆压力 3.5MPa。

(3) 效果检测。经过水泥加密灌浆、水泥-化学复合灌浆后，f_{18}断层带平均透水率为 0.12Lu，单孔声波平均值 4706m/s，钻孔变模平均值为 8.7GPa；f_{18}断层影响带平均透水率为 0.11Lu，单孔声波平均值 5035m/s，钻孔变模平均值 11.68GPa。各项灌后检测指标均满足设计要求。

4 结语

(1) 坝基经全面处理后，在基本荷载组合下，坝体应力分布规律合理，应力状态良好，最大主拉应力、最大主压应力均满足应力控制标准要求。

(2) 锦屏一级拱坝坝肩地质条件复杂，左岸上部高程基础抗变形能力差，左、右岸地基变形参数很不对称，通过全面地基处理后，改善了地基刚度的不均匀性，拱坝受力状态与同规模的坝体大体一致，基础处理方案是合适的。

(3) 大坝左、右岸建基面地质缺陷分布广、处理类型多、处理时间长，且建基面地质缺陷处理在大坝建基面开挖完成、大坝混凝土开浇后进行，处理难度非常大，与大坝混凝土浇筑上、下交叉施工，施工安全风险大，施工通道布置困难，安全防护等临建设施工程量大，大大增加了工程施工成本。建议以后的工程中，建基面断层软弱岩带部位刻槽开挖应随坝基开挖一同完成，以减少工程施工难度，节约工程成本。

老挝南湃水电站坝基卸荷带处理措施

刘慧芳　魏兴存　涂　寒

（中国水利水电第十工程局有限公司）

【摘　要】老挝南湃水电站堆石坝右岸坝基存在一处最大宽度约15cm的深层发育卸荷带，走向基本与趾板线平行，经地质调查和研究决定在原设计固结灌浆、帷幕灌浆措施基础上，采取回填高流态混凝土、加密固结灌浆、预应力锚索等综合处理措施，处理后地基达到坝基承载力、堆石体变形以及趾板建基要求。

【关键词】坝基　趾板　卸荷带　基础处理

1　概述

老挝南湃水电站位于老挝万象北部，坝址位于南俄河支流南湃河，厂址位于首部以南略偏西约9.5km直线距离的南俄2级库尾上游南乐克河，属典型的大库容、小流量、高水头、跨流域、长引水电站。坝址控制流域面积148km^2，多年平均流量8.38m^3/s，水库正常蓄水位1140.00m，设计洪水位1141.70m，校核洪水位1143.49m，死水位1120.00m，正常蓄水位时库容2.059亿m^3，电站额定水头700m，设计引用流量14.03m^3/s，总装机容量86MW（2×43MW），工程规模为Ⅱ等大（2）型工程，挡水建筑物级别为2级，设计为混凝土面板堆石坝。原定坝址基础处理措施主要包括趾板固结灌浆、帷幕灌浆，大坝帷幕区防渗范围为大坝左岸灌浆隧洞、大坝趾板区、大坝右岸灌浆隧洞。

2　工程地质

南湃水电站坝址区两岸建基面1075.00m高程以下多为弱风化岩体，中厚层状、次块状结构—互层状或镶嵌结构，岩体完整性较好，岩质较坚硬；右岸高程1075.00～1108.00m坝基建基面多弱—强风化岩体，互层状—薄层状结构、碎裂层状结构，完整性较好—差，岩质较坚硬—较软；高程1054.10～1113.15m趾板建基岩体多为弱风化岩体，局部间夹强风化条带。在右岸趾板高程1088.00～1108.00m揭露卸荷裂缝带进行地质勘探发现一卸荷缝，卸荷缝走向基本与趾板线平行，缝上宽下窄，最大宽度约15cm。

3　卸荷带地基加强处理措施

3.1　加强处理方案设计

经进一步地质调查和研究决定，对卸荷带部位在原定的固结灌浆、帷幕灌浆措施基础上，采取如下处理措施：

（1）用高流态C25一级配混凝土对该区域明显的架空洞进行回填，待混凝土达到设计强度后，在孔洞趾板基础上打孔，钻孔穿过孔洞，对孔洞周边进行固结灌浆，固结灌浆孔孔距1.5m，孔深5m。

（2）加密1088.00～1108.00m高程的趾板固结灌浆孔，孔距由3m调整为1.5m，孔深8m，排距不变，呈梅花形布置。

（3）在趾板下游面1095.00～1113.00m高程布置预应力锚索（100t级），锚索间、排距4m，共2排、16根，锚索长度25～30m，施工时张拉至80t。

3.2 高流态混凝土回填

对右岸卸荷缝带出现明显架空洞的部位，首先采用高流态C25一级配混凝土进行回填。

3.3 加密固结灌浆

3.3.1 架空洞部位固结灌浆处理

原趾板高程1089.00m以上固结灌浆参数为孔距3m，排距1.5m，共4排，深入基岩8m共349孔，进尺2792m。因发现卸荷带，故对右岸趾板高程1088.00～1108.00m加密固结灌浆，孔距加密为1.5m。

需待回填混凝土达到设计强度后，在孔洞基础上打孔，钻孔孔径不应小于38mm，钻孔需穿过孔洞，固结灌浆孔孔距1.5m，排距1.5m，孔深5m。因地质情况较差，钻孔采用“自上而下”灌浆方法进行灌浆施工，全孔一次性灌浆，灌浆压力0.6MPa，灌浆时安装抬动观测仪器，防止基岩抬动。

3.3.2 对高程1088.00～1108.00m部位固结灌浆处理

固结灌浆孔孔距由3m调整为1.5m，孔深8m，排距不变，呈梅花形布置。钻孔采用“自上而下”灌浆方法进行灌浆施工，采用分段灌浆，分为3m段和5m段。当现场岩层地质条件较差时，可缩短段长，均为一泵一孔灌注。

8m孔灌浆压力接触段（3m段）灌浆压力不宜大于0.3MPa，第二段（5m段）：Ⅰ序孔为0.6MPa，Ⅱ序孔为1.0MPa，灌浆时安装抬动观测仪器，防止基岩抬动。

在规定压力下，当注入率小于1L/min时，继续灌注30min，灌浆工作即可结束。采用压力灌浆法进行封孔，并将孔口抹平，封孔灌浆水灰比为0.5∶1，灌浆压力为该孔最大灌浆压力。

3.3.3 工艺要求

趾板基础固结灌浆工艺流程如下。

（1）灌浆按分序加密的原则进行施工。钻孔次序应该与灌浆次序一致，后序孔施工必须在先序孔施工完之后才能施工。

（2）同区域的同次序孔必须先边后中。趾板固结灌浆采取先下游排、后上游排、再中间排的顺序，同排分两序进行，即Ⅰ序孔→Ⅱ序孔。在该单元灌浆孔灌浆结束后并等强规定时间结束后，由监理、设计人员现场指定检查孔的孔位。

3.4 加强预应力锚索施工

3.4.1 预应力锚索的布置和设计要求

大坝右岸卸荷带沿着趾板方向布置了 2 排共计 16 根 1000kN 级预应力锚索（每排 8 根），预应力锚索采用无黏结预应力锚索。主要设计要求如下。

（1）索体。采用 7 根 1860MPa 的松弛无黏结 7 束钢丝钢绞线编制，进场钢绞线外观包装完整，表明无油渍，锈蚀，PE 皮套无损坏，且具备出厂合格证书及第三方检测报告。

（2）锚具等。索体隔离架采用 ϕ100mm 塑料 7 孔穿心隔离架，导向帽采用 ϕ105mm 钢管焊制，锚具使用 OVM15 系列 CCPO 成套锚具，锚垫板采用 OVM15 系列锚具匹配的 Q235 钢垫板。

（3）灌浆材料及外锚墩使用混凝土。水泥：灌浆材料采用普通硅酸盐水泥，其强度不低于 42.5，非火山灰或矿渣水泥。浆液配比通过试验确定，施灌时按规定制备浆体试件，其浆体抗压强度等级不应低于 35MPa；砂：应采用质地坚硬的天然砂，其粒径不宜大于 2.5mm，细度模数不宜大于 2.0，含泥量应小于 1%。

3.4.2 预应力锚索施工

（1）锚索孔位布置。预应力锚索布置在右岸趾板高程 1095.00m～1113.00m 下游面坝内边坡，2 排锚索间排距 4m×4m，与趾板成平行布置。单根锚索垂直切割卸荷裂隙，每次造孔施工前，需测量放线定孔，校准钻机。

（2）钻孔。钻孔采用 XY－2B 地质钻机造孔，测量放线后方可进行造孔施工，孔位坐标误差不大于 10cm。造孔直径满足锚索体下锚要求。

（3）锚索制作。锚索体采用 7 束 1860MPa 低松弛预应力钢绞线人工编制，锚固段剥去 PE 皮套后，用棉布擦去钢绞线上的机油。每隔 200cm 架设一环隔离架，索体前端加焊导向帽，方便下锚，自由段由白铁丝固定索体。

（4）灌浆。锚索灌浆采用纯压式一次性全孔灌浆法，采用浓浆灌注，灌浆压力控制在 0.1～0.3MPa，当孔口回浆比重与注浆比重相同时，屏浆 20～30min 后结束灌浆。

在造孔过程遇到卡孔，孔内无返风返渣现象，可提前进行固壁灌浆或超前固结灌浆。灌浆方式采取孔口自流式或使用射浆管进行注浆。宜以浓浆灌注，在特殊情况下可经设计、监理人员及业主同意加入掺和料，所加入掺和料应符合相应施工规范及要求。

（5）张拉与锁定。在灌浆达到标准强度后，用穿心千斤顶对锚索进行张拉。本工程预应力锚索采用分组、分根张拉方式，张拉程序为：分 6 次张拉，6 次持荷，稳定持荷。张拉系数分别为 0.2、0.25、0.5、0.75、1.0、1.05～1.1，持荷时间每次为 2～5min。

张拉完毕 48h 内如发现锚索定力低于设计张拉值的 10%，进行补偿张拉。

（6）外锚墩施工。外锚墩采用 C40 钢筋混凝土结构，外观尺寸及配筋均按设计图纸施工，混凝土浇筑采用钢模塑模，现浇施工。安装钢模尺寸不大于 10mm。

4 质量检查

4.1 钻孔取芯及压水试验检查

蓄水前对主帷幕轴线上高程 1101.00m、1087.00m 位置进行了钻孔取芯观测（图 1）及压水试验检查（见表 1、表 2）。钻孔芯样及压水试验检查成果表明加强处理效果良好。

表 1　　右岸高程 1101.00m 检查孔（DJ－8－2）压水试验成果表

序号	段长/m	压力/MPa	透水率区间/Lu	平均透水率/Lu
1	0～5	0.83	0.96～1.24	1.04
2	5～10	1.03	2.27～2.74	2.43
3	10～15	1.05	1.22～1.33	1.30
4	15～20	1.03	0.59～0.76	0.73
5	20～25	1.01	0.27～0.32	0.30
6	25～30	1.01	0.30～0.49	0.36
7	30～35	0.99	0.45～0.55	0.52
8	35～40	1.03	1.02～1.15	1.07
9	41.4～47.4	1.05	0.37～0.38	0.39

表 2　　右岸高程 1087.00m 检查孔（DJ－10－2）压水试验成果表

序号	段长/m	压力/MPa	透水率区间/Lu	平均透水率/Lu
1	0～5	0.83	0.31～0.41	0.37
2	5～10	1.02	0.26～0.30	0.28
3	10～15	1.05	0.59～0.66	0.66
4	15～20	1.04	0.50～0.56	0.54
5	20～25	1.02	0.24～0.27	0.25
6	25～30	1.02	0.56～0.65	0.61
7	30～35	1.03	0.97～1.10	1.06
8	35～40	1.01	0.49～0.54	0.51

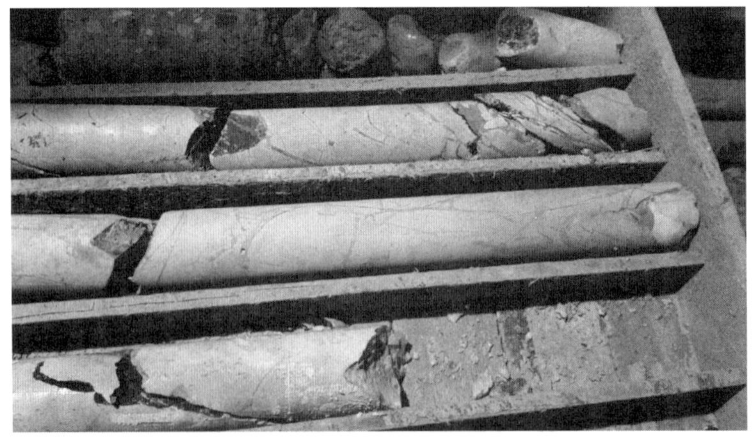

图 1　钻孔芯样照片

4.2 渗流渗压监测

在右岸趾板 1096.42m 高程位置埋设了 1 支渗压计（编号 P－ZB－1），趾板渗压过程如图 2 所示，趾板渗压监测成果见表 3，防渗帷幕及绕渗监测成果见表 4。监测成果表明，渗压计压力水头变化相对较小，压力水头随着库水位的上升而相应有所增加，当库水位达到最高值且趋于稳定后压力水头几乎也保持稳定，符合规律，无异常情况。

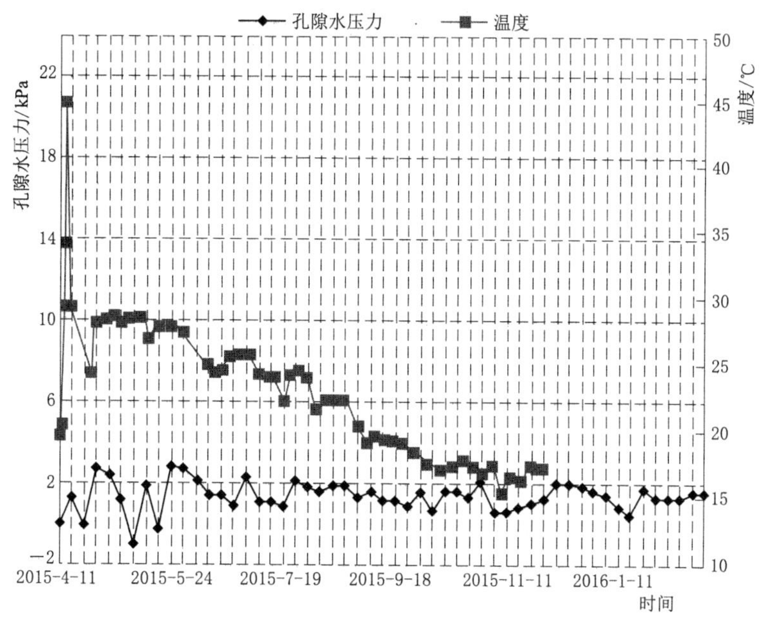

图 2　趾板渗压计过程曲线图

表 3　**趾板渗压监测成果表**

仪器编号	渗透压力/kPa		
	蓄水后最大值	蓄水后最小值	运行期某时值
P-ZB-1	121.460	−0.092	24.293

表 4　**防渗帷幕及绕渗监测成果表**

孔号	最高水位/m	出现时间	最低水位/m	出现时间	变幅/m	平均水位/m	运行期某时水位/m
OH13	1074.237	蓄水期	1073.437	蓄水期	0.800	1073.749	1073.947

5　结语

老挝南湃水电站大坝右岸坝基卸荷带经空腔回填混凝土、加密固结灌浆、预应力锚索等综合处理措施处理后，钻孔芯样完整性较好，压水检查满足灌后透水率小于5Lu的设计要求；绕渗指标满足设计要求；蓄水后卸荷岩体发育段变形符合大坝蓄水后坝基、趾板基础变形一般规律；处理后的坝基、趾板地基满足承载及变形要求。

某水电站锚固系统智能化施工技术分析

邵方敬

（中国水利水电第七工程局成都水电建设工程有限公司）

【摘　要】目前锚固张拉施工，基本采用人工控制张拉压力，人工进行张拉伸长值测量等，各工序控制粗糙，随意性较大，且需要的人工较多。本文阐述智能化锚固张拉系统及施工技术，着重分析在满足相关工艺规范及质量标准的前提下，智能化系统的程序、施工工艺流程、施工质量、施工工效及过程控制。智能系统不仅具有高精度和稳定性，还能完全排除人为因素干扰，能有效确保锚固系统施工质量、规范施工过程，解决传统人工操作不便的问题，其经验可供其他工程参考。

【关键词】锚固系统　智能化　施工技术

1　引言

预应力技术作为支护工程施工中最为关键的技术之一，预应力施工质量的好坏直接关系到预应力结构或构件的安全性和耐久性。随着支护工程施工技术日新月异的发展，常规锚固张拉系统采用人工分级进行升降张拉力、人工计算差异性补偿张拉力、人工计算理论伸长值及人工测量实际伸长值，受作业人员的主观因素影响，人工控制的随意性大，导致预应力施工质量受外因影响程度大。因此，本文主要分析智能化张拉控制系统及预应力锚索智能张拉施工成果，智能化施工具有高精度和稳定性，还能完全排除人为因素干扰，能有效确保预应力张拉施工质量、规范预应力张拉施工过程，是目前国内预应力张拉必不可少的技术手段。

2　概述

某水电站为Ⅰ等大（1）型工程，枢纽工程由拦河坝、泄洪消能设施、引水发电系统等主要建筑物组成，拦河坝为混凝土双曲拱坝，坝下设水垫塘和二道坝。地下厂房对称布置在左、右两岸，尾水系统为2台机组共用一条尾水隧洞的方式，左、右岸各布置4条尾水隧洞，其中左岸有3条与导流洞相结合，右岸有2条与导流洞相结合。

从南到北依次布置副厂房、辅助安装场、机组段和安装场。机组间距38.00m，机组段长304.00m，安装场长79.50m，辅助安装场长22.50m，副厂房长32.00m。主副厂房洞的开挖尺寸为438.00m×31.00m（34.00m）×88.70m（长×宽×高）。深层支护锚索结构多样化、类型齐全，包括普通端锚（有黏结和无黏结）、压力分散型锚索（100～300t）、对穿锚索（有黏结和无黏结）、U 形锚索等。

3 锚索智能张拉控制系统

3.1 功能介绍

锚索智能张拉控制系统主要实现预应力锚索张拉的自动控制，采用预应力自动张拉设备及工控机控制系统代替人工操作控制进行张拉。锚索智能张拉控制系统主要由高度集成的工控机控制器，通过电磁阀控制千斤顶的油压和油量，再加上拉杆式位移传感器、LORA 无线传感器等组成。系统操作简单，一键操作即可完成整个张拉过程，控制精度高，可有效提高预应力施工质量。

3.2 主要功能设计

3.2.1 控制器开机界面

系统启动后，会自动显示密码窗口，输入正确密码后进入工作界面。密码分为两级。一级密码面向操作工，可进入系统对主画面和历史数据界面执行操作；二级密码面向技术员，除了一级密码的全部功能外，还可对位移校准、压力标定、基本参数和系统参数等界面进行操作。

3.2.2 控制器菜单设计

菜单页面用于技术管理人员设置控制张拉的参数。菜单包含 6 个页面，它们分别是“基本参数”“锚索参数”“回归方程”“位移校准”“压强校准”“历史数据”。

菜单中的所有页面的输入操作分为 3 种：按键输入、选择输入和键盘输入。（参数录入后，功能设置张拉前的准备工作）

（1）基本参数。基本参数页面中的参数在每一次张拉中都有效。即本页面中的参数不换，即使张拉类型、锚索发生变化，参数依然有效。主要基本参数如下。

1）油缸最大行程：油缸最大行程是出顶的最大值。此值的设置是为了对千斤顶进行保护，因此设置的值比千斤顶的实际行程小。

2）系统最大压强：为了保护油路而设置。设置时稍大所需油压。

3）卸压结束压强：锚固后卸压油压值的上限。当油压小于此值时，进行退缸操作。（如果没有泄压阀，此值要大于张拉能达到的最大油压。设置时不小于系统最大压强即可）

4）复位位置：退缸完成后千斤顶停留的位置。为了保护千斤顶此值大于 0。

（2）锚索参数设置。从锚索参数页面进入此锚索参数设置页面。在此页面可以设置某一孔或几孔的具体参数。页面中可设置参数的张拉顺序的数目由锚索参数页面中的张拉方式决定，如图 1 所示。

（3）回归方程。回归方程页面中参数的作用是使油压和张拉力对应起来。此页面中的参数会影响到张拉效果，输入时要谨慎。回归方程页面如图 2 所示。

由图 2 可知：

1）千斤顶编号：千斤顶编的序号，以便千斤顶和油表对应。

2）千斤顶型号：千斤顶型号中包含千斤顶类型大小等信息。

3）折合面积：千斤顶实际受力面积。

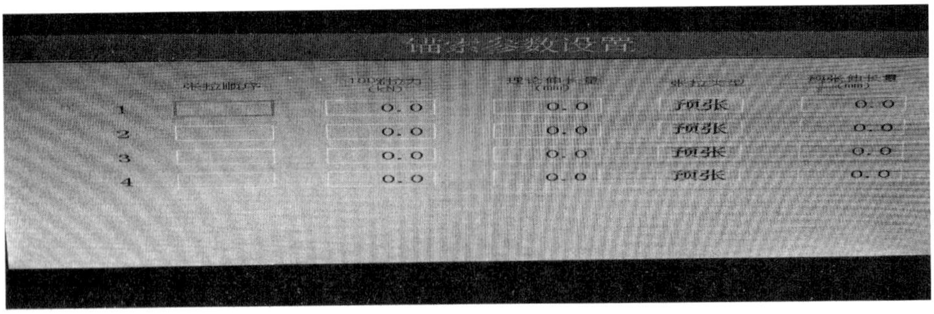

图 1　锚索张拉顺序演示图（预紧状态）

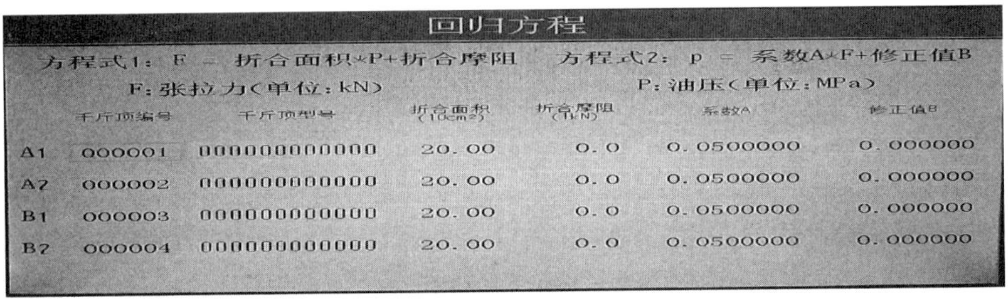

图 2　回归方程页面

4）折合摩阻：除油压施加的力外，摩擦等因素为千斤顶施加的力。

5）系数 A：折合面积分之一。

6）修正值 B：常数值，大小等于折合摩阻除以折合面积的结果的相反数。

3.2.3　资料整理

为了方便锚索张拉资料的管理，将保存的历史数据导出至移动硬盘（保存路径 u 盘\tension.trf），将移动硬盘插入张拉数据管理软件，在该软件上运行张拉数据导出软件，按下张拉数据文件后面的“数据导入”，选择“tension.trf”文件；选择好孔号，按下“Excel 导出”；在“预应力导出文件”目录中查看 Excel 报表。

4　锚索张拉系统算法

张拉系统是一个很复杂的系统，由岩锚的固定条件决定。其影响因子有基岩类型、基岩厚度、钢筋弹性模量、锚索深度、锚索角度、锚索结构、张拉方式等。对张拉千斤顶的固定参数进行率定后，通过一个岩锚固定参数矩阵进行计算。油泵压强、比例阀开度、变频器转速、持续时间这四个实时变量处于一个复杂的高阶耦合系统。根据历史数据，采用三阶段、二次函数逼近回归的智能学习算法模拟出整个系统的相关关系，得到的拟合结果精度为 99.8%以上。如果结果偏差大，系统会根据实际的张拉力和计算张拉力进行耦合修正，调用 Matlab 的 CPLEX 学习包中的智能学习方法进行系数修正。

以设计理论张拉有效长度进行的计算，仅为估算，其数值仅供参考。现场实际操作过程中，还应根据每个孔的实际张拉有效长度进行重新计算，复核修正。

5 智能化锚固张拉施工工艺流程

压力分散型锚索智能化张拉按“单根预紧→分组差异性补偿张拉→整体分级张拉→锁定”或“单根预紧→单根分级分组循环张拉”的顺序进行张拉。参数输入页面可以为张拉类型输入参数，并且参数和张拉类型绑定在一起，当类型发生变化后，参数也会改变。在智能张拉设备上选定模式后，自动计算差异性补偿张拉力，全程一键自动张拉，自动分级施加张拉力和自动测量伸长值。智能化张拉工艺流程如图 3 所示。

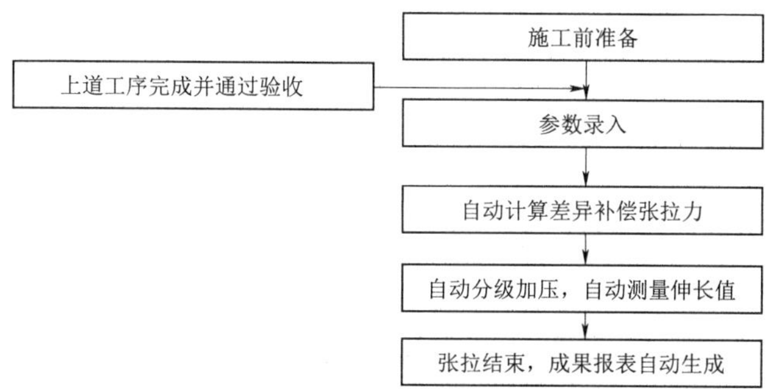

图 3　智能化张拉工艺流程图

压力分散型锚索智能化张拉工艺流程图分析：

（1）常规锚索张拉由人工进行补偿性差异值计算、人工加压及人工测量伸长值；而智能化锚索张拉在参数录入后，全部由智能系统进行补偿性差异值计算，自动分级加压及测量伸长值。

（2）常规锚索张拉成果由人工记录并计算；智能化锚索张拉成果自动生成，张拉完成后将数据拷出，在微机上可将报表与曲线图打印出来，并能将数据通过无线传输上传。

6 智能系统锚固张拉施工

6.1 张拉准备

6.1.1 张拉前设备参数的设置与校准

（1）将张拉主机和从机或单独将油缸和对应的压力表进行配套标定。

（2）输入回归方程：在压力标定页面，输入回归方程系数和常数，点击保存。

（3）压强校准：使液晶显示油压与油表显示油压对应。

（4）位移和压力校准：出厂时位移和压力已经校准，如果使用中发现位移值和实际测量值不一致，或压力值和表指示值不一致，进入位移校准画面，重新校准位移或压力。如更换千斤顶也需重新校准位移和压力。

（5）张拉前需要核定找平垫层强度是否达到设计强度，达到设计强度后才可对锚索进行张拉、安装锚具及千斤顶。

6.1.2 智能化张拉系统组成

系统由智能张拉主机、千斤顶、位移、压力传感器组成，智能化系统组成如图 4 所示。

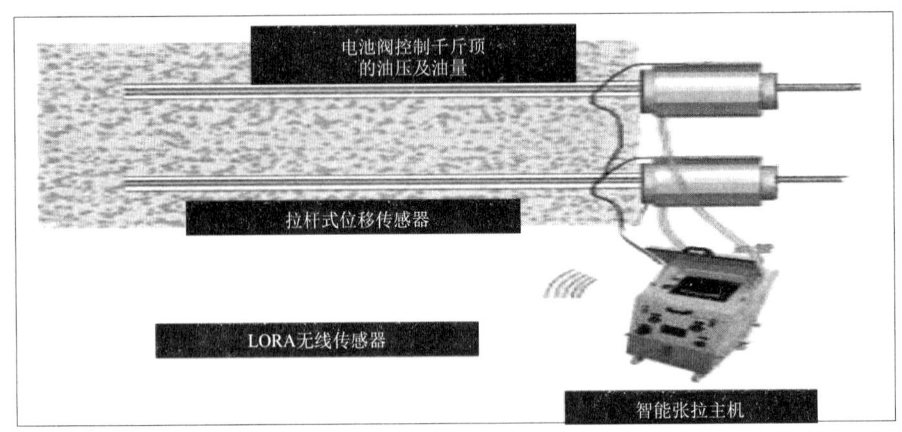

图 4　智能化系统组成

6.1.3　参数输入

通过参数输入页面为张拉类型输入参数，并在锚索参数页面中首先选择需要设置的类型，然后设置该类型的所有参数。在设置好张拉类型参数中的张拉次数后，进入锚索参数设置页面设置张拉的具体控制参数（见图 5）。

锚索参数

类型		锚索参数设置	
张拉次数	1	中间持荷时间(s)	180
终张持荷时间(s)	600	锚固持荷时间(s)	180
一段张拉力(%)	25	二段张拉力(%)	50
三段张拉力(%)	75	四段张拉力(%)	100
五段张拉力(%)	105	最大超张比例(%)	105
单端回缩量(mm)	0.0		

图 5　智能化张拉系统锚索参数界面

6.2　张拉

在智能张拉设备上选定模式后，自动计算差异性补偿张拉力，智能张拉系统采用三阶段、二次函数逼近回归的智能学习算法模拟出整个系统的相关关系，全程一键自动张拉，自动分级施加张拉力和自动测量伸长值。张拉时，升卸荷速率及每级持荷时间都可在主控界面设置，锚索张拉按分级整体进行张拉，张拉过程（以某水电站 1600kN 压力分散型锚索为例）：20% P' 预紧后卸荷→差异性补偿张拉→0.25P'→0.50P'→0.75P'→1.00P'→1.05P'→稳定锁定荷载 1.00P'，P'=1600kN（锁定荷载）。

张拉荷载控制以拉力为主，辅以伸长值校验。当实际伸长值大于理论计算值的 10%或小于 5%时，系统会自动暂停张拉。

张拉锁定后 48h 内，发现锁定力低于设计张拉力的 10%时，可进行补偿张拉，补偿张拉应在锁定值基础上一次张拉至 1.05P'，补偿张拉次数不能超过 2 次。

拉完成后数据自动记录，将数据拷出，在微机上可将报表与曲线图打印出来，并能将数据通过无线传输，上传到平台。智能化张拉系统导出报表如图 6 所示。

锚索张拉预紧及整体张拉记录表

承包人：　　　　　　　　　　　　　　　　　　　合同编号：　　　　　　　　No.

<table>
<tr><td>单位工程名称</td><td colspan="6"></td><td colspan="4">分部工程名称</td><td colspan="3"></td></tr>
<tr><td>分项工程名称</td><td colspan="6"></td><td colspan="4">单元工程名称及编码</td><td colspan="3"></td></tr>
<tr><td>工程部位</td><td colspan="6"></td><td colspan="4">锚索类型</td><td colspan="3"></td></tr>
<tr><td>锚索编号</td><td colspan="3"></td><td colspan="3">千斤顶型号、规格</td><td colspan="3"></td><td colspan="2">张拉日期</td><td colspan="2"></td></tr>
<tr><td>锚束长度</td><td colspan="3"></td><td colspan="3">油泵型号、规格</td><td colspan="3"></td><td colspan="2">锚具型号、规格</td><td colspan="2"></td></tr>
<tr><td>计算长度</td><td colspan="3"></td><td colspan="3">压力表型号、规格</td><td colspan="3"></td><td colspan="4"></td></tr>
<tr><td rowspan="2">张拉序号</td><td colspan="3">加载时间</td><td colspan="3">持荷时间</td><td rowspan="2">油表压力/MPa</td><td rowspan="2">张拉吨位/kN</td><td colspan="3">伸长值读数/mm</td><td rowspan="2">累计伸长值 a/mm</td><td rowspan="2">理论伸长值 b/mm</td></tr>
<tr><td>开始</td><td>结束</td><td>持续</td><td>开始</td><td>结束</td><td>持续</td><td>1min</td><td>3min</td><td>5min</td></tr>
</table>

图 6　智能化张拉系统导出报表

6.3　智能系统锚固张拉成果

以某水电站左岸地下厂房 1600kN 级锚索 JM4－17 张拉成果为例，进行分析。

6.3.1　预紧

锚索（JM4－17）20％P'单根预紧见表 1 和图 7。

表 1　　　　　　　　　　锚索（JM4－17）20％P'单根预紧

分组	20％P'/(kN/根)	理论伸长值/mm	平均伸长值/mm	偏差率/％
第 1 组	22.86	21.53	22.54	4.67
第 2 组	22.86	20.53	20.96	2.10
第 3 组	22.86	19.52	19.84	1.61
第 4 组	22.86	18.52	18.54	0.11
第 5 组	22.86	17.52	17.54	0.14

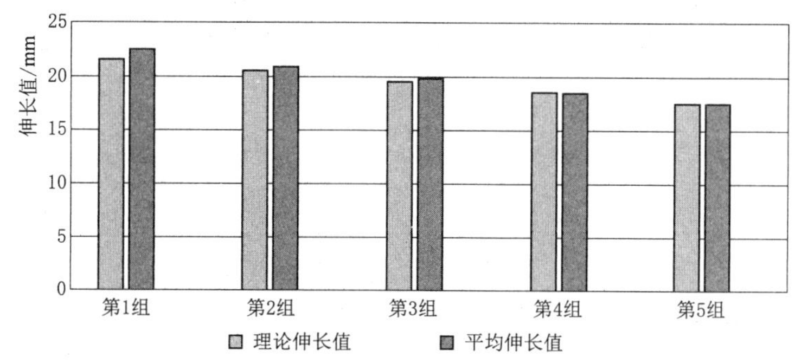

图 7　锚索（JM4－17）20％P'单根预紧柱状图

6.3.2　分级整体张拉

锚索 JM4－17 分级张拉见表 2 和图 8。

表 2　　锚索 JM4－17 分级张拉表

吨位	0.25P'=400kN	0.5P'=800kN	0.75P'=1200kN	1.0P'=1600kN	1.05P'=1680kN
理论伸长值/mm	41.99	63.88	85.78	107.67	112.05
实际伸长值/mm	45.60	69.34	93.58	117.86	121.80
偏差率/%	8.6	8.5	9.1	9.5	8.7

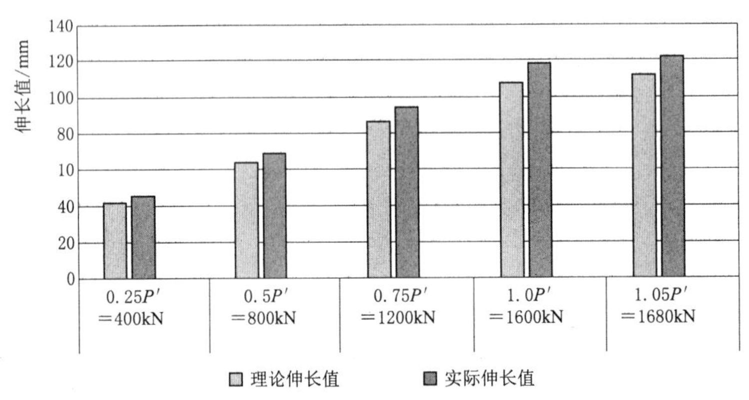

图 8　试验锚索 JM4－17 分级张拉柱状图

6.3.3　成果分析

（1）智能化锚索张拉对张拉成果数据进行分析，设计张拉吨位与监测吨位 48h 内相差最大为 30kN，应力增加 1.88%，试验锚索分级张拉过程中，张拉伸长值偏差最大值为 9.5%，最小值为 8.5%，满足伸长值偏差为－5%～10%的规定，符合设计要求。

（2）通过现场施工，智能系统锚索采用分级整体张拉，一束锚索由预紧到张拉锁定平均耗时 4.3h。相对于常规张拉设备，智能系统设备较轻便，智能系统设定好参数后，可实现一键张拉，数据和曲线图自动生成。不再需要一人控制阀门，一人测量千斤顶的位移值，一人记录数据的传统操作方法，工效得到很好的提升。

7　结语

通过现场施工成果分析，智能化张拉施工保证了张拉质量，满足相关标准、规范的要求，张拉力、伸长值控制精度好。根据不同预应力束长度及荷载大小，选择相应的控制参数，在各设备安装到位后，启动张拉按钮，即可自动完成预应力的整个张拉过程。张拉施工过程中，系统可直接显示各张拉千斤顶的对应压力、荷载及钢绞线伸长值，并自动采集数据，记录在主控中心的数据库内，该数据可用于打印、查看及复制。预应力锚索智能化张拉控制系统已在某水电站左岸地下厂房得到较好的运用，解决了传统张拉荷载损失大、实际张拉力不准确、质量不可控的问题，极大地提高了构件质量，减轻了工人的劳动强度，减少了施工安全风险，提高了经济效益和社会效益。

参考文献

[1] 肖云，罗意钟，唐祖文，等. 预应力智能张拉系统的设计与应用研究 [J]. 西部交通科技，2014 (10)：43-47，72.

[2] 王翔. 预应力施工技术在江苏广电城的应用研究 [J]. 山西建筑，2010，36 (29)：133-134.

[3] 许浩. 试论建筑工程预应力的施工技术 [J]. 科技致富向导，2011 (9)：272，289.

千枚岩夹石英岩地层倒垂孔施工技术

蒋永生　倪　力　崔　磊

（中国水利水电第八工程局有限公司）

【摘　要】 介绍在宗格鲁（Zungeru）水电站大坝坝基倒垂孔钻孔施工过程中，针对泥质千枚岩夹石英岩这种“软夹硬”且极易“打滑”的地层，采用的一套有效控制钻孔精度、成功安装保护管的施工工艺，并阐述该施工工艺的主要技术特点、施工工艺流程以及操作要点。

【关键词】 千枚岩　石英岩　倒垂孔　钻孔纠偏　包络圆有效圆法

1　引言

随着大型水电站的逐步建设，工程上对监测工作日益重视，采用深埋基点、安装倒垂线作为大坝水平位移最直观、有效的监测方式，近些年也常被用于各大型电站。而作为倒垂线安设载体的倒垂孔却由于在垂直度上有着近乎苛刻的高精度要求，施工技术难度极大，往往成为施工中的难点。

2　工程概况

宗格鲁（Zungeru）水电站位于尼日利亚联邦共和国尼日尔州宗格鲁镇东北 17km 的卡杜纳（Kaduna）河上，电站装机容量 700MW，最大坝高约 101m，具有多年调节性能。电站枢纽由拦河大坝、坝后厂房、变电站等建筑物组成。拦河大坝由碾压混凝土重力坝段及左、右岸心墙堆石坝段构成，总长约 2360m。为了有效地对大坝位移进行监测，在大坝底层帷幕与排水廊道中布置倒垂孔 5 个，设计最大单孔深度为 49m，设计保护管 ϕ168mm，埋管后管内有效直径不小于 100mm。

根据勘探和相关资料，倒垂孔穿过的地层主要由含大量云母或绢云母矿物的泥质千枚岩、千枚岩组成，局部位置出现断层带、破碎带、节理密集带。由于千枚岩岩性松软，遇水易泥化、软化，工程地质性质不好，会导致变形量较大，钻孔时容易出现塌孔掉块等现象；而石英岩颗粒细腻，结构紧密，硬度极高，同时还是一种难以对付的“打滑”地层；两者岩性硬度相差极大，在这种“软夹硬”地层中施工倒垂孔，极容易造成因钻头切削面受力不平衡而产生偏斜。因此，在千枚岩夹石英岩地层中施工高精度的倒垂孔极其困难，若无一套成熟实用的施工工艺，从工期上无法保证大坝下闸蓄水的节点目标。

3　施工工艺流程及操作要点

施工工艺流程：测量放样→预先灌浆处理→设备进场和安装→孔口导向装置安装→钻

进、冲洗→钻孔测斜及纠偏→终孔验收→保护管安装、封固→最终验收→资料分析和整理。

3.1 测量放样

为保证钻孔孔位精度，倒垂孔钻孔前，采用全站仪进行放样。钻孔中心钉入定位钉，钻孔四周设立定位桩，确保钻孔孔位偏差不得大于 2cm。

3.2 预先灌浆处理

为了提高千枚岩地层岩石的整体性，减少孔内渗水，在进行倒垂孔钻孔作业前，对倒垂孔周边基岩进行预先灌浆处理。

预先灌浆处理采用廊道内帷幕灌浆参数进行灌浆，采用自下而上分段纯压式灌浆工艺，预先灌浆孔布置在倒垂孔中心点的左、右岸 0.5m 处，灌浆段长一般为 5m，最大不大于 8m，灌浆最大压力为 2.5MPa，灌浆浆液为水灰比 0.7∶1～1∶1 的纯水泥浆。预先灌浆处理在倒垂孔钻孔施工前至少一个月进行。

3.3 设备进出场和安装

3.3.1 大型设备进出场

（1）大型设备如钻机、慢动卷扬机进出场前，应合理规划设备行走路线，并提前在设备行走线路上预埋吊环、地锚。大型设备可以在大坝垂直通道封顶前，采用吊车吊入廊道内。设备吊出时，如垂直通道已封顶，可以在垂直通道顶部预埋吊环，采用卷扬机将设备吊出。

（2）钻机在廊道里移动时，应安装车轮，采用手拉葫芦、卷扬机等牵引设备移动钻机，严禁采用立轴移动钻机。

3.3.2 钻机安装

（1）钻机安装前应采用水泥砂浆和预埋的螺杆将钻机机架固定在混凝土面上，机架的埋设应保证水平、牢固。钻机通过螺栓安装在机架上，再以槽钢作为压梁，将钻机牢固固定在机架上，保证钻机安装稳固、水平、周正，同时当松开螺杆时钻机又可前、后、左、右四个方向自由移动，以适应钻孔纠斜时钻机的平面位移。

（2）钻机安装完成后，采用高精度的全站仪校正钻机前、后、左、右四点的水平，使水平偏差控制在 0.5mm 以内，同时校正钻机立轴，使其上、下中心点与孔口中心偏差控制在 0.5mm 以内。

3.3.3 其他辅助设施安装

（1）倒垂孔钻孔一般在廊道倒垂室内施工，作业范围狭窄，钻孔时起钻、取芯都相对困难。

根据现场实际情况，先在倒垂孔正中心顶部位置预埋吊环（考虑倒垂孔顶部为预埋的正垂孔，则预埋吊环可以在正垂孔两侧钻孔），然后再利用钻机卷扬机配合滑轮组和吊环提升，通过 3t 的慢动卷扬机卸开钻杆，逐根取出孔内钻杆，当钻具起至孔口后，使用钻机卷扬机将孔内钻具吊出孔外，当钻具吊出孔外后，将钻头一端置于预先安装的轨道上的平板四轮小车上（轨道采用槽钢安装），缓慢拖动移离孔口并将钻具放平。

（2）为保证卸开钻杆或钻头时，垫插不依靠钻机受力，应在垫插使用范围内安装限位杆，限位杆为直径不小于 40mm 的圆钢。限位杆在不使用垫插时，可以移除，以避免影响后续工序。

3.4 孔口导向装置安装

为确保孔位准确、开孔钻进铅直，测斜方便、快捷，倒垂孔钻孔前应在孔口埋设孔口导向装置，孔口导向装置采用厚度 30mm 的钢板加工，通过高强度砂浆和 M16 的高强螺杆埋设牢固，其中心圆的圆心必须与倒垂孔中心点一致。

3.5 钻进、冲洗

3.5.1 钻孔设备机具的选择

（1）根据作业环境和倒垂孔作业要求，选择稳定性好、精度高、具有足够功率的 GQ-60 型工程钻机进行倒垂孔的钻孔作业。

（2）为保证倒垂孔的垂直度，钻杆选择刚性和强度满足要求的直径 110mm 的粗径钻杆，立轴钻杆采用 GQ-60 专用六方主动钻杆。钻具选用同轴度好、刚性强的直径 219mm 的岩芯管、钻具接手和岩芯管变径接头（盖帽 ϕ110～ϕ219）。

（3）岩芯管、盖帽、钻具接手、钻杆与钻杆接头应配套，加工精度应满足同轴度误差小于 0.2mm、每米长度内的弯度不得大于 0.5mm 的规范要求。立轴钻杆必须保持垂直。

（4）根据地质条件，倒垂孔钻孔选用热压金刚石钻头和低温电镀钻头两种类型的钻头钻进，选用与钻头配套的扩孔器。其中热压金刚石钻头的直径为 220mm，粒度为 70～80 目，胎体硬度为 HRC25～HRC30，一般用于千枚岩地层中钻进；低温电镀钻头的直径为 220mm，粒度为 100 目，胎体硬度为 HRC45，一般用于石英岩地层中钻进。所有新钻头使用前，都应对钻头进行预先出刃处理。

3.5.2 钻进

（1）开孔钻进。开孔采用直径为 220mm 热压金刚石钻头配合开孔钻具进行开孔钻进，开孔钻进应采用低压慢转钻进。随着钻孔的延伸，逐步增加钻具，直至达到 3m 以上。

（2）钻孔扶正器。粗径钻具以上的钻杆应每隔 1～2 根设置钻杆扶正器，使钻具回转平稳，以消除由于钻杆挠曲摆动而产生的孔斜。

（3）千枚岩地层钻进参数。

1）钻速和钻压：浅孔钻进时，应采用钻具和钻头自重加压，不得使用钻机加压；深孔钻进时应减压钻进，使钻具呈微拉状态。钻机的立轴钻速应控制在 50r/min 以内。

2）给水量：钻进应适当加大给水量，一般给水量应在 150～200L/min 左右。

（4）石英岩地层钻进参数。低温电镀钻头具有在石英岩中钻进防止钻头打滑的性能，有利于保证倒垂孔的孔偏斜，且在硬质岩石中的钻进时效比热压金刚石钻头的时效高，因此钻进过程中遇到石英岩地层，应立即起钻，更换低温电镀钻头钻进。

1）钻速和钻压：钻进应适当加压，一般压力不小于 2～4kg/cm^2，可根据孔深适当调整；转速不宜过快，过快的钻速更容易造成钻头表面抛光，出现打滑现象，一般钻速控制在 50r/min 以内。

2）给水量：由于钻进进度较低，孔底产生的岩粉较少，再加上较大的给水量会抵消部分钻压，出现打滑的现象，钻进时应适当减少给水量，一般给水量应在 80～120L/min。

（5）钻进注意事项。

1）在正常钻进过程中经常上下起动钻具，上下起动钻具要平稳，严禁猛拽或强力起拔，钻具遇阻时要分析原因，正确处理；提钻时，严禁猛甩钻杆、钻具，防止其变形、弯曲。

2）钻进过程中操作人员不应远离钻机，要随时注意观察供水和孔内返水情况及钻机运转情况是否正常。

3）在钻孔过程中，应使孔内钻具平稳钻进，不得抖动及过于晃动，否则应立刻停钻，待查明原因并解决后再继续钻进。

3.5.3 冲洗

每次钻进结束之后，在起钻之前应加大给水流量对钻孔进行冲洗，直至回水澄清为止，在冲洗液内可掺加润滑剂，以润滑钻具、减少阻力、提高效率，延长钻头使用寿命。

3.6 钻孔测斜及纠偏

3.6.1 钻孔测斜

（1）钻孔测斜采用 D2-2 型浮标钻孔测斜仪，测斜频率控制在 0.8～1.0m/次。

（2）千枚岩夹石英岩地层岩性相差较大，同时部分位置经反复纠偏后会导致孔变形，孔不规则会大幅度影响测斜结果。测斜时如发现同一高程处的测斜偏差值相差较大，应考虑在孔内下岩芯管，在岩芯管内测斜。

（3）钻孔测斜后及时做出投影图和剖面图，根据剖面图预测钻孔倾斜趋势。

3.6.2 纠偏

由于千枚岩地层和石英岩地层在岩性上存在较大差异，因此针对不同地层、不同偏斜情况采用的纠偏方法也不尽相同，本次总结的纠偏方法有以下几种：

（1）钻机平面移动纠偏法：将钻机平面移动一定距离，一般移动量为孔斜值的 2～4 倍，再将钻机固定即可进行纠斜钻进。其纠斜原理是当钻机平行位移后，致使钻头工作时在钻压的作用下产生偏心偏压而改变原钻孔轴向，使钻头沿孔斜反方向钻进，从而达到纠斜目的。

（2）调整立轴偏角纠偏法：根据钻孔偏斜方向和偏斜值，采用全断面钻头将孔底磨平，然后在偏斜相反方向调整钻机立轴角度，采用低压慢钻出一个新孔，再恢复正常钻进。在孔斜偏差不大、孔深 20m 以内的情况下及时采取此方法可达到理想效果。

（3）回填封孔纠偏法：在千枚岩岩层钻进时，当某一孔段偏斜值较大而采用纠斜方法效果不理想时可采用高于周边岩石强度的混凝土封填。由于封填混凝土凝固后与偏斜孔段岩石硬度相等或略高，可避免纠斜钻进时又回到原偏斜孔段里，因而能取得较好的纠斜效果。

3.7 终孔验收

倒垂孔终孔后，应立即洗孔，清除孔内残渣，然后自下而上每 1m 或 2m 逐段测斜。经验收合格后下入垂线保护管。

3.8 保护管安装、封固

（1）保护管选用专用地质钢管，要求钢管同心度好，弯曲度每 1m 小于 1mm。保护管采用公母螺纹连接，连接后整条保护管的平直度在±1mm 内且不松动、不漏水。

（2）保护管内壁除锈并涂两道防锈漆，保护管底端加盖焊封，以免漏水。埋设时保护管顶端高出孔口 1m 左右。

（3）保护管下到孔底后，用钻机将钢管略微提起，使其可以移动，对保护管进行调直。调整保护管垂直度时，测斜装置始终保持测斜状态，随时测量钢管的偏斜值，并绘出孔内保护管弯曲图。

（4）保护管埋设时自下而上回填水泥砂浆，充填密实，以确保保护管埋设牢固。

（5）待砂浆完全凝固后，拆除钻机，加管盖保护，浇筑孔口混凝土保护墩，并设置警示标志，防止碰撞。

3.9 最终验收

待孔内注浆凝固后，组织相关单位联合对倒垂孔保护管内的垂直有效孔径进行现场测量验收，确认合格后签字确认并进行移交。

3.10 资料分析和整理

3.10.1 有效圆的绘制

由于常规的有效圆绘制方法在倒垂孔较深、测点较密时，存在着作图工作量大、绘制难度大的缺点，为了简化有效圆的绘制，采用测点圆心轨迹包络圆有效圆法，该方法基于平面任意点或点群均具有某个最小圆可将其完全包围（令“某个最小圆”为包络圆，即有任意点到包络圆圆心的距离小于等于包络圆半径）。该最小圆圆心即有效圆圆心，落在最小圆上的点即为有效圆控制点。

3.10.2 测斜资料分析整理

（1）钻孔过程中测斜资料的分析和整理。钻进过程中测斜资料是分析钻孔偏斜，指导钻机操作手操作钻机的重要依据，更是钻孔纠偏的主要依据。因此，在钻进过程中及时、准确的测斜，对测斜资料进行分析是倒垂孔造孔成败的关键因素之一。对于钻进过程中测斜资料的整理，应该以钻孔剖面图为主，钻孔圆心有效圆图为辅。钻孔剖面图可以直观地反映钻孔空间形态，并可根据目前偏斜情况对钻孔偏斜趋势和程度进行判断。

（2）保护管封固后测斜资料的分析和整理。保护管封固后测斜一般在封固水泥砂浆凝固后进行，实际操作中一般在灌浆施工结束后进行。此次测斜一般采用自下而上的方式进行，测斜间距一般控制在 1m。根据本次测斜数据，做出钻孔及保护管安装结构图、保护管剖面图、有效圆投影图。在以上图件中需详细地反映出钻孔结构、保护管单根长度及总长度、保护管有效长度、保护管根数及安装顺序、保护管材料内径、有效圆直径及圆心坐标并附上测斜原始记录。

4 结语

大坝位移监测系统的成功安装是实现宗格鲁水电站 2021 年下闸蓄水节点目标的关键项目，项目从 2020 年 1 月开始进行倒垂孔钻孔施工，截至 2021 年 1 月，累计完成倒垂孔 4 个。除第一个孔因处在摸索阶段，耗时较长外，其余各孔均一次性钻进成功。从测斜成果看，钻孔（孔径 220mm）裸孔有效直径均在 160mm 以上，最大为 182mm，保护管（内径 158mm）有效直径均在 120mm 以上，最大为 135mm，工程质量满足设计要求，取得了较好的经济效益和社会效益，对类似条件下倒垂孔施工提供了良好的借鉴作用。

浅谈嫩江盾构穿越竖井结构逆作法施工技术

张林海

（中国水电基础局有限公司）

【摘　要】结合工程实例简要介绍逆作法施工技术在竖井结构施工中的应用，以及在施工过程中遇到的常见问题及解决措施。

【关键词】竖井　地下连续墙　内衬　逆作法

1　引言

盾构竖井支护结构的施工，既关系到围护结构本身的安全，又涉及邻近建筑物与周围环境的安全，同时还直接关系到工程的进度与造价。随着我国经济技术的发展以及对地下空间的不断开发利用，在此过程中，基坑支护方法呈现出百花齐放的局面，在盾构竖井结构中，也引用了相应的基坑支护技术。逆作法作为一项比较先进的基坑支护技术，在施工中被广泛使用，采用地下连续墙做支护结构，结合逆作法施工，使逆作法成为更合理、更有效和更可靠的方法。地下连续墙结合逆作法施工使支护体系和地下结构合二为一，增强了地下结构的功能，简化了施工工序，同时也降低了工程造价，具有显著的经济效益。现介绍嫩江盾构穿越竖井结构施工中逆作法施工技术的应用情况，总结一些经验和教训，希望对今后类似工程施工提供参考。

2　工程概况

嫩江盾构穿越始发竖井工程位于黑龙江省嫩江县，主要用作下放盾构设备、输气管道、光缆、排渣出口、运送环片及上下人员使用。本工程始发井为圆形断面，内径14.00m，采用地下连续墙＋内衬结构，竖井总深度18.00m。始发竖井担负着穿越嫩江段盾构始发和隧洞与地面结构物衔接的施工任务，是整个穿越嫩江工程极为关键的施工项目之一。

始发竖井围护结构为C40钢筋混凝土地下连续墙，墙厚800mm，墙深18.00m。竖井内衬为圆形结构，内衬内径14.00m，开挖深度14.70m，内衬采用600mm厚、C40钢筋混凝土结构，底板采用厚1.00m的C40钢筋混凝土结构，采用逆作法施工。始发竖井内衬结构如图1、图2所示。

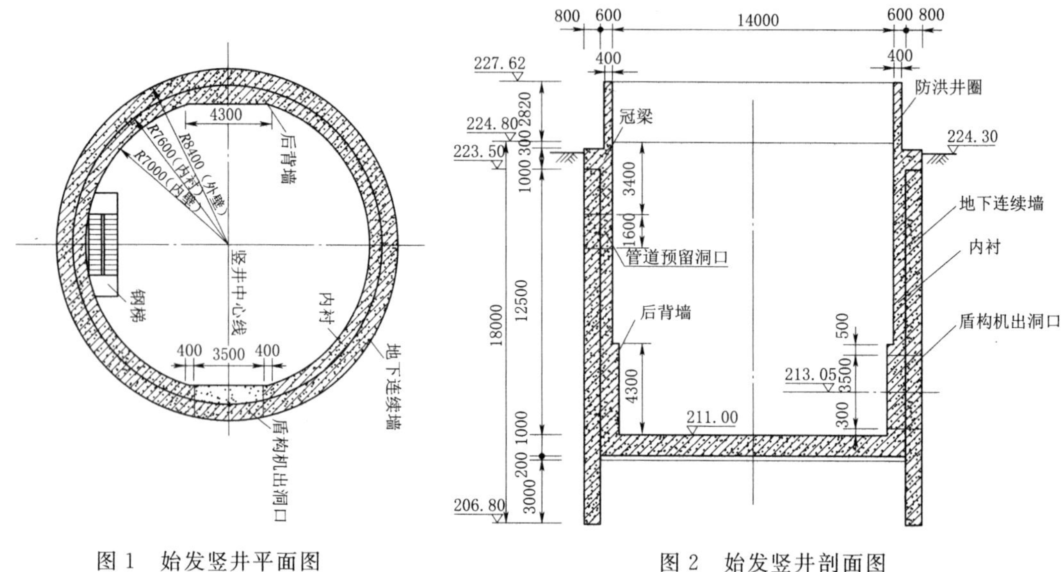

图 1　始发竖井平面图

图 2　始发竖井剖面图

3　内衬结构逆作法施工工艺流程

地下连续墙施工完成后，凿除墙顶浮浆，其顶部通过冠梁与内衬结构形成整体，内衬结构通过逆作法施工。内衬结构土方开挖深度共计 14.70m，分三序施工，每序开挖深度（包含 1.00m 底板和 0.20m 垫层）分别为 4.50m、4.80m、5.40m。

竖井内土方开挖采用分层、分块的方式进行，采用小型挖掘机进行土方开挖，吊车配合吊桶将土方运输出井。然后进行地连墙墙体凿毛、钢筋制作安装、模板安装加固、混凝土浇筑养护等工序。地下连续墙＋竖井内衬逆作法施工工艺流程如图 3 所示。

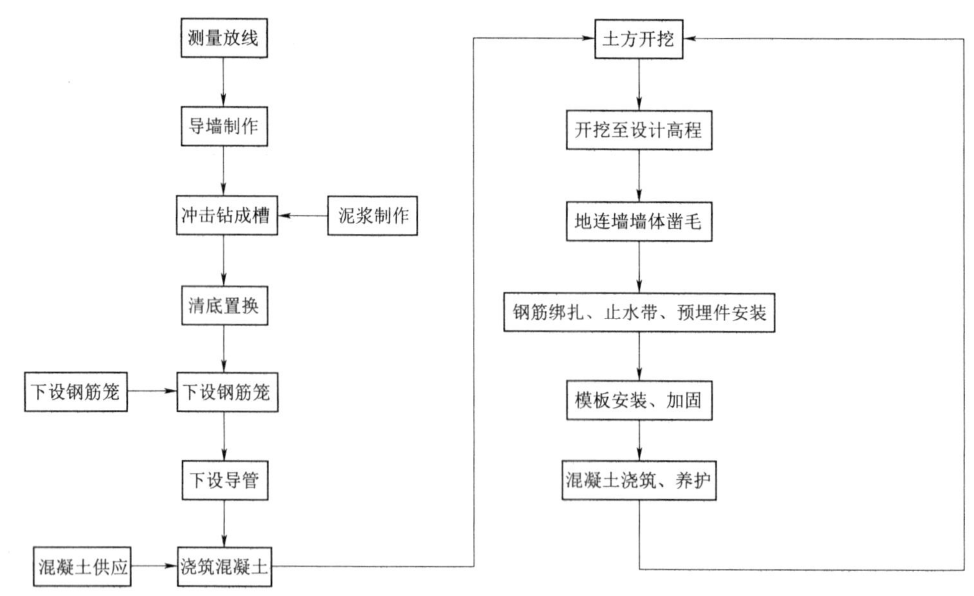

图 3　地下连续墙＋竖井内衬逆作法施工工艺流程

3.1 土方开挖

土方开挖前，通过 25t 汽车吊将挖掘机吊入竖井内开挖土方，并依次吊入 2 个自制的 1.50m^3 吊桶，通过吊车提升至竖井外侧 1.50m 以外的区域，并通过自卸汽车及时将土方运出场外，以减轻竖井侧壁的侧压力。由于地下水位较高以及基坑内土体内的水分，需要在竖井内设置集水井，通过泥浆泵将积水排出竖井。同时，在开挖过程中，需要对地连墙接缝处进行检查，如发现渗漏点，及时进行封堵。

3.2 地连墙墙体凿毛

地连墙墙体凿毛的目的是处理掉墙体凸出的部分以及露出新鲜混凝土面，保证内衬结构与墙体的紧密结合。施工前，应通过测量准确标记出不同部位需要处理的深度，凿除完成后测量地连墙内径尺寸，以满足内衬结构尺寸要求。

3.3 钢筋制作、安装

内衬钢筋通过地下连续墙预留接驳器与墙体连接，水平钢筋通过绑扎连接，竖向钢筋采用焊接连接。在第一序内衬钢筋安装时，需要把竖向钢筋长短交错的插入第二序内衬需开挖的土体内，使第二序内衬钢筋焊接接头相互错开，保证同一截面钢筋搭接接头数量符合规范要求，具体如图 4 所示。

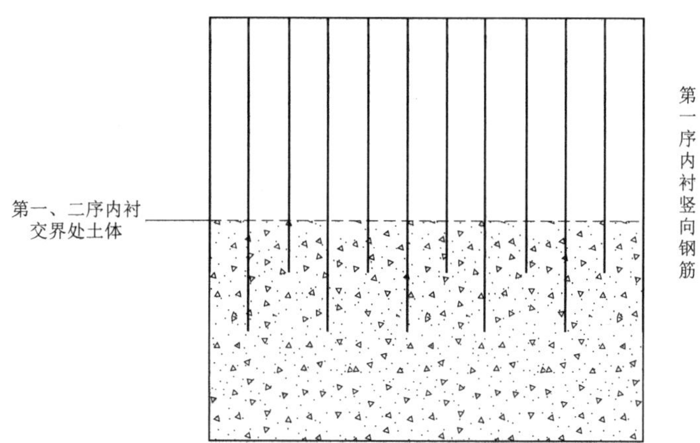

图 4　第一、二序内衬交接处钢筋示意图

3.4 模板安装、加固

根据现场实际情况，底模采用土模，侧模采用定制的钢模板。钢模板除盾构机入口处弧长为 4.80m 以外，其余部位弧长均为 2.00m 左右。单层模板高度为 1.50m，共计 3 层模板。钢模板之间首先通过螺栓进行连接，然后在竖井内通过满堂红脚手架进行加固。内衬用钢模板示意图如图 5 所示。

3.5 内衬混凝土浇筑

按照混凝土各项参数进行混凝土配合比设计，同时在现场控制好混凝土质量。

混凝土浇筑过程中，保证混凝土摊铺厚度为 50cm 左右，并沿内衬一周均匀浇筑。由于第一序内衬的高度超过 4.00m，混凝土侧压力较大，所以每浇筑 1.00m 高度时，应暂停浇筑 0.5～1.0h，待混凝土稍有凝固后，继续浇筑。

混凝土分段、分层振捣，并保证振捣上层混凝土时，振捣棒插入下层混凝土 10cm。

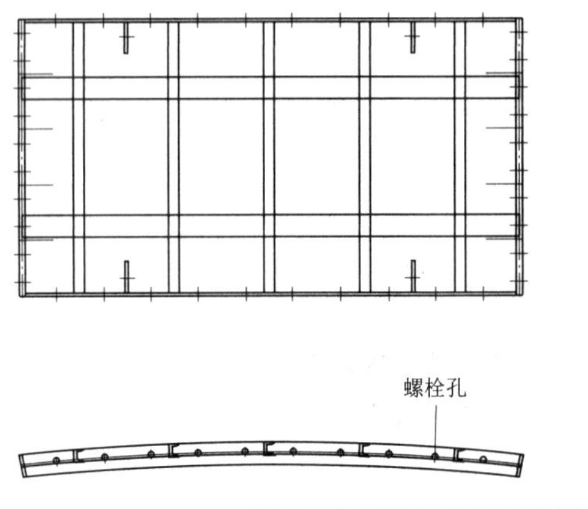

图 5 内衬用钢模板示意图

混凝土浇筑后，从浇筑漏斗口向下均匀洒水进行养护。并根据现场制作的同条件混凝土试块抗压强度（达到设计值的 75%）决定拆模时间，并进行下一序内衬施工。

4 施工中的关键问题及处理措施

在本工程中，虽然逆作法相对于正作法来说，具有缩短工期、避免高空作业施工等优势，但是在施工过程中，由逆作法带来的一系列常见问题也是施工过程中需要解决的。

4.1 第二序内衬混凝土浇筑下料口设置问题

按照设计要求，钢模板加工时，需要随每块钢模板一起制作高 30cm 的小模板，上面留置 50cm 宽、与垂直方向呈 30°的外喇叭口作为混凝土浇筑下料口，如图 6 所示。

如果按此施工存在的问题有两点：

（1）混凝土下料口之间间隔较远，而且每序内衬墙施工高端均在 4.00m 以上，不能保证混凝土振捣质量。

（2）第一序内衬墙体高 4.50m，浇筑混凝土时，模板承受的侧压力比较大，导致第一序内衬下层模板轻微变形。因此，在安装第二序内衬小模板时异常困难。

针对上述问题，主要采取以下措施进行控制：

（1）将小模板取消，用普通木模板代替 30cm 高小模板。

（2）在最上层钢模板上侧，制作能够承受一定重量的钢筋支架，呈外喇叭口形状，将木模板置于上面，使其沿内衬墙体一周均存在浇筑下料口，这样使混凝土浇筑质量得到了保障。

4.2 止水带背后混凝土浇筑不密实问题

逆作法施工中，每序混凝土之间的施工缝是内衬结构的一个薄弱环节，容易出现混凝土振捣不密实的情况，随之带来施工缝渗、漏水问题。

本工程设计采用的橡胶止水带宽度为 40cm，混凝土浇筑面上升至施工缝位置时，极易在止水带背侧形成真空带，致使混凝土无法浇筑密实，如图 7 所示。

针对上述问题，解决措施如下：

（1）喇叭口的浇筑要高于内衬接缝 20cm 以上，利用混凝土 20cm 的压力差，并同时

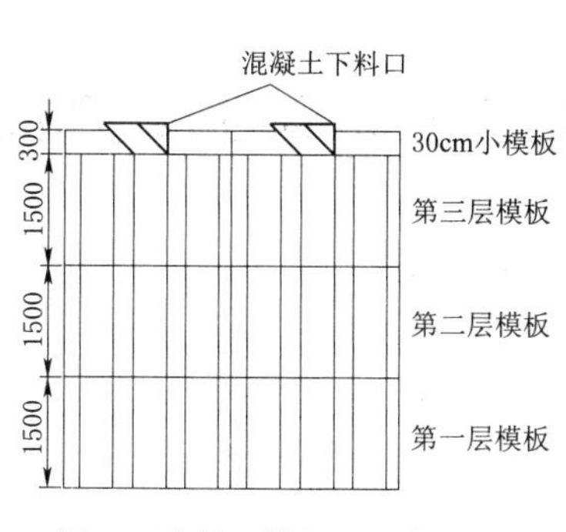

图 6　混凝土模板及混凝土下料口示意图（单位：mm）

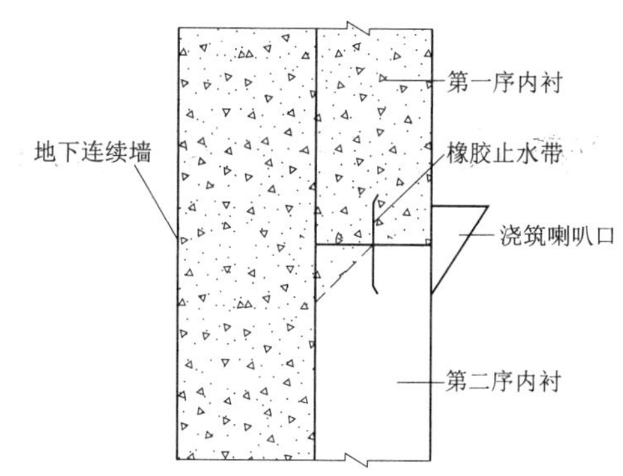

图 7　内衬第一、二序墙体交接处止水带设置示意图

调整混凝土的坍落度为 21cm，使混凝土填满止水带背部空间。最后，及时进行二次振捣，充分排除混凝土内气泡，使混凝土充分密实。

（2）在浇筑第一序内衬时，将止水带背部预先与第一序内衬墙体浇筑成坡状，这样既可以使混凝土充填密实，同时增长了混凝土中的绕渗路径，加强了防渗效果。

4.3　内衬施工钢模板加固

由于盾构机入口四周内衬混凝土需要一次浇筑成型，且施工工期紧张，致使每序内衬墙体高度均在 4.00m 以上，这就给模板加固带来了困难，仅依靠钢模板自身的刚度以及模板之间的连接螺栓很难保证模板的整体稳定性。

为了保证模板的稳定性，除了依靠钢模板自身的刚度和稳定性以外，还需在竖井内侧采取六边形满堂红脚手架对模板进行加固，每层模板分上、中、下三层加固，水平方向共计 9 层。

由于脚手架搭设、拆除工程量比较大，就需要提前在竖井外侧将六边形满堂红脚手架整体框架提前搭设，然后整体吊装至竖井内，再进行加固。

5　结语

嫩江盾构穿越竖井结构工程中，内衬结构施工采用地连墙结合逆作法的技术，既缩短了施工工期，也避免了高空作业带来的安全隐患，同时降低了工程造价。施工中遇到的第二序内衬混凝土浇筑下料口设置问题、止水带背后混凝土浇筑不密实问题、内衬施工钢模板加固问题等解决的成功经验，可为类似工程施工提供借鉴。

浅析石方爆破开挖对毗邻既有构筑物的影响

马辉文　李　钊　李　鹏　倪海盟

（中国水电基础局有限公司）

【摘　要】 爆破施工在工程建设中应用广泛，但爆破施工产生的振动也会对施工场地周边建筑物的安全和稳定造成不利影响，本文通过对碾盘山水利水电枢纽工程右岸船闸预开挖石方爆破振动监测及振动影响安全验算，界定了爆破作业对周边建筑物的影响范围，并简要分析了石方爆破振动对右岸高压电塔及附近村居民房的影响。

【关键词】 碾盘山工程　石方爆破　振动监测　安全验算

1　概述

碾盘山水利水电枢纽是国家确定的172项节水供水重大水利工程之一，也是湖北省汉江五级枢纽项目的重要组成部分。工程由左岸土石坝、泄水闸、发电厂房、连接重力坝、鱼道、右岸船闸和右岸连接重力坝等组成。

右岸船闸预开挖区域所处右岸沿山头一带为岗地，岗顶高程58.00～65.00m，高出汉江水位16～23m，在坝址区域内，沿山头临江形成近似直立的陡岸。船闸基坑预开挖施工区附近涉及500kV跨江塔1座，爆破区域距离电塔水平距离约506m（电塔桩号K0－330，爆破区域范围桩号K0－50～K0＋250），爆破区距离沿山头一组村约463m（见图1），其中爆破区与村民区之间有两座小山头相隔。

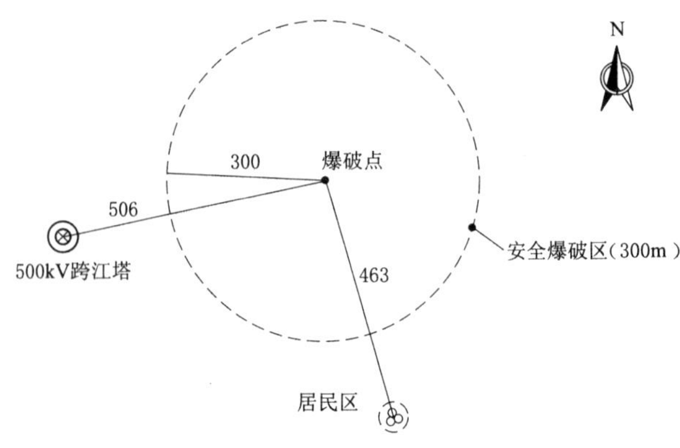

图1　爆破区周边建筑物示意图（单位：m）

右岸船闸基坑预开挖所处地层结构，根据设计图纸显示自上而下为：开挖范围内（桩号 K0－403～K0＋335）已挖除的黏土层厚约 1.0～11.5m，黏土底高程约 41.65～54.09m。石方开挖范围（桩号 K0－50～K0＋250）内，岩石开挖纵深约 10.0m～78.9m，石方开挖最大深度约 12.8m，强（全）风化泥质粉砂岩及弱（强）风化泥质粉砂岩，底高程约 50.27～52.9m，石方开挖层厚约 3.82～3.90m。弱风化泥岩间断分布（桩号 K0－50～K0＋14），底高程约 50.80m，石方开挖层厚约 2.1m。弱（微）风化泥质粉砂岩，底高程约 38.78～41.76m，石方开挖层厚约 6.27～6.80m。船闸预开挖底高程 44.00m。工程量 174575m^3。岩石种类为泥质粉砂岩。

设计要求 500kV 超高压线塔保护范围内的石方开挖施工前，应将施工方案报主管部门批准，并需控制单孔药量、单段起爆药量和爆破临空面方向。根据《水电水利工程爆破施工技术规范》（DL/T 5135—2013）的有关规定，确定电塔部位的安全允许爆破质点震速不大于 2.5cm/s。电塔运维单位禁止在输电线路边线外 500m（指水平距离）范围内进行爆破作业，如确需进行爆破作业，应在施工前制定详细的安全防护措施报电力公司审核备案，爆破方案必须经专业机构论证审查，政府有关部门批准后交电力公司、政府、派出所备案。

2 爆破实施方案

严格按照经专家论证并批复的专项施工方案施工，为减少对设计边线外保留岩体的破坏、扰动，取得较为平整的设计边坡，对基坑边坡岩体轮廓边线开挖采用预裂爆破及深孔梯段爆破相结合的施工方法。爆破材料选用岩石乳化炸药，主爆孔起爆材料选用毫秒塑料非电雷管，预裂孔起爆材料选用导爆索，总网络采用非电雷管配起爆器引爆，最大一段起爆药量不大于 50kg。

爆破方案选定后，在现场进行爆破试验，验证爆破设计参数的合理性，2019 年 5 月 13—28 日，现场进行了 4 次生产性爆破施工试验，通过爆破试验优化调整钻爆孔布置、预裂爆破的线装药密度、梯段爆破的单位耗药量、堵塞长度等爆破参数，也检验了爆破器材的性能。同时，进行爆破振动监测，测定爆破对周围建（构）筑物的振动影响。爆破试验取得的爆破参数见表 1。

表 1　　爆破参数

钻孔设备	类别	孔径 /mm	孔深 /m	超钻 /m	底盘抵抗线 /m	孔距 /m	排距 /m	药径 /mm	单耗 /(kg/m^3)	线装药密度 /(g/m)	堵塞长度 /m
KG726 露天潜孔钻	主爆孔	D90	4.5～13	0.3	2～2.5	2.5	2.0	70	0.35	—	2.5
	缓冲孔	D90	＜15	0.3	—	1.5	—	70	—	1150	2.0
100 型潜孔钻	预裂孔	D90	—	0.3	—	0.7	—	32	—	350	1.5

2.1 预裂爆破施工工艺

永久边坡采用预裂爆破技术，在主爆孔与预裂孔之间布设 1～2 排缓冲孔，其孔距、排距及装药量较前排梯段爆破孔减少 1/2～1/3，缓冲孔与预裂孔平行，在与预裂孔相邻的梯段孔之后起爆，以爆开预裂孔和梯段孔之间的岩石，且不损坏预裂壁面。实施预裂爆破的作用有：一是可保证边坡满足设计要求，无超、欠挖；二是阻断爆破地震波传播，减少爆破振动对邻近既有建（构）筑物的危害。故本工程为减少对设计边线外保留岩体的扰动、破坏，取得较为平整的设计边坡，对船闸基坑边坡开挖采用设计边线预裂爆破及深孔爆破相结合的施工方法。

（1）预裂爆破钻孔。钻孔前测量定位，孔径 90mm、钻孔间距 0.7m、孔深与边坡设计底高程相匹配、倾斜角度与边坡角度一致为 73°。

（2）预裂爆破装药。采用 ϕ32 药卷间隔装药；由于炮孔底部夹制性较大，不易产生要求的裂缝，孔底 0.8m 处装药密度加大为 6ϕ32 药卷连续装药；考虑孔口的岩石长期暴露于地表面，风化程度相对较高，为避免孔口飞石严重，在孔口 1m 范围进行削弱装药，装药量控制在 0.175kg/m。

（3）预裂爆破起爆。预裂爆破对相邻爆破起爆的同步性要求高，需使用导爆索起爆。为控制预裂爆破本身产生的振动影响，预裂孔孔距 0.7m，按最大深 15m 核算单孔最大药量小于 5kg/孔，联线按 7 孔一响。因考虑最大单响药量和雷管段位受限，同时为了减小主爆区对开挖线外的振动传递影响，先进行开挖线预裂爆破，使主爆区与开挖边线隔离，预裂爆破不参与主爆区同时爆破。

（4）预裂爆破安全措施。预裂爆破距离右岸营区、拌和楼及下游围堰施工面较近，为防止飞石危害，按爆破参数做好装药与堵塞，堵塞长度 1.5m，加强覆盖防护及围挡。

2.2 深孔爆破施工工艺

（1）爆破参数选取、装药量计算。根据一次爆破开挖至底高程 44.00m 的高度、间距、底盘抵抗线及单位炸药消耗量计算单孔装药量。单孔装药量 $Q=qaWH$。

（2）深孔爆破布孔、钻孔、装药。按照表 1 的参数进行测量、钻孔，开钻时采用低风压、低钻速，钻入岩深 0.5m 后复核钻杆倾角和方向，无误后继续正常压力钻进，防止钻压过大造成飘孔，若有偏差，用罗盘仪或量角器纠偏调整。缓冲孔及主爆孔均采用 ϕ70 药卷连续装药、同段双雷管入孔。

（3）爆破网络连接。为严格控制最大单响药量不大于 50kg，结合现场实际爆破梯度高度，部分单孔药量已接近 50kg/孔，按照一孔一响，单孔药量不大于 25kg，按照两孔一响，孔内全部采用 MS-9 段非电毫秒雷管入孔，孔外全部采用 MS-3 段非电雷管接力延时。爆破梯段高度 4～13m，采用一次性爆破开挖至底板高程 44.00m。为保证爆破效果达到控制要求，采用串并联结合网络实施起爆，对于爆破规模小的网络可采用全并联网络实施起爆。

（4）安全措施。为了避免爆破振动以及个别飞散物对周围环境造成安全影响，使爆破后的岩石运动方向与高压电塔及施工营地相背，斜朝向汉江下游，加强填塞质量和填塞长度，加强覆盖防护及围挡。

3 爆破振动监测及分析

爆破时在现场进行振动监测的目的，一是验证爆破参数理论计算的正确性，指导后续施工，保证安全；二是证明爆破振动在国家规范允许范围内，避免爆破振动引起附近村民维权纠纷，保证工程顺利进展。

3.1 现场监测

采用成都泰测科技有限公司研发生产的 Blast - UM 型爆破测振仪（EMI53633），工作原理：传感器接收振动信号，并将信号传输至记录仪，记录仪对信号进行分析处理，并完成数据储存及现场特征值显示，现场测试完毕后，取回记录仪，将记录仪通过数据线缆连接计算机，通过专用分析软件取出采集数据，进行爆破安全评估和数据打印。传感器地面安装采用石膏粉并加水溶解变稠，然后放置传感器并固定，最后联机采集。爆破施工前 4 次均在右岸沿山头高压电塔处地面布置爆破振动监测点，前 3 次爆破没有监测到振动监测数据，第 4 次以后才监测到爆破振动监测数据；后续均在距离振源 200～300m 处布置爆破振动监测点。

3.2 监测结果与分析

爆破期间振动监测数据见表 2。

表 2　　爆破期间振动监测数据表

序号	监测日期	振动速度最大值 /(cm/s)	振动方向	主振频率 /Hz	监测距离 /m	备注
1	2019 年 5 月 13 日	—	—	—	电塔旁	未监测到数据
2	2019 年 5 月 23 日	—	—	—	电塔旁	
3	2019 年 5 月 24 日	—	—	—	电塔旁	
4	2019 年 5 月 28 日	0.2335	Y	6.0～6.6	电塔旁	
5	2019 年 6 月 10 日	−0.254	X	5.634～9.174	300	
6	2019 年 6 月 12 日	−0.356	X	7.092～11.050	300	
7	2019 年 6 月 13 日	0.451	Y	8.696～25.974	300	
8	2019 年 6 月 14 日	0.553	Y	8.547～13.889	200	
9	2019 年 6 月 19 日	0.300	X	9.346～9.709	300	
10	2019 年 6 月 24 日	0.192	X	6.944～13.158	200	
11	2019 年 6 月 25 日	0.740	Y	7.273～8.658	200	
12	2019 年 6 月 27 日	0.253	Y	7.853～11.561	200	

工程爆破产生的地震波的振幅、频率与爆破炸药量、爆破方案、地质岩性等密切相关，由于影响因素较多，要对爆破引起的振动效应作出精确判断很困难。根据《爆破安全规程》(GB 6722—2014) 第 13.2.2 条：地面建筑物的爆破振动判定依据，采用保护对象所在地质点峰值振动速度和主振频率，安全允许标准见表 3。

表 3　　爆破振动安全允许标准

序号	保护对象类别	安全允许质量振动速度 v/(cm/s)		
		$f \leqslant 10$Hz	10Hz$<f \leqslant 50$Hz	$f>50$Hz
1	土窑洞、土坯房、毛石房屋	0.15～0.45	0.45～0.9	0.9～1.5
2	一般民用建筑	1.5～2.0	2.0～2.5	2.5～3.0

续表

序号	保护对象类别	安全允许质量振动速度 v/(cm/s)		
		$f \leqslant 10$Hz	10Hz$<f \leqslant 50$Hz	$f>50$Hz
3	工业和商业建筑物	2.5～3.5	3.5～4.5	4.2～5.0
4	一般古建筑与古迹	0.1～0.2	0.2～0.3	0.3～0.5
5	运行中的水电站及发电厂中心控制室设备	0.5～0.6	0.6～0.7	0.7～0.9
6	水工隧道	7.0～8.0	8.0～10.0	10.0～15.0
7	交通隧道	10.0～12.0	12.0～15.0	15.0～20.0
8	矿山巷道	15.0～18.0	18.0～25.0	20.0～30.0
9	永久性岩石高边坡	5.0～9.0	8.0～12.0	10.0～15.0
10	新浇大体积混凝土（C20） 龄期：初凝～3d 龄期：3～7d 龄期：7～28d	 1.5～2.0 3.0～4.0 7.0～8.0	 2.0～2.5 4.0～5.0 8.0～10.0	 2.5～3.0 5.0～7.0 10.0～12
爆破振动监测应同时测定质点振动相互垂直的3个分量				

注 1. 表中质点振动速度为3个分量中的最大值，振动频率为主振频率；
2. 频率范围根据现场实测波形确定或按如下数据选取：硐室爆破 f 小于20Hz，露天深孔爆破 f 为10～60Hz，露天浅孔爆破 f 为40～100Hz；地下深孔爆破 f 为30～100Hz，地下浅孔爆破 f 为60～300Hz。

（1）振动速度峰值。由表2、表3可知，根据《爆破安全规程》（GB 6722—2014）振动安全标准对于一般民用建筑物爆破期间的质点振动速度远小于1.5～2.0cm/s。质点振动速度也远小于电塔部位的安全允许爆破质点振速2.5cm/s。综上分析，可以认为高压电塔和沿山头一组村居民房是安全的。

（2）地震波主频。根据各监测点的数据，频率分布为5.634～25.974Hz。由于一般房屋的频率较低，这样的地震波的频率和房屋的自振频率接近容易使建筑物产生共振现象，加强了结构响应程度。因此在考虑爆破振动危害中应关注此现象。

另对沿山头一组村居民房进行了现场调查，部分砖木结构房屋出现墙体抹灰层少量脱落、门窗洞口墙体出现裂缝，但均未超出《民用建筑可靠性鉴定标准》（GB 50292—2015）墙体构件不适于继续承载的非受力裂缝宽度限值5mm及不适于承载的侧向位移（或倾斜）的限值 $H/250$。根据现场调查分析，大部分房屋因年久失修，均为村民自建砖木结构，房屋本身结构不合理且存在一定质量问题。从裂缝发生的部位及裂缝特征看，应属微沉降裂缝，由于自然和非自然压力影响的裂缝确实存在，且自然力的影响一般不宜察觉，而爆破容易被感知，因此其中也存在一定的偶然性。

4 爆破安全验算及分析

本工程施工区域开挖爆破影响范围主要包括周围电塔以及周边村居民房。开挖爆破产生的爆破振动、飞石、空气冲击波都会产生危害，其中爆破振动危害最大。为确保电塔以及周边村居民房安全，部分石方开挖需进行控制爆破。

4.1 爆破安全允许距离

为了在施工过程中使周围的建筑物不因爆破振动而遭破坏，根据《爆破安全规

程》(GB 6722—2014) 第 13.2.4 条的公式计算:

$$R=(K/V)^{1/\alpha}Q^{1/3}$$

式中:R 为爆破振动安全允许距离,m;Q 为计算药量,齐发爆破时 Q 为总药量,秒延时和毫秒延时爆破 Q 为最大一段药量,根据专家审查意见,推荐最大一段起爆药量不大于50kg,根据实际施工时参数取值 50kg;V 为保护对象所在地的质点安全允许振速,此处附近村居民房取值 $V_1=1.5\text{cm/s}$,电塔按设计要求取值 $V_2=2.5\text{cm/s}$;K、α 为爆破点至计算保护对象间的地形、地质条件等有关的系数和衰减指数,根据《爆破安全规程》(GB 6722—2014) 本计算取 $K=200$,$\alpha=1.5$。

经计算 $R_1=96.15\text{m}$,远小于爆破区域距居民区距离 463m;$R_2=68.4\text{m}$,远小于爆破区域距电塔距离 506m。

4.2 爆破飞石安全距离

露天爆破个别飞石安全距离,与爆破方法、地形地质、爆破参数、气象等因素相关,由于条件复杂,至今还没有成熟的理论公式,一般按规范规定或用经验公式,结合现场实际确定安全距离。根据瑞典德汤尼克研究基金会提出的中深孔台阶深孔爆破的飞石距离经验公式:

$$R_{F\max}=K_{\phi}D$$

式中:$R_{F\max}$为飞石的飞散距离,m;K_{ϕ}为安全系数,取 15~16;D 为药孔直径,cm。

经核算小于《水利水电工程施工通用安全技术规程》(SL 398—2007) 及《爆破安全规程》(GB 6722—2014) 中个别飞散物对人员的安全允许距离 200m;对设备或建(构)物的安全允许距离,其计算方法尚不规范,一般不小于人员安全距离的一半,不大于人员安全距离。

4.3 空气冲击波超压值计算及其影响

本工程采用露天钻孔爆破,根据《工程爆破实用手册》其超压值计算如下:

$$\Delta P=K\left(\frac{Q^{1/3}}{R}\right)^{\alpha}$$

式中:ΔP 为空气冲击波超压值,10^5Pa;K、α 为经验系数和指数,一般阶梯爆破 $K=1.48$,$\alpha=1.55$;R 为药包至被危害对象的距离,m;Q 为一次爆破炸药量,kg。

本工程药包至居民区的距离为 463m,至电塔距离按爆破区域至电塔最近约 250m,总炸药量按爆破期间最大总装药量 3000kg 计算。

$$\text{计算 }\Delta_{\text{算}1}=1.48\left(\frac{3000^{1/3}}{463}\right)^{1.55}=0.00684<0.02(1\text{ 级破坏})$$

$$\text{计算 }\Delta_{\text{算}2}=1.48\left(\frac{3000^{1/3}}{250}\right)^{1.55}=0.01778<0.02(1\text{ 级破坏})$$

根据《爆破安全规程》(GB 6722—2014) 可知,空气冲击波超压的安全允许标准:对不设防的非作业人员为 $0.02\times10^5\text{Pa}$,掩体中的作业人员为 $0.1\times10^5\text{Pa}$。另根据建筑物的破坏程度与超压关系进行分析,属于基本无破坏,建筑物无损坏。

根据上述振动监测结果及安全验算:电塔部位及距爆区 200~300m 的振动监测数据符合国家标准《爆破安全规程》(GB 6722—2014) 的相关规定,而沿山村一组村居民房距爆破区域约 463m，相应的质点振动速度应远小于《爆破安全规程》（GB 6722—2014）的相关规定；爆破振动安全允许距离远小于爆区至居民区及电塔距离，爆破冲击波超压值计算远小于《爆破安全规程》（GB 6722—2014）的相关规定，建筑物无损坏。故本工程爆破不会对高压电塔及周围村居民房造成震动破坏。

5 结语

（1）本文通过对本工程爆破振动监测及振动影响安全验算，界定了爆破作业对周边建筑物的影响范围。

（2）根据振动监测及安全验算，本工程的爆破不会直接导致电塔破坏及周围民房结构性损坏，从民房裂缝调查情况看也不至于影响结构安全，但由于建筑物本身的质量、地基条件等因素，加上爆破次数相对频繁，促使房屋的微小沉降加快，而产生少量民房裂缝。

（3）对爆破引起的振动效应作出精确判断很困难，但爆破地震波的振幅、频率是关键要素，振动监测对评价爆破振动作用及影响具有重要意义。

手刮聚脲在桐柏泄洪设施中的应用

徐军阳　陈恒生

（河海工程技术有限公司）

【摘　要】桐柏抽水蓄能电站下水库导流泄放洞自2006年运行以来，每年放水约20次，溢流面在高速水流的冲刷及气蚀作用下，造成了一定的冲蚀，出现露筋及粗骨料，建筑物混凝土表层老化及钢纤维锈蚀严重，混凝土结构有多处渗水裂缝及伸缩缝止水损坏渗水现象。通过对导流洞消力池段渗水裂缝聚氨酯化灌处理及表层手刮聚脲施工后，对导流泄放洞消力池段的混凝土表面形成良好的防护，提高了抗冲刷能力。

【关键词】手刮聚脲　水溶性聚氨酯　消力池　弹性环氧砂浆　BE界面剂　抗冲磨型

1　工程概况

桐柏抽水蓄能电站位于浙江省天台县境内，距天台县城7km，与杭州市直线距离150km，是一座日调节纯抽水蓄能电站，共安装4台立轴单级混流可逆式水泵水轮机组，机组单机容量300MW，总装机容量为1200MW，设计日发电量600万kW·h，年发电量21.18亿kW·h；日抽水用电量797万kW·h，年抽水用电量28.13亿kW·h。电站枢纽建筑物由上水库、下水库、输水系统、地下洞室群、地面开关站、中控楼等部分组成。上水库为土坝，最大坝高为37.49m，总库容约1146.8万m^3；下水库为混凝土面板堆石坝，最大坝高为68.25m，总库容约1283.6万m^3。

下水库右岸布置导流泄放洞。导流泄放洞由进口引水渠、进水口、事故检修门井、有压洞及出口消能工组成。隧洞中部靠近右坝头附近设一道事故检修门，出口设一道工作弧门，孔口尺寸为2m×3m。泄放洞洞长525.01m，洞径4.80m，出口消能方式为消力池底流消能。泄放洞最大工作水头63.00m，设计泄量176.1m^3/s。

消力池段的岩石为强风化—弱风化的砾岩夹含砾粉砂岩，消力池底距地表深12m左右。消力池边墙采用重力式挡墙，底板与边墙分开，底板厚1.5m，采用自重与锚筋结合抗浮，海漫段采用消力墩与灌砌混凝土结合的结构形式。

本次施工主要针对消力池段的渗水裂缝化灌处理及消力池底板及池壁表面共计1600m^2抗冲磨型手刮聚脲的施工。

2　处理范围

手刮聚脲施工从泄放洞弧形工作阀门（泄0+525.008）至消力池端（泄0+630.241）

段的两侧边墙与底板共处理面积 1600m² （图 1）。施工段的渗水裂缝进行水溶性聚氨酯灌浆处理。

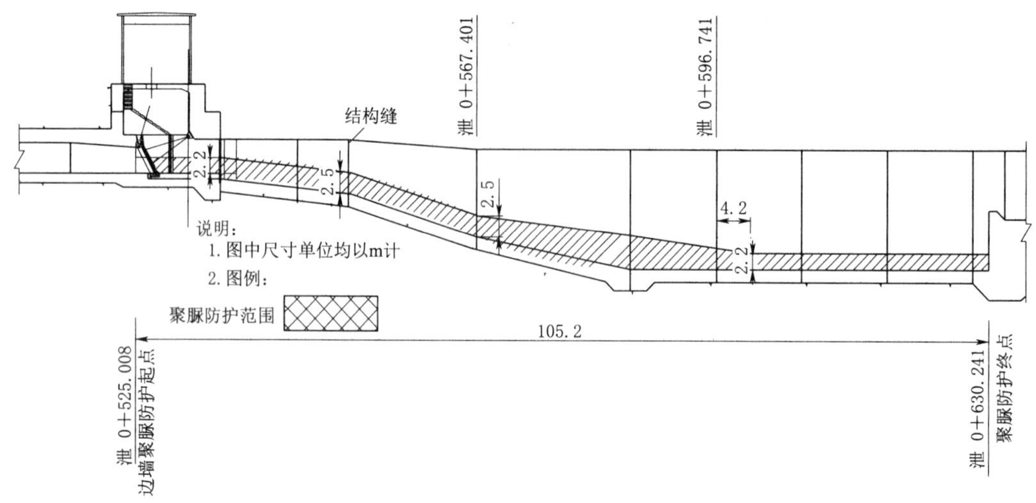

图 1　导流泄放洞聚脲防护范围图

3　施工难点、要点

（1）下库泄放洞每年放水 20 多次，施工作业过程中存在水库放水的可能，将会造成重新清理工作面及工程修复作业，增加工程建设成本及工期，必须加强组织管理，在放水前完成手刮聚脲的施工。

（2）消力池陡坡段，底板及边墙在水力冲刷、汽蚀及水流带出的石块冲撞下，混凝土表面损坏严重，钢筋露筋、粗骨料外露，混凝土表面凹凸不平严重，形成大量 3～6cm 深的疙瘩状坑，造成混凝土表面打磨处理的工作量增加、难度增大。

（3）手刮聚脲施工应在干燥的作业环境下施工，因混凝土结构缝、裂缝渗水及弧形阀门关闭不严，造成泄洪洞内的水流淌至施工作业面，增加了裂缝渗水灌浆处理的工作量及施工作业面引排水导流的作业施工。

（4）手刮聚脲施工最佳工作温度在 10℃以上，施工作业已进入 12 月，最低气温将近 0℃，为确保施工质量，必须增加作业面的保暖增温工作。

本工程工期非常紧且工作量大，为确保进度及质量，根据现场实际情况配备 28 位作业人员，实行两班作业施工。

4　施工作业流程

消力池排水清污→混凝土面打磨→渗水裂缝化灌→混凝土表面孔洞环氧砂浆修复→手刮聚脲施工。

4.1　排水清污

消力池内布置 4 台 6 寸泵、1 台 2 寸泵和 1 台 1 寸泵排水，当消力池内积水基本排干后，采用 1 寸泵排出裂缝渗水。池内的污泥用水冲洗后集中装袋吊离池底。

4.2 混凝土面打磨

混凝土面打磨包括边墙打磨和底板打磨，因受高速水流冲刷及汽蚀作用，混凝土表面凹凸不平，钢筋露筋及粗骨料剥离严重；另外钢纤维混凝土中纤维锈蚀严重，并存在混凝土表面老化、脆化现象。

采用4台金刚石盘式磨光机对底面进行大面积打磨，局部边角采用手持式角向磨光机（金刚石磨片）进行打磨。陡坡段为确保施工安全，全部采用角向磨光机打磨；侧墙全部采用角向磨光机打磨。为确保手刮聚脲施工质量，现场平均投入打磨作业人员30人，打磨作业10d。

4.3 渗水裂缝聚氨酯灌浆

针对渗水裂缝及结构缝渗水进行灌浆处理，采用水溶性聚氨酯材料，该产品具有黏度小、可灌性好、凝固时间可调、操作方便等优点，可以对混凝土结构中的细微裂缝、温度裂缝、施工缝、冷接缝、基础工程等作灌浆处理，以恢复结构的整体性和密实性，而且在有水、潮湿和干燥的基面上均可进行施工。水溶性聚氨酯化灌材料的物理力学性能见表1。

表1　　水溶性聚氨酯化灌材料的物理力学性能

性　　能	材　　料	
	LW水溶性聚氨酯	HW水溶性聚氨酯
黏度/（mPa·s）（25℃）	≤400	≤100
比重	1.05±0.05	1.10±0.05
凝胶时间	≤60s（浆液：水=1：5）	≤30min（浆液：水=100：3）
黏结强度/MPa	—	≥2.0
抗拉强度/MPa	≥1.8	≥5.0
抗压强度/MPa	—	≥20（破坏强度）
包水量	≥25	—
扯断伸长率/%	≥80	—
遇水膨胀率/%(28d)	≥100	—

灌浆采用可灌性好的水溶性聚氨酯HW/LW混合浆液，HW：LW=8：2，采用混合浆液能有效地控制浆液的凝结时间，确保浆液的扩散半径，又可提高浆液的抗拉、抗压强度，以弥补HW或LW单一浆液灌浆的不足之处。

4.3.1 渗水裂缝处理施工

处理流程：缝面清理→钻灌浆孔、洗孔、埋设灌浆管→裂缝表面封闭→水溶性聚氨酯化学灌浆。

（1）检查、钻孔。裂缝两边（各100mm×2mm的宽度）用角磨机磨去混凝土表面的沉淀物、水泥浮浆等有害杂物，探明裂缝走向及缝长（如裂缝经清理后与清理前的缝长发生变化应补填《混凝土裂缝性状描述表》）并填写《混凝土裂缝清理检查表》一并交由监理工程师签字确认后进行下一道工序。

沿缝钻设置与裂缝斜交的穿缝化学灌浆孔，间距30～50cm（视裂缝渗漏情况加密），孔径 14mm，准确控制进孔方向，确保钻孔与裂缝面相交。斜穿孔的钻孔角度应为 45°，与裂缝相交，钻孔必须穿过裂缝，确保切割裂缝。裂缝钻孔布置如图 2 所示。

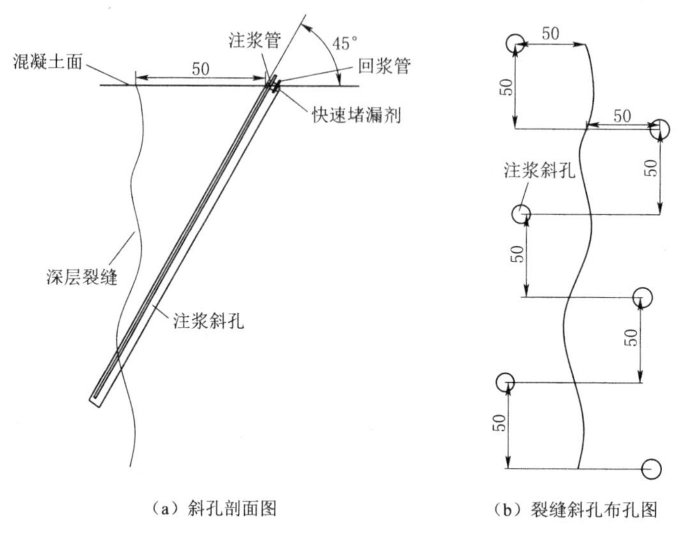

图 2 裂缝钻孔布置（单位：cm）

（2）洗孔。采用高压清水加风对钻孔进行清理洗，要求清洗后干净无粉尘，以保证灌浆能顺畅进行。

（3）注浆嘴（和排气管）安装。吹干孔内的积水后，在灌浆孔内埋设灌浆嘴和排气管，并采用力顿快硬特种水泥对灌浆嘴以外的缝面和灌浆嘴周边进行封闭，以保证灌浆时不漏浆；注浆嘴安放于孔内时要保持平稳，再用力顿快速堵漏剂封孔并固定好，确保力顿快速堵漏剂不会封堵注浆嘴。

在注浆嘴安装完成后，用力顿快速堵漏剂对 V 形槽进行填充，填充至与混凝土面持平，并对表面进行打磨冲洗干净后即可采用环氧胶泥进行封缝，封缝胶泥批刮时应注意将胶泥的厚度控制在 3mm，宽度为左右各 100mm。保持均匀、平整、防止灌浆时漏浆，封缝完成按照灌浆的顺序编号。

（4）灌浆。采用电动高压灌浆泵（BL－512）向裂缝内灌注水溶性聚氨酯浆材（LW/HW），灌浆压力为 0.3～0.5MPa，具体可根据不同裂缝的可灌性进行调节。灌浆顺序为从下至上，从缝一端至另一端。当进浆顺利时应降低灌浆压力；当排气孔出浆后关闭排气孔，继续灌浆；当邻孔出现纯浆后，暂停压浆，将注浆嘴移至邻孔继续灌浆，在规定的压力摒浆，直到灌浆结束。灌浆结束标准：在设计压力下，单缝最后一个孔持续 5min 不进浆即可结束。

本次共完成裂缝灌浆 130m，灌入水溶性聚氨酯共计 865kg。灌浆结束后，剔除结构缝老化灌缝沥青及橡胶材料，并用结构胶进行填缝处理。

4.3.2 特殊情况处理

（1）化学灌浆时发生冒浆、外漏时，应采取措施堵漏并根据具体情况采用低压、限流和调整配比灌注等措施进行处理。如效果不明显，应停止灌浆，待浆液胶凝后重新堵漏复灌。

（2）化学灌浆应连续进行，因故中断应尽快恢复灌浆，必要时可进行补灌。

（3）若灌浆达不到结束标准，或注入量突然减小或增大等，应分析原因，及时采取补救措施。

（4）若裂缝与混凝土内部的预埋件或埋设孔发生串通时，应采取阻隔、限压、限量等方式进行控制。

（5）在水下进行混凝土裂缝灌浆时，应选择适当的灌浆材料，所选材料应能在水中固化，并与混凝土黏结牢固，水下灌浆宜采用钻孔灌浆法。

（6）根据现场实际情况，必要时可进行灌浆抬动观测，混凝土衬砌最大抬动值不超过 0.2mm。

4.4 混凝土表面环氧砂浆修复

采用角磨机对混凝土表面进行打磨，清除混凝土冲蚀表面的棱角，再用高压水枪冲洗表面，待水分完全挥发后，对混凝土表面局部孔洞用高强环氧水泥砂浆填补，要求与混凝土黏结良好，环氧砂浆固化后，再使用角磨机对混凝土表面进行打磨、清洗，做到混凝土表明平整、坚固、无孔洞。

（1）首先清理基面，去除需要修补部位的破损基质，清除表面松动的碎石、浮尘，直至露出新鲜、坚实的基面。

（2）拌和环氧砂浆，根据用量需要，取适量 C 组分置于搅拌容器中，再按 A：B＝7：3（质量比）的比例配制弹性环氧树脂，然后加入搅拌器中与 C 组分一起搅拌均匀；推荐比例为 A：B：C＝7：3：(25～30)（质量比）。

（3）涂刷基液，在需要修补的部位，用漆刷蘸少量配好的树脂涂于表面，基液要薄，润湿基面即可。

（4）将拌和好的树脂砂浆迅速置于需要处理的部位，挤压密实，表面抹平即可。

4.5 手刮聚脲施工

4.5.1 手刮聚脲材料

SK 手刮聚脲为单组分聚脲，由含多异氰酸酯- NCO 的高分子预聚体与经封端的多元胺（包括氨基聚醚）混合，并加入其他功能性助剂所组成。在无水状态下体系稳定，一旦开桶施工，在空气中水分的作用下，迅速产生多元胺，多元胺迅速与异氰酸酯- NCO 反应，形成 SK 手刮聚脲。SK 手刮聚脲具有以下优异的特性：

（1）具有优异的抗冲耐磨特性。

（2）具备防渗功能，2.0MPa 压力下 24h 不透水。

（3）分子结构稳定，具有较好的耐化学腐蚀及耐老化性能。

（4）无毒性，不含有机挥发物，符合环保要求。

（5）低温柔性好，在－30℃下对折不产生裂纹，抗冻性好等。

（6）抗紫外线性能和抗太阳暴晒性能，能适应－45℃以下高寒地区的低温环境。

SK 抗冲磨单组分手刮聚脲物理力学性能见表 2。

4.5.2 施工流程

手刮聚脲作业流程：界面剂施工→裂缝及拐角胎基布铺设→手刮聚脲涂刷。

表 2　　SK 抗冲磨单组分手刮聚脲物理力学性能

序号	检　测　项　目	检　测　结　果
1	固含量	>80%
2	拉伸强度	>20MPa
3	扯断伸长率	>150%
4	撕裂强度	>70kN/m
5	表干时间	5h
6	与混凝土黏结强度	>2.5MPa
7	黏度	>3000mPa·s
8	颜色	灰色，不变色
9	耐磨性（阿克隆法）	≤20mg
10	密度	1.05g/cm^3

（1）界面剂施工。SK 手刮聚脲涂层与底材的黏结面采用 BE 专用潮湿面界面剂，这是一种 100%固含量的环氧界面剂，该界面剂可在饱和水或干表面施工。底面处理后，在混凝土表面涂刷 BE 界面剂，涂刷厚度要求薄而均匀，无漏涂现象。

涂刷界面剂后可以保证 SK 单组分手刮聚脲与混凝土之间的黏结强度大于 2.5MPa。界面剂涂刷的范围应不大于手刮聚脲的刮涂范围。界面剂配比按厂家要求配置，一次配置量要少，用完后再配置，做到少配、勤配。

（2）裂缝及拐角胎基布铺设。混凝土伸缩缝两侧 30cm 范围内、裂缝及拐角 10～15cm 范围内应先涂刷 1mm 厚的聚脲弹性体，粘贴胎基布。胎基布铺设必须平整，与基础面粘贴紧密，不存在褶皱、叠边及空鼓现象。手刮聚脲与胎基布必须完全胶结。

（3）手刮聚脲刮涂。界面剂干燥后，开始刮涂抗冲磨型聚脲涂层。涂刷聚脲要在界面剂初始固化（黏手而不拉丝时）进行，如果时间过长，需要增加 HM 活化剂。

聚脲大面积涂层厚度 2mm，涂遍 3 遍，第一遍涂刷 0.5mm 厚，待第一层干燥后，刮涂第二遍，第二遍涂刷 1.0mm 厚，第三遍涂刷 0.5mm 厚。

伸缩缝、裂缝及拐角部位聚脲厚度为 4mm。对结构突变处，应确保涂刷到位。

单组分手刮聚脲在使用时必须使用专门手刮板，涂刷时应纵横涂刷，聚脲涂层厚度要均匀，保证凹凸处均能均匀涂刷。层间不能有水或灰尘，保证聚脲各层之间黏结良好。

刷聚脲各层之间黏结很好，各层聚脲涂层的间隔时间不受限制，但要保证层间清洁、干燥。

（4）周边处理。在聚脲涂刷范围的周边，为了保证聚脲涂层与周围混凝土的搭接牢固可靠，避免在高速水流冲刷下开口掀起，收边处混凝土打磨成倒三角，边缘聚脲厚度大于 4mm，并保证聚脲与周围混凝土搭接边处采用平滑过渡，如图 3 所示。

4.5.3　注意事项

（1）单组分手刮聚脲在 10～40℃温度条件下，应干燥、避光保存（保质期为 6 个月）。超过储存期可按企业标准进行复检，若符合技术要求仍可使用。

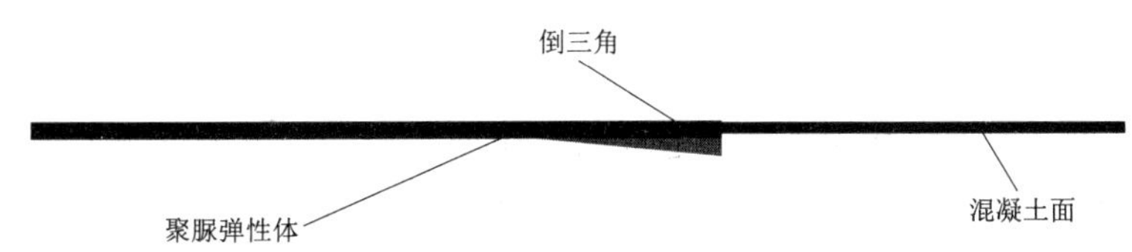

图 3　聚脲与混凝土收边示意图

(2) 如材料保存温度较低、聚脲涂料较稠，不宜施工。此时需要将单组分手刮聚脲桶放入 60℃以上的水域中加热，待聚脲融化后搅拌均匀再使用，单组分手刮聚脲打开盖后必须 1h 内施工完毕。应在厂家指导和监理人的指示下施工。

(3) 单组分手刮聚脲施工过程中，如遇大风和下雨，必须立即停止施工，用帆布等防护材料对聚脲层进行遮盖保护。等风停雨歇后，擦干净单组分手刮聚脲涂层上的附着物，吹干后方可以继续施工。

(4) 施工现场要保证有良好的通风，同时要隔绝火源、远离热源。施工人员必须配备劳动防护用品。如果溅到皮肤上，应立即用自来水冲洗；如果不慎将涂料溅入眼中，应立即用自来水对眼部进行清理，如仍感不适，应到医院治疗。

4.5.4　聚脲层养护

聚脲涂刷完工后，24h 内尽量不要有水浸泡，常温养护即可。

4.5.5　质量验收

手刮聚脲验收标准为：

(1) 验收单组分手刮聚脲（抗冲磨型）应满足主要技术要求。

(2) 聚脲基层应牢固、洁净、平整，不得有空鼓、松动、起砂和脱皮现象，基层阴阳接触点处应做成圆弧形。

(3) 柔性抗冲磨层应与基层黏结牢固，表面平整，涂刷均匀，不得有流淌、褶皱、鼓泡、露胎体等缺陷，黏结强度大于 2.5MPa。

(4) 柔性抗冲磨层的平均厚度应符合设计要求，最小厚度不得小于设计厚度的 90%。防水层厚度可用针测法或割取 20mm×20mm 实样卡尺测量。

手刮聚脲检测结果为：SK 手刮聚脲完成施工后 14d，在边墙、底板水平段和陡坡段分别进行取样实测，检测结果见表 3。从表中可见，SK 手刮聚脲施工质量满足设计要求。

表 3　SK 手刮聚脲施工质量检测结果表

试样编号	涂层厚度/mm		黏结强度/MPa		断裂面描述
	实测值	平均值	实测值	平均值	
1	2.5	2.7	2.54	2.67	黏附破坏
2	4.1		2.63		黏附破坏
3	2.2		2.51		混凝土破坏
4	4.0		2.89		黏附破坏
5	2.3		2.78		混凝土破坏
6	2.3		2.64		黏附破坏

5 结语与建议

SK手刮聚脲具有力学性能良好，强度高、延伸率大，与基础混凝土黏结良好；耐老化，耐化学腐蚀，抗冻效果好；防渗、抗冲磨性能好；无毒；施工方便等优点，适用于处理混凝土伸缩缝、裂缝、大面积防渗及有抗冲磨要求的泄洪建筑物等水利水电工程施工。

手刮聚脲必须在干燥的作业环境下施工，施工期间需掌握天气变化，精细化管理，合理进行作业安排。

本次施工工期紧、任务重，而且还面临泄放洞放水的风险，在此要特别感谢桐柏抽水蓄能有限公司在控制下库水位所作的贡献，确保了手刮聚脲施工在泄放洞放水前圆满完成。

乌干达卡鲁玛水电站出线竖井施工技术

庞　勇

（中国水利水电第八工程局有限公司基础公司）

【摘　要】乌干达 400kV 出线竖井深约 110m，竖井所处位置地下水丰富，地质条件复杂，材料上下输送困难，安全问题突出，施工难度较大。通过设置井点降水孔，应用正、反井开挖相结合的施工工艺和覆盖层段加强支护的施工方法顺利完成开挖支护作业，保证了工程安全和质量，提高了施工效率。

【关键词】卡鲁玛水电站　竖井　开挖支护　井点降水　反井扩挖　滑模

1　工程概况及地质条件

卡鲁玛水电站位于乌干达（Kiryandongo）基奥加尼罗河上，是以发电为主要任务的水电枢纽工程。地下厂房内安装 6 台单机容量为 100MW 的水轮发电机组，总装机容量 600MW。卡鲁玛水电站出线竖井顶部地面高程为 1058.00m，底部高程为 948.50m，底部与主变洞 948.50m 高程层相连通，深约 110m。出线竖井内设一部楼梯及一部消防电梯。

出线竖井井口段为覆盖层段，深度约 35m，下部为岩石段，地下水位 13.5m。开挖时先施工覆盖层段后施工岩石段，覆盖层段采用正井法，井内采用小型挖机进行开挖。岩石段采用反井法，反井钻机先开挖中导井，然后全断面扩挖。混凝土衬砌采用液压自升滑模进行施工。出线竖井覆盖层开挖段断面为 10.5m，岩石段断面为 9.3m。400kV 出线竖井布置如图 1 所示。

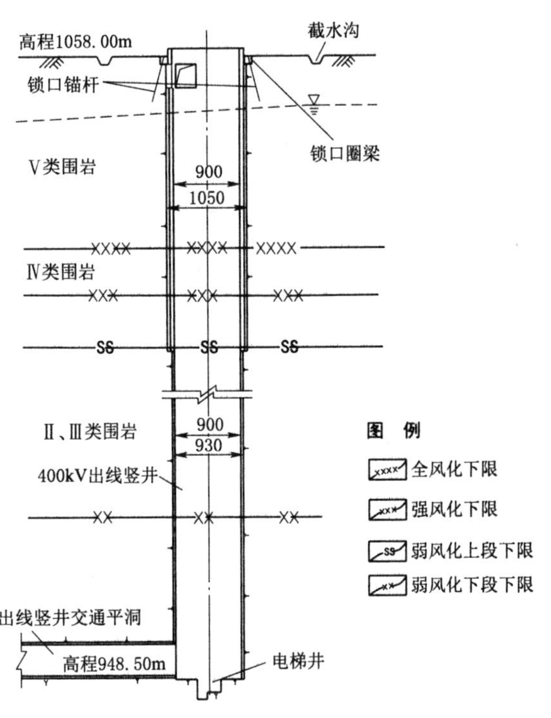

图 1　400kV 出线竖井布置图（单位：mm）

出线竖井覆盖层段地质表层深 0.5～1m，为腐殖质，有许多腐烂的植物和根；1～8m 为黏土和粉质黏土，呈棕黄色，坚硬或无可塑性；8～23m 为全风化花岗片麻岩，强度低，破碎后易变成土或砂，在地下水位高程上呈坚硬或无塑性状态，在地下水位高程下呈低塑性或中等塑性状态；23～27m 为强风化花岗片麻岩，其次为软岩，沿不连续面蚀变，易碎、易被破坏；27～35.8m 为中风化花岗片麻岩，岩石坚硬破碎；35.8m 以下为微风化花岗片麻岩，岩石坚硬，未破裂。

2 竖井的开挖支护

2.1 覆盖层段开挖支护

2.1.1 施工准备

开挖前，首先采用山推 SD22 推土机进场进行覆盖层表土、植被清理，形成井口平台，竖井外侧用混凝土浇筑截、排水沟。同时开挖龙门吊基础，进行龙门吊基础施工，基础强度满足后安装 20t 龙门吊。在出线竖井平台布置 1 台 75kW 轴流鼓风机，通过风筒连接至工作面，向工作面供风，布置 1 台 $40m^3$/min 电动空压机，为竖井开挖施工提供用风。为了满足作业人员上下竖井，在龙门吊的对侧安装载人提升系统。

竖井全断面开挖前要在距离井口开挖线外 50cm 处施工锁口锚杆，锚杆间距 1m，向井口外倾 15°，并布设 100cm×100cm 锁口圈梁。井口锁口圈梁外围之外需开挖顺坡与截水沟相接。同时井口处布置监测点，每天进行观测，若发生较大变形及时组织撤离。井口周围设置防护栏杆，高度 1.2m，涂刷红白警示漆，护栏采用金属网封闭，防止杂物坠入井内。

2.1.2 井点降水孔施工

出线竖井所在位置地下水较丰富，为了保证开挖安全，覆盖层段开挖前在距离竖井开挖边界外 2.5m 处布置井点降水孔 12 个，孔径 150mm，孔深 39.5m，安装井点管。

井点降水孔施工过程可概述为：测量放样→钻孔→安装井点管→洗井→安装水泵抽水→观测水位情况。

钻孔采用 MGY－80 液压锚固钻机，使用 150mm 偏心钻头和 130mm 套管，钻孔的同时缓慢压入套管。钻入中风化层后需将偏心钻头更换为全断面金刚石钻头继续钻进。井点降水孔成孔后安装 100mm 井点管，之后使用拔管机拔出套管。井点管与孔壁间采用滤料回填，然后进行洗井，洗井要求水清砂净为止。最后安装水泵抽水。井点降水孔抽水时要求保持连续不断抽水，且需准备备用电源，防止停电造成水位上涨。开始抽水后时刻关注水位变化情况，水位稳定后进行开挖施工。

2.1.3 覆盖层段开挖

竖井覆盖层段采用全断面开挖法，挖掘机按照竖井 10.5m 的轮廓线开挖，开挖时龙门吊将 CAT307E 小型挖掘机吊入井中进行井身开挖，先挖中部，再对称开挖四周。小型挖掘机将废渣装入 2 个 $1.5m^3$ 吊罐，再利用布置于井口的龙门吊将吊罐提升到井外集中堆放，然后采用 $3.0m^3$ 装载机配 20t 自卸汽车运输至指定弃渣场。掌子面每层开挖均须超前开挖集水坑，将井内渗水汇集后采用污水泵抽排至井外排水沟。

覆盖层井身开挖时遵循“分节开挖，及时支护”的原则，每开挖一节即支护一节，然后进行下一节开挖。分节高度为 1.5m，若地质情况较差可缩短分节高度。

2.1.4 覆盖层段支护

覆盖层段井身每节开挖进尺为 1.5m，开挖完成后测量仪器检查是否存在欠挖并及时支护。由于覆盖层段地质条件差，为了确保施工安全须采取加强支护措施，支护流程：初喷 5cm 厚混凝土＋系统排水孔＋系统砂浆锚杆＋挂钢筋网＋工 16 型钢拱架＋超前注浆小导管＋复喷混凝土＋混凝土衬砌的组合支护形式。覆盖层开挖支护图见图 2。

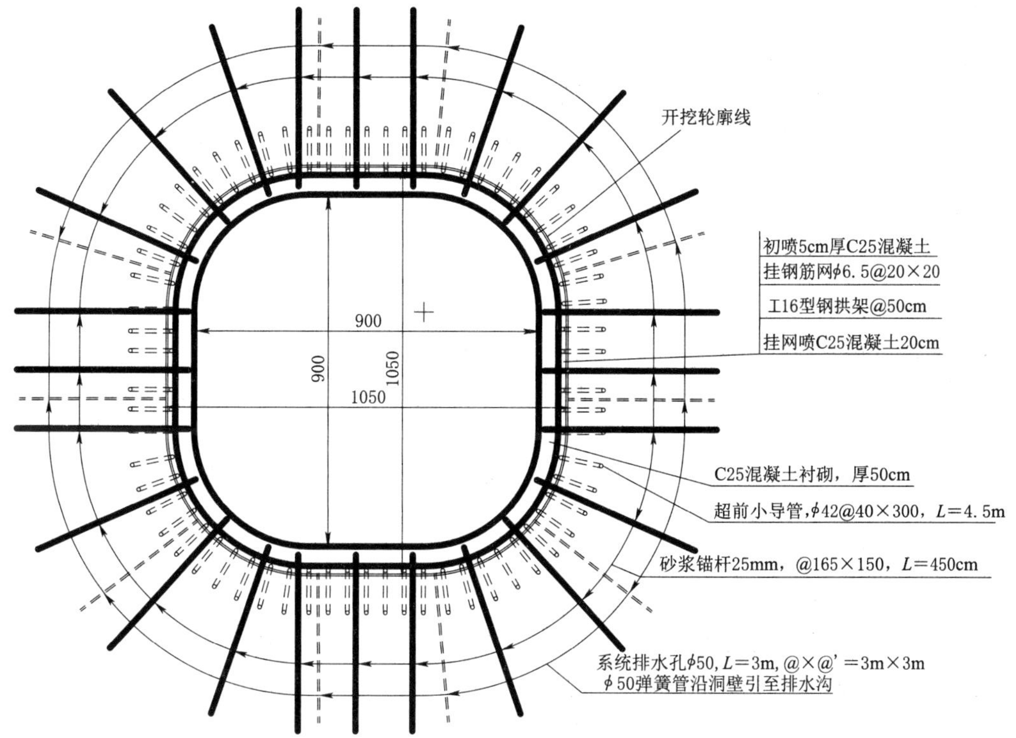

图 2　出线竖井覆盖层段开挖支护图（单位：mm）

支护详细参数：

（1）开挖后立即初喷 5cm 厚 C25 混凝土进行封闭。

（2）排水管：排水孔孔径 ϕ50mm，孔深 3.0m，使用 YT－28 手风钻造孔，孔内插 ϕ40mm PVC 管，PVC 管钻 ϕ10mm 花眼，外包裹土工布用铁丝绑扎，外接 ϕ50mm 弹簧管沿岩壁引入竖井底部排水沟。

（3）系统锚杆：ϕ25mm@165cm×150cm，L＝4.5m，锚杆孔使用 YT－28 手风钻造孔，注浆使用耿力 SB－20 型砂浆泵，砂浆强度 M25，采用先注浆后插锚杆的方式，确保孔内砂浆密实。

（4）钢筋网：规格为 ϕ6.5mm@20cm×20cm，挂于井壁与锚杆固定。

（5）拱架结构：工 16 工字钢采用冷弯法弯曲成弧段，每环分为 4 片，每片两端焊接 25cm×25cm 厚度 10mm 连接钢板，连接钢板四角预留 25.5mm 的螺栓孔，人工现场用 M24 螺栓将 4 片型钢拱架拼装。上下环型钢拱架间距 50cm，相邻拱架之间采用 ⌀ 25mm @1.0m×1.0m 纵向连接筋与拱架焊接。每榀拱架下方需布置 16 根 ⌀ 25mm 连接锚杆，

锚杆长度 $L=3.0$m，与拱架双面焊接牢固。

(6) 超前小导管：小导管和型钢拱架配合使用，钢拱架环向开孔，小导管从孔中穿过。小导管采用热轧无缝钢管，外径 42mm，壁厚 4mm。钢管前端加工成锥形，尾部焊接 ϕ6mm 钢筋加劲箍，管壁四周钻 6mm 压浆孔，呈梅花形布置，尾部止浆段 30cm。小导管长度 4.5m，以 10°～15°插入，然后注入砂浆密实为止，砂浆强度等级 M25，灌浆压力 0.3MPa。

(7) 复喷混凝土：分多层复喷 20cm 厚 C25 混凝土，复喷后井身内径为 10.0m。

(8) 混凝土衬砌：厚度 50cm，混凝土衬砌支护以 3.0m 为一个循环，即开挖 2 节后进行混凝土衬砌施工。以掌子面为平台搭设排架用小模板浇筑混凝土衬砌，衬砌后井身内径 9.0m。

2.2 岩石段开挖支护

岩石段开挖采用反井法，采用 LM－200 型反井钻机进行导孔和导井施工，然后进行全断面爆破开挖。开挖时竖井底部 948.50m 高程交通平洞已形成，同时作为出渣通道。

2.2.1 反井钻机基础施工

钻机基础混凝土浇筑前在掌子面扩挖出钻机所需的循环水池。根据反井钻机的结构尺寸，基础混凝土尺寸为 3.5m×2.5m×1m（长×宽×高），混凝土强度 C30，浇筑前要预埋固定反井钻机基座的螺栓及其他预埋件，基础表面平整度要求高，钻机就位后要进行校验和调试。

2.2.2 导孔、导井施工

导孔施工自上向下钻进，导孔直径 250mm。不同的地质条件需要随时调整钻孔的压力和转速，并时刻关注孔内的反水情况。由于钻杆重力，为避免压力过大产生过大偏差，孔深达到一定深度时需开启液压减压钻进系统。导孔钻进过程中要用测斜仪进行测斜，确保满足精度要求。导孔完成后，在竖井底部平洞更换 150cm 扩挖刀盘，再自下往上反提形成 150cm 导井。

2.2.3 岩石段扩挖

岩石段开挖采用全断面光面爆破，开挖断面 9.3m，爆炮孔造孔使用 YT－28 手风钻钻孔，孔深 1.8m，电雷管起爆，单次爆破进尺约 1.5～1.6m。炮孔钻孔施工时中间的导井要用井盖盖住，防止碎石掉落井内，且作业人员的安全带要系于安全母绳上。爆破完成后，必须先进行井内通风，待井内空气符合要求后方准下井作业。井内出渣采用龙门吊将小型挖掘机吊入井内进行扒渣，石渣通过导井溜至底部平洞，然后在底部平洞采用装载机配 20t 自卸汽车出渣。

2.2.4 岩石段支护

竖井岩石段支护采用初喷混凝土＋挂钢筋网＋系统锚杆＋复喷混凝土组合方式。支护详细参数：

(1) 开挖后立即初喷 5cm 厚 C25 混凝土进行封闭。

(2) 系统锚杆：⌀ 22mm@165cm×150cm，$L=3.0$m，锚杆造孔使用 YT－28 手风钻，注浆使用 SB20 砂浆泵，砂浆强度 M25，采用先注浆后插锚杆的方式，确保孔内砂浆密实。

（3）钢筋网：钢筋网规格为 ϕ6.5mm@20cm×20cm，挂于井壁与锚杆固定。

（4）复喷混凝土：分多层复喷 10cm 厚 C25 混凝土，复喷后井身内径 9.0m。

3 竖井衬砌施工

出线竖井支护完成后井身内径 9.0m，结构混凝土衬砌厚度 50cm，针对出线竖井混凝土衬砌厚度小、高度高的结构特点，为保证施工效率和施工质量，采用液压滑升模板施工。

3.1 钢筋绑扎

结构钢筋在加工厂下料加工成型，运至安装部位，利用滑模平台人工绑扎、电焊机焊接。绑扎、焊接质量符合有关规范规定要求，不同位置设必要的架立钢筋，并严格控制钢筋保护层厚度。

3.2 混凝土衬砌施工

滑模的移动采用龙门吊牵引、千斤顶顶升的方式，滑模移动至衬砌段后人工涂脱模剂，然后采用液压千斤顶顶升模板定位。定位时要检查模板中线及高程，确保断面尺寸和设计净空，定位后，相应支撑固定牢固，保证浇筑混凝土时不产生偏移。

混凝土由拌和楼供料，混凝土采用混凝土搅拌车经溜槽转至井口接料斗，经井壁铺设缓降溜管下溜到滑模平台，为了避免混凝土发生离析，溜管每 10m 设 1 个缓降器，滑模平台上设置旋转分料溜槽便于布料，混凝土进入仓面后，人工平仓并用振捣器振捣密实。滑模下端设抹面平台和养护水管，对滑过的混凝土面进行修补，压实抹光以及养护作业。

为了方便滑模施工，竖井内部梁板及楼梯等采取预留梁窝的形式留作二期施工，由下至上逐层施工，承重排架亦由下至上逐层搭设，并利用已浇筑结构搭设安全平台；模板采用定型钢模板周转使用，局部配合木模板立模。

4 质量、安全保证措施

现场质检员随时检查结构钢筋规格、间排距，以及钢筋的绑扎和焊接是否满足要求。拌和楼混凝土严格控制水灰比，保证混凝土质量。运用滑模平台上设置的旋转分料溜槽多点下料，一次厚度不超过 30cm，避免一侧下料过多，造成滑模偏移。混凝土初凝后及时养护，避免混凝土开裂。

由于出线竖井深度超过 100m，井内上下通信至关重要，所以班前对对讲机进行检查，确保通信顺畅。载人吊篮和龙门吊每个班前做系统检查并定期做保养，操作人员必须持证上岗。载人吊篮和龙门吊使用时井口平台安排专人指挥。载人吊篮限承 6 人，禁止人物混装。在出线竖井 1034.00m 高程和 1048.00m 高程设置了 2 个渗压计孔、2 个锚杆应力计和 2 个多点变位机。通过采集监测数据，掌握岩体变形和支护体系的发展情况。除了仪器监测，每班还要安排巡视检查，如是否发生地表沉降，支护面是否出线渗水、裂缝等现象，以对仪器监测成果加以必要的补充。

5 结语

针对卡鲁玛水电站出线竖井不同的围岩类型，运用正井法与反井法相结合和加强支护的方式，安全、高效地完成了开挖支护作业。混凝土衬砌应用滑模施工工艺，在确保质量和安全的前提下极大地提高了施工效率，降低了施工成本，为水电工程超深竖井的开挖支护提供了一定经验，具有一定的推广应用意义。

淤积型覆盖层河床截流冲刷演示试验研究

王永福　陆作海　肖　瑞　刘加朴

（中国水电基础局有限公司）

【摘　要】 碾盘山工程所处河段河床覆盖层为淤积型覆盖层，为保证大江截流时河床覆盖层稳定，防止产生不必要的冲刷，进行了演示试验，为后序施工进行技术储备。

【关键词】 淤积型　覆盖层　冲刷　试验

1　项目简况

碾盘山水利水电枢纽是国家确定的 172 项节水供水重大水利工程之一，也是湖北省汉江五级枢纽项目的重要组成部分。工程由左岸土石坝、泄水闸、发电厂房、连接重力坝、鱼道、船闸和右岸连接重力坝等组成，坝顶总长 1209m，最大坝高 29.22m，左岸布置有副坝、供水取水口等建筑物。

依据施工导流程序，碾盘山工程截流分两期进行，其中一期为主河床截流，二期为导流明渠截流。导流明渠布置在河床左侧Ⅰ级阶地上；明渠右侧为土石纵向围堰，左侧为碾盘山左岸副坝，明渠轴线全长 2338.1m。

碾盘山工程所处河段河床覆盖层为淤积型覆盖层，覆盖层多由泥质粉细砂、泥质砂砾石、淤泥质黏土、淤泥以及中粗砂等组成，其抗冲能力极差。为揭示截流进占过程中口门覆盖层河床的冲刷情况，提前做好相应的截流准备，特进行本演示试验。

2　淤积型覆盖层河床截流冲刷演示试验

2.1　覆盖层模拟方法的风险

覆盖层的模拟方法有抗冲流速模拟法和级配法模拟两种。抗冲流速模拟法依据覆盖层抗冲流速计算模拟料中值粒径，按比尺换算选用相应的材料；级配法模拟依据级配曲线按比尺计算后进行配料，要求级配曲线的分布曲线一致，中值粒径 D_{50} 一致。

本次截流试验动床试验动床沙模拟依据甲方提供的覆盖层的允许不冲流速资料 0.25～0.4m/s，模型按抗冲流速公式反算模型沙粒径为 0.14～2.30mm，选用了最细的清砂（天然砂），经筛分后得到的模型砂 D_{50} 为 0.18mm。

对淤积型覆盖层模拟，如按级配法模拟，则无法采用天然砂模拟，需改用轻质砂进行模拟。因此，本次截流试验的龙口冲刷情况，对于实际截流是偏于危险的，有必要对淤积型覆盖层河床截流的风险进行判别。

为直观地给出淤积型覆盖层河床截流进占过程中口门覆盖层河床的冲刷情况，本项目采取加大流量法进行了淤积型覆盖层河床截流进占过程口门覆盖层河床冲刷的演示试验。

2.2 截流进占过程覆盖层河床冲刷演示试验

2.2.1 试验设计

为反映出截流进占过程左右堤头及口门区河床覆盖层冲刷后带来的影响，试验采取加大流量法进行了演示试验。

试验条件设计：以口门宽度 $B=270$m 作为进占起点，在 $B=270$m 时，逐步加大流量，直至左右堤头石料（中石）不产生起动而河床覆盖层刚刚出现群体起动，作为试验初始条件。再按进占程序逐步进占，观察口门束窄过程覆盖层的冲刷情况及抛投料用量。

2.2.2 不护底情况

（1）流态及覆盖层冲刷情况。龙口宽度 $B=270$m 时口门区覆盖层刚刚出现群体起动为起始条件。在 $B=270$m 向 $B=200$m 进占过程中，口门区覆盖层已出现明显的沙波；因左右堤头的丁坝绕流作用，下挑脚处冲刷深度明显大于两堤头中间部位。

龙口宽度 $B=200$m 向 $B=0$m 进占为龙口段进占，由右堤头逐步向左进占。在逐步合龙过程中，随着龙口宽度缩小，口门区河床覆盖层冲刷深度逐渐加深。右堤头在进占至河道抽槽部位时，因龙口主流偏于右侧（主流一般沿着深泓线走），右堤头河床覆盖层冲刷明显加大，虽然不断地在进占，堤头位置出现了停滞不前现象，堤头下游角出现小范围坍塌现象，等到进占料逐步填满冲坑后，龙口宽度才能逐步缩小。

左堤头在龙口段虽未进占，但随着龙口缩小，堤头河床覆盖层冲刷深度逐步加大。在左堤头的绕流和挑流作用下，下挑脚处冲刷深度较深，而在左堤头下游左侧形成回流，形成淤积。

（2）抛投料用量及流失情况。

1）非龙口段进占抛投料用量见表1。非龙口段进占抛投料合计 76974m^3，截流各工况均未发现抛投料流失。

表1　非龙口段进占抛投料用量（不护底情况）

项　目	非龙口段进占石料用量					
龙口宽/m	626	526	430	350	270	200
左岸石料用量/m^3	11603	14319	5797	4335	3733	12300
右岸石料用量/m^3			7438	12583	4866	
小计/m^3	76974					

体积换算：模型石料重量/模型石料综合密度；中石综合密度为 1.66g/m^3

2）龙口段进占抛投料用量见表2。龙口段进占抛投料合计 62786m^3，截流各工况均未发现抛投料流失。

表 2　　　　　　　　　　　　**龙口段进占抛投料用量（不护底情况）**

项　目	龙口段进占石料用量						
龙口宽/m	160	120	90	60	30	15	0
左岸石料用量/m^3	—	—	—	—	—	—	—
右岸石料用量/m^3	4497	10254	11666	10766	15997	9606	4497
小计/m^3	62786						
体积换算：模型石料重量/模型石料综合密度；中石综合密度为 1.66g/m^3							

两个阶段抛投料用量总和为 139760m^3。覆盖层冲刷后，抛投料用量大幅增加，较常规动床试验 $Q=1110m^3/s$ 时增加了约 42000m^3。

2.2.3　双层护底情况

对覆盖层采取大石（粒径 0.70～0.90m）双层护底，厚度为 1.40～1.80m。

护底范围：右侧戗堤轴线上游 90m、下游 90m，宽度 260m；左侧戗堤轴线上游 90m、下游 180m，宽度 260m。

（1）流态及覆盖层冲刷情况。在双层护底情况下，进占各阶段河床覆盖层保护良好，未出现护底破坏现象；龙口宽度在 $B=200$m 向 $B=0$m 龙口段进占过程，进占顺利，堤头未出现堤头坍塌。

（2）抛投料用量及流失情况。

1）非龙口段进占抛投料用量见表 3。非龙口段进占抛投料合计 70166m^3，截流各工况均未发现抛投料流失。

表 3　　　　　　　　　　**非龙口段进占抛投料用量（双层护底情况）**

项　目	非龙口段进占石料用量					
龙口宽/m	626	526	430	350	270	200
左岸石料用量/m^3	11603	14319	5797	4335	3733	5491
右岸石料用量/m^3			7438	12583	4866	
小计/m^3	70166					
体积换算：模型石料重量/模型石料综合密度；中石综合密度为 1.66g/m^3						

2）龙口段进占抛投料用量见表 4。

表 4　　　　　　　　　　　　**龙口段进占抛投料用量（不护底情况）**

项　目	龙口段进占石料用量						
龙口宽/m	160	120	90	60	30	15	0
左岸石料用量/m^3	—	—	—	—	—	—	—
右岸石料用量/m^3	2294	4497	5005	4497	2775	2258	2294
小计/m^3	21326						
体积换算：模型石料重量/模型石料综合密度；中石综合密度为 1.66g/m^3							

龙口段进占抛投料合计 21326m^3，截流各工况均未发现抛投料流失。

两个阶段抛投料用量总和为 91492m^3。覆盖层双层护底保护后，抛投料用量大幅减小，较常规动床试验 $Q=1110m^3/s$ 时减小了约 $6300m^3$。

2.2.4 单层护底情况

对覆盖层采取大石（粒径 0.4～0.70m）单层护底，厚度为 0.40～0.70m。

护底范围：戗堤轴线上游 50m（在防渗墙下游）、下游 50m，宽度 220m。

（1）流态及覆盖层冲刷情况。

龙口宽度当 $B=200m$ 进占至 $B=120m$ 时，单层护底尚未破坏；进占至 $B=90m$ 时，右堤头单层护底已有少量破坏，左堤头护底未破坏；$B=90m$ 进占至 $B=60m$ 过程，右堤头下游单层护底已逐步全部破坏，左堤头开始出现破坏；$B=60m$ 进占至 $B=15m$ 过程，两堤头间下游护底逐步全部破坏；进占至 $B=15m$ 后，形成三角形断面，进占顺利。

为减小覆盖层冲刷，确保护底体系有效发挥作用，建议对龙口 $B=100m$ 范围采取双层护底，且下游护底长度应适当延长；龙口宽 $B=100m$ 两侧至 $B=200m$ 可采用单层护底。

（2）抛投料用量及流失情况。

单层护底试验采用了最新的龙口布置 $B=260m$ 方案。原 $B=200m$ 位置，左右堤头各退 30m。龙口段进占过程，右堤头进占 2/3，右堤头进占 1/3。为便于比较，依然按原 $B=200m$ 龙口宽度进行非龙口段和龙口段的划分。

1）非龙口段进占抛投料用量见表 5。非龙口段进占抛投料合计 $73536m^3$，截流各工况均未发现抛投料流失。

表 5　　非龙口段进占抛投料用量（单层护底情况）

项　目	非龙口段进占石料用量					
龙口宽/m	626	526	430	350	260	200
左岸石料用量/m^3	11454	15966	7930	4472	9191	2160
右岸石料用量/m^3			5452	12554	1239	3108
小计/m^3	73526					
体积换算：模型石料重量/模型石料综合密度；中石综合密度为 1.66g/m^3						

2）龙口段进占抛投料用量见表 6。龙口段进占抛投料合计 $34411m^3$，截流各工况均未发现抛投料流失。

表 6　　龙口段进占抛投料用量（单层护底情况）

项　目	龙口段进占石料用量						
龙口宽/m	160	120	90	60	30	15	0
左岸石料用量/m^3	1784	1351	868	1123	1521	0	1369
右岸石料用量/m^3	2106	3403	4365	5474	7326	0	3721
小计/m^3	34411						
体积换算：模型石料重量/模型石料综合密度；中石综合密度为 1.66g/m^3							

两个阶段抛投料用量总和为 $107937m^3$。覆盖层河床单层护底后，抛投料用量大幅增加，较常规动床试验 $Q=1110m^3/s$ 时增加了约 $10000m^3$。

3 综合分析

鉴于覆盖层模拟方法存在的风险，采用加大流量法演示了覆盖层冲刷后存在的风险。可得出以下结论：

（1）不护底方案抛石总用量为 139760m³；双层护底方案抛石总用量为 91492m³，护底厚度按 1.4m 计，护底石料用量为 81900m³，石料总用量为 173392m³；单层护底方案抛石总用量为 107937m³，护底厚度按 0.7m 计，护底石料用量为 13800m³，石料总用量为 121797m³，低于不护底方案。

（2）对于淤积型覆盖层河床截流，采取适当的护底措施，不仅可大幅减小覆盖层河床冲刷，降低后期龙口段进占截流风险，而且可大幅减小石料用量，是实现安全经济截流的有效措施。

（3）鉴于单层护底方案在 $B=90$m 后两堤头间护底体系已逐步发生破坏，为减小覆盖层冲刷，确保护底体系有效发挥作用，建议对龙口 $B=100$m 范围采取双层护底，且下游护底长度应适当延长；龙口宽 $B=100$m 两侧至 $B=200$m 可采用单层护底。

4 结语

淤积型覆盖层多由泥质粉细砂、泥质砂砾石、淤泥质黏土、淤泥以及中粗砂等组成，抗冲能力极差。大江截流时采取适当的护底措施，可大幅减小覆盖层河床冲刷，降低后期龙口段进占截流风险，而且可大幅减小石料用量，是实现安全经济截流的有效措施。

建议淤积型覆盖层大江截流时提前进行演示试验，取得相应试验数据，指导截流顺利进行，实现截流安全可控，并降低施工成本。

针梁钢模台车在TBM施工隧洞混凝土衬砌中的应用

苗双平　徐晨星　韩京华　梅渠舟

（中电建振冲建设工程股份有限公司）

【摘　要】 TBM开挖隧洞，由于刀盘及刀具的限制，目前开挖完的隧洞为同一直径，为了保证后期衬砌施工中结构的强度，需要对不同的围岩类别采取不同的衬砌厚度，经研究采取可变径全圆针梁台车进行衬砌。本文基于吉林省中部城市引松供水工程项目，论述可变径全圆针梁台车在TBM施工隧洞衬砌中的应用技术。采用该技术顺利解决了不同变径隧洞的混凝土衬砌施工。

【关键词】 TBM开挖　衬砌　可变径针梁台车

1　概述

1.1　针梁模板台车在水利水电工程的运用

针梁模板台车是针梁、台车与外部支撑加钢模组成，钢模是引水隧道施工中为了防止混凝土变形或坍塌所需要的模板，台车结构与针梁装置是钢模进行拆卸与安装的传输工具。钢模板是修建永久性支护的模板，针梁的台车模板可以在针梁施工后移动，还能够伸缩于台车上。引水工程隧道的建设，是水利工程中的重要部分，特别是衬砌工程，作为施工最后的主要工序，直接影响隧洞的后期运行。最近几年，由于施工技术逐步的发展，针梁模台车技术应运而生，让隧洞的施工技术有了一定的发展。针梁式钢模台车对水工隧洞全断面衬砌，其成型度好、表面光洁度高、施工速度快。其中，洪家渡水电站引水隧洞衬砌混凝土衬砌中采用针梁式钢模台车，混凝土泵输送混凝土入仓一次浇筑成设计断面，混凝土衬砌成型度和表面光洁度均达到设计要求。

厄瓜多尔索普拉多拉水电站引水隧洞采用全圆衬砌台车，衬砌断面直径6020mm，台车长度为15m和12m两种，其中12m可拆分为2个6m段台车，台车模板搭接10cm，成果实施混凝土全圆衬砌施工。

北京市南水北调配套工程南干渠输水隧洞二次衬砌采用全断面针梁台车施工，衬砌断面半径为3400mm，台车长度10m，台车模板搭接20cm，成功实践了该工艺及全圆针梁台车的抗浮稳定验算。

目前钻爆法、TBM施工隧洞衬砌中主要采用的是同一直径的全圆针梁台车，本文结合吉林引松供水工程项目的施工特点，重点研究可变径全圆针梁台车在TBM施工隧洞中的应用。

1.2 项目概况

吉林省中部城市引松供水工程是从松花江丰满水库库区引水，解决吉林省中部地区城市供水问题的大型调水工程，是松辽流域水资源优化配置的主要工程之一。总干线输水线路全长 109.70km，隧洞段总长为 97.62km。本文主要以吉林省引松三标段永吉县岔路河至温德河段为施工背景，桩号 48＋900～24＋600，总长度 24300m，隧洞主洞开挖采用全断面 TBM 施工为主、钻爆法为辅的施工方法。根据实际开挖围岩揭露情况及设计图纸可分为 4 种断面，TBM 掘进段衬砌施工参数见表 1。

表 1 TBM 掘进段衬砌施工参数

围岩类别	隧洞开挖直径/m	初支厚度/m	初支后净空/m	衬砌净空/m	设计衬砌厚度/m	设计混凝土量/m^3
Ⅲa	7.9	0.1	7.70	7.07	0.30	83.35
Ⅲb				7.07	0.30	83.35
Ⅳ	7.9	0.16	7.58	6.51	0.50	132.14
Ⅴ	7.9	0.16	7.58	6.51	0.50	132.14

根据情况分析：①TBM 掘进施工洞段，总体特征为围岩变化频繁，Ⅳ、Ⅴ类围岩占比为 11.72%；②TBM 掘进段衬砌又分为两种断面，断面变化时更是增加了 6m 长渐变段；③TBM 掘进段衬砌混凝土运输距离长，且衬砌混凝土方量大，TBM 段采用有轨运输，物料运输组织难度大。以上原因导致衬砌时须不断变换模板型式、台车行走、改变模板、施工渐变段等。因此，在混凝土衬砌时应首先考虑可变径的针梁式钢模台车进行混凝土衬砌施工。

2 台车选型

2.1 TBM 段全圆衬砌断面参数及施工布置

(1) 本工程 TBM 段衬砌的主要结构技术参数为：衬砌后内径包括 7070mm 和 6510mm 两种断面形式，厚度为 300～500mm，单仓混凝土长度为 12m。

(2) 受超长距离施工无法开展多工作面及针梁台车无法穿行车辆的影响，本工程 TBM 衬砌施工只能开展独头单工作面衬砌施工；此外，因本工程施工工期紧，为满足施工进度要求，需精细化管理及合理布置施工面。

(3) 衬砌施工工作面受单仓衬砌长度、全圆针梁台车自身长度、渐变台车长度及施工工序、平行作业干扰等影响，单工作面最多可实现 2 台针梁台车平行作业施工。

综合以上因素，本工程前期主要采用两种施工布置：①单台车连续施工；②双台车平行施工。其中，受施工双台车平行施工布置距离的限制，采用“一跳一夹”方式进行布置。

2.2 全圆针梁台车选型对比

根据施工布置及设计尺寸，本工程衬砌台车选型工艺及参数较多，本文主要针对台车结构型式和行走方式进行论述。主要如下：

(1) 台车结构型式。结合以往经验，本工程可采取的台车脱模结构方式主要有先中间、先顶模和先底模等多种工艺，见图 1 和图 2。

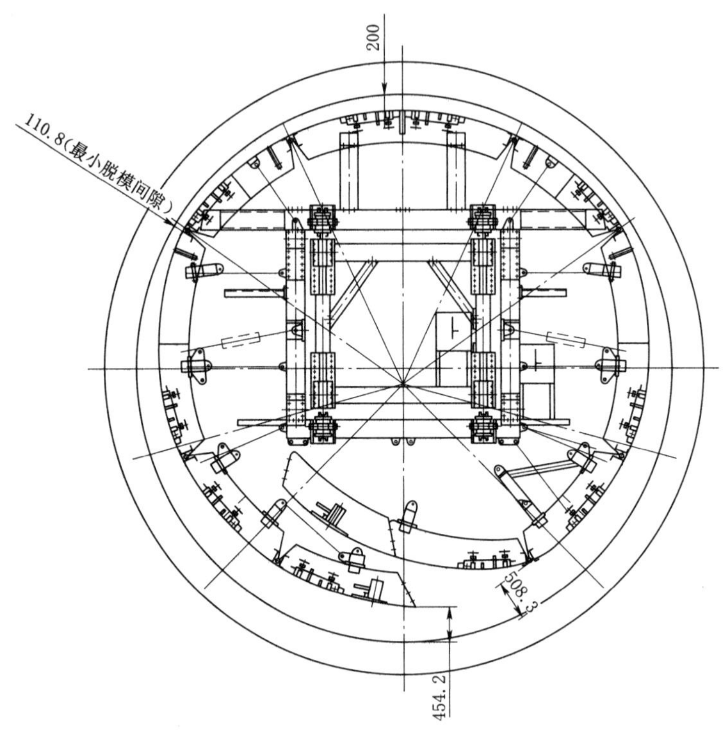

图 1　底部脱模示意图（顶部脱模方式与之相反）

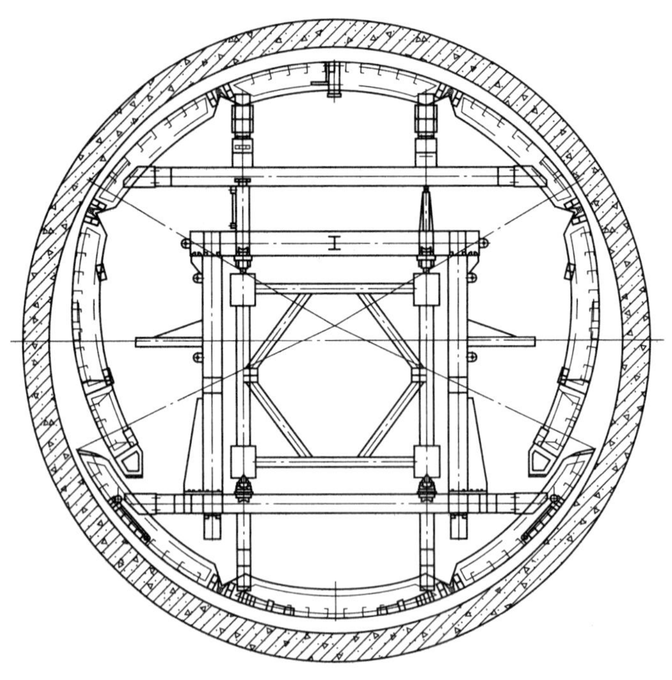

图 2　中间脱模方式示意图

以上工艺的主要区别在于：脱模后模板的块数不同和占用洞室净空间不同。上脱模形式的主要空间集中在顶部，而下脱模方式的主要空间集中在底部；若在传统的同一断面形式中，两者结构工艺区别不大，但是先中间脱模方式将对底部及顶部的连接结构要求较高，同时对洞内空间预留较少，多拆除一侧连接，功效相对较低。若采用可变径台车施工时，考虑洞内施工空间有限，且大多时间的人员穿行、材料运输等均从底部通过较为合理，可有效避免高处作业、交叉施工的风险。

（2）台车行走方式。一般台车自行式分为电动卷扬和电动液压两种方式。两种方式均可达到台车行走的目的，两者各具有优点，结合本工程施工距离较长特点分析，台车使用周期较长、施工强度高，若采用普通的卷扬式移动，检修简便、维护成本低、维护功效高。而机械化程度较高的液压式则需设专业电气、液压工跟随，需长期储备液压系统配备件。因此，整体经济效益需通过施工使用时间长短、人员操作等综合因素比选。

2.3 全圆针梁台车设计参数

综合以上对比分析，比较适合本工程的台车参数均需优化改进，主要如下：

（1）模板。变径台车模板直径为7070mm和6510mm两种。模板主要由顶模、边模、底模组成（变径需单独减少一块底模板），连接方式为铰连接。其中，通过底部模板增减一块底模板实现变径。同时为满足浇筑和后续的灌浆施工，预留相应作业窗及灌浆预留孔，台车模板长度为12m，分6块，每块2m长，同时增设搭接模板10cm。

（2）脱模方式。通过对比分析，本工程较适合底部脱模方式，因台车模板的变径需求，且洞内为有轨机车运输方式，无法出入吊车设备，考虑到人工更换模板的便利性，在底部进行变径较为合理。同时考虑TBM施工洞段均为圆形断面，运输方式采用有轨机车，为后续的回填、固结灌浆的施工材料、人员通行提供便利。

（3）行走方式。比较适用于本工程的为电动卷扬式，可有效节约行进油缸所占用的空间，同时设置3组行进立腿，不再通过模板受力实现行走，有效提升台车定位和行走。

（4）抗浮装置。根据施工工艺布置，采用立腿和抗浮装置进行抗浮设计，均满足施工需求。根据以往类似工程经验，底部混凝土浇筑速度不可过快，同时实时监测抗浮装置的稳定性；在此基础上，为确保施工期间的抗浮装置牢固可靠，增加单独的2组抗浮装置立柱，与原来的行走立柱分开受力，从而增加台车稳定性。

3 施工技术

3.1 单台车施工

3.1.1 工艺流程

施工准备→基础清理→测量放线→钢筋绑扎→台车就位→堵头模板、安装止水带→混凝土浇筑→收仓→脱模养护。

3.1.2 主要施工工序

主要施工工序为：预埋灌浆管、立堵头模板、止水带安装。

（1）台车定位后安装预埋灌浆管，预埋管两头用尼龙袋等材料塞满。

（2）堵头模板采用5cm厚木模板，每块长1m、宽为20～30cm不等，人工拼装封堵，台车模板两端外边缘焊接钢筋固定堵头模板，靠近岩壁一侧，埋设模板固定钢筋，间距1m，固定钢管和固定钢筋，可以牢牢地将封堵模板进行固定。

（3）橡胶止水带采用单根硫化热粘接，安装时，在止水带设计位置利用止水带卡子单侧焊接在环向钢筋上，待浇筑混凝土侧向另一侧穿入，内侧卡紧埋入止水带一半，另一半止水带从堵头板中间穿出。

3.1.3 混凝土拌制和运输

（1）采用集中拌制混凝土，搅拌站设置在引水隧洞主洞内，根据混凝土的用量，在料场备足原材料。

（2）混凝土采用有轨运输的方式，并设置错车平台，混凝土浇筑期间两组机车编组运行，以保障混凝土浇筑速度。

（3）采用混凝土输送泵入仓，根据模板上设置的工作窗口，分多层多次入仓，每层混凝土铺设厚度不超过 50cm。

（4）混凝土入仓顺序，底拱—边墙—拱顶。混凝土入仓后采用振捣器辅以人工摊铺，入仓过程中应加强振捣工作，以确保混凝土不漏捣，避免出现蜂窝、麻面等混凝土表面质量问题。

3.1.4 脱模养护

（1）针梁式钢模台车浇筑的混凝土在浇筑完成后，在混凝土强度达到 5MPa 后可进行拆模。

（2）混凝土采取洒水养护，保持混凝土表面湿润，养护时间不少于 28d。

3.1.5 台车变径

在围岩类别不同的部位施工则需要根据衬砌厚度进行台车直径大小的变换。台车直径 7.07m 变小至 6.51m 断面时，通过拆除底部模板、更换左右侧边模耳板孔、将顶部模板左右侧高肋板更换为短肋板、将针梁和框梁支撑腿的尺寸较长的连接段更换为短尺寸的连接段，最终实现全圆台车从大直径向小直径的转换。台车直径从 6.51m 转换至 7.07m 时则通过相反的步骤实现。全圆可变径台车满足了同一个台车在不同围岩、不同断面的衬砌施工的要求，彻底颠覆了以往不同断面的洞径采用不同衬砌台车施工的局面，节省了衬砌施工设备的投入，便捷了施工。

3.2 双台车跳仓施工

3.2.1 双套衬砌台车施工

（1）施工组织。双套全圆台车采用跳仓浇筑的方法进行施工，从而达到整体工期要求。受施工双台车平行施工布置距离限制，采用“一跳一夹”方式进行布置。

（2）进度分析。

1）“一跳”即第 4 段浇筑：两台车间隔段设为 1 段，先进行上游第 4 段浇筑。

2）“一夹”，第 6 段紧接第 4 段“一跳”连续浇筑，形成第 5 段夹仓即“一夹”。

混凝土浇筑顺序为 1 号台车 2－4－6；2 号台车 1－3－5－7。依次循环，既方便快捷，又减少混凝土浪费和对仓号的污染。采用两台 12m 针梁台车，用穿行同步跳仓衬砌的施工方法，在保障混凝土运输能力的情况下，每周最高浇筑混凝土 108m，月进度最高可达 400m。

3.2.2 双套台车施工关键因素分析

双套全圆针梁台车跳仓浇筑作业在理论上较为简单，但在实际实施中存在混凝土长距离运输、水电管线布置、混凝土泵布置、清基等诸多施工干扰因素。如何合理组织解决相互间的施工干扰，是本施工工艺能否取得快速施工目标的关键。

（1）混凝土长距离运输。本项目采用有轨运输混凝土，混凝土浇筑供应速度是制约两套台车发挥优势的最主要因素之一，必须保障混凝土浇筑速度才能发挥两套台车跳仓快速施工的优势。

（2）清基。由于隧洞距离长，两套台车施工单个循环混凝土浇筑时间长，清渣和混凝土浇筑相互干扰较大，这就增加了清基工作的难度。为了保证混凝土浇筑的连续性，利用收仓后的时间，清基人员进入作业面作业减少了相互之间的干扰。平时保证清基仓面有 4 仓的富余量即可保证衬砌施工正常开展。

（3）施工用电。在 1 号台车作业平台上设置一配电柜，2 号台车施工用电从该配电柜接出，两台车间配备 100m 长电缆，完全能保证台车跳仓需要。泵管及排水管路布置在台车模板的左侧，固定的管路两端设有 2～3 节软管，便于对接方便，施工快捷。

（4）混凝土泵的布置。隧洞为圆形，从运输和泵送料角度考虑，混凝土泵必须布置在仰拱。从清基角度考虑，泵车必须在浇筑完混凝土后移开为清基工作提供工作面，所以泵车布置在轨道上；距台车的水平距离约为 120m 即可满足施工需要。

4 注意事项

（1）每个工作循环后要检查各部位螺栓、销子的松紧状态，对各种连接件进行检查紧固。

（2）台车卷扬、丝杆千斤顶要定期润滑，针梁在移动时要由专人负责钢丝绳的收紧工作。

（3）浇筑顶模时，收仓前的估料要准确，避免多余混凝土压进仓号，造成模板变形或跑模。

（4）保证针梁及模板等部位的构件必须具有足够的强度和刚度，避免出现疲劳变形。

（5）双台车浇筑施工中，要协调好两套台车的工序时间，避免相互干扰。

5 结论

（1）本项目隧洞衬砌施工已施工近 1 年，单台车最高月衬砌施工进度达到 300m，平均月衬砌进度为 240m，从台车运行情况看，设备状况良好，施工总体质量达到设计和规范的要求，前期浇筑强度因受长距离混凝土运输时间的影响而基本达到 216m/月。

（2）在双台车跳仓施工洞段，经过几个月的磨合和经验总结，成功采用了两台全圆针梁可变径台车串行同步跳仓进行衬砌混凝土浇筑，每周最多浇筑 108m，月均进度已达到 360～400m，保证了质量和施工进度，可为类似工程的施工提供经验。对长距离隧洞进行衬砌施工时应优先考虑全圆一次性成型跳仓连续施工的方案，只要恰当选择钢模台车的形式、结构尺寸，配合恰当的施工工艺，对于加快施工进度，减少施工干扰，提高施工质量有明显优势。

（3）本项目隧洞工程采用的针梁式全圆模板具有制造成本低、结构可靠、操作方便、衬砌速度快、上浮可控性好、混凝土浇筑振捣密实和表面线条平顺光洁等优点。随着劳动力成本和建设单位对施工质量要求的提高、钢模台车设计制作技术的完善成熟，采用全圆衬砌台车一次性成型连续跳仓施工，已能满足隧洞快速高效安全衬砌的需要，在长距离隧洞衬砌施工中已代表了一种新的趋势。

（4）全断面针梁台车一次性投资远大于钢模台车，因此该模板更适合于洞线长的隧洞施工。

蟠龙蓄能电站大仰孔压力分散型锚索穿索技术

王　峰　张龙刚

（中国葛洲坝集团市政工程有限公司）

【摘　要】 重庆蟠龙抽水蓄能电站地下厂房洞室大，地下厂房区地层岩性主要为砂岩，岩体强度低，遇水后性能易恶化。为了地下厂房结构稳定安全，采用压力分散和对穿两种类型预应力锚索，对地下厂房岩体进行加固处理。本文阐述高空大角度仰孔预应力锚索施工的工艺特点、难点，重点介绍穿索的施工方法、措施及效果。

【关键词】 预应力锚索　压力分散型　大角度仰孔　无黏结　穿索

1　引言

压力分散型锚索是近些年从国外引进并经消化吸收改进的一种新型锚固体系，适用于较软弱的岩土体。它的突出特点是内锚固段由多个类似内锚头的承载体组成。锚索张拉及锁定后，其张拉力（锚固力）由各承载体分别均衡承担。

重庆蟠龙抽水蓄能电站地下厂房区地层岩性主要为砂岩，其中包含了粉砂岩、泥岩等，其主要特点为：岩体强度不高，遇水后性能易恶化。为了地下厂房结构稳定安全，针对厂房设置了压力分散和对穿两种类型预应力锚索，对地下厂房岩体进行加固处理。在大仰角压力分散型锚索穿索过程中，由于索体自重的影响，索体 0～10m 段较容易穿入，随着深度的增加摩擦力随之增大，穿索难度提高。通过对穿索工艺进行分析研究改进，解决了大仰角压力分散型锚索穿索难题，顺利完成了大仰角锚索穿索施工。

2　工程概况

重庆蟠龙抽水蓄能电站位于重庆市綦江区中峰镇境内。电站装机规模为 1200MW，主要承担重庆市电力系统的调峰、填谷、调频、调相和事故紧急备用等任务。电站由上水库、输水系统、地下厂房系统、下水库及地面开关站等建筑物组成。

重庆蟠龙抽水蓄能电站地下厂房区地层岩体强度不高，遇水后性能易恶化。为了地下厂房结构稳定安全，针对厂房设置了无黏结对穿型预应力锚索和无黏结压力分散型预应力锚索两种，安装吨位分别为 1500kN 和 2000kN，对地下厂房岩体进行加固处理。总工程量达 1364 束。

重庆蟠龙抽水蓄能电站地下厂房工程主要建筑物包括主副厂房洞、主变洞、母线洞、主变运输洞、交通电缆洞、主厂房送风机房、主厂房排风机房及排烟竖井、主变洞排风机房及排风竖井、厂内透平油罐室、高压电缆竖井、中下层排水锚固廊道、厂区帷幕灌浆、GIS

开关站库岸防护等。主副厂房洞总长 169.0m，下部开挖宽度 24m，上部开挖宽度 25.5m，最大开挖高度 54.425m。厂房第一层开挖首先开挖形成中导洞，再通过两次扩挖才能达到最终的设计宽度。为了增加厂房顶部的岩体稳定性，在厂房顶拱布置了 4 排对穿锚索孔和 2 排压力分散型预应力锚索，其中压力分散型锚索距第一层开挖底板高度达 5.6m，钻孔角度上仰 57.47°（图 1）。由于压力分散型锚索孔上仰角度较大，采用常规的穿索技术无法在高空、孔内顺利穿索，而且普通仰孔穿索技术容易造成无黏结钢绞线 PE 防护皮破损，导致后续质量问题。因此必须研究和实践新的穿索方法，才能保证穿索顺利进行。

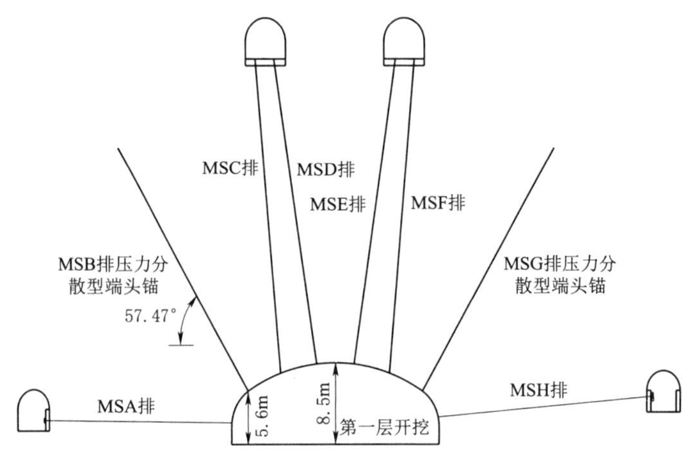

图 1　重庆蟠龙抽水蓄能电站地下厂房第一层预应力锚索剖面图

3　锚索穿索工艺

3.1　编索

（1）下料长度。因压力分散型预应力锚索锚固段分为多个承载体，结构型式与常规预应力端锚不同，下料时注意每组钢绞线下料长短。每组钢绞线下料长度按照单组锚固段长度＋张拉段＋外锚头＋预留安全长度（如锚具、限位板、千斤顶、测力计、工作锚板等）控制，最终下料长度应满足张拉需求。

（2）索体编制。压力分散型锚索每根钢绞线受力均传递到各组承载体，由承载体分别受力，因此承载体组成部件的材质和加工、组装质量将决定着整个锚固体系的锚固能力、性能、使用寿命及其安全性。在采购承载板和挤压套时应选择具有资质的生产厂家进行采购。

挤压套挤压前穿好自带受力弹簧，挤压过程中注意受力卡簧位置不要超出挤压套，避免挤压后高强度的卡簧在挤压套内充填不足，无法形成足够的抗拔力。编索施工前应对挤压套进行抗拉拔试验，保证挤压套挤压后单根钢绞线受力大于 200kN。

根据钻孔角度的不同预应力锚索孔道分为下斜孔、水平孔和上仰孔，每种角度对应的穿索难度不同，为了便于顺利进行穿索作业，必须控制隔离支架间距，保证顺利下索。①对于下斜孔编索时隔离支架按照常规锚固段 1m/个布置、张拉段 2m/个布置；②水平孔隔离支架的间隔长度根据设计长度和设计荷载（吨位）调整，一般设计长度为 20～25m 的锚索孔锚固段隔离支架 1m/个、张拉段 1.5～2m/个，设计长度大于 25m 的锚索孔锚固段隔离支架1m/个、张拉段1～1.5m/个布置；③上仰孔设计长度小于20m的锚固段和张拉段隔离支架按照1～1.5m/个布置，大于20m的锚固段和张拉段隔离支架均按照0.5m/个进行布置。

压力分散型锚索锚固力的形成不仅受承载体影响，同时受浆体结石强度影响，注浆质量与承载体质量是相辅相成、缺一不可的。因此编索过程中注浆管位置一定要按照设计要求绑扎，尤其上仰孔排气管一定要超出最前端承载体，保证浆体结石没过最前端承载体。

3.2 穿索

（1）探孔。压力分散型锚索索体钢绞线采用带PE皮并内含油脂的钢绞线，下索时宜一次性放索到位，避免穿索中反复拖拽索体，造成钢绞线、内隔离支架及浆管损伤。因此，穿索前将孔道口打开，用探孔器对孔道进行一次全孔检查，确定无异常后，方可进行穿索。

（2）孔口防坠支撑安装。为了穿索后防止索体下坠，必须在穿索前在孔口钻孔安装膨胀螺栓或插筋形成支撑点。使用冲击电钻在孔口两侧钻直径为22mm、孔深30cm的膨胀螺栓或插筋安装孔，同时安装膨胀螺栓或插筋形成孔口支撑点。

（3）穿索。上仰孔穿索受索体自重和高度的影响，人工穿索将无法完成，必须采用人工配合机械的方式进行。在穿索设备上，现有的自动穿索设备适用于有黏结预应力锚索，对于无黏结预应力锚索施工时会因机械力破坏钢绞线PE保护层，因此在实际施工时通过新研制的一套穿索装置完成穿索工作。仰孔穿索装置主要由台车、导向管、卷扬机和附属配件组成，下索时通过吊带将索体包裹紧固，再由卷扬经由导向管向上牵引，最终将整个索体送入孔内并进行固定（图2）。

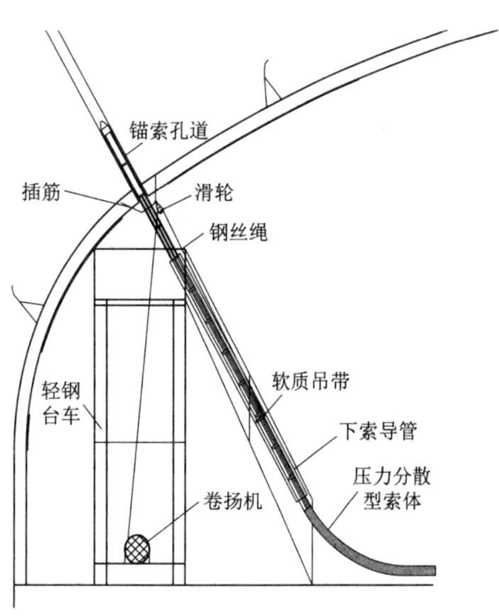

图2 大角度仰孔穿索装置

3.3 实施效果

通过使用以上施工工艺进行穿索作业，厂房第一层75束压力分散型预应力锚索快速、安全、高质量地完成了穿索施工，并在灌浆工序中验证了预装管路的通畅性，张拉工序中验证了索体的完整性。说明使用了该施工工艺进行穿索施工，能确保大角度仰孔锚索的顺利穿索，保证锚索质量。

4 结语

（1）通过在孔口安装锚固点，有效解决了上仰孔锚索索体下坠问题。

（2）在编索过程中，控制隔离支架安装距离，有效解决了上仰孔因索体自重问题导致的孔壁摩擦阻力增大而无法穿索问题。

（3）通过设计的穿索台车，能在穿索过程中有效控制钢绞线PE保护套不遭到破坏的情况下，将索体顺利入孔并固定，同时大幅降低人员高空作业风险。

自密实堆石混凝土技术在九龙水库大坝施工中的应用

吴　杨[1,2]　何晓超[1,2]　毕　聪[1,2]

（1. 中国水电基础局有限公司；2. 天津市地基与基础工程企业重点实验室）

【摘　要】 自密实堆石混凝土（简称 RFC）施工技术是在自密实混凝土（简称 SCC）施工技术的基础上发展形成的一种新型混凝土施工技术。其利用自密实混凝土的高流动性、良好的抗分离性能以及自流动的特点，在粒径较大的块石内随机充填堆石空隙形成完整密实的混凝土，具有成本低廉、结构稳定、低碳环保等一系列优点。本文依托九龙水库工程大坝主体的施工，简要地介绍自密实堆石混凝土施工技术要点。

【关键词】 自密实堆石混凝土　低碳环保　施工技术　质量控制

1　引言

自密实堆石混凝土是利用自密实混凝土良好的抗分离性能以及自流动的特点，在粒径较大的块石内随机充填堆石空隙，形成完整、密实、有较高强度和低水化热的大体积混凝土。堆石混凝土浇筑及构造示意图如图 1 所示。堆石混凝土中堆石的体积比例一般可以达到 55％～60％，最大限度地降低了胶凝材料用量的同时还在骨料破碎、混凝土生产浇筑等施工环节上大大地节约了成本及能源，减少了二氧化碳的排放，是一种低碳环保的混凝土施工新技术。山西省的恒山水库、清峪水库及云南省的松林水库均应用了堆石混凝土施工技术，实践证明堆石混凝土技术具有经济高效、质量可靠、节能环保及大幅度提高施工速度的众多优势。

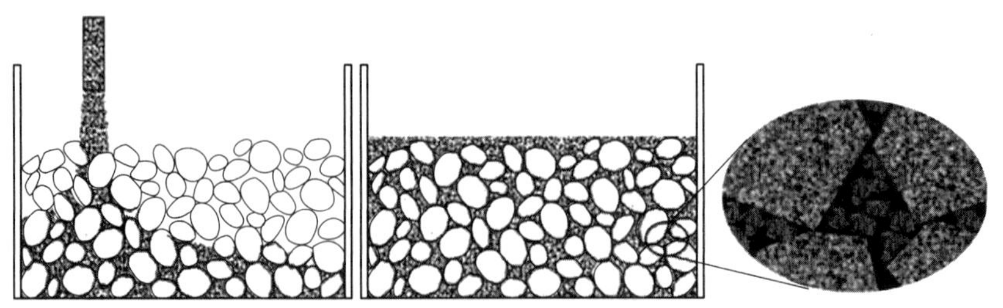

图 1　堆石混凝土浇筑及构造示意图

2　工程概况

九龙水库位于珠江流域源头南盘江上，坝址位于云南省曲靖市沾益区西平镇天生坝下村附近，是一座农业灌溉供水的小（1）型水利枢纽工程。水库总库容 497.81 万 m^3，控制流域面积 574km^2，枢纽工程主要由大坝、溢流表孔、泄洪底孔、输水孔和二道坝等组成。坝体采用自密实堆石混凝土填筑，为堆石混凝土重力坝，坝顶高程 1921.60m，宽 7.0～17.0m，坝顶全长 227.4m，最大坝高 46.1m，其中自密实堆石混凝土共计 53000.0m^3，自密实混凝土 14465.0m^3，常态混凝土 25489.1m^3。

3　自密实堆石混凝土五大优势

（1）低水泥用量与低水化热。堆石混凝土采用大量块石作为原料，每方 RFC 中专用 SCC 的用量不超过 45%，SCC 可以充分利用粉煤灰、矿渣粉、石粉等活性或惰性掺和料，因此水泥的用量显著降低，坝体内部 C15 自密实堆石混凝土中的水泥含量一般不超过 80kg/m^3，绝热温升不超过 15℃。

（2）工艺简便，施工快速。堆石混凝土施工主要包括两道工序：堆石入仓和专用自密实混凝土的生产浇筑。两道工序均可以通过大规模的机械化施工来完成，减少了人工参与，避免了人为干扰。在完成一定堆石仓面后，堆石入仓和自密实混凝土生产浇筑可以平行进行，工序间干扰小，生产效率成倍提升；简化消除温控措施、无须振捣且简化凿毛等都为加快建设速度、缩短工期提供了强有力的保证。

（3）显著降低施工成本。堆石混凝土施工的综合成本在相同条件下较常态混凝土可降低 10%～20%，主要通过三个方面实现：大量使用堆石减少胶凝材料用量，堆石混凝土的材料成本较常态混凝土有所降低；由于专用自密实混凝土的用量不高于 45%，所以在混凝土生产、运输以及浇筑等工序的施工成本更能够显著降低；堆石混凝土施工机械化程度高，简化或消除了温控措施，浇筑过程免去了振捣工序，减少了人工成本的投入。

（4）节能、低碳、环保。堆石混凝土充分利用大量经济且容易获得的块石、卵石为材料，最大限度地降低了胶凝材料用量的同时，还在骨料破碎、混凝土生产浇筑等施工环节上大大地节约了能源，减少二氧化碳的排放。

（5）综合性能稳定，安全系数高。堆石混凝土是由相互搭接的堆石骨架和用于胶结堆石的专用自密实混凝土构成的，容重通常可以达到 2500kg/m^3 以上，抗渗性能方面堆石混凝土渗透系数可达到 10^{-9}cm/s，钻孔压水试验透水率能够满足小于 1Lu 的要求；堆石骨架在提高材料抗压、抗剪强度，抑制干缩变形，提高结构体积稳定性等方面都有着显著的效果；而专用自密实混凝土独特的设计与工艺，使其具有卓越的流动性能、充填性能和抗离析性能，在浇筑过程中不离析、不泌水，既保证了专用自密实混凝土的充填均匀性，又避免了混凝土与骨料胶结面过渡区薄弱层的产生。

4　筑坝材料的选择

（1）堆石料：大坝施工所用堆石料应新鲜、完整，质地坚硬，不得有剥落层和裂纹。堆石料粒径不小于 300mm，堆石料最大粒径不应超过结构断面最小边长的 1/4、厚度的

1/2（不超过 80cm）。堆石料的含泥量不大于 0.2%，不允许含泥块。堆石料的饱和抗压强度需满足表 1 的要求。

表 1　　堆石料的饱和抗压强度要求

堆石混凝土强度等级	$C_{90}10$	$C_{90}15$	$C_{90}20$	$C_{90}25$	$C_{90}30$	$C_{90}35$
堆石料饱和抗压强度/MPa	≥30		≥40	≥50	≥60	≥70

（2）水泥：本工程采用富源县宏发水泥有限公司生产的“福”牌 P·O42.5 水泥，符合国家标准的《通用硅酸盐水泥》（GB 175—2020）的要求。

（3）粉煤灰：采用宣威电厂Ⅱ级粉煤灰，可满足《用于水泥和混凝土中的粉煤灰》（GB/T 1596—2017）中Ⅱ级粉煤灰的技术性能指标要求。

（4）骨料：自密实混凝土的骨料品质除应符合《水工混凝土施工规范》（SL 677—2014）的有关规定外，还应满足下列要求：①粗骨料最大粒径不超过 20mm；②针片状颗粒含量不超过 8%。本工程使用的粗骨料粒径为 5～20mm。

（5）外加剂：用于自密实堆石混凝土的专用外加剂为聚羧酸类缓凝高效减水剂，由北京华石纳固科技有限公司提供。

5　自密实堆石混凝土施工

九龙水库自密实堆石混凝土重力坝主要施工工艺流程如图 2 所示。

5.1　堆石料选取及入仓

大坝所用堆石料为直接外购和爆破开挖利用料，堆石入仓采用自卸车运输、人工搭配挖掘机方式进行堆石码放，在堆石过程中，堆石体外漏面所含有的粒径小于 300mm 的石块数量不得超过 10 块/m^2，入仓前基础仓面应满足常态混凝土浇筑的仓面要求。

5.2　自密实混凝土生产

自密实性能是堆石混凝土技术中重要的性能指标，通过增大胶凝材料用量和选用优质高性能减水剂的方法提高浆体的黏性和流动性，使浆体能够充分包裹和分割粗细骨料，从而具备高自密实性能。本工程使用 HZS750 型强制搅拌机，常态混凝土搅拌时间为 60s，自密实混凝土搅拌时间为 90s，测试拌和楼出机口的坍落度和扩展度，达到要求后方可卸料运输。

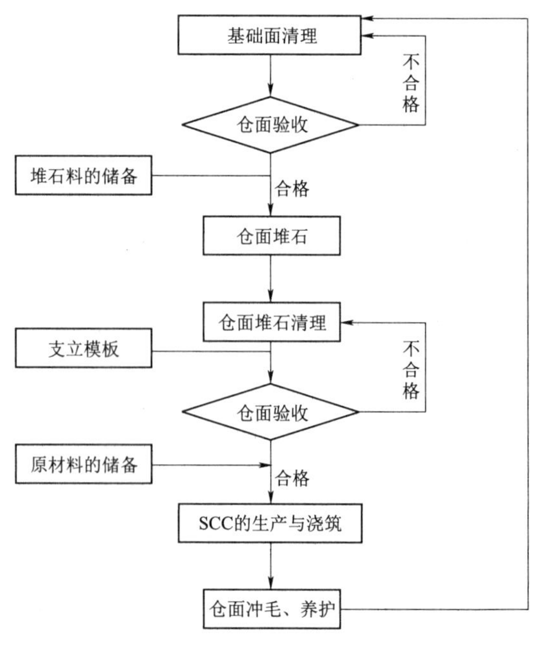

图 2　自密实堆石混凝土重力坝主要施工工艺流程

自密实混凝土的工作性能可采用坍落扩展度试验、V 形漏斗试验检测，其指标应符合表 2 的要求。

表 2　　自密实混凝土自密实性能指标

检测项目	合格指标	检测项目	合格指标
坍落度/mm	250～280	V 形漏斗通过时间/s	4～20
坍落扩展度/mm	600～750		

注　自密实性能随着胶凝材料水化以及外加剂作用的损失会有所降低，为保证在施工中自密实混凝土能够有效密实地充填堆石空隙，自密实性能在 1h 内应保持稳定。

5.3　自密实混凝土运输

当拌和站距结构物较远时，应采用混凝土搅拌车运输，宜在 45min 内卸料完毕。当拌和站在建筑物附近时，可以在搅拌机出料口下安装混凝土输送泵，将拌和料经输送泵直接压入仓内。本工程采用混凝土泵输送方式。

5.4　自密实混凝土浇筑

（1）自密实混凝土浇筑点应均匀布置在整个仓面，当浇筑点混凝土溢满后方可移动，浇筑点应蛇形移动，移动距离不宜超过 3m，避免在浇筑点反复浇筑。自密实混凝土浇筑点及移动轨迹如图 3 所示。

（2）止水铜片安装须高出预浇筑混凝土块表面 20cm 以上，并应采取措施防止止水变形、位移、撕裂或破坏。止水 50cm 半径范围内不堆石，确保止水处浇筑密实。

（3）自密实堆石混凝土收仓时，除达到结构物设计顶面以外，自密实混凝土浇筑应以大量块石高出浇筑面 50～150mm 为限，以加强层间结合。

（4）自密实堆石混凝土抗压强度达到 2.5MPa 以前，不得进行下一仓面的准备工作。

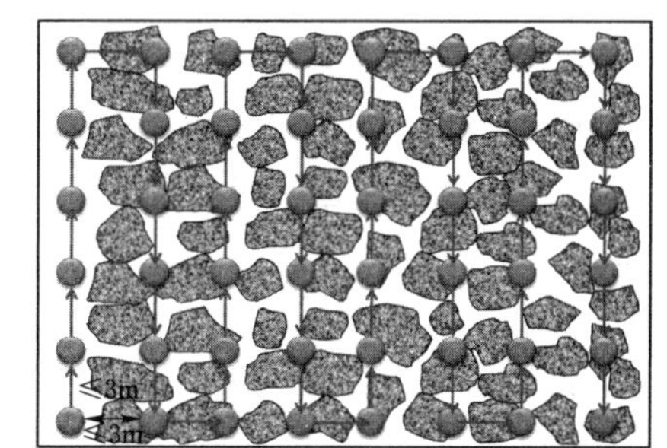

图 3　自密实混凝土浇筑点及移动轨迹

（5）在浇筑完成待混凝土终凝后，开始层间缝冲毛。采用 25～50MPa 高压水冲毛机，也可采用低压水、风砂枪、刷毛机或人工凿毛等方法对自密实混凝土表面进行处理；对于上下游防渗面板、廊道周围等纯混凝土位置（无块石）需进行凿毛处理后方可进行下一工序。凿毛最终形成粗糙的麻面应微露小石，即粒径 5.0mm 以上小石总面积应占处理面积的 20%～30%。

5.5　自密实堆石混凝土的养护和保温

（1）常用养护方式——花管养护。流水印记应覆盖整个养护面，不得有局部干燥部位。

（2）养护范围和时间。混凝土结构上表面及所有侧面都应及时养护，一般应在混凝土浇筑完毕后 12～18h 及时采取洒水或喷雾等措施进行养护，连续养护时间不得小于 28d，等待下层施工的仓面应至少养护至下一工序开始。对于需要利用混凝土后期强度的重要部位，高温季节应延长流水养护时间，低温季节应延缓拆模时间。

（3）低温季节或温度骤降时混凝土要保温。冬季养护后必须及时跟进保温，晚上必须盖好保温被。季节交替、出现温度骤降时要对浇筑的混凝土采取保温措施，可用篷布、草帘、棉被等材料保温。新浇筑的混凝土延迟拆模至一周，否则温差变化会引起混凝土开裂。

6 施工过程中的工艺优化

6.1 块石的合理利用

对于初级开采出的石料，在料场使用钢轨筛（钢轨条间距 30cm）进行筛选，对于粒径符合入仓的块石挑选装车，运输至施工现场存放使用；对于粒径小于规定的块石，进一步加工制成粗、细骨料使用，最大程度提高了块石利用率，降低了施工成本。

6.2 多种标号混凝土一体化浇筑

根据设计图纸要求，每仓最多需浇筑 3 种标号混凝土，不同强度混凝土需支模浇筑。为提高施工效率、降低施工成本，施工中采取一体化浇筑工艺，通过控制堆石边界孔隙率及 C25、C20 自密实混凝土的流动度，先浇筑四周高强度自密实混凝土，后浇筑内部低强度自密实混凝土，使之形成一个整体，增强了坝体的整体稳定性、提高了抗渗性能。

6.3 自密实堆石混凝土施工工艺优化

本工程选用自卸车运输块石至仓面，挖掘机搭配人工的方式进行块石码放；选用自建拌和站拌制混凝土，拌和站建造于坝体下游约 100m 处，采用混凝土地泵输送至工作面和布料机浇筑混凝土的工艺，机械化施工程度高，大量节省人工，提高了工作效率。

7 结语

九龙水库枢纽工程已完成 87 仓混凝土浇筑，共浇筑自密实堆石混凝土 35901.17m^3，常态混凝土浇筑 4212.46m^3，施工过程中对不同标号混凝土性能进行检测，均达到了设计标准。

自密实堆石混凝土施工技术的应用，不仅有效保证了工程质量，加快了施工进度，而且降低了工程造价，可为工程节约直接费用约 160 万元；因其施工工序简易，可节省人工费 6 元/m^3，节省机具和耗电费 2.05 元/m^3，混凝土泵结合布料机的应用节省了 8.5 元/m^3，共计节省人工机械费用约 16.55 万元，综合经济效益显著。同时将自密实混凝土筑坝与环境保护、生态保护和可持续发展结合起来综合评价，社会效益突出，应用前景广阔。